"十二五"国家重点图书

国家科学技术学术著作出版基金资助出版

电/化/学/丛/书

电 催 化
Electrocatalysis

孙世刚　陈胜利　主编

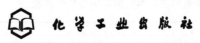

化学工业出版社

·北京·

本书由电催化基础和重要电催化过程两部分组成。内容包括从纳米结构、表面结构、电子结构出发认识电催化过程和催化剂材料的性质,到电催化剂的理论设计、理论模拟和制备;从氢、氧及有机分子电催化基础,到燃料电池、太阳能电池、生物电化学乃至工业电化学过程等电催化应用。本书在内容的选择上,既注重基础知识和研究方法的介绍,同时又紧紧围绕前沿方向。

本书既适合选择电催化、电化学、催化化学、表面科学、材料科学等学科作为研究方向的研究生,也适合从事电催化及相关领域科学研究和技术研发的科技工作者参考。

图书在版编目(CIP)数据

电催化/孙世刚,陈胜利主编. —北京:化学工业出版社,2013.6(2023.5 重印)
(电化学丛书)
ISBN 978-7-122-17183-2

Ⅰ.①电… Ⅱ.①孙…②陈… Ⅲ.①电催化
Ⅳ.①O643.3

中国版本图书馆 CIP 数据核字(2013)第 086780 号

责任编辑:成荣霞   文字编辑:向 东
责任校对:王素芹   装帧设计:刘丽华

出版发行:化学工业出版社(北京市东城区青年湖南街 13 号 邮政编码 100011)
印 装:北京建宏印刷有限公司
710mm×1000mm 1/16 印张 42½ 字数 883 千字 2023 年 5 月北京第 1 版第 10 次印刷

购书咨询:010-64518888   售后服务:010-64518899
网 址:http://www.cip.com.cn
凡购买本书,如有缺损质量问题,本社销售中心负责调换。

定 价:198.00 元

《电催化》编写人员名单（按姓氏汉语拼音排序）

蔡称心　南京师范大学

蔡文斌　复旦大学

陈胜利　武汉大学

陈艳霞　中国科学技术大学

程　璇　厦门大学

黄云杰　中科院长春应用化学研究所

姜艳霞　厦门大学

赖廷清　中南大学

李明芳　中国科学技术大学

廖玲文　中国科学技术大学

刘　鸿　中科院重庆绿色智能技术研究院

刘业翔　中南大学

孙世刚　厦门大学

田　娜　厦门大学

王　川　中科院重庆绿色智能技术研究院

魏子栋　重庆大学

邢　巍　中科院长春应用化学研究所

杨　帆　中国科学技术大学

杨汉西　武汉大学

阳耀月　复旦大学

姚　瑶　中国科学技术大学

张涵轩　复旦大学

赵　晓　中科院长春应用化学研究所

周志有　厦门大学

庄　林　武汉大学

序

《电化学丛书》的策划与出版，可以说是电化学科学大好发展形势下的"有识之举"，其中包括如下两个方面的意义。

首先，从基础学科的发展看，电化学一般被认为是隶属物理化学（二级学科）的一门三级学科，其发展重点往往从属物理化学的发展重点。例如，电化学发展早期从属原子分子学说的发展（如法拉第定律和电化学当量）；19 世纪起则依附化学热力学的发展而着重电化学热力学的发展（如能斯特公式和电解质理论）。20 世纪 40 年代后，"电极过程动力学"异军突起，曾领风骚四五十年。约从 20 世纪 80 年代起，形势又有新的变化：一方面是固体物理理论和第一性原理计算方法的更广泛应用与取得实用性成果；另一方面是对具有各种特殊功能的新材料的迫切要求与大量新材料的制备合成。一门以综合材料学基本理论、实验方法与计算方法为基础的电化学新学科似乎正在形成。在《电化学丛书》的选题中，显然也反映了这一重大形势发展。

其次，电化学从诞生初期起就是一门与实际紧密结合的学科，这一学科在解决当代人类持续性发展"世纪性难题"（能源与环境）征途中重要性位置的提升和受到期待之热切，的确令人印象深刻。可以不夸张地说，从历史发展看，电化学当今所受到的重视是空前的。探讨如何利用这一大好形势发展电化学在各方面的应用，以及结合应用研究发展学科，应该是《电化学丛书》不容推脱的任务。另一方面，尽管形势大好，我仍然期望各位编委在介绍和讨论发展电化学科学和技术以解决人类持续发展难题时，要有大家风度，即对电化学科学和技术的优点、特点、难点和缺点的介绍要"面面俱到"，切不可"卖瓜的只说瓜甜"，反而贻笑大方。

《电化学丛书》的编撰和发行还反映了电化学科学发展形势大好的另一重要方面，即我国电化学人才发展之兴旺。丛书各分册均由各该领域学有专攻的科学家执笔。可以期望：各分册将不仅能在较高水平上梳理各分支学科的框架与发展，同时也将提供较系统的材料，供读者了解我国学者的工作与取得的成就。

总之，我热切希望《电化学丛书》的策划与出版将使我国电化学科学书籍跃进至新的水平。

查全性
二〇一〇夏于珞珈山

前　言

　　经过近 100 年的发展，电催化从最初作为电化学科学的一个分支，目前已经成为一门交叉性极强的学科。电催化的基础涉及电化学、催化科学、表面科学以及材料科学等众多科学分支的内容和知识，其应用则广泛存在于能源转换与储存（燃料电池、超级电容器、化学电池、水解制氢、太阳能电池等），环境工程（水处理、土壤修复、传感器、污染治理、臭氧发生等），绿色合成与新物质创造（有机和无机电合成、氯碱工业、新材料等），表面处理，微米与纳米尺度加工，以及生物医学与分析传感等重要技术领域。随着社会和经济的飞速发展，能源资源短缺和环境污染等问题日益突出。发展高效、清洁的能源获取与转化技术，绿色物质合成技术成为当前科学与技术研究的首要任务之一，电催化无疑在这些技术中处于关键的地位。

　　无论是电催化的基础研究还是应用研究，催化剂均是核心。电催化研究的重要任务是设计并制备出对特定反应具有高活性、高选择性和长寿命的电催化剂。在电催化条件下，除通过控制电极电位来控制涉及界面电荷转移的氧化或还原反应外，关键还在于调控电催化剂与反应分子的相互作用，以实现反应活化能或反应途径的改变。因此，电催化剂的表面结构（化学结构、原子排列结构和电子结构）和界面双电层结构等对电催化反应的效率和选择性有直接影响。研究这些结构及其演化和性能构成了电催化的主要研究内容。

　　电催化的重要性使得其在过去几十年间得到了广泛的关注，尤其在过去十多年间吸引了来自电化学、材料、纳米、表面等众多学科领域的广泛兴趣，从而无论是在基础理论还是在材料与技术的应用方面均取得了长足的进步。特别是随着各种原位谱学方法的建立和发展，以及基于量子化学原理的计算模拟技术的应用，我们对电催化过程和催化剂材料性质的认识不断深入。研究者不仅能在原子、分子水平上探索电催化的本质，而且新型催化剂的研究逐渐从传统"炒菜式"的材料合成与性能测试模式向基于对"结构-性能（构效）"关系认识的理性设计和性能调控模式转变。

　　对过去十多年来浩瀚的研究结果和认识的总结，无论是对电催化学科的发展，还是对推动相关技术的进步均十分重要。目前，专门系统介绍电催化基础及研究进展的书籍，特别是中文书籍，尚比较缺乏。基于此，我们邀集了国内在第一线从事电催化研究的中青年电化学工作者，以他们丰富的研究结果为主，总结、撰写我国科学家取得的研究成果和进展，同时介绍必要的相关基础知识和综述学科发展前沿。

本书由电催化基础和重要电催化过程两部分组成。内容包括从纳米结构、表面结构、电子结构出发认识电催化过程和催化剂材料的性质，到电催化剂的理论设计、理论模拟和制备；从氢、氧及有机分子电催化基础，到燃料电池、太阳能电池、生物电化学乃至工业电化学过程等电催化应用。

本书在内容的选择上，既注重基础知识和研究方法的介绍，同时又紧紧围绕前沿方向。本书既适合选择电催化、电化学、催化化学、表面科学、材料科学等学科作为研究方向的研究生，也适合从事电催化及相关领域科学研究和技术研发的科技工作者参考。本书还有助于发展基础理论和应用的创新思维，以面对电化学和电催化未来的挑战。

在本书出版之际，我们要感谢国家科学技术学术著作出版基金的资助，感谢化学工业出版社的支持。本书各专章的作者都在第一线从事科学研究，时间紧、任务重，他们为保证本书的质量和顺利出版付出了艰辛的劳动，在此一并致谢。

由于编者水平和时间有限，疏漏之处在所难免，敬请读者批评指正，不胜感激。

孙世刚　陈胜利
2013 年 5 月

目　录

第1章　电催化基础与应用研究进展

第2章　电催化表面结构效应与金属纳米粒子催化剂表面结构控制合成

第 5 章　燃料电池催化剂新材料

第6章　氢电极电催化

第7章　铂基催化剂上的氧还原电催化

第 10 章 酶电催化

第11章 光电催化

第12章 燃料电池电催化

第13章　工业过程电催化

第1章
电催化基础与应用研究进展

■ 姜艳霞　孙世刚
（固体表面物理化学国家重点实验室；厦门大学化学化工学院化学系）

电化学是涉及两相界面（固/液，液/液，固/固，大多数情况为电极/溶液界面）电子转移的科学，电催化是电化学的一个重要分支。与异相催化作用相比，电催化的显著优势是能够在常温、常压下方便地通过改变界面电场有效地改变反应体系的能量，从而控制化学反应的方向和速度。与异相催化作用类似，在电催化反应中反应分子通过与电催化剂表面相互作用实现反应途径的改变，其中活化能的改变是加速或者延缓反应的关键。本章主要综述固/液界面中电极材料及其本身的结构特征对电极反应速度和机理的影响，从而阐明如何通过设计、制备合适的电催化剂和优化反应条件来减少额外过电位引起的能量损失和改善电极的选择性。主要包括六部分内容：①简要回顾电化学的发展历史；②简述电催化反应的基本规律，侧重两类电催化反应及其共同特点；③结合一些电催化体系，综述研究电极过程的经典电化学方法、表面分析技术和电化学原位谱学方法；④探讨电催化剂的电子结构效应和表面结构效应；⑤对一些实际电催化体系的分析和讨论；⑥总结与展望。

1.1 电化学的发展历史

早在 1893 年 Thompson 发现电子以前，电化学的基本原理和规律就已从实验中得出。电化学的起源可以追溯到 1780 年 Galvani 从生命体系中发现的"生物电"现象，它揭示了生物学和电化学之间的深奥联系（图 1-1）。1800 年 Volta 发明了人类第一个电池，它是利用电化学原理制成的第一个具有实用价值的连续供电装置，是交替地将铜片和锌片放在已浸泡了酸溶液的毛毡两侧叠成的伏打电堆（图1-2）。1834年Faraday研究电流通过溶液时产生化学变化，他在总结大量实验结果的基础上，提出了法拉第电解当量定律，阐明了通过一定电量就能沉积出一定量物质的普遍规律。此外，他还为电化学创造了一系列术语，如电解、电解质、电极、阴极、阳极、离子、阴离子、阳离子等。1889年Nernst建立了Nernst方程式，较好地揭示了电极电势与溶液浓度、温度之间的关系。Nernst方程式只适用于平衡态热力学的情况，而将它用于电极∣电解液界面有电流通过的非平衡态条件下则不适用。1905年Tafel通过大量实验结果总结出Tafel定律，即在电解过程中，电极上的超电势和通过电极的电流密度成正比，由此开创了电极过程动力学研究的先河。但直到20世纪50年代后期，电化学家才开始致力于解决电化学中的动力学问题，电极过程动力学才得到应有的重视和较快的发展[1~6]。其中Frumkin等发现电极和溶液的洁净程度对电极反应动力学数据的重现性有重大影响。他们利用可更新的滴汞电极研究汞电极与水溶液界面的性质，根据表面张力与电极电位和溶液组成之间的关系，揭示了电极∣电解液界面的一般结构，根据电极电位对电极反应活化能的影响，提出了电极反应动力学的基本公式，形成了较完善的电极过程动力学理论和实验研究方法，成为人们认识电极界面结构的基础。早在20世纪30年代和50～60年代期间，多种电化学方法和实验技术不断地涌现出来，如Delahay系统地阐明了各类电化学测量方法，Gerischer创立了各种暂态方法，Frumkin等提出的旋转圆盘电极方法等，这些方法目前仍然是从事电化学研究所经常采用的基本方法和手段。随着滴汞电极和极谱学的出现，特别是20世纪40～50年代期间，越来越多的研究证明，电极反应中的许多物种是先吸附在电极表面，然后才发生电极反应。Anson在60年代末至70年代初在阐明电极过程和电极表面吸附的关系上迈出了有意义的一步。他广泛地研究了大量配合物，系统地阐述了发生吸附的化学基础和吸附层的结构模型，总结出可估测物质在电极上吸附行为的简单规律。20世纪80年代初，法国科学家Clavilier发明了用氢-氧焰处理金属单晶电极，氧化脱附表面的杂质并使表面恢复其明确的原子排列结构，然后在一滴超纯水保护下转入电解液中。这一简单的方法成功地解决了金属单晶电极表面的清洁和无污染转移的难题，开拓了表面原子排列结构层次的电化学研究。

图1-1　1780年Galvani发现生物电现象　　　　图1-2　1800年Volta发明利用电化学
　　　　　　　　　　　　　　　　　　　　　　　　　　　　原理连续供电的伏打电堆

上述方法主要是依赖对电流、电位、电容和电量等电化学参数的测量和分析的唯象研究，获得的宏观数据限制了对电极界面结构和反应历程的实质性认识。电化学最大的进步发生在 20 世纪的后 30 年间，把光谱技术同电化学方法结合在同一电解池中工作，这样可以在电化学反应进行的同时对电极｜电解液界面和过程进行原位光谱观测，从而实现在分子水平上认识电化学现象和规律。其中电化学方法可以很容易地通过调控电极｜电解液界面的电位来调控反应过程；而光谱方法则有利于识别物质，特别是在鉴别反应的中间体和瞬态物种方面具有独特的优越性，两者结合实现在分子水平上研究反应过程和变化。随着光谱、波谱技术从 60 年代，特别是 80 年代以来的迅速发展，原位光、波谱电化学方法，以及理论计算方法在电化学过程动力学的研究方面日益受到重视并得到了广泛应用。

1.2 电催化反应的基本规律和两类电催化反应及其共同特点

电极反应是伴有电极｜溶液界面电荷传递步骤的多相化学过程，其反应速度不仅与温度、压力、溶液介质、固体表面状态、传质条件等有关，而且受施加于电极｜溶液界面电场的影响：在许多电化学反应中电极电势每改变 1V 可使电极反应速度改变 10^{10} 倍，而对一般的化学反应，如果反应活化能为 $40kJ \cdot mol^{-1}$，反应温度从 25℃升高到 1000℃时反应速度才提高 10^5 倍。显然，电极反应的速度可以通过改变电极电势加以控制，因为通过外部施加到电极上的电位可以方便地改变反应的活化能。其次，电极反应的速度还依赖于电极｜溶液界面的双电层结构，因为电极附近的离子分布和电位分布均与双电层结构有关。因此，电极反应的速度可以通过修饰电极的表面而加以调控[1]。许多化学反应尽管在热力学上是有利的，但它们自身并不能以显著的速率发生，必须利用催化剂来降低反应的活化能，提高反应进行的速度。电催化反应是在电化学反应的基础上，用催化材料作为电极或在电极表面修饰催化剂材料，从而降低反应的活化能，提升电化学反应的效率。电催化反应速度不仅仅由催化剂的活性决定，而且还与界面电场及电解质的本性有关。由于界面电场强度很高，对参加电化学反应的分子或离子具有明显的活化作用，使反应所需的活化能显著降低。所以大部分电化学反应可以在远比通常化学反应低得多的温度下进行。电催化的作用是通过增加电极反应的标准速率常数，而使得产生的法拉第电流增加。在实际电催化反应体系中，法拉第电流的增加常常被另一些非电化学速率控制步骤所掩盖，因而通常在给定的电流密度下，从电极反应具有低的过电位来简明而直观地判明电催化效果。

电催化的共同特点是反应过程包含两个以上的连续步骤，且在电极表面上生成化学吸附中间物。许多由离子生成分子或使分子降解的重要电极反应均属电催化反应，主要分成两类。

(1) 第一类反应 离子或分子通过电子传递步骤在电极表面产生化学吸附中间物，随后化学吸附中间物经过异相化学步骤或电化学脱附步骤生成稳定的分子，如氢电极过程、氧电极过程等。

① 酸性溶液中氢的析出反应（HER）

$$2H_2O \longrightarrow 2H_2 + O_2（总反应方程式） \tag{1-1}$$

$$H^+ + M + e^- \longrightarrow MH（质子放电 Volmer） \tag{1-2}$$

$$MH + MH \longrightarrow H_2 + 2M（化学脱附或表面复合 Tafel） \tag{1-3}$$

$$H^+ + MH + e^- \longrightarrow H_2 + M（电化学脱附 Heyrovsky） \tag{1-4}$$

② 氢的氧化反应（HOR） 分子氢的阳极氧化是氢氧燃料电池中的重要反应，而且被视为贵金属表面上氧化反应的模型反应，包括解离吸附和电子传递，过程受 H_2 的扩散控制。

$$H_2 + 2Pt \longrightarrow 2PtH \tag{1-5}$$

$$PtH \longrightarrow Pt + H^+ + e^- \tag{1-6}$$

氢电极的反应是非常重要的反应，它有诸多方面的应用：第一，氢电极反应用来构建参比电极，如标准氢电极（SHE）和可逆氢电极（RHE）；第二，氢的吸脱附反应在发展电化学理论方面具有重要作用；第三，许多重要的电化学过程都包含氢析出反应，如电解、电镀、电化学沉积、电化学能源和传感器等；第四，氢阳极氧化反应是质子交换膜燃料电池的阳极反应。

③ 氧的还原反应（ORR） 氧的还原反应是燃料电池的阴极还原反应，其动力学和机理一直是电化学领域的重要研究课题。在水溶液中氧的还原可以按两种途径进行。

a. 直接的 4 电子途径（以酸性溶液为例）：

$$O_2 + 4H^+ + 4e^- \longrightarrow 2H_2O \quad (E = 1.229V) \tag{1-7}$$

b. 2 电子途径（或称过氧化氢途径）：

$$O_2 + 2H^+ + 2e^- \longrightarrow H_2O_2 \quad (E = 0.67V) \tag{1-8}$$

$$H_2O_2 + 2H^+ + 2e^- \longrightarrow 2H_2O \quad (E = 1.77V) \tag{1-9}$$

直接的 4 电子途径经过许多中间步骤，期间可能形成吸附的过氧化物中间物，但总结果不会导致溶液中过氧化物的生成；而过氧化物途径在溶液中生成过氧化物，后者再分解转变为氧气和水，属于平行反应途径。如果通过 2 电子反应生成的过氧化氢离开电极表面的速度增加，则过氧化氢就是主产物。对于燃料电池而言，2 电子途径对能量转化不利，氧气只有经历 4 电子途径的还原才是期望发生的。氧气还原是经历 4 电子途径还是 2 电子途径，电催化剂的选择是关键，它决定了氧气与电极表面的作用方式；而区别电极反应是经历 4 电子途径还是 2 电子途径的方法，是通过旋转圆盘电极和旋转环盘电极等技术检测反应过程中是否存在过氧化物中间体。

(2) 第二类反应 反应物首先在电极表面上进行解离式或缔合式化学吸附，随后化学中间物或吸附反应物进行电子传递或表面化学反应，如甲酸电氧化是通过双途径机理实现的。

① 活性中间体途径：

$$HCOOH + 2M \longrightarrow MH + MCOOH \tag{1-10}$$

$$MCOOH \longrightarrow M + CO_2 + H^+ + e^- \tag{1-11}$$

② 毒性中间体途径：

$$HCOOH + M \longrightarrow MCO + H_2O \tag{1-12}$$

$$H_2O + M \longrightarrow MOH + H^+ + e^- \tag{1-13}$$

$$MCO + MOH \longrightarrow 2M + CO_2 + H^+ \tag{1-14}$$

在毒性中间体途径中生成的吸附态 CO 和其它含氧的毒性中间体的氧化，能够被共吸附的一些含氧物种所促进，对于 Pt 和 M 组成的双金属催化剂，在铂位上有机小分子（甲醇、甲酸、乙二醇等）发生解离吸附形成吸附态 CO，而被邻近 M 位上于较低电位下生成的含氧物种所氧化。因此，设计、制备双金属催化剂成为提高有机小分子直接燃料电池性能的重要途径之一。

电催化反应与异相化学催化反应具有相似之处，然而电催化反应具有自身的重要特征，突出的特点是电催化反应的速度除受温度、浓度和压力等因素的影响外，还受电极电位的影响，表现在以下几个方面：①在上述第一类反应中，化学吸附中间物是由溶液中物种发生电极反应产生的，其生成速度和电极表面覆盖度与电极电位有关；②电催化反应发生在电极|溶液界面，改变电极电位将导致金属电极表面电荷密度发生改变，从而使电极表面呈现出可调变的 Lewis 酸-碱特征；③电极电位的变化直接影响电极｜溶液界面上离子的吸附和溶剂的取向，进而影响到电催化反应中反应物种和中间物种的吸附；④在上述第二类反应中形成的吸附中间物种通常借助电子传递步骤进行脱附，或者与在电极上的其它化学吸附物种（如 OH 或 O）进行表面反应而脱附，其速度均与电极电位有关。由于电极｜溶液界面上的电位差可在较大范围内随意地变化，通过改变电极材料和电极电位可以方便而有效地控制电催化反应速度和选择性。

1.3 研究电极过程的经典电化学方法、表面分析技术和电化学原位谱学方法

1.3.1 经典电化学研究方法

为了认识、预示和控制电催化反应，设计电催化反应路线，必须研究电催化反应机理，测定动力学和热力学参数。其基本内容是：①探明反应历程，即了解总反应是由哪些基元步骤组成，以及基元反应的先后顺序，并确定速度决定步骤；②测定各个基元反应的动力学参数和热力学参数，其中最重要的是控制步骤的动力学参数，其次是非控制步骤的热力学参数（平衡常数），进一步还需要知道控制步骤的

热力学参数以及非控制步骤的动力学参数。经典的电化学无法用电化学仪器来观测反应历程中分子间的转化过程，而只能通过各种间接的实验数据，如：电流、电位、电量和电容等来进行唯象解析。20 世纪 50 年代前后经典的电化学研究方法已经逐渐确立，主要分为暂态和稳态两种。在暂态阶段电极电势和电极表面的吸附状态以及电极|溶液界面扩散层内的浓度分布等都随时间变化；在稳态阶段电极反应仍以一定的速度进行，然而各变量（电流和电势等）已不随时间变化；暂态和稳态是相对而言的，从暂态到稳态是一个逐渐过渡的过程。稳态的电流全部是由于电极反应所产生的，它代表着电极反应进行的净速度；而流过电极|溶液界面的暂态电流则包括了法拉第电流和非法拉第电流。暂态法拉第电流是由电极|溶液界面的电荷传递反应所产生，通过暂态法拉第电流可以定量计算电极反应；暂态非法拉第电流是由于双电层的结构变化引起的，通过非法拉第电流可以研究电极表面的吸附和脱附行为，测定电极的实际表面积。经典的电化学研究方法有：循环伏安法、电位阶跃法、恒电流电解法、旋转圆盘电极法、旋转环盘电极法和交流阻抗法等[1~6]。

(1) 循环伏安法（Cyclic Voltammetry，CV） 一种最常用的控制电位技术。在电化学循环伏安研究中，电极电位随时间以恒定的变化速度（v）在设定的上限（E_U）和下限（E_L）电位之间循环扫描，同时记录电流随电极电位的变化曲线（即循环伏安曲线，亦记为 CV 曲线）。由于电流正比于电极反应的速率，电极电位代表固|液界面电化学反应体系的能量，因此电化学循环伏安曲线实际上给出了电极反应速率随固|液界面反应体系能量连续反复变化的规律。该方法可用来进行初步的定性和定量研究，推断反应机理和计算动力学参数等，已广泛用于测定各种电极过程的动力学参数和鉴别复杂电极反应的过程。

(2) 电位阶跃法（Chronoamperometry） 一种控制电位技术，即从无电化学反应的电位阶跃到发生电化学反应的电位，同时测量流过电极的电流或电量随时间的变化，进而计算反应过程的有关参数。

(3) 恒电流电解法（Chronopotentiometry） 一种控制电流技术，控制工作电极的电流，同时测定工作电极的电位随时间的变化。在实验过程中，施加在电极上的氧化或还原电流引起电活性物质以恒定的速度发生氧化或还原反应，导致了电极表面氧化-还原物种浓度比随时间变化，进而导致电极电位的改变。

(4) 旋转圆盘电极法（Rotating Disk Electrode，RDE） 一种强制对流的技术，即将圆盘电极顶端固定在旋转轴上，电极底端浸在溶液中，通过马达旋转电极，带动溶液按流体力学规律建立起稳定的强对流场。旋转圆盘电极法最基本的实验就是在这种强迫对流状态下，测量不同转速的稳态极化曲线。

(5) 旋转环盘电极法（Rotating Ring Disk Electrode，RRDE） 旋转圆盘电极法的重要扩展。它在圆盘电极外，再加一个环电极，环电极与盘电极之间的绝缘层宽度一般在 0.1~0.5mm。环电极和盘电极在电学上是不相通的，由各自的恒电位仪控制。旋转环盘电极特别适用于可溶性中间产物的研究，可以用于简单电极反应动力学参数（扩散系数、交换电流和传递系数）的测量。旋转环盘电极技术最典型的研究体系就是氧还原反应，在盘电极上进行氧阴极还原，环电极收集盘电极产生的中间产物 H_2O_2，由此可以很方便地判断反应过程是 4 电子还是 2 电子途径[7]。

（6）交流阻抗法（Electrochemical Impedance Spectroscopy，EIS）　前面几种方法都是对体系施加一个大的扰动信号，使电极反应处于远离平衡态的状态下研究电极过程。电化学阻抗法是用小幅度交流信号扰动电极，观察体系在稳态时对扰动的跟随情况。交流阻抗法已成为研究电极过程动力学以及电极界面现象的重要手段。交流阻抗法通过在很宽频率范围内测量的阻抗频谱来研究电极体系，可以检测电极反应的方式（如电极反应的控制步骤是电荷转移还是物质扩散，或是化学反应），测定扩散系数 D、交换电流密度 j_0 以及转移电子数 n 等有关反应的参数，推测电极的界面结构和界面反应过程的机理，因而能得到比其它常规电化学方法更多的动力学和有关界面结构的信息[6]。Kolb 等运用交流阻抗法研究了 Pt(111) 单晶电极的双层电容[8]，Lipkowski 等用微分电容研究仿生生物膜在电极上的吸脱附过程[9]，Conway 等通过发展电化学吸附过程的交流阻抗谱方法，研究氢在铂单晶电极上欠电位吸附（UPD）和析出反应（HER）的动力学过程[10~13]。此外，交流阻抗方法还广泛用于研究直接甲醇燃料电池电极反应动力学[14~16]，金属腐蚀和防护过程[17]，以及聚合物电解质的电导率和界面性质等[18]。

1.3.2　非传统电化学研究方法及其进展

对每一个具体的研究体系，当深入认识了其电极反应和电极过程后，就可以设计电极反应来突出我们所要研究的过程、抑制不需要的过程；同时也可以改变电极材料，更进一步地发展新的电催化材料。固|液界面的性质及所发生的过程，对确定自然界的行为有着特别重要的作用。因此，寻求能够提供准确描述这种界面上分子间、分子内结构及界面过程的动力学和能量学信息的方法是非常重要的。如上所述，传统的电化学方法主要以电信号作为激励和检测手段，通过电信号（波形）发生器、恒电位仪、记录仪（或计算机）和锁相检测装置等常规设备，获得固|液界面的各种平均信息，从而实现表征电极表面和固|液界面结构，研究各种电化学反应的动力学参数和反应机理。在研究电催化剂的性能时，最常用到的且简单直观的方法是循环伏安法，它给出电极反应速率随固|液界面反应体系能量连续反复变化的规律，因此该方法可用于评估催化剂的活性和稳定性，推断反应机理和计算动力学参数等。但单纯电化学测量不能对反应参数或中间体的鉴定提供直接信息，同样也不能从分子水平上提供电极|溶液界面结构的直接证据。

在电信号以外引入不同能量的光子原位探测固|液界面，可获得进一步的分子水平上的信息，构成了当今的各种电化学原位谱学方法（红外光谱、拉曼光谱、紫外可见光谱、X 射线、二次谐波、合频光谱等）。不同的电催化材料组成的固|液界面具有不同的双电层结构和不同的反应能垒，应用电化学原位谱学方法，可在电化学反应的同时原位探测固|液界面，获得电极|溶液界面分子水平和实时的信息。从

而在分子水平层面快速、方便地研究发生在固|液界面的表面过程和反应动力学。它在研究电极反应的机理，电极表面特性，鉴定参与反应的中间体和产物性质，测定电对的式量电位，电子转移数，电极反应速率常数以及扩散系数等方面发挥着巨大的作用。光谱电化学方法可以用于电活性、非电活性物质的研究，以及吸附分子的取向，确定表面膜组成和厚度等。

(1) 电化学原位红外反射光谱（in situ IR spectroscopy） 是研究固|液界面发生的电化学过程的强有力的方法，它可以得到在电信号激励下电极表面物种的吸脱附以及分子的成键和取向等信息，是一种适用于研究电极材料的性能和结构的关系以及电催化反应机理的方法。不仅能够用于研究电催化剂表面和附近物种的结构信息，而且还可获得物质在电化学反应前后的变化情况，有助于在分子水平上揭示电化学催化过程的机理和动力学，从而推动电化学理论取得进一步的发展。近年来，电化学原位红外反射光谱方法又有了新的突破，具有时间和空间分辨的原位光谱方法应运而生，促进了对快速电化学反应和电催化剂表面微区的结构和性能的研究[19,20]，进一步拓宽了电化学的研究对象和领域。

例如，乙醇电氧化有两种途径，一种是不完全氧化生成乙醛和乙酸的 2 电子和 4 电子途径，另一种是乙醇的 C—C 键断裂发生完全氧化生成 CO_2 的 12 电子途径。乙醇的 C—C 键断裂需要很高的能量，在通常的催化剂上都只是发生了 2 电子和 4 电子转移而生成乙醛和乙酸，这只能利用 1/3 的能量密度。电催化剂的表面状态和结构与其电催化性能密切相关。孙世刚课题组研究了乙醇在他们制备的碳载高指数晶面结构铂纳米粒子催化剂（HIF-Pt/C）上的氧化过程，图 1-3 为商业 Pt/C 和 HIF-Pt/C 催化剂上乙醇氧化的电化学原位红外光谱。研究结果表明 HIF-Pt/C 能促进乙醇 C—C 键的断裂，在同样的条件下乙醇在 HIF-Pt/C 上氧化产生的 CO_2 是商业 Pt/C 催化剂上的 2 倍[21]。

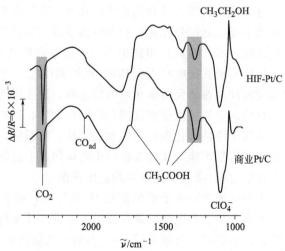

图 1-3 HIF-Pt/C 和商业 Pt/C 催化剂乙醇氧化的原位 FTIR 光谱[21]

$E_S = 0.60V$, $E_R = -0.25V$, $0.1mol \cdot L^{-1}$ HClO$_4$

（2）电化学原位拉曼光谱（in situ Raman spectroscopy）　和电化学原位红外光谱方法是互补的分子振动光谱方法。红外光谱受溶剂吸收（尤其是水溶液体系）的影响和在低能量时（$<200cm^{-1}$）窗片材料吸收所限制，而拉曼光谱法，特别是表面增强拉曼光谱（SERS）具有在多种溶剂中和宽广的频率范围研究表面及其过程的能力。

（3）紫外-可见光谱电化学法（in situ UV/vis spectroscopy）　要求研究的体系在紫外-可见区域内有光吸收变化，该方法仅适用于研究含有共轭体系的有机物质和在紫外-可见光谱范围内具有光吸收的无机化合物。

（4）电化学石英晶体微天平（electrochemical quartz crystal microbalance，EQCM）　是研究电极表面过程的一种有效方法，它能同时测量电极表面质量、电流和电量随电位的变化情况。与法拉第定律结合，可定量计算每一法拉第电量所引起的电极表面质量变化，为判断电极反应机理提供丰富的信息。Zhong 等[22]用电化学石英晶体微天平方法研究了"核-壳"型 Au-Pt 纳米结构催化剂对甲醇氧化的促进作用，研究发现在含甲醇的碱性电解质溶液中，当电位正向扫描到 0.8V，Au 表面氧化物种的量是不含甲醇时的 4 倍，表明甲醇加速了 Au 氧化物种的形成。而 Au 上表面氧化物种加速了甲醇脱氢氧化反应中间体的进一步氧化。因此，"核-壳"型 Au-Pt 纳米粒子对甲醇和 CO 的氧化表现出很高的催化活性。

（5）微分电化学质谱（differential electrochemical mass spectroscopy，DEMS）　是连接电化学检测和离子检测之间的桥梁[23]，可以快速跟踪对应于测量电流的质量变化。某些情况下微分电化学质谱（DEMS）也和椭圆偏振仪以及二次谐波发生器（SHG）联合使用[24]。DEMS 可原位检测电解质溶液中反应产物和中间体的浓度随电位的变化。Willsau 等[25]用微分电化学质谱和同位素标记研究了有机小分子（$HCOOH$、CH_3OH 和 CH_3CH_2OH）解离吸附的中间体，提出 HCO_{ad} 是 $HCOOH$ 和 CH_3OH 氧化及 CO_2 还原的中间体，而 CH_3CH_2OH 氧化的中间体是 CH_3CO_{ad}。

（6）电荷置换法（Charge Displacement）　在固|液界面环境中，溶液中的离子十分容易在铂族金属单晶表面吸附。为了深入研究吸附过程，进一步认识单晶催化材料的性能，Feliu 等[26,27]提出了电荷置换法。即在给定电极电位用 CO 置换预先吸附在电极表面的物种，同时记录流过电路的电流随时间的变化，进一步积分电流-时间曲线获得吸附层被 CO 完全置换所需的电量。CO 是中性分子，能与铂族金属形成很强的化学键，因此能置换任何预先吸附的物种。因此，电荷置换实验中电流的符号可为鉴别单晶电极表面吸附物种提供依据。同时，置换电量的测量还有助于从 CO_{ad} 的氧化电量准确计算其覆盖度[28]。电荷置换法一个更重要的应用是可以用来测量铂族金属单晶电极的零全电荷电位（Potential of Zero Total Charge，PZTC）。零全电荷电位在深入认识电催化和电子传递现象等方面具有十分重要的意义。

（7）密度泛函理论（Density Functional Theory，DFT）　是电催化体系中常用

到的定量计算方法。密度泛函理论（DFT）是一种研究多电子体系电子结构的量子力学方法。电子结构理论的经典方法是基于复杂的多电子波函数的。密度泛函理论的主要目标就是用电子密度取代波函数作为研究的基本量，无论在概念上还是实际上都更方便处理。密度泛函理论的概念起源于 Thomas-Fermi 模型，但直到 Hohenberg-Kohn 定理提出之后才有了坚实的理论依据。Hohenberg-Kohn 第一定理指出体系的基态能量仅仅是电子密度的泛函。Hohenberg-Kohn 第二定理证明了以基态密度为变量，将体系能量最小化之后就得到了基态能量。密度泛函理论最普遍的应用是通过 Kohn-Sham 方法实现的[29]。在 Kohn-Sham DFT 的框架中，最难处理的多体问题被简化成了一个没有相互作用的电子在有效势场中运动的问题。自1970 年以来，密度泛函理论在固体物理学的计算中得到广泛的应用。在多数情况下，与其它解决量子力学多体问题的方法相比，采用局域密度近似的密度泛函理论给出了非常令人满意的结果，同时所用的费用比实验研究少得多。尽管如此，人们普遍认为量子化学计算不能给出足够精确的结果，直到 20 世纪 90 年代，理论中所采用的近似被重新提炼成更好的交换相关作用模型。密度泛函理论是目前多种领域中电子结构计算的领先方法。尽管密度泛函理论得到了改进，但是用它来恰当的描述分子间相互作用，特别是范德华力，或者计算半导体的能隙还是有一定困难的。DFT 在 90 年代得到迅速发展，主要用于计算定量分子和类固体的电子结构和性质。研究主要集中在两方面：第一是用 DFT 去定量地推测物质的性质，计算分子的结构和总能量；第二是一些多年前提出的基本概念，都缺乏精确的定义，甚至连物理量单位都不一致。根据密度泛函理论，可以对化学概念给予精确的定义和解释。Kohn 由于发展了密度泛函理论成为 1998 年化学诺贝尔奖得主之一。

应用 DFT 方法计算吸附分子与催化剂间的结合能可以更好地解释电催化的微观过程，Koper 等[30]用 DFT 分别计算了 Pt(111) 和 Ru(0001) 表面上，以及 Pt 单层在 Ru(0001) 表面上和 Ru 单层在 Pt(111) 表面上的 CO 吸附能 $[E_{ad}(CO)]$。计算结果给出 Pt 单层在 Ru(0001) 表面上 $[Pt_{ML}/Ru(0001)]$ 具有最低的 CO 吸附能，因此可以很好地解释其具有强的抗 CO 毒化能力。Sergey Stolbov 等[31]也用 DFT 方法研究了 PtRu 电催化剂抗 CO 毒化能力的微观过程，提出其强的抗 CO 毒化能力是基于 Pt、Ru 纳米粒子的共同作用。首先 CO 从 Pt 位扩散到 Ru 位，然后与 Ru 位上的活性氧结合生成 CO_2，这个机理只有在 Pt 岛比较小（最好只有几个原子）时才成立。他们的进一步 DFT 计算表明 Pt 原子倾向于形成大的岛。Ru 纳米粒子具有由台阶分成的许多小平面，使得 Ru 表面上的 Pt 原子扩散形成二聚体需要很高的活化能垒。因此，PtRu 催化剂上小的 Ru 纳米粒子阻止 Pt 形成大的岛。他们的 DFT 计算结果解释了为什么对于双功能 PtRu 催化剂，其 Ru 纳米粒子的尺度是影响其催化活性的关键因素。只有在粒子尺度小，亚单层覆盖度的 Ru 位上的 Pt 原子不能越过 Ru 粒子的边缘从一个平面向另一个平面扩散形成大的岛，而只能是在它们吸附的表面上形成小岛，这种结构有利于 CO 从 Pt 活性位向 Ru 活性位扩散，减小 CO 对 Pt 的毒化。值得注意的是在进行 DFT 计算时必须考虑实际体系的各种相互作用，否则将与实际体系不符。例如，Koper 等[32]用电化学、谱学电化学和 DFT 计算研究了 CO 在 Au(111) 上的吸附和氧化，实验结果和计算结果都表明在更负的电位下 CO 的吸附量增加，不可逆 CO 吸附位与电位相关。在任何电位下都能生成顶位的 CO，当吸附电位低于 0V（RHE）时易形成空穴位的 CO，当吸附电位高于 0V（RHE）时易生成桥式位 CO。然而计算得到的 CO 结合能不足以解释 CO 的不可逆吸附，部分原因归结为 OH 的共吸附在计算时没有考虑在内。Hu 的研究小组[33]考虑了电化学反应条件下的水与电场的作用，用 DFT 计算含氧物种存在与否时乙醇 C—C 键的能垒，揭示了铂催化剂对乙醇氧化生成 CO_2 选择性低的原因。研究发现在低电位下很容易发生 C—C 键的解离生成 CO，由于此时反应体系中没有可供 CO 继续氧化的含氧物种，所以生成 CO_2 步骤被限制；在高电位下电极表面吸附含氧物种，乙醇脱氢生成的中间体 CH_3CO 更易结合 OH 而生成乙酸，使 C—C 键断裂被抑制而导致 CO/CO_2 的量减少。

(8) 蒙特卡洛计算（Mort Carlo，MC） 是一种采用统计抽样理论近似地求解数理问题的方法。该方法首先建立一个与所描述的物理对象有相似性的概率模型，再把此模型的某些特征如随机变量平均值与物理问题的解答如积分值联系起来，进而对模型进行随机模拟和统计抽样，最后用所得结果求出特征的统计估计值作为问题的近似解。蒙特卡罗法不仅可以直接模拟许多宏观化学现象，取得与实验相符或可比较的结果，而且能够提供微观结构、运动及它们和物系宏观性质关系的极其明确的图像。从这个意义上来说，该方法是一种计算机实验。蒙特卡罗模拟也是电催化研究中经常用到的一个方法，CO 在铂族金属电催化剂上的吸附是个表面结构敏感的反应，有时在实验中会观察到吸附态 CO 氧化峰前还有一个前峰。Koper 等[34]用蒙特卡罗模拟研究了 CO 在阶梯晶面电极上的电氧化机理，在假设 CO 表面扩散速度很慢的前提下给出一个简单模型，模拟的循环伏安图和电位阶跃图中存在前峰，这在很大程度上是由于具有低的表面流动性的 CO 吸附在台阶位上的结果。CO 首先吸附在台阶晶面上，若 CO 的流动性不大时，在台阶位上吸附的 OH 与邻近的台阶位上的 CO 反应生成了前峰；然后 CO 吸附到平台位上，与吸附在平台位上的 OH 反应生成主峰。当 CO 的流动性很大时，就观察不到氧化前峰，表明

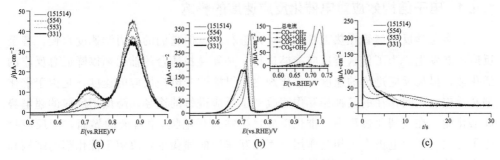

图 1-4 模拟的不同晶面结构单晶电极上循环伏安图和电位阶跃图[34]

(a) OH 吸附；(b)、(c) CO 氧化

CO全部流动到平台位上吸附。平台宽度小时，台阶原子数量增加一倍，前峰对应的电流也增加。其计算结果与在阶梯晶面 $Rh[n(111)\times(111)]$ 电极上的循环伏安图（CV）和电位阶跃图相吻合（图1-4）。

在固|液界面发生的电化学过程是一个相当复杂的过程，因此将电化学与光谱方法（FTIR、Raman、UV/Vis、XRD、SHG、SEM 等）、电子能谱（XPS、UPS、AES 等）、质谱（DEMS、EQCM）和表面显微方法（SPM、SEM、TEM 等），以及定量计算方法结合起来可对评价电催化剂的活性提供更丰富全面的信息，从而为从原子和分子水平认识固|液界面性质和所发生的过程提供了可能[35]。

1.4 电催化剂的电子结构效应和表面结构效应

大量事实证明，电极材料对反应速度和反应选择性有明显的影响。反应选择性实际上取决于反应中间物的本质及其稳定性，以及在溶液体相中或电极界面上进行的各个连续步骤的相对速度。电极材料对反应速度的影响可分为电子结构效应和表面结构效应。电子结构效应主要是指电极材料的能带、表面态密度等对反应活化能的影响；而表面结构效应是指电极材料的表面结构（化学结构、原子排列结构等）通过与反应分子相互作用/修改双电层结构进而影响反应速度。二者对改变反应速度的贡献不同：活化能变化可使反应速度改变几个～几十个数量级，而双电层结构引起的反应速度变化只有1～2个数量级。在实际体系中，电子结构效应和表面结构效应是互相影响、无法完全区分的。即便如此，无论是电催化反应或简单的氧化还原反应，首先应考虑电子效应，即选择合适的电催化材料，使得反应的活化能适当，并能够在低能耗下发生电催化反应。在选定电催化材料后就要考虑电催化剂的表面结构效应对电催化反应速度和机理的影响。由于电子结构效应和表面结构效应的影响不能截然分开，不同材料单晶面具有不同的表面结构，同时意味着不同的电子能带结构，这两个因素共同决定着电催化活性对催化剂材料的依赖关系。

1.4.1 电子结构效应对电催化反应速度的影响

许多化学反应尽管在热力学上是可以进行的，但它们的动力学速度很慢，甚至反应不能发生。为了使这类反应能够进行，必须寻找适合的催化剂以降低总反应的活化能，提高反应进行的速度。催化剂之所以能改变电极反应的速度，是由于催化剂和反应物之间存在的某种相互作用改变了反应进行的途径，降低了反应的超电势和活化能。在电催化过程中，催化反应发生在催化电极|电解液的界面，即反应物分子必须与催化电极发生相互作用，而相互作用的强弱主要决定于催化剂的结构和组成。催化剂活性中心的电子构型是影响电催化活性的一个主要因素。电极材料电催化作用的电子效应是通过化学因素实现的，目前已知的电催化剂主要是金属和合

金以及其化合物、半导体和大环配合物等不同材料，但大多数与过渡金属有关。过渡金属在电催化剂中占优势，它们都含有空余的 d 轨道和未成对的 d 电子，通过含过渡金属的催化剂与反应物分子的接触，在这些电催化剂空余 d 轨道上形成各种特征的化学吸附键达到分子活化的目的，从而降低了复杂反应的活化能，达到了电催化的目的。具有 sp 轨道的金属（包括第一和第二副族，以及第三、第四主族，如汞、镉、铅和锡等）催化活性较低，但是它们对氢的过电位高，因此在有机物质电还原时也常常用到。

对于同一类反应体系，不同过渡金属电催化剂能引起吸附自由能的改变，进而影响反应速度。电极材料的电子性质强烈地影响着电极表面与反应物种间的相互作用。图 1-5 给出各种不同金属对氧还原和氢析出反应的活性与结合能或活化能的火山形关系[36,37]，从图中可以看出吸附能太大和太小，催化活性都很低，只有吸附能适中时，催化活性达到最大。表明优良的电催化剂与吸附中间物的结合强度应当适中，吸附作用太弱时，吸附中间物很易脱附，而吸附作用太强时中间物难于脱附，二者均不利于反应的进行。吸附能适中的催化剂，其电催化活性最好，火山形规律是对不同电极材料电催化活性进行关联的依据。图 1-6 给出中性溶液中甲酸在不同的贵金属电极（Pt、Rh、Pd 和 Au）上氧化的 CV 曲线[38]。可以看到在四种不同金属电极上甲酸氧化给出了完全不同的 CV 特征：不同的起峰电位和最大氧化电流密度，表明由于不同金属催化剂对甲酸氧化的活化能不同，导致甲酸氧化电位和电流强度的不同，显示出在不同催化剂上甲酸氧化催化活性的差异。

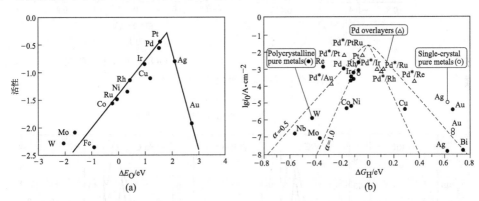

图 1-5　不同金属对氧还原（a）和氢析出反应（b）的催化活性和其分子结合能
或活化能的火山形关系[36,37]

合金化、表面修饰都可以降低反应的活化能。已有研究表明，二元或三元贵金属纳米复合结构既具有其各个组元的特殊性能，又具有异质原子之间的协同作用产生的奇异效应。通过控制合金的成分和结构，可以对其物理化学特性进行调控，以获得需要的优异性能。改善 Pt 抗 CO 毒化的能力可以通过添加第二种金属元素形成铂基纳米材料来增加其催化活性。Zhou 等在 XC-72R 碳上制备了 Pt、PtRu、PtSn、PtW 和 PtPd 纳米粒子，图 1-7[39,40]是这些催化剂对乙醇氧化的循环伏安曲线。第二金属的加入增加了乙醇氧化的电流密度并且其氧化峰电位负移，极大改善了Pt基电催化剂对乙醇氧化的电催化活性。Sn、Ru和W等元素在低电位下能提供乙醇氧化所需的含氧物种，因此这些元素的加入显著提高了乙醇氧化的电催化活性。

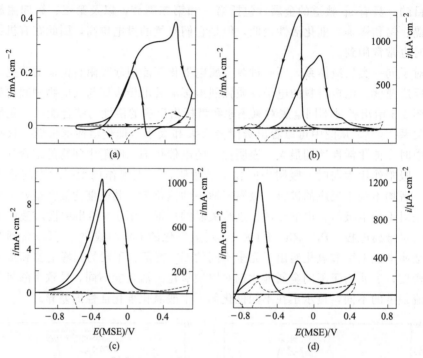

图1-6　$0.25mol \cdot L^{-1}$ K_2SO_4 ＋$0.1mol \cdot L^{-1}$ HCOONa溶液中甲酸在

不同的贵金属电极上氧化的CV曲线[38]

（a）Au；（b）Pd；（c）Pt；（d）Rh

虚线分别为上述电极在支持电解质中的CV曲线

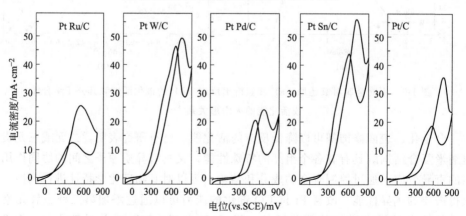

图1-7　$0.5mol \cdot L^{-1}$ H_2SO_4 ＋$1.0mol \cdot L^{-1}$ 乙醇溶液中炭载铂基

双金属电极对乙醇氧化循环伏安曲线[39,40]

催化剂的合金化或表面修饰是通过协同效应促进电催化反应的进行。如甲酸在Pt表面的电催化被认为是双途径机理，其一是甲酸在Pt上直接氧化生成CO_2的活性中间体过程，另一途径则是甲酸在Pt上通过连续的脱氢反应生成CO，继而再氧化成CO_2的毒性中间体过程。Pt上甲酸脱氢氧化成CO的过程是结构敏感的反应，需要铂表面原子的共同作用，通过进行表面修饰可以抑制生成CO过程，促进整个反应的进行。Motoo小组制备了Cu、Sn、Bi、As和Ru[41~48]修饰的铂电极，对吸附原子所占据的表面位和不同的表面状态对哪个途径有利都作了详细的研究。但这些都只是多晶Pt电极上的结果，无法精确评价催化剂活性提高的最佳途径。孙世刚等[49]研究了不同表面结构的Pt单晶电极上Sb的不可逆吸附及其性能，以及甲酸电催化氧化反应动力学。发现Sb的不可逆吸附过程对铂单晶表面结构非常敏感，在循环伏安图上不同表面原子排列结构给出明显不同的吸脱附特征。Sb在电极表面的吸附能抑制甲酸的解离吸附反应，实现甲酸经活性中间体的氧化。且Pt(hkl)/Sb电极对甲酸的催化活性与Sb在电极表面的覆盖度密切相关，只有当覆盖度下降到一定程度时才对甲酸的氧化表现出较高的催化活性。Sb在电极表面的吸附改变了甲酸氧化反应的能垒。在与无Sb修饰的电极相比，在Pt(110)/Sb和Pt(331)/Sb电极上负移了220mV和100mV；而在Pt(100)/Sb电极上正移了50mV。他们进一步用电位阶跃暂态技术研究了甲酸在Pt(hkl)/Sb电极上直接氧化反应的动力学，通过发展对$j-t$暂态曲线的积分变量解析方法[50]，定量求解出反应速率常数k_f、电荷转移系数β和表征Sb_{ad}对反应活化能影响的能量校正因子γ及其随铂单晶晶面结构的变化。

1.4.2 表面结构效应对电催化反应速度的影响

探明催化活性中心的表面原子排列结构十分重要。具有不同结构的同一催化剂对相同分子的催化活性存在显著差异，就是源于它们具有不同的表面几何结构。电催化中的表面结构效应起源于两个重要方面。首先，电催化剂的性能取决于其表面的化学结构（组成和价态）、几何结构（形貌和形态）、原子排列结构和电子结构；其次，几乎所有重要的电催化反应如氢电极过程、氧电极过程、氯电极过程和有机分子氧化及还原过程等，都是表面结构敏感的反应。因此，对电催化中的表面结构效应的研究不仅涉及在微观层次深入认识电催化剂的表面结构与性能之间的内在联系和规律，而且涉及分子水平上的电催化反应机理和反应动力学，同时还涉及反应分子与不同表面结构电催化剂的相互作用（反应分子吸附、成键，表面配位，解离，转化，扩散，迁移，表面结构重建等）的规律。

金属单晶面具有明确的原子排列结构，是研究电催化、多相催化反应的理想模型表面，因此作为模型催化剂得到了深入研究[51~53]。金属单晶，特别是铂族金属单晶已被广泛用于H_2的氧化[54]，O_2的还原[55,56]，CO、HCHO、HCOOH和CH_3OH等C_1分子的氧化[54,56~58]，CO_2的还原[59]和其它可作为燃料电池反应的有机小分子的氧化[60,61]过程研究。对于同一种材料的催化剂，其表面结构的差异极大地影响其催化活性，如 Pt(111)、Pt(100)、Pt(110) 具有不同的表面结构，其对甲酸催化氧化的活性次序为：Pt(110)＞Pt(111)＞Pt(100)[50]。将金属单晶面作为模型电催化剂开展研究，一个最直接的动因是通过对不同表面原子排列结构单晶面上催化反应的研究，获得表面结构与反应性能的内在联系规律，即晶面结构效应。进而认识表面活性位的结构和本质，阐明反应机理，从而在微观层次设计和构建高性能的电催化剂。

晶体之中，以其空间点阵任意 3 点构成的平面称为晶面。各晶面的特征用密勒指数（hkl）表示。绝大部分铂族金属为面心立方晶格，由它形成的晶面在球极坐标立体投影的单位三角形如图 1-8 所示[53]。由此可见铂单晶面随 Pt 原子在三角形坐标系中不同的位置排列（或不同的晶面指数 {hkl}），呈现出不同的结构特征。(111)、(100) 和 (110) 晶面位于三角形的 3 个顶点，被称为基础晶面或低指数晶面，其中 (111) 和 (100) 晶面最平整，表面没有台阶原子，(110) 晶面可视为阶梯晶面，其（1×1）结构含有两行 (111) 结构平台和一个 (111) 结构台阶，在 (111)、(100) 和 (110) 晶面上原子的配位数分别为 9、8 和 7。其它晶面则为高指数晶面（h，k，l 中最少有一个大于 1），它们分别位于三角形的三条边（[01$\bar{1}$]，[001] 和 [1$\bar{1}$0] 3 条晶带）和三角形内部。位于 3 条边上的晶面为阶梯晶面，其中 [01$\bar{1}$] 和 [1$\bar{1}$0] 晶带上的晶面仅含平台和台阶，而 [001] 晶带上的晶面还含有扭结；位于三角形内部的晶面除平台和台阶外，都含有扭结，且具有手性对称结构。由于高指数晶面都含有台阶或扭结原子，其晶面结构较开放[53]。位于 [001] 晶带上台阶原子是由配位数为 6 的扭结原子组成，而位于 [01$\bar{1}$] 和 [1$\bar{1}$0] 晶带上的台阶原子不具有扭结原子的特征，其配位数为 7，而在三角形内部由于含有扭结原子并呈现手性，其配位数也为 6。

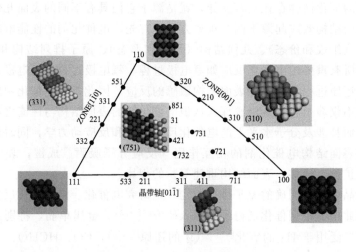

图 1-8 面心立方晶系单晶面的立体投影单位三角形

铂族金属是性能优良的催化材料，其中铂金属被称为"催化剂之王"。它们十分活泼，但也极易吸附大气和溶液中的硫和有机物等而被毒化。在固|液界面环境中，最方便是以氢或氧的吸附作为探针反应，以电化学循环伏安法原位表征单晶电极表面的结构，跟踪其变化。图1-9为 $0.5 \text{mol} \cdot \text{L}^{-1}$ H_2SO_4 溶液中 Pt 单晶的 3 个基础晶面，12 个阶梯晶面和一个手性晶面在不同电位范围内的循环伏安特征曲线[62]。可以看出，当扫描上限电位为 0.75V（SCE）（或更小）时，电位扫描过程中电极表面保持其确定的结构，因此图中的实线分别代表了原子排列结构明确的 16 个 Pt 单晶面的基本特征。但是，当电位向高电位区扫描至 1.2V（SCE）后，由于氧的吸附导致晶面结构重建，破坏了晶面原有的原子排列结构，使循环伏安特征明显改变，如图中虚线所示。从图中可以观察到吸附氢的脱附曲线随着晶面结构的不同而变化，含有（100）短程有序结构的晶面，它们都在 0.01V 附近给出一个明显的特征峰，而含有（110）的短程有序结构的晶面，相应明显的特征峰则在 −0.13V 附近出现。在高电位下晶面被扰乱以后，这两个特征峰的峰电位不变，仅仅是峰电流发生改变。从扰乱的程度看，基础晶面被扰乱的程度较大，而阶梯晶面结构则相对较稳定。在以（100）为平台的 Pt（510）、Pt（610）、Pt（911）、Pt（511）、Pt（311）、Pt（711）、Pt（991）、Pt（310）和 Pt（210）阶梯晶面上，在 0.10V 附近都观察到一个峰电流较小的电流峰。

上述 CV 特征反映了氢在原子排列结构明确的单晶面上吸脱附行为，已成为在固|液界面原位检测 Pt 单晶面结构的判据。进一步对 CV 曲线中氢吸脱附电流进行积分可得到氢的吸（脱）附电量：

$$Q(E) = \frac{1}{\upsilon} \int_{E_1}^{E} \left[j(u) - j_{dl} \right] \mathrm{d}u \qquad (1\text{-}15)$$

式中，E 和 E_1 为氢吸脱附区间上限和下限；j_{dl} 为双电层充电电流（设为固定值）。在 Pt（111）、Pt（100）和 Pt（110）三个基础晶面上 Q 分别为 240、205 和 $220\mu\text{C} \cdot \text{cm}^{-2}$。在 Pt（111）和 Pt（100）上 Q 的数值与一个氢原子吸附在一个表面 Pt 位的理论值相近，说明这两个晶面在当前条件下保持了（1×1）的原子排列结构。但 Pt（110）的数值比理论值（$147\mu\text{C} \cdot \text{cm}^{-2}$）大了约 1.5 倍，对应（1×2）的重组结构。正是各个晶面不同的原子排列对称结构，导致了氢吸脱附行为的差异。从图 1-9 可以看到随晶面结构（平台宽度，平台和台阶上的原子排列结构）变化，其 CV 特征发生了相应的变化。氢的吸脱附反应还可用于检测其它铂族金属单晶电极的结构及其变化，如 Ir[63,64]，Rh[65~67]，Ru[68] 等可以吸附氢的金属。但是钯金属可以大量吸收氢，钯电极的 CV 曲线中主要为氢的还原吸收和氧化脱出电流，表面吸脱附电流被掩埋，因此常以氧的吸脱附反应为探针来检测固|液界面 Pd 单晶电极的结构[69,70]。

以金属单晶面作为模型电催化剂的系统研究发现，具有不同原子排列结构的 Pt 单晶面，对指定反应具有不同的电催化性能。具有开放结构和高表面能的高指数晶面，其电催化活性和稳定性均显著优于原子紧密排列、低表面能的低指数晶

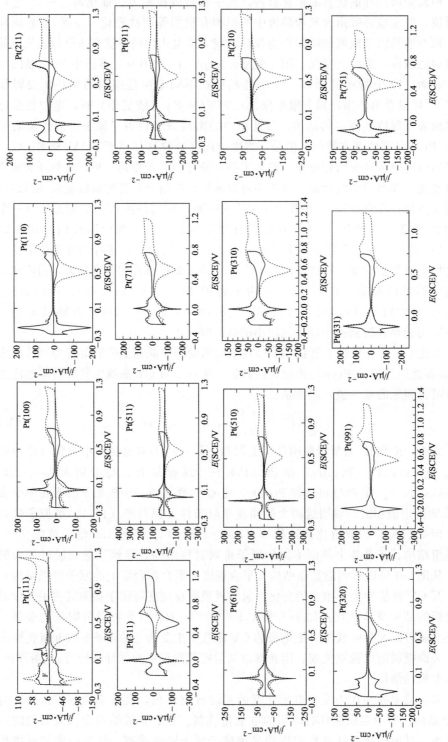

图 1-9 在 0.5mol·L⁻¹ H₂SO₄ 溶液中不同晶面铂电极 Pt(hkl) 的循环伏安特征曲线[62]

面。阶梯晶面上平台与台阶组合形成了高活性的表面位，且因处于短程有序环境而十分稳定，表面原子具有低的配位数，高密度的台阶原子和悬挂键，例如 Pt(n10)－[n(100)×(110)]（n＝2，3，…）系列阶梯晶面的（110）台阶与相邻（100）平台原子形成的椅式六角形表面位[53]，Pt(n+1,n-1,n-1)－[n(111)×(100)]（n＝2，3，4，…）和 Pt(2n-1,1,1)－[n(100)×(111)]（n＝2，3，4，…）两个系列阶梯晶面的（100）或（111）台阶与相邻（111）或（100）平台原子形成的折叠式五角形位[53]，根据上述发现，孙世刚小组提出了由5～6个原子组成，并且处于短程有序环境的电催化表面活性位的结构模型[53,71]。

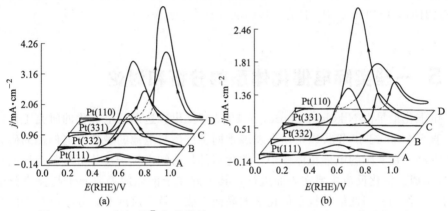

图1-10　乙二醇在 [1$\bar{1}$0] 晶带的 Pt(111)，Pt(332)，Pt(331) 和 Pt(110)
4个晶面上氧化的第一周 (a) 和第十周 (b) 的循环伏安图[71]

图1-10(a) 和 (b) 为乙二醇在 [1$\bar{1}$0] 晶带的 Pt(1$\bar{1}$1)，Pt(332)，Pt(331) 和 Pt(110) 4个晶面上氧化的第1周 (a) 和第10周 (b) 的 CV[71]。可以看到，经火焰处理后表面原子排列结构明确的晶面对乙二醇氧化的电催化活性次序为：Pt(110)＞Pt(331)＞Pt(332)＞Pt(111)，而循环扫描 10 周至 CV 曲线达稳定以后，其电催化活性次序变为：Pt(331)＞Pt(110)＞Pt(332)＞Pt(111)。显然，在初始状态 (明确表明原子排列结构) 下，（110）位的电催化活性远高于（111）位。经过十周电位循环扫描后，Pt(110) 晶面结构发生重建，形成 Pt(110)(1×2) 结构[72]，其电催化活性降低。即在 Pt(110) 晶面上长程有序的（110）位并不稳定，导致其催化性能不稳定。如果仔细观察 Pt(331) 的原子排列结构模型，可发现位于阶梯和相邻平台的原子实际上构成了（110）对称结构，也即 Pt(331) 阶梯面均由这种位于阶梯和平台交界的（110）位（或椅式六边形活性位，见图1-11）组成。由

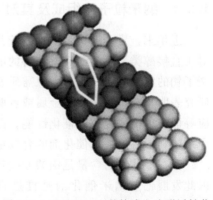

图1-11　Pt(331) 上的椅式六边形活性位

于阶梯的存在，使这种短程有序的（110）位结构稳定，从而使 Pt（331）晶面既具有较高的电催化活性，又具有较好的稳定性。从位于 [01$\bar{1}$] 晶带上 Pt（111），Pt（511）和 Pt（100）3 个晶面对乙二醇氧化达稳定后的第 10 周 CV 曲线测得，其电催化活性次序为 Pt（511）＞Pt（100）＞Pt（111）[73~75]。CO_2 还原也是结构敏感的反应，在研究位于 [001] 晶带上不同密勒指数铂单晶对 CO_2 还原电催化活性时发现，随表面上（100）对称结构密度的降低，氢吸脱附电流受抑制程度逐渐明显，并且它的还原吸附态物种（CO）的氧化峰电流也表现出从（100）向（110）的特征过渡变化，对 CO_2 还原的电催化活性随晶面上（110）台阶密度的降低而减小，即 Pt（210）＞Pt（310）＞Pt（510）＞Pt（100）[76,77]。

1.5 一些实际电催化体系的分析和讨论

电催化最早由 Nikolai Kobozev 于 1936 年提出，这期间电催化的研究工作比较少。直至 20 世纪 60 年代以来，在发展不同种类燃料电池的触动下电催化的研究才广泛开展。在实际的电催化体系中，催化剂都是由纳米粒子及其所负载的导电载体（碳）组成。催化反应主要在表面进行，其关键在于催化剂表面原子与反应分子之间的相互作用。因此纳米粒子催化剂的晶面组成、粒子尺度及其分布以及表面结构等相关因素直接决定了催化剂的性能。醇类燃料电池以其能量密度高、运行温和及携带方便等引起了人们的广泛关注并取得了一定的进展。然而催化剂的活性、稳定性、使用寿命和价格仍是制约醇类燃料电池商品化的瓶颈问题。现阶段铂基催化剂仍然是不可替代的催化剂材料，催化剂研制的目标是在保证催化剂的催化活性、稳定性和使用寿命的同时减小催化剂的载量，提高贵金属特别是铂的利用效率。因此提高催化剂的性能是关键，要从催化剂的组成、尺寸、电子结构和载体等因素综合考虑。

1.5.1 纳米粒子的组成及其对电催化性能的影响

近年来，贵金属纳米结构由于其优异的性能而引起了人们的广泛关注。铂金属对于直接醇类燃料电池具有独特的电催化性能，然而由于价格昂贵、含量稀少而限制了铂的实际应用。因此，急需研发低成本、高性能的电催化剂来替代铂。传统的研究表明贵金属掺杂一种金属或者两种金属的纳米材料由于具有电子效应、协同效应等而表现出更优越的催化性能。因此核壳、合金、纳米枝状、表面修饰等不同电子结构和形貌的纳米催化剂的合成也得到了快速的发展。

钯在地球上的含量是铂的 50 多倍，钯基纳米结构材料也具有较高的催化性能。因此发展钯基纳米催化剂是推进直接醇类燃料电池实际应用的有效途径之一。Kuai 等通过简便的"一锅煮"水热共还原的方法成功制备了 Au-Pd 核壳和多晶合金双金属纳米结构。以 HAuCl₄ 和 H₂PdCl₄ 作为前驱体，PVP 作为还原剂合成出 Au-Pd 核壳纳米结构；当在此基础上再加入 CTAB 时，即可制备多晶 Au-Pd 合金纳米结构。他们研究了这两种合金纳米催化剂在碱性介质中对于氧还原的催化作用，结果表明两种纳米结构对于氧还原均具有较好的催化性能，而多晶 Au-Pd 合金纳米结构比 Au-Pd 核壳纳米结构具有更好的催化活性，表现在氧还原的峰电位正移了 44mV，电催化稳定性增加[78]。董绍俊课题组合成了 PdPt、PdAu 纳米线，并将其用于电化学检测葡萄糖[79]。孙世刚课题组发展电化学方法，成功地合成了 PdPt[80] 合金二十四面体，其对甲酸的电催化氧化活性显著优于商业钯黑催化剂。Yamauchi 等合成了 Au@Pd@Pt 核壳结构[81]，结果表明其对于甲醇电催化活性相对于 Pt 单一金属纳米粒子有了显著提高。

非贵金属的掺杂效应相对于贵金属来说，不仅具有显著的助催化作用，而且能有效地降低催化剂的成本、提高贵金属的利用率，具有更为广阔的研究价值和实用前景。如 Sn 元素对于铂催化乙醇过程可以促进乙醇转化成乙酸，而 Bi、Pb 等的引入可以增加铂催化甲酸过程中抗 CO 毒化的能力，实现甲酸直接转化成二氧化碳。而 Fe、Cu 等过渡金属的掺杂则显著促进氧还原过程。Markovic 等的研究[82]指出 Pt₃Ni 对于氧还原具有极好的电催化性能。Adzic 等人[83]在 2009 年提出 PtRhSnO₂ 三元复合材料能活化乙醇 C—C 键，促进发生 12 电子转移生成 CO₂。该工作结合理论计算和原位红外检测技术研究 PtRhSnO₂ 催化剂对乙醇电氧化性能提高机制。理论计算表明，乙醇首先在铂原子上发生氢的解离产生 CH₂CH₂O，并转移至邻近的 Rh 原子上，而 Rh 对于乙醇、氢解离物种 CH₂CH₂O 以及 C—C 断裂产生的中间态有更高的结合能，使乙醇碳碳键更易断裂。SnO₂ 可以强吸附水，产生吸附态的—OH，有效地阻碍了 Pt 和 Rh 上面水的解离；同时 SnO₂ 上面吸附态的—OH 能有效地促使 CO 等含碳中间物氧化成二氧化碳。原位红外技术发现在 PtRhSnO₂ 上乙醇氧化生成二氧化碳的转化率显著提高。

1.5.2 催化剂载体对电催化性能的影响

实际电催化体系中都是载体催化剂。把纳米粒子催化剂分散在载体上，不仅能提高单位面积和单位质量活性组分的催化效率，而且载体的高比表面积和多孔结构还能促进催化剂均匀分散，无需稳定剂亦能抑制催化剂纳米粒子的团聚，提高催化剂的利用率和稳定性。载体表面的特定官能团和空间结构还能起到锚定催化剂的作用，使制成的催化剂具有合适的形状、尺寸和机械强度，以符合实际应用要求。此外，载体除起到负载催化剂的作用外，还能作为助催化剂，在催化反应过程中通过协同效应来提高催化剂的性能。因此载体的选择和改性至关重要。如将铂负载于碳载体上，载体分子及其表面上的官能团可以吸附在催化剂表面以降低催化剂的表面能，保持其粒子的小尺度。利用载体不仅可以制备出无需稳定剂的小尺寸铂族金属催化剂，阻止活性组分在使用过程中的团聚，提高催化剂的稳定性，还可以通过对载体的修饰，控制催化剂的尺寸、结构和性能。炭黑（XC-72R，BP 2000等）是使用最广泛的铂基催化剂载体。其它碳材料，如介孔碳、碳纳米管、碳纤维和石墨烯等较传统的炭黑材料能明显提高催化剂的性能和降低催化剂的负载量[84]。碳载体也会发生腐蚀，其多孔结构受到破坏，比表面减少，致使催化剂从载体表面脱落并聚集，催化活性降低，而且铂等贵金属还能加快碳载体的腐蚀速度，因此增加载体的耐腐蚀性是提高催化剂稳定性的有效途径之一[85]。一些特殊结构碳材料的耐腐蚀性稍高，如碳纳米管和介孔碳的一维孔道结构可使碳原子免受氧化性物种的攻击。孙世刚等实验小组以介孔碳为载体，利用前驱体的熔融扩散和后续的还原，制备出粒子尺度为 3～5nm 均匀分散的碳载铂催化剂，其催化活性和稳定性明显优于商业碳载铂催化剂[86]。对碳材料进行处理和改性也可以增加其稳定性，如将炭黑经石墨化处理可显著提高其稳定性。碳载体的掺杂也能增加载体和催化剂的相互作用，提高催化剂的稳定性，如氮掺杂碳纳米管中的氮原子增加了铂与载体间的相互作用，硼的掺杂促进了由 Pt 向碳载体的电子转移，进而增加了金属-载体的相互作用，提高了催化剂的稳定性[85]。虽然人们在不懈地努力提高碳材料的稳定性，但是碳材料的稳定性问题还没有彻底解决。现阶段金属氧化物载体也引起了人们的广泛关注，如将 Pt 负载在 TiO_2 和 SnO_2 等金属氧化物上，增加了金属与催化剂的相互作用，提高了载体的稳定性；还通过催化剂和载体的协同效应有效地利用到金属氧化物载体的助催化作用。但是金属氧化物的导电性和比表面积还远不及碳载体。

1.5.3 纳米粒子的表面结构对其电催化性能的影响

对于同一组成的催化剂，当粒子尺度由 $10\mu m$ 降至 10nm 时，表面积则增加 10^6 倍，可见减小催化剂的尺寸可使其表面积呈指数增加，从而显著增加其催化剂的利用效率。但目前粒径的减小已趋近极限（如燃料电池铂催化剂的最佳粒径约为3nm）。电催化剂的性能不仅取决于粒径，还极大地取决于其表面结构。对于同一组成的催化剂，其表面结构的差异极大地影响其催化活性[71]。由高指数晶面围成的面心立方纳米晶体（例如，Pt，Pd，Au 等），具有高密度的低配位表面台阶和扭结原子，具有开放的表面结构，其催化活性和稳定性显著优于原子紧密排列的{100}、{111} 等低指数晶面。因此，以金属单晶面为模型催化剂系统研究其电催化性能，是获取表面结构与催化性能之间内在联系和规律的主要途径；对纳米尺度金属催化剂形状和表面结构控制合成，则是联系模型催化剂基础研究与纳米催化剂实际应用的桥梁；而研制开放表面结构金属纳米粒子则是显著提高金属纳米催化剂性能的有效途径。高指数晶面由于具有很高的表面能，在晶体生长过程中沿高指数晶面方向生长速度远快于低指数晶面，导致高指数晶面趋于消失，最终只能得到低指数晶面围成的纳米晶体。由于受这一晶体生长规律的限制，由高指数晶面围成的纳米粒子催化剂很难用传统的化学方法制备。因此合成和调变高表面能的纳米晶体的表面结构仍然面临巨大挑战[87,88]。在铂族金属纳米材料的形状控制合成方面，El-Sayed 等人于 1996 年首次报道了铂纳米粒子的形状控制合成[89]，制备了由 {111} 和 {100} 低指数晶面围成的均一形状的 Pt 四面体和立方体；随后的十多年间，尽管有大量的工作致力于 Pt 纳米粒子的形状控制合成，但所得到的仅为低指数晶面结构、低表面能的纳米晶体，如立方体（表面结构为 {100}）、八面体和四面体（{111}）或立方八面体（{111}＋{100}）。随着纳米合成技术的发展和对晶体生长规律性认识的增加，人们已经逐渐认识到，若在晶体生长过程中有吸附物种在高指数面上吸附可以降低高指数晶面的表面能，减慢高指数晶面的生长速度，最后得到高能表面的结构。溶液相化学法作为传统的合成方法，在基础晶面和高指数晶面控制合成铂族贵金属催化剂领域也取得了快速的研究进展。化学还原法是制备金属纳米粒子最常用的一种方法。它一般是在金属盐溶液中加入还原剂，使金属离子还原生成金属纳米粒子。为了实现形状控制，在合成体系中通常要加入适当的表面活性剂或者其它添加剂，通过稳定剂的选择性吸附作用，降低表面能使特定晶面稳定或生长，以得到性能优越的活性晶面；或者是通过稳定剂的稳定作用得到小尺寸、性能均一和稳定的催化剂。也有研究工作通过加入碳、金属氧化物等载体来稳定和分散纳米粒子。通过选择不同的表面活性剂或者添加剂以及控制合成过程参数，大量的形状控制合成得到了深入和发展。对于 fcc 金属，目前化学法合成的高指数面纳米材料仍以 Au 和 Pd 居多[90~92]，高指数晶面铂纳米晶体的合成只有有限的报道，所合成的高指数铂纳米晶体也只限于凹的、不完美的多面体形状。Zheng 的研究小组[93]通过氨的选择性吸附制备了由 {411} 高指数晶面围成的凹 Pt 纳米晶多面体；Xia 的研究小组[94]用 Br$^-$ 作吸附剂限制了 {100} 的生长，合成了由高指数晶面围成的凹 Pt 纳米立方体。这些特定结构的高指数晶面纳米结构在电催化上表现出极好的催化性能。

电化学可以通过精确地调控电位（或者电流密度）来微调晶体生长和物种吸附的能量，调控纳米晶体的成核速度、密度，以及纳米晶体的生长或溶解速度，从而控制金属纳米晶体的生长，实现纳米粒子的形状控制合成。孙世刚研究小组创建了一种纳米晶体表面结构控制和生长的电化学方法[95]，合成出由 {730} 和 {520} 等高指数晶面围成的高表面能二十四面体铂纳米粒子催化剂，显著提高了铂纳米催化剂的活性和稳定性，它们对甲酸和乙醇电氧化的催化活性是商业铂纳米催化剂的 2～4 倍，原位升温透射电镜测试结果显示它们可耐 800℃ 的高温。

孙世刚研究小组最近通过方波电沉积方法首次成功制备出由 {522} 晶面围成的铂高指数晶面偏三八面体[96]。在 1mg·mL^{-1} H$_2$PtCl$_6$·H$_2$O＋0.5mol·L^{-1} H$_2$SO$_4$ 的溶液中，玻碳电极首先在 1.2V 极化 2s 清洁电极表面，然后电位阶跃到 −0.3V 极化 20ms 使之瞬间成核，然后进行方波电位电沉积。方波的下限和上限电位分别为 0.25V 和 1.0V，以 10Hz 的方波频率处理 20min，合成出的偏三八面体 Pt 纳米粒子（TPH Pt NCs）如图 1-12 所示。在方波处理过程中，通过氧在铂纳米粒子表面周期性吸脱附，扰乱铂低指数晶面平整的原子排列结构，诱导形成台阶原子，并且在方波的上限和下限电位下（E_u 和 E_l），氧和氢物种交替吸附在纳米粒子高指数晶面上，降低表面能，稳定其高指数晶面结构，从而控制纳米晶体的表面结构和形状。SEM 和 TEM 表征只能给出纳米粒子的局部结构信息，而循环伏安表征能提供电极表面结构的整体平均信息，在铂电极上氢和氧的吸脱附是表征 Pt 表面结构的指纹特征，与商业碳载铂（Pt/C）相比，TPH Pt NCs 在 0.01V（vs. SCE）给出一对归属于氢在（100）短程有序位上吸脱附的尖锐的特征峰。在正向扫描过程中，氧吸附在 0.68V（vs. SCE）给出氧在台阶位上吸附的特征电流峰，如图 1-13(a) 所示。TPH Pt NCs 的吸脱附特征与 Pt(311) 相似，进一步证明其含有（311）晶面。TPH Pt NCs 对吸附态 CO 氧化的启动电位较其在 Pt/C 上负移 50mV [图 1-13(b)]；对甲酸和甲醇的电催化氧化活性分别是 Pt/C 的 2.9 倍和 5.1 倍 [图 1-13(c) 和 (d)]，表明在酸性介质中 TPH Pt NCs 对 C_1 分子的氧化具有很高的单位面积电催化活性。上述结果表明，这一 TPH Pt NCs 催化剂在燃料电池、各种电催化应用中具有重要的价值。研究还发现，进一步通过调控前驱体的浓度和生长过电位，能控制所形成的纳米晶体是位于 [01$\bar{1}$] 晶带的偏三八面体，或是位于 [001] 晶带的二十四面体。可见电化学形状控制合成是创建和调变高指数晶面的简单而有效的手段，它不需要外加晶种和表面活性剂，沉积时由于金属纳米晶被固定在电极表面，显著消除了团聚现象，镀液中可以不加稳定剂，从而可以直接地用于催化体系的研究。

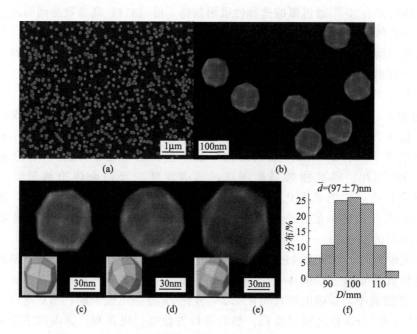

图 1-12　铂偏三八面体纳米晶体的 SEM 表征 [(a)～(e)] 和

粒子尺度分布柱形图 (f)[96]

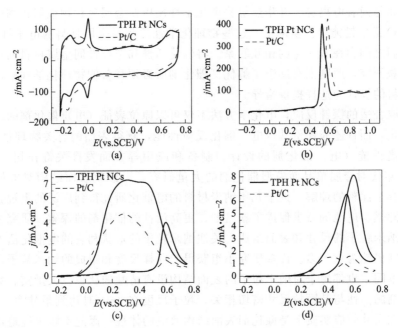

图 1-13　在 0.5mol·L^{-1} H$_2$SO$_4$ 中，（a）铂偏方三八面体纳米晶体的 CV 图；
（b）吸附态 CO 氧化的溶出伏安图；（c）在 0.25mol·L^{-1} HCOOH＋0.1mol·L^{-1} HClO$_4$ 中，
甲酸和（d）在 1mol·L^{-1} CH$_3$OH ＋0.1mol·L^{-1} HClO$_4$ 中，甲醇氧化的 CV 图[96]

　　综上所述，在通常的 Pt 纳米粒子结构控制合成中，通过表面活性剂和添加剂等调控，虽然可制备形状单一的纳米晶体，但在合成中需要加入某些特殊的添加剂或在非水体系中进行，使晶体生长过程中某些晶面产生择优取向。这些纳米晶体表面大多有稳定剂吸附，从而极大地限制了对其电催化性能的后续研究。通过电化学方法制备金属纳米粒子可以很容易地通过改变电极电位（或者电流密度），调控纳米晶体的成核速度、密度，以及纳米晶的生长或溶解速度，从而控制金属纳米晶的生长[97,98]。此外电沉积时由于金属纳米晶被固定在电极表面，显著消除了团聚现象，溶液中可以不加稳定剂，从而获得"洁净"表面的纳米晶体，直接用于催化性能研究。

1.5.4　纳米尺度电催化剂活性的比较与关联

　　将催化活性和选择性同金属材料的物理化学性质进行关联有助于筛选电催化剂。但迄今为止，仍不可能由纯粹的理论知识来预示和设计催化剂。在实际研究中，电催化活性除用交换电流密度比较外，尚可用指定电流密度下（如 1mA·cm^{-2}）的过电位值，或指定过电位下的电流密度进行评价。如果指定电流密度下的过电位越小或者指定过电位下的电流密度越大，则催化活性越好。在文献中用于电催化活性关联的金属材料的性质不尽相同。除吸附热、吸附自由能外，较常见的有过渡金属的未成对 d 电子数、d 带特征百分数、电子功函数、电负性、零电荷电位等，此外尚有电离势、升华热等物理化学性质以及金属氢化物或氧化物中 M—H 或 M—O 键的键能等。实际上，这些物理化学性质都与金属材料的电子性质有关，而且它们之间存在着一定的相互联系。将催化活性和选择性同金属材料的物理化学性质关联研究，原则上有助于了解优良催化剂所必须具备的物理化学性质，从而为电极材料的设计与选择提供指导。

选取合适的探针反应，电化学方法不仅可以原位表征（电）催化剂的结构，跟踪其变化，而且还能评价其（电）催化反应性能，获得表面的有关物理性能参数，从而在高性能（电）催化剂的设计、制备和应用等方面发挥关键作用。20 世纪 70~90 年代对金属单晶面模型催化剂的大量研究，已经就表面结构对电催化性质的影响有了深刻的理解。近十几年纳米材料的电催化研究得到广泛的重视，目前对直接甲醇燃料电池的需求促进了新型的、更高活性的催化剂的探索。研究主要集中在调控纳米粒子的尺寸和表面组成，关注纳米粒子的形状和它的电催化活性内在联系的研究仍然为数不多。许多研究小组获得的同样尺度和组成的纳米粒子，但其性质截然不同，也都源于对纳米粒子的表面结构没有清楚的认识。大量实验数据表明电催化剂的活性与其颗粒尺寸密切相关，粒子尺度在 3nm 时达到最佳[99]。电催化剂的颗粒尺寸效应实质上是催化剂表面结构效应的体现。因此不能单纯地谈尺度效应，应当与表面效应相关联。纳米电催化材料表面结构的确定是定向设计和制备实用型催化剂的关键。

对纳米电催化材料结构的表征大多采用 SEM 和 TEM 等手段，然而这些表面分析技术只能给出纳米电催化材料局部的结构信息，而对于整体的结构特征无能为力。在 Pt 电极上氢的吸脱附过程是结构敏感的反应，可以作为实际 Pt 纳米粒子催化剂结构表征的特征指纹反应，估计纳米粒子表面可能存在的表面位。Feliu 等[100]利用在铂单晶电极上的知识和经验，发展了一系列用循环伏安技术表征纳米材料表面结构的方法。图 1-14 为不同结构铂纳米粒子的循环伏安图，图 1-14（a）和（b）表现出与多晶铂电极的相似特征，0.125V 和 0.27V 对应于 Pt(110) 和 Pt(100) 的台阶位，0.36V 和 0.50V 对应 Pt(100) 和 Pt(111) 平台位。图 1-14（b）中纳米粒子的（100）位比图 1-14（a）中纳米粒子多，图 1-14（c）中有更多的（100）的贡献，表现为在 0.36V 有一个确定的（100）平台位的贡献，但这只能是定性地分析，还不能定量地确定纳米粒子表面位的分布。

随后 Feliu 等[101]利用欠电位沉积和吸附原子的不可逆吸附等表面结构敏感的探针反应，总结出用循环伏安法利用铋、锗和碲的不可逆吸附原位测定 Pt 电极表面（111）和（110）位的数量，用以表征实际催化剂表面结构。例如，在 Pt (111) 上吸附态铋的氧化还原过程在 0.63V 给出一对确定的峰，可用于测定纳米铂催化剂表面所含的（111）位的比例。对 Pt(111) 及其邻近表面上的研究表明，铋原子只有吸附在（111）平台位上才能发生氧化还原作用，且 0.63V（RHE）的电量与有序的（111）平台位的数量呈正比。吸附态铋原子氧化还原过程的电量和邻近表面上（111）平台位的数量的关系可以构建一个工作曲线，用来直接估计多晶铂上具有不同表面结构的有序（111）位的数量。锗的不可逆吸附用于表征 Pt（100）平台位，锗的不可逆吸附在 0.55V 给出一对氧化还原峰，归属于锗吸附在（100）平台位上。在这个电位区间，虽无其它物种的吸附，但是另一些其它的贡献也将引起这一区域电流的增加。经过细致的基线校正之后锗在选定的电位区域内的氧化还原过程正比于（100）平台位的数量。这个对应的关系被用来表征任何纳米结构铂电极的二维晶面结构。通过测量吸附原子氧化还原过程的电量，一旦知道被吸附原子占据的铂表面位数量以及每个铂活性位交换的电子数，就能计算铂不同晶面上表面位的密度。Feliu 等还提出除铋外，碲也能用于表征（111）平台的宽度，并进一步提出可以通过去卷积的方法精确地得到多晶样品上 Pt(111) 位和 Pt(100) 位的比例。如对多晶样品不可逆吸附的循环伏安曲线进行去卷积除去（111）位的贡献，得到属于（100）位的贡献；由于去卷积过程中人为寻峰因素的主观性，可用锗在（100）位不可逆吸附的循环伏安图与之比较，以此验证去卷积过程的正确性。图 1-15[101] 中上图分别为 Bi(a)、Ge(b) 和 Te(c) 不可逆吸附在铂电极上的循环伏安图，虚线为未修饰的 Pt 单晶电极的循环伏安图；下图为对应的氧化还原峰的电量与平台（111）位的电量的关系曲线。Feliu[102] 等利用所提出的原位探针方法表征纳米粒子的结构，并关联其电催化性能。他们研究了 Bi 修饰的具有 Pt（111）择优取向的 Pt 纳米粒子和多定向的 Pt 纳米粒子对甲酸电氧化的催化活性，发现 Bi 修饰能增加 Pt 对甲酸电氧化的活性，而在具有 Pt(111) 择优取向的 Pt 纳米粒子上其催化活性更高。因此只有深入认识纳米电催化剂的催化活性位分布和类型才能从实质上指导电催化的设计、制备，更好地提升电催化剂的性能。

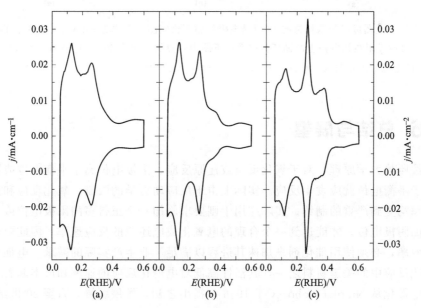

图 1-14　不同结构铂纳米粒子的循环伏安图

0.5mol·L^{-1} H$_2$SO$_4$，扫速是 20mV·s^{-1}[100]

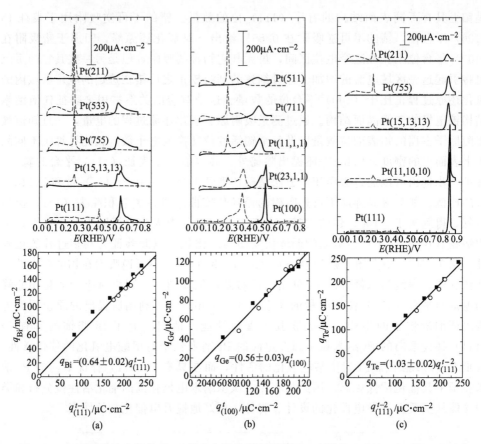

图 1-15　上图虚线为未修饰的 Pt 单晶电极的循环伏安图，实线为 Bi(A)、Ge(B)、Te(C)
不可逆吸附在铂电极上的循环伏安图；下图为对应的氧化还原峰的电量与平台（111）
位的电量的关系曲线，■表示 Pt（n, n, n−2），○表示 Pt（n+1, n−1, n−1）电极[101]

1.6　总结与展望

按照热力学原理，对于氧化反应或还原反应，阳极电位高于平衡电位或阴极电位低于平衡电位就应发生反应。实际上由于反应动力学的限制，氧化反应和还原反应速率均受到严重的制约。实际应用中则要求施加一个正得多的阳极电位或一个负得多的阴极电位，才能达到一个合理的电氧化或电还原的反应速率。因此要想提高反应效率，必须使用催化剂来加速其进程以满足工业生产实际的需求。电催化剂是电催化反应中的关键材料之一，其活性高低对电催化反应的速率和成本起着关键作用。电催化从 Nikolai Kobozev 于 1936 年提出之初，发展缓慢，直至 20 世纪 60 年代以后，在燃料电池需求的触动下才开始得以发展，近二十多年来得到了迅猛的发展。一方面，原位的表征技术，如电化学红外光谱、电化学拉曼光谱等的迅速发

展，使得可以从分子水平层次认识在催化剂表面发生的分子吸附、成键、取向和解离等表面过程和反应的细节，推测电催化的反应机理，从而推动了固|液界面的电化学研究从宏观进入微观，从唯象进入原子和分子水平。另一方面，在催化剂的合成方面已经能够制备出小尺度载体纳米催化剂，并成功制备出具有开放结构的高活性和稳定性的高表面能纳米催化剂。对电催化剂的制备、电催化过程和反应机理的研究已经成为了电化学、表面科学、材料科学、纳米科学等交叉的前沿学科。应该指出的是，虽然电催化的研究已经发展到了一个新的阶段，并带动了相关基础理论的建立和完善，但还有待于在以下方面进一步深入研究：①发展先进的界面研究方法，如具有原位超快时间分辨率和空间分辨率的光谱技术，用以表征和评估纳米电催化剂，获得尽可能全面的表面过程和反应机理的信息，进而总结出规律性认识；②从单晶模型催化剂到可控纳米结构催化剂的设计和制备工作刚刚开始，如何将从单晶模型催化剂上获得的表面结构和其性能关系的知识应用于实际体系，设计和制备出符合特定电催化体系需求的可控纳米结构催化剂，特别是高表面能、高活性和高稳定性的纳米粒子催化剂仍然是巨大的挑战；③虽然经过改性和修饰及新材料的研制，碳载体的稳定性已经有所提高，但仍存在诸多问题，因此开发可替代性载体，如金属氧化物等仍具有潜在的发展前景；④在满足催化剂的活性、稳定性和耐久性的前提下降低铂金属的用量，是燃料电池商品化的关键问题之一。需要进一步开发新型催化剂，发展在实际运行条件下表征催化剂表面动态结构和催化性能的方法。

参 考 文 献

[1] 杨辉，卢文庆. 应用电化学. 北京：科学出版社，2001.

[2] Bard A J, Faulkner L R. Electrochemical methods: Fundamentals and applications. 2nd ed. New York：John Wiley，2001. 1980.

[3] 查全性. 电极过程动力学导论. 北京：科学出版社，1976.

[4] 田昭武. 电化学研究方法. 北京：科学出版社，1984.

[5] 陈体衔. 实验电化学. 厦门：厦门大学出版社，1993.

[6] 腾岛昭，相泽益男，井上徹著. 电化学测定方法. 陈震，姚建年译. 北京：北京大学出版社，1995.

[7] Wang Q, Zhou Z Y, Chne D J, Lin J L, Ke F S, Xu G L, Sun S G. Sci China, Ser B, 2010, 53 (9)：2057.

[8] Pajkossy T, Kolb D M. Electrochim Acta, 2001, 46：3063.

[9] Brosseau C L, Leitch J, Bin X, Chen M, Roscoe S G, Lipkowski J. Langmuir, 2008, 24：13058.

[10] Morin S, Dumont H, Conway B E. J Electroanal Chem, 1996, 412：39.

[11] Conway B E, Barber J, Morin S. Electrochim Acta, 1998, 44：1109.

[12] Barber J, Morin S, Conway B E. J Electroanal Chem, 1998, 446：125.

[13] Barber J, Conway B E. J Electroanal Chem, 1999, 461：80.

[14] Mueller J T, Urban P M. J. Power Sources, 1998, 75：139.

[15] Moreira H, Levie R D. J Electroanal Chem, 1971, 29：353.

[16] Maritan A. Electrochim Acta, 1990, 35：141.

[17] Zhang F, Pan J S, Lin C J. Corros Sci, 2009, 51：2130.

[18] Jiang Y X, Chen Z F, Zhuang Q C, Xu J M, Deng Q F, Huang L, Sun S G. J Power Sources, 2006, 160：1320.

[19] Zhou Z Y, Sun S G. Electrochim Acta, 2005, 50: 5163.

[20] Sun S G, Zhou Z Y. In Situ Microscope FTIR Reflection Spectroscopy and Its Applications in Electro-chemical Adsorption and Electrocatalysis on Nanostructured Surfaces, Chpt 5 in: In-Situ Spectroscopic Studies of Adsorption at the Electrode and Electrocatalysis, Elsevier. Sun S G, Crhistensen P A, Wieckowski A, eds. 2007.

[21] Zhou Z Y, Huang Z Z, Chen D J, Wang Q, Tian N, Sun S G. Angew Chem Int Ed, 2010, 49: 411.

[22] Luo J, Lou Y B, Maye M M, Zhong C J, Hepel M. Electrochem Commun, 2001, 3: 172.

[23] Wang J T, Wasmus S, Savinell R. J Electrochem Soc, 1996, 143: 1233.

[24] Jusys Z, Baltruschat H. Joint meeting of the Electrochemical Society and the International Society of Electrochemistry, Paris 1997, Abstract No. 909.

[25] Willsau J, Heitbaum J. Electrochim Acta, 1986, 31: 943.

[26] Feliu J M, Orts J M, Gomez R, Aldaz A, Clavilier J. J Electroanal Chem, 1994, 372 (1-2): 265.

[27] Climent V, Gomez R, Orts J M, Rodes A, Aldaz A, Feliu J M. Chapter 26 in Interfacial Electro-chemistry, Theory, Experiment, and Applications. Wieckowski A Ed. New York: Marcel Dekker Inc, 1999.

[28] Gomez R, Feliu J M, Aldaz A, Weaver M. J Surf Sci, 1998, 410 (1): 48.

[29] Mataga N, Nishimoto K. Z Physik Chem (Frankfrut), 1957, 13: 140.

[30] Koper M T, Shubina T E, van Santen R A. J Phys Chem B, 2002, 106: 686.

[31] Stolbov S, Ortigoza M A, Rahman T S. J Phys: Condens Matter, 2009, 21: 474226.

[32] Rodriguez P, Garcia-Araez N, Koverga A, Frank S, Koper M. M Langmuir, 2010, 26 (14): 12425.

[33] Kavanagh R, Cao X M, Lin W F, Hardacre C, Hu P. Angew Chem Int Ed, 2012, 51: 1572.

[34] Housmans T H M, Hermse C G M, Koper M T. M J Electroanal Chem, 2007, 607: 69.

[35] 吴辉煌主编. 电化学. 北京: 化学工业出版社, 2004.

[36] Nørskov J K, Rossmeisl J, Logadottir A, Lindqvist L. J Phys Chem B, 2004, 108: 17886.

[37] Greeley J, Jaramillo T F, Bonde J, Chorkendorff I B, Nørskov J K. Nat Mater, 2006, 5: 909.

[38] Beden B, Lamy C, Leger J M. J Electroanal Chem, 1979, 101: 127.

[39] Zhou W, Zhou Z, Song S, Li W, Sun G, Tsiakaras P, Xin Q. Appl Catal, B, 2003, 46: 273.

[40] Chen A C, Holt-Hindle P. Chem Rev Chem Rev, 2010, 110 (6), 3767.

[41] Watanabe M, Motoo S. J Electroanal Chem, 1975, 60: 259.

[42] Watanabe M, Motoo S. J Electroanal Chem, 1975, 60: 267.

[43] Watanabe M, Motoo S. J Electroanal Chem, 1975, 60: 275.

[44] Furuya N, Motoo S. J Electroanal Chem, 1976, 72: 165.

[45] Motoo S, Okada T. J Electroanal Chem, 1983, 157: 139.

[46] Motoo S, Furuya N. J Electroanal Chem, 1985, 184: 303.

[47] Watanabe M, Furuuchi Y, Motoo S. J Electroanal Chem, 1985, 191: 367.

[48] Furuya N, Motoo S, Kunimatsu K. J Electroanal Chem, 1988, 239: 347.

[49] Yang Y Y, Sun S G. J Phys Chem B, 2002, 106: 12499.

[50] Sun S G, Yang Y Y. J Electroanal Chem, 1999, 467: 121.

[51] Somorjai G A. Chemistry in two dimensions: surfaces. Ithaca, New York: Cornell University Press, 1981.

[52] Wieckowski A. Interfacial electrochemistry: theory, experiment, and applications. New York: Marcel Dekker Inc, 1999.

[53] Tian N, Zhou Z Y, Sun S G. J Phys Chem C, 2008, 112 (50): 19801.

[54] Stamenkovic V R, Markovic N M, Ross P N. J Electroanal Chem, 2001, 500: 44.

[55] Perez J, Villullas H M, Gonzalez E R. J Electroanal Chem, 1997, 435: 179.

[56] Davies J C, Hayden B E, Pegg D J, Rendall M E. Surf Sci, 2002, 496: 110.

[57] Zhou Z Y, Tian N, Chen Y J, Chen S P, Sun S G. J Electroanal Chem, 2004, 573: 111.

[58] Yang Y Y, Sun S G, Gu Y J, Zhou Z Y, Zhen C H. Electrochim Acta, 2001, 46: 4339.

[59] Sun S G, Zhou Z Y. Phys Chem Chem Phys, 2001, 3: 3277.

[60] Sun S G, Lin Y. Electrochim Acta, 1998, 44: 1153.

[61] Tripkovic A V, Popovic K D, Lovic J D. Electrochim Acta, 2001, 46: 3163.

[62] 姜艳霞, 田娜, 周志有, 陈声培, 孙世刚. 电化学, 2009, 15 (4): 359.

[63] Furuya N，Koide S. Surf Sci，1990，226（3）：221.

[64] Gomez R，Weaver M J. J Electroanal Chem，1997，435（1-2）：205.

[65] Clavilier J，Wasberg M，Petit M，Klein L H. J Electroanal Chem，1994，374（1-2）：123.

[66] Wasberg M，Hourani M，Wieckowski A. J Electroanal Chem，1990，278（1-2）：425.

[67] Hoshi N，Uchida T，Mizumura T，Hori Y. J Electroanal Chem，1995，381（1-2）：261.

[68] Lin W F，Zei M S，Kim Y D，Over H，Ertl G. J Phys Chem B，2000，104（25）：6040.

[69] Sashikata K，Matsui Y，Itaya K，Soriaga M P. J Phys Chem，1996，100（51）：20027.

[70] Soto J E，Kim Y G，Soriaga M P. Electrochem Commun，1999，1（3-4）：135.

[71] Sun S G，Chen A C，Huang T S，Li J B，Tian Z W. J Electroanal Chem，1992，340：213.

[72] Armand D，Clavilier J. J Electroanal Chem，1989，263：109.

[73] Fan Y J，Zhou Z Y，Zhen C H，Sun S G，Fan C J. Electrochim Acta，2004，49：4659.

[74] Sun S G，Chen A C. Electrochim Acta，1994，39（7）：969.

[75] Fan Y J，Zhou Z Y，Sun S G. Chin Sci Bull，2005，50（18）：1995.

[76] Sun S G，Zhou Z Y. Phys Chem Chem Phys，2001，3：3277.

[77] Fan C J，Fan Y J，Zhen C H，Zheng Q W，Sun S G. Sci China Ser B，2007，50（5）：593.

[78] Kuai L，Yu X，Wang S，Sang Y，Geng B. Langmuir，2012，28：7168.

[79] Zhu C，Guo S，Dong S. Adv Mater，2012，24：2326.

[80] Deng Y J，Tian N，Zhou Z Y，Huang R，Liu Z L，Xiao J，Sun S G. Chem Sci，2012，3：1157.

[81] Wang L，Yamauchi Y. Chem Mater，2011，23：2457-2465.

[82] Stamenkovic V R，Fowler B，Mun B S，Wang G，Ross P N，Lucas C A，Marković N M. Science，2007，315：493-497.

[83] Kowal A，Li M，Shao M，Sasaki K，Vukmirovic M B，Zhang J，Marinkovic N S，Liu P，Frenkel A I，Adzic R R. Nat Mater，2009，8：325-330.

[84] Basri S，Kamarudin，S，Daud W，Yaakub Z. Int J Hydrogen Energy，2010，35：7957.

[85] 陈维民. 化学进展，2012，24：246.

[86] Chen M H，Jiang Y X，Chen S R，Huang R，Lin J L，Chen S P，Sun S G. J Phys Chem C，2010，114：19055.

[87] Zhou Z Y，Tian N，Li J T，Broadwell I，Sun S G. Chem Soc Rev，2011，40：416.

[88] Chen M，Wu B，Yang J，Zheng N. Adv Mater，2012，24：862.

[89] Ahmadi T S，Wang Z L，Green T C，Henglein A，El-Sayed M A. Science，1996，272：1924.

[90] Liao H G，Jiang Y X，Zhou Z Y，Chen S P，Sun S G. Angew. Chem Int Ed，2008，47：9100.

[91] Ming T，Feng W，Tang Q，Wang F，Sun L，Wang J，Yan C. J Am Chem Soc，2009，131：16350.

[92] Wang F，Li C，Sun L D，Wu H，Ming T，Wang J，Yu J C，Yan C H. J Am Chem Soc，2011，133：1106.

[93] Huang X，Zhao Z，Fan J，Tan Y，Zheng N. J Am Chem Soc，2011，133：4718.

[94] Yu T，Kim D Y，Zhang H，Xia Y. Angew Chem Int Ed，2011，50：2773.

[95] Tian N，Zhou Z Y，Sun S G，Ding Y，Wang Z L. Science，2007，316：732.

[96] Li Y Y，Jiang Y X，Chen M H，Liao H G，Huang R，Zhou Z Y，Tian N，Chen S P，Sun S G. Chem Commun，2012，48：9531.

[97] 渡辺辙（Tohru Watanabe）著. 纳米电镀. 陈祝平，杨光译. 北京：化学工业出版社，2007.

[98] 周绍民. 金属电沉积——原理与研究方法. 上海：上海科学技术出版社，1987.

[99] Garbarino S，Pereira A，Hamel C，Irissou E，Chaker M，Guay D. J Phys Chem C，2010，114：2980.

[100] Solla-Gullon J，Vidal-Iglesias F J，Rodriguez P，Herrero E，Feliu J M，Clavilier J，Aldaz A，Feliu J M. J Phys Chem B，2004，108：13573.

[101] Solla-Gullon J，Rodriguez P，Herrero E，Aldaz A，Feliu J M. Phys Chem Chem Phys，2008，10：1359.

[102] Lopez-Cudero A，Vidal-Iglesias F J，Solla-Gullon J，Herrero E，Aldaz A，Feliu J M. Phys Chem Chem Phys，2009，11：416.

第2章

电催化表面结构效应与金属纳米粒子催化剂表面结构控制合成

■ 田娜　周志有　孙世刚

（固体表面物理化学国家重点实验室；厦门大学化学化工学院化学系）

电催化是电化学能源转化和存储、绿色合成，环境和电化学工程的核心基础。例如，对于氢能经济，其中一个关键环节就是燃料电池，它可以将氢气或甲醇等有机小分子中的化学能直接高效地转化为电能。但是，燃料电池的阴、阳极反应往往都需要非常昂贵的 Pt 族金属催化剂，导致燃料电池价格非常昂贵，成为其商业化的一个瓶颈问题[1,2]。如何提高纳米粒子的催化性能，提高贵金属的利用效率、减少其用量，一直是（电）催化相关领域的重大关键问题。

电催化反应都发生在催化剂表面，涉及反应物、反应中间体与催化剂表面的相互作用。表面结构是电催化剂性能的一个决定性因素。对于一个特定反应，一个很显然的问题是：什么样的表面结构具有最好的催化性能，或者其催化活性位是什么？为了回答这个问题，必须从表面原子排列结构层次深入认识电催化剂的表面结构效应。实际纳米粒子催化剂表面结构非常复杂，含有台阶、扭结、平台、空位、吸附原子等多种表面位[3]。为了简化问题，深入认识各种表面位的作用，揭示催化活性中心，20 世纪 70 年代末期开始使用表面原子排列结构明确的金属单晶面作为模型电催化剂，研究电催化反应的构-效关系[4,5]。30 多年来，取得了许多重要的成果，极大地加深了人们对微观层次电催化反应过程和反应规律的认识。

本体金属单晶面价格昂贵，且比表面积很小（贵金属利用率低），不可能直接用于实际催化体系。显然，要将单晶面上所获取的电催化反应规律转移/应用到实际体系的关键在于：如何实现纳米粒子的表面结构控制合成[6]。20世纪末蓬勃发展起来的纳米科技，尤其是纳米粒子的形状控制合成[7]，为实现这一目标提供了良好的契机和条件。

本章首先简述不同密勒指数金属单晶面的表面原子排列结构，然后针对一些重要的燃料电池反应（如有机小分子电氧化和氧还原等），阐述Pt、Pd单晶面的电催化表面结构效应和反应规律，尤其关注具有高催化活性的高指数晶面。本章重点阐述金属纳米粒子表面结构控制合成及其电催化性能研究。在该部分，我们先通过介绍纳米粒子的形状与其表面结构的对应关系，以及晶体生长规律，然后根据纳米粒子的表面能差异，选取一些代表性的例子，特别是高指数晶面铂族金属纳米催化剂的电化学制备，着重阐述近十年来在Pt、Pd和Au等贵金属纳米粒子表面结构控制合成的进展。最后对该领域的发展进行总结和展望。

2.1 电催化表面结构效应

2.1.1 金属单晶面及其表面原子排列结构

晶体中通过空间点阵任意三点的平面称为晶面，用密勒指数（hkl）表示。对于面心立方（fcc）金属（包括Pt，Pd，Rh，Ir，Au，Ag，Cu，Ni等），各晶面在赤平投影的立体三角形如图2-1所示[8]。三个顶点分别为（111），（100），（110）晶面，它们被称为基础晶面（或者低指数晶面）；其中，（111）及（100）晶面是表面原子紧密排列的原子级平整的表面。（111），（100），（110）三个基础晶面最外层原子的配位数分别是9，8，7。其它晶面则被称为高指数晶面（h，k，l 最少有一个大于1），它们位于三角形的三条边（[001]，[1$\bar{1}$0] 和 [01$\bar{1}$] 三个晶带）和三角形内部。位于三角形的三条边上的晶面由于具有平台-台阶结构也被称为阶梯晶面。这种阶梯晶面可表示为平台与台阶的组合[9]。如，Pt(310) 可表示为 Pt(s)-[3(100)×(110)]，表示由3行原子宽的（100）对称性的平台及（110）对称性的单原子高度的台阶组成。Pt单晶的基础晶面和一些典型高指数晶面的原子排列模型如图2-2所示：（111）和（100）晶面最平整，原子排列紧密，表面没有台阶原子；其它晶面的结构较开放，都含有台阶原子。台阶原子的配位数较低，位于 [001] 晶带上的晶面的台阶原子的配位数为6，而位于 [1$\bar{1}$0] 和 [01$\bar{1}$] 晶带上的晶面的台阶原子的配位数均为7。配位数越少的原子，越倾向于结合其它物质，化学活性越高[10]。表2-1给出了一些单原子台阶的阶梯晶面的台阶原子密度计算公式[6]。如在 [001] 晶带，Pt(210)＝2(100)×(110) 的台阶原子密度最高，达到 $5.81×10^{14}\,cm^{-2}$，随着平台宽度的增加，Pt(310)＝3(100)×(110) 的台阶原子密度为 $4.11×10^{14}\,cm^{-2}$，Pt(510)＝5(100)×(110) 的台阶原子密度降为 $2.55×10^{14}\,cm^{-2}$。

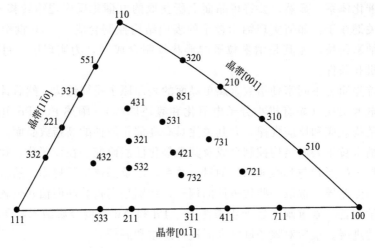

图 2-1　面心立方金属单晶面的赤平投影立体三角形[8]

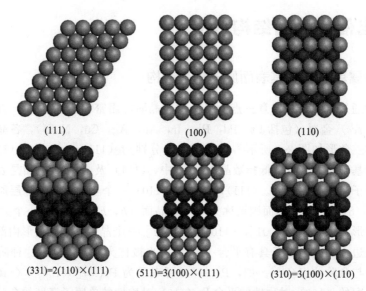

图 2-2　Pt 低指数晶面（111），（100），（110）及高指数晶面（331），
（511），（310）的表面原子排列模型

2.1.2　晶面结构效应

　　作为模型催化剂，金属单晶电极已被广泛用于 CH_3OH，HCOOH，HCHO 和
CO 等 C_1 分子的氧化，乙醇、乙二醇等有机小分子的氧化，氧还原，CO_2 的还原
等。研究结果指出不同的表面原子排列结构对催化活性和选择性有很大影响。与
（100）、（111）基础晶面相比，高指数晶面含有高密度的台阶原子及扭结位原子，
这些原子的配位数（CN＝6，7）较少，化学活性高，很容易与反应物分子相互作

用，打断化学键，成为催化活性中心。因此，高指数晶面的反应活性普遍高于低指数晶面。以下选取一些小分子电催化过程的晶面结构效应的代表性研究。

表 2-1　Pt 阶体晶面的立体位构型及台阶原子密度[6]

晶带	密勒指数($n \geqslant 2$)	微晶面表示	台阶原子密度
[01$\bar{1}$]	$(n+1, n-1, n-1)$	$n(111) \times (100)$	$\dfrac{4}{a^2 \sqrt{3(n-1)^2 + 4n}}$
	$(2n-1, 1, 1)$	$n(100) \times (111)$	$\dfrac{4}{a^2 \sqrt{4n(n-1) + 3}}$
[1$\bar{1}$0]	$(n+1, n+1, n-1)$	$n(111) \times (110)$	$\dfrac{4}{a^2 \sqrt{3(n-1)^2 + 8n}}$
	$(2n-1, 2n-1, 1)$	$n(110) \times (111)$	$\dfrac{4(n-1)}{a^2 \sqrt{8n(n-1) + 3}}$
[001]	$(n, n-1, 0)$	$n(110) \times (100)$	$\dfrac{2(n-1)}{a^2 \sqrt{2n(n-1) + 1}}$
	$(n, 1, 0)$	$n(100) \times (110)$	$\dfrac{2}{a^2 \sqrt{n^2 + 1}}$

注：a 为晶格常数，对于 Pt，$a = 0.3924$nm。

(1) 甲醇电氧化　Pt 单晶基础晶面对甲醇的催化活性顺序为：Pt(110)＞Pt(100)＞Pt(111)[11]。向表面引入原子台阶时，虽然甲醇在台阶位解离吸附而产生的 CO 毒性中间体也会增多，但通常仍会提高甲醇的氧化速度[12,13]。Koper 等[13,14]研究了位于 [1$\bar{1}$0] 晶带的 Pt 单晶面对甲醇的催化氧化，发现活性顺序为：Pt(111)＜Pt(554)[9(111)×(110)]＜Pt(553)[4(111)×(110)][图 2-3(a)]。虽然阶梯晶面更易失活，但其稳态电流仍比 Pt(111) 要高。对于 [01$\bar{1}$] 晶带上的 Pt 阶梯晶面，Pt(755) 对甲醇电氧化的催化活性最高，然而由于毒化效应，催化活性随台阶原子密度的增大而减小，顺序为：Pt(755)[6(111)×(100)]＞Pt(211)[3(111)×(100)]＞Pt(311)[2(111)×(100)][15]。密度泛函理论（DFT）计算也指出：甲醇分解中，C—H 及 O—H 键的断裂更易发生在 Pt 的台阶位上[16]。

(2) 甲酸电氧化　孙世刚等[17~19]研究了甲酸在不同 Pt 单晶面上氧化的结构效应。对于基础晶面，其催化活性顺序为：Pt(110)＞Pt(111)＞Pt(100)，相应的表观活化能分别为 10.1、25.8 和 32.2kJ·mol^{-1}；对于 [001] 晶带上的阶梯晶面，由于 Pt(210)、Pt(310) 晶面上的 (110) 阶梯高度与 (100) 平台宽度相近，两者相互作用较强，(110) 阶梯原子可与邻近平台上的原子组成结构较稳定的类似于"椅式位"的立体位，对甲酸的电催化氧化活性明显高于基础晶面 [图 2-3(b)]。而对于 Pt(610) 晶面，由于 (100) 平台相对较宽，与 (110) 阶梯的相互作用较弱，其电催化特性更接近于 Pt(100)。Adzic 等[20]的研究表明，对 Pt 的 [01$\bar{1}$] 及 [1$\bar{1}$0] 晶带上的阶梯晶面，向 Pt(100) 和 Pt(110) 引入台阶原子，随台阶原子密度的增大甲酸的氧化电流增大；但向 Pt(111) 表面引入台阶原子，甲酸

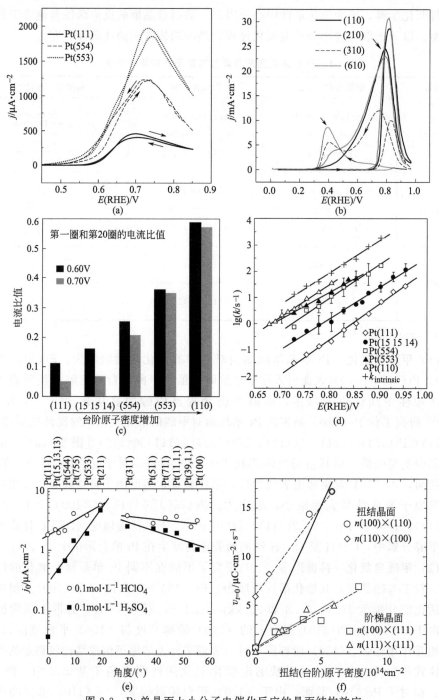

图 2-3　Pt 单晶面上小分子电催化反应的晶面结构效应

（a）甲醇电氧化，CV 曲线[14]；（b）甲酸电氧化，CV 曲线[18]；（c）乙醇电氧化，
电流的稳定性[24]；（d）吸附态 CO 电氧化，不同晶面速率常数随电位的变化而变化[25]；
（e）O₂ 还原，交换电流密度随晶面指数的变化过程[35]；（f）CO₂ 电还原，
反应速率随台阶原子和扭结原子密度的变化关系[45]

氧化电流随台阶原子密度的增大而减小。对于 Pd 单晶面，Hoshi 等[21]的研究表明：对于基础晶面，甲酸氧化的峰电流密度（j_P）顺序如下：Pd（110）<Pd（111）<Pd（100）；对于 Pd(S)-$[n(100)×(111)]$（$n=2～9$）阶梯晶面电极，Pd（911）$n=5$ 的 j_P 比其它晶面高出 20%，而 Pd（311）$n=2$ 的电流密度最小；对于 Pd(S)-$[n(111)×(100)]$（$n=2～9$）阶梯晶面电极，$n=5$ 时的 j_P 最大。不同类型高指数晶面的 j_P 总体存在如下顺序：Pd(S)-$[n(111)×(111)]$<Pd(S)-$[n(111)×(100)]$<Pd(S)-$[n(100)×(110)]$<Pd(S)-$[n(100)×(111)]$。

（3）乙醇电氧化 乙醇电氧化有两条途径，一条途径经历 C—C 键断裂，完全氧化成 CO_2，释放 12 个电子；另一条途径不涉及 C—C 键断裂，氧化生成乙酸，仅给出 4 个电子。显然，C—C 键的断裂是高效利用乙醇的一个关键步骤。Tarnowski 等[22]研究了 Pt（533）、Pt（755）和 Pt（111）对乙醇电氧化的选择性，观察到乙醇在 Pt（111）晶面倾向于不完全氧化，生成大量的乙酸；而在 Pt（533）晶面上，乙酸的生成量明显降低，乙酸电流效率仅为 Pt（111）的 $1/3～1/4$，这表明台阶原子有利于断裂 C—C 键，促进乙醇的完全氧化。Feliu 等[23]通过研究乙醇在 Pt（332）、Pt（775）及它们修饰 Ru 后的表面上的氧化，得出乙醇优先在台阶位发生氧化，主要产物为 CO_2，且 C—C 键的断裂仅在台阶位上发生。Koper 等[24]研究了碱性介质中，乙醇在 $[1\bar{1}0]$ 晶带上 Pt 单晶面的电氧化过程，观察到随着台阶原子密度增加，不但催化活性增加，而且稳定性也增大 [图 2-3(c)]。他们推测乙醇经历 C—C 键断裂后可能会形成 CH_x 和 CO 两种吸附态物种。CH_x 在（110）台阶位上可以被快速氧化为吸附态 CO，但在（111）平台位上却难以氧化，CH_x 的累积导致催化剂中毒、活性下降。

（4）吸附态 CO 电氧化 在有机小分子电氧化过程中，吸附态 CO（CO_{ad}）是毒性物种。因此，研究 CO_{ad} 的电氧化引起了广泛关注。Pt 高指数晶面对 CO 氧化的催化活性也较高。Lebedeva 等[25]研究了 CO_{ad} 在 Pt 单晶面上的氧化，指出饱和 CO 吸附层及 CO 亚单层氧化的过电位随 Pt（553）<Pt（554）<Pt（111）顺序而增加，表观速率常数与 Pt 单晶面上台阶的比例呈正比 [图 2-3(d)]。这些结果证明台阶原子为 CO_{ad} 氧化的活性位。Garcia 等[26]通过观察循环伏安曲线中 CO 的多个氧化峰位，指出：在碱性溶液中，CO_{ad} 氧化的活性顺序为扭结位>台阶位>平台位。Mikita 等[27]研究了 CO_{ad} 在另一系列阶梯晶面上的氧化 Pt(S)-$[n(100)×(110)]$，$n=2，5，9$[即 Pt（210）、Pt（510）、Pt（910）]，发现 Pt（210）的催化活性最高，Pt（210）上的起始氧化电位为 0.20V，均低于 Pt（510）和 Pt（910），这归于 Pt（210）具有最高密度的扭结原子。Pt 高指数晶面对溶液中 CO 的氧化也有很高的催化活性，过电位随台阶原子密度的增大而减小[28]，较高的催化活性与含氧物种易于在台阶位形成有关[25,29]。

（5）氧还原 氧还原反应（ORR）是燃料电池的阴极反应，其反应速度很迟缓，即使在高载量 Pt 催化剂的催化下，仍需较高的过电位，因此 ORR 电催化剂也是燃料电池发展的一个瓶颈问题。Markovic 等[30～34]研究表明 Pt 基础单晶面对氧还原的电催化活性顺序为：Pt(110)＞Pt(100)＞Pt(111)。Feliu 等[35,36]研究了 Pt 的 [01$\bar{1}$] 和 [1$\bar{1}$0] 晶带上的一系列阶梯晶面对氧还原的催化活性，指出：Pt(111) 的催化活性最低，而高指数晶面的催化活性均较好，催化活性随台阶原子密度的增加而增大，表明台阶位为催化活性位。在 [01$\bar{1}$] 晶带，Pt(211) 的催化活性最高，在 $0.5mol \cdot L^{-1}$ H_2SO_4 介质中，比 Pt(111) 高出一个数量级，是 Pt(100) 的 4 倍 [图 2-3(e)]；而在 $0.1mol \cdot L^{-1}$ $HClO_4$ 中，催化活性的差别变得不显著，Pt(211) 上的活性是 Pt(111) 上的 3 倍，是 Pt(100) 上的 2 倍。Hoshi 等[37]研究了氧在一系列铂单晶高指数面上的还原反应，发现在 n(111)-(100) 和 n(111)-(111) 构型的高指数晶面上，台阶位是 ORR 的活性位，Pt(331)＝3(111)-(111) 晶面具有最高的电催化活性；而对于 n(100)-(111) 和 n(100)-(110) 构型的高指数晶面，ORR 的活性则与台阶位的密度无关。他们[38,39]还研究了 Pd 基础单晶面及高指数晶面对氧还原的电催化活性，获得如下顺序：Pd(110)＜Pd(111)＜Pd(100)。对于 n(100)-(111) 晶带、n(100)-(110) 晶带和 n(111)-(100) 的高指数晶面，0.90V 测得的氧还原电流密度随 (100) 平台原子密度的增大而增大，而与台阶结构无关，进一步证明 Pd 的 (100) 位为对氧还原的催化活性位。此外，一些铂基合金会表现出更高的活性，合金元素会改变 Pt 的电子结构。当前报道的 ORR 活性最高的是 Pt_3Ni 合金的 (111) 晶面，在 $0.1mol \cdot L^{-1}$ $HClO_4$ 中的活性约为 Pt(111) 的 9 倍[40]。

(6) CO_2 电还原 Pt 基础晶面对 CO_2 电还原的催化活性顺序为：Pt(110)＞Pt(100)≫Pt(111)[41~43]。Hoshi 等[44~47]研究了一系列 Pt 单晶表面上的 CO_2 还原动力学，发现催化活性随台阶原子或扭结原子的密度增加而增大，并且具有扭结位的晶面显示出更高的反应活性 [图 2-3(f)]。不同 Pt 单晶面对 CO_2 还原的催化活性依次为：Pt(111)＜Pt(100)＜Pt(S)-[n(111)×(100)]＜Pt(S)-[n(100)×(111)]＜Pt(S)-[n(111)×(111)]＜Pt(S)-[n(110)×(100)]＜Pt(S)-[n(100)×(110)]＜Pt(210)。范纯洁等[48]研究 Pt 单晶 (210)、(310) 和 (510) 三个阶梯晶面上 CO_2 电催化还原的表面过程，通过改变处理条件获得单晶电极不同的表面结构，发现当铂单晶电极表面保持其明确原子排列结构时，对 CO_2 还原的电催化活性随晶面上 (110) 台阶密度的降低而减小，即 Pt(210)＞Pt(310)＞Pt(510)；而当三个电极表面通过氧的吸附导致原子排列结构重构后，电催化活性均有不同程度的提高。虽然其活性顺序未发生变化，但 (110) 台阶位密度越大的表面电催化活性增加的程度越高。这个结果说明 Pt 单晶电极的表面结构越开放，其电催化活性也越高。Hoshi 等[49]在 $0.1mol \cdot L^{-1}$ $HClO_4$ 介质中研究了 Pd 基础单晶面对 CO_2 电催化还原的结构效应，表明它们的催化活性为：Pd(100)＜Pd(111)＜Pd(110)。

(7) 多相催化反应 高指数晶面在多相催化中同样表现出很好的催化活性。Somorjai 等人系统研究了各种 Pt 单晶面对碳氢化合物的催化裂解、环化、异构化和芳香化反应，发现台阶原子是 H—H、C—H 键断裂的活性中心，而扭结原子则是 C—C 键断裂的活性中心[50]。如对于庚烷芳香化合成甲苯，Pt（775）的催化活性比 Pt（111）晶面高 20 倍[51]；Pt(10,8,7)，Pt(755) 晶面上异丁烷氢解的速度是 Pt(100) 和 Pt(111) 的 4 倍[52]。他们还发现具有七配位台阶原子的 Fe(111) 和 Fe(211) 晶面（Fe 为体心立方晶体结构）对合成氨的催化活性比其它晶面高一个数量级以上，而 Fe(110) 晶面（结构类似于 fcc 晶格的 {111} 晶面）基本没有活性[53,54]。Banholzer 等发现 Pt(410) 晶面对汽车尾气中的主要污染物 NO 的催化分解具有异常高的活性[55]。

高指数晶面不但具有很高的催化活性，而且其处于短程有序环境中，表面原子不易扰乱，因而在电化学、真空和氧化/还原气氛中还表现出较高的稳定性[19,56~59]。例如对于甲酸电氧化，Pt(210) 和 Pt(310) 晶面上处于短程有序的 (110) 表面位比长程有序的 Pt(110) 晶面具有更高的催化活性和稳定性[19]。孙世刚等[56]研究了不同的 Pt 单晶面对乙二醇的催化氧化活性及稳定性，经过 10 周循环伏安扫描后，Pt (110) 上的负向电位扫描中氧化峰电流密度由第一周 2.44mA·cm^{-2} 变为 0.95mA·cm^{-2}，降低了 61%，而 Pt(331) 上由 2.58mA·cm^{-2} 变为 2.33mA·cm^{-2}，仅降低了 9%，这说明 Pt(331) 的稳定性远大于 Pt(110)。孙世刚等[57]还发现 Au(210) 晶面在电化学体系与超高真空（UHV）之间转移，不论表面是否存在吸附物种，表面都保持有序结构，表现出很高的稳定性。

2.2 金属纳米粒子的表面结构控制合成及其电催化

2.2.1 纳米粒子形状与晶面的关系

从单晶面模型电催化剂的研究可以获取表面原子结构与电催化性能的规律。进一步运用这一反应规律指导高性能催化剂合成的关键步骤，是通过形状控制合成具有特殊形状的纳米粒子，使其由催化性能优良的晶面围成。对于 fcc 金属，由不同晶面围成的多面体如图 2-4 所示[6]。由基础晶面围成的多面体形状比较简单，即 {111} 晶面围成正八面体，{100} 晶面围成立方体，{110} 晶面围成菱形十二面体。由高指数晶面围成的多面体形状比较复杂，在立体几何学上归属于 Catalan 晶体，或 Archimedean 对偶体[60]。具体包括：$\{hk0\}(h>k>0)$ 晶面围成的四六面体（二十四面体），$\{hkk\}(h>k>0)$ 晶面围成的偏方三八面体，$\{hhl\}(h>l>0)$ 围成的三八面体，这三种形状都具有二十四个面；$\{hkl\}(h>k>l>0)$ 晶面围成的六八面体，它是一种四十八面体。另外，同一晶面依据对称性可以围成不同形状的多面体，如 {111} 晶面，按 Oh 点群围成八面体；若按 Td 点群，则围成四面体。

以上都是由单一晶面围成的多面体晶体，有时一个晶体的棱或者角会被另外一种晶面截取，形成截角形状。例如立方八面体，它可以看成立方体的每个角被

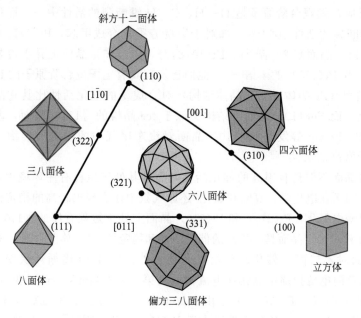

图 2-4　不同晶面围成的多面体[6]

{111} 晶面所截，形成六个正方形和八个正三角形［图 2-5(a)］；截角八面体可看成八面体的每个角被 {100} 晶面所截，形成六个正方形和八个正六边形［图 2-5(b)］。这两种形状的晶体都是由 {100} 和 {111} 两种晶面围成。

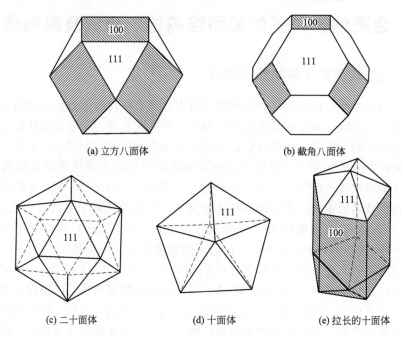

图 2-5　一些多面体的几何模型图

对于 fcc 金属，五重孪晶结构的晶体也比较常见，它们包含二十面体［图 2-5 (c)］、十面体［图 2-5(d)］以及拉长十面体［图 2-5(e)］等，由五个亚晶以 {111} 晶面毗邻孪生而成[61,62]。二十面体、十面体的表面都是 {111} 晶面，拉长十面体的端面为 {111} 晶面，侧面为 {100} 晶面。

2.2.2 晶体生长规律

了解晶体生长规律对于纳米粒子的表面结构（或形状）控制合成非常重要[63]。纳米晶体的生长可以分为成核和生长两个阶段。当溶液的饱和度超过临界过饱和度时，便会有晶核形成。但晶核的生长与溶解一直是动态进行的。晶核要能够生长形成晶体，需要达到一定的临界尺寸，即形成稳定晶核，使得生长速度大于溶解速度。

形成半径为 r 的球形晶核所引起的吉布斯自由能的变化（ΔG）为[64~66]：

$$\Delta G = \Delta G_V + \Delta G_S = \frac{4}{3}\pi r^3 \Delta G_v + 4\pi r^2 \gamma \tag{2-1}$$

式中，第一项为体积过剩自由能；ΔG_V 为体积过剩自由能；ΔG_v 为单位体积过剩自由能，对于过饱和体系，ΔG_v 为负值；第二项 ΔG_S 是表面过剩自由能；γ 为界面张力，为正值。

ΔG 与晶核半径的变化曲线如图 2-6 所示，随 r 的增加有一个最大值。

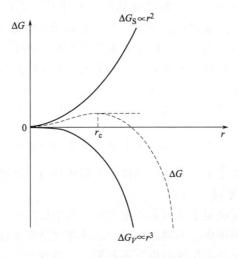

图 2-6　晶核生长体系自由能与晶核半径的变化规律

对式(2-1)求导可得：

$$\frac{\mathrm{d}\Delta G}{\mathrm{d}r} = 8\pi r\gamma + 4\pi r^2 \Delta G_v \tag{2-2}$$

当 $\dfrac{\mathrm{d}\Delta G}{\mathrm{d}r}$ 时，即溶解与生长达到平衡，可求得临界晶核的半径 r_c 为：

$$r_c = \frac{-2\gamma}{\Delta G_v} \tag{2-3}$$

当半径 $r < r_c$ 时，晶核趋向于溶解消失；当 $r > r_c$ 时，晶核倾向于生长，形成晶体。通过提高溶液的饱和度 s 和降低比表面自由能 γ，均能使 r_c 减小，有利于形成纳米粒子。

通常认为，成核速率 V_1 和晶核生长速率 V_2 均随溶液过饱和度的增加而增大，存在如下关系[67,68]：

$$V_1 = K_1 \frac{c-s}{s} \tag{2-4}$$

$$V_2 = K_2 D(c-s) \tag{2-5}$$

式中，K_1、K_2 分别为比例常数；c 为溶质的浓度；s 为饱和度；D 为溶质扩散系数；$(c-s)$ 为过饱和度；$(c-s)/s$ 为相对过饱和度。可以看出，成核速率 V_1 与相对过饱和度 $(c-s)/s$ 成正比，而晶核生长速率 V_2 则与过饱和度 $(c-s)$ 成正比。溶液中过饱和度的增加对成核与生长均有促进作用，但通常成核速率 V_1 增加得更快。这样通过增加过饱和度，有可能把成核期和生长期分开，使其在瞬间形成大量晶核（即 $V_1 \gg V_2$），而后基本不再形成新核，只存在生长过程（$V_1 \ll V_2$），这样可以得到尺寸均一的纳米粒子。

临界晶核形成后，晶体会逐渐生长，其外形受晶体生长的热力学、动力学，以及颗粒的团聚程度等影响。为了解释晶体的择形生长，先后提出了布拉维（Bravais）法则、Gibbs-Wulff 晶体生长定律、Frank 动力学理论等[69]。早在 1885 年，法国结晶学家布拉维（A. Bravis）从晶体的格子构造几何概念出发，论述了实际形成的晶面与空间格子中面网（点阵）之间的关系，即实际晶面平行于面网密度大的面网，这就是布拉维法则。同年，皮埃尔·居里（P. Curie）则提出：在晶体与母液处于平衡的条件下，对于给定的晶体体积而言，晶体所发育的形状应使其总表面自由能最低，即 $\sum_{i=1}^{n} A_i \gamma_i \to \mathrm{Min.}$。1901 年吴里弗（Wulff）进一步扩展了居里原理。他指出：对于平衡形态而言，从晶体中心到各晶面的距离与晶面的比表面能成正比，即居里-吴里弗原理。

这样晶体的外形就决定于晶面表面能或者晶面生长速度。起初，晶体可能由不同点阵结构的多种晶面围成。不同晶面间的点阵密度及表面自由能存在差异，因此沿各自晶面垂直方向上的生长速率也互不相同。点阵密度越高的晶面表面能越低，生长速率就越慢。根据晶面角守恒定律[64,70]，在生长过程中，各晶面的二面角保持不变，如图 2-7(a) 所示。假设晶面 A 的生长速率比晶面 B 慢，由于晶面 A 与晶面 B 组成的二面角在晶体生长过程中保持不变，因此生长较快的晶面 B 在晶体表面所占的比例会随着晶体的长大逐渐减小甚至消失；最后晶体表面将主要由生长速率较慢的晶面 A 构成。显然晶体形状主要由沿各晶面的相对生长速率决定，生长速率越慢，该晶面在最终产物的表面所占的比例就越大。如对于 $\{111\}$ 和 $\{100\}$

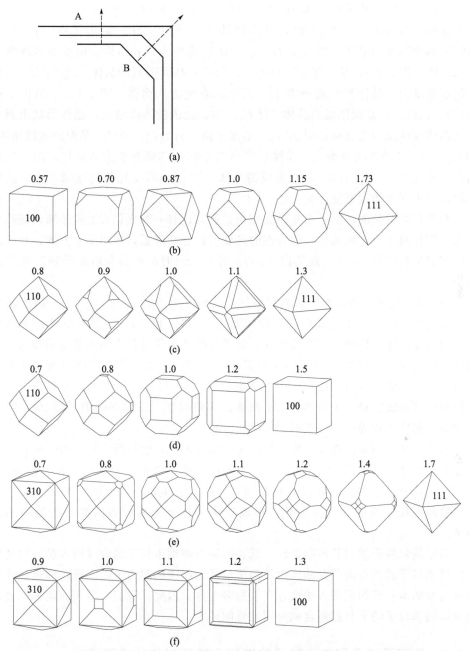

图 2-7 (a) 晶体生长过程中不同晶面的生长速率对晶体形状的影响，生长速率快的
晶面趋于消失；(b)～(f) 晶体形状随不同晶面生长速率的比值（R）的变化过程，
R 值已标注在图中；(b) 从立方体变化到八面体，$R=G_{100}/G_{111}$；
(c) 从斜方十二面体变化到八面体，$R=G_{110}/G_{111}$；(d) 从斜方十二面体
变化到立方体，$R=G_{110}/G_{100}$；(e) 从二十四面体变化到八面体，
$R=G_{310}/G_{111}$；(f) 从二十四面体变化到立方体，$R=G_{310}/G_{100}$

两个晶面，当生长速率 $G_{100}/G_{111} \leqslant 0.58$ 时，呈立方体；$G_{100}/G_{111} = 0.87$ 时，呈立方八面体；$G_{100}/G_{111} \geqslant 1.73$ 时，呈八面体[71]。图 2-7（b）给出了由（111）与（100）晶面围成的晶体，随 G_{100}/G_{111} 比值的逐渐增大，晶体形状由立方体逐渐变为八面体；图 2-7（c）给出了由（110）与（111）晶面围成的晶体，随 G_{110}/G_{111} 比值的逐渐增大，晶体形状由斜方十二面体逐渐变为八面体；图 2-7（d）给出了由（110）与（100）晶面围成的晶体，随 G_{110}/G_{100} 比值的逐渐增大，晶体形状由斜方十二面体逐渐变为立方体；图 2-7（e）给出了由（310）与（111）晶面围成的晶体，随 G_{310}/G_{111} 比值的逐渐增大，晶体形状由二十四面体逐渐变为八面体；图 2-7（f）给出了由（310）与（100）晶面围成的晶体，随 G_{310}/G_{100} 比值的逐渐增大，晶体形状由二十四面体逐渐变为立方体。

对于高指数晶面，除了改变晶面面积比例，还有一种变化形式是逐渐改变晶面指数。例如对于二十四面体，四方锥的高度可以逐渐降低，趋向于立方体，相应晶面的密勒指数则从 $\{hk0\}$ 逐渐向 $\{100\}$ 过渡，同时晶面的台阶原子密度也逐渐减小。

对于 fcc 金属，各晶面的表面能顺序为：$\gamma_{(111)} < \gamma_{(100)} < \gamma_{(\text{high-index})}$，因此通常所制备的金属纳米粒子主要由表面能较低的 $\{111\}$ 和 $\{100\}$ 晶面围成，呈八面体、四面体、立方体和立方八面体等。如果在晶体生长过程中加入某些添加剂（如表面活性剂或聚合物等），使其对某些晶面产生择优吸附，则有可能改变表面能的相对大小，从而实现纳米晶体的形状控制合成[63]。另外，晶体生长过程中，还有可能形成孪晶或层错，十面体、二十面体、双角双锥、五重孪晶纳米棒/线，以及三角或六角纳米片等，如图 2-8[72] 所示。

另外，晶面的表面能或二维晶核的生成功（W_{hkl}）也与溶液过饱和度或者过电位（电化学条件下）有关[73,74]。当过饱和度（或过电位）增加时，W_{hkl} 会减小，但表面结构开放的晶面（如高指数晶面）下降得会更快一些（图 2-9）。这样有可能导致晶面稳定性顺序发生变化，形成通常条件下不易制备的高表面能的纳米粒子。

对于纳米粒子的形状控制合成，低表面能金属纳米粒子的合成较容易，而高表面能纳米粒子的制备由于受晶体生长趋于最低表面能的热力学限制而较困难，并且两种类型纳米粒子的制备方法也存在着很多差异。因此，我们对低表面能和高表面能金属纳米粒子的形状控制合成分别进行阐述。

2.2.3　低表面能金属纳米粒子的控制合成及其催化性能研究

溶液相化学还原法（或称为湿化学法）是制备金属纳米粒子最常用的方法。一般是在金属盐溶液中加入适当的还原剂，使金属离子还原生成金属纳米粒子。为了实现形状控制，溶液中通常需要加入一些表面活性剂或者其它添加剂，通过其在粒子表面某些晶面择优吸附或者选择性地刻蚀晶面，调控各晶面相对生长速度，同时

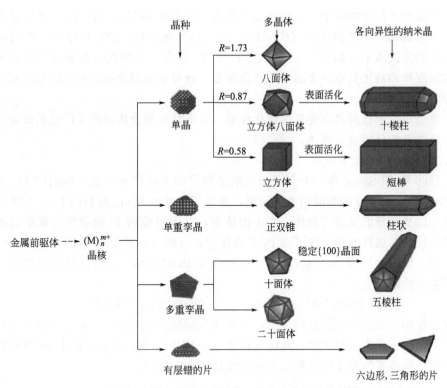

图 2-8　面心立方结构晶体形状的影响因素：晶核决定了晶体是单晶还是孪晶，
而不同晶面的生长速度则进一步决定最终的晶体形状[72]

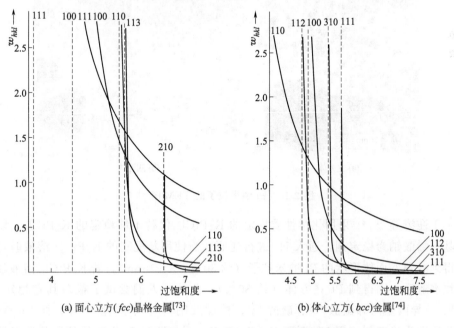

(a) 面心立方(fcc)晶格金属[73]　　　　　(b) 体心立方(bcc)金属[74]

图 2-9　二维晶核的生成功与过饱和度的关系图[74]

防止金属纳米粒子的团聚。常用的添加剂有聚乙烯吡咯烷酮（PVP）、聚甲基丙烯酸、十六烷基三甲基溴化铵（CTAB）、十二烷基硫酸钠（SDS）以及一些具有刻蚀作用的无机离子（如 Fe^{3+}、Cl^-、Br^-）和 O_2 等。通过改变金属前驱体和添加剂的浓度和相对比例以及金属离子还原速度，就可实现对金属纳米晶的形状和表面结构的控制[72]。

贵金属纳米材料具有优良的催化性能，其形状控制合成得到了广泛的研究。下面以金属种类分别进行阐述。

2.2.3.1　Pt 纳米粒子

1996 年 El-Sayed 等[7]开创了金属纳米粒子的形状控制合成，他们用 H_2 还原 K_2PtCl_4，以聚甲基丙烯酸钠为稳定剂，合成了尺寸为 10nm 左右的 Pt 立方体、四面体，以及少量的立方八面体、二十面体等，并通过控制 Pt 前驱体与聚甲基丙烯酸钠的比例，选择性地合成了以 Pt 立方体为主（80%）或者以四面体为主（60%）的产物，如图 2-10 所示。他们[75~80]还研究了 Pt 四面体、立方体及近球形纳米粒子对电子传输反应：

$$2Fe(CN)_6^{3-}+2S_2O_3^{2-} \longrightarrow 2Fe(CN)_6^{4-}+S_4O_6^{2-}$$

的催化作用，发现催化活性顺序为：四面体＞球形＞立方体。他们认为催化活性主要与纳米粒子表面上处于棱、角位置原子（低配位原子）有关，其中 Pt 四面体上处于棱、角位置的原子的比例最大，因此催化活性最高。

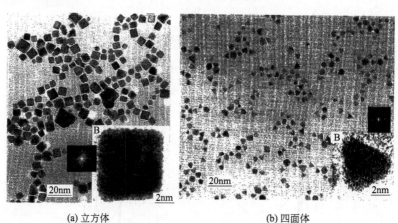

(a) 立方体　　　　　　　　　　　　(b) 四面体

图 2-10　Pt 纳米粒子的 TEM 图[7]

于迎涛等[81~83]采用化学性质稳定的 K_2PtCl_6 代替不够稳定的 K_2PtCl_4，以聚甲基丙烯酸钠为稳定剂，通入 H_2 进行还原。当使用新配制的 K_2PtCl_6 溶液时，主要得到截角八面体形状的 Pt 纳米粒子（约 80%，3~15nm），若 K_2PtCl_6 溶液经过光致水解后，则得到 Pt 立方体（约 80%）。此外，人们尝试了很多其它稳定剂，如聚 N-异丙基丙烯酰胺[84]、硫醇[85]、柠檬酸钠[86]、草酸钾[87]等。如 Fu 等[87]以草酸钾为稳定剂，用 H_2 还原 $K_2[Pt(C_2O_4)_2]$，发现 Pt 立方体的形状选择性可达 90％以上，尺寸也较均匀。

Yang 等[88]以乙二醇为溶剂和还原剂，PVP 为稳定剂，通过增加 AgNO₃ 的加入量，依次得到了形状均一性较好的 Pt 立方体、立方八面体、八面体等纳米晶体（约 10nm），归因于 Ag⁺ 的加入会加快沿 [100] 方向的生长速度。但他们发现，Ag⁺ 以及在 Pt 表面吸附能力较强的 PVP 或聚丙烯酸酯的加入会显著降低 Pt 纳米粒子的催化性能。为此他们选用吸附能力相对较弱的 C_{14}TABr 为稳定剂，通过增加还原剂 NaBH₄ 的加入量，依次得到了立方八面体及立方体形状的 Pt 纳米粒子[89]。以 C_{14}TABr 为稳定剂制备的 Pt 立方八面体和立方体对乙烯加氢反应的催化活性均明显高于以 PVP 为稳定剂的 Pt 立方体和 Pt 立方八面体。另外，他们还实现了对 Pt 立方体的尺寸控制，粒径范围为 5～9nm（图 2-11），并研究了它们对乙烯加氢和吡咯加氢反应的催化活性：乙烯加氢反应的活性与 Pt 纳米粒子的形状和尺寸无关，而对于吡咯加氢反应，Pt 立方体由于具有较强的开环能力而表现出较高的生成正丁胺的反应选择性[90]。

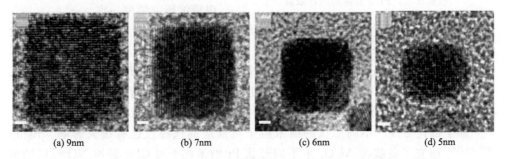

(a) 9nm　　　　(b) 7nm　　　　(c) 6nm　　　　(d) 5nm

图 2-11　不同粒径的 Pt 纳米立方体沿 [100] 晶轴方向的 HRTEM 图[90]

图中标尺为 1nm

Sun 等用含少量 Fe(CO)₅ 的油胺和油酸还原 Pt(acac)₂，制备了粒径为 8nm 的 Pt 立方体，其单位面积对氧还原的催化活性是商业 Pt 催化剂的 2 倍[91]。他们还进一步通过控制反应温度，制备了 Pt 多面体、截角立方体及立方体，并比较了它们对氧还原的催化活性。结果表明 7nm Pt 立方体上的氧化电流密度是 3nm Pt 多面体及 5nm Pt 截角立方体上电流密度的 4 倍[92]。随后一些研究组发现采用其它金属羰基化合物，如 W(CO)₆、Cr(CO)₆，也可以制得 Pt 立方体[93]。形成立方体的关键一度被认为是羰基化合物分解而成的金属还原 Pt 前驱体以及油胺/油酸吸附，但后来 Murray 等[94]和郑南峰等[95]证实 CO 在 Pt 表面的吸附才是关键作用。他们仅用 CO 作为形貌控制剂，就可以得到很高产率的 Pt 立方体[96]，且粒径非常小，约 2.5nm，很接近理论上预测的最小 Pt 立方体的尺寸（约 1.8nm）[97]。

Feliu 等研究了不同表面结构 Pt 纳米粒子对 NH₃ 电氧化的催化活性[98]。NH₃ 在 Pt 表面的电氧化是一个结构敏感反应，（100）晶面的催化活性最高（图 2-12）[99]。他们制备了不同形状的 Pt 纳米粒子，并用 Ge、Bi 的不可逆吸附来估算 Pt 纳米粒子上（100）和（111）表面位的百分比，发现当（100）表面位的比例从

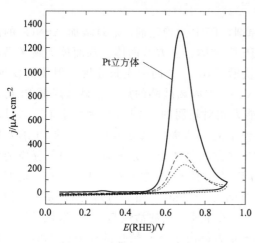

图 2-12　不同形状 Pt 纳米粒子对氨电氧化的催化
性能比较，Pt 立方体的活性最高[99]

17％增大至 65％（Pt 立方体）时，NH_3 的氧化峰电流密度提高至 7 倍。他们还研究了不同形状的 Pt 纳米粒子对甲酸和甲醇电氧化的催化活性，结果表明（111）取向的 Pt 八面体催化活性最好，归结于（111）表面的毒化速度较小[100]。Feliu 等[101]还研究了对苯二酚在含不同表面位的 Pt 纳米粒子上的氧化，结果说明纳米粒子表面具有长程有序（111）表面位时，对苯二酚可以发生氧化，而在（100）表面位上则不发生氧化，这与 Pt 单晶电极的研究结果一致。

Zubimendi 等[102]研究了不同晶面择优取向的 Pt 纳米粒子电极对氧还原的催化活性，指出在酸性介质中，氧还原反应在较高过电位区间具有表面结构效应，（111）晶面取向的 Pt 纳米粒子的催化活性高于（100）晶面取向的 Pt 纳米粒子。由于氧还原时，在（100）晶面上会产生更多的过氧化氢，它们可吸附在电极表面，减慢氧还原的速度。而在较低的过电位区间，则没有明显的结构效应。

除了催化活性，不同形状的纳米粒子对反应的选择性也有很大影响。Balint 等[103,104]研究了负载在 Al_2O_3 上不同形状 Pt 纳米粒子对 CH_4 还原 NO 反应的催化活性，发现反应选择性存在明显差异：在立方体形状的 Pt 纳米粒子上倾向于生成更多的 N_2O 和 CO_2，而在不规则的多晶 Pt 纳米粒子上更倾向于生成 N_2、CO 和 NH_3。Somorjai 等[105]发现不同形状 Pt 纳米粒子对苯加氢反应的选择性有很大影响，在 Pt 立方体上仅生成环己烷，而在 Pt 立方八面体上同时生成环己烷和环己烯。

以上形状控制合成所得到的 Pt 纳米粒子基本上都是四面体、立方体、八面体及这些多面体的截角形状（如立方八面体等），表面都是由 ｛111｝ 和 ｛100｝ 两个基础晶面围成。除此之外，还合成出一些其它形状的 Pt 纳米结构[106~115]，如多角叉[106~108]、纳米线[109]和纳米管[110]等，但它们的表面都不具有明确的原子排列结构，类似于多晶表面。

2.2.3.2　Pd 纳米粒子

Pd 作为一种优良的金属催化剂材料，Pd 纳米粒子的形状控制合成也得到了广泛的研究[116~121]。近年来，Xia 等人采用乙二醇还原法，系统开展了 Pd 纳米粒子的形状控制合成。在乙二醇还原法中，乙二醇同时用作溶剂和还原剂，在加热条件下还原金属盐生成金属纳米粒子[122]。Xia 等人用乙二醇还原法合成了立方体 Pd 纳米粒子，并通过 Fe^{3+} 对 Pd 的氧化刻蚀作用，减少 Pd 种子的数量，实现对 Pd

立方体的尺寸控制；通过 Fe^{3+}、Cl^- 和 O_2 对 Pd 的刻蚀作用，降低生长速度，合成了各向异性生长的三角形和六边形的 Pd 纳米片，其表面为 {111} 晶面；利用柠檬酸根对 Pd 氧化刻蚀的阻碍作用，高产率地合成了五重孪晶结构的 Pd 二十面体[123~126]。他们还首先报道用化学合成方法制备了表面含 {110} 晶面的 Pd 纳米棒[127]。所制备的 Pd 纳米棒为单晶结构，侧面由四个 {100} 晶面和四个 {110} 晶面围成。溴离子在 Pd 种子表面的吸附被认为有利于形成 {100} 晶面和 {110} 晶面。他们还在水溶液中用柠檬酸还原 Na_2PdCl_4 而制得 {111} 晶面围成的 Pd 纳米粒子。由于柠檬酸与 Pd 的 {111} 晶面有很强的结合力，通过调控 Na_2PdCl_4 与柠檬酸的量可以得到 Pd 八面体、十面体、二十面体[128]。

Yang 等[129] 采用立方体形状的 Pt 纳米粒子为晶种，用抗坏血酸还原 K_2PdCl_4，得到立方体形状的 Pt/Pd 核壳结构；当加入能够稳定 Pd(111) 晶面的 N_2O 后，则得到立方八面体和八面体形状的 Pt/Pd 核壳结构。他们还研究了这些纳米粒子对甲酸的电氧化的催化性能，得到的活性顺序为：立方体＞立方八面体＞八面体，Pt/Pd 立方体上的氧化峰电流密度是八面体的 5 倍。

徐国宝等报道了一种可以系统调控低指数晶面结构 Pd 纳米粒子形状的方法[130]。他们以 22nm 大小的 Pd 立方体作为晶种，CTAB 为稳定剂，KI 为添加剂，利用抗坏血酸还原 H_2PdCl_4，使得 Pd 在晶种上继续生长。通过控制 KI 浓度和反应温度，得到了 Pd 立方体、八面体、斜方十二面体，以及一系列截角、截棱的过渡形状（见图 2-13），发现较高反应温度及中等浓度 KI 有利于形成 Pd 的 {110} 晶面。

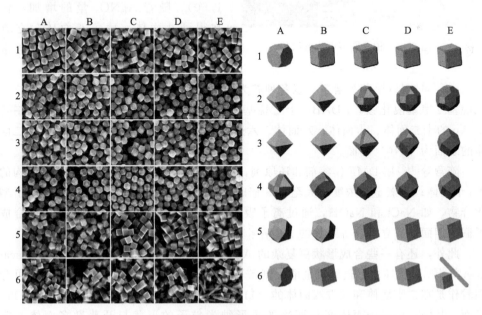

图 2-13　不同合成条件下制备的 Pd 多面体的 SEM 图及它们对应的几何模型图[130]

郑南峰等人[131]发现 CO 的吸附会促进 Pd 形成厚度仅约 1.8nm 的 Pd 超薄六角纳米片，由于 Pd 六角纳米片具有较高的比表面积（$67m^2 \cdot g^{-1}$），它对甲酸电催化氧化的质量电流密度比商业 Pd 黑提高 1 倍。

2.2.3.3　Au 纳米粒子

关于 Au 纳米粒子形状控制的文献十分丰富，所制备 Au 纳米粒子的形状包含：单晶结构的四面体、立方体、八面体、立方八面体、十二面体、纳米棒、多极子等[132~138]；五重孪晶结构的二十面体、十面体、拉伸十面体（纳米棒和纳米线）[139~141]；以及纳米带[142]、纳米片[143~145]等。

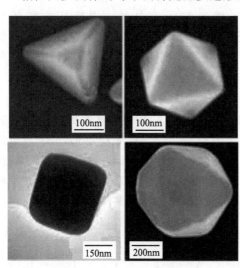

柏拉图多面体的每个面都是正多边形，共有五种形状：正四面体、立方体、正八面体、正十二面体和正二十面体。Kim 等[146]以 PVP 为稳定剂，$AgNO_3$ 为添加剂，用乙二醇还原法合成了几种柏拉图多面体形状的 Au 纳米粒子，包括四面体、八面体、立方体和二十面体（图 2-14）。作者认为添加剂 Ag^+ 能减慢 Au 沿［100］方向的生长、加快沿［111］方向的生长，从而形成立方体。Seo 等[147]用类似的方法，以戊二醇为溶剂、PVP 为稳定剂，并加入不同比例的 $AgNO_3$（1/600～1/60），随着 $AgNO_3$ 量的增加，依次得到八面体、截角八面体、立方八面体、立方体等形状的 Au 纳米粒子。

图 2-14　柏拉图多面体形状的
Au 纳米粒子[146]

Liu 等[148]以甲苯为溶剂，以各种胺为还原剂和稳定剂（十二烷基胺，DA；十二烷基二甲基溴化铵，DDAB；十二烷基三甲基氯化铵，DTAC），通过加热制备了 Au 的十二面体、十面体、八面体、六边形纳米片等各种形状，其中 Au 十二面体的表面为｛110｝晶面。

陈营等[149]用 DMF 作溶剂和还原剂，以 PVP 为稳定剂，合成五重孪晶结构的 Au 十面体；当氯金酸浓度增大至 4.5 倍时，则得到六边形 Au 薄片；加入离子型化合物，如 NaCl 和 NaOH，通过离子吸附降低｛100｝晶面的表面能，从而合成了截角四面体、立方体等形状的 Au 纳米粒子。

此外，还有一些合成形状更复杂的 Au 多面体纳米粒子的报道。如 Jose-Yaca-man 等[150]用抗坏血酸还原氯金酸，制备了两种星形的 Au 多面体粒子。它们可分别看作是在二十面体和立方八面体的｛111｝晶面上长出三角锥，其表面为｛111｝晶面。其中，由二十面体变化而来的星形纳米粒子的形状与开普勒多面体非常类似。

2.2.4 高表面能金属纳米粒子的控制合成及其电催化

2.2.4.1 Pt纳米粒子

孙世刚研究小组于2007年首次制备了高指数晶面结构的Pt二十四面体（图2-15）[151]。Pt二十四面体的制备过程包括两个步骤：首先在GC电极表面电沉积制备亚单层的Pt纳米球（直径约700nm）；然后对这些GC电极表面的Pt纳米球施加方波电位，溶液为$0.1mol \cdot L^{-1} H_2SO_4 + 30mmol \cdot L^{-1}$抗坏血酸，方波的上限和下限分别为$-0.10V$和$1.20V$（SCE），频率$f = 10Hz$，$t = 5 \sim 60min$。随施加方波电位时间的延长，Pt纳米球逐渐溶解，同时在GC电极表面生成晶核并长大成为二十四面体形状的纳米粒子［图2-15(a)为这一过程的示意图］。通过控制施加方波电位的时间，所制备的Pt二十四面体的平均粒径可为$20 \sim 220nm$。图2-15(b)为方波电位时间为60min时所制备的Pt二十四面体的SEM图，从接近三重轴方向观察Pt二十四面体［图2-15(c)］，它与二十四面体的几何模型图［图2-15(e)］非常吻合。二十四面体形状相当于在立方体的每个面上都长出一个四方锥，总共24个面。这种形状的晶体在自然界中仅偶尔见于萤石和金刚石中，金属中仅在金矿和铜矿中发现二十四面体形状的晶体[152,153]。

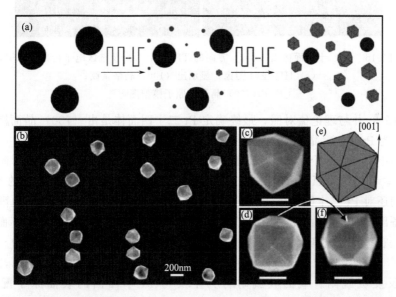

图2-15 （a）用电化学方波电位方法从Pt纳米球制备Pt二十四面体的示意图；
（b）Pt二十四面体的低倍SEM图；(c)，(d)，(f) Pt二十四面体的高倍SEM图，
图中标尺为100nm；(e)二十四面体的几何模型图[151]

二十四面体形状的晶体是由24个高指数晶面$\{hk0\}$（$h \neq k \neq 0$）围成的[154]。通过TEM表征，可以确定Pt二十四面体的晶面指数。测量的关键是拍摄沿[001]方向（即锥顶方向）入射的八边形的TEM图像［图2-16(a)］，以及相应的具有四重对称性的选区电子衍射（SAED）花样［图2-16(b)］。通过测量晶面夹

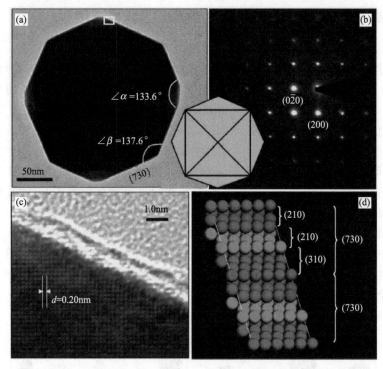

图 2-16　Pt 二十四面体沿 [001] 方向的 TEM 图 (a) 及选区电子衍射图 (b);
(c) HRTEM 图像,显示出 (100) 晶格条纹;
(d) Pt(730) 晶面的原子模型图[151]

角 (α 和 β),并与理论值对照,最终确定 Pt 二十四面体是由 {730} 晶面围成。图 2-16(d) 为 Pt(730) 晶面的原子排列模型。Pt(730) 晶面可分解为两个 (210) 对称结构的小晶面及一个 (310) 对称结构的小晶面,是一种多原子高度台阶的阶梯晶面[155],它的台阶原子密度为 5.12×10^{14} cm^{-2},台阶原子占表面原子的 43%。

　　我们还对 Pt 二十四面体的生长机理进行了研究。当溶液不含抗坏血酸时,也可以制备出 Pt 二十四面体,说明形成 Pt 二十四面体的本质原因不是抗坏血酸的择优吸附,它应与方波电位有关。方波上限电位为 1.20V,下限电位为 $-0.20\sim$ -0.10V,在方波电位的施加过程中,Pt 表面会发生周期性的氧化还原,即氧在 Pt 表面反复吸脱附。氧的吸脱附行为主要与 Pt 单晶面的表面原子配位数有关[156,157],如图 2-17 所示。对于 Pt(111),表面原子的配位数较高 (CN=9),氧与其作用较弱,更倾向于侵入表面,将内部的 Pt 原子挤出 (即位交换);当氧脱附时,被挤出的 Pt 原子往往不能回到原来的位置,这样就扰乱了表面平整的有序结构,产生缺陷或台阶原子。而对于 Pt(hk0) 晶面,如 Pt (730),表面原子的配位数很低 (CN=6),氧倾向于在表面吸附 (即可逆吸附),在低电位脱附时就不会扰乱表面,有序结构得以保持[157,158]。上述结果说明,在氧的周期性吸脱附条件下,能够稳定存在的是 {730} 等高指数晶面,而不是通常的 {111}、{100} 等基础晶

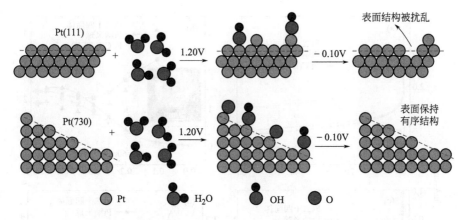

图 2-17　氧吸/脱附对 Pt(111) 及 Pt(730) 晶面的不同影响示意图[151]

虚线代表最外层原子

面。因此，在方波电位条件下，GC 表面新生成的 Pt 纳米粒子为 {730} 等高指数晶面围成的二十四面体。

所制备的 Pt 二十四面体对有机小分子的电氧化具有较好的催化活性。图 2-18(a) 为甲酸在不同 Pt 催化剂上氧化的 j-t 曲线，图 2-18(b) 为甲酸在不同催化剂上氧化的稳态氧化电流密度比较，可以看出，甲酸在 Pt 二十四面体上的氧化电流密度是 Pt 纳米球上的 1.6～4.0 倍，是商业 Pt/C 催化剂的 2.0～3.1 倍；同样，从图 2-18(c)、(d) 可以得出，Pt 二十四面体对乙醇的催化活性是 Pt 纳米球的 2.0～4.3 倍，是商业 Pt/C 催化剂的 2.5～4.6 倍。Pt 二十四面体同时具有很好的化学稳定性。较高的催化活性和稳定性表明 Pt 二十四面体在燃料电池、各种电催化应用中具有重要的价值。

值得提出的是，添加剂对所制备的 Pt 纳米晶体的形貌也有一定的影响。图 2-19 是以柠檬酸钠为添加剂制备的 Pt 纳米晶体的 SEM 图[6]。当柠檬酸钠浓度为 30mmol·L^{-1}时，得到 Pt 二十四面体 [图 2-19(a)]；但是当将柠檬酸钠浓度增大至 50mmol·L^{-1}时，则得到 Pt 凹六八面体 [图 2-19(b)]，其表面应为 {hkl} 高指数晶面结构。通过与相近视角的几何模型图对比，确定其表面近似为 {321} 晶面。

用与制备 Pt 二十四面体类似的方法，孙世刚研究小组还制备了高指数晶面结构的五重孪晶 Pt 纳米棒[159]。图 2-20(a) 为所制备的 Pt 纳米棒的 SEM 图。Pt 纳米棒的直径沿生长轴方向变化，中部最大，沿两端逐渐减小。经选区电子衍射分析，确定该 Pt 纳米棒具有五重孪晶结构。纳米棒的表面不光滑，由一系列上下起伏的小晶面组成。纳米棒的端部很尖锐，呈十棱锥形状。该 Pt 纳米棒也是由 {$hk0$} 高指数晶面围成的 [图 2-20(b)]：顶部端头较尖锐，棱锥锥面基本上是 {410} 晶面；而底部端头较钝，棱锥锥面包含 {320}，{210}，{730} 等晶面；Pt 纳米棒的侧面主要为 {520} 晶面。即沿纳米棒生长方向，晶面的台阶原子密度逐

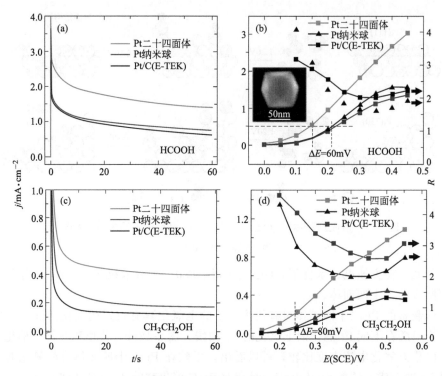

图 2-18　Pt 二十四面体、多晶 Pt 纳米粒子及商业 Pt/C 催化剂对
有机小分子电氧化的催化活性比较[151]

(a) 0.25V 下的时间-电流曲线；(b) 稳态电流随电位的变化，溶液：0.25mol·L⁻¹ HCOOH＋
0.5mol·L⁻¹ H₂SO₄；(c) 0.30V 的时间-电流曲线；(d) 稳态电流随
电位的变化，溶液：0.1mol·L⁻¹ CH₃CH₂OH＋0.1mol·L⁻¹ HClO₄

渐减小，这可能与经受的方波电位处理时间有关。

需要指出的是，以上制备的高指数晶面 Pt 纳米粒子体的尺寸都相对较大（＞
20nm），并且都沉积在玻碳基底上，而实际应用的 Pt 纳米催化剂通常负载在炭黑
上。制备高指数晶面结构的小粒径纳米催化剂仍是一个挑战。减小粒径可显著提高
贵金属的利用率，这是实际应用中一个非常重要的指标。我们通过改变前驱体，使
用不溶于水的 Cs₂PtCl₆ 纳米粒子来代替 Pt 纳米球，在玻碳电极表面制备出负载在
炭黑基底上的高指数晶面 Pt 纳米粒子（HIF-Pt/C），其粒径较小（2～10nm），与
商业 Pt 催化剂的尺寸相当（图 2-21）[160]。球差校正高分辨透射电镜 [图 2-21(b)]
和循环伏安表征证明所制备的 HIF-Pt/C 表面具有更多的 Pt 台阶原子。它对乙醇
电氧化的催化活性是商业 Pt/C 催化剂的 2～3 倍 [图 2-21(c)]，并且台阶原子还可
以促进乙醇中 C—C 键的断裂，生成更多的 CO₂。电化学原位红外光谱研究结果明
确指出乙醇在 HIF-Pt/C 上电氧化，可比在商业 Pt/C 催化剂上的氧化生成更多的
CO₂、更少的乙酸，使乙醇氧化到 CO₂ 的选择性提高 1 倍以上 [图 2-21(d)]。显
然，高指数晶面 Pt 纳米催化剂有利于提高直接乙醇燃料电池的效率。

图 2-19　以柠檬酸钠为添加剂制备的 Pt 纳米粒子的 SEM 图[6]

（a）二十四面体；（b）凹六八面体的 SEM 图，左下角的插图为 {321} 晶面围成凹六八面体的几何模型图

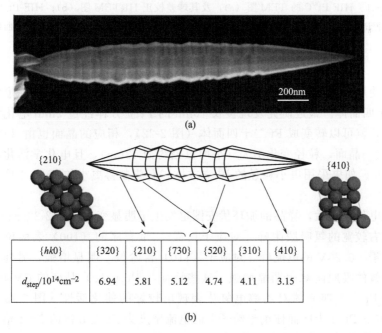

{hk0}	{320}	{210}	{730}	{520}	{310}	{410}
$d_{step}/10^{14}cm^{-2}$	6.94	5.81	5.12	4.74	4.11	3.15

(b)

图 2-20　Pt 纳米棒的 SEM 图及其表面晶面分布[159]

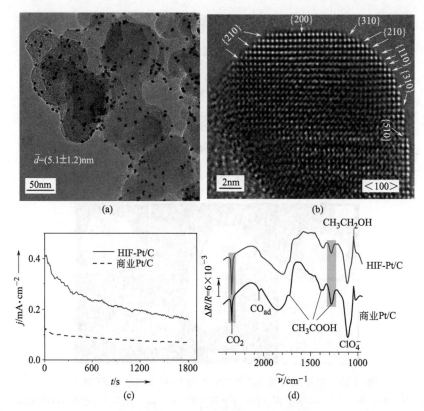

图 2-21 HIF-Pt/C 的 TEM 图（a），及其球差校正 HRTEM 图（b）；HIF-Pt/C 和
商业 Pt/C 催化剂对乙醇电氧化的催化性能比较：（c）0.25V 下的时间-电流曲线，
溶液：$0.1mol \cdot L^{-1} CH_3CH_2OH + 0.1mol \cdot L^{-1} HClO_4$；
（d）电化学原位红外光谱，$E_S = 0.60V$[160]

如果使用 Pt 立方体作为前躯体，经过方波电位处理后，可以得到形状更完美
的 Pt 二十四面体。最近研究发现棱长 10nm 的 Pt 立方体经过 2min 电化学方波电
位处理后，就可以转变成 Pt 二十四面体（图 2-22），相应的晶面也由 {100} 晶面
变为 {310} 晶面，粒径变化不大（平均粒径约为 13nm），且电化学活化面积还略
有增大[161]。如果采用更小粒径的 Pt 立方体，有望制得更小的 Pt 二十四面体纳米
粒子。

方波电位处理后，样品的循环伏安图也发生了明显变化 [图 2-23(a)]。位于＋
0.05V 左右较宽的氢吸脱附峰 [对应于长程/二维有序的（100）表面位] 完全消
失，而位于－0.20V 的电流峰 [对应于（110）台阶位] 明显增强。另外，位于高
电位区的氧的吸脱附峰也明显增强。这些特征与 Pt（310）晶面的 CV 特征相符。
所制备的 Pt 二十四面体对乙醇电氧化表现出较好的催化活性 [图 2-23(b)]。在
0.3V 电位下 Pt 二十四面体纳米粒子上的电流密度为 Pt 立方体的 3～4 倍。虽然商
业 Pt/C 催化剂的稳定性最好，但其 1800s 时的稳态电流（0.14mA · cm^{-2}）仍比

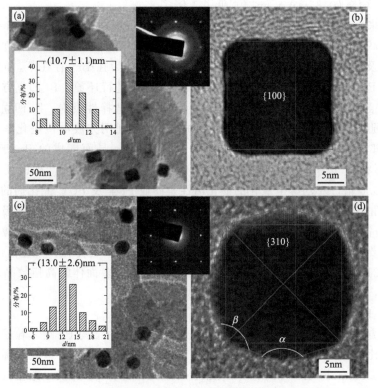

图 2-22　Pt 立方体方波电位处理前后的低倍及高倍 TEM 图,
（a）和（b）处理前负载于碳纳米管的 Pt 纳米立方体,
（c）和（d）处理后生成的 Pt 二十四面体[161]

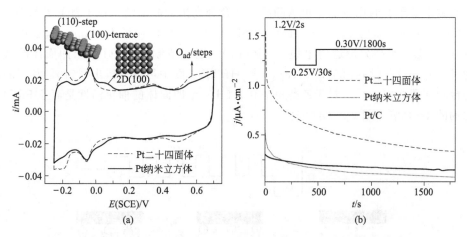

图 2-23　（a）铂二十四面体及铂纳米立方体的循环伏安图, 溶液: 0.1mol·L⁻¹ H₂SO₄,
扫描速度: 50mV·s⁻¹;（b）Pt 二十四面体（虚线）, Pt 立方体（点线）及
商业 Pt/C（实线）催化剂对乙醇电氧化的稳定性曲线（j-t 曲线, 0.3V）,
溶液: 0.1mol·L⁻¹乙醇＋0.1mol·L⁻¹ HClO₄, 60℃[161]

Pt 二十四面体（0.33mA·cm^{-2}）低了 1 倍多。

近年来，也有采用化学法合成高指数晶面结构 Pt 纳米晶的报道。Xia 等[162]制备了由 {720} 晶面围成的 Pt 凹立方体，其对氧还原的催化活性是 Pt 立方体、立方八面体及商业 Pt/C 催化剂的 2～4 倍。制备条件为在 Br$^-$ 存在下，向 K_2PtCl_4 和 $Na_2H_2P_2O_7$ 的混合溶液中缓慢滴加 $NaBH_4$ 溶液进行还原。Pt 凹立方体的制备关键在于很慢的还原速度以及 Br$^-$ 在 {100} 晶面的选择性吸附。Pt 凹立方体也可以在氯化胆碱与尿素形成的低共熔物（DES）中，利用方波电位电化学方法来制备[163]。郑南峰等[164]则用溶剂热方法制备了 {411} 晶面围成的 Pt 凹纳米结构（八极子形状），该纳米结构对甲酸电氧化的催化活性是商业 Pt 黑及 Pt/C 催化剂的 2.3 倍和 5.6 倍，对乙醇电氧化的催化活性是商业 Pt 黑及 Pt/C 催化剂的 4.2 倍和 6.0 倍。谢兆雄等[165]用溶剂热方法制备了 {211} 晶面为侧面的 Pt 多极子和表面含 {411} 晶面的 Pt 凹面体，这两种含高指数晶面的 Pt 纳米粒子对乙醇电氧化的催化活性要远优于商业 Pt/C 催化剂和 {100} 晶面的 Pt 立方体，催化活性顺序为：{411}>{211}>{100}。当前，用湿化学法只能得到凹多面体的高指数晶面结构 Pt 纳米粒子，且大部分粒子的表面比较粗糙。

2.2.4.2 Pd 纳米粒子

运用方波电化学方法也比较容易制备出高指数晶面结构 Pd 纳米粒子，但制备的方法相比 Pt 二十四面体做了一些改进，如图 2-24 所示[166]。即在较稀的钯前驱体溶液（0.2mmol·L^{-1} $PdCl_2$＋0.1mol·L^{-1} $HClO_4$）中沉积，先在较低的电位下（－0.10V）停留 20ms 以形成 Pd 晶核，然后施加方波电位（$E_L = 0.30V$，$E_U = 0.70V$，$f = 100Hz$）。与之前制备 Pt 二十四面体的方法相比，这个方法更简单、直接，并可以避免电极表面存在多晶纳米粒子，成为制备高指数晶面结构铂族金属纳米粒子的通用方法，也为随后制备合金高指数晶面纳米粒子打下了基础。图 2-25(a) 是所制备的 Pd 二十四面体的 SEM 图，其平均粒径为 61nm。选区电子衍射（SAED）和高分辨透射电镜（HRTEM）表明所制备的 Pd 二十四面体的表面为 {730} 晶面 [图 2-25(b)、(c)]。从 HRTEM 图中可以分辨出 {210} 和 {310} 的台阶 [图 2-25(c)]。对于乙醇电氧化，Pd 二十四面体的催化活性是商业 Pd 黑催化剂的 4～6 倍 [图 2-25(d)][166]。

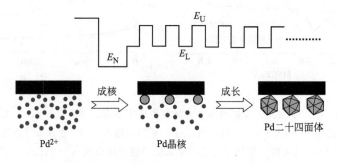

图 2-24 程序电位电沉积方法制备 Pd 二十四面体的示意图[166]

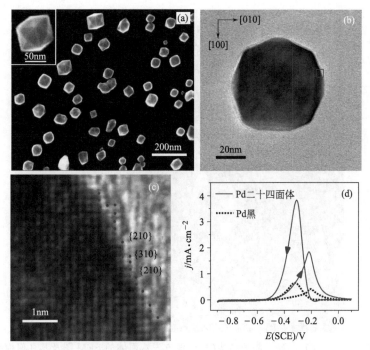

图 2-25　Pd 二十四面体的 SEM 图（a）；沿［001］方向的 TEM 图（b）和 HRTEM
图像（c）；Pd 二十四面体及商业 Pd 黑催化剂对乙醇电氧化的催化性能比较（d）[166]

　　运用方波电位方法，也可以制备其它高指数晶面类型的 Pd 纳米粒子，比如
(hkk) 晶面类型的 Pd 偏方三八面体［图 2-26(a)］和 {hkl} 晶面类型的 Pd 凹六
八面体［图 2-26(c)～(d)］[159]。

　　与铂纳米棒相似，高指数晶面结构的五重孪晶 Pd 纳米棒也可以通过方波电位方
法制备[167]。通过控制方波电位，可以得到两种晶面类型的 Pd 纳米棒：当 E_L＝－
0.15V，E_U＝0.65V 时，生成 {hkk} 晶面围成的五棱锥形纳米棒［图 2-27(a)、
(b)］；当 E_L＝0.15V，E_U＝0.85V 时，生成 {$hk0$} 晶面围成的十棱双锥形状 Pd 纳
米棒［图 2-27(d)～(e)］。所制备的高指数晶面 {hkk} 和 {$hk0$} 围成的 Pd 纳米棒电
极均表现出明显优于商业 Pd 黑催化剂的催化活性。乙醇在 {hkk} 晶面 Pd 纳米棒电
极上的氧化电位明显提前，且氧化峰电流密度提高了一倍多［图 2-27(c)］。乙醇在
{$hk0$} 晶面 Pd 纳米棒电极上的氧化峰电流密度提高 3～5 倍［图 2-27(f)］。

　　庄林等[168]通过电沉积方法制备了表面含 {110} 晶面的 Pd 纳米棒，它对氧还
原的催化活性很高。在 0.85V(RHE)，Pd 纳米棒上的氧还原动力电流密度与 Pt 接
近，是 Pd 纳米粒子的 10 倍。他们通过 DFT 计算，将良好的氧还原催化活性归于
氧在 Pd(110) 上的弱吸附。郑南峰等[169]运用溶剂热方法合成了由 {111} 和
{110} 晶面围成的 Pd 凹四面体和凹三角双锥（图 2-28）。凹四面体可看成从四面
体的每个面挖去一个三角锥，内凹的面被指认为 {110} 面。他们认为甲酰胺
(DMF) 对 Pd 凹纳米粒子的形成起关键的作用，因为随 DMF 浓度的增大，Pd 纳

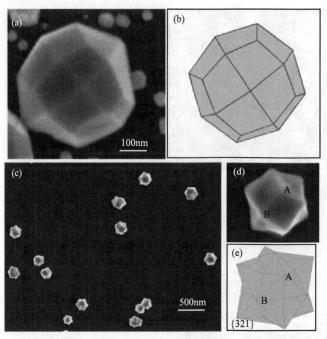

图 2-26 （a），（b）{hkk} 晶面结构的 Pd 偏方三八面体的 SEM 图及其几何模型图；
（c），（d），（e）{hkl} 晶面结构的 Pd 凹六八面体的 SEM 图及其几何模型图[159]

图 2-27 Pd 纳米棒的 SEM 图：（a），（b）{hkk} 晶面结构；（d），（e）{hk0} 晶面结构；
（c），（f）两种晶面结构的 Pd 纳米棒及商业 Pd 黑催化剂对乙醇电氧化的催化性能比较，
溶液 $0.1mol \cdot L^{-1}$ $C_2H_5OH + 0.1mol \cdot L^{-1}$ NaOH，扫描速度 $10mV \cdot s^{-1}$[167]

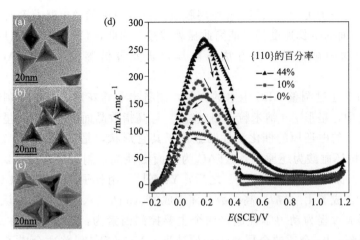

图 2-28 (a)~(c) 含不同比例的 {110} 晶面的 Pd 凹四面体纳米粒子的 TEM 图；
(d) 电催化性能比较，溶液：$0.5mol \cdot L^{-1} H_2SO_4 + 0.25mol \cdot L^{-1} HCOOH$，
扫描速度：$50mV \cdot s^{-1}$[169]

米粒子内凹的程度在增大，其对应的对甲酸电氧化的催化活性也提高。

通过湿化学法也可以制备出高指数晶面结构的凹 Pd 纳米粒子[170~173]。Xia
等[170]报道了通过在 Pd 立方体种子上的择优生长得到的由 {730} 围成的 Pd 凹立
方体，制备的关键是通过降低 Na_2PdCl_4 及 KBr 的浓度或增大抗坏血酸的浓度，诱
导在立方体的角及棱上的择优生长。与 Pd 立方体相比，Pd 凹立方体对甲酸电氧化
及 Suzuki 偶合反应的催化活性更高。然而，这个甲酸电催化活性顺序与本体单晶
面结果不一致，根据 Hoshi 等关于 Pd 单晶面的系统研究结果[174]，Pd(730) 的活
性应该低于 Pd(100)。

2.2.4.3 Au 纳米粒子

与 Pt、Pd 不同，高指数晶面结构的 Au 纳米粒子的化学合成相对较容易，这
主要是由于 Au 的低指数晶面与高指数晶面的表面能相差较小。但由于 Au 的电催
化性能明显低于 Pt、Pd 等，因此，虽然有很多高指数晶面结构 Au 纳米粒子的合
成报道，电催化性能（尤其针对于燃料电池反应）的研究却很少。

Liu 等[175]用种子法（溶液中含有 Ag^+）制备了两种类型的 Au 纳米粒子，一
种是由 {110} 及 {100} 晶面围成的单晶 Au 纳米棒，另一种是五重孪晶结构的拉
长的 Au 纳米双锥，这种拉长的双锥结构是由高指数晶面 {hkk} 围成的。通过测
量锥尖端的夹角，他们确定其表面为 (711) 晶面。特别重要的是，Liu 等人对于
Au 高能表面的形成提出了一个合理的生长机理：在反应溶液中，抗坏血酸的弱还
原作用会在 Au 表面形成单层的 Ag 膜（化学诱导欠电位沉积）。在 {110}、{711}
这种开放结构表面，Ag 原子可以得到更多 Au 原子与之配位（如 {111} 表面仅有
3 个，{100} 表面有 4 个，{110} 或 {711} 表面有 5 个），因此，银单层膜更易在
{110} 或 {711} 表面形成。这些单层的 Ag 原子与表面强烈地结合，使表面被保

护而不容易进一步生长。虽然 Ag 单层膜可以被溶液中的 Au 离子置换，但 {110} 或 {711} 晶面的生长速度仍可能因此显著减慢。因此，{110} 和 {711} 晶面可以在最终的产物中被保留。该方法还被其它研究者借鉴用于合成 Au 二十四面体等[176]。

孙世刚等通过调整 DES 中水的含量，制备出了雪花形、星形和刺形的 Au 纳米粒子。其中，星形 Au 纳米粒子由 {331} 等高指数晶面围成[177]。星形 Au 纳米粒子对 H_2O_2 的电还原的催化活性明显优于其它形状，是多晶 Au 的 14 倍。谢兆雄等[178]以抗坏血酸为还原剂，CTAC 为表面活性剂，制备出了由 {221} 晶面围成的 Au 三八面体 [图 2-29(a)]。之后，Yu 等[179]用种子法，同样以 CTAC 为表面活性剂，合成了由 {hhl} 高指数晶面围成的 Au 凹三八面体。他们认为 Au 凹三八面体的形成过程为动力学控制，两个主要控制因素为：a. CTA+ 在高指数晶面上的择优吸附；b. 合适的金属离子还原速度。Ming 等[180]首次合成了 Au 二十四面体，以 CTAB 为稳定剂，通过添加 $AgNO_3$，在 Au 种子法存在下，用抗坏血酸还原 $HAuCl_4$ 制备出拉长的 Au 二十四面体，它由 {730} 高指数晶面围成 [图 2-29(b)]。Li 等[181]也通过种子法制备了由 {520} 晶面围成的二十四面体，表面活性剂为 DDAB 和 CTAB，所制备的 Au 二十四面体对甲酸电氧化有较高的催化活性 [图 2-29(c)]。Zhang 等[182]发现若用 CTAC 代替 CTAB，则可制得由 {720} 晶面围成的 Au 凹二十四面体。在以上三个例子中，种子法中都有用到 $AgNO_3$。因此，高指数晶面的形成可能与 Liu 等人提出的机理[175]类似。除种子法外，Kim 等[183]通过在含有 DMF 和 PVP 的溶液中还原 $HAuCl_4$ 而制备了由 {210} 晶面围成的 Au 二十四面体及由 {110} 晶面围成的 Au 斜方十二面体，但是 Au 纳米粒子的表面没有 Ming 等[180]及 Li 等[181]合成的光滑。{110} 晶面围成的 Au 斜方十二面体可通过各种方法来合成，斜方十二面体与立方体或八面体的转换也可通过控制反应条件而获得。

Hong 等[184]用种子法以抗坏血酸为还原剂，CTAC 为表面活性剂制备了 Au 凹六八面体 [图 2-29(f)]。Au 凹六八面体的生长受动力学的影响，Cl−、较高的反应温度及高浓度的抗坏血酸还原剂都是其形成的关键因素。Au 凹六八面体表现了增强的等离子共振和高的 SERS 活性。

较低对称性的高指数晶面结构的 Au 多面体，如截角的双四棱柱及二十四面体的制备也有报道 [图 2-29(d)、(e)][185,186]。谢兆雄等[187]制备了 {hkl} 高指数晶面（如 {541} 晶面）围成的六角星形 Au 纳米粒子，这种高指数晶面上含有扭结位。

2.2.4.4 Fe 纳米粒子

金属 Fe 也是一类应用非常广泛的催化剂材料（如合成氨工业，费-托合成等），Fe 最稳定的晶格排列形式是体心立方（bcc）结构。与 fcc 晶格不同，Fe(110) 晶面为最紧密排列结构，而 (100) 和 (111) 晶面的表面结构比较开放，表面原子配位数较低。Somorjai 等[54]的研究指出，Fe 催化剂的表面结构对合成氨的催化性

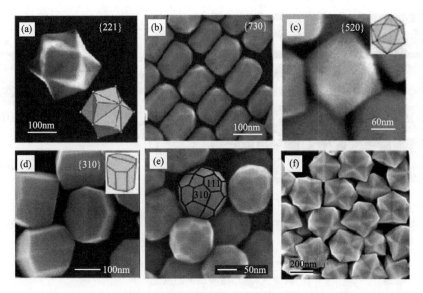

图 2-29　Au 纳米粒子的 SEM 图

（a）三角三八面体[178]；（b）拉长的二十四面体[180]；（c）二十四面体[181]；
（d）截角的双四棱柱；（e）截角的二十四面体[185]；（f）凹六八面体[184]

能有显著影响，不同 Fe 单晶面的相对催化活性为：（111）/（100）/（110）＝418：
25：1。我们采用电化学方法，通过精细调控生长过电位，成功实现了铁纳米粒子
的形状控制合成[188]。随过电位升高，所制备铁纳米粒子的表面能逐渐升高，表面
开放度增加，形状从由（110）晶面围成的菱形十二面体（或四方双锥），演变到由
（110）和（100）两种晶面围成的一系列十八面体，最终形成由（100）晶面围成的
立方体［图 2-30（a）］。Fe 纳米粒子的形状随施加的过电位的变化规律与 20 世纪 60
年代提出的二维成核理论相符合[73,74]：在较低的过电位，Fe{110} 晶面的生成功
最小，因此更易形成；而当过电位升高时，Fe{100} 晶面的生成功变得小于 Fe
{110}，因此更易形成 {100} 晶面围成的立方体。以亚硝酸根电还原为探针反应，
发现所制备的一系列 Fe 纳米粒子的催化活性随粒子表面 {100} 晶面比例的增加
而升高，即电催化活性随表面结构开放度增加而增大［图 2-30（b）］。

2.2.4.5　高指数晶面结构双金属纳米粒子

除了表面排列结构，元素组成（合金）也会极大地影响催化性能。通常，合金
中不同元素的加入可以改变催化剂电子结构，影响反应物和中间体的吸附强度，从
而影响催化性能。对于双金属体系，根据合金元素的分布，可以分为随机（均匀）
合金、核-壳结构和表面修饰等。高指数晶面结构的双金属纳米粒子有望协同高指
数晶面的表面结构效应和合金的电子结构效应，获得性能优良的催化剂。

（1）随机合金　谢兆雄等[189]首先报道了高指数晶面结构的 Au-Pd 合金凹六八
面体的湿化学法合成［图 2-31（a）］。该纳米粒子由 48 个 {431} 晶面围成。形成高
指数晶面的关键是利用化学还原条件下欠电位沉积单层铜来调控 Au-Pd 合金

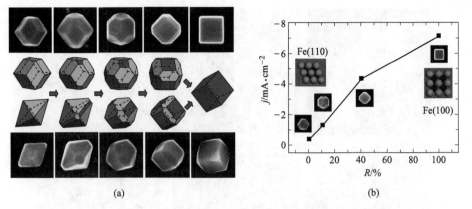

(a)   (b)

图 2-30　(a) Fe 纳米粒子的 SEM 图，形状从由（110）晶面围成的菱形十二面体
（或四方双锥），演变到由（110）和（100）两种晶面围成的一系列十八面体，
最终形成由（100）晶面围成的立方体；(b) Fe 的电催化活性随粒子
表面（100）晶面比例的变化[188]

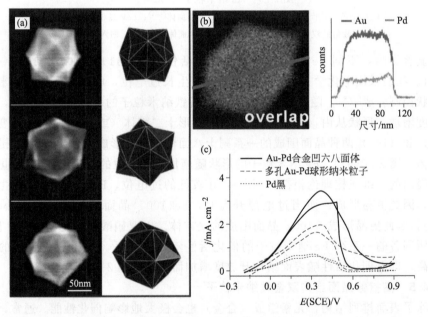

图 2-31　(a) Au-Pd 合金凹六八面体不同角度的 SEM 图和对应的几何模型图；
（b）Au 和 Pd 的 EDS 元素分布图；(c) Au-Pd 合金凹六八面体、
多孔 Au-Pd 球形纳米粒子和 Pd 黑对甲酸电氧化的催化活性比较[189]

的表面结构，这一点与之前利用欠电位沉积单层银来制备高指数晶面结构 Au 纳米
粒子比较类似[175,176]。Au-Pd 合金凹六八面体的大小约为 55nm，产率在 90％ 以
上。Au 和 Pd 两种元素分布非常均匀〔图 2-31(b)〕，表明形成了随机合金结构。
所制备的 Au-Pd 合金凹六八面体对甲酸电氧化具有较高的催化活性，峰电流密度

是球形 Au-Pd 纳米粒子的 2 倍，是商业 Pd 黑的 4 倍 [图 2-31(c)]。

最近，孙世刚研究小组用电化学方法成功制备出高指数晶面结构合金 Pd-Pt 二十四面体[190]。其组成可调控，从 $Pd_{0.94}Pt_{0.06}$ 变化至 $Pd_{0.82}Pt_{0.18}$。EDS 元素分布探测、XPS 分析和以吸附态 CO 为探针分子的电化学原位红外光谱表征都证实 Pd-Pt 二十四面体是随机合金，表面组成与体相组成相近。基于高指数晶面及合金的电子结构效应，合金 Pd-Pt 二十四面体对甲酸电氧化的催化活性明显优于单金属的 Pd 二十四面体和商业 Pd 黑催化剂。其中 $Pd_{0.90}Pt_{0.10}$ 对甲酸的催化性能最好，峰电流密度达到 $70mA \cdot cm^{-2}$，是 Pd 二十四面体的 3.1 倍（$22.4mA \cdot cm^{-2}$），商业 Pd 黑催化剂的 6.2 倍（$11.3mA \cdot cm^{-2}$）。在 0V 时，其电流密度是商业 Pd 黑的 20 倍以上（图 2-32）。

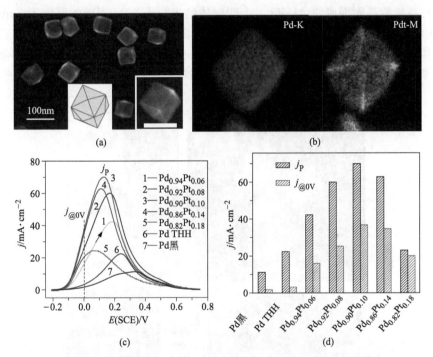

图 2-32　$Pd_{0.90}Pt_{0.10}$ 合金二十四面体的 SEM 图（a）和 EDS 元素分布图（b）；
（c）Pd-Pt 合金二十四面体、Pd 二十四面体及 Pd 黑对甲酸电氧化的极化曲线，
溶液：$0.25mol \cdot L^{-1}$ HCOOH＋$0.25mol \cdot L^{-1}$ $HClO_4$，扫描速度：$50mV \cdot s^{-1}$；
（d）甲酸在不同催化剂上的氧化峰电流及 0V 时氧化电流密度的比较[190]

（2）核-壳结构　Lu 等[191]以 Au 立方体为种子制备了 Au_{core}-Pd_{shell} 的由 {730} 晶面围成的二十四面体。他们认为形成二十四面体的关键因素在于：①Au 与 Pd 的晶格不匹配；②氯及氧的氧化刻蚀作用；③十六烷基三甲基氯化铵（CTAC）作为表面活性剂；④较温和的反应温度（30～60℃）。在制备 Au_{core}-Pd_{shell} 二十四面体的过程中，氧化与还原反应交替进行，这一点与电化学方波电位方法类似。Xia 等[72]曾提出在 Cl^-、Br^-、Fe^{3+} 等存在下，O_2 对晶核或种子有氧化刻蚀作用。这

样，在合成过程中，氧化刻蚀与化学还原同时存在。这也与电化学方波电位方法中周期性的氧化还原过程类似。因此，如果在化学合成中可以调控化学还原与氧化刻蚀交替进行，则可以制备得到高指数晶面结构的纳米粒子。

Yu 等[192]系统报道了三种高指数晶面类型的 Au@Pd 纳米粒子，包括 $\{hhl\}$ 晶面的凹三角三八面体、$\{hkl\}$ 晶面的凹六八面体及 $\{hk0\}$ 晶面的二十四面体，通过以 Au 凹三角三八面体为种子，在其表面同轴生长一层 Pd，通过调控 Pd/Au 比例及 NaBr 的浓度，晶面的密勒指数可调，如对于二十四面体纳米粒子，晶面可调控为 $\{210\}$、$\{520\}$ 和 $\{720\}$。对于甲酸电氧化，正向扫描过程中的峰电流密度，按八边形＜三角三八面体＜六八面体＜立方体＝二十四面体的顺序增大。Wang 等[193]以拉长的 Au 二十四面体纳米粒子为种子，合成了拉长的核壳结构的 $\{730\}$ 高指数晶面围成的 Au-Pd 二十四面体纳米粒子，Pd 壳层的厚度为 3nm；以 Au 三角三八面体为种子，制备了核壳结构的由 $\{221\}$ 晶面围成的 Au-Pd 三角三八面体，Pd 壳层的厚度约为 5nm。在催化 Suzuki 偶合反应中，Pd 壳层原子的催化转化数要明显高于（3～7 倍）Pd 立方体及核-壳结构的 Au-Pd 立方体。图 2-33

图 2-33　种子法制备的 Au-Pd 核-壳结构纳米粒子的 SEM 图

(a) 二十四面体 Au-Pd NPs[191]；(b) $\{hhl\}$ 晶面的凹三角三八面体，

$\{hkl\}$ 晶面的凹六八面体，$\{hk0\}$ 晶面的二十四面体及它们相应的几何模型图[192]；

(c) Au@Pd 二十四面体纳米粒子[193]；(d) Au@Pd 三角三八面体[193]

为这些用种子法制备的 Au-Pd 核-壳纳米粒子的 SEM 图。

(3) 表面修饰 用异种原子修饰 Pt 二十四面体也可以得到高指数晶面结构双金属纳米催化剂，从而进一步增强高指数晶面结构纳米催化剂的活性。孙世刚等以 Bi 原子对 Pt 二十四面体进行修饰。发现随 Bi 覆盖度的增加，循环伏安图中氢的吸脱附电流明显减小 [图 2-34(a)]，但对甲酸电氧化的催化活性逐渐增加。当 Bi 的覆盖度达到 0.90 时，峰电流达到最大，比未修饰的表面提高了一个数量级 [图 2-34(b)]。这种催化性能的增强来源于 Bi 原子修饰的第三体效应和电子结构效应。由于甲酸在 Pt 表面脱水生成毒性中间体 CO 需要多个连续的 Pt 表面位，Bi 的修饰减少了连续的 Pt 表面位，从而降低 CO 中毒[194]。

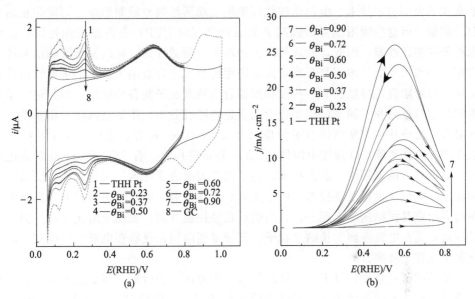

图 2-34 （a）不同 Bi 覆盖度的 Pt 二十四面体的循环伏安图，溶液：$0.5 mol \cdot L^{-1} H_2SO_4$，扫描速度：$50 mV \cdot s^{-1}$；（b）甲酸在不同 Bi 覆盖度的 Pt 二十四面体上氧化的循环伏安曲线，溶液：$0.25 mol \cdot L^{-1} HCOOH + 0.5 mol \cdot L^{-1} H_2SO_4$，扫描速度：$20 mV \cdot s^{-1}$[194]

Pt-Ru 双金属是公认的对甲醇电氧化非常有效的催化剂。因此，我们还对 Pt 二十四面体表面用 Ru 进行修饰[195]。Pt 二十四面体表面修饰 Ru 后，在低电位区对甲醇氧化的电流明显增大，且 Ru 修饰 Pt 二十四面体的活性要大于类似 Ru 覆盖度的 Pt 黑催化剂，并且优于商业 PtRu/C 催化剂。这种增强效应可用双功能机理来解释。

2.3　总结与展望

近十多年来，纳米粒子表面结构控制合成方面已经取得了很大成就。对于很多金属，采用合适的制备方法，通过筛选金属前驱体、还原剂、形貌控制剂等反应条件，都可以高产率地获得形状均一的多面体纳米粒子，包括低指数晶面和高指数晶面结构纳米粒子。纳米粒子表面结构的控制合成，不但可以提供非常均一的表面位，还能构筑一些特殊的催化活性位，有利于提高催化反应的活性和选择性，成为一种非常有前景的高性能催化剂的制备方法。

但从技术角度，我们认为未来还需要解决以下问题：①尺寸控制合成。特别是制备粒径与现有商业催化剂相当，但表面原子结构可控的纳米粒子催化剂目前仅有Pt立方体和四面体可以实现在5nm以下可控制备，其它金属还鲜有报道。②发展纳米粒子表面清洁技术。湿化学法往往采用表面活性剂来控制形貌，同时防止纳米粒子团聚。但这些吸附能力很强的表面活性剂（如PVP）会占据表面位，降低纳米粒子的催化性能。因此，发展可以方便清除表面活性剂、同时又不影响纳米粒子表面结构和尺寸的技术，具有非常高的应用价值。③合金纳米粒子的表面结构控制合成。在现阶段，虽然已有一些规则形貌合金纳米粒子制备的报道，但其最外层元素的分布与排列并不清楚，比如合金元素是否随机分布，还是有偏析。由于表面元素对催化反应往往有所谓的组装效应（比如Pt与Ru相邻，会更有利于发挥双功能作用，氧化脱除CO毒性中间体），合金分布的控制，有利于进一步提高催化性能。但该方向的发展除了制备技术，还受限于表面表征技术。④高指数晶面结构纳米粒子的电化学批量制备技术。由于无需表面活性剂，电化学法可以制备出表面洁净的高指数晶面结构纳米粒子，且当前在粒径控制方面，也优于湿化学法。但电化学法通常是在电极表面生长纳米粒子，产量受到限制，仅能在电极表面得到一层催化剂纳米粒子薄膜。

从基础研究角度，以下几个问题值得特别关注：①检测、跟踪纳米粒子表面原子排列结构在不同条件下（尤其是实际催化条件下）的稳定性，探明反应分子/离子吸附对纳米粒子表面结构的影响；②深入认识纳米粒子，特别是高指数晶面结构纳米粒子的生长机理；③获取高指数晶面结构纳米粒子在（电）催化中的尺寸效应；④揭示纳米粒子的表面结构（晶面原子排列结构，顶位、棱边位的结构）与催化性能的关系，并进一步认识催化剂表面结构-载体-催化性能三者之间的联系规律。

可以预期，随着纳米材料合成技术和表征方法的快速发展，表面结构可控纳米粒子将在催化、能源等重大应用领域发挥更重要的作用。

致谢

国家自然科学基金（21021002，20933004，20833005）和新世纪优秀人才支持计划（NECT-11-0301，NECT-10-0715）。

参 考 文 献

[1] Gasteiger H A, Kocha S S, Sompalli B, Wagner F T. Appl Catal B, 2005, 56: 9-35.
[2] Liu H S, Song C J, Zhang L, Zhang J J, Wang H J, Wilkinson D P. J Power Sources, 2006, 155: 95-110.
[3] Somorjai G A. Science, 1985, 227 (4689): 902-908.
[4] Clavilier J, Faure R, Guinet G, Durand R. J Electroanal Chem, 1980, 107: 205-209.
[5] Clavilier J, Armand D, Sun S G, Petit M. J Electroanal Chem, 1986, 205: 267-277.
[6] Tian N, Zhou Z Y, Sun S G. J Phys Chem C, 2008, 112: 19801-19817.
[7] Ahmadi T S, Wang Z L, Green T C, Henglein A, El-Sayed M A. Science, 1996, 272: 1924-1926.
[8] Nicholas J F. An Atlas of Models of Crystal Surfaces. New York: Gordon & Breach, 1965.
[9] Van Hove M A, Somorjai G A. Surf Sci, 1980, 92: 489-518.
[10] Falicov M, Somorjai G A. Proc Natl Acad Sci, 1985, 82: 2207-2211.
[11] Herrero E, Franaszczuk K, Wieckowski A. J Phys Chem, 1994, 98: 5074-5083.
[12] Shin J, Korzeniewski C. J Phys Chem, 1995, 99: 3419-3422.
[13] Housmans T H M, Koper M T M. J Phys Chem B, 2003, 107: 8557-8567.
[14] Housmans T H M, Wonders A H, Koper M T M. J Phys Chem B, 2006, 110: 10021-10031.
[15] Tripkovic A V, Popovic K D. Electrochim Acta, 1996, 41: 2385-2394.
[16] Cao D, Lu G Q, Wieckowski A, Wasileski S A, Neurock M. J Phys Chem B, 2005, 109: 11622-11633.
[17] Clavilier J, Sun S G. J Electroanal Chem, 1986, 199: 471-480.
[18] 孙世刚, Clavilier J. 高等学校化学学报, 1990, 11 (9): 998-1002.
[19] Sun S G, Yang Y Y. J Electroanal Chem, 1999, 467: 121-131.
[20] Adzic R R, Tripkovic A V, Vessovic V B. J Electroanal Chem, 1986, 204: 329-341.
[21] Hoshi N, Nakamura M, Kida K. Electrochem Commun, 2007, 9: 279-282.
[22] Tarnowski D J, Korzeniewski C. J Phys Chem B, 1997, 101: 253-258.
[23] Del Colle V, Berna A, Tremiliosi G, Herrero E, Feliu J M. Phys Chem Chem Phys, 2008, 10: 3766-3773.
[24] Lai S C S, Koper M T M. Phys Chem Chem Phys, 2009, 11: 10446-10456.
[25] Lebedeva N P, Koper M T M, Feliu J M, van Santen R A. J Phys Chem B, 2002, 106: 12938-12947.
[26] Garcia G, Koper M T M. Phys Chem Chem Phys, 2008, 10: 3802-3811.
[27] Mikita K, Nakamura M, Hoshi N. Langmuir, 2007, 23: 9092-9097.
[28] Angelucci C A, Herrero E, Feliu J M. J Solid State Electrochem, 2007, 11: 1531-1539.
[29] Housmans T H M, Hermse C G M, Koper M T M. J Electroanal Chem, 2007, 607: 69-82.
[30] Markovic N M, Gasteiger H A, Ross P N. J Phys Chem, 1995, 99: 3411-3415.
[31] Markovic N M, Adzic R R, Cahan B D, Yeager E B. J Electroanal Chem, 1994, 377: 249-259.
[32] Markovic N M, Gasteiger H A, Ross P N. J Electrochem Soc, 1997, 144: 1591-1957.
[33] El Kadiri F, Faure R, Durand R. J Electroanal Chem, 1991, 301: 177-188.
[34] Kita H, Lei H-W, Gao Y. J Electroanal Chem, 1994, 379: 407-414.
[35] Macia M D, Campina J M, Herrero E, Feliu J M. J Electroanal Chem, 2004, 564: 141-150.
[36] Kuzume A, Herrero E, Feliu J M. J Electroanal Chem, 2007, 599: 333-343.
[37] Hoshi N, Nakamura M, Hitotsuyanagi A, Kondo S, Yamada Y, Yoshida C. Abstract in 12th International Fischer Symposium, June 3-7, 2012, Lübeck, Germany.
[38] Kondo S, Nakamura M, Maki N, Hoshi N. J Phys Chem C, 2009, 113: 12625-12628.
[39] Hitotsuyanagi A, Kondo S, Nakamura M, Hoshi N. J Electroanal Chem, 2011, 657 (1-2): 123-127.
[40] Stamenkovic V R, Fowler B, Mun B S, Wang G F, Ross P N, Lucas C A, Markovic N M. Science, 315: 493-497.
[41] Nikolic B Z, Huang H, Gervasio D, Lin A, Fierro C, Adzic R R, Yeager E. J Electroanal Chem, 1990, 295: 415-423.
[42] Rodes A, Pastor E, Iwasita T. J Electroanal Chem, 1994, 377: 215-225.
[43] Rodes A, Pastor E, Iwasita T. J Electroanal Chem, 1994, 369: 183-191.
[44] Hoshi N, Suzuki T, Hori Y. J Phys Chem B, 1997, 101: 8520-8524.

[45] Hoshi N, Hori Y. Electrochim Acta, 2000, 45: 4263-4270.

[46] Hoshi N, Sato E, Hori Y. J Electroanal Chem, 2003, 540 (2): 105-110.

[47] Hoshi N, Kawatani S, Kudo M, Hori Y. J Electroanal Chem, 1999, 467: 67-73.

[48] 范纯洁, 樊友军, 甄春花, 郑庆炜, 孙世刚. 中国科学 B, 2007, 37 (2): 143-147.

[49] Hoshi N, Noma M, Suzuki T, Hori Y. J Electroanal Chem, 1997, 421: 15-18.

[50] Somorjai G A, Blakely D W. Nature, 1975, 258: 580-583.

[51] Somorjai G A, Joyner R W, Lang B. Proc R Soc Lond A, 1972, 331: 335-346.

[52] Davis S M, Zaera F, Somorjai G A. J Am Chem Soc, 1982, 104: 7453-7461.

[53] Somorjai G A, Park J Y. Catal Lett, 2007, 115: 87-98.

[54] Spencer N D, Schoonmaker R C, Somorjai G A. Nature, 1981, 294: 643-644.

[55] Banholzer W F, Wasel R I. J Catal, 1984, 85: 127-134.

[56] Sun S G, Chen A C, Huang T S, Li J B, Tian Z W. J Electroanal Chem, 1992, 340: 213-226.

[57] Sun S G, Yang D F, Wu S J, Ociepa J, Lipkowski J. J Electroanal Chem, 1993, 349: 211-222.

[58] Blakely D W, Somorjai G A. Surf Sci, 1977, 65: 419-442.

[59] Knight P J, Driver S M, Woodruff D P. Chem Phys Lett, 1996, 259: 503-507.

[60] de La Vaissiere B, Fowler P W, Deza M. J Chem Inf Comput Sci, 2001, 41: 376-386.

[61] Gryaznov V G, Heydenreich J, Kaprelov A M, Nepijko S A, Romanov A E, Urban J. Cryst Res Technol, 1999, 34 (9): 1091-1119.

[62] Hofmeister H. Cryst Res Technol, 1998, 33 (1): 3-25.

[63] Yin Y, Alivisatos A P. Nature, 2005, 437: 664-670.

[64] Mullin J W. Crystallization. 3rd ed. Oxford: Butterworth, 1993: 172-263.

[65] 张克从. 近代晶体学基础. 北京: 科学出版社, 1987: 76-118.

[66] 于迎涛, 张钦辉, 徐柏庆. 化学进展, 2004, 16 (04): 520-527.

[67] 沈钟, 王果庭. 胶体与表面化学. 北京: 化学工业出版社, 1991. 11-13.

[68] 郑忠. 胶体科学导论. 北京: 高等教育出版社, 1989: 44.

[69] 燕青, 施尔畏, 李汶军, 王布国, 胡行方. 无机材料学报, 1999, 14 (3): 321-332.

[70] 钱逸泰. 结晶化学. 合肥: 中国科技大学出版社, 1998: 40-41.

[71] Wang Z L. J Phys Chem B, 2000, 104: 1153-1175.

[72] Xia Y N, Xiong Y J, Lim B, Skrabalak S E. Angew Chem Int Ed, 2009, 48: 60-103.

[73] Pangarov N A. J Electroanal Chem, 1965, 9: 70-83.

[74] Pangarov N A, et al. Electrochim Acta, 1966, 11: 1719-1731.

[75] Burda C, Chen X B, Narayanan R, El-Sayed M A. Chem Rev, 2005, 105: 1025-1102.

[76] Narayanan R, El-Sayed M A. Nano Lett, 2004, 4: 1343-1348.

[77] El-Sayed M A. Acc Chem Res, 2001, 34 (4): 257-264.

[78] Narayanan R, El-Sayed M A. J Am Chem Soc, 2004, 126 (23): 7194-7195.

[79] Li Y, Petroski J, El-Sayed M A. J Phys Chem B, 2000, 104 (47): 10956-10959.

[80] Narayanan R, El-Sayed M A. J Phys Chem B, 2004, 108 (18): 5726-5733.

[81] 于迎涛, 徐柏庆. 科学通报, 2003, 48 (18): 1919-1924.

[82] 于迎涛, 徐柏庆. 化学学报, 2003, 61 (11): 1758-1764.

[83] Yu Y T, Xu B Q. Appl Organometal Chem, 2006, 20 (10): 638-647.

[84] Miyazaki A, Nakano Y. Langmuir, 2000, 16 (18): 7109-7111.

[85] Zhao S Y, Chen S H, Wang S Y, Li D G, Ma H Y. Langmuir, 2002, 18 (8): 3315-3318.

[86] Henglein A, Giersig M. J Phys Chem B, 2000, 104 (29): 6767-6772.

[87] Fu X Y, Wang Y A, Wu N Z, Gui L L, Tang Y Q. Langmuir, 2002, 18 (12): 4619-4624.

[88] Song H, Kim F, Connor S, Somorjai G A, Yang P. J Phys Chem B, 2005, 109: 188-193.

[89] Lee H, Habas S E, Kweskin S, Butcher D, Somorjai G A, Yang P. Angew Chem Int Ed, 2006, 45: 7824-7828.

[90] Tsung C-K, Kuhn J N, Huang W, Aliaga C, Hung L-I, Somorjai G A, Yang P. J Am Chem Soc, 2009, 131: 5816-5822.

[91] Wang C, Daimon H, Lee Y, Kim J, Sun S. J Am Chem Soc, 2007, 129: 6974-6975.

[92] Wang C, Daimon H, Onodera T, Koda T, Sun S H. Angew Chem Int Ed, 2008, 47: 3588-3591.

[93] Zhang J, Fang J Y. J Am Chem Soc, 2009, 131: 18543-18547.

[94] Kang Y J, Ye X C, Murray C B. Angew Chem Int Ed, 2010, 49: 6156-6159.

[95] Wu B H, Zheng N F, Fu G. Chem Commun, 2011, 47 (3): 1039-1041.

[96] Chen G X, Tan Y M, Wu B H, Fu G, Zheng N F. Chem Commun, 2012, 48 (22): 2758-2760.

[97] Sun Y, Zhuang L, Lu J, Hong X, Liu P. J Am Chem Soc, 2007, 129: 15465-15466.

[98] Solla-Gullon J, Vidal-Iglesias F J, Rodriguez P, Herrero E, Feliu J M, Clavilier J, Aldaz A. J Phys Chem B, 2004, 108: 13573-13575.

[99] Vidal-Iglesias F J, Garcia-Araez N, Montiel V, Feliu J M, Aldaz A. Electrochem Commun, 2003, 5: 22-26.

[100] Solla-Gullon J, Vidal-Iglesias F J, Lopez-Cudero A, Garnier E, Feliu J M, Aldaz A. Phys Chem Chem Phys, 2008, 10: 3689-3698.

[101] Rodríguez-López M, Solla-Gullon J, Herrero E, Tunon P, Feliu J M, Aldaz A, Carrasquillo A Jr. J Am Chem Soc, 2010, 132: 2233-2242.

[102] Zubimendi J L, Andreasen G, Triaca W E. Electrochimica Acta, 1995, 40: 1305-1314.

[103] Balint I, Miyazaki A, Aika K. Applied Catalysis B-Environmental, 2002, 37 (3): 217-229.

[104] Balint I, Akane M B, Aika K. Chem Commun, 2002 (10): 1044-1045.

[105] Bratlie K M, Lee H, Komvopoulos K, Yang P, Somorjai G A. Nano Lett, 2007, 7 (10): 3097-3101.

[106] Chen J Y, Herricks T, Xia Y N. Angew Chem Int Ed, 2005, 44: 2589-2592.

[107] Herricks T, Chen J Y, Xia Y N. Nano Lett, 2004, 4 (12): 2367-2371.

[108] Teng X, Yang H. Nano Lett, 2005, 5 (5): 885-891.

[109] Chen J Y, Herricks T, Geissler M, Xia Y N. J Am Chem Soc, 2004, 126: 10854-10855.

[110] Mayers B, Jiang X C, Sunderland D, Cattle B, Xia Y N. J Am Chem Soc, 2003, 125: 13364-13365.

[111] Song Y, Yang Y, Medforth C J, Pereira E, Singh A K, Xu H, Jiang Y, Brinker C J, Swol F V, Shelnutt J A. J Am Chem Soc, 2004, 126: 635-645.

[112] Chen J Y, Xiong Y J, Yin Y D, Xia Y N. Small, 2006, 2 (11): 1340-1343.

[113] Chen Z, Waje M, Li W, Yan Y. Angew Chem Int Ed, 2007, 46: 4060-4063.

[114] Teranishi T, Kurita R, Miyake M. J. Inorganic and Organometallic Polymers, 2000, 10 (3): 145-156.

[115] Shirai M, Igeta K, Arai M. J Phys Chem B, 2001, 105: 7211-7215.

[116] Xiong Y J, Wiley B, Chen J Y, Li Z-Y, Yin Y D, Xia Y N. Angew Chem Int Ed, 2005, 44 (48): 7913-7917.

[117] Sun Y, Zhang L H, Zhou H W, Zhu Y M, Sutter E, Ji Y, Rafailovich M H, Sokolov J C. Chem Mater, 2007, 19 (8): 2065-2070.

[118] Tian M, Wang J, Kurta J, Mallouk T E, Chan M H W. Nano Lett, 2003, 3: 919-923.

[119] Xiong Y J, Cai H G, Yin Y D, Xia Y N. Chemical Physics Letters, 2007, 440 (4-6): 273-278.

[120] Sun Y, Zhang L H, Zhou H W, Zhu Y M, Sutter E, Ji Y, Rafailovich M H, Sokolov J C. Chem Mater, 2007, 19 (8): 2065-2070.

[121] Chang G, Oyama M, Hirao K. Acta Materialia, 2007, 55 (10): 3453-3456.

[122] Xiong Y, Xia Y. Adv Mater, 2007, 19: 3385-3391.

[123] Xiong Y J, Chen J Y, Wiley B, Xia Y N, Yin Y D, Li Z Y. Nano Lett, 2005, 5: 1237-1242.

[124] Xiong Y J, Chen J Y, Wiley B, Xia Y N, Aloni S, Yin Y D. J Am Chem Soc, 2005, 127 (20): 7332-7333.

[125] Xiong Y J, McLellan J M, Yin Y D, Xia Y N. Angew Chem Int Ed, 2007, 46: 790-794.

[126] Xiong Y J, McLellan J M, Chen J Y, Yin Y D, Li Z Y, Xia Y N. J Am Chem Soc, 2005, 127 (48): 17118-17127.

[127] Xiong Y J, Cai H G, Wiley B J, Wang J G, Kim M J, Xia Y N. J Am Chem Soc, 2007, 129 (12): 3665-3675.

[128] Lim B, Xiong Y J, Xia Y N. Angew Chem Int Ed, 2007, 46: 9279-9282.

[129] Habas S E, Lee H, Radmilovic W, Somorjai G A, Yang P. Nature Mater, 2007, 6: 692-697.

[130] Niu W X, Zhang L, Xu G B. ACS Nano, 2010, 4: 1987-1996.

[131] Huang X Q, Tang S H, Mu X L, Dai Y, Chen G X, Zhou Z Y, Ruan F X, Yang Z L, Zheng N F. Nat Nanotechnol, 2011, 6: 28-32.

[132] Sau T K, Murphy C J. J Am Chem Soc, 2004, 126: 8648-8649.

[133] Jana N R, Gearheart L, Murphy C J. J Phys Chem B, 2001, 105: 4065-4067.

[134] Chen S, Wang Z L, Ballato J, Foulger S H, Carroll D L. J Am Chem Soc, 2003, 125: 16186-16187.

[135] Yu Y-Y, Chang S-S, Lee C-L, Wang C R C. J Phys Chem B, 1997, 101 (34): 6661-6664.

[136] Zhang J H, Liu H Y, Wang Z L, Ming N B. Appl Phys Lett, 2007, 90 (16): 163122-163122-3.

[137] Xie J, Lee J Y, Wang D I C. Chem Mater, 2007, 19 (11): 2823-2830.

[138] Li C, Shuford K L, Park Q-H, Cai W, Li Y, Lee E J, Cho S O. Angew Chem Int Ed, 2007, 46 (18): 3264-3268.

[139] Sanchez-Iglesias A, Pastoriza-Santos I, Perez-Juste J, Rodriguez-Gonzalez B, de Abajo F J G, Liz-Marzan L M. Adv Mater, 2006, 18 (19): 2529-2534.

[140] Johnson C J, Dujardin E, Davis S A, Murphy C J, Mann S. J Mater Chem, 2002, 12: 1765-1770.

[141] Zhou M, Chen S, Zhao S. J Phys Chem B, 2006, 110: 4510-4513.

[142] Zhang J L, Du J M, Han B X, Liu Z M, Jiang T, Zhang Z F. Angew Chem Int Ed, 2006, 45 (7): 1116-1119.

[143] Sun X P, Dong S J, Wang E K. Angew Chem Int Ed, 2004, 43: 6360-6363.

[144] Rai A, Singh A, Ahmad A, Sastry M. Langmuir, 2006, 22 (2): 736-741.

[145] Shankar S S, Rai1 A, Ankamwar B, Singh1 A, Ahmad A, Sastry M. Nature Mater, 2004, 3: 482-488.

[146] Kim F, Connor S, Song H, Kuykendall T, Yang P. Angew Chem Int Ed, 2004, 43: 3673-3677.

[147] Seo D, Park J C, Song H. J Am Chem Soc, 2006, 128: 14863-14870.

[148] Liu X G, Wu N Q, Wunsch B H, Barsotti R J Jr, Stellacci F. Small, 2006, 2: 1046-1050.

[149] Chen Y, Gu X, Nie C G, Jiang Z Y, Xie Z X, Lin C. J Chem Commun, 2005, 33: 4181-4183.

[150] Burt J L, Elechiguerra J L, Reyes-Gasga J, Montejano-Carrizales J M, Jose-YaCaman M. Journal of Crystal Growth, 2005, 285: 681-691.

[151] Tian N, Zhou Z Y, Sun S G, Ding Y, Wang Z L. Science, 2007, 316 (5825): 732-735.

[152] A E Seaman Mineral Museum of Michigan Technological University. available at http: //www. museum. mtu. edu/Gallery/copper. html.

[153] Harvard Mineralogical Museum. available at http: //www. encyclopedia. com/doc/1G1-111933537. html.

[154] Proussevitch A A, Sahagian D L. Computers & Geosciences, 2001, 27: 441-454.

[155] Somorjai G A. Chemistry in Two Dimensions: Surfaces. Ithaca: Cornell University Press, 1981.

[156] Furuya N, Echinose M, Shibata M. J Electroanal Chem, 1999, 460: 251-253.

[157] Furuya N, Shibata M. J Electroanal Chem, 1999, 467: 85-91.

[158] Tripkovic A V, Adzic R R. J Electroanal Chem, 1986, 205: 335-342.

[159] Zhou Z Y, Tian N, Huang Z Z, Chen D J, Sun S G. Faraday Discuss, 2008, 140: 81-92.

[160] Zhou Z Y, Huang Z Z, Chen D J, Wang Q, Tian N, Sun S G. Angew Chem Int Ed, 2010, 49: 411-414.

[161] Zhou Z Y, Shang S J, Tian N, Wu B H, Zheng N F, Xu B B, Chen C, Wang H H, Xiang D M, Sun S G. Electrochemistry Communications, 2012, 22: 61-64.

[162] Yu T, Kim D Y, Zhang H, Xia Y N. Angew Chem Int Ed, 2011, 50: 2773-2778.

[163] Wei L, Fan Y J, Tian N, Zhou Z Y, Zhao X Q, Mao B W, Sun S G. J Phys Chem C, 2012, 116: 2040-2044.

[164] Huang X Q, Zhao Z P, Fan J M, Tan Y M, Zheng N F. J Am Chem Soc, 2011, 133: 4718-4721.

[165] Zhang L, Chen D Q, Jiang Z Y, Zhang J W, Xie S F, Kuang Q, Xie Z X, Zheng L S. Nano Res, 2012, 5 (3): 181-189.

[166] Tian N, Zhou Z Y, Yu N F, Wang L Y, Sun S G. J Am Chem Soc, 2010, 132 (22): 7580-7581.

[167] Tian N, Zhou Z Y, Sun S G. Chem Commun, 2009, 1502-1504.

[168] Xiao L, Zhuang L, Liu Y, Lu J T, Abruna H D. J Am Chem Soc, 2009, 131: 602-608.

[169] Huang X Q, Tang S H, Zhang H H, Zhou Z Y, Zheng N F. J Am Chem Soc, 2009, 131: 13916.

[170] Jin M S, Zhang H, Xie Z X, Xia Y N. Angew Chem Int Ed, 2011, 50: 7850-7854.

[171] Yu T, Kim D Y, Zhang H, Xia Y N. Angew Chem Int Ed, 2011, 50: 2773-2777.

[172] Zhang H, Li W Y, Jin M S, Zeng J, Yu T, Yang D, Xia Y N. Nano Lett, 2011, 11: 898-903.

[173] Huang X Q, Zhao Z P, Fan J M, Tan Y M, Zheng N F. J Am Chem Soc, 2011, 133: 4718-4721.

[174] Hoshi N, Nakamura M, Kida K. Electrochem Commun, 2007, 9: 279-282.

[175] Liu M Z, Guyot-Sionnest P. J Phys Chem B, 2005, 109: 22192-22200.

[176] Ming T, Feng W, Tang Q, Wang F, Sun L D, Wang J F, Yan C H. J Am Chem Soc, 2009, 131: 16350-16351.

[177] Liao H G, Jiang Y X, Zhou Z Y, Chen S P, Sun S G. Angew Chem Int Ed, 2008, 47: 9100-9103.

[178] Ma Y Y, Kuang Q, Jiang Z Y, Xie Z X, Huang R B, Zheng L S. Angew Chem Int Ed, 2008, 47:

8901-8904.

[179] Yu Y, Zhang Q B, Lu X M, Lee J Y. J Phys Chem C, 2011, 114: 11119-11126.

[180] Ming T, Feng W, Tang Q, Wang F, Sun L D, Wang J F, Yan C H. J Am Chem Soc, 2009, 131: 16350-16351.

[181] Li J, Wang L H, Liu L, Guo L, Han X D, Zhang Z. Chem Commun, 2010, 46: 5109-5111.

[182] Zhang J A, Langille M R, Personick M L, Zhang K, Li S Y, Mirkin C A. J Am Chem Soc, 2010, 132: 14012-14014.

[183] Kim D Y, Im S H, Park O O. Cryst Growth Des, 2010, 10: 3321-3323.

[184] Hong J W, Lee S U, Lee Y W, Han S W. J Am Chem Soc, 2012, 134 (10): 4565-4568.

[185] Tran T T, Lu X. J Phys Chem C, 2011, 115: 3638-3645.

[186] Carbo-Argibay E, Rodriguez-Gonzalez B, Gomez-Grana S, Guerrero-Martinez A, Pastoriza-Santos I, Perez-Juste J, Liz-Marzan L M. Angew Chem Int Ed, 2010, 49: 9397-9400.

[187] Jiang Q N, Jiang Z Y, Zhang L, Lin H X, Yang N, Li H, Liu D Y, Xie Z X, Tian Z Q. Nano Res, 2011, 4 (6): 612-622.

[188] Chen Y X, Chen S P, Zhou Z Y, Tian N, Jiang Y X, Sun S G, Ding Y, Wang Z L. J Am Chem Soc, 2009, 131 (31): 10860-10862.

[189] Zhang L, Zhang J W, Kuang Q, Xie S F, Jiang Z Y, Xie Z X, Zheng L S. J Am Chem Soc, 2011, 133: 17114-17117.

[190] Deng Y J, Tian N, Zhou Z Y, Huang R, Liu Z L, Xiao J, Sun S G. Chemical Science, 2012, 3: 1157-1161.

[191] Lu C L, Prasad K S, Wu H L, Ho J A, Huang M H. J Am Chem Soc, 2010, 132: 14546-14553.

[192] Yu Y, Zhang Q B, Liu B, Lee J Y. J Am Chem Soc, 2010, 132: 18258-18265.

[193] Wang F, Li C H, Sun L D, Wu H S, Ming T, Wang J F, Yu J C, Yan C H. J Am Chem Soc, 2011, 133: 1106-1111.

[194] Chen Q S, Zhou Z Y, Vidal-Iglesias F J, Solla-Gullon J, Feliu J M, Sun S G. J Am Chem Soc, 2011, 133: 12930-12933.

[195] Liu H X, Tian N, Brandon M P, Zhou Z Y, Lin J L, Hardacre C, Lin W F, Sun S G. ACS Catal, 2012, 2: 708-715.

第3章

电催化中的电子效应与协同效应

■ **庄林**

（武汉大学化学与分子科学学院）

　　有人说催化是一门艺术，这是因为催化剂细微的结构变化便可带来巨大的性能改变，使化学反应的速度呈数量级提升。电催化便是一门电化学的艺术，是实现高效电化学能量转化的科学基础。在过去的十几年里，电催化基础研究得到长足的发展。与传统的电催化研究主要关注表观动力学参数不同，现代电催化研究更多地融入了理论计算与原位谱学，研究者更加关注电催化过程的分子机理和物理本质。可以说，现代电催化是一个多学科交叉的领域，涉及固体物理、表面科学、电化学等。

　　现代电催化研究的核心课题是从固体表面原子与电子结构的角度理解催化剂的构效关系，进而实现催化剂的理性设计。计算化学无疑是攻克这一核心课题须仰仗的一个先进武器，它可以提供实验手段难以获取的明确而全面的表面电子结构信息，以及表面与分子相互作用的原子尺度细节。然而作为一种研究方法，理论计算同样存在局限：计算模型都是对实际体系的抽象和简化，由此产生的信息在多大程度上具有实际意义是一个不容易把握的微妙问题。这给研究者提出了很高的要求：既须了解实际的电化学过程，又须掌握计算建模的细节，如此方能确保抽象的模型代表了实际体系的物理本质。

　　本章所要介绍的便是如何从表面原子与电子结构的角度理解一些重要的电催化问题，特别是电子效应与协同效应这两种调控表面反应性的重要手段。讨论这些问题，不可避免地会涉及一些固体物理和计算化学，我们将尽量地运用物理图像描述相关的原理与概念，对涉及的数学细节不作深入推导。这样做的目的是希望电化学专业的读者能简明地掌握必要的物理知识，并将之运用到电催化问题的分析上。

本章主要讲述三方面的内容：①金属表面吸附作用的物理化学基础，主要介绍讨论表面电子结构和吸附作用需要用到的基本概念和物理图像；②催化作用中的电子效应与协同效应，重点介绍调控催化剂表面反应性的两类重要策略；③研究实例，介绍 6 则实验与计算相结合的电催化研究实例，其中前 4 则是利用电子效应调控催化剂表面反应性与选择性的例子；后 2 则是关于电催化协同效应研究的实例。

3.1 金属表面吸附作用的物理化学基础

3.1.1 金属的电子能带结构

理解金属的电子能带结构可以从构造最简单的一维晶格开始。想象 N 个 H 原子均匀排列成如下一维分子链，其原子间隔（即晶格常数）为 a。

此 N 个 H 原子的 1s 轨道（ϕ_0，ϕ_1，$\cdots$，ϕ_{N-1}）可以线性组合成 N 个分子轨道 ψ_k：

$$\psi_k = \sum_{j=0}^{N-1} c_{kj}\phi_j \tag{3-1}$$

式中，c_{kj} 为第 j 个原子轨道 ϕ_j 在第 k 个分子轨道 ψ_k 中的权重系数。设 c_{kj} 为 j 的周期性（复）函数，且其圆频率为 ka：

$$c_{kj} = \cos(kaj) + \mathrm{i}\,\sin(kaj) = \mathrm{e}^{ikaj} \tag{3-2}$$

在此定义中，参数 k 既是 ψ_k 的标记（index）又是周期性函数 c_{kj} 的频率因子，因此 ψ_k 是具有特征频率为 ka 的周期性函数：

$$\psi_k = \sum_{j=0}^{N-1} c_{kj}\phi_j = \sum_{j=0}^{N-1} \mathrm{e}^{ikaj}\phi_j \tag{3-3}$$

这一构造出来的 ψ_k 的函数形式被称为 Bloch 函数；k 被称为波矢（wave vector），它相当于分子波函数 ψ_k 的主量子数，每一个 k 值指示一个分子能级。ψ_k 的第一个周期（圆频率从 $-\pi$ 到 π）称为第一 Brillouin 区；在此区间内 k 共有 N 个取值，范围为（$-\pi/a$，π/a]。

将 ψ_k 代入 Schrödinger 方程

$$\hat{H}\psi_k = E_k\psi_k \tag{3-4}$$

并取周期性边界条件（$c_0 = c_N$，$N > 2$ 时）可以求出 ψ_k 的 N 个特征值（即 N 个能级的势能 E_k）：

$$E_k = \alpha + 2\beta\cos(k\alpha), \quad k\alpha = 0, \pm 2\pi/N, \pm 4\pi/N\cdots \tag{3-5}$$

式中，α 与 β 是两种 Hamiltonian 积分，分别定义为：

$$\alpha = \sum_{j=0}^{N-1} \int \phi_j^* \ \hat{H} \phi_j \, \mathrm{d}r \tag{3-6}$$

$$\beta = \sum_{j=0}^{N-1} \int \phi_{j-1}^* \ \hat{H} \phi_j \, \mathrm{d}\boldsymbol{r} = \sum_{j=0}^{N-1} \int \phi_j^* \ \hat{H} \phi_{j+1} \, \mathrm{d}\boldsymbol{r} \tag{3-7}$$

α 代表单原子势能，β 则反映相邻原子的相互作用（此处为一级近似，忽略较远原子间的相互作用）。图 3-1 给出了式(3-5)的几个实例。为了满足周期性边界条件，H 分子链须首尾相接成环。随着环中原子数 N 的增加，分子轨道的能级数也相应增加；从每一个能级的 k 取值可以算出该能级的势能 E_k，某些 E_k 因正负频率的对称性而简并。当 N 趋近∞时，能级相互重叠形成连续的能带。

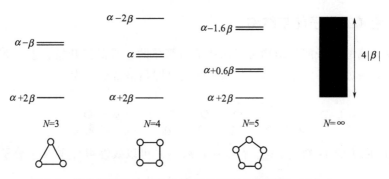

图 3-1　符合周期性边界条件的 H 分子环的能级谱，N 为 3～∞

图 3-1 的能级谱不易表达 $E_k\text{-}k$ 函数关系，将之画成如图 3-2 所示的 $E_k\text{-}k$ 曲线可以更清楚地反映出 E_k 随 k 的变化趋势。此 $E_k\text{-}k$ 关系图就是所谓的能带结构（band structure）。可以看出，E_k 是对称函数，因此通常的能带结构图只画出第一 Brillouin 区的正半周期（$k \in [0, \pi/a]$）。除非特别说明，下文关于能带结构的讨论与图示均将沿用这一习惯。

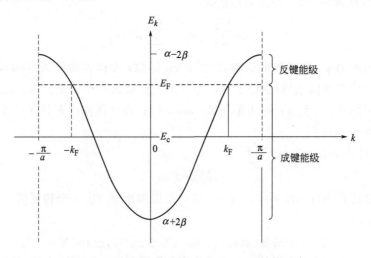

图 3-2　一维 s 能带的第一 Brillouin 区结构示意

能带的下半部分能级（$k \in [0, \pi/2a]$）为成键能级，上半部分能级（$k \in [\pi/2a, \pi/a]$）为反键能级；最高电子占有能级（k_F）称为 Fermi 能级 E_F（适用于金属的定义，非严格的热力学定义）。能带中的最高（$k=\pi/a$）与最低能级（$k=0$）的势能差称为带宽（band width），上例中带宽为 $4|\beta|$（β 为负数）。带宽是一个重要的物理参数，它反映晶格中原子间相互作用的程度。缩小原子间距（压缩晶格）将使原子波函数重叠更充分（β 变大），能带走向变陡（带宽增大）；反之，扩张晶格将使能带走向变缓（带宽减小）。

需要指出的是，这种晶格变形所引起的能带伸缩在势能上是不对称的。例如，晶格收缩时反键能级上升的幅度大于成键能级下降的幅度，因此能带的重心（E_c）上移；反之，晶格扩张使 E_c 下移。同理，E_F 也随晶格变形而移动，但其移动方向或幅度可能与 E_c 不同。

图 3-2 是最简单的一维能带结构，是由 s 原子轨道组成的 s 能带，其它原子轨道（如 p、d）组合形成的能带在形状上（带宽、走向）有所不同。对于二维和三维晶格，其能带结构与一维晶格类似。例如由 H 原子组成的二维正方晶格，其 Brillouin 区是如图 3-3(a) 所示的正方形，其 s 能带结构图由若干一维能带组成 [如图 3-3(b) 所示]，代表 E_k 在 Brillouin 区中沿着某些典型方向（Γ→X→M→Γ）的变化。

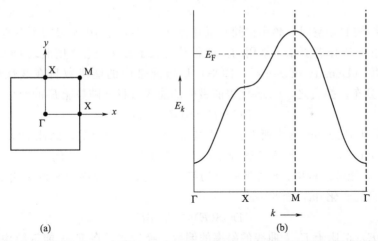

(a)   (b)

图 3-3   (a) 二维正方晶格的第一 Brillouin 区；(b) 二维正方晶格的 s 能带结构示意

对于三维晶格，Brillouin 区从低维的线、面变成体积，例如图 3-4(a) 所示的面心立方（fcc）晶格的第一 Brillouin 区。三维晶格的能带结构图也由 Brillouin 区中典型方向上的一维能带组成，例如图 3-4(b) 所示的 Pt 的价带结构。从图中可以看到，sp 杂化能带与 d 能带相互重叠，共同形成未充满的价带（valence band）。大部分 sp 能级的势能高于 d 能级，但有一部分 sp 能级的势能低于 d 能级（例如在 Γ→X 方向上）。sp 能带的势能分布范围较宽，E_F 位于能带下部；d 能带的势能分布范围较窄，E_F 位于能带上部。从这些价带特征可以理解为什么 Pt 的电子构型为 $5d^9 6s^1$ 而非 $5d^{10}$。

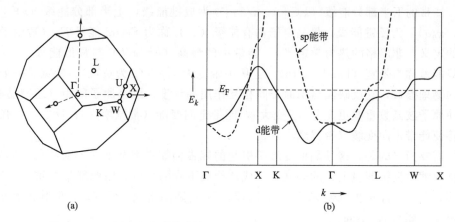

图 3-4　（a）面心立方晶格的第一 Brillouin 区；（b）Pt 的价带结构示意

综上所述，不管是一维晶格还是三维晶格，其能带结构都是 $E_k\text{-}k$ 关系曲线，区别在于 k 由一维的标量变成三维的矢量。这种函数空间称为 k 空间（也称倒易空间、动量空间），它是我们熟悉的实空间的 Fourier 变换。从式（3-3）可以看出，Bloch 分子轨道其实就是构成晶格的原子轨道的 Fourier 变换，函数变量由 j 变换成 k。

能带结构的 k 空间（频率空间）描述方式在实际应用中常显得不够直观，另一常用的（化学工作者更乐于采用的）能带结构表示方法是态密度曲线 DOS（E）。

态密度（Density of States，DOS）是指能带中的能级数目在线性势能标度（E）上的分布。换言之，DOS 代表能带中的能级数目 n 随势能 E 的变化率：

$$DOS(E) = dn(E)/dE \tag{3-8}$$

$n(E)$ 是第一 Brillouin 区中所有方向上势能为 E 的能级总数，因此 DOS（E）代表整个 Brillouin 区的平均能级密度分布，不具有正负对称性与空间方向性。

在 $E_k\text{-}k$ 能带结构中，k 值是能级的编号，在 dE 范围内的 k 值变化 dk 应正比于能级数目的变化 dn，因此

$$DOS(E) \propto dk/dE \tag{3-9}$$

即 DOS（E）正比于 $E_k\text{-}k$ 曲线的斜率的倒数。换言之，在 $E_k\text{-}k$ 能带结构图中，能带的走向越缓，该 E_k 下的 DOS 越大；相反，能带走向越陡，该 E_k 下的 DOS 越小。

图 3-5（a）是量子力学计算得到的 Pt 价带态密度曲线。为了方便描述势能高低与能带上下移动，本章采用以 E 为纵坐标、DOS 为横坐标的习惯。图 3-5（a）中 DOS（E）曲线的噪声是计算过程对 Brillouin 区的 k 点采样不足造成的，真实的结果应该比较光滑，其特征如图 3-5（b）所示。对于过渡金属，其 DOS（E）能带结构的特征是 d 能带与 sp 能带交叠；d 能带窄而高，sp 能带宽而平。

与图 3-4（b）的 $E_k\text{-}k$ 曲线相比，图 3-5（a）的 DOS（E）曲线虽然失去了空间细节，但较简明地反映了材料整体的电子结构特征。DOS（E）是 $n(E)$ 的微分，因

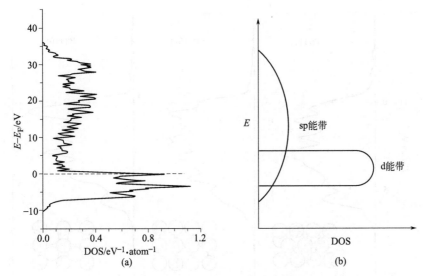

图 3-5　（a）第一性原理计算得到的 Pt 价带态密度曲线；
（b）过渡金属的能带结构特征示意

此从带底至 E_F 对 DOS(E) 曲线进行积分可得到该能带中的电子占有能级数 N_f：

$$N_f = \int^{E_F} \text{DOS}(E)\,\mathrm{d}E \tag{3-10}$$

N_f 乘以 2 便是能带中的填充电子数。

3.1.2　吸附质与金属表面的相互作用

　　金属可以看作一个大分子，其分子波函数 ψ 是由每个金属原子波函数 ϕ 线性组合而成的周期性函数，如式（3-1）所示。式（3-1）中的权重系数 c_{kj} 代表原子 j 对 ψ_k 的贡献。对于一个已知的分子轨道 ψ_k，原子 j 的贡献可由以下积分求得：

$$c_{kj} = \int \phi_j^* \psi_k \,\mathrm{d}\boldsymbol{r} \tag{3-11}$$

c_{kj} 称为分子轨道 ψ_k 在原子轨道 ϕ_j 上的投影。在 ϕ_j 上找到一个电子的概率是 $|c_{kj}|^2$，它代表 ϕ_j 在金属态密度曲线 DOS(E) 上的权重。

　　采用这种方法，我们可以将金属的 DOS(E) 曲线分解成各组成原子的贡献之和，每一组分称为局部态密度曲线 LDOS(E)，或投影态密度曲线 PDOS(E)，它与相应原子的局部化学环境直接相关。

　　在电催化研究中，金属表面的反应活性与表面原子的 LDOS(E) 直接相关，因此讨论催化活性时经常使用的是金属表面原子的 LDOS(E) 曲线，而不是金属本体的 DOS(E) 曲线。图 3-6 是 Pt 的 d 能带在三种基本晶面上的原子的投影，可以看出它们在曲线形状上有所差异，且 d 能带的宽度随 Pt(110) < Pt(100) < Pt(111) 的顺序增大。这些差别显然是不同晶面 Pt 原子的排布方式不同所导致的。如图 3-6 中的插图所示，Pt(111) 表面原子排布最紧密，原子波函数重叠最充分，因而能带

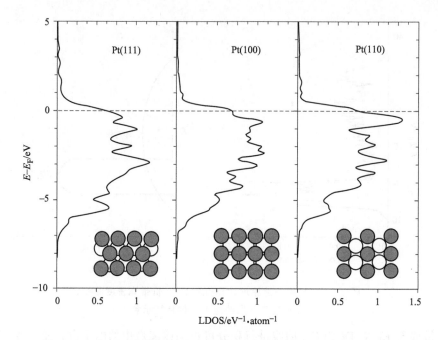

图 3-6　密度泛函计算所得三种 Pt 基本晶面的 d 能带 LDOS（E）曲线
插图：表面原子排布，灰色为第一层；白色为第二层原子

较宽；Pt(110) 表面的原子密度最低，因而能带较窄。

由于能带中的总能级数是不变的（图 3-6 中三个 LDOS 曲线与 E 轴所包围的面积不变），能带增宽必然导致平均 DOS（E）变小，即 ΔE 范围内的平均能级数减少。从图中可以看出，Fermi 能级上的态密度 LDOS（E_F）在三种 Pt 基本晶面的变化趋势是按 Pt(110)＞Pt(100)＞Pt(111) 的顺序减小，符合上述判断。

另外，由于 Pt(110) 的 d 能带窄于其它两个晶面的 d 能带，因此其能带重心 E_c 与 E_F 的距离较小，或者说与其它两种晶面相比 Pt(110) 的 E_c 相对于 E_F 上移。在后文关于金属 d 能带中心理论的介绍中我们将看到，E_c 与 E_F 的距离是一个重要的参数，它与金属的表面反应性密切相关。

如果运用式（3-10）对图 3-6 中三个 LDOS（E）曲线进行积分还可以发现，Pt(111) 与 Pt(100) 的 d 能带电子占有能级数 N_f 相同，但 Pt(110) 的 N_f 较小。换言之，Pt(110) 的 d 能带空穴数（未占有轨道数）较大。金属 d 能带空穴数在不少文献报道中也被作为指示表面反应性的一个重要参数。

反应物分子在金属表面发生化学吸附，从成键的角度看，是分子与金属表面原子（簇）形成了化学键；从能量的角度看，是分子的前线轨道与金属的价带相互作用，吸附态的分子势能降低；从几何的角度看，金属表面形成了含吸附分子的二维超晶格，其晶格常数反比于吸附分子的覆盖度。

以 CO 吸附在 Pt(111) 表面为例。图 3-7（a）是采用密度泛函计算获得的 CO 吸附前后 Pt(111) 金属板的 DOS（E）曲线，其中 CO/Pt(111) 超晶格的 DOS（E）

包含 CO 的贡献。采用上述 DOS 分解方法可以得到此能带在 CO 分子上的投影，即 CO 的 LDOS(E)［如图 3-7(b) 所示］。对比图 3-7(b) 中的能级分布情况与气相 CO 的分子轨道［图 3-7(c)］可以很清楚地看出 CO 分子是如何与 Pt(111) 表面发生化学键合的。

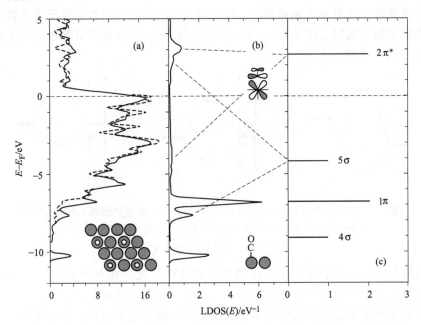

图 3-7　(a) 表面吸附 1/4 单层 CO 的 Pt(111) 板（厚度为 4 层金属）的 DOS(E)
曲线，虚线为无 CO$_{ads}$ 的 DOS(E)；(b) CO/Pt(111) 的
DOS(E) 中的 CO 贡献（投影）；(c) CO 的前线分子轨道

　　CO 分子轨道中的成键能级（5σ，1π，4σ 等）对吸附的贡献较小。1π 轨道对吸附完全没有贡献，在 CO$_{ads}$ 的 LDOS(E) 中保持着相同的势能高度；4σ 与 5σ 轨道则发生了明显的下移，这是与金属价带能级发生相互作用的结果。5σ 轨道下移较显著，且发生能级分裂，有一小部分上移至 E_F 以上成为反键能级。

　　对吸附贡献最大的是 CO 分子轨道中的空的反键轨道 $2\pi^*$，它与 Pt 价带中多个填充的 d 能级杂化产生离域的能带，伸展至 E_F 以下的能级成为新的成键轨道；E_F 以上的能级则为反键轨道。如果运用式（3-10）对图 3-7(b) 中 CO$_{ads}$ 的 LDOS(E) 曲线进行积分，可以得到填充电子数为 9.4；而图 3-7(c) 中气相 CO 的三个成键能级（5σ，1π，4σ）上原本只有 8 个电子，吸附后 CO$_{ads}$ 轨道中多出的 1.4 个电子显然是 Pt 的 d 电子填充到新产生的 Pt-CO 成键轨道所致，即形成了所谓的反馈 π 键。

　　总之，分子在金属表面的吸附作用是分子的前线轨道（上例中的 5σ 与 $2\pi^*$）与金属的价带相互作用的结果，其中吸附分子的最低空轨道（LUMO）与金属的填充 d 能级之间的杂化作用对成键贡献最大。如果进一步对表面 Pt 原子的 LDOS(E) 进行分解，还可以看到与 CO 的 $2\pi^*$ 轨道发生杂化的是 Pt 的 d 轨道中对称性

匹配的 xz 与 yz 轨道。

从这些分析中可以看出，虽然金属的分子轨道是离域的，但吸附作用在空间上还是具有很大的定域性，吸附分子与表面金属原子之间的相互作用在很大程度上与双原子分子中的定域的键类似[1]。如图 3-8(a) 所示的填充能级与空能级之间的相互作用是最常见的双原子成键方式，由于成键分子轨道在势能上低于原子轨道，因此两个原子相互吸引。图 3-7(b) 中 CO 空能级 $2\pi^*$ 与 Pt 填充 d 能级之间的相互作用便属于这种成键方式。

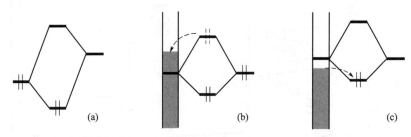

图 3-8　（a）填充能级与空能级的相互作用；（b）能带中的填充能级与吸附分子的填充能级的四电子相互作用；（c）能带中的空能级与吸附分子的空能级的相互作用[1]

吸附分子与金属表面的相互作用也有其特殊之处。在普通的双原子相互作用中，如果两个原子轨道均已充满电子，则无法形成稳定的四电子分子轨道，因为反键能级填充电子引起的势能增加将大于成键能级填充电子引起的势能降低。不过这种四电子相互作用却可存在于吸附作用中。如图 3-8(b) 所示，由于形成的反键分子轨道的势能有可能高于 E_F，因此电子可从反键能级转移到金属的价带中，从而消去反键能级填充电子所带来的去稳定作用。在图 3-7 的例子中，CO 的填充 5σ 能级便是以这种方式与 Pt 的填充 z^2 轨道发生相互作用。

同理，通常两个全空的原子轨道是无法形成稳定的分子轨道的，但这种空对空的相互作用却可以存在于吸附作用中。如图 3-8(c) 所示，如果成键分子轨道的势能低于 E_F，则可把金属的价电子吸引过来，形成稳定的分子轨道。在图 3-7 的例子中，CO 的空 $2\pi^*$ 轨道与 Pt 的空 sp 能级在势能上相互匹配，因此在一定程度上也以这种方式发生了相互作用。

吸附分子与金属表面的成键，是以削弱表面内或分子中原有的化学键为代价的，因为电子必须从原有的轨道（部分）转移到新的轨道，同时体系势能降低。分子在表面的吸附方式、吸附位点的选择性，是势能降低最大化原则决定的。新生成的吸附键越强，对原有的老的键的破坏就越大。极端的情况是分子或表面中原有的化学键发生断裂，即表面发生重构，或者吸附分子发生解离。

3.1.3　吸附作用的密度泛函理论计算

分子与固体的电子结构的第一性原理计算有两种途径，一种是传统的波函数方法；另一种是密度泛函理论（density functional theory，DFT）计算。前一种方法的优点是存在明确的途径计算高阶电子相互作用从而获得非常精确的系统总能量，但由于系统中每一个电子的波函数都是 $3N$ 维函数，当电子数 N 增至 100 时，系统能量计算空间的维数将高达 $10^{150[2]}$，即使最好的计算机也很难在有限的时间内完成计算收敛。因此波函数方法只能处理（价）电子数小于 100 的系统（约 10 个金属原子），很难应用于固体与吸附的计算。

精确求算多电子系统总能量的困难在于正确评估多体之间的相互作用，正是这种相互作用使 3 维的单电子波函数变成 $3N$ 维。DFT 的基本思想是不通过求解高维波函数获得系统的基态总能量 E，E 可以由系统的空间电子密度分布函数 $\rho(r)$ 算出[3]；而获得 $\rho(r)$ 的方法是假设存在一个与真实系统构成相同但各电子之间无相互作用的参比系统，通过调节该系统中的势场 v_{eff}（称为 Kohn-Sham 等效势）使该系统具有与真实系统相同的 $\rho(r)$，然后通过求解参比系统中的单电子波函数获得 $\rho(r)$[4]。这样就把一个解高维波函数的问题变成一个不断地优化 v_{eff} 和解单电子波函数（最终使 E 收敛于最小值）的问题，函数空间始终只有三维，不随系统增大而改变。

由 $\rho(r)$ 求 E 是 DFT 区别于波函数方法的根本，获取 E-$\rho(r)$ 函数关系是问题求解的关键。由于 $\rho(r)$ 本身是一个随系统而异的函数，因而 E-$\rho(r)$ 关系可能没有固定的表达式。这种关系类似于二维空间的一个封闭曲线的面积 A 与该曲线函数 $r(\theta)$ 的关系，虽然 $r(\theta)$ 的具体形式是变化的，但每一 $r(\theta)$ 均有明确的唯一的 A，而且存在使 A 最大或最小的 $r(\theta)$。这种关系称为泛函（functional），即 A 是 $r(\theta)$ 的泛函，E 是 $\rho(r)$ 的泛函，记为 $E[\rho]$。

DFT 将 $E[\rho]$ 分解为以下 4 个部分：

$$E[\rho] = T_s[\rho] + V_{\text{ne}}[\rho] + J_{\text{ee}}[\rho] + E_{\text{xc}}[\rho] \tag{3-12}$$

式中，$T_s[\rho]$ 为参比系统中的无相互作用电子的动能；$V_{\text{ne}}[\rho]$ 为原子核与电子之间的静电势能；$J_{\text{ee}}[\rho]$ 为经典的电子-电子排斥势能（又称 Hartree 能）；$E_{\text{xc}}[\rho]$ 则是所谓的交换相关能（exchange-correlation energy）。$E_{\text{xc}}[\rho]$ 在 $E[\rho]$ 中的贡献较小但却不可忽略，它包含了电子-电子排斥势能中非经典的交换能、电子自相关能、电子动能相关能等，可以说 DFT 把多电子相互作用中目前还不能清楚描述的效应全都归结为 $E_{\text{xc}}[\rho]$。$E_{\text{xc}}[\rho]$ 也是式（3-12）等号右边各项中唯一没有明确表达式的。

接下来是求算系统的基态 $\rho(r)$。DFT 通过自洽场（self-consistent field，SCF）方法在参比系统的单电子波函数 ψ_j、$\rho(r)$、v_{eff} 之间循环迭代求解，最终收敛于稳定的 $\rho(r)$ 与最小的 E。v_{eff} 定义为式（3-12）等号右边后 3 项对 $\rho(r)$ 的微分：

$$v_{\text{eff}} = \frac{\delta V_{\text{ne}}[\rho]}{\delta \rho(r)} + \frac{\delta J_{\text{ee}}[\rho]}{\delta \rho(r)} + \frac{\delta E_{\text{xc}}[\rho]}{\delta \rho(r)}$$

$$= v_{\text{n}}(r) + \int \frac{\rho(r')}{|r - r'|} \mathrm{d}r' + v_{\text{xc}}(r) \tag{3-13}$$

式中，$v_n(r)$ 为原子核静电势；$v_{xc}(r)$ 称为交换相关势 (exchange-correlation potential)。给定一个 $\rho(r)$，参比系统的 $v_{xc}(r)$ 可由 $E_{xc}[\rho]$ 推出。

进行 DFT 计算时，先猜一个初始的 $\rho(r)$，通过式(3-13)构建 v_{eff}，然后代入参比系统的单电子 Schrödinger 方程求解 ψ_j：

$$\left(-\frac{1}{2}\nabla^2+v_{eff}\right)\psi_j(r)=\varepsilon_j\psi_j(r) \tag{3-14}$$

获得 ψ_j 后便可算出新的 $\rho(r)$：

$$\rho(r)=\sum_{j=1}^{N}\{|\psi_j(r)|^2\} \tag{3-15}$$

新的 $\rho(r)$ 又可代入式(3-13)构建新的 v_{eff}，如此循环迭代计算。式(3-13)～式(3-15)称为 Kohn-Sham 方程。每个循环都可以由 $\rho(r)$ 算 E，当 E 收敛至最小时循环计算终止 (根据变分原理，系统的基态能最小)。$E[\rho]$ 的计算可通过式(3-12)或以下的变换形式：

$$E[\rho]=\sum_{j=1}^{N}\varepsilon_j-\frac{1}{2}\iint\frac{\rho(r)\rho(r')}{|r-r'|}drdr'-\int v_{xc}(r)\rho(r)dr+E_{xc}[\rho] \tag{3-16}$$

式(3-16)中等号右边的第 1 项是参比系统所有电子轨道的能量总和，包含 $T_s[\rho]$、$V_{ne}[\rho]$、重复计算的 $J_{ee}[\rho]$[式(3-16)等号右边第 2 项扣除重复部分]以及参比系统局域化的交换相关能[在式(3-16)等号右边第 3 项减去，换成第 4 项真实系统的交换相关能]。

可以看出，采用 Kohn-Sham 方程求 $E[\rho]$ 的过程没有涉及近似处理，因此 DFT 在原理上是精确的。实际计算中的近似处理主要是对 $E_{xc}[\rho]$ 的描述。$E_{xc}[\rho]$ 的近似描述正在变得越来越精确，研究者利用实验结果或波函数方法计算得到的小系统的精确解对 $E_{xc}[\rho]$ 近似式进行评价与校准，再将之应用到大系统的计算。现代的 DFT 计算方法正是由于找到了可以较好地平衡计算精度与计算代价的 $E_{xc}[\rho]$ 近似式，使可计算的系统扩大至 100 个原子以上。

目前固体 DFT 计算常用的 $E_{xc}[\rho]$ 近似方法是 GGA (generalized gradient approximation)[5~7]，它的计算代价比目前最精确的 B3LYP 近似[8]小很多，不过对能量的计算误差在某些情况下可高达 0.25eV。好在我们通常关心的是相似系统之间的能量差及变化趋势，系统误差可以在对比差减中抵消掉，实践证明 GGA 对能量变化趋势的预测精度在很多场合下可满足固体研究的要求。

对固体及其表面电子性质的计算还需借助适当的原子模型，模型包含的原子数越多，需要耗费的计算代价就越大。对固体表面的建模通常采用原子簇 (cluster) 或金属板 (slab) 两种方式。前者用少量的原子构建一种局域化的金属团簇表面，考虑到吸附作用在很大程度上是局域化的，远离吸附分子的金属原子对吸附键的贡献可以忽略，因此这种模型用于研究小分子吸附是可行的。不过由于金属团簇包含的原子数很少，其电子能带结构与整体的金属存在明显的差别，团簇表面的吸附强度往往高于正常表面的吸附强度。

目前更流行而且计算收敛较快的是金属板模型，它利用二维周期性边界条件构建金属表面，由若干个原子便可构成表面晶格单胞，在厚度方向上则用若干原子层来模拟金属整体。例如图 3-9 所示对 H_2S 分子在 Pt（111）表面吸附的建模，H_2S 覆盖度为 1/4 单层时，表面二维晶格 [图 3-9(b)] 的单胞由 22 个 Pt 原子与一个 H_2S 分子构成 [图 3-9(a)]。金属表面下方的 Pt 原子层越多，模型的电子性质就越接近整体 Pt，但出于节省计算代价考虑，金属板的厚度通常为 3~4 个原子层。

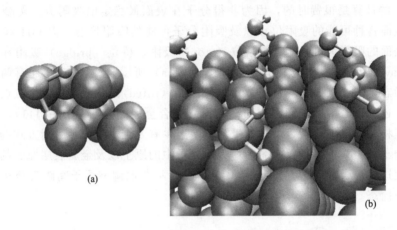

(a)

(b)

图 3-9　Pt（111）表面 H_2S 分子吸附的金属板模型

（a）表面晶格的单胞；（b）二维周期性表面（金属板厚度为 4 个 Pt 原子层）

如图 3-9(a) 所示的单胞，计算时只需涉及 16 个 Pt 原子与 1 个 H_2S 分子。将单胞中的所有原子轨道线性组合成周期性的分子轨道，用前文讲述的 Bloch 平面波 [见式(3-3)] 加以描述，如此波函数在吸附平面上是无限周期性的。与原子簇模型不同，金属板模型表面吸附着周期性排列的分子或原子，吸附质之间可能存在相互作用，因此表面晶格单胞应足够大（或者说吸附质的覆盖度应适当的小）以减小这种相互作用的影响。

考虑到原子的内层电子对化学键没有直接贡献，通常的固体 DFT 计算都将内层电子当作叠加在原子核势场上的一个附加势场（称为赝势，pseudopotential）[9,10]，通过对式(3-13) 中的 $v_n(r)$ 项进行修正，便可直接用于对价电子的计算。

3.2　催化作用中的电子效应与协同效应

3.2.1　吸附作用的电子特征描述

分子在金属表面的吸附强度通常用吸附能（adsorption energy，AE）或结合

能（binding energy，BE）来表示，它是通过计算吸附作用发生前后系统的总能量之差获得的，即

$$AE = E_{M-A} - E_M - E_A \qquad (3\text{-}17)$$

式中，E_{M-A} 为吸附分子与金属表面键合后系统的能量（负值）；E_M 与 E_A 则分别为金属表面与吸附质单独存在时的能量（负值）。稳定的化学吸附是放热的，即分子在表面吸附后系统总能量下降（变得更负），因此 AE 为负值；AE 绝对值越大表示吸附越强。BE 的定义与 AE 类似但符号相反，放热吸附时 BE 为正值。

E_{M-A} 的计算是很费时的，因为获得分子在表面最稳定的吸附方式需要全面考察金属表面各种可能的吸附位点以及吸附分子可能的吸附形态。以 OH 基团在 Pt (111) 表面的吸附为例，需计算顶位（atop）吸附、桥位（bridge）吸附和两种空位（hollow）吸附共 4 个吸附位点［如图 3-10(a) 所示］；同时 OH 还有两种可能的吸附形态［图 3-10(b)］，即直立型与倾斜型（tilted）；对于同一吸附位点的倾斜型吸附，还需考虑不同的倾斜方向。如果研究合金表面，如 $Pt_3Cu(111)$，表面的化学环境将变得更加复杂，可能的吸附位点至少有 8 个。每一种吸附方式的计算还是一个分子动力学计算过程，需计算吸附分子中的原子以及金属表层原子的受力情况，并使这些原子在应力方向上运动（松弛），不断地调整原子间距直至达到势能最低的平衡态。

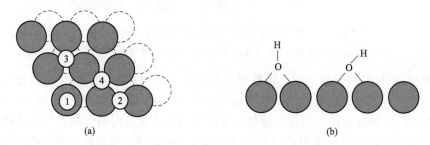

图 3-10　(a) fcc (111) 表面的 4 种对称吸附位点：① atop，② bridge，③ hcp-hollow，④ fcc-hollow；(b) 表面 OH 基团的两种可能的吸附形态

可以看出，通过量子力学计算直接获得 E_{M-A} 的计算代价是很大的，特别是分子较大或表面组成较复杂时。在很多的场合中，我们更关心的是 AE 的变化而非具体的 AE 的值，如果能找到 AE 与系统的某些电子结构特征参数的联系，则有可能根据系统的电子结构的变化判断 AE 的变化。这种构效关系本文称之为吸附作用的电子特征描述，即根据少量实验或计算容易获得的电子结构特征参数判断和预测吸附作用的变化规律，这些与吸附作用密切相关的特征参数称为描述符（descriptor）。实际工作中，只需获得系统的描述符，便可对其相对于已知系统的吸附变化作出判断，进而预测相对的表面反应性。

Newns-Anderson 模型是早期对金属表面吸附作用进行电子特征描述的代表[11]。该模型忽略吸附分子与金属 sp 能带的相互作用，采用以下 3 个参数对吸附分子与金属 d 能带之间的紧结合作用（tight-binding）进行描述：①金属 d 能带能

量中心 ε_d 与参与吸附键的分子能级 ε_a 之差 $|\varepsilon_d - \varepsilon_a|$；②金属 d 能带宽度 W；③分子与金属表面之间的偶合矩阵（coupling matrix）V 的行列式 $|V|$（称为偶合强度）。这 3 个参数中的前两个衡量分子与表面的能量匹配度，通过简单的电子结构计算便可获得；但 $|V|$ 与几何因素有关，仍需较深入的计算方能确定。矩阵 V 的元素定义为：

$$V_{ak} = \int \phi_a^* \, \hat{H} \phi_k \mathrm{d}\boldsymbol{r} \tag{3-18}$$

代表吸附分子的轨道 ϕ_a 与某一金属原子的轨道 ϕ_k 的相互作用。可见 V 包含了 ϕ_a 与所有金属表面原子轨道的相互作用，它不仅取决于金属和吸附质的性质，也与吸附质相对于金属表面的空间位置有关，因此 $|V|$ 不是一个纯粹的金属表面电子结构特征参数。

在实际工作中，常见的问题是对比某一吸附质在不同金属表面上的吸附强度。如果假设吸附质均处于相同的吸附位点，则空间几何因素可以忽略，$|V|$ 也成为金属的一个特征参数。在 Newns-Anderson 模型中，$|\varepsilon_d - \varepsilon_a|$、$W$ 与 $|V|$ 并非相互独立的因子，Hammer 与 Nørskov 发现在很多情况下，采用 ε_d 一个电子特征参数就已经可以很好地描述不同金属表面间的活性差异[12~14]。如图 3-11 所示，氧原子在 4d 金属表面的吸附能 AE_O 随 d 电子数的增加而线性减小，采用 Newns-Anderson（N-A）模型简化计算得到的结果与现代 DFT 计算或实验结果有很好的吻合；

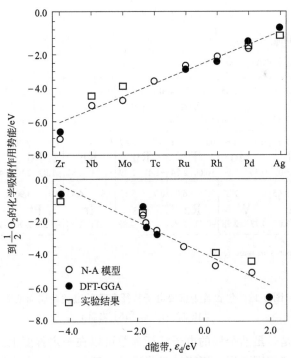

图 3-11　氧原子在 4d 金属表面的吸附能变化规律
此图重绘自文献 [15] 之图 9

同时可以看出，上述 3 种不同方法得到的 AE_O 均与金属的 d 能带中心 ε_d 呈较好的线性相关。

由于无须计算 $|V|$，Hammer-Nørskov 的 d 能带中心模型（d-band center model）的计算代价非常小，只需要计算被研究的金属表面的电子结构，然后提取投影到表面原子的 LDOS (E)，便可获得相应的 ε_d。近年来，越来越多的异相催化研究表明过渡金属的表面反应性（surface reactivity）的确与 ε_d 具有良好的相关性，d 能带中心模型（或称 d 能带中心理论）因此成为目前异相催化研究中的常用语言[14]。

图 3-12 是包含若干重要电子特征参数的过渡金属周期表。表中金属表面反应性的变化存在两个趋势：由右而左增强；由上而下减弱。前一个趋势与 ε_d 的变化存在很好的相关性，周期表中自右向左 ε_d 单调上升，d 能带中未填充反键能级数增加，吸附增强。这说明对于相同周期的过渡金属，与吸附质前线轨道的能量匹配是最重要的。对于后一趋势，ε_d 似乎不是完备的描述符：在 d 能带半充满以前（d 能带填充电子数小于 0.6），ε_d 随内层电子数的增加而上移；而当 d 能带超过半充满，ε_d 基本上随内层电子数的增加而下移。对此，偶合强度（此处表示为 V^2）似乎是更重要的描述符，它均随内层电子数的增加而单调增大，与 d 能带填充电子数无关。这一相关性来自于金属内层电子对吸附质的排斥作用：当吸附质位置固定时，金属内层电子数越多排斥作用越强（V^2 越大），因此吸附键越弱。

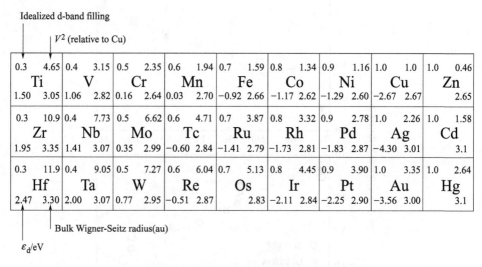

图 3-12　包含若干重要电子特征参数的过渡金属周期表

此图重绘自文献 [15] 之图 10

必须指出的是，虽然金属的电子特征参数可以在一定程度上描述不同金属间的活性差异，但对于相同金属表面不同吸附质的 AE 差异目前尚无简明的模型加以描述。例如，O 原子与 H 原子在不同金属表面的 AE 与各金属表面的 ε_d 之间分别存在很好的线性关系，但这两种线性关系的斜率不同，AE_O 变化的斜率大于 AE_H 变化的斜率。这种吸附质特性效应对研究涉及两种吸附质协同完成的表面反应（即后文将讲述的协同效应）以及相应的双功能催化剂的设计可能是很重要的。

3.2.2　金属表面反应性及其电子效应调控

催化剂研究的一个核心任务是揭示其"构效关系"，即催化剂的结构与催化活性之间的关系，借以指导催化剂改进。然而，所谓的"催化活性"（catalytic activity）其实并非催化剂的固有特征（或称本征性质），对某一反应表现出优异催化活性的催化剂并不见得对另一反应也具有高的催化活性。一个典型的例子是 Pd 对大多数燃料电池反应的催化活性都不如 Pt，但却是甲酸氧化反应（FAOR）最好的催化剂。显然，"催化活性"不仅取决于催化剂的性质，也与特定反应的性质有关。

如果不针对特定的反应，催化剂的构效关系应理解为"结构-性质关系"（structure-property relationship，SPR）。此处的"性质"指的是表面反应性（surface reactivity），它描述催化剂表面的成键能力，与具体的吸附质无关。由于金属表面的吸附往往涉及电子从金属原子向吸附质转移，因此金属的表面反应性在很多场合下指的是金属表面向吸附质提供电子的能力。对金属表面反应性的描述目前尚不存在类似于原子电负性或电正性的物理量，通常需要采用具有强电负性的"检验吸附质"（testing adsorbate）加以表征，例如以氟、氧等强电负性原子在金属表面的结合能为标度来衡量金属的表面反应性。如图 3-13 所示，Cu(111)、Pd(111) 与 Au(111)表面的氧结合能与相应金属原子

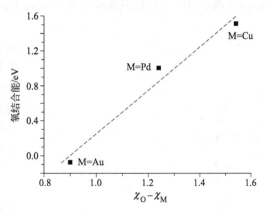

图 3-13　DFT 计算的 M(111) 表面氧结合能与相应 M 原子电负性 χ_M（以 χ_O 为参照）的相关性

的电负性 χ_M（以氧的电负性 χ_O 为参照）存在相关性，显示出金属表面反应性与原子电负性在概念上的对应关系以及在物理含义上的可类比性。

区分"表面反应性"与"催化活性"这两个概念是理解"结构-活性关系"（structure-activity relationship，SAR）的关键，因为"结构-活性关系"可以看作由"结构-性质关系"（SPR）与"性质-活性关系"（property-activity relationship，PAR）构成[16]。如图 3-14 所示，"性质"分别与"结构"和"活性"相关联，"结构"通过"性质"影响"活性"。此处的"结构"指的是催化剂的表面电子结构，因为对催化起主导作用的是催化剂的表层而不是本体。改变催化剂电子结构的直接结果是改变其表面反应性，而表面反应性的改变对不同催化反应有不同的影响。

SPR 属催化剂的内部性质；PAR 则是与具体吸附质有关的外部性质。

图 3-14 催化剂的结构、性质与活性之间的相互关系[16]

与"结构-活性关系"不同，"结构"与"性质"之间存在明确的、独立的对应关系，而且"结构-性质关系"可以通过计算或实验获得。例如，原子排列方式明确的表面的电子结构很容易通过 DFT 计算获得；而相应的表面反应性既可以通过"检验吸附质"的吸附能计算也可以利用表面敏感的实验测量加以表征。掌握了表面电子结构与表面反应性的关系，便有望通过改造电子结构来调节表面反应性。这种调控表面反应性的方式就是本节所要论述的电子效应。

以金属合金这类最常见的电催化剂为例，金属原子 B 进入金属 A 的晶格这一合金化过程至少产生两种对表面反应性有敏感影响的电子效应，即晶格变形效应（lattice strain effects）与表面配体效应（surface ligand effects）[17,18]。前者源于 B 与 A 的原子半径差异导致的金属 A 晶格畸变[19,20]；后者指的是 B 原子特异的化学性质引起了 A 原子周围的化学环境变化[21]。这两种电子效应通常同时存在于合金中，采用普通的实验方法很难进行区分，但 DFT 计算却很容易单独地对它们进行考察，因为计算研究可以构造虚拟的金属，例如构造晶格常数与 A 相同的 AB 合金可排除晶格变形效应单独考察表面配体效应；而在不引入 B 的条件下人为地将 A 的晶格压缩或扩张则可单独地考察晶格变形的影响。例如，图 3-15 所示虚拟 Pd 与虚拟 Pd-Cu 合金的计算结果，将纯 Pd 的晶格压缩至相应的 Pd-Cu 合

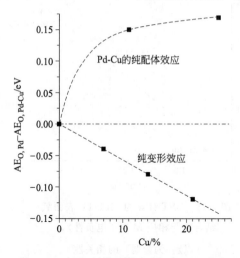

图 3-15 DFT 计算虚拟 Pd 与 Pd-Cu 合金，单独考察表面配体效应与晶格变形效应

金的晶格尺寸，可以观察到单纯的晶格收缩使 Pd 的表面反应性线性地变弱（表现为氧吸附能变小）；而加入 Cu 的同时不改变 Pd 的晶格常数，可观察到单纯的配体效应使 Pd 的表面反应性显著增强。

在实际的催化剂中，这两种电子效应共同起作用，对表面反应性的影响比上述虚拟的情况要复杂。在多数情况下，表面配体效应比晶格变形效应更加敏感地影响表面反应性。不过表面配体效应是一种短程效应，主要存在于表面第一原子层，第二原子层中的合金组分对表面反应性的配体效应已经非常微弱，第三原子层以下的

合金组分已经无法对吸附产生化学意义上的影响。相反，晶格变形效应是一种长程效应。研究发现[20]，在晶格比 Pt(111) 小 2.5％的 Ru(001) 表面覆盖纯 Pt 原子层，将产生按 Ru(001) 晶格排布的晶格收缩的 Pt 原子层，这种晶格变形只有当 Pt 原子层超过 5 层时才会慢慢地释放。

除了表面配体效应与晶格变形效应，对表面反应性有重要影响的还有几何效应（geometric effects），即成分相同的表面因原子排列方式不同所产生的表面反应性差异。例如，Pt(111)、Pt(110) 与 Pt(100) 三种表面均由 Pt 原子构成，但原子堆积与排列方式不同，其表面反应性也完全不同。有些研究者认为几何效应不属于电子效应，但从图 3-6 可以清楚地看出，上述三种 Pt 基本晶面的表面电子结构是不同的，因此相应的表面反应性变化在本质上也是因为表面电子结构差异所致，应视为电子效应的一种表现。某些情况下，金属表面特殊的原子拓扑结构会对吸附质分子的形态产生影响，进而改变了催化反应的历程，这种几何效应便有别于电子效应。

理解了对表面反应性产生影响的各种电子效应（即"结构-性质关系"），便可通过改造表面电子结构调控表面反应性，进而提高对特定反应的催化活性。由于催化过程本质上是催化剂表面与反应物种之间形成化学键（过渡态），因此催化剂的表面反应性对这个成键过程有至关重要的影响。提高表面反应性可促进反应物的吸附以及吸附分子的断键解离（bond breaking）；而降低表面反应性则有利于吸附分子新的成键（bond making）和反应产物的脱附。因此，根据一个表面反应的速控步骤是吸附断键过程还是成键脱附过程，有针对性地提高或降低催化剂的表面反应性，可有效地提高催化剂对这一特定反应的催化活性。

3.2.3 催化作用中的协同效应

一类很常见的表面基元反应是催化剂表面两吸附物种之间的复合反应：

$$\text{M-A}_{ads} + \text{M-B}_{ads} \longrightarrow 2\text{M} + \text{A-B} \tag{3-19}$$

显然，完成这一反应的前提条件是催化剂表面必须同时结合 A_{ads} 与 B_{ads}。换言之，催化表面需要多个吸附位点（或反应位点）同时参与方能使反应进行，这种现象称为协同效应（synergistic effects）。协同催化的多个位点可以是同质的也可以是异质的：

$$\text{M}_1\text{-A}_{ads} + \text{M}_2\text{-B}_{ads} \longrightarrow \text{M}_1 + \text{M}_2 + \text{A-B} \tag{3-20}$$

异质协同催化（3-20）的效率往往高于同质协同催化（3-19），因为反应物 A_{ads} 与 B_{ads} 的性质通常很不相同（例如其一为还原剂另一为氧化剂），相应的最佳吸附基底也应该有所不同，即分别采用两种性质不同的表面比采用单一表面更有利于同时获得 A_{ads} 与 B_{ads}。这一判断的重要推论是，对于涉及二吸附物种的表面复合反应，应该可以找到一种双金属催化剂，它的催化活性高于单金属催化剂。

在电催化中，最著名的协同效应的例子是甲醇电氧化反应（MOR）：

$$\text{CH}_3\text{OH} + \text{H}_2\text{O} \longrightarrow \text{CO}_2 + 6\text{H}^+ + 6\text{e}^- \tag{3-21}$$

当采用 Pt 作催化剂时，这一表面反应涉及三个阶段。首先是甲醇分子在 Pt 表面发生解离脱氢，产生 CO_{ads}：

$$CH_3OH + Pt \longrightarrow Pt\text{-}CO_{ads} + 4H^+ + 4e^- \tag{3-22}$$

然后 H_2O 分子在电极表面氧化产生进一步氧化 CO_{ads} 所需的表面含氧物质 OH_{ads}：

$$H_2O + Pt \longrightarrow Pt\text{-}OH_{ads} + H^+ + e^- \tag{3-23}$$

最后 CO_{ads} 与 OH_{ads} 在催化剂表面发生复合反应：

$$Pt\text{-}CO_{ads} + Pt\text{-}OH_{ads} \longrightarrow 2Pt + CO_2 + H^+ + e^- \tag{3-24}$$

MOR 的热力学平衡电势为 0.016V（vs. RHE），但实际上采用 Pt 作催化剂时，只有当电极电势正于 0.5V 才能观察到稳定的阳极电流。这是因为反应式（3-23）是个慢步骤，H_2O 在 Pt 表面的电氧化发生在 0.45V（vs. RHE）以正的电势，致使 Pt 催化的 MOR 存在大于 0.4V 的超电势。

降低这一反应超电势的有效方法是采用比 Pt 活泼的金属，使 H_2O 的电氧化可以在较负的电势下进行。实验证明，Ru 是到目前为止发现的扮演这一协同催化角色的最佳金属[22,23]：

$$H_2O + Ru \longrightarrow Ru\text{-}OH_{ads} + H^+ + e^- \tag{3-25}$$

$$Pt\text{-}CO_{ads} + Ru\text{-}OH_{ads} \longrightarrow Pt + Ru + CO_2 + H^+ + e^- \tag{3-26}$$

由于反应式（3-25）可以在正于 0.25V（vs. RHE）的电势下发生，因此反应式（3-26）比反应式（3-24）足足提前了 0.2V。

在上述例子中，Pt-Ru 双金属催化剂中 Ru 的助催化作用便是典型的协同效应，文献中也常称为双功能机理（bi-functional mechanism），即 Pt 促进甲醇分子解离脱氢，Ru 促进 H_2O 电氧化提高 OH_{ads}。很多过渡金属可在更负的电势下产生 OH_{ads}，例如 Ni 可在约 0.1V（vs. RHE）产生 $Ni\text{-}OH_{ads}$，但这些过渡金属与 Pt 形成的双金属催化剂对 MOR 的催化性能均不如 Pt-Ru。原因可能是多方面的，在催化剂制备方面，比 Pt 活泼得多的过渡金属不易与 Pt 形成均匀的合金，因而导致双金属表面 CO_{ads} 与 OH_{ads} 的反应区域较小。从电子效应的角度看，表面反应性高的过渡金属虽然可在较负的电势下获得 OH_{ads}，但它与 OH_{ads} 过强的结合力对后续的复合反应是不利的。因此用以产生表面含氧物种的金属组分并非越活泼越好。

Ru 对 Pt 的助催化作用还包括可能的电子效应。如果 Ru 以合金的方式与 Pt 结合，将通过配体效应提高 Pt 的表面反应性，有利于甲醇分子的解离吸附。另外，有研究者认为[24]，Ru 提高了 Pt 表面给电子能力的同时降低了 Pt 表面获取电子的能力（电子亲和性，electroaffinity），从而在一定程度上降低了 Pt 表面的 CO 吸附强度（因为 CO 吸附的 键是电子从 CO 向 Pt 转移），因此促进了 CO_{ads} 与 OH_{ads} 的复合反应。

关于甲醇电氧化 Pt-Ru 催化剂的活性提升机理主要是由于协同效应还是电子效应，文献报道中有相当多的争论。如果电子效应是主要的，那么 Pt-Ru 催化剂的结构以合金为最佳，因为均匀地合金化有利于增强电子效应以及扩大 $Pt\text{-}CO_{ads}$ 与 $Ru\text{-}OH_{ads}$ 的反应区域。但不少研究发现[25,26]，Ru 以（水合）氧化物的形式

（RuO_xH_y）存在更有利于提高对 MOR 的催化活性，似乎没有必要形成 Pt-Ru 合金。Ren 等[27]对比完全合金化的 Pt-Ru 与完全非合金化的 Pt-RuO_xH_y 作为直接甲醇燃料电池（DMFC）阳极催化剂的性能，发现两者可以获得几乎一样高的电池性能。这说明不能采用刚制备的催化剂的结构与表面状态来理解 Pt-Ru 催化剂工作时的表面状态。

笔者研究组发现，在 DMFC 工作条件下 Pt-Ru 催化剂中 Ru 的状态非常不稳定。一方面，适当的阳极氧化可大幅度地提升 MOR 催化活性[28]，这似乎说明（电化学现场产生的）RuO_xH_y 是较好的工作状态；另一方面，我们也观察到即便仅将 Ru/C 与 Pt/C 机械混合，Ru 会在电化学条件下（通过溶解重结晶）发生迁移并与 Pt 形成表面合金[29]。为了使 Pt 与 Ru 在微观上尽可能地均匀混合并获得表面 RuO_xH_y，我们认为较好的 Pt-Ru 催化剂制备方法可能是先合成合金度尽可能高的 Pt-Ru 双金属纳米粒子，再通过电化学去合金化等方法将 Ru 提取到催化剂表面形成 RuO_xH_y[16]，这样可以最大化 Pt/RuO_xH_y 界面。

总之，设计此类双功能电催化剂的原则是使协同效应最大化。理想的催化表面应该尽可能多地均匀地分布这些双功能位点，有序表面合金应该是实现这一理想结构的重要途径。

3.3 研究实例

3.3.1 氧还原反应 Pt 合金催化剂的电子效应

氧还原反应（ORR）涉及 O＝O 双键断裂与加氢还原等步骤，是一个动力学较缓慢的阴极反应：

$$O_2 + 4H^+ + 4e^- \longrightarrow 2H_2O \qquad (3-27)$$

目前 ORR 最好的催化剂仍然基于 Pt。尽管已有很长的研究历史，研究者对 Pt 表面 ORR 的具体机理仍然存在不一致的看法[30]。例如，O_2 吸附到 Pt 表面后先断键生成 O_{ads}[31]还是先加氢生成 OOH_{ads}[32]一直未有统一的认识。现代的 DFT 计算在一定程度上对相关的基元过程以及特定条件下的反应速控步骤有了更深刻的理解[33,34]，但基于简化模型的微观反应动力学计算在多大程度上与复杂的电极过程相符合还有待进一步验证。

虽然对反应机理的认识仍存分歧，但对 Pt 基催化剂的"性质-活性"关系的认识似乎还比较统一，即适当地降低 Pt 的表面反应性可明显地提升 ORR 催化活性。不过对这一公认的实验事实也存在不同的解释，以 Gottesfeld 为代表的一些燃料电池研究者认为[35]，降低 Pt 表面反应性的作用是减弱了 Pt 表面氧化物对 ORR 的阻碍，使 Pt 表面可以在更正电势下剥离表面氧化物，暴露更多的金属反应位点以结合 O_2，从而加速了 ORR。以 Nørskov 为代表的计算化学家则倾向于从催化剂电子结构的改变及其对 ORR 速控步骤的影响来解释[36]。

　　近年来，Markovic等研究者运用先进的表面化学分析方法对 Pt_3M 型合金催化剂的表面结构与性质进行了较系统的研究[36~38]，其实验结果为深入理解此类 ORR 合金催化剂的构效关系提供了重要的依据。以 Pt_3Ni 单晶电极为例[37]，作者通过 Auger 电子能谱（AES）、低能离子散射（LEIS）、紫外光电子能谱（UPS）等表面敏感技术对该电极的表层原子结构进行了分析，发现此类合金电极经过超高真空（UHV）热处理后表层出现 Pt 的偏析（segregation）：表面第一原子层全部为铂原子，原来位于第一层的 Ni 原子被置换到第二层（使第二原子层的 Pt/Ni 比为 1∶1），从第三原子层开始 Pt/Ni 比才逐渐稳定为体相比例 3∶1（如图 3-16 的

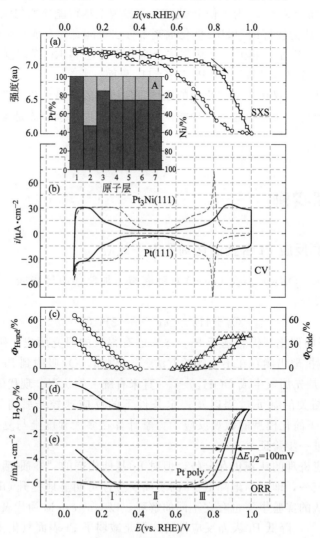

图 3-16　$Pt_3Ni(111)$ 单晶电极的表面 X 射线散射（SXS）、循环伏安（CV）与 ORR 表征

此图摘自文献［37］之图 2

插图所示）。与 Pt(111) 电极相比，$Pt_3Ni(111)$ 的表面反应性明显下降，表现为表面氧化物的剥离电势正移、H_{upd} 吸附电势负移 [图 3-16（b）、（c）]。这种表面反应性的下降带来了 ORR 催化活性的显著提升，ORR 半波电势（$E_{1/2}$）正移 100mV [图 3-16（d）]。$Pt_3Ni(111)$ 是目前发现的性能最优的 ORR 催化表面。

对 Pt 的 ORR 催化活性有促进作用的元素不只是 Ni，几乎所有的 3d 过渡金属都有类似的功效[36~39]，不过增强的程度有所不同。3d 过渡金属都比 Pt 活泼，与 Pt 形成合金却能降低 Pt 的表面反应性，这是一个非常值得深究的问题，它显然与这类表面的特殊结构有关。采用氧原子作为检验吸附质对 $Pt_3Ni(111)$ 表面反应性与表层原子结构的关系进行了 DFT 计算研究，得到如图 3-17 所示结果。原始的 $Pt_3Ni(111)$ 的表面反应性明显高于 Pt(111)（表现为氧结合能较大），这显然是较活泼的 Ni 原子引起的配体效应；但如果发生 Pt 表面偏析（将这种表面记为 $Pt_3'Ni$），$Pt_3'Ni(111)$ 的表面反应性反而显著低于 Pt(111)。可见，与更活泼的过渡金属形成合金反而引起表面反应性减弱的关键因素是表面必须发生 Pt 偏析或者富集。

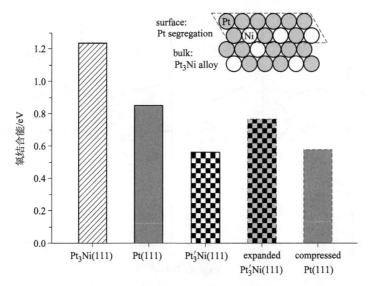

图 3-17 Pt_3Ni（111）表面反应性与表层原子结构的关系

虚线框数据代表虚拟的表面，即晶格常数与 Pt 相同的虚拟 $Pt_3'Ni(111)$ 和
晶格常数与 Pt_3Ni 相同的虚拟 Pt(111)

为了探究 Pt 偏析引起表面反应性明显下降的原因，笔者计算了两种虚拟的表面。一是晶格常数与 Pt 相同的虚拟 $Pt_3'Ni(111)$ 表面，它单纯地反映了第二原子层中 Ni 的配体效应；另一是晶格常数与 Pt_3Ni 相同的 Pt(111) 表面，它模拟 Ni 进入 Pt 晶格引起的晶格收缩效应。将这两种虚拟表面的氧结合能与前面的真实表面的氧结合能相比较，可区分晶格变形效应与配体效应对 $Pt_3'Ni$（111）表面反应

性的影响。从图 3-17 的结果可以看出，与 Pt(111) 相比，虚拟的 Pt$_3'$Ni(111) 的表面氧结合能只发生了轻微的下降（可能是第一原子层的 Pt 与第二原子层中的 Ni 相互作用增强所致），说明第二原子层中 Ni 的配体效应对表面反应性的影响很小。然而，晶格收缩效应却可引起表面反应性的显著下降，晶格收缩的 Pt(111) 表面的氧结合能明显小于真实的 Pt(111) 表面的氧结合能，仅略微高于 Pt$_3'$Ni(111) 表面的氧结合能。上述两种虚拟表面的计算结果是实验研究无法获得的，通过图 3-17 的对比可以清楚地看出，Pt$_3'$Ni(111) 表面反应性显著下降的主要原因是晶格收缩效应，第二原子层中 Ni 的配体效应是次要的。

这些表面反应性的变化与相应的表面电子结构变化密切相关。图 3-18 是上述几种表面的第一原子层的局域 d 带态密度曲线。可以看出，Pt(111) 表面与不发生晶格收缩的虚拟 Pt$_3'$Ni(111) 的电子结构很接近，d 带宽度与 d 带重心（ε_d）均没有大的变化。发生晶格收缩的 Pt$_3'$Ni(111) 的表面电子结构则很不同，d 带宽度增大、ε_d 明显下移，这些电子特征的变化是晶格收缩引起第一原子层 Pt 的电子波函数重叠增强导致的。如果 Ni 出现在第一原子层，则引起表面电子结构向相反的方向变化，d 带宽度变窄、ε_d 上升。

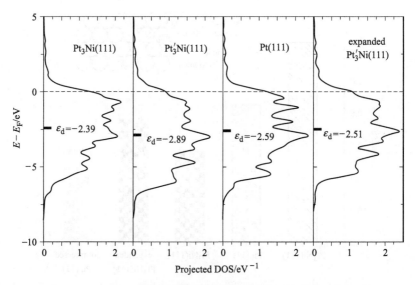

图 3-18　图 3-17 中某些表面的第一原子层的局域 d 带态密度曲线

至此，我们对 Pt$_3$Ni 表面的结构-性质关系（SPR）有了较清楚的认识：降低 Pt 表面反应性从而提高 ORR 催化活性的关键是压缩 Pt 晶格，同时还须通过偏析或富集使表面（第一原子层）只有 Pt 原子，没有活泼的合金原子，从而避免不利的配体效应。通过计算晶格收缩程度不同的虚拟 Pt(111) 表面的氧结合能，可以发现表面反应性的下降与晶格收缩呈线性相关（图 3-19）；晶格收缩程度越大，表面反应性越低。不过 ORR 催化活性与表面反应性的关系显然不应该是单调的；适当地降低 Pt 表面反应性可提高 ORR 催化活性，但如果表面反应性过度减弱，ORR 的速控步骤将变成 O_2 的解离吸附，催化活性将随表面反应性减弱而降低。

Nørskov 等认为 $Pt_3Ni(111)$ 虽然是目前发现的最优的 ORR 催化表面，但其表面反应性的减弱是过度的，最佳的 Pt 表面反应性下降程度对应于氧结合能减小 0.2eV[36,39]。如果他们提出的这个性质-活性关系（PAR）是正确的，与笔者获得的结构-性质关系（SPR）相结合，则可获得此类催化剂的构效关系（SAR）：将 Pt 晶格压缩 1.9% 可使其表面氧结合能降低 0.2eV（图 3-19），从而最大限度地提高 ORR 催化活性。这一理论预测还有待今后的实验验证。

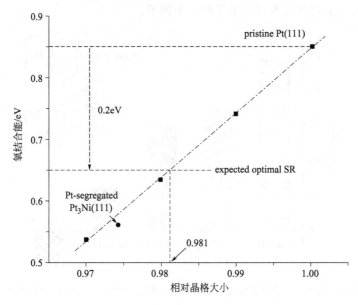

图 3-19　Pt(111) 表面的结构-性质关系（SPR）

Pt 的偏析或者表面富集是 Pt 合金阴极催化剂的常见现象。偏析往往是在催化剂的制备过程或者后处理过程中发生；而富集可以通过非贵金属溶出的方式发生[40]，因为在燃料电池阴极工作条件下，催化剂表面的非贵金属组分是非常不稳定的。Strasser 等[41]先制备 Pt-Cu 合金，再通过电化学伏安法溶出表层 Cu，获得了具有高 ORR 催化活性的 Pt 基催化剂，其原理也是利用生成的"Pt 壳/合金核"结构的晶格收缩效应[42]。

从这则研究实例可以看出，酸性燃料电池的阴极 Pt 基催化剂优化的策略主要是利用晶格收缩效应。Pt 晶格收缩程度越大，表面反应性减小越多。引入到 Pt 晶格中的小原子的数量以不引起 ORR 速控步骤由加合脱附变成解离吸附为准则。这一原则同样适用于 Pd 合金 ORR 催化剂的设计[43]，Pd 的表面反应性高于 Pt，利用晶格收缩效应可敏感地降低其表面反应性，从而显著提升其 ORR 催化活性。研究发现，Pd-Fe 合金的性能可与 Pt 相当[44]，这与 Fe 的加入引起 Pd 晶格的大幅收缩是有关的[43]。

3.3.2 甲酸氧化反应 Pd 合金催化剂的表面反应性调控

在上述燃料电池阴极氧还原催化剂的研究中，由于催化剂的最表层仅含 Pt 或 Pd 而不含合金组分，因此表面配体效应没有得到充分体现。但对于燃料电池阳极催化剂而言，情况有所不同。由于阳极工作电势较负，某些非贵金属可在一定的电势范围内保持稳定。如果合金组分稳定存在于催化剂表面的第一原子层，配体效应对表面反应性的影响便不可忽略。而且，当表面配体效应与晶格变形效应同时存在时，配体效应往往表现得更加强烈，图 3-17 中 $Pt_3Ni(111)$ 的氧结合能显著高于 Pt（111）便是表面配体效应占主导的一个例子。

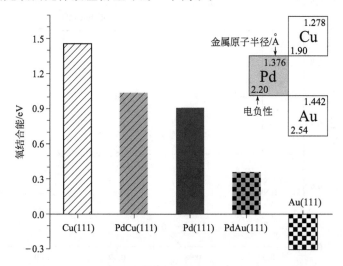

图 3-20　Cu 或 Au 与 Pd 形成合金对表面反应性的影响（以氧结合能表示）[45]

表面配体效应与晶格变形效应都属于电子效应，但在很多情况下，这两种效应对表面反应性的影响是相反的，图 3-20 所示的 Cu-Pd-Au 体系便是这一现象的典型例子。在元素周期表中，Cu-Pd-Au 呈三角形分布，原子半径 Cu＜Pd＜Au；但活泼性顺序是 Cu＞Pd＞Au，这一点从 DFT 计算获得的金属表面氧结合能（OBE）可以很清楚地看出：Cu(111) 表面的 OBE 约为 1.45eV，Pd(111) 表面的 OBE 约为 0.9eV，而 Au(111) 表面的 OBE 约为－0.3eV，说明 O_2 分子在 Au(111) 表面无法自发解离。原子半径顺序与表面反应性顺序相反，意味着如果在 Pd 催化剂中引入 Cu 或 Au，所产生的晶格变形效应和表面配体效应对 Pd 的表面反应性的影响将是相反的。具体而言，当 Cu 与 Pd 形成合金时，Pd 的晶格发生收缩，这将降低 Pd 的表面反应性；但如果 Cu 出现在表面第一原子层，则 Cu 的配体效应将使表面反应性升高。这两个相反的效应共同作用的结果是 Pd-Cu 合金表面的 OBE 大于纯 Pd 表面，即表面反应性提高。相反地，Au 与 Pd 形成合金时，虽然 Pd 的晶格发生膨胀可使表面反应性升高，但合金表面的 Au 原子通过配体效应抑制了 Pd 的表面反应性，最终总的效果是 Pd-Au 合金的表面反应性低于纯 Pd 表面。

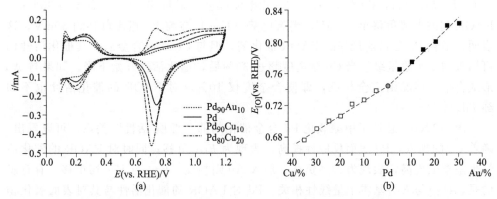

图 3-21 利用电子效应调控 Pd 表面反应性的实验验证[45]

(a) Pd 表面氧化物的还原剥离峰随 Cu 或 Au 的加入发生明显的负移或正移

(0.1mol·L^{-1} HClO$_4$，50mV·s^{-1})；(b) Pd 表面氧化物

还原剥离峰电势 $E_{[O]}$ 与 Cu 或 Au 的合金度的关系

通过与 Cu 或 Au 形成合金提高或降低 Pd 的表面反应性这一结构-性质关系（SPR）根据 DFT 计算便可获得，而且还可以通过实验清楚地加以验证。笔者研究小组采用电化学共沉积的方法制备了一系列不同合金度的 Pd-Cu 和 Pd-Au 合金模型电极[46]，在 HClO$_4$ 溶液中，这些模型表面表现出非常有规律的电化学行为。如图 21(a) 所示，随着 Cu 含量的增加，Pd 电极表面氧化的电量增大且起波电势负移，更明显的是表面氧化物的还原剥离峰逐渐负移。这些特征表明 Pd-Cu 表面活泼性提高，与表面含氧物种的结合增强，因此表面氧化物的剥离须在更负的电势下完成。与此相反，与 Au 形成合金后，Pd 表面的氧化电量减小且氧化物的还原剥离电势正移，这表明 Au 的加入使 Pd 的表面反应性降低，与表面含氧物种的结合减弱。将表面氧化物的还原剥离电势（$E_{[O]}$）对合金度作图 [图 3-21(b)] 可以发现，随着 Cu 含量或 Au 含量的增加，$E_{[O]}$ 发生近似线性的移动，而且 Au 的加入引起的 $E_{[O]}$ 移动略大于 Cu，这与图 3-20 所示 DFT 计算结果定性相符（PdAu 表面 OBE 减小的幅度大于 PdCu 表面 OBE 增大的幅度）。

掌握了通过电子效应调控 Pd 表面反应性（即结构-性质关系）的方法之后，便可考察 Pd 表面反应性的改变对特定催化反应的影响（即性质-活性关系）。在燃料电池应用中，Pd 对甲酸氧化反应（FAOR）表现出高于 Pt 的催化活性，而对于氧还原反应（ORR）或氢氧化反应（HOR），Pd 的催化活性均不如 Pt。目前电催化界对 Pd 为何具有这种催化特异性尚无明确和统一的解释。笔者研究小组试图通过分析甲酸氧化 Pd 催化剂的"结构-性质-活性"关系剖析 Pd 对 FAOR 的催化行为。

为了便于观察 Pd 对 FAOR 催化活性的变化，笔者研究小组采用了相对较低的甲酸浓度（1mmol·L^{-1}），并使用旋转圆盘电极记录 FAOR 的稳态极化曲线 [如图 3-22(a) 所示]。由于 Pd 对 FAOR 具有较高的催化活性，阳极电流在电势正于 0.13V（vs. RHE）后便起波，并在 0.25V 后到达对应于 2 电子氧化的扩散极限。

与 Cu 形成合金后，Pd 对 FAOR 的催化电流起波明显负移，Cu 合金度为 30% 时，FAOR 起波电势负移至 0.05V，半波电势（$E_{1/2}$）与纯 Pd 相比负移约 50mV。这表明，尽管 Pd 是目前最好的 FAOR 催化剂，但与 Cu 形成合金后，其催化活性仍可增大约 1 个数量级。当 Cu 合金度超过 30% 后，催化活性开始下降。如果与 Au 形成合金，情况则完全相反，即便合金度仅 10%，对 FAOR 的催化活性也不如纯 Pd。

图 3-22(b) 总结了甲酸氧化 Pd 合金催化剂的"性质-活性"关系。可以看出，随着 Cu 的加入，Pd 表面反应性提高，表现为 $E_{[O]}$ 负移；同时对 FAOR 的催化活性也呈指数提高，表现为 $E_{1/2}$ 负移。加入 Au 则相反，$E_{[O]}$ 与 $E_{1/2}$ 均正移。有意思的是，$E_{[O]}$ 与 $E_{1/2}$ 基本上呈线性相关。Pd 对 FAOR 的催化活性与其对表面氧化物的结合强度紧密相关的现象可能与 FAOR 在 Pd 表面经历直接氧化途径且吸附中间体为甲酸根（$^*OCHO^*$）有关[47]。

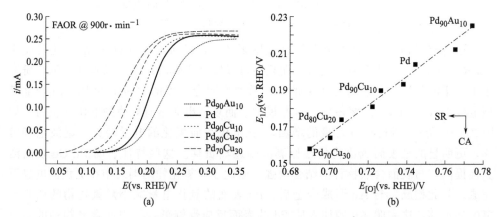

图 3-22　通过调控 Pd 表面反应性改变其对 FAOR 的催化活性[45]
(a) Pd 及 Pd 合金电极表面 FAOR 的极化曲线（1mmol·L^{-1} HCOOH＋0.1mol·L^{-1} HClO$_4$，
2mV·s^{-1}）；(b) 甲酸氧化 Pd 合金催化剂的性质-活性关系
（FAOR 半波电势 $E_{1/2}$ 与催化剂表面氧化物的还原剥离电势 $E_{[O]}$ 几乎呈线性关系）

上述结果表明，提高 Pd 的表面反应性可促进其对 FAOR 的催化活性，这也暗示着在这种条件下 FAOR 的速控步骤是甲酸分子的解离吸附步骤。在 FAOR 的直接氧化途径中，HCOOH 分子的吸附脱氢几乎是唯一的化学步骤，反应产物 CO$_2$ 在 Pd 表面吸附非常弱，因而其脱附过程不应该成为速控步骤。当然，如果 FAOR 走间接氧化途径（即生成 CO 中间物再氧化），速控步骤将可能变成 CO$_{ads}$ 的加氧脱附步骤，这可能是 Pt 表面 FAOR 不可忽略的历程。Pd 对 FAOR 的催化活性优于 Pt 的原因也许与 Pd 对 H 有较特殊的亲和性有关（Pd 是优良的储氢材料而 Pt 不是），致使 HCOOH 分子在 Pd 表面可迅速脱氢走直接氧化途径。

综合图 3-21(b) 的"结构-性质关系"与图 3-22(b) 的"性质-活性关系"可以获得甲酸氧化 Pd 催化剂的优化策略，即进一步提高 Pd 的表面反应性（例如与 Cu 形成合金），有利于促进 HCOOH 分子的吸附脱氢步骤，因而可显著提升 Pd 对

FAOR 的催化活性。

3.3.3 氢氧化反应 Ni 催化剂 d 带反应性的选择性抑制

上述两则研究实例都是通过合金的方式调控催化剂的表面反应性，但就改变金属表面电子性质而言，不改变体相结构而仅对表面进行电子给体或受体的修饰应该也可以达到目的。这方面的典型范例是通过向 Ni 表面注入 d 电子从而抑制其 d 带反应性的研究策略，它解决了氢氧化 Ni 催化剂的选择性抗氧化问题。

基于碱性聚合物电解质的燃料电池的最大优点是可以使用非贵金属作为催化剂，例如使用 Ni 代替 Pt 作为氢氧化反应（HOR）催化剂。在实践中我们发现，纳米 Ni 催化剂非常活泼，与空气接触后其表面便发生氧化钝化，失去催化 HOR 的能力。在传统的碱性燃料电池（AFC）中，为了解决这一问题，通常需要将 Ni 电极进行析氢还原处理，然后再用于装配电池[48]。但这种预电解的方法无法用于现代的聚合物电解质燃料电池，因为氢电极与聚电解质膜和氧电极已装配成三合一膜电极组合体（MEA），将之用作水电解器要求氧电极既能催化氧还原又能催化氧析出反应，实现起来难度更大。我们希望通过对 Ni 催化剂进行表面修饰，以提高其抗氧化能力且不影响其 HOR 催化能力。这是一种对表面反应选择性的调控，须保持 Ni 与 H 的相互作用，但选择性地抑制 Ni 与 O 的相互作用。

通过 DFT 计算发现，H 和 O 的吸附对 Ni(111) 表面电子结构有着非常不同的影响。如图 3-23 所示，H 在 Ni 表面的吸附主要改变 Ni 的 sp 能带的底部，几乎与 Ni 的 d 带不发生相互作用。O 的吸附则完全不同，与 Ni 的 sp 带和 d 带都发生相互作用，但与 d 能带的相互作用更加强烈。从图 3-23(b) 可以看出，O 的吸附使 Ni(111) 表面的 d 能带发生分裂，在带底出现一个小的能带，而且 $DOS(E_F)$ 显著下降。这是 O_{ads} 与 Ni 的 d 轨道形成强的吸附键的典型特征。这一吸附电子特征差异暗示，如果向 Ni 的 d 能带预先填入电子，使其 d 带反应性下降，同时保持

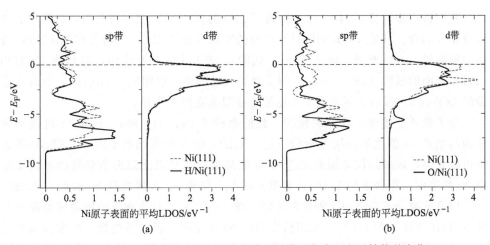

图 3-23　H(a) 和 O(b) 在 Ni(111) 表面吸附引起表面电子结构的变化

Ni 的 sp 带（底部）不发生大的变化，则有可能实现选择性地抑制 Ni 与 O 的相互作用，同时保持 Ni 与 H 的相互作用。

向 Ni 表面 d 能带注入电子的一种实现方式是在 Ni 表面修饰比 Ni 更活泼的 3d 金属，由于其电负性较小，部分 d 电子可转移至 Ni 的 d 能带。同时，由于 3d 金属的 sp 能带能量比较接近，这种表面修饰可能不会引起 Ni 表面 sp 带（特别是以填充的带底）发生大的变化。为了验证这一思路，我们计算了 Ni(111) 表面修饰 CrO 后的电子结构变化 [图 3-24(a)]。由于 Cr 比 Ni 活泼，它在 Ni 表面应当以氧化物的形式存在。如图 3-24(b) 所示，修饰 CrO 后的 Ni 表面的 sp 带底部没有发生大的变化，但 d 能带的反应性显著下降，表现为 d 带中心下移、DOS(E_F) 显著减小。从这些电子结构特征的变化可以预判，此修饰后的 Ni 表面与 O 的相互作用将大大减弱，而与 H 的相互作用则应没有大的变化。

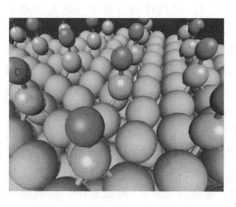

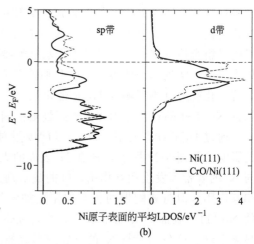

(a)   (b)

图 3-24　Ni(111) 表面修饰 CrO 后的电子结构变化[49]

我们进一步计算了 H 和 O 在修饰了 CrO 的 Ni(111) 表面的吸附，结果与上述预测非常吻合。H 在 CrO/Ni(111) 表面的吸附 [图 3-25(a)] 与其在 Ni(111) 表面的吸附没有大的差异，仍然与 Ni 表面的 sp 带发生了相互作用；但 O 在 CrO/Ni(111) 表面的吸附 [图 3-25(b)] 则受到很大的削弱，吸附前后 Ni(111) 表面 d 能带的 DOS(E_F) 没有大的变化，d 能带的分裂也变得不明显。

为了验证上述理论计算的预测，我们合成了 Cr、Ti、Mn、V 等 3d 过渡金属修饰的纳米 Ni 催化剂。从 X 射线衍射（XRD）和 X 射线光电子能谱（XPS）等表征可以看出，这些活泼金属并未进入 Ni 的晶格，而是以无定形氧化物的形式覆盖在 Ni 的表面（覆盖度约 1/16）。更重要的是，修饰 3d 金属之后 Ni 表面与氧的相互作用显著减弱。以 Ni-Cr 催化剂为例 [图 3-26(a)]，其表面氧的脱附峰值温度与纯 Ni 相比下降了约 130℃。采用修饰后的 Ni 催化剂制备的氢电极，在常温氢气氛下，只需要不到 300s 的时间便可以建立氢电极的平衡电势；而纯 Ni 氢电极在相同

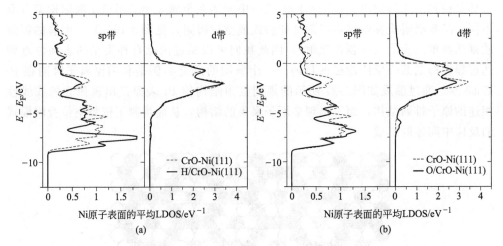

图 3-25　H(a) 和 O(b) 在 CrO/Ni(111) 表面吸附引起表面电子结构的变化

条件下建立氢平衡电势需要约 1500s [图 3-26(b)]，这说明 3d 金属修饰的 Ni 电极，即便在制备过程中表面生成氧化物，也很容易在常温下被 H₂ 还原为金属态。

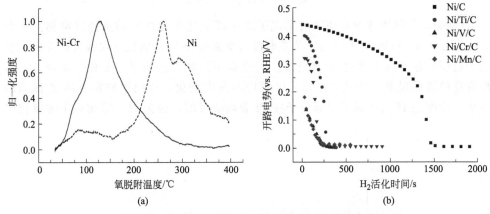

图 3-26　修饰 3d 金属后 Ni 催化剂表面性质的变化
(a) 催化剂表面氧的程序升温脱附 (TPD) 曲线[49]；
(b) 修饰前后 Ni 电极在氢气氛下的开路电势 (OCP) 变化[50]

以上理论计算与实验的结果清楚地表明，通过修饰活泼 3d 金属向 Ni 表面注入 d 电子的策略，的确是一种有效地选择性抑制 Ni 的 d 带反应性的途径，它既显著提高了 Ni 表面的抗氧化能力，又保持 Ni 对 HOR 的催化能力。这种利用电子效应调控金属表面反应选择性的例子在文献中尚不多见。

3.3.4　利用几何效应调控 Pt 催化甲醇氧化的反应选择性

上述研究实例中，对表面反应选择性的调控是利用 H 和 O 在 Ni 表面吸附的电子特征差异，还有一种调控反应选择性的手段是利用特殊表面拓扑结构，即本章第二部分提到的几何效应。由于不同的反应中间体在金属表面的最稳定吸附构型有所不同，某些吸附质喜欢多点吸附［如桥式或空位吸附，见图 3-10(a)］，而有的吸附质则选择单点吸附（即顶位吸附），因此我们可以通过消除有种类型的表面位点到达选择性抑制某一反应途径的目的。一个典型的研究实例是利用氰离子吸附在 Pt 表面[51]，通过形成如图 3-27 所示的规则吸附结构使 Pt 表面仅出现孤立的或线性相连的原子排列结构，而不出现多原子聚集的结构，从而抑制了依赖空位吸附模式的反应中间体的形成。

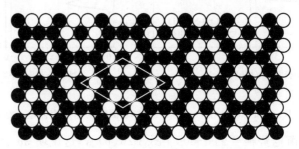

图 3-27　CN⁻（白球）在 Pt(111) 表面的 $(2\sqrt{3}\times2\sqrt{3})$ $R30°$吸附结构

此图取自文献［52］之图 1

　　Cuesta[52]利用这种几何效应实现了对甲醇氧化毒化途径的选择性抑制。从图 3-28 所示 CN⁻ 修饰的 Pt(111) 单晶电极（覆盖度 50%）的伏安曲线可以看出，有三个特征明显不同于普通的 Pt 电极。①电势正扫和反扫的甲醇氧化峰重叠，不出现常见的滞后现象。②氢区在加入甲醇后不发生变化，说明甲醇没有抑制 H_{upd} 的生成，反而是 H_{upd} 抑制了甲醇分子在 Pt 表面的吸附，因为 H_{upd} 脱附后甲醇氧化电

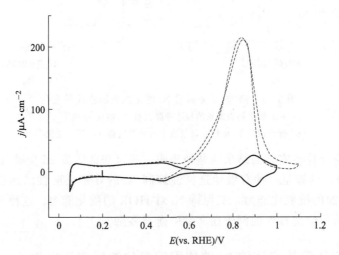

图 3-28　CN⁻ 修饰的 Pt(111) 电极在 $0.1mol \cdot L^{-1}$ HClO₄

溶液中的循环伏安曲线（$50mV \cdot s^{-1}$）

虚线代表溶液中含 $0.2mol \cdot L^{-1}$ MeOH；此图取自文献［52］之图 2

流才开始起波。③甲醇的氧化似乎不依赖于表面含氧物种的生成,甲醇氧化电流从约 0.5V 开始起波,而表面氧化物的生成约从 0.8V 开始。前两个特征是甲醇氧化反应(MOR)在这种特殊的表面上走直接氧化途径而不是毒化途径的有力证据。因为毒化途径[反应式(3-22)]的中间体 CO_{ads} 在 Pt 表面吸附非常强,会抑制 H_{upd} 的生成,也是导致电势正扫与反扫出现甲醇氧化峰滞后的原因(反扫时 Pt 表面没有 CO_{ads},因而甲醇氧化峰负移)。除了电化学证据,从原位全反射衰减红外光谱看,CO_{ads} 的信号非常微弱,说明毒化途径即便存在也仅是由于电极表面 CN^- 覆盖不完美造成的。

关于从图 3-28 的结果判定甲醇直接氧化途径不需要表面含氧物种参与,可能值得商榷。Pt 表面的双层区并非只有充电电流,事实上 OH_{ads} 的生成就在双层区,从 0.8V 起波的电流应对应于表面致密氧化物开始生成,它也是从该电势开始甲醇氧化电流下降的原因。

无论如何,经过 CN^- 修饰后的 Pt(111)表面可选择性地抑制甲醇氧化的毒化途径,这一结论应该是很明确的。作者将此全部归因于几何效应,因而得出一个重要的推论:甲醇完全脱氢产生 CO_{ads}[反应式(3-22)]需要表面存在 3 个聚集的 Pt 原子才能发生。换言之,当表面仅有孤立或线性相连的 Pt 原子时,甲醇分子的脱氢只能逐步发生,此过程涉及的部分脱氢中间体容易与含氧物种反应生成甲酸根,进而被氧化为 CO_2。这个发现对设计高效 MOR 催化剂是非常有指导价值的。

最近有研究者发现[53],经过杯芳烃修饰的 Pt 也表现出特殊的催化选择性,可在保持对 HOR 催化活性的同时抑制对 ORR 的活性,因而有望克服氢氧燃料电池中 O_2 渗透到阳极被还原生成 H_2O_2 的问题。

3.3.5 Pt-Ru 电催化协同效应的直接观测

本章第二部分提到电催化协同效应最典型的例子是甲醇氧化 Pt-Ru 催化剂。在这个体系中,Pt 扮演催化甲醇脱氢的角色,而 Ru 负责提供表面含氧物种,最终的 CO 氧化反应在 Pt 和 Ru 的协同作用下完成。虽然这个机理已被广泛认可,但对这种协同效应的直接观测一直没能实现,原因是普通的实验手段很难准确定位 Pt 与 Ru 之间的界面并观测发生在这一特定区域的化学反应。

笔者认为,由于协同催化反应必然发生在两个表面的交界处[图 3-29(a)],如果能够调控两表面之间的距离,便有可能直接观察两表面间是否存在协同效应。一种可能的做法是故意将两个催化表面分开几个埃的距离,这个距离如此之小以至于吸附在两个表面上的分子的波函数仍然可以有效重叠,也即吸附分子之间仍然存在相互作用[如图 3-29(b)所示]。这种想法的实际意义在于可以利用扫描隧道显微(STM)技术将两个表面拉近至几个埃的距离,如果 STM 针尖与基底分别吸附反应分子,则当两个表面靠近时,协同反应可能被触发,STM 针尖可用于记录反应产生的电流信号[如图 3-29(c)所示]。

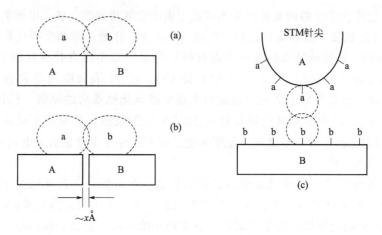

图 3-29　两相邻表面间的催化协同[54]

（a）a 分子与 b 分子在 A 表面与 B 表面的界面处发生相互作用；（b）当 A 表面与 B 表面
分开若干埃的微小距离时，界面处的 a 分子与 b 分子仍可发生相互作用；（c）采用
STM 技术将 A 表面与 B 表面拉至相距几个埃的距离，并记录吸附在 A 针尖表面
的 a 分子与吸附在 B 基底表面的 b 分子之间的反应的信号

实现这一思想的最简单的方案是使用 Ru 针尖去靠近预先吸附有 CO 的 Pt 基底，同时通过控制电势使 Ru 针尖表面产生含氧物种，如果 $Pt\text{-}CO_{ads}$ 与 $Ru\text{-}OH_{ads}$ 之间发生反应，Ru 针尖应该可以记录到 OH_{ads} 氧化剥离的电流信号。在实际工作中，由于无法获得 Ru 的金属丝，我们通过在 Au 针尖上沉积 Ru 来获得 Ru 针尖，使用 Pt(111) 单晶电极作为基底。在 CO 饱和的 $HClO_4$ 溶液中，当电极电势控制在 0.1～0.6V（vs. RHE）范围内，Pt(111) 的表面完全被 CO 所覆盖，CO 氧化反应无法在 Pt(111) 表面发生。当 Ru 针尖远离 Pt 表面时，在此电势范围内仅能记录到 Ru 表面的充电电流，没有明显法拉第反应发生。采用 STM 技术使 Ru 针尖靠近 Pt 表面之后，将针尖与基底的电势差设为 0 以尽可能消除隧道电流的干扰，然后迅速同步扫描针尖与基底的电极电势，此时 Ru 针尖可以记录到从 0.3V 开始起波的明显的阳极电流（图 3-30）。将 Ru 针尖拉离 Pt 表面后，上述阳极电流消失。

从上述实验结果可以很清楚地看出，Ru 针尖的阳极电流仅在靠近 Pt 表面时才能产生，而且起波电势与直接在 Pt(111) 电极表面修饰 Ru 时观察到的甲醇氧化起波电势相同[55]，因此可以断定 Ru 针尖记录到的电流便是 $Pt\text{-}CO_{ads}$ 与 $Ru\text{-}OH_{ads}$ 反应产生的阳极电流。这是首次实现的对 Pt-Ru 电催化协同效应的直接观察。笔者研究小组根据 CO 在 Pt(111) 表面的扩散系数（$10^{-6}\,cm^2 \cdot s^{-1}$）[56]估算这种条件下可能产生的表面扩散极限电流，结果约为 1nA，足以支持实验观察到的 Ru 针尖的法拉第电流。

虽然我们实现了 Pt-Ru 二催化表面相距几个埃的控制，但实际上我们无法知道或控制 Pt 基底与 Ru 针尖之间的准确距离，因为在 STM 工作条件下，针尖一直振

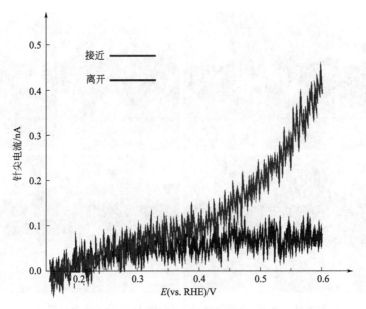

图 3-30　Ru 针尖接近或离开 Pt 基底时记录的 Ru 针尖的伏安曲线
（Ru 针尖与 Pt 基底间没有电势差，并以 $50mV \cdot s^{-1}$ 同步电势扫描。
电解质溶液为 CO 饱和的 $0.1mol \cdot L^{-1}$ $HClO_4$[54]）

动和平移，特别是我们通过将针尖与基底的电势差设为 0 切断了 STM 控制针尖位置的反馈机制。因此我们获得图 3-30 所示的结果在很大程度上要依靠运气，针尖与基底之间距离仅在不可预知的很短的时间内保持不变，在更多的情况下是针尖逐步远离基底或撞击到基底表面。为了进一步了解 Pt-Ru 二表面处于多大的距离时协同反应可以被触发，笔者研究小组采用 DFT 计算对这一体系进行了模拟。

我们使 Pt 表面和 Ru 表面分别预先吸附了 CO 和 OH 基团，逐步缩小两个表面之间的距离 ［图 3-31(a)］，同时观察 CO_{ads} 与 OH_{ads} 之间的相互作用，结果如图 3-31 所示。当 Pt 与 Ru 表面之间的距离大于 4Å 时，CO_{ads} 与 OH_{ads} 倾向于相互远离 ［图 3-31(b)］，只有当距离缩小至 4Å 时，CO_{ads} 与 OH_{ads} 才开始发生相互作用，迅速形成 OC⋯OH 的过渡态 ［图 4-31(c)］。这个过渡态与文献报道的 DFT 计算的 Pt-Ru 双金属表面 CO 氧化过程的过渡态[57]在形态上是非常相似的。此过渡态形成之后，O—H 键便发生断裂，生成了 CO_2 ［图 3-31(d)］。这个计算模拟揭示了 4Å 可能是 Pt-Ru 间产生催化协同的临界距离。

需要指出的是，上述的 DFT 计算模拟是在真空条件下进行的，因此并不直接对应于实验的实际情况。有文献报道指出，在电化学条件下 STM 针尖与基底之间由于水层，其真正的距离可能可以达到 10Å[58]。因此，在电化学条件下，Pt 与 Ru 表面之间到底相距多远便可发生协同效应，其间的水分子是否起了媒介作用等问题目前尚无法准确评价。

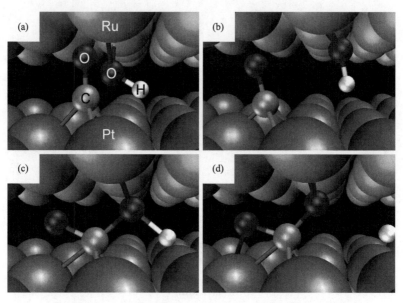

图 3-31　Pt-Ru 协同催化 CO 氧化的 DFT 分子动力学模拟

（a）模拟的初始态，Pt 与 Ru 表面相距一定的距离，并分别吸附 CO 与 OH；

（b）当 Pt 与 Ru 表面的距离大于 4Å 时，CO 与 OH 相互排斥；

（c）当 Pt 与 Ru 表面靠近至 4Å，CO 与 OH 开始发生相互作用，形成 OC⋯OH 过渡态；

（d）O—H 键随后断裂，生成反应产物 CO_2

3.3.6　Pd-Au 合金表面 H 吸附与 CO 吸附所需的最小 Pd 原子聚集体

催化作用中的协同效应是具有普遍性的，除了上述例子所示不同种类的原子或不同催化表面之间的协同作用，同一表面内的相同种类原子之间也可能存在协同效应。例如，如果一个分子的吸附需要两个或三个金属原子参与，这个过程便可视为相同种类原子之间的一种协同效应。这种效应有时也称为集体效应（ensumble effects）[59]。观察这种原子集体效应往往是很困难的，它要求实验方法不单要有原子尺度的空间分辨率，而且还要有化学衬度，即可以分辨不同种类的原子。扫描隧道显微（STM）虽然具有原子分辨率，但往往缺乏化学衬度。

Behm 等提出一种巧妙的方法，可以利用 STM 分辨 Pd-Au 合金表面的 Pd 原子聚集结构[60]。使用低浓度的 Pd 和 Au 的前体溶液进行电化学共沉积，可在 Au（111）单晶电极表面沉积出不同 Pd 含量的 PdAu 单层。为了观察此 PdAu 单层中 Pd 原子的分布，作者通过控制电势选择性地将 Pd 组分溶出（在含 Cl⁻ 的溶液中电势恒定在 $0.75V_{Ag/AgCl}$），在 STM 下便可以观察到原子分辨的 Pd 原子溶出后留下的空位 [图 3-32(a) 和 （b）]。因此不但可以获得原来 PdAu 单层中 Pd 原子的比例和分布情况，还可观察合金单层中 Pd 原子的聚集情况，可以统计出孤立的 Pd 原子（此处称之为单体，monomer）、Pd 原子二聚体（dimer）和三聚体（trimer）的比例 [见图 3-32(c)]。

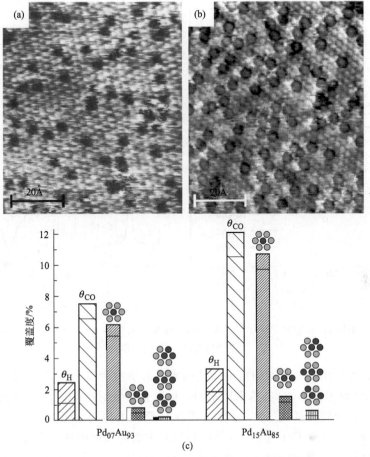

图 3-32　STM 对 PdAu ML/Au(111) 表面的观测

(a) Pd$_{07}$Au$_{93}$单层溶出 Pd 组分后的 STM 图像；　(b) Pd$_{15}$Au$_{85}$单层溶出 Pd 组分后的 STM 图像；
(c) PdAu 单层中 Pd 的原子聚集态统计，以及与 H 和 CO 覆盖度（从电化学脱附电量计算）的比较

此图摘自文献［60］之图 1

　　STM 的观察结果表明，Pd 原子在 PdAu 单层中分布均匀，没有出现 Pd 和 Au 的分相聚集。统计 Pd 原子的分布情况可以发现，在 PdAu 单层中 Pd 原子更喜欢以孤立的状态存在，不管是 Pd$_{07}$Au$_{93}$表面 ［图 3-32(a)］还是 Pd$_{15}$Au$_{85}$表面 ［图 3-32(b)］，孤立 Pd 原子的比例均高于随机分布的预测值 ［图 3-32(c) 中的细黑棒］，而 Pd 的二聚体或三聚体所占的比例则比预测值低。这说明 Pd 与 Au 有非常好的相容性。

　　获得 Pd-Au 合金表面的结构信息之后，便可将之与电化学行为建立关联。作者考察了 Pd-Au 表面 H 的吸附 ［图 3-33(a)］和 CO 的吸附剥离，并从电化学脱附电量计算出 H 的覆盖度（θ_H）和 CO 的覆盖度（θ_{CO}）。与 PdAu 单层中的 Pd 原子单体、二聚体和三聚体的比例相比较可以发现 ［图 3-32(c)］，θ_{CO} 与 Pd 原子单体的比例比较接近，但 θ_H 远小于 Pd 原子单体比例而与二聚体和三聚体的比例比较接

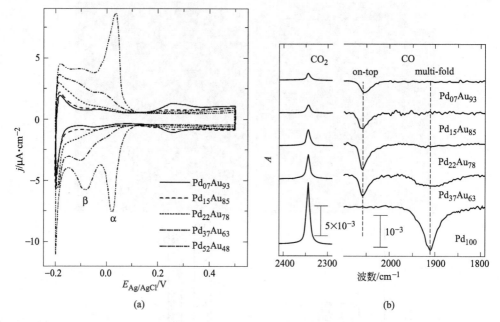

图 3-33　不同 Pd 含量的 PdAu ML/Au(111) 电极的电化学（a）与原位 FTIR 观测（b）

此图摘自文献［60］之图 2

近。由此作者得出一个重要的结论：H 的吸附需要两个以上的 Pd 原子，无法吸附在孤立的 Pd 原子上；CO 的吸附则不同，可以直接吸附在孤立的 Pd 原子上。这是首次以非常直观的方式观察到 Pd 原子簇对 H 吸附的协同效应。

为了进一步研究 CO 在 PdAu/Au（111）表面的吸附模式，作者开展了电化学现场的外反射红外光谱研究，结果如图 3-33(b) 所示。可以看出，从 $Pd_{07}Au_{93}$ 到 $Pd_{22}Au_{78}$，CO 的吸附都是线性的；进一步增大 Pd 的含量，多点吸附的模式才开始出现；但表面为纯 Pd 时［Pd ML/Au(111)］，CO 吸附主要是多点吸附。溶液中 CO_2 的 IR 信号则一直随表面 Pd 含量的增大而线性增加。这些结果与从图 3-32(c) 的数据得出的结论是相符的。

参 考 文 献

［1］ Hoffmann R. Rev Mod Phys，1988，60：601.
［2］ Kohn W. Rev Mod Phys，1999，71：1253.
［3］ Hohenberg P. Kohn W. Phys Rev，1964，136：B864.
［4］ Kohn W，Sham L J. Phys Rev，1965，140：A1133.
［5］ Perdew J P，Chevary J A，Vosko S H，Jackson K A，Pederson M R，Singh D J，Fiolhais C. Phys Rev B，1992，46：6671.
［6］ Perdew J P，Burke K，Ernzerhof M. Phys Rev Lett，1996，77：3865.
［7］ Hammer B，Hansen L B，Nørskov J K. Phys Rev B，1999，59：7413.
［8］ Becke A D. J Chem Phys，1993，98：5648.
［9］ Hamann D R，Schlüter M，Chiang C. Phys Rev Lett，1979，43：1494.

[10] Vanderbilt D. Phys Rev B, 1990, 41: 7892.

[11] Newns D M. Phys Rev, 1969, 178: 1123.

[12] Hammer B, Nørskov J K. Nature, 1995, 376: 238.

[13] Hammer B. Top Catal, 2006, 37: 3.

[14] Nørskov J K, Bligaard T, Rossmeisl J, Christensen C H. Nat Chem, 2009, 1: 37.

[15] Hammer B, Nørskov J K. Theoretical Surface Science and Catalysis-Calculations and Concepts. Advances in Catalysis, 2000, 45.

[16] Wang D, Lu J, Zhuang L. Chem Phys Chem, 2008, 9: 1986.

[17] Groß A. Top Catal, 2006, 37: 29.

[18] Kitchin J R, Nørskov J K, Barteau M A, Chen J G. Phys Rev Lett, 2004, 93: 156801.

[19] Mavrikakis M, Hammer B, Nørskov J K. Phys Rev Lett, 1998, 81: 2819.

[20] Schlapka A, Lischka M, Groß A, Käsberger U, Jakob P. Phys Rev Lett, 2003, 91: 016101.

[21] Gauthier Y, Schmid M, Padovani S, Lundgren E, Buš V, Kresse G, Redinger J, Varga P. Phys Rev Lett, 2001, 87: 036103.

[22] Watanabe M, Motto S. J Electroanal Chem Interfacial Electrochem, 1975, 60: 275.

[23] Gasteiger H A, Markovic N, Ross P N, Cairns E J. J Phys Chem, 1994, 98: 617.

[24] Maillard F, Lu G-Q, Wieckowski A, Stimming U. J Phys Chem B, 2005, 109: 16230.

[25] Rolison D R. Science, 2003, 299: 1698.

[26] Long J W, Stroud R M, Swider-Lyons K E, Rolison D R. J Phys Chem B, 2000, 104: 9772.

[27] Ren X M, Wilson M S, Gottesfeld S. J Electrochem Soc, 1996, 143: L12.

[28] Lu Q, Yang B, Zhuang L, Lu J. J Phys Chem B, 2005, 109: 1715.

[29] 王得丽. 甲醇氧化 PtRu 催化剂的多因子研究 [D]. 武汉: 武汉大学, 2008.

[30] Adzic R. Recent Advances in the Kinetics of Oxygen Reduction. In Electrocatalysis. Ed. by Lipkowski J, Ross P N. New York: Wiley-VCH, 1998: 197.

[31] Yeager E, Razaq M, Gervasio D, Razak A, Tryk A D. Proceedings of the Workshop on Structural Effects in Electrocatalysis and Oxygen Electrochemistry, The Electrochemical Society: Pennington, 1992: 440.

[32] Damjanovic A, Brusic V, Bockris J O'M. J Phys Chem, 1967, 71: 2471.

[33] Nørskov J K, Rossmeisl J, Logadottir A, Lindqvist L, Kitchin J R, Bligaard T, Jonsson H. J Phys Chem B, 2004, 108: 17886.

[34] Janik M J, Taylor C D, Neurock M. J Electrochem Soc, 2009, 156: B126.

[35] Gottesfeld S. Electrocatalysis of Oxygen Reduction in Polymer Electrolyte Fuel Cells: A Brief History and a Critical Examination of Present Theory and Diagnostics. In Fuel Cell Catalysis: A Surface Science Approach. Ed. by Koper M T M. Chichester: Wiley&Sons, 2009: Chapter 1.

[36] Stamenkovic V, Mun B S, Mayrhofer K J J, Ross P N, Markovic N M, Rossmeisl J, Greeley J, Nørskov J K. Angew Chem Int Ed, 2006, 45: 2897.

[37] Stamenkovic V R, Fowler B, Mun B S, Wang G, Ross P N, Lucas C A, Markovic N M. Science, 2007, 315: 493.

[38] Stamenkovic V R, Mun B S, Arenz M, Mayrhofer K J J, Lucas C A, Wang G, Ross P N, Markovic N M. Nat Mater, 2007, 6: 241.

[39] Greeley J, Stephens I E L, Bonarenko A S, Johansson T P, Hansen H A, Jaramillo T F, Rossmeisl J, Chorkendorff I, Nørskov J K. Nat Chem, 2009, 1: 552.

[40] Mayrhofer K J J, Hartl K, Juhart V, Arenz M. J Am Chem Soc, 2009, 131: 16348.

[41] Srivastava R, Mani P, Hahn N, Strasser P. Angew Chem Int Ed, 2007, 46: 8988.

[42] Strasser P, Koh S, Anniyev T, Greeley J, More K, Yu C, Liu Z, Kaya S, Nordlund D, Ogasawara H, Toney M F, Nilsson A. Nat Chem, 2010, 2: 454.

[43] Suo Y, Zhuang L, Lu J. Angew Chem Int Ed, 2007, 46: 2862.

[44] Shao M-H, Sasaki K, Adzic R R. J Am Chem Soc, 2006, 128: 3526.

[45] Xiao L, Huang B, Zhuang L, Lu J. RSC Adv, 2011, 1: 1358.

[46] Xiao L, Zhuang L, Liu Y, Lu J, Abruña H D. J Am Chem Soc, 2009, 131: 602.

[47] Miyake H, Okada T, Samjeskeb G, Osawa M. Phys Chem Chem Phys, 2008, 10: 3662.

[48] Gülzow E. Fuel cells, 2004, 4: 251.

[49] Lu S, Pan J, Huang A, Zhuang L, Lu J. Proc Nat Acad Sci U S A, 2008, 105: 20611.

[50] Tang D, Pan J, Lu S, Zhuang L, Lu J. Sci China Chem, 2010, 53: 357.

[51] Kim Y-G, Yau S-L, Itaya K. J Am Chem Soc, 1996, 118: 393.

[52] Cuesta A. J Am Chem Soc, 2006, 128: 13332.

[53] Genorio B, Strmcnik D, Subbaraman R, Tripkovic D, Karapetrov G, Stamenkovic V R, Pejovnik S, Markovic N M. Nat Mater, 2010, 9: 998.

[54] Zhuang L, Jin J, Abruña H D. J Am Chem Soc, 2007, 129: 11033.

[55] Maillard F, Lu G-Q, Wieckowski A, Stimming U. J Phys Chem B, 2005, 109: 16230.

[56] Seebauer E G, Allen C E. Prog Surf Sci, 1995, 49: 265.

[57] Desai S, Neurock M. Electrochem Acta, 2003, 48: 3759.

[58] Tao N J, Li C Z, He H X. J Electroanal Chem, 2000, 492: 81.

[59] Ross P N. Electrocatalysis. Lipkowski J, Ross P N. New York: Wiley, 1998: 43.

[60] Maroun F, Ozanam F, Magnussen O M, Behm R J. Science, 2001, 293: 1811.

第4章

电催化剂的设计与理论模拟

■ **魏子栋**

（重庆大学化学化工学院）

　　计算化学从量子力学理论提出后就开始出现，尽管历时较长，但其真正的发展是随数字计算机的诞生而开始的，即不过 50 年的时间，计算化学仍很年轻。自加利福尼亚大学 Walter Kohn 因提出的密度泛函理论（DFT）和西北大学 John A. Pople 创建的理论模型化学，计算化学的应用已广泛深入到化学的各个领域。电催化剂融合了催化化学、电化学、表面化学等学科，除了采用传统的手段设计研究电催化剂外，量子化学计算方法也逐渐被应用到电化学中。随着便携式电子设备的发展，独立的化学电源系统应用越来越广泛，特别是随着电动汽车的商业化推进，动力电池和燃料电池技术的发展受到更大的关注，其中的电化学催化一直是研究热点之一。影响电催化剂性能的因素主要包括：催化剂的比表面、结构，催化剂-载体间相互作用、溢流效应、配位效应、晶格应力等。如何有效的控制这些因素而获得预期活性和稳定性的催化剂，理论模拟计算避免了实验条件带来的不稳定和不确定性，从催化剂本身的几何、电子构型出发构筑或筛选催化剂，为电催化剂的设计提供了便利的途径。本章主要从三个方面介绍"电催化剂的设计与理论模拟"。第一方面介绍量子电化学的基本理论，即"电极/溶液"界面电子转移理论。第二方面介绍电催化剂设计中常用的量子化学方法模型；如何预示电子结构与电催化剂性能间的关系；以及电催化剂中重要的溶剂效应和电极电势的模拟方法。在这部分中，还包含了相关模型理论方法的应用实例分析。第三方面以电催化氧还原反应、电催化甲醇氧化反应为例，介绍了计算化学在探究电催化反应机理中的实际应用。

4.1 电极/溶液界面电荷传递过程的量子效应

Taube 因提出溶液中电子转移机理而获得 1983 年的诺贝尔奖，Deisenhofer 等人利用电子转移理论研究出第一个膜蛋白质的光合反应中心的三维结构，获得 1988 年的诺贝尔化学奖，1992 年，Marcus 也因在电子转移反应研究中做出重大贡献而获得诺贝尔化学奖。电子转移理论日趋成熟，几十年来，电子转移反应的理论研究由定性向定量发展，经历了经验、半经验和量子化学三个重要发展阶段。

由于电催化反应主要发生在电极/溶液界面，在界面间发生电荷传递以及电子转移等反应，只有充分了解电极/溶液界面间的电荷传递过程的量子效应，才能更有效地理解电催化剂在电催化反应中的作用。本章将简要介绍电子转移理论，以及电极/溶液界面电子转移过程的量子效应。

4.1.1 电子转移反应的基本类型

按是否涉及化学键的断裂，氧化-还原反应可以分为两大类：涉及键的断裂与生成的反应和无键的断裂与生成的反应[1]。不涉及键断裂与生成的反应又分为自交换反应（self exchange electron transfer reaction）和交叉反应（cross reaction）。所以，电子转移反应可分为三种类型。虽然有的反应不涉及电催化，但为了系统地阐述电子转移理论，下面对电子转移类型进行简单介绍。

(1) 自交换反应（self-exchange reaction）　自交换反应有电子转移而没有净化学变化，是一类最简单的电子转移反应，主要是同位素之间发生的电子交换过程。如（*代表放射性同位素）：

$$Fe^{2+} + Fe^{*3+} === Fe^{3+} + Fe^{*2+}$$

$$Ce^{3+} + Ce^{*4+} === Ce^{4+} + Ce^{*3+}$$

这类反应主要有以下特点：①电子的跃迁在同种元素间进行，反应物与产物完全相同，消除了反应物与产物相对热力学稳定性对化学反应速率的影响，该类反应通常用同位素示踪法或核磁共振法间接进行观测；②反应只是简单的电子转移，无化学键的形成与断裂，反应速度快，由于反应没有净的化学变化和热变化，反应的标准吉布斯自由能为零，即 $\Delta G^{\ominus} = 0$。

(2) 交叉反应（cross-reaction）　与自交换反应相比，交叉反应较为复杂，反应发生在不同的元素之间，即通常溶液中的氧化还原反应。如：

$$Fe^{2+} + Ce^{4+} === Fe^{3+} + Ce^{3+}$$

交叉反应的吉布斯自由能 $\Delta G^{\ominus} \neq 0$，有净的化学变化。

(3) 有键断裂的电子转移反应（bond-ruputure electron transfer reaction）　这是一类最为复杂的电子转移反应，该反应可简单地表示为：

$$RX + A^* \longrightarrow R^* + X^- + A$$

$$RX + e^* \longrightarrow R^* + X^-$$

这类反应的电子转移和化学键断裂是协同发生的。这类反应的研究早在 19 世纪 30 年代就已开始进行，如 Gurney 研究的 H_3O^+ 还原为 H_2 的过程，就包括键的断裂与形成。近年来已经逐渐发展了一些经典的准分子和分子模型来研究这类反应。如 Schmickler 利用 Andersons-Newns Hamiltonian 公式和分子动力学来模拟电极上电子转移反应的势能函数，提出了量子力学处理键断裂电化学关于电子和离子转移的统一模型。Rose 和 Benjiamin 以及 Xia 和 Berkowitz 利用分子动力学模型计算了自由能函数，以及电极外氛电子转移反应的活化自由能。Saveant 提出的离解电子转移模型已成为这类反应的经典理论。

4.1.2 电子转移的基本原理

4.1.2.1 Frank-Condon 原理 （Frank-Condon principle）

Frank-Condon 原理的量子力学形式是电子转移的强度与发生转移的两个振动状态波函数间重叠积分的平方成正比。Frank-Condon 原理主要考虑到核骨架与正在跃迁的电子之间质量相差很大，而电子的跃迁速度非常快，以致在整个跃迁过程中（经过 Khan 计算可知，电化学中电子转移的时间约为 10^{-16} s），核的位置和动量都不会发生显著变化，核一直是静止的。也就是说在完成一次电子转移的时间内，分子的核间距不变。

1951 年，Libby[3] 将这一原理引入到电子转移反应的研究中，用于解释在水溶液中电子转移速率快慢问题。水溶液中，交叉反应的速率较慢，如反应：

$$Fe^{2+} + Ce^{4+} \longrightarrow Fe^{3+} + Ce^{3+}$$

而较大复合物离子（complex ions）对之间的自交换反应（self-exchange reactions）电子转移相对较快，如 $Fe(CN)_6^{3-}/Fe(CN)_6^{4-}$ 及 MnO_4^-/MnO_4^{2-} 等离子之间的反应。Libby 认为当电子从一个反应离子或分子转移到另一个反应离子或分子时，由于电子的转移速率很快，在电子转移过程中，溶剂分子的核来不及做出相应调整，所以电子转移后形成的离子或分子处在错误的溶剂分子环境中。在上述反应中，生成的 Fe^{3+} 处在了与前身 Fe^{2+} 相适应的极性溶剂分子形成的溶剂化环境中，电子转移时，Fe^{3+} 附近电场的变化较大，致使反应速率较慢。另一方面，在复合物离子的反应中，如 $Fe(CN)_6^{3-}/Fe(CN)_6^{4-}$ 及 MnO_4^-/MnO_4^{2-} 的自交换反应，两个反应物离子均比较大，在电子转移时，每一个离子附近电场的变化比较小，其电子转移相对较快。因此，原先的溶剂化环境与新形成的电荷有一定关系，电子转移时溶剂化环境变化越小，其反应的能垒相对越小，电子转移速率相对越快。

除反应离子所处溶剂分子环境影响着电子转移速率外，离子或分子构型对自交换反应速率也有影响。如 $Co(NH_3)_6^{3+}$-$Co(NH_3)_6^{2+}$ 的自交换反应速率非常慢，主要是由于 +3 价离子和 +2 价离子平衡构型中 Co—N 键的键长差别较大，电子转移前后离子处在不同的振动环境中，致使自交换反应速率非常慢。因此，即使是复合物离子，若离子构型不同，自交换反应的速率也较慢。

Libby 把 Frank-Condon 原理引入氧化-还原反应，指出产物因中心离子与周围极性化溶剂不协调而处在高能态，但没有指出这种转移至高能态的能量来源。因为按 Libby 的理解，电子转移时，电子从基态垂直向上跃迁，为了达到产物的势能面，需要很高的能量，无法满足能量守恒原理。虽然在光谱过程中，这种能量不守恒能通过吸收光子的能量（垂直跃迁）满足，但大多数的氧化-还原反应并不需要光的激发也不向外辐射。Marcus 察觉到该理论的不足，由此提出了 Marcus 电子转移理论。

4.1.2.2　内氛机理与外氛机理

对于电极反应，电极/溶液界面的电子转移可以分为两类[2]：一是电极与反应物之间无强的相互作用。在这类反应中，电极仅为电子的供体或受体，反应粒子运动到电极表面附近双电层的外层就发生电子的转移，这类反应对应于溶液中的外层电子转移反应（outer sphere charge transfer reaction），这类反应的反应速率与电极材料关系不大。二是电极与反应物之间发生了类似于成键的强相互作用。这类反应中，反应粒子进入了双电层，与电极发生涉及电子转移的强相互作用，这类反应的反应速率与电极材料、电极表面结构密切相关，对应于溶液里的内层电子转移反应（inner sphere charge transfer reaction）。

4.1.2.3　绝热与非绝热机理

电子转移过程中，给体与受体的电子相互作用称为电子耦合，其表达为电子耦合矩阵元，是决定电子转移速率的重要参量之一，也是用来求解电子转移的跃迁概率以及充分理解电子在给体-受体之间作用实质的关键。电子耦合矩阵元的大小可以直接说明绝热程度的大小。

绝热机理是指在整个电子转移过程中，反应体系沿对应于给定电子态的同一势能曲线进行（如图 4-1，箭头 a 所示）。当外界微扰（如一个电场）被缓慢引入，即微扰的施加缓慢到足以使分子完全受电场的控制，以便进入另一个能态，就发生了绝热反应。

当迅速接通或关掉电场时，体系的状态可急剧地趋于图 4-1 中较高或较低的能级。这样，电场施加的结果就不能使体系必然地移向低能级的曲线上。事实上，当迅速施加一个微扰场时，体系不能达到图中能量较低的态Ⅱ，而是错过了交叉点（电子转移的协调状态），按其原来的形态上升到更高的能量形式（态Ⅲ）。这样，分子临时到达态Ⅲ，

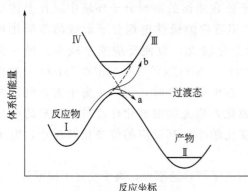

图 4-1　在两条势能曲线最接近的区域内：a 绝热运动；b 非绝热运动

随后松弛，并不到达态Ⅱ（成功的跃迁），而是回到态Ⅰ——最后并未发生跃迁。这就是一个非绝热反应。

所以，可以认为非绝热反应是微扰施加太快，没有反应发生，跃迁不成功的一种反应。而绝热反应是理想化的绝热情况下，微扰的施加无限缓慢的电子转移反应。一般认为，多数微扰均随时间缓慢变化，而在绝热反应中，随时间的变化可以被忽略。

4.1.3 Marcus 的电子转移理论

4.1.3.1 Marcus 对电子转移理论的阐述

在极性溶剂中发生的电子跃迁反应，电子转移的溶剂重组能和光谱的溶剂化移动会对该过程产生重要的影响。处于溶剂环境中的反应物可以是离子或者超分子[4]。Marcus 将溶剂化态分为平衡和非平衡两种情况[5]。在平衡态下，溶剂的电子极化和取向极化均可达到与溶质电荷的平衡；在非平衡态下，溶剂的电子极化可以迅速调整与新的溶质电荷分布达成平衡，但取向极化保持原平衡态不变。

Marcus 认为在电子转移反应中，不同的核坐标必然产生涨落（fluctuations），如单个溶剂分子取向坐标的涨落，以及其它使产物区别于反应物的坐标的涨落。在这一涨落下，坐标值就可以既满足 Frank-Condon 原理又保证能量守恒，从而在无光激发的条件下发生电子的跃迁。

液相中的各种离子都是在不同程度上"溶剂化"了的，因此即使同一粒子的不同价态也不可能具有相同的电子能级，这使得电子转移很困难。粒子的半径越小，静电溶剂化力就越大，环境变化就越大。实验也证明，溶液中小基团（如 Fe^{2+}/Fe^{3+}）之间的电子交换速度较大基团（如 MnO_4^-/MnO_4^{2-}）之间的电子转移速度慢。根据 Frank-Condon 原理，发生电子转移之前，参与电子转移的两种物质或者二者之一必须重排以达到某种"协调状态"而有利于电子转移的发生。这种协调状态的能量变化包括配位场能、溶剂化能和静电作用能的变化等。对某些电子转移反应，电子转移前后反应物的结构（化学键、构型等）没有改变，结构参数（键长、键角等）无明显变化，电子转移速度就很快。而对于另一些反应，虽然电子的转移并不引起分子内键的断裂与生成，但反应前后，电子的结构参数发生了较大的变化，电子转移的速度就会相对较慢。整个电子转移过程可表示为如图 4-2 所示。

4.1.3.2 Marcus 对电子转移的处理方法

在过渡态，溶剂的电介质极化强度 $P_u(r)$，由于溶剂分子的取向与振动，并不是与反应物或产物离子电荷相平衡的那一个电介质极化强度，$P_u(r)$ 表现出一些反应物或产物离子电荷的涨落。$P_u(r)$ 应当是可以对这样的涨落作出响应，能够反映反应物电荷以及溶剂的瞬间电介质极化强度。

通过寻找到达体系过渡态的可逆途径，就可以获得具有未知极化函数 $P_u(r)$ 体系的静电自由能 G。为了满足 Frank-Condon 原理（反映在电子转移发生在两个

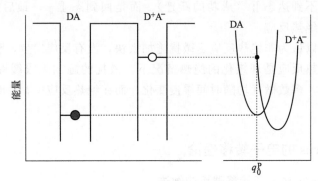

(a) 电子处于供体上时溶剂的构型

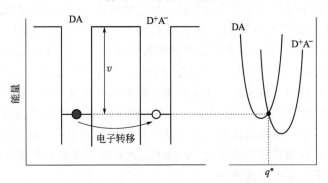

(b) 过渡态时, 溶剂重组, 供体与受体上的电子能量产生共振

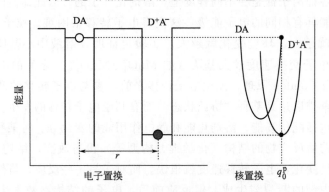

(c) 电子从供体遂穿至受体后, 体系松弛至平衡状态 q_0^P

图 4-2　电子转移过程

势能面的交叉处), 求 G 的最小值, 就可以求得未知的 $P_u(r)$ 及过渡态的自由能。

Marcus 给出了电子转移反应的反应速率表达:

$$k = A \exp\left(\frac{-\Delta G^*}{k_B T}\right) \tag{4-1}$$

这里 A 的形式依赖所研究的电荷转移体系的性质 (如, 双分子反应或者分子内电荷转移等), 反应活化能 ΔG^* 的表达 (图 4-3) 为:

$$\Delta G^* = \frac{\lambda}{4}\left(1 + \frac{\Delta G^{\ominus}}{\lambda}\right)^2 \tag{4-2}$$

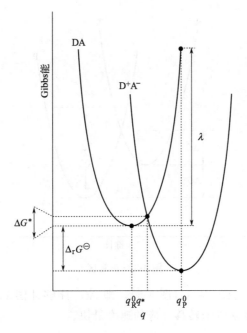

图 4-3 式(4-2) 的图示说明

其中 $\Delta G^{\ominus}$ 是化学反应的标准自由能（对于自交换反应，$\Delta G^{\ominus}$ 等于 0），λ 是电子转移重组能（reorganization energy of electron transfer），是因反应物、产物以及溶剂分子因构型改变对自由能造成的影响，它包括溶剂化因子 λ_0 和溶质的振动因子 λ_i。

对溶质分子的振动采取谐振子近似，对溶剂采取连续介质模型，Marcus 得到：

$$\lambda = \lambda_0 + \lambda_i \tag{4-3}$$

$$\lambda_0 = (\Delta e)^2 \left(\frac{1}{2a_1} + \frac{1}{2a_2} - \frac{1}{R}\right)\left(\frac{1}{D_{op}} - \frac{1}{D_s}\right) \tag{4-4}$$

$$\lambda_i = \frac{1}{2}\sum_j k_j (Q_j^r - Q_j^p)^2 \tag{4-5}$$

式中，Δe 为一个反应物到另一个反应物的电荷转移量；a_1 和 a_2 为两个反应物分子的半径；R 为过渡态时反应物反应中心间的平均距离；D_{op} 和 D_s 分别为溶剂的光学和静电介电常数；k_j 为第 j 个振动模的约化力常数；Q_j 为第 j 个振动模的平衡位置。

根据重组能与反应热的相对大小不同，电子转移分为三种情况。

(1) 正常区 对于一个存在两个势能面的反应，$|\Delta G^{\ominus}| < \lambda$（图 4-4），与一般化学反应相同，反应越放热，即 $|\Delta G^{\ominus}|$ 增加时，反应活化能越小，反应速率越快。

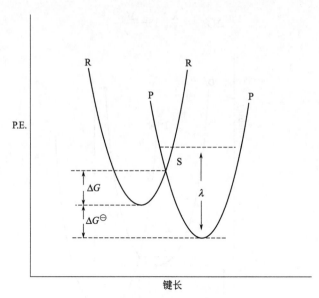

图 4-4　正常区

(2) 无能垒区　$|\Delta G^{\ominus}|=\lambda$（图 4-5），即 $\Delta G^{\ominus}$ 能够补偿 λ，并降低了电子转移反应的 ΔG^{*}，此时体系电子转移反应的速率最快。

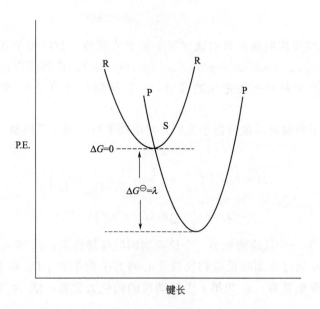

图 4-5　无能垒区

(3) 反转区　当 $|\Delta G^{\ominus}|>\lambda$ 时（图 4-6），体系进入了 Marcus 的反转区域（inverted region）。与一般化学反应不同，反应越放热，活化能增加，反应速率越慢。

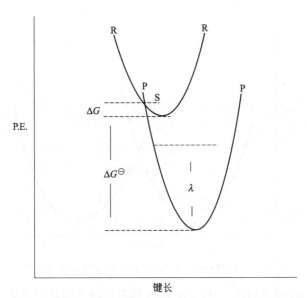

图 4-6　反转区

4.1.3.3　电子转移理论用于电极反应

在电极反应中，溶剂化重组能的表达式为：

$$\lambda_0 = (\Delta e)^2 \left(\frac{1}{2a_1} - \frac{1}{R} \right) \left(\frac{1}{D_{op}} - \frac{1}{D_s} \right) \tag{4-6}$$

电极反应活化能为：

$$\Delta G^* = \frac{\lambda}{4} \left(1 + \frac{e\eta}{\lambda} \right)^2 \tag{4-7}$$

与方程式(4-1) 比较，方程式(4-4) 中的 $1/2a_2$ 不存在，R 表示从反应物电荷中心到电极的两倍距离（等于离子镜像距离）。方程式(4-7) 中，用 $e\eta$ 代替了方程式(4-2) 中的 $\Delta G^\ominus$，其中，e 是反应物离子与电极间转移的电荷，η 是活化过电位。如图 4-7 所示，当两条自由能曲线的最小值相等时，正逆反应速率常数相等。

4.1.3.4　键断裂的电子转移反应

Marcus 和 Hush 所发展的电子转移理论仅适宜外氛反应，即无键的断裂和形成的反应。对典型的外氛反应的分子动力学（molecular dynamics，MD）[6,7] 模拟说明了 Marcus 的溶剂化理论用于这些反应是相当精确的，但同时也表明了对于始态或终态吸附到金属表面的反应需要用一个全新的理论进行描述，因为在这些反应中，离子需要失去部分溶剂化壳以取代金属表面吸附的水分子。

Saveant 把这些理论延伸到了简单的键断裂反应，并采用 Marcus 的线性响应溶剂化理论对键断裂的电子转移反应提出了一个解析模型[8~11]。在这一模型中，电子从电极到分子的转移导致分子的协同解离。

Koper 和 Voth 把上述模型统一成量子形式，他们通过一个明晰的 Hamiltonian 算符把金属电子能级和电子耦合统一到电极上，给出了 Saveant 模型的一般形

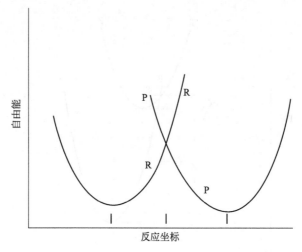

图 4-7　反应物和产物自由能随反应坐标 q 的变化图

式[12]。与 Saveant 模型相比，Hamiltonian 算符有两个明显的优势，一是明确包含了电子相互作用的强度，这就有利于处理类似解离吸附这样的电催化反应；二是 Hamiltonian 算符的溶剂部分能够用一个明确的分子动力学（MD）模型描述，这样，可以从本质上处理电子转移反应中溶剂的作用。

Koper 将这一模型用于处理以下类型的反应：

$$R—X+e^- \longrightarrow R^* +X^- \tag{4-8}$$

电子转移前，R 与 X 之间形成一个化学键，用 Morse 势进行模拟；电子转移后，R^* 与 X^- 之间是相斥的作用，为了简便，也用同一 Morse 势的相斥部分进行模拟。Hamiltonian 算符表示为：

$$H_{RX}=(1-n_a)D\{1-\exp[-\kappa(r-r_0)]\}^2+n_a D\exp[-2\kappa(r-r_0)] \tag{4-9}$$

式中，D 是键的解离能；r_0 是平衡键距；参数 κ 决定了振动频率和非协性，当轨道 a 被占据、键发生断裂时，轨道 a 可视为具有反键轨道的特征。

假定所有的振动都是简谐振动，总的电子能量可表示为：

$$\widetilde{\varepsilon}_a(q,r)=\varepsilon_a-2\lambda q-D\exp[-2\kappa(r-r_0)]$$

体系的能量可表示为：

$$E(q,r)=\widetilde{\varepsilon}_a(q,r)\langle n_a(q,r)\rangle\frac{\Delta}{2\pi}\ln(\widetilde{\varepsilon}_a^2+\Delta^2)+\lambda q^2+D\{1-\exp[-\kappa(r-r_0)]\}^2$$

其中 $\varepsilon_a=\lambda+\eta$，$\eta$ 为过电势的实验值；λ 为 Marcus 重组能；$\langle n_a(q,r)\rangle=\frac{1}{\pi}\mathrm{arc}$ $\cot\left(\dfrac{\widetilde{\varepsilon}_a(q,r)}{\Delta}\right)$ 是反键轨道的占据平均值；能量宽度参数 Δ 表示反键轨道与金属电子态间电子耦合的强度。

当反应物固定时，体系的势能取决于两个坐标 q 和 r，如果已知体系的各种参数，就可以计算出势能。当 Δ，$\eta \to 0$ 时，其势能面如图 4-8 所示。

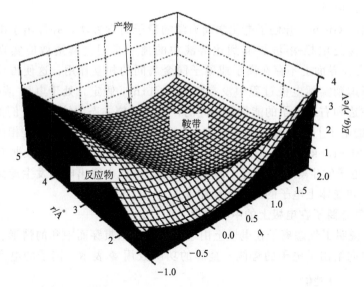

图 4-8　键断裂反应的势能面，$\lambda=0.75\text{eV}$，$D=2.25\text{eV}$，$\Delta=0.1\text{eV}$，$r_a=1.5\text{Å}$，
$a=1.5\text{Å}^{-1}$，$\eta=0\text{eV}$[12]

从图 4-8 中可以明显地区分反应物区和产物区，中间隔一个鞍带。对于 Δ，$\eta\ll\lambda+D$ 简化情况下，模型就简化为 Saveant 的初始情形[8,11]。在这种情形下活化能为：

$$\Delta G_{act}=\left(1+\frac{\eta}{\lambda+D}\right)^2\frac{\lambda+D}{4} \tag{4-10}$$

当 $D=0$ 时，这一公式就简化为 Marcus 和 Hush 理论的表达式。

当能量增宽 Δ 较大时，势能面只有一个极小值，表示吸附的 R-X 分子输送部分电荷，键长增长。

4.1.4　电极/溶液界面电子的隧道效应

在电极和其表面附近的反应粒子之间，电子的转移不仅要跃过空间的距离，还要跃过一定高度的能垒。电子从能垒的一边转移到能垒的另一边可能有两种方式：一种是经典方式，电子从环境获取足够的能量（活化能）从而穿越能垒；另一种方式即遂穿（tunneling）效应，电子不需要活化能，属量子效应。计算表明，在通常的电极反应温度下，按经典方式进行的电子转移不可能提供实验所观察到的那么大的电流密度。因此，在电极反应中，电子转移的机理主要是隧道穿越。

量子化学的隧道效应是指粒子穿过能垒并出现在经典力学禁阻的区域的过程。如果一个粒子由于两端有一定高度和宽度的能垒而陷入一个方形势阱中，粒子的能量按经典力学考虑不足以越过能垒。但是，量子力学对这种情况的分析表明，粒子能以一定的概率通过隧道效应而穿过能垒。穿过隧道的概率是由于波函数在势阱的两壁上必须连续这个条件产生的。能垒高度增加时，波函数本身在能垒内部的衰减加快。粒子质量增加时，波函数幅值的衰减也加快，所以穿过隧道的粒子的质量增加时，隧道效应减小。

1931 年，Gurney 开创了电化学动力学的量子力学方法，并提出了电子从金属中的束缚态穿过电极-溶液界面到达溶液中的离子是通过隧道效应实现的。但是 Gurney 假定在界面上不存在离子或原子同金属间的相互作用，这使得计算的活化能过高。考虑到实际电极过程中没有辐射，Gurney 假定，处于电极-溶液界面上，在势垒的左边和右边电子的能量是相同的，亦即，施主态中的电子［例如，在电极（金属）中的电子］的能量同受主（例如，氢原子）中电子的能量是相同的。1951 年，Libby 将 Frank-Condon 原理引入到电子转移反应的研究中。根据 Frank-Condon 原理，电子发生等能级跃迁，即垂直跃迁。由此也得出电子发生遂穿的必要条件为：供体和受体上电子的能量必须相等。

4.1.4.1　气态离子在电极上的中和作用

图 4-9 说明了气态离子在电极上由于电子的隧道贯穿而中和的情形。垂直于金属表面的方向给出了电子的势能，金属的功函数用 Φ 表示，离子的电离势表示为

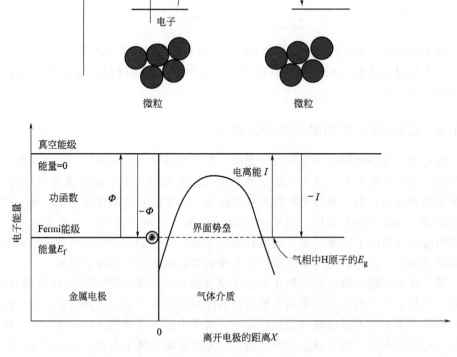

图 4-9　在金属电极与 H^+ 的气体介质的界面上有关势能垒的示意图，
该图也表明了气相中基态氢原子的能级 E_g

I。首先确定金属中电子的能量。取真空中电子的能量作为参考态，在真空中其势能为零。金属的功函数 Φ 是一个正值，表示电子从金属的 Fermi 能级激发到真空中所需要的能量。这样，处于金属 Fermi 能级的电子能量便为 $-\Phi$。对于氢原子中电子，电离能 I 表示把氢原子中的一个电子拉入真空中所做的功，其为正值。这样，将真空中的一个电子放入氢离子上形成氢原子所需的能量就是 $-I$。氢原子中电子的能量相对于参考态也为 $-I$。

电子发生隧道效应的条件为：

$$\Phi \leqslant I$$

即金属电极中电子能量的大小（相对于真空）必须小于等于气态介质中氢原子内电子能量的数值（相对于真空）。

图 4-9 中金属与氢原子之间的抛物线表示势垒。当电子从金属中发射时，它与金属之间以一种镜像力的方式相互作用。随着金属与电子间距离的增加，该镜像能量使电子的负势能降低。因此，电子的正势能便随其从金属向离子方向的运动而增加。随着电子向正离子的移动，电子被正离子（H^+）的吸引增强，以致电子的势能随其向离子的移动而下降。其结果便出现一个抛物线形式的势能垒。

4.1.4.2 溶液中离子在电极上的中和作用

当离子处于液相中时，情况要复杂得多。以真空中电子的能量为参考态，在溶液中，金属中电子的能量不变。而液相中氢原子的能量状态大不相同。

当氢原子以气相存在时，电子在氢原子中与在真空中的能量差为 $-I$。现在考虑溶液中的一个氢原子，它离子化所做的功为 $+I$，由于氢离子在溶液中生成，还应该加上氢离子的溶剂化能 L，这样，溶液中氢原子离子化后的能量就是 $I+L$。溶剂化能是取气相中的一个离子放入溶液中所需要的能量，该能量本身就是一个负值。因此，从气相中取来一个电子并中和掉溶液中的一个 H^+ 所需要的能量就是 $-(I+L)$。电子遂穿中和溶液中氢离子的条件为：$\Phi \leqslant (I+L)$，该条件可由图 4-10 说明。

4.1.4.3 电极电位的影响

以上的讨论假定了电极与溶液之间的电势差为零。当外加电压使电子流入电极（阴极极化）或从电极中取出电子（阳极极化）。则金属表面电子的功函数变为 $\Phi+e_0V$。这是因为功函数是从电极表面激发出一个电子（其能量与 Fermi 能级相一致）穿过界面所需的能量。在电极电位 V 下，电极表面激发出电子穿过界面变得容易（阴极极化）或困难（阳极极化）。需要注意的是，Fermi 能级是不随电位变化的，发生变化的是功函数。当电子因跨越界面的场的减弱或增强而逸出电极表面时，功函数的变化起源于电子能量的变化。

这样，在电极电位 V 下，电子遂穿的条件为：

$$\Phi+e_0V \leqslant (I+L)$$

式中，e_0 是电子的电荷；电位 V 要考虑其正负号。图 4-11 说明了电极电位的影响。

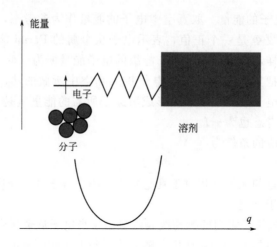

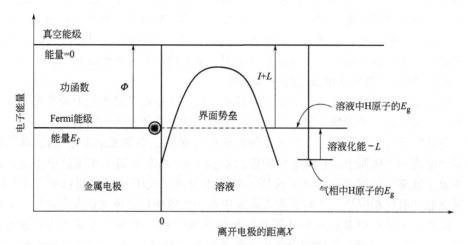

图 4-10　金属电极与 H^+ 溶液界面处势能垒的示意图

该图也表明了溶剂化能 L 对溶液中氢原子基态能级 E_g 的影响

4.1.4.4　电子遂穿的概率

电子穿越隧道的效率（概率）决定于能垒的高度和宽度。对简单的矩形能垒，隧道穿越的概率为 $k(x)=\exp(-x/L)$，式中 x 为能垒的宽度；L 是一项与能垒高度 ΔE 有关的特征长度：

$$L=h/[4\pi(2m\Delta E)^{-1/2}] \qquad (4\text{-}11)$$

式中，h 和 m 分别为 Plank 常量和电子质量。文献中常用 L 的倒数 $\beta=L^{-1}$ 来表示矩形能垒高度对隧道效应距离依赖性的影响。Weaver 等人在金电极上修饰不同链长的自组装单分子层来改变电极与溶液中反应物分子间距离，并测量外氛反应在修饰电极上的反应速率常数，首次实测出 $\beta=1.4\text{Å}^{-1}$，相当于能垒高度 2eV[13]。Marcus 报道对于不少芳香族分子 $\beta=1.2\text{Å}^{-1}$。由于反应体系和介质的不同，β 值不同，但通常为 1Å^{-1} 左右。隧道效应和电子转移距离 (r) 的关系为：

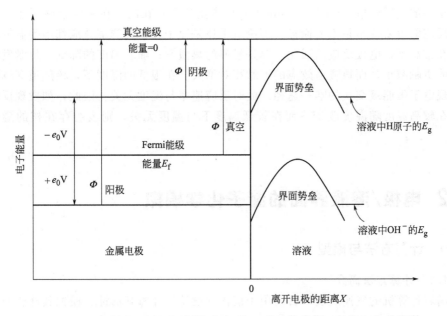

图 4-11　在金属电极和分别为 H^+ 与 OH^- 溶液的界面上势能垒的示意图

该图表明，同真空中的功函数相比，在有阴、阳极极化的情况下功函数大小的变化。

还表明了溶液中氢原子和 OH^- 的基态能级 E_g

$$k(r) = \exp[-\beta(r-r_0)] \tag{4-12}$$

式中，k 为实现遂穿效应的概率；r_0 为一常数，一般取值约 3Å。该式表示当 $r=r_0$ 时 $k=1$，即反应体系沿反应物曲线到达交叉点时总能实现有效的电子转移，随后体系沿产物曲线发展达到稳定的产物。$k=1$ 的电子转移反应称为"绝热的"电子转移反应。k 随 $(r-r_0)$ 的增大呈指数衰减，所以电子隧道效应的有效距离不可能很大，一般不超过 1nm。

当体积很大的反应分子接触电极表面时，其氧化还原活性中心往往远离电极，因而不能实现有效的电子遂穿转移。这种情况常见于生物大分子，如葡萄糖氧化酶和细胞色素 c 等的氧化还原。细胞色素 c 等相对较小的生物分子能在用某些本身非氧化还原性的分子（促进剂）修饰的电极上实现与电极之间的直接电子交换，其作用机理可能是使生物分子在电极表面取向合理，使其氧化还原中心与电极之间的距离最短。葡萄糖氧化酶分子的平均直径达 8cm，其氧化还原中心深埋其中，用促进剂的方法已不能实现葡萄糖氧化酶分子与电极之间的直接电子交换，要通过电子中继体进行间接的电子交换。中继体本身是氧化还原性的小分子，它能通过生物大分子内的孔道接近其氧化还原中心，并被氧化（或还原），再经孔道离开生物大分子，到达电极上被氧化（或还原）。在整个过程中，中继起着电子载体的作用。

根据量子力学原理，不仅电子有隧道效应，原子核甚至原子团都有隧道效应。然而，即使是质量最小的原子核——质子，其质量也比电子大近 2000 倍。因此，质子有效穿越距离短得多，只有约 0.1nm。其它原子核的隧道效应就更加微弱。

但原子核的隧道效应（nuclear tunneling）毕竟还是存在的，在一定条件下还可能成为反应的重要甚至是主要途径。不论电子还是原子核，其隧道效应都不受温度影响。在常温下，电极反应的活化主要是经典的热激发；随着温度的降低，热激发对反应的贡献减小，而核隧道效应的贡献相对增大。在很低的温度下，核隧道穿越成为实现电子等能级交换的唯一途径。此时反应速率与温度无关。因此，如发现反应速率在较高温度随温度改变，而在较低温度下与温度无关，则表明存在核的隧道穿越。

4.2 电极/溶液界面的量子化学模拟

4.2.1 计算方法与模型

4.2.1.1 计算方法简介

随着计算机的飞速发展，目前用于催化剂设计、计算其活性、模拟其性能的方法较多。其大概可以分为两大类[14]：第一大类主要是以量子力学（quantum mechanics）为基础，通过 Shrödinger 方程 $\hat{H}\psi=E\psi$，计算催化剂的量子力学状态的方法，比如能量及分子的其它相关性质。在理论上，量子力学可以准确地预测单独原子或分子的任何性质，但在实际中，量子力学方程只能准确求解单电子体系。因此根据求解方程的不同数学近似方法，目前主要有两种方法。一种是半经验方法（Semi-empirical methods）：利用相应的参数近似求解 Shrödinger 方程，此类方法可以用于处理较大的有机分子体系，常用的半经验方法有 CNDO、INDO、minDO、MNDO、ZINDO、AMI、PM3 等；另一种是"从头算"方法（Ab initio）又称"第一性原理"（first principle）。此方法不采用实验参数，只依赖于 5 个物理常数：光速 c，电子与核的质量 m 和电荷，普朗克常数等求解 Shrödinger 方程。在求解过程中，以波函数 ψ 为基础计算体系能量的 Hartree-Fork 方法，如 HF、MC-SCF、CI、CC 等。此类方法通过增加波函数的数目来考虑电子相关，由此导致对小体系的计算都会耗费较多的计算时间。所以为了改进量子计算的方法及其增进其精确度，1999 年发展了以电子密度为基础，求解 Shrödinger 方程的密度泛函方法（density functional theory，DFT）。该方法将体系的电子能量同电子密度关联起来，通过改良的函数如广义梯度近似 GGA 法（generalized gradient approximation），考虑电子相关。此类方法与"传统"量子化学方法相比，有较高的精确度（计算结果与准确结果之间的偏差在 5%～10%）对体系的计算更有效率，比较适用于处理较大体系。

第二大类则是依据经典的物理力学原理，来预测分子的构型和性质的计算方法，称为分子力学方法（molecular mechanics，MM）。前面提及的从头算方法虽然能够比较准确地计算体系的电子构型等性质，但如果对较大尺寸的分子，则必须在更大型的电脑上进行模拟，否则，耗费大量机时。量子力学的方法一般适用于尺寸较小的分子，或电子数量少的体系。但在实际的应用中，许多诸如生物体系（如蛋白质、酶素、核酸、多糖类……），聚合物（橡胶、安全玻璃、脂肪……）以及金属材料、聚合物材料、固态混合物、纳米材料等，不仅具有较多的分子数目，并且含有大量原子及电子。在研究这些体系时，不但要了解单一分子的性质及分子间的相互作用，还需要了解整个体系的各种集合性质。像这样复杂的分子，量子力学方法很难有效的处理，此时就采用分子力学方法模拟。分子力学主要依据分子的力场，依照 Born-Oppenheimer 近似原理，忽略电子的运动，把体系的能量看作是原子核位置的函数。分子力学对化合物能量的表达式由简单的代数方程组成。它并不使用波函数或者总电子密度，方程中的参数由实验方法或从头算中获得。那些方程以及相关参数称为力场。分子动力学方法的基本假定就是参数的可转移性（transferability of parameters）。也就是说能量同特定的分子运动有关，如 C—C 单键的振动在任何分子都适用。这种简化使分子力学能适用于较大的分子体系（上千个原子体系）。

然而，正因为这些简化使分子力学存在一些使用局限，其中最主要的有：①每个力场只能对有限的一系列分子得到较好的结果，由于力场被参数化，因此没有任何力场可适用于所有的分子体系；②由于忽略了电子相关，分子力学不能处理电子效应占据主导地位的化学问题（如：键的形成或断裂）。另外，分子力学方法也不能重现依赖于精细电子细节的分子性质。

(1) 密度泛函方法（density functional theory，DFT）[14~16]　密度泛函方法（DFT）是目前较为普遍使用模拟吸附质与基体间相互作用的方法。与经典的量子化学方法相比，DFT 是利用电子密度而非波函数来决定分子的能量。该理论最初由 Hohenburg 和 Kohn 提出，主要用于寻求分子的基态能量。后来 Kohn 和 Sham 按 Hatree-Fock 方法的结构进一步发展了该理论。DFT 理论认为体系基态的电子能量是电子密度 $n(r)$ 的唯一函数，r 是空间坐标。也就是说，处在 r 坐标体系的电子密度同其能量之间存在一一对应关系。然而能够给出准确能量的准确函数并不知道，因此在实际操作中必须依赖许多可行的近似表达。通常该泛函方法的计算结果同准确结果间相差 $5\%\sim10\%$，对于大多数计算，该准确度足够适用。

在实际计算中，电子密度仍由波函数计算所得。DFT 的电子密度是由具有类似于 HF 轨道数学形式的基本函数（基函数）线性组合而成。具有决定性的是 Kohn-Sham 轨道，电子密度由该决定性的轨道组成，用于计算体系能量。对 Kohn-Sham 轨道存在许多争论，因为它们与相关计算中的 HF 轨道或者自然轨道并没有数学的等价关系，即没有明确的物理意义。但是 Kohn-Sham 轨道却可以与其它轨道一样，能够描述分子中的电子行为，并能利用分子轨道理论介绍 DFT 的计算结果。

与其它方法，如 Hatree-Fock 方法相比，DFT 的最大优势是在考虑了电子相关的情况下，还有较高的计算效率。电子相关对获得化学键的可靠能量非常重要。Hatree-Fock 方法只能通过增加波函数的数目来考虑电子相关，该方法即便是小体系的计算都会耗费大量的时间。而 DFT 则采用 Kohn-Sham 轨道改良的函数考虑电子相关，能够处理较大的体系，比如吸附物种与表面间的相互作用。

计算化学中常用的是以广义梯度近似（generalized gradient approximation GGA）为基础的一系列函数。这些函数为了获得更准确的长程电子相关（尽管长程电子相关效应如 Van der Waals 力并不能由 GGA 准确的处理），不仅包括了电子密度还包括了空间导数（gradient）。这种类型的计算通常称为 DFT-GGA。

(2) 分子动力学（molecular dynamics，MD）[14,17,18]　统计力学（statistical mechanics）是在分子材料的描述中，利用数学平均来计算大量材料的热力学性质的方法。许多统计力学方法仍在理论阶段，量子力学（QM）并不能准确地求解 Shrödinger 方程，统计力学也不能真正实现对体系真实严格的处理。尽管存在诸多限制，但对大量材料的处理，统计力学仍能得到许多有用的结果。统计力学的计算通常附在从头算对气相体系在低压下的振动频率计算之后，对凝聚相性质，则必须要进行分子动力学或蒙特卡罗计算，以便获得统计数据。

统计力学在理论上提供的不是某种构型分子性质的计算手段，而是提供了决定宏观大量液、固样本的物理性质的方法。这是大量分子在众多构型、能态等多方面性质下的净结果。在实际计算过程中，最难的不是统计力学，而是要获得所有关于体系能级、构型等方面的信息。分子动力学和蒙特卡罗模拟就是获得这些信息的两种方法。

分子动力学（MD），是模拟随时间变化的分子体系的行为，比如振动运动（vibrational motion）或者布朗运动（Brownian motion）等。它通常采用分子力学方法计算体系能量，用体系能量表达式计算给定分子的力场。MD 是目前广泛采用计算庞大体系的常用方法。自 1970 年起，分子动力学的迅速发展，系统建立了许多适用于生化分子体系、聚合物、金属与非金属材料的力场，使得计算复杂体系的结构与一些热力学和光谱性质的能力及精确性大为提升。分子动力学模拟是应用这些力场以及根据牛顿运动动力学原理所发展的计算方法。其优点在于体系中粒子的运动有正确的物理依据，精确度高，可同时获得体系的动态和热力学统计资料，并可广泛地适用于各种体系及各类特性的探讨。

分子动力学的发展主要经历了经典分子动力学和从头算分子动力学两个阶段。经典分子动力学方法中体系中所研究的原子和分子通过有效的对势能（pairpotentials）作用，对势能可以通过前面提到的从头算方法计算获得。然而，这些体系的量子本质并没有明确地体现出来，并且该体系随时间的演变过程仍采用经典的牛顿运动方程来求解。

另一个显著的发展是将 DFT（DFT 在计算基态时，温度为 273K）同有限温度的分子动力学模拟结合起来。这些方法就是从头算分子动力学（ab initio molecular dynamics，AIMD）。AIMD 仍是一个非常耗时的模拟方法，目前主要用于研究体相水的结构和动力学特征、质子转移、体相水中简单的 S_N2 反应等。AIMD 模拟局限在小尺度体系，其模拟的真实时间不能超过几皮秒。然而，该方法已经逐渐应用到了电化学界面体系，比如水-气界面，金属-溶液界面的构型等。

（3）蒙特卡罗 Monte Carlo 方法[14,17,18]　蒙特卡罗（MC）方法是通过随机抽样（random sampling）建立模型，采用 random-number-generating 算法进行模拟。MC 根据统计分布选择分子集或一个分子的位置、方向和构型，比如通过随机选择分子的构型键角等，由此某一分子的许多可能构型都会被检测到。如果重复多次的结果满足 Boltzmann 分布，就能给出合理的统计结果。

蒙特卡罗（MC）模拟方法是获取统计平均的分子动力学方法之一，它的基础不是产生的动力学轨迹，而是低能量构型的有效样本。标准 MC 算法虽然能够更有效地计算体系的热力学性质，却不能给出体系动力学信息。

动力学蒙特卡罗（kinetic Monte Carlo 或者 dynamic Monte Carlo）是与标准"Metropolis"型 MC 算法较接近的另一种模拟方法。该方法可以有效用于研究发生在催化剂表面反应点上的催化反应。首先，假定发生在表面不同反应和过程的吸附速率、脱附速率、反应速率和扩散速率，其数量可以通过第一性原理的电子构型计算估算；其次，整个体系的演变过程可以通过 MC 型算法求解主方程获得。MC 型算法可以通过后续产生的构型满足正确平衡时，获得准确的时间。

4.2.1.2　簇模型与平板模型

要研究大块固体催化剂与吸附物种之间的相互关系，以及固体催化剂的电子构型、催化活性，除了选择合适的计算方法外，还需要选择适合的结构模型。合理的模型可以有效模拟固体催化剂表面的性质，以及反应物种与催化剂表面的相互作用。目前模拟固体催化剂表面电子构型的主要有两种基本的方法：簇模型（cluster）和平板模型（slab）。

（1）簇模型　簇模型方法是由选定一小簇原子（10～50 个原子）用于模拟大块固体或表面，如图 4-12 所示。一般分为裸露簇模型（从大块固体表面中"挖"出来的一小部分来类比表面）；氢饱和簇模型（满足晶体的几何边界条件）；嵌入簇模型（满足晶体的电子边界条件）等。

裸露簇模型[19]是最简便的簇模型，其虽然可以使用现有的各种分子程序进行计算，但忽略了目标簇与固体环境之间的短程、长程作用而显得粗糙。氢饱和簇模型是在裸簇边界可能存在的悬空键用氢、赝氢或其它原子来饱和，没有考虑晶体的电子结构的周期性，簇模型的 Fock 矩阵不包括晶体环境的静电势。氢封闭方法由于饱和了簇模型中多余的悬空键，因而更适用于键方向性明确的共价性氧化物。而由于氢原子与预期取代的晶格原子之间轨道性质、电子性质之间的差别，氢封闭方法只满足了晶体的"几何边界条件"，而未满足"电子边界条件"。

嵌入簇模型（embedding cluster）[20~22]是现在量化计算中常用的模型，其直接将选取的裸露簇嵌入到模拟晶体离子周期性点阵排布的点电荷簇（point charge cluster，PCC）的电场中。裸露簇为用于精确量子化学计算的目标簇，点电荷簇则用来代表晶体场的静电势和 Madelung 势，模拟固体环境的环境簇。一般由于簇模型忽略了簇与大块固体本底之间的轨道作用，更适于模拟轨道重叠小的离子型氧化

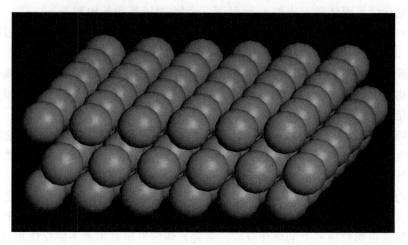

图 4-12　Pt(100) 面裸露簇模型示意图

物。为了获得较为合理的 Madelung 势，通常 PCC 点电荷电量有以下几种方法获取[23]：①直接取实际晶体离子化合价的全部或一部分；②由同体系进行周期性布居数计算分析；③由相应晶体裸露簇进行布居数计算分析。

另外，由于 Madelung 势是由一系列的点电荷所代表，点电荷对簇边界的原子有很强的物理极化作用，尤其对阴离子的极化，这种效应称为边界效应。为了消除点电荷对簇模型带来的边界效应，一般采用下面两种方法进行消除[20~22,24]：①全离子势 TIP（total ionic potentials）；②有效原子实势 ECP（effective core potentials）。即连接簇边界阴离子的正电荷用 ECP 或者 TIP 来表示其电量，没有基组。

无论是裸露簇还是嵌入簇模型，用于精确量子化学计算的目标簇模型的选取尤为重要。目标簇模型的选取应遵守三条原则[25]：电中性原则、化学配位比原则和配位原则。一般选取中性的、符合固体化学配比的、悬空键数目尽量少的裸露簇来类比固体金属氧化物。所选簇晶体中原子的配位环境极大地影响着晶体原子的电子态。由于晶体具有平移对称性，由晶体中简单切取的裸露簇边界原子的配位数必然低于晶体中的体相原子，边界原子上的悬空键是裸露簇边界效应的来源。悬空键的定域程度、稳定性以及悬空键数目的多少决定了裸露簇边界效应的大小。只有当裸露簇边界效应可以忽略，簇模型才有可能较好地趋于大块固体。有效地对固体进行合理切取，尽可能地减少有限大小的裸露簇边界的悬空键数目，获得边界效应尽可能小的较小簇模型，是"簇-表面类比法"的首要问题。这就是配位数原则，可简单表述为[26]：①簇模型中边界原子的配位数尽可能多；②尽可能多地保留边界原子上较强的配位键。这一原则可以有效地缩小簇模型的选取范围，免去大量的计算工作。

簇模型可以用"经典"的量子化学技术和定域分子轨道来分析化学吸附键，计算成本相对较低。但是，与通常纳米颗粒催化剂相比（至少上百个原子），由于簇模型其包含的原子数较少并不能完全有效模拟固体催化剂表面。此模型的边界和有限尺寸效应，导致模拟的电子电荷与分布于大块金属表面的不同，不能有效表达金属的能带结构，并且存在电荷屏蔽效应（charge-screening effect），比如不能处理靠近传导表面的离子和偶极子的镜像力（image forces）。因为簇模型通常选用原子为中心的 Gaussian 型基组（atom-centered Gaussian-type function）或定域轨道基组。虽然上述问题可以采用大尺寸的簇模型克服，但随之将耗费大量的机时，增加计算成本。

（2）平板模型　周期性平板模型是最近 10 年较常用来模拟固体催化剂表面的模型。它运用周期边界条件，将选取的周期单元在三维空间中周期性重复，如图 4-13 所示。同簇模型相比，周期性平板模型的边界效应很小，如果模型选取恰当，平板模型能更合理地得到固体催化剂的能带结构、功函以及分子表面之间相互作用的结合能等。但如果需要得到催化剂更多的定域信息，如成键距离、振动性质等，则簇模型方法较为准确。

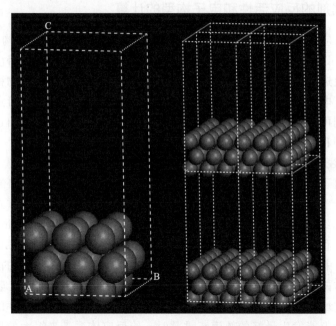

图 4-13　Pt(100) 面的周期性平板模型

如何选取的平板模型才是恰当合理的呢？搭建平板模型一般要注意两个问题，一是平板模型中原周期单元的厚度；二是各原周期单元之间真空层的厚度[17,18]。

为了更好地模拟固体催化剂表层，通常 3～4 层厚的周期单元可较好地用于计算结合能，当然模型越厚，其对固体体相性质的模拟越接近。由于各周期单元是在三维空间中周期性重复，为了避免或减小各单元顶层原子与底层原子间的相互作用，各单元之间用真空层相互隔开。此时就需要真空层足够大，才能有效地忽略各单元之间的相互作用。对一般周期平板模型其真空层大概为 10Å。

但在实际计算中，针对不同的计算体系，应该选择适当的厚度的周期单元和真空层[27]。因为真空层太小将不能忽略各周期单元的相互作用，对表面原子的位移影响较大。但真空层的引入又将增大平面波基组的尺寸，增加计算成本。周期单元的厚度则同表面能以及原子位移有直接联系，小尺寸的周期单元会引起晶体构型、能量方面的错误；较大尺寸的周期单元虽然能得到更满意的计算结果，但也将增加机时。所以在搭建周期平板模型时，需要权衡模型的合理性与机时，以便更有效率地得到准确的结果。

周期平板模型通常采用平面波基组。平面波基组与定域基组的区别主要在于，定域基组可以利用量子化学分子轨道理论，把 Kohn-Sham 轨道解释成分子轨道。此基组的计算利于得到更多以化学角度理解的成键信息。而平面波则不是定域的，因此不容易得到分子轨道类型的信息。但是，它更适用于平板周期模型的计算，在计算分子与表面相互作用的结合能时，可以获得更合理的定量信息。

4.2.2　催化剂的反应活性和电子构型的计算

在催化反应中，催化剂的催化活性同催化剂的电子构型和几何构型密切相关。人们发展出了许多表征催化剂活性与电子构型关联的理论和模型。目前主要使用的有前线分子轨道理论和 d 能带中心模型。在电催化反应中，包括了物种的吸附和电子的转移。其电子的转移难易可以通过催化剂的前线分子轨道来进行定性了解；而物种的吸附则可以通过 d 能带中心模型有效的模拟。下面就详细介绍这两种了解催化剂电子构型和催化活性的方法。

4.2.2.1　前线轨道理论

前线轨道理论[28]是诺贝尔奖获得者福井谦一教授在 1952 年提出的，其认为化学反应主要受前线轨道的非定域化作用支配，其化学反应的条件和方式主要取决于前线轨道。前线轨道主要包括了最高占据轨道（highest occupied molecular orbital，HOMO）和最低空轨道（lowest unoccupied molecular orbital，LUMO）。HOMO 对电子的束缚力较弱，具有电子给体的性质；LUMO 对于电子的亲和力较强，具有电子受体的性质。A、B 两个分子沿着最小运动途径发生轨道正重叠时给反应体系带来非定域化能，即稳定化能。当 A、B 分子的 HOMO-LUMO 的相互作用在最小运动途径上能发生最好的轨道正重叠时，给反应体系带来很大的稳定化能，则反应可以进行，否则，两个轨道在最小运动途径不发生轨道的正重叠，则反应不能进行。这种定域化所控制的化学反应的速率 P 取决于两个前线轨道的相互作用能，即稳定化能 P 与 ΔE 成正比，即

$$P \propto \Delta E$$

根据成键三原则，稳定化能与两个轨道的重叠积分成正比，与两个轨道的能级差成反比，上式可写为：

$$P \propto \frac{\langle \phi_a \mid \phi_b \rangle}{\varepsilon_a - \varepsilon_b}$$

两个轨道能级越接近，两个轨道的重叠越好，因此成键三原则可归结为轨道最

大正重叠原则，这就说明了化学反应是沿着轨道发生最大正重叠的途径进行的[29]。

在电化学反应中，电子的转移主要发生在供体与受体之间。例如电催化还原反应，此时电极催化剂为供体（D），反应分子为受体（A），当催化剂的 HOMO 同反应分子的 LUMO 能级接近且对称性匹配，则电子转移反应能够顺利发生，此时发生电催化还原反应。

因此，可以通过催化剂与反应分子之间前线轨道的能级接近程度以及对称性匹配程度来判断电子转移的难易和催化剂的活性。

利用 DFT 理论研究比较由碳担载的 Pt 和 Pt_3Fe 催化剂对氧气还原催化活性时发现[30]，C 载体以及 Fe 的引入可以提高 Pt_3Fe/C 催化剂的 HOMO 能级，减小与氧气 LUMO 轨道的能级差，HOMO 能级的提高还意味着其给电子的能力增强。此外，氧在 Pt_3Fe/C 催化剂吸附时比在 Pt/C 上吸附时，O—O 键增长，表示对氧分子的活化作用增强。有效地解释了 C 载体和 Fe 对 Pt 催化氧气还原活性提高的原因。利用前线轨道理论研究比较 Ni 及其 Ni-P 无定形合金电化学析氢的催化活性[31]。碱性介质中，析氢过程是从金属表面水分子的放电开始的，这个反应为（Volmer 反应）：

$$M+e^- +H_2O \longrightarrow M-H_{ads}+OH^- \tag{4-13}$$

接着可能发生的是 H 的电化学脱附反应（Heyrovsky 反应）：

$$M-H_{ads}+e^- +H_2O \longrightarrow M+H_2+OH^- \tag{4-14}$$

或者是 H 的复合脱附反应（Tafel 反应）：

$$2M-H_{ads} \longrightarrow 2M+H_2 \tag{4-15}$$

另外，吸附的原子 H 也可能被吸收到电极内：

$$M-H_{ads} \longrightarrow M-H_{abs} \tag{4-16}$$

按照前线轨道理论，对反应式(4-13)，电子转移发生在金属 M 的 HOMO 能级与 H_2O 的 LUMO 能级之间；反应式(4-14) 则是电子从 $M-H_{ads}$ 的 HOMO 能级转移到 H_2O 的 LUMO 能级上；对反应式(4-15) 没有电子转移，则需要 M 与 H_{ads} 的成键能越小，H_2 的析出越容易。由此，对 Ni-P 合金上的析氢反应，H_2O 从金属电极的 HOMO 能级上得电子的能力以及 H_{ads} 的结合能决定着 Ni-P 的活性。由于只有当 HOMO 与 LUMO 之间的能级差小于 $579kJ \cdot mol^{-1}$ 时，电子转移反应才会发生，并且能级差越小，电子转移反应越容易。H_2O 的 LUMO 能级为 $66kJ \cdot mol^{-1}$，因此可以通过计算 Ni 及 Ni-P 合金的 HOMO 与 H_2O 的 LUMO 能级之间差 ΔE_1，$Ni-H_{ads}$ 及 $Ni-P-H_{ads}$ 合金的 HOMO 与 H_2O 的 LUMO 能级之间差 ΔE_2，判断电子转移的难易程度，通过计算 Ni 与 H_{ads} 和 Ni-P 与 H_{ads} 之间的结合能 BE 反映吸附氢脱离金属催化剂的难易程度。

按照"能级差越小，电子转移反应越容易"的原则，由图 4-14 可以得出：在 Ni 与 Ni-P 上，H_2O 获得 1 个电子，当 Ni：P 小于 6：1 时，在 Ni 上较 Ni-P 上容易；而在 Ni-H 与 Ni-P-H 上，H_2O 获得 1 个电子，当 Ni：P 小于 8：1 时，在 Ni-P-H 上较 Ni-H 上容易；并且无论 Ni-P 中 P 含量如何，H_{ads} 与 Ni 的结合能始终

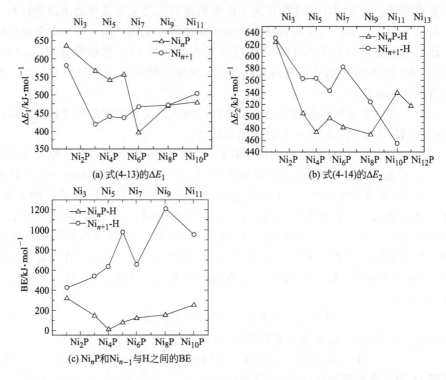

图 4-14 对应于反应式(4-13)和式(4-14)的能级差，以及氢与 Ni 和 Ni-P 之间的结合能（BE）

比 Ni-P-H 更强，表明在 Ni 上的氢脱附较 Ni-P 上困难。综合以上分析，对 Ni-P 合金，P 的含量应控制在 Ni：P 比在 6：1～8：1 的范围，换言之，Ni-P 合金中，P 的含量在 9.1%～14.3%，对析氢反应的活性最好，该结论与实验结果一致[31]。

除前线轨道之间的能级差影响着电子转移速率外，电子给体的 HOMO 与电子受体 LUMO 轨道间的空间尺寸和对称性也对催化反应中的电子转移有明显的影响。以 Pt、Pd 纳米粒子负载在炭黑和 TiO_2 纳米管上对氧气电化学还原（ORR）出现催化活性反转为例[13]，采用从头计算模拟 C(110) 和 TiO_2(110) 表面担载二聚体 Pt、Pd 的几何和电子构型。ORR 中，O_2 分子为电子受体，其 LUMO 能级的轨道对称性和空间尺寸一定，如图 4-15 所示。电子给体 Pt_2、Pd_2 负载在 C(110) 和 TiO_2(110) 上的 HOMO 能级如图 4-16 所示。比较发现，尽管 Pt/C 与 Pd/C 的 HOMO 能级均与氧气 LUMO 满足对称性匹配，但轨道的空间尺寸大小却不相同。Pd/C 的 HOMO 能级主要由载体 C 的 p 轨道和小部分 Pd 的 d 轨道组成，而 Pt/C 的 HOMO 能级则主要由 Pt 的 d 轨道和载体 C 的 π 轨道组成。Pt/C HOMO 的空间尺寸与 O_2 LUMO 的尺寸相当，轨道之间有更有效的重叠。根据最大重叠原则，Pt/C 上的 ORR 第一步电子转移反应较 Pd/C 更为容易。当 Pd 负载在 TiO_2 载体上时，TiO_2 载体明显增大了 Pd/TiO_2 HOMO 轨道的空间尺

寸，克服了 Pd/C HOMO 与 O_2 LUMO 重叠差造成的电子转移困难的问题，更利
于 O_2 第一步电子转移。

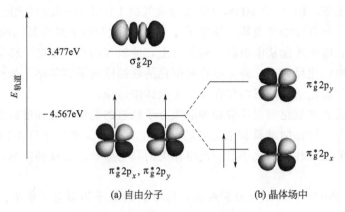

图 4-15　氧气分子轨道示意图

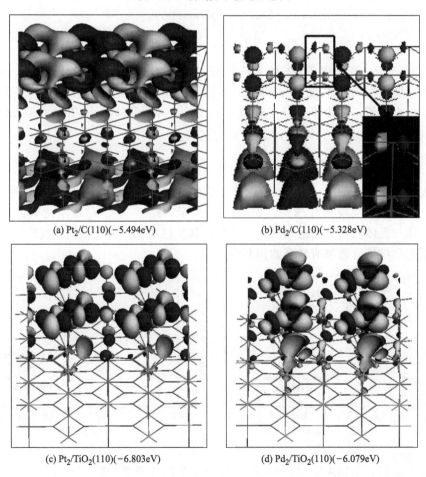

(a) Pt_2/C(110)(−5.494eV)　　(b) Pd_2/C(110)(−5.328eV)

(c) Pt_2/TiO_2(110)(−6.803eV)　　(d) Pd_2/TiO_2(110)(−6.079eV)

图 4-16　担载在 C(110)、TiO_2(110) 上的 Pt_2、Pd_2 HOMO 轨道以及能级值

比较图 4-15 中显示的电子给体（催化剂）与电子受体（O₂）前线轨道能级值可以发现，尽管 O₂ 的 LUMO 能级同 Pt/C 的 HOMO 轨道对称性匹配，但在无外加电势的情况下，Pt/C 的 HOMO 能级与氧气的 LUMO 能级相差很远，电子转移不可能发生。只有外加负电势，使电子在 Pt/C 催化剂的能级升高到同氧气 LUMO 能级接近时，电子才能从电极转移到氧气上，使氧气的第一步电子转移步骤得以发生。因此，电催化反应中，外加电势对催化活性的影响不容忽略。如何在模拟外加电势对催化剂催化活性的影响将在 4.2.4 做详细讨论。

除了直接通过催化剂与反应物种前线分子轨道的能级接近程度以及对称性匹配程度来判断电子转移的难易和催化剂的活性外，还可以通过 HOMO 和 LUMO 能级推导出与催化活性和电化学反应速率相关的其它参数来表征和模拟催化剂的催化活性。

由于 HOMO 和 LUMO 分别对应着物质的给电子和得电子能力。根据给体的 HOMO 以及受体 LUMO 能级值，可以计算出给体-受体分子间的刚性参数 η_{DA} (donor-acceptor intermolecular hardness parameter)。

$$\eta_{DA} = \frac{1}{2}(\varepsilon_{LUMO/A} - \varepsilon_{HOMO/D})$$

Zagal[41~44] 等采用 PM3 和 HF 方法，计算了一系列 Cobal-phthalocyanines (Co-Pc) 取代物的给体-受体分子间的刚性参数。Co-Pc 作为给体时，其 HOMO 只填充了一个电子，实为半占分子轨道 SOMO，而 O₂ 受体的 LUMO 也是 SOMO。因此对 Co-Pc-O₂ 体系，刚性参数 η_{DA} 可定义为：

$$\eta_{DA} = \frac{1}{2}(\varepsilon_{SUMO/A} - \varepsilon_{SOMO/D})$$

他们发现此刚性参数 η_{DA} 同氧气电化学还原的速率常数的对数值成线性关系。η_{DA} 越小，催化剂的反应活性越高，如图 4-17 所示。$\varepsilon_{SUMO/A}$ 与 $\varepsilon_{SOMO/D}$ 之间的差值越小，给体与受体轨道之间的相互作用越强，其反应越快。另外他们还发现刚性参数同内层电化学反应速率有较高的预测性。

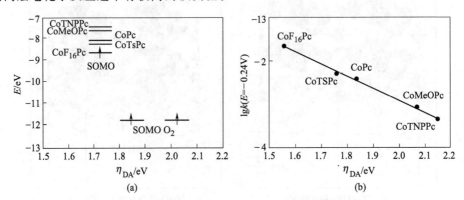

图 4-17 （a）O₂ 和 Co-Pc 的前线分子轨道相对能级；
（b）吸附在 OPG 上不同 Co-Pc 对 ORR 催化的 lg$k$-η_{DA} 图

通常，用电离电位 IP 表示电子给体给电子能力的强弱，电子亲和势 EA 表示电子受体得电子能力的强弱。IP 值表示分子的 HOMO 能级的能量，IP 越小，则其 HOMO 能级越高，即分子给出电子的能力越强。EA 值表示分子的 LUMO 能级的能量，EA 越大则其 LUMO 能级越低，即分子得电子能力越强。IP 和 EA 都是相对于真空能级（零能级）的能量。

电子给体 D 在 HOMO 上发生单电子氧化变成氧化态 D^+ 时，HOMO 变成 SOMO，D 的给电子能力取决于如下的氧化过程的标准氧化还原电势 $E^{\ominus}(D^+/D)$

$$D \longrightarrow D^+ + e^-$$

IP 与 $E^{\ominus}(D^+/D)$ 之间有如下关系式

$$IP = E^{\ominus}(D^+/D) - \Delta G(D^+) + 常数$$

式中，$\Delta G(D^+)$ 为氧化态 D^+ 在电解质溶液中的溶剂化能。$E^{\ominus}(D^+/D)$ 越小，即其值越偏负，则 IP 值越小。电子受体 A 在 LUMO 上发生单电子还原变成还原态 A^- 时，LUMO 变成 SOMO，A 的得电子能力表现在如下还原过程的标准氧化还原电势 $E^{\ominus}(A/A^-)$

$$A + e^- \longrightarrow A^-$$

EA 与 $E^{\ominus}(A/A^-)$ 之间有如下关系式

$$EA = E^{\ominus}(A/A^-) + \Delta G(A^-) + 常数$$

式中，$\Delta G(A^-)$ 为还原态 A^- 在电解质溶液中的溶剂化能。$E^{\ominus}(A/A^-)$ 越大，即其值越偏正，EA 越大。

$E^{\ominus}(A/A^-)$ 和 $E^{\ominus}(D^+/D)$ 是相对于标准氢电极（vs. NHE）或相对于参比电极的电位（potential）。相对于标准氢电极的能量与相对于真空能级（vs. vacuum level）的电子能量之间满足下式

$$\varepsilon_{vac}(eV, vs. vacuum) = -E_{1/2}(NHE) - 4.44$$

在图 4-18 中，前线轨道的能量用了两种方法来表示：第一种是用 IP 和 EA 分别表示 HOMO 和 LUMO 能级的能量，它需要给出相对于真空能级的电子能量（图的右侧坐标）；第二种为用 $E^{\ominus}(D^+/D)$ 表示 HOMO 能级的能量，用 $E^{\ominus}(A/A^-)$ 表示 LUMO 能级的能量，它需要给出相对于标准氢电极的电位（图的左侧坐标）。

对于电子给体 D 和电子受体 A 之间的单电子氧化-还原反应，有

$$D + A \longrightarrow D^+ + A^-$$

反应的 Gibbs 自由能的变化

$$\Delta G = IP(D) - EA(A)$$

当 $\Delta G < 0$，即给体的 IP 小于受体的 EA 时，给体的 HOMO 能级比受体的 LUMO 能级高，电子转移反应是自发发生的。如果忽略溶剂化能，上式可近似表示为

$$\Delta G \approx E^{\ominus}(D^+/D) - E^{\ominus}(A/A^-)$$

当 $E^{\ominus}(D^+/D) < E^{\ominus}(A/A^-)$，即给体的 $E^{\ominus}(D^+/D)$ 比受体的 $E^{\ominus}(A/A^-)$ 偏负时，$\Delta G < 0$，氧化还原反应可以自发进行；否则 $E^{\ominus}(D^+/D) > E^{\ominus}(A/A^-)$，则 $\Delta G > 0$，氧化还原反应不能自发进行。

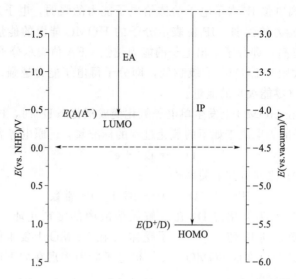

图 4-18　IP、$E(D^+/D)$ 和 HOMO 能级，EA、$E(A/A^-)$ 和 LUMO 能级关系示意图[2]

4.2.2.2　d 能带模型

　　d 能带模型[36,37]是从前线轨道理论发展起来，由 Nørskov 和 Hammer 等[33~35]提出，d 能带模型主要用于异相催化和电化学中金属催化剂的模拟和分析。在异相催化和电化学中，分子和原子在金属催化剂或金属电极表面的吸附和成键非常重要，而 d 能带模型能够很好地描述由不同情况引起电子构型变化的金属催化剂与吸附物种吸附强度关系，进而根据 d 能带中心的变化来设计金属催化剂活性。

　　d 能带模型之所以可以近似表征分子在金属表面的吸附能与离解的活化能是因为对给定反应，吸附分子在不同金属表面的吸附和离解活化能近似地随着吸附物种能级和过渡金属 d 能带的耦合程度变化。吸附物种-金属表面之间的成键主要由两部分组成。

$$\Delta E = \Delta E_0 + \Delta E_d$$

ΔE_0 是由吸附态价带与催化剂类似自由电子的 s 电子的耦合产生的键能，ΔE_d 是由吸附态价带与催化剂 d 电子的耦合产生的键能。其耦合过程如图 4-19 所示。

　　d 带模型有两个基本假定，一是 ΔE_0 与金属种类无关。因为过渡金属的 s 带很宽，并且总是半满。尽管这并不是一个严格的近似，因为当金属颗粒足够小到 s 和 p 能级不能形成连续（在吸附物与金属耦合强度范围内）光谱时，该模型不成立。此外，当金属 d 能带对成键无贡献时，此模型也不成立。另一个假定是依照非自洽单电子能量的变化，预测 d 能带的贡献：

$$\Delta E_d \cong \int \varepsilon [\Delta n'(\varepsilon) - \Delta n(\varepsilon)] d\varepsilon$$

　　式中，$\Delta n'(\varepsilon)$ 和 $\Delta n(\varepsilon)$ 是吸附质产生的能态密度，分别代表含有和不含与 d 带的耦合。

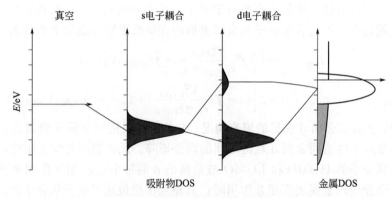

图 4-19　吸附物种在过渡金属表面吸附成键时吸附物种价层与
过渡金属表面 s 和 d 轨道间相互作用示意图[45]

通常，吸附质能态与金属 d 能带的耦合依赖于以下参数：吸附质能态的能量 ε_a、直接与吸附质接触的金属原子的 d 态密度 $n_d(\varepsilon)$ 以及吸附质与表面态之间耦合矩阵单元。对给定吸附分子的反应，吸附分子的 ε_a 和与金属表面态之间的矩阵单元是常数，只有 $n_d(\varepsilon)$ 变化。此时就可以只研究 $n_d(\varepsilon)$ 的第一力矩——d 能带中心 ε_d。d 带中心 ε_d 是最简单的描述符，可以较好地描述吸附能的变化情况。

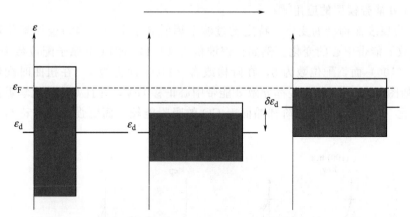

图 4-20　d 带电子固定时，d 带中心与 d 带宽度耦合关系示意图
当 d 带宽度降低时，提高 d 带中心即可保持 d 带电子数不变

必须注意的是，除了 d 能带中心外，相互作用能还与投影的 d 态密度 $n_d(\varepsilon)$ 的宽度和形状有关。然而，这些变量通常与 d 能带中心变化联系在一起，因此可以集中采用 d 能带中心描述。为了说明此点，考虑到 d 带宽度 $[n_d(\varepsilon)$ 的二阶矩，$W]$ 会因为一些原因而减小——比如因为表面收缩使金属 d 态到相邻金属 d 态的耦合 V_{dd} 减小（$W \sim V_{dd}$），或者是因为阶梯或表面的扭曲使金属相邻原子数（配位数，N_M）的减小（$W \sim N_M 0.5$）。对固定的 $\varepsilon_d - \varepsilon_F$，改变 d 能带宽度可能会使 d 电子数改变。但对给定种类的金属和体系，通过 d 能态能量的改变，使 d 电子数不变（如图 4-20 所示）。

因此，可以通过 d 能带中心相对于 Fermi 位的变化 $\varepsilon_d - \varepsilon_F$，来确定金属对分子物种的吸附能力。下式表示分子在金属表面的化学吸附同 d 能带中心的关系[37]。

$$E_{chem} = -4\left[f\frac{V_{LUMO}^2}{\varepsilon_{LUMO} - \varepsilon_d} + fS_{LUMO}V_{LUMO}\right]$$

$$-2\left[(1-f)\frac{V_{HOMO}^2}{\varepsilon_d - \varepsilon_{HOMO}} + (1+f)S_{HOMO}V_{HOMO}\right]$$

式中，f 表示金属 d 轨道的填充情况；S 是分子轨道同金属 d 轨道之间的重叠积分；V 是分子轨道同金属 d 轨道之间的耦合矩阵。此式表明化学吸附能，可以通过理论计算分子的 HOMO 和 LUMO 与金属的 d 能带中心的相互作用来预测。因为，当一个分子同金属表面相互作用时，其相互作用包括了电子从分子的最高已占分子轨道 HOMO 转移到金属表面（直接成键），以及金属表面电子迁移到分子最低未占分子轨道 LUMO 上（反馈成键）。对于过渡金属表面，电子的交换是通过金属 d 轨道的相互作用完成。在此模型中，d 能带中心相对于 Fermi 能级的上移将导致大的化学吸附能，而下移则形成弱键。

d 能带中心不仅可以通过量子化学理论计算如 DFT 等方法获得，还可以通过分光光谱以及测量 core-level 的移动，直接测量 d 能带中心。许多实验已经证实实验所测的 d 能带中心与 DFT 计算结果非常一致。

(1) d 能带模型的应用[36]

① 金属表面构型的变化　特定的过渡金属的 d 带中心会因为金属配位数的变化，导致 d 能带中心的变化。例如：密堆积的（111）面 Pt 上原子配位数为 9。在开放的（100）面，配位数为 8，在阶梯或者（110）面上为 7，在扭曲时配位数低至 6。如图 4-21 所示，这些都导致 d 能带中心正移 1eV，并且 CO 的化学吸附能也随之变化（图 4-22），例如阶梯晶面上 CO 的吸附能较平面更强，该结论与实验事实吻合。

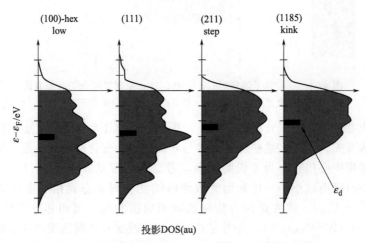

图 4-21　随 Pt 表面原子密度降低，其表面的 d 投影态密度图[46]

从左至右为六方重组的（110）面，密堆积（111）面，阶梯原子的（211）面和纽结原子的（1185）面

实际过程中，Pt 表面会重构成比密堆积 (111) 面原子密度更高的 Pt 覆盖层。由于 Pt-Pt 原子间距较 (111) 面上更小，重叠矩阵单元和能带宽度会更大，d 能带下降，由此导致重构面与 CO 的结合弱于 (111) 面。

Pt 表面的重构是表面收缩的一个实例。理论上收缩效应可以通过简单收缩的平板模型研究。图 4-21 也包括了由于收缩导致 d 带中心和 CO 吸附稳定性的连续变化。因此在其它金属上，表层金属原子数的变化引起的效应也可以用 d 能带中心模型进行描述。

在化学吸附中也能看到类似的结构（几何）效应（图 4-21）。此外，与有高配位数以及低 d 带中心的表面相比，晶阶上低配位原子上吸附的吸附物种有更强的吸附能、更低的离解能垒。我们注意到 d 带中心与吸附物的种类，以及与金属表面相互作用的价带能级无关，由此说明了 d 带中心的普适性。

② 合金的变化　合金效应同样可以通过 d 能带的变化来理解，图 4-23 已经给出相应的证据。以 Pt (111) 表面为例，该表面中有一系列的 3d 金属夹在第一层和第三层之间，该表面用来研究第二层金属对 Pt (111) 覆盖层反应性的影响。这种近表面合金，广泛地用于研究 PEM 燃料电池中的氧气还原催化剂。当所加入的第二层金属在周期表中越靠左（金属位于右面），表面 Pt 原子的 d 能态

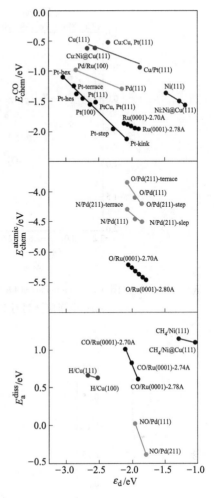

图 4-22　金属 d 带中心与吸附物种吸附能间相互关系图

能量越低，随着 d 带中心离 Fermi 位越近，O 和 H 物种与 Pt 的成键越强。

对近表面合金，表面 Pt 原子 d 轨道与第二层原子的杂化使 d 能带宽度发生变化。这种间接的相互作用同样可以解释为配位效应——表面原子的金属配体改变。金属覆盖层上也有同样的效应，此外，单层的一种金属可以负载在另一种金属之上。由于覆盖层通常取的是基体的晶格参数，因此对金属覆盖层，存在配位效应和晶格收缩效应。d 能带中心同样可以用来很好的描述吸附能的变化。图 4-24 显示了由电化学决定的不同 Pd 覆盖层上 H_2 吸附能与所计算 d 能带中心存在明显的函数关系。

给定金属的反应活性可以通过沉积到另一种金属上进行改性，由此可以控制金属催化剂的反应活性。了解当金属沉积到其它金属上后其 d 带中心的变化，可根据

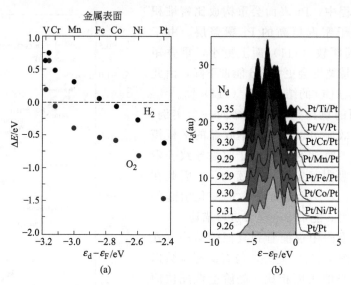

图 4-23 （a）H₂ 和 O₂ 吸附能 vs. 不同结构合金 d 带中心；
（b）中间层金属对 Pt/M/Pt 合金 d 带中心的影响[47]

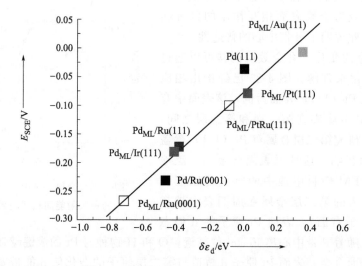

图 4-24 不同电位下不同 Pb 覆盖层上 H₂ 吸附能与其 d 带中心间的变化关系[48]

需要选择有利的金属化合物。因此 DFT 理论可以用来系统了解所有金属的能带变化的可能性，图 4-25 给出不同过渡金属负载在其它过渡金属表面，表层金属的 d 能带中心值，从图中可以看出，前过渡金属负载在后过渡金属上，表层金属的 d 能带中心值较高；相反，后过渡金属负载在前过渡金属上，后过渡金属的 d 能带中心则会降低。例如，按图 4-24 所示，若希望 Pt 与 CO 的成键略弱于 Pt(111)，可将 Pt 负载到 Fe、Co、Ni、Cu、Ru、Rh 和 Ir 上，使 Pt 的 d 能带相对于 Pt(111) 有所降低。可以据此寻找具有较高抗 CO 中毒的 PEMFCs 的阳极催化剂，因为催化剂与 CO 的成键减弱（但 H₂ 可以分离），CO 就易脱附或者进一步氧化，从而提高催化剂的抗毒性。这种效应已经在燃料电池和单晶试验中观察到。

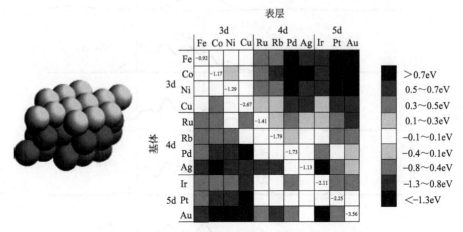

图 4-25　不同过渡金属组成近表面合金的 d 带中心变化图[49]

　　③ 抗中毒机理筛选[50]　　催化剂的抗中毒机理也可以采用 d 带中心模型探究。目前常用氧还原电极催化剂仍为 Pt，其容易受到空气中的杂质气体（SO₂、NO₂、H₂S 等）的毒化而失活。为提高 Pt 活性通常采用合金化的方法，其中 Mo 具有较其它合金金属更好的抗中毒特性。为探究 Mo 提高 Pt 抗中毒性的本质原因，笔者课题组采用 DFT 方法，从理论上计算分析比较 Pt、PtMo 对抗 SO_x 毒性性能，了解毒性物种使催化剂失活的本质原因，探索催化剂抗毒性-催化剂构型间的制约关系。

　　首先分别计算了 SO_2、SO_2 离解物种 S、SO_3，在 Pt(111) 和 Pt：Mo＝8：1 的 PtMo(111) 表面的吸附构型和吸附能，发现 Mo 的掺杂明显减弱了毒性物种与催化剂间的相互作用，SO_2 及解离产物 S 和 SO_3 在 PtMo(111) 面的吸附能比在 Pt(111) 面减小约 160kJ·mol⁻¹。意味着 Mo 的引入，减轻了 SO_2 及解离产物 S 和 SO_3 对 Pt 的中毒程度。

　　比较毒化前后 d 能带的分态密度与 d 带中心的变化获取了 Mo 增强 Pt 抗中毒特性的本质原因。图 4-26 给出了 SO_2(a)，SO_2/PtMo(b)，PtMo(c)，SO_2/Pt(111)(d) 和 Pt(e) 的 PDOS 图。图中 S-p 表示 S 原子的 p 轨道，Pt-d 为 Pt(111) 表层的 d 轨道，PtMo-d 为 PtMo(111) 表层的 d 轨道。SO_2 在 Pt 和 PtMo 顶位吸附形成成键作用的分子轨道主要由 S 的 3p 轨道组成，形成反键作用的分子轨道主要由 Pt，PtMo 的 d 轨道组成。与吸附前 SO_2 中 S 的 p 轨道［图 4-25(a)］相比，Pt 表层 d 轨道与 SO_2 中 S 的 3p 轨道在−3.74eV 能级处有相同峰，而掺杂 Mo 后，PtMo 体系位于−3.74eV 能级处的 d 轨道峰消失，由此可以说明 Pt 与 SO_2 中 S 的 p 轨道的重叠较 PtMo 更有效。比较吸附后 Pt、PtMo 的 d 轨道可以发现：SO_2 吸附成键后，S 的 p 轨道相对于未吸附的 SO_2 中 S 的 p 轨道朝低能级方向移动，Pt 表

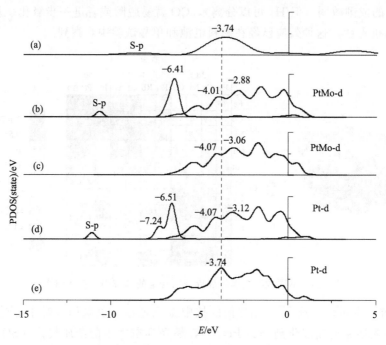

图 4-26　$SO_2(a)$，$SO_2/PtMo(b)$，$PtMo(c)$，$SO_2/Pt(111)$
(d) 和 $Pt(e)$ 的 S，Pt 及 PtMo 的分态密度图

面的 S 的 p 轨道分裂成两个小峰，其能级较 PtMo 上 S 的 p 轨道低；Pt 在能级为
$-3.74eV$ 处的峰同 S 的 p 轨道重叠后也分裂成两个小峰，其中一小峰朝高能级方
向移动了约 0.6eV；PtMo 的 d 轨道同 S 的 p 轨道作用后，能级也有所正移，但其
能级的变化较小约 0.18eV，且轨道的峰形没有明显变化。由此比较 SO_2 吸附前后
Pt 和 PtMo 的 d 轨道的变化可以发现：SO_2 在 Pt 上的吸附明显改变了 Pt 的 d 电子
的态密度分布，使其电子构型在吸附前后发生明显变化；而 SO_2 在 PtMo 上的吸
附，虽然对 PtMo 表层的电子构型有一定影响，但 PtMo 表层的 d 轨道 PDOS 没有
明显变化，说明 PtMo 具有一定的抗 SO_2 中毒性。

表 4-1　SO_2 吸附前后 Pt(111) 及 PtMo(111) 表层的 d 带中心　　单位：eV

表面	d 带中心	改变
Pt(111)	-2.95	0.49
SO_2/Pt	-2.46	
PtMo(111)	-2.46	0.19
$SO_2/PtMo$	-2.27	

　　表层 d 带中心的变化情况说明（如表 4-1 所示）：Pt 在 SO_2 吸附前后的 d 带中
心从未吸附的 $-2.95eV$ 增加到 $-2.46eV$，其朝 Fermi 能级方向移动了 0.49eV；
而 PtMo 在 SO_2 吸附前后，其 d 带中心仅朝 Fermi 能级方向移动了 0.19eV。由此
进一步说明 Mo 增强 Pt 抗中毒性的本质原因是：Mo 掺杂后，减小了 SO_2 吸附对

PtMo 体系电子构型的影响，使得 PtMo 催化剂在吸附 SO_2 之后仍然较好地保持了原有的电子构型。

（2）电化学中的 d 能带模型[38,39]　　前面 d 能带模型都是在没有考虑电场及溶剂化的情况下，表征分子在过渡金属表面的吸附离解，此模型在电化学催化中的应用存在一定的局限性。为此，Elizabeth Santos 和 Wolfgang Schmickler 考虑了电极电势以及溶剂化的影响，分析了过渡金属 d 能带的电化催化作用，发现 d 能带中心也可以用于表征金属电极的电化学活性，进一步扩展了 d 能带模型在电化学中应用。

以双原子分子在电极上的基元反应为例：

$$A_2 + 2e^- \longrightarrow 2A^-$$

当分子远离电极，分子 A_2 成键轨道全满，而反键轨道为全空。反应时，反键轨道填充，键断裂。最后产物包括两个离子，它们与溶剂极性分子有强烈的相互作用。如同 Marcus 的简单电子转移理论，这些相互作用使离子稳定，并且电子转移通常还包括了溶液的重组（reorganization）或涨落（fluctuation）。

按 Marcus 理论所述，溶剂的重组能在电子转移反应中有重要的作用。如果电荷转移只对经典模型有影响，溶剂的状态则可以通过单一溶剂坐标 q 来表示。其表示意义如下：在状态 q 下的一个溶剂通过运输的 q 个电子来与反应物保持平衡，这里的 q 可以不为整数。溶剂与反应物的相互作用的主要影响表现在原子轨道的移动，其值为 $-\lambda q$，λ 如同 Marcus 理论中的溶剂重组能。最终反应物的能级以及它的态密度随着溶剂构型 q 而变化。

对真实体系的计算还应包括利用量化方法来确定金属态密度和化学吸附函。然而，由于通过对过渡金属窄的 d 能带研究可以获得分子键断裂的大量信息。因此为简单起见，该模型在此只考虑反应分子平躺在电极表面，两个原子为等价的情况。假定金属电极含有宽的 sp 能带，宽度为 20eV，中心在 Fermi 位上，并且 d 能带的半宽 W_d 在能量 ε_c 的中心，能带呈半椭圆形的形状。化学吸附函是所有能带贡献的总和，它由 sp 能带的耦合常数 Δ_0，d 能带的 Δ_d 表示。这些耦合常数是化学吸附函 $\Delta(\varepsilon)$ 在各自能带中心的振幅（amplitude）。

电化学反应的最大优势就是它们的驱动力随着电极电势而变化。电极电势改变 $\Delta\phi$，可以使分子能级提高 $e_0\Delta\phi$，因此可以很容易地影响电子伏特量的变化。

以反应处在平衡态为初始状态，随着反应的进行，反应物的能级随着溶剂变化而变化。在这些变化过程中，它们可能接近或者远离电极的 d 能带，相应地它们的态密度也随之变化。图 4-27 给出了能级变化的典型情况，图中 d 能带的中心在 Fermi 位以下，其展示了三个重要的构型：（a）反应物处于平衡态；（b）体系处于鞍点；（c）产物处于平衡态。在（a）中，在 Fermi 位下有一个尖锐的已占成键轨道，同时低于 d 能带；另一个高能级峰是空的反键轨道。另外分子在 d 能带的位置获得了一定的态密度。在鞍点（b）反键轨道跨过 Fermi 能级成为已占轨道。此时，如果该轨道同 d 能带作用非常强，反键轨道就会分裂成两部分：与金属有关的成键和反键轨道；如果是弱相关，轨道则只是变宽。但无论如何，分子的成键轨道总在 Fermi 位以下，与反应前相比该能级只稍微的向上有所移动。最后（c）产物分子成键已经断裂，两个离子只有一个填充轨道在 Fermi 位以下，并且电子转移已经发生。很明显，态密度动力学的变化对活化能有强烈的影响。因此，采用通常的量子化学可以计算出反应的初态和终态，根据反应物种同电极 d 能带的相互作用情况就可以反映出反应过程的信息。

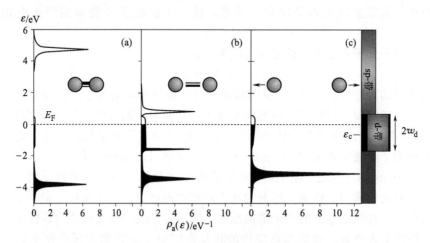

图 4-27　不同吸附过程的态密度

（a）分子处于平衡态时；（b）鞍点和（c）键断裂后。参数：$\Delta_0=0.1$eV，$\Delta_d=2.0$eV，$w_d=1$eV，
$\varepsilon_c=0.5$eV，$\lambda=0.75$eV，$D_e=2$eV，右边插入图表示能带的位置

该理论允许以溶剂坐标 q 和键长 r 为函数计算势能面 $V(q, r)$。对直接Explicit计算，方程 $\beta=-A\exp-r/l$（该方程为描述分子间的数学模型，β 为采用休克尔矩阵元素描述的化学键）中的衰减长度设置为 $l=1.3$，它是正常键长的总和，并且设置 $r=0$ 时对应于孤立分子的平衡态距离。图 4-28 给出了处于平衡态的势能面。分子的最低点集中在 $q=0$，$r=0$；键断裂的两个离子对应着低凹处，r 较大，$q=2$。这两个区域被鞍点的能垒分开。该反应的初始体系是分子；由于热力学变化（thermal fluctuation）使其越过鞍点附近的能垒，最后松弛在低凹处形成两个独立的离子。当分子越过能垒时，其反键轨道与靠近 Fermi 位的 d 能态之间强烈的相互作用，对活化能有显著的影响，下面对此将进行详细的证明。

过电势 η 可以将终态的能量降低 $2e_0\eta$，因此也导致了活化能 E_{act} 的降低。随着驱动力的不同，其活化能的变化称为转换系数（transfer coefficient）。以目前讨论例子而言，该反应发生两电子转移，转换系数为 $\alpha=-dE_{act}/d(2e_0\eta)$。Marcus 理论预测在平衡附近 $\alpha=1/2$ 处，其值对应于正向反向反应的对称性。在该模型中，d 能带的存在打破了这种对称，转换系数值在 0.4～0.6。如果过电势足够高，能垒就会消失，并且分子在吸附时就会发生分解。如果分子间键变弱，与 d 能带的作用增强，也会观察到同样的现象。

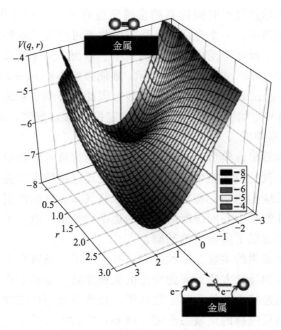

图 4-28　吸附平衡态的势能面

参数：$\Delta_0 = 0.1eV$，$\Delta_d = 2.0eV$，$w_d = 1eV$，$\varepsilon_c = 0.5eV$，$\lambda = 0.75eV$，$D_e = 2eV$

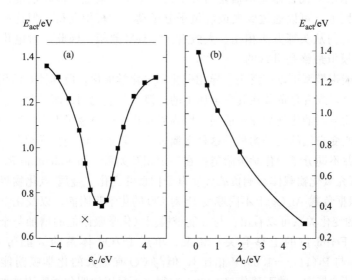

图 4-29　与不同 d 带中心相互作用的活化能图

（a）以 d 带中心位置为变量；（b）以耦合强度为变量。参数：$\Delta_0 = 0.1eV$，$w_d = 1eV$，

$\lambda = 0.75eV$，$D_e = 2eV$；在（a）中 $\Delta_d = 2.0eV$；交叉点表示 $w_d = 2eV$。

在（b）中 $\varepsilon_c = 0.5eV$；最顶端的线表示缺少 d 带中心催化剂时的活化能

　　很明显，只有在 Fermi 位附近的 d 能带对活化能产生影响，那么对给定耦合强度的 Δ_d，位于何处的 d 能带才有最低活化能？d 能带的最佳位置是其中心在 Fermi

位，它可以在体系越过鞍点时同体系的反键轨道有强烈的相互作用。图 4-29 证明了此点。在上述实例中，一个合适的 d 能带的位置可以有效地降低活化能，让实际不发生的反应，在小尺度范围内较容易的发生。然而，并不是态密度恰好在 Fermi 位就可以影响反应速率。如同图 4-27 所示，d 能带中心在 Fermi 位以下的宽 d 能带比 d 能带中心在 Fermi 位的窄 d 能带更有效。因此，必须要系统考虑金属态密度在 Fermi 位的分布细节，如图 4-27 所示，对给定位置的 d 能带，活化能随着耦合强度 Δ_d 的增加而急剧降低。

上述计算可以看出该模型的合理性，即电极的权重 d 能带中心可以用来表征电极的催化活性。也就是说 d 能带中心通常与特定反应物的吸附能有关。但是吸附并不能决定电化学反应的速率，特别是不能用于氧气和氯气的产生。因此，到目前为止，还没有建立 d 能带中心同键断裂反应的速率的关系，但关于 d 能带中心对活化能的影响，该模型提供了实质性的基础。

然而，该模型提供的主要是定性研究，并开辟了一条研究真实体系的道路。为此，必须通过现代的计算方法计算此理论的关键参数。金属的电子构型，特别是 d 能带密度，可以通过标准的从头算方法获得。虽然金属与反应物之间耦合常数不容易直接计算，但是反应物的定域态密度（DOS）能够很容易地在平衡态位置计算出来，并且据此可以通过其适合的程度来获得耦合常数。对真实的计算，可以用量子化学方法的结果来代替休克尔描述的分子键。由于溶剂重组能，使准确的能量很难得到。在原则上，可以通过经典或者量子分子动力学模拟获得，但这些方法有很大的不确定性，与从头算方法相比，大致有 ±0.1eV 差距。因此，对电化学反应催化作用的真实模拟最终是可行的。

尽管 d 能带模型可以广泛用于异相催化和电化学催化，但其针对的仍是过渡金属和贵金属合金，或者是负载在其它金属上的过渡金属催化剂。而对负载在金属氧化物载体上的过渡金属催化剂却并不适用。因为氧化物载体与金属界面之间的共价或离子键的存在会改变它们的电子构型。这种金属表面 d 轨道的改变会导致分子的吸附明显改变，但却并不同分子的化学吸附能存在一定相互关系。如 Valentino R. Cooper[37] 等采用 DFT 研究氧化物载体影响负载金属电子构型的变化（金属-氧化物界面之间的电荷转移）。根据负载 Al_2O_3 上不同厚度 Pt 对 CO 的化学吸附能，以及化学吸附能与 Pt d 能带中心的变化关系可以看出：与 d 能带模型（化学吸附能的增加与金属的 d 能带中心相对于 Fermi 位的上移有关）相反，单层 Pt/O_T 体系的 d 能带中心的下移 $[-2.28eV，与 Pt(111)-1.69eV 相比]$，但与 CO 有更大的化学吸附能。此外双层 Pt/O_T 体系 d 能带中心的下移值（0.03eV）很小不足以说明化学吸附能的降低。由此发现由于金属-氧化物界面间的电荷转移明显地影响了分子轨道的电子构型，导致金属 d 能带中心的移动与分子在金属表面吸附并没有明确的关系。

4.2.3 溶剂效应

实际的电催化反应常常在溶液中进行，电子转移过程也发生在溶液中。在溶液中发生的电子转移反应，溶剂作为一种中介物，对反应的机制、反应的动力学参数等方面有着非常重要的影响。随着理论化学的不断发展，人们对溶剂效应的研究越来越多，也越来越深入。从微观的角度看，溶剂效应包括溶质与溶剂间的色散作用、诱导作用、排斥作用以及静电相互作用等。对于极性溶剂，溶剂化能主要是由溶质与溶剂的静电作用引起的。在极性溶剂中的反应，由于电荷分离前后存在较大的偶极矩差别，因此电荷分离前后的溶剂化自由能比分离前大得多，因此，与气相中的反应相比，溶剂的存在将显著改变电子转移的动力学特征。因此，电子转移的溶剂效应的理论及实验研究具有重要的理论和实际意义。

对于溶剂的研究历来是一个难题，不能单纯宏观地把溶剂看成是一种以密度介电常数、折射率等物理常数表示特性的连续介质，而应视为单个相互作用的溶剂分子组成的不连续介质。根据溶剂分子相互作用的强弱，有的溶剂具有显著的内部结构（例如：水），而有的溶剂分子间相互作用却很弱（例如：烃类）。因此溶剂既不仅仅是一种使被溶解物在其中扩散以达到紊乱而又均匀分布的惰性介质，也不像晶格那样具有规则结构的介质。然而，晶体中分子长距离有序的排列可作为相应于液体中分子局部有序的排列。

溶剂效应处理的问题本质上是多体性质的问题，它们的严格解析解不容易得到，必须采取简化方法加以处理。在电子转移溶剂效应研究中，较为典型的溶剂理论模型大致可分为两种，一种是显性溶剂模型，即溶剂效应采用几个明显的溶剂分子模拟，并参与计算模拟；另一种是隐性溶剂模型，即没有明显的溶剂分子，忽略了分子间相互作用细节的连续介质模型。下面分别讨论。

4.2.3.1 显性溶剂化（外加溶剂分子）模型

(1) 在原子水平的、液体的计算机模拟 一般采用经验势能函数，即分子力学（MM）来描述分子间相互作用能，用分子动力学（MD）方法进行原子水平上的计算机模拟。这种方法克服了连续介质模型的一些缺点，但因明确考虑了溶剂的自由度，计算量较大，而且本质上仍然是经典的方法，因而不能用于具有键的断裂和形成的化学过程和电子状态发生变化的过程，如电子激发和电子转移过程。对这些过程的描述必须采用从头算分子动力学，这对于较大体系的模拟极为困难，甚至难以实现。

(2) 超分子模拟（簇模型） 这种方法是选取一定数目的溶剂分子和溶质分子一起作为一个超分子。其优点是可以用现有的所有量子化学方法在 HF 水平和后 HF 水平给出电子和几何结构的描述，充分考虑溶质和溶剂间的短程作用。但缺点因受到计算水平的限制，所选超分子体系不能过大，溶剂分子个数不能过多，因而不能充分考虑溶剂的远程相互作用。

(3) 量子力学/分子力学（QM/MM）偶合方法 为了克服簇模型的缺点，Karplus 等[69~74]提出了量子力学-分子力学组合（Hybrid quantum mechanics/molecular mechanics，QM/MM）模型，采用量子力学和分子力学相结合的方法来计算溶质分子和溶剂分子的总体能量、溶质-溶剂相互作用能以及溶质分子的电子结构。

在计算时，由于关心的是溶质的性质，对其采用高级别的准确计算（QM），而对于溶剂分子则可以采用低级别的 MM 方法计算。这样就可以增加超分子模型中的溶剂分子数量，充分模拟其长程溶剂效应。其既包括了量子力学的精确性，又利用了分子力学的高效性。

体系的 Hamiltonian 算符可表达为

$$\hat{H}_{\text{eff}} = \hat{H}^0 + \hat{H}_{\text{QM/MM}} + \hat{H}_{\text{MM}}$$

式中，$\hat{H}^0$ 是溶质分子在气态时的 Hamilton 算符；$\hat{H}_{\text{MM}}$ 是溶剂间相互作用能，用经典力场计算；$\hat{H}_{\text{QM/MM}}$ 是溶质和溶剂间的相互作用能，显然这部分是 QM/MM 组合模型的核心。这种作用主要包括库仑作用 $\hat{H}_{\text{QM/MM}}^{\text{cl}}$，范德华势 $\hat{H}_{\text{QM/MM}}^{\text{vdw}}$ 和极化作用 $\hat{H}_{\text{QM/MM}}^{\text{pol}}$。

Warshel 等[75,76]发展了另一种量子化学与分子力学相结合的计算方法，称之为经验价键理论计算方法（EVB）。EVB 的计算思路与 QM/MM 模型比较，只是 QM 区用价键理论计算，在解久期方程时加入经验参数。与 MO/MM 计算方法比较，这一方法可将计算结果与实验数据拟合，调节参数，并且在优化经验参数时，不但可以同气相实验数据拟合，而且也可以与溶液中的实验参数拟合，这是 EVB 理论的优点。现 EVB 理论被广泛地应用于溶液中的化学反应和酶催化机理的研究。但 EVB 方法对能量计算过程是建立在分子力学基础上，不仅对不同体系须选择不同参数，且反应物和产物之间的 Hamiltonian 项更认为与溶剂效应无关。Mo 等[77]提出了一个在从头算水平上的分子轨道价键（MOVB）方法，克服了 EVB 的缺陷。

另外，Gao 等在 QM/MM 方法的基础上提出了 Monte Carlo QM/MM 计算方法。与统计力学原理结合，QM/MM 组合理论可对凝聚态体系的统计行为进行研究，并进而得到体系的溶剂性质，这些统计性质可直接与实验结果相比较。

（4）应用实例 显性溶剂模型由于溶剂分子直接参与到计算中，溶剂分子的数目直接影响着计算精度和效率，但由于该模型能有效显示溶剂分子、反应物以及催化剂表面的相互作用，了解其质子转移、表面迁移以及溢流效应等，因此该模型得到了广泛的应用。下面以溶剂化甲醇在 Pd(111) 表面的催化氧化为例，介绍显性溶剂分子簇模型模拟酸碱介质对催化反应的影响的应用[78]。

关于水在过渡金属表面吸附的研究，已有很多报道，最常见的有两种构型，一种是 "H-up"，另一种是 "H-down"。采用 DFT-GGA 方法计算了 Pd(111) 表面上水分子的吸附构型，所得构型如图 4-30 所示，水分子以规则褶皱六边形的形式存在，水分子之间的距离具有近似对称性的排列，六个水分子在表面总的能量变化为 $-419.94\text{kJ} \cdot \text{mol}^{-1}$，这样每个水分子的平均吸附能为 $-69.99\text{kJ} \cdot \text{mol}^{-1}$。我们同样计算了 1/9 吸附下单个水分子的吸附能，其值为 $-46.07\text{kJ} \cdot \text{mol}^{-1}$，而在每个单位超胞中存在六个氢键，由此我们可以得到每个氢键对体系能量降低的贡献约

为 $-23.92kJ \cdot mol^{-1}$，该能量在水分子中氢键试验值能量 $19.3 \sim 24.1kJ \cdot mol^{-1}$ 范围内，说明该计算方法和模型的可靠性。

图 4-30　纯水在 Pd 表面的吸附构型，左为俯视图，右为侧视图

以上面单分子水层在 Pd 表面的构型为基础，将甲醇分子代替其中一个水分子，甲醇的 OH 基团与水平方向上被替代水分子的 OH 基团构型相近。构型优化后如图 4-31 所示，褶皱六边形构型基本保持不变。甲醇的加入对氢键体系影响很小，体系总的吸附能为 $-416.30kJ \cdot mol^{-1}$，由此得到溶液中甲醇对吸附能的贡献为 $-66.35kJ \cdot mol^{-1}$，与气相条件下计算获得的单个甲醇分子的吸附能 $-38.15kJ \cdot mol^{-1}$ 相比，说明甲醇分子在溶液体系中更容易吸附在金属表面，体系能量的降低主要是由与其邻近的水分子形成氢键引起的。此时甲醇以分子形式存在，Pd 对其不具有催化活性。

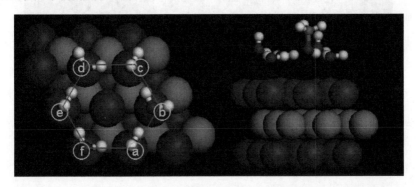

图 4-31　Pd 表面上水与甲醇分子的吸附构型（左为俯视图，右为侧视图）

实验发现 Pd 只有在碱性介质中才对甲醇氧化有较好的催化活性，由此在上述溶剂化模型的基础上，分别模拟酸性和碱性介质下 Pd 对甲醇的活化性能的差别。酸性介质中，采用一个 HCl 分子代替 b 处水分子，可以发现随着 HCl 分子在水中发生溶剂化的过程，在 Pd(111) 表面上伴随有质子转移和水合氢离子 H_3O^+ 的形成，如图 4-32 所示。体系总的吸附态的能量变为 $-469.91kJ \cdot mol^{-1}$，此值较在中性条件下更负，能量的降低可能是水合氢离子的形成以及局域强氢键的作用的结果。甲醇分子中的各键长发生最大变化的是 CO 键长，较在中性体系中伸长了 $0.005Å$，

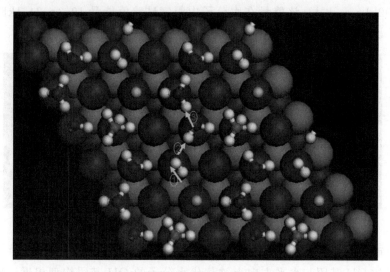

图 4-32　酸性环境体系的吸附构型

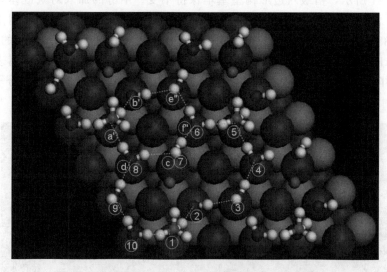

图 4-33　甲醇分子以 O—H 键伸长的活化形式存在

此值很小，可认为甲醇分子仍然以其分子态吸附形式存在，酸性条件下的 Pd(111) 面对甲醇分子不具有催化活性。

　　碱性介质中，采用 NaOH 来代替 HCl 分子以模拟碱性体系。分别考虑了 NaOH 分子的 OH 平行于表面法向和垂直于表面法向的形式。发现碱性体系中存在三种情况。①甲醇分子的 O—H 受到活化，但是没有键的断裂与生成，甲醇分子以活化甲醇分子的形式存在，见图 4-33；②甲醇分子的 O—H 受到活化而发生断裂，以吸附态的 CH$_3$O 形式存在，见图 4-34；③甲醇分子的 O—H 受到活化导致有键的断裂与生成，并伴随有质子转移，但甲醇分子仍然以活化甲醇分子的形式存在，见图 4-35。上述构型体系的吸附态总能量变化分别为 $-555.92\mathrm{kJ \cdot mol^{-1}}$、$-579.52\mathrm{kJ \cdot mol^{-1}}$、$-588.27\mathrm{kJ \cdot mol^{-1}}$，这些能量的变化包括界面溶液构型发生变化引起的溶剂重排能、形成离子水合物的水合能以及化学键断裂与生成的反应能对总的吸附态能量变化的贡献。与酸性介质中相比，碱性环境下，由于 OH 的引入使原来的氢键体系遭到破坏，形成新的具有不规则六边形和十边形的氢键体系，广义吸附能降低明显，甲醇分子可分别以活化分子和甲氧基吸附的形式存在。

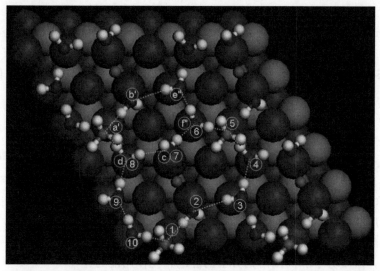

图 4-34　甲醇分子的 O—H 键伸长而发生断裂，以甲氧基的形式存在

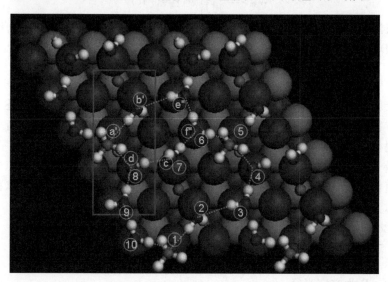

图 4-35　甲醇分子以 O—H 键伸长的活化形式存在，伴随有旧键的断裂和新键的生成

4.2.3.2　隐性溶剂化（极化统一）模型

忽略分子间相互作用细节的连续介质模型——各种自洽反应场（SCRF）模型

和导体屏蔽模型（COSMO）。一般说来，连续介质模型关注的是溶剂的静电效应，溶剂被看作均匀的连续介质[51~53]。这些模型忽略了溶剂的分子细节，极大地降低了所处理体系的自由度，使得计算成本小，可用于溶质和溶剂分子长程静电力起支配作用的体系较精确的描述。但这种方法不能用于溶质与溶剂分子间存在特定相互作用（如氢键）体系的描述。常见的有 Onsager 模型[54~61]，极化连续介质模型（PCM）[62~65]，类导体屏蔽模型（COSMO）[68]，（静态）等密度曲面极化连续模型（IPCM）[66]和自洽等密度模型 PCM（SCI-PCM）[66]。

(1) 连续介质的经典模型 溶质分子处于一空穴中，空穴内视为真空，介电常数 $\varepsilon = 1$，空穴周围是介电常数为 ε 的连续介质。记空穴内电势为 ϕ_{in}，空穴外电势为 ϕ_{out}，$\vec{n}$ 为从空穴内指向外的向量，此时，有如下的泊松方程和边界条件：

$$\nabla^2 \phi_{in}(\vec{r}) = -4\pi \rho(\vec{r})$$

$$\nabla^2 \phi_{out}(\vec{r}) = 0$$

$$\phi_{in} = \phi_{out}（边界外）$$

$$\partial \phi_{in} / \partial \vec{n} = \varepsilon \, \partial \phi_{out} / \partial \vec{n}（边界外）$$

对于有一定电荷分布 $\rho(r)$ 的溶质分子来说，由于它将在空穴表面产生极化电荷，因而电势 ϕ 将不同于真空中的情况。同时，由于表面极化电荷的存在，产生一个电场（反应场），反过来又影响溶质分子的 $\rho(r)$。对于刚性模型，通常认为 $\rho(r)$ 不发生变化，而在非刚性模型中则考虑了这种影响。

此时，溶质分子和周围溶剂分子的静电相互作用能为：

$$W_{ins} = \iiint_v \rho(r) \phi(r) \, dr^3$$

定义溶剂化自由能静电作用部分 ΔG_{el} 为将溶质分子从气态挪到静电场中的空穴内克服电场力所做的功，在刚性模型近似下，有如下关系：

$$\Delta G_{el} = \frac{1}{2} W_{ins}$$

以上就是溶质分子和周围溶剂分子的相互作用静电场模型的基本描述，当边界条件具有特殊的几何形状时（如球面），并且溶质分子的描述也作一定简化（如点电荷或偶极子近似）时，可求得上述问题的解析解。

在量子力学建立以前，人们对溶质分子的近似处理是通常把其看作点电荷或偶极子，更精确的处理是看成电四极矩二极张量或更高的张量。对空穴形状的描述以球或椭球为主。

① Born 模型（点电荷近似）[51]

$$\Delta G_{el}^0 = -\frac{\varepsilon - 1}{2\varepsilon} \frac{q^3}{R}$$

式中，R 为空穴半径。

② Bell 模型（偶极子近似）[52] 设位于球心的点偶极具有偶极矩 μ，则

$$\Delta G_{el}^0 = -\frac{\varepsilon - 1}{2\varepsilon + 1} \frac{\mu^2}{R^3}.$$

③ Abraham 模型（四极矩近似）[53]

$$\Delta G_{el}^0 = -\frac{\varepsilon-1}{3\varepsilon+2}\frac{3}{4R^5}\sum_{i\neq j=1}^{3}\left[4\theta_{ii}^2+3(\theta_{ij}+\theta_{ji})-4\theta_{ij}\theta_{ji}\right]$$

式中，四极矩张量 $\theta_{ij}=\sum_k r_{ki}\mu_{kj}$；$r_{ki}$ 和 μ_{kj} 分别为第 k 个键上的向量分量和偶极矩分量。

④ Onsager 模型[54]　　Onsager 模型是偶极子近似，但它考虑了感应电荷产生的反应场对溶质分子偶极矩 μ 的影响，并以极化率 α 表征。所以 Onsager 模型不同于前面的模型，是非刚性模型。

$$\Delta G_{el}^1 = -\frac{\varepsilon-1}{2\varepsilon+1}\frac{\mu^2}{R^3}\left[1-\frac{\varepsilon-1}{2\varepsilon+1}\frac{2\alpha}{R^3}\right]^{-1}$$

以上几种模型均为球形近似，然而对大多数分子来说，用椭球模型更接近真实的情况，Rivial 等在这方面做了许多工作。

从上面可以看出，用静电场模型来处理溶剂化效应，尽管有各种不同的模型，其差别主要在于以下三个方面：

a. 空穴形状选取，由于受数学工具的限制，绝大部分采用的是球形和椭球近似；

b. 溶质分子电荷分布的描述方式，这方面以点电荷、偶极矩和电四极矩近似为多；

c. 刚性和非刚性的描述，即是否考虑感应电荷的电场对溶质分子电荷分布的影响。

(2) 自恰反应场（SCRF）理论　为了研究溶剂效应，Onsager[54] 提出了反应场理论（reaction field theory），在这个模型中，溶质被放在一个介电常数为 ε 的连续介质中的空穴内，这个空穴可以是球形、椭球形或者其它形状，为计算方便起见，通常选为球形。Tapia 和 Goscinski[55] 将 Onsager 的反应场理论加入到量子化学分子轨道理论中，发展成为自恰反应场（SCRF）模型。此后，这一模型被广泛应用于溶剂效应的研究中，又分为半经验量子化学计算方法和从头计算分子轨道理论计算方法。Sterwart[56] 将 SCRF 理论加入到半经验量子化学程序 AM1 中，编制了可计算溶剂效应的半经验量子化学程序 MOPAC。Wiberg[57~60] 等将 SCRF 理论加入到 Gaussian 程序包中，现将这一理论的计算方法概述如下。

溶质分子固有的偶极矩 μ 作用于溶剂分子，使得溶剂分子产生一诱导偶极矩，这一诱导偶极矩反作用于溶质分子，从而对溶质分子产生一个额外的稳定作用。在分子轨道理论中，溶剂效应被当作溶质分子原有 Halmiton 算符 H^0 的微扰项 H'。若用 H_{rf} 表示溶质分子在连续介质中的 Halmiton 算符，则 $H_{rf}=H^0+H'$。微扰项可以表达为溶质分子偶极矩算符 μ 和反应场 R 的偶合，即 $H'=-\mu R$。并且反应场 R 正比于分子的偶极矩 μ，即 $R=\mu g$，其中比例系数 g 反映反应场的强度，它与介质的介电常数和空穴半径 a_0 有关，其关系式为：$g=\dfrac{2(\varepsilon-1)}{(2\varepsilon+1)a_0^3}$。

在自洽场波函数中，反应场的溶剂效应被当作 Fock 矩阵的附加项进行计算：$F_{\lambda o} = F_{\lambda o}^{0} - g\mu\langle\phi_{\lambda}|\mu|\phi_{o}\rangle$，其中 ϕ_{λ} 和 ϕ_{o} 为基函数。当溶剂的极化作用引入之后，分子的总能量可表达为：$E = \langle\phi|H^{0}|\phi\rangle - 0.5\mu R$，其中 ϕ 是分子的总波函数。

关于静电项 ΔG_{el} 的处理，自洽反应场模型有三个显著的特点：一是用离散化数值方法解决空穴表面电荷分布问题，从而把边界条件的几何形状限制取消了；二是直接用量子力学的方法处理溶质分子，而不用其它近似；三是反应场嵌入分子体系 Halmiton 算符进行自洽迭代求解，体系最终达到的平衡不再是单纯的静电平衡，而是包括了溶质分子的几何构型、能量等的整个体系的平衡，溶质分子的描述近于完备。

溶质分子从真空移入介电常数为 ε 的连续介质中的空穴内，除了与感应电荷作用导致静电自由能的变化外，还将发生下列变化：

① "挖出" 一个空穴所做的功；

② 体系的熵变；

③ 除静电相互作用外，还有范德华非静电作用。

这三项都与空穴表面积有关，熵的计算通常较为困难。实际处理非静电自由能时，通常采用下面的经验公式[61]：

$$\Delta G_{\text{no-el}} = \gamma A + b$$

式中，A 为空穴表面积；γ 和 b 为经验常数，这样，非静电自由能的计算在经验常数确定后就取决于空穴的表面积，这完全可用上面计算静电自由能时的数据。

(3) 可极化连续介质模型（polarizable continuum model，PCM） PCM[62~65] 是 Tomasi 等于 1981 年开始发展起来的一种较为成熟的自洽反应场模型，其后在 1995 年作了校正，在 1998 年对计算公式作了较大的改进。在整个发展过程中一直保持的是边界元方法（boundary element method，BEM）和外观表面电荷方法（apparent surface charge approach，ASC）。PCM 在计算过程中大致有以下几个步骤：

① 在气相中通过优化构型，得到（核和电子）电荷的空间分布 $\rho(r)$，溶质分子产生的电势为 $\phi_{m}(r) = \int_{\Omega} \rho(r)/(r-r')\mathrm{d}r'$；

② 设空穴表面电荷密度为 $o(s)$，则 $o(s) = (\varepsilon - \varepsilon_{0})\nabla\phi_{m}(r) \cdot n$，其中 n 为空穴表面单位法向量；

③ 将空穴表面电荷离散化，空穴表面分割成很多个面，各个面上电荷为 $q_{i} = o(s_{i})a_{i}$，a_{i} 为面积，表面电荷产生一个势场（反应场）ϕ_{o}；

④ 分子的 Halmiton 为 $\hat{H}_{o} + \phi_{o}$（$\hat{H}_{o}$ 为气相 Halmiton），薛定谔方程为：

$$(\hat{H}_{0} + \phi_{o})\psi' = E\psi'$$

重复上述步骤，直到自洽，最后得到分子在溶液中的能量，波函数及表面电荷密度 ϕ_{o}。

PCM 有多种方法，原始的 PCM 方法（dielectric PCM，D-PCM）[63,64] 采用的

是每个原子球形重叠在一起组成的空穴。等密度 PCM（isodensity PCM，IPCM）[66]方法则采用的是一个表面电子密度相同的空穴，自洽等密度 PCM（self-consistent Isodensity PCM，SCIPCM）[66]方法与 IPCM 方法在理论上相似，但 SCIPCM 把空穴的计算嵌入到 SCF 的过程中，尽管从计算过程来看是自洽的过程，但有研究表明 SCIPCM[62,67]会导致 SCRF 过程相当的不稳定，比原始的 PCM 方法更不可靠。

类导体屏蔽模型（conductor-like screening model，COSMO）[68]也是自洽反应场模型，它在极性较强的溶剂条件下，直接假设边界上电势为零，是一种较快的计算方法，但这是以更多的近似降低准确性为代价的。COSMO-RS（COSMO for realistic solvents）改进了非静电效应计算方案，能用于模拟各种溶剂的效应。

无论是静电场模型还是自洽反应场模型，对溶剂分子的处理都是连续介质近似。这种近似在实际中忽略了一些效应，首先，从微观的角度来看，溶质分子的周围是不断无规则运动的溶剂分子，换句话说，场是动态变化的。这种动态变化的程度显然与无规则运动的剧烈程度有关，也就是说，与温度有关。其次，将感应电荷的分布看作是在空穴表面，这是没有明确根据的。最后，既然为静态模型，那么相应的对许多动态化学过程，如光化反应、电子转移等的描述不可避免地受到限制。

连续介质模型虽然能计算分子在溶液中的性质和反应性，但由于采用的是溶剂的平均场模型，所计算的结果只能反映溶剂的总体效应，不能计算溶剂的具体性质，更不能将溶质-溶剂相互作用分解成静电作用能、范德华作用能和氢键作用能，且其计算结果依赖于反应场的选择。

4.2.4 电极电势的模拟

电化学反应中，电极显著地影响某些电极反应的速度，而电极本身不发生任何净变化的作用，称为电催化，电极就是电催化剂。电催化与异相化学催化不同之处主要有：①电催化与电极电位有关；②溶液中不参与电极反应的离子和溶剂分子常常对电催化有明显的影响；③电催化通常在较低温度下起作用。由于电极反应速度受电极电位影响，电极电位可以改变电极的能级，以及反应的活化能。因此在理论计算和模拟中，电极电势是电化学反应模拟的重要参数。在此主要介绍目前常采用的几种模拟电极电势的方法。主要包括：定域反应中心电子转移理论；正则模型和巨正则模型。正则模型对应具有恒定电子数 N_e 的体系，巨正则模型则对应具有恒定化学势 μ 的体系。

4.2.4.1 定域反应中心电子转移理论[79~82]

定域反应中心电子理论是 Anderson 等人在 Marcus 的电子转移理论基础上发展起来的。采用此理论可以方便的模拟不同电极电势下的电化学反应。

定域反应中心电子转移理论中，一定的电势下，当反应中心由于构型的热振动，能够从电极接受电子（模拟还原）或把电子转移给电极（模拟氧化）时，电化学反应才能发生。而电极与反应中心之间的电子转移反应是无辐射的，即没有能量的消耗和释放。

金属电极表面电子的化学势就是其 Fermi 能级，其值与表面热力学功函 φ 的负值相等。以标准氢电极为参比，电极电势 $U(V)$ 可以表示为：

$$U(V) = \varphi(eV) - \varphi_{H^+/H_2}(eV)$$

式中，φ_{H^+/H_2} 是标准氢电极热力学功函，通常取值为 4.6eV。

在上述理论基础上，目前发展出两种模拟电化学反应的方法。在电化学反应中，电极总是作为电子的给体或受体，因此可以采用一些小尺寸的电子给体或受体替代电极，这些电子给体或受体与反应中心无相互作用，并且容易计算和模拟。选定电子给体（受体）的唯一条件是，它的电离电势（电子亲和势）必须同要替换电极的热力学功函匹配。比如在研究金刚石电极上的析氢反应时，Li 原子可以作为电子给体模拟金刚石电极。

另外一种更简便的方法则是考虑真空尺度下电子能量来模拟特定电势下的电极，其电极电势可以表述成：

$$U(V) = E_{e^-}(eV) - 4.6$$

$E_{e^-}(eV)$ 是真空尺度下电子的能量。图 4-36 显示了电化学尺度的电势同真空尺度下能量的关系，φ_{H^+/H_2} 取值为 4.6。在此图中，标准电化学尺度下电极的电极电势为 0.7V 时，其热力学功函等于 5.3eV，相应的 Fermi 能级为 $-5.3eV$。也就是说，电极上的电子（可以是来自电极或者是来自反应中心）在真空尺度下的能量为 $-5.3eV$。电极的电化学电势越小，Fermi 能级上的电子能量则越高。

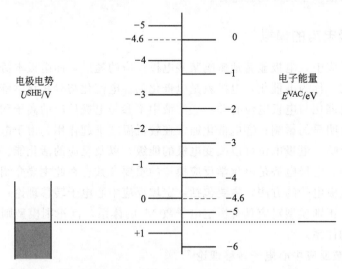

图 4-36　真空能级与电化学势（vs. 标准氢电极）间的相互关系图

对还原反应，如氧气的电化学还原反应，反应中心的氧化态（Ox）物种通过热振动处于活化态，能够接受一定能量（E_{e^-}）的电子，然后形成还原态（Red）物种。

$$Ox^* + e^-(E_{e^-}) \longrightarrow Red^*$$

式中的"*"表示反应中心在氧化态和还原态都是处在热振动后的活化状态。由此可以看出，能被一定能量电子 E_{e^-} 还原的氧化态的反应中心含有唯一的构型，此构型必须满足反应氧化态的电子亲和势与电子能量的值相等，除此之外的其它构型都不满足电子的无辐射转移。

因此，根据上述模型，就可以通过寻找具有相同电子亲和势的反应中心的构型，来研究特定电势下电化学还原反应的电子转移。也可以通过寻找代表两个不同电子状态的势能面的交点来实现（比如反应物和产物的势能面）。以还原反应为例，反应物的势能面为 $(E_{Ox^*} + E_{e^-})$；产物的势能面为 E_{Red^*}。图 4-37 给出了在三个不同电极电势上两个势能面相交的示意图。在某一电极电势下，$U_{red} = 0$ 即还原过程无能垒，两个势能面的相交包括了 Ox 面的最低点。对另一电极电势，$U_{oxi} = 0$，氧化过程则无能垒，两个势能面的相交则包括了 Red 面的最低点。当电极电势在上述电极电势之间时，是可逆电势。在此电势下氧化态和还原态处在平衡位置。因此，电子转移态在两个势能面上并不是一个稳定点。

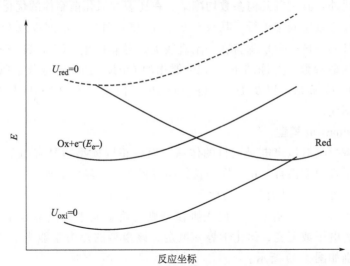

图 4-37　氧化和还原物种在电子转移过程中的势能面示意图
图中考虑不同电势条件氧化物种电子的能量

通常，一个体系含有 $3N-6$ 个分子内坐标（一个反应体系含有 N 个原子），每个具有不变电子亲和势的点（超曲面）的轨迹形成一个 $(3N-7)$ 维的面。这些超曲面上的能量最低点的构型通常认为是电子转移态。直接通过模型搜索来确定电子转移状态非常耗时，并且对计算程序要求十分苛刻。目前采用待定因子的 Lagrange 方法开发的计算机程序可以自动搜索电子转移状态，该方法已经较成功用于 Pt-OH$_2$ 氧化的计算。

对催化剂活性的研究最重要的一个参数是活化能，它可以直接与经典能垒高度关联起来，如反应物与过渡态（鞍点）之间的能量差。对于某些体系，如氧气在

Pt 电极上的电化学还原，其电子转移态是沿着反应坐标变化的能量最高点，并且与过渡态一致。一旦确认电子转移状态，其能垒高度（活化能）就可以通过过渡态能与范德华力形成的反应物之间的能量差确定。

以单原子 Pt 催化 O_2 电化学还原为例，其反应中心模型如图 4-38 所示。

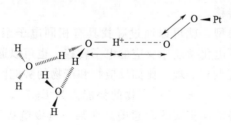

图 4-38   氧化或还原过程中的变量参数和反应模型

溶剂中的 H^+，采用水合氢离子加两个水模拟，$(H_2O)_2H_2O-H^+$，具有 C_s 对称构型。$(H_2O)_2H_2O-H^+$ 经过初始构型优化后，除 $O-H^+$ 键键长在活化能确定中保持变化外，其它各几何参数均冻结。在还原和氧化前驱体的优化如同过渡态搜索一样，在三维空间中进行。其只有 $O-H^+$ 键，$H^+{\cdots}O_2$ 间以及 $O-O$ 键的距离改变，并且 $O-H^+{\cdots}O_2$ 保持在一条直线上。对非催化 ORR，$H^+{\cdots}O-O$ 键角取初始优化构型参数，并冻结不变。Pt 催化的 ORR，Pt—O 键长，Pt—O—O 键角，$H^+{\cdots}O-O$ 键角，以及 $H^+{\cdots}O-O-Pt$ 二面角均取 PtOOH 构型的优化参数，并冻结不变。

4.2.4.2　Canonical 模型

正则模型指具有恒定电子数目的体系，而巨正则模型指具有恒定化学势的体系。对金属平板模型而言，正则模型就如同放置在外电场中的孤立平板模型（类似一个独立的电容板），具有恒定的电子数（N_e＝常数），其热力学能（Helmholtz 自由能）为 $F(T, V, N_e)$[83]。巨正则模型则是将金属平板模型看作是电路的一部分，体系的电子数可变，但化学势 μ 恒定，该模型的热力学能为 $\Omega(T, V, \mu)$。两模型的差别如图 4-39 所示。

在体系的金属平板中加入"预先确定的电子数 N_e"，随后引入一个补偿背景电荷（compensating background charge）n_{bg}，将其均匀分布在整个元胞（unit cell）中以维持体系的电中性，则可以通过简单的增减体系的电子数来模拟电极电势。此方法在气相体系中可以很容易实现，因为通过能带计算的体系功函 $\phi(f)$，已经相对于表面电势 $\phi'(v)$ 进行了校正，即：

$$\phi(f)=\phi'(f)-\phi'(v) \tag{4-17}$$

但在模拟溶剂效应时，需将水溶液引入金属平板之间的真空层，作为溶液/金属界面模型，补偿背景电荷方向上的带电平板使水层极化，以此来模拟电化学双电层，金属/溶液的情况较气相的更为复杂。

在正则模型基础上发展的模拟金属/溶液体系电极电势的方法，被 Filhol、

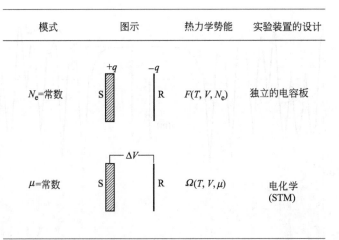

模式	图示	热力学势能	实验装置的设计

图 4-39　系统中电极 S 电极电势可以通过恒定电子数（"N_e＝常数"模型）
或恒定电势差（"μ＝常数"模型）来维持。其中恒定电势差 ΔV 相对于
辅助电极 R。"N_e＝常数"模型中，相对于热力学势能的是亥姆赫兹
自由能 F；"μ＝常数"模型中则对应于巨势 Ω

Neurock 及 Taylor 称为双参比方法（double reference method）[84～86]。主要因该模型存在两个内参比：第一内参比是真空能级 $\varphi(v)$，用于确定中性体系的 Fermi 能级 $\phi_0(f)$；第二内参比是中性体系溶液的静电势 $\varphi(w)$，用于确定带 q 电荷体系的 Fermi 能级 $\phi_q(f)$。根据公式(4-18) 以及体系的 Fermi 能级可以实现通过增减体系的电子数模拟不同的电极电势。

$$U_q/V = -4.8 - \phi_q(f) \tag{4-18}$$

此公式表示以标准氢电极为参比的电极电势与真空尺度下电子能量的转换关系。4.8 为标准氢电极的绝对电势，其值在 4.4～4.8 范围内，也可以通过第一性原理自洽计算得到。

真空能级 $\varphi(v)$ 是在金属/溶液平板模型中，在平板模型的两侧引入足够大的真空层（约 20Å），此时中心处的 $\varphi'(v) = \varphi(v) = 0$。依据该参比就可以根据原始体系的 Fermi 能级 $\phi_0'(f)$ 得到相对的 Fermi 能级 $\phi_0(f)$，由此计算电化学电势，如图 4-40 所示。

$$\phi_0(f) = \phi_0'(f) - \phi'(m) + \phi'(m) - \phi'(v) \tag{4-19}$$

式中，$\phi_0'(m)$ 是无真空层时中性金属平板模型电势；$\phi'(m)$ 为含真空层中性金属平板模型电势；$\phi'(v)$ 则为真空能级。

上述针对中性体系的相对 Fermi 能级的计算，当体系增减了相应电子带上 q 电荷后，还需要建立另一个内参比。定义远离电极的溶液处的静电势为第二内参比，如图 4-39 所示。此时所有的电势包括 Fermi 能级 $\phi'(f)$ 也相对该内参比变化。

$$\phi_q(f) = \phi_q'(f) - \phi_q'(w) + \phi_0'(w) \tag{4-20}$$

式中，$\phi_q(f)$ 为带 q 电荷体系的相对 Fermi 能级；$\phi_q'(f)$ 为原始带 q 电荷体系

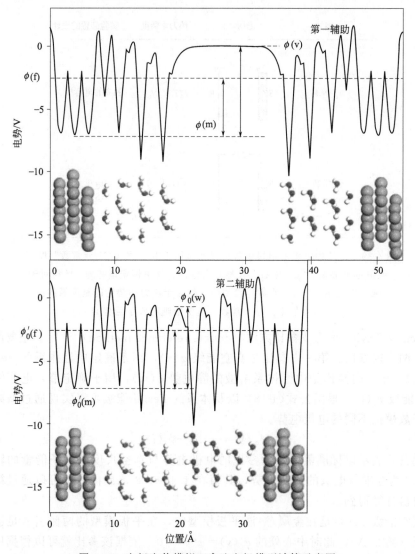

图 4-40 电极电势模拟双参比电极模型计算示意图

的 Fermi 能级；$\phi'_q(w)$ 为带 q 电荷溶液的静电势；$\phi'_0(w)$ 为中性体系溶液的静电势。最终的电极电势则采用相对的 Fermi 能级 $\phi_q(f)$ 进行转换。

Filhol、Neurock 及 Taylor 用双参比方法有效地模拟外加电极电势下 Pd 表面水的电化学活化，模拟计算预测水在酸性介质中的电化学氧化电位为 1.1V，碱性介质中水的还原电位为 0.5V。使用双参比方法模拟结果与实验一致。

Yeh 研究小组则[87]分别采用了双参比方法以及外加电场的方法模拟电极电势，研究外加电势以及溶剂对 Pt(111) 晶面上氧气的吸附的影响。采用双参比电极模拟电极电势发现：O_2 与 H_2O 之间分别通过"空间"和"表面"的相互作用形式影响着 O_2-Pt(111) 间的作用。H_2O 与 O_2 间的氢键促使电子从金属表面转移给 O_2，增长了 O—O 键，增加了 O_2 的负电荷，降低了振动频率。当 O_2 存在水溶液中时，Pt-H_2O 间距离变短，证实 O_2 与 H_2O 在表面存在相互作用。计算还发现，只有当电极电位超过某一阈值时，氧气替代水分子才发生，且电位越正越有利该替代。与外加电场方法以及文献中提到的其它电子结构计算方法相比，同样也观察到了此种电势相关的趋势。

4.2.4.3 Grand-canonical 模型[83]

巨正则与正则模型不同，此时体系对应恒定的化学势 μ，而非恒定的电子数 N_e，且体系与热力学能对应的巨热力学势能（grand potential）为 $\Omega(T, V, \mu)$。

在实际计算中，固体表面的 ab initio 计算通常通过应用 Supercell 模型，其中加入一个真空区域，以获得平板方式的表面。每个元胞包括平板及其对应的真空层仍具有三维周期性。尽管超胞方法不是计算表面电子结构的唯一方法，但该计算方案采用超胞方法下的 ab initio 计算是最有效的。

采用"$\mu=$const"模型，其计算方案包括两个步骤：①计算每个超胞的引入补偿电荷、自洽电子密度、势能（potential）和巨势；②通过移除补偿电荷来重新获得孤立超胞的性质并重新计算势能（potential）和巨势，以使其满足适当的边界环境。

(1) 巨势计算 为了研究电子的巨势，可以应用文献[90]提出的方法。这种方法已经被引入 CPMD 代码[91]并且被反复的用于各种形式的 ab initio 计算。

这种方法与对有限温度的 DFT 的 Mermin 扩展有关，此时，Helmholtz 自由能函数为：

$$F[\rho_e] = \Omega[\rho_e] + \mu N_e + E_{ii} \tag{4-21}$$

其与 Mermin 函数共同拥有固定点[92]。在方程式(4-21)中 ρ_e 表示电子密度，其积分得到 N_e 电子，μ 是电子化学势，巨势 Ω 是定义在有限温度 $T>0$ 下的函数，满足式(4-22)：

$$\Omega[\rho_e] = -\frac{2}{\beta}\text{lndet}[1+e^{-\beta(H-\mu)}] - \int d\bar{r}\, \rho_e(\bar{r})\left(\frac{V_H(\bar{r})}{2} + \frac{\delta\Omega_{xc}[\rho_e]}{\delta\rho_e(\bar{r})}\right) + \Omega_{xc}[\rho_e] \tag{4-22}$$

此处 $-\beta(H-\mu)=1/\kappa T$，V_H 是 Hartree 势；Ω_{xc} 是有限温度交换-相关巨势（尽管在计算中需应用 0K 时的交换-相关函数）；H 是一个电子的 Hamiltonian：

$$H = -\frac{1}{2}\nabla^2 + V(\bar{r})$$

有效单电子势 $V(\bar{r})$ 为：

$$V(\bar{r}) = V_H(\bar{r}) + V_{ext}(\bar{r}) + \frac{\delta\Omega_{xc}[\rho_e]}{\delta\rho_e(\bar{r})}$$

V_{ext} 是外部（离子）势（potential）。

为了执行恒定 μ 的计算，在每个自洽步骤根据具有给定值 μ 的 Kohn-Sham 轨道上的部分密度的总和来计算电子密度，从而描绘了电子密度和电子总数 μ 相互依赖。相应的可获得以 μ 为函数的巨势。

　　然而实际上，在给定 μ 下较在给定 N_e 下的自洽步骤收敛慢得多；电子 N_e 的数目或许开始会经历很大的扰动，尽管如此，此过程终究会找到自洽的解决方法。一种简单的加速计算的方法是应用以前对一些 μ 的值的计算的自洽密度，μ 作为电子密度的初始猜测能充分接近预期的值。这种情况下，在 $10 \sim 15$ 步迭代时该过程便会收敛。

　　这种模拟中，电子的总数不是一个整数。在自由能函数中这是允许的，因为在特定温度和电子化学势的巨正则系综中，电子密度是所有可能态的平均。然而，每个态本身都对应不同的但整数数目的电子。问题是通常的交换相关函数不会区分带有整数或者非整数 N_e 的态，而不会认为后者是前者的重叠[93,94]。

　　(2) 补偿电荷校正　补偿电荷可以有随意的外形，如图 4-41(b) 的二维带电薄片。然而，许多情况下，应用的最简单的外形是 uniform 三维背景电荷。在局域电荷缺陷的情况下，均匀背景对能量的贡献随着超胞尺寸 L 衰减[95]：

$$\Delta E_{es} = \frac{q^2 \alpha}{2L} + \frac{2\pi q Q}{3L^3} + O(L^{-5}) \tag{4-23}$$

式中，q 是净电荷；α 是 Madelung 常数；Q 是电荷密度分布的球形四偶极矩；$O(L^{-5})$ 为能量的收敛值。由方程式(4-23)给出的精确的背景校正的减少允许获得更快的超胞尺寸的能量收敛。

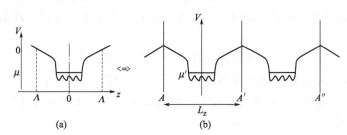

图 4-41　(a) 孤立对称的带电荷平板模型；(b) 周期重复的中性体系由平板模型
和补偿带电荷平面组成

(a) 中 μ 为能量为 0，且 $z = \pm \Lambda$ 时 $V = 0$ 处；相当于将辅助电极
置于 Λ 处；(b) 中的选择与能量为 0 处无关，因为其化学势 μ' 与 (a) 中 μ 有关

　　那么对于带电平板，在知道带有补偿电荷平板的能量和势能，在没有任何补偿电荷或者在远距离参比电极 $\pm \Lambda$ 的补偿电荷下，该如何正确地获得平板的静电能和势能（potential）？此时可以应用由 Schultz[96,97] 提出的方案，将一个总的电荷密度 $\rho(\bar{r})$ 分解成：

$$\rho(\bar{r}) = \rho'(\bar{r}) + \rho_{lm}(\bar{r}) \tag{4-24}$$

ρ' 不包含任何力矩（取决于 1 值），ρ_{lm} 与 ρ 的力矩匹配且具有解析形式。对应 $\rho'(\bar{r})$ 的势能 V' 可以通过应用周期边界条件来计算。与 ρ_{lm} 有关的势能 V_{lm} 可通过将 ρ_{lm} 认为是真空中的孤立电荷来寻找。最后，静电势 V 通过方程(4-24)获得：

$$V(\bar{r}) = V'(\bar{r}) + V_{\mathrm{lm}}(\bar{r}) \tag{4-25}$$

如此看来，均一背景类似方程式(4-24)中 $l=0$ 情况下的特殊形式。

注意通过方程式(4-24)和式(4-25)对势能的校正只对第一阶段准确，因为它不涉及由势能改变引起的电子密度的重新分布。换句话说，如果 V' 和 ρ' 在 DFT 公式中自洽的被计算，ρ' 只是对外部势能 V' 总能量的最小化的密度。通过加入 V_{lm} 的非自洽，改变外部势能，并且 ρ 在 DFT 下不再是一个可变的密度。这在文献[95,98]中已有了认识，并且报道了一个关于电子响应函数的校正。然而，与平板的厚度相比，电池足够大，平板中电子密度的扰动很小且在一级近似中可以被忽略。如果补偿电荷能够放在真空中，那么中性化电荷的移除是精确的，也就是说，它不会影响电子密度的基态。

(3) 实际电极 正如前面所叙述的，如果电子维持在恒定的化学势下，"$\mu=$常数"模式的计算变得必要，这也是在实验中最常见的形式。然而，如果由表面可能的变化引起的表面附近电场的改变（即：表面电荷）是可以忽略的，那么"$N_{\mathrm{e}}=$常数"形式仍然是个很好的近似。随着 Λ 趋于无穷，"$\mu=$常数"和"$N_{\mathrm{e}}=$常数"之间的区别消失，反之则很重要。

或许与"$\mu=$常数"模式相关的最重要的领域之一是电化学。尽管带电电极之间的距离是宏观的，由于电解质中离子的电极电荷的屏蔽，电场被限制在距离电极很小的范围内（在所谓的双电层内）。这种情况下，在特定的电解质中，根据电解质的组成[99,100]，可以选择 Λ 作为典型屏蔽长度。因此，通过调节有效屏蔽长度 Λ，可以很容易地模拟表面效应对电解质浓度的依赖关系（文献[101]给出了双电层的模型的一些综述）。

最后一部分是中性化电荷的移除引起的电子密度的扰动。这是这套方案的主要限制，尤其对于均匀的背景电荷，因为它限制了表面电荷的数量，而表面电荷的考虑是很有意义的。幸运的是即使对于均匀背景的情形，因为在平板的中心 $dV_{\mathrm{b}}(z)/dz=0$，所以影响不是很大；但在平板的边界即真空处则急速增加。分子吸附的平板区域存在一个场的较大修正，故而较分子吸附的平板，对纯净的平板可以考虑更高的场。此方法下的引入补偿电荷不会与平板和吸附分子的电荷密度相重叠，看起来是解决此问题的较好的方法。然后，没有外加电场作用在平板电极上。真空区域可将带电金属板放置其中；而当电极间的空间填满了离子和水时，近似校正均匀背景电荷的应用则是一个较好的选择。

然而，在一些特殊的情形下（尤其是电化学环境中），屏蔽发生在带电表面的紧邻区域，那么通过精确的背景电荷分布来模拟屏蔽效应，甚至优化它的外形或许是有用的。此方案能够很好地达到这个目的。

4.2.4.4 直接的外电场模拟

由于电化学催化反应中，电极及固/液界面处在较大的电场下，因此可以直接将模拟的电极和反应物种放置在外电场中，了解不同外电场下电极表面构型、性质的变化；反应物种在电极表面的吸附构型、性质的变化；以及反应机理的变化。目前，许多软件已经可以直接实现外电场的模拟，比如 Material Studio 软件，它可以模拟外电场下分子构型、性质的变化。如 C. K Acharya 等[88]采用 MS 软件中的 Castep 模块，模拟外电场对 C 载金属催化剂的稳定性影响。金属-C 载体间的强相互作用可以减缓金属催化剂的烧结现象，因此金属在载体上的吸附能越大，其金属催化剂的稳定性越强，抗烧结能力也越强。但除了要了解平衡态下金属在载体上的吸附能外，外电场对催化剂的影响也不容忽视，所以 C. K. Acharya 等人以石墨和 B 掺杂的石墨为载体，研究了不同外电场下 Pt、PtRu 以及 Au 在载体上的吸附能。通常实验条件下电极电势范围在 ±1.5V，假定双电层中外 Helmholtz 层与电极表面中间内层的厚度为 3Å，此时外电场取 ±0.5V/Å，正电场的方向是从簇模型指向表面。他们采用两种方法计算金属簇在石墨表面的吸附能，F 表示电场，方程式（4-26）采用无电场下金属簇的能量，方程式（4-27）采用电场下金属簇的能量。

$$E(graphite+metal)_F - E(graphite)_F - E(metal)_{F=0} \qquad (4\text{-}26)$$

$$E(graphite+metal)_F - E(graphite)_F - E(metal)_F \qquad (4\text{-}27)$$

根据上述两种方法计算电场下金属簇在载体表面的吸附能发现，外电场下金属簇在石墨表面吸附能较无电场时更小，说明外电场下 C 载金属更容易发生烧结。

外加电场除了影响催化剂的稳定性外，其还可以改变电极的能级。在真实的电极反应中，如氧气的电催化还原，是通过外加负电势，升高电极电子的能量，使电极与氧气之间发生电子转移，实现氧气的催化还原。阳极反应则刚好相反，其主要通过外加正电势降低电极电子能量，使反应物种的电子转移到电极上，实现物种的电催化氧化。根据电极与物种间的电子转移主要通过外加电势控制电极能级高低来实现，因此，可以利用外加电场来控制电极的能级，模拟电化学反应中物种与电极间的电子转移。据此，笔者实验小组模拟了电场下 C 负载以及 TiO_2 负载的 Pt、Pd 催化剂对 ORR 的催化活性[89]。根据 O_2 在催化剂表面均为 Yeager 吸附模型（桥式），键长平均为 1.9Å，假定紧密层为 2Å。由于 MS 中电场的量纲为 52V/Å，此时就可以将电场同电化学中的电位对应起来，0.00、0.004、0.006、0.008、0.01、0.012 的电场对应的电位 $[U(vs. SHE)/V]$ 分别为 1.230、0.814、0.606、0.398、0.190、-0.018。根据 4.2.1 所介绍的前线分子轨道理论，氧气的电催化还原，主要是催化剂的 HOMO 能级上的电子转移到 O_2 的 LUMO 能级上，此时催化剂的 HOMO 能级与 O_2 的 LUMO 能级间必须满足对称性匹配且能级接近。图 4-42 就给出了负载在 C 和 TiO_2 载体上的 Pt、Pd 催化剂的 HOMO 能级随电场的变化关系，可以看出，电极电势越负，催化剂的 HOMO 能级越高，与 O_2 LUMO 能级的差距越小。在满足对称性匹配和最大重叠原则下，最优先达到 O_2 LUMO 能级者，其最易发生氧气的第一步电子转移反应。因此根据不同电场下催化剂 HOMO 能级的升高程度以及轨道的形状发现：对 O_2 第一步电子转移反应，C 载体上 Pt 活性高于 Pd；TiO_2 载体上 Pd 的活性高于 Pt。

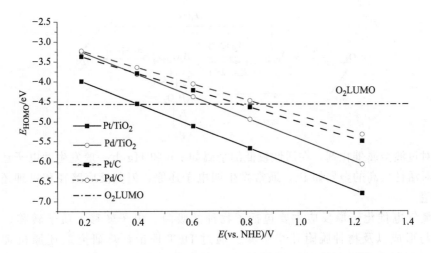

图 4-42　Pt、Pd 分别担载在 C(110)、TiO$_2$(110) 载体上时，催化剂
的 HOMO 能级值随电极电势的变化图[88]

4.3　电极过程动力学模拟及其应用

　　燃料电池作为清洁能源转换装置，是人类解决目前面临环境污染和能源短缺问题的有效手段之一。因此，燃料电池的开发成为目前研究热点，其所包括的电催化反应、电催化剂也随即成为电化学研究的重点。本节以燃料电池中氧气电催化还原和甲醇电化学氧化为例，了解模拟电催化反应动力学过程主要方法。

4.3.1　氧气电催化还原

　　对氧气电催化还原过程动力学的模拟，主要是了解其电催化机理，寻找各基元步骤的过渡态和活化能，确定速度控制步骤，从而了解不同催化剂的催化活性，达到改善催化活性、设计新电催化剂的目的。

　　氧气还原先是氧气接近电极表面然后在上面发生吸附分解，其包括了氧气的扩散与氧气的化学吸附分解，实际上氧分子与溶液中的水分子总是争先占据电极表面的活性部位。氧气的电催化还原反应是多电子还原反应，包括了一系列的基元步骤和不同的中间物种。其氧气催化还原历程基本上包括以下几种可能的途径[102]：

　　① 直接四电子还原反应途径，生成 H$_2$O（酸性介质）或 OH$^-$（碱性介质）；

　　② 生成过氧化氢中间物种的二电子途径；

　　③ 二电子和四电子还原的连续反应途径；

　　④ 包含前面三个步骤的平行反应途径；

　　⑤ 交互式途径，包括了物种从连续反应途径扩散到直接反应途径等。

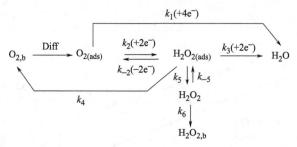

对过渡金属催化剂，在活性较低的金属如 Au 和 Hg 上一般发生两电子还原反应。对活性较高的金属如 Pt，通常发生四电子还原，但其反应路径和机理还不是很清楚。

氧气电催化还原反应主要包括了物种的吸附、电子转移、质子转移、键的断裂与形成以及物种脱附几个步骤。通过 DFT 理论计算研究氧还原机理，寻找速度控制步骤的方法主要可以分为：电化学反应模型和非电化学反应模型。非电化学反应模型只考虑不涉及电子转移的键的断裂与形成、质子的转移等反应。电化学反应模型不仅考虑质子转移，键的断裂形成，还考虑电子转移步骤。这就意味着必须模拟电极电势，了解不同电位下电子转移的难易。目前模拟氧还原机理的电化学反应模型的计算主要包括反应定域反应中心模型、热力学模型与双辅助电极模型。

Anderson 等在定域反应中心电子转移理论的基础上，模拟了在无催化剂以及 Pt 电极催化剂上，氧气在外电场条件下的一系列电催化还原动力学过程。

Anderson 对无催化剂的 O_2 电化学还原提出了单电子模型[103,104]：

$$O_2 + H^+(aq) + e^-(U) \longrightarrow HOO \cdot (aq) \tag{4-28}$$

$$HOO \cdot (aq) + H^+(aq) + e^-(U) \longrightarrow H_2O_2(aq) \tag{4-29}$$

$$H_2O_2(aq) + H^+(aq) + e^-(U) \longrightarrow HO \cdot (g) + H_2O(l) \tag{4-30}$$

$$HO \cdot (g) + H^+(aq) + e^-(U) \longrightarrow H_2O(l) \tag{4-31}$$

根据定域反应场电子转移理论，考虑到溶剂化效应，利用显性溶剂模型模拟溶剂效应。模型中采用水合氢离子和两个水分子模拟溶剂化质子 $[H—OH_2(OH)_2]^+$。

并通过从头计算得到了氧气还原成水各个步骤的反应活化能，其活化能顺序变化为式(4-30)＞式(4-28)＞式(4-29)＞式(4-31)，这意味着，没有催化剂催化下的 ORR，H_2O_2 最难分解。所以要提高 ORR 的速率，须找到利于 H_2O_2 分解的催化剂。当 ORR 在有利于 H_2O_2 分解的催化剂上进行时，反应式(4-28) 就成为 ORR 的控制步骤。在此基础上，他们又发展计算了 Pt 催化剂上的氧还原反应，发现反应式(4-28) 是 ORR 的速控步，与式(4-29) 不同的是 Pt 上桥性吸附的 O_2 还原成 HOO 更易分解成吸附 O 以及 OH。下面以 Pt 上氧还原反应为例，重点讨论 Pt 催化剂上 ORR 的动力学过程模拟。

Anderson 的实验小组采用 Gaussian 程序对 Pt 上 ORR 动力学进行了一系列的从头算模拟[105~108]。因为 Pt 电极上氧气的还原机理并不清楚，到底是先离解再发生电子转移，还是先发生电子质子转移后再发生离解呢？由此出发 Anderson 实验小组对可能的氧气还原机理进行了模拟，通过不同电极电势下过渡态搜索计算可能机理各基元步骤的活化能，找到 Pt 电极上氧气还原的主要反应过程。

他们在对 O_2 还原步骤的模拟时，不仅考虑外电场对反应过程的影响，还考虑酸性介质对反应的影响[106,107]。为了提高计算效率，使计算更易处理，取体相构型的 Pt_2 二聚体来模拟催化剂表面，溶剂化效应采用显性溶剂化模型模拟，对 H_{ad}^+ 采用含两个水分子的水合氢离子进行模拟。如图 4-43 所示。

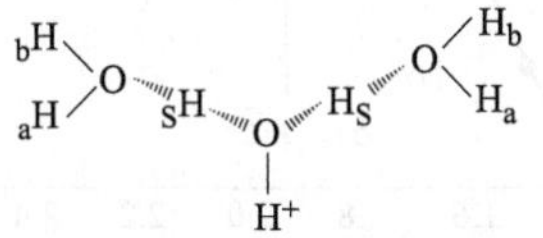

图 4-43　水合氢离子的优化结构

为了更好地模拟酸性介质中 Pt 电极上氧气还原机理，计算中还考虑了反应中心处带相反电荷的离子以及电解液所带来的静电场效应。其将 $-1/2e^-$ 的电荷放置在沿水合氢离子 H^+---OH_2 轴远离反应中心，且离中心氧原子 10Å 处，模拟电解液离子对体系的 Madelung 势。

设定基础：假定电解质中，水合氢离子以及 -1 价的阴离子平均分布，如高氯酸盐按岩盐结构，阴阳离子距离为 $R_0 = 9.398c^{-1/3}$，c 是酸的物质的量浓度。对 $1mol \cdot L^{-1}$ 一元酸 R_0 为 9.398。这个距离也是溶剂化离子包括其溶剂层粗略的直径。在阳离子中心处的库仑势主要是由此结构中体相晶体其它离子造成。其值为 $-\alpha R_0^{-1}$，α 是来自于所有离子贡献的 Madelung 总和的 Madelung 常数。在氧离子处所产生的势能等于位于 R_0 处，$-\alpha$ 电荷所产生的势能。在离子阵列表明不同结构系列的 Madelung 常数已经计算出来[147]。对于离子阵列，例如，一元酸电解液，Madelung 常数 $\alpha' = 1.682$，比体相 $\alpha = 1.748$ 略小。假定在电极表面上电解液 R_0 更短，Madelung 常数 $\alpha'' = 0.066$，其值远远小于体相值并接近 0。电化学界面的结构并不知道，但电解液 Madelung 总和可以通过 $\alpha' - \alpha''$ 范围内的 Madelung 常数产生。在研究 H_2O 在 Pt 上的氧化时，对形成 Pt—OH 合理的活化能和可逆电势采用近似 $R_0 = 10$ 和 α 为 1/2。α 为 1 和 -1 时，使可逆电势分别移动了负和正 0.6V。α 为 1/2，其计算值为 0.62V。

按上述模拟，依据反应场中心模型，Pt 上可能的各基元反应的活化能如图 4-44 所示。

图 4-44 和图 4-45 中给出 O_2 两种可能离解方式的活化能，从活化能垒可以看出 O_2 先离解的活化能远远大于质子和电子转移后形成的 OOH 的离解，说明 O_2 更易先发生电子转移形成 OOH 后再发生离解。

图 4-46 给出了不同电极电势下各基元反应的活化能变化值。从图中可以看出，不同电极电势下活化能最高的为第一步电子和质子转移步骤，说明该反应为 Pt 电极上 O_2 电催化还原的速度控制步骤。并且在高电势区，速控步的对称系数为 0.5；

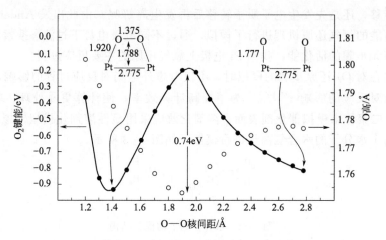

图 4-44 Pt_2 催化 O_2 离解的势能面曲线图，活化能为 0.74eV

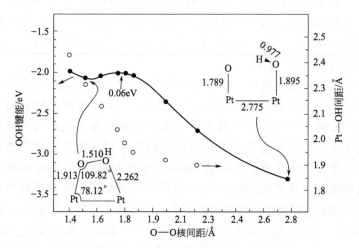

图 4-45 Pt_2 催化 OOH 离解的势能面图，活化能为 0.06eV

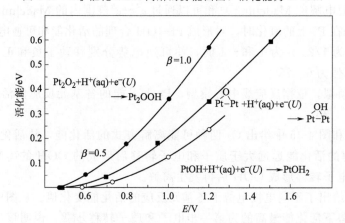

图 4-46 不同还原反应过程的活化能随电极电势变化的变化曲线

低电势区，对称系数为 1.0，其计算值与文献中 Tafel 曲线一致。另外 1.23V 下，速控步的活化能为 0.6eV，与 Pt(111) 在 H_2SO_4 溶液中氧气还原活化能的实验值 0.44eV 非常接近。进一步说明该模拟方法的可信性。

除 Anderson 实验小组采用寻找过渡态的方法计算不同电极电势下，氧气电化学还原反应机理，模拟氧气还原电极过程动力学外。Nørskov 等则利用热力学数据计算不同电极电势下氧气还原反应机理，将热力学数据同反应动力学联系起来，寻找速度控制步骤，模拟催化氧气还原的电极过程动力学[109,110]。该方法不仅可以用于氧气电催化还原反应，还可以用于计算不同电极电势下水的电催化离解（析氢）[111~114]。

Nørskov 小组[109,110] 在热力学的基础上发展了一套在外电场下计算电化学反应机理的模型。他们以标准氢电极为辅助电极，计算各个基元反应在不同电势电位下的热力学 Gibbs 自由能，并在一些假定的基础上，将自由能同反应活化能关联起来，推导了一系列与反应动力学相关的电化学方程，在一定程度上能够有效地模拟电场下电化学反应的反应机理。

以氧气的电化学还原反应为例，假设 ORR 的反应机理如下，* 表示催化剂的表面位。

$$\frac{1}{2}O_2 + {}^* \longrightarrow O^* \tag{4-32}$$

$$O^* + H^+ + e^- \longrightarrow HO^* \tag{4-33}$$

$$HO^* + H^+ + e^- \longrightarrow H_2O + {}^* \tag{4-34}$$

按照 Nørskov 的计算模型，电化学反应式(4-35) 中中间物种自由能的计算流程分为 6 步。

① 将标准氢电极设置为辅助电势，$H_2 \longrightarrow 2(H^+ + e^-)$，当该方程处于平衡态时，我们可以将反应 $(H^+ + e^-)$ 同 $\frac{1}{2}H_2$ 的化学势（每个 H 的自由能）联系起来。换句话说，在电解液的 pH=0 以及 H_2 在 298K 和 1bar（1bar=10^5Pa）时，方程式(4-32) 的逆过程可以改写成：

$$H_2O + {}^* \longrightarrow HO^* + \frac{1}{2}H_2 \tag{4-35}$$

方程［式(4-33)＋式(4-34)］的逆过程也可以改写成：

$$H_2O + {}^* \longrightarrow O^* + H_2 \tag{4-36}$$

此时方程式(4-35) 和式(4-36) 的反应自由能等于电极电势 $U=0$ 下，以标准氢电极为辅助电极时，电化学反应式(4-32) 的逆反应以及反应式(4-31)＋式(4-32) 的逆反应的自由能。

② 电化学反应主要发生在固/液界面，溶剂对反应物和中间物种的影响不容忽视。此模型中，Nørskov 等则设定了两种对水溶剂模拟的模型。对低覆盖度，考虑单层水，将水简单地加到表面；对高覆盖度，按 Ogasawara 等所提出的，加入双层水，并位于顶位吸附的 O 和 OH 之上。相对于吸附氯，水与表面稳定 OH 之间的相互作用是缘于氢键的形成。水层对吸附氧的影响可以忽略。该程序可以通过在计算中考虑更多水来改进。

③ 考虑了电极中电子对所有状态影响造成的偏差，在 U 电极电势下，其偏差可以通过能量的移动 $-eU$ 来进行修正。

④ 吸附态也同表面外的电化学双电层场有相互作用。严格的处理应该包括了考虑偏差的电解质、双电极以及水的详细模型。此时必要考虑两个处于非平衡态下的 Fermi 能级，目前还不能实现。对场效应简单的预测可以通过计算吸附态偶极矩同表面外平均场之间的耦合作用来实现。对 O^* 和 OH^*，由于其偶极矩较小，则场效应也较小，在 Pt(111) 面上分别仅 0.035Å 和 $0.05e\text{Å}$。假定双电层厚度约为 3Å，当相对于零电荷点偏差 1V 时，平均电场约为 0.3V/Å。电场对吸附能的影响近似等于 $0.05e\text{Å}\times0.3\text{V/Å}=0.015\text{eV}$，在下面的讨论中均忽略。

⑤ 当 pH 不为 0 时，H^+ 自由能可以通过依靠熵的浓度来修正。
$$G(\text{pH})=-kT\ln[\text{H}^+]=kT\ln10\times\text{pH}$$

⑥ 在零电势下，pH=0，中间物种 O^* 和 OH^* 的自由能可以用 $\Delta G=\Delta E_{\text{w,water}}+\Delta\text{ZPE}-T\Delta S$ 计算。其中 ΔE 是方程式（4-35）或式（4-36）的反应能，ΔZPE 是由于反应造成的不同零点能，ΔS 是熵变。所有的参数来自 DFT 计算或者气相分子标准表。

按上述方法计算 Pt(111) 面上不同电极电势下反应式（4-30）-式（4-32）的自由能。从图 4-47 可以看出，不同电极电势下，各反应均为放热反应，并且自由能变化值基本相同，说明基元反应中有一步为速度控制步骤。因此 O_2 电化学还原反应的活化自由能垒应该由自由能变化值最大的基元反应决定。下面列出基元反应式（4-31）和式（4-32）的自由能变化值。

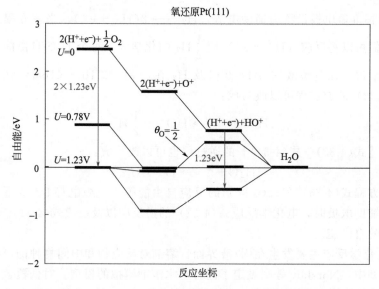

图 4-47　Pt(111) 面上氧气还原过程自由能图
包括氧气低覆盖度时，在 0 电势（$U=0$）、平衡电势（$U=1.23\text{V}$）
和较高电势（$U=0.78\text{V}$）下的反应，反应均为放热；以及氧气覆盖度
为 1/2 时，$U=1.23\text{V}$ 下的反应过程

$$\Delta G_1(U) = G_{HO^* + 1/2H_2}(U) - G_{O^* + H_2}(U) = \Delta G_1(0) + eU = \Delta G_1(U_0) - e\eta \tag{4-37}$$

$$\Delta G_2(U) = G_{H_2O}(U) - G_{HO^* + 1/2H_2}(U) = \Delta G_2(0) + eU = \Delta G_2(U_0) - e\eta \tag{4-38}$$

$\eta = U_0 - U$ 是过电位。例如，当 $U = 1.23V$ 时，O_2 还原过程活化能变化最大为 $\Delta G_1(U_0) = 0.45eV$，这个值与试验所观测的过电位非常接近，说明该方法有一定的准确性。

但是，仅从热力学数据并不能详细了解电化学反应的动力学。因此 Nørskov 等在热力学数据的基础上，发展了较为简单的模型，将自由能变化值同动力学数据联系起来。他们假定，速度控制步骤的活化能同最大的自由能变化值相等［如（4-38）和式（4-39）所示］。以该假设为基础，反应的速率常数可以表述为：

$$k(U) = k_0 e^{-\Delta G(U)/kT} \tag{4-39}$$

$\Delta G(U)$ 则是两个自由能变化步骤［式（4-37）、式（4-38）］中最大值，k_0 是指前因子包括了同表面的所有的质子转移和电子过程。如果以电流密度为单位，速率常数为：

$$i_k(U) = 2e^{\frac{N_{sites}}{A}k(U)} \tag{4-40}$$

N_{sites}/A 是单位表面积的反应点的数目。方程式（4-39）和式（4-40）也可以表示为：

$$i_k(U) = \widetilde{i_k} e^{-\Delta G(U)/kT} \tag{4-41}$$

指前因子 k_0 是在无交换电流条件下测得的质子在金属表面的转移速率。如：当 $k_0 \approx 200s^{-1} \cdot site^{-1}$，$\widetilde{i_k} = 96mA \cdot cm^{-2}$。

按上述简单模型，采用 DFT 方法计算 O_2 还原反应电势与反应速率的关系如图 4-48 所示。

另外，方程式（4-39）～式（4-41）还可以改写成下列形式：

$$i_k(U) = i_k^0 e^{e\eta/kT} \tag{4-42}$$

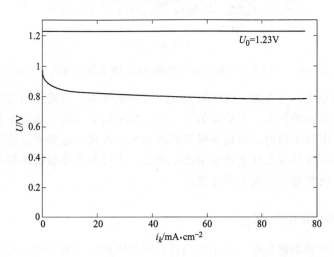

图 4-48　计算氧气还原反应电势与反应速率的关系图

交换电流速率常数为：

$$i_k^0 = \widetilde{i_k} \, e^{-\Delta G(U_0)/kT} \tag{4-43}$$

由此可以写成常用的 Butler-Volmer 型方程。

$$U = U_0 - b\lg\frac{i_k}{i_k^0} \tag{4-44}$$

在 300K 时，Tafel 斜率 $b = kT\ln 10/e = 60\text{mV}$（357K 时为 71mV），该值同 Pt 表面的实验值一致。

Nørskov 按此模型还对 Pt 催化剂上氧气还原反应联合机理进行模拟，并且将此模型推广到了其它的金属催化剂，发现了催化剂 ORR 活性同中间物种 O、OH 的火山形关系，如图 4-49 所示。

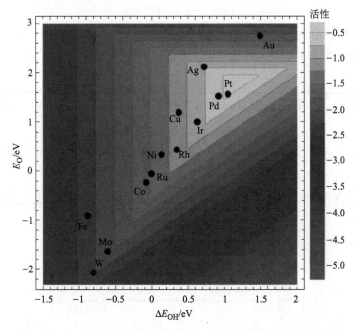

图 4-49　以 O 和 OH 结合能为变量绘制的催化氯还原活性趋势图

在上述模型中，只考虑了外电场对反应机理的影响，忽略了内电场对反应物种吸附构型和吸附能的影响。在后面的工作中，Nørskov 实验小组则在上述模型的基础上，考虑双电层中内电场对物种吸附能的影响，发现内电场对上述模型的计算结果的影响很小，并没有改变上述模型的准确性。不过如果要精确模拟氧气的电化学还原动力学，内电场的影响不容忽视。

4.3.2　甲醇电催化氧化

甲醇是直接醇类燃料电池的主要原料；同时甲醇作为最小的醇类分子，具有研究上的实用性和简单性。

图 4-50 给出了甲醇离解的所有可能路径，大多数研究根据箭头方向上相邻物种间的能量和活化能关系来推测可能的反应机理。目前主要有三种计算方法。

① 假设甲醇催化氧化反应为如图 4-49 所示的逐步脱氢反应（反应的后期已不再是单纯的脱氢反应），通过对各物种进行相应吸附能和构型的计算，从热力学角度来分析反应可能发生的路径。根据物种吸附能的大小，来判断反应可能发生的路径。计算结果往往和实验数据相结合，具有一定的说明性，但是也有不足之处，因为催化反应往往需要克服一定的能垒，而这种方法忽略了过渡态能垒的计算。如 Yasuharu Okamoto 等[115]对甲醇及处于不同吸附位的相应中间物种的吸附能作了计算。他们首先对体系进行了经典分子动力学的模拟，以此来获得最低能量构型，然后应用 GDIIS 方法来构型优化以计算体系的能量。详细的计算方法为：

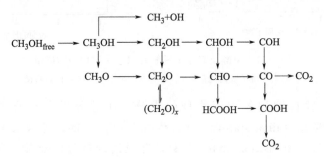

图 4-50　甲醇的催化氧化路径
free 代表自由态的甲醇分子，其它则表示吸附态的物种

a. 首先在 300K、步长为 1fs 的情况下，对包含 24 个 Pt 原子和 22 个水分子的体系进行 300 步模拟；

b. 移除靠近 Pt 甲醇表面的 1 个水分子，在此位置上加入 1 个 CO 分子和 4 个氢原子，假设氢原子吸附在 Pt 的顶位，保证氢原子之间没有相互作用；

c. 300K、步长为 1fs 的情况下对包含 24 个 Pt 原子和 21 个水分子以及甲醇全脱氢产生的 1 个 CO 分子和 4 个 H 原子的体系进行 200 步模拟；

d. 对 c 中体系的模拟结果用 GDIIS 方法进行构型优化；

e. 同理，根据 Bagotzky 模型[116]，对其它的甲醇脱氢步骤进行类似的模拟；

f. 最后将所有的水分子移除，来模拟真空条件下的甲醇脱氢体系。

通过对溶液环境和真空环境下不同吸附位和吸附能的比较，给出了甲醇在两种体系下的可能反应路径。图 4-51 给出了他们的计算结果，箭头方向为可行的甲醇脱氢反应路径。

其方法是在经典 Bagotzky 模型的基础上进行的，经典分子动力学方法的应用主要是为了获得溶剂的构型。它对于初态发生 C—H 键断裂的离解机理具有一定的合理性，对于 O—H 断裂的情形却没有考虑。最近的很多研究表明，甲醇的初始离解反应也可能对应 O—H 键的断裂，这在后面的方法中将有所阐述。

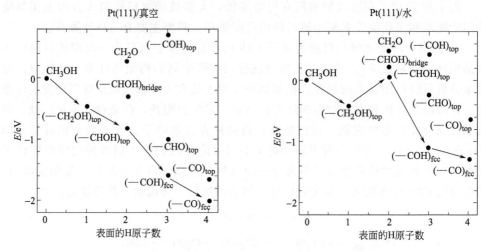

图 4-51　甲醇及其逐步脱氢后相应吸附物种的能量

将初态甲醇的吸附能设为 0，箭头方向给出了反应可行的路径

② 根据实验检测到的中间物种的成分，通过分析合理的初始态（initial state，IS）和终态（final state，FS），然后采用合适的过渡态搜索方法寻找反应可能的过渡态（transition state，TS），并通过分析过渡态能垒的大小和反应能量的变化来确定反应可能发生的路径。另外由于中间物种存在的短暂性以及实验条件的限制，不可能观察到所有可能存在的中间产物。鉴于此，对于甲醇分子反应的分析，可以最稳定的吸附态的甲醇分子或其中间物种作为 IS，以其相应的箭头方向上的物种和相应氢原子共吸附时的最稳定构型作为 FS，然后通过合理的搜寻 TS 的方法来研究反应需要的活化能。Yu-Hua Zhou 等[117,118]利用此法研究了甲醇分子在真空 Ni 表面的活化能，结果如图 4-52 所示。真空条件下，甲醇分子更容易发生 O—H 键的断裂，而 C—O 键的断裂几乎是不可能的。与 Ni(111) 表面相比，Ni(100) 表面的几个反应 [包括 $CH_3OH \longrightarrow CH_2OH + H$，$CH_3OH \longrightarrow CH_3O + H$，$CH_3O(a) \longrightarrow H_2CO + H$，$CH_2OH \longrightarrow H_2CO + H$] 的活化能垒差别要小很多，这表明甲醇中 O—H 和 C—H 键的断裂都有可能存在。然而，不同表面上的 C—O 键断裂能垒是相反的，这主要是由于 Ni(100) 面上吸附的甲基 CH_3 和羟基 OH 具有更强的排斥作用。甲醇离解的速控步是甲氧基中 C—H 的断裂，离解的最终产物 CO 因强烈吸附而引起 Ni(100) 表面中毒。也说明了甲醇在 Ni 表面的离解机理与表面构型有关。另外 P. Hu 等人通过对过渡态能量的分析，得出 Pd 催化剂上甲醇的 O—H 键较 C—O 键更容易断裂的结论。

③ 采用 ab MD 和相应热力学数据结合的方法来分析反应的可行性。该方法多适用于比较复杂的溶液环境体系，但由于仍受实际电化学环境模拟条件的限制，对反应的研究往往局限在初始步骤。若要获得甲醇催化氧化反应至最终产物的完整机

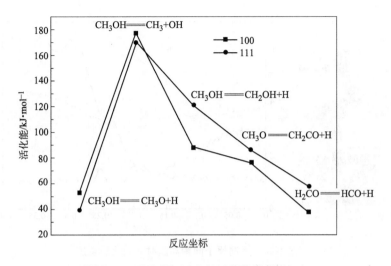

图 4-52　甲醇离解反应的活化能关系图

理,需要分别对中间物种进行模拟,加之 ab MD 模拟本身需要很长的时间,此法往往需要比较先进的计算机支持。

C. Hartnig 等[119]应用此法研究了 Pt 催化剂对甲醇初始离解步骤的影响,首先通过经典动力学方法获得了体系的平衡结构,然后以此作为 ab MD 模拟的初始构型,分别模拟了带电和不带电表面溶液环境中的甲醇催化氧化反应机理。电中性表面对甲醇分子不具有催化活性,带电表面的模拟结果如图 4-53 和图 4-54 所示,甲醇分子首先发生 C—H 键的断裂,O—H 键随即瞬间断裂而形成弱吸附的甲醛和水合质子。

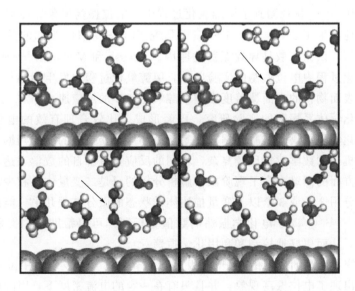

图 4-53　甲醇氧化生成甲醛的反应动力学

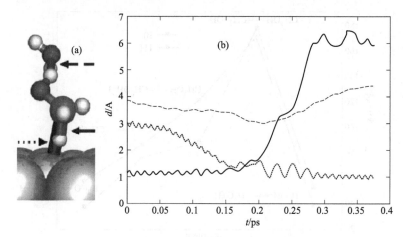

图 4-54　不同原子间距离随时间变化的轨迹

（a）中箭头的线形与（b）中一致，实线代表发生断裂的
C—H 间距，虚线代表 O—H 间距，点线代表 Pd—C 间距

4.3.3　电催化非线性动力学过程模拟

　　电化学振荡是在远离平衡的电化学体系中出现的时间有序现象。观察到振荡现象的电化学体系有电催化体系[122~125]，金属的阴极电沉积体系[126]，金属阳极电溶解体系[127~129]等。在电催化体系中，甲酸氧化的电化学振荡是研究最透彻的体系，研究者们针对实验现象提出了一些机理模型，成功地模拟了振荡过程[130~132]。相对于甲酸，甲醇在 Pt 电极上氧化的振荡多为实验研究的报道[133~135]。1960 年，Buck 和 Griffith[135]就观测到了甲醇氧化过程中的电位振荡现象。在解释所观察到的现象时，他们采用了 Sawyer 和 Seo[136]研究 Pt 电极在 H_2 饱和的酸溶液中老化时提出的模型，认为扩散是导致振荡的原因。Krausa 和 Vielstich[133]研究了 Pt 电极上甲醇氧化过程中电位振荡的实验条件，甲醇氧化过程中发生振荡与初始条件有关，并且各表面物种的表面覆盖度影响甲醇氧化各步的反应速率。

　　对于电化学体系振荡的实验研究，已经形成了比较合理有效的电化学振荡判据：基于电化学阻抗谱的实验判据以及基于循环伏安交叉环的实验判据。关于电化学振荡反应机理的数学建模比较复杂，不同的反应具有各自的数学表达，且由于数学和物理学方面的困难决定了现阶段作解析分析的只是二变量体系和少数三变量体系。对大部分用 3 个或 3 个以上变量描述体系状态的微分方程几乎只能用数值模拟的方法求解[137,138]。基于电化学振荡的数值分析同样可以帮助我们揭示振荡背后的本征原因，从而更好地控制和利用化学振荡。

　　笔者研究小组在研究甲醇在 Pt 电极上催化氧化的实验发现，甲醇恒电流强制氧化过程中出现了电位振荡现象，并且只有在一定的电流密度下，甲醇的恒电流强制氧化才产生电位的振荡（如图 4-55 所示）。为了更好地对甲醇恒电流强制氧化过程中的电位振荡现象进行模拟和分析，我们以甲醇氧化的双途径机理为依据，把表面物种的覆盖度与反应速率关联起来，并考虑了电化学反应中最关键的因素——电位与各反应步骤的非线性耦合，建立了数学模型。在建模过程中，重点考虑电极反应相，忽略溶液相的影响以及反应物的消耗，发现甲醇氧化过程中的电化学振荡主要是由于自身的动力学机制造成的。

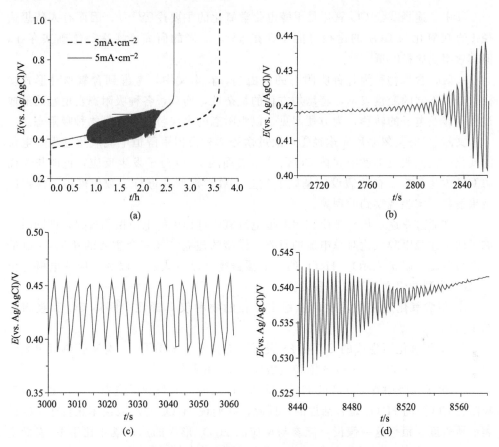

图 4-55　（a）电流密度为 5mA·cm^{-2}（虚线）和 10mA·cm^{-2}（实线）

时的恒电流强制氧化 E-t 曲线；

（b）、（c）、（d）电流密度为 10mA·cm^{-2}时的电位振荡波形

4.3.3.1　动力学方程的建立

（1）甲醇氧化表面物种随时间的演化关系　甲醇在 Pt 表面的氧化被认为是按双途径机理进行[139,140]。

途径①　甲醇在 Pt 表面经过活性中间体直接氧化为 CO_2：

$$CH_3OH + W + H_2O \xrightarrow{k_1} CO_2 + 6H^+ + 6e^- \tag{4-45}$$

其中，W 代表 Pt 电极表面的反应活性位，其总值为 1。

途径②　甲醇先在较低的电位下氧化为具有强烈吸附特性的毒性中间体 CO，

CO 在更高的电位下氧化为 CO_2。可以表述如下：

$$CH_3OH + W \xrightarrow{k_2} CO_a + 2H^+ + 2e^- + H_2O \tag{4-46}$$

$$W + H_2O \xrightarrow{k_3} H_2O_a \tag{4-47}$$

$$H_2O_a + CO_a \xrightarrow{k_4} CO_2 + 2H^+ + 2e^- \tag{4-48}$$

其中，途径②经 CO 氧化是甲醇电化学氧化的主要途径[141]，因而有人猜想途径①直接氧化为 CO_2 的途径可能不存在[142]，后来的研究证实途径①确实存在，但其效率比途径②低[140]。

一般，含氧物种为各种吸附态的自由基，在本文中，考虑到含氧物种形式多样，若用不同的变量表示，将增加方程的复杂性，而且，各种吸附态自由基的形成过程不涉及电子的转移，为方便起见，以吸附态的水代替各种含氧物种吸附态。

文献［138］忽略反应途径①，通过途径②来模拟甲醇恒电流氧化过程中电位的变化。他们假设毒性中间体 CO 既能与表面的 H_2O 分子发生反应，也能与表面的 OH 发生反应。在此假设的基础上建立了数学模型并进行了数值模拟。模拟的结果解释了实验观察到的现象。

本文通过双途径机理来研究甲醇恒电流氧化过程中的电位振荡现象，即同时考虑了两个途径甲醇氧化对总电流的贡献。模型的建立涉及三个主要的变量：CO 的表面覆盖度（以 x 表示），H_2O_a 的表面覆盖度（以 y 表示）以及反应的电极电位 e。数学模型的建立基于以下假设。

① 甲醇氧化过程中，表面能稳定存在的物种仅有毒性中间体 CO 和吸附态的 H_2O_a。

② 甲醇氧化所生成的 CO 在 Pt 表面的饱和覆盖度小于 1，有实验值指出其约为 0.85[143]，因此，设 CO 的饱和覆盖度为 ϑ，并取值 0.85。

③ 由于仅吸附在 CO 旁的 H_2O_a 能与 CO 反应，参与到反应中，换言之，只有吸附在 CO 旁的 H_2O_a 是有活性的，据此，我们设 H_2O_a 的形成速率正比于 CO 的表面覆盖度。根据这一假设，能参与反应的 H_2O_a 形成的速率既正比于 Pt 表面空位的数目 $(1-x-y)$，又正比于 CO 的表面覆盖度 x。

根据甲醇电化学氧化的反应机理和以上三个假设，CO 的覆盖度 x 和 H_2O_a 的覆盖度 y 随时间的变化关系表示为：

$$\frac{dx}{dt} = f^x \equiv k_2(\vartheta - x - y) - k_4 xy \tag{4-49}$$

$$\frac{dy}{dt} = f^y \equiv k_3 x(1 - x - y) - k_{-3}y - k_4 xy \tag{4-50}$$

其中，$k_2(\vartheta - x - y)$ 表示由反应式(4-46)生成 CO 的速率，$-k_4 xy$ 一项表示由反应式(4-48)消耗 CO 的速率；$k_3 x(1-x-y)$ 表示由反应式(4-47)生成含氧物种 H_2O_a 的速率，$-k_{-3}y$ 表示反应式(4-47)的逆向反应消耗含氧物种的速率，$-k_4 xy$ 一项表示由反应式(4-48)消耗含氧物种 H_2O_a 的速率。

（2）甲醇氧化电极电位随时间的演化关系　电极反应的等效电路如图 4-56 所示。

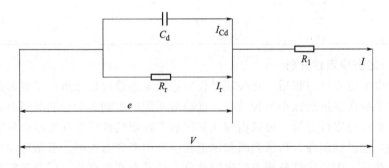

图 4-56　电极反应等效电路图

图 4-56 中，V 表示参比电极与工作电极之间的电位；R_r 为电化学反应电阻；C_d 为双电层电容；R_1 为溶液阻抗；e 为影响电极反应速率的电极电位。由电极过程动力学理论知：

$$I = \frac{V-e}{R_1} = I_{Cd} + I_r = AC_d \frac{de}{dt} + Aj_r \tag{4-51}$$

$$j_r = Fh[6k_1(1-x-y) + 4k_2(\vartheta-x-y) + 2k_4xy] \tag{4-52}$$

式中，I 为电流强度；I_{Cd} 为双电层充电电流；I_r 为电化学反应产生的电流；j_r 为电化学反应产生的电流密度；h 为 Pt 单位面积表面位的数目（2.2×10^{-9} mol·cm$^{-2[131,132]}$）；A 为电极的表面积；F 为 Faraday 常数。式（4-52）中，$Fh \times 6k_1(1-x-y)$ 一项代表了由反应途径①产生的电流，$Fh[4k_2(\vartheta-x-y)+2k_4xy]$ 一项代表由反应途径②产生的电流。将式（4-52）代入式（4-51）式整理可得：

$$C_d \frac{de}{dt} = \frac{V-e}{R_1A} - Fh[6k_1(1-x-y) + 4k_2(\vartheta-x-y) + 2k_4xy] \tag{4-53}$$

其中，$\dfrac{V-e}{R_1A} = \dfrac{I}{A} = j$，$j$ 即为驱动电流密度，为一外控参数。

将方程式（4-53）两端除以 C_d，最终可得电极电位随时间变化的关系：

$$\frac{de}{dt} = f^e \equiv \{j - Fh[6k_1(1-x-y) + 4k_2(\vartheta-x-y) + 2k_4xy]\}/C_d \tag{4-54}$$

C_d 是 Pt 电极的双电层电容（8.0×10^{-5} C·V^{-1}·cm$^{-2[131,132]}$）。

这样，式（4-49）、式（4-50）和式（4-54）就构成了甲醇电化学氧化的动力学模型。

其中速率常数 k_i 为电位 e 的函数，可表述为：

$$k_i = \exp[a_i(e-e_i)] \quad i = 1,2,3,-3,4 \tag{4-55}$$

一般认为当电位为 0.6V 时，Pt 表面开始形成含氧物种，此时，反应式（4-46）生成的 CO 即通过反应式（4-48）被氧化，有 $k_2 = k_4$，根据此关系可从 e_4 计算 e_2。表 4-2 列出了 a_i 和 e_i 的标准值。

表 4-2 a_i 和 e_i 的标准值

i	a_i	e_i[131,144]	i	a_i	e_i[131,144]
1	57	0.42	-3	-13	0.58
2	-25	0.26	4	39	0.82
3	13	0.25			

4.3.3.2 定态稳定性分析

数学模型建立好方程后，还必须对模型进行定态稳定性分析。定态解的稳定性反映了对系统定态进行微小的扰动时，扰动对系统的影响是否会随时间而演化消失的特征。通过稳定性分析，可以由简化的代数方程组的性质来获悉原微分方程组的性质，如：通过稳定性分析来判断和讨论相空间中奇异点类型、极限环和分叉等相关问题。此外，由稳定性分析可确定原微分方程是否有周期解，以及确定产生振荡的初始参数区间。

据此，对所建甲醇电化学氧化过程数学模型进行稳定性分析，图 4-57 为定态解 e_0 随外控参数 j 变化，图中 HP 代表 Hopf 分叉（Hopf bifurcation）点，BP 代表分叉点（Bifurcation point），U 代表不稳定（Unstable）解分支，S 代表稳定（Stable）解分支。分叉发生在 $j = 0.7907474\text{mA} \cdot \text{cm}^{-2}$，$1.1403288\text{mA} \cdot \text{cm}^{-2}$，$12.3850049\text{mA} \cdot \text{cm}^{-2}$ 处。

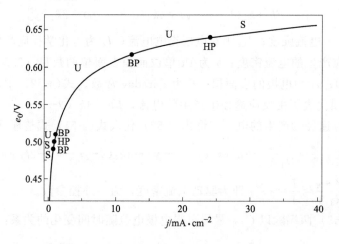

图 4-57 定态解 e_0 随电流密度 j 的变化

由以上定态稳定性分析可知：随外控电流密度 j 的变化，甲醇恒电流氧化系统呈现定态稳定，定态渐进稳定以及定态不稳定三种动力学行为。在 $0.9431351\text{mA} \cdot \text{cm}^{-2} < j < 23.9257243\text{mA} \cdot \text{cm}^{-2}$ 的电流密度范围内，系统是不稳定的，其中，在 $0.9431351\text{mA} \cdot \text{cm}^{-2} < j < 1.1403288\text{mA} \cdot \text{cm}^{-2}$ 以及 $12.385004\text{mA} \cdot \text{cm}^{-2} < j < 23.9257243\text{mA} \cdot \text{cm}^{-2}$ 的电流密度范围内出现 Hopf 分叉点，系统会产生周期性振荡；而在 $0.7907474\text{mA} \cdot \text{cm}^{-2} < j < 0.9431351\text{mA} \cdot \text{cm}^{-2}$ 以及 $j > 23.9257243\text{mA} \cdot \text{cm}^{-2}$ 的电流密度范围内，系统是渐进稳定的。

4.3.3.3 振荡模拟与极限环

根据所建数学模型，对甲醇恒电流氧化过程中的电位振荡进行了数值模拟，得到不同电流密度下甲醇氧化电位随时间变化图。结合甲醇氧化的双途径机理，分析了产生电位振荡的原因。

从图 4-58 中可以看出，当 $j=0.5mA \cdot cm^{-2}$ 时，甲醇的恒电流氧化不产生电位的振荡，对应于该电流密度下定态解表现为稳定的吸引子。当 $j=0.938067mA \cdot cm^{-2}$，$24.57772mA \cdot cm^{-2}$，$30mA \cdot cm^{-2}$ 时，电位的振荡是暂态的，随时间的延长而趋于消失，对应于该电流密度下的定态是渐进稳定的。而当 $j=1mA \cdot cm^{-2}$，$5mA \cdot cm^{-2}$，$10mA \cdot cm^{-2}$，$20mA \cdot cm^{-2}$ 时，出现电位振荡。产生电位振荡与否的电流密度条件与前面的稳定性分析结果完全相符。

给定外控参数 j 时，电极电位 e 由 CO 表面覆盖度（x）和含氧物种表面覆盖度 $H_2O_a(y)$ 决定，而 e 又通过速率常数 k_i 影响 CO 和 H_2O_a 的表面覆盖度。模型中来自 e 的反馈源于 $k_i=\exp[a_i(e-e_i)]$ 中电位与速率常数的非线性耦合。

反应式（4-47）无电子转移，不属于电化学反应，但其反应速率却与电极电位密切相关。Pt 电极上，当电位高于 0.6V 时，反应式（4-47）才能快速进行[145]。依赖于电极电位的非电化学反应步骤对电化学振荡有显著影响[146]，在甲醇的电化学氧化中，含氧物种 H_2O_a 的生成速率就与电位密切相关。在难以形成含氧物种 H_2O_a 的电位下，CO 在 Pt 表面不断积累将导致其中毒，反应活性区域减小，在恒电流条件下，则表现为甲醇氧化电位迅速正移，电位正移加速了含氧物种 H_2O_a 的生成，反过来又使毒性中间体 CO 被氧化去除，反应活性区域恢复，电位负移，如此反复便形成电位振荡。

电极电位 e 对 CO 和含氧物种 H_2O_a 所参与的反应的耦合反馈作用是甲醇电化学氧化系统呈现复杂动力学行为的根本原因。在低电位下，甲醇的氧化主要是通过途径②形成毒性中间体 CO 进行，而在高电位下，由式（4-55）计算的途径②各步骤的速度常数 k_i 也会随着电位 e 的正移而增大，使途径②各步骤转化为快速反应，相当于甲醇直接氧化至最终产物 CO_2，途径②将等同于途径①，换言之，高电位下，途径①是甲醇氧化的主要方式。

图 4-59 是相应电流密度下表面吸附物种 CO(x) 和 $H_2O_a(y)$ 覆盖度随时间的变化图。从图 4-57 知，甲醇氧化电位随着外控电流密度的增加不断正移，意味着小电流密度对应于低的电极电位，大电流密度对应于高的电极电位。电流密度较小时，如图 4-59 中 $j=0.5mA \cdot cm^{-2}$ 的情形，根据方程（4-55），电极电位 e 对反应式（4-46），式（4-47）和式（4-48）的耦合反馈作用不强烈，CO 的覆盖度 x 和含氧物种 H_2O_a 的覆盖度 y 达到稳定态后不再随时间变化；随着外控电流密度的增大（电位正移），电极电位 e 对反应式（4-46）～式（4-48）的耦合反馈作用增强，含氧物种 H_2O_a 表面覆盖度 y 随着电极电位的振荡也发生强烈振荡。虽然 CO 的表面覆盖度仅产生较弱的波动，但 CO 在 Pt 表面的存在是导致电位开始振荡的一个原因；当电流密度进一步增大时，如前文所述，甲醇电化学氧化按途径①进行，CO 的表

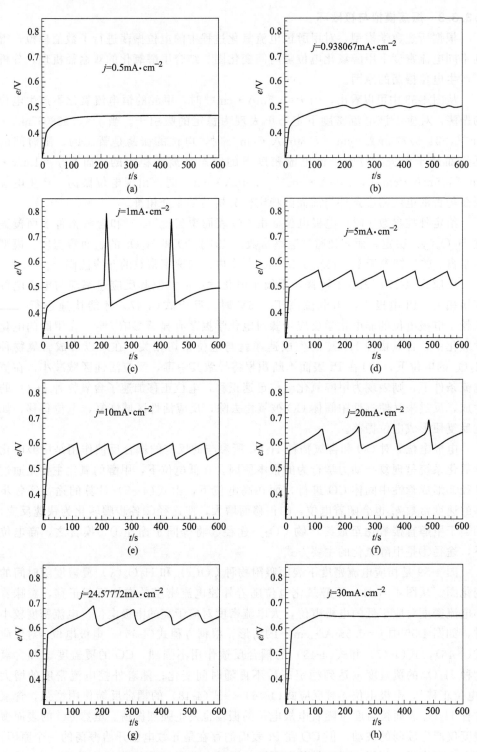

图 4-58　不同电流密度下电位振荡的数值模拟

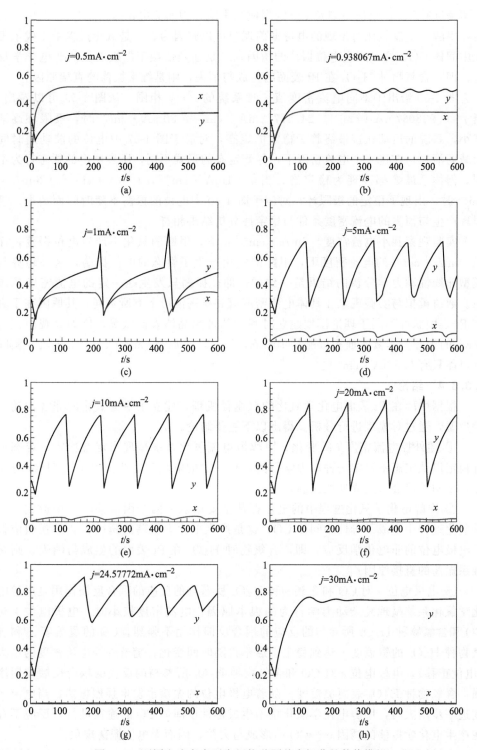

图 4-59　不同电流密度下表面物种覆盖度振荡的数值模拟

面覆盖度趋于 0，反应不涉及 CO 的形成与去除，因而无电位振荡现象。图 4-59 表明：甲醇恒电流氧化时出现的电位振荡现象可以归因为，一是氧化过程中生成了毒性中间体 CO，这是产生电位振荡的诱因；二是强烈依赖于电极电位的非电化学反应，即，含氧物种 H_2O_a 在 Pt 表面的生成与消失，则是维系振荡的直接原因。

图 4-60 给出了不同电流密度值 j 时系统的 e-x-y 相图。从图 4-59 可以看出，当 $j = 0.938067 \text{mA} \cdot \text{cm}^{-2}$，$24.57772 \text{mA} \cdot \text{cm}^{-2}$，$30 \text{mA} \cdot \text{cm}^{-2}$ 时，极限环逐渐减小，系统的运动轨迹最终趋于稳定的定态，对应于图 4-57 中电位的波动随时间而减弱消失。在这三个电流密度下，尽管定态的形式不同，所表现出的暂态行为不同，但体系最终都表现为稳定态。当 $j = 1 \text{mA} \cdot \text{cm}^{-2}$，$10 \text{mA} \cdot \text{cm}^{-2}$，$20 \text{mA} \cdot \text{cm}^{-2}$ 时，出现了稳定的极限环，对应于图 4-60 中电位的振荡不随时间而消失。极限环产生与消失的电流密度条件与稳定性分析结果相符。

实验观察到小电流密度（$5 \text{mA} \cdot \text{cm}^{-2}$）下，甲醇的氧化不产生电位振荡，而在 $10 \text{mA} \cdot \text{cm}^{-2}$ 的电流密度下，甲醇的氧化产生了暂态的电位振荡，这一趋势与模型非线性动力学分析的结果是一致的，即，振荡只发生在一定的电流密度范围内。数值模拟与实验现象在具体电流密度值和振荡波形上有所不同，其原因在于真实 Pt 表面状况不同于理论模型建立时基于的理想晶体表面状况，比如表观面积为 1cm^2 的铂片，其真实面积可能是 10cm^2，那么，表观上 $5 \text{mA} \cdot \text{cm}^{-2}$ 的电流，实际上可能只有 $0.5 \text{mA} \cdot \text{cm}^{-2}$。

4.3.3.4 结论

根据甲醇在 Pt 表面电化学氧化的双途径机理，建立了甲醇氧化的非线性动力学模型，通过对模型进行分析。得出以下主要结论。

① 随外控电流密度 j 的变化，甲醇恒电流氧化系统呈现出定态稳定、定态渐进稳定以及定态不稳定三种动力学行为，在一定的电流密度范围内出现 Hopf 分叉点，说明系统会产生周期性振荡。

② 甲醇电化学氧化过程中的电位振荡主要由以下两个因素共同作用造成：一是氧化过程中生成了毒性中间体 CO，这是产生电化学振荡的诱因；二是强烈依赖于电极电位的非电化学反应，即，含氧物种 H_2O_a 在 Pt 表面的生成与消失，则是维系振荡的直接原因；

③ 电极电位 e 对 CO 和含氧物种 H_2O_a 所参与的反应的耦合反馈作用是甲醇电化学氧化系统呈现复杂动力学行为的根本原因。电流密度较小时，电极电位 e 对 CO 和含氧物种 H_2O_a 所参与的反应的耦合反馈作用不强烈，CO 的覆盖度 x 和含氧物种 H_2O_a 的覆盖度 y 达到稳定态后不再随时间变化；随着外控电流密度的增大（电位正移），电极电位 e 对 CO 和含氧物种 H_2O_a 所参与的反应的耦合反馈作用增强，含氧物种 H_2O_a 表面覆盖度 y 随着电极电位的振荡也发生强烈振荡；当电流密度进一步增大时，甲醇电化学氧化按不生成毒性中间体 CO 的途径进行，反应不存在产生电化学振荡的诱因——CO 的形成与去除，因而无电位振荡现象。

④ 所建模型很好地反映了甲醇电化学氧化的动力学特征，能够再现实验中观

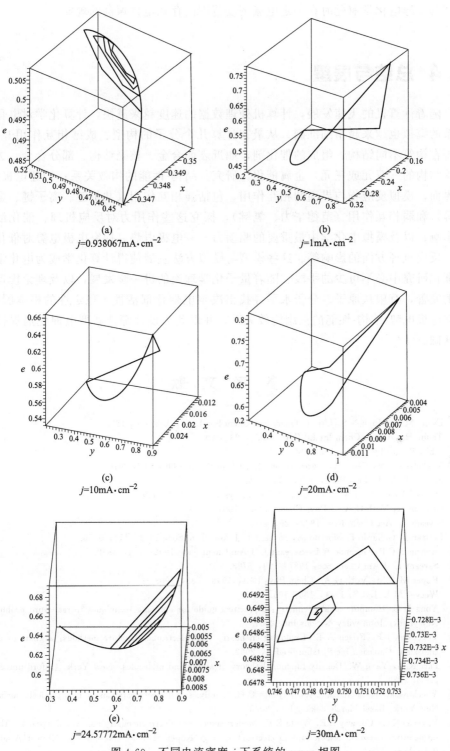

(a)
$j=0.938067\text{mA}\cdot\text{cm}^{-2}$

(b)
$j=1\text{mA}\cdot\text{cm}^{-2}$

(c)
$j=10\text{mA}\cdot\text{cm}^{-2}$

(d)
$j=20\text{mA}\cdot\text{cm}^{-2}$

(e)
$j=24.57772\text{mA}\cdot\text{cm}^{-2}$

(f)
$j=30\text{mA}\cdot\text{cm}^{-2}$

图 4-60　不同电流密度 j 下系统的 e-x-y 相图

察到的甲醇电化学氧化时在一定电流密度范围内存在电位振荡的现象。

4.4 总结与展望

随着计算机的飞速发展，计算机处理数据的速度越来越快，计算化学对电化学体系的模拟也越来越精细准确。从最初计算几个分子的构型、成键相互作用开始，到现在构筑不同结构、组成的催化剂，如近表面合金、核壳结构、部分合金、去合金等结构的（双元或三元）金属催化，研究其结构-性能的构效关系；构建电极/溶液界面，模拟反应物与界面的相互作用，包括强相互作用（共价键、离子键、金属键等）和弱相互作用（范德华力、氢键），探究这些作用力对反应机理、催化活性的影响；以及模拟电化学中最重要的驱动力——电极电势，探究电极电势对催化活性、反应机理方面的影响等。这些模型与模拟方法发展使得计算化学成为电化学及电催化研究中必不可少的手段。随着量子化学理论的进一步发展，以及理论模拟方法的完善，有望从原子、分子水平寻找出决定电催化剂活性、稳定性的根本因素，建立电极电势-结构-性能的三维构效关系，并以此为设计筛选新型电催化剂提供理论基础。

参 考 文 献

[1] Evans M G, Hush N S, Uri N. Quart Rev Chem Soc Lond, 1982：6, 186.
[2] Taube H. Angew Chem Int Ed Engl, 1984, 23：329.
[3] Libby W. J Phy Chem, 1952：56, 863.
[4] Mikkelsen K V, Cesar A, Agren H, et al. J Chem Phys, 1995：103, 9010.
[5] Marcus R A. J Chem Phys, 1956：24, 979.
[6] Straus J B, Calhoun A, Voth G A. J Chem Phys, 1995：102, 529.
[7] Calhoun A, Voth G A. J Phys Chem, 1996：100, 10746.
[8] Saveant J. Acc Chem Res, 1993：26, 455.
[9] Bertran J, Gallardo I, Moreno M, Saveant J. J Am Chem Soc, 1992：114, 9576.
[10] Andrieux C P, Gorande A L, Saveant J. J Am Chem Soc, 1992：114, 6892.
[11] Saveant J. J Am Chem Soc, 1987：109, 6788.
[12] Koper M T M, Voth G A. Chem Phys Lett, 1998：282, 100.
[13] Weaver M J. JACS, 1984, 106：106.
[14] Yong D C. Computational chemistry：a pracitcal guide for applying techniques to real-word problems. New York：John wiley & Sons Inc, 2001.
[15] Foresman J B, Frisch A E. Exploring chemistry with electronic structure methods：a guide to using Gaussian, Gaussian Inc Pittsburge, PA, 2002.
[16] Parr R G, Yang W. Density functional theory of atoms and molecules. New York：Oxford university press, 1989.
[17] Wieckowski A, Savinova E R, Vayenas C G. Catalysis and electrocatalysis at nanoparticale surfaces. New York：Basel Marcle dekker Inc, 2003.
[18] Vayenas C G, Conway B E, White R E. Modern aspects of electrochemistry no. 36, Chapter 2, Ab initio quantum-chemical calculations in electrochemistry, Koper M T M. New York：Kluwer Academic Publishers, 2004.

[19] Stefanovich R V, Truonq T N. A simple method for incorporating Madelung field effcets into ab inito embedded cluster calculations of crystals and macromolecules. J Phys Chem B, 1998, 10 (16) 2: 3018-3022.

[20] Wu Xueyuan, Asork K R, A hybrid density functional clusters study of the bulk and surface electronic structures of plutonium monoxide. Physica B: Condensed Matter, 2001, 293 (34): 362-375.

[21] Wu X Y, Asork K R, A hybrid density functional cluster study of the bulk and surface electronic structures of PuO_2. Physica B: Condensed Matter, 2001, 301 (3-4): 359-369.

[22] Xu Y J, Li J Q, Zhang Y F, Chen W K. CO adsorption on MgO (001) surface with oxygen vacancy and its low-coordinated surface sites: embedded cluster model density functional study employing charge self-consistent technique. Surface Science, 2003, 525 (1-3): 13-23.

[23] Vollmer J M, Stefanovich E V, Truonq T N. Molecular modeling of interactions in zeolites: an ab initio embedded cluster study of NH_3 adsorption in chabazite. J Phys Chem B, 1999, 103 (4): 9415-9422.

[24] Bredow T, Apria E. Cluster and periodic ab initio calculations on K/TiO₂ (110). Surface Science, 1998, 418 (1): 150-165.

[25] 徐昕，中连博，江原正博. 金属氧化物 SPC 簇模型方法——嵌入簇点电量的确定. 中国科学（B 辑），1998, 28 (1): 40-46.

[26] 吕鑫，徐昕，王南钦，张乾二. 簇模型选取的配位数原则——CO/ZnO 吸附体系的 abinitio 研究. 高等学校化学学报，1998, 19 (5): 783-788.

[27] Bates S P, Kresse G, Gillan M J. A systematic study of the surface energetics and structure of TiO_2 (110) by first-principles calculations. Surface Sience, 385 (1997): 386-394.

[28] 福井谦一. 图解量子化学. 廖代伟译. 北京: 化学工业出版社, 1981.

[29] 姜月顺，杨文胜. 化学中的电子过程. 北京: 科学出版社, 2004.

[30] Wei Z D, Yin F, Li L L, Wei X W, Liu X A. Study of Pt/C and Pt-Fe/C catalysts for oxygen reduction in the light of quantum chemistry. Journal of Electroanalytical Chemistry, 2003, 541: 185-191.

[31] Wei Z D, Yan A Z, Feng Y C, Li L, Sun C X, Shao Z G, Shen P K. Study of hydrogen evolution reaction on Ni-P amorphous alloy in the light of experimental and quantum chemistry, Electrochemistry Communications, 2007, 9: 2709-2715.

[32] Shi Z, Zhang J J, Liu Z S, Wang H J, Wilkinson D P. Current status of ab initio quantum chemistry study for oxygen electroreduction on fuel cell catalysts. Electrochimica Acta, 2006, 51: 1905-1916.

[33] Hammer B, Morikawa Y, Nørskov J K. CO chemisorption at metal surface and overlayers. physical review letters, 1996, 76 (12): 2141-2144.

[34] Mavrikakis M, Hammer B, Nørskov J K. Effect of strain on the reactivity of metal surfaces. Physical Review Letters, 1998, 81 (13): 2819-2822.

[35] Frank Abild-Pedersen, Jeff Greeley, Jens K Nørskov. Understanding the effect of steps, strain, poisons, and alloying: Methane activation on Ni surface. catalysis letters, 2005, 105 (1-2): 9-13.

[36] Bligaard T, Nørskov J K. Ligand effects in heterogeneous catalysis and electrochemistry. Electrochimica Acta, 2007, 52. 5512-5516.

[37] Cooper V R, Kolpak A M, ourdshahyan Y Y, Rappe A M. Oxide-supported metal thin-film catalysts: the how and why. Nanotechnology in Catalysis Volume 3, Bing Zhou, Scott Han, Robert Raja and Gabor A. Somorjai, Springer New York, 2007.

[38] Santos E, Schmickler W. d-Band Catalysis in Electrochemistry. Chemphyshcem, 2006, 7: 2282-2285.

[39] Santos E, Schmickler W. Fundamental aspects of electrocatalysis. Chemical Physics, 2007, 332: 39-47.

[40] 李莉，魏子栋，章毅，齐学强，夏美荣，张婕，邵志刚，孙才新. 载体对 Pt, Pd 催化氧还原反应影响的 DFT 研究. 中国科学 B 辑: 化学, 2008, 38 (9) 769-776.

[41] Zagal J H, Cárdenas-Jirón G I. J Electroanal Chem, 2000, 489: 96.

[42] Cárdenas-Jirón G I, Gulppi M A, Caro C A, De Río R, Páez M, Zagal J H. Electrochim Acta, 2001, 46: 3227.

[43] Cárdenas-Jirón G I, Zagal J H. J Electroanal Chem, 2001, 497: 55.

[44] Zagal J H, Isaacs M, Cárdenas-Jirón G I, Aguirre M J. Electrochim Acta, 1998, 44: 1349.

[45] Hammer B, Nørskov J K. Adv Catal, 2000, 45: 71.

[46] Hammer B, Nielsen O H, Nørskov J K. Catal Lett, 1997, 46: 31.

[47] Kitchin J R, Nørskov J K, Barteau M A, Chen J C. J Chem Phys, 2004, 120: 10240.

[48] Kibler L A, El-Aziz A M, Hoyer R, Kolb D M. Angew Chem Int Ed, 2005, 44: 2080.

[49] Ruban A, Hammer B, Stoltze P, Skriver H L, Nørskov J K. J Mol Catal A, 1997, 115: 421.

[50] 夏美荣, 李莉, 齐学强, 杨林江, 陈四国, 丁炜, 魏子栋. PtMo 催化剂抗 SO₂中毒机理的 DFT 研究. 中国科学 B 辑: 化学, 2011, 41: 1826-1832.

[51] Born M. Volume and Heat of Hydration of Ions. Z Phys, 1920, 1: 45.

[52] Bell R P. Trans Faraday Soc, 1931, 27: 797.

[53] Abram R J, Cooper M A. J Chem Soc B, 1967: 202.

[54] Onsager L. Electric Moments of Molecules in Liquids. J Am Chem Soc, 1936, 58: 1486.

[55] Tapia O, Goscinski O. Self-Consistent Reaction Field-Theory of Solvent Effect. Mole Phys, 1975, 29: 1653.

[56] Sterwart J J P. MOPAC program package, QCPE 1983: No. 445.

[57] Wiberg K B, Wong, M W. Solvent Effects. 4. Effect of Solvent on the E/Z Energy Difference for Methyl Formate and Methyl Acetate. J Am Chem Soc, 1993, 115: 1078.

[58] Wong M W, Frisch M J, Wiberg K B. Solvent Effects. 1. The Mediation of Electrostatic Effects by Solvents. Am Chem Soc, 1991, 113: 4776.

[59] Wong M W, Frisch M J, Wiberg K B, Frisch M J. Solvent Effects 3. Tautomeric Equilibria of Formamide and 2-Pyridone in the Gas-Phase and Solution-an Abinitio Scrf Study. J Am Chem, 19929, 114: 1645.

[60] Wong M W, Frisch M J, Wiberg K B, Frisch M J. Solvent Effects 2. Medium Effect on the Structure, Energy, Charge-Density, and Vibrational Frequencies of Sulfamic Acid. J Am Chem, 19929, 114: 523.

[61] Andrew R L. Molecular Modeling-Principles and Applications. Addison Wesiey Longman Limited, 1996.

[62] Cossi M, Barone V, Cammi R, Tomasi J. Ab initio study of solvated molecules: A new implementation of the polarizable continuum model. Chem Phys Lett, 1996, 255: 327.

[63] Cammi R, Tomasi J. Remarks on the use of the Apparent Surface-Charges (Asc) Methods in Solvation Problem-Iterative Versus Matrix-Inversion Procedures and the Renormalization of the Apparent Charges. J Comput Chem, 1995, 16: 1449.

[64] Miertus S, Scrocco E, Tomasi J. Electrostatic Interaction of a Solute with a Continuum-a Direct Utilization of Ab initio Molecular Potentials for the Prevision of Solvent Effects. Chem Phys, 1981, 55: 117.

[65] Amovilli C, Barone V, Cammi R, Cances E, Cossi M, Mennucci, Pomelli C S, Tomasi J. Recent advances in the description of solvent effects with the polarizable continuum model. In Advances in Quantum Chemistry, Vol 32. Quantum Systems in Chemistry and Physics, Pt Ⅱ. San Diego: Academic Press Inc, 1999, 32: 227.

[66] Foresman J B, Keith T A, Wiberg K B, Snoonian J, Frisch M J. Solvent effects 5. Influence of cavity shape, truncation of electrostatics, and electron correlation ab initio reaction field caIculations. J Chem Phvs, 1996, 300: 16089.

[67] Cramer C J, Truhlar D G. Implicit solvation models: Equilibria, structure, spectra and dynamics. Chem Rev, 1999, 99 (8): 2161.

[68] Klamt A, Schuurmann G. Cosmo-a New Approach to Dielectric Screening in Solvents with Explicit Expressions for the Screening Energy and Its Gradient. J Chem Soc Perk T 2 2, 1993, (5): 799.

[69] Thole B T, Vanduijnen P T. On the Quantum-Mechanical Treatment of Solvent Effects. Theor Chim Acta, 1980, 55 (4): 307.

[70] Singh U C, Kollman P A. A Combined Abinitio Quantum-Mechanical and Molecular Mechanical Method for Carrying out Simulations on Complex Molecular-Systems -Applications to the ClH₃Cl+Cl- Exchange-Reaction and Gas-Phase Protonation of Polyethers. J Comput Chem, 1986, 7 (6): 718.

[71] Gao J L, Xia X F. A Priori Evaluation of Aqueous Polarization Effects through Monte-Carlo QM-MM Simulations. Science, 1992, 258 (5082): 631.

[72] Gao J L. Absolute Free-Energy of Solvation from Monte-Carlo Simulations UsingCombined Quantum and Molecular Mechanical Potentials. J Chem Phys, 1992, 96 (2): 537.

[73] Chandrasekhar J, Smith S F, Jorgensen W L. Theoretical-Examination of the Sn2 Reaction Involving Chloride-Ion and Methyl-Chloride in the Gas-Phase and Aqueous-Solution. J Am Chem Soc, 1985, 107 (1): 154.

[74] Bash P A, Field M J, Karplus M. Free-Energy Perturbation Method for Chemical-Reactions in the Con-

densed Phase—a Dynamical-Approach Based on a Combined Quantum and Molecular Mechanics Potential. J Am Chem Soc, 1987, 109 (26): 8092.

[75] Warshel A. Computer Modeling of Chemical Reactions in Enzymes and Solutions. New York: John Wiley and Sons Inc, 1991.

[76] Aqvist J, Warshel A. Simulation of Enzyme-Reactions Using Valence-BondForce-Fields and Other Hybrid Quantum-Classical Approaches. Chem Rev, 1993, 93 (7): 2523.

[77] Mo Y R, Gao J L. An ab initio molecular orbital-valence bond (MOVB) methodfor simulating chemical reactions in solution. J Chem Phys A, 2000, 104 (13): 3012.

[78] Qi X Q, Wei Z D, Li L L, Li L, Ji M B, Zhang Y, Xia M R, Ma X L. DFT studies of the pH dependence of the reactivity of methanol on a Pd (111) surface. Journal of Molecular Structure, 2010, 98 (1-3): 208.

[79] Anderson A B, Albu T V. Ab initio approach to calculating activation energies as functions of electrode potential, trial application to four-electron reduction of oxygen. Electrochemistry Communications, 1999, 1: 203-206.

[80] Albu T V, Anderson A B. Studies of model dependence in an ab initio approach to uncatalyzed oxygen reduction and the calculation of transfer coeffcients. Electrochimica Acta, 2001, 46: 3001-3013.

[81] Anderson A B, Cai Y, Sidik R A, Kang D B. Advancements in the local reaction center electron transfer theory and the transition state structure in the first step of oxygen reduction over platinum, Journal of electroanalytical chemistry, 2005, 580: 17-22.

[82] Albu T V, Mikel S E. Performance of hybrid density functional theory methods toward oxygen electroreduction over platinum. Electrochimica Acta, 2007, 52: 3149-3159.

[83] Lozovoi A Y, Alavi A, Kohanoff J, Lynden-Bell R M. Abinitio simulation of charged slabs at constant chemical potential. Journal of Chemical Physics, 2001, 115 (4): 1661-1669.

[84] Filhol J S, Bocquet M L. Chem Phys Lett, 2007, 438, 203-207.

[85] Taylor C D, Wasileski S A, Filhol J S, Neurock M. Phys Rev B, 2006, 73.

[86] Filhol J S, Neurock M. Angew Chem Int Edit, 2006, 45, 402-406.

[87] Yeh K Y, Wasileski S A, Janik M J. Phys Chem Chem Phys, 2009, 11, 10108-10117.

[88] Acharya C K, Turner C H. J Phys Chem C, 2007, 111, 14804-14812.

[89] 李莉，魏子栋，章毅，齐学强，夏美荣. 载体对 Pt、Pd 催化氧还原反应影响的 DFT 研究. 中国科学 B, 2008, 38 (9): 769-776.

[90] Alavi A, Kohanoff J, Parrinello M, Frenkel D. Phys Rev Lett, 1994, 73: 2599.

[91] CPMD, version 3.3, written by Hutter J, Alavi A, Deutsch T, the group of M. Parrinello at the MPI in Stuttgart and IBM research labora-tory in Zurich.

[92] Mermin N D. Phys Rev, 1965. 137: A 1441.

[93] Perdew J P, Parr R G, Levy M, Balduz J L. Jr Phys Rev Lett, 1982, 49: 1691.

[94] Krieger J B, Li Y, Iafrate G J. Phys Rev A, 1992, 45: 101.

[95] Makov G, Payne M C. Phys Rev B, 1995, 51: 4014.

[96] Schultz P A. Phys Rev B, 1999, 60: 1551.

[97] Schultz P A. Phys Rev Lett, 2000, 84: 1942.

[98] Leslie M, Gllan M J. J Phys C, 1985, 18: 973.

[99] Bohnen K P, Ho K-M. Electrochim Acta, 1995, 40: 129.

[100] Kolb D M. Prog Surf Sci, 1996, 51: 109.

[101] Schmickler W. Chem Rev, 1996, 96: 3177.

[102] Shi Z, Zhang J J, Liu Z S, Wang H J, Wilkinson D P. Current status of ab initio quantum chemistry study for oxygen electroreduction on fuel cell catalysts, Electrochimica Acta, 2006, 51: 1905-1916.

[103] Anderson A B, Albu T V. Abinitio approach to calculating activation energies as functions of electrode potential: Trial application to four-electron reduction oxygenk. Electrochemistry Communications, 1999, 1: 203-206.

[104] Albu T V, Anderson A B. Studies of model dependence in an ab initio approach to uncatalyzed oxygen reduction and the calculation of transfer coefficients. Electrochimica Acta, 2001, 46: 3001-3013.

[105] Sidik R A, Anderson A B. Density functional theory study of O_2 electroreduction when bonded to a Pt dual site. Journal of Electroanalytical Chemistry, 2002, 528: 69-76.

[106] Anderson A B. Theory at the electrochemical interface: reversible potentials and potential-dependent activation energies. Electrochimica Acta, 2003, 48: 3743-3749.

[107] Anderson A B, Cai Y, Sidik R A, Kang D B. Advancements in the local reaction center electron transfer theory and the transition state structure in the first step of oxygen reduction over platinum. Journal of electroanalytical chemistry, 2005, 580: 17-22.

[108] Albu T B, Mikel S E. Performance of hybrid density fucntional theory methods toward oxygen electroreduction over platinum. Electrochimica Acta, 2007, 52: 3149-3159.

[109] Nørskov J K, Rossmeisl J, Logadottir A, Lindqvist L. Origin of the overpotential for oxygen reduction at a fuel-cell cathode. J Phys Chem B, 2004, 108: 17886-17892.

[110] Kalberg G S, Rossmeisl J, Nørskov J K. Estimations of electric field effects on the oxygen reduction reaction based on the density functional theory. Physical Chemistry Chemical Physics, 2007, 9 (37): 5158-5161.

[111] Rossmeisl J, Qu Z W, Zhu H, Kroes G J, Nørskov J K. Electrolysis of water on oxide surfaces. Journal of electronanlytical chemistry, 2007, 607 (1-2): 83-89.

[112] Skulason E, Karlberg G S, Rossmeisl J, Bligaard T, Greeley J, Jonsson H, Nørskov J K. Density fucntional theory cacluations for the hydrogen evolution reaction in an electrochemical double layer on the Pt(111) electrode. Phys Chem Chem Phys, 2007, 9: 3241-3250.

[113] Rossmeisl J, Nørskov J K, Taylor C D, Janik M J, Neurock M. Calculated phase diagrams for the electrochemical oxidation and reduction of water over Pt(111). Journal of physical chemistry B, 2006, 110 (43): 21833-21839.

[114] Greeley J, Nørskov J K, Kibler L A. Hydrogen evolution over bimetallic systems: understanding the trends. Chemphyschem, 2006, 7 (5): 1032-1035.

[115] Yasuharu Okamoto, Osamu Sugino, Yuji Mochizuki, Tamio Ikeshoji, Yoshitada Morikawa. Chemical Physics Letters, 2003: 377, 236-242.

[116] Bagotzky V S, Vassiliev Yu B, Khazova O A. J Electroanal Chem, 1977: 81, 229.

[117] Wang G C, Zhou Y H, Morikawa Y, Nakamura J J, Cai Z S, Zhao X Z. Kinetic mechanism of methanol decomposition on Ni(111) surface: A theoretical study. J phys chem B, 2005, 109: 12431-12442.

[118] Zhou Y H., Lv P H, Wang G C. DFT studies of methanol decomposition on Ni(100) surface: Compared with Ni(111) surface. Journal of Molecular catalysis A: Chemical, 2006, 258: 203-215.

[119] Hartnig C, Spohr E. Chemical Physics, 2005: 319, 185-191.

[120] 李兰兰, 魏子栋, 齐学强, 孙才新. 甲醇在 Pt 表面电化学氧化过程中的化学振荡. 中国科学: B 辑, 2007, 37 (6): 541-549.

[121] Li L L, Wei Z D, Qi X Q, Sun C X, Yin G Z. Chemical oscillation in electrochemical oxidation of methanol on Pt surface, Science in China. Ser B: Chemistry, 2008, 51 (4): 322-332.

[122] Zhang J X, Datta R. Sustained potential oscillations in proton exchange membrane fuel cells with PtRu as anode catalyst. J Electrochem Soc, 2002, 149: A1423-A1431.

[123] 杨灵法, 侯中怀, 辛厚文. 一氧化碳催化氧化过程中噪声和信号的协同效应. 中国科学: B 辑, 1999, 29: 62-66.

[124] Koper M T M, Schmidt T J, Markovic N M, Ross P N. Potential Oscillations and S-Shaped Polarization Curve in the Continuous Electro-oxidation of CO on Platinum Single-crystal Electrodes. J Phys Chem B, 2001, 105 (35): 8381-8386.

[125] Lee J Y, Eickes C, Eiswirth M. Electrochemical oscillations in the methanol oxidation on Pt. EIectrochim Acta, 2002, 47: 2297-2301.

[126] Saliba R, Mingotaud C, Argoul F, Ravaine S Sa. Spontaneous oscillations in gold Electrodeposition. Electrochem Commun, 2002, 4: 629-632.

[127] 雷惊雷, 罗久里. 铜电极阳极溶解过程恒电位电流振荡的动力学模型. 高等学校化学学报, 2000, 21: 453-457.

[128] Wang D H, Gang F X, Zou J Y. New electrochemical oscillations induced by the absorption-desorption of organic corrosion inhibitor on Fe in H_2SO_4 solution. Electrochim. Acta, 1998, 43: 2241-2244.

[129] Li L, Luo J L, Yu J G, Zeng Y M, Lu B T, Chen S H. Effects of hydrogen on current oscillations during electro-oxidation of X70 carbon steel in phosphoric acid. Electrochem Commun, 2003, 5: 396-402.

[130] Albahadily F N, Schell M. Observation of several different temporal patterns in the oxidation of formic acid at rotating platinum—disk electrode in an acidic medium. J Electroanal Chem, 1991, 308: 151-173.

[131] Hiroshi Okamoto, Naoki Tanaka, Masayoshi Naito. Modelling temporal kinetic oscillations for electrochemical oxidation of formic acid on Pt. Chem Phys Lett, 1996, 248: 289-295.

[132] Masayoshi Naito, Hiroshi Okamoto, Naoki Tanaka. Dynamics of potential oscillations in the electro-

chemical oxidation of formic acid on Pt. Phys Chem Chem Phys，2000，2：1193-1198.

[133]　Krausa M，Vielstich W. Potential oscillations during methanol oxidation at Pt-electrodes：Part 1 experi-mental conditions. J Electroanal Chem，1995，399：7-12.

[134]　Lee J Y，Eickes C，Eiswirth M，Ertl G. Electrochemical oscillations in the methanol oxidation on Pt. Electrochim Acta，2002，47：2297-2301.

[135]　Buck R P，Griffith L R. Voltammetric and chronopotentiometric study of the anodic oxidation of metha-nol，formaldehyde，and formic acid. J Electrochem Soc，1962，109：1005-1013.

[136]　Sawyer D T，Seo E T. Oxidation of hydrogen at platinum electrodes（Effect of Surpporting electrolyte，PH，and electrode preconditioning on oxidation of dissolved hydrogen at platinum electrodes）. J Electro-anal Chem，1963，5：23-34.

[137]　雷惊雷，蔡生明，杨迈之，罗久里，李凌杰. 电化学振荡研究概况. 北京大学学报（自然科学版），2001，37：880-888.

[138]　高仕安. 一类齐次线性微分方程复振荡的特例和结果. 中国科学：A辑，1997，27：112-118.

[139]　Sriramulu S，Jarvi T D，Stuve E M. Reaction mechanism and dynamics of methanol electrooxidationon platinum（111）. J Electroanal Chem，1999，67：132-142.

[140]　Herrero E，Chrzanowski W，Wieckowski A. Dual Path Mechanism in Methanol Electrooxidation on a Platinum Electrode. J Phys Chem，1995，99：10423-10424.

[141]　Corrigan D S，Weaver M J. Mechanisms of formic acid，methanol，and carbon monoxide electrooxida-tion at platinum as examined by single potential alteration infrared spectroscopy. J Electroanal Chem，1988，241：143-162.

[142]　Vielstich W，Xia X H. Comment on "electrochemistry of methanol at low index crystal planes of plati-num：an integrated voltammetric and chronoamperometric study". J Phys Chem，1995，99：10421.

[143]　Kunimatsu K，Kita H. Infrared spectroscopy study of methanol and formic acid adsorbates on a plati-num electrode. Ⅱ：Role of the linear CO（a）derived from methanol and formic acid in the electrocata-lytic oxidation of CH［3］OH and HCOOH. J Electroanal Chem，1987，218：155-172.

[144]　Schell M. Mechanistic and fuel-cell implications of a tristable response in the electrochemical oxidation of methanol. J Electroanal Chem，1998，457：221-228.

[145]　魏子栋，三木敦史，大森唯义，大泽雅俊. 甲醇在欠电位沉积 Sn/Pt 电极上催化氧化. 物理化学学报，2002，18（12）：1120-1124.

[146]　Koper M T M，Sluyters J H. Instabilities and oscillations in simple models of electrocatalytic surface re-actions. J Electroanal Chem，1994，371：149-159.

[147]　Magill J，Bloem J，Ohse R W. J Chem Phys，1982：76，6227.

第5章

燃料电池催化剂新材料

■ **黄云杰　赵晓　邢巍**
（中国科学院长春应用化学研究所）

5.1 质子交换膜燃料电池及催化剂概述

质子交换膜燃料电池（proton electrolyte membrane fuel cell，PEMFC）是以固体聚合物膜为电解质的燃料电池，这种聚合物膜是电子绝缘体，却是一种很好的质子导体，目前应用较广泛的是含氟的磺酸型聚合物膜，如杜邦公司生产的 Nafion 膜。PEMFC 除了具有燃料电池的一般特点，如能量转化效率高和环境友好等之外，同时还有可在室温快速启动、无电解液流失、水易排出、寿命长、比功率与比能量高等突出特点。PEMFC 为世界能源带来了希望，在交通、通信、军事、航天等方面拥有巨大应用前景。

目前 PEMFC 的燃料可以按气体与液体区分，气体燃料主要围绕氢气，液体燃料则涉及很多，如甲醇、乙醇、甲酸、甲醛、二甲酯和硼氢化物等。

最为传统的是氢气为燃料的 PEMFC，它已经过几十年的发展，其技术日趋成熟，目前已处于商业化的前期。2001 年我国第一辆 PEMFC 概念车，在二汽和中科院大连化学物理研究所等单位参与下试制成功，并上路运行。但是，PEMFC 若要想大规模的使用，必须实现其关键技术和关键材料方面的突破，以确保其稳定性和可靠性，同时大幅度降低其成本。PEMFC 最理想的燃料是纯氢，其电池功率密度已经达到实际应用的要求，国际上对纯氢为燃料的 PEMFC 进行了大量研究和投资。例如在汽车方面，有以高压氢、贮氢材料贮氢和液氢为燃料的 PEMFC 组，作为动力。但以纯氢气为燃料时，氢的贮存和运输不但具有一定的危险性，而且建立氢供给的基础设施投资巨大。研究表明，重整氢是目前 PEMFC 的理想氢源，它能有效解决氢气的存贮、运输以及安全方面的问题。重整氢中含有的少量 CO 能毒化催化剂从而使电池性能大幅度降低，因此解决 CO 毒化问题是一个研究热点并对推进 PEMFC 的实际应用具有重大意义。

与氢燃料 PEMFC 相比，液体燃料的质子交换膜燃料电池，无需外重整及氢气净化装置，便于携带与贮存，较好地解决了氢源的问题。但它们也存在阳极电氧化过程动力学缓慢、催化剂中毒和燃料透过等一些问题。例如大多数液体燃料在电氧化过程会产生 CO 类的中间产物，它们会强吸附在催化剂表面（例如 Pt 表面），占住电催化活性位点，造成催化剂活性和电池性能下降。另外液体燃料如甲醇能透过质子交换膜，在阴极发生电氧化反应，这样不仅降低了燃料的利用效率而且在阴极会产生混合电位而大大地降低了电池的性能。因此，对于液体燃料来说，开发高活性和抗中毒的催化剂，以及解决燃料透过问题是两个主要研究主题。

PEMFC 的工作原理基本相似，以直接甲醇燃料电池（DMFC）为例，如图 5-1 所示，甲醇的水溶液或者汽化甲醇和水蒸气的混合物被送至阳极，发生电催化氧化反应。甲醇被氧化成为二氧化碳，同时释放出电子和氢质子，电子经外电路通过负载传递到阴极，同时氢质子通过质子交换膜传导至阴极，实现质子导电。氧气或空气与水蒸气的混合物被传至阴极，氧分子与到达阴极的质子和电子发生电催化还原反应生成水。质子的迁移导致阳极出现带负电的电子积累，从而变成一个带负电的端子（负极），与此同时，阴极的氧分子在催化剂作用下与电子反应变成氧离子，使得阴极变成带正电的端子（正极），其结果就是在阳极的负电终端和阴极的正电终端之间产生了一个电压，如果此时通过外部电路将两端相连，电子就会通过回路从阳极流向阴极，从而产生电流。

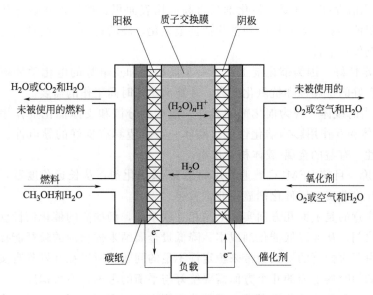

图 5-1 DMFC 的工作原理图

电极由扩散层和催化层组成，其中催化层与质子交换膜的界面是电化学反应发生的场所。催化剂是 PEMFC 最关键材料之一，其功能就是加速电极与电解质界面上的电化学反应动力学过程，从而影响电池系统的性能和寿命。众所周知，目前 PEMFC 面临的成本、寿命和稳定性问题都与电催化剂有着直接的联系，所以开发新型的 PEMFC 催化剂是 PEMFC 研究领域最为关键的研究内容。在电池的实际工作中，工作电压等于理论阴、阳极电位差减去阴、阳极电化学活化极化、传质极化和欧姆极化电压损失。以 DMFC 为例，实际单体 DMFC 的工作电压要远低于理论值 1.18V（如图 5-2 所示），其中阴、阳极的活化极化损失占了主要部分[1]。一个高效的催化剂能有效降低电极活化极化，从而提高工作电压和电池工作性能。一般而言，PEMFC 催化剂希望具有以下特点。

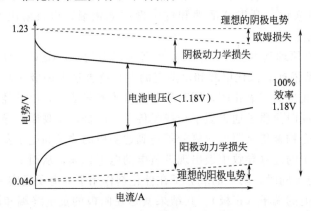

图 5-2 DMFC 的阴、阳极极化曲线及欧姆极化曲线[1]

① 催化活性高 这要求催化剂具有高的比表面积、选择性和抗毒化能力。高的比表面积使得贵金属利用率和催化活性最大化，高的选择性和高的抗毒化能力也都直接影响催化活性。

② 稳定性好 因为催化剂工作于一个高酸性和正电势的电化学环境，因此催化剂要具有好的抗腐蚀和抗氧化能力，才能满足长时间工作的需要。

③ 适当的载体 因为催化剂的载体一般起到分散和支撑催化剂作用，还能通过金属-载体相互作用影响催化性能。载体一般希望具有良好的导电性、传质性以及抗腐蚀性，有益的金属-载体相互作用。

④ 廉价 目前 PEMFC 普遍采用的是 Pt 系催化剂，从长远角度看，降低贵金属载量和开发非贵金属催化剂显得非常重要。

需要注意的是上面几方面实际上是相互联系的，例如高的催化活性就能使用低载量的催化剂，从而降低催化剂成本；降低贵金属纳米催化剂的粒径能提高比表面积但同时由于表面能的增大会带来稳定性不足的问题。所以在开发具有实际应用价值的催化剂的时候上面的几个方面需要统筹与平衡的考虑，不可偏废。

从电化学和催化的角度考虑，电催化作用主要表现在以下三方面：

① 电极与活化络合物的作用，通过不同的电极引起反应活化能的变化，从而改变反应的速率，起到催化作用；

② 电极与吸附物的作用，通过电极-吸附物键合强弱的变化，改变吸附物的浓度和其在电极表面的覆盖度，从而改变反应速率；

③ 电极对电解质溶液的双电层的影响，由于反应的溶质和溶剂在不同电极上的吸附能力不同，界面双电层结构也不同，所以可以通过选择不同的电极，从而改变反应速率。

作为质子交换膜燃料电池催化剂的设计，应该围绕着以上三个方面进行，其选择可以考虑如下原则[2]。

(1) 基于活化模式的考虑　与普通多相催化一样，反应物分子首先在催化剂表面进行有效的化学吸附，这种吸附分为缔合吸附和解离吸附。在缔合吸附中，被吸附物双键中的轨道在催化剂表面形成两个单键，而解离吸附中，被吸附物分子解离。研究表明，在阳极催化剂表面，特别是在高比表面的 Pt 催化剂上，许多有机物分子（如甲醇、乙醇和甲酸等）都可以产生解离吸附，生成一个或数个吸附氢原子。因此，在质子交换膜燃料电池阳极催化剂表面，解离吸附活化是分子活化的主要途径，这是催化剂的选择应考虑的重要因素。

(2) 基于催化反应的经验规律考虑　在考虑分子活化过程中，吸附键强度是一个十分重要的参数。实践表明大量的催化反应都遵从所谓的"火山形效应"的规律：反应物分子在催化剂表面形成的吸附键强度必须适中，过高过低都会损害催化剂最终的活性。

(3) 基于键合理论的考虑　根据键合理论知道，金属催化剂的催化活性与其 d 电子轨道状态紧密相连。这种状态特征可以用能带理论中的 d 轨道填充分数来表示，也可以用 Pauling 的 d/% 特征表示，即金属-金属键中的 d/% 特征可看作是金属原子中用于化学吸附的空闲 d 轨道的百分含量。d/% 的多少与催化剂的活性的高低存在联系，也就是电催化中通常说的"电子因素"的影响。

(4) 基于几何因素的考虑　催化剂的"几何因素"包括催化剂的表面晶体结构与缺陷、晶面的暴露程度、晶体颗粒大小和晶面应力等。表面形貌越粗糙，表面缺陷越多，催化剂颗粒的棱、角、边及缺陷也相应增多，处在这些位置的原子往往比一般的表面原子具有更强的解离吸附的能力和更高的催化活性。因为催化剂暴露的不同晶面的对催化氧化有机小分子具有不同的催化氧化机理，导致不同的晶面展现不同的催化活性，所以高活性晶面择优暴露的催化剂具有更高的催化性能。

在 PEMFC 系统里，阳极催化剂的研究致力于针对不同燃料，设计和制备具有高活性、稳定性以及抗中毒能力的催化剂；阴极催化剂则致力于设计和制备高活性与稳定性的氧还原催化剂，若涉及燃料透过时，则要求阴极催化剂具有好的选择性。

本章分别介绍阳极与阴极催化剂组成以及制备方法，其中阳极催化剂包括电催化氧化氢气、甲醇、甲酸和乙醇四大类催化剂，阴极氧还原催化剂包括 Pt 基、Pd 基和非贵金属催化剂三大类。

5.2 阳极催化剂

5.2.1 氢-氧燃料电池阳极催化剂

5.2.1.1 氢电氧化催化机理

在氢-氧燃料电池的阳极，氢气接触催化剂，发生氧化反应：

$$H_2 \longrightarrow 2H^+ + 2e^- \tag{5-1}$$

电子通过外电路到达电池的阴极，氢离子则通过电解质膜到达阴极。氧气在阴极发生还原反应生成水：

$$\frac{1}{2}O_2 + 2H^+ + 2e^- \longrightarrow H_2O \tag{5-2}$$

生成的水大部分随反应尾气排出。

通常氢的电催化氧化采用高分散的 Pt/C 催化剂，由于氢气在 Pt 金属上的电氧化动力学过程非常快，所以阳极极化非常小。但是当氢气中含有微量 CO 时，由于 CO 在 Pt 的表面产生强烈的吸附并且与氢气竞争占据 Pt 催化剂的活性位点，从而导致严重的极化现象和电池性能的下降。Papageorgopoulos 等[3]发现氢气里仅含有 1% CO 时，CO 就能覆盖 95% 的 Pt 活性位点。一般认为，当氢气里含有 0.001% 的 CO 时，就会产生明显的毒化现象和电池性能的降低。

对于 CO 毒化问题，目前策略主要有阳极注氧、重整气预处理、新型膜的研制、采用抗 CO 毒化的催化剂。阳极注氧是在燃料中掺入少量的氧化剂如 O_2 或 H_2O_2，氧化剂在催化剂的作用下，除去燃料中少许 CO，但同时氧化剂与燃料直接混合，会降低燃料的利用率，同时带来安全性问题，而且氧化剂与燃料发生化学反应，反应放出额外的热量，这会导致催化剂的烧结以及膜的破坏。重整气为富氢混合气体，其中含有少量 CO。重整气预处理是指重整气在注入阳极之前通过催化剂反应器来降低 CO 的浓度。利用这种方法虽然可以把 CO 降低到 0.001%，但由于需要额外的工序和工作部件，使得整个电池变得更复杂，成本也相应增加。研制新型质子交换膜，如高温质子交换膜，也可以有效地减轻 CO 中毒问题。因为升高电池系统工作温度，CO 能在 Pt 表面直接被氧化，CO 则由毒化物种变成燃料而提供能量。这虽然能很好解决 CO 毒化问题，对燃料纯度的要求也能降低，并且由于温度的升高还能提高阴极和阳极的反应动力学，同时由于电池系统工作温度升高对材料的要求也相应提高，但目前还没有理想的膜材料能应用于中高温 PEMFC。设计和制备抗 CO 阳极催化剂是目前技术水平下一条可行的技术途径，在有效地解决 CO 问题时，不会带来其它附加问题。

5.2.1.2　氢电氧化催化剂

对于纯氢的电氧化，Pt 已经是非常理想的催化剂。但因为所用的氢燃料如重整氢含有的 CO 等杂质容易导致 Pt 中毒，所以对氢的电氧化催化剂的研究主要集中在如何提高其抗毒化能力上。另外因为 Pt 是一种昂贵的金属，如何提高其活性和减少 Pt 用量是永远被追求的目标。因为甲醇电氧化也存在 CO 中毒问题，所以甲醇电氧化催化剂与氢的电氧化催化剂具有一定的相通性。

目前抗 CO 催化剂研究主要集中在二元催化剂 PtMe（Me＝Ru，Sn，W，Mo，WO_x，Bi，Re，Ni，Co，Cr，Fe，Os 和 Au 等）。其中许多 PtMe 催化剂都表现出比 Pt 更高的抗 CO 能力[4~20]。其中 PtRu 催化剂仍是目前为止研究最为成熟、应用最多的抗 CO 催化剂。Pt 和 Ru 通过协同作用降低 CO 的氧化电势，使电池在 CO 存在下相对于 Pt 性能明显提高。Ru 的促进机理与甲醇电氧化时 PtRu 催化剂抗 CO 机理一样，都是基于双功能机理（详见甲醇电氧化催化剂部分）。

S. J. Lee 等[14]对 PtSn 电池性能作了测试，发现 PtSn 活性及抗 CO 水平与 PtRu 相近。Gasteiger 等[20]通过实验发现 H_2 在 Pt_3Sn 合金电极上氧化是快反应，只受 H_2 的扩散控制，CO 的氧化电势被降低很多，甚至低于 Pt_2Sn 合金。他们提出 PtRu 与 Pt_2Sn 的抗 CO 能力体现在两方面：一方面是通过协同机理降低 CO 的氧化电势；另一方面是改变了 CO 吸脱附反应的热力学及动力学特征，使吸附的 CO（CO_{ads}）得到活化。但在 PtRu 上是自由位吸附：CO(s)＋S $\longrightarrow$ S—CO，而 Pt_2Sn 上是取代吸附：CO＋2S—H $\longrightarrow$ 2S—CO＋H_2。另外 CO 的吸附状态存在桥式与线式两种。Morimoto 等[15]分别研究了 CO_{ads} 在 Pt、PtSn、PtRu 及 PtRuSn 等催化剂上的氧化的特征，并得到了与上述相似的结果。他们发现 CO 在 Pt 表面上的吸附状态有 αCO_{ads} 和 βCO_{ads} 两种形态。αCO_{ads} 是桥式吸附形式，在低电势下（约 500mV）被氧化，βCO_{ads} 是线性吸附，在高电势（600~800mV）下被氧化。在 PtRu 上 βCO_{ads} 的氧化电势降低了约 200mV，这说明 PtRu 上只有 βCO_{ads} 吸附或 PtRu 只能改善对 βCO_{ads} 的氧化；而 PtSn 上 αCO_{ads} 峰的位置向低电势位移，βCO_{ads} 峰则不变，说明 PtSn 对 αCO_{ads} 的氧化有帮助。而通过对 PtRuSn 的测试发现它结合了 PtRu 和 PtSn 的优点，同时提高了对两种形式 CO_{ads} 的氧化活性。

B. N. Grgur 等[7, 16, 17]认为 Pt_xMo_y 是一种很有希望的抗 CO 催化剂。他们的实验表明在以 H_2/CO 混合气为燃料的情况下，PtMo 为阳极催化剂的电池性能明显高于 PtRu 为阳极催化剂的电池。PtMo 促进 CO 氧化的机理与 PtRu 相似，Ru 的作用是可以在低电位产生 $Ru_2(OH)_{ads}$，而 Mo 则形成 $MoO(OH)_2$，它们都可以作为氧化物种促进 CO 的氧化，所以二者的循环伏安极化曲线也非常相似。2003 年，Urian 等[18]研究了四种组成比例的 PtMo/C 催化剂（Pt：Mo＝1：1，1：3，1：4，1：5）抗 CO 毒化能力。研究表明，PtMo/C 抗 CO 能力是 PtRu/C（Pt：Ru＝1：1）的 3 倍，是 Pt/C 的 4 倍。Pt：Mo 比例对抗 CO 能力的影响可以忽略，这几种催化剂都可以达到 0.01％CO 耐受能力。他

们还改变 H_2 中 CO 的量，研究催化剂氢氧化过电位的变化，结果表明在 Pt：Mo＝1：5 时，催化剂的过电位损失最小。

A. C. C. Tseungh 等[19]发现 WO_3 加入促进 Pt 基催化剂的抗 CO 能力。例如 WO_3 的加入使 Pt/WO_3 和 $PtRu/WO_3$ 对 H_2/CO 及甲醇的催化活性都有明显的提高。类似的，Hou Z 等[21]制备了 $PtRu-H_xMO_3/C(M＝Mo，W)$，发现这种催化剂具有比 PtRu/C 具有更低的 CO 氧化起始电位。在 CO 量为 0.005％和 0.01％时，单电池测试结果表明，$PtRu-H_xMO_3/C$ 为催化剂的电池比 PtRu/C 为催化剂的电池具有更好的性能。

令人感兴趣的是 Schmidt 等[22]发现与比 PtRu/C 相比，PdAu/C 对 CO：H_2 混合气（0.1％和 0.25％CO）展现更优异的催化活性。当温度升高到 60℃时，这种活性增强更明显。他们认为：①PdAu 表面具有更低的 CO 吸附能，导致在 PdAu 表面更小的 CO 覆盖率；②PdAu 在相对低的过电位下就具有一定 CO 氧化速率，这两方面因素使得 PdAu/C 表面上拥有比 PtRu/C 更多的活性位点用于氢的电氧化。L. Ma 等[23]制备了 PtAuFe/C 催化剂，发现它具有比 Pt/C 更好的抗 CO 能力。他们认为在 AuFe 表面存在一种水汽转换反应（$CO+H_2O \longrightarrow CO_2+H_2$），它能促进 CO 的氧化和相应地减低 Pt 表面的 CO 浓度，从而提高燃料电池性能。

从上面的文献分析我们可以看出对 CO 的促进机理大多可归结于电子效应和/或双功能机理。电子效应为通过加入第二种物种来调节 Pt 的电子结构（例如使得 Pt 4f 结合能的负移）使得 CO 在 Pt 表面的结合能降低。双功能机理大都通过添加本身含活性氧的物种（例如 WO_3）或能在低电位活化水产生含氧物种的金属（例如 Ru），使得 Pt 在较低电位下就能氧化 CO。

5.2.2 DMFC 阳极催化剂

5.2.2.1 甲醇的电氧化催化机理

DMFC 是目前液体燃料电池中研究得最多，也是最成熟的一种。到 20 世纪 90 年代末，以纯氧为氧化剂的 DMFC 的功率密度就可达 $200 \sim 340mW \cdot cm^{-2}$，而用空气为氧化剂的 DMFC 的功率密度也可达 $150 \sim 180mW \cdot cm^{-2}$。

甲醇的电氧化催化机理可简单地分为吸附过程和催化氧化过程，主要涉及[24,25]：①甲醇吸附并逐步脱质子形成含碳中间产物；②解离水产生含氧物种，氧化除去上述含碳中间产物；③产物转移，包括质子传递到催化剂/电解质界面，电子转移到外电路以及 CO_2 排出等。图 5-3 是甲醇在 Pt 电极表面电氧化过程的图解[25]，其电催化氧化主要包括如下步骤：

$$CH_3OH+Pt \longrightarrow Pt-CH_2OH+H^++e^- \tag{5-3}$$

$$Pt-CH_2OH+Pt \longrightarrow Pt_2-CHOH+H^++e^- \tag{5-4}$$

$$Pt_2-CHOH+Pt \longrightarrow Pt_3-COH+H^++e^- \tag{5-5}$$

$$Pt_3-COH \longrightarrow Pt-CO+2Pt+H^++e^- \tag{5-6}$$

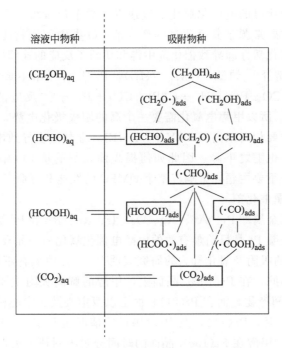

溶液中物种   吸附物种

图 5-3　甲醇在 Pt 电极表面的电氧化机理[25]

$$M + H_2O \longrightarrow M\text{---}OH + H^+ + e^- \tag{5-7}$$

$$Pt\text{---}CO + M\text{---}OH \longrightarrow PtM + CO_2 + H^+ + e^- \tag{5-8}$$

在反应温度较低时，甲醇的不完全氧化反应发生，现场红外光谱可观察有甲醛或者甲酸生成[26~28]：

$$Pt\text{---}CH_2OH \longrightarrow Pt + HCHO + H^+ + e^- \tag{5-9}$$

$$Pt_2\text{---}CHOH + M\text{---}OH \longrightarrow Pt_2M + HCOOH + H^+ + e^- \tag{5-10}$$

其中反应式(5-3)~式(5-6)是电吸附过程，接下来的过程涉及表面中间物种的氧化。该机理认为 CO 的形成是一个必要的中间过程产物，被称为连续反应路径。也有文献提出甲醇在 Pt 电极上的氧化是通过平行途径进行的，一条途径为毒化途径，CO 是作为一个中间产物生成；另一条途径甲醇则被直接氧化为 CO_2[29~31]。最近，Chen[32]和 Wang[33,34]等用现场红外光谱技术和双薄层电解池与质谱联合定量测定了甲醇氧化中间产物，研究认为两种路径同时存在，即一个路径是通过吸附 CO 进行，另一个路径是通过溶解中间产物 HCHO 和 HCOOH 进行，这些中间物种是否最终被直接氧化为 CO_2 与催化剂和电极的结构有关。

甲醇在阳极上的电氧化总反应为：

$$CH_3OH + H_2O \longrightarrow CO_2 + 6H^+ + 6e^- \tag{5-11}$$

从式(5-11)可以看出，甲醇的电氧化涉及 6 个电子和 6 个质子的释放和转移，表明甲醇的氧化反应包含多个基元反应。甲醇电氧化的标准电势仅仅比标准氢电极（SHE）高出几十毫伏[24,35]，从热力学上其阳极极化应该很小，但是甲醇的电催化氧化反应速率却比氢的电催化氧化反应速率低数个数量级[35,36]。甲醇动力学上氧化速率的缓慢主要来源于其氧化过程产生的 CO 类中间产物能较强地吸附在 Pt 表面使表面失去催化活性即导致催化剂中毒和切断了反应的连续性。所以需要在一个较高的阳极电势下（约 0.7V vs. RHE），Pt 表面开始生成活性氧物种（如—OH）通过 $Pt—CO+Pt—OH \longrightarrow 2Pt+CO_2+H^++e^-$ 反应消除 CO 类物种来恢复 Pt 活性位点，所以甲醇电氧化需要一个高的阳极极化电势，对应的甲醇在 Pt 表面电氧化峰电位要相对很高（0.8V vs. RHE），显然这会导致电池的输出电压降低，整个电池性能也随之下降。因此如何提高催化剂的抗 CO 中毒能力是 DMFC 阳极催化剂的一个重要主题并影响着整个 DMFC 的性能和寿命。

5.2.2.2　一元金属催化剂

尽管许多一元金属如 Pt、Au、Ag、Os、Ir、Ru、Rh 和 Pd 被用来催化甲醇电氧化等，但研究表明 Pt 是目前最有效的甲醇电催化氧化的一元金属催化剂[35]。甲醇在 Pt 单晶表面的吸附及氧化行为的研究表明[29,37]：甲醇在不同的 Pt 晶面上的吸附及氧化行为不同，在 Pt(100) 晶面上，甲醇的解离吸附主要形成线性吸附的 CO 或其它氧化中间产物，而在 Pt(211) 面上以双中心及三中心桥式吸附为主。以硫酸为支持电解质时，Pt(111) 及 Pt(110) 的情况也与 Pt(211) 的吸附行为类似[37,38]。事实上，甲醇在 Pt(100) 晶面的时间分辨吸附研究表明，甲醇在该晶面上最初形成的吸附也是以双中心及三中心桥式吸附为主的，随着吸附时间增长，才形成较为稳定的线式吸附[39]。实验表明 Pt(100) 初始反应速率虽然较高，但 CO 积累迅速，反应速率迅速衰减，抗中毒能力差，表面吸附中间物需要较高的过电势才能氧化除去；Pt(111) 的反应速率较低，但较稳定，抗中毒能力较强。因此，甲醇在 Pt 催化剂上的反应活性和自中毒程度不仅依赖于电势的高低，而且还依赖于催化剂的表面结构。一般认为保持催化剂中有较多 Pt(111) 晶面是必要的，它有利于提高催化剂的抗中毒能力，保持催化剂的稳定性能。

催化剂粒子的粒径对催化剂的活性有着重要影响。首先我们引入催化剂质量活性和比活性这两个概念。催化剂质量活性 MA（mass activity，$A \cdot mg^{-1}$ 金属）定义为获得的表观电流除以电极上的金属载量即 $MA=I/m_{metal}$，这里质量活性反映出贵金属的利用率即每单位质量的金属可获得的表观电流；催化剂的比活性 SA（specific activity，$A \cdot cm^{-2}$）定义为获得的表观电流除以电极的电化学面积即 $SA=I/S_{ECA}$，这里比活性反映出催化剂的内在活性即每单位面积的活性位点可获得的电流。电极上催化剂的质量活性和比活性存在以下关系：$MA=SA \times (S_{ECA}/m_{metal})=SA \times S_{specific ECA}$，这里 $S_{specific ECA}$ 为比电化学表面积。所以从理论上讲，为了提高电极上催化剂的质量活性或贵金属的利用率，那么越小 Pt 粒子的粒径越有利。因为对于相同质量的 Pt 金属而言（假设 Pt 金属表面是清洁的），Pt 纳米粒子粒径越小，表示可获得的比电化学表面积越大即越多的 Pt 原子参与到电催化反应中，在电极上获得的表观电流也越大，相应地催化剂的质量活性也越大。但是我们应注意到电极上催化剂的质量活性不仅与催化剂的比电化学表面积有关，还与催化剂的内在活性即比活性有关。确实，Attwood 等[40]就发现 Pt 纳米催化剂粒径在 3nm 左右时，获得的质量活性最高而不是 Pt 粒子越小越好。他们认为对甲醇的电催化氧化时，Pt 纳米催化剂的比活性与 Pt 粒子的粒径有着直接联系，即存在一个粒径效应。具体来说，Pt/C 催化剂表面的 Pt_3—COH_{ads} 与 Pt—OH_{ads} 之间的反应能促进甲醇的电催化氧化反应。而—COH_{ads} 和—OH_{ads} 的总覆盖度（$\theta_{COH}+\theta_{OH}$）是始终一定的，即 $\theta_{COH}+\theta_{OH}\leqslant1$，无论哪种基团的覆盖率过于增加，都会导致甲醇电催化氧化的反应速率降低，因此甲醇和水在催化剂表面的共吸附有一个合适的比例，并且充分吸附于可获得的 Pt 位点能有效地提高催化剂的活性和效率。XPS 的研究发现，Pt 粒子越小，Pt 粒子越不稳定，越易氧化，θ_{OH} 越大。电化学方法研究也表明，Pt 粒子越小，Pt 越容易氧化，θ_{OH} 越大，这会抑制甲醇的解离吸附，因此，并不是 Pt 粒子的粒径越小，Pt/C 催化剂的电催化性能越好。

Mukerjee 等[41]考察了 Pt 粒子大小对甲醇的催化效应，发现在 5nm 以下，降低催化剂粒径，虽然增加了贵金属的比表面，但同时 OH 和 CO 等的吸附强度都增加，反而不利于中间产物 CO 的氧化除去，从而限制了催化剂的活性。Frelink 等[42]选择 1.2~4.5nm 的 Pt 纳米粒子为对象，发现在这样的范围内，随着粒径的减小，Pt 粒子对甲醇氧化的催化活性降低，认为可能是因为随着粒径的降低，OH_{ads} 的覆盖度太大而导致 COH_{ads} 太小即适合甲醇吸附的位点变少，使 OH/甲醇化物种的比例不合理，限制了甲醇氧化的效率。

Pt 的高价格是限制 PEMFC 发展的一个重要因素，因此提高 Pt 催化剂的利用率也势在必行。一般认为粒径在 1nm 以下的粒子，其理论利用率才能达到 100%。而实际上，那些约 1nm 的小粒子与炭载体表面有着很强的作用力会显示出低活性；同时当 Pt 粒子小于 2nm 时，容易进入到载体的微孔中，不能形成电催化反应所需的三相界面区而失去催化作用。徐柏庆等[43]采用大小约 10nm 的 Au 纳米颗粒作为 Pt 的载体时，发现当 Pt 与 Au 的原子比小于 0.05 时，能达到 99% 的 Pt 利用率。该结果为高效利用 Pt 带来了希望。

总的来说，粒径大小主要通过影响其表面的吸附物强度，从而影响催化剂活性。选择一个催化剂的合适粒径，需要综合考虑粒子的比表面积以及表面的吸附物强度和覆盖度等因素。

5.2.2.3 二元复合金属催化剂

相对于其它单金属，铂虽然表现出了很好的活性和稳定性，但由于 CO 类物种的毒化作用，铂的催化活性还无法满足实际应用[25]。为寻求具有更高电催化活性的甲醇氧化催化剂，研究的主要途径是在 Pt 中添加其它金属元素。例如 Ru、Sn、Mo、W、Ni、Ti、Au、Os、Pd、Rh、Bi、Co、Ta、Re 和 Cr 等[1,24,44~55]，其中，研究最多的和性能最好的是 Pt-Ru 二元催化剂，也是目前应用最广泛的 DMFC 的阳极催化剂。

Ru 的加入可能带来两方面的作用，一方面 Ru 通过电子作用修饰 Pt 的电子性能影响甲醇的吸附和脱质子过程，减弱中间产物在 Pt 表面的吸附强度。例如 Ru

将部分 d 电子传递给 Pt，减弱 Pt 和 CO 之间相互作用，红外信号清楚地表明 Ru 的加入能使 CO_{ads} 的吸附频率红移[55]；甲醇在 Pt-Ru 上的吸附发生负移于氢的吸附-脱附区域，也反映电子作用的存在。还有观点认为 Ru 的加入能使吸附的含碳中间物中的 C 原子上正电荷增加，使其更容易受到水分子的亲核攻击，这也有利于 Pt-Ru 催化剂的活性的提高。另一方面，由于 Ru 是一种比 Pt 更活泼的贵金属，Ru 的加入使得催化剂在较低电位下就能获得反应所必需的表面含氧物种。这些表面含氧物种可能不仅限于 Ru-OH 物种的存在，Pt-OH 物种也有可能因 Ru 的存在而增加[56]。双功能机理模型解释了这些含氧物种的加入带来的有利效应[57~61]：如图 5-4 所示，在催化剂表面需要有两种活性中心，Pt 活性位上主要进行甲醇的吸附和 C—H 键的活化以及脱质子过程；Ru 或其它组分上进行水的吸附和活化解离，最终吸附的含碳中间产物和—OH_{ads} 相互作用，完成整个阳极反应，即上述反应机理中的反应式(5-10)。

从双功能机理来看，希望 Pt-Ru 催化剂中的 Pt 是还原态的，而 Ru 是氧化态的。Watanabe 等[60]对制备的 Pt-Ru 催化剂进行了 X 射线光电子能谱（XPS）分析。发现 Pt 主要为还原态，同时含有部分 Pt—O 成分；Ru 主要是以氧化态的形式存在的，少量的金属态的 Ru 存在于催化剂的体相。但起助催化作用的是以何种氧化态的 Ru（$RuO_2 \cdot xH_2O$、RuO_xH_y 和无定形 RuO_x）尚有争议存在。Rolison 等[62]利用差热分析和 XPS 分析认为在 Pt-Ru 催化剂中真正起到助催化作用的既不是 Ru 金属，也不是 RuO_x，而是 RuO_xH_y。他们认为 RuO_xH_y 既能传导电子也能传导质子，而无水 RuO_2 和 Ru 都不能同时具有这两种能力。同时，RuO_xH_y 还能提供丰富的含氧物种，因此 Ru 物种应尽可能以 RuO_xH_y 的形式存在。但 Aricò 等[63]的实验结果却表明，当催化剂中含有较少 Ru 氧化物且 Ru—O 键较弱时，Pt-Ru 催化剂表现出更高的甲醇催化活性。虽然 Pt-Ru/C 催化剂对甲醇氧化有很好的催化活性，但在实际的电池工作环境中 Ru 的稳定性却是需要认真考虑的一个问题。例如 Piela 用 XPS 和 X 射线荧光分析技术观察到当用 PtRu 黑作为 DMFC 阳极催化剂，Ru 在多种工况下都能从 PtRu 黑催化剂中溶解出来并穿透 Nafion 膜沉积在阴极，这样造成电池整体性能下降，电压损失从 40～200mV[64]。Tian 等[65]运用多醇法制备的 $PtRuTiO_x$/C 催化剂拥有更好的稳定性。相对于 PtRu/C 催化剂，TiO_x 的加入增强了 PtRu 贵金属粒子与 TiO_x/C 载体的相互作用，使得 PtRu-TiO_x/C 显示出更好的稳定性

Pt-Sn 是另一个研究较为广泛的 Pt 基二元复合催化剂。但 Sn 的助催化作用不同于 Ru。Ru 无论是电化学沉积于 Pt 表面还是与 Pt 形成合金结构都具有明显的助催化作用，而 Sn 的助催化作用会随 Sn 的加入方式的不同而不同。合金结构的 Sn 能引起 Pt 的 d 电子轨道的部分填充，它不利于甲醇在 Pt 表面的吸附，也不利于 C—H 键的断裂，只是能减弱 CO 等中间物种在催化剂表面的吸附，这与 Pt-Ru 催化剂中 Ru 的作用不一致。Aricò 等[66]认为 Pt-Sn 催化剂中存在着协同作用，并发现当 Pt、Sn 的原子比为 3∶2 时，对甲醇氧化的电催化作用最好，因为从 Sn 转移

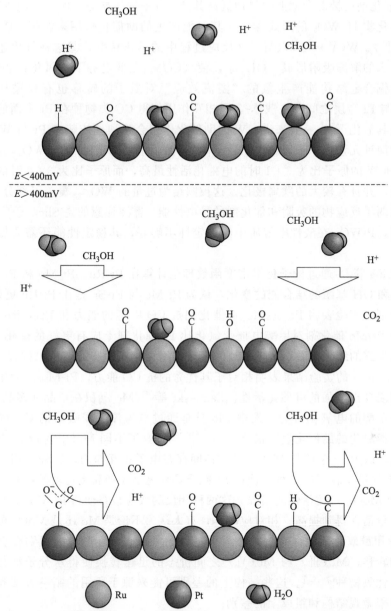

图 5-4 甲醇在 Pt-Ru 催化剂表面电催化氧化的双功能机理模型图[57]

［Reprinted with permission from Journal of Physical Chemistry B. 108（8）：2654-2659.

Copyright（2004）American Chemical Society.］

到 Pt 的电子最多；另外，Pt 和 Pt-Sn 合金两种晶相的共存可能是提高催化活性的关键。总之，Sn 的助催化作用以及 Sn 的含量目前都存在争议，但倾向于认为其是通过电子效应来实现的，这与 Ru 的多重助催化效应不一样。

　　W 物种的加入也被广泛地认为有助于 CO 类物种的氧化。例如仅将 WO₃ 粉末与 Pt 黑催化剂机械混合就能明显地提高其抗 CO 中毒的能力。实验表明 W 大多是以水合氧化物 H_xWO_3 的形式存在，其可能产生的助催化作用来源于：①W 的氧化态 W(IV)、W(V) 与 W(VI) 在反应过程中的迅速转变；②这种氧化还原转换还有助于水的解离吸附形成 $(OH)_{ads}$，使 $(CO)_{ads}$ 在低电势下被氧化；③H_xWO_3 形成的青铜合金结构能产生氢的"溢流效应"对质子的转移也有促进作用；④H_xWO_3 与 Pt 金属之间存在载体-金属相互作用使得 CO 类物种在 Pt 表面的吸附减弱，促进其氧化[19]。一般来讲，W 的助催化作用会强烈地依赖于 Pt 与 W 物种接触程度和两种元素的原子比。Shukla 等[67]考察了不同原子比的 Pt-WO$_{3-x}$ 催化剂，发现 Pt 和 W 的原子比为 3∶1 时的电催化活性最高，而原子比为 3∶2 时的电催化活性最低，并且有较大的欧姆极化。这被归结为过量的 WO$_{3-x}$ 覆盖了部分 Pt 活性位置而减弱了反应物的吸附和催化剂的导电性能。需要注意的是 Shen 等[68]的研究结果表明，$PtWO_3$ 在酸性电解质中的稳定性不够好，其稳定性能还需要做进一步的研究。

Shubina 等[69]通过量子化学密度函数理论计算在 Pt-Ru、Pt-Mo 和 Pt-Sn 表面吸附 CO 和 OH 基团的结合能的变化，认为 Pt-Mo 与 Pt-Sn 是比 Pt-Ru 更好的 CO 氧化催化剂。实验表明 Pt$_{0.75}$-Mo$_{0.25}$ 催化剂抗 CO 中毒的能力和 Pt$_{0.5}$-Ru$_{0.5}$ 相当，这暗示着 Pt-Mo 催化剂对甲醇电催化氧化比 Pt 催化剂上应有更好的催化活性[7]。但从文献报道的结果来看，关于 Mo 的促进作用存在相冲突的结论。例如，Mukerjee 和 Urian[70]的实验结果表明相对于其优秀的抗 CO 能力，Pt-Mo/C 对甲醇电氧化并没有表现出增强的电催化活性。Samjeské 等[71]Mo 沉积在单晶和多晶 Pt 电极上研究对甲醇的电氧化行为，发现 Mo 只是通过氧溢流对弱吸附的 CO 的去除有效，对甲醇氧化的助催化效应很小。Ma 等[72]研究了不同 MoO$_x$ 含量的 PtMoO$_x$/C 催化剂，认为 Pt 金属与 MoO$_x$/C 载体间存在电子相互作用，这种作用力能在合成中促进 Pt 纳米粒子的沉积，使得 Pt 粒子具有更小粒径和更均匀的粒径分布，但不利于 Pt MoO$_x$/C 比活性的增强，这两种相反的效应最终使得 Pt MoO$_x$/C 对甲醇氧化的质量活性得到提高。相对应的是，有人认为不论是 Mo 还是 MoO$_x$ 的加入对 Pt 的催化甲醇氧化活性都有提高，其促进作用来源于 Mo 形成的青铜合金结构促进质子的转移，Mo(III) 与 Mo(VI) 之间价态的迅速转换使得水分子活化，带来丰富的活性氧物种[73,74]。这些结构上的差别可能来源于所用的制备方法和前躯体不同，带来微观结构和组成上的差别。

最近的研究发现，一些稀土离子，如 Sm^{3+}、Eu^{3+} 和 Ho^{3+} 等吸附在 Pt/C 催化剂上，它们也能明显地增强 Pt/C 催化剂对甲醇氧化的电催化性能，其原因是由于稀土离子一般易与 H_2O 发生配位作用，使稀土离子成为含有活性含氧物种的配合物的缘故。

相比于在 Pt 基催化剂中引入活性氧物种来降低 Pt 的 CO 毒化，最近 Xing W 等通过热处理 Pt-Au 纳米粒子前躯体，由于 Au 在热处理过程中向表面迁移从而合成了一系列不同 Pt/Au 表面原子比例的 PtAu 纳米催化剂。催化甲醇氧化反应的电化学结果表明当 Au 在催化剂表面的比例增加时，CO 在催化剂表面的生成量随之下降，甚至完全没有检测到 CO。CO 毒化的抑制被归结于 Au 在表面的比例增加造成被分割的、不连续的 Pt 位点，从而 CO 毒化途径被抑制[75]，这与 Wieckowski 的理论很好的吻合。因为 Wieckowski 通过第一原理预测甲醇在 Pt 上的氧化表现出位点依赖性：间接途径/CO 途径需要 3～4 个 Pt 原子集合体的参与，而直接途径则只需要 1～2 个 Pt 原子的参与[76]。这给我们合成新型和更高效的抗 CO 毒化催化剂提供了新的思路。

总的来说，无论引入哪一种金属，其助催化作用一般都从能否改变 Pt 的表面电子状态、容易在低电位下吸附含氧物种或自身含有富氧基团、促进 Pt-H 的分解和抑制 CO 的形成等方面去考虑。在设计这类催化剂的时候，需要根据催化机理，优化两组分的含量、存在的状态和合金化程度等各个参数，以达到最好的电催化剂性能。

5.2.2.4　三元 Pt 基复合催化剂

如上所述 Pt-Ru 催化剂的稳定性不能满足 DMFC 长时间运转的要求，另外其活性也存在进一步增强的空间[64,77]。因此有相当多工作集中于在 Pt-Ru 二元催化剂中添加其它组分以提高催化剂的活性和稳定性。添加的第三组分主要有 Sn、W、Ir、Os、Mo、Ni、Pd 和 P 等[78-83]。研究较成功的有 Pt-Ru-W、Pt-Ru-Os、Pt-Ru-Mo、Pt-Ru-Ir 和 Pt-Ru-Ni 等体系。

近来的研究结果表明添加氧化钨的 Pt 或 Pt-Ru 催化剂对甲醇、甲酸乙酯[84]、甲酸和重整气的氧化具有较高活性。但不同的实验条件得到的结果不同，主要差异在于催化剂中 W 的含量不同，需要综合考虑催化剂的活性和导电性能。目前，不同的研究者对 Pt-Ru-W 三元素的比例优化没有统一的看法，这与催化剂的制备方法也有较大关系。例如 Pt、Ru 和 W 原子比为 3∶1∶2 的 Pt-Ru-WO$_3$ 催化剂[24]既考虑了催化活性的改善，又兼顾了催化剂本身的内阻，该催化剂综合性能优于 Pt-Ru 和 Pt-WO$_3$。Götz 等[73]认为 W 含量较高，如 Pt、Ru 和 W 的原子比为 1∶1∶1.5 时，催化性能最好。另外，其实验结果显示，当各元素的原子比为 1∶1∶1 时的三元催化剂对甲醇的催化活性顺序为 Pt-Ru-W＞Pt-Ru-Mo＞Pt-Ru＞Pt-Ru-Sn。周卫江等[74]考察了掺入 W 和 Mo 的 Pt-Ru 催化剂在 DMFC 单体电池中的电催化活性，发现 W 和 Mo 的加入都能改善单电池在催化极化区的性能，Mo 的作用尤其明显。但在欧姆极化区，电池性能有如下次序：Pt-Ru＞Pt-Ru-W＞Pt-Ru-Mo，这表明 W 和 Mo 的加入使催化剂中的氧化物含量增加，降低了催化剂的导电性能。

Pt-Ru-Os 是另一个研究较为成功的三元复合催化体系[80]。利用电弧熔化法或化学还原法制备的 Pt-Ru-Os 催化剂具有面心立方晶体结构，催化剂表面含有较多的 Pt(111) 晶面，由于 Os 的存在，催化剂表面—OH 基团更丰富，活性氧的供给更迅速，因而该催化剂表现出较 Pt-Ru 或 Pt-Os 催化剂更高的电催化活性。该三元复合催化剂能明显地减少 CO 等中间产物在催化剂表面的吸附区域，利用该催化剂得到的单体电池的性能比同样条件下 Pt-Ru 合金催化剂的要好很多。量子化学的计算表明甲醇解离吸附和 H_2O 解离吸附在 Os 上都很容易进行，即 Os 同时具有 Pt 和 Ru 两种金属的功能，但 Os 对甲醇解离吸附的能力不如 Pt，而 H_2O 在 Os 上的解离吸附作用弱于在 Ru 上。Pt-Ru-Os 三元复合催化剂对甲醇氧化的电催化性能要优于 Pt-Ru 二元复合催化剂。当 Pt、Ru 和 Os 的原子比为 65：25：10 时，催化剂对甲醇氧化的电催化性能最好。

廖世军等[85]报道了用丙酮作为溶剂，乙二醇作为还原剂，柠檬酸钠作为络合剂和稳定剂，制备的 Pt-Ru-Ir/C 和碳纳米管（CNTs）载 Pt-Ru-Ir（Pt-Ru-Ir/CNTs）催化剂对甲醇氧化的电催化活性都比 Pt-Ru/C 和 Pt-Ru/CNTs 催化剂高。这是由于 Ir 和 Ir 的氧化物对甲醇和 CO 等的氧化与 Ru 的加入有相似的作用。在甲醇电催化氧化过程中，能使 OH 物种稳定在金属 Ir 的表面，促进 CO 和其它吸附中间产物的氧化，增加了催化剂的活性[85~87]。

邢巍等[83]制备了在 Pt-Ru 催化剂中掺杂非金属元素 P 的催化剂，如图 5-5 所示。以 NaH_2PO_2 作还原剂还原 Pt-Ru 前驱体，在此过程中，NaH_2PO_2 自身发

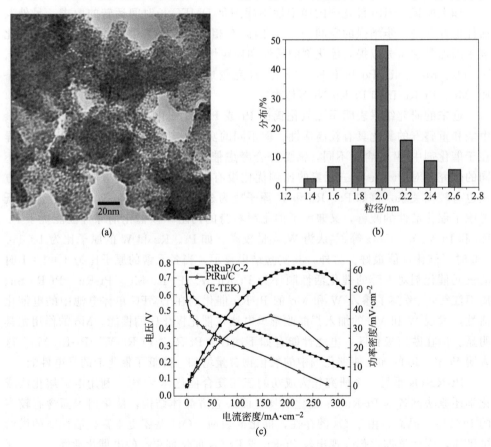

图 5-5　Pt-Ru-P/C 催化剂 TEM 图（a）、粒径分布图（b）和
催化剂性能测试图（c）[82]

生歧化反应，生成 P，从而在 Pt-Ru 催化剂中掺入了 P。透射电子显微镜（TEM）结果显示 P 的加入导致了 Pt-Ru 纳米粒子的粒径降低，而且分散特别均匀，催化活性得到了提高。他们认为，P 的作用在于切断了 Pt-Ru 之间作用的金属键，得到小粒径和高分散的纳米粒子，增加了催化剂的活性比表面积。该法制备的催化剂比商业 E-TEK 催化剂具有更高的催化性能。

此外 Pt-Ru-Ni 等[81]三元体系也表现出较 Pt-Ru 更好的催化活性。

5.2.2.5　四元 Pt 基复合催化剂

四元催化剂也是从优化选择催化剂组分，构建高性能和高稳定性催化剂出发。四元催化剂体系报道的相对较少，目前主要有 Pt-Ru-Sn-W[87]，Pt-Ru-Mo-W[89]、Pt-Ru-Os-Ir[90,91]、Pt-Ru-Ni-Zr[92]、Pt-Ru-Ir-Sn[93] 和 Pt-Ru-Rh-Ni[94]六种体系的报道。

Aricò 等[88]制备的 Pt-Ru-Sn-W 催化剂的半电池实验结果优于 Pt 催化剂。在低甲醇浓度范围内，高电流密度区的电催化活性随甲醇浓度的增加而增加。X 射线衍射（XRD）和 XPS 测量表明该催化剂中主要含有还原态的 Pt 和四价态 Ru 和 Sn 氧化物，而 W 是以无定形的 WO_2 和 WO_3 混合物存在。但 RuO_2、SnO_2 和 WO_3 等半导体氧化物的存在降低了催化剂的导电性能。

Pt-Ru-Os-Ir 催化剂是近年来出现的较为新颖的甲醇电催化剂，Reddington 等[90]利用组合化学的方法考察了不同配比的催化剂，发现少量 Os 和 Ir 的加入可以明显改善 Pt-Ru 对甲醇氧化的电催化活性。这被归结于 Os 的加入促进了水分子在催化剂表面的吸附和活化，而 Ir 的加入则有助于 C—H 键的活化，从而迅速释放 Pt 活性位，保证甲醇及时连续的吸附。尽管 Pt-Ru-Os-Ir 催化剂的比表面积低于商品催化剂 Pt-Ru 的，但前者对甲醇氧化的电催化性能优于后者。且甲醇在 Pt-Ru-Os-Ir 催化剂上的反应行为可能不同于后者，因为在 Pt-Ru-Os-Ir 催化剂上，甲醇氧化反应依赖于甲醇的浓度，可能是一级反应，而在 Pt-Ru 催化剂上的反应行为与甲醇浓度无关。

Neburchilov 等[93]制备了一种 Pt-Ru-Ir-Sn 四元催化剂用于甲醇氧化催化，并与商业催化剂进行了比较。甲醇催化氧化反应的线性扫描实验表明，虽然采用这种四元催化剂时的金属载量仅为商业催化剂的十分之一，但它可以达到同商业催化剂相近的性能。由于较好稳定性和性价比，这种催化剂具有很大的商业应用潜力。Park 等[94]报道了用 $NaBH_4$ 还原的方法制备了高活性的原子比为 50：40：5：5 的 Pt-Ru-Rh-Ni 催化剂，发现与传统的 Pt-Ru(50：50) 催化剂相比，Pt-Ru-Rh-Ni 催化剂具有高的甲醇氧化电流密度、高的输出功率密度和长期稳定性。

5.2.2.6　金属氧化物催化剂

通过对甲醇氧化催化机理的分析可知，Pt 对甲醇氧化具有很高的电催化活性，但在缺少活性含氧物种时，Pt 易被强吸附在表面的 CO 所毒化。因此，人们开始考虑用含氧丰富的高导电性和高催化活性的 ABO_3 型金属氧化物为甲醇氧化的阳极催化剂。ABO_3 型金属氧化物中的 A 和 B 分别代表：A＝Sr、Ce、Pb、Sm 和

La，B＝Co、Pt、Pd 和 Ru 等。为了提高这类氧化物的电催化活性，也有用复合型的 ABO_3 型金属氧化物，即在 A 和 B 晶格位置上都有两种不同的金属，这类催化剂可由化学共沉淀和热解法制备。White 和 Sammells[95] 最早对这种类型的催化剂进行了研究，发现其催化机理如下：甲醇开始吸附在 ABO_3 中的金属 B 上，同时失去羟基中的氢，甲氧基伴随质子从甲基部分脱去而发生氧化反应，电子就传到易还原的晶格 B 位，形成强烈吸附的 C＝O 类物质，这类物质与表面上的氧反应后，从催化剂表面除去，放出 CO_2，同时形成氧的空位，此空位与甲醇气流中的水反应形成新的表面 O^{2-}。除去 CO 的反应取决于过渡金属的 d 轨道，即未填满的 e_g 轨道对被吸附的 CO 的氧化起促进作用。他们还研究了电池的最大功率与极化度、光介电常数、自旋磁矩、A 和 B 原子 d 轨道电子数及金属与氧的结合能之间的关系，发现 ABO_3 参数对 DMFC 性能影响最大的是分子的极化度和光介电常数。在酸性介质中，被研究过的这类催化剂有 $SrRu_{0.5}Pt_{0.5}O_3$、$SrPd_{0.5}Ru_{0.5}O_3$、$SrPdO_3$、$SmCoO_3$、$SrRuO_3$ 和 $La_{0.8}Ce_{0.2}CoO_3$ 等体系。这类氧化物催化剂的优点是对甲醇氧化有较高的电催化活性，而且有很强的抗 CO 中毒能力，因此，值得进行进一步的研究。

经过几十年的发展，DMFC 发电技术方面近趋成熟，但仍有许多关键性问题需要解决，例如 Ru 的溶解和穿透 Nafion 膜造成电池性能的下降、发展低 Pt 和非 Pt 催化剂降低 DMFC 的成本、阴极氧还原催化剂的抗甲醇性能和耐久性，以及整个电池系统的可靠性和长期运行稳定性。关于 DMFC 科学和技术方面最新的进展，读者可以参考最新的综述[96,97]。

5.2.3 DFAFC 阳极催化剂

5.2.3.1 甲酸电氧化催化机理

与 DMFC 比较，直接甲酸燃料电池（direct formic acid fuel cell，DFAFC）有很多的优点。甲酸可以作为食品和药品的添加剂，它是一种无污染的环境友好物质，甲酸不易燃，存储和运输安全方便。甲酸是一种较强的电解质，因而能够促进电子和质子的传输，特别有利于增加阳极室内溶液的质子电导率，而且甲酸可以电离成甲酸根，甲酸根与存在于 Nafion 膜中的磺酸根相互排斥，从而部分阻碍了甲酸的透过，甲酸对 Nafion 膜的渗透率只有甲醇的 1/5，因此甲酸的低透过率可以提高电池效率，允许高浓度甲酸的使用，有利于管理。根据吉布斯自由能计算，可得理论上的甲酸-氧气燃料电池开路电压为 1.45V，在循环伏安图中，甲醇在 Pt-Ru/C 催化剂上的氧化峰峰电位在 0.5V 左右，而甲酸在 Pd/C 催化剂上的氧化峰峰电位在 0.1V 左右，因而 DFAFC 性能因阳极极化损失的能量较 DMFC 少得多。虽然甲酸的能量密度较低，为 $1740W \cdot h \cdot kg^{-1}$，不到甲醇的 1/3，但据报道，甲酸的最佳工作浓度为 $10mol \cdot L^{-1}$，在 $20mol \cdot L^{-1}$ 浓度下也能工作，而甲醇的最佳工作浓度只有 $2mol \cdot L^{-1}$。因此，DFAFC 的体积能量密度比 DMFC 高，而且高浓度的甲酸冰点较低，所以 DFAFC 低温工作性能好。因此，DFAFC 有替代甲醇的潜力，有巨大的工业化应用的潜力，越来越受研究人员的青睐，为 PEMFC 的发展带来了新的希望和挑战。任何一种燃料电池的研究，都是从机理出发，然后根据机理的需要去设计催化剂以及相关的工艺。

甲酸的氧化反应在 Pt 电极上的氧化机理普遍被接受的是双途径机理[35,98,99]，第一种是甲酸的脱氢途径：该途径绕过了中间产物 CO 吸附物种的生成，从而能有效地降低对 Pt 的毒化。如下所示：

$$HCOOH + Pt \longrightarrow CO_2 + 2H^+ + 2e^- \tag{5-12}$$

而第二种反应路径是脱水途径，这与甲醇电氧化机理有些相似，形成使 Pt 中毒的 CO 中间产物，途径如下所示：

$$HCOOH + Pt \longrightarrow Pt{-}CO + H_2O \tag{5-13}$$

$$Pt + H_2O \longrightarrow Pt{-}OH + H^+ + e^- \tag{5-14}$$

$$Pt{-}CO + Pt{-}OH \longrightarrow 2Pt + CO_2 + H^+ + e^- \tag{5-15}$$

总反应：
$$HCOOH \longrightarrow CO_2 + 2H^+ + 2e^- \tag{5-16}$$

值得一提的是，还有部分研究者提出了甲酸根（formate，HCOO·）中间体途径，但在关于甲酸根是作为反应活性物种还是观察体物种（spectator species）、甲酸根途径对总反应的贡献目前仍存在争议，这里不再展开深入讨论，读者可以参考相关文献［100~105］。

5.2.3.2 催化剂组成

目前的 DFAFC 催化剂组成研究，主要集中在 Pt-based[106~112] 和 Pd-based[113~124] 催化剂，如 Pt-Pd、Pt-Ru、Pt-Bi、Pt-Co、Pt-Sb、Pt-Sn、Pt-Fe、Pt-Se、Pt-Au、Pd-SiO$_2$、Pd-Au 和 Pd-P 等。

(1) Pt-based 催化剂 由双途径机理可知，Pt 在催化甲酸电氧化过程中容易受到脱水过程中产生的 CO 的毒化，所以单金属的 Pt 在低电位（小于 0.6V vs. NHE）只有一非常低的电流。当阳极过电势大于 0.6V 时，此时直接脱氢途径变为控制途径，同时 Pt 表面开始产生活性氧，电流才开始迅速增加。所以在电池感兴趣的阳极过电势范围内（<0.5V vs. RHE），单金属 Pt 只显示出非常低的性能，所以添加第二金属来促进 Pt 的电催化甲酸氧化活性是必需的。常见的第二金属有 Ru、Pd、Au、PbBi、Sb、Fe、In、Sn 和 Mn 等。这些金属大都对 Pt 催化甲酸有显著的促进作用，其促进机理可归结于双功能机理、电子相互作用、第三体效应和集团效应。这里的第三体效应是指添加第二种金属（即第三体）产生几何阻碍效应，能抑制 CO 在表面的形成，促进直接脱氢途径的进行。集团效应是指在催化剂表面形成的特定原子排列区域，这个区域具有特定原子数目和种类，具有对催化途径的选择性，具体对电催化甲酸氧化来说，集团效应促进直接脱氢途径的进行。可以看出，第三体效应和集团效应在概念上有相通和重叠的地方。下面的论述，具体的促进机理会根据具体的文献来说明。

我们知道在电催化甲醇氧化的过程中，Pt-Ru 催化剂中的 Ru 作为活性—OH

的来源，促进甲醇的氧化；同理，在电催化甲酸氧化过程，Ru 也能提供活性
—OH 促进甲酸在 Pt 上的 CO 氧化。Masel 小组[113]研究了 Pt，Pt/Pd 和 Pt/Ru 作
为阳极催化剂时 DFAFC 的电池性能。Pt/Ru 催化剂在低电压下 0.26V（高的阳极
过电位）显示最高的功率密度 70mW·cm^{-2}，但 Pt/Pd 催化剂虽然拥有更强的 CO
键合强度却显示出最高的开路电压（电池电压为 0.5V）和最高的功率密度，其次
是 Pt/Ru 38mA·cm^{-2} 和 Pt 的 33mA·cm^{-2}。这说明 Pd 的促进角色是不同于 Ru
的，具体来说，Ru 是通过双功能机理促进脱水途径中 CO 的氧化，但抑制了脱氢
途径的进行，Pd 则是通过第三体效应和/或电子作用促进甲酸的直接氧化途径进行
和抑制 CO 的形成[113,125,126]。从上面的对比看出，Pt/Pd 催化剂更具有实际应用
的价值，同时从另一个角度也可以得出促进直接脱氢途径的进行与促进 CO 氧化相
比是一条更高效的促进机理。在文献报道中，电子相互作用、第三体效应和集团效
应都认为能促进直接途径的进行和本质上加速甲酸的动力学过程。Wieckowski[76]
运用第一性原理研究了甲酸在 Pt 表面氧化的位点依赖性。他们计算的结果认为脱
氢途径只要求单个 Pt 原子，而脱水途径要求跟多个 Pt 原子集合体的参与。Cues-
ta[127]进一步暗示在甲酸氧化过程中，CO_{ads} 的形成要求至少三个连续的 Pt 原子。
的确，相当多的研究结构支持分割连续的 Pt 集合体，形成孤立的、非连续的 Pt 位
点能显著地提高 Pt 电催化甲酸氧化的活性，并且分割 Pt 位点的手段多种多样，包
括形成 Pt-M 合金，在 Pt 表面欠电位沉积第二种金属，在 Pt 表面吸附大环化合物
如氰化物等。这表明第三体效应和集团效应在促进甲酸在 Pt 表面的氧化方面扮演
着非常重要的作用，这与甲醇氧化中常见双功能机理是不一样的。另外一个方面，
第二种金属/其它物质加入常常可在 X 射线光电子能谱观察到 Pt 4f 结合能的变化，
这表明第二种金属的加入不仅分割了连续的 Pt 原子同时还修饰了 Pt 原子的电子环
境，Pt 电子结构的改变会直接影响到 HCOOH、中间体在 Pt 表面的吸附强度。下
面就几种典型的 Pt-based 催化剂展开论述。

不同组成和结构的 Pt-Pd 二元金属催化剂对甲酸的氧化行为已经被广泛研究，
相对于 Pt，Pt-Pd 拥有无可争议的增强的活性，表现于更低的氧化起始电势、更高
的峰电流[113,114,119,126,128~138]。从一个基础研究角度出发，Llorca 等[139]研究了 Pd
修饰的 Pt(100) 和 Pt(111) 电极，证实 Pd 吸附在 Pt(100) 表面能显著增强其活
性，但吸附在 Pt(111) 表面，则活性增强不那么明显。一个完整的或多个完整的
Pd 吸附层在表面却拥有比体相 Pd 更高的甲酸氧化活性，表明 Pt-Pd 之间的一个协
同增强机理。同时，Arenz 等[140]运用电化学技术和傅里叶转变红外光谱技术
（FTIR）研究了 Pd 修饰的 Pt(111) 和 Pt-Pd 单晶合金对甲酸的氧化行为。结果也
表明 Pd 无论是修饰在 Pt 表面还是与 Pt 形成合金对甲酸氧化活性都有显著的提高，
并且 FTIR 光谱观测不到 CO_{ads} 的形成。进一步研究发现，Pd 对 Pt 的这种促进作
用在纳米尺度也被有效地证明。例如，Feliu 等[141]采用电化学方法在亚单层范围
内沉积 Pd 原子在 (100) 择优取向的 Pt 纳米粒子上，发现沉积 Pd 后，电催化甲
酸氧化的活性明显的增强。并且增强的活性与 Pd 在 Pt 表面的覆盖度存在依赖关

系。但同时需要指出的是单金属 Pd 本身对甲酸氧化具有非常高的活性，所以活性的提高是来源于 Pd 的贡献还是来源于 Pt-Pd 之间的相互促进作用（例如协调作用）需要详细的研究。在这一点上，有报道指出 Pt-Pd 纳米催化剂拥有比 Pt 显著高的活性但仍低于 Pd 纳米催化剂[118,142]。然而，比 Pd 更高活性的 Pt-Pd 催化剂也有被多个组报道的[126,138]。例如 Yuan 等[138]在水相体系下制备了单分散的 sub-10nm 无序的 Pd-Pt 合金立方体，它们与 sub-10nm Pd 立方体和商业 Pd 黑相比，表现出更高的比活性和更负的峰电位，并且 $Pd_{74.4}Pt_{25.6}$ 合金立方体展现出最高的活性。这些作者认为 Pd-Pt 合金立方体拥有比 Pd 立方体更高活性的原因是 Pt 的存在修饰了 Pd 的电子结构。最近，Cai 研究组[126]合成一系列的低 Pt 含量的 Pd_xPt_{1-x}（$x=0.5\sim1$）催化剂，发现 Pd_xPt_{1-x}/C 与 Pd/C 相比拥有更负 CO 剥离电位、更负的甲酸氧化峰电位和更高的比活性，且当组成为 $Pd_{0.9}Pt_{0.1}$，催化剂表现出最高的催化性能。他们把这种增强效应归结于：①在被 Pd 有效分割的 Pt 位点上能抑制 CO 的形成和毒化；②Pt 的存在降低了 Pd 位点的 d 带中心。

从上面可以看出，各个文献报道的 Pt-Pd 催化剂在活性和最优的组成方面存在一定的差异，这可能由于不同的制备方法导致 Pt-Pd 纳米粒子的表面电子状态和具体到原子排布存在差异。然而，值得提出的一点是最近的文献[126,138]强烈地暗示着低含量的 Pt 能有效增强 Pd 的活性和缓解 Pd 的失活，从而拥有比 Pd 更强的优势，是一种更有希望能实际应用的 DFAFC 阳极催化剂。

Pt-Au 也是一种常被研究的催化甲酸氧化的二元催化剂。Demirci[125]根据 Nørskov 等的理论工作分析 Pt-Pd 和 Pt-Au 催化剂的结构特征，发现它们都有被稀释的 Pt 表面位点（即不连续的 Pt 位点）和上移的 d 带中心。的确，相当多的工作已经证明 Pt-Au 与 Pt 相比对甲酸氧化反应拥有一个显著增强的活性和稳定性[143~151]。例如 Kim 等[144]运用电化学扫描隧道显微镜研究 Pt 自发沉积在 Au（111）电极表面对甲酸氧化的行为，发现最优的 Pt/Au(111) 电极与 Pt(111) 电极相比，拥有一个 20 倍增强的甲酸氧化活性。进一步，Choi 等[143]运用普通硼氢化钠还原法合成 Pt-Au 合金催化剂。发现 Pt-Au 阳极催化剂与 Pt-Ru 相比表现一个更低的氧化起始电势和更高的氧化电流。更重要的是，Pt-Au 为阳极催化剂的 DFAFCs 在 500h 的长期运行中，电压损失不超过 10%（从 0.58~0.53V）。另外多种结构、组成和合成方法制备的 Pt-Au 催化剂都无一例外地表现出比 Pt 更高的活性，包括亚单层的 Pt 修饰的 Au 纳米粒子[145]、亚单层的 Pt 修饰的金纳米棒[147]、Pt 环绕 Au 纳米复合物[150]和 Pt-Au 合金纳米粒子[152]。

就 Pt-Au 活性增强的原因，集团效应/第三体效应被认为扮演着至关重要的作用。具体来说 Au 在催化剂表面的存在分割了连续的 Pt 位点或者说提供位阻效应，使得 CO_{ads} 在 Pt 表面的形成被抑制，甚至消除，从而甲酸在 Pt-Au 表面的氧化择优通过脱氢途径进行。Kristian 等观察到 CO_{ads} 在单层 Pt-修饰的 Au 表面有更强的吸附强度，表明活性的增强不是来源于快速的去除 CO 毒化或者是双功能机理。考虑到脱氢途径在 Pt 表面进行不需要连续的 Pt 位点，然而脱水途径形成 CO_{ads} 中间体至少需要 2 个 Pt 键合位点，所以他们认为集团效应起着促进作用[153]。最近 Ob-radovic 等[154]进一步分析了集团效应和电子效应对 Pt-Au 活性增强的贡献。他们观察到不管 Pt-Au 电子相互作用如何，金修饰的铂和铂修饰的金两种催化剂都表现出对甲酸氧化相似的增强行为，因此认为集团效应扮演着主要的作用，使得 Pt-Au 催化剂增强对甲酸氧化脱氢途径的选择性。Yin 研究组[152]进一步证实这种集团效应。他们通过热处理 Pt-Au 纳米粒子前躯体，使得 Au 在 Pt-Au 表面的比例逐步增加。电化学结果表明当增加 Au 在 Pt-Au 表面的比例时，催化剂的活性和稳定性都明显增强。这可归结于 Au 的增加使得 Pt-Au 表面被分割的 Pt 位点也增加，因而催化剂对脱氢途径有更高的选择性。

一组后过渡金属如 Bi、Pb、In 和 Sb 等也是常被用来作为修饰元素，且形成的 Pt-M 体系能表现出优异的电催化氧化甲酸性能[155~158]。早期，通过不可逆吸附这些后过渡金属在 Pt 单晶电极形成到修饰电极与 Pt 单晶电极相比就表现出极大的活性增强，从而从基础上确立这些后过渡金属元素的促进作用[155]。例如 Clavilier 等通过控制 Bi 在 Pt(111) 电极上的吸附量来研究对甲酸的氧化行为，发现 Bi 的覆盖度为 0~0.8 的范围内，被修饰的 Pt(111) 电极对甲酸的直接氧化反应表现出 40 倍的活性增强。这种增强趋势在 Sb 修饰的 Pt(100) 电极[156]和 Pb 修饰的 Pt 电极[159]上也被确认。对于 Sb 修饰，研究者发现随着 Sb 修饰量的增加，由于有效抑制了毒化中间体的形成，因而对甲酸氧化的活性也随之增强。并且当 Sb 的覆盖度在 0.9 时，修饰电极获得最大的氧化电流，并且观察不到毒化物种（如 CO）在电极表面的形成。孙世刚[123]研究了 Sb 修饰的 Pt(100)、Pt(111)、Pt(110)、Pt(320) 和 Pt(331) 对甲酸的氧化行为。结果表明 Sb 吸附原子的加入不但可以阻止毒化物 CO 的产生，而且改变了甲酸氧化反应在 Pt 表面的表观活化能，特别在 Pt(111) 和 Pt(331) 晶面上更明显，使得最终对甲酸的活性获得极大的提高。相对于早期多集中在 Pt 体相电极上进行基础性研究，后期的研究多集中在纳米尺度的 Pt-based 催化剂上研究。例如 Abruna 组[158]合成一系列的金属间化合物如 Pt-Bi、Pt-In 和 Pt-Pb，并测试它们对小分子有机物的电催化行为。Pt-Bi、Pt-In 和 Pt-Pb 金属间化合物与 Pt 相比都表现出更负起始氧化电势和更高的氧化电流，因而是一类很有实际应用前途的电催化剂。随后一系列的研究在合成高分散与小粒径的 Pt-M 金属间化合物方面展开，以期获得更大的质量活性和更大的 Pt 利用率。例如，萘化钠还原 Pb 金属-有机前躯体制备的金属间 Pt-Pb 纳米粒子[160]，在无水甲醇条件下用硼氢化钠共还原 Pt，Pb 前躯体制备的金属间 Pt-Pb 纳米粒子，多醇法制备的金属间相 Pt-Bi 纳米粒子[50]。Sun 等[161]发现非金属间相的空心 Pt-Pb 纳米粒子仍然表现出高的甲酸氧化活性和稳定性和更负的氧化起始电势，甚至比商业 Pd 黑更高的活性和稳定性，这表明形成金属间相的纳米粒子不是保证高活性的充要条件，无规的 Pt-M 合金纳米粒子也能有增强的活性和抑制 CO 毒化的过程。结合前面的在 Pt 单晶电极上的研究，可以进一步说，只要 Bi、Pb、In 和 Sb 能在 Pt 纳米粒子表面有效的存在就能显著地提高 Pt 对甲酸的催化活性和抑制 CO 的毒化过程。

例如，Uhm 等[162]运用欠电势沉积技术在 Pt/C 纳米催化剂沉积上 Pb 后，获得的 Pb 修饰的 Pt/C 在低的阳极过电势＜0.4V（vs. SCE）下表现出显著增强的甲酸氧化活性，在 110mA·cm^{-2} 恒电流的运行条件下，300min 内电池性能保持在一稳定的运行状态，类似地，他们还将 Bi 欠电势沉积在炭纸负载的 Pt 纳米催化剂上，同样获得了增强的活性和稳定性[163]。纵观文献，尽管具体的文献在活性增强的原因上会有所差别，但增强效应大多归结于第三体效应和/或电子效应[155~158]。

其它一些修饰物包括 Fe[164]、大环化合物[165~167]和金属氧化物[168]也被证明能有效地提高 Pt 对甲酸的氧化活性和抑制 CO 毒化过程。Chen 等[124]利用化学还原法首次制备了高度单分散的 3nm 的 Fe$_x$Pt$_{100-x}$（$x=10$，15，42，54，58 和 63）纳米催化剂，并研究组成-活性的依赖关系。Fe-Pt 催化剂表现出很好的抗 CO 性能和长期稳定性，并且当 x 接近 50 时，Fe-Pt 催化剂表现最大的电催化活性、稳定性和抗 CO 毒化能力。相对于前面的过渡金属作为修饰物，Xing 等[165~167]发现四磺酸基酞菁铁大环化合物吸附在 Pt 电极表面，可以明显地促进 Pt 对脱氢途径的选择，Pt 表面产生的毒性中间产物基本消失，对甲酸氧化的电流能提高 9 倍（见图 5-6）。进一步，当纳米 Pt/C 阳极催化剂吸附了四磺酸酞菁铁后制备的 DFAFC 性能从 80mW·cm^{-2} 提高到 130mW·cm^{-2}。这个工作丰富了以前对修饰物的知识，表明非金属修饰物也能促进 Pt 对脱氢途径的选择性，再次表明有效分割 Pt 表面位点/提供几何位阻能抑制 CO 毒化途径，另外电子效应从本质上提高了电氧化动力学过程。

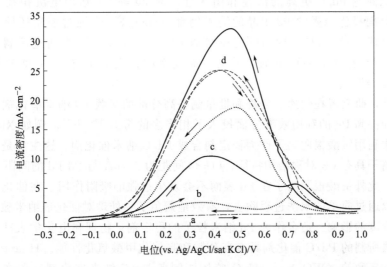

图 5-6　在 0.5mol·L^{-1} H$_2$SO$_4$＋1.0mol·L^{-1} HCOOH 溶液中不同电极的循环伏安曲线，扫速 100mV·s^{-1}FeTSPc 四磺酸基酞菁铁[165]

a—四磺酸基酞菁铁修饰的玻璃电极；b—裸铂电极；c—四磺酸基酞菁铁修饰的铂电极；
d—电解质加入 0.1mg·mL^{-1}四磺酸基酞菁铁后的裸铂电极

(2) Pd-based 催化剂

① 单金属的 Pd 催化剂 Pd 尽管 Pt 有着最相似的电子结构，但与 Pt 明显的不同，Pd 表现出优异的催化甲酸氧化性能和非常低的 CO 毒化现象[169,170]。Hoshi 等人[108]研究不同结晶取向的 Pd 单晶电极对甲酸的氧化能力，发现活性增强顺序为 Pd(110)＜Pd(111)＜Pd(100)。但有研究发现 Pd(111) 更耐氧化和有更低峰电势使得 Pd(111) 晶面择优取向的 Pd 更适合燃料电池的实际应用[171]。Kibler 等[172,173]观察到 Pd 的 d 带中心随晶格大小（Pd-Pd 间的距离）系统的变化，暗示 Pd 的催化活性受到晶格参数的重要影响。这一点在纳米催化剂得到了证实，例如 Xing 等[112]采用不同的溶剂制备出具有不同晶格常数的纳米 Pd/C 催化剂，发现晶格常数的大小会影响 Pd 纳米催化剂催化甲酸氧化的性能。Wieckowski 等人[107]研究了非负载的 9～40nm 的 Pd 纳米粒子对甲酸氧化的尺寸效应，他们检测到 Pd 粒子的尺寸影响到 Pd 的电子结构从而影响到对甲酸的催化活性，例如最小的 Pd 粒子（9～11nm）展现了最高的芯剂结合能偏移和最高的价带中心下移，从而获得最快氧化甲酸的速率。随后 Lee 等[174]研究了炭负载的 2～9nm Pd 催化剂对甲酸氧化的尺寸效应。他们发现 Pd 催化活性与粒子尺寸存在火山形关系图，认为 5～7nm 的 Pd 纳米粒子是最适合的催化甲酸氧化催化剂。

因为从实际应用角度看，制备高分散的和不同结构的 Pd 催化剂具有重要意义。另外从前面的论述可知，(111) 晶面取向的 Pd 催化剂更适合实际应用，相当多的工作集中于合成 (111) 晶面取向 Pd 催化剂。例如，Sun 等[175]报道了油胺调节合成的 (111) 晶面取向的 Pd 纳米粒子，当它们被用来催化甲酸氧化时显示出比商业 Pd/C 更高的活性和耐久性。Meng 等[176]运用电沉积技术制备了 (111) 晶面择优暴露的 Pd 单晶的纳米荆棘。Song 等[177]通过控制还原电势和沉积时间合成了沿 (111) 取向的树枝状纳米线。Xing W 等[178]通过控制反应体系 pH 值，以柠檬酸盐为稳定剂，采用表面置换法合成了从空心 Pd 纳米球到实心的 Pd 纳米粒子。

另外，研究者在快速、经济和批量制备高分散的炭载 Pd 纳米催化剂以降低制备费用和提高 Pd 的利用效率方面投入了相当多的努力[179～187]。例如 Xing W[187]等人首次利用钒酸根阴离子作为稳定剂合成 Pd/C 纳米催化剂，这主要是因为偏钒酸根阴离子具有 C3 对称结构特征，O—O 间距为 2.76Å 与 Pd-Pd 的间距 2.75Å 十分匹配；此外钒酸根阴离子在 Pd 表面不会发生过强的吸附作用，在催化剂制备结束后可以通过简单的水洗过程除去，有效地避免了热处理对催化剂纳米粒子的粒径和分散程度的影响。适合作为 Pd 纳米粒子的稳定剂。物理和电化学表征显示，采用该方法所制的 Pd/C 催化剂具有高分散和高催化甲酸氧化性能。Huang 等[180]开发了一种新颖的 $(WO_3)_n \cdot xH_2O$ 胶体法制备 Pd/C 纳米催化剂。在这个方法中 $(WO_3)_n \cdot xH_2O$ 胶体作为保护剂是通过钨酸根离子与氯钯酸前驱体作用原位产生的，在反应结束后由于反应液 pH 值升高变为碱性状态，$(WO_3)_n \cdot xH_2O$ 又能再次转变为钨酸根离子，通过简单的水洗过程就可以除去。物理和电化学表征显示所制备的 Pd/C 催化剂平均粒径在 3.3nm 左右，具有比普通方法制备的 Pd/C 催化剂高得多的电化学活性面积和催化甲酸氧化活性。

② Pd 合金和 Pd 复合催化剂　如上所述，Pd 虽然具有高的起始活性，但稳定性无法满足实际应用需要；所以需要通过 Pd 与其它金属/金属氧化物结合来优化催化剂的原子排布和电子结构达到进一步增强 Pd-based 催化剂性能。Kibler[174]研究 Pd 单层沉积在 Au(111)，Pt(111)，PtRu(111)，Rh(111)，Ir(111)，Ru(0001) 和 Re(0001) 单晶电极上对甲酸氧化的催化性能。他们发现由于晶格不匹配 Pd 单层会产生一个表面压缩应力，使得 Pd 单层的 d 带中心下移导致吸附物在 Pd 表面的吸附强度发生变化。一个合适的表面压缩应力会使吸附物在 Pd 表面的吸附强度处于一个理想的状态，最终使得 Pd 具有最理想的催化性能。在所研究的体系中，Kibler 的研究结果表明 Pd 单层在 Au(111)，Pt(111) 和 PtRu(111) 表面获得比体相 Pd 更高的催化甲酸氧化活性。Kolb 等[188]比较性研究了薄的外延生长的 Pd 多层在 Au 和 Pt 单晶电极上对甲酸氧化的性能。实验结果表明 Pd 薄膜在 Pt(hkl) 电极上（包括单层、双层、三层厚的 Pd 薄膜）展现出比 Pd 薄膜在 Au(hkl) 和体相 Pd(hkl) 电极上高得多的活性。

长久以来，二元金属催化剂就在催化领域占有重要地位。同样地，Pd-Me 催化剂对甲酸的氧化活性也被广泛地研究包括：Pd-Sn[189,190]，Pd-Co[191,192]，Pd-P[120,193]，Pd-Pb[194,195]，Pd-Ni[196]，Pd-Au[119,197~202] 和 Pd-Ir[203]。通常，二元金属纳米催化剂的物理和化学性能能够通过调节它们的表面结构、组成和元素聚合状态而改变，反过来这些物理化学性能的改变会影响最终催化剂的催化性能。确实，许多研究结果就表明甲酸电氧化过程中，Pd 与第二种金属之间产生的电子相互作用直接影响到甲酸和反应中间体在催化剂表面的吸附强度，从而对 Pd 催化剂的活性和稳定性产生重要影响[128~140]。Xing W[189]等人详细地研究了不同 Pd/Sn 原子比的 Pd-Sn/C 催化剂对催化甲酸氧化的性能。他们发现 Pd-Sn 合金能增强 Pd 的催化甲酸氧化活性和稳定性。增强的原因主要归结于 Sn 的电子效应，修饰 Pd 的电子结构，使得毒化中间体在 Pd 表面的吸附强度降低。Pd-Co 催化剂与 Pd 相比也获得了增强的活性和稳定性，Co 的作用为与 Pd 产生电子相互作用，促进了甲酸直接途径的进行[122]。Lu 等[120,193]还制备了非过渡金属的 Pd-P 合金催化剂，认为 P 的加入降低了 Pd 的 3d 电子云密度和 CO 在 Pd 表面的吸附强度，从而使得 Pd-P 催化剂具有比相似尺寸的 Pd 催化剂更高的催化性能。

Pd 虽然对甲酸氧化有很高的起始活性，但长期稳定性试验表明 Pd 的活性会随着时间的推移逐渐衰退。衰退的原因常常被归结于 Pd 的氧化流失和未知的毒化物种在 Pd 表面的聚集。对于毒化物种的确认现在有相当多的证据表明是 CO 物种，包括电化学证据[204]和现场红外光谱证据[205,206]。确实有一部分工作表明通过双功能机理和电子效应促进 CO 的氧化以及第三体效应抑制 CO 形成能有效减轻 Pd 的失活速率。例如，Masel 等[207]在 Pd 催化剂表面欠电势沉积 Sb、Sn 和 Pb 后，无论是电化学表征还是电池性能表征都证明在 1h 的测试时间内，吸附原子的加入由于位阻效应（第三体效应）和电子效应都强烈地促进了甲酸的氧化速率和降低了 CO 的形成，但在 3h 后三种催化剂的毒化效应却几乎一致，表明 Pd 催化剂还存在其它未知的失活原因。Xing 组的工作也证实通过加入一系列的稀土氧化物、杂多酸、WO_3 等含丰富活性氧和存在金属-载体相互作用的物种进入 Pd/C 体系构成的复合纳米催化剂与纯 Pd 相比能够有效地提高催化剂的活性和衰退速率[208~212]。例如，使用 WO_3 和 Vulcan XC-72R 炭黑的复合物作为催化剂的载体时：在催化剂合成过程中，它们能辅助 Pd 纳米粒子的分散，从而使制备的 Pd 粒子具有更小的粒径和分散度；WO_3 具有的溢氢效应能促进甲酸过程中脱氢途径的进行，WO_3/Pd 之间的电子相互作用促进了直接途径的进行和抑制了 CO 毒化作用[209,212]。Larsen[213] 则基础性地检查了各种载体沉积 Pd 后对甲酸氧化稳定性的变化。他们的实验结果表明亚单层的 Pd 沉积在 V、Mo、W 和 Au 片上拥有增强的稳定性，特别是 Pd-V 在 0.3V（vs. RHE）催化甲酸氧化的质量活性和比活性分别是 Pt/Ru 的 1000 倍和 100 倍。这为我们制备高活性和稳定性的 Pd 二元催化剂提供了有价值的信息。

5.2.4　DEFC 阳极催化剂

5.2.4.1　乙醇电氧化催化机理

　　近年来，直接乙醇燃料电池（direct ethanol fuel cell，DEFC）也是 PEMFC 中的研究热点。乙醇是一种可再生的生物燃料，相比其它醇类，它无毒、生产和存储简单以及来源广泛，乙醇燃烧产生的物质恰巧就是自然界通过光合作用合成乙醇所需要的物质，所以乙醇燃烧的温室效应可以忽略。因此，DEFC 不仅有理论意义上的研究价值，而且有非常大的实际应用潜力。

　　从热力学上分析，乙醇电化学氧化电位与甲醇的非常接近，分别为 0.084V 和 0.046V。但从动力学角度看，甲醇完全氧化是 6 电子转化过程，而乙醇完全氧化生成 CO_2 和水是 12 电子转移过程，且需要断裂 C—C 键，与甲醇完全电氧化相比反应更困难、过程复杂和中间产物更多（如图 5-7 所示）。为提高乙醇的电化学反应速率，有必要深入研究其电催化氧化过程的机理，从而研究开发新型高效的乙醇电氧化催化剂。

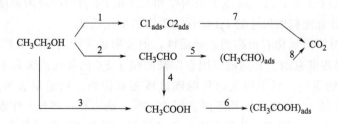

图 5-7　乙醇电氧化可能中间产物

　　关于乙醇的电化学氧化机理可能如下[25,214~220]：

$$CH_3\text{—}CH_2OH+H_2O \longrightarrow CH_3\text{—}COOH+4H^++4e^- \tag{5-17}$$
$$CH_3\text{—}CH_2OH+H_2O \longrightarrow CH_3\text{—}CHO+2H^++2e^- \tag{5-18}$$
$$Pt+H_2O \longrightarrow Pt\text{—}OH_{ads}+H^++e^- \tag{5-19}$$
$$(CH_3\text{—}CHO)+Pt\text{—}OH_{ads} \longrightarrow CH_3\text{—}COOH+H^++e^-+Pt \tag{5-20}$$
$$Pt+CH_3\text{—}CHO \longrightarrow Pt\text{—}(CO\text{—}CH_3)_{ads}+H^++e^- \tag{5-21}$$
$$Pt+Pt\text{—}(CO\text{—}CH_3)_{ads} \longrightarrow Pt\text{—}(CO)_{ads}+Pt\text{—}(CH_3)_{ads} \tag{5-22}$$
$$2Pt+H_2O \longrightarrow Pt\text{—}H_{ads}+Pt\text{—}OH_{ads} \tag{5-23}$$
$$Pt\text{—}(CH_3)_{ads}+Pt\text{—}H_{ads} \longrightarrow CH_4+2Pt \tag{5-24}$$
$$Pt\text{—}(CO)_{ads}+Pt\text{—}(OH)_{ads} \longrightarrow CO_2+H^++e^-+2Pt \tag{5-25}$$

反应式(5-17)发生在较高的电极电位区（$E>0.8V$ vs. RHE），在这一电位区，水分子被活化形成含氧物种，乙醇氧化生成乙酸，而反应式(5-18)主要发生在较低电极电位区 $E<0.8V$（vs. RHE），在中间电势区 $0.6V<E<0.8V$（vs. RHE），发生水的解离吸附反应式(5-19)，产生 $Pt\text{—}OH_{ads}$，并使 CH_3CHO 氧化为乙酸。在反应式(5-21)～式(5-25)生成 CO 等中间产物毒化物种和 CO_2，CH_4。

Iwasita 等[221]研究了在 Pt 单晶表面上乙醇的电化学氧化行为，发现乙醇在 Pt 上的吸附和氧化过程是一表面敏感反应，检测到 C_1 物种说明有 C—C 键的断裂，而 Pt(100) 单晶对此的电催化活性最高。

尽管乙醇的电化学氧化机理的研究取得了很大的进展，但是仍有待进一步阐明的地方，诸如乙酸是一步生成还是通过乙醛生成？又如现在关于吸附中间物的本质还没有统一的定论等。

乙醇完全氧化成二氧化碳必须断开 C—C 键，这个活化能比断开 C—H 的活化能大很多[222]，所以对于乙醇来说，使之完全氧化的催化剂必须具备以下功能：在较低温度和较低电势下断裂 C—H 和 C—C 键，并且能消除或至少一定程度上减少中间产物毒化。由此，高性能催化剂的研究对 DEFC 至关重要，提高电池的效率基本上依据以下两条途径：研制高效率催化剂，以及优化反应参数和条件。

5.2.4.2　一元 Pt 催化剂

很多研究[214,223]报道了以纯 Pt 电极为标准模型催化剂，研究乙醇氧化的机理，发现其主要产物是甲酸和甲醛，而不是完全氧化产物 CO_2，因为燃料的低利用率以及有毒的产物，这种纯 Pt 模式催化剂不具有实际应用价值。Jusys 等[224]研究了乙醇在 Pt/C 催化剂上的氧化机理，发现无论改变乙醇的浓度，还是改变反应温度或催化剂性质，乙醇完全氧化为 CO_2 的效率都很低，认为 Pt/C 不适合作为低温工作条件下的直接乙醇燃料电池催化剂。

5.2.4.3　铂基复合催化剂

为了提高乙醇电氧化的效率和电池性能，打开 C—C 键最关键，这影响着乙醇氧化为 CO_2 的效率，因此第二或第三金属被添加到 Pt 基催化剂的研究中。目前已研究的二元铂基复合催化剂有 Pt-Ru、Pt-Sn、Pt-Sb、Pt-Rh、Pt-Mo、PtOs、Pt-Pd、Pt-W、$Pt-MgO_2$、$Pt-ZrO_2$ 和 $Pt-CeO_2$[225~231] 等，这些添加的金属或金属氧化物或多或少地增强了乙醇电氧化催化性能，主要是因为加强了催化剂表面吸附的 CO 的氧化，从而提高了催化剂活性。在这些二元铂基催化剂中，Pt-Sn 催化剂被认为具有更好的电催化活性。Xing 等[75]比较了不同的复合催化剂对乙醇氧化性能的影响，发现有如下活性大小次序（如图 5-8 所示）$Pt_1Sn_1/C > Pt_1Ru_1/C > Pt_1W_1/C > Pt_1Pd_1/C > Pt/C$。

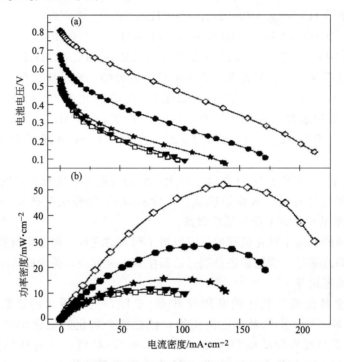

图 5-8　不同催化剂的电池性能测试图
阳极及载量分别为 （□） Pt/C, 2.0mg Pt·cm⁻²
（◇） Pt_1Sn_1/C, 1.3mg Pt·cm⁻²；（●） Pt_1Ru_1/C1.3mg Pt·cm⁻²；
（★） Pt_1W_1/C, 1.3mg Pt·cm⁻²；（▼） Pt_1Pd_1/C, 1.3mg Pt·cm⁻²，
阴极为 Pt/C, 1.0mg Pt·cm⁻²[74]

Vigier[232]发现，和铂相比，乙醇在 Pt-Sn 上催化氧化有更低的起始电位，能更好地断开 C—C 键，所以 Pt-Sn 具有更好的选择性。Sun G Q 等[233,234]详细研究了 Pt-Sn 催化剂里 Sn 的含量对催化性能的影响，发现在不同的电池工作温度下，最佳性能 Pt-Sn 催化剂中的 Sn 含量不同，例如在 60°时最适合的催化剂组成是 Pt_3Sn_2，而在 90°是 Pt_2Sn_1。他们认为 Sn 的加入主要对以下三个方面有影响：表面富氧物种、晶格参数和催化剂的欧姆性质。Lamy 等[232]发现在低电位，Sn 对催化剂有更好的促进作用，乙醇更容易被氧化成乙酸，认为 Sn 的作用不仅具有双功能效应，还有配位效应。Tsiakaras[234]等发现 Sn 的氧化物是 Sn 元素主要的存在形

式，因而认为最主要的促进机理是双功能作用，即在 Sn 的表面发生水的解离吸附，产生含氧物种，促进 Pt 表面的毒化物种的氧化，加强乙醇氧化催化。

邢巍等[235]研究了稀土离子 Eu³⁺ 对 Pt 电极上乙醇催化氧化的影响，发现 Eu³⁺ 能提高乙醇在 Pt 电极的催化氧化性能，CO 预吸附实验表明，Eu³⁺ 能促进 Pt 电极上的毒化产物 CO 的氧化，其氧化电位降低了 300mV，他们认为这是因为 Eu³⁺ 降低了 C 和 O 的结合能。对乙醇氧化的循环伏安也证实了 Eu³⁺ 的加入能提高其氧化电流。

应用于乙醇氧化催化的三元铂基催化剂有 Pt-Sn-Ni[236]、Pt-Ru-Ni[237]、Pt-Ru-W[227]、Pt-Ru-Mo[227]、Pt-Ru-Sn[227] 和 Pt-Ce$_x$Zr$_{1-x}$O$_2$[238]。Tsiakaras[74,227] 比较了不同催化剂对乙醇氧化的催化性能，指出 Pt-Ru-W，Pt-Ru-Sn 和 Pt-Ru-Mo 催化剂都比 Pt-Ru 催化活性高，但低于 Pt-Sn 催化剂性能。Ni 作为一种催化剂添加剂，可以增加乙醇电氧化催化剂性能。Neto 等[236]把 Ni 添加到 Pt-Sn 催化剂中，发现 PtSnNi/C（50：40：10）催化剂，在乙醇氧化电位 0.2～0.6V 范围内，表现出比 Pt-Sn 具有更好的催化性能（图 5-9），他们认为催化剂的高活性是因为 Ni 改变了 Pt 的电子性质，此外还有双功能效应。同样的电子效应和双功能效应在 Pt-Ru-Ni 催化剂中也得到证实，Pt-Ru-Ni 表现出比 Pt-Ru 更好的催化活性。

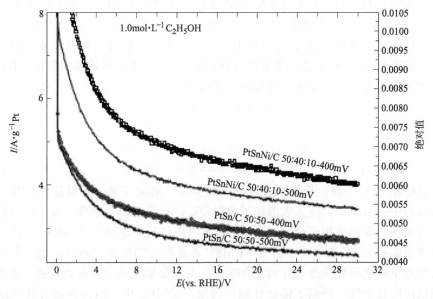

图 5-9　PtSn/C（50：50）和 PtSnNi/C（50：40：10）催化剂在 1.0mol·L⁻¹C₂H₅OH 和 0.5mol·L⁻¹ H₂SO₄ 溶液中的电流-时间曲线[236]

根据目前已研究的 DEFC 催化剂看来，其催化性能还远远不够，主要是因为很难打开 C—C 键，这是一个很大的挑战。因此，研究开发一些容易断开 C—C 键，促进乙醇完全氧化的催化剂将是 DEFC 工业化的关键。

5.3 阴极催化剂

5.3.1 阴极氧电还原机理

氧还原反应是一个 4 电子反应，其中包括多个基元反应，涉及不同反应中间产物，这方面已有很好的文献综述[239,240]。关于氧还原反应机理，Wroblowa 等[241] 提出的机理可能最有效地解释了复杂的氧还原步骤，该机理见图 5-10。

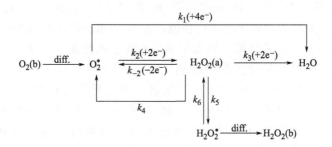

图 5-10 O_2 还原反应的 Wroblowa 机理图

基于该反应机理，O_2 可以通过形成中间产物 H_2O_2（二电子途径）或者不形成 H_2O_2（四电子途径）直接电化学还原为水。四电子途径的反应速率常数为 K_1，二电子途径的反应速率常数为 K_2。吸附的 H_2O_2 中间产物可以被电还原为水，其反应速率常数为 K_3，同时也可能脱离电极表面（K_4），或者从溶液中脱附（K_5）。

氧直接四电子电化学还原过程的机理如下[242]：

$$O_2 + Pt \longrightarrow Pt-O_2 \tag{5-26}$$

$$Pt-O_2 + H^+ + e^- \longrightarrow Pt-HO_2 \tag{5-27}$$

$$Pt-HO_2 + Pt \longrightarrow Pt-OH + Pt-O \tag{5-28}$$

$$Pt-OH + Pt-O + 3H^+ + 3e^- \longrightarrow 2Pt + 2H_2O \tag{5-29}$$

其中反应式(5-28)是整个过程的速控步骤。由此可见，在氧还原历程中，存在很多的中间态粒子，这大大增加了 PEMFC 阴极反应的复杂性。由于氧还原的高度不可逆性，即使使用贵金属 Pt，Pd 等氧电极催化剂表面，PEMFC 在开路时的过电位就高达 0.2V 左右，而且在 PEMFC 普遍存在阳极燃料透过问题，阳极燃料会与氧竞争催化活性位点，导致混合电位以及增加催化剂中毒能力，进一步增加了阴极反应的复杂性，降低了催化性能，例如在 DMFC 中，因为渗透会使开路电位至少下降 0.1V，这样对于直接 DMFC 电池，仅开路状态，阴极就有约 25% 能量损失，这极大地影响了电池系统的效率。因此，开发高活性、抗燃料透过和低价的阴极催化剂一直是 PEMFC 研究领域的艰巨任务，无论在基础研究还是商业开发都具有极其重要的意义。

从目前的阴极电催化剂研究来看，其主要包括铂基和非铂基阴极催化剂的研究。其中，铂基催化剂主要包括单元的 Pt、Pt 与其它金属的复合催化剂、Pt 与过渡金属氧化物的复合催化剂以及 Pt 与过渡金属大环化合物的复合催化剂。非 Pt 基阴极催化剂主要包括过渡金属大环化合物催化剂、过渡金属原子簇合物和金属氧化物催化剂。

5.3.2 铂基催化剂

5.3.2.1 Pt/C 催化剂

目前广泛应用于 PEMFC 的阴极催化剂是 Pt/C，是因为它具有很高的氧还原催化活性以及在强酸性电解质中的稳定性。影响 Pt/C 催化剂的因素有很多，如粒径、晶体性质、分散度、制备方法等。Kinoshita[171,243]研究了 Pt 粒径对 Pt/C 催化 O_2 还原性能的影响，他认为质量比活性在 Pt 的平均粒径为 3～5nm 达到最大值。Sattler 等[172,244]认为当晶粒尺寸小于 3.5nm 时，Pt 的催化活性随之降低，是因为如此小的晶粒通过与活性炭的相互作用或是离解氧的双位吸附，使 Pt 丧失了一些金属特性。Kibler 等[173]发现 Pt 的（111）和（100）晶面是氧电还原的活性位，相对于这些原子，那些处于晶格中角和棱上的原子对氧还原反应比较"惰性"，当 Pt 粒径小于 1.0nm 时，"惰性"原子比例很大，所以比表面活性降低。Kinoshita[171]也认为具有立方-八角结构的 Pt 粒子（111）和（100）晶面的含量会影响 Pt/C 的活性，在 3.5nm 附近质量比活性最高是因为此时 Pt 原子（100）和（111）晶面含量最高的原因。Schmidt 等[245]利用 RDE 方法研究 Pt/C 催化剂在 HCl，H_2SO_4 和 $HClO_4$ 为电解质的氧气电还原，发现催化剂的电流密度在不同电解质中的顺序为：$HClO_4 > H_2SO_4 > HCl$，这是因为 Cl^- 强烈吸附于 Pt 活性位，而降低了氧电还原活性，这暗示 Pt/C 催化剂应采尽量用非氯前驱体的合成方法。因为在 PEMFC 里面还应考虑阳极燃料的渗透问题，除了需要对氧还原的高活性，还应该有抗阳极燃料中毒的能力，所以在粒径以及晶面等性质上，应该综合考虑选择具有最佳性质的催化剂。

5.3.2.2 铂基复合催化剂

尽管 Pt/C 和铂复合催化剂对氧气还原表现出高催化活性，但仍存在很多不足：铂基催化剂下的氧还原不是一个完全的 4 电子反应，过氧化氢中间产物降低了催化性能，而且对膜电极以及质子交换膜的稳定性都有影响；Pt 基催化剂对燃料中的杂质敏感，易被 CO、H_2S 和 NH_3 等毒化；抗透过能力差，如甲醇的透过会大大降低阴极催化活性。所以开发高活性和高选择性的阴极催化剂，应从以下几个角度考虑：高催化活性、低成本、抗中毒和燃料透过引起的混合电位。

铂基复合催化剂主要为了提高催化活性以及降低催化剂成本。目前研究的铂基二元合金有 Pt-Ti、Pt-Cr、Pt-Mn、Pt-Fe、Pt-V、Pt-Co、Pt-Ni、Pt-Cu、Pt-Ga、Pt-Pd 和 Pt-Ru[12,246~252]等，还有 Pt 和金属氧化物的复合催化剂，如 Pt-WO_3。三元合金有 Pt-Fe-Co、Pt-Co-Ga、Pt-Cr-Cu、Pt-Cr-Co、Pt-Fe-Cr、Pt-Fe-Mn、Pt-

Fe-Ni 和 Pt-Fe-Cu[253~256]等。Pt 合金中的 Pt 粒径一般都比单体 Pt 粒径高，因而其比表面积也相应较低，但其对氧还原的电催化活性都不同程度地高于单体 Pt。用于 O_2 电还原的碳载二元催化剂目前主要有如下几种：Pt-Cr/C、Pt-Mn/C、Pt-Fe/C、Pt-Co/C、Pt-Ni/C、Pt-Ru/C 和 Pt-Pd/C，这些催化剂的活性顺序如下：Pt-Cr/C＞Pt-Fe/C＞Pt-Mn/C＞Pt-Co/C＞Pt-Ni/C。Pt 合金粒子的高分散性和均匀性是获得高催化活性的重要因素，但铂基合金催化剂对氧还原催化促进机理还没有一个统一的观点，归纳起来主要有如下几种[257~260]：

① Pt-M 合金中 Pt-Pt 间距缩小，有利于氧的解离吸附；

② 过渡金属 M 的加入，防止 Pt 颗粒聚集，提高了催化剂的稳定性；

③ 过渡金属 M 的氧化物，提高了 Pt 周围的润湿程度，增加了 Pt 气体扩散电极的三相界面；

④ 过渡金属对 Pt 的电子有调变效应；

⑤ 过渡金属的流失，导致 Pt 表面粗糙度增加，增加了 Pt 的活性位点，从而增加催化活性，这也被称为雷尼效应；

⑥ Pt-M 合金改变了阴离子与水的吸附势，降低了氧吸附活化能。

邢巍研究小组研究表明[261]在 Pt/C 催化剂表面修饰上适量的杂多酸，如磷钨酸后，由于磷钨酸有富氧能力，因此能促进氧在 Pt 上的还原反应。磷钨酸又能阻挡甲醇扩散，使甲醇不易到达 Pt 表面，因此，磷钨酸修饰的 Pt/C 催化剂既有高的对氧还原的电催化活性，又有好的耐甲醇能力。他们[262~265]还发现把 Pt 和过渡金属大环化合物共沉淀在活性炭上，然后在 700℃左右热处理，得到炭载 Pt 和过渡金属大环化合物热解产物的复合催化剂。这种复合催化剂对氧还原的电催化活性比 Pt/C 催化剂还要好，而对甲醇氧化的电催化活性要大大低于 Pt/C 催化剂。这可能是过渡金属大环化合物热解产物改变了 Pt 的表面状态，使甲醇不易吸附到 Pt 上的缘故。

孙公权等[265]制备了 Pt_3Pd_1/C、Pt_1Pd_1/C 和 Pt/C 催化剂，对它们进行氧气还原的催化性能比较。分别从实验和理论计算两个方面，去探讨研究高性能阴极催化剂，认为 Pd 原子有利于 Pt 位点上的氧分子分裂，从而能提高对氧还原的能力。

Stamenkovic 的研究表明[266]，Pt_3Ni 的（111）晶面对氧还原具有非常高的活性，它是相应的 Pt（111）晶面活性的 10 倍，是目前应用于 PEMFC 中的 Pt/C 阴极催化剂活性的 90 倍。他们认为 Pt_3Ni 表面具有一种特殊的电子结构，以及在浅层表面区表面原子的特殊排列，导致了其对氧还原的高活性。这个发现为解决 PEMFC 阴极催化剂的低活性问题，带来了很大的希望。

近年来 Pt-based 核-壳结构催化剂受到特别大的关注，因为从理论上讲要想使 Pt 的利用率最大化，最理想的结构是全部可获得的 Pt 原子分布于电化学反应界面。核-壳结构的 Pt-based 催化剂则代表着一种有效的模型，因为在核-壳结构中单层/多层 Pt 被排布在非 Pt 的核材料上，更重要的是 Pt 壳的物理化学性能能够被下方的核材料有效地调控，这就赋予了巨大空间来增加 Pt 壳的氧还原活性。在核-壳结构的 Pt-based 催化剂方面，Stamenkovic 等[267～268]做了非常重要的基础性工作。典型的工作是他们研究了三种表面 Pt 层（即铂皮，铂骨架和多晶铂表面）的氧还原动力学电流，结构显示具有以下顺序多晶铂表面＜铂骨架＜铂皮。他们将这种活性顺序与 d 带的偏移和 Pt 的亲氧性顺序进行了有效的关联。例如 Pt-skin 有着最弱的亲氧性和最下 d 带中心相对 Fermi 带偏移。根据金属 d 带中心理论，向下偏移的 d 带中心代表着金属有着更弱的氧结合能；而合适的氧结合能被认为是提高 Pt 金属氧还原活性的关键控制因素[269]。Adzic[270～272]的研究很好地证实了上述观点。他们通过 Cu 欠电势沉积技术，成功地将 Pt 单层沉积在各种核材料上如 Au(111)、Ir(111)、Pd(111)、Rh(111) 和 Ru(0001) 表面，发现这些电极材料的氧还原活性与它们的 d 带中心存在一个火山形依赖关系。Pt 单层修饰 Pd(111) 电极在这些电极中具有最优的 d 带中心，因而具有最高的活性，这是因为在 Pt 单层修饰 Pd(111) 电极上，O—O 的断裂和反应中间体的加氢还原都具有最高的速率，因而整体氧还原速率最高[272]。这个结果与纳米催化剂上的研究得到证实。例如，无电沉积[273]和微波法[274]制备的 Pd@Pt 催化剂都显示出增强的氧还原动力学。从上面可知，d 带中心是催化剂的一个关键性的性能特征。影响 d 带中心的效应一般有表面应力效应和配体效应，对于理想的 Pt 单层或 Pt-skin 核-壳催化剂而言这两种效应都存在，因而对氧还原活性都会产生影响。但也有特殊情况，例如去合金的 Pt-Cu 纳米催化剂，它的壳是多层的 Pt-skeleton 构成（厚度大约0.6～1.0nm），核是由 Pt-Cu 合金构成，因为配体效应必须由紧密接触的两种元素产生，所以对于最外层的 Pt-skeleton 而言就只有表面应力效应使它的 d 带中心向下偏移[275～278]。由于特殊的结构特征，Pt-based 核-壳结构催化剂一般具有非常高的氧还原质量活性和比活性。例如，Pt 单层覆盖在 4.6nm 的 Pd_3Co 纳米粒子上获得的质量活性高达 1.56A·mg^{-1}Pt（0.9V vs. SHE），大大高于美国能源部制定的 0.45A·mg^{-1}Pt 的目标[279]。

5.3.3　非铂基金属催化剂

5.3.3.1　Pd 基催化剂

Pd 基催化剂对氧气还原具有较好的活性，而且它的耐甲醇性能比较好，是一类很有潜力的阴极催化剂。但是 Pd 基催化剂在高电位以及强酸性条件下，没有 Pt 基催化剂稳定。Bard[280]报道了所制备的 Pd-Co-Au（原子比为 70∶20∶10）和 Pd-Ti（原子比为 50∶50）电催化剂，在 PEMFC 中，对氧还原具有非常高的活性，如图 5-11 所示，可代替 Pt 作为 PEMFC 氧还原的 PEMFC 阴极电催化剂。

Ir 对氧气还原的催化性能不如 Pt，但是它的耐甲醇的性能比 Pt 好很多，而且 Ir 在酸性条件下具有很好的稳定性，其价格低于 Pt。因此，Ir 也具有 PEMFC

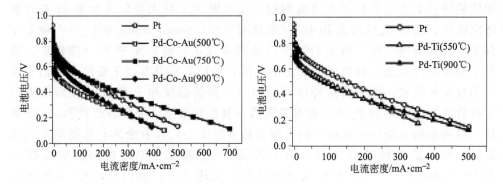

图 5-11　Pd-Co-Au 和 Pd-Ti 经不同的温度处理后的催化性能图[280]

阴极催化剂的潜力。Liao S 等[281]制备了 PdFeIr/C 催化剂，测试结果表明，它不但比 Pd/C 催化剂具有更好的氧还原催化活性，而且有更强的耐甲醇能力。

5.3.3.2　M-N$_x$Cy 催化剂

尽管 Pd-based 催化剂显示了其代替 Pt 作为氧还原催化剂的应用前景，但 Pd 仍然是一种贵金属，若大规模应用，Pd-based 催化剂还是会受到价格和储存量的限制，所以发展非贵金属的氧还原催化剂是一条最终解决燃料电池价格昂贵问题的途径。

M-N$_x$Cy 催化的研究最早可追溯到 1964 年，Jasinski[282]首次研究了酞菁钴（CoPc）对氧还原的电催化作用，标志着一类新型非 Pt 燃料电池阴极催化剂的发现。随后，人们广泛研究了具有不同中心金属、不同配体的大环化合物对氧还原的催化行为，如酞菁（Pc）、四苯基卟啉（TPP）和四甲氧基苯基卟啉（TMPP），中心金属包括 Cr、Fe、Mn、Ni 和 Co 等。这些金属大环化合物（如图 5-12 所示）被认为有希望取代 Pt 作为燃料电池阴极氧还原催化剂[283,284]。主要是因为金属大环化合物，具有很好的抗燃料透过能力，而且成本低，但也存在很多问题，如催化活性低、稳定性低和使用寿命短等。过渡金属大环化合物中的金属很重要，它决定着氧还原反应过程是四电子或二电子反应。对于酞菁化合物，不同的中心金属有如下催化活性顺序：Fe＞Co＞Ni＞Cu≈Mn[285]。Fe 大环化合物能促进四电子还原，但其稳定性差，Co 络合物具有更好的电化学稳定性，但只能催化氧气发生二电子还原。董绍俊等总结了金属大环化合物的稳定性，认为 Co＞Fe＞Mn。

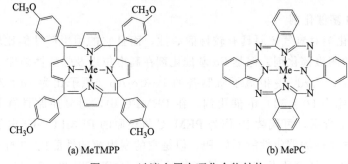

(a) MeTMPP　　　　　　　　　(b) MePC

图 5-12　过渡金属大环化合物结构

相对于铂基催化剂来说，过渡金属大环化合物普遍在 PEMFC 系统里不稳定，如 Fe 酞菁在高于 50℃ 的酸性环境下就会分裂，因此提高过渡金属大环化合物的稳定性非常重要。1976 年，Jahnke[286] 等发现 N4-螯合物经过高温处理后，明显地提高了催化活性和稳定性。此后，过渡金属大环化合物的热处理引起了广大研究者的兴趣。研究表明，N4-螯合物经过 500～700℃ 的高温热解处理，可以达到最高的催化活性，而应用于 PEMFC 的螯合物催化剂，需要高于 800℃ 的热处理才有稳定的催化性能。热处理能促进催化活性和稳定性主要有如下几种解释[287～290]。

(1) 改善了大环化合物的分散状况　在热处理初期，大环化合物的升华和重新吸附或由物理吸附向化学吸附的转变，能够改善配合物的分散程度或配合物与载体的键合作用，从而提高催化剂的活性。对于单分子吸附的大环化合物不发生重分散。但该模式没有解释催化剂稳定性提高的原因。

(2) 大环化合物发生聚合　只有在大环化合物没有负载到载体上时，才能够发生聚合作用，结果产生完全不同的催化剂。聚合物的最高活性出现于较低的热处理温度。其质量比活性低于热处理的负载催化剂。

(3) 形成含 MeN4 单元的化合物　在低温范围内热处理（500～700℃）形成含 MeN4 单元的化合物被广泛认可，也与大多数光谱信息相符，它是迄今为止唯一能够同时解释活性和稳定性变化的观点。但在高温（>800℃）热处理下，具有催化活性的产物仍然具有争议，当温度更高时 MeN4 单元消失，其催化活性的位点将是其它物种。Dodelet 等[291] 发现在经过热处理后的铁的前驱体唯一产物是 $FeN_2C_4^+$，说明它也具有很好的催化活性。

氮源对于过渡金属大环化合物催化剂催化活性也很重要，越高的氮含量会产生更多的催化活性位点和更强的催化性能。此外，碳载体以及金属的载量对催化剂活性也有影响。

近年来通过物理混合含金属盐、含 C 元素的分子和含 N 元素的前驱体，得到的混合物，再在一定温度和氛围下进行热处理得到的 MeN$_x$Cy 催化剂受到研究者的特别关注[292～295]。因为这里 C 和 N 源采取非大环化合物路线而采用其它小分子或高聚物如邻二氮杂菲、乙二胺和聚苯胺，使得所制备的催化剂不仅在活性获得巨大突破而且具有更大的成本优势。例如，加拿大 Dodelet 小组通过热处理活性炭、邻二氮杂菲和醋酸铁混合物制备的非贵金属催化剂显示了 99A·cm^{-3} 体积比活性，非常接近于美国能源部制定的非贵金属催化剂实际应用的活性目标，在电池电压 ≥0.9V，M-N$_x$Cy 催化剂为阴极的电池性能与 Pt 为阴极的电池性能相似，但是在高电流密度区，M-N$_x$Cy 电池性能由于传质极化出现了明显的下降。Dodelet 针对传质极化提出两个解决方法，一个是进一步增加催化剂的体积比活性使得电池在满足功率输出的前提下降低催化剂的厚度（M-N$_x$Cy 催化层的厚度一般为 50～100μm 而 Pt-based 的催化层只有 10μm）；另一个是从工程角度通过优化催化层的结构来改善 M-N$_x$Cy 催化层的传质性能[296]。

总的来说，非贵金属催化剂 M-N$_x$Cy 催化剂对氧还原的活性还是不够高，在实际电池工作环境下稳定性还需要进一步地提高，但它显示了无可替代的成本优势和优异选择性，为 PEMFC 的应用带来了希望。

5.3.3.3 过渡金属硫族化合物

1986 年，Alonsovante 等[297]首次发现半导体 Chevrel 相 Ru-Mo 硫化物对氧气还原有很好的催化活性。在酸性介质中，O$_2$ 在（Mo，Ru）$_6$Se$_8$ 上的第一个电子转移是速率决定步骤，O$_2$ 主要通过四电子路径进行还原，只有 3%～4% 的氧通过 H$_2$O$_2$ 路径还原。从此，过渡金属硫族化合物成为燃料电池阴极催化剂的一个新方向。应用于 PEMFC 阴极催化剂的过渡金属硫族化合物主要有两类型：Chevrel 相和无定形。

(1) Chevrel 相过渡金属硫族化合物　Chevrel 相化合物可以分为二元化合物（Mo$_6$X$_8$，X 为 S、Se、Te）、三元化合物（M$_x$Mo$_6$X$_8$，M 为额外插入的过渡金属离子）和假二元物（Mo$_{6-x}$M$_x$X$_8$），即 Mo 被另外一种过渡金属元素部分取代。这类晶体结构可以描述为一个八面体的金属簇核心，周围环绕着八个组成近似立方形的硫族原子，由于很高的电子离域作用，导致了其具有很高的电子导电性。二元化合物在较正的电极电位下容易发生 Deintercalation 作用，而极不稳定，所以研究较多的是三元化合物。

三元化合物中每个晶簇单元的电子数目随着在晶格缺陷中插入其它的金属阳离子或者随着 Mo 被另外的高价过渡金属（如 Ru）部分取代而改变。这时，电子的重新定位将会影响到对价键的填充方式，进而导致化合物的晶体结构的显著变化。这样，催化剂的物理性质和电化学性质（例如电催化活性）就可以简单地由晶簇单元的电子数目进行控制。对该类催化剂催化氧还原机理的研究表明[298,299]：

① Mo、Ru 及其氧化物对 O$_2$ 还原都没有催化活性，即簇合物中过渡金属的协同作用决定催化活性，而非单独的元素起作用，如 Ru 取代 Mo 得到的八面体样品 Mo$_{4.2}$Ru$_{1.8}$Se$_8$ 对 O$_2$ 还原的催化活性大大优于非取代 Mo 八面体样品 Mo$_6$Se$_8$；

② 该类催化剂对 O$_2$ 还原具有较高活性的原因之一是簇合物有较多的弱态 d 态电子，如 Mo$_{4.2}$Ru$_{1.8}$Se$_8$ 约含 24 个弱态 d 态电子；

③ 簇合物为 O$_2$ 和 O$_2$ 还原中间体提供相邻的键合位置，并且簇内原子间键距起重要作用，如 Mo$_{4.2}$Ru$_{1.8}$Se$_8$ 的同一原子簇中原子间最小键距 $d_1=2.710$Å，有利于 O$_2$ 的键合以及随后在簇内原子间形成桥式结构；

④ 在 O$_2$ 与簇合物间的电子转移过程中，该类簇合物能够改变自身体积和成键距离以有利于 O$_2$ 的四电子还原。

2000 年，Schmidt 等[300]研究了 Ru$_{1.92}$Mo$_{0.008}$SeO$_4$ 催化剂，发现该催化剂对氧还原有很好的电催化活性，而且对甲醇呈现出完全的惰性。这个发现使人们开始对 Chevrel 相催化剂作为 DMFC 的阴极催化剂开始感兴趣。

Chevrel 相过渡金属硫族化合物除了对氧气还原表现出了一定的催化性能外，对阳极燃料如甲醇没有催化活性，因此具有很好的抗燃料透过能力，但它们的合成一般需要高温条件（1200℃左右）下的固相反应，成本较高，稳定性也有待提高，作为工业化的质子交换膜燃料电池阴极催化剂还有很大距离。

（2）无定形过渡金属硫族化合物　为了简化过渡金属硫族化合物的合成方法，降低成本，需要开发一些新的制备路线，这些方法不但能在低温环境下工作，而且得到的催化剂粒子的粒径及分布可控，从而提高催化剂催化活性。

同样是 Alonsovante 等[301,302]，把金属碳基化合物和硫族化合物混合在有机溶剂如二甲苯中，然后采用低温化学沉淀法得到了过渡金属硫族化合物，这种方法简单可行，得到的产物如 $Mo_xRu_ySeO_z$ 具有单晶和无定形结构，而不是 Chevrel 相，Ru/碳化物被认为是活性中心。此后低温条件下的无定形过渡金属硫族化合物催化剂被广泛研究。Hammett 等[303]发现碳载 MRu_5S_5（M＝Rh 或 Re）催化剂具有最好的催化活性，比高温合成的 Chevrel 相 $Mo_4Ru_2Se_8$ 化合物有更好的催化性能。无定形过渡金属硫族化合物的最大优点在于制备方法简单，但稳定性和催化活性等方面还需要进一步深入研究。

5.4　催化剂制备方法

合成方法对催化剂分散度、粒径大小和分布、活性表面积、催化剂的利用率以及催化剂结构等方面都有很大的影响，从而影响到催化剂的电催化活性和稳定性。因此选择一个合适的合成方法对质子交换膜燃料电池的性能至关重要。目前为止，通过简单的过程制备粒径可控的高载量和高分散的电催化剂仍然非常具有挑战性，研究较多的合成方法主要如下。

5.4.1　浸渍-液相还原法

浸渍-液相还原法[304]将载体在一定的溶剂，如水、乙醇、异丙醇及其混合物等中分散均匀，选择加入一定的贵金属前驱体，如 H_2PtCl_6 和 $RuCl_3$ 等浸渍到碳载体表面或者孔内，调节合适的 pH 值，在一定的温度下滴加过量的还原剂，如 $NaBH_4$、甲醛、甲酸钠、肼和氢气等，得到所需的碳载金属催化剂。最典型的有以 $NaBH_4$ 作还原剂的 Brown 法和以肼作为还原剂的 Kaffer 法等。Van Dam[305]化合物与碳载体上的配位基（碳平面上的 C═C 或含氧基团）相互作用时，被还原剂还原为零价金属。所以，凡是影响碳载体及 Pt^{2+} 质点相互作用的因素，如还原剂浓度（影响 Pt^{2+} 与载体之间的吸附）、溶液的 pH 值（增大或减小载体和 Pt^{2+} 质点之间的静电排斥）及载体表面酸性基团的含量均可影响铂金属颗粒的分散性。此外碳载体与水的界面张力也较重要，水对碳表面的浸润程度较小，常导致载体上的金属颗粒分布不均匀。在这种方法中碳载体的性质非常重要，因为金属粒子还原后，金属晶种的聚集长大过程主要由碳载体的孔道限制，故碳载体的形貌与孔结构对金属粒子尺寸大小及分布起着至关重要的作用。反应温度也可以决定晶种的多少与成核速率,对制备过程非常重要,影响催化剂的组成和金属粒子大小与粒径分布,进而影响催化剂的性能。

在浸渍法合成催化剂中 H_2PtCl_6 和 $RuCl_3$ 是经常使用的前驱体,但是金属氯化物的使用可能导致 Cl^- 对催化剂的毒化,从而使 Pt-Ru/C 催化剂降低了分散度、催化性能和稳定性。为了防止 Cl^- 引起的催化剂毒化,一些研究者建议使用 $Na_6Pt(SO_3)_4$ 和 $Na_6Ru(SO_3)_4$ 等不含氯的前驱体来制备催化剂[306]。而如 $Pt(NH_3)_2(NO_2)_2$,$RuNO(NO_3)_x$,$Pt(NH_3)(OH)_2$,$Pt(C_8H_{12})(CH_3)_2$ 和 $Ru_3(CO)_{12}$ 等前驱体也在浸渍法中被使用[307,308]。这些方法合成的 Pt-Ru/C 催化剂比普通含氯前驱体制备的催化剂具有更好的分散度和催化活性。例如,Takasu 等[307] 采用 $PtCl_4$,$Pt(NO_3)_4$ 和羰基铂制备的催化剂在 500mV(vs. RHE),1mol · L^{-1} H_2SO_4 + 0.5mol · L^{-1} CH_3OH 溶液 60℃ 下的质量电流密度为 8、32 和 57mA · mg^{-1}。

这种方法的优点是方法简便,缺点是制得的催化剂的分散性差,金属粒子的粒径大小和分布不易控制。对多组分的复合催化剂,各组分常会发生分布不均匀的问题。因此,优化制备条件也十分关键。Zhuang L 等[309] 最近采用浸渍法合成了高分散、粒径分布均一的高载量(60%,质量分数) Pt-Ru/C 催化剂,其粒径在 $(1.5±0.5)nm$,如图 5-13 所示,该方法采用的前驱体是普通的含氯前驱体。

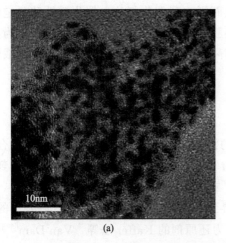
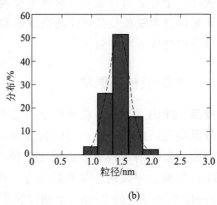

图 5-13 浸渍法制备的催化剂 TEM(a)及粒径分布(b)[309]

浸渍-液相还原法也可以采用加入一些保护剂,用来限制晶核的生长,从而达到控制催化剂粒径和分布的目的。赵天寿等则报道了一种采用柠檬酸作稳定剂的改进,该法制备的 Pt-Ru/C 催化剂在 70℃ 下,DMFC 中给出的能量密度为 44mW · cm^{-2},在同样条件下,E-TEK 催化剂的电流密度为 42mW · cm^{-2}。

Lee 等[310] 改变浸渍法的制备顺序,把 Pt 的前驱体滴加到活性炭与还原剂 $NaBH_4$ 的混合物中,制备了 Pt/C 催化剂。与传统的浸渍法相比,通过这种相反制备路径得到的 Pt 粒子粒径更大，分布很宽；一些粒子都没有被载到活性炭上；此外，金属态的 Pt 含量也变低了。但是，采用该方法制备的催化剂具有更好的抗 CO 能力，对甲醇的氧化具有更好的催化活性。这种催化剂活性与其粒子的物理形貌的关系，与常规不一致，其原因目前还不明确。即使这样，这种特别的制备方法，开阔了催化剂制备方法的新视野。

5.4.2 胶体法

胶体法是催化剂制备中常用的方法。通常情况下，胶体法包括如下过程：①把催化剂的贵金属前驱体制备成金属胶体；②将胶体载至碳载体上，或形成特定的贵金属氧化物胶体；③上述混合物的化学还原。

经典的胶体法制备 Pt/C 和 PtRu/C 催化剂的方法是亚硫酸盐合成路线。Watanabe 等[59]应用该路线用于制备 DMFC 阳极 Pt-Ru/C 催化剂。首先将氯铂酸钠制成亚硫酸铂钠，之后加入过量的双氧水将其氧化分解，形成稳定的氧化铂胶体，然后向该胶体中加入氧化钌的化合物以生成铂钌氧化物团簇，通过调节 pH 值负载在碳载体上，最后经过氢气处理，得到 Pt-Ru 粒子均匀分散的 Pt-Ru/C 催化剂。目前 E-TEK 公司用该方法制备 Pt/C 和 Pt-Ru/C 催化剂，Pt 载量为 20%（质量分数）的 Pt/C 催化剂中 Pt 粒子的粒径分布为 1.2～4.3nm，平均粒径为 2.6nm[311]。

金属氧化物的胶体法制备所得到的催化剂可以制备比普通浸渍法高得多的比表面积。然而，在这种方法中，粒子的生长和聚集是难以控制的。在用胶体法制备催化剂时，常加入有机大分子作保护剂，以稳定高度分散的金属纳米胶体粒子并控制金属颗粒尺寸。由于胶体制备与负载分离，金属催化剂的负载量仅决定于载体炭黑的加入量，故该方法在高载量下仍能获得非常高的金属分散度。

Bonnemann 等[311]报道了通过有机分子作稳定剂的有机金属胶体法制得容易控制粒径及其分散度的催化剂。Bonnemann 法包含三个主要步骤，先形成表面活性剂稳定的 Pt-Ru 胶体；然后将胶体负载到高表面积的活性炭上，分别在 O₂ 和 H₂ 氛围下进行高温处理，最后除去有机稳定剂。通过这种方法制备的催化剂具有均一的粒径（≤3nm），同时 Pt-Ru 合金化程度很高，并给出较高的催化性能。为简化制备过程，避免使用含氯前驱体。2004 年，Bonnemann 等[312]报道了采用 Aramand 配体作为稳定剂，采用无氯前驱体的催化合成过程。结果显示该方法制备的催化剂是高度分散并对甲醇具有好的活性，（约 60mA・mg^{-1}，于 500mV 相对 DHE，60℃，0.5mol・L^{-1} H₂SO₄＋0.5mol・L^{-1} CH₃OH）而相同条件下 E-TEK 催化剂显示的电流密度为 50mA・mg^{-1}（金属），这可以归因于该法制备的催化剂具有较小的粒径，表面纯净没有其它物质覆盖其活性位。同时也有报道[313]采用有机金属稳定剂制备粒径均匀的催化剂（1.5nm±0.4nm）合成金属氧化物胶体。Bonnemann 方法可用于制备控制组成、大小和形态的 PtRu/C 催化剂或其它类型的多金属催化剂。保护剂合成路线可以制备多元复合催化剂，但对溶剂、保护剂及操作条件要求较高，同时操作复杂，成本高并且不适用于大规模生产。

近年来，采用不同的还原剂，有机稳定剂或不同的去除保护剂外壳的方法都曾被研究。Kim 等[314]采用 SB12 和 PVP 作稳定剂，以醇为还原剂分别制备了催化剂。而 Bensebaa 等[315]则报道了以 PVP 作稳定剂，乙二醇作溶剂兼还原剂的办法合成了催化剂。采用聚合醇，如聚乙二醇等为溶剂，在高分子，如（PVP）空间效应的保护条件下同样可以制备多种贵金属、贵金属-过渡金属的纳米胶体。聚合醇方法具有简单、容易重复、胶体粒径小、分布窄和合金结构可控等优点，但成本较高，并且高分子聚合物的存在会降低电催化剂导电性。

用非保护剂路线，通过对前驱体、溶剂和还原剂的选择，也能制备多种金属，如 Cu、Pd、Ru 和 Ti 等的纳米胶体。王远等[316]首次仅用强碱性的乙二醇溶剂制备出了 Pt、Rh 和 Ru 等颗粒均匀的纳米胶体。Zhou Z H 等[317]调整该方法制备了高 Pt 载量的 Pt/XC-72 阴极催化剂（40%，质量分数），Pt 粒子的平均粒径为3.6nm，其电催化活性高于相同载量的 Johnson Matthey 公司生产的 Pt/C 催化剂。Zhou 等将其扩展为 Pt-Ru/C 和 Pt-Sn/C 阳极催化剂的制备，发现该方法制备的系列催化剂的金属粒子尺寸小、粒径分布窄和合金化程度高，有效地提高了阳极催化剂的比质量活性。Bock 等[318]分析乙二醇的作用机理并认为乙二醇被氧化生成了乙二酸和乙醇酸，其中乙醇酸根可以与纳米粒子作用而充当其稳定剂，通过调节pH 可以改变乙醇酸根的量，从而达到控制催化剂粒径的目的，最后得到了粒径分布均一和大小不同的催化剂，如图 5-14 所示。把该粒子载到活性炭上并进行电化学表征，结果显示比 E-TEK 高的催化性能。

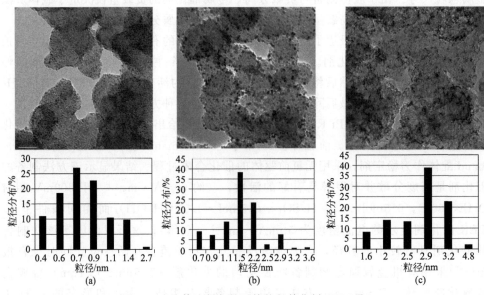

图 5-14　胶体法制备的可控粒径催化剂 TEM 及
相应的粒径分布[318]

5.4.3 微乳液法

微乳液法是近年来研究的一种制备催化剂的新型方法[319,320]，在一个水-油相里通过微乳反应形成金属纳米体系，然后进行还原，最后再沉积在碳载体上得到催化剂。进行还原反应时，可以通过加入一种还原剂（如 $NaBH_4$、甲醛和肼），或加入另一种具有还原性的微乳体系。反应过程中，微乳是一个包含贵金属前驱体的纳米液滴，它作为一个纳米尺度的反应器，反应在上面发生。表面活性剂在微乳法合成中起重要作用，它能包住微乳液滴，使其有序地分散在有机相里，这样表面活性剂分子就可以保护金属颗粒不聚集，而最后只需简单的热处理就可以除掉催化剂上的表面活性剂。通过这种微乳液法制备的催化剂，比商业的催化剂在 DMFC 电池系统上表现出更好的活性[321]。这种方法的最大优点是可以通过改变反应条件控制金属粒径大小和分布。Manthiram[322]报道纳米粒子的粒径同水与表面活性剂的比例（W）有关，发现 Pt-Ru 纳米粒子的粒径先随 W 增大而增大，当 $W>10$ 时粒径基本保持不变。这表明通过控制合成条件，可以控制其粒径大小。不足之处在于这种方法通常需要一些表面活性剂和分离纯化过程，不适合大量生产。

邢巍研究小组[323]利用离子型表面活性剂，水和碳载体共同构建一个假的微乳相，金属在被还原的同时负载在碳上，制备了纳米尺度的 PtRu/CDMFC 催化剂，并进行了单电池性能测试，结果显示出良好的催化活性，如图 5-15 所示。这种方法简化了传统微乳液法的合成步骤，类似于浸渍-液相还原法，但利用了表面活性剂和水构成的微观上的微乳性质，微乳特点对催化剂的制备起着关键的作用。

5.4.4 电化学法

电化学沉积的方法主要是将可溶性贵金属盐用循环伏安、方波扫描、恒电位和欠电势沉积等电化学方法将 Pt 或其它金属还原沉积到扩散层，电解质膜或扩散层与膜的界面上，因此，这是一种催化剂制备与电极制备过程同时完成的一种方法。一般可将欲沉积的金属作为阳极或者将金属前驱体溶液与电解质溶液混合，然后通过直流电进行电解。最近比较有代表性的工作是 Choi 等[324]完成的，他们采用直流脉冲技术，将 Pt 作为阳极，平整过的扩散层作为阴极，通过优化电流密度、通断电时间以及扩散层的制备工艺，可将 Pt 纳米粒子大小很好地控制在约 1.5nm。但是由于将催化剂沉积到扩散层上，电催化剂的利用率并不高，Thompson 等[325]改用离子交换法使 $[Pt(NH_3)_4]^{2+}$ 与电解质膜上的磺酸根上的 H^+ 发生交换，然后再通电还原，这样，仅有与导电的碳颗粒接触的 $[Pt(NH_3)_4]^{2+}$ 发生了电还原而可形成较为有序的三相界面区间。这是一种最有可能形成电极反应三相界面有序化的一种方法，但是目前为止，较大电极面积的制备技术尚未见报道，而且已经报道的性能并不高。在这种方法中，由于各金属沉积的速度不一，如何将多元金属均匀地沉积在活性炭上以及共沉积过程中各组分金属含量的控制是一个较难解决的问题。

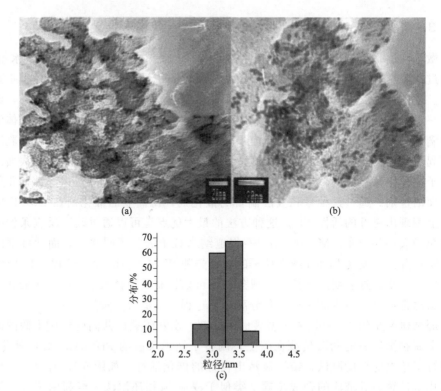

图 5-15　PtRu/C 催化剂 TEM

[(a) NaBH₄ 还原；(b) 甲醛还原及 (c) 粒径分布][323]

Sun S G 等[326]首次采用方波电位法在玻碳电极上制备出二十四面体铂，如图

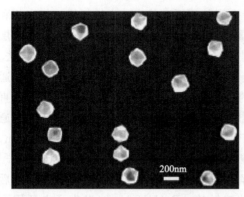

图 5-16　二十四面体 Pt 的 SEM 图[326]

5-16 所示的扫描电子显微镜图，这种单晶结构的二十四面体包含 730、210等晶面，具有很大的原子阶梯和悬空键，而且其粒径大小可以通过制备的时间而控制。这种晶体表面有很好的化学和热稳定性。它对小分子如甲酸和乙醇的电氧化有非常高的催化活性，其单位Pt 表面积的电流密度比普通 Pt 纳米粒子高出 3 倍。这种二十四面体 Pt 的制备方法，为 PEMFC 的性能提高带来很好的前景。

5.4.5　气相还原法

将金属的前驱体浸渍或沉淀在载体上后，干燥，用氢气高温还原可得一元或多元金属复合催化剂，前驱体分为单分子源和多分子源。单分子源法是将含有双金属，如 Pt-Ru 有机大环化合物分子的前驱体载于碳载体上，然后在空气、氮气、氢气、氢气与氮气的混合气气氛下，通过热处理得到 Pt-Ru/C 催化剂。Lukehart[309,327,328]分别用单分子源双金属 Pt-Ru 和 Pt-Os 前驱体在上述条件下制备了 Pt-Ru/C、PtOs/C 催化剂和载在其它载体上的 Pt-Ru-P 催化剂，该方法制备的 Pt-Ru/C 催化剂中 Pt-Ru 的合金化程度高，具有很高的电催化活性。但该法中的前驱体不易获得，制备繁琐是其致命缺点。多分子源采用两种以上的前驱体分子[329]，例如将 H_2PtCl_6 和 $RuCl_3$ 与乙醇溶液或者水溶液混合均匀预热到 110℃，然后加入活性炭或者其它载体材料，保持在此温度下，蒸发掉溶剂，然后将非常稠的泥状物在真空干燥箱中在 110℃ 下干燥 10h，然后将干燥后的物质放入管式炉中，在 120℃，通入氢气还原，即得 Pt-Ru/C 催化剂。

5.4.6 气相沉积法

在真空条件下将金属气化后，负载在载体上，就可得到金属催化剂。这种方法制得的催化剂中金属粒子的平均粒径较小，可在 2nm 左右。Takasu 等[9]利用 Pd 丝作为挥发源，采用真空挥发技术，得到了不同粒径的 Pd 催化剂，并检测其对甲酸的催化性能，发现当 Pd 粒子大小为 4.3nm 时显示出最佳的催化活性。

如果采用低温气相沉积方法，必须采用挥发性的金属盐类，如 Pt 的乙酰丙酮化物。这类盐很容易分解，可以在较低的温度下获得高分散性碳载金属催化剂。在制备过程中，首先将挥发性金属盐挥发，然后在滚动床中与已加热到金属盐的分解温度的活性炭接触，从而使得金属盐在活性炭表面发生分解，制得碳载金属催化剂[329]。

5.4.7 高温合金化法

利用氩弧熔等技术在高温下熔解多元金属，分散和冷却后得到合金催化剂。这种方法适用于制备多元金属催化剂，它的最大优点是得到的多元金属复合催化剂的合金化程度很高，因而其电催化性能优异。Ley 等利用氩弧熔技术，得到的单相 Pt-Ru-Os 三元合金催化剂，该合金有助于降低 Pt 表面的 CO 覆盖率，显示出了良好的电催化性能，在 90℃ 和 0.4V 下，对甲醇电催化氧化的电流密度可高达到 $340mA \cdot cm^{-2}$。

5.4.8 羰基簇合物法

先把金属制备成羰基簇合物，并沉积到活性炭上，然后在适当的温度下分解或用氢进行还原，可得到平均粒径较小的金属粒子。Nashner 等[330,331]利用 $PtRuC(CO)_{16}$ 在 H_2 下热分解得到分散性很好的 PtRu/C 双金属催化剂，催化剂平均粒径为 1.5nm，得到的催化剂中的两种金属之间的分散性比较好。常用于 Pt 基催化剂金属簇合物的制备方法以下两种：碱性条件下和非水溶剂中，

CO 与金属盐作用而得到簇合物；在水和异丙醇混合溶液中，利用 Y 射线激发合成法。该制备方法相对简单，并且得到的催化剂的比表面积和分散度也较高。但是由于采用贵金属羰基化合物为前驱体，成本相对较高，且尤其要注意羰基化合物的毒性。

5.4.9 预沉淀法

预沉淀法就是把金属前驱体先做成沉淀，吸附在载体上，然后把它还原得到催化剂，如图 5-17 所示。Liu C 等[332]采用此方法制备了 Pt/C 催化剂，先将 NH_4Cl 和 H_2PtCl_6 溶液混合生成极细小的 $(NH_4)_2PtCl_6$ 沉淀，并吸附于活性炭表面，从而保证了在还原过程中含 Pt 反应物与活性炭表面的有效结合，并防止在还原过程中 Pt 粒子的聚集而得到 Pt 粒子的平均粒径很小和均匀的 Pt/C 催化剂。该方法操作简单，而且制得的催化剂粒径比较小，主要适合一元催化剂的制备。

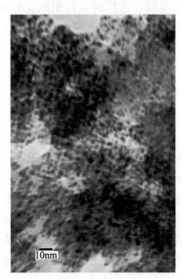

图 5-17 采用预沉淀法制备的 Pt/C 催化剂[332]

5.4.10 离子液体法

室温离子液体是一种绿色溶剂，它无污染，能循环使用，成本较低，近年来逐渐被认为在合成新型纳米结构的材料上具有优越性，它也被引入到 PEMFC 催化剂的制备方法中。Xing W 等[333]分别采用憎水和亲水性室温离子液体作溶剂，制备了 Pt-Ru/C 催化剂（图 5-18）。先把 Pt 和 Ru 等催化剂的前驱体化合物溶解在离子液体中，并加入活性炭混合均匀，然后通氢气使 Pt 和 Ru 等还原和沉积到活性炭上，由于离子液体的性质，使金属粒子不易聚集，平均粒径在 3nm 左右，该催化剂被用于甲醇电氧化催化，发现比商业的 Pt-Ru/C 催化剂性能好很多，如图 5-19 所示。该方法制备步骤简单，得到的催化剂粒径小和分散均匀，离子液体可循环使用，是一种很有潜力的 PEMFC 催化剂制备方法。

5.4.11 喷雾热解法

喷雾热解法制备催化剂就是采用喷雾干燥仪把催化剂前驱体喷成雾状并干燥，然后在 N_2 和 H_2 氛围下热处理而得催化剂。Xing W 等[334,335]首次采用喷雾热解法制备了不同 Pt-Ru 粒径的纳米粒子在 Vulcan XC-72 型炭黑和 CNTs 表面分散均匀的催化剂（20% Pt＋10%Ru，质量分数），以及不同载量的 Pt-Ru/C 催化剂，用于甲醇电氧化催化，显示出比商业催化剂更好的催化性能，如图 5-20，

图 5-18　离子液体法制备的
Pt-Ru/C 催化剂 TEM [333]

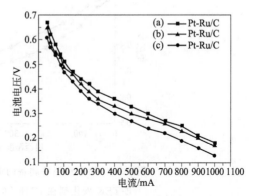

图 5-19　采用不同离子液体制备的 Pt-Ru/C 催化剂
（a）憎水性；（b）亲水性，以及商业 E-TEK 催化剂；
（c）作阳极催化剂组装的单电池的电流-电压曲线[333]

(a)

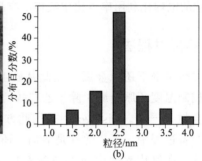

(b)

图 5-20　喷雾热解法制备的 PtRu/C 催化剂 TEM（a）及粒径分布（b）[334]

图 5-21 所示，并研究了喷雾过程中，控制不同的制备条件对所制备的催化剂性能的影响。这种方法一大优点是可大规模或者小规模制备粒径可控的纳米催化剂，因为可以通过改变反应条件（如前驱体溶液的浓度，溶剂的类型及共溶剂的比例等条件）来控制其尺寸大小和粒径分布等参数，从而使催化剂具有较高的活性。相对于其它方法，喷雾热解法具有操作简单、所制备的催化剂在活性炭载体上分散均匀、粒径均一、催化活性高、粒径尺寸可控、化学组分均匀以及制备过程为一连续过程，无需各种液相法中后续的过滤、洗涤、干燥和粉碎研磨过程，操作简单，因而有利于工业放大。

5.4.12　固相反应法

　　由于固相体系中粒子之间相互碰撞的概率较低，反应生成的金属粒子的平均粒径较小、结晶度较低，因此，制得的催化剂的电催化性能较好。例如，在固相条件

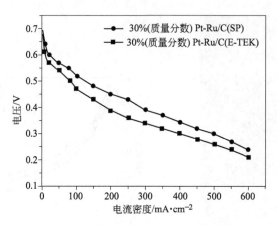

图 5-21　喷雾热解法制备的 PtRu/C 催化剂和商业
E-TEK 催化剂在 DMFC 的极化曲线比较[334]

下，用 H_2PtCl_6 和聚甲醛及活性炭合成的 Pt/C 催化剂中的 Pt 粒子平均粒径在 3.8nm 左右，而用液相反应法制得的 Pt/C 催化剂中 Pt 粒子的平均粒径在 8nm 左右，因此，对甲醇氧化的电催化利用率也比用液相反应制得的 Pt/C 催化剂好很多。

5. 4. 13　多醇过程法

在乙二醇氛围下还原金属，在此基础上的不同反应条件都是所谓的多元醇过程，通过控制温度还原金属，除了乙二醇，还可以用三乙基乙二醇或四乙基乙二醇等醇类化合物[336,337]。Disalvo[50]采用此方法合成了 PtBi 有序的金属间相纳米催化剂，在此制备过程中，乙二醇既是溶剂，还是还原剂。这种催化剂显示出对甲酸氧化的高活性，在氧化起始电位和电流密度方面与 Pt 以及 PtRu 纳米催化剂相比，显示出了绝对的优势。20 世纪 80 年代至今，利用多元醇过程已经制备了很多小粒径金属材料，如 Ni、Pd、Pt、Bi、Co 和 Au[338,339]，这是 PEMFC 催化剂的一个重要制备途径。

5. 4. 14　微波法

微波法原理简单，就是利用微波照射催化剂前驱体，为反应提供一个微波环境，已经广泛应用于制备粒径均一的纳米体系中[340~342]。微波法的特点是能迅速加热，在短时间内促进催化剂前驱体的还原和金属粒子的成核，而且微波加热非常均匀，能为反应体系提供一个非常均一的热环境，这对金属粒子的成核生长，对粒径的控制有很大作用。很多研究者[343,344]结合微波法和多醇法，合成了粒径大小合适且分布均匀的甲醇电氧化催化剂，为 PEMFC 催化剂的研究提供了新方法。该方法中的还原过程在微波场中进行，反应温度较难控制，而且反应温度比较高，有一定危险性。

5.4.15　组合法

组合方法被用来优化选择高性能的催化剂，是 PEMFC 阳极催化剂中的新方向，主要包括筛选法和排列法。目前应用较多的有光学筛选法和电化学筛选法，前者利用光学指示剂评价催化剂的性能，特别适合酸性或碱性条件，但灵敏度不够高；后者采用电化学分析手段评价催化剂性能，具有高的精确度。排列法有喷墨印刷排列法和喷雾法等，这些方法是能应用在多相组成体系里的简单合成方法。Choi 等[89]利用光学筛选法研究了含 W 和 Mo 的四元甲醇氧化催化剂，发现 $Pt_{77}Ru_{17}Mo_4W_2$ 的组合最佳，其催化性能比 $Pt_{50}Ru_{50}$ 催化剂好很多。Sullivan 等[345]发展了一种采用复合的 64 电极系列于相同电解质溶液中测量质子浓度和电化学电流的电化学分析系统。该电化学分析系统比光学筛选系统具有更高的灵敏度和准确度，对组成类似的催化剂性能分辨较为敏感。组合法具有快速高效率的优点，对多元催化剂的组成优化具有重大的意义，为 PEMFC 的高性能催化剂选择提供了很好的途径。

5.4.16　离子交换法

碳载体表面存在各种类型的结构缺陷，缺陷处的碳原子较为活泼，可以和很多基团结合，如羧基、酚基和醌基等。这些表面基团在恰当的介质中可以和溶液中的离子进行交换，使催化剂离子负载在载体上，然后还原得到具有高分散性的电催化剂。例如，将四氨铂盐溶液添加到悬浮着碳载体的氨水中，发生如下反应：

$$2ROH + [Pt(NH_3)_4]^{2+} \longrightarrow (RO)_2Pt(NH_3)_4 + 2H^+ \tag{5-30}$$

经过一段时间后将固体过滤、洗涤和干燥，最后利用氢气还原得到碳载铂催化剂颗粒。离子交换法可以控制碳载体上的铂载量和颗粒粒径，碳载体上铂载量受载体的交换容量所限，而交换容量与载体表面的官能团含量有关，故需对碳载体进行适当的预处理以增加官能团含量。此外，还原条件也影响颗粒大小。

5.4.17　辐照法

研究人员[346]采用 Co 源产生的 γ 射线，对 Pt 前驱体进行辐照，制备了多壁碳纳米管作为载体的 Pt 纳米催化剂（图 5-22）。该催化剂纳米粒子均一和分散均匀，大小约 $2\sim4nm$。将其应用于 PEMFC，表现出很好的性能。该方法简单易行、实际有效，具有很好的应用前景。

图 5-22　采用辐照法制备的
Pt/碳纳米管催化剂[346]

5.5 载体

载体在 PEMFC 催化剂上的应用最初主要为了降低贵金属的用量，从而降低催化剂的成本，实际上，载体的作用远不止这个。催化剂载体是 PEMFC 系统里非常重要的部分，对催化剂的性能、燃料和电荷的传输有着重要的影响。载体影响催化剂的分散度、稳定性和利用率，具体表现在催化剂粒径的大小和分布，催化剂合金化程度，催化剂层的电化学活性区域，电池使用过程中催化剂的稳定性和寿命等方面；载体影响着燃料的传质过程，燃料是否与催化剂层活性位点充分接触，以及物质（包括燃料和产物）传输的速度都与载体有着直接或间接的联系；载体的导电率关系到电荷传输效率和速度，这直接影响着电池系统的工作效率。因此，载体的优化选择是 PEMFC 里面非常重要的研究内容。

此外，载体并不是单单作为惰性载体而存在，它可能起着协同催化的作用。Xing W[347]等发现了在 Pt/C 催化剂上氧还原过程中铂和炭黑之间在氧还原过程中的一个重要的事实：即 Pt/C 电催化剂实际上为二元催化剂，碳材料不仅仅是铂金属纳米粒子的载体，而且也是电活性成分之一。在此基础上，他们制得了一种新型燃料电池用的阴极系统 C/H_2O_2：以纯碳材料为催化剂来催化液态氧化剂过氧化氢还原。DMFC 的测试结果表明，这类新型阴极系统在无氧、缺氧和空间狭小的条件下，具有一定的催化活性，有很大的潜力来替代贵金属铂/氧气的系统。

选择一个好的 PEMFC 催化剂的载体，需要考虑以下几个方面：

① 适合的比表面积及孔结构，提供高活性表面积，能均匀负载活性物质，为催化反应提供场所；

② 高电导率；

③ 有足够的稳定性，耐酸和抗腐蚀；

④ 不含有任何使催化剂中毒的杂质；

⑤ 制备方便，成本低。

目前应用于 PEMFC 的载体主要是碳材料，是因为其在酸性和碱性介质里都有很好的稳定性，高的电导率和高的活性面积。碳材料作为载体的很多性质，如活性位点、孔性质、形态、表面官能结构、电子导电性和耐腐蚀性等都需要被考虑，这些性质影响着制备方法和过程的选择。近些年来，对碳载体的研究主要集中在载体对催化剂的影响和新载体的开发利用上[348]。

5.5.1 炭黑

炭黑主要成分是 C，此外还有少量的 H、O、N 等，这些物质虽然少，但对活性炭的性质有一定的影响，炭黑表面存在着羟基、羰基和羧基等官能团，炭黑具有很多的微孔（约 0.5nm）和大的比表面积，热稳定性高，很早就作为贵金属催化剂的载体。炭黑被广泛应用于 PEMFC，特别是 DMFC 的催化剂载体。活性炭种类主要有乙炔碳、Vulcan XC-72 和 Ketjen 炭黑等。因为乙炔碳具有低比表面积，Ketjen 炭黑有很高的阻抗和传质阻力，这些都不适合作为 PEMFC 的载体。Vulcan XC-72 是一种非常好的催化剂载体炭黑材料，比表面积大约 $250m^2 \cdot g^{-1}$，目前在 PEMFC 系统研究中基本都采用 Vulcan XC-72 作为催化剂载体，很多商业催化剂如 E-TEK 也都是这种载体的催化剂。

载体并不是单单作为惰性载体而存在，它的孔结构和表面性质会影响催化剂的活性和选择性。就载体表面官能团来说，可以在两方面影响催化剂的性质：一是影响催化剂的平均颗粒大小；二是通过金属和载体之间的相互作用影响催化剂的内在活性[349]。因此对活性炭的预处理，将会影响到催化剂的活性。当用硝酸、空气氧化或去碳酸基的方法对碳载体进行预处理，处理后的碳载体具有大致相同的孔结构，而它们表面电荷的性质却有很大的不同。Manoharan[350]将 Vulcan XC-72 活性炭在 CO_2 气氛中，900℃下处理 1h，由此得到高分散性的 Pt/C 催化剂，该催化剂对于甲醇氧化以及氧还原反应都表现出高催化活性。

一些研究人员在炭黑的基础上，研制了改进的质子交换膜催化剂炭黑新载体。吴刚[351]等把普通炭黑作为掺杂材料，通过电化学共沉积方法把它和聚苯胺一起电聚合，掺杂增加了聚苯胺的聚合度，而且减少了它的缺陷密度。这种组合不但增加了电化学有效的表面积和电子导电率，而且减少了聚合体和电极界面间的电荷传递电阻。用此共聚物作为 Pt 和 Pt-Ru 催化剂的载体，在甲醇氧化上表现出了很好的催化活性。

虽然炭黑被广泛地作为载体用来固定催化剂粒子，它有着高的活性比表面并增强了粒子的分散度，但活性炭里面存在的大量微孔，不利于传质，燃料如甲醇不能到达微孔内催化剂粒子表面，降低了催化剂利用率，从而影响了整个电池体系的效率。因此减少微孔对催化剂活性的影响对活性炭载体来说，具有很好的应用价值。Oh 等[352]采用 Nafion 溶液对炭黑载体进行预修饰，然后用这种复合载体制备碳载 Pt-Ru 催化剂。结果表明，这种复合载体能提高电池的性能，而且能大大减少 Nafion 的用量。他们认为 Nafion 聚合物的加入，改变了载体的孔性质，特别是限制了微孔，这样阻止了催化剂进入微孔而失去催化作用，提高催化剂的利用率；而且 Nafion 的加入可以扩展催化剂层的三相反应区域。因此，采用这种修饰的复合载体，可以增加催化剂的活性，提高电池的性能。

5.5.2 中孔碳

对于一个 PEMFC 高活性催化剂来说，需要一个有效的三相反应区域，电化学反应在其表面发生，实现对电子和质子的传输，同时也需要有效的传质通道，用来传输液体如甲醇和水，以及气体产物二氧化碳等产物。传质过程主要受孔性质的影响。近几年来，为了避免炭黑微孔，提高 PEMFC 催化剂的活性和利用率，具有特定孔大小的碳，成为催化剂载体的研究热点。

从碳的孔性质来研究的有大孔碳和中孔碳载体。大孔（大于50nm）碳的比表面积小而且电子阻抗大，这样会影响催化剂的性能，而中孔（2~50nm）将是催化剂载体的选择孔径范围，它适合分散金属颗粒和提高催化剂的利用率。近年来围绕孔径性质构件碳载体的研究主要集中在中孔碳上[353]，那些大孔碳载体的研究也都是在三维上具有大孔结构，而带有中微孔壁的网络，其中大孔利于传质，中孔有利于催化剂的分散和利用率。Chai[354]等以聚苯乙烯和硅为模板剂制备了具有中孔壁（约10nm）的大孔碳（约320nm），以它为载体的Pt-Ru催化剂，对DMFC表现出的催化性能，高于活性炭为载体以及商业载体催化剂性能（见图5-23，图5-24）。

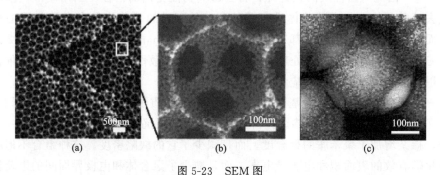

图 5-23　SEM 图

(a) 具有中孔壁的大孔碳；(b) (a) 图中小单元放大图；(c) 中孔壁的
大孔碳载 Pt-Ru 合金图[354]

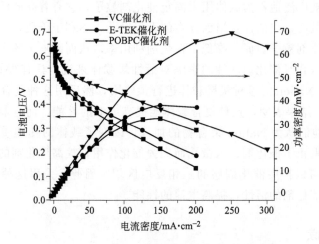

图 5-24　不同载体的催化剂极化曲线比较图

阳极催化剂组分均为 $Pt_{50}Ru_{50}$，VC（Vulcan XC-72 碳），
POBPC（periodically ordered，bimodal porous carbon，
具有中孔壁的大孔碳）[354]

Yu 等[355]通过这种方法合成了一系列的具有不同孔径（10~1000nm）的碳材

料并将其应用在 DMFC 中，他们发现孔径为 25nm 左右的中孔碳材料载催化剂具有最高的催化活性，以该材料为载体的催化剂比商用 E-TEK 催化剂性能高出 43％，这不仅由于该材料具有高的比表面积和高分散性，而且与其碳材料的互相交联的周期重复的孔结构有关，该孔结构有利于反应物和产物的物质传递。

5.5.3 CNTs

CNTs（见图 5-25）是一种具有特殊结构的一维纳米材料，由呈六边形排列的碳原子构成的单层或多层同轴圆管，相邻的同轴圆柱之间间距相当，约 0.34nm，根据纳米管管壁中碳原子层的数目可以分为单壁碳纳米管（SWNTs）和多壁碳纳米管（MWNTs）。作为一种新型碳载体材料在 PEMFC 系统里面得到了充分应用研究。CNTs 具有优异的结构、高比表面积、低阻抗、高导电性和电化学稳定性，它被认为是很有潜力的燃料电池催化剂载体材料[356～359]。很多研究表明，采用 CNTs 作为催化剂载体的燃料电池性能，比同条件下以炭黑为载体的燃料电池性能要好很多。Li W Z 等[359]测试了相同条件下

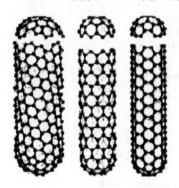

图 5-25　CNTs 结构示意图

采用多壁碳纳米管（Pt/MCNT）和采用 XC-72 炭黑为载体的催化剂在半电池系统中的对比，结果表明，Pt/MCNT 在催化相同条件下比 Pt/XC-72 催化剂给出了 6 倍多的质量电流密度。Girishkumar 等[360]对比了 CNTs 载铂催化剂和纯铂电极对 DMFC 的研究，发现前者工作时的甲醇氧化起始电位要比后者低 200mV，过电位要低很多，说明 CNTs 提高电池性能是因为其具有高的催化活性和低的甲醇氧化过电位。

CNTs 的表面预处理是制备 PEMFC 催化剂中不可或缺的一步，其中分散和提纯，尤其是表面官能团化处理，对催化剂的影响非常大。因为 CNTs 的活性表面主要在内部，相对来说，不容易让金属粒子负载在 CNTs 表面，此时，CNTs 的表面官能化或预处理显得必要，这样可以充分利用 CNTs 的外表面，通过表面官能团与金属的作用力而增强 CNTs 的负载能力，达到最终提高催化剂活性的目的。CNTs 一般用酸进行预处理，经过 H_2SO_4、HNO_3 或 H_2O_2 等其处理后，可以成功引入—OSO_3H、—$COOH$、—OH 等基团。李文震等[361]采用 H_2SO_4-HNO_3 混合液处理后的 CNTs，作为载体的 Pt 阴极催化剂（如图 5-26 所示），比活性炭载体的同样 Pt 催化剂性能好很多（见图 5-27），认为是由于 CNTs 载体的特殊结构以及好的电子性质，以及 Pt 和载体之间的比较好的作用力。

相对于无序的 CNTs，有序的 CNTs 作为载体能提高电池性能。这是因为 CNTs 纵向导电率比横向的要高；有序的 CNTs 更利于气体的渗透；另外有序

图 5-26　CNTs 载 Pt 催化剂 TEM 图[361]

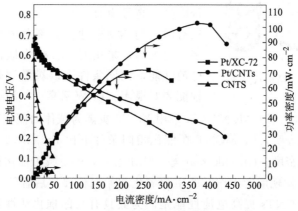

图 5-27　不同载体的 Pt 催化剂阴极极化曲线

（阳极为 Pt-Ru/C）[361]

的 CNTs 表现出超强的疏水性，这能促进水脱离电极，从而加强燃料电池系统的传质过程。因此，CNTs 的有序性对其作为 PEMFC 的载体非常重要。

　　将金属粒子高分散地载到 CNTs 上也具有一定的挑战。有些人利用普通使用的浸渍法将金属粒子载到 CNTs 上[357]，并得到了粒径分布均匀和高分散的催化剂。然而浸渍法技术的合成过程过慢，且有可能被副产物所污染。而通过电化学沉积法可以简单地制备纯度较高的催化剂，这种方法的缺点在于由于质子的共还原而难以估计催化剂的载量，而且这种方法难以制备小粒径的催化剂。

　　此外，CNTs 的选择对催化剂的性能也可能有影响。李文震等[362]研究了单壁、双壁以及多壁 CNTs 载的 PtRu 催化剂，结果显示双壁有比单壁纳米管、多壁纳米管及 XC-72 活性炭高的催化活性，这主要归因于其高于单壁纳米管的导电性和多壁纳米管比表面积（如图 5-28 所示）。

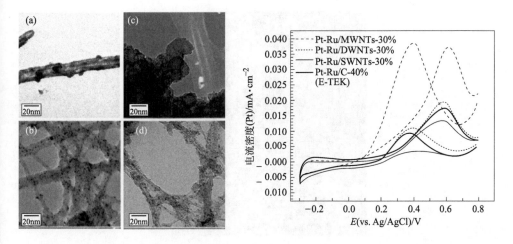

图 5-28　炭黑（a），单壁（b）、双壁（d）及多壁碳纳米管（c）载 Pt-Ru 催化剂的 TEM
和在甲醇-硫酸溶液里的循环伏安曲线（e）[362]

　　CNTs 作为 PEMFC 催化剂载体也面临一些问题，如合成方法和价格。CNTs 一般采用碳弧放电法，激光刻蚀碳和化学蒸汽沉积法，这些方法在大量合成和价值利用效率方面都有很大的限制，特别像单壁 CNTs 只能小量内生产而且价格非常昂贵。因此，若把 CNTs 作为实际应用的 PEMFC 催化剂载体，CNTs 的工业化生产迫在眉睫。

5.5.4　碳凝胶

　　对于 PEMFC 载体来说，其孔性质很重要，如果能按照催化剂的要求，制备孔径可控的载体，这将大大地提高催化剂的利用率和性能。碳凝胶就是一种具有这种潜能的载体。

　　碳凝胶是一种多功能的碳材料，有纳米尺度的孔结构，它可以通过可控的化学合成去设计其结构和孔性质，包括孔容量和孔径大小及分布[363]。Smirnova 等[364]制备了以碳凝胶为载体的 Pt 催化剂（如图 5-29 所示），作为 PEMFC 阴极催化剂，该催化剂显示出比商业催化剂更高的开路电压和电化学活性面积。他们还改变了凝胶的孔径大小，发现随着孔径从 16nm 增到 20nm，电池测试性能也相应提高。认为电池工作时，凝胶孔里面的催化剂不易聚集和烧结，能提高催化剂的寿命，而且 Nafion 能很好地渗透到凝胶孔里，从而膜表面可以很好地覆盖低载量铂。可以预想，可控合成具有大量中孔的碳凝胶载体，将会在 PEMFC 上有很大的应用前景。

5.5.5　空心碳

　　Hyeon 等[365]采用固相合成方法合成了具有中空结构的石墨纳米粒子，其粒径

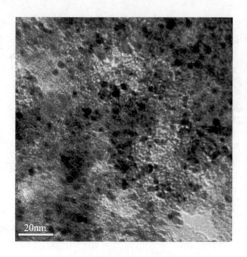

图 5-29　以碳凝胶为载体的 Pt 催化剂[364]

在 30～40nm，壳厚为 2～5nm，以这种石墨粒子为载体的 DMFC Pt-Ru 合金催化剂，性能比以 XC-72 为载体的商业催化剂性能好很多，见图 5-30。认为其原因是：Pt-Ru 在中空的石墨粒子表面具有很好的分散性；石墨粒径较小，电导率高，这样催化剂和石墨表面具有很好的交互作用。这种合成方法简单，可以被用于批量的商业化生产。

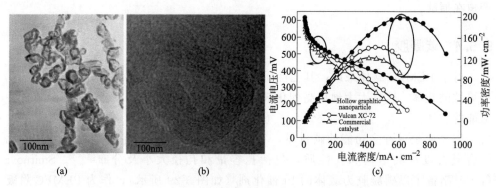

(a)　　　　　　　(b)　　　　　　　(c)

图 5-30　TEM 图 [（a）空心石墨；（b）图（a）的高分辨]
和不同载体的催化剂极化曲线比较（c）
[阳极组成均为 60%（质量分数）Pt-Ru/C][365]

Chai[366] 等制备了具有中空壳的中空碳载体，这种材料有互相连接的双型孔性质，即有一个大孔的空心核和一个 40nm 左右的壳，在壳的表面分布着大小约 4nm 的中孔，因此这种空心碳有很大的比表面积和孔容。他们制备了以这种碳材料为载体的 Pt-Ru 催化剂，应用于 DMFC 的阳极，结果表明，其电池测试性能比同等条件下的商业催化剂性能高出 80%，这可能是因为这种中空碳的高比表面以及其双型孔性质。

5.5.6　碳卷

对于 PEMFC 的碳载体来说，需要具备好的比表面积和高的电导率，前者与载体孔性质有关，后者与载体结晶度有关，好的晶型可以提高载体的导电率。众所周知，制备既有高比表面而且又有好的晶型的碳材料，对研究者来说非常困难。最近的研究发现，碳纳米卷（如图 5-31 所示）是一种同时拥有高比表面积和好结晶度潜力的载体。

图 5-31　碳纳米卷 SEM[367]

Park 等[367]通过一个简单的热处理碳复合物，制备了纳米碳卷，与普通炭黑比较，它具有更好的电化学稳定性和导电率，被成功地用于 DMFC 催化剂 Pt-Ru 载体（如图 5-31 所示），研究表明，以这种碳卷为载体的催化剂比普通 Valcan XC-72 载体催化剂以及商业催化剂性能都好很多（如图 5-32 所示），而且电极表现出了非常好的稳定性，这种载体催化剂在经过 100h 的放电测试后仍然显示稳定的催化性能。他们[368]还制备了具有不同比表面积和结晶度的碳纳米卷，作为阳极催化

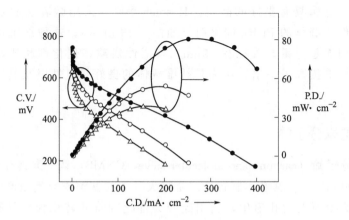

图 5-32　Pt-Ru/CN（●），Pt-Ru/ XC-72（○）

以及商业催化剂（△）电池测试性能图[367]

剂载体，分别进行了甲醇电氧化电化学性能测试，发现无论是比表面积还是结晶度，任何一个性质偏小，都不利于催化剂的性能，当两者性质都比较好时，显示出最高的活性。这也充分地说明，对于 PEMFC 来说，孔性质和导电率都非常重要。因此，具有合适比表面积和导电率的碳纳米卷，在 PEMFC 中将有很好的应用前景。

5.5.7 碳纤维

碳纤维是纤维状的碳材料，其化学组成中碳元素占总质量的 90％以上，元素碳根据其原子结合方式不同，可以形成金刚石和石墨等结晶态，也可以形成非晶态的各种碳的过渡态。碳纤维具有优异的导电性和独特的物理化学性质，如耐高温、耐腐蚀和抗蠕变等，它是一种很有潜力的电催化剂载体材料。把碳纤维作为 PEM-FC 的载体的研究并不多，这主要是因为碳纤维不像碳纳米管那样容易制备，而且碳纤维的形貌、直径、长度、强度与制备方法有很大的关系。

Bessel 等[369]利用浸渍法制备了不同形貌，如盘形、带形和鲱骨形的石墨碳纤维担载 Pt 催化剂，在半电池反应中，5％（质量分数）Pt 载量的 Pt/石墨纤维催化剂与 Pt 载量为 30％（质量分数）的 Pt/XC-72 催化剂对甲醇氧化的电催化活性相当，而且结果表明这种催化剂比活性炭载体催化剂抗 CO中毒能力强，是因为在高度有序的石墨型载体上，金属具有更好的晶型。Rosolen 等[370]采用微乳法制备了采用一种杯碳纤维作为载体的 Pt-Ru 催化剂（如图 5-33 所示），这种纤维素在其管表面有序地排列着悬空键，管径在 25nm，与活性炭载体催化剂相比，它对甲醇电氧化催化性能提高了一倍，认为是纤维载体的良好导电性以及其表面的悬空键的原因。

图 5-33　Pt-Ru/碳纤维催化剂 TEM[370]

5.5.8 碳纳米分子筛

碳纳米分子筛（carbon nano molecular sieve，CNMS）是一类具有规则纳米孔道结构的碳材料[371]。其基本制备思路是将大分子的糖类或醇类浸渍于以中孔氧化硅分子筛为模板剂的孔道中，利用硫酸为催化剂将其转化为碳骨架，再利用 HF 将模板去除，完成孔道碳骨架与分子筛硅铝骨架的转换，从而制备出可以控制孔道结构的碳纳米分子筛。Joo 等[372]利用 SBA-15 为模板，糠基醇为前驱体制备出具有六角形规则孔道结构（内孔径为 6nm、外孔径为 9nm）的 CNMS。该 CNMS 具有很大的比表面积（1570m² · g⁻¹）和较好的导电性能。利用常规浸渍法制备的 CNMS 载 Pt（Pt/CNMS）催化剂，在 Pt 载量高达 50%（质量分数），Pt 粒子的平均粒径仍然在 3 nm 以下，并且粒径分布极窄。而用 Vulcan XC-72 炭黑作载体时，用同样方法制备的 50%（质量分数）Pt/C 催化剂中 Pt 粒子的平均粒径大于 30nm。该催化剂显示出很好的对氧还原的电催化活性。并发现在 Pt 载量为 33%（质量分数）的 Pt/CNMS 有最佳的比质量活性。更大的均匀孔径（200nm，壁厚约 20nm）的三维碳 CNMS 网络也被制备出来[355]作为 Pt-Ru 阳极催化剂载体，得到的 Pt/CNMS 催化剂比用 E-TEK 公司的商品化 Pt-Ru/C 催化剂的 DMFC 的最大比功率密度提高 44%。表明 CNMS 作为催化剂载体，由于其较大的比表面积及均匀的三维孔道，对于燃料电池，尤其是需要高贵金属载量的 DMFC 显示了极好的应用前景。

5.5.9　碳化钨

Ganesan 和 Lee[373]合成了 W_2C 纳米粒子并把它作为 Pt 的载体，制备了催化剂，如图 5-34 和图 5-35 所示。发现 Pt 载量为 7.5% 和 15% 的 Pt/W_2C 催化剂对甲醇氧化的电催化活性要远远高于 Pt 载量为 20% 的商业 E-TEK Pt-Ru/C 催化剂。W_2C 纳米粒子本身对甲醇基本没有电催化活性，而 Pt 载量低，又没有 Ru 的加入，但电催化活性却比载量高的 Pt-Ru/C 催化剂高，认为有如下原因：首先是 W_2C 比活性炭能使 Pt 粒子在其表面更好的分散和稳定；其次是由于催化剂中 Pt 的存在，W_2C 对甲醇的电化学氧化和水的分解起到了促进作用，能活化水产生氢氧物种，从而促进了在 Pt 表面中毒物种 CO 的氧化，W_2C 起到了在 Pt-Ru/C 催化剂中与 Ru 相同的作用，这与其它报道的结果是一致的[374]；最后，由于 W_2C 具有高的抗 CO 中毒能力，CO 在纯 Pt 表面的解离温度为 460K，当 Pt 载到 W_2C 表面时，由于二者的相互作用，CO 的解离温度降至 420K，从而减少了催化剂表面 CO 的中毒，增强了电催化氧化甲醇的能力。

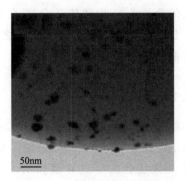

图 5-34　W_2C 颗粒 SEM[373]

图 5-35　铂载量为 7.5% 的 Pt/W_2C SEM[373]

5.5.10 硬碳

硬碳（如碳微球）是那种分散性比较好的大颗粒碳，直径在微米级。虽然其活性表面积相对来说不大，但因其好的分散性，金属颗粒在其表面能均匀负载，而且把这种碳材料作为载体时，能提高燃料及产物的传质速度，在 DMFC 系统里，它能表现出比炭黑载体更好的性能。因此硬碳在 PEMFC 载体上也有很好的应用前景[375]。

5.5.11 碳纳米笼

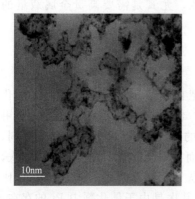

图 5-36　Pt/碳纳米笼催化剂[376]

Wang J N 等[376]采用乙醇和 $Fe(CO)_5$ 为原料，对其进行高温分解，得到了一种中空的石墨化碳纳米笼。这种笼具有 $30\sim50nm$ 的尺寸、$400\sim800m^2\cdot g^{-1}$ 的高比表面积，它在水里面有特别好的分散性。通过改变热处理的温度，可以改变碳纳米笼的孔分布和比表面积。他们用这种碳纳米笼为载体，制备了 Pt/碳纳米笼催化剂（如图 5-36 所示），用于甲醇氧化催化。发现这种催化剂具有很大的电化学活性表面积，对甲醇氧化的催化性能优异，远好于采用活性炭作为载体的催化剂性能。这种新型的碳载体在 PEMFC 应用上具有很好的前景。

5.5.12 金刚石

金刚石作为石墨的同素异形体，它有非常好的稳定性，而且比较容易进行化学修饰，为其作为载体的研究，提供了很好的性质。Nakagawa 等[377]利用氧化的金刚石作为载体，合成了 Pd 和 Ni 催化剂。认为这种载体提高了催化活性，是因为氧化的金刚石和 Pd 之间的化学作用，这种载体有在燃料电池上的应用前景。

5.5.13 富勒烯

富勒烯也被研究作为 PEMFC 的载体，因有很好抗腐蚀能力、高电导率和较大的活性面积。Liu X 等[378]把洋葱样的富勒烯作为 DMFC 的催化剂载体，采用浸置-还原法合成了这种载体的 Pt 催化剂，相比采用同样方法合成的 Pt/XC-72 催化剂，前者粒径小，真实的活性表面积大，活性高。在 0.72V 的峰电流值，前者高于后者 20%，它将很有潜力作为 PEMFC 催化剂载体。

5.5.14 石墨烯

近年来，石墨烯（GP）作为一个明星材料在能源应用领域受到持续的关注。石墨烯是一类二维的碳材料，具有独特的结构特征，如高的表面积、高的电子导电性、强的金属-载体相互作用力和优异的力学性能等一系列的优点。石墨烯这些特征使得它在作为催化剂载体合成各种复合催化剂方面具有巨大的吸引力。确实，石墨烯担载的 Pt、Pd、Pt-Ru、Pt-Pd 和 Pt-Au 等纳米粒子在催化甲醇氧化和氧还原反应时都获得了增强的活性和稳定性。例如 Kou 等[379]将 Pt 纳米粒子稳定在氧化铟锡（ITO）-石墨烯结合点上形成 Pt-ITO-GP 三重结合点，所制备的复合催化剂表现出极大增强的活性和稳定性。另外 GP 上的缺陷和功能团被认为能有效地稳定 Pt 纳米粒子来提高催化剂的耐久性。Dai 研究组采用化学气相沉积法合成 N-掺杂的石墨烯，并应用于在碱性条件下催化氧还原，发现 N-掺杂的石墨烯及其衍生物在碱性燃料电池中具有比 Pt/C 催化剂更好的氧还原活性、长期运行稳定性和耐燃料穿透效应，是一类新颖的无金属氧还原催化剂[380]。关于石墨烯材料在能源转化和储存方面的文献有许多，这里不再展开深入的讨论，感兴趣的读者可以参考以下这些文献[381~383]。

参 考 文 献

[1] Horarth M P, Hards G A. Direct Methanol Fuel Cells Technological Advances and Futher Requirements. Platinum Metals Rev, 1996, 40 (4): 150-159.

[2] 林维明. 燃料电池系统. 北京: 化学工业出版社, 1996.

[3] Papageorgopoulos D C, de Bruijn F A. Examining a potential fuel cell poison - A voltammetry study of the influence of carbon dioxide on the hydrogen oxidation capability of carbon-supported Pt and PtRu anodes. Journal of the Electrochemical Society, 2002, 149 (2): A140-A145.

[4] Gasteiger H A, et al. CO Electrooxidation on well-characterized Pt-Ru alloys. Journal of Physical Chemistry, 1994, 98 (2): 617-625.

[5] Gasteiger H A, Markovic N M, Ross P N. H_2 and CO Electrooxidation on well-characterized Pt, Ru, and Pt-Ru. 2. Rotating disk electrode studies of CO/H_2 mixtures at 62-degrees-C. Journal of Physical Chemistry, 1995, 99 (45): 16757-16767.

[6] Gasteiger H A, Markovic N M, Ross P N. H_2 and CO Electrooxidation on well-characterized Pt, Ru, and Pt-Ru. 1. Rotating-disk electrode studies of the pure gases including temperature effects. Journal of Physical Chemistry, 1995, 99 (20): 8290-8301.

[7] Grgur B N, et al. Electrooxidation of H_2/CO mixtures on a well-characterized $Pt_{75}Mo_{25}$ alloy surface. Journal of Physical Chemistry B, 1997, 101 (20): 3910-3913.

[8] Napporn W T, Leger J M, Lamy C. Electrocatalytic oxidation of carbon monoxide at lower potentials on platinum-based alloys incorporated in polyaniline. Journal of Electroanalytical Chemistry, 1996, 408 (1-2): 141-147.

[9] Ley K L, et al. Methanol oxidation on single-phase Pt-Ru-Os ternary alloys. Journal of the Electrochemical Society, 1997, 144 (5): 1543-1548.

[10] Chen K Y, Shen P K, Tseung A C C. Anodic-oxidation of impure H_2 an teflon-bonded Pt-Ru/WO_3/C electrodes. Journal of the Electrochemical Society, 1995, 142 (10): L185-L187.

[11] Mukerjee S, Srinivasan S. enhanced electrocatalysis of oxygen reduction on platinum alloys in proton-exchange membrane fuel-cells. Journal of Electroanalytical Chemistry, 1993, 357 (1-2): 201-224.

[12] Mukerjee S, et al. Role of structural and electronic-properties of Pt and Pt allous on electrocatalusis of oxygen reduction -an in-sity xanes and exafs investigation. Journal of the Electrochemical Society, 1995,

142 (5): 1409-1422.

[13] Wang K, et al. On the reaction pathway for methanol and carbon monoxide electrooxidation on Pt-Sn alloy versus Pt-Ru alloy surfaces. Electrochimica Acta, 1996, 41 (16): 2587-2593.

[14] Lee S J, et al. Electrocatalysis of CO tolerance in hydrogen oxidation reaction in PEM fuel cells. Electrochimica Acta, 1999, 44 (19): 3283-3293.

[15] Morimoto Y, Yeager E B. CO oxidation on smooth and high area Pt, Pt-Ru and Pt-Sn electrodes. Journal of Electroanalytical Chemistry, 1998, 441 (1-2): 77-81.

[16] Grgur B N, Markovic N M, Ross P N. Electrooxidation of H_2, CO, and H_2/CO mixtures on a well-characterized $Pt_{70}Mo_{30}$ bulk alloy electrode. Journal of Physical Chemistry B, 1998, 102 (14): 2494-2501.

[17] Grgur B N, Markovic N M, Ross P N. The electro-oxidation of H_2 and H_2/CO mixtures on carbon-supported PtxMoy alloy catalysts. Journal of the Electrochemical Society, 1999, 146 (5): 1613-1619.

[18] Urian R C, Gulla A F, Mukerjee S. Electrocatalysis of reformate tolerance in proton exchange membranes fuel cells: Part I . Journal of Electroanalytical Chemistry, 2003, 554: 307-324.

[19] Tseung A C C, Chen K Y. Hydrogen spill-over effect on Pt/WO_3 anode catalysts. Catalysis Today, 1997, 38 (4): 439-443.

[20] Gasteiger H A, Markovic N M, Ross P N. Eletrooxidation of CO and H_2/CO mixtures on a well-characterized Pt_3Sn electrode surface. Journal of Physical Chemistry, 1995, 99 (22): 8945-8949.

[21] Hou Z, et al. CO tolerance electrocatalyst of $PtRu-H_xMeO_3/C$ (Me=W, Mo) made by composite support method. Journal of Power Sources, 2003, 123 (2): 116-125.

[22] Schmidt T J, et al. On the CO tolerance of novel colloidal PdAu/carbon electrocatalysts. Journal of Electroanalytical Chemistry, 2001, 501 (1-2): 132-140.

[23] Ma L, et al. A novel carbon supported PtAuFe as CO-tolerant anode catalyst for proton exchange membrane fuel cells. Catalysis Communications, 2007, 8 (6): 921-925.

[24] Arico A S, Srinivasan S, Antonucci V. DMFCs: From Fundamental Aspects to Technology Development. Fuel Cells, 2001, 1 (2): 133-161.

[25] Lamy C, et al. Recent advances in the development of direct alcohol fuel cells (DAFC). Journal of Power Sources, 2002, 105 (2): 283-296.

[26] Xia X H, et al. Structural effects and reactivity in methanol oxidation on polycrystalline and single crystal platinum. Electrochimica Acta, 1996, 41 (5): 711-718.

[27] Zhu Y M, et al. Attenuated total reflection-Fourier transform infrared study of methanol oxidation on sputtered Pt film electrode. Langmuir, 2001, 17 (1): 146-154.

[28] Beden B, et al. Electrosorption of methanol on a platinum-electrode - IR dpectroscopic evidence for adsorbed CO species. Journal of Electroanalytical Chemistry, 1981, 121 (APR): 343-347.

[29] Markovic N M, Ross P N. Surface science studies of model fuel cell electrocatalysts. Surface Science Reports, 2002, 45 (4-6): 121-229.

[30] Herrero E, Chrzanowski W, Wieckowski A. Dual path mechanism in methanol electrooxidation on a platinum-electrode. Journal of Physical Chemistry, 1995, 99 (25): 10423-10424.

[31] Vielstich W, Xia X H. Electrosorption of methanol at low-index crystal planes of platnum -an integrated voltammetric and chronoamperometric study -comments. Journal of Physical Chemistry, 1995, 99 (25): 10421-10422.

[32] Chen Y X, et al. Formate, an active intermediate for direct oxidation of methanol on Pt electrode. Journal of the American Chemical Society, 2003, 125 (13): 3680-3681.

[33] Wang H, Loffler T, Baltruschat H. Formation of intermediates during methanol oxidation: A quantitative DEMS study. Journal of Applied Electrochemistry, 2001, 31 (7): 759-765.

[34] Wang H S, et al. Methanol oxidation on Pt, PtRu, and colloidal Pt electrocatalysts: a DEMS study of product formation. Journal of Electroanalytical Chemistry, 2001, 509 (2): 163-169.

[35] Parsons R, Vandernoot T. The osidation of small organic-molecules -a survey of recent fuel-cell related research. Journal of Electroanalytical Chemistry, 1988, 257 (1-2): 9-45.

[36] Iwasita T. Electrocatalysis of methanol oxidation (vol 47, pg 3663, 2001). Electrochimica Acta, 2002. 48 (3): p. 289-289.

[37] Kita H, et al. Effect of hydrogen sulfate ion on the hydrogen ionization and methanoloxidation reactions on platinum tingle-crystal electrodes. Journal of Electroanalytical Chemistry, 1994, 373 (1-2): 177-183.

[38] Sun S G, Clavilier J. Electrochemical ctudy on the poisoning intermediate formed from methanol dissocia-

tion at low index and stepped platinum surfaces. Journal of Electroanalytical Chemistry, 1987, 236 (1-2): 95-112.

[39] Papoutsis A, Leger J M, Lamy C. Study of the kinetics of adsorption and electrooxidation of meoh on Pt (100) in an acid-medium by programmed potential vol tammetry. Journal of Electroanalytical Chemistry, 1993, 359 (1-2): 141-160.

[40] Attwood P A, McNicol B D, Short R T. Electrocatalytic oxidation of methanol in acid electrol yte- preparation and characterization of noble-metal electrocatalysts supported on pretreated carbon-fiber papers. Journal of Applied Electrochemistry, 1980, 10 (2): 213-222.

[41] Mukerjee S, McBreen J. Effect of particle size on the electrocatalysis by carbon-supported Pt electrocatalysts: an in situ XAS investigation. Journal of Electroanalytical Chemistry, 1998, 448 (2): 163-171.

[42] Frelink T, Visscher W, Vanveen J A R. Particle-sixe effect of carbon-supported platinum cataalysts for the electrooxidation of methanol. Journal of Electroanalytical Chemistry, 1995, 382 (1-2): 65-72.

[43] Zhao D, Xu B-Q. Enhancement of Pt utilization in electrocatalysts by using gold nanoparticles. Angewandte Chemie-International Edition, 2006, 45 (30): 4955-4959.

[44] Horarth M P, Hards G A. Direct Methanol Fuel Cells Technological Advances and Further Requirements. Platinum Metals Rev, 1996, 40 (4): 150-159.

[45] Hamnett A. Mechanism and electrocatalysis in the direct methanol fuel cell. Catalysis Today, 1997, 38 (4): 445-457.

[46] Colmati F, Antolini E, Gonzalez E R. Pt-Sn/C electrocatalysts for methanol oxidation synthesized by reduction with formic acid. Electrochimica Acta, 2005, 50 (28): 5496-5503.

[47] Choi J H, et al. A PtAu nanoparticle electrocatalyst for methanol electrooxidation in direct methanol fuel cells. Journal of the Electrochemical Society, 2006, 153 (10): A1812-A1817.

[48] Antonucci P L, et al. Electro-oxidation of CO on Pd black in phosphotungstic acid. Journal of Solid State Electrochemistry, 1999, 3 (4): 205-209.

[49] Park K W, et al. Pt-WO$_x$ electrode structure for thin-film fuel cells. Applied physics letters, 2002, 81 (5): 907-909.

[50] Roychowdhury C, Matsumoto F, Mutolo P F, Abruna H D, Disalvo F J. Synthesis, characterization, and electrocatalytic activity of PtBi nanoparticles prepared by the polyol process. Chemistry of Materials, 2005, 17 (23): 5871-5876.

[51] Watanabe M, et al. Activity and stability of ordered and disordered CO-Pt alloys for phosphoric-acid fuel-cells. Journal of the Electrochemical Society, 1994, 141 (10): 2659-2668.

[52] Hamnett A, Kennedy B J, Weeks S A. Base-metal oxides as promotors for the electrochemical oxidation of methanol. Journal of Electroanalytical Chemistry, 1988, 240 (1-2): 349-353.

[53] Shibata M, Motoo S. Electrocatalysis by ad-atoms. 21. Catalytic effects on the elementary steps in methanol oxidation by non-oxygen-adsorbing ad-atoms. Journal of Electroanalytical Chemistry, 1987, 229 (1-2): 385-394.

[54] Yang H, et al. Tailoring, structure, and activity of carbon-supported nanosized Pt-Cr alloy electrocatalysts for oxygen reduction in pure and methanol-containing electrolytes. Journal of Physical Chemistry B, 2004, 108 (6): 1938-1947.

[55] Iwasita T, Nart F C, Vielstich W. An FTIR study of the catalytic activity of A 85-15 Pt-Ru alloy for methanol oxidation. Berichte Der Bunsen-Gesellschaft-Physical Chemistry Chemical Physics, 1990, 94 (9): 1030-1034.

[56] Kennedy B J, Hamnett A. Oxide formation and reactivity for methanol oxidation on platinized carbon anodes. Journal of Electroanalytical Chemistry, 1990, 283 (1-2): 271-285.

[57] Yajima T, Uchida H, Watanabe M. In-situ ATR-FTIR spectroscopic study of electro-oxidation of methanol and adsorbed CO at Pt-Ru alloy. Journal of Physical Chemistry B, 2004, 108 (8): 2654-2659.

[58] Watanabe M, Motoo S. Electrocatalysis by ad-atoms . 3. Enhancement of oxidation of carbon-monoxide on platinum by ruthenium ad-atoms. Journal of Electroanalytical Chemistry, 1975, 60 (3): 275-283.

[59] Watanabe M, Motoo S. Electrocatalysis by ad-atoms . 2. Enhancement of oxidation of methanol on platinum by ruthenium ad-atoms. Journal of Electroanalytical Chemistry, 1975, 60 (3): 267-273.

[60] Watanabe M, Uchida M. Motoo S. Preparation of highly dispersed Pt + Ru Alloy clusters and the activity for the electrooxidation of methanol. Journal of Electroanalytical Chemistry, 1987, 229 (1-2): 395-406.

[61] Park K W, Choi J H, Sung Y E. Structural, chemical, and electronic properties of Pt/Ni thin film elec-

trodes for methanol electrooxidation. Journal of Physical Chemistry B, 2003, 107 (24): 5851-5856.

[62] Rolison D R, et al. Role of hydrous ruthenium oxide in Pt-Ru direct methanol fuel cell anode electrocatalysts: The importance of mixed electron/proton conductivity. Langmuir, 1999, 15 (3): 774-779.

[63] Aricò A S, et al. Investigation of direct methanol fuel cells based on unsupported Pt-Ru anode catalysts with different chemical properties. Electrochimica Acta, 2000, 45 (25-26): 4319-4328.

[64] Piela P, et al. Ruthenium crossover in direct methanol fuel cell with Pt-Ru black anode. Journal of the Electrochemical Society, 2004, 151 (12): A2053-A2059.

[65] Tian J A, et al. Highly stable PtRuTiO$_x$/C anode electrocatalyst for direct methanol fuel cells. Electrochemistry Communications, 2007, 9 (4): 563-568.

[66] Aricò A S, et al. Methanol oxidation on carbon-supported platinum-tin electrodes in sulfuric-acid. Journal of Power Sources, 1994, 50 (3): 295-309.

[67] Shukla A K, et al. Methanol electrooxidation on carbon-supported Pt-WO$_3$-X electrodes in sulfuric-acid electrolyte. Journal of Applied Electrochemistry, 1995. 25 (6): 528-532.

[68] Shen P K, Tseung A C C. Anodic-oxidation of methanol on Pt/WO$_3$ in acidic media. Journal of the Electrochemical Society, 1994, 141 (11): 3082-3090.

[69] Shubina T E, Koper M T M. Quantum-chemical calculations of CO and OH interacting with bimetallic surfaces. Electrochimica Acta, 2002, 47 (22-23): 3621-3628.

[70] Mukerjee S, Urian R C. Bifunctionality in Pt alloy nanocluster electrocatalysts for enhanced methanol oxidation and CO tolerance in PEM fuel cells: electrochemical and in situ synchrotron spectroscopy. Electrochimica Acta, 2002, 47 (19): 3219-3231.

[71] Samjeské G, et al. CO and methanol oxidation at Pt-electrodes modified by Mo. Electrochimica Acta, 2002, 47 (22-23): 3681-3692.

[72] Ma L A, et al. A comparative study of Pt/C and Pt-MoO$_x$/C catalysts with various compositions for methanol electro-oxidation. Electrochimica Acta, 2010, 55 (28): 9105-9112.

[73] Götz, M, Wendt H. Binary and ternary anode catalyst formulations including the elements W, Sn and Mo for PEMFCs operated on methanol or reformate gas. Electrochimica Acta, 1998, 43 (24): 3637-3644.

[74] Zhou W J, Zhou Z H, Song S Q, Li W Z, Sun G Q, Tsia karas P. Pt based anode catalysts for direct ethanol fuel cells. Applied Catalysis B-Environmental, 2003, 46 (2): 273-285.

[75] Yin M, Huang Y, Liang L, Liao J, Liu C, Xing W. Inhibiting CO formation by adjusting surface composition in PtAu alloys for methanol electrooxidation. Chemical Communications, 2011, 47 (28): 8172-8174.

[76] Neurock M, Janik M, Wieckowski A. A first principles comparison of the mechanism and site requirements for the electrocatalytic oxidation of methanol and formic acid over Pt. Faraday Discussions, 2008, 140: 363-378.

[77] Lasch K, et al. Mixed conducting catalyst support materials for the direct methanol fuel cell. Journal of Power Sources, 2002, 105 (2): 305-310.

[78] Napporn W T, et al. Electro-oxidation of C1 molecules at Pt-based catalysts highly dispersed into a polymer matrix: Effect of the method of preparation. Journal of Electroanalytical Chemistry, 1996, 404 (1): 153-159.

[79] 文纲要, 张颖, 杨正龙. 甲醇的阳极电氧化催化剂的研究. 电化学, 1998. 4 (1): 73-78.

[80] Liu R X, et al. Potential-dependent infrared absorption spectroscopy of adsorbed CO and X-ray photoelectron spectroscopy of arc-melted single-phase Pt, PtRu, PtOs, PtRuOs, and Ru electrodes. Journal of Physical Chemistry B, 2000, 104 (15): 3518-3531.

[81] Park K W, et al. Chemical and electronic effects of Ni in Pt/Ni and Pt/Ru/Ni alloy nanoparticles in methanol electrooxidation. Journal of Physical Chemistry B, 2002, 106 (8): 1869-1877.

[82] Waszczuk P, et al. A nanoparticle catalyst with superior activity for electrooxidation of formic acid. Electrochemistry Communications, 2002, 4 (7): 599-603.

[83] Xue X Z, Ge J J, Lin C P, Xing W, Lu T H. Novel chemical synthesis of Pt-Ru-P electrocatalysts by hypophosphite deposition for enhanced methanol oxidation and CO tolerance in direct methanol fuel cell. Electrochemistry Communications, 2006, 8 (8): 1280-1286.

[84] Chen K Y, Tseung A C C. A preliminary study of room temperature direct ethyl formate fuel cells for consumer electronic applications. Journal of Electroanalytical Chemistry, 1998, 451 (1-2): 1-4.

[85] Liao S J, et al. High performance PtRuIr catalysts supported on carbon nanotubes for the anodic oxida-

tion of methanol. Journal of the American Chemical Society, 2006, 128 (11): 3504-3505.

[86] Tsaprailis H, Birss V I. Sol-gel derived Pt-Ir mixed catalysts for DMFC applications. Electrochemical and Solid State Letters, 2004, 7 (10): A348-A352.

[87] Reetz M T, et al. Preparation of colloidal nanoparticles of mixed metal oxides containing platinum, ruthenium, osmium, and iridium and their use as electrocatalysts. Journal of Physical Chemistry B, 2003, 107 (30): 7414-7419.

[88] Aricò A S, et al. Investigation of a carbon-supported quaternary Pt-Ru-Sn-W catalyst for direct methanol fuel-cells. Journal of Power Sources, 1995, 55 (2): 159-166.

[89] Choi W C, Kim J D, Woo S I. Quaternary Pt-based electrocatalyst for methanol oxidation by combinatorial electrochemistry. Catalysis Today, 2002, 74 (3-4): 235-240.

[90] Reddington E, et al. Combinatorial electrochemistry: A highly parallel, optical screening method for discovery of better electrocatalysts. Science, 1998, 280 (5370): 1735-1737.

[91] Gurau B, et al. Structural and electrochemical characterization of binary, ternary, and quaternary platinum alloy catalysts for methanol electro-oxidation. Journal of Physical Chemistry B, 1998, 102 (49): 9997-10003.

[92] Whitacre J F, Valdez T, Narayanan S R. Investigation of direct methanol fuel cell electrocatalysts using a robust combinatorial technique. Journal of the Electrochemical Society, 2005, 152 (9): A1780-A1789.

[93] Neburchilov V, Wang H J, Zhang J J. Low Pt content Pt-Ru-Ir-Sn quaternary catalysts for anodic methanol oxidation in DMFC. Electrochemistry Communications, 2007, 9 (7): 1788-1792.

[94] Park K W, et al. PtRuRhNi nanoparticle electrocatalyst for methanol electrooxidation in direct methanol fuel cell. Journal of Catalysis, 2004, 224 (2): 236-242.

[95] White J H, Sammells A F. Perovskite anode electrocatalysis for direct methanol fuel-cells. Journal of the Electrochemical Society, 1993, 140 (8): 2167-2177.

[96] Zhao X, et al. Recent advances in catalysts for direct methanol fuel cells. Energy & Environmental Science, 2011, 4 (8): 2736-2753.

[97] Koenigsmann C, Wong S S. One-dimensional noble metal electrocatalysts: a promising structural paradigm for direct methanol fuel cells. Energy & Environmental Science, 2011, 4 (4): 1161-1176.

[98] Markovic N M, et al. Electrooxidation mechanisms of methanol and formic-acid on Pt-Ru alloy surfaces. Electrochimica Acta, 1995, 40 (1): 91-98.

[99] Xia X H, Iwasita T. Influence of underpotential deposited lead upon the oxidation of HCOOH in HClO$_4$ at platinum-electrodes. Journal of the Electrochemical Society, 1993, 140 (9): 2559-2565.

[100] Chen Y X, et al. Kinetics and mechanism of the electrooxidation of formic acid - Spectroelectrochemical studies in a flow cell. Angewandte Chemie-International Edition, 2006, 45 (6): 981-985.

[101] Miki A, Ye S, Osawa M. Surface-enhanced IR absorption on platinum nanoparticles: an application to real-time monitoring of electrocatalytic reactions. Chemical Communications, 2002 (14): 1500-1501.

[102] Columbia M R, Crabtree A M, Thiel P A. The temperature and coverage dependences of adsorbed formic-acid and its conversion to formate on Pt (111). Journal of the American Chemical Society, 1992, 114 (4): 1231-1237.

[103] Osawa M, et al. The Role of Bridge-Bonded Adsorbed Formate in the Electrocatalytic Oxidation of Formic Acid on Platinum. Angewandte Chemie International Edition, 2011, 50 (5): 1159-1163.

[104] Samjeske G, Osawa M. Current oscillations during formic acid oxidation on a Pt electrode: Insight into the mechanism by time-resolved IR spectroscopy. Angewandte Chemie-International Edition, 2005, 44 (35): 5694-5698.

[105] Samjeske G, et al. Mechanistic study of electrocatalytic oxidation of formic acid at platinum in acidic solution by time-resolved surface-enhanced infrared absorption spectroscopy. Journal of Physical Chemistry B, 2006, 110 (33): 16559-16566.

[106] Zhu Y M, Khan Z, Masel R I. The behavior of palladium catalysts in direct formic acid fuel cells. Journal of Power Sources, 2005, 139 (1-2): 15-20.

[107] Zhou W P, et al. Size effects in electronic and catalytic properties of unsupported palladium nanoparticles in electrooxidation of formic acid. Journal of Physical Chemistry B, 2006, 110 (27): 13393-13398.

[108] Hoshi N, et al. Structural effects of electrochemical oxidation of formic acid on single crystal electrodes of palladium. Journal of Physical Chemistry B, 2006, 110 (25): 12480-12484.

[109] Lovic J D, et al. Kinetic study of formic acid oxidation on carbon-supported platinum electrocatalyst. Journal of Electroanalytical Chemistry, 2005, 581 (2): 294-302.

[110] Wang Z H, Qu K Y. Electrocatalytic oxidation of formic acid on platinum nanoparticle electrode deposited on the nichrome substrate. Electrochemistry Communications, 2006, 8 (7): 1075-1081.

[111] Ge J, et al. Controllable synthesis of Pd nanocatalysts for direct formic acid fuel cell (DFAFC) application: From Pd hollow nanospheres to Pd nanoparticles. Journal of Physical Chemistry C, 2007, 111 (46): 17305-17310.

[112] Huang Y J, et al. Synthesis of Pd/C catalysts with designed lattice constants for the electro-oxidation of formic acid. Electrochemistry Communications, 2008, 10 (8): 1155-1157.

[113] Rice C, et al. Catalysts for direct formic acid fuel cells. Journal of Power Sources, 2003, 115 (2): 229-235.

[114] Jayashree R S, et al. Characterization and application of electrodeposited Pt, Pt/Pd, and Pd catalyst structures for direct formic acid micro fuel cells. Electrochimica Acta, 2005, 50 (24): 4674-4682.

[115] Zhong Q L, et al. SERS study of the electrooxidation of formic acid on Pt-Ru/GC. Acta Physico-Chimica Sinica, 2006, 22 (3): 291-295.

[116] Casado-Rivera E, et al. Electrocatalytic oxidation of formic acid at an ordered intermetallic PtBi surface. Chemphyschem, 2003, 4 (2): 193-199.

[117] Chi N, Chan K Y, Phillips D L. Electrocatalytic oxidation of formic acid by Pt/Co nanoparticles. Catalysis Letters, 2001, 71 (1-2): 21-26.

[118] Li X G, Hsing I M. Electrooxidation of formic acid on carbon supported $PtxPd_{1-x}$ ($x=0\sim1$). Electrochimica Acta, 2006, 51 (17): 3477-3483.

[119] Baldauf M, Kolb D M. Formic acid oxidation on ultrathin Pd films on Au (hkl) and Pt(hkl) electrodes. Journal of Physical Chemistry, 1996, 100 (27): 11375-11381.

[120] Zhang L L, Tang Y W, Bao J C, Lu T H, Li C. A carbon-supported Pd-P catalyst as the anodic catalyst in a direct formic acid fuel cell. Journal of Power Sources, 2006, 162 (1): 177-179.

[121] Lee J K, et al. Influence of underpotentially deposited Sb onto Pt anode surface on the performance of direct formic acid fuel cells. Electrochimica Acta, 2008, 53 (21): 6089-6092.

[122] Lee J K, et al. Influence of Au contents of AuPt anode catalyst on the performance of direct formic acid fuel cell. Electrochimica Acta, 2008, 53 (9): 3474-3478.

[123] Yang Y Y, Sun S G. Effects of Sb adatoms on kinetics of electrocatalytic oxidation of HCOOH at Sb-modified Pt (100), Pt (111), Pt (110), Pt (320), and Pt (331) surfaces - An energetic modeling and quantitative analysis. Journal of Physical Chemistry B, 2002, 106 (48): 12499-12507.

[124] Chen W, et al. Electro-oxidation of formic acid catalyzed by FePt nanoparticles. Physical Chemistry Chemical Physics, 2006, 8 (23): 2779-2786.

[125] Demirci U B. Theoretical means for searching bimetallic alloys as anode electrocatalysts for direct liquid-feed fuel cells. Journal of Power Sources, 2007, 173: 11-18.

[126] Zhang H X, et al. Carbon-Supported Pd-Pt Nanoalloy with Low Pt Content and Superior Catalysis for Formic Acid Electro-oxidation. Journal of Physical Chemistry C, 2010, 114 (14): 6446-6451.

[127] Cuesta A, et al. Cyclic Voltammetry, FTIRS, and DEMS Study of the Electrooxidation of Carbon Monoxide, Formic Acid, and Methanol on Cyanide-Modified Pt (111) Electrodes. Langmuir, 2009, 25 (11): 6500-6507.

[128] Lee H, et al. Localized Pd Overgrowth on Cubic Pt Nanocrystals for Enhanced Electrocatalytic Oxidation of Formic Acid. Journal of the American Chemical Society, 2008, 130 (16): 5406-5407.

[129] Yi Q F, et al. Electroactivity of titanium-supported nanoporous Pd-Pt catalysts towards formic acid oxidation. Journal of Electroanalytical Chemistry, 2008, 619: 197-205.

[130] Lee H J, et al. Localized Pd overgrowth on cubic Pt nanocrystals for enhanced electrocatalytic oxidation of formic acid. Journal of the American Chemical Society, 2008, 130 (16): 5406.

[131] Vidal-Iglesias F J, et al. Formic acid oxidation on Pd-modified Pt (100) and Pt (111) electrodes: A DEMS study. Journal of Applied Electrochemistry, 2006, 36 (11): 1207-1214.

[132] Babu P K, et al. Bonding and motional aspects of CO adsorbed on the surface of Pt nanoparticles decorated with Pd. Journal of Physical Chemistry B, 2004, 108 (52): 20228-20232.

[133] Llorca M J, et al. Formic-acid oxidation on Pd-ad plus Pt(100) and Pd-ad plus Pt(111) electrodes. Journal of Electroanalytical Chemistry, 1994, 376 (1-2): 151-160.

[134] Zhao M C, et al. Kinetic study of electro-oxidation of formic acid on spontaneously-deposited Pt/Pd nanoparticles - CO tolerant fuel cell chemistry. Journal of the Electrochemical Society, 2004, 151 (1): A131-A136.

[135] Larsen R, Masel R I. Kinetic study of CO tolerance during electro-oxidation of formic acid on spontaneously deposited Pt/Pd and Pt/Ru nanoparticles. Electrochemical and Solid State Letters, 2004, 7 (6): A148-A150.

[136] Waszczuk P, et al. A nanoparticle catalyst with superior activity for electrooxidation of formic acid (vol 4, pg 599, 2002). Electrochemistry Communications, 2002, 4 (9): 732-732.

[137] Lu G Q, Crown A, Wieckowski A. Formic acid decomposition on polycrystalline platinum and palladized platinum electrodes. Journal of Physical Chemistry B, 1999, 103 (44): 9700-9711.

[138] Yuan Q, et al. Pd-Pt random alloy nanocubes with tunable compositions and their enhanced electrocatalytic activities. Chemical Communications, 2010, 46 (9): 1491-1493.

[139] Llorca M J, et al. Formic acid oxidation on Pdad + Pt(100) and Pdad + Pt (111) electrodes. Journal of Electroanalytical Chemistry, 1994, 376 (1-2): 151-160.

[140] Arenz M, et al. The electro-oxidation of formic acid on Pt-Pd single crystal bimetallic surfaces. Physical Chemistry Chemical Physics, 2003, 5 (19): 4242-4251.

[141] Vidal-Iglesias F J, Solla-Gullon J, Herrero E, Aldaz A, FeLiu J M. Pd Adatom Decorated (100) Preferentially Oriented Pt Nanoparticles for Formic Acid Electrooxidation. Angewandte Chemie-International Edition, 2010, 49 (39): 6998-7001.

[142] Winjobi O, et al. Carbon nanotube supported platinum-palladium nanoparticles for formic acid oxidation. Electrochimica Acta, 2010, 55 (13): 4217-4221.

[143] Choi J H, et al. Electro-oxidation of methanol and formic acid on PtRu and PtAu for direct liquid fuel cells. Journal of Power Sources, 2006, 163 (1): 71-75.

[144] Kim J, et al. Electrocatalytic oxidation of formic acid and methanol on Pt deposits on Au(111). Langmuir, 2007, 23 (21): 10831-10836.

[145] Kristian N, Yan Y S, Wang X. Highly efficient submonolayer Pt-decorated Au nano-catalysts for formic acid oxidation. Chemical Communications, 2008 (3): 353-355.

[146] Bezerra C W B, et al. A review of Fe-N/C and Co-N/C catalysts for the oxygen reduction reaction. Electrochimica Acta, 2008, 53 (15): 4937-4951.

[147] Wang S, et al. Controlled deposition of Pt on Au nanorods and their catalytic activity towards formic acid oxidation. Electrochemistry Communications, 2008, 10 (7): 961-964.

[148] Huang J, Hou H, You T. Highly efficient electrocatalytic oxidation of formic acid by electrospun carbon nanofiber-supported Pt_xAu_{100-x} bimetallic electrocatalyst. Electrochemistry Communications, 2009, 11 (6): 1281-1284.

[149] Patra S, Das J, Yang H. Selective deposition of Pt on Au nanoparticles using hydrogen presorbed into Au nanoparticles during $NaBH_4$ treatment. Electrochimica Acta, 2009, 54 (12): 3441-3445.

[150] Zhang S, et al. Electrostatic Self-Assembly of a Pt-around-Au Nanocomposite with High Activity towards Formic Acid Oxidation13. Angewandte Chemie-International Edition, 2010, 49 (12): 2211-2214.

[151] Yang S, Lee H. Atomically dispersed platinum on gold nano-octahedra with high catalytic activity on formic acid oxidation. ACS Catalysis, 2013, 3 (3): 437-443.

[152] Yin M, et al. Improved direct electrooxidation of formic acid by increasing Au fraction on the surface of PtAu alloy catalyst with heat treatment. Electrochimica Acta, 2011, 58 (0): 6-11.

[153] Park S, Xie Y, Weaver M J. Electrocatalytic Pathways on Carbon-Supported Platinum Nanoparticles: Comparison of Particle-Size-Dependent Rates of Methanol, Formic Acid, and Formaldehyde Electrooxidation. Langmuir, 2002, 18 (15): 5792-5798.

[154] Obradovic M D, Tripkovic A V, Gojkovic S L. The origin of high activity of Pt-Au surfaces in the formic acid oxidation. Electrochimica Acta, 2009, 55 (1): 204-209.

[155] Clavilier J, et al. Heterogeneous electrocatalysis on well defined platinum surfaces modified by controlled amounts of irreversibly adsorbed adatoms . 1. Formic-acid oxidation on the Pt(111) - Bi system. Journal of Electroanalytical Chemistry, 1989, 258 (1): 89-100.

[156] Fernandezvega A, et al. Heterogeneous electrocatalysis on well defined platinum surfaces modified by controlled amounts of irreversibly adsorbed adatoms . 2. Formic-acid oxidation on the Pt(100)-Sb-system. Journal of Electroanalytical Chemistry, 1989, 258 (1): 101-113.

[157] Fernandez-Vega A, et al. Heterogeneous electrocatalysis on well-defined platinum surfaces modified by controlled amounts of irreversibly adsorbed adatoms : Part IV. Formic acid oxidation on the Pt(111)-As system. Journal of Electroanalytical Chemistry, 1991, 305 (2): 229-240.

[158] Casado-Rivera E, et al. Electrocatalytic Activity of Ordered Intermetallic Phases for Fuel Cell Applications. Journal of the American Chemical Society, 2004, 126 (12): 4043-4049.

[159] Shibata M, Motoo S. Comparison of experimental methods in electrocatalysis by ad-atoms. 1. Bi and pb ad-atoms for formic-acid oxidation on Pt. Journal of Electroanalytical Chemistry, 1985, 188 (1-2): 111-120.

[160] Alden L R, et al. Intermetallic PtPb nanoparticles prepared by sodium naphthalide reduction of metal-organic precursors: Electrocatalytic oxidation of formic acid. Chemistry of Materials, 2006, 18: 5591-5596.

[161] Chen D J, et al. A non-intermetallic PtPb/C catalyst of hollow structure with high activity and stability for electrooxidation of formic acid. Chemical Communications, 2010, 46 (24): 4252-4254.

[162] Uhm S Y, Chung S T, Lee J Y. Activity of Pt anode catalyst modified by underpotential deposited Pb in a direct formic acid fuel cell. Electrochemistry Communications, 2007, 9 (8): 2027-2031.

[163] Uhm S, et al. A Stable and Cost-Effective Anode Catalyst Structure for Formic Acid Fusel Cells. Angewandte Chemie-International Edition, 2008, 47 (52): 10163-10166.

[164] Chen W, et al. Composition effects of FePt alloy nanoparticles on the electro-oxidation of formic acid. Langmuir, 2007, 23 (22): 11303-11310.

[165] Zhou X C, Xing W, Liu C P, Lu T H. Platinum-macrocycle co-catalyst for electro-oxidation of formic acid. Electrochemistry Communications, 2007, 9 (7): 1469-1473.

[166] Zhou X, Liu C C, Liao J P, Lu T H, Xing W. Platinum-macrocycle co-catalysts for electro-oxidation of formic acid. Journal of Power Sources, 2008, 179 (2): 481-488.

[167] Zhang Z G, Zhou X C, Liu C P, Xing W. The mechanism of formic acid electro oxidation on iron tetra-sulfophthalocyanine-modified platinum electrode. Electrochemistry Communications, 2008, 10 (1): 131-135.

[168] El-Deab M S, Kibler L A, Kolb D M. Enhanced electro-oxidation of formic acid at manganese oxide single crystalline nanorod-modified Pt electrodes. Electrochemistry Communications, 2009, 11 (4): 776-778.

[169] Ha S, et al. Performance characterization of Pd/C nanocatalyst for direct formic acid fuel cells. Journalul of Power Sources, 144 (1): 28-34.

[170] Larsen R, et al. Unusually active pauadium-based catalysts for the electrooxidation of formic acid. Journal of Power Sources, 2006, 157 (1): 78-84.

[171] Baldauf M, et al. Formic acid oxidtion on ultrachin Pd films on Au (hkl) and Pt (hkl) electrodes. Journal of Physical Chemistry, 1996, 100 (27): 11375-11381.

[172] Kibler L A, et al. Electrochemical behaviour of Pseudomorphic overlayers: Pd on Au (111). Journal of Molecular Catalysis A-Chemical, 2003, 199 (1-2): 57-63.

[173] Kibler L A, et al. Tuning reaction rates by lateral strain in a palladium monolayer. Angewandte Chemie-International Edition, 2005, 44 (14): 2080-2084.

[174] Zhou W J, Lee J Y. Particle size effects in Pd-catalyzed electrooxidation of formic acid. Journal of Physical Chemistry C, 2008, 112 (10): 3789-3793.

[175] Mazumder V, Sun S H. Oleylamine-Mediated Synthesis of Pd Nanoparticles for Catalytic Formic Acid Oxidation. Journal of the American Chemical Society, 2009, 131 (13).

[176] Meng H, et al. Electrosynthesis of Pd Single-Crystal Nanothorns and Their Application in the Oxidation of Formic Acid. Chemistry of Materials, 2008, 20 (22): 6998-7002.

[177] You-Jung Song, J-Y K, Kyung-Won Park. Synthesis of Pd Dendritic Nanowires by Electrochemical Deposition. Crystal Growth & Deslgn, 2009, 9 (1): 505-507.

[178] Ge J, Xing W, Xue X, Liu C, Lu T, Liao J. Controllable synthesis of Pd nanocatalysts for direct formic acid fuel cell (DFAFC) application: From Pd hollow nanospheres to Pd nanoparticles. Journal of Physical, Chemistry C, 2007, 111: 17305-17310.

[179] Qin Y, et al. Controllable synthesis of carbon nanofiber supported Pd catalyst for formic acid electrooxidation. International Journal of Hgdrogen Energy, 2012, 37 (9): 7373-7377.

[180] Huang Y J, et al. Preparation of Pd/C catalyst for formic acid oxidation using a novel colloid method. Electrochemistry Communications, 2008, 10 (4): 621-624.

[181] Li H Q, et al. Synthesis of highly dispersed Pd/C electro-catalyst with high activity for formic acid oxidation. Electrochemistry Communications, 2007, 9 (6): 1410-1415.

[182] Zhang L L, et al. Preparation method of an ultrafine carbon supported Pd catalyst as an anodic catalyst

in a direct formic acid fuel cell. Electrochemistry Communications, 2006, 8 (10): 1625-1627.

[183] Pan W, et al. Electrochemical synthesis, voltammetric behavior, and electrocatalytic activity of Pd nanoparticles. Journal of Physical Chemistry C, 2008, 112 (7): 2456-2461.

[184] Li H Q, et al. Preparation and characterization of Pd/C catalyst obtained in NH_3-mediated polyol process. Journal of Power Sources, 2007, 172: 641-649.

[185] Yang S D, et al. Pd nanoparticles supported on functionalized multi-walled carbon nanotubes (MWCNTs) and electrooxidation for formic acid. Journal of Power Sources, 2008, 175 (1): 26-32.

[186] Bai Z, et al. Highly dispersed Pd nanoparticles supported on 1,10-phenanthroline-fnuctionalized multi-walled carben nanotubes for electrooxidation of formic acid. Journal of power Sources, 2011, 196 (15): 6232-6237.

[187] Ge J J, et al. Hydrogen Vanadate as an Effective Stabilizer of Pd Nanocatalysts for Formic Acid Electroxidation. Journal of Physical Chemistry C, 2008, 112 (44): 17214-17218.

[188] Kolb M B a D M. Formic Acid Oxidation on Ultrathin Pd Films on Au(*hkl*) and Pt(*hkl*) Electrodes. Journal of Physical Chemistry, 1996, 100: 11375-11381.

[189] Zhang Z H, et al. Highly Active Carbon-supported PdSn Catalysts for Formic Acid Electrooxidation. Fuel Cells, 2009, 9 (2): 114-120.

[190] Liu Z L, Zhang X H. Carbon-supported PdSn nanoparticles as catalysts for formic acid oxidation. Electrochemistry Communications, 2009, 11 (8): 1667-1670.

[191] Morales-Acosta D, et al. Development of Pd and Pd-Co catalysts supported on multi-walled carbon nanotubes for formic acid oxidation. Journal of Power Sources, 2010, 195 (2): 461-465.

[192] Wang X M, Xia Y Y. Electrocatalytic performance of PdCo-C catalyst for formic acid oxidation. Electrochemistry Communications, 2008, 10 (10): 1644-1646.

[193] Yang G, Chen Y, Zhou Y, Tang Y, Lu T. Preparation of carbon supported Pd-P catalyst with high content of element phosphorus and its electrocatalytic performance for formic acid oxidation. Electrochemistry Communications, 2010, 12 (3): 492-495.

[194] Li R, et al. Preparation of carbon supported Pd-Pb hollow nanospheres and their electrocatalytic activities for formic acid oxidation. Electrochemistry Communications, 2010, 12 (7): 901-904.

[195] Yu X W, Pickup P G. Novel Pd-Pb/C bimetallic catalysts for direct formic acid fuel cells. Journal of Power Sources, 2009, 192 (2): 279-284.

[196] Chunyu Du, M C, Wang Wengang, Yin Geping, Shi Pengfei. Electrodeposited PdNi2 alloy with novelly enhanced catalytic activity for electrooxidation of formic acid Electrochemistry Communications, 2010.

[197] Zhang S X, et al. Electrocatalytic oxidation of formic acid on functional MWCNTs supported nanostructured Pd-Au catalyst. Electrochemistry Communications, 2009, 11 (11): 2249-2252.

[198] Zhou W J, Lee J Y. Highly active core-shell Au@Pd catalyst for formic acid electrooxidation. Electrochemistry Communications, 2007, 9 (7): 1725-1729.

[199] Park I S, et al. Electrocatalytic properties of Pd clusters on Au nanoparticles in formic acid electro-oxidation. Electrochimica Acta, 2010, 55 (14): 4339-4345.

[200] Chen C H, et al. Palladium and Palladium Gold Catalysts Supported on MWCNTs for Electrooxidation of Formic Acid. Fuel Cells, 2010, 10 (2): 227-233.

[201] Larsen R, et al. Unusually active palladium-based catalysts for the electrooxidation of formic acid. Journal of Power Sources, 2006, 157 (1): 78-84.

[202] Ha S, R L, Zhu Y, Masel R I. Direct Formic Acid Fuel Cells with 600 mA · cm^{-2} at 0.4 V and 22℃. Fuel Cells, 2004. Volume 4, Issue 4, Date: December, 2004: 337-343.

[203] Wang X, et al. Carbon-supported Pd-Ir catalyst as anodic catalyst in direct formic acid fuel cell. Journal of Power Sources, 2008, 175 (2): 784-788.

[204] Yu X W, Pickup P G. Mechanistic study of the deactivation of carbon supported Pd during formic acid oxidation. Electrochemistry Communications, 2009, 11 (10): 2012-2014.

[205] Miyake H, et al. Formic acid electrooxidation on Pd in acidic solutions studied by surface-enhanced infrared absorption spectroscopy. Physical Chemistry Chemical Physics, 2008, 10 (25): 3662-3669.

[206] Wang J-Y, et al. From HCOOH to CO at Pd Electrodes: A Surface-Enhanced Infrared Spectroscopy Study. Journal of the American Chemical Society, 2011, 133 (38): 14876-14879.

[207] Haan J L, Stafford K M, Masel R I. Effects of the Addition of Antimony, Tin, and Lead to Palladium Catalyst Formulations for the Direct Formic Acid Fuel Cell. Journal of Physical Chemistry C, 2010, 114 (26): 11665-11672.

[208] Cui Z, et al. Pd nanoparticles supported on HPMo-PDDA-MWCNT and their activity for formic acid oxidation reaction of fuel cells. International Journal of Hydrogen Energy, 2011, 36 (14): 8508-8517.

[209] Feng L, et al. Poisoning effect diminished on a novel $PdHoO_x/C$ catalyst for the electrooxidation of formic acid. Chemical Communications, 2012, 48 (3): 419-421.

[210] Feng L, et al. High activity of $Pd-WO_3/C$ catalyst as anodic catalyst for direct formic acid fuel cell. Journal of Power Sources, 2011, 196 (5): 2469-2474.

[211] Feng L, et al. Electrocatalytic properties of Pd/C catalyst for formic acid electrooxidation promoted by europium oxide. Journal of Power Sources, 2012, 197 (0): 38-43.

[212] Zhang Z H, et al. WO_3/C hybrid material as a highly active catalyst support for formic acid electrooxidation. Electrochemistry Communications, 2008, 10 (8): 1113-1116.

[213] Larsen R a R I M. Unexpected Activity of Palladium on Vanadia Catalysts for Formic Acid Electro-oxidation. Electrochemical and Solid-State Letters, 2005, 8 (6): A291-A293.

[214] Hitmi H, et al. A kinetic, analysis of the electrooxidation of ethanol at a platinum-electrode in acid-medium. Electrochimica Acta, 1994, 39 (3): 407-415.

[215] Willsau J, Heitbaum J. Elementary steps of ethanol oxidation on pt in sulfuric-acid as evidenced by isotope labeling. Journal of Electroanalytical Chemistry, 1985, 194 (1): 27-35.

[216] Iwasita T, Pastor E. A dems and FTIR spectroscopic investigation of adsorbed ethanol on polycrystalline platinum. Electrochimica Acta, 1994, 39 (4): 531-537.

[217] Shin J W, et al. Elementary steps in the oxidation and dissociative chemisorption of ethanol on smooth and stepped surface planes of platinum electrodes. Surface Science, 1996, 364 (2): 122-130.

[218] Schmiemann U, Muller U, Baltruschat H. The influence of the surface-structure on the adsorption of ethene, ethanol and cyclohexene as studied by DEMS. Electrochimica Acta, 1995, 40 (1): 99-107.

[219] Gootzen J F E, Visscher W, van Veen J A R. Characterization of ethanol and 1, 2-ethanediol adsorbates on platinized platinum with Fourier transform infrared spectroscopy and differential electrochemical mass spectrometry. Langmuir, 1996, 12 (21): 5076-5082.

[220] 宋树芹, 直接乙醇燃料电池: 乙醇渗透和 MEA 制备及其对 DEFC 单池性能的影响 [D]. 大连: 中国科学院大连化学物理研究所, 2004.

[221] Xia X H, Liess H D, Iwasita T. Early stages in the oxidation of ethanol at low index single crystal platinum electrodes. Journal of Electroanalytical Chemistry, 1997, 437 (1-2): 233-240.

[222] Nonaka H, Matsumura Y. Electrochemical oxidation of carbon monoxide, methanol, formic acid, ethanol, and acetic acid on a platinum electrode under hot aqueous conditions. Journal of Electroanalytical Chemistry, 2002, 520 (1-2): 101-110.

[223] Leung L W H, Chang S C, Weaver M J. Real-time ftir spectroscopy as an electrochemical mechanistic probe - electrooxidation of ethanol and related species on well-defined Pt (111) surfaces. Journal of Electroanalytical Chemistry, 1989, 266 (2): 317-336.

[224] Wang H, Jusys Z, Behm R J. Ethanol electrooxidation on a carbon-supported Pt catalyst: Reaction kinetics and product yields. Journal of Physical Chemistry B, 2004, 108 (50): 19413-19424.

[225] de Souza J P I, et al. Electro-oxidation of ethanol on Pt, Rh, and PtRh electrodes. A study using DEMS and in-situ FTIR techniques. Journal of Physical Chemistry B, 2002, 106 (38): 9825-9830.

[226] Neto A O, et al. The electro-oxidation of ethanol on Pt-Ru and Pt-Mo particles supported on high-surface-area carbon. Journal of the Electrochemical Society, 2002, 149 (3): A272-A279.

[227] Zhou W J, et al. Bi- and tri-metallic Pt-based anode catalysts for direct ethanol fuel cells. Journal of Power Sources, 2004, 131 (1-2): 217-223.

[228] Xu C W, et al. Enhanced activity for ethanol electro oxidation on Pt-MgO/C catalysts. Electrochemistry Communications, 2005, 7 (12): 1305-1308.

[229] Bai Y X, et al. Electrochemical oxidation of ethanol on $Pt-ZrO_2/C$ catalyst. Electrochemistry Communications, 2005, 7 (11): 1087-1090.

[230] Xu C W, Shen P K. Novel $Pt/CeO_2/C$ catalysts for electrooxidation of alcohols in alkaline media. Chemical Communications, 2004 (19): 2238-2239.

[231] Xu C W, Shen P K. Electrochemical oxidation of ethanol on $Pt-CeO_2/C$ catalysts. Journal of Power Sources, 2005, 142 (1-2): 27-29.

[232] Vigier F, Coutanceau C, Hahn F, Belgsir E M, Lamy C. On the mechanism of ethanol electro-oxidation on Pt and PtSn catalysts: electrochemical and in situ IR reflectance spectroscopy studies. Journal of Electroanalytical Chemistry, 2004, 563 (1): 81-89.

[233] Zhou W J. Research and Development of Electrocatalysts for Low Temperature Direct Alcohol Fuel Cells. PhD Thesis, Dalian Institute of Chemical Physics, Chinese Academy of Sciences, China, 2003.

[234] Zhou W J, Song S Q, Li W Z, Zhou Z H, Sun G Q, Xin Q, et al. Direct ethanol fuel cells based on PtSn anodes: the effect of Sn content on the fuel cell performance. Journal of Power Sources, 2005, 140 (1): 50-58.

[235] Tian T, et al. The enhancement effect of Eu^{3+} on electro-oxidation of ethanol at Pt electrode. Journal of Power Sources, 2007, 174 (1): 176-179.

[236] Spinace E V, Linardi M, Neto A O. Co-catalytic effect of nickel in the electro-oxidation of ethanol on binary Pt-Sn electrocatalysts. Electrochemistry Communications, 2005, 7 (4): 365-369.

[237] Wang Z-B, et al. Investigation of ethanol electrooxidation on a Pt-Ru-Ni/C catalyst for a direct ethanol fuel cell. Journal of Power Sources, 2006, 160 (1): 37-43.

[238] Bai Y, et al. Electrochemical characterization of $Pt-CeO_2/C$ and $Pt-Ce_xZr_{1-x}O_2/C$ catalysts for ethanol electro-oxidation. Applied Catalysis B-Environmental, 2007, 73 (1-2): 144-149.

[239] Yeager E. electrocatalysts for O_2 reduction. Electrochimica Acta, 1984, 29 (11): 1527-1537.

[240] Markovic N M, et al. Oxygen Reduction Reaction on Pt and Pt Bimetallic Surfaces: A Selective Review. Fuel Cells, 2001, 1 (2): 105-116.

[241] Wroblowa H S, Pan Y C, Razumney G. Electroreduction of oxygen - new mechanistic criterion. Journal of Electroanalytical Chemistry, 1976, 69 (2): 195-201.

[242] Neergat M, Shukla A K, Gandhi K S. Platinum-based alloys as oxygen-reduction catalysts for solid-polymer-electrolyte direct methanol fuel cells. Journal of Applied Electrochemistry, 2001, 31 (4): 373-378.

[243] Kinoshita K. Particle-size effects for oxygen reduction on highly dispersed platinum in acid electrolytes. Journal of the Electrochemical Society, 1990, 137 (3): 845-848.

[244] Sattler M L, Ross P N. The surface-structure of Pt crystallites supported on carbon-black. Ultramicroscopy, 1986, 20 (1-2): 21-28.

[245] Paulus U A, Schmidt T J, Gasteiger H A, Behm R J. Oxygen reduction on a high-surface area Pt/Vulcan carbon catalyst: a thin-film rotating ring-disk electrode study. Journal of Electroanalytical Chemistry, 2001, 495 (2): 134-145.

[246] Beard B C, Ross P N. Characterization of a titanium-promoted supported platinum electrocatalyst. Journal of the Electrochemical Society, 1986, 133 (9): 1839-1845.

[247] Toda T, et al. Enhancement of the electroreduction of oxygen on Pt alloys with Fe, Ni, and Co. Journal of the Electrochemical Society, 1999, 146 (10): 3750-3756.

[248] Antolini E, Passos R R, Ticianelli E A. Electrocatalysis of oxygen reduction on a carbon supported platinum-vanadium alloy in polymer electrolyte fuel cells. Electrochimica Acta, 2002, 48 (3): 263-270.

[249] Ito T, S M, Kato K. Platinum/Copper alloy electrocatalyst and acid-electrolyte fuel cell electrode using the same. USP 4716807, 1986.

[250] Wan C Z. Electrocatalyst and fuel cell electrode using the same Platinum-Gallium alloy on conductive carrier. USP 4822699, 1982.

[251] Ramesh K V, Shukla A K. Carbon-based electrodes carrying platinum-group bimetal catalysts for oxygen reduction in fuel-cells with acidic or alkaline electrolytes. Journal of Power Sources, 1987, 19 (4): 279-285.

[252] Savadogo O, Beck P. Five percent platinum-tungsten oxide-based electrocatalysts for phosphoric acid fuel cell cathodes. Journal of the Electrochemical Society, 1996, 143 (12): 3842-3846.

[253] Shim J, Yoo D Y, Lee J S. Characteristics for electrocatalytic properties and hydrogen-oxygen adsorption of platinum ternary alloy catalysts in polymer electrolyte fuel cell. Electrochimica Acta, 2000, 45 (12): 1943-1951.

[254] Landsman D A, Luczak F J. Ternary fuel cell catalyst containing Platinum and Gallium. USP 4880711, 1988.

[255] Tamizhmani G, Capuano G A. Life tests of carbon-supported Pt-Cr-Cu electrocatalysts in solid-polymer fuel-cells. Journal of the Electrochemical Society, 1994, 141 (9): L132-L134.

[256] Luczak F J, Landsman D A. Ordered ternary fuel catalysts containing Platinum and Cobalt and method for making the catalysts. USP 4677092, 1985.

[257] Mukerjee S. Reviews of applied electrochemistry . 23. Particle-size and structural effects in platinum electrocatalysis. Journal of Applied Electrochemistry, 1990, 20 (4): 537-548.

[258] Maoka T, et al. Changes in cathode catalyst structure and activity in phosphoric acid fuel cell operation. Journal of Applied Electrochemistry, 1996, 26 (12): 1267-1272.

[259] Antolini E. formation of carbon-supported PtM alloys for low temperature fuel cells: a review. Materials Chemistry and Physics, 2003, 78 (3): 563-573.

[260] 刘卫峰等. 燃料电池阳极催化剂的研究进展. 电源技术, 2002, 26 (6): 457-461.

[261] 吕艳卓. 直接甲醇燃料电池电催化剂性能优化的研究 [D]. 长春：中国科学院长春应用化学研究所, 2005.

[262] 李旭光等. 甲醇对炭载铂和四羧基酞菁钴催化氧还原动力学影响. 物理化学学报, 2003, 19 (4): 380-384.

[263] 韩飞等. 耐甲醇氧还原催化剂四苯基卟啉-铂的研究. 应用化学, 2003, 20 (5): 458-461.

[264] 李旭光等. 直接甲醇燃料电池的耐甲醇阴极电催化剂炭载四羧基酞菁的研究. 高等学校化学学报, 2003, 24 (7): 1246-1250.

[265] Li H, et al. Design and preparation of highly active Pt-Pd/C catalyst for the oxygen reduction reaction. Journal of Physical Chemistry C, 2007, 111 (15): 5605-5617.

[266] Stamenkovic V R, et al. Improved oxygen reduction activity on Pt_3Ni (111) via increased surface site availability. Science, 2007, 315: 493-497.

[267] Stamenkovic V R, et al. Trends in electrocatalysis on extended and nanoscale Pt-bimetallic alloy surfaces. Nature Materials, 2007, 6 (3): 241-247.

[268] Stamenkovic V R, et al. Effect of surface composition on electronic structure, stability, and electrocatalytic properties of Pt-transition metal alloys: Pt-skin versus Pt-skeleton surfaces. Journal of the American Chemical Society, 2006, 128 (27): 8813-8819.

[269] Norskov J K, et al. Origin of the overpotential for oxygen reduction at a fuel-cell cathode. Journal of Physical Chemistry B, 2004, 108 (46): 17886-17892.

[270] Zhang J L, Vukmirovic M B, Sasaki K, Nilekar AU, Marrikakis M, Adzic R R. Mixed-metal Pt monolayer electrocatalysts for enhanced oxygen reduction kinetics. Journal of the American Chemical Society, 2005, 127 (36): 12480-12481.

[271] Ghosh T, Vukmirovic M B, Disalvo F J, Adzic R R. Intermetallics as Novel Supports for Pt Monolayer O_2 Reduction Electrocatalysts: Potential for Significantly Improving Properties. Journal of the American Chemical Society, 2010, 132 (3): 906.

[272] Zhou W P, et al. Improving Electrocatalysts for O_2 Reduction by fine-Tuning the Pt-Support Interaction: Pt Monolayer on the Surfaces of a Pd_3Fe (111) Single-Crystal Alloy. Journal of the American Chemical Society, 2009, 131 (35): 12755-12762.

[273] Choi I, et al. Preparation of Pt-shell-Pd-core nanoparticle with electroless deposition of copper for polymer electrolyte membrane fuel cell. Applied Catalysis B-Environmental, 2011, 102 (3-4): 608-613.

[274] Zhang H, et al. Pd@Pt Core-Shell Nanostructures with Controllable Composition Synthesized by a Microwave Method and Their Enhanced Electrocatalytic Activity toward Oxygen Reduction and Methanol Oxidation. Journal of Physical Chemistry C, 2010, 114 (27): 11861-11867.

[275] Strasser P, et al. Lattice-strain control of the activity in dealloyed core-shell fuel cell catalysts. Nature Chemistry, 2010, 2 (6): 454-460.

[276] Koh S, Strasser P. Electrocatalysis on bimetallic surfaces: Modifying catalytic reactivity for oxygen reduction by voltammetric surface dealloying. Journal of the American Chemical Society, 2007, 129: 12624.

[277] Neyerlin K C, et al. Electrochemical activity and stability of dealloyed Pt-Cu and Pt-Cu-Co electrocatalysts for the oxygen reduction reaction (ORR). Journal of Power Sources, 2009, 186 (2): 261-267.

[278] Yang R Z, et al. Structure of Dealloyed $PtCu_3$ Thin films and Catalytic Activity for Oxygen Reduction. Chemistry of Materials, 2010, 22 (16): 4712-4720.

[279] Wang J X, et al. Oxygen Reduction on Well-Defined Core-Shell Nanocatalysts: Particle Size, facet, and Pt Shell Thickness Effects. Journal of the American Chemical Society, 2009, 131 (47): 17298-17302.

[280] Fernandez J L, Raghuveer V, Manthiram A, Bard A J. Pd-Ti and Pd-Co-Au electrocatalysts as a replacement for platinum for oxygen reduction in proton exchange membrane fuel cells. Journal of the American Chemical Society, 2005, 127 (38): 13100-13101.

[281] Wang R, Liao S, Fu Z, Ji S. Platinum free ternary electrocatalysts prepared via organic colloidal method for oxygen reduction. Electrochemistry Communications, 2008, 10 (4): 523-526.

[282] Jasinski R, New fuel cell cathode catalyst. Nature, 1964, 201 (492): 1212.

[283] Zagal J H, Metallophthalocyanines as catalysts in electrochemical reactions. Coordination Chemistry Reviews, 1992, 119: 89-136.

[284] Gupta S, et al. Methanol-tolerant electrocatalysts for oxygen reduction in a polymer electrolyte membrane fuel cell. Journal of Applied Electrochemistry, 1998, 28 (7): 673-682.

[285] Wiesener K, et al. N-4 macrocycles as electrocatalysts for the cathodic reduction of oxygen. Materials Chemistry and Physics, 1989, 22 (3-4): 457-475.

[286] Jahnke H, Schonborn M, Zimmermann G. Organic dyestuffs as catalysts for fuel cells. Topics in current chemistry, 1976, 61: 133-81.

[287] Widelov A, Larsson R, ESCA and electrochemical studies on pyrolyzed iron and cobalt tetraphenylporphyrins. Electrochimica Acta, 1992, 37 (2): 187-197.

[288] Vanderputten A, et al. Oxygen reduction on pyrolyzed carbon-supported transition-metal chelates. Journal of Electroanalytical Chemistry, 1986, 205 (1-2): 233-244.

[289] Savy M, et al. Investigation of O_2 reduction in alkaline media on macrocyclic chelates impregnated on different supports -influence of the heat-treatment on stability and activity. Journal of Applied Electrochemistry, 1990, 20 (2): 260-268.

[290] Vanveen J A R, Colijn H A, Vanbaar J F, On the effect of a heat-treatment on the structure of carbon-supported metalloporphyrins and phthalocyanines. Electrochimica Acta, 1988, 33 (6): 801-804.

[291] Lefevre M, Dodelet J P, Bertrand P. O-2 reduction in PEM fuel cells: Activity and active site structural information for catalysts obtained by the pyrolysis at high temperature of fe precursors. Journal of Physical Chemistry B, 2000, 104 (47): 11238-11247.

[292] Bezerra C W B, et al. A review of Fe-N/C and Co-N/C catalysts for the oxygen reduction reaction. Electrochimica Acta, 2008, 53 (15): 4937-4951.

[293] Jaouen F, et al. Recent advances in non-precious metal catalysis for oxygen-reduction reaction in polymer electrolyte fuel cells. Energy & Environmental Science, 2010.

[294] Wang B. Recent development of non-platinum catalysts for oxygen reduction reaction. Journal of Power Sources, 2005, 152: 1-15.

[295] Borup R, et al. Scientific aspects of polymer electrolyte fuel cell durability and degradation. Chemical Reviews, 2007, 107 (10): 3904-3951.

[296] Lefevre M, et al. Iron-Based Catalysts with Improved Oxygen Reduction Activity in Polymer Electrolyte fuel Cells. Science, 2009, 324 (5923): 71-74.

[297] Alonsovante N, Tributsch H. Energy-conversion catalysis using semiconducting transition-metal cluster compounds. Nature, 1986, 323 (6087): 431-432.

[298] Vante N A, et al. Electrocatalysis of oxygen reduction by chalcogenides containing mixed transition-metal clusters. Journal of the American Chemical Society, 1987, 109 (11): 3251-3257.

[299] Alonsovante N, Schubert B, Tributsch H, Transition-metal cluster materials for multi-electron transfer catalysis. Materials Chemistry and Physics, 1989, 22 (3-4): 281-307.

[300] Schmidt T J, et al. Oxygen reduction on $Ru_{1.92}Mo_{0.08}SeO_4$, Ru/carbon, and Pt/carbon in pure and methanol-containing electrolytes. Journal of the Electrochemical Society, 2000, 147 (7): 2620-2624.

[301] Alonsovante N, Tributsch H, Solorzaferia O. Kinetics studies of oxygen reduction in acid-medium on novel semiconducting transition-metal chalcogenides. Electrochimica Acta, 1995, 40 (5): 567-576.

[302] Solorzaferia O, et al. Novel low-temperature synthesis of semiconducting transition-metal chalcogenide electrocatalyst for multielectron charge-transfer -molecular-oxygen reduction. Electrochimica Acta, 1994, 39 (11-12): 1647-1653.

[303] Reeve R W, Christensen P A, Dickinson A J, Homnett A, Scott K. Methanol-tolerant oxygen reduction catalysts based on transition metal sulfides and their application to the study of methanol permeation. Electrochimica Acta, 2000, 45 (25-26): 4237-4250.

[304] 李文震等. 低温燃料电池担载型贵金属催化剂. 化学进展, 2005, 17 (5): 761-772.

[305] Van Dam H E, Van Bekkum H. Preparation of platinum on activated carbon. Journal of Catalysis, 1991, 131 (2): 335-349.

[306] Neergat M, Leveratto D, Stimming U. Catalysts for direct methanol fuel cells. Fuel Cells, 2002, 2 (1): 25-30.

[307] Takasu Y, et al. Effect of structure of carbon-supported PtRu electrocatalysts on the electrochemical oxidation of methanol. Journal of the Electrochemical Society, 2000, 147 (12): 4421-4427.

[308] Kawaguchi T, et al. Particle growth behavior of carbon-supported Pt, Ru, PtRu catalysts prepared by an impregnation reductive-pyrolysis method for direct methanol fuel cell anodes. Journal of Catalysis, 2005, 229 (1): 176-184.

[309] Yang B, Lu Q Y, Wang Y, Zhuang L, Lu J T, Liu P F. Simple and low-cost preparation method for highly dispersed PtRu/C catalysts. Chemistry of Materials, 2003, 15 (18): 3552-3557.

[310] Zeng J, Lee J Y, Zhou W. A more active Pt/carbon DMFC catalyst by simple reversal of the mixing sequence in preparation. Journal of Power Sources, 2006, 159 (1): 509-513.

[311] Bonnemann H, Nagabhushana K S. Advantageous fuel cell catalysts from colloidal nanometals. Journal of New Materials for Electrochemical Systems, 2004, 7 (2): 93-108.

[312] Boennemann H, et al. Chloride free Pt-and PtRu-Nanoparticles Stabilised by "Armand's Ligand" as Precursors for fuel Cell Catalysts. Fuel Cells, 2004, 4 (4): 289-296.

[313] Wang X, Hsing I M. Surfactant stabilized Pt and Pt alloy electrocatalyst for polymer electrolyte fuel cells. Electrochimica Acta, 2002, 47 (18): 2981-2987.

[314] Kim T, et al. Preparation and characterization of carbon supported Pt and PtRu alloy catalysts reduced by alcohol for polymer electrolyte fuel cell. Electrochimica Acta, 2004, 50 (2-3): 817-821.

[315] Bensebaa F, et al. Tunable platinum-ruthenium nanoparticle properties using microwave synthesis. Journal of Materials Chemistry, 2004, 14 (22): 3378-3384.

[316] Wang Y, et al. Preparation of tractable platinum, rhodium, and ruthenium nanoclusters with small particle size in organic media. Chemistry of Materials, 2000, 12 (6): 1622-1627.

[317] Zhou Z H, et al. Novel synthesis of highly active Pt/C cathode electrocatalyst for direct methanol fuel cell. Chemical Communications, 2003 (3): 394-395.

[318] Bock C, et al. Size-selected synthesis of PtRu nano-catalysts: Reaction and size control mechanism. Journal of the American Chemical Society, 2004, 126 (25): 8028-8037.

[319] Liu Y C, et al. A new supported catalyst for methanol oxidation prepared by a reverse micelles method. Electrochemistry Communications, 2002, 4 (7): 550-553.

[320] Zhang X, Chan K Y. Water-in-oil microemulsion synthesis of platinum-ruthenium nanoparticles, their characterization and electrocatalytic properties. Chemistry of Materials, 2003, 15 (2): 451-459.

[321] Solla-Gullon J, et al. Electrochemical characterization of platinum-ruthenium nanoparticles prepared by water-in-oil microemulsion. Electrochimica Acta, 2004, 49 (28): 5079-5088.

[322] Xiong L, Manthiram A. Catalytic activity of Pt-Ru alloys synthesized by a microemulsion method in direct methanol fuel cells. Solid State Ionics, 2005, 176 (3-4): 385-392.

[323] Xu W L, et al. Nanostructured PtRu/C as anode catalysts prepared in a pseudomicroemulsion with ionic surfactant for direct methanol fuel cell. Journal of Physical Chemistry B, 2005, 109 (30): 14325-14330.

[324] Choi K H, Kim H S, Lee T H. Electrode fabrication for proton exchange membrane fuel cells by pulse electrodeposition. Journal of Power Sources, 1998, 75 (2): 230-235.

[325] Thompson S D, Jordan L R, Forsyth M. Platinum electrodeposition for polymer electrolyte membrane fuel cells. Electrochimica Acta, 2001, 46 (10-11): 1657-1663.

[326] Tian N, Zhou Z Y, Sun S G, Ding Y, Wang Z L. Synthesis of tetrahexahedral platinum nanocrystals with high-index facets and high electro-oxidation activity. Science, 2007, 316 (5825): 732-735.

[327] Steigerwalt E S, Deluga G A, Lukehart C M. Pt-Ru/carbon fiber nanocomposites: Synthesis, characterization, and performance as anode catalysts of direct methanol fuel cells. A search for exceptional performance. Journal of Physical Chemistry B, 2002, 106 (4): 760-766.

[328] King W D, et al. Pt-Ru and Pt-Ru-P/carbon nanocomposites: Synthesis, characterization, and unexpected performance as direct methanol fuel cell (DMFC) anode catalysts. Journal of Physical Chemistry B, 2003, 107 (23): 5467-5474.

[329] Zhang X G, et al. Electrocatalytic oxidation of formaldehyde on ultrafine palladium particles supported on a glassy carbon. Electrochimica Acta, 1996, 42 (2): 223-227.

[330] Nashner M S, et al. Structural characterization of carbon-supported platinum-ruthenium nanoparticles from the molecular cluster precursor PtRu$_5$C(CO)$_{16}$. Journal of the American Chemical Society, 1997, 119 (33): 7760-7771.

[331] Longoni G, Chini P. Synthesis and chemical characterization of platinum carbonyl dianions [Pt$_3$ (CO)$_6$]$_n^{2-}$ ($n=$10, 6, 5, 4, 3, 2, 1). A New Series of inorganic Oligomers. Journal of the American Chemical Society, 1976, 98 (23): 7225-7231.

[332] Liu C, et al. The preparation of high activity DMFC Pt/C electrocatalysts using a pre-precipitation method. Journal of Power Sources, 2006, 161 (1): 68-73.

[333] Xue X Z, et al. Novel preparation method of Pt-Ru/C catalyst using imidazolium ionic liquid as solvent. Electrochimica Acta, 2005, 50 (16-17): 3470-3478.

[334] Xue X Z, et al. Simple and controllable synthesis of highly dispersed Pt-Ru/C catalysts by a two-step spray pyrolysis process. Chemical Communications, 2005 (12): 1601-1603.

[335] Xue X Z, et al. Physical and electrochemical characterizations of PtRu/C catalysts by spray pyrolysis for electrocatalytic oxidation of methanol. Journal of the Electrochemical Society, 2006, 153 (5): E79-E84.

[336] Grisaru H, et al. Microwave-assisted polyol synthesis of CuInTe$_2$ and CuInSe$_2$ nanoparticles. Inorganic Chemistry, 2003, 42 (22): 7148-7155.

[337] Sra A K, Ewers T D, Schaak R E. Direct solution synthesis of intermetallic AuCu and AuCu$_3$ nanocrystals and nanowire networks. Chemistry of Materials, 2005, 17 (4): 758-766.

[338] Figlarz M, Fievet F, Lagier J P. French Patent, 1985: No. 8221483.

[339] Ducampsanguesa C, Herreraurbina R, Figlarz M. SYNTHESIS AND CHARACTERIZATION OF FINE AND MONODISPERSE SILVER PARTICLES OF UNIFORM SHAPE. Journal of Solid State Chemistry, 1992, 100 (2): 272-280.

[340] Yu W Y, Tu W X, Liu H F. Synthesis of nanoscale platinum colloids by microwave dielectric heating. Langmuir, 1999, 15 (1): 6-9.

[341] Komarneni S, et al. Microwave-polyol process for Pt and Ag nanoparticles. Langmuir, 2002, 18 (15): 5959-5962.

[342] Liu Z L, et al. Physical and electrochemical characterizations of microwave-assisted polyol preparation of carbon-supported PtRu nanoparticles. Langmuir, 2004, 20 (1): 181-187.

[343] Liu Z L, et al. Microwave heated polyol synthesis of carbon-supported PtSn nanoparticles for methanol electrooxidation. Electrochemistry Communications, 2006, 8 (1): 83-90.

[344] Li X, et al. Microwave polyol synthesis of Pt/CNTs catalysts: Effects of pH on particle size and electrocatalytic activity for methanol electrooxidization. Carbon, 2005, 43 (10): 2168-2174.

[345] Sullivan M G, et al. Automated electrochemical analysis with combinatorial electrode arrays. Analytical Chemistry, 1999, 71 (19): 4369-4375.

[346] Wang H, et al. Radiation induced synthesis of Pt nanoparticles supported on carbon nanotubes. Journal of Power Sources, 2006, 161 (2): 839-842.

[347] Xu W L, Zhou X C, Liu C P, Xing W, Lu T H. The real role of carbon in Pt/C catalysts for oxygen reduction reaction. Electrochemistry Communications, 2007, 9 (5): 1002-1006.

[348] Liu H S, et al. A review of anode catalysis in the direct methanol fuel cell. Journal of Power Sources, 2006, 155 (2): 95-110.

[349] Shukla A K, et al. An X-ray photoelectron spectroscopic study on platinized carbons with varying functional-group characteristics. Journal of Electroanalytical Chemistry, 1993, 352 (1-2): 337-343.

[350] Manoharan R, Goodenough J B, Hamnett A. High-performance carbon electrodes for acid methanol air fuel-cells. Journal of Applied Electrochemistry, 1987, 17 (2): 413-418.

[351] Wu G, et al. Polyaniline-carbon composite films as supports of Pt and PtRu particles for methanol electrooxidation. Carbon, 2005, 43 (12): 2579-2587.

[352] Park C H, Scibioh M A, Kim II J, Oh I H, Hong S A, Ha H Y. Modification of carbon support to enhance performance of direct methanol fuel cell. Journal of Power Sources, 2006, 162 (2): 1023-1028.

[353] Chai G S, et al. Ordered porous carbons with tunable pore sizes as catalyst supports in direct methanol fuel cell. Journal of Physical Chemistry B, 2004, 108 (22): 7074-7079.

[354] Chai G S, Shin I S, Yu J S. Synthesis of ordered, uniform, macroporous carbons with mesoporous walls templated by aggregates of polystyrene spheres and silica particles for use as catalyst supports in direct methanol fuel cells. Advanced Materials, 2004, 16 (22): 2057.

[355] Yu J S, et al. Fabrication of ordered uniform porous carbon networks and their application to a catalyst supporter. Journal of the American Chemical Society, 2002, 124 (32): 9382-9383.

[356] Pyun S I, Rhee C K. An investigation of fractal characteristics of mesoporous carbon electrodes with various pore structures. Electrochimica Acta, 2004, 49 (24): 4171-4180.

[357] Che G L, et al. Metal-nanocluster-filled carbon nanotubes: Catalytic properties and possible applica-

tions in electrochemical energy storage and production. Langmuir, 1999, 15 (3): 750-758.

[358] Matsumoto T, et al. Reduction of Pt usage in fuel cell electrocatalysts with carbon nanotube electrodes. Chemical Communications, 2004 (7): 840-841.

[359] Li W Z, et al. Homogeneous and controllable Pt particles deposited on multi-wall carbon nanotubes as cathode catalyst for direct methanol fuel cells. Carbon, 2004, 42 (2): 436-439.

[360] Girishkumar G, Vinodgopal K, Kamat P V. Carbon nanostructures in portable fuel cells: Single-walled carbon nanotube electrodes for methanol oxidation and oxygen reduction. Journal of Physical Chemistry B, 2004, 108 (52): 19960-19966.

[361] Li W Z, et al. Carbon nanotubes as support for cathode catalyst of a direct methanol fuel cell. Carbon, 2002, 40 (5): 791-794.

[362] Li W Z, et al. Pt-Ru supported on double-walled carbon nanotubes as high-performance anode catalysts for direct methanol fuel cells. Journal of Physical Chemistry B, 2006, 110 (31): 15353-15358.

[363] Moreno-Castilla C, Maldonado-Hodar F J. Carbon aerogels for catalysis applications: An overview. Carbon, 2005, 43 (3): 455-465.

[364] Smirnova A, et al. Novel carbon aerogel-supported catalysts for PEM fuel cell application. International Journal of Hydrogen Energy, 2005, 30 (2): 149-158.

[365] Han S J, Yun Y K, Park K W, Sung Y E, Hyeon T. Simple solid-phase synthesis of hollow graphitic nanoparticles and their application to direct methanol fuel cell electrodes. Advanced Materials, 2003, 15 (22): 1922.

[366] Chai G S, et al. Spherical carbon capsules with hollow macroporous core and mesoporous shell structures as a highly efficient catalyst support in the direct methanol fuel cell. Chemical Communications, 2004 (23): 2766-2767.

[367] Hyeon T, Han S, Sung Y E, Park K W, Kim Y W. High-performance direct methanol fuel cell electrodes using solid-phase-synthesized carbon nanocoils. Angewandte Chemie-International Edition, 2003, 42 (36): 4352-4356.

[368] Park K W, et al. Origin of the enhanced catalytic activity of carbon nanocoil-supported PtRu alloy electrocatalysts. Journal of Physical Chemistry B, 2004, 108 (3): 939-944.

[369] Bessel C A, et al. Graphite nanofibers as an electrode for fuel cell applications. Journal of Physical Chemistry B, 2001, 105 (6): 1115-1118.

[370] Rabelo de Moraes I, Jose da Silva W, Tronto S, Mauricio Rosolen J. Carbon fibers with cup-stacked-type structure: An advantageous support for Pt-Ru catalyst in methanol oxidation. Journal of Power Sources, 2006, 160 (2): 997-1002.

[371] Ryoo R, Joo S H, Jun S. Synthesis of highly ordered carbon molecular sieves via template-mediated structural transformation. Journal of Physical Chemistry B, 1999, 103 (37): 7743-7746.

[372] Joo S H, et al. Ordered nanoporous arrays of carbon supporting high dispersions of platinum nanoparticles. Nature, 2001, 412 (6843): 169-172.

[373] Ganesan R, Lee J S. Tungsten carbide microspheres as a noble-metal-economic electrocatalyst for methanol oxidation. Angewandte Chemie-International Edition, 2005, 44 (40): 6557-6560.

[374] Hwu H H, Chen J G G. Potential application of tungsten carbides as electrocatalysts. Journal of Vacuum Science & Technology A, 2003, 21 (4): 1488-1493.

[375] Yang R Z, et al. Monodispersed hard carbon spherules as a catalyst support for the electrooxidation of methanol. Carbon, 2005, 43 (1): 11-16.

[376] Niu J J, Wang J N, Zhang L, Shi Y. Electrocatalytical activity on oxidizing hydrogen and methanol of novel carbon nanocages of different pore structures with various platinum loadings. Journal of Physical Chemistry C, 2007, 111 (28): 10329-10335.

[377] Nakagawa K, et al. Oxidized diamond as a simultaneous production medium of carbon nanomaterials and hydrogen for fuel cell. Chemistry of Materials, 2003, 15 (24): 4571-4575.

[378] Xu B, Yang X, Wang X, Guo J, Liu X. A novel catalyst support for DMFC: Onion-like fullerenes. Journal of Power Sources, 2006, 162 (1): 160-164.

[379] Kou R, et al. Stabilization of Electrocatalytic Metal Nanoparticles at Metal-Metal Oxide-Graphene Triple Junction Points. Journal of the American Chemical Society, 2011, 133 (8): 2541-2547.

[380] Qu L T, et al. Nitrogen-Doped Graphene as Efficient Metal-free Electrocatalyst for Oxygen Reduction in fuel Cells. Acs Nano, 2010, 4 (3): 1321-1326.

[381] Guo S, Dong S. Graphene nanosheet: synthesis, molecular engineering, thin film, hybrids, and en-

ergy and analytical applications. Chemical Society Reviews, 2011, 40 (5): 2644-2672.

[382] Geim A K. Graphene: Status and Prospects. Science, 2009, 324 (5934): 1530-1534.

[383] Pumera M. Graphene-based nanomaterials for energy storage. Energy & Environmental Science, 2011, 4 (3): 668-674.

第**6**章
氢电极电催化

■ **陈胜利**
（武汉大学化学与分子科学学院）

6.1 氢电极反应及其电催化概述

氢电极反应为氢析出反应（hydrogen evolution reaction，HER）和氢氧化反应（hydrogen oxidation reaction，HOR）的总称。氢电极电催化则是指与氢电极反应相关的各种表面与界面现象及过程，以及催化材料和研究方法等。事实上，对氢析出反应的研究远早于电催化概念的形成。"电催化"一词是由 N. Kobosev 在1935 年第一次提出[1]，并在随后的一二十年由 Grubb 及 Bockris 等[2,3]逐步推广发展。而对氢析出反应的研究早在 19 世纪后期就随着电解水技术的出现受到高度重视，并一直作为电化学反应动力学研究的模型反应。电化学中第一个定量的动力学方程，即 Tafel 方程，便是 Tafel 于 1905 年在对大量关于氢析出反应动力学数据进行分析归纳后得到的[4]。Tafel 发现，在大多数金属电极表面，氢析出反应的过电势（η）与反应的电流密度（i）之间存在如下半对数关系，其中 a 和 b 为依赖于电极材料的常数。

$$\eta = a + b \lg i \tag{6-1}$$

这一经验公式迄今仍是电化学动力学处理中最为广泛使用的理论工具，其为定量描述界面电化学反应动力学的 Butler-Volmer 理论[5]的产生起了铺垫作用。

另外，早期的氢电极反应研究也为现代分子水平的电催化科学提供了思想基础。Tafel 一开始就提出了氢析出是通过电极表面的氢原子两两结合生成氢分子（$H + H \longrightarrow H_2$）的观点。1935 年，Horiuti 等[6]提出金属电极上氢析出反应的活化能取决于电极与氢原子键合作用的强弱的思想。另外，Frumkin 等[7]早在 1935

年就在恒电流暂态测量中观察到氢的欠电势吸附现象，并将其与氢分子的氧化相关联。这些关于反应微观机理的分子水平思考一直推动着电催化研究的不断深入。

从应用角度而言，氢电极反应也同样重要。氢析出和氢氧化反应分别是电解水和燃料电池技术的阴极和阳极反应。这两种技术在氢能源体系中占据重要位置。另外，氢析出反应在各种电解合成以及材料保护等技术领域也具有重要作用。随着能源和环境问题的日趋严峻，有关氢电极反应的研究在近些年得到了新的关注[8~10]。相关的研究对电极材料的选择设计至关重要。比如，在电解水和燃料电池中，需要发展对氢电极反应活性高的材料。而在许多电解合成技术以及碱性电池中，通常需寻找催化活性很低的电极材料以抑制氢电极反应的发生。

经过一个多世纪的研究，人们积累了关于各种电极材料上氢电极反应的大量数据和研究结果，对这些数据和结果的分析使得对反应机理和动力学形成了较为系统的认识。对于氢电极反应，

$$2H^+ + 2e^- \rightleftharpoons H_2$$

目前熟知的是其可能涉及以下三种反应步骤（H_{ad}代表吸附在电极表面的 H 原子，e^-代表电子，M 代表电极表面）：

$$M + H^+ + e^- \rightleftharpoons M \cdots H_{ad} \quad \text{（Volmer）}$$
$$M \cdots H_{ad} + H^+ + e^- \rightleftharpoons M + H_2 \quad \text{（Heyrovsky）}$$
$$M \cdots 2H_{ad} \rightleftharpoons M + H_2 \cdots \quad \text{（Tafel）}$$

一般来说，任何一种反应历程一定会包括 Volmer 反应。所以，氢电极反应存在两种最基本的反应历程：Tafel-Volmer 机理和 Heyrovsky-Volmer 机理[11,12]。至于以何种机理进行以及控制步骤是哪个反应，则依赖于电极材料，特别是其对氢原子的吸附强度。

早期的氢析出反应研究主要是通过极化曲线测量并依据 Tafel 曲线的斜率来判断反应机理，并获得反应的动力学数据，如交换电流密度等。一般认为，Tafel 曲线的斜率 b 与反应控制步骤有表 6-1 所示的对应关系[13~15]。在大多数非 Pt 族金属电极表面，氢析出反应的 Tafel 效率在 $100 \sim 140 \text{mV} \cdot \text{dec}^{-1}$。研究者由此推测认为 Volmer 反应为速控步骤。

表 6-1　Tafel 曲线的斜率 b 与氢析出反应控制步骤的对应关系

反应式	b_a 低过电势	b_a 高过电势	类型
$M + H_3O^+ + e^- \rightleftharpoons M—H_{ads} + H_2O$	120	120	Volmer
$M—H_{ads} + H_3O^+ + e^- \rightleftharpoons M + H_{2(g)} + H_2O$	40	120	Heyrovsky
$2M—H_{ads} \rightleftharpoons 2M + H_{2(g)}$	30	∞	Tafel

需要指出的是，表 6-1 的关系在推导中假设了表面吸附氢原子的覆盖度很低。这对于汞等吸附氢较弱的金属来说是合理的，但对应吸附较强或很强的金属可能完

全不对。因此，利用表 6-1 的关系判断电极反应机理时要谨慎。关于 Pt 基催化剂表面的 Tafel 斜率和反应机理，目前仍未形成统一的认识。

无论以哪种机理进行以及控制步骤是什么，氢电极反应的一个基本特征是以吸附氢原子作为反应中间体。对于氢氧化反应而言，氢气首先在电催化剂表面发生吸附解离（Tafel 或 Heyrovsky 反应），生成吸附态的氢原子（或同时产生氢离子）；对于氢析出反应而言，溶液中的质子首先在电催化剂表面放电，生成吸附态的氢原子。因此，氢电极反应的活性和电极表面与氢原子的相互作用直接相关。自从 Horiuti 和 Polanyi[6] 提出氢原子与金属之间的相互作用影响质子放电过程活化能的观点以来，关于氢电极反应活性与"金属-氢（M—H）"相互作用强度关系的研究一直受到关注。研究发现，氢电极反应的交换电流密度与 M—H 相互作用强度之间存在一个所谓的火山形（volcano）关系，即无论是作用太强或是太弱均不利于反应。在 M—H 作用适中的表面，交换电流密度达到最大值。这种反应活性与反应中间体在表面吸附强度的火山形关系事实上是催化和电催化反应普遍存在的一种规律（即 Sabatier 原理），也是催化剂材料设计筛选的依据。

关于氢电极反应，文献中有各种形式的火山形关系报道。早期的实验研究都是以 M—H 键能来描述氢在金属表面的吸附强度。图 6-1 为 Trasatti[16,17] 总结的实验交换电流密度和 M—H 键能之间的火山关系图。

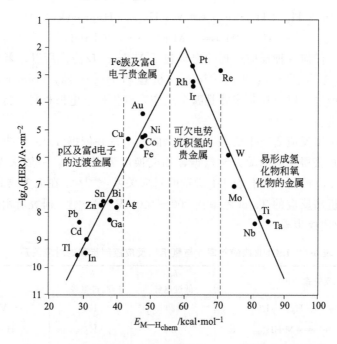

图 6-1　氢电极反应交换电流密度与 M—H 键能之间的关系

该图显示，不同金属表面的氢电极反应交换电流密度差异非常大。其在活性最好的 Pt 表面的值比在 Pb 等低活性金属表面高近 10 个数量级。由于 Pt—H 键能适中，其接近火山顶点。但是我们看到，Pt 似乎并没有达到火山顶点。也就是说，交换电流密度还有若干倍的提升空间。关于氢电极反应活性的火山关系我们将在本章 6.4.2 专门进行讨论。

关于不同金属和氧化物（特别是非 Pt 族金属）电极上氢电极反应的机理和动力学，已有很多的综述文章和书籍章节予以较详细的归纳评述。因此，本章将不再（也没有必要）详细重复此方面的内容。读者可以参考文献 [12~17]。本章将主要针对近些年研究比较活跃、与电化学能量转化密切相关的 Pt 基催化剂表面的氢电极电催化进行讨论介绍。

目前关于 Pt 基催化剂表面的氢电极反应仍有许多尚不十分明确或值得进一步讨论的问题。虽然我们知道 Pt 是氢电极反应最好的单金属催化剂，但关于 Pt 表面的氢电极反应到底有多快仍有争论。文献中关于 Pt 电极上的氢电极反应的交换电流密度值从每平方厘米小于 1mA 到几十毫安不等均有报道[18~25]。虽然我们知道氢电极反应的中间体为吸附态的氢原子，但关于其在表面的微观信息仍不明确。比如就有反应中间体为欠电势和过电势吸附氢的争论；对有些学者提出的过电势吸附氢，其和电化学循环伏安实验中观察到的欠电势吸附氢的本质区别仍不是很清楚。由于缺乏诸如此类的微观机理和动力学信息，电催化剂的尺寸、表面结构以及形貌等对活性的影响及其内在原因也难以确定。这严重地限制了催化剂的发展。

6.2 氢的电化学吸附

常温下，氢分子在大多数金属表面会发生解离化学吸附，形成原子态的吸附氢。只有在 5~20K 的温度范围内，才会发生范德华（Van De Waals）作用的氢分子的物理吸附，其键合能 E_{M-H_2} 约在 4~10kJ·mol^{-1} 之间。氢分子解离为两个氢原子需要的能量，即氢的解离能（E_a）约为 432kJ·mol^{-1}。解离的氢原子与金属表面原子的作用强度一般与相应的 M—H 键能 E_{M-H} 具有一定的对应关系。

从动力学角度看，氢的化学吸附有所谓的活化（activated）和非活化（nonactivated）两种途径。非活化途径是指氢分子能够自发地解离。而活化途径是指氢分子必须越过一个活化能垒才能实现解离吸附。关于气相环境中氢气在各种金属表面的吸附已研究得比较清楚，Christmann[26] 对此有相当完备的综述。

从氢电极反应的角度来说，吸附氢可以来自两种途径，一是氢分子的解离吸附（Tafel 反应途径或 Heyrovsky 反应途径），二是质子放电（Volmer 反应途径）。从形式上看，Heyrovsky 和 Volmer 反应涉及电荷转移，需要在电化学环境（即电极/溶液界面）进行，而 Tafel 反应的发生并不一定需要电化学条件，在气相中也可以发生。但在电化学界面发生的氢分子解离过程与气相中的解离可能存在差别，如会受到溶剂、表面电荷及界面电场的影响。

气相氢吸附焓与电化学吸附焓之间的关系可以用图 6-2 表示[27,28]。

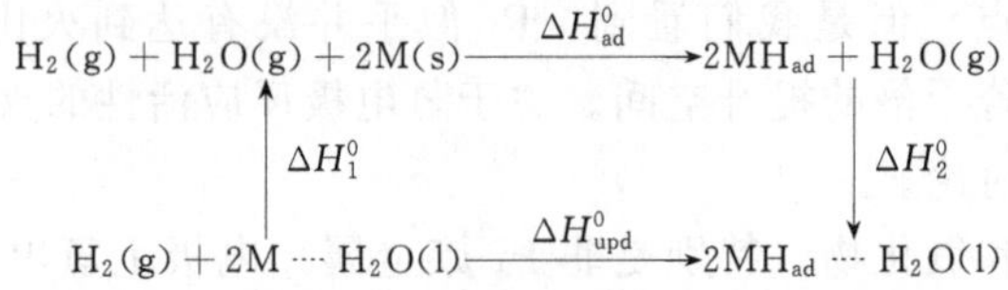

$$H_2(g) + H_2O(g) + 2M(s) \xrightarrow{\Delta H_{ad}^0} 2MH_{ad} + H_2O(g)$$

$$\Big\uparrow \Delta H_1^0 \qquad\qquad\qquad\qquad \Big\downarrow \Delta H_2^0$$

$$H_2(g) + 2M \cdots H_2O(l) \xrightarrow{\Delta H_{upd}^0} 2MH_{ad} \cdots H_2O(l)$$

图 6-2　气相氢吸附能与电化学吸附焓之间的关系图

如果金属表面脱水焓（ΔH_1^0）在数值上大于有吸附氢时的表面的脱水焓（$-\Delta H_2^0$），电化学吸附焓（ΔH_{upd}^0）在数值上低于化学吸附焓 $\Delta H_{ad}^0(-E_a)$。如果 ΔH_1^0 和 ΔH_2^0 在数值上非常接近或均远低于 E_a，则电化学吸附焓与气相吸附焓接近。化学吸附焓除与金属本身有关外，也与氢原子覆盖度有关。这一方面是由于吸附氢原子之间的相互作用，同时由于吸附引起的表面电子功焓及表面原子排列结构发生变化。通过比较 Pt 单晶表面在电化学中的欠电势氢吸附和真空中的氢吸附过程，Ross 等[28]发现电化学环境下溶剂和电场对氢吸附能的影响较小。最近的 DFT 计算结果也得出类似的结论[29,30]。这使得我们可以利用在气固界面获得的氢吸附数据分析研究氢的电化学吸附。

6.2.1　氢的欠电势吸附

早期对电化学吸附氢的研究主要集中在质子放电得到的吸附氢原子。并且，由于实验技术的限制，人们多在多晶电极或者汞电极上进行研究。在 Pt 等贵金属电极表面，氢的电化学吸附可以在比氢平衡电极电势（RHE）更正的电势范围发生，类似于金属原子的欠电势沉积过程。因此，人们将电化学吸附的氢原子称为欠电势沉积（underpotential deposition，UPD）氢。最早对氢的 UPD 吸附的认识应该始于 Frumkin 等人在多晶 Pt 电极上的恒电流充放电实验[7]。可以说，氢的欠电势吸附从此以后一直是表面电化学和电催化科学最为基础的研究内容之一。

循环伏安法（cyclic voltammetry，CV）是电化学中最常用的研究手段之一。涉及电荷转移步骤的表面吸附过程均会在 CV 曲线上产生电流峰。在没有氢气气氛的条件下，由于不存在氢氧化的法拉第电流，所以可以容易地在相对 RHE 电势以正的区域测得 UPD 氢的电化学响应。多晶 Pt 电极表面的 CV 曲线（图 6-3）上一般会出现两个或者三个电流峰[14,31,32]。一般将与电势相对较正的峰对应的吸附氢称为强吸附氢，相应地将与电势较负的峰对应的吸附氢称为弱吸附氢。强吸附氢与表面 Pt 原子结合力强，吸附更稳定。关于强、弱吸附氢的本质，迄今说法仍不尽统一。普遍接受的观点是，它们对应于表面不同位点上吸附的氢。

为了对氢吸附的微观结构和化学过程进行深入定量的理解，特别是获得吸附氢在电极反应中的作用以及表面结构与催化活性的关系等，利用有确定表面原子排列结构的单晶电极非常必要。由于电化学体系中存在着溶剂分子和电解质离子，制备干净清洁的单晶电极并使之在电极/电解质界面保持表面结构稳定，是研究中首先要解决的问题。1980 年左右，Cavilier 等[33,34]开创了一种单晶电极电化学研究的

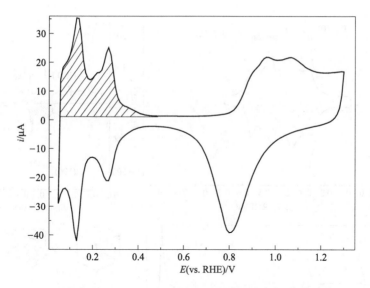

图 6-3　多晶铂电极在 $0.5\,mol\cdot L^{-1}$ 硫酸溶液中的循环伏安曲线，从阴影部分的面积可计算 UPD 氢的电量，从而估算电极的真实表面积

（取自中国科学技术大学硕士学位论文，陈栋，2012）

新方法。他们通过在大气环境中用氢氧焰处理来除去 Pt 单晶电极表面的吸附杂质，再经过退火得到干净完整的单晶表面，然后在超纯水的保护下将其转入电解质溶液。这种制备方法由于其相对简捷可靠，在随后的电化学研究中被广泛使用，成为最经典的制备单晶电极的方法。利用这种技术，他们研究了单晶 Pt 电极三种基础晶面上的氢吸附行为[33~35]。

　　过去二三十年来，不同研究小组利用单晶电极技术系统研究了 Pt 电极在各种介质中的 UPD 氢吸附[36~51]。图 6-4 为 Pt 三种基础晶面电极分别在 NaOH，H_2SO_4 和 $HClO_4$ 水溶液中典型的伏安曲线[18,49,50]。可以看出，不同单晶电极表面的 UPD 氢 CV 曲线差异极大，这说明氢的吸附对表面结构非常敏感。也正因为如此，氢吸附伏安曲线常被用来确定电催化剂中各晶面是否存在以及相应的比例。一般来说，只要控制实验条件相同，不同实验室得到的 CV 曲线基本一致，说明了这种方法的可靠性。关于这些伏安曲线的详细分析讨论，读者可以参考相应的文献。需要指出的是，即使是在单晶电极表面，氢的 UPD 吸附仍给出多个电流峰。这说明各个单晶表面存在不同的氢吸附位点。另外，阴离子对吸附循环伏安曲线的形状有着很大的影响。这主要是因为各种阴离子在不同单晶表面的吸附结构和吸附强度不同所致。在可能存在阴离子特性吸附的电解质溶液中，阴离子的共吸附使得伏安响应过于复杂而难以准确解析。比如 Pt(111) 晶面在硫酸中的 CV 曲线的 0.45V 附近的蝴蝶峰（butterfly peaks）的来源到目前仍没有统一的认识。有人[52]认为该峰代表着硫酸根吸附结构的改变，也有人[53]认为是含氧物种的吸脱附造成的。为了避免共吸附阴离子的干扰，通常选用在 UPD 氢吸附电势区间内基本不发

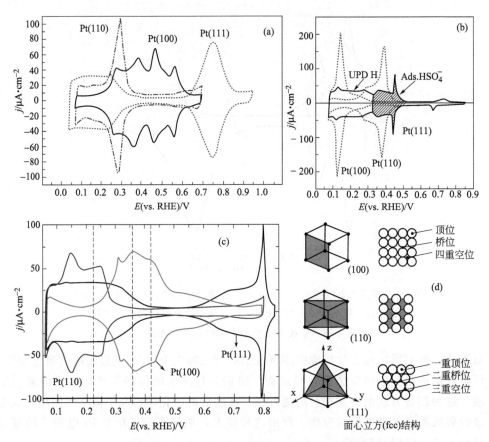

图 6-4　铂的基础晶面在不同电解质溶液中的循环伏安曲线[18,49,50]

(a) NaOH；(b) H₂SO₄；(c) HClO₄；(d) 基本晶面示意图

生阴离子特性吸附的高氯酸根溶液作为研究介质。

根据循环伏安曲线，可以通过积分电流获得 UPD 氢吸附对应的电量，从而获得表面覆盖度随电极电势的变化，即电化学吸附等温曲线。长期以来，大多数学者认为至少在 Pt 电极表面 UPD 氢可以达到一个满单层，即每个 Pt 原子吸附一个氢原子。对未发生重构的 Pt(111) 和 Pt(100) 表面，其原子密度分别为 1.5×10^{15} 和 1.3×10^{15} 个·cm^{-2}。对 Pt(110) 来说，其通过退火处理后很容易重构为 (1×2) 的表面结构，其表面原子密度为 6.4×10^{14} 个·cm^{-2}。因此，Pt(111)，Pt(100) 和 Pt(110) 表面满单层吸附的氢原子所对应的电量应该分别为 240，207 和 $147\mu C \cdot cm^{-2}$。如果假设多晶铂表面是由三个低指数晶面 Pt(111)、Pt(110) 和 Pt(100) 构成，那么光滑多晶铂表面原子密度约为 1.31×10^{15} 个·cm^{-2}，单位面积上沉积满单层氢所需的电量 Q_H 为 $210\mu C \cdot cm^{-2}$。这一电量数通常被作为基准，依据实际循环伏安曲线上 UPD 氢的电量来估算电极的真实表面积（见图 6-3）。

事实上，单晶电极实验结果表明（图 6-5），在 Pt(111) 表面，UPD 氢在循环伏安曲线可测量的下限电势（0.05V 左右，氢析出开始）仅能达到约 2/3 个表面单

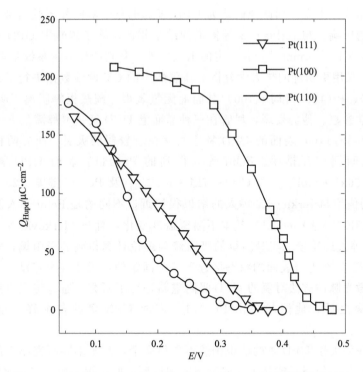

图 6-5　Pt 单晶电极实验给出的 274K 时的 UPD 氢吸附等温线[18]

层，而 Pt(100) 和 Pt(110) 则能到达近乎一个满单层的吸附[18,54]。因此，利用 UPD 氢电量估算的电极表面积数据不一定十分准确，特别是对纳米催化剂而言。

除 Pt 表面外，氢在贵金属 Rh、Pd、Ir 等表面均可发生 UPD 吸附。但在气相中能强烈吸附氢的金属 Ni、Fe、Ti 等表面，却没有电化学欠电势氢吸附发生。这主要是因为很多过渡金属表面与含氧物种（如 OH，O）的结合力更强，在 UPD 氢区已形成表面氧化物。

通过对不同温度下 UPD 氢的循环伏安曲线进行分析，可以得到相应的热力学数据。Jerkiewicz 等[59~61]通过研究 Pt(111) 表面在硫酸中不同温度时的 CV 曲线，得到了 Pt(111) 表面 UPD 氢的吸附自由能、吸附熵、吸附焓、铂-氢键键能等一系列热力学参数。研究发现上述热力学参数均随电极表面 UPD 氢的覆盖度有明显的变化：当 UPD 氢覆盖度从 0 变化到 2/3 时，吸附自由能的变化范围为 $-26 \sim -8kJ \cdot mol^{-1}$，吸附熵的变化范围是 $-79 \sim -63K^{-1} \cdot J \cdot mol^{-1}$，吸附焓的变化范围是 $-44 \sim -30kJ \cdot mol^{-1}$，Pt—H 键键能的变化范围是 $262 \sim 250kJ \cdot mol^{-1}$。对比超高真空条件下测得的 Pt—H 键键能（$255kJ \cdot mol^{-1}$），发现电化学环境对氢吸附的影响并不明显。同时 Jerkiewicz 等人的研究结果还发现 UPD 氢的吸附符合 Frumkin 吸附等温式，而对应的排斥项的系数（ω）的值约为 $27.3kJ \cdot mol^{-1}$。

Markovic 等[62]采用类似的方法分别对不同电解质（NaOH，H_2SO_4 和 $HClO_4$）溶液中的 UPD 氢的 CV 曲线进行了研究，发现不同电解质溶液中的热力学参数值相差并不大。据此他们认为 UPD 氢的电化学吸附并不受溶液 pH 和电解质阴离子的影响。与 Jerkiewicz 等报道的结果相比，除了硫酸中 UPD 氢的吸附熵（约为 $-48J \cdot K^{-1} \cdot mol^{-1}$）有一定的出入之外，其它的热力学参数基本相同。Feliu 等[50,63]采用更精确的热力学分析对高氯酸中的 CV 曲线数据进行了处理，得到了 Pt(111)、Pt(110) 和 Pt(100) 晶面上无氢氧根、硫酸根等阴离子吸附时 UPD 氢的热力学参数。他们发现，尽管在三种晶面上 UPD 氢基本都满足 Frumkin 吸附等温式，但 Pt(110) 表面的 UPD 氢之间存在着较弱的吸引，而另两种晶面上的 UPD 氢之间则相互排斥。Feliu 等人得到的 Pt(111) 表面 UPD 氢的吸附焓（$-41 \sim -26kJ \cdot mol^{-1}$）、$\omega(24 \sim 27kJ \cdot mol^{-1})$ 及 Pt—H 键能（$258 \sim 243kJ \cdot mol^{-1}$）的值均与 Jerkiewicz 等人的结果很接近，不同的是 Feliu 等人测得吸附熵的值（$-48K^{-1} \cdot J \cdot mol^{-1}$）基本不随覆盖度变化，且与 Markovic 等人的结果相同。Feliu 等人还比较了实验测得的吸附熵与理论计算得到的吸附熵，指出实验中吸附的 UPD 氢在电极表面的状态接近于完全固定的，无法自由移动。最近，这些作者利用激光脉冲方法对氢的 UPD 吸附重新进行了研究，通过将双电层对吸附熵的贡献分离之后，他们却得出 Pt(111) 表面 UPD 氢的自由移动度非常高的结论[64]。

尽管我们关于 UPD 氢的认识仍然不是很完全，甚至不同研究小组的结果和结论有一些差异，但还是能从上述实验研究中得到一些共识，如：在电化学体系和超高真空下，Pt—H 相互作用能比较接近；UPD 氢在 Pt 单晶电极表面最可能遵循 Frumkin 吸附；UPD 氢的吸附焓对阴离子和溶液 pH 的变化不敏感，而吸附熵对双电层结构和电解质溶液则可能非常敏感。

6.2.2　氢的过电势吸附

关于氢的电化学吸附的一个争论之处是其在 RHE 以负的电势是否继续发生。在循环伏安曲线上，当电势负于 $0.05V$ (vs. RHE) 后阴极电流急剧上升，说明电极表面开始发生氢的析出反应。早期研究者认为此时氢原子在电极表面吸附达到饱和，继续增加过电势便发生氢原子的复合形成氢分子。Conway[47,49,51,55,56]等提出，电极表面除了形成 UPD 氢原子外，在氢析出反应发生的过程中氢原子的吸附继续发生，并将此吸附称为过电势沉积（overpotential deposition，OPD）吸附，形成的吸附氢称为 OPD 氢。同时，他们认为 OPD 氢原子是氢析出反应的中间体，而 UPD 氢原子则为氢氧化反应的中间体。由于一般情况下析氢电流要远大于吸附产生的电流，很难从 CV 曲线中直接得到可用来分析氢吸附的数据。

Conway 等[51]通过电化学阻抗谱研究了 OPD 氢的吸附。他们通过在总电容中扣除双电层电容的贡献得到氢吸附赝电容，并结合理论分析得到的赝电容与氢覆盖度（θ）的关系，获得不同电势下吸附氢的覆盖度。他们发现，OPD 氢的电化学吸附行为对电极表面结构也非常敏感。OPD 氢的吸附从低于 $-0.2V$ (vs. RHE) 的电势区间开始，一直持续到 RHE 电势以正的区间，并不会在 RHE 电势处停止。据此 Conway 等人提出：如果 UPD 氢的覆盖度在 RHE 附近达到一个满单层，那么 OPD 氢与 UPD 氢就是两种性质不同的吸附氢；而如果 UPD 氢的覆盖度在 RHE 附近并没达到一个满单层，那 OPD 氢与 UPD 氢就是同一类吸附氢。Chun 等[57,58]采用电化学阻抗谱对硫酸中 Pt(100) 和多晶 Pt 进行研究，也发现即便是在低于 $-0.1V$ 的电势区间，仍然有氢的吸脱附发生。他们通过计算得到 OPD 氢的吸附自由能为 $22kJ \cdot mol^{-1}$ 左右。他们得到的吸附等温线与 Conway 等人的结果相差并不大。但在假设 OPD 氢的吸附符合 Langmuir 或 Temkin 吸附等温式后，他们提出了如下观点：UPD 氢和 OPD 氢分别是电极表面不同类型吸附位点上的氢。

Markovic 将循环伏安与计时电流（chronoamperometry）法结合[54]，利用 Butler-Volmer 方程拟合的方法扣除了计时电流中的氢析出法拉第电流，从而得到了氢析出发生时由氢吸附引起的电流（图 6-6）。

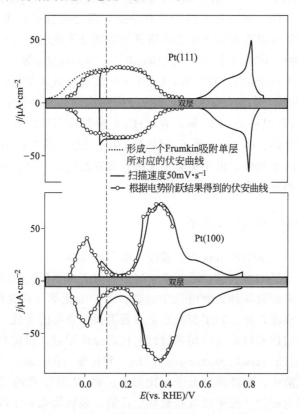

图 6-6　通过计时电流法得到的 Pt(111) 和 Pt(100)
单晶电极表面的氢吸附伏安曲线[54]

根据积分伏安曲线得到的吸附电量，他们得出的结论是，在 $E>0.05V$ 时，氢在 Pt(111) 和 Pt(100) 表面并未达到饱和吸附，因此在低于 $0.05V$ 的电势下氢继续发生吸附。只有当电势负于 $-0.1V$ 后，氢才有可能达到饱和吸附。并且，饱和吸附电量在 Pt(100) 表面高于一个满单层吸附的电量。这和 Conway 等人得出的结论基本一致。另外，他们的结果显示氢氧化反应的电流密度与氢的吸附等温曲线几乎同步，并由此推断由质子放电产生的氢吸附原子仅作为氢氧化反应的"旁观者"（spectator）而起占位左右，不是反应中间体。

这样，从上述研究结果可以肯定的是在氢析出反应发生的过程中氢原子继续在电极表面吸附。而并非如早期研究者认为的那样在氢析出之前氢原子已达到饱和吸附。然而，关于 UPD 氢与 OPD 氢是否是同一类吸附物，各自的微观结构又是什么，它们在氢电极反应中的作用等仍没有统一的认识。Markovic 等曾给出不同铂单晶面上 UPD 氢和 OPD 氢吸附位点的猜测。他们认为，UPD 氢原子在 Pt(111)面吸附于由 3 个 Pt 构成的三重 fcc 空穴位，在 Pt(100) 面位于由四个 Pt 原子形成的四重空穴位，在 Pt(110) 表面则吸附于顶层和次表层原子构成的三重端fcc位。在这三种表面，OPD 氢均吸附于端位。他们认为无论 UPD 氢还是 OPD 氢，都是作为惰性吸附物占据了氢氧化反应的活性位点，阻碍氢分子在电极表面的解离吸附。这等于认为氢气解离吸附产生的吸附氢与溶液分子或电解质离子放电形成的吸附氢并非同一物种，前者才是反应的中间体[54]。Watanabe 等[65]也认为氢电极反应的中间体是吸附在端位的 OPD 氢，UPD 氢仅仅是表面共吸附的物种，与氢电极反应无关。Hoshi 等[27]虽然也认为氢电极反应的中间体是吸附在端位的氢，但他们指出无论是 UPD 氢还是 OPD 氢，在 RHE 电势附近都吸附在 top 位，因而都是氢电极反应的中间体。Conway 等[47]则认为 OPD 氢是氢析出反应的中间体，UPD氢是氢氧化反应的中间体。由于实验上无法直接观测到氢电极反应的过渡态，因而以上各方的观点都只是推测。

6.2.3 氢吸附的谱学技术研究

电化学方法虽然能给出氢吸附覆盖度、吸附能等定量信息，但不能直接给出表面吸附的原子及分子结构信息。近年来，诸多研究者试图将传统电化学方法与谱学和表面技术联用来研究各种表面电化学过程。由于电化学界面是固/液界面，又存在着电场与浓度梯度，这限制了超高真空和低温操作条件的实施，因而很多谱学和表面科学中常用的技术很难直接用来进行电化学原位测量。目前在电化学中应用较为广泛的有红外（infrared spectroscopy，IR）和拉曼（Raman）等振动光谱技术。

在电解质溶液中，极性溶剂分子（比如水）对 IR 有强烈的吸收，所以电化学中通常采用薄层电解池、反射吸收或衰减全反射、表面增强等手段来得到信噪比更高、更可靠的数据。Kunimatsu 等[65,66]利用表面增强红外吸收光谱研究了多晶 Pt电极表面的氢吸附。他们发现，当电势低于 0.1V 时，电极表面在 2080～2095cm^{-1}出现一个红外振动峰。随电极电势负移，该峰强度增强，氢析出电流升高。这些作者将该高波数的振动峰归结为 Pt 原子端位（top）的弱吸附氢原子。他们并由此推测此类氢原子就是所谓的 OPD 氢，其为氢析出反应的中间体。Ren

等[67]利用共焦拉曼光谱技术研究了 Pt 表面的氢吸附，他们也在氢析出发生的电势范围内观察到弱吸附的端位氢原子。然而，其它一些研究者利用红外[68,69]和 SFG[70]技术并没有检测到相应的吸收峰。

目前关于单晶电极表面氢吸附的谱学电化学研究仍鲜有报道。其原因主要是吸附结构的振动吸收太弱。DFT 计算表明 UPD 氢会在 Pt(111) 电极表面的 fcc 三重空位发生吸附[28]，其应在 1224cm^{-1} 处产生吸收峰。在硫酸溶液中得到的红外光谱上，只能观测到 1235cm^{-1} 处的硫酸根的强吸收峰。即便在基本不发生吸附的电解质溶液中进行检测，在对应电势区间也因吸收峰太弱而无法检出预期的 fcc 位吸附氢。

6.2.4　氢吸附的理论计算研究

从前面的叙述可知，虽然对氢吸附过程进行了大量的实验研究，但由于大多数谱学和表面科学技术在研究电化学吸附方面的困难，我们迄今获得的关于表面吸附的微观结构信息仍不多。对于吸附氢（UPD 氢和 OPD 氢）与氢电极反应的关系，更是众说纷纭。近年来，随着高性能计算机技术的进步和普及，基于密度泛函理论的计算化学方法在电化学研究中得到较为广泛的应用。DFT 计算在氢吸附研究中的应用之一是计算氢在不同吸附位的振动频率，从而对谱学测量中的峰进行指认[67]。另一类应用是直接计算氢吸附能随覆盖度等的变化，并由此构建吸附等温曲线。这方面开展工作较早的是 Nørskov 及其合作者[29,30,71,72]。笔者课题组也在此方面开展了一些工作[73~75]。特别是，我们尝试通过理论计算结果对 UPD 和 OPD 氢的本质及其在氢电极反应中的作用进行归属。这些计算工作的基本思路是通过热力学分析将能通过 DFT 计算的吸附能与电极电势、覆盖度等联系起来，从而构建电化学吸附等温曲线。

6.2.4.1　氢吸附的理论模型

由于 Pt 基催化剂表面 Volmer 反应很可逆，因此可以近似地认为其始终保持平衡，即在任意过电势（η）和氢覆盖度（θ）下，$\Delta G_{\text{Volmer}} \approx 0$。另外，氢电极反应的自由能表达式可以表示为 $\Delta G_{\text{HER}} = -2e\eta$，其中 e 为电子电荷。根据在 6.1 节给出的反应式，我们有：$\Delta G_{\text{Tafel}} = \Delta G_{\text{HERs}} - 2\Delta G_{\text{Volmer}}$ 以及 $\Delta G_{\text{Heyrovsky}} = \Delta G_{\text{HERs}} - \Delta G_{\text{Volmer}}$。因此，Tafel 和 Heyrovsky 反应的自由能满足关系：

$$\Delta G_{\text{Tafel}} = \Delta G_{\text{Heyrovsky}} = -2e\eta \qquad (6\text{-}2)$$

这说明，在 Pt 基催化剂表面，Tafel 和 Heyrovsky 反应在热力学上是等效的。也就是说，从热力学无法判断这两种路径哪个更易于进行。同时，公式(6-2)将电极电势和 Tafel 与 Heyrovsky 反应的自由能变化联系起来。

我们知道，氢覆盖度和电极电势是一一对应的，同时 ΔG_{Tafel} 和 $\Delta G_{\text{Heyrovsky}}$ 又随氢覆盖度变化。如果我们知道了某个覆盖度下的 ΔG_{Tafel} 或 $\Delta G_{\text{Heyrovsky}}$，便可根据公式(6-2)得到相应覆盖度下的电极电势，从而获得电化学吸附等温曲线。由于 Tafel 反应就是 H_2 分子的直接解离，不涉及电荷转移，因而分析起来相对简单。

因此我们将以 Tafel 反应为基础进行分析。

解离吸附自由能包含焓变和熵变两部分，即 $\Delta G(\theta) = \Delta E(\theta) - T\Delta S(\theta)$。为了准确计算特定覆盖度下的吸附能，需采用微分吸附能，即

$$\Delta E(\theta) = \partial[2E(\theta)/N - \theta E_{H_2}]/\partial\theta + 2\Delta E_{ZP} \tag{6-3}$$

式中，$E(\theta)$ 为具有 N 个 Pt 原子的表面吸附有 n 个 H 原子（$\theta = n/N$）时的总能量；E_{H_2} 为 H_2 分子的能量；ΔE_{ZP} 为吸附氢原子与氢分子中氢原子的零点能之差。

解离吸附熵可分为两部分，一部分是吸附氢原子和氢气分子的熵差（$2S_{H*} - S_{H_2}$），另一部分是吸附引起的表面构型熵（ΔS_{config}）改变，即 $\Delta S(\theta) = (2S_{H*} - S_{H_2}) + 2\Delta S_{config}$。$S_{H*}$ 和 S_{H_2} 可以通过统计热力学的方法依据振动频率进行估算。在不考虑吸附氢原子相互作用的情况下，$\Delta S_{config} = k_B \ln[(1-\theta)/\theta]$。从计算得到的微分吸附能数据（见下文）可以知道，氢的微分吸附能随覆盖度发生改变。这说明吸附氢原子之间有相互作用。当吸附氢之间存在着吸引或排斥作用时，表面吸附原子的构型数目都会减小，构型熵降低。覆盖度越大，降低越多。因此，可以近似地认为实际的 ΔS_{config} 与无相互作用的理想构型熵变化差一个随 θ 线性变化的因子，即 $\Delta S_{config} = k_B \ln[(1-\theta)/\theta] - \gamma\theta$（$\gamma$ 为常数）。这样，我们有以下氢吸附的关系式。

$$-e\eta = \Delta G^0(\theta) - k_B T\ln[(1-\theta)/\theta] \tag{6-4}$$

$$\Delta G^0(\theta) = \frac{1}{2}\Delta E(\theta) - T(S_{H*} - \frac{1}{2}S_{H_2}) - T\gamma\theta \tag{6-5}$$

其中 $\Delta G^0(\theta)$ 可以看作是覆盖度为 θ 时氢的标准吸附自由能（反应 $\frac{1}{2}H_2 \rightleftharpoons$ $H*$ 的标准自由能）。常数 γ 可以利用实验得到的 UPD 氢的吸附等温曲线来确定。首先，利用 DFT 计算得到的 $\Delta E(\theta)$ 和统计热力学方法计算得到的 S_{H*} 和 S_{H_2}，假定 $\gamma=0$，按照公式(6-4) 和式(6-5) 计算得到理论 θ-η 图。根据 UPD 氢区理论 θ-η 图与实验数据的差异，可以获得 γ 值[74,75]。

6.2.4.2 氢吸附的 DFT 计算结果

根据前面的介绍我们知道，氢的吸附能受溶剂和电场的影响较小。因此，我们可以用对气/固界面的 H_2 解离吸附反应的计算结果对电化学吸附过程进行研究。图 6-8 为 DFT 计算得到的 Pt 不同低指数晶面的 $\Delta E(\theta)$-θ 数据及其线性拟合结果[73~75]。

从吸附能计算结果可知，氢原子在 Pt(111) 表面优先吸附在三重 fcc 空穴位，直至近一个满单层，然后开始在表面 Pt 原子的端位（top）吸附。在 Pt(100) 表面，氢原子首先吸附在相邻 Pt 原子的二重桥式位。由于每个表面原子平均具有两个这种桥式（bridge）位，如果所有桥式位吸附满的话，覆盖度会达到两个满单层。在达到一个满单层之前每个铂原子上成单地吸附氢原子，之后氢原子会在表面铂原子上成对吸附（图 6-8）。在未发生重构的 Pt(110) 表面，氢原子首先吸附在顶层原子列内相邻原子间的短程桥式位（称为 short-bridge 位），当 short-bridge 位基本被占满后，会继续吸附在顶层原子列之间的长程桥式位（称为 long-bridge

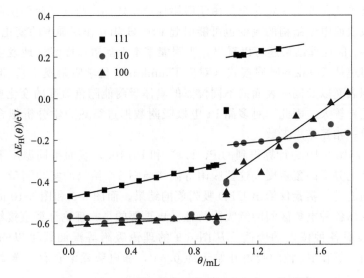

图 6-7　Pt 不同低指数晶面的 $\Delta E_H(\theta)$ 与 θ 关系图
直线为其线性拟合

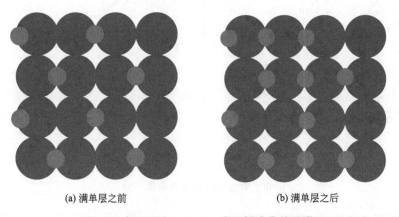

(a) 满单层之前　　　　　　　　(b) 满单层之后

图 6-8　氢原子在 Pt(100) 表面桥式位的吸附

位)。Pt(110) 表面在电化学环境中可能会发生重构。对于重构的 Pt(110)－(1×2) 表面,氢吸附优先顺序依次为:顶层的 short-bridge 位,第二层原子与顶层原子形成的 fcc 位,第三层原子的 bridge 位。

　　除了 Pt(110) 表面第一类优先吸附位之外,氢吸附能均随覆盖度的增加而变正。这说明吸附氢原子之间存在相互排斥作用。在第一类优先位形成满单层吸附之前,Pt(111) 表面的 $\Delta E(\theta)$-θ 曲线的斜率最大,吸附原子之间的排斥最强。而在第一类优先位形成满单层吸附之后,Pt(100) 面的 $\Delta E(\theta)$-θ 曲线的斜率最大。这可能是由于氢原子要在每个 Pt 原子上的两个桥式位成对吸附的缘故。Pt(110) 表面在第一个满单层形成之前,氢吸附能随覆盖度变化很小,甚至随覆盖度增加略微变负。这似乎说明在短程桥式位吸附的氢之间有微弱的相互吸引作用。当然,吸附能随覆盖度的变化并不一定完全是由于吸附氢原子之间的排斥或吸引引起的。吸附引起的电极表面电子结构的改变也可能引起 Pt—H 相互作用强度的变化。

从图 6-7 的计算结果还可以看出，吸附能基本上随覆盖度线性地发生改变。这说明氢吸附遵从 Temkin 吸附模式（对应 Frumkin 电化学吸附模式）。但值得指出的是，不同表面以及同一表面的不同位点的具体吸附能随覆盖度的变化速率并不相同，甚至差异较大。因此，对多晶 Pt 电极吸附数据进行热力学分析拟合时不能简单地采用单一相互作用参数。

图 6-9 和图 6-10 为计算得到的 Pt(111) 和 Pt(100) 表面不同温度下的吸附等温线及平衡电势下的覆盖度。这些吸附等温线与图 6-5 给出的实验测量结果非常接近。所不同的是，实验仅给出 UPD 吸附氢的结果。而图 6-9 和图 6-10 的理论计算结果则能给出各种电势区间的氢吸附特性。更重要的是，理论计算直接给出不同电势下氢在表面各种位点的吸附。从图 6-9 的理论吸附等温曲线可以知道，在 Pt(111) 表面，氢在 fcc 位的吸附开始于约 0.4V，随电势逐渐负移，覆盖度近乎线

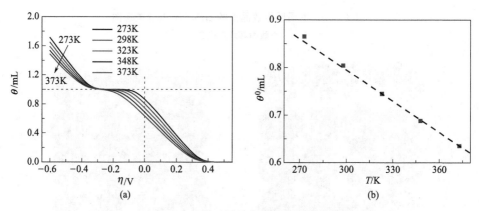

图 6-9　Pt(111) 表面不同温度下的氢吸附等温线 (a)
和平衡电势时的氢覆盖度 (b)

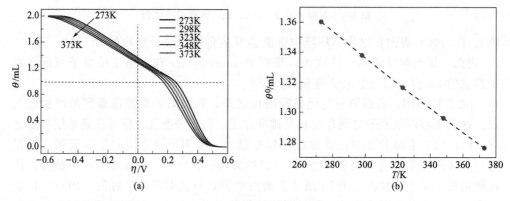

图 6-10　Pt(100) 表面不同温度下的氢吸附等温线 (a) 和
平衡电势时的氢覆盖度 (b)

性地升高。随温度的不同，氢在 fcc 位的吸附一直延伸到 $-0.1 \sim -0.2V$ 之间，直到覆盖度达到满单层。温度越高，达到满单层吸附的电势越负。只有当电势负于 $-0.2V$ 以后，才开始发生端位氢的吸附。这样，在电势不负于 $-0.2V$ 的情况下，无论是 UPD 氢还是 OPD 氢，均在 fcc 位发生吸附。所不同的是，OPD 氢对应覆盖度比较高的情形。相应地，氢原子与 Pt 表面的相互作用强弱也不同。UPD 氢与 Pt 表面结合较强，而 OPD 氢与 Pt 表面结合较弱。这和以前实验工作者关于 OPD 氢为 top 位吸附氢的推测不同。

从图 6-9(b) 可以看出，在 $274 \sim 333K$ 的温度范围内，平衡电势下的覆盖度 (θ^0) 与温度有近似的线性关系。根据公式(6-4) 和式(6-5)，当 $\eta = 0$ 时有，

$$2k_B T \ln[(1-\theta^0)/\theta^0] + 2T\gamma\theta^0 = \Delta E(\theta^0) - T(2S_{H*} - S_{H_2}) \tag{6-6}$$

由于 $\Delta E(\theta)$ 与 θ 有近似的线性关系，而 $\ln[(1-\theta)/\theta]$ 的值在 θ 处于 $0.1 \sim 0.9$ 之间时也与 θ 有近似的线性关系。通过比较这些值随 θ 的变化斜率，可以得出 θ^0 与温度有近似的线性关系[75]。

从图 6-10 的理论吸附等温曲线可知，在 Pt(100) 面，氢在电势负于 0.5V 时开始成单地吸附在表面 Pt 原子之间的桥式位。随电势负移，覆盖度也近乎线性地增加，直至接近满单层吸附。随后覆盖度虽然仍随电势负移而近似线性增加，但增加的速度明显降低。如前所述，在覆盖度达到满单层后，氢仍然吸附在桥式位，但 Pt 原子周围开始有成对的氢原子吸附。此时氢原子的排斥使得进一步的吸附变得较为困难，因而覆盖度随电势增加变得缓慢。图 6-10(b) 的计算结果显示，在平衡电势，氢的覆盖度已超过一个满单层。以往大部分研究者都认为 UPD 氢最多只能达到一个满单层。我们的计算结果和最近 Markovic 等的计时电流暂态实验结果[54] 则较为符合，均表明在 0V 时 Pt(100) 表面的氢覆盖度超过一个满单层。

同样，在 Pt(100) 表面，无论是 UPD 氢还是 OPD 氢，均吸附于桥式位，只是覆盖度和吸附能随电极电势发生改变。对比图 6-10 的 273K 的理论等温线和图 6-5 的 274K 实验等温线，两者均在 0.27V 左右发生斜率改变。这说明理论计算结果具有相当的合理性。根据理论计算，等温线斜率改变的原因是由于氢覆盖度接近满单层，部分表面 Pt 原子上开始出现成对的吸附氢，氢原子与 Pt 的结合强度大幅减弱，吸附困难。

以上结果说明，OPD 氢与 UPD 氢不一定就是不同类型的吸附氢。在 Pt(111) 和 Pt(100) 表面，UPD 和 OPD 氢就是同类吸附位点上的吸附氢。这和 Conway 等[51] 早前的推测部分一致。他们根据阻抗数据给出的吸附等温曲线提出，如果 UPD 氢的覆盖度在 RHE 附近达到一个满单层，OPD 氢与 UPD 氢就是两种性质不同的吸附氢；而如果 UPD 氢的覆盖度在 RHE 附近并没达到一个满单层，OPD 氢与 UPD 氢则是同类型的氢。我们的理论计算结果表明，无论 UPD 氢覆盖度在 RHE 附近达到 [Pt(100) 面] 或未达到 [Pt(111) 面] 一个满单层，OPD 氢均有可能和 UPD 氢为同类氢。其原因是 UPD 氢的覆盖度并不一定只能达到一个满单层。

由于 Pt(110) 表面的结构比较复杂，特别是其在电化学环境中重构后的实际结构很难确定，使得理论模型选取困难。因此理论计算和实验结果的对比性较差。但根据计算结果可以得到一些初步的认识。对于不发生重构的 Pt(110) 表面，UPD 氢吸附开始于约 0.45V，覆盖度随电势负移逐渐增大。在 0.1V 以正，UPD 氢主要在短程桥式位吸附，在电势约为 0.05V 时达到满单层。在 0.1V 以负，长程桥式位开始吸附氢，在 0V 时覆盖度约为 0.2～0.25 个单层。在 0V 以负（OPD 区），长程桥式位继续吸附，在约－0.3V 时达到满单层。在重构的 Pt(110)－(1×2) 表面，UPD 氢吸附大约开始于 0.4V，并在最顶层原子的短程桥式位和第三层原子的桥式位几乎同时吸附。但在 0.4～0.3V 电势范围内，覆盖度增加很缓慢。当电势负于 0.3V 以后，第二层原子与顶层形成的三重 fcc 位也开始吸附氢。在 0.2V 到 0.0V 电势区间内，覆盖度呈现快速增长，并接近满单层。总的来看，在重构的（110）表面计算的结果相对更接近实验结果，但远不如 Pt(111) 和 Pt(100) 面吻合程度高。这说明 Pt(110) 电极在电化学体系确实会发生重构，但实际表面结构要复杂得多。另外，这些计算结果说明 UPD 氢不限于只有一类氢原子。

根据 DFT 计算得到的吸附等温线，也可以对氢吸附的伏安曲线进行计算[29,74]。氢吸附电流应该满足以下关系：

$$j_{ad} = -\frac{dq}{dt} = \frac{dq}{d\theta}\frac{d\theta}{d\eta}\frac{d\eta}{dt} = Qv\frac{d\theta}{d\eta} \tag{6-7}$$

式中，q 为氢吸附至覆盖度 θ 所引起的电量；Q 为表面吸附一个单层需要的电量；v 为电势扫描速度。计算所得到的 Pt(111) 和 Pt(100) 表面的氢吸附伏安曲线和实验测量得到的结果相当接近[29,74,75]，证明理论计算的吸附等温线比较准确。

6.3 氢电极反应机理

如前所述，氢电极反应有两种可能的路径：Tafel-Volmer 路径和 Heyrovsky-Volmer 路径。每种路径均有两种可能的速控步骤：Volmer 反应为速控步骤（被称为缓慢放电机理），或者是 Tafel/Heyrovsky 反应为速控步骤。研究表明[14]，在 Hg、Pb、Zn、Sn、Cd 等氢析出电势较高的表面，速控步骤很可能是 Volmer 反应。但在 Pt、Pd 等贵金属表面，Volmer 反应则比较可逆，速控步则可能是 Tafel 或 Heyrovsky 反应。

Markovic 等[18]认为，平衡电势附近 Pt 表面的氢氧化与氢析出的反应机理应该是相同的。他们通过实验研究发现，Pt(110) 表面的 Tafel 斜率与 Tafel 反应为控制步骤时的理论斜率（表 6-1）接近，Pt(100) 表面的 Tafel 斜率则与 Heyrovsky 反应为控制步骤的理论预期接近，而在 Pt(111) 表面，两种机理似乎都有可能。然而，前面已经指出，对氢覆盖度较高的 Pt 基催化剂表面，表 6-1 的 Tafel 效率预期可能并不准确。另外，由于氢电极反应的动力学较快，实验测得的极化曲线可能受传质干扰较大，基于稳态极化曲线的动力学分析因而准确度不高。

Chen 和 Kucernak[23]指出，对于氢氧化反应，不能简单地利用 Tafel 或 But-ler-Volmer 方程来处理极化曲线。其原因一方面是覆盖度随电极电势的变化会影响电流与过电势的关系，另外氢氧化反应本身并非一个简单的电荷迁移反应。如果氢氧化反应遵从 Tafel 为控制步骤的 Tafel-Volmer 路径，则其可以看作是一个由前置化学吸附步骤控制的电极反应。这种电极反应的极化曲线在形式上与由扩散控制的电极过程相似，均满足如下关系[14]，

$$\eta = -\frac{RT}{2F}\ln[(j_L-j)/j_L] \tag{6-8}$$

其中的 j_L 为由吸附步骤达到极限速率时引起的极限电流。因此，氢氧化反应的"电流-电势"关系并不具备 Tafel 形式。事实上，公式(6-8) 也仅在氢覆盖度随过电势变化不大的时候才成立。

为了获得能准确进行动力学分析的稳态极化曲线，必须克服氢气传质的影响。Chen 和 Kucernak[23]利用亚微米尺寸的单个 Pt 颗粒电极来达到此目的。图 6-11 (a) 为他们得到的氢氧化反应的极化曲线。可以看出，小电极上的极化曲线近似地表现出两个极限电流。电极半径越小（传质速率越快），两个极限电流的差值越大。他们认为低过电势下的极限电流为由吸附或吸附/扩散混合控制下的极限电流，而高过电势下的极限电流则是极限扩散电流。由此，他们认为氢氧化反应受 Tafel 步骤控制。同时，他们发现 60mV 以负的电势下的极化曲线近似地满足公式(6-8) 给出的关系 [图 6-11(b)]，这进一步说明氢氧化反应在多晶 Pt 电极上近似遵从 Tafel-Volmer 历程。但需要指出的是，图 6-11(b) 中所采用的是两个较大电极上的极化曲线数据。此时极限电流可能并非完全由吸附步骤引起，而是包含了传质的贡献。而公式(6-8) 中的 j_L 指的是由吸附引起的极限电流。另外，公式(6-8) 并没有考虑吸附质覆盖度随电极电势的变化。因此，利用公式(6-8) 的关系判断反应机理时也应该要谨慎。

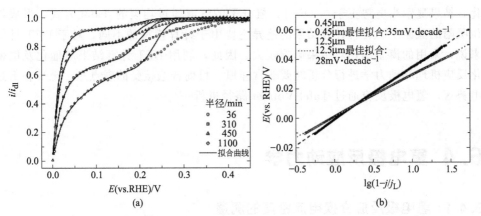

图 6-11　不同尺寸 Pt 颗粒电极上氢氧化极化曲线 [(a) 其中点线为实验测量数据，实线为根据 Tafel-Volmer 机理对极化曲线的拟合] 及 E-lg $(1-j/j_L)$ 图 (b)[23]

仔细观察小电极的极化曲线可以发现，小尺寸的电极在低过电势下并没有非常明确的极限电流平台。这很有可能与覆盖度随电势改变有关。只有当氢原子覆盖度非常低时，才可能出现由吸附步骤控制的极限电流。在 Pt 多晶表面，氢覆盖度在图 6-10 的极限电流区的覆盖度仍相当高，且随电势变正逐渐降低。另外，当利用 Tafel-Volmer 反应历程对这些极化曲线进行拟合时，在低过电势下可以给出较好的拟合结果。但高过电势的曲线则难以拟合。其原因可能是因为在拟合过程中使用的覆盖度与电势的关系不准确。不过，Wang 等[76,77]通过分析 Chen 和 Kucernak 的极化曲线，发现如果假设 Tafel 和 Heyrovsky 反应同时进行，则可以对整个极化曲线进行拟合。他们的拟合结果指出，在较高的过电势下电极表面氢氧化主要以 Heyrovsky-Volmer 机理进行，而在较低的过电势下则主要以 Tafel-Volmer 机理进行。

最近，Nørskov 等[72]通过 DFT 计算研究了氢电极反应的可能路径。表 6-2 为他们在 Pt（111）表面得到的各种反应在平衡电极电势附近的反应的活化能。

表 6-2　DFT 计算得到的平衡电势附近各种反应在 Pt(111) 表面的活化能

反应类型 反应方向　活化能	Volmer 反应	Tafel 反应	Heyrovsky 反应
氢氧化方向	0.46eV	0.6eV	0.8eV
氢析出方向	0.69eV	0.8eV	1.4eV

由此可见，Volmer 反应的活化能要低于 Tafel 和 Heyrovsky 反应。同时，无论是对氢析出还是氢氧化，Pt（111）表面上氢电催化在平衡电极电势附近都是以 Tafel-Volmer 机理进行。然而，这些作者较早期[30]的计算则显示，在 Pt(111) 表面 Heyrovsky 是主要反应路径或至少与 Tafel 反应平行进行。Ishikawa 等[78]的从头算分子动力学模拟研究也显示 Pt(111) 表面的氢气解离通过 Heyrovsky 路径进行。Santana 等[79]利用第一性原理分子动力学模拟研究了 Pt(110) 面的氢分子氧化，结果显示当电势正于 0.1V 时，氢分子的解离通过均裂的 Tafel 方式，形成端位吸附的氢原子。各种计算结果的差异主要由于计算模型的不同。对于 DFT 计算来说，采用的模型结构对结果影响较大。因此，利用 DFT 计算结果对催化及电催化反应机理和动力学进行分析时要非常谨慎。目前普遍接受的观点是，至少在低过电势区，氢电极反应通过 Tafel-Volmer 路径进行[80]。

6.4　氢电极反应动力学

6.4.1　氢电极反应交换电流密度的测量

在氢电催化中，通常采用交换电流密度（j^0）来描述电催化剂的催化能力和反应动力学的快慢。当电极反应处于平衡，阳极反应与阴极反应的速率应该相等。我们把这种相等的速率称为交换速率，其对应的电流密度即为 j^0。因此，j^0 是指平衡时阳极反应（或阴极反应）单向的电流密度值。氢电极反应在 Pt 基催化剂表面的 j^0 非常大，一般很难用稳态技术得到准确的动力学数据。这严重限制了对氢电极反应动力学特性和机理的研究。比如，早期 Lipkowski、Gao、Aldaz 等[81~83] 在不同 Pt 单晶电极上测得的交换电流密度和极化曲线都基本相同，并由此认为氢析出反应的动力学对电极表面结构不敏感。这和 UPD 氢对电极表面结构敏感的实验事实不太符合。为了解释这一矛盾，这些研究者认为氢电极反应的中间体是与 UPD 氢不同的一种吸附氢原子，如 OPD 氢。但是，后来 Conway 等[55] 通过旋转电极与阻抗结合的方法以及 Markovic 等[18] 采用低温与旋转电极结合的方法所得到的结果明显表明氢电极反应具有表面结构敏感性。

总体来说，准确测量铂电极表面超快的氢电极反应动力学的关键在于要使体系的极限扩散电流远大于动力学电流。Markovic 等[18] 在低温（274K）下测量就是在维持传质速率基本恒定的情况下大幅减缓表面反应动力学。而 Conway 等[55] 将旋转圆盘电极与电化学阻抗方法结合则是利用暂态测量初期体系的高速传质特性。

利用常规旋转电极方法得到常温下的 Pt 电极表面的氢电极反应 j^0 值一般在 $1\text{mA} \cdot \text{cm}^{-2}$ 左右，甚至更低[18,20]。Bagotzky 等[19] 将微电极与薄层电解池技术结合研究氢电极反应，得出的结论是酸性溶液中 Pt 电极表面的 j^0 值应大于 $50\text{mA} \cdot \text{cm}^{-2}$。Vogel 等[21] 利用快速电势扫描方法得到的数值约为 $27\text{mA} \cdot \text{cm}^{-2}$。最近，一些研究者利用扫描电化学显微镜技术研究了中性介质中 Pt 电极上的氢电极反应，测得的 j^0 值也在每平方厘米几十毫安[22,84,85]。Chen 等[23] 利用亚微米 Pt 单颗粒电极测得的氢电极反应的 j^0 值也在 $20\text{mA} \cdot \text{cm}^{-2}$ 以上。

在氢电极反应动力学的研究中，常常利用平衡电势附近的电流-电势曲线的斜率估算交换电流密度[18,23]。Chen 等[23] 指出，由于氢电极反应动力学非常快，即使是在过电势很低的情况下，传质的影响仍不可忽略。另外，考虑到覆盖度随电势的变化，只有在平衡电势附近极其窄的电势范围内才有电流-电势的近似线性关系。他们给出了在校正传质的情况下利用该线性关系计算交换电流（I^0）的公式。

$$\frac{I}{I^0} = \frac{2F}{RT} \times \frac{\eta}{I} - \frac{1}{I_{dL}} \tag{6-9}$$

在公式(6-9) 中，I_{dL} 表示体系的极限扩散电流。在体系传质速度非常快的情况下，极化曲线上的极限电流有可能不是极限扩散电流。而公式(6-9) 中的极限电流必须是极限扩散电流。

有些研究者使用 Tafel 曲线对氢电极反应进行动力学分析。如上一节指出，对于 Tafel 反应为控制步骤的氢氧化反应，其极化曲线并不满足简单的 Tafel 关系。对于 Tafel 反应为控制步骤的氢析出反应来说，其为随后吸附步骤控制的电极过程，在氢覆盖度随电极电势变化不大的情况下，极化曲线可能符合 Tafel 方程。但从图 6-9 和图 6-10 的吸附等温曲线看，Pt 电极表面的氢覆盖度在氢析出电势区持续随电势变化。因此，利用 Tafel 方程对氢电极反应的极化曲线进行拟合分析可能并不能得到准确的动力学数据。

最近，Gasteiger 等[25]在质子交换膜燃料电池单电池实验研究中，通过比较不同 Pt 载量下的阳极输出性能，得出在 60℃下氢氧化反应在纳米 Pt 催化剂表面的 j^0 值在 50mA·cm^{-2}以上。Chen[24] 和 Zhuang[86] 等报道了一种研究 Pt 纳米催化剂表面氢电极反应动力学的方法。其主要思想是通过大幅度降低旋转圆盘电极表面铂催化剂的载量使电极表面的动力学电流远小于旋转电极的极限扩散电流，从而使得测量的稳态极化曲线主要受反应动力学控制。Chen 等由此得到常温下 3nm 左右的 Pt/C 催化剂表面的 j^0 值在 6mA·cm^{-2}左右[24]。

总结上述结果可以得出，对于多晶 Pt 电极，凡是研究中采用了能显著加速体系传质的方法，所得到的交换电流密度均在 20mA·cm^{-2}以上。但不同研究得到的具体数值仍差别较大。其主要原因可能是不同研究者使用的电极表面形貌差别较大。同样是多晶 Pt 表面，表面组成可能完全不同。前面已经提到，电极表面结构会影响氢电极反应的动力学。目前关于常温下单晶 Pt 电极表面的氢电极反应交换电流密度数据仍很缺乏。纳米颗粒催化剂上的数据报道也不多，且相互差异较大。

6.4.2　交换电流密度的火山关系图

火山关系图（volcano plot）是催化和电催化中非常重要的概念。其是指一个（电）催化反应的动力学与催化剂材料的某种表面性质之间的一种非单调关系，即反应速率会在该表面性质为某特定值时达到最大。表面性质无论是正向还是反向离开该值，反应速率均降低。这种关系图对理解催化的本质和对催化剂进行优化设计非常有帮助。

在氢电极反应研究的早期，研究者就试图建立反应速率与电极材料内在性质之间的关系。比如，Bockris[87]指出氢电极反应交换电流密度的对数与电极的功函有类似火山形的关系。Kita 等[88]报道了类似的现象。Polanyi 和 Horiuti 最早提出氢电极反应活化能与氢在电极材料上的吸附焓有关[6]。此观点在随后的研究中逐渐为大多数研究者所接受[3,89,90]。由于氢原子在各种金属表面的吸附焓数据并不全面。为了得到较为全面的火山关系曲线，一般用数据较为全面的 M—H 键能代替氢吸附能来构建氢电极反应的活性火山关系图。Trasatti 等对此有较为全面的总结（见图 6-2）。使用 M—H 键能的缺点是无法与交换电流密度建立严格的定量关系。

最近，Nørskov 等[71]直接通过 DFT 计算获得氢在不同金属的（111）表面的吸附能，发现文献中报道的 $\lg j^0$ 值与计算得到的吸附能值具有类似金字塔形的火山关系曲线，且 Pt 处在火山峰附近 ［图 6-12(a)］。另外，他们也给出了 j^0 和 H 吸附自由能关系的简单模型来解释所得到的曲线。针对火山曲线的上升区和下降区，他们采用了不同的反应机理，因而给出了不同的关系式。如 Schmickler 和 Trasatti[91]所指出的那样，尽管 Nørskov 等给出的理论模型能解释观察到的火山曲

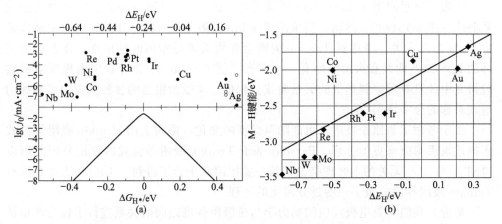

图 6-12　Nørskov 等给出的氢电极反应交换电流密度的对数与 DFT 计算的氢吸附
（自由）能之间的火山关系图（a）[71]；M—H 键能与 DFT
计算的氢吸附能之间的对应关系（b）[91]

线，但其关于反应机理和动力学的描述相当不合理，因此可能导致误解。另外，
Nørskov 等[71]发现使用不同氢覆盖度（0.25 或 1 个单层）下计算的吸附自由能不
会改变火山曲线的趋势。这似乎说明，采用任意描述 M—H 相互作用的热力学性
质（如任意覆盖度下的 DFT 吸附能，M—H 键能等），均可以构建氢电极反应交
换电流密度的火山关系图，其趋势不变。Schmickler 等[91]指出，这是由于这些热
力学性质之间存在一定的对应关系［图 6-12(b)］。

　　Parsons[92]基于较为严格的热力学和动力学分析，给出了氢电极反应的交
换电流密度与氢解离吸附的标准自由能（ΔG^0）之间的定量关系。因为当时对
反应机理的认识并不明确，所以他在研究过程中对所有可能的机理都进行了分
析。结果表明不管是何种机理，交换电流密度都是随着标准吸附自由能的增加
而先升高后下降，分水岭在吸附自由能为零处（图 6-13）。

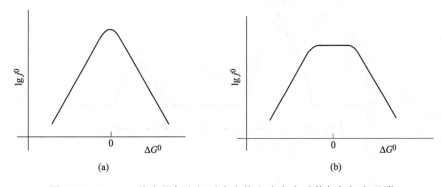

图 6-13　Parsons 给出的氢电极反应交换电流密度对数与氢解离吸附
自由能之间的理论火山关系曲线[92]

（a）假设氢遵循 Langmuir 吸附模式；（b）假设氢遵循 Temkin 吸附模式

当假设氢吸附遵循 Langmuir 等温式时，Parsons 得到一个金字塔形的火山关系曲线 [图 6-13(a)]。然而，当采用 Temkin 吸附等温式时，其推导出的关系式显示 j^0 与 ΔG^0 无关。考虑到 Temkin 吸附会在覆盖度适中的时候出现，作者认为实际的 $\lg j^0$-ΔG^0 曲线在火山峰处有一个平台 [图 6-13(b)]。迄今在氢电极反应的实验研究中并没有观察到类似的关系曲线。相反，文献所报道的各种火山关系曲线均呈现对称的金字塔形。

由于考虑了氢原子吸附自由能随覆盖度的变化，原则上用 Temkin 吸附等温式来描述氢吸附应该更加合理。Parsons 基于 Temkin 吸附等温式的理论分析之所以得到 j^0 与 ΔG^0 无关的不合理结论，其主要原因在于为了得到 j^0 的分析表达式而对 Temkin 吸附等温式做了一些过分简化的处理。

最近，我们对氢电极反应的动力学与氢吸附强度之间的关系进行了较为严格的理论分析[73~75]。首先，Pt 表面的交换电流密度可以表示为

$$j^0 = 2Fk^{+0}(1-\theta^0)^m = 2Fk^{-0}(\theta^0)^m \tag{6-10}$$

其中 k^{+0} 和 k^{-0} 分别为平衡电极电势下速控步骤正、反方向的速率常数，θ^0 为平衡电极电势下氢在电极表面的覆盖度。当反应速控步骤为 Tafel 反应时，$m=2$；而当速控步骤为 Heyrovsky 反应时，$m=1$。由于假设了反应在标准条件下进行，即质子浓度为 $1\mathrm{mol \cdot L^{-1}}$，氢气分压为 1atm，公式(6-10) 中未包括质子浓度和氢气分压项。

从公式(6-10) 可以看出，当 $\theta^0 = 0.5\mathrm{ML}$ 时，$k^{+0} = k^{-0}$。也就是说，速控步骤的正、反方向具有相等的速率常数，记作 k^0。根据过渡态理论，两者应具有相同的活化自由能，记作 $\Delta_{\neq}G^0$。这意味着当 $\theta^0 = 0.5\mathrm{ML}$ 时 H_2 解离吸附反应的标准自由能为零，即 $\Delta G(\theta^0) = 0$。在标准平衡电极电势下，氢电极反应总反应的自由能也为零（见 6.2.4 的理论模型分析）。由此我们可以有图 6-14 所示的反应自由能曲线。

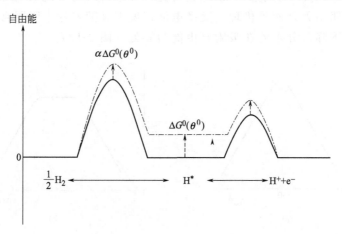

图 6-14　氢电极反应的自由能曲线[73]

在 $\theta^0 = 0.5\mathrm{ML}$ 的表面，每个反应步骤的正、反方向均具有相同的活化自由能。

在$\theta^0 \neq 0.5$ML 的表面，$\Delta G(\theta^0) \neq 0$，此时正、反方向具有不同的活化自由能和速率常数。根据催化中常见的 Brønsted-Evans-Polanyi（BEP）原理，我们假设反应活化自由能的改变与反应自由能的改变满足近似线性关系，即 $\Delta_{\neq} G^0 = \beta \Delta G(\theta^0)$。这样，我们便得到任意表面的速率常数表达式，即

$$k^{+0} = k^0 \exp[-m\beta \Delta G^0(\theta^0)/k_B T] \tag{6-11}$$

$$k^{-0} = k^0 \exp[m(1-\beta)\Delta G^0(\theta^0)/k_B T] \tag{6-12}$$

根据公式(6-4)，我们有，

$$\Delta G^0(\theta^0) = k_B T \ln[(1-\theta^0)/\theta^0] \tag{6-13}$$

结合公式(6-10)～式(6-13)，可以得到下面的交换电流密度表达式

$$j^0 = 2Fk^0 \exp[m(1-\beta)\Delta G^0(\theta^0)/k_B T]\{1+\exp[\Delta G^0(\theta^0)/k_B T]\}^{-m} \tag{6-14}$$

$$j^0 = 2Fk^0(\theta^0)^{m\beta}(1-\theta^0)^{m(1-\beta)} \tag{6-15}$$

图 6-15 为依据公式(6-14) 和式(6-15) 得到的交换电流密度分别与平衡电势下氢解离吸附的标准反应自由能 $\Delta G^0(\theta^0)$ 和平衡电极电势下的覆盖度 θ^0 之间的关系曲线（以 Tafel-Volmer 反应为例，Heyrovsky-Volmer 机理的情况与之类似）。由于 $\Delta G^0(\theta^0)$ 和 θ^0 通过公式(6-13) 一一对应。因此，公式(6-14) 和式(6-15) 在数学上是等效的。但可以看出，在近 10 个数量级的交换电流密度范围内，$\lg j^0$-$\Delta G^0(\theta^0)$ 图呈现一个以 $\Delta G^0(\theta^0) = 0$ 对称的金字塔形的火山形曲线。而 $\lg j^0$-θ^0 图则表现为一个钟形（bell-shaped）的曲线。交换电流密度在 $\theta^0 < 0.01$ML 和 $\theta^0 > 0.99$ML 两个区间内呈现几个数量级的陡峭变化，而在 0.01ML$< \theta^0 < 0.99$ML 的区间内的变化在 10 倍以内。若直接以 j^0-θ^0 作图 [图 6-15(c)]，则可以在该覆盖度区间内得到一个标准的火山

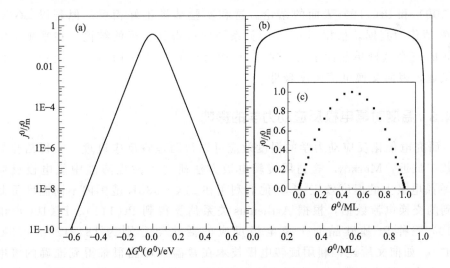

图 6-15　依据公式(6-14) 和式(6-15) 得到的 (a) $\lg j^0$-$\Delta G^0(\theta^0)$，
(b) $\lg j^0$-θ^0 关系曲线和 (c) j^0-θ^0 关系曲线的顶部放大图
其中 j^0 以其在 $\theta^0 = 0.5$ML 处的值（j_m^0）归一化，(a) 和 (b) 的电流密度为对数坐标，
(c) 的电流密度为正常坐标

关系曲线，其以 $\theta^0 = 0.5\mathrm{ML}$ 关系曲线，对称。这样，利用吸附自由能可以很好地描述不同金属表面差距非常大的氢电极反应活性趋势。而利用 j^0-θ^0 关系则可以较好地描述处于火山顶点附近的催化剂表面的氢电极反应活性趋势。

由于公式（6-14）和式（6-15）是基于较为严格的热力学和动力学模型分析得到的。因此，图6-15的火山关系曲线与以前文献所给的曲线相比应该更为准确。特别需要指出的是，公式（6-14）及图6-15（a）中的 $\Delta G^0(\theta^0)$ 是指平衡电极电势下的氢标准吸附自由能。这和 Parsons 所定义的氢标准吸附自由能 ΔG^0 不同。其是指特定氢覆盖度（Parsons 定义为0.5）下的标准吸附自由能。根据前面的分析我们知道，交换电流密度直接与平衡电极电势下的吸附自由能 $\Delta G^0(\theta^0)$ 有关。以 $\Delta G^0(\theta^0)$ 为描述变量，我们便有公式（6-14）所示的简单 j^0 表达式。如果以特定覆盖度下的吸附自由能作为描述变量，在 j^0 表达式中还必须引入吸附等温式参数，这样就不会有简单的表达式。从图6-8可以发现，虽然氢在各种 Pt 基表面均近似遵循 Temkin 吸附，但在不同表面，甚至同一表面不同位点，吸附能随覆盖度的变化斜率差距相当大。因此，严格来说，仅用某个特定覆盖度下的吸附（自由）能不可能对不同表面的交换电流密度进行准确比较。其仅能近似地比较吸附能差距非常大的表面的活性趋势，而对于火山图顶点的催化剂表面可能会给出错误结论。比如，若以覆盖度为0.25单层的吸附自由能数据看，氢在 Pt(111)、Pt(100) 和 Pt(110) 表面的吸附自由能为负值，而在 Pt(100) 和 Pt(110) 表面比 Pt(111) 表面更负，即偏离零更远。这样根据 Parsons 或 Nørskov 等给出的火山关系会得出 Pt(111) 表面的 j_0 高于 Pt(100) 和 Pt(110) 表面的结论。这和实验结果正好相反。但若以 $\Delta G^0(\theta^0)$ 或 θ^0 值作为判据，依据图6-15的关系图便可得到正确的结论。在平衡电势附近，Pt 三个基础单晶面上的 $\Delta G^0(\theta^0)$ 均为正值，且在 Pt(111) 上最正，偏离零最远，因而交换电流密度最低。

6.4.3 温度对氢电极反应动力学的影响

研究电催化反应动力学的温度效应可以帮助理解反应机理，获得活化焓等参数。最近，Markovic 等利用旋转电极方法研究了酸性溶液中氢电极反应在 Pt 单晶电极上的温度效应[18]。他们利用在 $274\sim333\mathrm{K}$ 范围内不同温度下测量得到的交换电流数据，根据 Arrhenius 关系估算得到 Pt(111)、Pt(100) 和 Pt(110) 三种 Pt 基础晶面上氢电极反应的活化焓分别为18、12和9.5kJ·mol^{-1}。如前文所述，利用旋转电极技术在常温下可能很难得到准确的氢电极反应交换电流密度数据，高温下就更不用说。因此，这些作者得到的交换电流密度及活化焓等数据不一定准确。但是，他们在低温（274K）下得到的交换电流密度数据应该有一定的合理性。

如果假设活化熵和活化焓随温度的变化可以忽略，则交换电流密度与温度的关系可以用公式（6-16）来描述[74,75]。其中 T_R 为一参考温度。因为平衡电势下的氢覆盖度会随温度发生变化（图 6-9 和图 6-10），则从公式（6-16）可知交换电流密度和温度之间并不一定符合简单的 Arrhenius 关系。

$$\ln j_T^0 / j_{T_R}^0 = -\frac{\Delta^{\neq} H^0}{k_B}\left(\frac{1}{T}-\frac{1}{T_R}\right) + \ln \frac{\theta_T^0(1-\theta_T^0)}{\theta_{T_R}^0(1-\theta_{T_R}^0)} + \ln \frac{T}{T_R} \qquad (6\text{-}16)$$

根据 Markovic 等在 274K 下测得的 Pt(111) 和 Pt(100) 表面交换电流密度（0.21mA·cm^{-2} 和 0.36mA·cm^{-2}）和 6.2.4 中计算得到的平衡电势下的覆盖度数值，可以利用公式（6-15）得到 274K 下的标准反应速率常数，进而依据过渡态理论计算出氢电极反应在相应表面的活化自由能。假设氢电极反应的过渡态为吸附态的氢分子，则可以用气相中的氢分子熵估算活化熵[74,75]。最后，我们估算得到 Pt(111) 和 Pt(100) 表面的反应活化焓（$\Delta^{\neq} H^0$）分别为 51.6kJ·mol^{-1} 和 51.9kJ·mol^{-1}。最近，Nørskov 等的 DFT 计算结果显示 Tafel 反应在 Pt(111) 表面的活化焓约为 0.55eV（约 53.1kJ·mol^{-1}），与我们的估算数值很接近。然而，该结果与 Markovic 等利用 Arrhenius 关系拟合不同温度下的实验交换电流密度得到的数值相去甚远。这一方面是由于 Markovic 等的拟合没有考虑 θ^0 随温度的变化，另一方面可能是因为他们在较高温度下得到的交换电流密度数据不准确。

根据上述活化焓数据和 DFT 计算得到的不同温度下的 θ^0（图 6-9 和图 6-10），我们便可以根据公式（6-16）得到不同温度下的交换电流密度（图 6-16）。可以看出，在 Pt(111) 和 Pt(100) 表面，交换电流密度的对数和温度的倒数仍然有较好的线性关系。但是，Pt(111) 表面的线性关系显著偏离简单的 Arrhenius 关系预期。这说明 θ^0 随温度的变化对 Pt(111) 表面的反应动力学的影响比较显著。

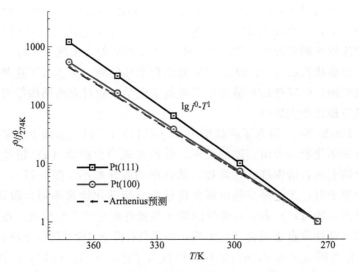

图 6-16　交换电流密度与温度倒数（1/T）的半对数关系

6.5 氢电催化的 Pt 表面结构效应

根据前面的介绍可知，氢原子在 Pt 电极表面的吸附特性强烈依赖电极表面结构。因此，我们有理由相信 Pt 电极表面结构也会影响氢电极反应的路径和动力学。如前所述，只有在最近，研究者在消除了氢分子传质对反应动力学的影响后才得以观察到 Pt 电极表面结构对氢电极反应动力学的影响。Markovic 等[18]根据低温（274K）下利用旋转圆盘电极技术测量得到的硫酸中铂低指数晶面上的氢氧化和氢析出反应极化曲线，得到各晶面上的交换电流密度有如下关系：Pt(110)＞Pt(100)＞Pt(111)。另外，他们还在低温下测量了氢氧化钾中不同铂单晶面的极化曲线[93,94]，结果也显示氢电催化反应动力学对 Pt 电极表面结构敏感，不同的是交换电流密度的顺序为：Pt(110)＞Pt(111)＞Pt(100)。Conway 等[47,49,51,55]通过高转速的旋转圆盘电极与电化学阻抗谱结合研究了酸性和碱性电解质溶液中不同 Pt 单晶电极表面的氢电极反应。他们的结果也显示氢电极反应对 Pt 表面结构相当敏感。在碱性溶液中，他们得出的反应活性顺序与 Markovic 等的一致。但他们在 $0.5 mol \cdot L^{-1} H_2SO_4$ 溶液中得出和在碱性溶液中同样的活性顺序，从而与 Markovic 等在 $0.05 mol \cdot L^{-1} H_2SO_4$ 溶液中得到的结果相异。他们认为这可能是由于溶液 pH 和阴离子浓度的差异所致。

众所周知，实验上制备的单晶电极表面不可避免地会存在不同程度的缺陷和台阶结构。另外，即使是较为理想的单晶表面在电化学体系中也有可能发生表面重构而形成台阶结构等。这可能也是不同研究组在单晶电极研究中获得不一致的结果的原因之一。Feliu 等[95]研究了 Pt(111) 表面台阶对氢吸附的影响。在高氯酸溶液中，对于 Pt[(n−1)(111)×(110)]（或者写成 Pt[n(111)×(111)]）的台阶面，在台阶密度比较小的情况下，CV 曲线氢区的 0.1V 附近会出现一个峰，而在台阶密度比较大的情况下，还会在 0.2V 处出现一个峰。对于 Pt[n(111)×(100)]台阶面，在台阶密度比较小的情况下，CV 曲线氢区的 0.27V 处会出现一个峰，随着台阶密度的增加，还会依次在 0.1V 和 0.35V 处出现额外的峰。虽然关于这些峰的归属暂时还不是很明确，但这些结果清楚显示氢的电化学吸附对表面结构敏感以及表面台阶可能对氢电催化产生影响。

最近，Hoshi 等[96]研究了高氯酸中 Pt[n(111)×(111)]晶面上的氢电极反应交换电流密度和活化能与台阶密度的关系。他们发现当台阶数（n）超过 9 时，交换电流密度会随表面台阶密度线性增加，活化能则线性减小（图 6-17）。而当台阶密度小于 9 个原子时，无论是交换电流密度还是反应活化能都不随台阶密度而变化。他们据此推测，Pt(111) 表面台阶处的原子是氢电催化的活性位点。在台阶密度比较大时，这些活性位点之间会互相影响，使得只有部分台阶处的原子对氢电极反应有贡献。这些作者随后又对 Pt[n(100)×(111)]、Pt[n(100)×(110)]、Pt[n(111)×(100)]等不同类型的台阶面在高氯酸中的氢电催化反应进行了研究[97]，发现和

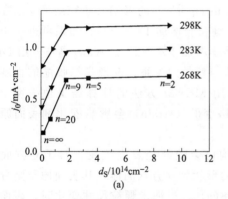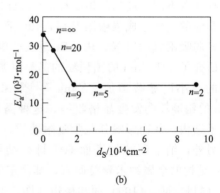

图 6-17　高氯酸溶液中不同 Pt[n(111)×(111)]电极表面的氢电极反应动力学[96,97]

(a) 交换电流密度与台阶密度的关系；(b) 活化能与台阶密度的关系

Pt[n(111)×(100)]台阶面类似，其它类型台阶面的交换电流密度均会在台阶原子数超过 9 时随台阶密度线性增加，而在小于 9 时不随台阶密度变化。此外，台阶原子数相同时，不同类型台阶面的催化活性有如下顺序：Pt[n(111)×(100)]<Pt[n(100)×(111)]<Pt[n(100)×(110)]<Pt[n(111)×(111)]。只要电极表面具有类似 Pt(110) 结构的台阶，催化活性就会比较好。Pt[n(100)× (110)] 表面的纽结结构 (kinked structure) 的 Pt(110) 台阶活性不如 Pt[n(111)×(111)]表面的直线形 (linear) 结构的 Pt(110) 台阶。

6.6　氢电催化的铂纳米粒径效应

实际应用中为了提高电催化剂的表面积，会采用纳米颗粒而非单晶电极。尽管粒径越小，单位质量催化剂给出的活性面积就越大，但随着尺寸改变，单位面积的催化活性（面积活性）可能也会发生改变。如果面积活性随粒径减小而增高，则可以通过减小催化剂粒径持续提高单位质量催化剂给出的活性（质量活性），直至出现量子尺寸效应[98]。如果面积活性随粒径减小而降低，则存在一个最优粒径。在此之上，比表面积随粒径减小而增大的因素起主要作用。在此之下，面积活性随粒径减少而降低的因素起主导作用。在该最优粒径，催化剂质量活性最高。

催化反应的粒径效应与其表面结构效应有关。一般来说，如果一个反应的关键中间体的吸附特性对催化剂的表面结构敏感，则其反应动力学对催化剂的表面结构敏感。这种反应同时会表现出粒径效应，其原因是纳米催化剂表面结构会随其粒径发生变化。

首先，纳米颗粒催化剂和其块体材料相比，会发生不同程度的晶格收缩。Vogel[99] 的 XRD 研究表明，粒径为 2～3nm 的铂颗粒的晶格比块体铂的晶格收缩了 0.8%。Wasserman 等[100] 的研究显示即便是对尺寸较大（2～12nm）的铂颗粒，同样存在着不同程度的晶格收缩。Oudenhuijzen 等[101]的 XAFS 研究结果显示在铂纳米颗粒的表面形成强吸附氢后，Pt—Pt 键长会增加 1%～2%；如果再进一步形成更多弱吸附氢的时候，Pt—Pt 键长会继续增加 1%～2%。Wang 等[102]用 DFT 计算研究了小于 2nm 的铂颗粒的晶格常数与粒径的关系，发现晶格收缩的程度随粒径的减小而显著增加。Yang 等[103]采用 MEAM 方法的计算结果也表明 2～10nm 的铂颗粒会发生晶格收缩。这种晶格变形（strain）会影响催化剂表面原子的电子结构，从而影响其化学吸附性质。

另外，纳米颗粒的表面原子排列结构也会随粒径发生改变。对于立方面心（fcc）结构的金属纳米颗粒而言，其稳定的形状为立方八面体，其表面原子则分别处于（111）面、（100）面和棱边 [图 6-18（a）]。当纳米颗粒尺寸变化时，表面原子在不同晶面和棱边的分布会改变 [图 6-18（b）][104～106]。氧还原反应（ORR）的 Pt 纳米催化剂粒径效应就被认为与这种表面原子分布的改变有关[106]。

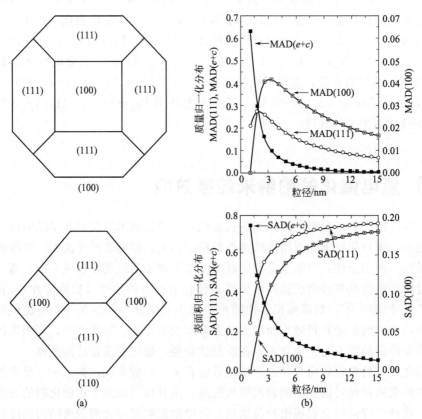

图 6-18　立方面心纳米颗粒表面构成（a）和立方面心纳米颗粒表面原子
分布的粒径效应（其中 $e+c$ 指棱边和角原子数之和）（b）[106]

纳米催化剂的尺寸效应无论是从催化基础研究还是实际应用的角度考虑都是一个重要的问题，对理解催化反应过程和设计催化剂至关重要。关于 Pt 纳米颗粒催化氧还原反应的尺寸效应，已有大量文献分别从理论和实验方面进行了研究，并得出较为一致的结论，即比表面积活性随着催化剂颗粒尺寸的减小而降低，在 3～5nm 左右出现最佳的质量活性[106,107]。相比之下，对氢电极反应的 Pt 纳米颗粒尺寸效应的研究相对比较缺乏，且结论不一。Babic[108]对 2.5～3.5nm 尺寸范围内的 Pt/C 催化剂上的氢氧化反应进行了研究，并未观察到明显的尺寸效应；Takasu 等[109]采用真空蒸镀的方法将不等量的 Pt 沉积在玻碳电极上得到不同尺寸的 Pt 颗粒，其实验结果指出随着 Pt 颗粒尺寸的减小，催化剂表面强吸附氢的量减小，同时氢析出反应的交换电流密度增加。Vogel 等[110]用循环伏安和恒电势暂态技术研究了光滑的铂盘、铂黑和 Pt/C（5%，质量分数）上的氢氧化反应，发现当颗粒尺寸减小时，交换电流密度略微减小。

如前所述，氢电极反应是表面结构敏感性反应。因此，我们有理由相信其也会表现出尺寸效应。由于氢电极反应的速率较快，在一般的电催化稳态测量方法中很难排除 H_2 的传质干扰，从而难以获得较为准确的动力学数据。和早期对氢电极反应的结构敏感性的研究一样，文献中关于氢电极反应的催化剂粒径效应研究结果的差异可能也是由于动力学测量结果的不准确所致。最近，我们将理论计算和旋转电极实验结合对此问题进行了研究。在实验上，对常用的薄膜旋转电极技术（TF-RDE）进行改进，通过大幅度降低玻碳电极表面纳米催化剂的载量，从而降低电极表面的动力学电流，同时提高电极转速，加快氢分子的传质，最终使体系的极限扩散电流（I_{dL}）大于或接近反应动力学电流（I_k），从而可以利用稳态极化曲线对动力学电流进行较为准确的测量[24]。

图 6-19 为玻碳电极表面涂覆不同量的 20%（质量分数）Pt/C 催化剂时得到的氢氧化稳态极化曲线（负向扫描）。从图中可以看出，当过电势高于 60mV 时达到极限电流。有趣的是，当玻碳基底电极表面的催化剂涂覆量（m）降到 25μg·cm^{-2} 以下时，极化曲线上的极限电流随 m 的降低而降低。一般在 TF-RDE 实验中，极化曲线上的极限电流是由于反应分子达到极限扩散速率引起的，其仅与电极旋转速度有关，而与表面催化剂的涂覆量无关，即 $I_{dL}=0.62AnFD^{2/3}\nu^{-1/6}\omega^{1/2}c$，其中 A 为圆盘电极的几何面积，D 为扩散系数，ν 为溶液黏度，ω 为旋转圆盘电极转数，c 为反应活性物质的浓度。原则上讲，电极表面的涂覆量仅影响动力学电流 I_k。

图 6-19 中极限电流随催化剂涂覆量变化，说明在低 m 下所得到的极限电流并非极限扩散电流。RDE 的电流满足，$1/I=1/I_{dL}+1/I_k=1/B\omega^{1/2}+1/mAS_mj_k$。其中 $B=0.62AnFD^{2/3}\nu^{-1/6}c$，$S_m$ 为催化剂的电化学活性比表面积（$cm^2·g^{-1}$ 催化剂），j_k 为动力学电流密度。当 $I_k \gg I_{dL}$ 时，测得的电流便近似等于 I_{dL}。这一般在过电势比较大时出现，此时 j_k 非常大。根据前面的分析可知，Pt 表面的氢氧化反应控制步骤可能为 Tafel 反应。与之对应的 j_k 可表示为

$$j_k=2Fk^+(1-\theta)^2c_{H_2}-2Fk^-\theta^2 \tag{6-17}$$

当覆盖度很低时，其会达到极限值 $j_{kL}=2Fk^+c_{H_2}$。相应地，动力学电流也会

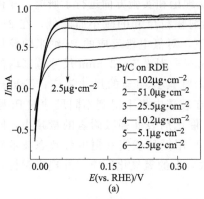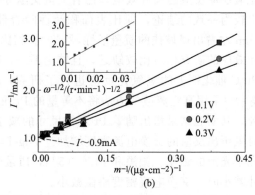

图 6-19　(a) 涂覆不同量 20％ Pt/C 催化剂的旋转盘电极给出的氢氧化极化曲线
（电势扫描速度：5mV·s⁻¹；电极转速：4800r·min⁻¹）；(b) 不同电位
下的 I^{-1} 与 m^{-1} 关系图，其中插图为 5μg·cm⁻² 催化剂涂覆
量下电势为 0.1V 时的 I^{-1} 与 $\omega^{-1/2}$ 的关系曲线

达到极限值 I_{kL}。如果 $I_{kL} \gg I_{dL}$，我们仍有 $I \approx I_{dL}$。但是，随着催化剂涂覆量 m 降低，I_{kL} 有可能和 I_{dL} 相当，此时，极限电流便与 I_{kL} 有关，因而随 m 变化。

事实上，在催化剂涂覆量低于 10μg·cm⁻² 时，极化曲线上并没有一个很好的极限电流平台。在极限电流区，电流随电势缓慢上升。这和本章 6.4.1 中单颗粒电极的结果类似，是由于氢覆盖度随电极电势改变的缘故。只有当电势接近 0.4V 时，θ 才会接近零，从而动力学电流密度达到极限值。

根据上述分析，在特定转速下，I^{-1} 应该随 m^{-1} 线性变化，而在特定 m 下，I^{-1} 应该随 $\omega^{-1/2}$ 线性变化。这些预期在图 6-19(b) 及其插图得到很好的证明。这些结果说明，在低催化剂涂覆量下，所测得的极化曲线包含动力学电流的影响，因而可以用来进行动力学分析。我们发现，当利用公式(6-9) 对图 6-19 中的极化曲线在平衡电势附近的 I-E 关系进行处理时，得到的交换电流密度（j^0）值随催化剂涂覆量的减小而增大。只有当 m 低于 10μg·cm⁻² 时，j^0 值才基本不随 m 变化。这说明在催化剂涂覆量高于 10μg·cm⁻² 时，虽然极化曲线部分受表面反应动力学控制，但扩散的影响仍然比较严重，不能准确给出动力学数据。在以 5μg·cm⁻² 的低涂覆量下，我们测得该 20％Pt/C（颗粒尺寸约为 2.2nm）催化剂表面氢氧化反应的交换电流密度约为 5mA·cm⁻²。

图 6-20 为 10％（质量分数）Pt/C，20％（质量分数）Pt/C 及 20％（质量分数）Pt/C 经过各种热处理后得到的催化剂的氢氧化极化曲线以及由此得到的氢氧化反应交换电流密度随 Pt 催化剂粒径的变化。TEM 和 XRD 表征结果表明这些催化剂的 Pt 颗粒尺寸分别为 1.8nm，2.5nm，3.3nm，5.3nm 和 6.8nm。可以看出，氢氧化反应的交换电流密度随着 Pt 纳米颗粒催化剂尺寸的减小而减小。也就是说，面积活性随粒径减小而降低。将交换电流除以电极上的 Pt 质量后得到催化剂的质量活性。其随粒径的减小先升高再降低，在 3.5nm 左右达到最大。由此可见，Pt

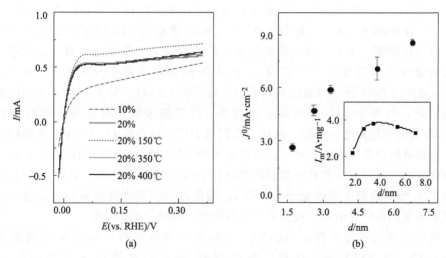

图 6-20 （a）不同尺寸 Pt 纳米颗粒催化剂的氢氧化极化曲线（催化剂涂覆量
为 $5\mu g \cdot cm^{-2}$）；（b）催化剂面积活性和质量活性与粒径的关系

催化剂粒径对氢氧化反应动力学的影响与氧还原反应极其相似。因此，氢电极反应的粒径效应可能也与催化剂表面原子结构的变化有关。

从图 6-21 中的 CV 曲线可以看出，随着催化剂颗粒尺寸变小，在位于氢吸脱附区较正电势的一对电流峰（H_{1c} 和 H_{1a}）越来越不明显。通过与 Pt 单晶电极表面的氢吸附伏安曲线[18]比较可知，这一对电流峰应该与氢在 Pt 纳米颗粒表面的（100）和（111）面上的吸附有关。其强度减弱应当是由于颗粒尺寸减小引起的棱边原子比例升高（面原子比例相应降低）所致。另外，随着颗粒尺寸减小，含氧物种的脱附峰电位也逐渐负移，说明含氧物种在小尺寸催化剂上的吸附强于大颗粒催化剂。

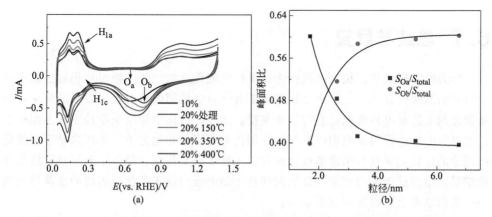

图 6-21 （a）不同尺寸 Pt/C 催化剂在 $0.5mol \cdot L^{-1}$ H_2SO_4 中的循环伏安曲线；
（b）O_a 和 O_b 峰面积占总氧脱附峰面积随颗粒尺寸的变化
（武汉大学博士学位论文，孙瑜，2009）

仔细分析可以发现，图 6-21 的 CV 曲线上的氧脱附峰事实上包含两个峰（O_a 和 O_b）。较负的峰（O_a）大概位于 0.63V，峰电势基本不随 Pt 颗粒的尺寸发生变化，而较正的峰（O_b）的峰电势则随颗粒尺寸的增大略微发生正移。这说明，从对含氧物种的吸附强度上可以将 Pt 纳米颗粒表面的原子分成两类。Balbuena 等[111]最近的 DFT 计算研究结果表明，氧原子在 Pt(111) 和 Pt(100) 表面的吸附能很接近，而在 Pt(110) 面则要强得多。由于纳米颗粒棱边原子列的结构与 Pt(110) 面的顶层原子列类似。这样，我们似乎可以认为峰 O_a 与 Pt 纳米颗粒棱边原子上的氧物种脱附有关，峰 O_b 则对应于 Pt 纳米颗粒（111）和（100）面上的氧物种脱附。通过对含氧物种的脱附峰进行分峰拟合可以发现，随着 Pt 颗粒尺寸减小，O_a 峰所占的面积逐渐增大，而 O_b 峰所占的面积则逐渐减小。这进一步说明随着纳米颗粒尺寸减小，棱边原子比例增加，面原子比例降低。

根据前面的讨论可知，Pt(110) 单晶面上的氢电极反应交换电流密度比 Pt(100) 和 Pt(111) 高。这样，考虑到 Pt 纳米颗粒棱边原子列的结构与 Pt(110) 面的顶层原子列比较类似，我们似乎可以得出氢电极反应交换电流密度随 Pt 纳米颗粒尺寸减小而增大的结论。这和图 6-20 给出的旋转电极的实验结果正好相反。

根据 DFT 计算我们知道，在平衡电势附近，氢电极反应在 Pt(110) 表面的活性位是相邻原子列之间所形成的长程桥式位[73]。在 Pt 纳米颗粒表面，棱边原子列之间并不相邻。也就是说，纳米颗粒表面并没有 Pt(110) 表面上的长程桥式位。这样，在平衡电势附近，棱边原子列上氢电极反应的活性位为 Pt 原子的端位（top）。根据 DFT 计算得到的覆盖度以及本章 6.4.2 中所建立的火山关系图可知，氢电极反应的交换电流密度在 Pt 纳米颗粒表面的（100）最高，在棱边原子列最低。这便能很好地解释图 6-20 的实验结果。

6.7 总结与展望

作为研究得最早、相对来说最为简单的电催化反应，氢电极过程仍是当前电化学研究的活跃内容之一。特别是近年来随着燃料电池和电解水技术发展的需求，Pt 基催化剂上的氢电极电催化受到重新重视。迄今，电化学原位谱学技术和表面科学技术在氢电极过程的研究中可发挥的作用仍然有限。相比之下，近年来基于密度泛函理论的计算化学在氢电极电催化研究中发挥了重要作用，提供了若干具有启发性的结果。结合近年来的理论计算结果和在单晶电极与纳米催化剂表面的实验研究结果，我们基本上可以得到以下认识。

(1) 氢在 Pt 基电极材料表面的吸附　氢原子在表面原子配位数相对较低的 Pt(100) 和 Pt(110) 表面吸附比在 Pt(111) 面强。在 Pt(111) 表面，氢原子优先吸附在由三个表面原子构成的三重 fcc 空穴位，在 Pt(100) 则优先吸附在相邻原子之间的二重桥式位，在 Pt(110) 面则由于表面重构结构而比较复杂，可能在多种位同时吸附。Pt 电极上氢的电化学吸附与气相吸附在热力学上比较接近，电化学吸附能和气相吸附能数据差别不大。

氢的吸附并不仅仅在氢析出之前的 UPD 电势范围内发生。在同一种单晶表面，UPD 氢和 OPD 氢可能是同一类吸附氢，如在 Pt(111) 表面均为 fcc 位吸附的氢，在 Pt(100) 表面均为桥式位的氢。不同的只是氢原子在 UPD 电势区和 OPD 电势区的覆盖度和吸附能有显著差别。同时，在同一种表面，UPD 氢可能有多种吸附的氢原子，如在多晶电极和 Pt(110) 单晶电极表面。

氢原子在各种 Pt 电极表面的吸附均满足 Temkin 吸附等温式（在电化学中也称为 Frumkin 吸附）。但是，在不同单晶面以及同一单晶面的不同吸附位，吸附等温式参数有显著差别。

(2) Pt 基电极材料表面的氢电极反应机理和动力学　目前关于 Pt 基电极材料表面的氢电极反应机理的认识仍不是很统一。公认的是 Volmer 反应是一个快反应，但到底是以 Tafel-Volmer 还是以 Heyrovsky-Volmer 路径进行或是两种路径均存在，需要进一步的研究。不过，目前大多数的研究结果似乎支持至少在低过电势下反应以 Tafel-Volmer 路径进行的观点。

无论以哪种机理进行，氢电极反应的交换电流密度 j^0 均与平衡电势下的氢原子吸附自由能 ΔG^0 (θ^0) 和覆盖度 θ^0 有火山形关系。j^0 在 $\Delta G^0(\theta^0)=0$ 或 $\theta^0=0.5$ 时达到最大。在平衡电势下，不同 Pt 单晶表面的活性氢原子种类和覆盖度显著不同：在 Pt(111) 表面，主要为 fcc 位氢，其覆盖度在 0.9 单层左右；而在 Pt(100) 表面则为桥式位氢，其覆盖度在 1.3 单层左右。因此，不能简单地利用任意覆盖度下的吸附能数据对 Pt 基材料表面的 j^0 顺序进行预期，而是必须使用平衡电势下的数据。

对于平面电极，具有开放结构的表面［如 Pt(110) 台阶，Pt(100) 等］一般具有较高的氢电极反应活性。而表面配位数较高的 Pt(111) 面则具有较低的活性。对于纳米颗粒催化剂，虽然棱边原子也具有开放的低配位结构，但相对于面原子其具有较差的活性。这是由于平面原子的某些活性位点在纳米颗粒棱边原子列上并不存在［如 Pt(110) 面的长程桥式位等］。因此，氢电极反应的活性随 Pt 纳米颗粒催化剂尺寸的减小而降低。

可以预期，对于氢电极反应的研究仍将是电化学与电催化研究的主要内容之一。目前，关于各种单晶电极表面以及纳米催化剂表面的氢电极反应交换电流密度仍缺乏可靠的数据。虽然 DFT 计算提供了许多定性甚至半定量的结果，但目前仍不能完全依靠理论计算给出氢电极反应机理和动力学的准确结果。另外，由于缺乏比较系统和一致的报道，本章也未讨论一些重要的问题，如溶液 pH 对氢电极反应机理和动力学的影响及其本质，新型非贵金属材料（如金属碳化物等）对氢电极反应的催化机理等。对这些问题的研究对发展碱性燃料电池和水电解技术具有重要意义，可能是未来关于氢电极电催化研究的重点。

致谢

国家重大科学研究计划项目（2012CB932801），国家自然科学基金（21073137）。

参 考 文 献

[1] Kobosev N, Monblanowa W. Acta Physicochim, 1934, 1: 611.

[2] Grubb W T, Niedrach L W. J Electrochem Soc, 1960, 107: 131.

[3] Conway B E, Bockris J O'M. J Chem Phys, 1957, 26: 532.

[4] Tafel J. Zeit Fur Phys Chem, 1905, 50: 641.

[5] (a) Butler J A V. Trans. Faraday Soc, 1932, 28: 379; (b) Redey-Gruz T, Volmer M Z. Physik Chem, 1930, 150A: 203.

[6] Horiuti J, Polanyi M. Acta Physico Chimica, 1935, 2: 505.

[7] Frumkin S. Ada Physicochimica, 1935, 3: 791.

[8] Bockris J O'M. Int J Hydro Energy, 2002, 27: 731.

[9] National Research Council, Committee on Alternatives and Strategies for Future Hydrogen Production and Use, National Academy of Engineering, National Academy of Sciences. in The hydrogen economy: opportunities, costs, barriers, and R&D needs. Washington D C: National Academies Press, 2004.

[10] Ball M, Wietschel M. The hydrogen economy: opportunities and challenges. Cambridge: Cambridge University Press, 2009.

[11] Vetter K J. Elektrochemische Kinetik. Berlin: Springer-Verlag, 1961.

[12] Breiter M W. Handbook of Fuel Cells-Fundamentals, Technology and Applications. Vielstich W, Gasteiger H A, Lamm A. Eds. Volume 2. Chichester: Wiley, 2003.

[13] Wendt H, Plzak V. Electrochemical hydrogen technologies. Wendt H, Ed. Elsevier, 1990: 15-62.

[14] 查全性. 电极过程动力学导论. 第3版. 北京: 科学出版社, 2002: 第7章.

[15] Enyo M. Interfacial Electrochemistry. Wieckowski A, Dekker M. Eds. 1999, Part IV: 290.

[16] Trasatti S. Adv Electrochem Electrochem Eng, 1977, 10: 213.

[17] Trasatti S. Handbook of Fuel Cells—Fundamentals, Technology and Applications. Vielstich A Lamm, Gasteiger H A. Eds. NY: John Wiley & Sons Ltd Chichester, 2003: Vol 2, Part 2, 88-92.

[18] Markovic N M, Grgur B N, Ross P N. J Phys Chem B, 1997, 101: 5405.

[19] Bagotzky V S, Osetrova N V. J Electroanal Chem, 1973, 43: 233.

[20] Kita H, Ye S, Gao Y. J Electroanal Chem, 1992, 334: 352.

[21] Vogel W, Lundquist J, Ross P, Stonehart P. Electrochim Acta, 1975, 20: 79.

[22] Zhou J F, Zu Y B, Bard A J. J Electroanal Chem, 2000, 491: 22.

[23] Chen S, Kucernak A. J Phys Chem B, 2004, 108: 13984.

[24] Sun Y, Dai Y, Liu Y, Chen S. Phys Chem Chem Phys, 2012, 14: 2278.

[25] Neyerlin K C, Gu W B, Jorne J, Gasteiger H A. J Electrochem Soc, 2007, 154: B631.

[26] Christmann K, Lipkowski J, Ross P N, Eds. New York: Wiley-VCH, 1998: Chapter 1; Christmann K. Surf Sci Report, 1988, 9: 1.

[27] Ross P N. Chemistry and Physics of Solid Surfaces. Vanselow G, Howe R, Eds. New York: Springer, 1982: vol IV, 173.

[28] Ross P N. Surf Sci, 1981, 102: 463.

[29] Karlberg G S, Jaramillo T F, Skúlason E, Rossmeisl J, Bligaard T, Nørskov J K. Phys Rev Lett, 2007, 99: 126101.

[30] Skúlason E, Kalberg G S, Rossmeisl J, Bligaard T, Greeley J, Jónsson H, Nørskov J K. Phys Chem Chem Phys, 2007, 9: 3241.

[31] Breiter M W. Electrochim Acta, 1963, 8: 925.

[32] Clavilier J, Orts J M, Gomez R, Fliu J M, Aldaz A. Proceedings of Symposium on Electrochemistry and Materials Science, in Proceedings of Cathodic H Absorption and Adsorption. Conway B E, Jerk-

iewicz G, Eds. Pennington, NJ: The Electrochemical Society Inc, 1995: vol 94-21, 167.

[33] Clavilier J, Faure R, Guinet G, Durand R. J Electroanal Chem, 1980, 107: 205.

[34] Clavilier J. J Electroanal Chem, 1980, 107: 211.

[35] Clavilier J, Armand D, Sun S G, Petit M. J Electroanal Chem, 1985, 205: 267.

[36] Clavilier J, Rodes A, El-Achi K, Zamakhchari M A. J Chim Phys, 1991, 88: 1291.

[37] Markovic N, Hanson M, McDougall G, Yeager E. J Electroanal Chem, 1986, 214: 555.

[38] Seto K, Iannelli A, Love B, Lipkowski J. J Electroanal Chem, 1987, 226: 351.

[39] Markovic N M, Marinkovic N S, Adzic R R. J Electroanal Chem, 1988, 241: 309.

[40] Conway B E. Progress in Surface Science. Davison S, Ed. Fairview Park, NY: Pergamon Press, 1984: vol 16.

[41] Nichols R J. Adsorption of Molecules at Metal Electrodes. Lipkowski J, Ross P N, Eds. New York: VCH Publisher Inc, 1992: Chapter 7.

[42] Tidswell I M, Markovic N M, Ross P N. Phys Rev Lett, 1993, 71: 1601.

[43] Tidswell I M, Markovic N M, Ross P N. J Electroanal Chem, 1994, 376: 119.

[44] Climent V, Gomez R, Feliu J M. Electrochim Acta, 1995, 45: 629.

[45] Lucas C, Markovic N M, Ross P N. Phys Rev Lett, 1996, 77: 4922.

[46] Markovic N M, RossP N. Surf Sci Rep, 2002, 45: 117.

[47] Conway B E, Timothy B. Electrochim Acta, 2002, 47: 3571.

[48] Domke K, Herrero E, Rodes A, Feliu J M. J Electroanal Chem, 2003, 552: 115.

[49] Barber J H, Conway B E. J Electroanal Chem, 1999, 461: 80.

[50] Gómez R, Orts J M, Álvarez-Ruiz B, Feliu J M. J Phys Chem B, 2004, 108: 228.

[51] Conway B E, Barber J, Morin S. Electrochim Acta, 1998, 44: 1109.

[52] Koper M T M, Lukkien J J. J Electroanal Chem, 2000, 485: 161.

[53] Berná A, Climent V, Feliu J M. Electrochem Commun, 2007, 9: 2789.

[54] Strmcnik D, Tripkovic D, Vander Vliet D, Stamenkovic V, Markovic N M. Electrochem Commun, 2008, 10: 1602.

[55] Barber J, Morin S, Conway B E. J Electroanal Chem, 1998, 446: 125.

[56] Conway B E, Jerkiewicz G. Solid State Ionics, 2002, 150: 93.

[57] Chun J H, Ra K H, Kim N Y. International Journal of Hydrogen Energy, 2001, 26: 941.

[58] Chun J H, Jeona S K, Kima N Y, Chun J Y. International Journal of Hydrogen Energy, 2005, 30: 1423.

[59] Zolfaghari A, Jerkiewicz G. J Electroanal Chem, 1997, 420: 11.

[60] Zolfaghari A, Jerkiewicz G. J Electroanal. Chem, 1997, 422: 1.

[61] Zolfaghari A, Jerkiewicz G. J Electroanal Chem, 1999, 467: 177.

[62] Markovic N M, Schmidt T J, Grgur B N, Gasteiger H A, Behm R J, Ross P N. J Phys Chem B, 1999, 103: 8568.

[63] Garcia-Araez N, Climent V, Feliu J. J Phys Chem C, 2009, 113: 1993.

[64] Garcia-Araez N, Climent V, Feliu J. J Electroanalytical Chemistry, 2010, 649: 69.

[65] Kunimatsu K, Uchida H, Osawa M, Watanabe M. J Electroanal Chem, 2006, 587: 299.

[66] Kunimatsu K, Senzaki T, Tsushima M, Osawa M. Chem Phys Lett, 2005, 401: 451.

[67] Ren B, Xu X, Li X Q, Cai W B, Tian Z Q. Surf Sci, 1999, 427/428: 157.

[68] Nanbu N, Kitamura F, Ohsaka T, Tokuda K. J Electroanal Chem, 2000, 485: 128.

[69] Ogasawara H, Ito M. Chem Phys Lett, 1994, 221: 213.

[70] Tadjeddine A, Peremans A. Surf Sci, 1996, 368: 377.

[71] Nørskov J K, Bligaard T, Logadottir A, Kitchin J R, Chen J G, Pandelov S, Stimming U. J Electrochem Soc, 2005, 152: J23.

[72] Skúlason E, Tripkovic V, Bjrketun M E, Gudmundsdttir S, Karlberg G, Rossmeisl J, Bligaard T, Jnsson H, Nørskov J K. J Phys Chem C, 2010, 114: 18182.

[73] Yang F, Zhang Q, Liu Y, Chen S. J Phys Chem C, 2011, 115: 19311.

[74] Zhang Q, Liu Y, Chen S. J Electroanal Chem, http://dx.doi.org/10.1016/j.jelechem.2012-08-009.

[75] 张千帆. 铂表面氢电催化反应的密度泛函计算研究 [D]. 武汉: 武汉大学, 2012.

[76] Wang J X, Springer T E, Adzic R R. J Electrochem Soc, 2006, 153: A1732.

[77] Wang J X, Springer T E, Liu P, Shao M, Adzic R R. J Phys Chem C, 2007, 111: 12425.

[78] Ishikawa Y, Mateo J J, Tryk D A, Cabrera C R. J Electroanal Chem, 2007, 607: 37.

[79] Santana J A, Mateo J J, Ishikawa Y J. Phys Chem C, 2010, 114: 4995.

[80] Bockris J O'M. Trans Faraday Soc, 1947, 43: 417.

[81] Seto K, Iannello A, Love B, Lipkowski J. J Electroanal Chem, 1987, 226: 351.

[82] Kita H, Ye S, Gao Y. J Electroanal Chem, 1992, 334: 351.

[83] Gomez R, Fernandez-Vega A, Feliu J M, Aldaz A. J Phys Chem, 1993, 97: 4769.

[84] Ambunathan K, Hillier A C. J Electroanal Chem, 2002, 524-525: 144.

[85] Zoski C G. J Phys Chem B, 2003, 107: 6401.

[86] Sun Y, Lu J, Zhuang L. Electrochimica Acta, 2010, 55: 844.

[87] Bockris J O'M. Chem Rev, 1948, 43: 525.

[88] Kita H. J Electrochem Soc, 1960, 113: 1095.

[89] Ruetschi P, Delahay P. J Chem Phys, 1955, 23: 195.

[90] Bockris J O'M. Modern Aspects of Electrochemistry. London: Butterworths Scientific Publications, 1954: vol 1, chapter 4.

[91] Schmickler W, Trasatti S. J Electrochem Soc, 2006, 153: L31.

[92] Parsons R. Trans Faraday Soc, 1958, 54: 1053.

[93] Schmidt T J, Ross P N, Markovic N M. J Electroanal Chem, 2002, 524-525: 252.

[94] Markovic N M, Sarraf S T, Gasteiger H A, Ross P N. J Chem Soc, 1996, 92: 3719.

[95] García-Aráez N, Climent V, Feliu J M. Electrochimica Acta, 2009, 54: 966.

[96] Hoshi N, Asaumi Y, Nakamura M, Mikita K, Kajiwara R. J Phys Chem C, 2009, 113: 16843.

[97] Kajiwara R, Asaumi Y, Nakamura M, Hoshi N. J Electroana Chem, 2011, 657: 61.

[98] Sun Y, Zhuang L, Lu J, Hong X, Liu P. J Am Chem Soc, 2007, 129: 15465.

[99] Vogel W. J Phys Chem C, 2008, 112: 3475.

[100] Wasserman H J, Vermaak J S. Surface Science, 1972, 32: 168.

[101] Oudenhuijzen M K, Bitter J H, Koningsberger D C. J Phys Chem B, 2001, 105: 4616.

[102] Wang L, Roudgar A, Eikerling M. J Phys Chem C, 2009, 113: 17989.

[103] Yang F, Liu Y W, Ou L H, Wang X, Chen S L. Science China Chemistry, 2010, 5: 3411.

[104] Van Hardeveld R, Van Montfoort A. Surf Sci, 1966, 4: 396.

[105] Henry C R. Surf Sci Rep, 1998, 31: 231.

[106] Kinoshita K. J Electrochem Soc, 1990, 137: 845.

[107] Mayrhofer K, Blizanac B, Arenz M, Stamenkovic V, Ross P, Markovic N. J Phys Chem B, 2005, 109: 14433.

[108] Babic B M, Vracar L M, Radmilovic V, Krstajic N V. Electrochim Acta, 2006, 51: 3820.

[109] Takasu Y, Fujii Y, Yasuda K, Iwanaga Y, Matsuda Y. Electrochim Acta, 1989, 34: 453.

[110] Vogel W, Lundquist J, Ross P, Stonehart P. Electrochim Acta, 1975, 20: 79.

[111] Gu Z, Balbuena P B. J Phys Chem C, 2007, 111: 9877.

第 **7** 章

铂基催化剂上的氧还原电催化

■ 李明芳　廖玲文　杨帆　姚瑶　陈艳霞

［合肥微尺度物质科学国家实验室（筹），中国科技大学化学物理系］

7.1 概述

氧还原是一个包含多个反应步骤以及四电子转移的复杂反应。在酸性与碱性介质中氧还原的总反应方程式分别如下：

$$O_2 + 4H_3O^+ + 4e^- \longrightarrow 6H_2O, \quad E^0 = 1.23V(vs. SHE) \tag{7-1}$$

$$O_2 + 2H_2O + 4e^- \longrightarrow 4OH^-, \quad E^0 = 0.404V(vs. SHE) \tag{7-2}$$

作为燃料电池的首选阴极反应，氧还原是电催化领域中一个十分重要的反应。自半个多世纪以来人们对电极材料（结构、粒径、组成）、电极电势、界面双电层结构对氧还原反应的影响开展了广泛的研究，并获得了大量原子、分子水平上的认识[1~7]。这些认识也为理解催化作用与电的作用如何交互影响调控电极过程的机理与动力学并为建立电催化相关基本原理提供了很多重要的信息。

例如，以元素周期表中各种金属作为电催化剂所开展的系统研究表明，氧还原活性与氧原子的吸附能之间呈现出典型的火山形关系曲线（图 7-1）[8]。其中在酸性介质中，Pt 是所有单质金属中最好的氧还原催化剂。位于元素周期表左边的金属，其 d 轨道电子数较少，通常易与氧气形成氧化物，因此氧还原活性较低。而对于 Cu、Ag、Au、Zn、Cd 和 Hg，由于其 d 轨道为全充满，因此与氧分子作用较弱，很难打断 O—O 键，氧还原活性也较低。Pt 族金属，其表面原子与 O 的键能（Pt—O_x）既不是很强，也不是很弱，这样既能打断 O—O 键，同时还能让表面吸附的氧物种继续进行后续反应还原为水。这一规律，与在固/气异相催化体系建立的 Sabatier 原理完全一致[1~3]。

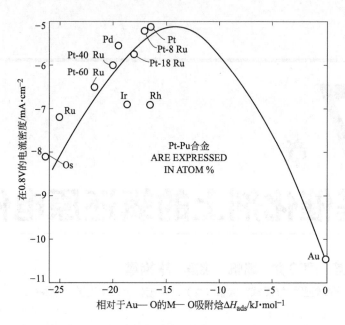

图 7-1　85％的磷酸溶液中，各金属上氧还原活性（以 0.8V 的电流表示）与计算
得到氧原子吸附能（相对于 Au）之间的火山形关系曲线[8]

但是，即使在氧还原性能最好的铂电极上，无论在酸性还是碱性介质中阴极氧
还原的超电势一直在 0.25V 以上[9]。因此，对以氧还原为阴极反应的 PEMFCs 技术
来说，通常为了能达到额定的输出电流，这类装置在工作时的阴极超电势高达 0.4V
（图 7-2），而且还只有在阴极担载较多的贵金属催化剂才能实现。以低温质子交换膜
燃料电池技术为例，目前用于阳极氢氧化的 Pt 催化剂担载量已降低到 0.05mg/cm²，
但是阴极氧还原催化剂的担载量仍然在 0.4mg·cm⁻² 以上，阳极与阴极的催化剂的
总担载量接近 0.5g Pt·kW⁻¹[9]。由于 Pt 的储量有限（仅为 66000t），而且价格昂
贵。2011 年全球 Pt 的产量为 200t，如果采用目前的技术手段［每台汽车 50g Pt·
(100kW)⁻¹］，将所有 Pt 都用来生产燃料电池，只能生产出 400 万辆以燃料电池为动
力的汽车。国际汽车制造商协会公布的数据显示 2011 年全球汽车产量突破 8000 万
辆。为了实现以质子交换膜燃料电池为动力电源的电动汽车的大规模产业化，就必须
将阴极催化剂降低到 0.2g Pt·kW⁻¹ 以下（接近内燃机的尾气净化装置中的 Pt 族催
化剂的用量水平，根据车型每台车 3～15g 不等)[9~11]。

目前国内外对新型氧还原催化剂的研究主要集中在以下三个方面[1~7,12~15]：
①减小 Pt 基催化剂的粒径以提高贵金属的分散度来增加其比表面积以及制备具有
特定表面取向的纳米催化剂，以提高单位活性位点的内在活性；②利用各种物理、
化学手段，向 Pt 催化剂中添加其它金属元素组分使其合金化，或者将 Pt 分散到其
它过渡金属、金属合金、核-壳结构或导电氧化物中，形成混合物、合金或表层仅
含 Pt 的 Pt-Skin 型催化剂以提高单位活性位的内在活性并同时降低催化剂的担载

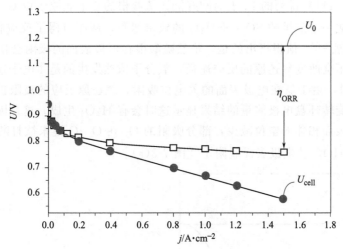

图 7-2　质子交换膜燃料电池的典型极化曲线[9]

工作温度：80℃；H_2/O_2 总压：150kPa；催化剂担载量：

阳极：0.05mg·cm^{-2}，阴极：0.4mg·cm^{-2}

量[9,16,17]；③开发非铂催化剂[9,18]，譬如借鉴大自然中酶能催化氧气高效还原，利用各种方法制备与这类生物酶的活性中心类似的仿生催化剂，使用各种方法如热解碳负载或无负载的过渡金属有机化合物、无机化合物，导电高聚物担载的过渡金属，制备碳环上氮配位的过渡金属催化剂等。总的说来，除极个别的情形外，这类非贵金属催化剂的氧还原活性与长期稳定性远低于铂基纳米催化剂。尤其在酸性条件下工作时，还没有哪一种催化剂的氧还原活性可以和 Pt 相比。因此，本章将从 Pt 单质、PtM 二元金属催化剂的结构、组成与氧还原活性的关系以及铂基氧还原机理等几个方面对这一领域的研究现状以及最新进展进行总结，最后还将给出对今后该领域的发展展望。

7.2　Pt 单质金属催化剂

7.2.1　Pt 单晶的晶面取向、阴离子吸附对氧还原性能的影响

对涉及反应物或中间产物在电极表面发生吸附的电催化反应如氧还原反应，电极本身的晶面取向和表面结构等性质对吸附能、电极反应机理和动力学有很大影响。Markovic 小组利用旋转环盘电极系统对铂单晶电极的 3 个基础晶面上的氧还原开展了系统的研究[19~26]。他们的研究结果表明，氧还原的结构敏感性很大程度上取决于电极表面对阴离子的吸附强度（图 7-3）。例如，在硫酸溶液中氧还原的活性按照 Pt(111)≪Pt(100)＜Pt(110) 的顺序增加［图 7-3（a）］，该顺序刚好与硫酸根在这三个表面的吸附强度顺序相反[27]。研究发现硫酸根在 Pt(111) 晶面吸附

很强是因为（111）排列的 Pt 表面刚好能让硫酸根的三个氧原子以 C_{3V} 结构在表面吸附，并形成一层二维的 $SO_4^{2-}+H_2O$ 的致密薄膜，从而阻碍了反应物 O_2 与表面 Pt 原子的接触[28]。值得指出的是，虽然硫酸根在电极表面的吸附会使氧还原活性降低，但并不会改变氧还原的反应途径，氧分子依然发生的是 4 电子还原反应。当 $E<0.35V$ 时，由于氢在电极表面的欠电位吸附，氧还原反应的极限扩散电流开始减小，根据旋转环盘电极测量的结果显示这时会有 H_2O_2 生成，这是因为氢的吸附致使铂电极表面相邻的空位减少，部分吸附的 O_2 在 O—O 键未被打断以前就已经生成 H_2O_2/HO_2^- 从电极表面脱附了［图 7-3(a)］[21]。

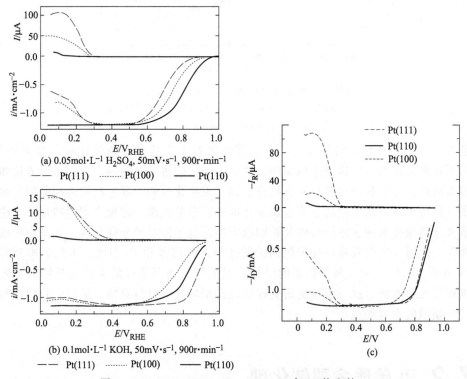

(a) 0.05mol·L⁻¹ H₂SO₄, 50mV·s⁻¹, 900r·min⁻¹

— — Pt(111) ······· Pt(100) —— Pt(110)

(b) 0.1mol·L⁻¹ KOH, 50mV·s⁻¹, 900r·min⁻¹

— — Pt(111) ······· Pt(100) —— Pt(110)

(c)

图 7-3　Pt(111)，Pt(100)，Pt(110) 在 O_2 饱和的

（a）0.05mol·L⁻¹ H₂SO₄[21]；（b）0.1mol·L⁻¹ KOH[20]以及

（c）0.1mol·L⁻¹ HClO₄[19]溶液中正向扫描的氧还原

极化曲线，电势扫描速率 50mV·s⁻¹，电极转速 900r·min⁻¹

而在高氯酸[19,29]与碱性[19,20]溶液中 ［图 7-3(c)，(b)］，其氧还原活性的顺序为 Pt(100)<Pt(110)<Pt(111)，这主要是因为在这类溶液中发生氧还原时，只有吸附强度比较弱的 OH⁻ 在电极表面发生吸附，而 OH⁻ 在这三个基础晶面的吸附强度顺序为 Pt(100)>Pt(110)>Pt(111)，所以 Pt(100) 的氧还原活性最低。与硫酸溶液中的结果相比，由于高氯酸溶液中只发生 OH⁻ 在电极表面的弱吸附，所以对于这三个基础晶面而言在高氯酸溶液中的氧还原活性均高于硫酸中的结果，尤其

对于 Pt(111) 电极，由于硫酸根在 Pt(111) 电极表面的吸附最强，其氧还原活性远低于在高氯酸溶液中的结果[19]。另外，在这三个基础晶面上在硫酸、高氯酸以及 KOH 溶液中最高与最低氧还原活性的差异程度随着阴离子吸附强度的减弱而降低，表现为 $H_2SO_4 > KOH > HClO_4$，例如在 $0.80 \sim 0.90V$ 的电位区间内，在硫酸溶液中 Pt(110) 的氧还原电流比 Pt(111) 电极的大两倍，而在高氯酸中 Pt(100) 与 Pt(111) 之间的差异相对比较小[19]。除了主要受电极表面吸附阴离子的影响外，最近 You 等发现在表面具有纳米尺寸级 (111) 和 (100) 小晶面交错构成的 Pt 模型电极上，在较低转速时的氧还原活性比单一晶面所构成的电极有所提高，他们认为这些小晶面间存在某种协同作用，比如在高氯酸溶液中 (100) 晶面有利于 O_2 的吸附，而吸附的富余 O_2 可扩散到其邻近氧还原活性较好的 (111) 面发生后续反应。[30]

除了对上述三个基础晶面的研究外，Feliu 等也系统地研究了具有不同台阶位密度的 Pt 单晶电极在硫酸与高氯酸溶液中的氧还原行为[31,32]。他们所采用的 Pt 单晶电极可以分为两个不同的系列：以 (111) 为平台位和 (100) 为台阶位的高指数晶面即 $Pt(S)[n(111) \times (100)]$，以及以 Pt(100) 为平台位 Pt(111) 为台阶位的 $Pt(S)[n(100) \times (111)]$ 系列电极。他们的研究结果显示在硫酸与高氯酸溶液中当分别比较这两个系列时，氧还原活性都会随着台阶位密度的增加而增加，在所有的阶梯晶面中 Pt(111) 面的氧还原活性最差（图 7-4）[33]。但是活性与台阶位密度并非线性增加，例如 (211) 面的氧还原活性比 (111) 面的高 4 倍左右（$0.9V$ vs. RHE），但 (331)，(551)，(771) 和 (110) 晶面的活性基本不变[34]。另外并不是台阶位密度越高氧还原活性就越好，例如 Pt(211)（由 3 个 111 平台位与 1 个 100 台阶位构成的周期性表面结构）在硫酸与高氯酸溶液中都展示了最好的氧还原活性，而 Pt(311) 电极（由 2 个 100 平台位与 1 个 111 台阶位组成的）虽然其台阶位密度要大于 Pt(211)，但是氧还原活性略低于 Pt(211)（图 7-4）[31]。Feliu 等认为在硫酸溶液中，氧还原活性随着台阶位密度的增加而减小是由于台阶位密度的增加，不利于 SO_4^{2-} 在电极表面的成膜吸附（形成长程有序的结构）所致。而在高氯酸溶液中氧还原活性在 Pt(211) 电极表面活性最高，他们推测氧还原的决速步骤为 $O_2 + e^- \longrightarrow O_2^-$，与其它阶梯晶面构成的电极相比，Pt(211) 电极的 O_2^- 的吸附自由能较高，所以使其氧还原活性较高。他们认为只要 O_2^- 在电极表面的吸附自由能不影响后续的还原反应，那么 O_2^- 的吸附自由能越高，越有利于氧还原反应的发生[33,34]。但是最近的理论计算认为由于 OH^- 在 Pt(211) 电极表面的吸附很强，从这一角度来看 Pt(211) 晶面的氧还原活性应该很差[35]。关于 Pt(211) 晶面的氧还原活性为什么比其它晶面要好的内在原因还有待于进一步研究。

除了支持电解质溶液中的阴离子以及溶剂水分子解离的 OH^- 会在 Pt 电极表面吸附外，溶液中的微量杂质离子如卤素阴离子等在电极表面的吸附也会对氧还原性能产生不同程度的影响。对这一问题，Markovic 小组在 Pt 电极的三个基础晶面上开展了系统的研究[36~38]。研究发现，常见的几种阴离子在铂电极吸附强度顺序为

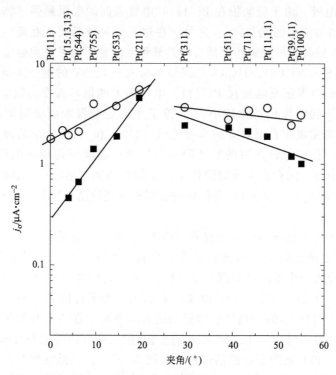

图 7-4 Pt 阶梯晶面在硫酸与高氯酸溶液中的氧还原的交换电流密度
和晶面取向之间的关系[31]

[X 轴是晶面相对于（111）面的夹角，实心方框：0.5mol·L^{-1} H$_2$SO$_4$
溶液，空心圆圈：0.1mol·L^{-1} HClO$_4$ 溶液]

F$^-$≈HClO$_4^-$＜SO$_4^{2-}$＜Cl$^-$＜Br$^-$＜I$^{-[22]}$。其中，F$^-$ 在电极表面的吸附较弱，其
氧还原活性与仅有来自于水分子中的 OH$^-$ 在电极表面的吸附的结果相当。I$^-$ 在三
个基础晶面的吸附很强，实验结果表明当 Pt(111) 电极表面有 I$^-$ 吸附时，电极几
乎没有氧还原活性。所以，这里我们重点讨论当电极表面有 Cl$^-$ 和 Br$^-$ 吸附时对氧
还原活性的影响。当在硫酸溶液中加入 1mmol·L^{-1} 的 Cl$^-$ 时，三个基础晶面的 Pt
单晶电极的氧还原活性与其在纯硫酸溶液中的结果相比明显降低，活性顺序为
Pt(100)＜Pt(110)＜Pt(111)，其中 Cl$^-$ 在 Pt(100) 电极表面的吸附对其氧还原活
性的影响最大。在动力学与扩散混合控制的电位区间内，氧还原过程中一直伴随着
H$_2$O$_2$ 的生成，使反应转移的表观电子数由 4 电子降为 3.5，而在氢的欠电位吸附
区，受共同吸附的 H 以及 Cl$^-$ 的影响，氧气则完全发生 2 电子还原生成 H$_2$O$_2$。而
对于 Pt(111) 电极由于 Cl$^-$ 在其表面的吸附强度与 SO$_4^{2-}$ 吸附强度类似，所以 Cl$^-$
在电极表面的吸附对 Pt(111) 电极的氧还原活性基本没有影响[37,38]。当电极表面
有更强的 Br$^-$ 吸附时，其氧还原活性与吸附 Cl$^-$ 时相比会进一步降低，表现为氧还
原的起始电位比在纯高氯酸溶液的电位负移了 0.3～0.5V，而反应转移的表观电子
数也降至 3 以下[36,38]。

值得指出的是 Cuesta 等最新研究结果表明对于像 CN^- 这种可以在 Pt(111) 电极表面形成 $2\sqrt{3}\times 2\sqrt{3}$ 稳定构型[39]的阴离子，该吸附构型不仅可以阻止硫酸根、磷酸根等离子在电极表面的吸附，还可以提供相邻的空位供 O_2 吸附断 O—O 键，使 O_2 发生 4 电子还原生成水[23]。饱和吸附 CN^- 阴离子的 Pt(111) 电极（用 Pt-CN_{ad} 表示）在硫酸与高氯酸溶液中的氧还原活性非常接近，几乎等于 Pt(111) 电极在高氯酸溶液中的结果。Pt-CN_{ad} 与 Pt(111) 在硫酸溶液中的结果相比，氧还原电流密度在 0.85V 增加了 25 倍［图 7-5(b)］。Pt-CN_{ad} 在磷酸溶液中的结果与 Pt(111) 电极相比，氧还原电流密度在 0.85V 也增加了 10 倍［图 7-5(d)］。Pt-CN_{ad}电极在酸性介质中的氧还原结果表明，当在高氯酸这种弱吸附电解质溶液中，在氧还原动力学控制区内，由于电极表面氧化物的覆盖度相对较高，实际上真正参与氧还原的活性位点数很少，在 Pt-CN_{ad} 电极上由于 CN^- 与 OH^- 之间的排斥力，会使得 OH^- 在电极表面的吸附变弱，OH^- 的吸附电位与 Pt(111) 电极相比向正电位移动［图 7-5(a)，(c)］，但是在高氯酸溶液中，由于电极表面同时被 CN^- 与 OH^- 吸附，所

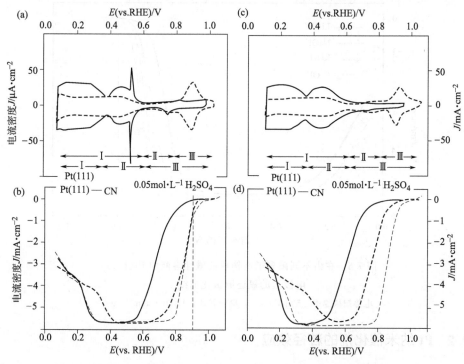

图 7-5　Pt(111)（实线）与 Pt(111)-CN_{ad}（虚线）在

（a）0.05mol·L^{-1} H_2SO_4，(c) 0.05mol·L^{-1} H_3PO_4 溶液中的

基本循环伏安曲线及 Pt(111)-CN_{ad} 在酸性溶液中的氧还原结果

［(b) 0.05mol·L^{-1} H_2SO_4，(d) 0.05mol·L^{-1} H_3PO_4］

其中为了对比在（b）、(d) 图中还给出了 Pt(111) 电极在 0.1mol·L^{-1} $HClO_4$

溶液中的结果（虚线所示）。电势扫描速率：50mV·s^{-1}，电极转速：1600r·min^{-1}[23]

以在氧还原的动力学区间内 Pt-CN$_{ad}$电极的活性略低于 Pt(111) 电极上的结果。与酸性溶液中的氧还原结果不同，当 Pt-CN$_{ad}$在 KOH 溶液中进行氧还原时，氧还原活性比没有修饰的 Pt(111) 的情形降低了 50 倍。Cuesta 等认为这是因为在电极表面形成的 K$^+$(H$_2$O)$_x$-CN$_{ad}$层，阻碍了 O$_2$、H$_2$O 等在电极表面的吸附[23]。

除了由于阴离子在电极表面吸附强弱的差异造成的氧还原活性差异外，与上述 Pt-CN$_{ad}$在 KOH 溶液中的氧还原行为类似，最近 Markovic 等在碱性溶液中也发现，氧还原活性与水合阳离子 M$^+$(H$_2$O)$_x$ 和表面吸附的 OH$_{ad}$的相互作用强弱具有明显对应关系[24]。M$^+$(H$_2$O)$_x$ 和电极表面吸附的 OH$_{ad}$之间的相互作用会随着阳离子的水合能降低（Li$^+$≫Na$^+$＞K$^+$＞Cs$^+$）以及随着界面 OH$_{ad}$-M$^+$(H$_2$O)$_x$ 团簇的溶度增加而增加。而这个趋势正好与 Pt 电极表面的氧还原反应、氢氧化反应和甲醇氧化反应活性相反（Cs$^+$＞K$^+$＞Na$^+$≫Li$^+$，见图 7-6），说明在界面吸附的水合氧离子团簇阻碍了氧还原反应的进行[24]。这些研究表明，无论是吸附的阴离子、水合阳离子还是 OH$_{ad}$都可能通过位阻效应降低氧还原的活性。

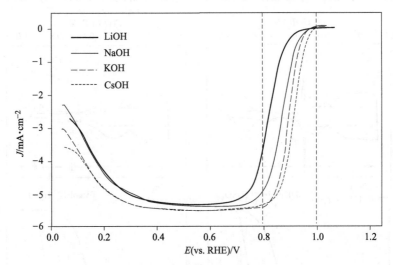

图 7-6　在由不同阳离子所构成的碱性溶液中 Pt(111)
电极上的氧还原极化曲线

电势扫描速率，50mV·s^{-1}，电极转速：1600r·min^{-1}[24]

7.2.2　Pt 纳米催化剂的粒径效应

上述单晶电极上氧还原的结构效应主要表现为阴离子的吸附强弱会随着电极晶面取向的不同而变化。但是，对于 Pt 纳米粒子构成的催化剂，当其粒径不同时，一方面表面晶面取向结构变化会影响氧还原的活性[9,40~44]；另一方面，分散度、比表面积等的变化还会影响氧还原的比质量活性[35,45,46]。对于由纳米粒子所构成电极的氧还原活性的评价有两个主要的标准，一个标准是电流对电极的活性面积进行归一化处理，得到电流密度（通常用 mA·cm^{-2}表示，这与本体电极相同）；另一个标准就是电流对负载的纳米催化剂的质量进行归一化处理，得到比质量活性（mass activity，通常用 $mA \cdot g^{-1} Pt$ 表示）[46]，下面我们将讨论 Pt 纳米催化剂的粒径对电流密度和比质量活性的影响。

为提高催化剂的比质量活性，通常有两种方法：①提高单位质量（单位活性位）催化剂的内在活性；②提高单位质量催化剂的利用率（增加活性位点数）。第一种方法我们将在 7.3 节详细讨论。第二种方法通常通过降低 Pt 催化剂的粒径，提高 Pt 分散度，从而大幅度地提高表面原子相对于体相原子的比例来提高催化剂的利用率。通常，工业型氧还原催化剂都是由 Pt 纳米粒子构成，由于表面原子所占比例较高因此纳米粒子表面自由能也很高，稳定性较差。为提高纳米粒子的稳定性，通常采用高分散的载体来负载纳米催化剂。在实际催化剂的制备中，减小载体上纳米催化剂粒径的基本策略有：①选用具有特定分散度（比表面积）的碳载体，降低 M/C 的质量分数；②维持金属的质量分数不变，采用更高比表面积的载体。

如将球形 Pt 纳米粒子的分散度由 $5m^2 \cdot g^{-1} Pt$ 提高到 $80m^2 \cdot g^{-1} Pt$，这等效于将其粒径从约 15nm 降低到约 3nm，其表面原子数对总原子数的比例由 3% 提高到 13%，将大大提高贵金属 Pt 的有效利用率。但一些研究结果表明，Pt 纳米粒子对 ORR 反应有尺寸效应，当 Pt 的分散度达到一定程度时，进一步提高分散度其氧还原的比质量活性不但不增加，反而会下降，即存在所谓的"负粒径效应"（图 7-7）[9,47]。早期关于磷酸燃料电池阴极催化剂的研发中就发现当 Pt 纳米粒子的粒径从 12nm 减小至 2.5nm 时，氧还原的电流密度减小 3 倍，而比质量活性在 3nm 时达到最大[14]。这被归因为在不同晶面取向上特性吸附的阴离子的阻碍作用，而 Pt 纳米颗粒表面的晶面取向分布随粒径的不同而变化[48]。但是对于仅有弱吸附阴离子体系（例如高氯酸溶液中）中的氧还原反应是否存在粒径效应？如果存在，那么具有最佳氧还原活性的 Pt 纳米粒子的粒径范围是多少，文献中一直没有一个统一的结论。

7.2.2.1　支持氧还原反应存在尺寸效应的有关文献结果

很多研究结果表明，当 Pt 纳米颗粒的粒径小于 4～5nm 后，在其它条件完全相同的前提下，其电流密度随粒径的减小而单调降低（图 7-7），比质量活性最大时对应的 Pt 纳米颗粒的粒径在 2～5nm 范围内[9,41,42,51~57]。例如，利用薄膜旋转圆盘电极以及燃料电池的对照研究，Gasteiger 等发现粒径为 3nm 左右的 Pt 纳米颗粒氧还原的比质量活性（$0.2A \cdot mg^{-1} Pt@0.9V$ 和 60℃）大约是粒径为 15nm 左右的铂黑电极的 5 倍[9]。对于粒径小于 2～5nm 的 Pt 纳米颗粒的氧还原比质量活性随颗粒粒径的减小而降低的内在原因，人们也从实验与理论两方面开展了系统的研究。Takasu 等通过真空蒸镀的方法将金属纳米颗粒沉积在光滑玻碳电极表面作为模型催化剂研究了氧还原的尺寸效应。使用这类模型催化剂的一个优点是没有高比表面的导电载体对测试的影响，而且双层充电电流很小。研究表明，在这类电催化剂上氧还原活性随着 Pt 纳米粒子的粒径从 5.5～1nm 单调减小（图 7-8），并且随着粒径的减小，氧还原的 Tafel 斜率增加；电极的开路电位降低，在相同电位下

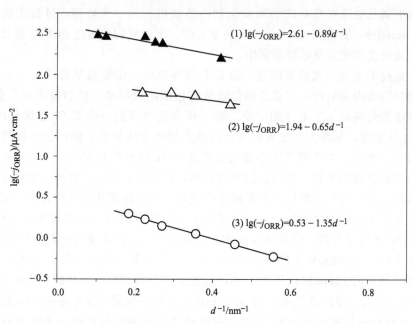

图 7-7　在氧气饱和的电解质水溶液中在 Vulcan XC-72 负载的 Pt 纳米催化剂上的
氧还原的动力学电流密度与 Pt 纳米粒子粒径的倒数之间的函数关系
(1) 0.9V (vs. RHE)，60℃[9]；(2) 0.85V (vs. RHE)，室温[49]；
(3) 0.85V (vs. SHE)，室温[50]；曲线 (1) 和 (2) 的测量是在薄层旋转
圆盘电极上进行，电解质溶液为 0.1mol·L⁻¹ HClO₄；曲线 (3) 是在
0.5mol·L⁻¹ H₂SO₄ 静态电解池中测量的

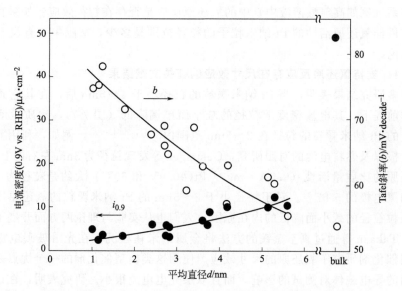

图 7-8　0.9V（相对于 RHE）下，不同尺寸 Pt/GC 模型催化剂和铂丝在 5mmol·L⁻¹
MHClO₄ 体系中 ORR 的电流密度以及 Tafel 斜率与纳米粒子直径的变化关系，温度：25℃[56]

氧物种覆盖度增加[56]。Mayrhofer 等通过不同尺寸 Pt 纳米粒子对氧还原和 CO 氧化两个反应来研究氧还原的尺寸效应，并讨论电化学吸附和催化过程中的纳米粒子的粒径效应的起源。结果表明随着 Pt 纳米粒子的直径从 30～1nm 的变化，纳米催化剂的零电荷电位向负移动大约 35mV，而 OH 的吸附能随着纳米粒子尺寸的减小而增大。他们发现 Pt-OH 吸附电位的负移，一方面对 CO 的本体氧化有促进作用，另外一方面对氧还原则会因位阻效应而阻碍反应的进行（图 7-9）[51]。

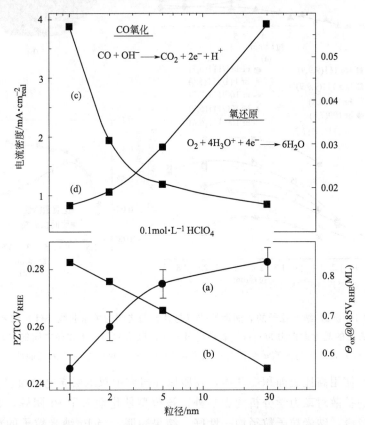

图 7-9　（a）CO 取代实验得到的零电荷电位；（b）电化学数据得到的 0.85V 下的氧覆盖度；（c）CO 本体氧化的电流密度；（d）氧还原反应的电流密度，数据表明 OH 的吸附以及对 Pt 电极-溶液界面的电化学性质的影响由纳米粒子的粒径决定[51]

　　Shao 等使用 Tanaka 公司提供的 1.3nm 的碳担载 Pt 催化剂作为晶种，利用欠电位沉积 Cu 层置换 Pt 生长的方法在 Pt 晶种表面沉积了 1～10 层的 Pt，得到了粒径为 1.30～4.65nm 的 Pt 纳米粒子。他们发现当纳米粒子的粒径从 1.3nm 增加到 2.2nm 时，比质量活性增加了 2 倍，电流密度增加了 4 倍，而粒径继续增加时，比质量活性反而减小同时电流密度依然缓慢增加［图 7-10（d）］[41]。最近，Perez-Alonso 等利用质谱技术高选择性地在光滑的基底上沉积具有特定质量的 Pt 团簇，并以这类材料为模型催化剂系统考察了 Pt 纳米粒子对氧还原反应的粒径效应。

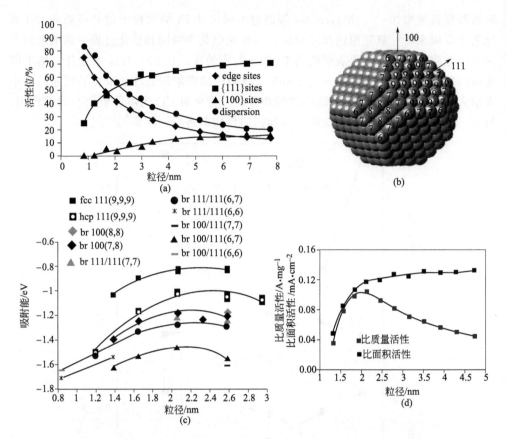

图 7-10 （a）纳米粒子的表面活性位点与其粒径之间的关系曲线；（b）纳米粒子表面的晶面取向分布；（c）氧在电极表面的吸附能与纳米粒子之间的关系；（d）氧还原的比质量活性与电流密度与纳米粒子粒径之间的关系曲线[41]

除了能避开使用高比表面积的载体，克服以往研究中双电层充电电流以及气体在催化剂层中的扩散对动力学分析的影响外，该模型催化剂采用 Pt 团簇，其质量分布范围相对较窄，纳米粒子粒径均一性好。结果表明，当 Pt 纳米粒子的粒径为 3nm 左右时，氧还原比质量活性最高，增大或减小纳米粒子的粒径氧还原的比质量活性都将减小［图 7-11（b）］[58]。

理论分析表明，随着纳米粒子粒径的减小，纳米颗粒表面出现比（111）、（100）面表面原子的配位数更低的晶面和更多台阶、棱边及边角等［图 7-10（a）、（b），图 7-12（a）］[35,41,46]。在这些配位数较低的结构位点上（对应的 Pt 原子的 5d 或 4f 空轨道能量较高）一方面 O/OH 的吸附通常比（111）平台位上强，这使得去除氧还原过程中产生的 O/OH 中间物的能垒提高，会导致 O/OH 的覆盖度增加，从而阻碍了氧还原的进行；另一方面也可导致除了 O/OH 外 O_2 以及其它反应中间物在吸附了 O/OH 的邻位上的吸附减弱及后续分解变难，两者都可使得其氧还原活性不如粒径大的粒子或本体材料。这种"负粒径效应"抵消了部分由粒径减

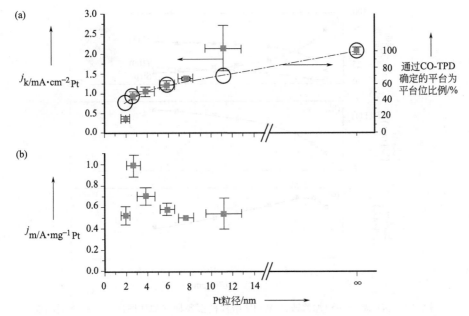

图 7-11 0.9V（vs. RHE）下氧还原的（a）动力学电流密度；（b）比质量活性与
Pt 纳米粒子的粒径之间的函数关系

电解质溶液：氧气饱和的 0.1mol·L^{-1} 高氯酸，电势扫描速率：50mV·s^{-1}，
旋转圆盘电极的转速为 1600r·min^{-1}，反应温度为 23℃，圆圈是从 COTPD 实验得到的
纳米粒子表面平台位的比例[58]

小导致的表面活性位点数增加的作用，使得 Pt 纳米粒子氧还原的比质量活性在 2～
4nm 范围内最大。这些理论计算结果与前述实验得到的随着 Pt 粒子的粒径减小，
吸附 OH 变强和电极的零电荷电位负移等趋势一致。

    Shao 等的理论计算却表明相对于其它粒径的纳米粒子，2.1nmPt 粒子表面的
氧物种吸附能最低 [图 7-10(c)]，尽管相对于其它粒径较大的纳米粒子，2.1nmPt
粒子活性较低的表面原子比例略高，但因其氧物种的吸附能低，两种作用是相互抵
消的，两相比较，氧的吸附能起决定作用，因此 2.1nm 的 Pt 纳米粒子的比质量活
性相对于粒径较大 Pt 纳米催化剂的活性更好。而对粒径小于 2.1nm 的粒子，不但
各活性位点的活性都比 2.1nm 的低，而且低活性的表面位点比例也增加，这两种
因素都将导致其电流密度急剧下降。由于比表面积增加，可以抵消一部分电流密度
下降产生的"负"效应，使得其比质量活性比电流密度随粒径的减小的幅度略微缓
和[41]。另外根据在模型催化剂表面的研究发现[30,59]，粒径为 3nm 左右的 Pt 纳米
粒子的氧还原活性较好与这种颗粒由大量取向为（111）和（100）面的小晶面构
成，而这些相邻晶面之间的协同作用更有利于氧物种在纳米颗粒表面的扩散与脱
附，这也可能会提高氧还原的活性[60]。另外，研究还发现，粒径效应在强吸附的
H_2SO_4 或 H_3PO_4 溶液中较明显，可能是因为这些阴离子在小纳米粒子表面的
Pt(111)晶面吸附太强，而且在这些小纳米颗粒表面，Pt(111) 面比 Pt(100) 面的

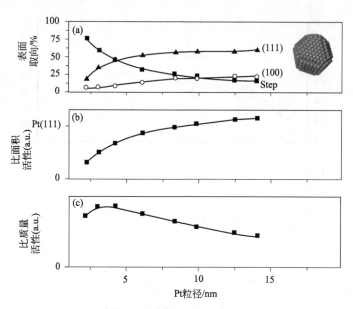

图 7-12 （a）基于一稍加修改的 Wulff 结构模型预期（如插图所示）的表面晶面
取向的比例，通过考虑纳米粒子表面的晶面分布后预期的（b）氧还原比面积活性
［以相对于 Pt(111) 电极上的氧还原电流密度进行归一化］和（c）比质量
活性与 Pt 纳米粒子的粒径之间的函数关系[46]

表面原子数比例大［图 7-10(a)，7-12(a)］。

值得指出的是，前面观察到氧还原粒径效应的实验结果大部分在薄膜旋转圆盘电极或者直接在由气体扩散电极构成的燃料电池上得到的，催化剂通常是担载在高分散的碳纳米载体上的（粒径通常在 5～20nm 以上）。假设碳纳米载体在圆盘上呈层状分布，在大部分实验中这类工作电极上碳载体的厚度通常都大于 10 层。对这类电极，氧分子在催化剂层内的传质阻力通常很大，即使对表面层的粒子，当碳载体上的 Pt 纳米粒子间距较小时，氧分子的扩散层会互相交叠。这时由于扩散传质不够快，很可能不是所有的 Pt 纳米粒子以及同一个纳米粒子上所有表面 Pt 原子都参与到氧还原反应中。但如果在估算氧还原活性时，把这些未参与反应的 Pt 纳米颗粒或表面原子也估算进去，将会导致氧还原的表观动力学电流密度偏低。另外，如果催化剂层内的 Nafion 等电解质未能有效连通，其传导质子的欧姆电阻也会较高，这些因素都将导致观测的电流比实际结果偏低，这种影响显然对小粒径的 Pt 纳米颗粒的影响更为显著。

另外，制备高分散的纳米催化剂通常用到各种具有不同分散度的碳载体，由于评价氧还原活性通常都用到电势扫描法，当氧还原电流较小时这些碳载体上的双电层充电电流也许会对真实的氧还原电流产生很大影响。所有这些因素都有可能导致所观察到的粒径效应大大偏离 Pt 纳米粒子本身的内在粒径效应[61]。尽管 Perez-Alonso 等[58]最近的报道认为他们所设计的实验一大优点就是排除了上述不确定因素的影响，但是很可惜，在他们的论文中，并没有给出或者没有完整地给出由一系列具有不同粒径的 Pt 纳米颗粒所构成的电极上的氧还原曲线、估算电化学活性面积的基本循环伏安曲线等原始数据，也没有给出催化剂担载量的信息，因此很难从他们的文章中判断其结论是否能从所得的实验数据中推出。

7.2.2.2 支持氧还原反应不存在尺寸效应的有关文献结果

与上述观点相反，另一些研究发现在 1～30nm 的粒径范围内没有观察到 Pt 纳米颗粒氧还原的尺寸效应[40,43,62,63]。早在二十年前在磷酸或硫酸介质中，Watanabe 等发现当纳米粒子的间距超过 20nm 时，氧还原电流密度不随 Pt 纳米催化剂的粒径的改变而变化（图 7-13）[43]，而且都和本体 Pt 电极相等。为了克服前面提到的氧气传质或催化剂层中的欧姆电压降可能会对测量到的表观氧还原活性产生的影响，Watanabe 小组在最近的一组实验中，使用了通道流动电解池（Channel Flow Cell）和电化学核磁共振光谱（EC-NMR）等技术研究了氧还原反应的尺寸效应[40]。在制备工作电极时，他们控制铺展在 Au 基底上的碳载体厚度仅为一层左右（碳载体的担载量 $5.45\mu g \cdot cm^{-2}$，很遗憾催化剂的担载量文献中并没有明确给出），他们对比粒径分别为 1.6、2.6 以及 4.8nm 的三组 Pt 纳米催化剂的氧还原性能，发现它们氧还原的速率常数与活化能基本相同［图 7-14(a)］。另外通过 [195]Pt NMR，表面峰位移和弛豫时间都显示了随着纳米尺寸的改变，纳米粒子表面原子层的电子结构并没有改变［图 7-14(b)］。由此他们判定 Pt 纳米粒子的表面原子层

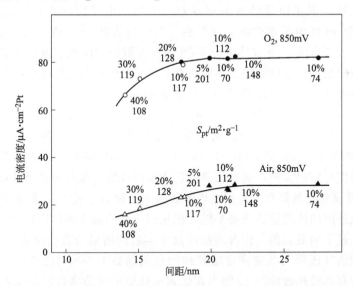

图 7-13 在 60℃ 的 $1.5mol \cdot L^{-1}$ 硫酸体系中，在 0.85V 下 Pt 纳米粒子催化氧还原的电流密度和碳担载的 Pt 纳米粒子的间距之间的关系

Pt 纳米粒子的间距通过在一系列具有不同分散度的碳载体上担载的相同量

（10%，质量分数）的 Pt 纳米粒子及在分散度为 $584m^2 \cdot g^{-1}$ 的碳

载体上担载不同量 Pt 来调控。圆圈的数据来自氧气饱和溶液，而三角

代表空气饱和溶液中的数据[43]

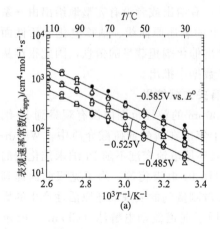
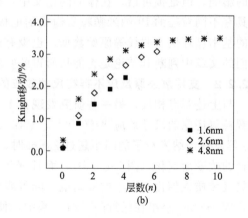

图 7-14　（a）Nafion-Pt/CB（4.8nm，空心圆），Nafion-Pt/CB（2.6nm，正
三角形）/CB，Nafion-Pt/CB（1.6nm，菱形），以及与 1.6nm Pt 催化剂担载量
相同的 Nafion-Pt/CB（2.6nm，正方形）和 Nafion-Pt（本体铂，实心圆）催化剂
上氧还原 ORR 反应的表观速率常数的 Arrhenius 曲线。其中菱形的数据中忽略了温度
大于 50℃时数据。每条实线是所有数据的最小二乘法拟合到的曲线。所测电位是
0.80V，0.76V，0.70V（vs. RHE），温度 30℃。（b）是各原子层之间
Knight 移动和纳米粒子尺寸之间的关系[40]

的电子性质以及氧还原活性并不存在粒径效应。但是应该指出的是他们用[195]Pt
NMR 来表征 Pt 的电子结构时，仅考察了电极电势低于 0.8V（vs. RHE）即超电
势大于 0.45V 的情形，在这些电位下 Pt 表面吸附的 OH 覆盖度已经很低且氧还原
主要受传质控制。在这些电位下推断得到的 Pt 纳米催化剂的电子结构随粒径的变
化趋势是否能够外推到氧还原的动力学电位区还有待于实验的进一步验证。

最近，Arenz 等在 $HClO_4$，H_2SO_4，KOH 三种电解质溶液中研究了 Pt 纳米
粒子上氧还原反应的粒径效应。他们发现随着纳米粒子粒径的改变，在由粒径为
1~5nm（对应的比表面积：40~130$m^2 \cdot g^{-1}$）的 Pt 纳米粒子构成的电极上，氧
还原电流密度与粒径无关，而氧还原的比质量活性随着催化剂的分散度而增大（图
7-15），而且该变化趋势和所使用的电解质溶液的种类无关[63]。即在所有的电解质
溶液中，氧还原的比质量活性都是随着催化剂粒径的减小而单调增大，并不存在对
应于某个粒径下的最大值。作者还指出这个实验的结果与自己先在 $HClO_4$ 溶液
中所观察到的氧还原的电流密度随粒径的变化趋势不一致（图 7-9），之前报道的
氧还原活性存在粒径效应[51]是因为在估算氧还原的电流密度时没有扣除碳载体的
双电层充电电流对所测量的总电流的贡献。基于上述结果，作者还指出利用如图
7-10 或图 7-12 中构筑的简单模型并分别考虑表面的不同位点的活性进行统计是不
能解释实验上所观察到的对粒径在 1~5nm 之间 Pt 催化剂氧还原的比质量活性随
粒径的减小而单调增加的事实的。

综上所述，对粒径在 1~5nm 之间 Pt 催化剂上氧还原反应到底是否存在尺寸

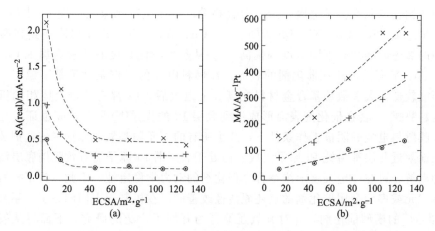

图 7-15 $HClO_4$，H_2SO_4，KOH 三种电解质溶液中 Pt 电极上氧还原的
电流密度以及比质量活性（a）与纳米催化剂的分散度（b）之间的函数关系[63]
×$HClO_4$; ⊙H_2SO_4; + KOH

效应目前存在两种截然不同的观点。笔者认为，产生分歧的主要原因是从实验上准确测量氧还原的内在活性十分困难。一方面，对这类高分散的 Pt 纳米催化剂，通常需用载体来分散才能保持其在反应条件下还能稳定存在，但是其纳米颗粒表面的具体结构目前还没有实验手段能具体表征，另外在反应条件下真正用于氧还原反应的活性位点数还无法准确测量[64]；另一方面如氧气在厚的催化剂层中的传质、催化剂层中的欧姆电压降、载体的充电电流、杂质物种的吸附等干扰因素在分析实验结果时都必须认真考虑[61]。目前的当务之急是需要电化学界建立一套规范化的表征方法，这样才能使同一小组合成的不同批次的催化剂，以及不同小组制备的催化材料的电催化活性具有可比性。

7.3 铂基二元模型电催化剂的氧还原行为

在前面讨论 Pt 纳米粒子的氧还原的粒径效应时就提出，为了提高铂催化剂氧还原反应的比质量活性，除了提高单位质量催化剂的利用率（提高 Pt 的分散度，增加活性位点数）外，还可以提高单位质量（单位活性位）催化剂的内在活性。提高单位质量铂催化剂的内在氧还原活性主要有两种方法。一种是合成具有某种晶面优先取向［如前面单晶电化学结果预期（111）、（211）取向氧还原活性最佳[33]］的 Pt 纳米催化剂。一些研究证实，在没有强吸附的电解质水溶液中，以（111）面为主的正八面体 Pt 纳米颗粒确实比以（100）面为主的立方体 Pt 纳米颗粒活性要好，但是由于所测的纳米颗粒通常粒径较大，其比质量活性并不是很高[65~67]。尽管（211）取向的大块单晶模型电极的氧还原活性较高，但目前尚未见到关于以 Pt（211）优先取向的 Pt 纳米催化剂上氧还原的报道。因此，另一种更为常用的方法是制备铂基二元或多元金属合金、混合物等。很多文献结果表明向 Pt 中引入 Ti、Al、Y、Sc、Fe、Co、Ni、Mn、Cr、V、Cu、W、La、Ag 等都能让其在酸性介质中的氧还原活性有不同程度的提高[10]。从热力学的角度看非贵金属如 Co、Ni、Fe、Cu、Y 等若沉积在催化剂的表面，在燃料电池的工作条件下都不稳定。由于表面能较低，大多数铂基合金材料在高温下退火后，Pt 都有从合金体相偏析到表面的趋势[68]，会在催化剂表面形成一到数层 Pt 的壳层[69,70]。研究也证实在质子交换膜燃料电池的阴极工作条件下，几乎所有的二元铂基氧还原纳米催化剂的表层或表面附近几层都由纯 Pt 原子组成。而处于表层的 Pt 原子能有效阻挡底层活泼金属的离解，可在一定程度上维持合金催化剂的动力学稳定性。因此，为了探索这类铂基二元或多元金属催化剂的氧还原活性改善的内在机制，人们制备了一系列具有 Pt 覆盖层的模型催化剂，并对其氧还原行为开展了广泛的研究，下面将从氧还原实验的角度出发结合近期的理论研究结果来讨论这一领域的相关进展。

制备具有 Pt 壳层的模型催化剂的方法有：①在结构确定的其它金属单晶上通过先欠电位沉积 Cu，再让 Pt 置换取代的方法可制备表面仅由一个单层的 Pt 构成的模型电极[71,72]；②在惰性或者还原性气体中对铂基二元合金进行退火使 Pt 偏析到表面层来[73]，这种电极的表层 Pt 一般为一个单层厚度，而第二层中第二种过渡金属的比例相对较高，继续深入体相内部 PtM 逐渐达到其体相水平，通常称作 Pt-skin 表面[74]；③将铂基二元材料在酸性以及高电位下氧化使合金表面的活泼金属溶解析出，可形成几乎全由 Pt 原子构成厚度约为 1~2nm 的不规整结构，通常称作 "Pt-skeleton" 表面[6]。对于 Pt-skin 和 Pt-skeleton 表面，合金的作用是调节 Pt 覆盖层的电子结构使得氧还原中间物种的吸附变弱。

利用上面所述的第一种方法即欠电位沉积铜、Pt 再发生置换的方法，Adzic 的研究小组尝试了在一系列其它贵金属单晶基底（如 Pd、Ru、Ir、Rh、Au 等）上沉积 Pt 单层作为氧还原的催化剂[72,75~77]。这样制备催化剂一方面可以尽量使催化剂中所有的 Pt 原子都在表层，并能有机会参与氧还原反应；另一方面还有望利用基底金属元素的几何与电子效应改善其催化活性。他们发现，在 Pd(111) 电极表面沉积 1mL 的 Pt[用 Pd(111)@1mL Pt 表示]，相对于 Pt(111)，其半波电位（$E_{1/2}$）正移了约 20mV，而在其它金属基底上沉积 Pt 单层的催化剂的氧还原活性均比 Pt(111) 电极的要差[75,78]。进一步的研究还发现如果在 Pd(111)@1mL Pt 电极的表层 Pt 中掺入适量吸附氧的能力大于 Pt 的其它过渡金属，诸如 Ir、Ru、Rh、Pd、Re 或 Os 等 [用 Pd(111)@1mL Pt_xM_y 来表示]，其氧还原的活性相对于 Pd (111)@1mL Pt 均有不同程度的提高[77]。例如，在 Pd(111)@1mL Pt_4Ir_1 电极上，0.8V 时氧还原的动力学电流是纯 Pd(111)@1mL Pt 的 3 倍，而相对于纯 Pt(111) 其电流提高了 10 倍左右 （图 7-16）。结合 DFT 计算，他们的结果也能很好地与表层 Pt 的 d 能级中心位置降低从而导致表层 Pt 原子对 O 及 OH 的吸附能下降这一因素相关联[72,77]。而且在不同金属基底上 O 及 OH 的吸附能变化趋势已经由电化学原位 X 射线吸收近边结构 （XANES） 所证实[78]；而在表层掺入 M 元素对氧还

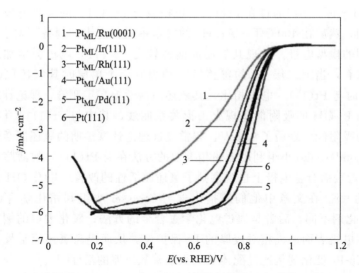

图 7-16　O_2 饱和的 $0.1\mathrm{mol \cdot L^{-1}}$ HClO₄ 溶液中单层 Pt 沉积在 Ru(0001)、Ir(111)、

Rh(111)、Au(111)、Pd(111) 与 Pt(111) 上正向扫描的

氧还原极化曲线，扫描速率：$20\mathrm{mV \cdot s^{-1}}$ [Pt(111)：$50\mathrm{mV \cdot s^{-1}}$]，

转速：$1600\mathrm{r \cdot min^{-1}}$[75]

原活性的进一步改善，是因为表层中的 M 能优先吸附氧，而且 M 上吸附的氧原子与 M 邻近的 Pt 原子上吸附的 O、OH 物种之间存在着强烈排斥作用，导致与表层活泼元素 M 邻近的 Pt 原子上的 O、OH 吸附作用减弱，从而加速了这些 Pt 活性位点上氧还原生成水的决速步骤，即吸附的 O、OH 与 H_3O^+ 结合及水的生成，这进一步提高了氧还原的反应速率（图 7-17）[72,77]。

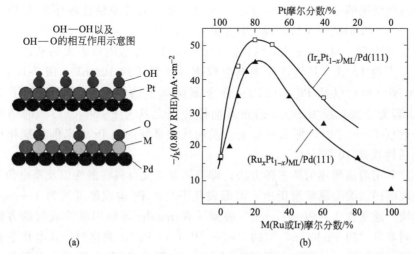

图 7-17　(a) 由于在第二种金属上 O/OH 的覆盖度所引起的 Pt 上 OH 覆盖度
降低的模型；(b) 用氧还原在 0.80V 的动力学电流作为 M/Pt 比例表示的 Pd(111)
基底上混合单层合金催化剂的氧还原活性[77]

Chorkendorff[79]小组通过在 Pt(111) 电极或类 Pt(111) 的薄膜电极表面采用欠电位沉积铜，然后在 400℃下、Ar/H$_2$ 的气氛中进行退火，制备了最表层是 Pt、而次表层为铜的模型电极。发现其氧还原活性较之 Pt(111) 电极会增加。并且从实验结果上来看，当第二层 Cu 的覆盖度大约为 0.5 个单层时其氧还原的活性最好，在 0.9V 时与 Pt(111) 电极相比，其氧还原活性提高了 8 倍，理论计算还表明氧还原活性与 Pt-OH 的吸附能呈现火山形关系曲线，其中与 Pt(111) 相比，OH 在该电极上的吸附能恰好弱了 0.1eV，非常接近理论计算预期的氧还原活性最好的情形。最近 Bondarenko 小组利用上述相类似的方法在类 Pt(111) 的薄膜电极表面制备的 PtCu 近表面合金电极上也观察到了氧还原活性的改善，以及 OH 的吸脱附峰的正向移动[80]。在文章中他们还指出这与 Strasser 小组利用化学合成制备的 Cu-Pt 纳米催化剂不同，后者是通过电化学去合金的方法，氧化表层的铜，然后通过应力效应在电极表面形成相对较厚的 Pt 保护层，从而提高氧还原活性，而前者制备的这种 Cu-Pt 催化剂是通过配体效应来改善氧还原的活性[81]。

利用第二种方法即在惰性或者还原性气体中对合金进行退火使 Pt 偏析到表面层来，Markovic 小组的系统研究发现，将 Pt$_3$M（M＝Ni、Co、Fe、Ti、V 等）型金属合金经过在真空中高温退火后，其表面第一层几乎全部是 Pt，而在第二层富集较多的活泼金属 M（而第三、四层接近体相合金组成）形成所谓的 Pt-skin 结构合金[82,83]。密度泛函理论（DFT）计算发现，不管是对 Pt$_3$M 合金还是上述具有 Pt-skin 结构的合金电极，表层 Pt 的 d 能带中心位置比纯 Pt 金属的都要低，而且按周期表中的原子排列以 V、Ti、Fe、Co、Ni 的顺序递升，而且 Pt-skin 结构中 d 能带中心下移的程度比 Pt$_3$M 合金略大。而如果将 Pt$_3$M 中表层的 M 通过电化学氧化反应去除后，得到的所谓 Pt-skeleton 结构其 d 能带中心位置介于上述两种情况的中间。同时电化学实验也表明，氧还原活性顺序按照 Pt-skin＞Pt-skeleton＞Pt 的顺序递减，而 OH$_{ad}$ 在金属表面的覆盖度则刚好相反[83]。最近该研究组还发现，具有 Pt-skin 结构的 Pt$_3$Ni(111) 合金电极表面的氧还原活性比 Pt(111) 高约 10 倍（其氧还原半波电位 $E_{1/2}$ 正移了约 100mV，图 7-18）。但类似的 Pt$_3$Ni(100) 以及 Pt$_3$Ni(110) 合金催化剂上的氧还原活性则低了 516 以上[84]。若能合成粒径为 30nm 的正八面体并使之具有 Pt$_3$Ni (111) 的结构与组成（分散度 $D\approx0.03$），那么与目前开发的活性最好的纯 Pt 纳米催化剂相比，其比质量活性提高 10 倍[11]。

通过利用前面所述的第三种方法，即将铂基二元材料在酸性以及高电位下氧化使合金表面的活泼金属溶解析出，可形成几乎全由 Pt 构成厚度约为 1～2nm 的不规整结构，通常称作 "Pt-skeleton" 表面。Watanabe 等利用磁控溅射的方法制备了一系列具有 "Pt-skeleton" 型的 Pt-Fe、Pt-Co、Pt-Ni 催化剂，其电化学扫描隧道显微镜（EC-STM）实验表明 "Pt-skeleton" 型 PtFe 催化剂表面主要是有序的 (111) 表面[85]。Watanabe 等[73]在这类电极上，也观察到氧还原活性相对于纯 Pt 有明显改善。最近 Chorkendorff 研究小组也利用酸洗氧化去除表面的活泼过渡

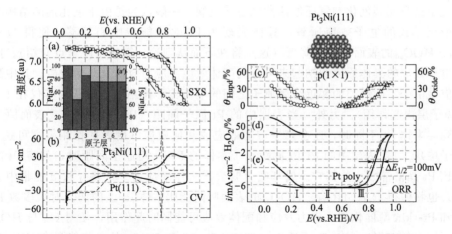

图 7-18　原位表征的 $Pt_3Ni(111)$ 在 333K、$0.1mol \cdot L^{-1}$ $HClO_4$ 溶液
中的 (a) SXS 数据，(a′) SXS 测量的密度分布；(b) Pt_3Ni 与 $Pt(111)$ 的基本
循环伏安曲线；(c) 氧物种/H_{ad} 在 Pt_3Ni 与 $Pt(111)$ 的覆盖度；
(d) 利用旋转环盘电极测量的 Pt_3Ni 与 $Pt(111)$ 环电极上 H_2O_2 氧化的
电流密度与 (e) 盘电极上氧还原电流密度随电位变化的极化曲线，扫描速率
$50mV \cdot s^{-1}$，电极转速 $1600r \cdot min^{-1}$[74]

金属的方式使 Pt 与元素周期表中左边的过渡金属如 Y、Sc、La、Hf 形成合金，制备 "Pt-skeleton" 型催化剂，他们发现制备的催化剂同样对氧还原的活性也有不同程度的改善，其中 Pt_3Y 电极的氧还原活性比纯 Pt 提高了近 5 倍（图 7-19）[10,86]。Wadayama 等利用分子束外延的方法制备了 Pt(111)@0.3nm Co、Pt(111)@0.3nm Co@0.3nm Pt 以及 Pt(111)@0.3nm Co@0.6nm Pt 三种模型电极，也验证了经过高温退火制备的 Pt(111)@0.3nm Co@0.3nm Pt 电极的氧还原活性要比 Pt(111) 高出 10 倍[87]。

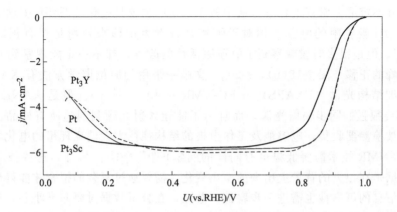

图 7-19　正向扫描的 Pt，Pt_3Sc 与 Pt_3Y 在氧气饱和的 $0.1mol \cdot L^{-1}$
$HClO_4$ 溶液中氧还原极化曲线
扫描速率 $20mV \cdot s^{-1}$，电极转速 $1600r \cdot min^{-1}$[10]

关于这类模型催化剂氧还原活性的改善机制，一般认为是由于催化剂的结构与组成变化导致的电子效应所致，具体表现为 Pt 的 d 能带中心下移，使得 O_{ad}、HO_{ad}、HOO_{ad} 的表面吸附能降低（这点将在下面从理论计算的角度重点介绍）。而产生电子效应的具体原因归纳起来可分为配体效应、应力效应及几何效应。其中配体效应是由于不同种类的邻近金属原子之间的电荷转移作用（一般认为其仅在 1~3 个原子层内起作用）。另外，当表层中的 Pt 原子间距（Pt-Pt 间距）或表面原子的排列与本体 Pt 不同时，还会产生应力效应或几何效应（后者的作用范围可达 7 个原子层）[7]。当表层中的 Pt-Pt 间距小于本体的 Pt-Pt 距原子间距时，如将 Pt 沉积在比 Pt 晶格常数小的其它金属基底上时会产生压缩应力。这将导致 d 能带中心下移，也将使得 O_{ad}、HO_{ad}、HOO_{ad} 的表面吸附能比本体 Pt 上的弱。对大多数 Pt 单层和 Pt-skin 型催化剂，应力效应和配体效应可能同时起作用，使得 O_{ad} 与 HO_{ad} 的吸附能降低而提高其氧还原活性。例如，Pt_3Ni 和 Pt_3Co 的晶格常数都比纯 Pt 的低，意味着它们的高活性很可能与应力效应有关。研究表明，以多晶 Pt_3Ni 和 Pt_3Co 通过真空退火形成活性最高 Pt-skin 结构中，表层下的第二个原子层主要由 Ni 或 Co 组成，由于 Pt 与其邻近的 Ni 或 Co 的成键耦合作用很大程度上提高了其氧还原活性，这表明配体效应可能也很重要[88,89]。而对由 Cu/Pt(111) 合金构成的 Pt-skin 型催化剂表面 Pt 原子的间距与体相差别不大，因此判断晶格应力效应可忽略[79,90]，但在电化学循环伏安实验中 Chorkendorff 等却观察到在该电极材料上 HO_{ad} 吸附峰比纯 Pt 明显地正移了[80]（注：但是在 63 届 ISE 会议上，Feliu 等质疑该电极在未进行循环伏安表征以前，电极表面已经被氧物种所污染，证据是在 0.1V 的 CO 吸附实验中并未观察到氢脱附氧化的阳极峰，而是出现一个负相的阴极电流峰），由此他们推断这种材料对氧还原的活性比纯 Pt 高出 8 倍与 HO* 吸附的减弱有关，二者都源于配体效应。

值得指出的是，关于铂基二元金属的电子效应的常规电化学或原位谱学方法实验表征并不容易。常规电化学方法中较多采用的主要是电化学循环伏安法，通常通过判断 OH 吸脱附的电流峰相对于纯铂是否发生正移来判断是否有正的电子效应[23,91]。但是很多时候观察到了氧还原活性的改善，却不一定能观察到 OH 吸脱附电流峰的正移 [图 7-18(b)，7-20]。文献中采用的原位谱学方法有 XANES，X 射线精细结构光谱（EXAFS）与 EC-NMR 技术[40,73,85,86]。但是 XANES 和 EXAFS 需要很强的同步辐射光源，而且为了能让入射光顺利到达所有样品、出射光能顺利被检测器收集，电解池及工作电极的结构往往大大偏离理想的电化学工作条件（EC-NMR 技术需要低温也有同样的问题）[40,73,85,86]。另外，这些技术得到的光谱数据是在很大的背景上出现的微小变化，需要通过复杂的拟合才能得到相关的信息，信息的可靠性也需进一步验证。总之，在分析数据时要非常小心，最好还能有其它完全不同的方法支持同样的结论。另外，一种非原位的技术——X 射线光电子能谱，给出关于表面附近原子的结合能、元素组成等的准确信息，但是由于该技术需要将电极从电解池取出并转移到真空中，才能进行相应的测量，在转移过程中

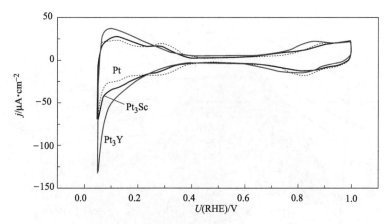

图 7-20　Pt，Pt_3Sc，Pt_3Y 在 （23±2）℃下，N_2 饱和的 0.1mol・L^{-1}
$HClO_4$ 溶液中的基本循环伏安图[10]

电极表面的结构和组成变化也会干扰想要得到的信息的获得。鉴于上述实验上的困难，电化学、催化以及理论化学工作者开展了紧密的合作，下面我们将从理论的角度出发，探讨铂基合金催化剂氧还原的活性改善的内在本质。

7.4　Pt 及其合金的氧还原活性趋势的理论预期

近十几年以来，随着相关理论的建立以及计算机技术的发展，氧还原的理论计算取得了很大的进展。通过考虑氧还原过程中在电极上产生的不同吸附中间体（包括 O_{ad}、HO_{ad}、HOO_{ad}）的吸附能，便可以计算氧还原反应整体的自由能随电势的变化。计算中一般都假设：a. 在高超电势下所有材料的每个位点的最大活性都是一样；b. 每一步表面反应的活化能和其反应自由能之间呈线性（Brønsted-Evans-Polanyi，BEP）关系[92]（确定 BEP 关系的系数是通过拟合反应活化能和反应能之间的数据得到，这个关系在对氧还原详细研究中得到证实[93]），这样对于给定的表面，氧还原活性可以和反应自由能图关联起来。Nørskov 等对过渡金属区的各类二元金属材料进行了系统的理论计算，提出了合理解释表面化学特性的 d 能带中心移动以及表面偏析的相关理论，并给出了大量的数据图表[10,94]。由于两种金属的晶格常数以及电子性质之间的差异，会导致拉伸压或应力以及配体效应，从而导致表层金属 d 能带中心的上移或下移。下面以 $Pt_3Y(111)$ 上的氧还原自由能图为例来讨论理论工作者对这一问题的理解（图 7-21）。

从图 7-21 可见，在氧还原反应中涉及 4 个质子与 4 个电子转移的基元过程。在燃料电池相关的电位下 （E<0.9V），HOO_{ad} 形成和 HO_{ad} 还原这两个基元步骤的自由能为正值，分别用 ΔG_1 和 ΔG_4 表示。通过增加超电势，每个反应步骤的驱动力增加（ΔG_1 和 ΔG_4 减小），直到所有反应步骤的能垒都为负值。其中氧还原

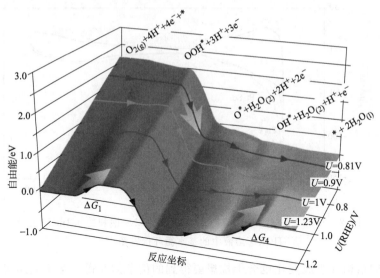

图 7-21　$Pt_3Y(111)$ 的 DFT 理论自由能图，其中含有 25% Y
表面下单层和 1/4 单层 O 吸附

所有数据来自 Greeley[10]

的极化曲线表现为随着超电势的增加，氧还原电流密度呈现指数型的增长（图 7-19）。从图中还可看出，每个步骤自由能垒皆为负值的电位为 0.81V。对于氧还原反应，理想情况下，人们总是希望有一个催化剂能够在较低超电势下表现出很高电流密度即反应的可逆性比较好。这一点在自由能与反应坐标图上体现为这个理想的催化剂在平衡电位 1.23V 时，氧还原反应的四个基元步骤的能垒都很小；这样在超电势很小时便会使所有反应步骤的自由能垒都为负值。一个理想的催化剂应该表现为对 HOO_{ad} 吸附相对较强，而对 O_{ad} 和 HO_{ad} 的吸附相对较弱。

　　然而，最近的理论研究表明不可能使上述吸附中间体的吸附能随着催化剂的改变而独立的改变[95]。计算发现对 O_{ad} 吸附很强的表面对于 HO_{ad} 或者 HOO_{ad} 同样有很强的吸附，因为 O_{ad} 和 HOO_{ad} 的吸附能与 $Pt-OH_{ad}$ 结合能之间存在一种线性的关系（图 7-22）。从图 7-22 可看出 $\Delta G_{HO_{ad}}$ 和 $\Delta G_{HOO_{ad}}$ 之间的能量相差大约 3.2eV。而在溶液中，HO^- 和 HOO^- 之间的能量差大约 3.4eV。这表明这种线性关系是普遍的，与氧是否与表面成键无关。当知道一个中间物的吸附能便可根据图 7-22 中的线性关系估算其它吸附中间物的吸附能。这样，我们可以预测反应达到最大电流时所需的超电势和吸附能 $\Delta G_{HO_{ad}}$ 之间的函数关系（注：吸附中间体之间的自由能差很明显是电势的函数）。经过理论和实验两方面的系统研究，上述各研究小组总结出下述结论：当催化剂表面不存在其它物种强吸附的前提下，在铂基合金催化剂上氧还原的活性可用一个简单的标度，即 O 以及 OH 的吸附能来表示。并绘制了以氧在催化剂表层 Pt 原子上的吸附能为横坐标、氧还原的反应活性（反应动力学电流）为纵坐标的关于氧还原活性的火山形曲线（图 7-23），其中的数据点是实验

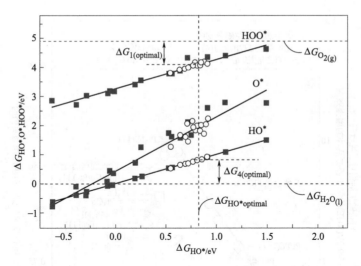

图 7-22　纯金属（111），（100）和（211）（正方块表示）及 Pt 覆盖到 Pt 合金的表面
（圆圈表示）的 ΔG_{HOO^*}，ΔG_{HO^*} 和 ΔG_{O^*}，分别表示 HOO*，HO* 和 O* 的理论吸附
自由能和 ΔG_{HO^*} 之间的函数关系[96]

得到的不同催化剂的氧还原活性和理论计算得到的 HO_{ad} 的吸附能 ΔG_{HOad} 之间的函
数关系，而图中虚线是根据 Sabatier 原理预期的氧还原活性和理论计算得到的
HO_{ad} 吸附能 ΔG_{HOad} 之间的函数关系。其中虚线顶点对应的是理论预期能达到的最
大催化活性及其对应的 ΔG_{HOad}。这个图包含了大部分目前为人们报道的具有最佳
氧还原活性的二元金属催化剂。火山图的左边，氧还原超电势主要由 ΔG_4 决定，
即 HO_{ad} 的还原是氧还原的决速步骤，而在火山图的右边 HOO* 吸附是决速步骤，
由 ΔG_1 决定。从火山形曲线可以看出，HO_{ad} 在纯 Pt 上的吸附能相对于最佳氧还原
活性来说高出了约 0.1eV。当合金催化剂中表层 Pt 吸附氧的能力比本体 Pt 低约
0～0.4eV 时，其氧还原活性都要比纯铂电极高，而最佳催化剂的表层 Pt 吸附氧的
能力比纯 Pt 低约 0.1～0.2eV，从图中可以看出，氧还原的最大反应活性出现在
Pt_3Co、Pt_3Ni 与 Pt_3Y 上。适中的 d 能带中心位置，一方面保证了 O_2 在 Pt 表面吸
附足够强，使得发生由 Pt 向 $O_{2,ad}$ 的电荷转移反应以迅速断开 O—O 键；另一方面
又保证 OH 在 Pt 上的吸附不是太强，因此 OH 能快速结合质子而生成水离开 Pt 表
面。从而能不断地空出表面的 Pt 空位，以维持氧还原反应持续进行[10]。

　　最近，Nørskov 等还对 O 在 750 余种二元金属组合（含铂以及非铂的）催化
剂的吸附能、热力学稳定性，以及在酸性和电化学氧化性环境（高电势～1V）中
的稳定性进行了系统的理论探讨[10]。他们发现，氧的吸附能比纯 Pt 低约 0～
0.4eV 的二元金属组合很多，同时在酸性及电化学氧化性环境中（高电势接近 1V）
热力学稳定的体系也有近 20 种，这些组合主要是 Pt 或 Pd 与其它一种过渡金属形
成的二元合金且表面是 Pt-skin 或 Pd-skin 型结构（图 7-24）。其中 Pt_3Y 以及 Pt_3Sc
合金不但可以将表层 Pt 原子上吸附氧物种的吸附能降低约 0.1～0.4eV，而

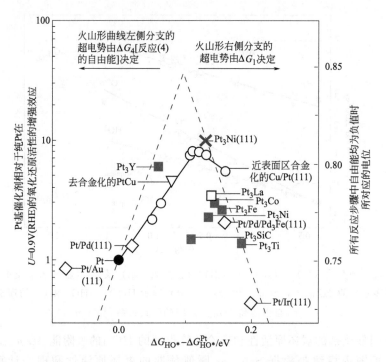

图 7-23　实验上得到的各种 Pt 基催化剂（数据点）和理论计算的氧还原活性（虚线）与 HO* 吸附能 ΔG_{HO^*} 之间的火山形关系曲线；所有活性的数据都相对于纯 Pt 进行了归一化。所有数据都在 $E = 0.9V$，相对于可逆氢电极（RHE）；（◇）Pt 单层担载到单晶金属电极上[75,97]，ΔG_{HO^*} 来自参考文献[98]和[99]；（灰色□）多晶 Pt 和过渡金属真空退火得到[99]，ΔG_{HO^*} 从 ΔG_{O^*} 中利用 $\Delta G_{HO^*} - \Delta G_{HO^*}^{Pt} = 0.5(\Delta G_{O^*} - \Delta G_{O^*}^{Pt})$ 估算得到[100,101]；（✖）真空退火 Pt$_3$Ni(111)[74]，ΔG_{HO^*} 也是从 ΔG_{O^*} 中估算得到；（■）溅射多晶 Pt 和过渡金属，ΔG_{HO^*} 通过计算 25% 表面下过渡金属覆盖度得到，在 Pt$_3$Y 中有 1/4 单层 O* 吸附[10]；（▽）去合金 PtCu 纳米粒子[81]，ΔG_{HO^*} 是在 Pt(111) 的张力为 -2.3% 下得到，（○）Cu/Pt(111) 近表面合金，加入了一个红色的直线以便清楚看到，其中 $\Delta G_{HO^*} - \Delta G_{HO^*}^{Pt}$ 通过从循环伏安曲线上的 HO* 吸附峰和基本伏安曲线吸附峰移动估算得到[79]；（□）溅射得到的多晶 Pt$_5$La。虚线是根据简单的 Sabatier 分析[102,103]得到的理论预测值。所有的催化剂都是在 O$_2$ 饱和的 $0.1mol \cdot L^{-1}$ HClO$_4$ 溶液中利用旋转环盘电极（RRDE）测试

且其热力学稳定性也是所有组合中最好的，理论计算得到的生成自由能比纯 Pt 的低近 1eV。其优异的氧还原性能也已经在前面提到的 Pt$_3$Y 模型电极上得到了验证（图 7-19）[10,86]。

　　上面的结果似乎表明，基于 DFT 的理论分析已经能很好地预期各类二元金属的氧还原活性与稳定性。但是值得指出的是，从 Nørskov 等最新报道的多晶 Pt$_3$Y @Pt-skin 与 Pt$_3$Sc@Pt-skin 合金来看，两者的氧还原活性都比纯铂好（氧还原的 $E_{1/2}$ 分别提高了 60mV 和 20mV，图 7-19），但是从电化学循环伏安曲线来看，这类电极自身开始发生氧化的电位按如下顺序递增：Pt$_3$Y@Pt-skin＜Pt＜Pt$_3$Sc@Pt-

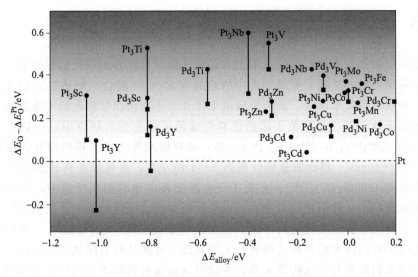

图 7-24　氧与 Pt 或是 Pd 表面上 Pt 之间的键能与

合金能量之间的关系[10]

skin（图 7-20）。即与多晶铂以及 Pt$_3$Sc@Pt-skin 电极相比，电化学循环伏安曲线表明在 Pt$_3$Y@Pt-skin 上更容易吸附 OH，这显然也与 DFT 预期的氧还原活性随氧的吸附能降低而增加的趋势相反[10]。进一步的研究表明，Pt$_3$Y 二元催化剂在氧还原反应条件下的实际结构很可能是表面有 3 层或以上的 Pt 原子，而不是理论模型选用的 Pt-skin 型结构[86]。此外，尽管利用氧的吸附能的改变这一指标可以解释很多铂基合金催化剂上氧还原活性改善的机理，但是单纯利用 d 能带模型以及氧吸附能变化这一指标，并不能解释具有不同阶梯晶面的 Pt 单晶电极上氧还原活性顺序随台阶位密度的增加而增大的变化趋势 ［Pt(111)＜Pt(775)＜Pt(221)］，因为相比于平台位台阶位上 O 以及 OH 的吸附能较高，因此随着台阶位密度增大，O 以及 OH 的覆盖度也应该相对较高[33,34]。另外，Watanabe 利用 EC-XPS 实验发现在动力学与扩散控制的氧还原电位区（$E＞0.8$V）反应一段时间后，Pt$_x$M（M＝Fe，Co，Ni）合金表面 O$_{ad}$ 的覆盖度比纯 Pt 要高[73]，这一点与 Adzic 小组的 XANES 数据以及 Markovic 小组从电化学循环伏安观察到的趋势刚好相反[7,27,29,30,37]。根据 Pt$_x$M（M＝Fe，Co，Ni）合金表面 O$_{ad}$ 的覆盖度比纯 Pt 要高的事实，Watanabe 等认为氧还原的决速步骤为 O$_{ad}$＋H$^+$＝OH$_{ad}$，而 O$_{ad}$ 在合金表面覆盖度的增加有利于增加反应发生的频率即反应的指前因子 ［他们在不同温度下测量得到，Pt$_x$M(M＝Fe，Co，Ni) 合金电极的表观活化能与纯 Pt 相同，但是表观速率常数较之 Pt 却增加了 4 倍][73]。鉴于上述分歧，还有待于利用其它的研究手段进一步验证这类 Pt$_x$M 合金中核内第二种过渡金属元素到底是如何影响其表面 Pt-skin 原子的电子与几何结构，如何改变 O 的吸附能与覆盖度以及氧还原活性的。

7.5　Pt 基金属纳米催化剂

早在没有得到上述模型催化剂上有关氧还原活性改善的明确信息以前，人们已经尝试利用各种办法将元素周期表中的金属元素与 Pt 混合，制备二元铂基纳米催化剂，并在电解质水溶液、磷酸燃料电池以及质子交换膜燃料电池中系统表征其阴极氧还原活性[1~7]。早期关于磷酸燃料电池阴极催化剂的研究中，已证实上面提到的一些二元 Pt 合金（Pt-Cr、Pt-Co 等）碳载纳米催化剂能将阴极氧还原超电势降低约 20~40mV，将比质量活性提高 2~4 倍左右，并且还能将磷酸燃料电池的寿命提高到 40000h 以上[104]。在质子交换膜燃料电池的相关报道中，早期的研究却表明这类铂基二元催化剂只在当超电势较低即电流密度较低时才表现出明显的性能优势，而当电流密度较高时未能表现出其明显优于纯 Pt 的性能[9]。近年来基于模型电极上氧还原实验与理论研究，人们发现了可能具有较高氧还原活性的二元金属组合体系的性能与其结构的关系，并试图制备具有类似活性结构的实用纳米催化剂。近期研究表明，以具有一定元素组成比的二元 PtM_x 纳米催化剂（如 $PtNi_x$、$PtCo_x$、$PtCu_x$ 等）本身作为催化剂在燃料电池阴极工作一定时间后，或者以这类材料为前驱体，通过在酸性介质中电化学氧化的方法去除表层中的活泼金属元素，然后在合适温度下进行退火，形成的催化剂大多都是 Pt 包覆层（Pt-monolayer、Pt-skin 或 Pt-skeleton）型核-壳结构纳米催化剂（图 7-25）[5,105]。其中很多组合的优异性能利用薄膜旋转圆盘电极进行性能测试时得到了验证，这一节我们重点讨论 $PtPd_x$，$PtNi_x$，$PtCo_x$，PtY_x 几个典型的体系。

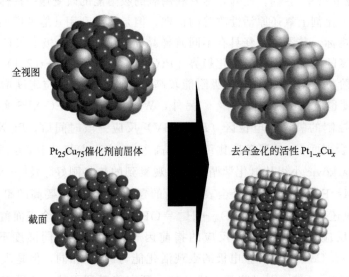

全视图

$Pt_{25}Cu_{75}$ 催化剂前屈体

去合金化的活性 $Pt_{1-x}Cu_x$

截面

图 7-25　去合金 Pt 二元合金氧还原催化剂[7]

受到模型单晶电极上研究结果的启发（图 7-16），最近 Adzic 小组在碳载体上首先合成了 Pd 纳米颗粒，然后通过化学还原法，合成了表面包覆 1 个单层的 Pt 的 Pd 核、Pt 壳纳米催化剂（Pd@Pt），发现其氧还原超电势要比纯 Pt 低约 30mV[72]。在此基础上，他们还将金属核换成 PdFe、PdCo、AuFe、AuFeNi 或 AuPd 等，发现这类催化剂对贵金属核与 Pt 壳层的总质量进行归一化后，其比质量活性比纯 Pt 提高 3～5 倍[106～110]。除了氧还原活性得到改善外，其稳定性也比纯 Pt 有所提高。例如对 AuFe@Pt，薄膜旋转圆盘电极实验表明在 0.6～1.1V 之间循环六万次后，其性能仅衰减 7%；在质子交换膜燃料电池中的实验证明，在 0.6～1.0V 之间循环十万次后 AuPd@Pt 纳米催化剂的质量活性也仅降低 37%[108]。作者认为金原子可能占据表层区 Pt 的缺陷或台阶位，这样可防止 Pt 的离解以及亚表面氧化物的形成，从而大大提高这类催化剂的稳定性。由于只有一个单层的 Pt 壳层，因此对 Pt 的比质量活性相当高。要使得这类 Pt-monolayer 型催化剂能真正实用化，关键在于把核层金属换成其它便宜过渡金属的同时，还能维持或者进一步提高这类催化剂的比质量活性（相对于整个贵金属，而不只是纯 Pt）与稳定性，以及发展工业上规模化的批量合成方法。

基于 $Pt_3Ni(111)$ 模型催化剂相对于 Pt(111) 的氧还原性能提高了 10 倍[84]，很多小组都尝试合成相应的 $PtNi_x$ 纳米催化剂，但是多数研究表明，这类催化剂相对于纯 Pt 纳米催化剂氧还原性能的改善普遍低于 3 倍[65,111～113]。最近 Markovic 等合成了直径约为 5nm 的 $Pt_{0.5}Ni_{0.5}$ 纳米催化剂，实验表明将这类催化剂在酸中浸泡不同时间后可形成具有不同壳层厚度的 $PtNi_x$@Pt 核壳纳米催化剂，而且当 Pt 壳层厚度为 3 个单层（$PtNi_x$@3mL Pt）时其氧还原活性最高，与粒径相近 Pt 纳米颗粒构成的电极相比，活性提高了 2 倍以上。若进一步对 $PtNi_x$@3mL Pt 在 400℃下进行退火处理后，表面低配位的缺陷或棱边等明显减少，此时其氧还原性能可提高到纯 Pt 纳米催化剂的 5 倍以上（>2.6mA·cm^{-2}@0.9V）[114]。陈胜利小组通过在粒径约为 5nm 的碳载 Ni 纳米粒子上沉积不同量的 Pt 得到一系列 Pt 覆盖度的碳担载 Ni-Pt 核壳纳米催化剂（Ni-Pt/C），研究了 Pt 壳层的表面覆盖度对 Ni-Pt 核壳结构纳米催化剂氧还原活性的影响，他们发现氧还原活性随着 Pt 壳层覆盖度变化呈现类似火山形曲线，并且当 Pt 壳为一个单层时性能最佳[112]。Bruijn 小组还研究了粒径和非贵金属对 PtM(M＝Co，Ni，Cu) 合金的氧还原活性和稳定性的影响。结果发现尽管经过酸处理以及高温退火的 $PtNi_x$/C 比纯纳米 Pt 的氧还原活性略有改善（<2 倍），但是通过在 0.6～1.0V 之间进行 1000 次循环扫描后，其活性很快减小到与纯 Pt 相当[115]。Mercado 等在碳纳米管（CNT）上制备了直径为 3.5nm、长约 100nm 的 Pt "针"，然后在 Pt "针" 上沉积 Ni 并进行热处理，实验显示该 PtNi/CNT 纳米催化剂的氧还原活性较高（1.06mA·cm^{-2} Pt@0.9V）[116]。

与 Markovic 等得到的 PtNi 纳米催化剂的结果类似[114]，最近 Shao-Horn 等利用该研究组在可控纳米课程方面的优势，对 Pt_3Co 纳米催化剂的结构与氧还原性能之间的关系开展了系统的研究。他们的结果表明，经酸处理的粒径为 4～5nm 的

Pt$_3$Co 纳米催化剂的氧还原活性（0.7mA·cm^{-2} Pt@0.9V）是相同粒径纯 Pt 纳米颗粒的 2 倍。进一步在真空中 1000K 下退火处理后，其氧还原性能可提高到纯 Pt 纳米催化剂的 4 倍以上（1.4mA·cm^{-2}@0.9V）。结合各种基于 X 射线技术对于催化剂结构的表征结果，他们认为仅经过酸处理后的 Pt$_3$Co 相对于纯 Pt 纳米催化剂的性能改善可能是由于酸处理后使得催化剂靠近表层区域富 Pt 而部分区域贫 Pt 所致，而进一步退火处理后性能提升是因为 Pt 偏析到表面所致[111]。一些研究表明 Pt$_3$Co 纳米粒子经过酸处理后，其氧还原的电流密度与比质量活性会比纯 Pt 分别高 2~5 倍（如 Pt$_3$Co，3.2mA·cm^{-2}@0.9V@室温）及 2~3 倍[80]，但是随着在燃料电池中工作时间的延长，其性能迅速衰减，利用具有亚纳米分辨率的透射电子显微镜，Shao-Horn 等发现经过酸处理后的 Pt$_3$Co 的 Pt 壳层厚度为 0.5nm，随着在燃料电池中不断进行循环扫描，Pt 壳层厚度可增加至 1~6nm，其中较厚的壳层对应较大的 Pt$_3$Co 纳米粒子[117]。除了通过在酸性介质中进行氧化处理与高温退火可以使 Pt 二元合金中的 Pt 在表面富集，并降低 Pt-skeleton 型纳米催化剂中壳层 Pt 中的低配位缺陷外，Arenz 等对 Pt$_3$Co 纳米催化剂的研究表明，通过 CO 的吸附处理也能做到这一点，其结果显示这样制备的核壳纳米催化剂的氧还原性能比纯铂提高了 2 倍（约 1.15mA·cm^{-2}@0.9V）[118]。

McGinn 小组对碳担载 Pt$_3$Y/C 和 PtY/C 催化剂的氧还原活性进行了研究。他们的结果显示相比于 Pt/C 催化剂，用 NaBH$_4$ 还原合成的 Pt$_3$Y/C 和 PtY/C 合金催化剂的比质量活性仅提高约 10%~20%，而其电流密度分别高出 23% 和 65%。经过在 900℃ 还原气氛中退火后 PtY/C 催化剂的氧还原的电流密度可达 1.05mA·cm^{-2} Pt@0.75V，比对照组纯 Pt 纳米催化剂提高约 2 倍[119]。X 射线衍射光谱（XRD）结果显示，Pt$_3$Y/C 和 PtY/C 催化剂均具有面心立方 Pt 结构，并有少量掺杂 Y，而 900℃ 还原气氛中退火后，XRD 结果显示 Pt$_3$Y/C 催化剂中更多的 Y 渗入到 Pt 结构中，但 PtY/C 催化剂结构保持不变。表明 PtY/C 催化剂的高氧还原活性并非源于 Pt-Y 合金的形成。另外，Lim 小组最近报道了在气体扩散层的碳纸上利用高压溅射技术制得的平均粒径为 10~12nm 的 Pt$_3$Y 合金薄膜催化剂，在燃料电池的性能测试中也表现出明显优于纯 Pt 纳米催化剂的氧还原行为，当阴极 Pt$_3$Y 的担载量为 0.06mg·cm^{-2} 时在 70℃、反应物计量比 H$_2$：O$_2$ 为 1.5：2 以及 0.8V 的输出电压下，其输出电流可达 104mA·cm^{-2}，是相应条件下纯 Pt 的 5 倍[120]。

上面讨论的几种纳米催化剂大多是在模型催化以及理论计算研究的启发下理性设计和合成的。与此相反，高氧还原性能的 PtCu$_x$ 纳米催化剂的发现却是一个特例，而且是在一次偶然错误的实验中发现的。Strasser 小组在用组学方法筛选 Pt 合金催化剂时，他们利用磁控溅射仪在玻碳电极上制备了一系列具有不同元素组成比的 Pt 合金。一次实验中，由于磁控溅射仪器的不正常工作导致合成了一系列具有不同元素组成比的 PtCu$_x$ 合金。而在后续的氧还原测试中发现数种具有不同元素组成比 PtCu$_x$ 合金催化剂都表现出很好的氧还原活性（在 0.90V 时氧还原的电流密度是纯 Pt 膜电极的 4~6 倍）。在随后的复查中，才发现最初制备的 PtCu$_x$ 合金中 Cu 元素的含量高达 80%，实际上作者在当初设计元素组成比时根本没有想到要将 Cu 的比例定那么高。应该说，不管是基于化学直觉（Cu 的 d 轨道全填充满，因此催化活性相对较差）还是基于在此发现之前没有任何实验或理论计算工作预期 $PtCu_x$ 二元合金会具有很好的氧还原活性。在此基础上，他们还将碳载 Pt 纳米颗粒浸入含铜盐如 $Cu(NO_3)_2$ 的水溶液中，经过冻干、化学还原与加热合金化处理等步骤合成了 $PtCu_x/C$ 纳米催化剂。然后将其在 $0.1mol \cdot L^{-1}$ $HClO_4$ 溶液中在 $0.05 \sim 1.0V$ 的电位范围内对 $PtCu_x$ 电极进行去合金处理，随后进行氧还原性能的表征。不管是用薄膜旋转圆盘电极方法，还是将其直接担载到质子交换膜的阴极去开展研究，都发现这种去合金化的 $PtCu_x$ 纳米粒子表现出比纯 Pt 纳米粒子高出 6 倍的比质量活性（$0.6mA \cdot mg^{-1}@0.9V$）以及优良的稳定性（经过 4000 次循环其性能仅衰减 10%）。为弄清 $PtCu_x$ 纳米催化剂结构与氧还原活性的内在改善机制之间的关系，该研究小组基于 X 射线的技术对 $PtCu_x$ 纳米催化剂在去合金化前后以及氧还原反应前后的结构展开了系统的研究。结果发现，刚合成时这类 $PtCu_x$ 纳米粒子具有典型的合金结构。经过去合金处理后，纳米催化剂的内核主要还是 $PtCu_x$ 合金，而纳米颗粒表面 $0.6 \sim 1nm$ 的壳层范围内几乎仅存在铂原子（相当于 3 层以上的纯 Pt 原子层）[81]。XRD 数据表明表层区的 Pt-Pt 原子间距比纯 Pt 体系要小，考虑到表层的纯 Pt 层厚度大于或等于 3 个 Pt 原子层厚度，此时内核的 Cu 对表层活性位的 Pt 的配体效应可以忽略，因此作者推断氧还原活性的改善主要来自于压缩应力所导致的电子效应，使得其 d 能带中心向下移，导致 O_{2p} 和 Pt_{5d} 反键轨道被填充，即表层 Pt 原子与 OH_{ad}、O，OH_{ad} 和 O_{ad} 之间的键能变弱。与前面提到的 Pt 单层或 Pt-skin 型催化剂的一个很大不同是 $PtCu_x$ 纳米催化剂其壳层 Pt 的层厚通常超过 3 个原子层，可以很好地用作模型催化剂在忽略配体效应的同时来重点考察应力效应与催化活性之间的关系。

基于上述研究结果，目前一般认为只要去合金化的 PtM_x 的二元纳米材料在活泼金属的溶出后能形成厚度为 $2 \sim 5$ 层而 Pt-Pt 晶格间距略微被压缩的 Pt 壳层，会使得其吸附 O 的能力减弱，从而提高了氧还原的活性。最近的研究表明对于粒径为 6nm 以下的 PtM_x 纳米颗粒，通过在酸性电解质溶液中氧化将其活泼金属溶出后，会形成简单的核壳结构，但是对于粒径大于 10nm 的 $PtCo_x$ 纳米颗粒，实际上表层区域（10 单层范围内）各金属元素所占的比例可能会随着离开表层的距离而发生周期性的起伏变化[121]。

另外，有的研究发现对 PtM_x 合金纳米颗粒或核壳结构的 PtM_x 催化剂在酸性介质中通过长时间的氧化去合金化可形成只含 Pt 的纳米空球，并展示比纯铂更好的氧还原活性，例如 Dubau 将担载在质子交换膜阴极的 Pt_3Co/C 纳米催化剂经过 654h 的氧化，最后形成了不含任何 Co 的 Pt 纳米空球，作者认为，之所以形成由纯 Pt 构成的纳米空球是因为一方面表面的 Co 被溶出，而所产生的空穴会进一步向催化剂内部扩散，即发生了所谓的 Kirkendall 效应[122]。类似地，Adzic 小组在对 Pt-Ni 核壳纳米催化剂进行 6000 次循环氧化后，也发现形成了 Pt 纳米空球，其比质量活性仅比反应初期降低约 33％，而纯 Pt 纳米颗粒经过类似处理后，活性降低达到 60％ 以上。作者将氧还原活性与稳定性的改善归属为由于空球结构造成 Pt 晶格中存在压缩应力，使得氧物种吸附减弱所致[110]。除了上述二元金属体系外，文献中还有关于 PtFe、PtCr、PtMn、PtTi 等二元纳米催化剂经去合金化处理也能不同程度提高氧还原活性的报道，在此不再赘述。

综上所述，近年来人们在氧还原催化剂的性能以及对性能改善机制的理解方面无疑取得了巨大的进展，在燃料电池的性能测试中 PtCu、PtCo 等纳米催化剂已证明能在保持活性不变的同时将铂的担载量降低到纯 Pt 纳米催化剂的 1/4 以下。而使 O_{ad}、OH_{ad} 在表层 Pt 活性位上吸附略微减弱是氧还原活性改善的关键，这种电子效应主要通过引入第二种金属对表层 Pt 产生的配体效应或应力效应来实现。值得指出的是，尽管各种二元催化剂能不同程度地提高铂的氧还原活性，但是如果从输出电压的角度来看，这类催化剂却仅能将氧还原超电势降低 10～100mV 左右，因此即便使用这类目前所找到的性能最好的铂基催化剂，氧阴极在工作时的超电势仍然在 0.25V 以上。除了上述观点外，导致氧还原反应超电势较大是否还有其它原因，我们将在下一节进一步探讨。

7.6 ORR 机理的研究进展

对氧还原反应机理、决速步骤及其与电催化剂的结构之间关系的认识，将为理解催化剂的结构与组成是如何改变氧还原反应的速率提供明确的信息，并将为设计高效氧还原电催化剂提供强有力指导。实验表明酸性介质中 Pt 基电极上，氧还原的主要产物是水；当 Pt 电极表面有强吸附的阴离子、H、惰性金属原子或有机物时，部分氧气也可在电极表面不完全还原生成 H_2O_2[26,123,124]。在 Pt 基电极上，氧还原反应可能经过多种中间产物如 O_2^{2-}、O_2^-、HO_2^-、H_2O_2、O、OH[125]。由于这些反应中间物寿命短、覆盖度低以及其它杂质共吸附等原因，其中大部分中间物很难用实验手段直接检测到。因此到目前为止，对氧还原机理的认识还非常有限，文献中更多地讨论的是氧还原的反应途径[126]。

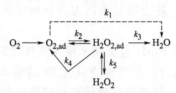

图 7-26　铂电极上氧还原的可能反应机理[127,128]

酸性介质中铂电极上，氧气的还原可能有以下两种途径（图 7-26）：① "直接" 的 4 电子还原，即氧分子依次得到 4 个电子与 4 个质子最后生成水（k_1）；② 氧分子首先得到两个电子与两个质子生成 H_2O_2（k_2），H_2O_2 然后再得到两个电子与质子生成水（k_3）[126]。另一种可能是生成的 H_2O_2 不能继续在电极表面反应，而是作为最终产物扩散到溶液中（k_5）。其中，氧还原反应的第一步可能按以下三种可能的步骤进行（图 7-27）：

① 氧分子吸附在 Pt 表面的同时，发生质子和电子转移

$$O_2 + 2S + H^+ + e^- \longrightarrow HO_{2,ad} \tag{7-3}$$

② 氧分子在 Pt 表面吸附的同时发生电荷转移并形成吸附态的超氧阴离子

$$O_2 + 2S + e^- \longrightarrow O_{2,ad}^- \tag{7-4}$$

③ 在 Pt-Pt 桥式位吸附的氧分子直接发生氧-氧键的断裂：

$$O_2 + 2S \longrightarrow O_{ad} + O_{ad} \tag{7-5}$$

其中 S 代表表面的 Pt 原子吸附位[129]。

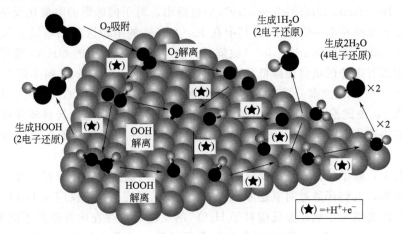

图 7-27　Pt 电极上氧分子的可能解离机理[134]

文献中将前两种反应途径称为非解离途径（associative pathway），而后一种途径称为解离途径（dissociative pathway）[125]。基于下面将要给出的事实，一般被认为在 Pt 电极上氧分子首先通过反应式(7-3) 或式(7-4) 的非解离途径，然后再进一步反应：①$^{18}O_2$，$^{16}O^{18}O$ 与 $^{16}O_2$ 等作为反应物发生还原反应时，生成的产物 H_2O_2/HO_2^- 中并没有发现有同位素交换效应[130]。要想打断 O—O 键需要 498kJ·mol^{-1}的能量，这就要求金属与氧原子之间的键能 E_{M-O} 必须大于 250kJ·mol^{-1}，而通过转移一个电子生成 $O_{2,ad}^-$ 或者通过电子、质子转移生成 HOO_{ad}，再打断 $O_{2,ad}^-$ 或 HOO_{ad} 中的 O—O 键只需要不到 100kJ·mol^{-1}的能量，所以氧分子更倾向于以 O_2^- 或 HOO_{ad} 等为中间产物的反应途径[131]。②只有在电极表面有强吸附物种（如阴离子或是氢吸附）时，氧在铂电极上发生还原时才有可能生成 H_2O_2，而且当电极表面有很强的阴离子或是氢吸附时，过氧化氢的生成量会随着吸附物种覆盖度的增加而增加，这说明与氧完全还原生成 H_2O 相比氧还原生成 H_2O_2 更容易[132]。③一些基于密度泛函的理论计算发现在氧还原的动力学控制以及动力学与传质混合控制电位区（$E > 0.8$V vs. RHE），尽管解离与非解离途径在热力学上都是可行的，但是从动

力学的角度来考虑，氧还原的第一步通过先解 O_2 生成 Pt—O 的能垒更高；另一方面，生成了 Pt—O 以后，会形成能量很深的势阱，不利于 Pt—O 的后续进一步还原。因此通过单质子、单电子转移生成 HOO_{ad} 将更利于后续打断 O—O 键[133]。

对氧还原反应决速步骤的认识主要基于利用旋转圆盘电极的常规电化学实验得到的氧还原的 Tafel 斜率、氧还原 pH 效应、同位素效应以及相关的理论计算[129,135~137]。实验结果表明，在高电流密度区（$E < 0.85\text{V}$ vs. RHE），铂电极上氧还原反应的 Tafel 斜率为 120mV·dec^{-1} 左右，而在低电流密度区（$E > 0.85\text{V}$ vs. RHE），铂电极上氧还原反应的 Tafel 斜率为 60mV·dec^{-1} 左右[19,38,135,136,138]。根据氧还原反应的 Tafel 斜率，目前较公认的看法是认为氧还原的决速步骤很可能涉及一个电荷转移[33,131,135,136]（注：最近 Schmickler 在其最新教材 "Interfacial Electrochemistry" 中也指出，对于内球形的电催化反应，Butler-Volmer 方程并不一定适用），其中在 $E > 0.85\text{V}$ 的电位区间铂电极上氧还原反应的 Tafel 斜率仅为 60mV·dec^{-1} 被解释为由于 Pt 电极表面的 OH/O 吸附物种的覆盖度也随着电势的负移而降低从而导致氧还原反应的表观 Tafel 斜率低于 120mV·dec^{-1}[33,138]。在大部分模型催化剂上的实验结果表明，氧还原反应对于 O_2 的反应级数为 1，由此推断认为氧分子在发生吸附的同时伴随的电荷转移步骤很可能是氧还原的决速步骤[135,136]。但是，从实验的角度无法判断氧分子在吸附和得电子的同时，是否同时发生 O—O 键的断裂。

实验上，除了根据氧还原反应的 Tafel 斜率来判断其决速步骤很可能涉及一个电子反应外，人们还通过对氧还原反应 pH 效应的研究来推测反应对 H_3O^+ 的反应级数。早期文献关于氧还原反应对于 H_3O^+ 的反应级数存在两种截然不同的观点，其中 Damjanovic 等自 20 世纪 60 年代以来就以 Pt 为工作电极系统地研究了氧还原的 pH 效应[135,136,139]。根据在酸性溶液中，在低电流密度区，在相同的电流密度下，氧还原的电位随着溶液 pH 的变化为 $\text{d}E_i/\text{dpH} = 90\text{mV/pH}$，而在高电流密度区则为 $\text{d}E_i/\text{dpH} = 120\text{mV/pH}$，他们推断在酸性溶液中氧还原的决速步骤为反应式(7-3)，而且对 H_3O^+ 的反应级数分别为 "3/2" 与 "1"，而在碱性溶液中，在低电流与高电流密度区，在相同的电流密度下氧还原的电位随着溶液 pH 的变化分别为 $\text{d}E_i/\text{dpH} = 30\text{mV/pH}$ 与 $\text{d}E_i/\text{dpH} = 0\text{mV/pH}$，推测认为：

$$O_2 + H_2O + e^- \longrightarrow HO_2^- + OH^- \tag{7-6}$$

为碱性溶液中氧还原的决速步骤，而且在低电流密度区与高电流密度区，反应对 OH^- 的反应级数分别为 "$-1/2$" 与 "0"[135,136,139]。Obradovic 等以 Pt_3Co 纳米粒子为工作电极在碱性溶液中通过系统改变溶液的 pH，研究了氧还原的 pH 效应，他们得到与 Damjanovic 相同的实验结果，即反应对 OH^- 的反应级数分别为 "$-1/2$" 与 "0"[140]。在低电流密度区得到氧还原反应对 H_3O^+ 的反应级数为分数，作者认为是因为在高电位区，氧物种在电极表面发生 Temkin 吸附，氧还原的活化能受到氧物种覆盖度影响，而氧物种的覆盖度又受溶液 pH 的影响所致[135,136,139,140]，他们还估算了氧还原的活化自由能随 pH 的变化有如下关系：

$dE_a/dpH = -2.8kJ \cdot mol^{-1}$[141]。

与此相反，前苏联的 Tarasevich 等在 pH=1 与 pH=13 的溶液中也研究了 Pt 电极上的氧还原，虽然他们同样在氧还原的低电流与高电流密度区，得到在酸性与碱性溶液中氧还原的 Tafel 斜率分别为 $-60mV \cdot dec^{-1}$ 和 $-120mV \cdot dec^{-1}$；但是在所研究的电位区间内，在酸性与碱性溶液中，在相同的电流密度所对应的氧还原电位随溶液 pH 的变化均为 $dE_i/dpH = 60mV/pH$，由此他们认为在酸性与碱性溶液中，氧还原对 H_3O^+ 都是一级反应且不会随着氧还原电流密度的改变而变化。另外 Tarasevich 等还在 pH=1，7，13 的溶液中在 Pd 电极上研究了氧还原的 pH 的效应，得到与 Pt 电极上相同的结果，即氧还原在研究的电位范围内对 H_3O^+ 都是一级反应[142,143]。考虑到早期结果可能存在电极结构不确定以及电解质溶液不够干净等因素可能造成以上两种关于氧还原 pH 效应截然不同的结论，我们最近利用结构确定的单晶 Pt（111）电极在不同 pH 的溶液中重新系统地研究了氧还原反应的 pH 效应，结果与 Tarasevich 小组的结果完全一致，即在所研究的电位范围内相同的电流密度所对应的氧还原电位随溶液 pH 的变化均为 $dE_i/dpH = 60mV/pH$[144]。另外，Yeager 等以 Pt 为工作电极，在 85% $H_3PO_4 + H_2O$ 与 85% $D_3PO_4 + D_2O$ 溶液中研究了氧还原反应的 H-D 同位素效应，发现在相同的电流密度下两种溶液中氧还原的超电势相同，且其 Tafel 斜率也同为 $-120mV \cdot dec^{-1}$ 左右[145]。最近笔者研究组在 Pt(111) 电极上利用 H-D 同位素取代实验也未观察到同位素效应[144]。我们分析，有两种原因可能导致在相同的反应电流下，氧还原的活化超电势与溶液的 pH 无关以及氧还原不存在 H-D 同位素效应：① H_3O^+ 或是水并没有参与氧还原的决速步骤，若如此，那么反应式(7-4)很可能是决速步骤；②在决速步骤中尽管有 H_3O^+ 的参与，但是 H_3O^+ 的转移是很快的过程，对反应的能垒的影响可以忽略。若为后者，其决速步骤可能如下：

$$[Pt_x-O_2 \cdots H^+ \cdots (H_2O_z)]^* + e^- \longrightarrow Pt_x-O_2-H + z(H_2O) \qquad (7-7)$$

其中 Pt_x 代表 Pt 电极，氧分子先吸附在 Pt 电极表面，并借助于氢键作用与溶液中的水和质子形成反应的前躯体，然后在发生上述电荷转移与质子转移步骤。由于在反应的前躯体 $[Pt_x-O_2 \cdots H^+ \cdots (H_2O)_z]^*$ 与反应中间产物 Pt_x-O_2-H 中 H 都和 O_2 有一定的成键作用，因此 H-D 同位素效应对氧还原的动力学影响可以忽略。

值得指出的是在我们所关心的氧还原电位范围内，即在氧还原的动力学控制以及动力学与传质混合控制电位区（在高氯酸溶液中，$0.8V < E < 1.0V$ vs. RHE）[38,138]，Pt 电极表面总是被一定程度的 O_{ad} 或 OH_{ad} 物种所覆盖，这些含氧物种部分来自于氧分子还原的中间物，另一部分来自于在 Pt 电极表面与氧还原反应平行发生的以下反应：

$$Pt-OH_{ad} + H^+ + e^- \rightleftharpoons Pt + H_2O \text{ 或 } Pt-OH_{ad} + e^- \rightleftharpoons Pt + OH^- \qquad (7-8)$$

在 $0.8V < E < 1.0V$ vs. RHE 的电位区间内，反应式(7-8)的动力学很快，O_{ad} 或 OH_{ad} 物种的表面覆盖度基本上受反应式(7-8)的热力学平衡决定[102,125,138]。

基于上述分析，氧还原反应的动力学电流可表示为[17]：

$$j_{ORR}(E) = kN_{total} p_{O_2}^{\gamma} (1-\theta_{ox}) \exp\left(-\frac{\Delta H_{act}^*}{RT}\right) \exp\left(-\frac{E-E_{O_2/H_2O}^0}{b_{int}}\right) \qquad (7-9)$$

式中，k 是频率因子；N_{total} 是 Pt 电极表面的总原子数；p_{O_2} 是氧气的分压；γ 是对氧气的反应级数；ΔH_{act}^* 是氧还原的决速步骤的活化能；θ_{ox} 是氧物种的总表面覆盖度，指数前的频率因子中乘以 $(1-\theta_{ox})$ 这一项，是考虑由于氧物种在电极表面吸附而导致用于氧还原反应的活性位的减少这一因素[138]。理论上，θ_{ox} 同时受制于反应式(7-8)的热力学平衡以及在相应电位下氧还原反应的动力学，两者都与所施加的电极电势密切相关。反应式(7-8) 涉及反应物或产物为表面吸附物种，其平衡电势可通过计算各含氧物种在 Pt 金属表面的生成自由能得到。如果定义 $\theta_{OH} = \frac{1}{3}$ 为标准状态，DFT 计算表明[138]。$E_{Pt(H_2O)/Pt-OH_{ad}}^0 = 0.80V$（vs. RHE）[102]。该计算值与在不含强吸附阴离子溶液中利用循环伏安法测量在相同 OH_{ad} 覆盖度下所对应的电极电势非常接近。由此表明，$(1-\theta_{ox})$ 主要受制于所施加的电极电势相对于反应式(7-8) 的平衡电势 $E_{Pt(H_2O)/Pt-OH_{ad}}^0$（而不是氧还原反应的平衡电势 E_{O_2/H_2O}^0）。从方程式(7-9) 可知，要使得氧还原反应发生，就必须使 θ_{ox} 小于 1，即需要阴极电势接近 $E_{Pt(H_2O)/Pt-OH_{ad}}^0$，也就是说阴极电势必须比氧还原反应的平衡电势 E_{O_2/H_2O}^0 负约 $0.3 \sim 0.4V$ 才行，这很好地解释了为什么氧还原反应需要较高的超电势[17]。另外，Anderson 通过理论计算认为，ORR 的超电势高的一个原因可能是 OOH 分解为 O+OH 中一部分能量转化为热能，不能变成电能被有效利用[150]。

一方面，Pt 与溶液界面的水或 OH^- 的平衡 [反应式(7-8)] 导致能用于氧还原反应的活性位点数有限；另一方面在有限的活性位点上，氧还原反应本身的决速步骤如反应式(7-3)、式(7-4)、式(7-7) 的反应速率太慢，两者共同引起了在动力学控制区氧还原速率很慢。那么通过引入第二种金属所制备的 Pt-单层、Pt-skin 或 Pt-skeleton 型核壳结构纳米催化剂是否真如理论计算所预期的那样，通过降低含氧物种的吸附能从而降低氧还原的决速步骤的活化能垒而促进氧还原反应吗？Watanabe 等利用通道型流动电解池（channel flow cell）对一系列具有不同元素组成比的 Pt-skin 型 PtFe、PtCo 和 PtNi 二元催化剂在不同温度下的氧还原行为开展了系统的研究。他们发现，与纯 Pt 相比尽管氧还原活性有 $2 \sim 4$ 倍的提高，但是在这类催化剂上氧还原的活化能并未变化[73]。Paulus 等也发现 Tafel 斜率与表观活化能与纯 Pt 类似[74]，其在高电流区的 Tafel 斜率也保持在 $-120mV \cdot dec^{-1}$ 左右。由此他们判断在 Pt-skin 型二元金属电极上氧还原的决速步骤与纯 Pt 电极上的相同，并且其活化能也未发生变化，第二种金属的引入主要是产生电子效应导致 Pt 与溶液界面间水或 OH^- 的平衡 [反应式(7-8)] 正移，净结果是提高了氧还原决速步骤的指前因子[47,73,85,113]。要判断到底哪个观点更正确，还有待于对 $PtNi_x$、$PtCo_x$、$PtCu_x$ 等纳米催化剂上的氧还原反应的温度效应开展系统研究。

除了上述分歧外，关于 Pt 电极上氧还原的决速步骤文献中也有一些其它不同的观点。例如，最近 Gasteiger 等报道了在 Pt/水合 Nafion 质子交换膜界面，氧还原反应对 O_2 的级数是 1/2，而 Tafel 斜率为 $60mV \cdot dec^{-1}$，由此他们推测可能是质子、电子转移给 Pt—O_{ad} 或 Pt—OH_{ad}，即

$$OH_{ad} + H^+ + e^- \longrightarrow H_2O \tag{7-10}$$

是决速步骤[146]。Watanabe 等根据 XPS 实验与电化学实验发现电极表面的氧还原活性随 O_{ad} 或 OH_{ad} 的覆盖度而增加，因此他们也认为反应式（7-10）是决速步骤[73]。Tripkovic 等最近的 DFT 计算的结果也表明在较低超电势下，氧还原的决速步骤是反应式（7-10）[147]。而 Goddard 等在 Pt/Nafion 界面的氧还原的计算表明[148]，吸附的氧原子从水中得氢是氧还原的决速步骤即：

$$O_{ad} + H_2O \longrightarrow 2OH_{ad} \tag{7-11}$$

总之，尽管人们从理论与实验角度对氧还原这一重要课题展开了广泛的研究，但是，目前关于氧还原的机理的认识依然存在很大的分歧。为完全弄清上述问题，还有待于发展新型高灵敏度的实验技术、在催化材料的结构与反应条件非常确定的情形下获得可靠的实验数据，以及发展更为接近电化学体系实际情形的理论模型。

7.7 总结与展望

本文综述了在过去 20 年中对质子交换膜燃料电池的铂基阴极催化剂在基础研究方面的进展。一批铂基 Pt-单层、Pt-skin 或 Pt-skeleton 型二元模型催化剂和核壳结构纳米催化剂都展示了优于纯 Pt 的氧还原性能。在燃料电池的性能测试中也已证明 PtCu、PtCo 等纳米催化剂能实现在保持活性不变的同时将铂的担载量降低到纯 Pt 纳米催化剂的 1/4 以下的目标（$<0.2g \cdot kW^{-1}$）。但是，由于氧还原的起始超电势较高，现有性能最佳催化剂也仅能将氧还原超电势降低 $10 \sim 100mV$ 左右，因此即便使用这类目前所找到的性能最好的铂基催化剂，阴极氧还原在工作时的超电势仍然在 0.25V 以上。氧还原高超电势的起源不仅仅是因为氧还原自身的动力学很慢，另一个重要因素是在反应的动力学控制区电极表面很大一部分活性位点都被来自于 H_2O 的 O_{ad}/OH_{ad} 所占据。

目前主流的观点认为，最佳氧还原催化剂应该比 Pt 对中间体 O_{ad} 和 HO_{ad} 的吸附略弱，而对 HOO_{ad} 的吸附应略微提高，其中使 O_{ad}、OH_{ad} 在表层 Pt 活性位上吸附略微减弱是氧还原活性提高的关键，这种电子效应主要通过引入第二种金属对表层 Pt 产生的配体效应或应力效应来实现。到目前为止仍未能制备出将氧还原超电势降低到 100mV 以内（接近火山顶部）的铂基二元催化剂，很可能是因为当改变催化剂的组成或结构时，O_{ad}、HO_{ad} 及 HOO_{ad} 的吸附能总是向同一个方向变化，因此单纯通过配体效应、应力效应调控催化剂时很难使活性逼近火山顶点处。针对这一问题，Nørskov 等建议可借鉴生物体系中酶的结构，构筑具有三维结构团簇的特定活性位点的催化剂有望突破上述局限。通过调控局部反应位点的立体结构与

亲、疏水性，降低阴离子以及来自于 H_2O 的 OH 对表面活性位的占据也很关键。最后值得指出的是，除了活性外，这些纳米催化剂的稳定性也需要重点关注。一方面，在燃料电池阴极工作的高电位与强氧化性条件下，Pt 自身（尤其是粒径很小时）在高电位下或在电位循环时，例如在燃料电池的开启和关闭时很容易离解析出；另一方面碳载体也容易腐蚀，可导致 Pt 纳米粒子团聚或者脱落[149,150]。因此，如何提高铂基纳米催化剂在燃料电池阴极工作的苛刻条件下的稳定性也将是下一步必须重点解决的问题。

致谢

本工作得到中科院百人计划以及国家自然基金面上项目（批准号：21073176）的资助。

参 考 文 献

［1］ Adzic R R. Recent Advances in The Kinetics of Oxygen Reduction // Electrocatalysis. Lipkowski J, Ross P. N, editors. New York: John Wiley & Sons Inc, 1998.

［2］ Gattrell G, MacDougall B. Reaction Mechanisms of The O_2 Reduction/Evolution Reaction // Handbook of Fuel Cells-Fundamentals, Technology and Applications. Vielstich W, Lamm A, Gasteiger H A, editors. Chichester: John Wiley & Sons Inc, 2006: Vol 2.

［3］ Gottesfeld S. Electrocatalysis of Oxygen Reduction in Polymer Electrolyte Fuel Cells: A Brief History and a Critical Examination of Present Theory and Diagnostics // Fuel Cell Catalysis: A Surface Science Approach. Koper M T M, Ed. Hoboken: John Wiley & Sons Inc, 2009.

［4］ Xu Y, Shao M H, Mavrikakis M, Adzic R R. Recent Developments in The Electrocatalysis of The O_2, Reduction Reaction // Fuel Cell Catalysis: A Surface Science Approach. Koper M T M, Ed. Hoboken: John Wiley & Sons Inc, 2009.

［5］ Stamenkovic V, Markovic N M. Oxygen Reduction on Platinum Bimetallic Alloy Catalysts // Handbook of Fuel Cells-"Advances in Electrocatalysis, Materials, Diagnostics and Durability". Vielstich W, Lamm A, Gasteiger H A, editors. Chichester: John Wiley & Sons Inc, 2009: Vol 5&6.

［6］ Adzic R R, Lima F H B. Platinum Monolayer Oxygen Reduction Electrocatalysts // Handbook of Fuel Cells-"Advances in Electrocatalysis, Materials, Diagnostics and Durability". Vielstich W, Lamm A, Gasteiger H A, editors. Chichester: John Wiley & Sons Inc, 2009: Vol 5&6.

［7］ Strasser P. Dealloyed Pt Bimetallic Electrocatalysts for Oxygen Reduction // Handbook of Fuel Cells-"Advances in Electrocatalysis, Materials, Diagnostics and Durability". Vielstich W, Lamm A, Gasteiger H A, editors. Chichester: John Wiley & Sons Inc, 2009: Vol 5&6.

［8］ Appleby A J. Electrocatalysis and Fuel Cells. catalysis Review, 1970, 4 (2): 221-244.

［9］ Gasteiger H A, Kocha S S, Sompalli B, Wagner F T. Activity benchmarks and requirements for Pt, Pt-alloy, and non-Pt oxygen reduction catalysts for PEMFCs. Appl Catal B-Environ, 2005, 56 (1-2): 9-35.

［10］ Greeley J, Stephens I E L, Bondarenko A S, Johansson T P, Hansen H A, Jaramillo T F, Rossmeisl J, Chorkendorff I, Norskov J K. Alloys of platinum and early transition metals as oxygen reduction electrocatalysts. Nature Chemistry, 2009, 1 (7): 552-556.

［11］ Gasteiger H A, Markovic N M. Just a Dream-or Future Reality? Science, 2009, 324 (5923): 48-49.

［12］ Tarasevich M R, Sadkowski A, Yeager E B. Oxygen electrochemistry // Comprehensive Treatise of Electrochemistry. Conway B E, Bockris J O M, Yeager E B, editors. New York: Plenum Press, 1983.

［13］ Damjanovic A. Progress in The Studies of Oxygen Reduction During The Last Thirty Years // Electrochmistry in Transition. Murphy O J, Srinivasan S, Conway B E, editors. New York: Plenum Press, 1992.

[14] Kinoshita K. Electrochemical Oxygen Technology. New York: John Wiley & Sons Inc, 1992.

[15] Durand R, Faure R, Gloaguen F, Aberdam D. Oxygen Reductiion Reaction on Platinum in Acidic Medium: From Bulk Material to Nanoparticles // Proceedings of The Symposium on Oxygen Electrochemistry. Adzic R R, Anson F C, Kinoshita K, editors. NJ: The Electrochemical Society: Pennington, 1996.

[16] Mukerjee S, Srinivasan S, Soriaga M P, Mcbreen J. Role of Structural and Electronic-Properties of Pt and Pt Alloys on Electrocatalysis of Oxygen Reduction - an in-Situ Xanes and Exafs Investigation. J Electrochem Soc, 1995, 142 (5): 1409-1422.

[17] Gottesfeld S. Electrocatalysis of Oxygen Reduction in Polymer Electrolyte Fuel Cells: A Brief History and a Critical Examination of Present Theory and Diagnostics // Fuel Cell Catalysis: A Surface Science Approach. Koper M T M, Ed. Hoboken: John Wiley & Sons Inc, 2009: 1.

[18] Boulatov R. Metalloporphyrin Catalysts of Oxygen Reduction // Fuel Cell Catalysis: A Surface Science Approach. Koper M T M, Ed. Hoboken: John Wiley & Sons Inc, 2009: 637.

[19] Markovic N, Gasteiger H, Ross P N. Kinetics of oxygen reduction on Pt(hkl) electrodes: Implications for the crystallite size effect with supported Pt electrocatalysts. Journal of the Electrochemical Society, 1997, 144 (5): 1591-1597.

[20] Markovic N M, Gasteiger H A, Philip N. Oxygen reduction on platinum low-index single-crystal surfaces in alkaline solution: Rotating ring disk (Pt(hkl)) studies. Journal of Physical Chemistry, 1996, 100 (16): 6715-6721.

[21] Markovic N M, Gasteiger H A, Ross P N. Oxygen Reduction on Platinum Low-Index Single-Crystal Surfaces in Sulfuric-Acid-Solution - Rotating Ring-Pt(hkl) Disk Studies. J Phys Chem, 1995, 99 (11): 3411-3415.

[22] Markovic N M, Ross P N. Surface science studies of model fuel cell electrocatalysts. Surf Sci Rep, 2002, 45 (4-6): 121-229.

[23] Strmcnik D, Escudero-Escribano M, Kodama K, Stamenkovic V R, Cuesta A, Markovic N M. Enhanced electrocatalysis of the oxygen reduction reaction based on patterning of platinum surfaces with cyanide. Nature Chemistry, 2010, 2 (10): 880-885.

[24] Strmcnik D, Kodama K, van der Vliet D, Greeley J, Stamenkovic V R, Markovic N M. The role of non-covalent interactions in electrocatalytic fuel-cell reactions on platinum. Nature Chemistry, 2009, 1 (6): 466-472.

[25] Markovic N M, Adzic R R, Cahan B D, Yeager E B. Structural Effects in Electrocatalysis - Oxygen Reduction on Platinum Low-Index Single-Crystal Surfaces in Perchloric-Acid Solutions. J Electroanal Chem, 1994, 377 (1-2): 249-259.

[26] Markovic N M, Schmidt T J, Grgur B N, Gasteiger H A, Behm R J, Ross P N. Effect of temperature on surface processes at the Pt (111)-liquid interface: Hydrogen adsorption, oxide formation, and CO oxidation. J Phys Chem B, 1999, 103 (40): 8568-8577.

[27] Markovic N M, Gasteiger H A, Ross P N. Oxygen reduction on platinum low-index single-crystal surfaces in sulfuric acid solution: rotating ring-Pt(hkl) disk studies. Journal of Physical Chemistry, 1995, 99 (11): 3411-3415.

[28] Wan L J, Yau S L, Itaya K. Atomic-Structure of Adsorbed Sulfate on Rh(111) in Sulfuric-Acid-Solution. Journal of Physical Chemistry, 1995, 99 (23): 9507-9513.

[29] Markovic N M, Adzic R R, Cahan B D, Yeager E B. Structural effects in electrocatalysis: oxygen reduction on platinum low index single-crystal surfaces in perchloric acid solutions. Journal of Electroanalytical Chemistry, 1994, 377 (1-2): 249-259.

[30] Komanicky V, Menzel A, You H. Investigation of oxygen reduction reaction kinetics at (111)-(100) nanofaceted platinum surfaces in acidic media. Journal of Physical Chemistry B, 2005, 109 (49): 23550-23557.

[31] Macia M D, Campina J M, Herrero E, Feliu J M. On the kinetics of oxygen reduction on platinum stepped surfaces in acidic media. J Electroanal Chem, 2004, 564 (1-2): 141-150.

[32] Kuzume A, Herrero E, Feliu J M. Oxygen reduction on stepped platinum surfaces in acidic media. J Electroanal Chem, 2007, 599 (2): 333-343.

[33] Macia M D, Campina J M, Herrero E, Feliu J M. On the kinetics of oxygen reduction on platinum stepped surfaces in acidic media. Journal of Electroanalytical Chemistry, 2004, 564 (1-2): 141-150.

［34］ Kuzume A, Herrero E, Feliu J M. Oxygen reduction on stepped platinum surfaces in acidic media. Journal of Electroanalytical Chemistry, 2007, 599 (2): 333-343.

［35］ Greeley J, Rossmeisl J, Hellman A, Nørskov J K. Theoretical trends in particle size effects for the oxygen reduction reaction. Zeitschrift Fur Physikalische Chemie-International Journal of Research in Physical Chemistry & Chemical Physics, 2007, 221 (9-10): 1209-1220.

［36］ Markovic N M, Gasteiger H A, Grgur B N, Ross P N. Oxygen reduction reaction on Pt (111): effects of bromide. Journal of Electroanalytical Chemistry, 1999, 467 (1-2): 157-163.

［37］ Stamenkovic V, M. Markovic N, Ross P N. Structure-relationships in electrocatalysis: oxygen reduction and hydrogen oxidation reactions on Pt (111) and Pt (100) in solutions containing chloride ions. Journal of Electroanalytical Chemistry, 2001, 500 (1-2): 44-51.

［38］ Markovic N M, Ross P N. Surface science studies of model fuel cell electrocatalysts. Surface Science Reports, 2002, 45 (4-6): PII S0167-5729 (01) 00022-X.

［39］ Kim Y G, Yau S L, Itaya K. Direct observation of complexation of alkali cations on cyanide-modified Pt (111) by scanning tunneling microscopy. Journal of the American Chemical Society, 1996, 118 (2): 393-400.

［40］ Yano H, Inukai J, Uchida H, Watanabe M, Babu P K, Kobayashi T, Chung J H, Oldfield E, Wieckowski A. Particle-size effect of nanoscale platinum catalysts in oxygen reduction reaction: an electrochemical and Pt-195 EC-NMR study. Physical Chemistry Chemical Physics, 2006, 8 (42): 4932-4939.

［41］ Shao M H, Peles A, Shoemaker K. Electrocatalysis on Platinum Nanoparticles: Particle Size Effect on Oxygen Reduction Reaction Activity. Nano Lett, 2011, 11 (9): 3714-3719.

［42］ Yang Z, Ball S, Condit D, Gummalla M. Systematic Study on the Impact of Pt Particle Size and Operating Conditions on PEMFC Cathode Catalyst Durability. J Electrochem Soc, 2011, 158 (11): B1439-B1445.

［43］ Watanabe M, Sei H, Stonehart P. The Influence of Platinum Crystallite Size on the Electroreduction of Oxygen. J Electroanal Chem, 1989, 261 (2B): 375-387.

［44］ Antoine O, Bultel Y, Durand R. Oxygen reduction reaction kinetics and mechanism on platinum nanoparticles inside Nafion (R). J Electroanal Chem, 2001, 499 (1): 85-94.

［45］ Han B C, Miranda C R, Ceder G. Effect of particle size and surface structure on adsorption of O and OH on platinum nanoparticles: A first-principles study. Phys Rev B, 2008, 77 (7).

［46］ Tritsaris G A, Greeley J, Rossmeisl J, Nørskov J K. Atomic-Scale Modeling of Particle Size Effects for the Oxygen Reduction Reaction on Pt. Catal Lett, 2011, 141 (7): 909-913.

［47］ Paulus U A, Wokaun A, Scherer G G, Schmidt T J, Stamenkovic V, Markovic N M, Ross P N. Oxygen reduction on high surface area Pt-based alloy catalysts in comparison to well defined smooth bulk alloy electrodes. Electrochimica Acta, 2002, 47 (22-23): 3787-3798.

［48］ Landsman D A, Luczak F J. Catalyst studies and coating technologies// Handbook of Fuel Cells: Fundamentals Technology and Applications. Vielstich W, Lamm A, Gasteiger H A, editors. New York: John Wiley & Sons Inc, 2010: Vol 4, Chap 60.

［49］ Maillard F, Martin M, Gloaguen F, Leger J M. Oxygen electroreduction on carbon-supported platinum catalysts. Particle-size effect on the tolerance to methanol competition. Electrochimica Acta, 2002, 47 (21): 3431-3440.

［50］ D'Hondt S, Jorgensen B B, Miller D J, Batzke A, Blake R, Cragg B A, Cypionka H, Dickens G R, Ferdelman T, Hinrichs K U, Holm N G, Mitterer R, Spivack A, Wang G Z, Bekins B, Engelen B, Ford K, Gettemy G, Rutherford S D, Sass H, Skilbeck C G, Aiello I W, Guerin G, House C H, Inagaki F, Meister P, Naehr T, Niitsuma S, Parkes R J, Schippers A, Smith D C, Teske A, Wiegel J, Padilla C N, Acosta J L S. Distributions of microbial activities in deep subseafloor sediments. Science, 2004, 306 (5705): 2216-2221.

［51］ Mayrhofer K J J, Blizanac B B, Arenz M, Stamenkovic V R, Ross P N, Markovic N M. The impact of geometric and surface electronic properties of Pt-catalysts on the particle size effect in electocatalysis. J Phys Chem B, 2005, 109 (30): 14433-14440.

［52］ Bregoli L J. The influence of platinum crystallite size on the electrochemical reduction of oxygen in phosphoric acid. Electrochim Acta, 1978, 23 (6): 489-492.

［53］ Sattler M L, Ross P N. The Surface-Structure of Pt Crystallites Supported on Carbon-Black. Ultramicroscopy, 1986, 20 (1-2): 21-28.

［54］ Kinoshita K. Particle-Size Effects for Oxygen Reduction on Highly Dispersed Platinum in Acid Electrolytes. J Electrochem Soc, 1990, 137 (3): 845-848.

[55] Kabbabi A, Gloaguen F, Andolfatto F, Durand R. Particle-Size Effect for Oxygen Reduction and Methanol Oxidation on Pt/C inside a Proton-Exchange Membrane. J Electroanal Chem, 1994, 373 (1-2): 251-254.

[56] Takasu Y, Ohashi N, Zhang X G, Murakami K, minagawa H, Sato S, Yahikozawa K. Size effects of platinum particles on the electroreduction of oxygen. Electrochim Acta, 1996, 41 (16).

[57] Mayrhofer K J J, Strmcnik D, Blizanac B B, Stamenkovic V, Arenz M, Markovic N M. Measurement of oxygen reduction activities via the rotating disc electrode method: From Pt model surfaces to carbon-supported high surface area catalysts. Electrochim Acta, 2008, 53 (7): 3181-3188.

[58] Perez-Alonso F J, McCarthy D N, Nierhoff A, Hernandez-Fernandez P, Strebel C, Stephens I E L, Nielsen J H, Chorkendorff I. The Effect of Size on the Oxygen Electroreduction Activity of Mass-Selected Platinum Nanoparticles. Angew Chem Int Edit, 2012, 51 (19): 4641-4643.

[59] Zhdanov V P, Kasemo B. Kinetics of electrochemical reactions: from single crystals to nm-sized supported particles. Surf Sci, 2002, 521 (1-2): L655-L661.

[60] Hayden B E, Suchsland J E. Support and Particle Size Effects in Electrocatalysis // Fuel Cell Catalysis: A Surface Science Approach. Koper M T M, Ed. Hoboken: John Wiley & Sons Inc, 2009: 567.

[61] 廖玲文, 陈栋, 郑勇力, 李明芳, 康婧, 陈艳霞. 气体电极反应动力学的薄膜旋转圆盘电极方法研究. 中国科学: 化学, 2012, 11.

[62] Watanabe M, Saegusa S, Stonehart P. Electro-catalytic Activity on Supported Platinum Crystallites for Oxygen Reduction in Sulphuric Acid. Chem Lett, 1988, 17 (9): 1487-1490.

[63] Nesselberger M, Ashton S, Meier J C, Katsounaros I, Mayrhofer K J J, Arenz M. The Particle Size Effect on the Oxygen Reduction Reaction Activity of Pt Catalysts: Influence of Electrolyte and Relation to Single Crystal Models. J Am Chem Soc, 2011, 133 (43): 17428-17433.

[64] Chen D, Tao Q, Liao L W, Liu S X, Chen Y X, Ye S. Determining the Active Surface Area for Various Platinum Electrodes. Electrocatalysis, 2011, 2 (3): 207-219.

[65] Zhang J, Yang H Z, Fang J Y, Zou S Z. Synthesis and Oxygen Reduction Activity of Shape-Controlled Pt3Ni Nanopolyhedra. Nano Letters, 2010, 10 (2): 638-644.

[66] Wu J B, Gross A, Yang H. Shape and Composition-Controlled Platinum Alloy Nanocrystals Using Carbon Monoxide as Reducing Agent. Nano Lett, 2011, 11 (2): 798-802.

[67] Wu J B, Zhang J L, Peng Z M, Yang S C, Wagner F T, Yang H. Truncated Octahedral Pt3Ni Oxygen Reduction Reaction Electrocatalysts. J Am Chem Soc, 2010, 132 (14): 4984-4985.

[68] Ruban A V, Skriver H L, Nørskov J K. Surface segregation energies in transition-metal alloys. Phys Rev B, 1999, 59 (24): 15990-16000.

[69] Atli A, Abon M, Beccat P, Bertolini J C, Tardy B. Carbon-Monoxide Adsorption on a Pt80fe20 (111) Single-Crystal Alloy. Surf Sci, 1994, 302 (1-2): 121-125.

[70] Stamenkovic V, Schmidt T J, Ross P N, Markovic N M. Surface composition effects in electrocatalysis: Kinetics of oxygen reduction on well-defined Pt_3Ni and Pt_3Co alloy surfaces. J Phys Chem B, 2002, 106 (46): 11970-11979.

[71] Adzic R R, Zhang J, Sasaki K, Vukmirovic M B, Shao M, Wang J X, Nilekar A U, Mavrikakis M, Valerio J A, Uribe F. Platinum monolayer fuel cell electrocatalysts. Top Catal, 2007, 46 (3-4): 249-262.

[72] Vukmirovic M B, Zhang J, Sasaki K, Nilekar A U, Uribe F, Mavrikakis M, Adzic R R. Platinum monolayer electrocatalysts for oxygen reduction. Electrochimica Acta, 2007, 52 (6): 2257-2263.

[73] Wakisaka M, Suzuki H, Mitsui S, Uchida H, Watanabe M. Increased oxygen coverage at Pt-Fe alloy cathode for the enhanced oxygen reduction reaction studied by EC-XPS. Journal of Physical Chemistry C, 2008, 112 (7): 2750-2755.

[74] Stamenkovic V R, Fowler B, Mun B S, Wang G F, Ross P N, Lucas C A, Markovic N M. Improved oxygen reduction activity on $Pt_3Ni(111)$ via increased surface site availability. Science, 2007, 315 (5811): 493-497.

[75] Zhang J L, Vukmirovic M B, Xu Y, Mavrikakis M, Adzic R R. Controlling the catalytic activity of platinum-monolayer electrocatalysts for oxygen reduction with different substrates. Angewandte Chemie-International Edition, 2005, 44 (14): 2132-2135.

[76] Zhang J, Mo Y, Vukmirovic M B, Klie R, Sasaki K, Adzic R R. Platinum monolayer electrocatalysts for O-2 reduction: Pt monolayer on Pd(111) and on carbon-supported Pd nanoparticles. Journal of Physical

Chemistry B, 2004, 108 (30): 10955-10964.

[77] Zhang J L, Vukmirovic M B, Sasaki K, Nilekar A U, Mavrikakis M, Adzic R R. Mixed-metal Pt mono-layer electrocatalysts for enhanced oxygen reduction kinetics. J Am Chem Soc, 2005, 127 (36): 12480-12481.

[78] Nilekar A U, Xu Y, Zhang J L, Vukmirovic M B, Sasaki K, Adzic R R, Mavrikakis M. Bimetallic and ternary alloys for improved oxygen reduction catalysis. Topics in Catalysis, 2007, 46 (3-4): 276-284.

[79] Stephens I E L, Bondarenko A S, Perez-Alonso F J, Calle-Vallejo F, Bech L, Johansson T P, Jepsen A K, Frydendal R, Knudsen B P, Rossmeisl J, Chorkendorff I. Tuning the Activity of Pt (111) for Oxygen Electroreduction by Subsurface Alloying. J Am Chem Soc, 2011, 133 (14): 5485-5491.

[80] Henry J B, Maljusch A, Huang M H, Schuhmann W, Bondarenko A S. Thin-Film Cu-Pt(111) Near-Surface Alloys: Active Electrocatalysts for the Oxygen Reduction Reaction. Acs Catal, 2012, 2 (7): 1457-1460.

[81] Strasser P, Koh S, Anniyev T, Greeley J, More K, Yu C F, Liu Z C, Kaya S, Nordlund D, Ogasawara H, Toney M F, Nilsson A. Lattice-strain control of the activity in dealloyed core-shell fuel cell catalysts. Nat Chem, 2010, 2 (6): 454-460.

[82] Stamenkovic V, Schmidt T J, Ross P N, Markovic N M. Surface segregation effects in electrocatalysis: kinetics of oxygen reduction reaction on polycrystalline Pt_3Ni alloy surfaces. Journal of Electroanalytical Chemistry, 2003, 554: 191-199.

[83] Stamenkovic V R, Mun B S, Arenz M, Mayrhofer K J J, Lucas C A, Wang G F, Ross P N, Markovic N M. Trends in electrocatalysis on extended and nanoscale Pt-bimetallic alloy surfaces. Nature Materials, 2007, 6 (3): 241-247.

[84] Stamenkovic V R, Fowler B, Mun B S, Wang G F, Ross P N, Lucas C A, Markovic N M. Improved oxygen reduction activity on Pt_3Ni (111) via increased surface site availability. Science, 2007, 315: 493-497.

[85] Wakabayashi N, Takeichi M, Uchida H, Watanabe M. Temperature dependence of oxygen reduction activity at Pt-Fe, Pt-Co, and Pt-Ni alloy electrodes. J Phys Chem B, 2005, 109 (12): 5836-5841.

[86] Stephens I E L, Bondarenko A S, Bech L, Chorkendorff I. Oxygen Electroreduction Activity and X-Ray Photoelectron Spectroscopy of Platinum and Early Transition Metal Alloys. Chemcatchem, 2012, 4 (3): 341-349.

[87] Wadayama T, Yoshida H, Ogawa K, Todoroki N, Yamada Y, Miyamoto K, Iijima Y, Sugawara T, Arihara K, Sugawara S, Shinohara K. Outermost Surface Structures and Oxygen Reduction Reaction Activities of Co/Pt(111) Bimetallic Systems Fabricated Using Molecular Beam Epitaxy. J Phys Chem C, 2011, 115 (38): 18589-18596.

[88] Stamenkovic V R, Mun B S, Mayrhofer K J J, Ross P N, Markovic N M. Effect of Surface Composition on Electronic Structure, Stability, and Electrocatalytic Properties of Pt-Transition Metal Alloys: Pt-Skin versus Pt-Skeleton Surfaces. Journal of the American Chemical Society, 2006, 128 (27): 8813-8819.

[89] van der Vliet D F, Wang C, Li D G, Paulikas A P, Greeley J, Rankin R B, Strmcnik D, Tripkovic D, Markovic N M, Stamenkovic V R. Unique Electrochemical Adsorption Properties of Pt-Skin Surfaces. Angew Chem Int Edit, 2012, 51 (13): 3139-3142.

[90] Strasser P, Koh S, Anniyev T, Greeley J, More K, Yu C, Liu Z, Kaya S, Nordlund D, Ogasawara H, Toney M F, Nilsson A. Lattice-strain control of the activity in dealloyed core-shell fuel cell catalysts. Nature Chemistry, 2010, 2 (6): 454-460.

[91] Liao L W, Li M F, Kang J, Chen D, Chen Y X, Ye S. Electrode reaction induced pH change at the Pt electrode/electrolyte interface and its impact on electrode processes. J Electroanal Chem, 2012, 10. 1016/j. jelechem. 2012. 08. 031.

[92] Nørskov J K, Bligaard T, Hvolbaek B, Abild-Pedersen F, Chorkendorff I, Christensen C H. The nature of the active site in heterogeneous metal catalysis. Chem Soc Rev, 2008, 37 (10): 2163-2171.

[93] Nørskov J K, Bligaard T, Logadottir A, Bahn S, Hansen L B, Bollinger M, Bengaard H, Hammer B, Sljivancanin Z, Mavrikakis M, Xu Y, Dahl S, Jacobsen C J H. Universality in heterogeneous catalysis. J, Catal, 2002, 209 (2): 275-278.

[94] Greeley J, Nørskov J K. Combinatorial Density Functional Theory-Based Screening of Surface Alloys for the Oxygen Reduction Reaction. J Phys Chem C, 2009, 113 (12): 4932-4939.

[95] Calle-Vallejo F, Martinez J I, Garcia-Lastra J M, Rossmeisl J, Koper M T M. Physical and chemical nature of the scaling relations between adsorption energies of atoms on metal surfaces. Physical review let-

ters, 2012, 108 (11): 116103-116103.

[96] Calle-Vallejo F, Martinez J I, Garcia-Lastra J M, Rossmeisl J, Koper M T M. Physical and Chemical Nature of the Scaling Relations between Adsorption Energies of Atoms on Metal Surfaces. Phys Rev Lett, 2012, 108 (11).

[97] Zhou W P, Yang X F, Vukmirovic M B, Koel B E, Jiao J, Peng G W, Mavrikakis M, Adzic R R. Improving Electrocatalysts for O-2 Reduction by Fine-Tuning the Pt-Support Interaction: Pt Monolayer on the Surfaces of a $Pd_3Fe(111)$ Single-Crystal Alloy. J Am Chem Soc, 2009, 131 (35): 12755-12762.

[98] Nilekar A U, Mavrikakis M. Improved oxygen reduction reactivity of platinum monolayers on transition metal surfaces. Surf Sci, 2008, 602 (14): L89-L94.

[99] Stamenkovic V, Mun B S, Mayrhofer K J J, Ross P N, Markovic N M, Rossmeisl J, Greeley J, Nørskov J K. Changing the activity of electrocatalysts for oxygen reduction by tuning the surface electronic structure. Angew Chem Int Edit, 2006, 45 (18): 2897-2901.

[100] Rossmeisl J, Logadottir A, Nørskov J K. Electrolysis of water on (oxidized) metal surfaces. Chem Phys, 2005, 319 (1-3): 178-184.

[101] Abild-Pedersen F, Greeley J, Studt F, Rossmeisl J, Munter T R, Moses P G, Skulason E, Bligaard T, Nørskov J K. Scaling properties of adsorption energies for hydrogen-containing molecules on transition-metal surfaces. Phys Rev Lett, 2007, 99 (1).

[102] Nørskov J K, Rossmeisl J, Logadottir A, Lindqvist L, Kitchin J R, Bligaard T, Jonsson H. Origin of the overpotential for oxygen reduction at a fuel-cell cathode. J Phys Chem B, 2004, 108 (46): 17886-17892.

[103] Rossmeisl J, Karlberg G S, Jaramillo T, Nørskov J K. Steady state oxygen reduction and cyclic voltammetry. Faraday Discuss, 2008, 140: 337-346.

[104] Stonehart P. Development of alloy electrocatalysts for phosphoric acid fuel cells (PAFC) Journal of Applied Electrochemistry, 1992, 22 (11): 995-1001.

[105] Toda T, Igarashi H, Watanabe M. Role of electronic property of Pt and Pt alloys on electrocatalytic reduction of oxygen. Journal of the Electrochemical Society, 1998, 145 (12): 4185-4188.

[106] Wang J X, Inada H, Wu L J, Zhu Y M, Choi Y M, Liu P, Zhou W P, Adzic R R. Oxygen Reduction on Well-Defined Core-Shell Nanocatalysts: Particle Size, Facet, and Pt Shell Thickness Effects. Journal of the American Chemical Society, 2009, 131 (47): 17298-17302.

[107] Ghosh T, Vukmirovic M B, DiSalvo F J, Adzic R R. Intermetallics as Novel Supports for Pt Monolayer O-2 Reduction Electrocatalysts: Potential for Significantly Improving Properties. Journal of the American Chemical Society, 2010, 132 (3): 906-907.

[108] Zhang J, Sasaki K, Sutter E, Adzic R R. Stabilization of platinum oxygen-reduction electrocatalysts using gold clusters. Science, 2007, 315 (5809): 220-222.

[109] Shao M H, Sasaki K, Liu P, Adzic R R. Pd_3Fe and pt monolayer-modified Pd3Fe electrocatalysts for oxygen reduction. Zeitschrift Fur Physikalische Chemie-International Journal of Research in Physical Chemistry & Chemical Physics, 2007, 221 (9-10): 1175-1190.

[110] Wang J X, Ma C, Choi Y, Su D, Zhu Y, Liu P, Si R, Vukmirovic M B, Zhang Y, Adzic R R. Kirkendall Effect and Lattice Contraction in Nanocatalysts: A New Strategy to Enhance Sustainable Activity. Journal of the American Chemical Society, 2011, 133 (34): 13551-13557.

[111] Chen S, Sheng W C, Yabuuchi N, Ferreira P J, Allard L F, Shao-Horn Y. Origin of Oxygen Reduction Reaction Activity on "Pt_3Co" Nanoparticles: Atomically Resolved Chemical Compositions and Structures. Journal of Physical Chemistry C, 2009, 113 (3): 1109-1125.

[112] Chen Y, Liang Z, Yang F, Liu Y, Chen S. Ni-Pt Core-Shell Nanoparticles as Oxygen Reduction Electrocatalysts: Effect of Pt Shell Coverage. Journal of Physical Chemistry C, 2011, 115 (49): 24073-24079.

[113] Uchida H, Yano H, Wakisaka M, Watanabe M. Electrocatalysis of the Oxygen Reduction Reaction at Pt and Pt-Alloys. Electrochemistry, 2011, 79 (5): 303-311.

[114] Wang C, Chi M, Li D, Strmcnik D, van der Vliett D, Wang G, Komanicky V, Chang K-C, Paulikas A P, Tripkovic D, Pearson J, More K L, Markovic N M, Stamenkovic V R. Design and Synthesis of Bimetallic Electrocatalyst with Multilayered Pt-Skin Surfaces. Journal of the American Chemical Society, 2011, 133 (36): 14396-14403.

[115] Jayasayee K, Van Veen J A R, Manivasagam T G, Celebi S, Hensen E J M, de Bruijn F A. Oxygen reduction reaction (ORR) activity and durability of carbon supported PtM (Co, Ni, Cu) alloys: Influence

of particle size and non-noble metals. Applied Catalysis B-Environmental, 2012, 111: 515-526.

[116] Elvington M C, Colon-Mercado H R. Pt and Pt/Ni "Needle" Eletrocatalysts on Carbon Nanotubes with High Activity for the ORR. Electrochemical and Solid State Letters, 2012, 15 (2): K19-K22.

[117] Carlton C E, Chen S, Ferreira P J, Allard L F, Shao-Horn Y. Sub-Nanometer-Resolution Elemental Mapping of "Pt₃Co" Nanoparticle Catalyst Degradation in Proton-Exchange Membrane Fuel Cells. J Phys Chem Lett, 2012, 3 (2): 161-166.

[118] Mayrhofer K J J, Juhart V, Hartl K, Hanzlik M, Arenz M. Adsorbate-Induced Surface Segregation for Core-Shell Nanocatalysts. Angewandte Chemie-International Edition, 2009, 48 (19): 3529-3531.

[119] Jeon M K, McGinn P J. Carbon supported Pt-Y electrocatalysts for the oxygen reduction reaction. Journal of Power Sources, 2011, 196 (3): 1127-1131.

[120] Yoo S J, Lee K-S, Hwang S J, Cho Y-H, Kim S-K, Yun J W, Sung Y-E, Lim T-H. Pt₃Y electrocatalyst for oxygen reduction reaction in proton exchange membrane fuel cells. International Journal of Hydrogen Energy, 2012, 37 (12): 9758-9765.

[121] Heggen M, Oezaslan M, Houben L, Strasser P. Formation and Analysis of Core—Shell Fine Structures in Pt Bimetallic Nanoparticle Fuel Cell Electrocatalysts. The Journal of Physical Chemistry C, 2012, 116 (36): 19073-19083.

[122] Dubau L, Durst J, Maillard F, Guetaz L, Chatenet M, Andre J, Rossinot E. Further insights into the durability of Pt₃Co/C electrocatalysts: Formation of "hollow" Pt nanoparticles induced by the Kirkendall effect. Electrochimica Acta, 2011, 56 (28): 10658-10667.

[123] Markovic N M, Schmidt T J, Stamenkovic V, Ross P N. Oxygen Reduction Reaction on Pt and Pt Bimetallic Surfaces: A Selective Review. Fuel Cells, 2001, 1 (2): 105-116.

[124] Markovic N M, Ross P N. Surface science studies of model fuel cell electrocatalysts. Surf Sci Rep, 2002, 45 (4-6): 121-229.

[125] Wang J X, Zhang J L, Adzic R R. Double-trap kinetic equation for the oxygen reduction reaction on Pt (111) in acidic media. J Phys Chem A, 2007, 111 (49): 12702-12710.

[126] Gattrell M, MacDougall B. Reaction mechanisms of the O₂ reduction/evolution reaction Chichester: Wiley J, 2003: 441.

[127] Bagotskii V S, Tarasevich M R, Filinovskii V Y. Calculation of the Kinetic Parameters of Conjugated Reactions of Oxygen and Hydrogen Peroxide. Elektrokhimiya, 1969, 5: 1218-1226.

[128] Wroblowa H S, Pan Y C, Razumney G. Electroreduction of oxygen: A new mechanistic criterion. Journal of Electroanalytical Chemistry and Interfacial Electrochemistry, 1976, 69 (2): 195-201.

[129] Shao M H, Liu P, Adzic R R. Superoxide anion is the intermediate in the oxygen reduction reaction on platinum electrodes. J Am Chem Soc, 2006, 128 (23): 7408-7409.

[130] Tarasevich M R, Sadkowski A, Yeager E. Comprehensive Treatise of Electrochemistry. Vol 7. Conway B E, Bockris J O'M, Yeager E, Khan S U M, White R E, Editors. New York: Plenum, 1983: 301-398.

[131] Blizanac B B, Ross P N, Markovic N M. Oxygen electroreduction on Ag(111): The pH effect. Electrochimica Acta, 2007, 52 (6): 2264-2271.

[132] Jr P Ross. Handbook of Fuel Cells: Fundamentals, Technology, Applications. Vielstich W, Lamm A, Gasteiger H A. Weinheim: Wiley-VCH, 2003: 465-480.

[133] Karlberg G S, Rossmeisl J, Nørskov J K. Estimations of electric field effects on the oxygen reduction reaction based on the density functional theory. Physical Chemistry Chemical Physics, 2007, 9 (37): 5158-5161.

[134] Keith J A, Jacob T. Theoretical Studies of Potential-Dependent and Competing Mechanisms of the Electrocatalytic Oxygen Reduction Reaction on Pt (111). Angew Chem Int Edit, 2010, 49 (49): 9521-9525.

[135] Sepa D B, Vojnovic M V, Damjanovic A. Reaction intermediates as acontrolling factor in the kinetics and mechanism of oxygenreduction at platinum electrodes. Electrochimica Acta, 1981, 26 (6): 781-793.

[136] Sepa D B, Vojnovic M V, Vracar L M, Damjanovict A. Apparent enthalpies of activation of electrodic oxygen reduction at platinum in different current density regions-Ⅰ. Acid solution. Electrochimica Acta, 1986, 31 (1): 91-96.

[137] Ghoneim M M, Clouser S, Yeager E. Oxygen reduction kinetics in deuterated phosphoric acid. Journal of the Electrochemical Society, 1985, 132 (5): 1160-1162.

[138] Wang J X, Markovic N M, Adzic R R. Kinetic analysis of oxygen reduction on Pt(111) in acid solutions: Intrinsic kinetic parameters and anion adsorption effects. Journal of Physical Chemistry B, 2004, 108 (13): 4127-4133.

[139] Damjanovic A, Brusic V. Electrochimica Acta, 1967, 12: 615.

[140] Obradovic M D, Grgur B N, Vracar L M. Adsorption of oxygen containing species and their effect on oxygen reduction on Pt_3Co electrode. Journal of Electroanalytical Chemistry, 2003, 548: 69-78.

[141] Damjanovic A, Sepa D B. An anlysis of the pH dependence of Enthalpies and Gibbs energies of activation for O_2 reduction at Pt electrodes in acid solutions. Electrochimica Acta, 1990, 35: 6.

[142] Tarasevich M R A R K. Elektrokhimiya, 1971, 7: 248.

[143] Sepa D B, Vojnovic M V, Vracar L M, Damjanovic A. Apparent enthalpies of activation of electrodic oxygen reduction at platinum in different curretn density regions-1. Acid solution. Electrochimica Acta, 1986, 31: 6.

[144] 李明芳. 铂电极上氧还原机理与动力学的研究 [D]. 合肥: 中国科学技术大学. 2011.

[145] Ghoneim M M, Clouser S, Yeager E. Oxygen reduction kinetics in deuterated phosphoric -acid. Journal of the Electrochemical Society, 1985, 132 (5): 1160-1162.

[146] Neyerlin K C, Gu W, Jorne J, Gasteiger H A. Determination of catalyst unique parameters for the oxygen reduction reaction in a PEMFC. Journal of the Electrochemical Society, 2006, 153 (10): A1955-A1963.

[147] Tripkovic V, Skulason E, Siahrostami S, Norskov J K, Rossmeisl J. The oxygen reduction reaction mechanism on Pt (111) from density functional theory calculations. Electrochimica Acta, 2010, 55 (27): 7975-7981.

[148] Sha Y, Yu T H, Merinov B V, Shirvanian P, Goddard W A. Oxygen Hydration Mechanism for the Oxygen Reduction Reaction at Pt and Pd Fuel Cell Catalysts. Journal of Physical Chemistry Letters, 2011, 2 (6): 572-576.

[149] Stephens I E L, Bondarenko A S, Gronbjerg U, Rossmeisl J, Chorkendorff I. Understanding the electrocatalysis of oxygen reduction on platinum and its alloys. Energ Environ Sci, 2012, 5 (5): 6744-6762.

[150] Tian F, Anderson A B. Effective Reversible Potential, Energy Loss, and Overpotential on Platinum Fuel Cell Cathodes. Journal of Physical Chemistry C, 2011, 115 (10): 4076-4088.

第8章
几种代氢燃料分子的直接电催化氧化

■ 杨汉西

（武汉大学化学与分子科学学院）

　　氢能时代，即采用氢燃料替代当今社会赖以生存的基础能源——碳燃料，是人类一直追求的新能源社会。在氢能技术中，燃料电池是氢能利用和转化的最关键技术。单从技术上来看，许多种类的燃料电池体系技术上已达到相当的成熟程度，多种类型的燃料电池装置在世界许多地方已投入商业化试运行。特别是质子交换膜氢氧燃料电池（PEMFC），经过几十年的探索和研究，质子交换膜燃料电池在固体电解质、电极-膜-电极三合一组件（MEA）、催化剂用量和双极板的设计等方面均取得了一系列重大突破，使得电池的性能得到了突飞猛进的提高。从目前的发展状况来看，质子交换膜燃料电池在各项技术指标上已基本能满足应用的需求[1~3]。然而，要实现质子交换膜燃料电池的商品化应用，除了大幅度降低成本外，首先需要解决氢源问题。

　　针对这一情况，各国的研究者们对各种可能的储氢体系进行了广泛而深入的研究[4]，主要包括，高压氢气、液氢、纳米碳材料、储氢合金和化学储氢化合物等。结果表明，大多数物理储氢体系往往不能同时满足应用所需的重量储氢密度和体积储氢密度。例如，液氢、储氢合金的体积储氢密度高，但重量储氢密度不过2%（质量分数）；高压氢气容器的重量储氢密度高，但体积储氢密度低。相比之下，化学储氢化合物（如无机配位氢化物）由于含氢量较高，且大多在常温下呈稳定的固态化合物，最有可能同时达到高重量密度和高体积密度储氢的要求。在过去十年里，化合物储氢材料受到了广泛的研究重视，利用高含氢化合物的可逆吸氢反应作为移动式氢源取得了相当的成功。

从电化学角度来看，直接利用高含氢化合物的电氧化反应作为阳极燃料可以获得更高的能量利用率。有关醇类有机化合物作为替代燃料的电催化已有大量的文献和专著论述，本章主要讨论几种典型无机高含氢化合物的直接电催化氧化。除特别标明外，本章数据均为武汉大学电化学研究室近年来的工作。

8.1 硼氢化物的直接电催化氧化

8.1.1 硼氢化物作为代氢阳极燃料的优势与问题

从储氢密度来看，硼氢化物是含氢量最高的化合物之一。硼原子既是最轻的元素之一，每个硼原子又可以和 3 个或 4 个氢原子结合形成众多的配位化合物，因此许多硼氢化物的含氢量高达 10% 以上。例如，硼氢化锂的含氢量高达 18.4%（质量分数），硼氢化钠的含氢量为 10.46%（质量分数）。硼氢化物作为氢源化合物可以有两种应用方式：一种是利用硼氢化物的碱性水溶液化学催化水解放氢，向燃料电池提供高纯氢燃料，这一方法称之为间接硼氢化物燃料电池[5]；另一种方式是将硼氢化物直接作为阳极活性物质，利用其直接电化学氧化建立硼氢化物燃料电池（DBFC）[6]。这两种利用方式的化学反应分别为：

$$BH_4^- + 2H_2O \longrightarrow 4H_2 + BO_2^- \tag{8-1}$$

$$4H_2 \longrightarrow 8H^+ + 8e^- \tag{8-1a}$$

$$BH_4^- + 8OH^- \longrightarrow BO_2^- + 6H_2O + 8e^- \tag{8-2}$$

从上述反应式来看，无论采用哪种利用方式，每个硼氢化物在理论上最终均可实现八电子放电，电化学利用率似乎相等而并无优劣之分。然而，若比较氢和硼氢化物的热力学平衡电势，直接以硼氢化物为负极的燃料电池可获得更高的能量密度。例如，硼氢化钠在碱性溶液中的标准平衡电势为 $-1.24V$（vs. SHE），比氢的平衡电势负 0.4V。因此，与硼氢化钠水解产氢为燃料相比，直接以硼氢化钠为阳极燃料在比能量密度上高出约 33%，达 9296W·h·kg^{-1}（按 NaBH$_4$，8 电子反应计算）。此外，采用硼氢化物为阳极燃料较其它替代燃料（甲醇、甲醚等）更有以下优势：①硼氢化物具有较快的阳极反应动力学，主要体现在 BH_4^- 能在一些非贵重金属如 Ni 的表面实现快速电化学氧化而不产生较大的极化；②产物清洁无污染，直接硼氢化物燃料电池的主要反应产物为 BO_2^- 和 H_2O，这两者均对环境无污染和毒化作用；③燃料易储存和运输，硼氢化物在常温下一般以固体或溶液形式存在，便于储存和运输，从而回避了氢氧燃料电池中所遇到的氢的储存和运输问题。此外，碱性硼氢化物溶液的化学稳定性也较高，不易燃、易爆，安全性好。

尽管直接硼氢化物燃料电池具有上述优势，然而这一体系目前仍存在两个亟待解决的问题：一是 BH_4^- 的阳极析氢；二是 BH_4^- 的"穿透（Crossover）"。图 8-1

是直接硼氢化物燃料电池的工作示意图。从图中可以看出，虽然 BH_4^- 理论电子反应数是 8，但在阳极实际电氧化过程中往往伴随有氢气的析出而未能完全实现八电子氧化。并且，当电势负于氢平衡电势时还会同时出现 BH_4^- 的水解析氢反应。上述两种析氢过程一方面导致了该燃料电池实际比能量的下降，另一方面又因氢的析出带来了一定的安全隐患。除此之外，BH_4^- 还易穿透隔膜或固体电解质层并在空气电极一侧发生电氧化和水解反应，不仅降低了 BH_4^- 的利用率，而

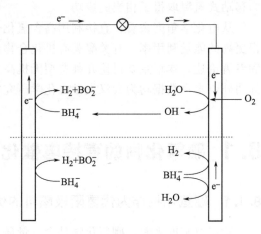

图 8-1 直接硼氢化物燃料电池的工作示意图

且使氧电极的极化大幅度增加，造成电池工作电压的降低，直接影响燃料电池的性能。

针对硼氢化物的穿透问题，Liu 等[7]构建了以质子交换膜（Nafion）为隔膜的 $NaBH_4/O_2$ 燃料电池。虽然这种隔膜能够消除 BH_4^- 对阴极的负面影响，但同时也阻碍了阴极生成的 OH^- 向阳极的迁移，导致阳极碱浓度的降低，不利于反应的持续进行。Feng 等利用对于硼氢化物不敏感的氧还原催化剂，提出了一种无需离子选择膜的直接硼氢化物燃料电池[6]。这类金属氧化物催化剂在硼氢化物溶液中不失氧还原电催化活性，且不会引起硼氢化物的电氧化和化学水解。显然，对于这类催化剂的开发将既能解决硼氢化物的穿透问题，又可大幅度降低电池成本。

相比之下，硼氢化物的阳极电催化一直是应用发展的主要问题。虽然硼氢化物在许多金属表面（如镍、钴等）的电化学氧化速度很快，但在有些金属上其化学水解速度也同样很快，由此导致能量利用率很低。而在其它一些金属表面（如金、银等），硼氢化物虽然化学分解速度很低，但其电氧化速度同样很低。因此，如何使得一种催化剂既具有较高的电催化活性，而又能够抑制硼氢化物化学水解，是硼氢化物电化学催化的核心任务。为解决这一问题，首先需要了解硼氢化物的阳极反应机理，以及影响电化学效率的主要因素。

8.1.2 不同金属上硼氢化物电氧化的基本行为

由于硼氢化物直接电氧化的重要应用意义，早在 20 世纪 60 年代人们就曾对硼氢化物作为直接燃料的电氧化行为进行了研究[8~10]。Indig 和 Snyder[8]研究了烧结 Ni 阳极在碱性溶液中 $NaBH_4$ 的极化行为，在 75℃时，电流密度为 200mA·cm^{-2}时的电极电势为 -1.125V（vs. Hg/HgO），较氢平衡电势负约 0.2V。Jasinski[9]不仅比较了 Pt、Pd 和 Ni_2B 三种催化剂在硼氢化钠溶液中的极化行为，还以这

些材料为阳极组装了 KBH$_4$-O$_2$ 燃料电池，其中以 Ni$_2$B 为阳极，催化剂在 45℃、电流密度为 100mA·cm^{-2} 时的电池电压为 0.95V。Elder 和 Hickling[10]研究了 Pt 电极上硼氢根的电氧化过程，并提出了相应的反应机理。尽管如此，随后的近 30 年间，人们的主要研究兴趣转向氢氧燃料电池，而直接硼氢化物燃料电池的研究则处于停滞状态。直到 20 世纪末，硼氢化物作为化学储氢材料的应用又重新引起人们的关注，有关硼氢化物阳极电氧化又开展了积极的研究，有关的研究进展可参见最近的综述文献[5,11]。

总体而言，BH$_4^-$ 的电氧化是涉及 8 个电子的多步反应，且伴随着化学水解和转化等一系列副反应过程，电极材料、溶液 pH 值以及电极电势等因素对于反应过程均有显著影响，情况十分复杂。迄今为止，对于 BH$_4^-$ 电氧化机理尚缺乏较为统一的看法。为阐明这一问题，下面将重点考察 BH$_4^-$ 在几类典型金属电极（如 Ni、Pt 和 Au）表面的电氧化行为，试图总结出 BH$_4^-$ 在金属电极上反应的普遍规律，并以此为出发点，探讨其可能的电氧化机理。

8.1.2.1　BH$_4^-$ 在 Ni 电极上的电氧化行为

Ni 电极上 BH$_4^-$ 的循环伏安特征主要表现为相近的一对氧化电流峰，峰值电势分别出现在 -0.70V 和 -0.45V（vs. HgO/Hg）[12]。对于这两个氧化峰的归属，目前尚没有统一的认识。有人认为在该电势区内，BH$_4^-$ 在电极上不具有直接的电化学活性，所观察的氧化峰应归因于 BH$_4^-$ 水解反应产生的 H$_2$。的确，在这一电势区间 Ni 表面处于氢吸附范围，所得到的阳极电流极有可能涉及 H 或 H$^-$。然而，BH$_4^-$ 的水解反应应当发生在比氢平衡电位更负的范围内，即使在比平衡氢电极电势更正的区间扫描时，同样可以观察到上述氧化电流。这一现象又表明，该电势下发生反应的 H 或 H$^-$ 并非由 BH$_4^-$ 水解产生，而似乎是 BH$_4^-$ 电氧化过程的中间产物。

图 8-2 是以 Ni 为电催化负极时的直接硼氢化物燃料电池的典型放电曲线。从图中可以看出，当电流为 20mA 和 50mA 时，BH$_4^-$ 的放电容量分别为 1290mA·h^{-1} 和 1500mA·h^{-1}。而当电流大于 100mA 后，其对应的放电容量与电流大小无关，均为 1860mA·h^{-1} 左右，接近于 BH$_4^-$ 以四电子放电的理论容量。此外，对不同电流下 BH$_4^-$ 在 Ni 电极表面放电电位的测量可以发现，电流为 20mA 和 50mA 时，Ni 电极的电位负于氢的平衡电位（-0.93V）。而电流超过 100mA 时，其放电电位均正于 -0.93V。针对小电流放电时容量与电流大小有关，而大电流放电时容量与电流大小无关这一实验事实，可以初步推测在电位低于 -0.93V 时，BH$_4^-$ 在 Ni 电极表面发生电氧化的同时也发生了水解反应，使得一部分 BH$_4^-$ 因水解产氢而消耗，造成实际放电容量的下降。电流为 20mA 时，由于电极电位略负于 50mA 放电时的电位，因而其水解产氢速度更快，加上放电时间又较长，导致更多的 BH$_4^-$ 发生水解而未能参与电氧化过程。而当电位正于 -0.93V 后，电极表面不存在 BH$_4^-$ 的水解反应，因此，尽管不同电流放电所需的时间并不相同，但由于参与放电的 BH$_4^-$ 总量不变，故仍表现出相同的放电容量。

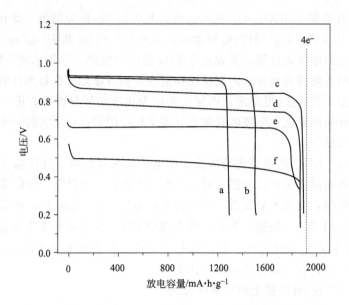

图 8-2 以 Ni 为催化阳极的空气电池的放电曲线

所用燃料为 40mL 含 1g KBH$_4$ 的 KOH 溶液（碱浓度为 2mol·L^{-1}）

a—20mA；b—50mA；c—100mA；d—150mA；e—200mA；f—300mA

对于 BH$_4^-$ 的产氢现象，实验发现，当放电电流大于 100mA 时，在电极表面仍能明显观察到 H$_2$ 的产生。并且，随电流的增大其相应的产氢速度也加快。考虑到此时 BH$_4^-$ 未发生水解反应，这一现象说明 BH$_4^-$ 电氧化过程同样涉及 H$_2$ 的析出，即在该条件下，BH$_4^-$ 在 Ni 电极表面不能完全实现八电子氧化。按放电容量计算，其仅能实现四电子氧化。因而电极反应方程式可表述为：

$$BH_4^- + 4OH^- \longrightarrow BO_2^- + 2H_2O + 2H_2 + 4e^- \tag{8-3}$$

现有的大量实验结果表明，镍催化电极上硼氢化物电氧化反应最多只可放出 4 个电子容量，电化学利用率仅为 50%。对于硼氢化物在镍上放氢反应，不同研究者有着不同的解释。Indig 和 Snyder[8]认为在开路电位时发生 BH$_4^-$ 的化学水解反应，如式(8-1) 所示，烧结镍和其它低氢超电势的金属催化剂会加速该反应，库仑效率仅在 43%～49%。Liu 等[13]认为反应式(8-1) 和式(8-3) 是同时进行的。Dong 等[12]认为当放电电位负于氢平衡电位时，会发生 BH$_4^-$ 的水解反应，这种水解反应式(8-4) 是由一对共轭反应：BH$_4^-$ 电氧化［式(8-5)］和水还原［式(8-6)］所组成；而当放电电位正于氢平衡电位时，水还原反应停止，只发生 BH$_4^-$ 的电氧化反应，如式(8-5) 所示，H$_2$ 的产生和 BH$_4^-$ 的电氧化有相同的反应路径，即串行反应机理：

$$BH_4^- + H_2O \longrightarrow BH_3(OH)^- + H_2 \tag{8-4}$$

$$BH_4^- + 2OH^- \longrightarrow BH_3(OH)^- + H_2O + 2e^- \tag{8-5}$$

$$2H_2O + 2e^- \Longleftrightarrow H_2 + 2OH^- \tag{8-6}$$

前面已经提到，BH_4^- 在 Ni 电极上的电氧化发生在氢吸附的电位区间，涉及 H 或 H^- 等中间产物。为验证这一机理，可以使用硫脲来屏蔽 Ni 电极上氢的活性吸附点，观察在该表面"毒化"下 BH_4^- 的电氧化行为。实验表明，当溶液中不含硫脲时，Ni 电极的开路电位为 $-1.06V$（vs. HgO/Hg）。加入硫脲后，电位逐渐正移，而产氢速度则相应地降低。当电位升至 $-0.93V$ 以上时，电极上无任何氢气析出，而此时电位并不能保持恒定而是缓慢上升至 $-0.58V$。然而，当 BH_4^- 在吸附了硫脲的 Ni 电极表面以 $0.25mA \cdot cm^{-2}$ 电流放电时，其电极电位迅速升至 $0V$。由此可以得出结论，若 Ni 电极表面不存在 H 的吸附位点，则 BH_4^- 也无法实现电化学氧化。这一事实充分说明了 BH_4^- 在 Ni 电极上的电氧化涉及氢这一中间产物。

8.1.2.2 BH_4^- 在 Pt 电极上的电氧化行为

作为低析氢超电势金属，Pt 类催化剂（Pt、Pd）对硼氢根的水解反应和电氧化反应都具有较好的催化活性。早在 20 世纪 60 年代[9,10,14]，人们就开始研究 Pt 表面的硼氢根电化学行为，由于试验条件的差异，不同的研究小组给出的实验结果往往不一致。

以反应电子数为例，Elder 和 Hickling[10]认为 Pt 表面硼氢根的氧化反应电子数仅在 2～4 之间，据此提出了 Pt 电极上实现四电子反应的机理：

$$BH_4^- + Pt - 2e^- \longrightarrow Pt \cdots BH_3 + H^+$$

$$Pt \cdots BH_3 + OH^- \longrightarrow Pt \cdots BH_3OH^-$$

$$Pt \cdots BH_3OH^- - 2e^- \longrightarrow Pt \cdots BH_2OH + H^+$$

$$Pt \cdots BH_2OH + OH^- \longrightarrow Pt + BH_2(OH)_2^-$$

$$BH_2(OH)_2^- + H_2O \longrightarrow BH(OH)_3^- + H_2$$

$$BH(OH)_3^- \longrightarrow H_2BO_3^- + H_2$$

然而，Kubokawa 等[15]将 Pt 沉积在多孔的烧结 Ni 上，发现电流密度在 $50～200mA \cdot cm^{-2}$ 时，硼氢根氧化反应的电子数可以达到 6。Kim 等[16]以 Pt/C 和无担载 Pt 为阳极催化剂，并通过比较实际放电容量与理论放电容量计算了 BH_4^- 氧化反应的电子数，约为 5～5.5。Liu 等[7]通过测量放电时的析氢速度，认为当硼氢根浓度不太高且电极电势较正的情况下，在 Pt/C 和 Pd/C 上硼氢根均可以实现八电子的氧化反应。Dong 等[12]认为在较负电极电位时 Pt 电极上为四电子反应，通过增加电极极化或加入抑制氢析出的添加剂等方法，可使 BH_4^- 的电氧化反应成为单元步骤的主要反应，从而提高反应电子数。王康丽[17]在 Pt/C 催化剂上比氢平衡电势约正 $0.1V$ 的电位下实现了硼氢根的八电子氧化反应，而在 Pt/TiO_x 催化剂上则可于负于氢平衡电势电位下实现硼氢根的八电子氧化反应，缘于 TiO_x 表面提供的吸附态 OH^- 起了助催化作用。

图 8-3 是 0.5g KBH_4 在 Pt/C 电极表面的放电曲线。由图可见，以 $25mA \cdot cm^{-2}$ 的电流密度放电时容量输出约为 $979mA \cdot h \cdot g^{-1}$，相当于 BH_4^- 以四电子放电，而以较高的电流密度 $50mA \cdot cm^{-2}$ 放电时容量约为 $1300mA \cdot h \cdot g^{-1}$，相当

于五电子放电容量。显然，电极极化的升高能够提高反应电子数。对这一现象的可能解释是电极电势的升高导致电极表面发生了变化，使得 BH_4^- 按不同的机理进行电氧化反应，最终影响了反应电子数。

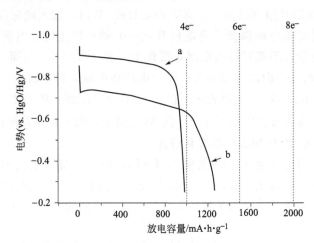

图 8-3　不同电流密度下 Pt/C 电极在 0.5g KBH_4 ＋
1mol·L^{-1} KOH 溶液中的放电曲线

a—25mA·cm^{-2}；b—50mA·cm^{-2}

　　采用毒化表面氢吸附点位的方法可以鉴别 Pt 电极表面硼氢化物的氧化是否涉及氢的吸附。实验表明，在含硫脲的 KBH_4 溶液中，Pt 电极表面在氢区的氧化峰消失，但在较正电势区的氧化电流峰依然清晰可见，说明 BH_4^- 在不同 Pt 电极表面状态下的电氧化机理不同。在氢吸附区，BH_4^- 电氧化是通过表面 H 或 H^- 进行的，而在氧吸附区，则不存在类似的中间产物。放电实验表明，硫脲对 Pt/C 电极的"毒化"作用明显弱于其对 Ni 电极的作用，BH_4^- 在吸附了硫脲毒化的 Pt 电极表面仍可以发生电氧化反应。

8.1.2.3　BH_4^- 在 Au 电极上的电氧化行为

　　Bard 等[18,19]的研究表明，Au 电极上硼氢根的氧化行为较为简单，在其 CV 图上仅有一个单峰，对应于 BH_4^- 的直接电氧化过程。通过测量极限扩散电流，计算得到 Au 电极上硼氢根氧化的反应电子数为 8。Gyenge[20]也利用循环伏安法研究了 Au 微盘电极在 0.03mol·L^{-1} $NaBH_4$＋2mol·L^{-1} NaOH 溶液中的电化学行为，并通过不同扫描速度下的峰电流的变化计算反应电子数 n 约等于 7。Cheng 和 Scott[21]则利用旋转圆盘电极测量了硼氢根电氧化反应的动力学参数，结果表明在较正的电极电势区（0.45～0.6V vs. Hg/HgO）反应电子数约为 8。由于在金表面上不存在氢的活性吸附，硼氢化物的直接电化学氧化也在预期之中。Bard 等[18]采用快速循环伏安的方法研究了反应的亚稳态的中间产物，认为 Au 上 BH_4^- 的氧化机理与 Pt 上的不同，其反应的中间产物是 BH_3，其反应机理是 ECE：

$$BH_4^- \rightleftharpoons BH_4^{\cdot} \cdot + e^- \qquad\qquad E$$

$$BH_4' + OH^- \Longrightarrow BH_3^- + H_2O \text{（非常快）} \qquad C$$

$$BH_3^- \Longrightarrow BH_3 + e^- \qquad E$$

图 8-4 给出了以 Au/C 为电催化阳极时 KBH₄ 空气电池的放电曲线。从图中可看出，当电流密度为 $1mA \cdot cm^{-2}$ 和 $2.5mA \cdot cm^{-2}$ 时，KBH₄ 放电容量分别为 $3370mA \cdot h \cdot g^{-1}$ 和 $3680mA \cdot h \cdot g^{-1}$，即每个 BH_4^- 分别可释放出 6.8 个和 7.4 个电子，相对理论反应电子数 8 而言，其效率高达 90% 左右。但是，相比于氢低超电势金属表面，硼氢化物的电氧化反应涉及很大的极化，由于阳极动力学很慢导致显著的电压损失。

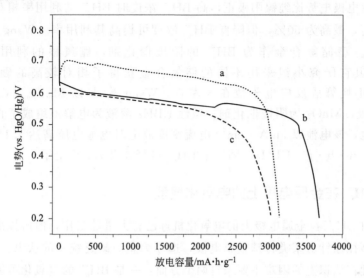

图 8-4 以纳米 Au/C 为电催化阳极时 KBH₄ 的放电曲线

a—$1mA \cdot cm^{-2}$；b—$2.5mA \cdot cm^{-2}$；c—$5mA \cdot cm^{-2}$

与金的化学性质类似，银电极上 BH_4^- 的电氧化行为与金十分相似。Sanli 等[22]考察了 BH_4^- 在银表面的循环伏安特性图，得出反应电子数约为 5.55。Chatenet 等[23]研究了 Ag 和 Ag/C 电极上 BH_4^- 的电氧化行为，获得的反应电子数均在 7.5 左右。Feng 等[24]通过银催化阳极组装直接硼氢化物燃料电池，获得接近 8 电子的实际放电容量。

8.1.2.4 硼氢根在储氢合金上电氧化机理

储氢合金是一类可以在晶格中吸收氢气的合金化合物。由于硼氢化物在低超电势金属表面的电化学氧化反应总伴随着氢气的生成，因此人们尝试用储氢合金作为催化阳极，一方面利用这类低氢超电势合金的电催化活性，同时利用其金属储氢性能吸收化学水解产生的氢气，并通过吸收氢的进一步电化学氧化提高 BH_4^- 的实际利用率。Lee 等[25]采用了 $ZrCr_{0.8}Ni_{1.2}$ 合金作为阳极催化剂，以 Pt/C 作为阴极催化剂组装了 DBFC 电池，实现了对 NaBH₄ 燃料近 100% 的利用率，表明储氢合金能够有效地吸收 BH_4^- 水解释放出来的氢，并通过进一步的氧化反应释放电子。对于这类材料上硼氢化物电氧化反应，他们提出了如下的反应机理：

$$\frac{x}{4}BH_4^- + xOH^- + M \longrightarrow \frac{x}{4}BO_2^- + MH_x + \frac{x}{2}H_2O + xe^- \tag{8-7}$$

$$MH_x + xOH^- \longrightarrow M + xH_2O + xe^- \tag{8-8}$$

基于这一反应机理，Li 等[26]以 $Zr_{0.9}Ti_{0.1}Mn_{0.6}V_{0.2}Co_{0.1}Ni_{1.1}$ 为阳极，Pt/C 为阴极催化剂，Nafion 为隔膜组成了直接硼氢化物燃料电池。然而实验发现即使采用储氢合金，硼氢根的最高利用率也仅为理论值（八电子反应）的 50%，并不比 Ni 有明显改善。Liu 等[27]等采用 AB_2 型和 AB_5 型储氢合金作为 BH_4^- 的阳极催化剂，发现电极电势比纯镍阳极正，高 BH_4^- 浓度时 BH_4^- 的利用率相对于纯镍而言没有提高，最高为 50%，但降低 BH_4^- 浓度可提高其利用率。Wang 等[28]采用 $LaNi_{4.5}Al_{0.5}$ 型储氢合金作为 BH_4^- 的阳极催化剂，硼氢根的利用率却高达 95.27%。其它研究小组采用不同的储氢合金获得了相对较高的硼氢根利用率[29,30]，但换算成反应电子数在 6 左右。Wang 等[31]以 $M_mNi_{3.35}Co_{0.75}Mn_{0.4}Al_{0.3}$ 为阳极，MnO_2 为阴极催化剂，碱性 KBH_4 溶液为电解液组成了直接硼氢化物燃料电池，该电池以 $5mA \cdot cm^{-2}$ 电流密度放电时电池电压高达 1.1V，放电容量为 $3700mA \cdot h \cdot g^{-1}KBH_4$，即每个 BH_4^- 可释放出 7.5 个电子。

8.1.3　BH_4^- 在金属电极上的电氧化模型

尽管对 BH_4^- 在金属电极上的电氧化机理已有大量的工作，但所提出的一些反应机理模型往往针对某类特殊金属电极，迄今为止尚缺乏统一的认识。有关 BH_4^- 电氧化机理在认识上的困难主要来自两个方面：一是 BH_4^- 的电氧化可能涉及八电子转移，多电子反应过程通常由一系列复杂的串并联反应组成；二是 BH_4^- 在电氧化过程中伴随有自身的水解反应，而水解的中间产物又具有活泼的电化学活性。即便如此，我们仍可从现有的文献资料中归纳出两种典型意义的反应模型，分别称之为"串行反应机理"和"并行反应机理"。最后，我们试图结合这两种模型，建立一种更具普遍性的反应机理模型。

8.1.3.1　串行反应机理

串行反应机理是 Lee 等提出用于解释低氢超电势金属（如镍、钴等）上硼氢化物电氧化行为的一种典型模型[25]。这一模型认为，硼氢化物电氧化和 H_2 的产生具有相同的反应路径，即 BH_4^- 首先需要离解出一个氢原子，剩余的离子才容易释放电子与氢氧根结合生成中间产物，依次反应下去。若抑制表面 H_2 的生成，则 BH_4^- 也不能实现电化学氧化。这一反应机理如图 8-5 所示，以化学式表示如下：

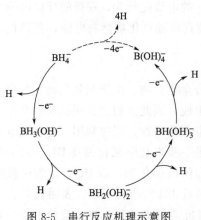

图 8-5　串行反应机理示意图

$$BH_4^- \longrightarrow BH_3^- + H$$

$$BH_3^- + OH^- \longrightarrow BH_3OH^- + e^-$$

$$BH_3OH^- \longrightarrow BH_2OH^- + H$$

$$BH_2OH^- + OH^- \longrightarrow BH_2(OH)_2^- + e^-$$

$$BH_2(OH)_2^- \longrightarrow BH(OH)_2^- + H$$

$$BH(OH)_2^- + OH^- \longrightarrow BH(OH)_3^- + e^-$$

$$BH(OH)_3^- \longrightarrow B(OH)_3^- + H$$

$$B(OH)_3^- + OH^- \longrightarrow B(OH)_4^- + e^-$$

由此看来，若串行反应机理成立，则 BH_4^- 电氧化的最大反应电子数不可能高于 4。从笔者在 Ni、Pt 和 Au 电极上观察到的实验事实来看，这一机理可圆满地解释 BH_4^- 在 Ni 基金属表面的电氧化行为，但却不能解释在 Pt 和 Au 电极上所观察到的实验现象，如：实际放电容量大于四电子理论容量；溶液中加有硫脲后，电极在不产氢的情况下仍能实现 BH_4^- 的电化学氧化反应等。

8.1.3.2　并行反应机理

与串行反应机理不同的是，并行反应机理（见图 8-6）认为，BH_4^- 的电氧化反应与 H_2 的产生并不存在共同的反应路径，两者之间是相互竞争的关系。正是由于这一特点，使得在某些单元步骤［如 $BH_4^- \longrightarrow BH_3(OH)^-$ 等］中电化学氧化是主要反应，而在另一些单元步骤中水解产氢是主要反应，有时甚至两者共存。

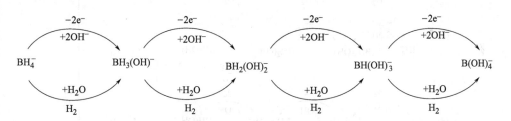

图 8-6　并行反应机理示意图

Elder 和 Hickling 等[32]对 BH_4^- 在 Pt 电极上实现四电子反应的解释是这一机理的特殊情况。方程式如下：

$$BH_4^- + Pt - 2e^- \longrightarrow Pt \cdots BH_3 + H^+$$

$$Pt \cdots BH_3 + OH^- \longrightarrow Pt \cdots BH_3OH^-$$

$$Pt \cdots BH_3OH^- - 2e^- \longrightarrow Pt \cdots BH_2OH + H^+$$

$$Pt \cdots BH_2OH + OH^- \longrightarrow Pt + BH_2(OH)_2^-$$

$$BH_2(OH)_2^- + H_2O \longrightarrow BH(OH)_3^- + H_2$$

$$BH(OH)_3^- \longrightarrow H_2BO_3^- + H_2$$

若采用与图 8-6 相同的表达方式，上述则为如图 8-7 所示。

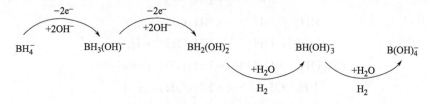

图 8-7　Pt 电极上四电子反应机理示意

　　进一步分析并行反应机理还可以发现，既然电化学氧化和水解产氢具有不同的反应路径，我们就有可能通过改变电极电势或加入添加剂抑制氢析出等方法，使 BH_4^- 的电化学氧化成为单元步骤的主要反应，以提高反应电子数。

　　图 8-8 是运用并行反应机理解释 BH_4^- 在 Pt 电极表面电氧化行为的示意图。如图 (a) 所示，当 Pt 电极处于开路状态时，其电位最负，此时在电极表面仅发生 BH_4^- 的催化水解而无电化学氧化反应发生（无外电流通过）。随电流密度的增加，

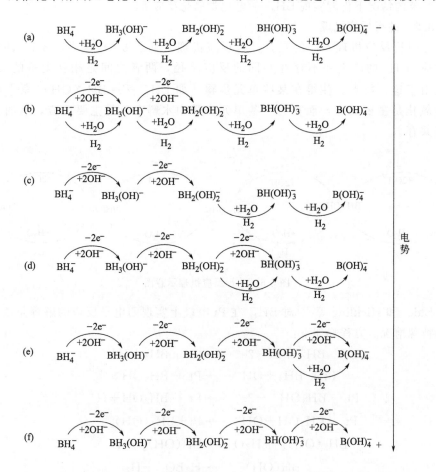

图 8-8　并行反应机理解释 BH_4^- 在 Pt 电极上的电氧化行为

电位正移，BH_4^- 在 Pt 电极上发生二电子的氧化反应，考虑到其氧化产物 $BH_3(OH)^-$ 具有比 BH_4^- 更负的氧化电位[1]，在 BH_4^- 反应的同时，$BH_3(OH)^-$ 也会发生二电子氧化反应。由于该电位值尚未达到 $BH_2(OH)_2^-$ 和 $BH(OH)_3^-$ 的氧化电位，因而其后两步只能通过水解过程进行。如果此时电极电位仍不足以使 BH_4^- 和 $BH_3(OH)^-$ 的电氧化速度远远超过其水解速度，上述两者的水解不能忽略，导致 BH_4^- 实际反应电子数小于 4。而当电极电位继续正移，使得 BH_4^- 和 $BH_3(OH)^-$ 电氧化速度远远快于水解过程时，图 8-6 中前两步水解反应可忽略不计，即 BH_4^- 为四电子氧化 [图 8-8(c)]。这与 Elder 和 Hickeling 提出的四电子反应机理相一致。当电极电位进入 $BH_2(OH)_2^-$ 可发生电氧化的电位范围时，$BH_2(OH)_2^-$ 发生电氧化反应，若电位偏离 $BH_2(OH)_2^-$ 平衡电位不太大，则第三步水解也参与竞争，导致实际反应电子数介于 4 电子和 6 电子之间。可以想象，电极电位偏离 $BH_2(OH)_2^-$ 平衡电位较远时，$BH_2(OH)_2^-$ 电氧化将成为第三单元的主要反应，使得电子反应数进一步增加。同样，对于第四单元的反应也可采用相同的方法来说明。

从表面来看，并行反应机理似乎可较好地解释 BH_4^- 在 Pt 和 Au 电极上的电氧化行为，即随电极电位的正移，BH_4^- 电氧化的反应电子数增加。若假设 Ni 的氧化物对 BH_4^- 的电化学氧化和水解均无催化活性，原则上也可解释在 Ni 电极上观察到的现象。然而，上述机理仍至少存在以下缺陷：首先，并行反应机理在解释 BH_4^- 电氧化行为时，只单纯考虑电极电势的影响，并没有顾及电极表面的状态，而在 BH_4^- 发生电氧化的电势范围内，电极表面均发生了显著的改变，如 Pt 电极表面就经历了氢吸附区、无氢无氧区到氧吸附区的变化。显然，这一变化势必影响 BH_4^- 的电氧化过程，甚至改变其电氧化机理。其次，BH_4^- 的水解只能在比氢平衡电势更负的电位下进行，但并行反应机理则认为在任何电位下均可发生 BH_4^- 的催化水解。

8.1.3.3 有关 BH_4^- 电氧化机理的认识

从上面的分析可以看出，无论是串行反应机理还是并行反应机理均不能完全解释所有的实验现象。在总结前人研究和试验结果的基础上，我们认为 BH_4^- 阳极电氧化过程由一对共轭反应共同决定：BH_4^- 的电氧化反应和 BH_4^- 的水解反应。整个 BH_4^- 的电氧化过程可表达为以下两式：

$$BH_n(OH)_{4-n}^- + 2OH^- \longrightarrow BH_{n-1}(OH)_{5-n}^- + H_2O + 2e^- \quad (n=4,\cdots,1) \quad (8\text{-}9)$$

$$BH_n(OH)_{4-n}^- + H_2O \longrightarrow BH_{n-1}(OH)_{5-n}^- + 2H \quad (n=4,\cdots,1) \quad (8\text{-}10)$$

对于这一对共轭反应来说，两者反应速度的相对快慢取决于阳极催化剂的表面化学性质和电极电势。开路电位下，阳极催化界面上没有净电流通过，此时只发生 BH_4^- 的水解反应 [如式(8-10) 所示]。正如上面所讨论的一样，BH_4^- 的水解反应是 BH_4^- 电氧化和水还原的共轭反应。

由于 Pt 和 Ni 是低氢超电势金属，在 Pt 和 Ni 阳极催化剂表面上，反应式(8-

9）和式（8-10）可同时进行，此时可观察到催化剂表面有大量氢气析出。在放电过程中，Pt 表面的电极电势正移会加速电氧化反应［如式（8-9）］而抑制水解反应［如式（8-10）］，因而可解释为何当 Pt 处于高极化状态时，BH_4^- 在其上的电氧化反应电子数接近 8。而 BH_4^- 在 Ni 表面最高电氧化反应电子数为 4，有如下两个原因：第一个原因是较正电极电位下 Ni 表面极易形成镍的氧化物，镍的氧化物对 BH_4^- 的电氧化反应没有催化作用；第二个原因是 Ni 表面上氢容易复合而析出，难于实现进一步电氧化。相反地，对于高氢超电势金属 Au 而言，水的电化学还原反应很难进行，因而 BH_4^- 的水解反应也很难进行，即便开路电位下也不会发生。因此，BH_4^- 在 Au 表面的阳极电氧化过程主要遵照式（8-8）进行电氧化反应，电氧化反应电子数接近 8。这一认识与串行反应机理不同之处在于，在电极表面有 H 吸附的范围内，BH_4^- 的电氧化机理与串行反应机理大致相同，即各单元步骤分别失去一个电子，而生成 H 原子（继而产生 H_2）。但当电极电位正移到表面有氧吸附的区间时，其机理与串行反应机理并不相同。这样一来，可以较好地解释 BH_4^- 在较正电位区间所表现出的电氧化行为。

8.1.4 硼氢化物的直接电催化氧化小结

通过对 BH_4^- 在不同类型金属催化剂表面的电氧化行为的分析，大致可得出如下结论：

① BH_4^- 在金属电极表面的催化水解是 BH_4^- 电化学氧化和溶液中 H_2O 还原的共轭反应，其相应的水解产氢速度与电极电势密切相关，当电极电势正于氢平衡电势时，水解反应停止。此时电极表面 H 的形成是由 BH_4^- 的电氧化产生的。

② BH_4^- 的电氧化反应途径与电极表面的状态有关。在氢吸附区，BH_4^- 的电氧化是通过吸附 H 或 H^- 这一中间产物进行的，因而不可避免地会产生 H_2。对于低氢超电势金属 Ni 类电极，由于其强烈的析氢反应催化活性，BH_4^- 只能实现四电子氧化。在对 BH_4^- 水解无催化活性的 Au 类金属表面，BH_4^- 的电氧化反应占主导地位，导致 BH_4^- 氧化反应电子数接近 8。而在 Pt 电极表面，BH_4^- 的反应电子反应数随电极电位的正移而逐渐增大，在较大的极化下可实现八电子氧化。

③ 对电极表面氢吸附位点进行屏蔽作用，不仅可有效抑制 BH_4^- 的水解产氢，还能进一步抑制 BH_4^- 电氧化产氢，但涉及较大电极极化，导致电极输出功率的降低。采用双功能合金电极，或利用合适的吸氢方式，可能有效提高硼氢化物的电化学利用率。

8.2 氨的直接电催化氧化

8.2.1 氨的直接电催化氧化概述

氨（NH_3）是化学产品中产量位居第二的化合物，也是一种低成本的含能化合物。作为一种化学储氢材料，氨具有以下优点：①能量密度高［含氢量高达17.8％（质量分数），液氨的体积能量密度比液氢高50％］；②易液化（只需8bar❶的压力），安全性好；③反应产物无污染排放，不释放 CO_2 和 NO_2 污染物。由此可以看出，氨是一种理想的氢源化合物，具备成为高比能燃料的潜在优点。

作为一种富氢化合物，氨可以通过现场高温裂解[33~35]或是通过常温电解的方式[36,37]为燃料电池提供燃料氢气。但是，氨的高温裂解器不仅高耗能，使燃料电池系统更加复杂化，而且裂解残余的 NH_3 还会毒化燃料电池催化剂及酸性聚合物电解质隔膜（如 Nafion 膜）。氨的常温电解方式是在碱性介质中，利用氨的阳极氧化和水的阴极析氢来制氢［总反应式：$2NH_3(aq) \longrightarrow N_2(g) + 3H_2(g)$，$E^0 = 0.092V$］。由于氨的电氧化极化很大，该方式同样能耗较大。虽然在贵金属 PtIr 等电极上氨的氧化活性较高，但这些催化剂也存在着氨中毒问题。此外，现场电解反应器无疑也增加了电池系统的复杂性。

利用氨的直接电化学氧化作为活性阳极燃料，是最为理想的电化学应用方式。始于20世纪60年代的燃料电池研究热潮，早期人们对于氨的电氧化进行了大量的研究[38~42]。虽然氨的电化学氧化为热力学有利的反应，但是氨的阳极反应动力学速度非常缓慢，只有在高温环境中（高温固体氧化物燃料电池）[43~46]，或是在碱性介质中且当极化超过400mV时才可在 Pt 电极上观察到明显的氨阳极氧化电流[47,48]。而且，由于Pt 与反应中间产物间的强吸附作用导致催化剂中毒，反应难以继续下去。

相对而言，碱性溶液中氨在 Pt 电极上的电氧化一直受到了较多的关注。自20世纪90年代后期以来，研究者采用微分电化学质谱（DEMS）[49,50]、Pt 单晶电极[51~53]、表面增强拉曼光谱（SERS）[54,55]等新技术揭示氨氧化的反应特性，以期了解氨的电氧化机理。DEMS 实验表明，在 Pt 电极上 NH_3 的氧化反应开始于0.52V（RHE），主要产物为氮气；电势正于 0.75V 时，开始出现氮氧化物 N_2O。在 Pt 单晶电极上，NH_3 的氧化为一结构敏感的反应，反应几乎都发生在 Pt（100）晶面上，而且其催化活性对晶面宽度依赖性很强。

近年来，氨在部分铂合金催化剂上的研究也有报道[56,57]，但高效催化剂的探索一直没有突破性进展。造成这一结果的主要原因在于氨氧化过程产生的中间产物 N_{ads} 在铂表面具有强烈的吸附成键作用，从而导致了催化剂的中毒失效。在本节中，主要介绍本实验有关氨在铂和镍这两类典型金属上电氧化的研究结果，分析实现高效电催化的可能途径。

8.2.2 氨在 Pt 及其合金上的电氧化行为

8.2.2.1 Pt/C 上氨的电化学氧化

氨在 Pt/C 电极上的典型循环伏安曲线如图 8-9 所示。在正向扫描过程中，在

---

❶ 1bar=10^5Pa。

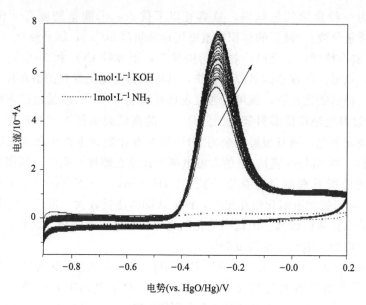

图 8-9　氨在 20%Pt/C 催化剂上的 CV 行为

60℃，Ar 气饱和，$1mol \cdot L^{-1} NH_3 + 1mol \cdot L^{-1} KOH$，$5mV \cdot s^{-1}$

$-0.5V$（vs. HgO/Hg）处出现明显的氧化电流峰，氧化起始电势较热力学预期
（$NH_3 \longrightarrow \frac{1}{2}N_2 + 3H^+ + 3e^-$，$E_a^0 = -0.736V$ vs. SHE）大幅负移，说明在 Pt 电
极上氨可以发生直接电氧化，但在动力学上十分迟缓。在电势回扫过程中没有出现
对应的阴极电流，表明氨的电氧化是一个完全不可逆的反应。在循环扫描过程，这
一阳极峰值电流随着扫描循环的进行而逐步增大，最后达到稳定值。这一现象可能
暗示，电极在循环扫描过程中，不断地进行"氧化→还原"的自我清洁，最后达到
一个稳定的表面状态，电流值也趋向于达到最大的稳定值。电势扫描实验表明，温
度是影响氨氧化反应电流的一个最显著因素。如图 8-10 所示，随着工作温度的升
高氨的氧化活性迅速增加。当体系温度从 20℃升高到 60℃，氨氧化反应的极化电
势减小了 100mV，峰值电流从 $0.67 \times 10^{-4} A$ 提高到 $2.13 \times 10^{-4} A$，升高了 3.2
倍。这一现象类似于甲醇电氧化反应，说明氨氧化过程涉及某种强吸附中间产物，
升高温度有利于中间产物的脱附因而表现出动力学加速。

若将 20%Pt/C 催化剂的膜电极（电极面积 $3cm^2$）作为催化阳极，MnO_2 空气电极
作正极，构成直接氨-空气电池在室温下进行恒流放电实验，结果如图 8-11 所示。由图
可见，在以小电流恒流放电时，这种氨-空气电池表现出可持续放电的可能性，能够呈
现出明显的放电平台，且给出一定的放电容量。但是，当电流密度较大时，阳极电势急
剧升高，而且放电容量十分有限，说明氨氧化的电化学极化严重，催化电极失效很快。

8.2.2.2　氨在 Pt 合金上的电氧化行为

由于 Pt 电极上氨氧化中间产物的强吸附造成催化剂的快速失效，人们试图通

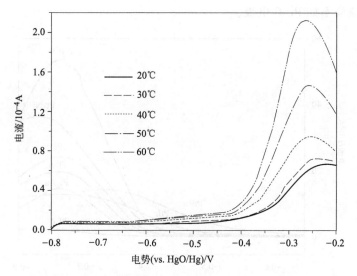

图 8-10　不同温度下 NH₃ 在 Pt/C 上的 LSV 曲线

60℃，Ar 气饱和，1mol·L⁻¹ NH₃＋1mol·L⁻¹ KOH，1mV·s⁻¹

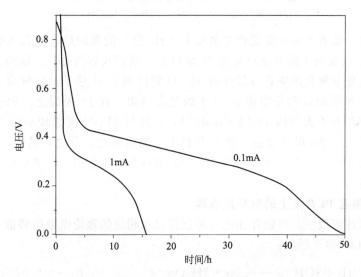

图 8-11　氨在 Pt/C 电极上的恒流放电行为

常温，1mol·L⁻¹ NH₃＋1mol·L⁻¹ KOH，放电电流 0.1mA 和 1mA

过合金化以降低毒化分子在电极上的吸附能，提高催化电极的活性与寿命。图8-12比较了几种铂合金电极上氨氧化的线性扫描曲线。从氧化电势来看，PtRu/C 电极上氨氧化的起峰电势最负（－0.65V），PtIr/C 电极次之（－0.6V），Pt₃Cu/C 电极（－0.55V）和 Pt₃Ni/C 电（－0.55V）比 Pt/C 上氨的氧化电势（－0.5V）负移 50mV，而 PtSn/C、Pt₃Au/C 的起峰电势与 Pt/C 相差不多。从峰值电流比较，Pt₃Cu/C 和 Pt₃Ni/C 电极上的氧化峰电流较 Pt/C 电极大一倍和 50%，而其它合金上氧化峰电流尚不如 Pt/C 电极。

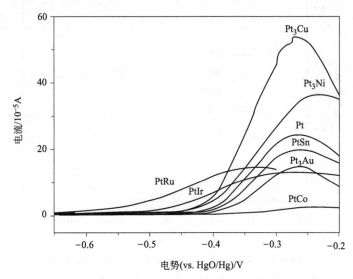

图 8-12　氨在 Pt 及其合金催化剂上的 LSV 图

60℃，Ar 气饱和，$1mol \cdot L^{-1}$ NH_3 + $1mol \cdot L^{-1}$ KOH，$1mV \cdot s^{-1}$

　　造成这一显著差别可能是合金电极上 NH_3 分子的吸附结合能发生变化。本质上讲，NH_3 在金属上的氧化首先是 N 和 H 原子吸附离解的过程。原则上，适合于氨氧化的电化学催化剂应具有较强的 M—H 键以利于 H 原子发生解离，而同时具有较小 M—N 键能以利于吸附 N 原子的复合脱附。在 Pt 表面上，Pt—N 键能与 Pt—H 键能相差不大（约 $350kJ \cdot mol^{-1}$），一旦与 M—N 键能较小而 M—H 键能较大的元素 Cu、Ni 形成合金，势必有利于氨的电氧化。反之，若将 Pt 与 M—N 键能较大而 M—H 键能较小的元素 Ru、Sn 形成合金催化剂，可能反而不利于氨的电氧化反应。

8.2.2.3　氨在 Pt 合金上的电氧化机理

　　氨在碱性溶液中，可能存在的三种反应以及相应的理论电极电势值（已换算成 vs. Hg/HgO）如下所示：

$$NH_3 + 3OH^- \longrightarrow \frac{1}{2}N_2 + 3H_2O + 3e^- \qquad E_1 = -0.836V \qquad (8\text{-}11)$$

$$NH_3 + 4OH^- \longrightarrow \frac{1}{2}N_2O + \frac{7}{2}H_2O + 4e^- \qquad E_2 = -0.418V \qquad (8\text{-}12)$$

$$NH_3 + 5OH^- \longrightarrow NO + 4H_2O + 5e^- \qquad E_3 = -0.202V \qquad (8\text{-}13)$$

　　这三个反应是将 NH_3 中 N（−3 价）分别氧化至 0、+1、+2 价，对应的反应产物是 N_2、N_2O、NO。

　　比较这些数值可以看出，在较负电势下，氨氧化可以通过直接生成 N_2 和 H_2O 的途径进行。而在较正电势下，氧化产物则可能出现氮氧化物。微分电化学质谱（DEMS）实验证实了这种电势相关的反应特征[49,50]。在 DEMS 实验中，Pt 黑电

极上 NH_3 氧化的伏安曲线及质谱信号显示，在未涉及含氧物种的电势区域，氨选择性地氧化成氮气，仅观测到 $m/z=28$ 的 N_2 气分子质谱信号。在电势逐步正移至 0.75V（vs. RHE，相当于 $-0.18V$，vs. Hg/HgO），由于铂电极表面出现含氧物种，于是在氨的氧化过程中开始有氮氧化物 N_2O 伴随着氮气的释放，对应着 $m/z=44$ 的 N_2O 分子质谱信号。而另一些研究者们通过 Pt 单晶电极实验[51]，还发现氨在 Pt 电极上的反应是一个对催化剂晶体结构非常敏感的反应，反应几乎都发生在 Pt(100) 晶面上，而氨在 Pt(111) 和 Pt(110) 晶面上的阳极氧化电流非常小。

常温下，氨电氧化动力学非常缓慢，只有在碱性介质中且当极化超过 400mV 时才可在 Pt 电极上观察到明显的氨氧化阳极电流。对于氨在 Pt 电极上发生电化学氧化的反应机理，一直以来存在两种比较经典的模型，即 H. G. Oswin 和 M. Salomon 提出的串联反应机理[38]，以及 Gerischer 和 Mauerer 提出的中间活性物种复合反应机理[42]。

氨氧化的串联反应机理模型如反应式(8-14)～式(8-17) 所示。该模型认为，NH_3 分子首先吸附在 Pt 电极的表面上，然后与溶液中的 OH^- 相互作用，逐步失去 H 原子，并释放出 3 个电子，最终吸附在 Pt 原子上的两个 N_{ad} 原子发生复合，产生 N_2 分子并脱离 Pt 电极表面。该机理认为在低电流密度下反应的决速步骤为式(8-15)，而在高电流密度下决速步骤为 N_{ad} 的复合［反应式(8-17)］。

$$NH_3 + OH^- \longrightarrow NH_{2,ad} + H_2O + e^- \tag{8-14}$$

$$NH_{2,ad} + OH^- \longrightarrow NH_{ad} + H_2O + e^- \tag{8-15}$$

$$NH_{ad} + OH^- \longrightarrow N_{ad} + H_2O + e^- \tag{8-16}$$

$$2N_{ad} \longrightarrow N_2 \tag{8-17}$$

由 Gerischer 和 Mauerer 提出的中间活性物种复合反应机理模型，如图 8-13 所示。该机理认为 NH_3 分子首先吸附在 Pt 电极的表面上，然后与吸附在其它 Pt 原子表面上的 OH^- 发生相互作用，失去 H 原子，并释放出电子。与串联机理的反应式(8-14)～式(8-16) 相同，这时 N_{ad} 毒物占据了 Pt 的表面，而 NH_2、NH 是活性中间物种，这些中间物种之间马上发生相互复合继而形成 N_2H_4、N_2H_3、N_2H_2 等物种，这些 N_2H_x（$x=2\sim4$）物种马上与 OH^- 发生作用，脱去 H 并生成 N_2 分子，并释放电子。该机理中 $NH_2 + NH_2 \longrightarrow N_2H_4$ 为反应的决速步骤。该机理认为 N_{ad} 在 Pt 电极上的吸附能太大，以致要发生两个 N_{ad} 相互复合形成 N_2 分子是不可能的。在 DEMS 实验中证实 NH_x 物种是反应的活性物种，而 N_{ad} 则是对反应不利的毒物，因此该机理更符合客观实验事实。

为了上述模型的合理性，我们采用密度泛函方法（DFT）计算了理想 Pt 表面上 NH_3 分子的整个脱氢过程与 N_2 分子生成过程的反应势能面（如图 8-14 所示，图中数值为各吸附质相对于气相 NH_3 或 N_2 分子的势能）。从图中可以看出，NH_3 分子在 Pt(111) 表面可自发吸附，NH_3 分子的每一步脱氢过程主要是吸热的（脱去三个 H 共需高达 1.22eV 的能量），虽然 N_2 分子的生成过程在 Pt(111) 上可自

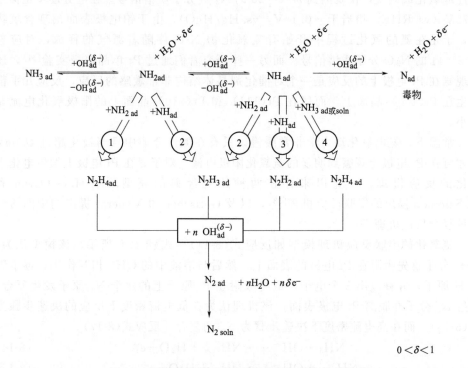

图 8-13　氨氧化的中间活性物种复合反应机理模型

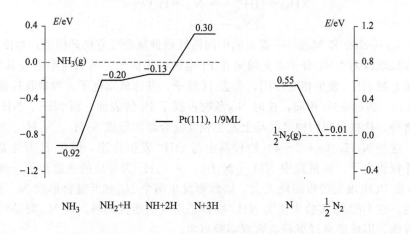

图 8-14　DFT 计算得到的 Pt(111) 晶面上 NH_x 脱氢与 N_2 形成过程的一维势能面

发（N 原子复合成 N_2 放出 0.56eV 的能量）进行，但是总观整个表面反应过程（$NH_3 \longrightarrow \frac{1}{2}N_2$），氨在 Pt(111) 上氧化是较大的吸热过程（0.66eV），在室温下，反应不能自发地按照逐步脱氢再由两个 N_{ad} 复合形成 N_2 的途径进行下去。换言之，两个 Pt 表面上的 N_{ad} 发生复合释放的能量不足以克服两个 N_{ad} 与 Pt 表面的吸附能。在这种情况下，反应（按照串联反应机理）要自发地进行下去，就必然是依照其它途径来进行的。在笔者研究小组的实验中，氨在 Pt 电极上进行电势阶跃实验时，反应的电流快速地下降，就是由于 Pt 表面被 N_{ad} 占据，形成毒物，反应发生中止所导致的。而由文献 [47] 知道，金属 M 与 N_{ad} 之间的吸附能顺序为：$Ru > Rh > Pd > Ir > Pt \geqslant Au$，Ag，Cu，即如果氨在 PtRu、PtIr 电极上发生氧化，那么由于 N_{ad} 与 Ru 和 Ir 的吸附能比 Pt 更大，如果按照串联反应机理，N_{ad} 更是难以脱离金属表面发生复合，这与氨在 PtRu、PtIr 发生氧化的活性最高的实验事实不相符，因此反应不可能按照串联反应机理来进行，只能由活性中间物种发生复合，形成 N_2 并释放电子自发地进行，这是一种中间物种复合反应机理。而且在前人的 DEMS 实验中，确实证实了氨在 Pt 及其合金上的电氧化反应是遵循中间物种复合反应机理模型的。

8.2.3 氨在金属镍上的电氧化行为

8.2.3.1 Ni 电极上氨的电化学氧化

以前有关氨氧化的电化学催化剂研究大多集中于贵金属及其合金，对于镍这类具有加脱氢催化活性的金属却很少关注。图 8-15 给出了氨在 20％Ni/C 催化剂上的线性扫描曲线。如图所示，在氨存在下，镍电极在约 -0.765V 处出现一个氧化电流平台；随着电势正移在 -0.73V 开始出现一个急剧上升的阳极电流峰。对照已有的电化学热力学数据，在此电势范围可能的反应有两种：一是 Ni 在碱性溶液中的氧化，即 $Ni + 2OH^- \longrightarrow Ni(OH)_2 + 2e^-$（$E^0 = -0.82$V，vs. Hg/HgO）；二是 NH_3 在 Ni 电极上的电化学氧化：$2NH_3(aq) + 6OH^- \longrightarrow N_2 + 6H_2O + 6e^-$（$E^0 = -0.836$V，vs. Hg/HgO）。考虑到在空白溶液中并未观察到 Ni 的电氧化，图 8-15 中的氧化电流应当与氨的存在有关。

实验发现，Ni 表面的高活性与样品制备和保存条件密切相关。当 Ni/C 催化剂在空气中放置一段时间以后，或 Ni/C 经过较正电势极化以后，其催化活性显著下降；而将失活的 Ni/C 重新进行 H_2 处理可以很大程度上恢复其活性。由此可以推测，Ni 失活的原因可能是在空气中或在较正电势下其表面发生氧化。从热力学分析，在氨氧化的电势下，Ni 表面也可能发生氧化。虽然镍在碱性溶液中的氧化不会产生电化学溶解，但可能产生表面钝化膜使表面转变成不导电态而使其表面失活。

采用恒电势阶跃（计时电流法）可以考察氨在 Ni/C 电极上发生电氧化反应的持续性，即考察催化剂的中毒效应。如图 8-16 所示是氨在 Ni/C 电极上单次电势阶跃实验（由 -0.8V 阶跃至 -0.65V）时的计时电流曲线（CA 曲线）。从图上可以看出，在 -0.65V 的电势下，氨可以在 Ni/C 电极上产生约为 10×10^{-5}A（200s 时）的氧化电流，但是电流衰退也比较快，900s 时变为 4.7×10^{-5}A，衰退了一半，不过电流仍然比较大。

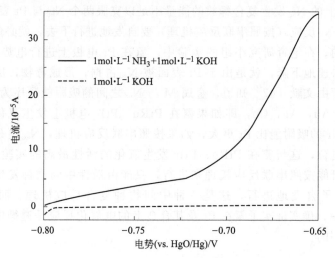

图 8-15　氨在 20％Ni/C 催化剂上的 LSV 图

60℃，Ar 气饱和，$1mol \cdot L^{-1}$ NH_3 ＋

$1mol \cdot L^{-1}$ KOH，$1mV \cdot s^{-1}$

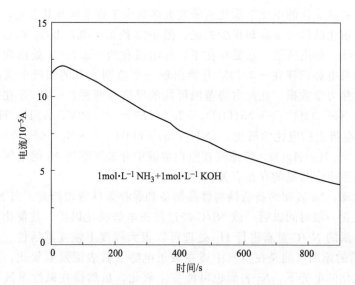

图 8-16　氨在 Ni/C 电极上的计时电流曲线

60℃，Ar 气饱和，$1mol \cdot L^{-1}$ NH_3 ＋$1mol \cdot L^{-1}$ KOH，

阶跃电势 -0.8～-0.65V

8.2.3.2　镍电极上氨的阳极放电性质

以 $3mol \cdot L^{-1}$ NH_3 的 KOH 溶液，60％Ni/C 催化剂的膜电极（电极面积 $3cm^2$）作催化阳极，MnO_2 空气电极作正极，在室温下恒流放电的结果如图 8-17 所示。由图可以看出，在不含氨水的情况下，电池没有放电能力（图中虚线所示）；而在含有氨水的体系中以 1mA 的电流恒流放电时，电池可以有效地释放一定量的

电量，放电时电池的电压平台高达 0.7V（图中实线），放电时间为 38.5h，换算成放电电量 $Q=I×t=1mA×38.5h=38.5mA \cdot h$。由此可见在含有氨水时，Ni/C 膜电极上电池实现了可持续放电的可能性。

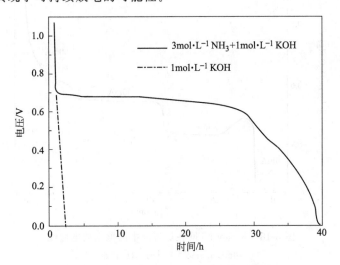

图 8-17　Ni/C 膜电极上的恒流放电曲线

常温，3mol $\cdot$ L^{-1} NH$_3$+1mol $\cdot$ L^{-1} KOH，1mA，S＝3cm^2

从电势上看，碱性溶液中 Ni 是一种很活泼的负极活性物质 ［Ni＋2OH$^-$ ⟶ Ni(OH)$_2$＋2e$^-$，$\varphi=-0.82V$，vs. Hg/HgO］。实际上由于表面容易钝化，Ni 在碱性溶液中表现为很稳定的金属。在图 8-17 中，Ni/C 电极几乎完全没有放电电量，就是由于表面形成钝化膜所致。而加入氨水之后，出现了明显的放电平台和放电容量，其原因无外乎三种可能性：①放电容量来自于 Ni/C 催化的氨的氧化；②放电容量来自于氨催化下的 Ni 本身的氧化；③上述两项的联合贡献。

图 8-18 为经 500℃氢气处理后 Raney Ni 网在氨溶液中的恒流放电曲线。所使用的 Raney Ni 网为 8 片 12cm^2 的镍网叠加而成的网电极。由图可以看出，该电极可以在一定的电流密度下实现稳定持续的放电，当放电电流为 20mA 时，电池持续稳定放电的电势平台为－0.68V（vs. Hg/HgO）；当放电电流为 40mA 时，电极上的极化变大，电池持续稳定放电的电势平台为－0.63V（vs. Hg/HgO）；而当电流达到 60mA 时，电极极化进一步变大，电势迅速上升，电池已经无法持续稳定放电。

对恒流放电后电极的 XRD 表征结果表明，Raney Ni 电极在碱性氨水溶液中放电后主要还是 fcc 结构的 Ni，平均粒径为 26.5nm，晶格常数为 3.517，与放电前的 Ni(fcc) 结构（平均粒径为 26.1nm，晶格常数为 3.519）差别不大，并没有观察到 Ni(OH)$_2$ 或镍氨络合物的存在，因此有理由认为在 Ni 电极上氨的阳极反应主要是 NH$_3$ 的氧化。

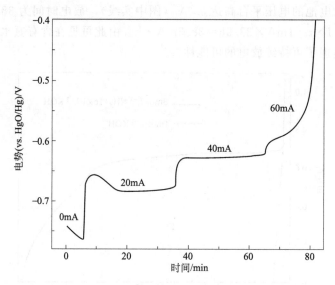

图 8-18　Raney Ni 网在氨溶液中的恒流放电曲线

40mL 3.5mol・L^{-1} 的 NH_3 溶液

8.2.3.3　镍与铂上氨氧化反应机理的比较

　　为了比较氨在 Ni/C 与 Pt/C 电极上的电氧化行为的差异，我们可以将氨在 Ni/C 与 Pt/C 电极上同条件下的线性扫描阳极电流转化成单位金属表观比表面积电流密度（如图 8-19 所示）。从图中可以看出，在相同的金属面积电流密度下，NH_3 在新鲜 Ni 电极上氧化的极化要比 Pt 电极小 350mV 以上，而且在 Ni 电极上的起峰电势远负于出现氮氧化物（N_2O、NO）的热力学电势，由此可以预见氨在 Ni 电极

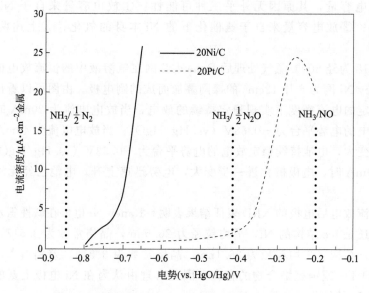

图 8-19　氨在 Ni/C 与 Pt/C 电极上的 LSV 图比较

上的电氧化产物将与 Pt 上不同，完全不含 NO_x。另一方面在 Ni/C 电极上－0.765V 处出现的小电流峰，对应的反应为 Ni 在碱性溶液中的氧化。

为了深入理解新鲜 Ni 表面在催化氨氧化方面远优于 Pt 的原因，我们采用密度泛函理论（DFT）计算了理想的 Ni 表面与 Pt 表面上 NH_3 分子的整个脱氢过程与 N_2 分子生成过程的反应势能面（如图 8-20 所示）。从图中可以看出，NH_3 分子在 Pt(111) 与 Ni(111) 表面均可自发吸附，但在这两种表面上的脱氢过程存在本质的区别。在 Pt(111) 晶面上，NH_3 分子的每一步脱氢过程主要是吸热的（脱去三个 H 共需高达 1.22eV 的能量）；而在 Ni(111) 晶面上，NH_3 分子的脱氢过程主要是放热过程（脱去 3 个 H 可释能－0.68eV）。对于 N_2 分子的生成过程，由于 N 原子在 Ni(111) 上吸附显著强于在 Pt(111) 上，因此 Ni(111) 上的 N 原子复合是吸热的（0.47eV），而在 Pt(111) 上可自发进行。总观整个表面反应过程（$NH_3 \rightarrow 1/2N_2$），在 Ni(111) 上是放热的（－0.21eV），但在 Pt(111) 上却是较大的吸热过程（0.66eV）。由此可见，NH_3 分子在 Ni 电极上和在 Pt 电极上反应是有区别的，但是由于 N 在 Ni 的吸附强于 Pt 表面，由此 Ni 电极表面上的两个 N_{ad} 原子更加难以复合形成 N_2 分子，也就是说 NH_3 分子在 Ni 电极表面的氧化更不可能经历串联反应机理。因此 NH_3 分子在 Ni 电极上只能遵循中间活性物种复合反应机理。由于 NH_3 分子在 Pt 和 Ni 电极上脱氢过程和 N_2 分子生成过程所表现出来的热效应是刚好相反的，因此虽然在这两电极上它们都是经由中间物种复合反应机理，但是它们所经历的具体的 NH_3 分子离解和 N_2 分子形成过程是不一致的，它们的控速步骤也是不一样的，在电化学实验中就表现出不同的极化电势来，在 Ni 电极上氨的氧化电势非常接近于热力学平衡电势（极化电势大概为 100mV），但在 Pt 电极上氨氧化的极化电势非常大（400mV 以上）。这一理论计算结果与前述实验结果一致。

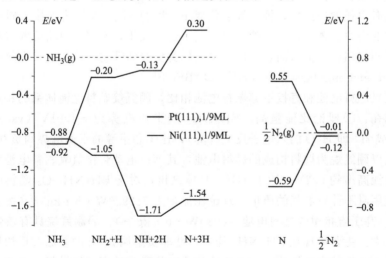

图 8-20　DFT 计算得到的 Pt(111) 与 Ni(111) 晶面上 NH_x
脱氢与 N_2 形成过程的一维势能面
（横线上数值为各吸附质相对于气相 NH_3 或 N_2 分子的势能）

作为高富氢、低成本化合物（17.8%），氨是一种理想的高比能燃料。由于氨的动力学缓慢，作为直接燃料电池的阳极活性物质需要解决电化学催化问题。由DFT计算的结果表明，NH_3分子在$Ni(111)$表面可自发吸附，整个表面反应过程是放热的，说明镍电极上氨的电化学氧化为热力学有利过程。实验发现，相比于贵金属Pt类催化剂，NH_3在Ni上阳极极化比Pt电极上小350mV以上，而且在Ni上的氧化电势远负于出现氮氧化物的氧化电势，即氨在Ni上的电氧化完全不产生有害的NO_x。

8.3 硼氮烷作为阳极燃料的电催化

8.3.1 硼氮烷作为阳极燃料的电催化概述

硼氮烷（borazane 或 ammonia-borane，BH_3NH_3）是一种白色、无毒晶体，室温下在水中以及空气中稳定存在[58,59]。在所有已知配位氢化物中，硼氮烷（BH_3NH_3）是含氢量最高的一种化合物（19.6%，质量分数），这一数值相当于$2.74kW \cdot h \cdot L^{-1}$的储氢密度，高于液氢$2.36kW \cdot h \cdot L^{-1}$的储氢密度。研究表明[60,61]，$BH_3NH_3$可以通过热分解的方式在$137 \sim 450℃$分步释放出$H_2$，放氢量可以达到$BH_3NH_3$初始质量的19.6%。硼氮烷不仅可以通过热分解的方式释放出氢气[62~64]，还可以通过水解反应[43~49]安全、可控地释放出高纯度氢气，为PEMFC提供高品质燃料。

从化学上看，作为一种富含负氢离子（H^-）的配合物，BH_3NH_3分子上的负氢离子具有很强的还原性，极易被氧化成H^0和H^+，具有作为直接燃料电池负极活性物质的潜力。最近，我们的研究证实了这一设想，不仅可以将硼氮烷作为化学氢源用于间接燃料电池，而且也可以将其作为负极活性物质构建直接硼氮烷燃料电池（direct ammonia-borane fuel cell，DABFC）[65]。

与氢氧燃料电池和直接甲醇燃料电池相比，硼氮烷燃料电池体系的特点和优势主要体现在：①理论比能量高。BH_3NH_3的平衡电势为$-1.01V$（vs.SHE，按H^-氧化成H^+即H_2O的六电子反应计算），比氢和甲醇的平衡电势约负0.2V。因此，直接以硼氮烷为燃料构成的燃料电池，其理论电动势比氢氧燃料电池和直接甲醇燃料电池高约0.2V，达1.41V。具体来讲，对于BH_3NH_3-O_2燃料电池，若在地面使用时不计算氧气的质量，理论比能量为$7339.0W \cdot h \cdot kg^{-1}$（按六电子反应计算），高于直接甲醇燃料电池（$6080W \cdot h \cdot kg^{-1}$）。②硼氮烷具有较快的阳极反应动力学。主要体现在$BH_3NH_3$能在一些非贵金属如Ni的表面实现快速的电化学氧化而不产生较大的极化。③产物清洁无污染。直接硼氮烷燃料电池的主要反应产物为BO_2^-和H_2O，这两者均对环境无污染和毒化作用。④燃料易储存和运输。硼氮烷在空气中常温下是稳定的固体，便于储存和运输，从而回避了氢氧燃料电池中所遇到的氢的储存和运输问题。此外，碱性硼氮烷溶液的化学稳定性也较高，不易燃不易爆，安全性好。

直接硼氮烷燃料电池存在的主要问题在于，硼氮烷在许多金属上都存在着水解析氢反应，往往电催化活性高的金属对于硼氮烷的化学水解反应催化活性也高。由于这一原因，硼氮烷的阳极氧化过程中往往伴随有氢气的析出而未能实现完全电化学氧化。水解析氢过程一方面导致了燃料的利用率低，另一方面又因氢的析出带来了一定的安全隐患。为此，需要研究不同类型催化剂上硼氮烷的电氧化活性和水解速度，优选出既有电催化活性又有水解惰性的催化剂，以期构建高效率的直接硼氮烷燃料电池体系。

8.3.2 BH₃NH₃ 在 Ag 电极上的电氧化

8.3.2.1 Ag 电极上 BH₃NH₃ 的电化学特征

由于对硼氮烷的水解催化活性非常低且具有一定的电催化活性，Ag 自然成为硼氮烷电氧化催化剂的优先选择。BH_3NH_3 在 Ag 电极上的循环伏安图如图 8-21 所示。在空白 KOH 底液里，在 $-1.05 \sim 0V$ 范围里银电极上的电流响应为零，即 Ag 电极在此区域中几乎没有任何反应。而在含有硼氮烷的溶液里，从 $-1.05V$ 开始银电极上出现了急剧上升的阳极氧化电流，而后在 $-0.8V$ 电流达到最大值。随着电极电势的进一步正移，电流基本维持不变，此时电流曲线非常类似于扩散控制的极限扩散电流。在电极电势回扫过程中，观察到的现象与电极电势的正向扫描时基本一致。在扩散控制电势区域，电极表面上有少量气泡冒出（图 8-21 中较正电

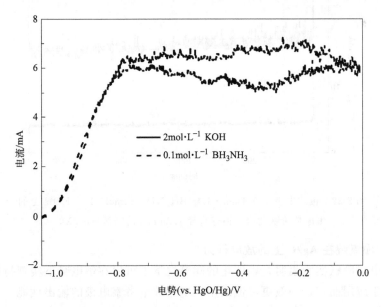

图 8-21　Ag 丝电极在 $0.1mol \cdot L^{-1}\ BH_3NH_3 + 2mol \cdot L^{-1}\ KOH$
溶液中的 CV 曲线（25℃，扫速 5mV·s^{-1}）

势区的电流波动）。考虑到 Ag 对硼氮烷几乎没有水解活性，估计这些气泡是在 BH_3NH_3 的电氧化过程中同样涉及 H_2 的析出，即在该条件下，BH_3NH_3 的电氧化在 Ag 电极表面上不是按照六电子反应（H^- 氧化成 H^+）来进行的，也许是按照三电子反应（H^- 氧化成 H^0）的途径进行。

图 8-22 为银球电极在 BH_3NH_3 溶液中的恒电势阶跃曲线，电极电势阶跃的范围为由 $-1.1V$ 阶跃至 $-0.5V$（vs. Hg/HgO）。可以看出，在银电极上硼氮烷的电化学氧化反应可以持续地进行下去，而没有出现阳极电流的衰退现象，而阳极电流的轻微波动可能是氧化过程涉及气体的析出。在 25℃ 下，硼氮烷刚开始时的电氧化阳极电流为 4.5mA，900s 后阳极电流为 4mA，仅仅衰退了 11.1%。而在 60℃ 下，硼氮烷刚开始时的电氧化阳极电流为 17.2mA，是 25℃ 下的 3.8 倍，而此时电流的波动幅度更大，是由于析出了更多的气体，由此可见升高反应温度对硼氮烷的电氧化反应是大大有利的，900s 后，硼氮烷电氧化阳极电流为 15.2mA，阳极电流衰退了 11.6%。由此可见，硼氮烷的电氧化反应在 Ag 电极上可以长时间持续稳定地进行下去，而不存在催化剂由于反应中间产物引起的催化剂中毒效应，这对于实际燃料电池的应用是非常有意义的。

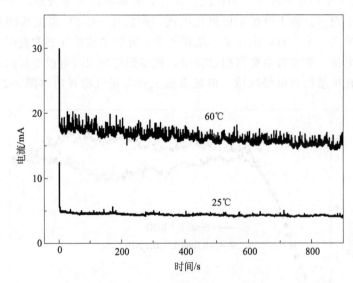

图 8-22　银球电极在 $0.1mol \cdot L^{-1} BH_3NH_3 + 2mol \cdot L^{-1}$ KOH 上的
恒电势阶跃曲线（银球直径 2.3mm，阶跃至 $-0.5V$）

8.3.2.2　硼氮烷在 Ag/C 上的放电行为

上述电势阶跃实验表明，银催化的硼氮烷溶液可以在恒电势下实现持续稳定的放电。对于应用而言，一般更习惯采用恒电流放电考察电极的输出性能。为考察硼氮烷作为阳极燃料的可行性，我们以 30%（质量分数）Ag/C 催化剂的膜电极作为催化阳极，MnO_2 空气电极作为阴极，$0.5mol \cdot L^{-1}$ 的硼氮烷碱性溶液作为负极活性物质，6mol·L⁻¹ KOH 溶液作为电解质，组装模拟的直接硼氮烷燃料电池[65]。图 8-23 给出了这种模拟电池的恒流放电曲线。这种电池在静置时由于开路电势较负（−1.0V），Ag/C 电极上有少量的氢气泡产生，表示硼氮烷在 Ag/C 催化剂上发生了少量的水解反应。当电池开始放电后，电势正移有利于硼氮烷的电氧化反应，抑制了硼氮烷的水解反应。从图 8-23 中可以看出，硼氮烷溶液在 Ag/C 电极上可以实现稳定地连续放电。模拟电池的开路电压为 1.15V，很明显要高于氢或甲醇燃料电池的开路电压，表明直接硼氮烷燃料电池具有潜在的高电压输出。在 $1mA·cm^{-2}$ 的电流密度下，电池出现一个稳定的放电电压平台，平台电压为 0.9V。直到硼氮烷活性物质消耗殆尽，电池的电压迅速下降为零。图中电池的放电比容量为 $1990mA·h·g^{-1}$。根据法拉第定律，电池的放电电量 Q 与发生化学反应的物质的量 n 以及反应电子数 Z 之间存在定量的关系，可以计算出硼氮烷的反应电子数为 2.3。

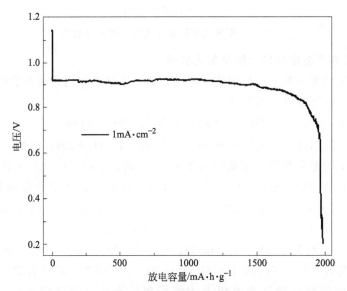

图 8-23　硼氮烷以 $1mA·cm^{-2}$ 的电流密度恒流放电曲线

室温，$0.5mol·L^{-1} BH_3NH_3 + 6mol·L^{-1} KOH$，$30\%Ag/C$

图 8-24 为不同电流密度下直接硼氮烷燃料电池的恒流放电曲线。从图中可看出，这些电池的开路电压约为 1.15V，放电比容量大约为 $2000mA·h·g^{-1}$。当放电电流密度≤$2mA·cm^{-2}$时，电池的工作电压平台约为 0.9V，比氢质子交换膜燃料电池 H_2-PEMFC（0.7V）高 200mV。然而，当放电电流密度增加到 $10mA·cm^{-2}$时，电池的工作电压很快下降到 0.45V，与甲醇燃料电池采用 Pt 催化阳极以及阴极时的工作电压（0.4V）相当，这种现象显然是由于 BH_3NH_3 在 Ag 表面的电化学极化，因为几个毫安的电流密度既不可能引起明显的欧姆极化和浓度极化，也不可能引起严重的阴极极化。

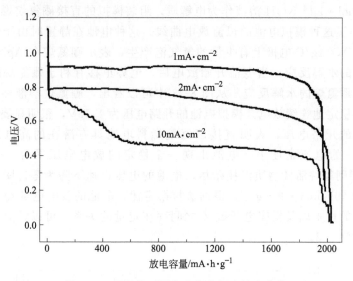

图 8-24　硼氮烷不同电流密度恒流放电曲线

8.3.2.3　硼氮烷在银电极上的电氧化机理

硼氮烷可以看成氨取代的硼烷。考虑到氨基电化学氧化的动力学障碍，硼氮烷的阳极反应可以写成以下的形式：

$$BH_3NH_3 + 7OH^- \longrightarrow BO_2^- + NH_3 + 5H_2O + 6e^- \qquad (8-18)$$

$$BH_3NH_3 + 4OH^- \longrightarrow BO_2^- + NH_3 + 1.5H_2 + 2H_2O + 3e^- \qquad (8-19)$$

通过相关的硼氮烷热力学数据（$T = 298K$ 时，$\Delta S^{\ominus} = 96.34J \cdot K^{-1} \cdot mol^{-1}$，以及 $\Delta H^{\ominus} = -178kJ \cdot mol^{-1}$）[61,66]，可以简单计算出硼氮烷的自由能值（$\Delta G^{\ominus}$）为 $-206.724kJ \cdot mol^{-1}$。由公式 $\Delta G^{\ominus} = -nFE^{\ominus}$，可以进一步计算出反应式(8-16)和反应式(8-19)的平衡电势 $E^{\ominus}$ 分别为 $-1.01V$（即 $1.11V$，vs. Hg/HgO，pH = 14）和 $-1.20V$（即 $1.30V$，vs. Hg/HgO，pH = 14）。这些平衡电势值显然要比氢的平衡电势（$-0.93V$，vs. Hg/HgO，pH = 14）更负，从热力学上暗示着硼氮烷分子在放电的同时伴随着电极上水解析氢的产生（硼氮烷水解反应方程式：$BH_3NH_3 + 2H_2O \longrightarrow BO_2^- + NH_4^+ + 3H_2\uparrow$）。结合碱性介质中氧的还原反应（$\frac{3}{2}O_2 + 3H_2O + 6e^- \rightleftharpoons 6OH^-$，$E^{\ominus} = 0.40V$），因此由反应式(8-18)或是反应式(8-19)与氧阴极所组成的直接硼氮烷燃料电池的总反应式分别为：

$$BH_3NH_3 + \frac{3}{2}O_2 + OH^- \longrightarrow BO_2^- + NH_3 + 2H_2O \qquad (8-20)$$

$$BH_3NH_3 + \frac{3}{4}O_2 + OH^- \longrightarrow BO_2^- + NH_3 + \frac{3}{2}H_2 + \frac{1}{2}H_2O \quad (8-21)$$

因此反应式(8-20)和反应式(8-21)的电池电动势 $E^{\ominus}$ 分别为 $1.41V$ 和 $1.60V$，这两种直接硼氮烷燃料电池，其理论电动势比氢氧燃料电池和直接甲醇燃料电池分别高出约 0.2V 和 0.4V。正是由于硼氮烷燃料电池的高电压和硼氮烷很小的摩尔质量（30.9g·mol^{-1}），所以硼氮烷燃料电池的比能量 W 很高，由反应式（8-20）和反应式（8-21）构成的硼氮烷燃料电池的比能量 W 值计算如下：

$$W = \frac{Fn}{3600M} \times E = \frac{1.41V \times 96500C/F \times 6F \times 1000g/kg}{30.9g \times 3600s/h} = 7339.0W \cdot h \cdot kg^{-1}$$

$$W = \frac{Fn}{3600M} \times E = \frac{1.60V \times 96500C/F \times 3F \times 1000g/kg}{30.9g \times 3600s/h} = 4164.0W \cdot h \cdot kg^{-1}$$

由此可见硼氮烷燃料电池的理论比能量都很高，而且反应产物 BO_2^- 能够通过与金属氢化物（如 MgH）的反应[67]还原成 BH_4^-，而 BH_4^- 可以与 NH_4^+ 发生反应[68]（$BH_4^- + NH_4^+ \longrightarrow BH_3NH_3 + H_2$，二乙醚溶液，室温下）重新生成 BH_3NH_3。

如上所述，硼氮烷可以通过两种不同途径进行反应：6 电子氧化和 3 电子氧化反应。通过理论计算，反应式（8-16）中 BH_3 的完全电化学氧化可以输出 $5206mA \cdot h \cdot g^{-1}$ 的放电容量；如果反应按照反应式（8-17）所描述的形式进行，那么最大的放电容量只能达到 $2603mA \cdot h \cdot g^{-1}$，只有 BH_3 所含容量的一半。从硼氮烷在 Ag/C 电极上的放电曲线可以看出，硼氮烷在银粒子表面发生的是 3 电子的电化学氧化过程，伴随有 BH_3NH_3 的化学水解或中间反应物。因此，为了提高硼氮烷的容量利用率，需要更多的工作去研究硼氮烷电氧化的反应机理以及探索更高效的阳极催化剂。

借鉴硼氢化物的电氧化机理，硼氮烷发生 3 电子电化学氧化反应时可能的反应途径如下：

$$BH_3NH_3 + H_2O \longrightarrow BH_3OH^- + NH_4^+$$
$$BH_3OH^- \longrightarrow BH_2OH^- + H$$
$$BH_2OH^- + OH^- \longrightarrow BH_2(OH)_2^- + e^-$$
$$BH_2(OH)_2^- \longrightarrow BH(OH)_2^- + H$$
$$BH(OH)_2^- + OH^- \longrightarrow BH(OH)_3^- + e^-$$
$$BH(OH)_3^- \longrightarrow B(OH)_3^- + H$$
$$B(OH)_3^- + OH^- \longrightarrow B(OH)_4^- + e^-$$
而 $$NH_4^+ + OH^- \longrightarrow NH_3 \uparrow + H_2O$$
$$H + H \longrightarrow H_2 \uparrow$$

这是一种串行反应机理模式，BH_3NH_3 分子是在 H_2O 的进攻下，离解成带负电荷的 BH_3OH^-，该离子不稳定释放出 H，从而生成少一个 H 的 BH_2OH^-，该离子在 OH^- 的进攻下失去电子，而后进一步失去 H 和电子，反应就在逐步失去 H 和电子的情况下进行下去，直至形成不含负氢离子的 $B(OH)_4^-$。反应历程可画成如图 8-25 所示的示意图。

8.3.3　几种典型催化剂上硼氮烷的直接电氧化

8.3.3.1　BH_3NH_3 在 Au 电极上的电氧化

Au 不属于低超电势金属，对于 BH_3NH_3 的活性水解没有明显的催化活性。实

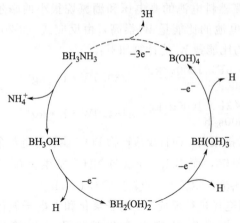

图 8-25　硼氮烷电氧化串行反应机理示意图

验也发现，在 Au/C 催化剂上，硼氮烷溶液的水解析氢速率很慢，且反应进行得很不完全。由于这一特点，若采用 Au 为阳极催化剂时，硼氮烷的水解损失并不严重。

图 8-26 为金微盘电极在 $0.1mol \cdot L^{-1}$ $BH_3NH_3 + 2mol \cdot L^{-1}$ KOH 溶液中的循环伏安曲线。可以看出，BH_3NH_3 在 Au 电极上的电氧化反应表现出十分复杂的形式。正向扫描过程中在 $-1.05V$ 即出现第一个氧化电流峰，然后分别在 $-0.5V$、$0.2V$ 出现第二、第三个氧化电流峰；在电势回扫过程中，在 $0.20V$ 处出现尖锐的氧化电流峰，紧接着在 $-0.25V$ 处有一个氧化电流宽峰。硼氮烷的第一个氧化峰的起峰电势 $-1.05V$，比碱性溶液中氢的标准平衡电势 （$-0.93V$, vs. Hg/HgO, $pH=14$）更负，这表明如果用 Au 作硼氮烷电氧化的阳极催化剂，与适当的氧阴极配合，可以得到比氢氧燃料电池更高的电池电压。而 Au 电极在 $2mol \cdot L^{-1}$ KOH 空白底液中（曲线 B）的背景电流非常小，与硼氮烷的氧化电流相比，可以忽略不计。因此结合 Au 对硼氮烷水解反应的低催化活性，则 Au 电极可以很好地充当硼氮烷电氧化反应的阳极催化剂。

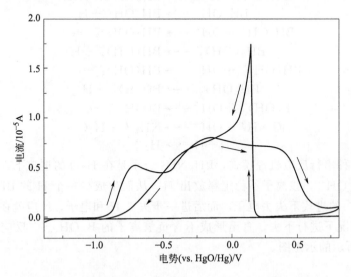

图 8-26　金微盘电极上 BH_3NH_3 及 KOH 底液的 CV 图

$25℃$，$0.1mol \cdot L^{-1}$ $BH_3NH_3 + 2mol \cdot L^{-1}$ KOH，扫速 $5mV \cdot s^{-1}$

若以 $0.5mol \cdot L^{-1}$ BH_3NH_3 的碱性溶液为燃料，以 10％Au/C 催化剂的膜电

极作为催化阳极，MnO_2 空气电极作正极，组成模拟电池进行恒流放电，所得放电曲线如图 8-27 所示。从图中可以看出，模拟电池的开路电势为 1.05V（vs. Hg/HgO），明显高于氢或甲醇燃料电池的开路电势。在 $2.5mA \cdot cm^{-2}$ 的电流密度下，电池出现了两个相近的放电平台，平台电势分别为 $-0.9V$ 和 $-0.85V$。电池的放电比容量为 $1974mA \cdot h \cdot g^{-1}$，由此 BH_3NH_3 的放电电子数为 $Z = Q/nF = 0.1218/[(0.0617/30.9) \times 26.8] = 2.3e$。重要的是，在 Au/C 电极上硼氮烷溶液可以实现连续稳定地放电。

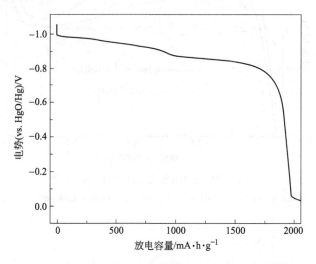

图 8-27　硼氮烷在 Au/C 电极上的恒流放电曲线

室温，$0.5mol \cdot L^{-1}\ BH_3NH_3 + 6mol \cdot L^{-1}\ KOH$，$2.5mA \cdot cm^{-2}$

8.3.3.2　BH_3NH_3 在 Pt 电极上的电氧化

Pt 属于对 BH_3NH_3 的化学水解溶液具有较高催化活性的金属。在室温下，硼氮烷溶液一接触到 Pt/C 催化剂就快速地释放出氢气，直到水解彻底完成。虽然 Pt 对硼氮烷的水解催化活性比较高，同样对于硼氮烷的电氧化催化活性也很高。图 8-28 为 Pt 微盘电极（直径 $100\mu m$）在 BH_3NH_3 溶液中的循环伏安曲线。从图中可以看出，硼氮烷开始发生氧化的起峰电势约为 $-1.02V$，比碱性溶液中氢的标准平衡电势（$-0.93V$，vs. Hg/HgO）更负。在电极电势正向扫描过程中，在 $-1.02V$ 出现第一个氧化电流峰，然后在 $-0.44V$ 出现第二个氧化电流宽峰。在此电势范围，Pt 表面并不会出现表面氧化物的生成，所观察到的两种氧化电流峰涉及分步氧化的特点。

Pt/C 作为阳极催化电极组装直接硼氮烷燃料电池，恒流放电曲线如图 8-29 所示。该体系的开路电压为 0.96V，以 3mA 的电流恒流放电时，电池的放电电压平台有两个，分别为 0.93V 和 0.45V，与循环伏安曲线得到的结果基本一致。总的放电电量 $Q = It = 3 \times 3.5 = 10.5mA \cdot h$，比容量 $C = (10.5/92.7) \times 1000 = 113.3mA \cdot h \cdot g^{-1}$。由于 Pt/C 对硼氮烷的水解催化活性高，导致大量硼氮烷水解析氢，损失了大量的 BH_3NH_3，因此放电容量偏低。解决这一问题的途径可能有两种：一是采用电解液添加剂，通过选择性的表面吸附阻止氢的复合；另一种方法采用合金化方法降低 Pt 的水解催化活性，而保持 Pt 对硼氮烷电催化活性。

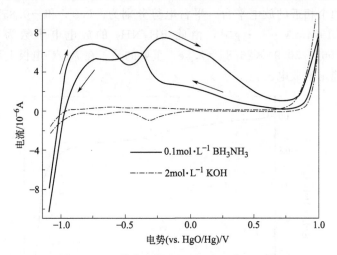

图 8-28　Pt 微盘电极上 BH_3NH_3 的 CV 图

室温，$0.1mol \cdot L^{-1} BH_3NH_3 + 2mol \cdot L^{-1} KOH$，扫速 $5mV \cdot s^{-1}$

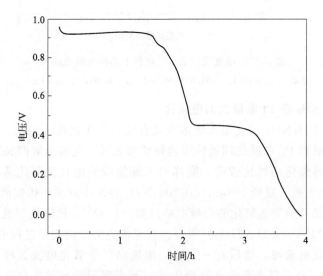

图 8-29　硼氮烷在 Pt/C 电极上的恒流放电曲线

室温，$0.5mol \cdot L^{-1} BH_3NH_3 + 6mol \cdot L^{-1} KOH$，$1mA \cdot cm^{-2}$

Ni 与 Pt 同属低超电势金属，在 Ni 电极上 BH_3NH_3 的电氧化行为与铂电极十分相似。

8.3.3.3　Cu 电极上 BH_3NH_3 的电氧化

Cu 虽然不属于低氢超电势金属，但有报道认为 Cu 对硼氮烷的水解具有一定的催化活性[69]。硼氮烷在铜粉电极上的恒流放电曲线如图 8-30 所示。与 Pt 类似，铜电极在硼氮烷溶液中的开路电势较负（-1.11V，vs. Hg/HgO），开路状态下电极上时有部分氢气产生，表明硼氮烷在 Cu 上可以自发发生活性水解。硼氮烷在 Cu 上的放电曲线表现出两个放电电势平台：-1.1～-0.85V 与 -0.7V。总的放电比容量为 $1350mA \cdot h \cdot g^{-1}$，明显高于镍和铂。

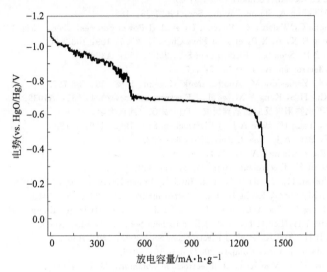

图 8-30　硼氮烷在铜膜电极上的恒流放电曲线

室温，$0.5mol \cdot L^{-1} BH_3NH_3 + 6mol \cdot L^{-1} KOH$，$2.5mA \cdot cm^{-2}$

目前，有关硼氮烷在这类金属电极上的电氧化反应研究尚未见报道，相应的电化学反应机理与动力学性质并不清楚。

8.3.4　总结与展望

从本节给出的初步研究结果可以看出，硼氮烷作为一种高含氢化合物在许多金属（Ag、Au、Pt、Cu 等）上均具有较快的电化学氧化速度，可能作为阳极燃料构建直接硼氮烷燃料电池。特别是在中、高氢超电势金属上，硼氮烷的化学水解并不显著，可能实现较高的电化学利用率。

目前有关硼氮烷的电化学氧化反应性质知之甚少，可以确定的是这种化合物兼具高电压和高容量输出的特点。进一步研究这种化合物的电极反应机理，将有助于开发高效电化学催化剂。采用双功能合金催化剂，既保证硼氮烷的快速电氧化动力学又抑制其化学水解，可能是实现硼氮烷电化学应用的途径。

参 考 文 献

[1]　Mehta V，Cooper J S. J Power Sources，2003，114：32.

[2] Starz K A, Auer E, et al. J Power sources, 1999, 84: 167.

[3] Haile S M. Acta Materials, 2003, 51: 5981.

[4] Züttel A. Materials Today, 2004, 9: 24-31.

[5] Liu B H, Li Z P. J Power Sources, 2009, 187: 291.

[6] Feng R X, Dong H, Wang Y D, et al. Electrochem Commun. 2005, 7: 449.

[7] Liu B H, Li Z P, Suda S. Electrochimica Acta, 2004, 49: 3097.

[8] Indig M E, Snyder R N, J Electrochem Soc, 1962, 109: 1104.

[9] Jasinski R, Electrochem Technol, 1965, 3: 40.

[10] Elder J P, Hickling A. Trans Faraday Soc, 1962, 58: 1852.

[11] Ponce de Leona C, Walsh F C, Pletcher D, et al. J Power Sources, 2006, 155: 172.

[12] Dong H, Feng R X, Ai X P, et al. J Phys Chem B, 2005, 109: 10896.

[13] Liu B H, Li Z P, Suda S. J Electrochem Soc, 2003, 150: A398.

[14] Elder J P. Electrochim Acta, 1962, 7: 417.

[15] Kubokawa M, Yamashita M, Abe K. Denki Kagaku, 1968, 36: 788-792.

[16] Kim J H, Kim H S, Kang Y M, et al. J Electrochem Soc, 2004, 151: A1039.

[17] 王康丽. 硼氢化物阳极反应的基础研究 [D]. 武汉: 武汉大学, 2006.

[18] Mirkin M V, Yang H, Bard A J. J Electrochem Soc, 1992, 139: 2212.

[19] Mirkin M V, Bard A J. Anal Chem, 1991, 63: 532.

[20] Gyenge E. Electrochimica Acta, 2004, 49: 965.

[21] Cheng H, Scott K. Electrochim Acta, 2006, 51: 3429.

[22] Sanli E, Celikkan H, Uysala B Z, et al. Int J Hydrogen Energy, 2006, 31: 1920.

[23] Chatenet M, Micoud G, Roche I, et al. Electrochimica Acta, 2006, 51: 5459.

[24] Feng R X, Dong H, Cao Y L, et al. International Journal of Hydrogen Energy, 2007, 32: 4544.

[25] Lee S M, Kim J H, Lee H H, et al. J Electrochem Soc, 2002, 149: A603.

[26] Li Z P, Liu B H, Arai K, et al. J Electrochem Soc. 2003, 150: A868.

[27] Liu B H, Suda S. J Alloys Compd, 2007, doi: 10. 1016.

[28] Wang L B, Ma C A, Mao X, et al. Electrochem Commun, 2005, 7: 1477.

[29] Raman R K, Choudhury N A, Shukla A K. Electrochem Solid-State Letters, 2004, 7: A488.

[30] Choudhury N A, Raman R K, Sampath S, et al. J Power Sources, 2005, 143: 1.

[31] Wang Y Y, Xia Y Y. Electrochem Commun, 2006, 8: 1775.

[32] Elder J P, Hickling A. Trans Faraday Soc, 1962, 58: 1852.

[33] Kordesch K, Gsellmann J, Cifrain M, et al. J Power Sources, 1999, 80: 190.

[34] Chellappa A S, Fischer C M, Thomson W J. Applied Catalysis A: General , 2002, 227: 231.

[35] Thomas G, Parks G. U S Department of Energy, 2006, (2).

[36] Vitse F, Cooper M, Botte G G, J Power Sources, 2005, 142: 18.

[37] Cooper M, Botte G G. J Electrochem Soc, 2006, 153: A1894.

[38] Oswin H G, Salomon M. Canad J Chem, 1963, 41: 1686.

[39] Katan T, Galiotto R J. J Electrochem Soc, 1963, 110: 1022.

[40] Despić A R, Dražić D M. Rakin P M. Electrochimica Acta, 1966, 11: 997.

[41] Cairns E J, Simons E L, Tevebaugh A D. Nature, 1968, 217: 780.

[42] Gerischer H, Maurerer A. J Electroanal chem, 1970, 25: 421.

[43] Wojcik A, Middleton H, Damopoulos I, et al. J Power Sources, 2003, 118: 342.

[44] Fournier G G M, Cumming I W, Hellgardt K. J Power Sources, 2006, 162: 198.

[45] Ma Q, Peng R, Tian L, et al. Electrochem Commun, 2006, 8: 1791.

[46] Maffei N, Pelletier L, Charland J P. J Power Sources, 2005, 140: 264.

[47] Vooys A C A D, Koper M T M, Santen R A V, Veen J A R V. J Electroanal Chem, 2001, 506: 127.

[48] Endo K, Katayama Y, Miura T. Electrochimica Acta, 2005, 50: 2181.

[49] Gootzen J F E, Wonders A H, Visscher W, et al. Electrochimica Acta, 1998, 43: 1851.

[50] Iglesias F J V, Gullon J S, Feliu J M, et al. J Electroanal Chem, 2006, 588: 331.

[51] Iglesias F J V, Araez N G, Montiel V, et al. Electrochem Commun, 2003, 5: 22.

[52] Iglesias F J V, Gullón J S, Montiel V, et al. J Phys Chem B, 2005, 109: 12914.

[53] Rosca V, Koper M T M. Phys Chem Chem Phys, 2006, 8: 2513.

[54] Vooys A C A D, Mrozek M F, Koper M T M, et al. Electrochem Commun, 2001, 3: 293.

[55] Iglesias F J V, Gullon J S, Pérez J M, et al. Eletrochem Commun, 2006, 8: 102.

[56] Endo K, Katayama Y, Miura T. Electrochimica Acta, 2004, 49: 1635.

[57] Endo K, Nakamura K, Katayama Y. Electrochimica Acta , 2004, 49: 2503.

[58] Sorokin V P, Vesnina B I, Klimova N S. Zh Neorg Khim, 1963, 66: 8.

[59] Storozhenko P A, Svitsyn R A, Ketsko V A, Russ J Inorg Chem, 2005, 50: 980.

[60] Baitalow F, Baumann J, Wolf G, et al. Thermochimica Acta , 2002, 391: 159.

[61] Wolf G, Miltenburg J C V, Wolf U. Thermochimica Acta, 1998, 317: 111.

[62] Ryschkewitsch G E, J Am Chem Soc, 1960, 82: 3290

[63] Chandra M, Xu Q. J Power Sources, 2006, 156: 190.

[64] Xu Q, Chandra M. J Power Sources, 2006, 163: 364.

[65] Yao C F, Yang H X, Zhuang L, et al. J Power Sources, 2007, 165 : 125.

[66] Raissi A T. A Proceeding of the U. S. DOE Hydrogen Program Annual Review, 2002, 7: 357; http: //www. eere. energy. gov/hydrogenandfuelcells /pdfs /32405b15. pdf.

[67] Li Z P, Liu B H, Arai K, et al. J Alloys Compd, 2003, 356-357: 469.

[68] Shore S G, Parry R W. J Am Chem Soc, 1955, 77: 6084.

[69] Xu Q, Chandra M C. J Power Sources, 2006, 163: 364.

第9章

有机小分子电催化

■ 张涵轩　阳耀月　蔡文斌

（复旦大学化学系，上海市分子催化和功能材料重点实验室）

9.1 概述

研究 C_1、C_2 燃料小分子的电催化氧化对于澄清各种基础电催化核心问题[1~4]，以及发展低温燃料电池具有重要意义[5]。若干低温燃料电池涉及的化学反应标准热焓与自由能变化、标准电动势与热力学效率列于表 9-1。甲醇、甲酸、乙醇与氢气相比是很有潜力的阳极燃料，然而，较高的氧化过电位制约了相关燃料电池的工作效率。通过反应机理的研究来阐释这种过电位的本质，澄清氧化过程中间体的归属以及来源问题，是现代电催化研究的核心所在。另外，CO 作为有机燃料小分子氧化的主要毒性中间体和重整氢中主要的毒化杂质，其氧化机制长期以来是电催化研究热点和难点。

在广泛使用的电催化材料中，Pt 基材料对多种燃料小分子氧化具有优良的电催化活性，相关研究一直受到重视。但 Pt 储量稀有、价格昂贵、易形成 CO 毒化，制约了进一步推广应用。Pd 有着与 Pt 近似的电子结构，较廉价且储量较高，同时它对甲酸以及碱性条件下对乙醇等有较高的电氧化活性，因此 Pd 上电催化研究也逐步成为新的关注点。

在电催化研究中，反应机制的探索对于新型催化剂的创制至关重要，无论是反应路径、反应中间体的澄清，还是物种吸附状态、吸附构型的确认，对推动催化剂的设计合成都能够起到指导作用。燃料小分子电氧化机理研究中最成功的一个范例当属双路径机理的提出，1973 年 Capon 和 Parsons 两位科学家指出对于 Pt 表面甲酸完全氧化成为 CO_2[6~8]，可能经由两种不同的反应路径完成。后来，双路径机理也被拓展到甲醇的电氧化中[9,10]（见图 9-1）：其一为所谓的"间接路径"，即甲醇在 Pt 电极表面解离形成强吸附的中间体 CO，CO 只有在较高的反应电位下才能脱除，阻碍了直接氧化反应的进行；其二为"直接路径"，甲醇在 Pt 表面先形成弱吸附的 HCHO、HCOOH 或甲酸根等，接下来进一步氧化成 CO_2。

表 9-1　用于燃料电池的化学反应标准热焓与自由能变化、标准电动势与热力学效率

燃料	反　　　应	n	$-\Delta H^0$ /kJ·mol^{-1}	$-\Delta G^0$ /kJ·mol^{-1}	E_{rev}^0 /V	f_T /%
H_2	$H_2 + 0.5O_2 \longrightarrow H_2O(l)$	2	286.0	237.3	1.229	83.0
CH_3OH	$CH_3OH + 1.5O_2 \longrightarrow CO_2 + 2H_2O(l)$	6	726.6	702.5	1.213	96.7
$CH_2O(g)$	$CH_2O + O_2 \longrightarrow CO_2 + H_2O(l)$	4	561.3	522.0	1.350	93.0
HCOOH	$HCOOH + 0.5O_2 \longrightarrow CO_2 + H_2O(l)$	2	270.3	285.5	1.400	105.6
$C_2H_5OH(l)$	$C_2H_5OH(l) + 3O_2 \longrightarrow 2CO_2 + 3H_2O(l)$	12	1367	1325	1.145	96.9

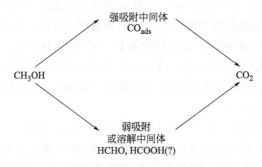

图 9-1　甲醇电氧化双路径机理示意图[11]

基于这样的分析，为了提高 Pt 电极对于甲醇的催化活性，如下问题需加以澄清与解决：

① 对于间接路径而言，如何降低 CO 在金属表面的吸附强度以及降低其氧化电位；

② 对于直接路径而言，如何确认弱吸附物种的种类，并改善其电氧化的反应动力学。

对此，相关问题解决涉及金属表面几何结构与电子结构调制，高灵敏度表面谱学方法的建立、单晶电极表面上的反应研究及计算化学研究等领域。甲醇电催化氧化的研究作为一种范式，可以拓展到其它 C_1 和 C_2 燃料小分子电催化的研究中。

在本章中，我们将主要围绕反应机制和研究方法，介绍 Pt 基与 Pd 基金属电极表面 CO、甲醇、甲酸以及乙醇等燃料小分子的电催化氧化过程，以及设计阳极催化剂等的研究新进展，并展示如何通过合适的研究方法和手段澄清反应机制中的核心问题，指导实际燃料电池催化剂改性研究以达到提高催化性能的目标。

9.2 CO 的电催化氧化

CO 作为燃料小分子氧化的常见毒性中间体，同时亦是金属表面电催化研究的典型模型分子，其吸附以及氧化过程反应机理的研究有难以估量的价值。通过反应机理的研究，以结构改性或是电子改性的方式提高金属催化剂的抗 CO 中毒能力，提高燃料小分子电氧化效率，是电催化研究的主要目标之一。

9.2.1 CO 在金属表面的吸附

CO 分子的电子组态为 $(1\sigma)^2(2\sigma)^2(3\sigma)^2(4\sigma)^2(1\pi)^4(5\sigma)^2(2\pi)^0$，在 CO 分子中 1σ 轨道实际上为 O 的 1s 轨道，2σ 轨道为 C 的 1s 轨道，是非键的。精确计算表明：3σ 轨道成分多来源于 O 的 2s 原子轨道，是强成键的。4σ 轨道成分也较多来源于 O 的 2s 和 2p 原子轨道，是弱成键的。5σ 轨道的成分主要是 C 的 2s 原子轨道，基本上是非键的。1π 轨道成分较少来自 C，较多来源于 O 的 2p 轨道，是强成键的二重简并轨道。因而 3σ 轨道中电子云大部分密集于 C 和 O 核之间，电子不易给出。4σ 轨道中电子云主要集中于氧原子一侧，由于氧原子的电负性较大，电子也不易给出。所以能对中心金属给予电子而形成 σ 键的 CO 的分子轨道只有 1π 和 5σ 轨道，分别为侧基和端基络合。

当 CO 与金属配位时（图 9-2），CO 分子一方面以 4σ 和 5σ 与中心金属原子的空轨道形成 σ 配键；另一方面又有空的反键 2π 轨道可接受金属原子的 d 电子形成 π 键。这种 π 键称反馈 π 键。两方面的电子授受作用正好互相配合、互相促进，其结果使 M—C 间的键比共价单键要强；由于反键轨道上有一定数量的电子，C—O 间的键比 CO 分子中的键弱一些。

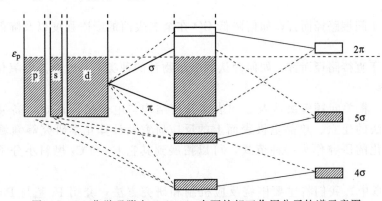

图 9-2 CO 化学吸附在 Pt(111) 表面的相互作用分子轨道示意图

d-π^* 键的反馈程度直接影响吸附 CO 的振动频率 ν_{C-O}，但是该 d-π^* 反馈又受到配位金属元素的类型、金属原子配位数、CO 配位的金属原子数的影响。在电化学环境中，ν_{C-O} 频率除了受到金属种类（Au-CO、Pt-CO、Pd-CO、Ru-CO 和 Rh-

CO 等）、共吸附分子和 CO 配位的金属原子数（CO_L、CO_B 和 CO_M 等）的影响外还受到电极电位的影响，即电化学 Stark 效应。对于本章主要讨论的 Pt 和 Pd 这两种金属而言，在 CO 覆盖度较高时存在线形和桥式吸附两种方式。不过，CO 在 Pt 表面主要以线形吸附为主，ν_{C-O} 在 $2070cm^{-1}$ 左右；在 Pd 表面主要以桥式吸附为主，ν_{C-O} 在 $1950cm^{-1}$ 左右（如图 9-3 所示）[12]；由于 CO 同时与两个 Pd 原子成键，使得 Pd 表面上 CO 吸附作用相比 Pt 表面上的更强。

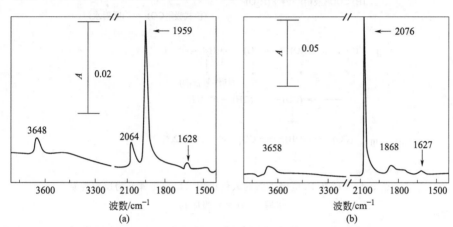

图 9-3　在 CO 饱和的 $0.1mol \cdot L^{-1}$ $HClO_4$ 溶液中
Pd(a) 和 Pt(b) 电极表面的 CO 的表面增强红外光谱图[12]

由此可见，通过测量表面探针分子 CO 的电化学红外光谱特征可以探索金属 d 带电子状态；根据特定电位下 CO 振动频率的变化，以及 Stark 斜率、起始氧化电位等特征可以用于确定合金化程度和金属表面修饰对于反应物种吸附强弱的影响，从而针对性地研发高性能的催化剂。

9.2.2　CO 在 Pt 表面电氧化

由于 CO 在燃料电氧化机理研究中具有十分重要的地位，有关 CO 在金属电极（特别是 Pt 电极）表面上的电氧化研究屡见不鲜。电极表面 CO 电氧化有两个争议很大的问题：其一是氧化前峰（或预氧化峰）的来源，其二是遵循何种电氧化动力学模型。下面就这两个重要问题进行分别介绍。

一般认为在 Pt 表面 CO 氧化主要按 Gilman[13] 提出的"反应对"（reactant-pair）Langmuir-Hinshelwood 机理进行，反应过程如图 9-4 所示。

由此机理可知，表面吸附 CO（CO_{ads}）以及含氧物种（通常认为是 OH_{ads}）是直接参与反应的表面物种，而且 CO_{ads} 和 OH_{ads} 物种在电极表面的移动性和反应活性对 CO 的电氧化动力学起着决定作用[14~19]。而长期以来，由于 Pt 电极类型和 CO 吸附条件的差异，一直存在两种电氧化动力学模型的争议[20]，即"平均场近似模型"（Mean field approximation model）[15~17] 和"成核生长模型"（Nucleation

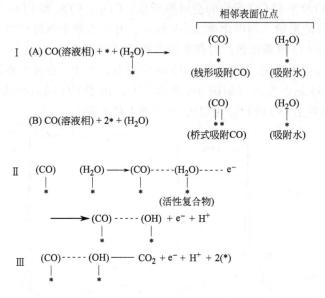

图 9-4 CO 在 Pt 电极表面的氧化机理（反应步骤 II 为反应控制
步骤，* 为表面吸附位）

and growth model)[21~23]。"平均场近似模型"认为：CO_{ads} 的扩散速度远远大于反应速度，反应对物种和 Pt 空位原子在电极表面的分布都是均匀的，表观反应速率与表面的 CO_{ads} 和 OH_{ads} 的浓度成正比。在恒电位条件下的氧化暂态电流对称分布，且当 CO_{ads} 覆盖度为起始的 1/2 时达到最大氧化电流值。而"成核生长模型"认为：CO_{ads} 在表面迁移慢，含氧物种先在电极表面某些活性位（如缺陷位）生成，导致相邻位上的 CO_{ads} 发生氧化，产生新的表面空位，含氧物种继续在这些空位上生成并进一步氧化邻位的 CO_{ads}，即氧化过程仅在 CO_{ads} 和 OH_{ads} 的交界区进行。

对此，笔者研究小组[24]系统研究了 0.1V（记为 $CO_{@UPD}$，见图 9-5）和 0.45V（记为 $CO_{@DL}$，见图 9-6）条件下 Pt 电极上吸附 CO 电氧化过程的原位红外光谱。当 Pt 电极在氢 UPD 电位区吸附 CO（$CO_{@UPD}$）后的阳极溶出伏安图中，在主氧化峰前出现一氧化前峰（或称为预氧化峰），如图 9-5 区域 a 所示[25~33]。对于此氧化前峰的由来，有几大主流观点：Osawa 小组[33]认为是桥式吸附 CO（CO_B）向线形吸附 CO（CO_L）的转换导致了 CO_L 的部分氧化；Kunimatsu 等[27,28,34]则认为是 CO_B 的优先氧化；有人认为是弱吸附或者动力学不稳定吸附 CO 的优先氧化[25,29]；亦有观点认为是 CO 在或者邻近缺陷位的优先氧化[26,30~32]；另外，有人提出高 CO 表面覆盖度下活化能的降低[35]以及 CO 重排引起的氧化等观点[36]。通过监测 Pt 膜电极在 CO 饱和及去除 CO 的 $HClO_4$ 溶液中的电化学表面增强红外光谱[24]，笔者课题组发现在较高 CO_{ads} 覆盖度下，此前峰归因于活性位上（或附近）部分 CO 氧化——这里 CO 物种既可以是弱吸附的 CO_L，也可以是从溶液相迁

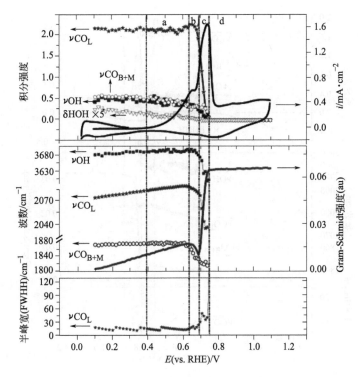

图 9-5　在 $CO_{@UPD}$ 情况下，由原位表面增强红外光谱得到的与
CO 电氧化相关参数随电位变化图[24]

移来的 CO。经历了氧化前峰，CO_{ads} 局域覆盖度减小，表面 $CO_{ads}\text{-}H_2O_{free}$ 共吸附结构及其毗邻界面水层松弛，有利于形成主氧化峰所需的 OH_{ads} 物种[33]。光谱结果还表明，对于 $CO_{@UPD}$（见图 9-6），由于前述的表面 $CO_{ads}\text{-}H_2O_{free}$ 共吸附结构的松弛使得 CO_{ads} 物种在表面扩散十分迅速，其分布也非常均一。这证明此条件下，CO 电氧化更趋向于通过"平均场近似模型"进行。而对于 $CO_{@DL}$，整个氧化过程中，即使是在氧化过程的后期，CO 的总覆盖度极低的情况下，界面吸附结构并没有大的改变，这表明 CO 分子和 H_2O_{free} 可能是以一种"岛状"结构排布在 Pt 电极表面，而氧化反应不断推进的前线发生在 $OH_{ads}\text{-}CO_{ads}$ 岛边缘的活性位上，该反应显然更趋于"成核生长模型"。

　　CO 在 Pt 表面氧化电位是与 Pt 表面形成 OH_{ads} 物种的电位基本吻合的，而 Pd 上由于 CO 的吸附更强因此需要在更正的电位下才能被氧化。当 Pd 和 Pt 形成合金后，可以发现随着 Pt 含量的提高，CO 的氧化电位逐渐负移[37]。无论是 Pd 表面还是 Pt 表面，CO 的电位都高于燃料电池阳极实际工作电位，使得在 CO 毒化的催化剂表面燃料小分子电氧化效率低下。因此如何降低 CO 的吸附能，降低其在 Pt 表面的氧化电位，也是重要课题之一。研究人员借助电化学，理论计算以及谱学技术等工具开展了大量的工作，已取得了骄人的成果。

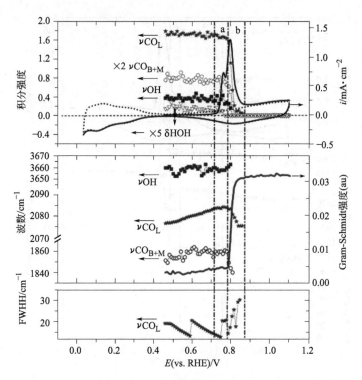

图 9-6　在 $CO_{@DL}$ 情况下，由原位表面增强红外光谱得到的与
CO 电氧化相关参数随电位变化图[24]

9.2.3　纳米 Pt 表面 CO 的电氧化：尺寸及晶面效应

在实际电催化应用中，绝大多数采用高比表面积的纳米型催化剂，以达到降低贵金属用量、节约成本的目的。研究表明，对 Pt 基纳米催化剂而言，随着纳米颗粒大小的变化，其电化学性质往往与本体电极有差异，这主要与纳米颗粒表面的缺陷位、表面原子配位数以及晶面取向有关。如果能够很好地建立纳米结构、大小、晶面取向与电催化性能之间的对应关系，无疑对电催化剂研发的贡献将是巨大的。

Andreaus 等[38]通过"蒙特卡洛"方法利用"平均场近似模型"模拟了 CO 单层分子在碳载 Pt 纳米颗粒表面的氧化过程，研究了尺寸效应以及表面结构对动力学过程的影响，发现了 CO 分子的流动性随着纳米颗粒的大小而变化。运用该计算方法对定电位下碳载 Pt 纳米颗粒表面 CO 的氧化进行模拟，能较好地与计时电流方法获得的实验结果进行匹配[39]。Maillard 等[39]研究了 $1.8\sim5nm$ 的碳载 Pt 表面 CO 氧化，并发现了较明显的尺寸效应。他们认为该效应主要因 CO_{ads} 与 OH_{ads} 相互作用以及 CO_{ads} 的表面扩散与纳米颗粒的大小有关引起的。

近来随着纳米合成技术的发展，具有特定晶面取向的纳米颗粒表面的电催化也成为一个研究热点，此类晶体兼具纳米效应以及特定结构表面原子优先排列的特点。对于 Pt 基纳米颗粒而言，Feliu 小组[40]报道了具有不同晶面取向、清洁的 Pt 纳米晶在硫酸、高氯酸以及碱性电解质中的循环伏安曲线，对不同纳米晶面取向与电化学特征之间的关系已能较好的解析，可与 Pt 单晶电极相比拟；且利用 Bi 及 Ge 离子对 Pt(111) 与（100）晶面的特性吸附，能够确定纳米晶体表面不同基础晶面的比例[41]。在此基础上，Urchaga 等[42]细致研究了 CO 氧化峰与 Pt 纳米晶体晶面取向之间的对应关系。如图 9-7 所示，随着 Pt 纳米晶形貌以及表面不同晶面比例的变化，会引起 CO 氧化峰形状明显的变化，并据此将 CO 氧化峰分为四个部分，随着氧化电位的正移分别对应 CO 在（100）与（111）面（Pre-Peak）、（111）面（Peak 1a）、低配位数晶面（Peak 1b）以及（100）晶面（Peak 2）上的氧化。同时，他们还利用电化学方法[43]研究了 CO 在纳米 Pt 表面的扩散过程，发现相比 Pt(100) 面，CO 在 Pt(111) 的氧化更为迅速，并发现氧化过程中 CO 分子不在这两个晶面之间扩散，该结果对于新型电催化设计有着重要的参考意义。

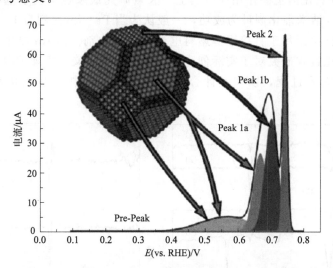

图 9-7　Pt 纳米颗粒表面的 CO 氧化峰与表面晶面取向之间的对应关系[42]

　　然而由于受到合成技术的限制，研究中通常无法精确地控制纳米颗粒的大小以及晶面取向；同时考虑到获得的纳米颗粒表面残余的表面活性剂、稳定剂等物质的干扰，使得该领域的研究依然停留在比较初步的阶段，同时分子水平的谱学研究也有待发展，尚有很大的探索空间。

9.2.4　Pt-Ru 合金表面 CO 电氧化的"双功能机理"

　　在 Pt 电极表面，燃料小分子电氧化过程中极易分解成 CO 吸附物种，CO 主要以线式和桥式吸附在 Pt 表面，是 Pt 中毒的主要原因。Bewick 等[44]最早利用原位红外光谱证实了这个结论。这些吸附的 CO 只有在较高电位下与表面 OH 物种的共同作用下才能够脱除，从而大大抑制了 Pt 的催化效率。

早在 1975 年，Watanabe 等[45,46]发现通过与 Ru 形成 Pt-Ru 合金可以显著降低 Pt 表面 CO 的氧化电位，并指出 Ru 的主要作用在于较低的电位下就能够提供 OH 物种，促进 Pt 位上 CO 的氧化，这就是所谓的"双功能机理"。具体来说：

$$Pt + CO \longrightarrow Pt—CO_{ads}$$

$$Ru + H_2O \longrightarrow Ru—OH_{ads} + H^+ + e^-$$

$$Pt—CO_{ads} + Ru—OH_{ads} \longrightarrow CO_2 + Pt + Ru + H^+ + e^-$$

电化学红外光谱结果很好地给予了分子水平上的支持[47]，如图 9-8 给出了纯 Pt 以及 Pt-Ru（50：50）合金电极上 0.5mol·L^{-1} HClO$_4$ 中 CO 氧化过程的表面红外光谱结果。通过比较 2070cm^{-1} 附近 CO$_{ads}$ 峰消失的情况，可以发现 Pt 电极表面 CO$_{ads}$ 物种到 0.6V（RHE）左右才能被氧化成 CO$_2$，而在 Pt-Ru 电极表面 CO$_{ads}$ 的起始氧化电位大约负移了 200mV。从而证明了 Ru 合金成分对于促进 CO 毒性物种氧化的重要作用。事实上，大量研究成果也证明了基于双功能机理开发的 Pt-Ru 纳米催化剂最为成功，一般认为当 Pt：Ru 比例为 1：1 时其电催化性能最佳，已广泛用于直接甲醇燃料电池阳极催化剂。Pt-Ru 催化剂的成功研制证明了电催化过程研究对于实际催化剂开发的重要意义，机理的澄清有助于从源头上理解反应的过程，以"设计合成"的理念来创制新型催化剂，可以事半功倍。

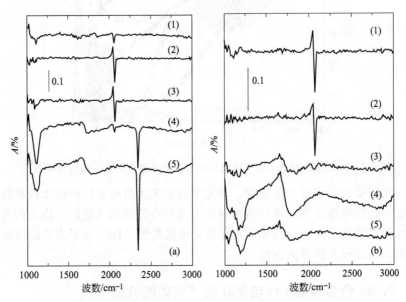

图 9-8　0.5mol·L^{-1} HClO$_4$ 中 CO 在 Pt(a) 和 Pt-Ru(b) 电极
表面氧化的 SNIFTIR 谱图

(1)～(5) 号谱线分别对应的氧化电位为 (1) 70～370mV，(2) 170～470mV，
(3) 270～570mV，(4) 370～670mV，(5) 470～770mV[47]

9.2.5 d 带能级与表面偏析对电催化的影响

双功能机理的提出虽然是电催化研究中里程碑式的成功，然而一定程度上忽略了 Pt 与 Ru 形成合金时两种金属之间电子转移对电子能级的影响以及金属表面能不同造成合金中不同金属组分的表面偏析效应。近年来，由于计算化学以及密度泛函理论（DFT）的迅猛发展，计算的精度和尺度大幅提高，基于第一性原理的理论计算已经能够对于电催化体系作出比较合理的评估与预测，对厘清上述问题以及设计与筛选新型催化剂做出了卓越的贡献。

理论计算研究表明，不同种过渡金属表面的吸附能差异，也就是电子结构特性的差异，主要是由吸附物种与金属 d 带耦合作用的大小决定的。一般的规律是金属的 d 带越接近最高填充态（即费米能级），上述的耦合作用就越强[48]。这是由于 d 带靠近费米能级后，反键轨道能级处于到比费米能级高的位置而更倾向于成为空轨道（或是成键轨道能级转变到更低的位置而有利于电子的填充），其最终的效果都是使得金属与吸附物种之间成键的键能增强。

在实际的理论计算中，模拟不同合金上整个反应的动力学过程的工作并不常见，因为这样会耗费大量的时间，同时也很难达成一个具有规律性的配比原则。因而在实际应用中，一般合金化处理以后 d 带能级的移动作为金属改性效果的标度。将 d 带的平均能级（即 d 带中心）与反应速率作图也能得到相应的火山形曲线[49]。这样筛选最优合金比例的工作实际上就是寻找最佳配比以逼近理想的 d 带中心数值的过程，这是理论计算或者材料设计中的一个捷径。因为计算合金中金属与金属之间配位效应变化对 d 带中心的影响也是规律性最强、计算过程最为便捷的一种途径。

在多元过渡金属合金催化剂的设计合成上，丹麦技术大学的 Nørskov 小组应用 DFT 计算的方法，总结出一套行之有效的理论筛选的方法和配比规律，在几个重要的电催化反应中取得了意义深远的进展[50~52]。表 9-2[48] 中列出的是根据 Nørskov 小组理论计算得出的一部分金属在合金化过程中 d 带中心移动的数值，也可以定性反映各类金属形成合金的过程中电子结构特性的变化情况。其中黑体部分为金属单质本身的 d 带中心的数值（相对于费米能级），其余负值代表负移，正值为正移。

表 9-3 中列出了金属合金化过程中各种组分在表面偏析的趋势，所谓表面偏析现象是指合金达到表面稳态时，特定组分在表面富集的现象，产生这种现象的内在动因是使偏析后的结构的表面能减小，以利于结构稳定。而这样的偏析过程极大程度地影响了催化剂合金的表面结构以及组成，因为即便体相比例确定的时候，最外层的原子组成可能会与这个比例有很大的差距。表面偏析大致遵循如下的规律：当两种金属的原子半径相近时，升华热更低的元素更加倾向于偏析；升华热相同时，原子半径更小的原子倾向于偏析。为了更好地理解表面金属原子组成同催化活性之间的关系，判断两种金属在表面上的偏析过程是极其重要的。而表 9-3 的数据经过近几年的实验研究的检验，也体现了其正确性，能够对于以后的催化剂设计合成起

表 9-2　各类金属进行表面合金化（A）或者形成覆层结构

（B）的过程中 d 带中心的变化情况　　　　　　单位：eV

(A)	Fe	Co	Ni	Cu	Ru	Rh	Pd	Ag	Ir	Pt	Au
Fe	**−0.92**	−0.05	−0.2	−0.13	−0.29	−0.54	−1.24	−0.83	−0.36	−1.09	−1.42
Co	0.01	**−1.17**	−0.28	−0.16	−0.24	−0.58	−1.37	−0.91	−0.36	−1.19	−1.56
Ni	0.09	0.19	**−1.29**	0.19	−0.14	−0.31	−0.97	−0.53	−0.14	−0.8	−1.13
Cu	0.56	0.6	0.27	**−2.67**	0.58	0.32	−0.64	−0.7	0.58	−0.33	−1.09
Ru	0.21	0.26	0.01	0.12	**−1.41**	−0.17	−0.82	−0.27	0.02	−0.62	−0.84
Rh	0.24	0.34	0.16	0.44	0.04	**−1.73**	−0.54	0.07	0.17	−0.35	−0.49
Pd	0.37	0.54	0.5	0.94	0.24	0.36	**−1.83**	0.59	0.53	0.19	0.17
Ag	0.72	0.84	0.67	0.47	0.84	0.86	0.14	**−4.3**	1.14	0.5	−0.15
Ir	0.21	0.27	0.05	0.21	0.09	−0.15	−0.73	−0.13	**−2.11**	−0.56	−0.74
Pt	0.33	0.48	0.4	0.72	0.17		−0.17	0.44	0.38	**−2.25**	−0.05
Au	0.63	0.77	0.63	0.55	0.7	0.75	0.17	0.21	0.98	0.46	**−3.56**
(B)											
Fe	**−0.92**	0.14	−0.04	−0.05	−0.73	−0.72	−1.32	−1.25	−0.95	−1.48	−2.19
Co	−0.01	**−1.17**	−0.2	−0.06	−0.7	−0.95	−1.65	−1.36	−1.09	−1.89	−2.39
Ni	0.96	0.11	**−1.29**	0.12	−0.63	−0.74	−1.32	−1.14	−0.86	−1.53	−2.1
Cu	0.25	0.38	0.18	**−2.67**	−0.22	−0.27	−1.04	−1.21	−0.32	−1.15	−1.96
Ru	0.3	0.37	0.29	0.3	**−1.41**	−0.12	−0.47		−0.13	−0.61	
Rh	0.31	0.41	0.34	0.22	0.03	**−1.73**	−0.39	−0.08	0.03	−0.45	−0.57
Pd	0.36	0.54	0.54		−0.11	0.25	**−1.83**	0.15	0.31	0.04	−0.14
Ag	0.55	0.74	0.68	0.62	0.47	0.67	0.27	**−4.3**	0.8	0.37	−0.21
Ir	0.33	0.4	0.33	0.56	−0.01	−0.03	−0.42	−0.09	**−2.11**	−0.49	−0.59
Pt	0.35	0.53	0.54	0.78	0.12	0.24	0.02	0.19	0.29	**−2.25**	−0.08
Au	0.53	0.74	0.71	0.7	0.47	0.67	0.35	0.12	0.79	0.43	**−3.56**

注：黑体为金属单质的 d 带中心。

采用以上理论可以很好地解释一些反应中合金催化剂性能优越的原因，比如对于甲醇电催化氧化反应，Pt 虽然有很高的催化活性，但是由于毒性中间体 CO 在 Pt 上的强烈吸附，使得低电位下甲醇的氧化受阻。为了减弱 CO 在 Pt 上的吸附，可以采用合金化的方式进行改性，加入其它过渡金属组分使 Pt 的 d 带中心下降，就可以达到上述目的。结合表 9-2 可知，直接甲醇燃料电池中广泛使用的 Pt-Ru 合金中，Ru 组分的引入，使得 Pt 的 d 带中心位置明显负移，从而降低毒性物质对催化剂活性的影响，提高催化活性。另一方面，根据表 9-3，在 Pt 表面，Ru 元素呈现强烈的反偏析的趋势，而 Pt 呈现强烈偏析的趋势，所以，可以预见的是，在 Pt 的表面，Ru 位被大量的 Pt 位所包围。这样的情况正好与上文提到的双功能机理模型相符合。

以上结果对新型催化剂的设计也具有重要的指导意义，一般认为如要降低 C_1、C_2 小分子在 Pt、Pd 表面的氧化电位，同时提高电氧化活性，可以通过表面修饰或者合金化等手段来适当调低金属的 d 带中心，从一定程度上降低表面物种的吸附强度，从而便于从金属表面离去（详见 9.4.3）。根据表 9-2 的预测，Fe、Co、Ni、Ag、Cu 等活泼金属同 Pt、Pd 形成合金时，都能够起到降低 d 带中心的效果，有可能获得更为优异的催化活性。然而在构建实际催化剂时，合金金属的比例需要细致的考量，以达到最为合适的状态，同时还需要考虑表 9-3 中的表面偏析，以及酸性溶液中 Fe、Co、Ni 等活泼金属去合金化的影响。

表 9-3 各种金属在合金化过程中的表面偏析趋势

	3d								4d								5d							
	Ti	V	Cr	Mn	Fe	Co	Ni	Cu	Zr	Nb	Mo	Tc	Ru	Rh	Pd	Ag	Hf	Ta	W	Re	Os	Ir	Pt	Au
3d																								
Ti	n	A1	S1	S2	S2	S2	S3	S3	S2	n	A1	S1	S2	S2	S3	S3	S1	A1	A2	A1	n	S2	S3	S3
V	S2	n	A1	A2	A2	A1	S1	S3	S3	S2	A1	A2	A2	A1	S1	S3	S3	S1	A2	A2	A2	A2	A1	S2
Cr	S3	S1	n	S1	S2	S2	S3	S3	S3	S3	A1	S2	S2	A1	S3	S3	S3	S3	S1	S1	S3	S3	S3	S3
Mn	S3	S2	S1	n	S1	S1	S2	S3	S3	S3	A1	S1	S2	A1	S3	S3	S2	S2	S2	S2	S3	S3	S3	S3
Fe	S2	A1	A1	S1	n	S1	S2	S3	S3	S3	A1	S1	A1	S1	S3	S3	S2	A1	A2	A1	S1	S2	S3	S3
Co	S2	A1	A1	A1	n	S1	S2	S3	S3	S2	n	A2	A1	A2	S2	S3	S2	A1	A2	A3	A2	A1	S1	S2
Ni	S1	A1	A1	n	A1	A1	n	S1	S3	S2	S1	S1	A1	A1	S1	S3	S3	n	A2	A2	A2	A1	S1	S2
Cu	n	A1	A1	A1	A1	A2	A1	S2	n	A1	A1	A1	A1	A1	S1	S2	S2	A1	A2	A2	A1	n	S1	S1
4d																								
Zr	A1	n	S2	S2	S2	S2	S2	S3	n	A1	A1	n	S1	S2	S3	A1	A2	A2	A1	n	S1	S2	S3	S3
Nb	S1	A1	A2	A1	A2	A2	A2	S2	A1	n	A2	A2	A2	A1	A1	S1	S2	A1	A2	A3	A3	A3	A2	n
Mo	S1	A1	n	S2	S2	S2	S1	n	S1	S1	n	S1	S1	S2	S3	A1	S1	A1	A1	S3	S3	S3	S3	S3
Tc	S3	S2	S1	S1	S1	S1	S3	S3	S3	S3	S1	n	n	S1	S2	S3	A1	A1	A2	A1	S1	S1	S3	S3
Ru	S2	A1	A1	S1	A1	A1	A1	S3	S3	S3	A1	S1	n	A1	S3	S3	S1	A1	A2	A1	S1	S3	S3	S3
Rh	A1	A2	A2	S1	A1	S1	A1	S3	S3	S3	A1	S1	A1	n	S3	S3	S1	A2	A2	A1	S1	S3	S3	S3
Pd	A2	A3	A2	A2	A2	A1	A1	n	A2	A3	A3	A3	A2	A2	n	S1	A2	A3	A3	A3	A3	A2	A1	S1
Ag	A2	A2	A1	A1	A2	A2	A2	A1	A3	A3	S1	S1	A1	S1	A1	n	A2	A3	A3	A3	A2	A2	A1	n
5d																								
Hf	n	n	S2	S2	S2	S2	S3	S3	S3	S1	A1	S1	S1	S2	S3	S3	n	A1	A1	n	S1	S2	S3	S3
Ta	S2	n	A1	A1	A1	A1	S1	S3	S1	S1	A1	A2	A1	S1	S2	n	A1	n	A3	A3	A2	A1	S1	S1
W	n	n	S2	S2	S2	S2	S3	S3	S3	A2	n	S1	S1	S2	S3	S3	S1	n	n	S1	S3	S3	S3	S3
Re	S3	S2	A1	A1	A1	A1	S2	S3	S3	S3	S1	n	A1	S1	A1	S1	S1	n	n	n	S3	S3	S3	S3
Os	S1	A1	A1	A1	A1	A1	A1	S1	S3	S3	A1	S1	A1	A1	S3	S3	S1	A1	A1	S1	n	S2	S3	S3
Ir	A1	A1	A2	S1	A1	A1	A1	S1	S1	A2	A1	A1	A1	A1	A2	A1	S3	S1	A1	A2	A2	n	S2	S3
Pt	A2	A3	A3	A2	A2	A2	A2	A1	A2	A3	A3	A3	A2	A2	n	S1	A2	A3	A3	A3	A3	A2	n	S2
Au	A2	A2	A2	A2	A2	A2	A2	A2	A2	A2	A2	A2	A2	A1	n	A2	A3	A3	A3	A3	A2	A2	A2	n

注：S 代表向外表面偏析，与此趋势相反的反偏析由 A 代表，数值 1，2，3 代表强度，1 最弱，3 最强；n 代表没有偏析。

9.3 甲醇的阳极氧化

9.3.1 甲醇的电氧化机理

甲醇（CH_3OH）是一种易溶于水的液体燃料，也是最早提出并实际应用于质子交换膜燃料电池的阳极燃料。其氧化反应涉及 6 电子的转移并且生成 CO_2 和 H_2O：

$$CH_3OH + H_2O \longrightarrow CO_2 + 6H^+ + 6e^-$$
$$E_0 = 0.016V \text{ (vs. SHE)}$$

一般认为，Pt 对 CH_3OH 电化学催化的机理为[10]：

$$CH_3OH + 2Pt \longrightarrow Pt—CH_2OH + Pt—H$$
$$Pt—CH_2OH + 2Pt \longrightarrow Pt_2—CHOH + Pt—H$$
$$Pt_2—CHOH + 2Pt \longrightarrow Pt_3—COH + Pt—H$$

可以看出，CH_3OH 首先吸附在 Pt 表面，同时脱去氢。$Pt_3—COH$ 是 CH_3OH 氧化的中间产物，也是主要的吸附物质。随后，Pt—H 发生解离反应生成 H^+：

$$Pt—H \longrightarrow Pt + H^+ + e^-$$

上式反应速度极快，但在缺少活性氧时，$Pt_3—COH$ 会发生如下反应，并占主导地位：

$$Pt_3—COH \longrightarrow Pt_2—CO + Pt + H^+ + e^-$$
$$Pt_2—CO \longrightarrow Pt—CO + Pt$$

不过，大泽课题组[54]利用表面增强红外光谱研究酸性溶液甲醇在 Pt 电极上的电氧化，除了观测到低电位下吸附 CO 的谱峰，其强度随氧化电流上升而降低，同时还在甲醇开始氧化时观测到了桥式吸附甲酸根位于 $1320cm^{-1}$ 的谱峰，其强度是与氧化电流同步增加与减少，据此他们提出了甲酸根为反应活性中间体和 CO 为反应毒性中间体的双路径机理。笔者课题组[55]采用 ZnSe 半圆柱/H_2O 超薄夹层/Si 薄片/Pt 电极组合红外窗口研究相同体系，同时观测到了 $1320cm^{-1}$ 和 $780cm^{-1}$ 左右分别对应于吸附甲酸根对称伸缩和剪式振动的谱峰，进一步证实了桥式吸附甲酸根的存在。涉及其它更复杂中间体的可能反应途径如图 9-9 所示[53]，这主要借助于理论计算的结果，一些中间体实际上无法通过实验验证。Pt 上吸附的甲醛结构会发生重排，形成线形吸附或者桥式吸附的一氧化碳，引起催化剂的中毒。另一方面，甲醛分子会重构成甲酸根吸附在 Pt 表面上，成为甲醇氧化过程中的另一个重要的反应中间体。在一定的电位下，吸附的 CO 能和吸附的含氧物种发生反应最终生成 CO_2，而红外光谱的证据表明，只有当 CO 氧化之后 CO_2 才能够在电极表面被检测到，进一步验证了 CO 毒性中间体的生成对 Pt 表面甲醇氧化的抑制作用。当小于 0.7V（RHE）时，水的解离被认为是 Pt 表面甲醇电氧化的决速步骤，当高于这个电位时，含氧物种才能在 Pt 的表面生成，因此在更低的电位下能够使水发生解离的催化剂被视为设计甲醇氧化高效催化剂的重要指导思想。

9.3.2　甲醇电氧化催化剂的设计

甲醇在 Pt 催化剂上的反应活性一方面依赖于催化剂的表面结构。Pt（100）初

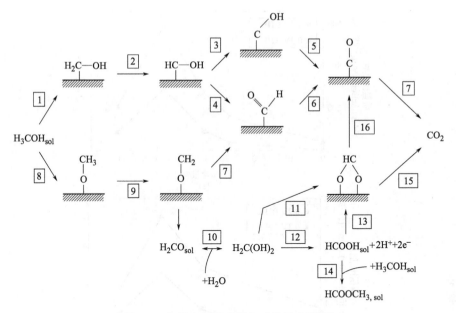

图 9-9 金属表面甲醇氧化过程示意图[53]

始反应速率虽然较高，抗中毒能力差；Pt(111) 的反应速率较低，抗中毒能力较强。一般认为保持催化剂中有较多 Pt(111) 晶面是必要的[56]。

另一方面，为了克服纯 Pt 催化剂上甲醇催化氧化的种种缺陷，如前文所述的，设计二元合金催化剂是最为常用也是被最广泛研究的一种方法，而 Ru、Sn、W、Mo 等作为助催化剂对甲醇在 Pt 表面的氧化具有明显的改善作用[57]。基于"双功能机理"，Pt-Ru 是研究得最多的二元催化剂之一，Ru 的加入可能带来两方面的作用：一方面 Ru 将部分 d 电子传递给 Pt，减弱 Pt 和 CO 之间的相互作用；另一方面，Ru 的加入能增加催化剂表面含氧物种覆盖度。在 0.2V 时，Pt-Ru 合金中的 Ru 位上即可生成含 OH 的物种，从而使得 Pt 位上的 CO 物种在相比纯 Pt 中更低的电位下即可发生氧化生成 CO_2，取得更加优异的甲醇催化氧化活性。一般认为，在较高的温度时（90~130℃），当 Pt 和 Ru 的比例为 1∶1 时取得最佳的反应活性（见图 9-10），而在相对较低的温度时（60℃），该比例为 2∶1。

由于二元合金可调控选择空间有限，很难在现有的基础上继续对催化剂的性能进行优化，所以三元及以上的合金催化剂设计就显得尤为重要了，例如，含 Mo、W 的 Pt-Ru 合金的催化性能相比 Pt-Ru 二元合金有着进一步的提升。此外，组合化学的方法也被应用在三元以上的催化剂的筛选中，通过采用喷墨打印的方法能够在短时间内制备不同金属比例的催化剂阵列，结合荧光显色反应等表征方法，能够大大地提高催化剂的筛选速度[58]。通过这种方法筛选出的 $Ni_{31}Zr_{13}Pt_{33}Ru_{23}$ 取得了和商业化的 Pt-Ru 催化剂相当的催化性能。

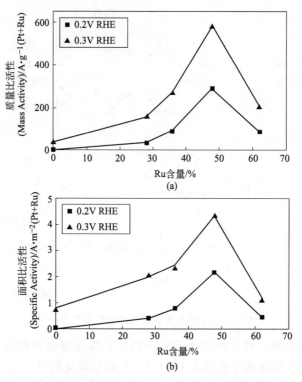

图 9-10　Ru 含量与催化剂活性的关系 （2mol·L^{-1}甲醇，130℃，2atm）[57]

9.4　甲酸的电催化氧化

对于直接甲醇燃料电池，虽然液体甲醇具有较高的能量密度（4900W·h·L^{-1}），但是相对于氢燃料电池，其电催化氧化的速度太低，并且甲醇对 Nafion 膜的渗透性较高，从而干扰阴极的电催化。此外，气相甲醇分子还具有较高的毒性，这些缺陷使得 DMFC 进一步的商业化应用和推广受到了限制。作为替代品，甲酸在 Pt 族金属上的电催化氧化正引起人们的浓厚兴趣[59~61]。一方面，甲酸同为 C$_1$ 分子，又是甲醇氧化过程中的重要反应中间体，可以作为研究有机小分子电氧化机理的模型分子；另一方面，作为燃料而言，甲酸在室温条件下是一种液体并可作食品添加剂，它对 Nafion 膜的渗透性很低，因而允许 DFAFC 使用高浓度甲酸作燃料，弥补其比能量密度 2400W·h·L^{-1} 较低的劣势，在低温燃料电池中拥有巨大的应用前景。

9.4.1　Pt 表面甲酸电氧化机理

由于甲酸是甲醇在 Pt 表面电氧化的重要反应中间体，因此其反应机理研究对于直接甲醇以及直接甲酸燃料电池而言都有着重要的意义。目前一般认为，甲酸氧化生成 CO_2 遵循"双路径机理"[6~8]，即：活性中间体路径（也称之为直接路径或脱氢路径）和毒性中间体路径（也称之为间接路径和脱水路径），如下式所示：

$$HCOOH_{ad} - 2H^+ - 2e^- \longrightarrow CO_2 \quad （直接路径）$$
$$HCOOH_{ad} - H_2O \rightarrow CO_{ads} \longrightarrow CO_2 \quad （间接路径）$$

前期的外反射红外光谱（IRAS）数据表明，间接途径中产生的毒性中间体是甲酸脱水产生的 CO，同时，高覆盖度的 CO 极大地抑制了甲酸在低电位下的氧化［如图 9-11(a) 所示］。另外，直接途径的活性中间体的归属至今尚无法确定。Osawa 小组[62]应用衰减全反射表面增强红外光谱（ATR-SEIRAS）研究了甲酸在 Pt 电极上氧化的实时光谱［如图 9-11(b) 所示］，通过分析甲酸根红外积分强度与循环伏安电流的变化趋势之间的关系，发现其满足如下的关系式：

$$i \propto - d\theta_{formate} / dt = k\theta_{formate}(1 - \theta_{CO} - 2\theta_{formate})$$

式中，$\theta_{formate}$ 与 θ_{CO} 分别表示 Pt 表面甲酸根与 CO 的覆盖度，说明了甲酸氧化的电流值与表面甲酸根覆盖度的二次方有一定的关系，表明了中间体甲酸根需要附近的一个"自由"的 Pt 位提供含氧物种进行氧化的反应机理，与 Neurock 等通过 DFT 计算得到的结果相吻合[63]。近来，Osawa 小组结合电化学 ATR-SEIRAS 的研究，进一步提出了甲酸根除了是直接反应路径的中间体，同时也是 Pt 表面 CO 的来源[64]。

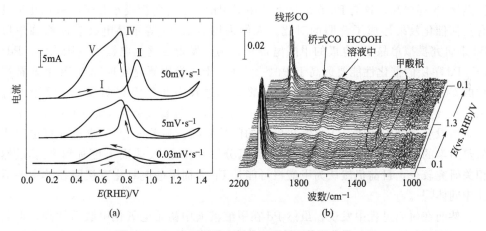

图 9-11　Pt 表面甲酸电氧化过程循环伏安曲线（a）
及 ATR-SEIRAS 动力学光谱（b）[62]

Behm 小组[65,66]通过提高电解液中甲酸的浓度，提出了不一样的结论。他们发现甲酸根的红外积分强度与氧化电流的非线性关系，并据此提出了甲酸氧化的过程可能通过"三途径机理"，而甲酸根是"第三途径"——"甲酸根途径"的中间体，并且该途径对甲酸氧化电流的贡献相当微弱，如图 9-12 所示。

不过可喜的是，虽然上述两个研究小组对于甲酸根的作用存在着分歧，最终结果也仍需进一步的确定，然而在其反复争论的过程中，在电催化的研究方法上取得

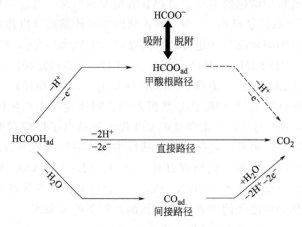

图 9-12　Pt 表面甲酸电氧化的三路径机理

了许多重要的突破，例如电化学-红外原位方法、电化学薄层流动池方法、电化学与理论计算结合的研究方法等，为后续的电催化机理研究积累了宝贵的经验。

9.4.2　Pd 表面甲酸电氧化

近年来的研究发现，金属 Pd 对于甲酸的电氧化表现出极强的催化活性[67]，甚至比 Pt 还要高，这与 Pd 在酸性溶液中对甲醇、乙醇等醇类小分子电氧化几乎没有任何催化效果形成了鲜明的对比。人们采用 Au、Pt 等单晶电极表面修饰单层 Pd 来研究模拟单晶 Pd 电极的甲酸电催化行为，发现在这类电极上（Pd/Au，Pd/Pt）Pd 单层的催化性能要远高于 Pt[68]。进一步的光谱研究发现，与 Pt 上非常严重的 CO 中毒情况不同，Pd 单层在甲酸氧化过程中几乎没有明显 CO 吸附的迹象[69]，这说明甲酸在 Pd 表面的氧化很可能只通过直接氧化生成 CO_2 这一条路径，而没有毒性中间体 CO 产生并累积的间接路径。相关的 DFT 理论计算也表明从热力学的角度来说，Pd 表面甲酸的脱氢分解要比在 Pt 表面上更有利[70]。虽然相关研究较少，目前仍然认为甲酸根可能是 Pd 表面甲酸电氧化直接路径的主要活性中间体[71]。

然而在研究过程中发现，虽然 Pd 在甲酸溶液中初始电氧化甲酸活性高，但其稳定性不尽如人意，成为进一步商业化应用的重要瓶颈。除去 CO_2 气体产物阻塞 Pd 活性位、催化剂表面结构重构等物理效应之外，通过现场质谱研究[72]、交流阻抗分析[73]以及电化学测试[74]，人们指出 Pd 表面甲酸电氧化过程中存在类 CO 的毒性物种存在，但是此种毒性物种究竟为何，是由什么原因产生的却缺乏分子水平谱学研究的证据。近来笔者研究小组通过电化学现场 ATR-SEIRAS 研究证明了无论是在 Pd 膜电极表面还是 Pd 黑催化剂表面，所谓的"类 CO 毒性物种"的确就是 CO[75,76]。我们进一步对这种 CO 的来源问题进行了深入的分析后发现，Pd 上 CO 的累积与 Pt 上脱水路径产生的 CO 有着截然不同，其上 CO 的覆盖度比相同电位下 Pt 表面 CO 的覆盖度低得多。我们通过薄层流动池与常规电解池对比，发现 CO 强度随着电极表面 CO_2 传质的增加而下降；比较不同 Pd 电极电位下 CO 信号强度的变化，发现 CO 的累积随电极电位的降低而增大；辅以不同 pH 环境的影响、甲酸浓度的影响以及 CO_2 还原等实验结果，我们推断出 Pd 表面的 CO 主要由在较低氧化电位时，甲酸自解离以及电氧化的产物 CO_2 还原得到，反应机理如图 9-13 所示。

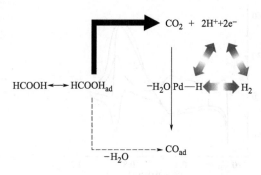

图 9-13　Pd 表面甲酸氧化机理示意图

　　该结果的确认对于新型 Pd 基电催化材料的设计，以及实际燃料电池中 CO_2 的管理、工作电位的控制有着重要的意义。为 Pd 基电催化剂设计提供了两种选择：一方面，可以开发通过提高抗 CO 毒化的催化剂，降低反应过程中 CO 的表面覆盖度；另一方面，可以选择合适的表面修饰或者合金化方法，使 Pd 表面上 CO_2 无法还原得到 CO，从而达到提高 Pd 基催化剂稳定性的目的。

9.4.3　甲酸电氧化催化剂的设计

　　基于以上的介绍，阻碍 Pt 基和 Pd 基催化剂甲酸电催化性能的瓶颈因素有所不同。要提高甲酸在 Pt 基催化剂表面的电催化性能，构建催化剂来抑制间接氧化路径的发生以及 CO 的吸附是核心问题。早在 20 世纪 80 年代，研究人员就发现在 Pt 表面修饰 Bi、Pb、Sb 等元素对于提升 Pt 的催化性能也有很好的效果[77]。并将这种效应称为"聚集体效应"或者"第三体"效应，即当 Pt 催化剂表面的原子排布被第二种金属打散，由于空间位阻效应使得甲酸更加倾向于通过直接路径氧化。

　　最近 Cuesta 等[78]利用 CN^- 在 Pt(111) 单晶电极表面形成 $(2\sqrt{3} \times 2\sqrt{3})$ R30° 吸附结构的特点 [图 9-14(a)]，结合电化学以及红外光谱研究，发现当表面 Pt 原子被 CN^- 所隔离之后，在低电位下 CO 物种的吸附峰消失，同时伴随着明显的甲酸氧化电流 [图 14(b)]，进而确定了间接路径形成 CO 所需最少相邻 Pt 原子数为 3，从原子尺度和分子层面上对这一效应进行了很好的阐释。同时该机理不仅仅适用于 Pt 表面甲酸的氧化过程，对于甲醇的氧化同样适用，当表面连续的 Pt 位被打散后，甲醇上由于间接路径而产生的 CO 物种也明显受到了抑制。然而究竟如何将单晶电极上的研究结果进一步在实际的纳米催化剂中进行体现，还有很多的研

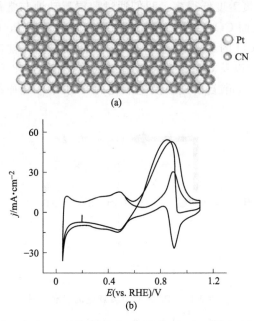

图 9-14 Pt(111) 电极表面 CN⁻ 吸附结构示意图 (a) 和
该电极表面在不同浓度甲酸中的循环伏安图 (b)[78]

究工作需要开展。

近来，笔者研究小组结合表面增强红外光谱技术和 DFT 理论计算，对 Sb 修饰的 Pt 表面甲酸电氧化的过程进行了研究[79]。一方面光谱电化学结果表明，相对于未修饰的 Pt 电极，Sb/Pt 电极上甲酸的主氧化电流增大了约 10 倍，而表面 CO 及甲酸根物种的吸收峰强度则大为减小，表明甲酸在 Sb/Pt 上的氧化主要通过"非甲酸根"途径进行；DFT 计算结果表明，Sb 的修饰一方面促进了甲酸分子 CH-down 构型的吸附，另一方面阻碍了其 O-down 构型的吸附，从动力学来说有利于甲酸完全氧化为 CO_2；此外，Sb 的修饰还降低了 CO 在 Pt 上的吸附能，有利于减轻 Pt 上 CO 的中毒效应。为进一步阐释表面 Pt 修饰在甲酸电催化氧化过程中的微观机制提供了借鉴。

对于 Pd 基催化剂而言进一步提高其催化活性和稳定性是研究的重点。其中一种重要的调制手段就是金属的合金化。前文已经介绍，借助金属合金之间的电子相互作用可以对催化活性中心原子的 d 带中心高低进行合理的调整，进而影响合金的催化性能，DFT 的计算也从理论上预测了这一点。Kibler 等[80]利用甲酸作为模型分子，从实验上验证了 d 带中心调制对于电催化性能的重要性。Pd 单原子层在不同金属单晶表面沉积时由于晶格的匹配程度不同会导致原子间应力的差别，进而影响 Pd 原子的 d 带宽度和 d 带中心位置 [图 9-15(a)]。他们利用这一特点，验证了一系列 Pd_{ML}/金属单晶电极表面 H 的吸脱附以及甲酸的电氧化行为，发现 Pd 的 d 带中心位置与 H 的吸脱附峰电位之间有很好的线性关系 [图 9-15(b)]，证明了 d

带中心的高低与 Pd 表面电催化过程中反应中间体的吸附强弱有直接的关系，并进一步在甲酸电氧化的实验中得到了验证。

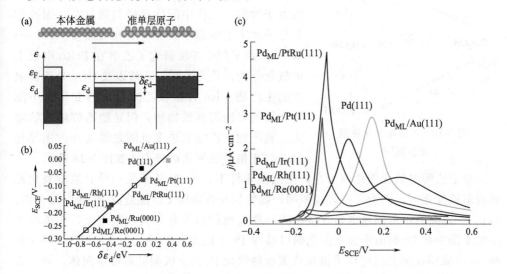

图 9-15　（a）Pd 覆层原子间应力与 d 带宽度之间的关系；（b）d 带中心高低与 H 吸脱附峰电位之间的线性关系；（c）不同 Pd_{ML}/金属单晶电极在甲酸溶液中的循环伏安图[80]

　　如果表面物种吸附太弱，虽然其可以在更低的电位下就发生氧化，但氧化电流较小；而如果物种吸附太强则需要更高的过电位才能够氧化，只有将金属 d 带调整到一个恰当的位置才能够获得最佳的催化活性。如今，这种表面物种吸附与催化活性之间的关系已经在许多电催化过程中广为接受，包括小分子燃料的氧化以及氧气的还原。d 带调制的方法也已经成为了筛选、设计合成新型催化剂的常用手段。

9.5　乙醇的电催化氧化

　　甲醇本身的毒性问题以及它与水混溶产生的环境问题，限制了直接甲醇燃料电池的进一步应用，作为一种可替代燃料，过去十年来乙醇引起了广大科研人员浓厚的兴趣。与甲醇燃料相比，乙醇不仅能量密度更高（$8.0kW \cdot h \cdot kg^{-1}$）、毒性更小，并且可以简单地通过农产品的发酵而大批量制备[81]。在前人研究结果的基础上，酸性溶液中乙醇在 Pt 上的氧化机理可概括为以下两个平行反应：

$$CH_3CH_2OH \rightarrow [CH_3CH_2OH]_{ad} \rightarrow C_{1ad}, C_{2ad} \rightarrow CO_2 （完全氧化）$$

$$CH_3CH_2OH \rightarrow [CH_3CH_2OH]_{ad} \rightarrow CH_3CHO \rightarrow CH_3COOH （部分氧化）$$

　　可以发现，CO_2 主要通过 C_{1ad} 和 C_{2ad} 这两种中间产物产生。尽管乙醇氧化的机理已有大量研究，但还存在许多未明之处。例如，乙酸究竟是通过一步生成还是由乙醛而来，目前尚有一些争议。同时，对于吸附的反应中间体究竟是含 2 个 C 原

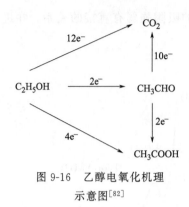

图 9-16   乙醇电氧化机理
示意图[82]

子 C_2 还是 1 个 C 原子 C_1，也没有统一的定论。

由于相比 C_1 分子，乙醇的电催化氧化涉及的电子数多，反应中间体谱峰归属复杂，因此相关分子水平上的谱学研究进展相对缓慢。Iwasita 等[82]利用 FTIR 方法研究了乙醇在 PtRu 电极上的氧化行为，认为乙醛、乙酸以及 CO_2 是乙醇氧化的主产物。Ru 含量及乙醇浓度的变化并不能增加新的可检测到的物种，但是随乙醇浓度的增大，其产物中乙醛的浓度也随之增大并占主导地位。与此相关的氧化机理表述如图 9-16 所示。

对于乙醇电氧化催化剂而言，在低温条件下，纯 Pt 并不是一种有效电氧化乙醇的阳极催化剂，因为一些表面中间产物特别是强吸附 CO 能造成 Pt 的中毒失活。防止 Pt 表面的中毒问题也是直接乙醇燃料电池阳极催化剂的攻坚重点，相关的工作主要集中在 Pt 表面添加助催化剂以移除 Pt 上的毒化物种，如 Ru 和 Sn，Ru 位和 Sn 位能够在更低的电位下提供含氧物种氧化 Pt 位上吸附的毒性中间体，另一方面，Sn 与 Pt 的合金化也有利于乙醇分子中 C—C 键的断裂。这些都有利于提高 Pt 的氧化性能。目前公认 PtRu 和 Pt_3Sn 是乙醇氧化反应最有效的催化剂，但是对氧化过程中 Ru 和 Sn 的详细作用的认知仍有待深化，同时 Pt 中添加的 Ru 及 Sn 的组分配比也有待细致的研究。其它的一些二元 Pt-M（M＝W，Pd，Rh，Re，Mo，Ti，Ce）催化剂也都有着比 Pt 更优越的催化性能，但还是低于 Pt-Ru 和 Pt-Sn 催化单元组合。三元催化剂的探索则主要是建立在 Pt-Ru 及 Pt-Sn 基础上。

总体来说，乙醇电氧化无论是反应机理的研究抑或是催化剂的开发都相对较少，还有着相当大的拓展空间，最关键的问题依然是如何打断 C—C 键使反应通过全部氧化途径生成 CO_2。

9.6 碱性环境中 C_1 小分子的电氧化

前面我们主要介绍了酸性条件下重要 C_1 和 C_2 小分子的电催化氧化，由于近年来碱性燃料电池的研究逐渐引起人们的关注，以下将简单介绍这些小分子在碱性环境中的电催化研究。

碱性燃料电池（AFCs）有着悠久的历史，20 世纪 50 年代，Justi 等[83]就发明了以多孔 Ni 为阳极、多孔 Ni-Ag 合金为阴极的碱性甲醇燃料电池（DMAFC），随后，AFCs 系统更是在人类太空计划中提供了重要的能源支持[84]。与酸性环境相比，许多反应在碱性环境下进行更具优势。这与电解液中 OH^- 浓度的提高有着最直接的关系：首先，碱性环境中的反应动力学比酸性条件快，OH^- 浓度与表面电催化活性密切相关；其次，电解液 pH 的升高使得工作电位区间以 59mV/pH 的趋势负移，改变了电极-电解液界面的局域双电层结构及电场分布，导致了一些"旁观者"物种如 SO_4^{2-}、ClO_4^-、卤离子等吸附强度减弱，一定程度提高了其电催化活性[85]；最后，由于强酸性介质的腐蚀作用较强，仅少数贵金属能在其中稳定存在（特别在电位较高的阴极），而碱性环境下很多非贵金属如 Ni、Cu、Co、Fe 等都能稳定存在，使其具备了成为电极材料的可能性。但实际运行中，碱性电解液的碳酸化效应——一方面降低了电解液的 pH，另一方面碳酸化产物沉淀在催化剂表面，使得电池性能大大降低，严重阻碍了 AFCs 的发展。而最近发展的新型碱性阴离子交换膜（AAEM）基本克服了这一问题[86,87]，这使得 AFCs 又重新受到了重视。相应地，碱性环境下的电催化反应也得到了比较多的关注和研究。

9.6.1　碱性条件下 CO 电催化氧化

如前所述，由于 CO 是许多电催化反应的中间体且其本身是优秀的模型分子，它在酸性环境中电催化已有大量研究，而碱性环境中的研究则较少[88~90]。图 9-17 表明在酸性和碱性环境中 CO 在 Pt(111) 单晶电极表面氧化行为的异同。可以看出，在后者条件下 CO 的起始氧化电位负移，而且氧化前峰明显增大。这表明碱性溶液中 CO 在 Pt(111) 电极上的氧化机理与酸性条件下存在差异。Wieckowski 等[91]利用两种机理即 Eley-Rideal 机理和 Langmuir-Hinshelwood 机理来共同解释碱性环境下 CO 在 Pt(111) 上的氧化。他们认为在碱性环境下，当电位负于可生成 OH 吸附物种的电位时，表面吸附的 CO 也会被溶液相中的 OH^- 进攻而被氧化，即 $CO_{ads}+2OH^- \longrightarrow CO_2+H_2O+2e^-$，这即是 Eley-Rideal 机理。它较好地解释了碱性条件下存在很大的 CO 氧化前峰现象。Sun 和 Chen 等[92]也利用该机理解释了 NaOH 溶液中多晶 Pt 电极上较低电位 CO 的氧化及起始氧化电位随溶液 pH 增加而负移的现象。

由此可见相比酸性条件，碱性环境更加有利于降低燃料小分子在金属催化剂表面的电氧化过电位，从而提高电催化的性能。可以预见，随着阴离子交换膜研究的进展，相关的电催化研究将会获得更多的关注。

9.6.2　碱性条件下甲醇的电催化氧化

相对于在酸性溶液中的广泛研究，甲醇在碱性溶液中的电氧化研究就少得多，而事实上，甲醇在碱性溶液中的反应动力学却比酸性中更加优异[93,94]（如图 9-18 所示）。这是由于在碱性溶液中，中间产物的吸附强度比在酸性溶液中弱得多，这使甲醇更容易在碱性溶液进行氧化。

与酸性中的类似，有人提出碱性条件下在 Pt 电极表面上—CHO 中间体的氧化是甲醇氧化的决速步骤[95,96]。而通常认为表面强吸附的 CO 是使得催化剂失活的毒性物种。Zhou Z Y 等[97]利用电化学 FTIR 从分子水平上证明了 CO 毒性中间体的存在，并阐明甲酸根是甲醇在 Pt 表面电氧化的活性中间体，相应的反应机

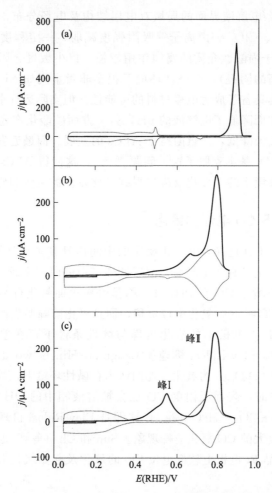

图 9-17　Pt(111) 表面吸附的 CO 在无 CO 电解液中的电氧化循环伏安图

——— CO 脱附，·········背景；（a）0.1mol·L^{-1} H_2SO_4 溶液；

（b）和（c）0.1mol·L^{-1} NaOH 溶液[91]

理如图 9-19 所示。Christensen 等[98]通过进一步的研究也提出了相似的结论。通过表面修饰或者形成合金的方法能有效地提高 Pt 基催化剂的抗 CO 中毒能力。酸性条件中，Pt-Ru 对甲醇氧化有着很好的活性及抗 CO 中毒能力，Watanabe 等[2]利用所谓的"双功能机理"对其进行解释。在碱性条件下 Pt-Ru 同样是一种具有较好的甲醇电催化剂，此外，Pt-Ni、Pt-Au、Pt-Co 和 Pt-Pd 也是。

目前碱性条件下 Pd 上甲醇的电氧化研究仍然较少[99~101]。20 世纪 90 年代，Gutierrez 等[90]利用电位调制反射光谱（PMRS）提出碱性条件下甲醇在 Pd 表面生成 CO 中间物种，然而其光谱信号低、性噪比差，很难提供切实的证据。2009年，Bambagioni[102]等利用离子色谱检测阳极液，发现甲醇在 Pd 上电氧化产物为甲酸根和碳酸根，并证实在反应过程中前者会向后者转换。2011 年，Koper 等[103]

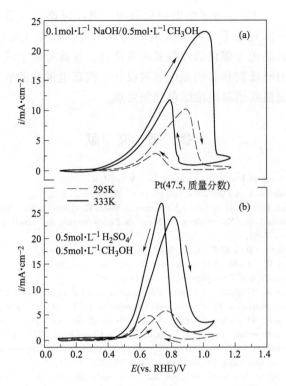

图 9-18　在 295K 和 333K 温度下，甲醇在碱性（a）和酸性条件（b）
下于 Pt 催化剂表面的电氧化循环伏安图[94]

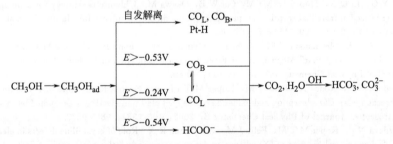

图 9-19　碱性条件下甲醇在 Pt 电极表面的电氧化机理[97]

利用在线 HPLC 技术证实甲酸根是甲醇在 Pd 表面的氧化产物，但并没有获得更多的信息。可见，碱性条件下 Pd 上甲醇的电氧化机理还需要进一步理清，并且原位的分子水平上的证据也是非常必要的。

9.7　总结与展望

　　本章中主要介绍了酸性、碱性条件下，Pt 以及 Pd 电极上 CO、甲醇、甲酸以

及乙醇等重要的 C_1、C_2 小分子的电催化问题，重点讨论了应用各种表面、谱学和电化学研究方法在微观水平上判定反应中间体、活性和毒性物种，澄清电催化机理，揭示催化材料结构与催化活性关系的重要性。在此基础上进一步展示了如何从基础研究出发来引导低铂和非铂催化剂的设计，提高电催化的效率和稳定性，降低成本，推动质子交换膜燃料电池绿色能源发展。

参 考 文 献

[1] Iwasita T. Handbook of Fuel Cells. Chichester：Wiley-UK，2003.

[2] Watanabe M. Handbook of Fuel Cells. Chichester：Wiley-UK，2003.

[3] Lipkowski J，Ross P N. Adsorption of Molecules at Metal Electrodes. New York：VCH，1992.

[4] Bard A J，Faulkner L R. Electrochemical Methods Fundamentals and Applications. New York：John Wiley & Sons Inc，2001.

[5] 衣宝廉. 燃料电池——原理 技术 应用. 北京：化学工业出版社，2003.

[6] Capon A，Parsons R. Oxidation of formic acid at noble metal electrodes part 1：review of previous work. Journal of Electroanalytical Chemistry，1973，44（1）：1-7.

[7] Capon A，Parsons R. Oxidation of formic acid on noble metal electrodes part 2：comparison of behavior of pure electrodes. Journal of Electroanalytical Chemistry，1973，44（2）：239-254.

[8] Capon A，Parsons R. Oxidation of formic aicd at noble metal electrodes part 3. intermediates and mechanism on platinum electrodes. Journal of Electroanalytical Chemistry，1973，45（2）：205-231.

[9] Parsons R，Vandernoot T. The oxidation of small organic molecules-A survey of recent fuel cell related research. Journal of Electroanalytical Chemistry，1988，257（1-2）：9-45.

[10] Wasmus S，Kuver A. Methanol oxidation and direct methanol fuel cells：a selective review. Journal of Electroanalytical Chemistry，1999，461（1-2）：14-31.

[11] Koper T M，Lai C S，Herrero E. Fuel cell catalysis：a surface science approach. New Jersey：John Wiley & Sons Inc，2009.

[12] Yan Y G，Li Q X，Huo S J，Ma M，Cai W B，Osawa M. Ubiquitous strategy for probing ATR surface-enhanced infrared absorption at platinum group metal-electrolyte interfaces. Journal of Physical Chemistry B，2005，109（16）：7900-7906.

[13] Gilman S. The Mechanism of Electrochemical Oxidation of Carbon Monoxide and Methanol on Platinum. Ⅱ. The "Reactant-Pair" Mechanism for Electrochemical Oxidation of Carbon Monoxide and Methanol. Journal of Physical Chemistry，1964，68（1）：70-80.

[14] Lebedeva N P，Rodes A，Feliu J M，Koper M T M，van Santen R A. Role of crystalline defects in electrocatalysis：CO adsorption and oxidation on stepped platinum electrodes as studied by in situ infrared spectroscopy. Journal of Physical Chemistry B，2002，106（38）：9863-9872.

[15] Lebedeva N P，Koper M T M，Feliu J M，van Santen R A. Role of crystalline defects in electrocatalysis：Mechanism and kinetics of CO adlayer oxidation on stepped platinum electrodes. Journal of Physical Chemistry B，2002，106（50）：12938-12947.

[16] Lebedeva N P，Koper M T M，Feliu J M，van Santen R A. Mechanism and kinetics of the electrochemical CO adlayer oxidation on Pt（111）. Journal of Electroanalytical Chemistry，2002，524：242-251.

[17] Bergelin M，Herrero E，Feliu J M，Wasberg M. Oxidation of CO adlayers on Pt(111) at low potentials：an impinging jet study in H_2SO_4 electrolyte with mathematical modeling of the current transients. Journal of Electroanalytical Chemistry，1999，467（1-2）：74-84.

[18] Kobayashi T，Babu P K，Chung J H，Oldfield E，Wieckowski A. Coverage dependence of CO surface diffusion on Pt nanoparticles：An EC-NMR study. Journal of Physical Chemistry C，2007，111（19）：7078-7083.

[19] Kobayashi T，Babu P K，Gancs L，Chung J H，Oldfield E，Wieckowski A. An NMR determination of CO diffusion on platinum electrocatalysts. Journal of the American Chemical Society，2005，127（41）：14164-14165.

[20] Maillard F, Eikerling M, Cherstiouk O V, Schreier S, Savinova E, Stimming U. Size effects on reactivity of Pt nanoparticles in CO monolayer oxidation: The role of surface mobility. Faraday Discussions, 2004, 125: 357-377.

[21] Lipkowski J, Ross P N. Electrocatalysis. New York: Wiley-VCH, 1998.

[22] Love B, Lipkowski J. Effect of Surface Crystallography on Electrocatalytic Oxidation of Carbon-Monoxide on Platinum-Electrodes. Acs Symposium Series, 1988, 378: 484-496.

[23] Korzeniewski C, Kardash D. Use of a dynamic Monte Carlo simulation in the study of nucleation-and-growth models for CO electrochemical oxidation. Journal of Physical Chemistry B, 2001, 105 (37): 8663-8671.

[24] Yan Y G, Yang Y Y, Peng B, Malkhandi S, Bund A, Stimming U, Cai W B. Study of CO Oxidation on Polycrystalline Pt Electrodes in Acidic Solution by ATR-SEIRAS. Journal of Physical Chemistry C, 2011, 115 (33): 16378-16388.

[25] Markovic N M, Lucas C A, Rodes A, Stamenkovi V, Ross P N. Surface electrochemistry of CO on Pt (111): anion effects. Surface Science, 2002, 499 (2-3): L149-L158.

[26] Housmans T H M, Hermse C G M, Koper M T M. CO oxidation on stepped single crystal electrodes: A dynamic Monte Carlo study. Journal of Electroanalytical Chemistry, 2007, 607 (1-2): 69-82.

[27] Kunimatsu K, Sato T, Uchida H, Watanabe M. Adsorption/oxidation of CO on highly dispersed Pt catalyst studied by combined electrochemical and ATR-FTIRAS methods: Oxidation of CO adsorbed on carbon-supported pt catalyst and unsupported Pt black. Langmuir, 2008, 24 (7): 3590-3601.

[28] Kunimatsu K, Sato T, Uchida H, Watanabe M. Role of terrace/step edge sites in CO adsorption/oxidation on a polycrystalline Pt electrode studied by in situ ATR-FTIR method. Electrochimica Acta, 2008, 53 (21): 6104-6110.

[29] Wieckowski A, Rubel M, Gutierrez C. Reactive Sites in Bulk Carbon-Monoxide Electrooxidation on Oxide-Free Platinum (111). Journal of Electroanalytical Chemistry, 1995, 382 (1-2): 97-101.

[30] Lopez-Cudero A, Cuesta A, Gutierrez C. Potential dependence of the saturation CO coverage of Pt electrodes: The origin of the pre-peak in CO-stripping voltammograms. Part 1: Pt (111). Journal of Electroanalytical Chemistry, 2005, 579 (1): 1-12.

[31] Cuesta A, Couto A, Rincon A, Perez M C, Lopez-Cudero A, Gutierrez C. Potential dependence of the saturation CO coverage of Pt electrodes: The origin of the pre-peak in CO-stripping voltammograms. Part 3: Pt (poly). Journal of Electroanalytical Chemistry, 2006, 586 (2): 184-195.

[32] Grantscharova-Anderson E, Anderson A B. The prewave in CO oxidation over roughened and Sn alloyed Pt surfaces: possible structure and electronic causes. Electrochimica Acta, 1999, 44 (25): 4543-4550.

[33] Samjeske G, Komatsu K, Osawa M. Dynamics of CO Oxidation on a Polycrystalline Platinum Electrode: A Time-Resolved Infrared Study. Journal of Physical Chemistry C, 2009, 113 (23): 10222-10228.

[34] Hanawa H, Kunimatsu K, Uchida H, Watanabe M. In situ ATR-FTIR study of bulk CO oxidation on a polycrystalline Pt electrode. Electrochimica Acta, 2009, 54 (26): 6276-6285.

[35] Batista E A, Iwasita T, Vielstich W. Mechanism of stationary bulk CO oxidation on Pt (111) electrodes. Journal of Physical Chemistry B, 2004, 108 (38): 14216-14222.

[36] Yoshimi K, Song M B, Ito M. Carbon monoxide oxidation on a Pt(111) electrode studied by in-situ IRAS and STM: Coadsorption of CO with water on Pt(111). Surface Science, 1996, 368: 389-395.

[37] Wang C, Peng B, Xie H N, Zhang H X, Shi F F, Cai W B. Facile Fabrication of Pt, Pd and Pt-Pd Alloy Films on Si with Tunable Infrared Internal Reflection Absorption and Synergetic Electrocatalysis. Journal Of Physical Chemistry C, 2009, 113 (31): 13841-13846.

[38] Andreaus B, Maillard F, Kocylo J, Savinova E R, Eikerling M. Kinetic Modeling of COad Monolayer Oxidation on Carbon-Supported Platinum Nanoparticles. The Journal of Physical Chemistry B, 2006, 110 (42): 21028-21040.

[39] Maillard F, Savinova E R, Stimming U. CO monolayer oxidation on Pt nanoparticles: Further insights into the particle size effects. Journal of Electroanalytical Chemistry, 2007, 599 (2): 221-232.

[40] Vidal-Iglesias F J, Aran-Ais R M, Solla-Gullon J, Herrero E, Feliu J M. Electrochemical Characterization of Shape-Controlled Pt Nanoparticles in Different Supporting Electrolytes. Acs Catalysis, 2012, 2 (5): 901-910.

[41] Chen Q S, Vidal-Iglesias F J, Solla-Gullon J, Sun S G, Feliu J M. Role of surface defect sites: from

Pt model surfaces to shape-controlled nanoparticles. Chemical Science, 2012, 3 (1): 136-147.

[42] Urchaga P, Baranton S, Coutanceau C, Jerkiewicz G. Electro-oxidation of CO chem on Pt Nanosurfaces: Solution of the Peak Multiplicity Puzzle. Langmuir, 2012, 28 (7): 3658-3663.

[43] Coutanceau C, Urchaga P, Baranton S. Diffusion of adsorbed CO on platinum (100) and (111) oriented nanosurfaces. Electrochemistry Communications, 2012, 22 (0): 109-112.

[44] Beden B, Lamy C, Bewick A, Kunimatsu K. Electrosorption of methanol on a Platinum electrode-IR spectroscopic evidence of adsorbed CO species. Journal of Electroanalytical Chemistry, 1981, 121 (APR): 343-347.

[45] Watanabe M, Motoo S. Electrocatalysis by ad-atoms 2. enhancement of oxidation of methanol on Platinum by Ruthenium ad-atoms. Journal of Electroanalytical Chemistry, 1975, 60 (3): 267-273.

[46] Watanabe M, Motoo S. Electrocatalysis by ad-atoms 3. enhancement of oxidation of carbon monoxide on Platinum by Ruthenium ad-atoms. Journal of Electroanalytical Chemistry, 1975, 60 (3): 275-283.

[47] Kabbabi A, Faure R, Durand R, Beden B, Hahn F, Leger J M, Lamy C. In situ FTIRS study of the electrocatalytic oxidation of carbon monoxide and methanol at platinum-ruthenium bulk alloy electrodes. Journal of Electroanalytical Chemistry, 1998, 444 (1): 41-53.

[48] Demirci U B. Theoretical means for searching bimetallic alloys as anode electrocatalysts for direct liquid-feed fuel cells. Journal of Power Sources, 2007, 173 (1): 11-18.

[49] Nørskov J K, Bligaard T, Rossmeisl J, Christensen C H. Towards the computational design of solid catalysts. Nature Chemistry, 2009, 1 (1): 37-46.

[50] Ruban A, Hammer B, Stoltze P, Skriver H L, Nørskov J K. Surface electronic structure and reactivity of transition and noble metals. Journal Of Molecular Catalysis A-chemical, 1997, 115 (3): 421-429.

[51] Hammer B, Nørskov J K. Theoretical surface science and catalysis-Calculations and concepts. Advances in Catalysis, 2000, 45: 71-129.

[52] Greeley J, Nørskov J K, Mavrikakis M. Electronic structure and catalysis on metal surfaces. Annual Review of Physical Chemistry, 2002, 53: 319-348.

[53] Housmans T H M, Wonders A H, Koper M T M. Structure sensitivity of methanol electrooxidation pathways on platinum: An on-line electrochemical mass spectrometry study. Journal of Physical Chemistry B, 2006, 110 (20): 10021-10031.

[54] Chen Y X, Miki A, Ye S, Sakai H, Osawa M. Formate, an active intermediate for direct oxidation of methanol on Pt electrode. Journal of the American Chemical Society, 2003, 125 (13): 3680-3681.

[55] Xue X K, Wang J Y, Li Q X, Yan Y G, Liu J H, Cai W B. Practically modified attenuated total reflection surface-enhanced IR absorption spectroscopy for high-quality frequency-extended detection of surface species at electrodes. Analytical Chemistry, 2008, 80 (1): 166-171.

[56] Herrero E, Franaszczuk K, Wieckowski A. ELECTROCHEMISTRY OF METHANOL AT LOW-INDEX CRYSTAL PLANES OF PLATINUM-AN INTEGRATED VOLTAMMETRIC AND CHRONOAMPEROMETRIC STUDY. Journal of Physical Chemistry, 1994, 98 (19): 5074-5083.

[57] Arico A S, Srinivasan S, Antonucci V. DMFCs: From Fundamental Aspects to Technology Development. Fuel Cells, 2001, 1 (2): 133-161.

[58] Reddington E, Sapienza A, Gurau B, Viswanathan R, Sarangapani S, Smotkin E S, Mallouk T E. Combinatorial electrochemistry: A highly parallel, optical screening method for discovery of better electrocatalysts. Science, 1998, 280 (5370): 1735-1737.

[59] Ha S, Larssen R, Zhu Y, Masel R I. Direct Formic Acid Fuel Cells with 600 mA cm (-2) at 0.4 V and 22 degrees C. Fuel Cells, 2004, 4 (4): 337-343.

[60] Rees N V, Compton R G. Sustainable energy: a review of formic acid electrochemical fuel cells (vol 15, pg 2095, 2011). Journal of Solid State Electrochemistry, 2012, 16 (1): 419-419.

[61] Yu X W, Pickup P G. Recent advances in direct formic acid fuel cells (DFAFC). Journal of Power Sources, 2008, 182 (1): 124-132.

[62] Samjeske G, Miki A, Ye S, Osawa M. Mechanistic study of electrocatalytic oxidation of formic acid at platinum in acidic solution by time-resolved surface-enhanced infrared absorption spectroscopy. Journal Of Physical Chemistry B, 2006, 110 (33): 16559-16566.

[63] Filhol J S, Neurock M. Elucidation of the electrochemical activation of water over Pd by first principles. Angewandte Chemie-international Edition, 2006, 45 (3): 402-406.

[64] Cuesta A, Cabello G, Gutierrez C, Osawa M. Adsorbed formate: the key intermediate in the oxida-

...

tion of formic acid on platinum electrodes. Physical Chemistry Chemical Physics, 2011, 13 (45): 20091-20095.

[65] Chen Y X, Heinen M, Jusys Z, Behm R J. Kinetics and mechanism of the electrooxidation of formic acid-Spectroelectrochemical studies in a flow cell. Angewandte Chemie-international Edition, 2006, 45 (6): 981-985.

[66] Chen Y X, Ye S, Heinen M, Jusys Z, Osawa M, Behm R J. Application of in-situ attenuated total reflection-Fourier transform infrared spectroscopy for the understanding of complex reaction mechanism and kinetics: Formic acid oxidation on a Pt film electrode at elevated temperatures. Journal of Physical Chemistry B, 2006, 110 (19): 9534-9544.

[67] Zhu Y M, Khan Z, Masel R I. The behavior of palladium catalysts in direct formic acid fuel cells. Journal Of Power Sources, 2005, 139 (1-2): 15-20.

[68] Baldauf M, Kolb D M. Formic acid oxidation on ultrathin Pd films on Au (hkl) and Pt (hkl) electrodes. Journal of Physical Chemistry, 1996, 100 (27): 11375-11381.

[69] Arenz M, Stamenkovic V, Ross P N, Markovic N M. Surface (electro-) chemistry on Pt (111) modified by a Pseudomorphic Pd monolayer. Surface Science, 2004, 573 (1): 57-66.

[70] Yue C, Lim K H. Adsorption of Formic Acid and its Decomposed Intermediates on (100) Surfaces of Pt and Pd: A Density Functional Study. Catalysis Letters, 2009, 128 (1-2): 221-226.

[71] Miyake H, Okada T, Samjeske G, Osawa M.. Formic acid electrooxidation on Pd in acidic solutions studied by surface-enhanced infrared absorption spectroscopy. Physical Chemistry Chemical Physics, 2008, 10 (25): 3662-3669.

[72] Solis V, Iwasita T, Pavese A, Vielstich W. INVESTIGATION OF FORMIC-ACID OXIDATION ON PALLADIUM IN ACIDIC SOLUTIONS BY ONLINE MASS-SPECTROSCOPY. Journal of Electroanalytical Chemistry, 1988, 255 (1-2): 155-162.

[73] Jung W S, Han J, Yoon S P, Nam S W, Lim T H, Hong S A. Performance degradation of direct formic acid fuel cell incorporating a Pd anode catalyst. Journal of Power Sources, 2011, 196 (10): 4573-4578.

[74] Yu X, Pickup P G. Mechanistic study of the deactivation of carbon supported Pd during formic acid oxidation. Electrochemistry Communications, 2009, 11 (10): 2012-2014.

[75] Wang J Y, Zhang H X, Jiang K, Cai W B. From HCOOH to CO at Pd Electrodes: A Surface-Enhanced Infrared Spectroscopy Study. Journal of the American Chemical Society, 2011, 133 (38): 14876-14879.

[76] Zhang H X, Wang S H, Jiang K, Andre T, Cai W B. In situ spectroscopic investigation of CO accumulation and poisoning on Pd black surfaces in concentrated HCOOH. Journal of Power Sources, 2012, 199 (0): 165-169.

[77] Watanabe M, Horiuchi M, Motoo S. Electrocatalysis by Ad-Atoms. 23. Design of Platinum Ad-Electrodes for Formic-Acid Fuel-Cells with Ad-Atoms of the 4th-Group and the 5th-Group. Journal Of Electroanalytical Chemistry, 1988, 250 (1): 117-125.

[78] Cuesta A, Escudero M, Lanova B, Baltruschat H. Cyclic Voltammetry, FTIRS, and DEMS Study of the Electrooxidation of Carbon Monoxide, Formic Acid, and Methanol on Cyanide-Modified Pt (111) Electrodes. Langmuir, 2009, 25 (11): 6500-6507.

[79] Peng B, Wang H F, Liu Z P, Cai W B. Combined Surface-Enhanced Infrared Spectroscopy and First-Principles Study on Electro-Oxidation of Formic Acid at Sb-Modified Pt Electrodes. Journal of Physical Chemistry C, 2010, 114 (7): 3102-3107.

[80] Kibler L A, El-Aziz A M, Hoyer R, Kolb D M. Tuning reaction rates by lateral strain in a palladium monolayer. Angewandte Chemie-international Edition, 2005, 44 (14): 2080-2084.

[81] Antolini E. Catalysts for direct ethanol fuel cells. Journal of Power Sources, 2007, 170 (1): 1-12.

[82] Camara G A, de Lima R B, Iwasita T. The influence of PtRu atomic composition on the yields of ethanol oxidation: A study by in situ FTIR spectroscopy. Journal of Electroanalytical Chemistry, 2005, 585 (1): 128-131.

[83] Bockris J O, Conway B E, White R E. Modern Aspects of Electrochemistry. New York: Plenum Press, 2001: 200.

[84] McLean G F, Niet T, Prince-Richard S, Djilali N. An assessment of alkaline fuel cell technology. International Journal of Hydrogen Energy, 2002, 27 (5): 507-526.

[85] Spendelow J S, Wieckowski A. Electrocatalysis of oxygen reduction and small alcohol oxidation in alka-

line media. Physical Chemistry Chemical Physics, 2007, 9 (21): 2654-2675.

[86] Varcoe J R, Slade R C T. An electron-beam-grafted ETFE alkaline anion-exchange membrane in metal-cation-free solid-state alkaline fuel cells. Electrochemistry Communications, 2006, 8 (5): 839-843.

[87] Pan J, Chen C, Zhuang L, Lu J T. Designing Advanced Alkaline Polymer Electrolytes for Fuel Cell Applications. Accounts of Chemical Research, 2012, 45 (3): 473-481.

[88] Couto A, Rincon A, Perez M C, Gutierrez C. Adsorption and electrooxidation of carbon monoxide on polycrystalline platinum at pH 0.3-13. Electrochimica Acta, 2001, 46 (9): 1285-1296.

[89] Caram J A, Gutierrez C. An Electrochemical and Uv-Visible Potential-Modulated Reflectance Study of the Electrooxidation of Carbon-Monoxide on Oxide-Free Smooth Platinum. 2. Results in 1 M NaOH. Journal of Electroanalytical Chemistry, 1991, 305 (2): 275-288.

[90] Caram J A, Gutierrez C. Cyclic Voltammetric and Potential-Modulated Reflectance Study of the Electroadsorption of Co, Methanol and Ethanol on a Palladium Electrode in Acid and Alkaline Media. Journal of Electroanalytical Chemistry, 1993, 344 (1-2): 313-333.

[91] Spendelow J S, Lu G Q, Kenis P J A, Wieckowski A. Electrooxidation of adsorbed CO on Pt (111) and Pt (111) /Ru in alkaline media and comparison with results from acidic media. Journal of Electroanalytical Chemistry, 2004, 568 (1-2): 215-224.

[92] Sun S G, Chen A C. Insitu Ftirs Features during Oxygen-Adsorption and Carbon-Monoxide Oxidation at a Platinum-Electrode in Dilute Alkaline-Solutions. Journal of Electroanalytical Chemistry, 1992, 323 (1-2): 319-328.

[93] Bianchini C, Shen P K. Palladium-Based Electrocatalysts for Alcohol Oxidation in Half Cells and in Direct Alcohol Fuel Cells. Chemical Reviews, 2009, 109 (9): 4183-4206.

[94] Tripkovic A V, Popovic K D, Grgur B N, Blizanac B, Ross P N, Markovic N M. Methanol electrooxidation on supported Pt and PtRu catalysts in acid and alkaline solutions. Electrochimica Acta, 2002, 47 (22-23): 3707-3714.

[95] Tripkovic A V, Popovic K D, Momcilovic J D, Drazic D M. Kinetic and mechanistic study of methanol oxidation on a Pt(110) surface in alkaline media. Electrochimica Acta, 1998, 44 (6-7): 1135-1145.

[96] Bagotzky V S, Vassilye Yb. Mechanism of Electro-Oxidation of Methanol on Platinum Electrode. Electrochimica Acta, 1967, 12 (9): 1323-&.

[97] Zhou Z Y, Tian N, Chen Y J, Chen S P, Sun S G. In situ rapid-scan time-resolved microscope FTIR spectroelectrochemistry: study of the dynamic processes of methanol oxidation on a nanostructured Pt electrode. Journal of Electroanalytical Chemistry, 2004, 573 (1): 111-119.

[98] Christensen P A, Linares-Moya D. The Role of Adsorbed Formate and Oxygen in the Oxidation of Methanol at a Polycrystalline Pt Electrode in 0.1 M KOH: An In Situ Fourier Transform Infrared Study. Journal of Physical Chemistry C, 2010, 114 (2): 1094-1101.

[99] Xu C W, Shen P K, Liu Y L. Ethanol electrooxidation on Pt/C and Pd/C catalysts promoted with oxide. Journal of Power Sources, 2007, 164 (2): 527-531.

[100] Zheng H T, Li Y L, Liang H Y, Shen P K. Methanol oxidation on Pd-based electrocatalysts. Acta Physico-chimica Sinica, 2007, 23 (7): 993-996.

[101] Antolini E. Palladium in fuel cell catalysis. Energy & Environmental Science, 2009, 2 (9): 915-931.

[102] Bambagioni V, Bianchini C, Marchionni A, Filippi J, Vizza F, Teddy J, Serp P, Zhiani M. Pd and Pt-Ru anode electrocatalysts supported on multi-walled carbon nanotubes and their use in passive and active direct alcohol fuel cells with an anion-exchange membrane (alcohol = methanol, ethanol, glycerol). Journal of Power Sources, 2009, 190 (2): 241-251.

[103] Santasalo-Aarnio A, Kwon Y, Ahlberg E, Kontturi K, Kallio T, Koper M T M. Comparison of methanol, ethanol and iso-propanol oxidation on Pt and Pd electrodes in alkaline media studied by HPLC. Electrochemistry Communications, 2011, 13 (5): 466-469.

第10章
酶电催化

■ **蔡称心**
　(南京师范大学化学与材料科学学院)

　　近年来，酶（包括氧化还原蛋白）的电化学研究引起了越来越多研究者的兴趣。这些研究不仅可以获得酶催化反应热力学和动力学性质的重要信息，而且还可以促进电极物质与具有高催化活性和传感特性的生物大分子间的结合，这对于了解生命体系的能量转换和物质代谢、了解生物分子的结构和各种物理化学性质、探索其在生命体内的生理作用及作用机制、研究和制作生物燃料电池以及开发新型的生物电化学传感器等均具有重要的意义。

　　酶是活细胞产生的一类具有特殊三维空间构象的功能化蛋白质。生物体内代谢过程中发生的化学反应绝大多数是在酶的催化作用下进行的，酶的存在是生物体进行新陈代谢的必要条件。酶作为一种生物催化剂具有很多特性：如它来自生物体，需在较温和的条件下进行催化反应；酶催化效率高；酶催化具有高度的特异性，酶对所催化的对象有高度的选择性和专一性，一种酶只作用于一种或一类底物，而且酶催化反应几乎没有副产物；酶易失活，凡能使蛋白质变性的因素都能使其失去催化活性。这些特性，特别是高选择性和高活性自20世纪60年代起就引起了电化学和电分析化学家们的注意，建立了很多有特色的酶分析方法，并得到了广泛的应用[1]。

　　本章主要介绍酶电催化反应的基本理论、研究方法及其应用。首先简单介绍酶的结构与其催化功能的关系、酶催化反应的主要特征、一般的速率理论、与电化学有关的酶催化反应动力学参数的获取方法；然后重点介绍酶催化反应的电化学研究方法、几种典型情况酶电催化的电流理论关系、酶在电极表面的固定方法；介绍几种典型的、用电化学方法广泛研究过的酶电催化反应的例子；最后介绍酶电催化的应用。本章还介绍细菌电化学的基本概念、研究方法、研究进展及应用等。

10.1 酶的基本结构与功能

10.1.1 酶的基本概念[2]

酶是一种催化剂。酶是生命活动的基础，细胞的所有化学反应几乎都是酶催化的，酶在生物体内大致的功能有：执行具体的生理活动；参与外来物质的转化、解毒等过程；协同激素发挥效应；催化代谢反应等。酶的化学本质是蛋白质。它与一般蛋白质的差别是：酶是具有特殊催化功能的蛋白质。同样，酶和其它蛋白质一样，主要由氨基酸组成，具有一、二、三级和四级结构。另外酶与其它蛋白质一样，根据它的组成成分可分为单纯蛋白质和结合蛋白质两类。有些酶的组成成分只有蛋白质，其活性取决于它的蛋白质结构，这类酶属于单纯蛋白质；另一些酶的活性成分除了含有蛋白质外，还有一些小分子即辅助因子，二者结合起来才有活性，这类酶属于结合蛋白质。结合蛋白质的蛋白质部分称为酶蛋白，非蛋白质部分称为辅助因子。酶蛋白和辅助因子单独存在时均无催化活性，只有这两部分结合起来组成复合物才能显示催化活性。

有些酶的辅助因子是金属离子，有些酶的辅助因子是有机小分子。在这些有机小分子中，凡与酶蛋白结合紧密的就称为辅基；而与酶蛋白结合得比较松弛，用透析法等可将其与酶蛋白分开的则称为辅酶。金属离子在酶分子中的作用，或是作为酶活性部位的组成部分，或是帮助形成酶活性中心所必需的构象，或是在酶与底物分子间起桥梁作用。

10.1.2 酶的活性中心[2]

酶蛋白的结构，包括一级结构和高级结构，与酶的催化功能密切相关，结构的改变会引起酶催化作用的改变或者丧失。酶蛋白上只有少数氨基酸残基参与酶对底物的结合和催化，这些相关氨基酸残基在空间上比较靠近，形成一个与显示酶的活性直接有关的区域，称为酶的活性中心。构成活性中心的化学基团实际上就是酶蛋白氨基酸残基的侧链，有时尚包括肽链末端的氨基酸残基。这些基团在一级结构上并不相互毗邻或靠近，而往往分散在相距较远的氨基酸顺序中，甚至分散在不同的肽链上，依靠酶分子的二级、三级结构，即肽链的折叠，包括肽链间的二硫键，才使这些相互远离的基团靠近，集中在酶分子表面上具有三维结构的特定区间，故活性中心又称活性部位（active site），以表示其占有一定空间体积。

酶活性中心的一些化学基团为酶发挥催化作用所必需，称为必需基团。但酶在活性中心以外的区域，尚有不和底物直接作用的必需基团，称为活性中心外的必需基团。这些基团与维持整个酶分子的空间构象有关，可使活性中心的各个有关基团保持于最适合的空间位置，间接地对酶的催化活性发挥其必不可少的作用。

10.1.3　酶的一级结构与催化功能的关系[2,3]

酶的一级结构（primary structure）是酶的基本结构，是催化功能的基础。一级结构的改变使酶的催化功能发生相应的改变。肽键是酶蛋白的主键。一个氨基酸和另一个氨基酸的 α-氨基脱水缩合而成的化合物称作肽（peptide），在肽分子中，构成肽链的氨基酸称为某氨基酸的残基，肽链中的酰胺键称作肽键。在每个肽分子中，总有一端保留有一个 α-氨基，称作 N-(末) 端或氨基末端，另一端保留一个 α-羧基，称作 C-(末) 端或羧基末端。肽分子中含有两个氨基酸残基时称为二肽，含有三个氨基酸残基的称为三肽，含有多个氨基酸残基的称为多肽。多肽链有三种不同的形式：无分支开链多肽、分支开链多肽和环状多肽。环状多肽是由开链多肽的末端氨基和末端羧基缩合生成一个肽键而形成的。

酶的一级结构是指多肽链的共价键及其氨基酸的线性排列顺序。如果存在共价键在链间的定位，如—S—S—二硫键，那么它们的位置也属于一级结构的内容。即一级结构就是关于酶蛋白中共价键连接的全部情况。酶蛋白不同、氨基酸数目不同，催化功能就不同。

10.1.4　酶的二级和三级结构与催化功能的关系[2]

酶蛋白分子的肽链并非呈直线伸展或随机分布，而是盘曲和折叠成特有的空间构象。酶蛋白的二级结构（secondary structure）是指多肽链借助氢键排列成沿一个方向具有周期性结构的构象，即 α-螺旋（图 10-1）和 β-折叠（图 10-2），二级结构涉及序列上相互接近的氨基酸残基的空间关系。

α-螺旋（α-helix）是一个棒状结构，在这种结构中，紧密卷曲的多肽主链形成棒的内部，而侧链以螺旋式的排布向外伸展（图 10-1），链内—NH 和—CO 基团之间形成内氢键而使 α-螺旋趋于稳定。在 α-螺旋结构中，氨基酸残基围绕螺旋轴心盘旋上升，每 3.6 个氨基酸残基螺旋上升一圈；在空间位置上，每个氨基酸残基上酰胺基团的—NH 基团同它相邻的第四个氨基酸残基上酰胺基团的—CO 基团很接近，它们之间形成了氢键。在 α-螺旋结构中，按主链顺序相隔 3 个和 4 个氨基酸的两个残基在空间上比较接近。一个螺旋的方向可以是右手型（顺时针）或左手型（反时针），但天然蛋白质中发现的 α-螺旋都是右手型的。α-螺旋结构相当稳定，因为这种结构允许所有的肽键都能参与链内氢键的形成，并且氢键的取向几乎与中心轴平行，即右手螺旋比左手螺旋更为稳定。

β-折叠（β-sheet）结构是存在酶蛋白二级结构中的另一个周期性结构（图 10-2）。β-折叠与 α-螺旋的明显差别在于它是一个片状物，而非棒状物。在 β-折叠结构中，多肽链几乎是完全伸展的，相邻两个氨基酸的轴向距离为 3.5Å，而在 α-螺旋中为 1.5Å；另一个差别是，β-折叠片是由不同多肽链中的—NH 和—CO 基团之间形成的链间氢键所稳定的。在 β-折叠片中，相邻的两条链的走向是相同的（平行 β-折叠片），也可以是反平行的（反平行 β-折叠片）。前者中各条肽链的 N-末端都在

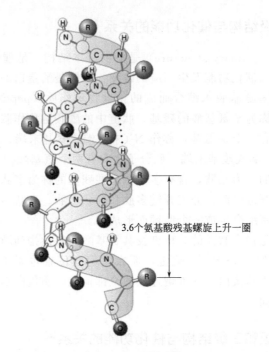

3.6个氨基酸残基螺旋上升一圈

图 10-1　α-螺旋模型

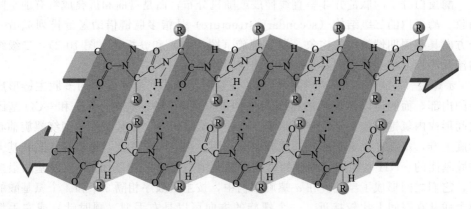

(a) 俯视

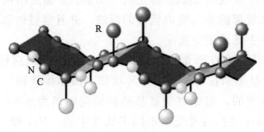

(b) 侧视

图 10-2　β-折叠模型

同一边，即两条链首尾交叉排列；在后者中各条肽链的 N-末端一顺一倒排列，即首尾交错排列。

酶蛋白的三级结构（tertiary structure）是指多肽链借助次级键在三维空间中沿多个方向进行卷曲、折叠，盘绕成紧密的近似球状结构的构象，是在二级结构基础上的肽链再折叠（见图 10-3）。对三级结构起作用的次级键包括氢键、盐键、疏水作用（范德华力），某些情况下还包括配位键。酶蛋白的三级结构实质上是由其一级结构决定的，是多肽链主链上各个单链的旋转自由度受到各种限制的总结果。这些限制包括：肽键的平面性质、C_α—C 键和 C_α—N 键旋转的许可角度、肽链中疏水基团和亲水基团的数目和位置、带正电荷的 R 基团的数目和位置以及介质等因素。在这些限制因素的综合影响下，各种相互作用最后达成平衡，形成了在一定条件热力学上最稳定的空间结构，实现了复杂生物大分子的"自组装"。

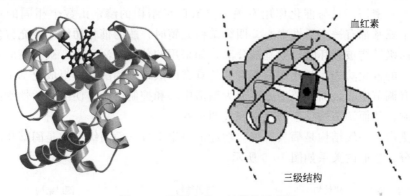

图 10-3　酶蛋白的三级结构示意图

酶的三级结构是所有酶都必需的空间结构，是维持酶的活性部位所必需的构型。当酶蛋白的二级和三级结构彻底改变，就可使酶遭受破坏而丧失其催化功能，这就是酶蛋白的变性。同样，当酶的二级和三级结构发生改变时，也可以使酶形成正确的催化部位而发挥其催化功能。由于底物的诱导而引起酶蛋白空间结构发生某些精细的改变，与适应的底物相互作用，从而形成正确的催化部位，使酶发挥其催化功能，这是诱导契合学说的基础。

10.1.5　酶的四级结构与催化功能的关系

许多酶蛋白是由两条或多条肽链构成的，这些肽链之间并无共价键连接，每条肽链都有各自的一、二、三级结构，这些肽链称为亚基（subunit）。所谓酶的四级结构（quarternary structure）是指由两条或两条以上各自具有一、二、三级结构的多肽链通过非共价键（次级键）结合在一起的结构形式，包括各个亚基在这些蛋白质中的空间排列方式及亚基之间的相互作用关系。四级结构由盐键、侧链氢键、疏水作用维系（图 10-4）。

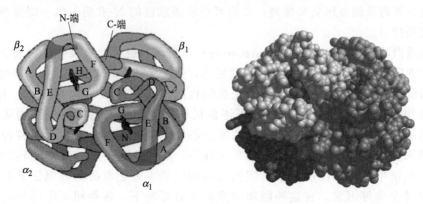

图 10-4　酶的四级结构示意图

　　具有四级结构的酶，按其功能可分为两类，一类与催化作用有关，另一类与代谢调节关系密切。只与催化作用有关的具有四级结构的酶，由数个相同的亚基组成，每个亚基都有一个活性中心。四级结构完整时，酶的催化功能才会充分发挥出来。当四级结构被破坏时，亚基被分离，如采用的分离方法适当，被分离的亚基仍保留各自的催化功能。与代谢调节有关的具有四级结构的酶，其组成亚基中，有的亚基具有调节中心，而调节中心可分为激活中心和抑制中心，使酶的活性受到激活或者抑制，从而调节酶反应的速率和代谢过程。

　　酶蛋白的一级结构是酶具有催化功能的决定部分，而高级结构是酶催化功能所必需部分。它们的关系如图 10-5 所示。

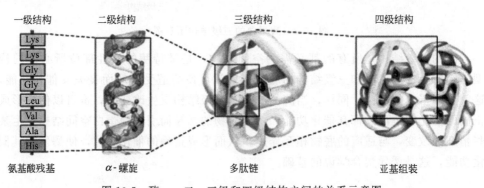

图 10-5　酶一、二、三级和四级结构之间的关系示意图

10.2　酶催化反应的一般理论

10.2.1　酶催化反应理论[1,2]

　　酶与底物是如何结合进行催化反应的？得到广泛支持的是酶与底物结合形成中

间复合物（或称为中间络合物）。复合物的形成是专一性决定的过程，也是变分子间反应为分子内反应的过程，同时又是诱导契合过程。在中间复合物的形成过程中，酶和底物的结构都将发生有利于催化反应进行的变化。

10.2.1.1 锁钥学说

德国有机化学家 E. Fischer 在 1890 年前后提出，底物分子或底物分子的一部分像钥匙那样，专一地楔入到酶的活性中心部位，也就是说底物分子进行化学反应的部位与酶分子上有催化效能的必需基团间具有紧密互补的关系（如图 10-6 所示）。

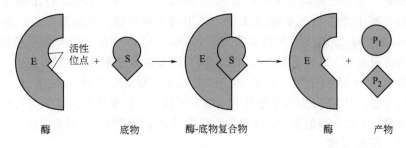

图 10-6　底物与酶作用的"锁钥"模式示意图

这个学说强调只有固定的底物才能楔入与它互补的酶表面，用这个学说可以较好地解释酶的立体异构专一性。有一些问题用"锁钥"学说不能解释，如不能解释同一种酶既适合于可逆反应的底物，又适合于可逆反应的产物，而且也不能解释酶的专一性中的所有现象。

10.2.1.2 诱导契合学说

由 Koshland 于 1964 年提出，其主要意思是：酶分子的构象与底物原来并非相当吻合，当酶与底物分子接近时，酶蛋白受底物分子的诱导，其构象发生有利于底物结构的变化，酶与底物在此基础上互补契合，进行反应。其作用模式如图 10-7 所示。

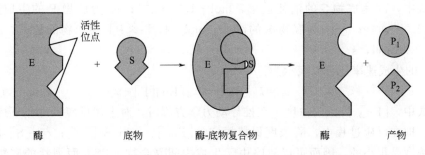

图 10-7　底物与酶作用的"诱导契合"模式示意图

10.2.1.3 过渡态学说

20 世纪 40 年代，Pauling 把过渡态理论从化学动力学引入生化反应领域，用以解释酶催化反应。Pauling 的过渡态理论认为在酶催化的反应中，第一步是酶与底物形成酶-底物（E-S）中间复合物。当底物分子在酶作用下发生化学变化后，中间复合物再分解成产物和酶。许多实验事实证明了 E-S 复合物的存在。E-S 复合物形成的速率与酶和底物的性质有关。过渡态学说能很好地解释酶催化的专一性和高效性。

10.2.2 酶催化反应的动力学

酶催化反应动力学研究酶催化反应的速率问题，即研究各种因素对酶催化反应速率的影响。基本的酶动力学可以追溯到 1903 年，Victor Henri 得出结论：酶与底物结合成酶-底物中间复合物是酶催化作用的基本步骤。在此基础上，德国科学家 Leonor Michaelis 和加拿大科学家 Maud Lenora Menten 在 1913 年数学化地表述了酶作用的普遍理论，发表了著名的米氏方程，即现在普遍使用的 Michaelis-Menten 方程，通常简称为 M-M 方程。1925 年，C. E. Briggs 和 J. B. S. Haldane 发表了"拟稳态"解析方法，对 M-M 方程的推导方法进行了修正。后来又有许多学者对酶催化反应动力学进行了多方面的探索，使酶催化反应动力学的研究有了很大发展。

10.2.2.1 米氏方程

对单一底物参与的简单酶催化反应：

$$S \xrightarrow{E} P \tag{10-1}$$

其反应机理可表示为：

$$S + E \underset{k_{-1}}{\overset{k_1}{\rightleftharpoons}} ES \underset{k_{-2}}{\overset{k_2}{\rightleftharpoons}} E + P \tag{10-2}$$

式中，E 为游离态酶；ES 为酶-底物复合物；S 为底物；P 为产物；k_1、k_{-1}、k_2、k_{-2} 为各步的反应速率常数。

上述反应的速率可表示为：

$$v_S = -\frac{d[S]}{dt}, \quad v_P = \frac{d[P]}{dt} \tag{10-3}$$

式中，v_S 为底物 S 的消耗速率，$mol \cdot L^{-1} \cdot s^{-1}$；$v_P$ 为产物 P 的生成速率，$mol \cdot L^{-1} \cdot s^{-1}$；[S] 为底物 S 的浓度，$mol \cdot L^{-1}$；[P] 为产物的浓度，$mol \cdot L^{-1}$；$t$ 为时间，s。

P 的生成速率还可以表示为：

$$v_P = k_2[ES] - k_{-2}[En][P] \tag{10-4}$$

式中，[En] 为酶的浓度。在推导动力学方程时，对上述反应机理作下述三点假设：即在反应过程中，酶浓度保持恒定，$[En_0] = [En] + [ES]$；与 [S] 相比，酶的浓度是很小的，因而可以忽略由于生成中间复合物 [ES] 而消耗的底物；产物的浓度是很低的，因而产物的抑制作用可以忽略，也不必考虑 P+E→ES 而消耗的产物。因此反应式(10-2)可以简化为：

$$S + E \underset{k_{-1}}{\overset{k_1}{\rightleftharpoons}} ES \xrightarrow{k_2} E + P \tag{10-5}$$

则式(10-4) 可简化为：

$$v_P = k_2[ES] \tag{10-6}$$

根据反应机理和上述假设，对 ES 复合物采用"拟稳态"假设，有：

$$\frac{d[ES]}{dt} = k_1[En][S] - k_{-1}[ES] - k_2[ES] = 0 \tag{10-7}$$

得到：

$$[En] = \frac{k_{-1} + k_2}{k_1} \frac{1}{[S]}[ES] = K_M \frac{1}{[S]}[ES] \tag{10-8}$$

其中：

$$K_M = \frac{k_{-1} + k_2}{k_1} \tag{10-9}$$

因为 $[En_0] = [En] + [ES]$，所以得到：

$$[ES] = \frac{[En_0]}{K_M \dfrac{1}{[S]} + 1} \tag{10-10}$$

将式(10-10) 代入式(10-6)，得到：

$$v = \frac{k_2[En_0][S]}{K_M + [S]} = \frac{v_{max}[S]}{K_M + [S]} \tag{10-11}$$

这就是 Michaelis-Menten 方程，简称为 M-M 方程或米氏方程。式中 K_M 称为米氏常数。K_M 值的大小与酶、反应体系的特征以及反应条件有关，因此它是表示某一特定的酶催化反应性质的一个特征参数。

在上述简单的酶催化反应中，$v_{max} = k_2[E_0]$，其中 k_2 可表示为：

$$k_2 = \frac{v_{max}}{[En_0]} \tag{10-12}$$

而 k_2 在此动力学方程中反映的是每个酶分子将底物转换为产物速率的最大值。

10.2.2.2 米氏方程的讨论

米氏方程为一等轴双曲线方程，该双曲线渐近线为 $v = v_{max}$，$[S] = -K_M$。当 $[S]$ 很大时，$v \approx v_{max}$，当反应速率达到最大速率一半时，$[S] = K_M$。所以，K_M 定义为反应速率达到 $\frac{1}{2} v_{max}$ 时的底物浓度，其单位为浓度单位。

v 随 $[S]$ 增加有三个特征区：一级动力学区、过渡区、零级反应动力学区。在一级动力学区（$[S] \ll 0.1 K_M$），v-$[S]$ 主要是线性关系，根据实验测得的酶催化反应速率与 $[S]$ 成正比。在一级动力学区，由于 $[S] \gg K_M$，所以 $v = \dfrac{v_{max}[S]}{K_M + [S]}$ 可化为 $v = \dfrac{v_{max}[S]}{K_M}$。从此方程可知一级速率常数 $k = \dfrac{v_{max}}{K_M}$。

而零级动力学区，$[S] \gg K_M$，此时 $v = \dfrac{v_{max}[S]}{K_M + [S]}$ 转化为 $v = v_{max}$，酶催化反应速率不再随着底物浓度的提高而增加。

10. 2. 2. 3 K_M 的意义

米氏常数是酶学研究中的一个极重要的数据，关于 K_M 还可作以下几点分析。

① K_M 值是酶的特征常数之一，一般只与酶的性质有关，而与酶的浓度无关。不同的酶，K_M 值不同。

② 如果一个酶有几种底物，则该酶对每一种底物都有一个特定的 K_M 值；并且 K_M 值还受 pH 值及温度的影响。因此，K_M 值作为常数只是对一定的底物、一定的 pH 值、一定的温度条件而言的。测定酶的 K_M 值可以作为鉴别酶的一种手段，但是必须在指定的实验条件下进行。

③ $1/K_M$ 近似地表示酶对底物亲和力的大小，$1/K_M$ 愈大，表明亲和力愈大；因为 $1/K_M$ 愈大，K_M 值就愈小，达到最大反应速率一半所需要的底物浓度就愈小。显然，最适底物与酶的亲和力最大，不需很高的底物浓度就可以很容易地达到 v_{max}。

10. 2. 3 酶催化反应的动力学参数的求取[2]

要从实验数据所得的 v-[S] 曲线直接得出速率的极限 v_{max} 是很困难的，因此 K_M 也不容易准确地用这种方法求得。为了克服这些困难，可以将米氏方程重排转变为不同的线性方程，然后将所得的初速率数据根据各线性方程作图，从而求得各动力学参数。

10. 2. 3. 1 Lineweaver-Burk 法（双倒数作图法）

将 M-M 方程取其倒数得到下式：

$$\frac{1}{v} = \frac{1}{v_{max}} + \frac{K_M}{v_{max}} \frac{1}{[S]} \tag{10-13}$$

以 $1/v$ 对 $1/[S]$ 作图得到一直线（图 10-8），该直线斜率为 K_M/v_{max}，直线与纵坐标交于 $1/v_{max}$，与横坐标交于 $-1/K_M$。此法称为双倒数法。

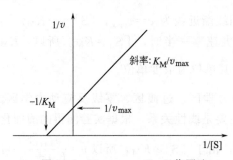

图 10-8　Lineweaver-Burk 作图法

该法要获得较准确的结果，实验时必须注意底物浓度范围，一般所选底物浓度需在 K_M 附近。如图 10-8 是根据 [S] 在合理浓度范围（例如 [S] 在 $0.3 \sim 2.0 K_M$ 范围内）时的实验结果而作的双倒数图，从此图可以较准确地测量出 K_M 和 v_{max}。如果所选底物浓度比 K_M 大得多，则所得双倒数图的直线基本是水平的；这种情况虽可测得 $1/v_{max}$，但由于直线斜率几乎为 0，$1/K_M$ 的误差较大。如果 [S] 比 K_M 小得多，则所得双倒数图的直线与两轴的交点都接近原点，使 K_M 和 v_{max} 都难以测准。

10. 2. 3. 2 Hanes-Woolf 法（简称 H-W 法）

此法又称 Langmuir 作图法，将式(10-13) 两边乘以 [S]，得到

$$\frac{[S]}{v} = \frac{K_M}{v_{max}} + \frac{[S]}{v_{max}} \qquad (10-14)$$

以 $[S]/v$ 对 $[S]$ 作图，得一直线，斜率为 $1/v_{max}$，截距为 K_M/v_{max}。

10.2.3.3　Eadie-Hofstee 法（简称 E-H 法）

将 M-M 方程重排为：

$$v = v_{max} - K_M \frac{v}{[S]} \qquad (10-15)$$

以 v 对 $v/[S]$ 作图，得一斜率为 $-K_M$ 的一直线，它与纵坐标交点为 v_{max}，与横坐标交点为 v_{max}/K_M。

10.2.3.4　Eadie-Scatchard 法

将米氏方程重排为线性方程：

$$\frac{v}{[S]} = -\frac{1}{K_M} v + \frac{v_{max}}{K_M} \qquad (10-16)$$

以实验数据 $v/[S]$ 对 v 作图，可直接测得 v_{max} 和 v_{max}/K_M。

用 Hanes-Woolf 法、Eadie-Scatchard 法、Eadie-Hofstee 法以及 Lineweaver-Burk 法求酶催化反应动力学参数时也要注意底物浓度的范围，注意避免使用 $[S]$ 比 K_M 高得多或低得多的情况。

上述几种线性作图法各有优缺点。

Lineweaver-Burk 作图法应用最广泛，但此法有两个缺点：第一，在 v-$[S]$ 图上，由相等增值而给出的等距离各点，在双倒数图上变成非等距的点，且多数点集中在 $1/v$ 轴附近，而远离 $1/v$ 轴的地方只有少数几个点，恰好这些点又是确定直线最重要的几个点。第二，在测定 v 时产生的小误差，当取倒数时会放大。在低底物浓度下更为敏感，在低底物浓度值所得的一两个不准确的点，会给图的斜率带来显著误差。第一个缺点可通过选择适当的 $[S]$，使 $1/[S]$ 为等距离增值而得到克服，对第二个缺点关键要注意在低底物浓度下使所测初速率误差尽可能小。

Hanes-Woolf 法通过 $[S]/v$ 对 v 作图，$[S]$ 未取倒数，因此，当实验数据为 $[S]$ 线性递增时使用方便；Eadie-Scatchard 法和 Eadie-Hofstee 法由于未对 v 求取倒数，因此，在低底物浓度下测定误差较大时使用，较其它方法优越。

当用电化学方法研究酶的电催化反应时，记录的是不同时间下的电流，而电流就相当于上述方法中的 v，因此用电流 i 代替上述各种作图方法中的 v，也能求出酶催化的动力学参数。

10.3　酶催化反应的电化学

10.3.1　酶催化反应的电化学研究方法

用电化学方法研究酶催化反应主要将酶催化底物反应所引起的物质的量的变化

转变为各种可测量的电化学信号加以记录，从对记录的电化学量进行分析而得出酶催化反应的动力学参数以及测定底物的浓度等。由于电化学自身的优越性，愈来愈多的电化学方法用于酶活性和酶动力学过程的研究，根据测量的电化学量的不同，一般将研究酶催化反应的电化学方法分为电势法（或称为电位法）、电流法以及阻抗法三类[4,5]。

10.3.1.1 电势法

电势法（potentiometry）是基于酶催化反应引起酶电极的电极电势变化而建立起来的一种测量方法。电势法包括零电流法和控制电流法两种；零电流法指在测量过程中没有电流通过；控制电流法是指在测量过程中将一个恒定的（或控制的）电流通过电路，记录在该电流通过时，电极电位的变化。如 pH 电极可测量酶催化反应过程中体系 pH 的变化，从而得知参与反应的酶活性。对于能引起反应体系中 H^+ 浓度变化的酶催化反应，在实际测定时要加入酸或碱以维持体系 pH 不变，这样才能使酶的催化活性不发生变化，而加入酸或碱的速率就代表了酶催化反应的速率。

10.3.1.2 电流法

电流法（amperometry）也称为伏安法，是基于酶催化反应引起通过酶电极的电流变化而建立起来的一种测量方法。在酶催化反应体系中插入两个（或三个）电极，在工作电极上施加一定的电势，通过检测酶催化反应过程所涉及的电活性底物或产物的浓度变化引起的电流变化而进行研究。如有些酶催化反应，由于氧气的生成或消耗，引起溶液中溶解氧浓度的变化，从而引起电极电流大小的变化，用氧电极法就可以计算出酶的活性；葡萄糖氧化酶催化的反应就是一个耗氧反应。这种方法比气压法的灵敏度高，同时具有抗污染物干扰的特性。

根据所施加的电位波形的不同，电流法可分为恒电位法和电位扫描法等，这些方法中详细的电位-电流理论可参阅一般的电化学书籍或有关的专著[1,6]，下面仅介绍几种常用的电流方法。

(1) 计时电流法[7]　在计时电流法（chronoamperometry）中，酶电极的电位从没有法拉第反应发生的电位阶跃到电极反应能以扩散控制进行的电位，即此时电极表面的电活性反应物质的浓度为 0，这种情况下，电极所产生的电流与电极表面电活性物质的浓度梯度成正比，电流的大小由 cottrell 公式给出：

$$i_d = \frac{nFAD^{1/2}c^*}{\pi^{1/2}t^{1/2}} \tag{10-17}$$

式中，D 是扩散系数；c^* 是反应物质的本体浓度；t 是时间。

如果施加的电位没有达到扩散控制的程度，计时电流法中产生的电流可表示为：

$$i = \frac{i_d'}{1+\xi\theta}F_1(\lambda) \tag{10-18}$$

式中，

$$F_1(\lambda) = \pi^{1/2} \lambda \exp(\lambda^2) \operatorname{erfc}(\lambda) \tag{10-19}$$

$$\lambda = \frac{k_f t^{1/2}}{D^{1/2}} (1 + \xi\theta) \tag{10-20}$$

$$\xi\theta = \frac{i_d - i(\tau)}{i(\tau)} \tag{10-21}$$

式中，τ 是取样时间。

式(10-18)是计时电流法中电流与电位、时间的一般关系，不论是可逆、准可逆、不可逆的所有动力学情况都适用，从中可求出动力学参数 k_f。

计时电流法在酶催化反应中广泛使用，用于分析酶催化反应产生的电流与底物浓度的定量关系，从而检测底物的浓度；也可用于酶催化反应的动力学分析，如已被用于研究谷氨酸脱氢酶催化谷氨酸合成反应的动力学[8]；还被用于研究稀土离子 La^{3+}、Eu^{3+} 对牛肝脏谷氨酸脱氢酶活性的影响，这些离子可以增大谷氨酸脱氢酶合成反应的速率[9]。

(2) 循环伏安法[7]　循环伏安法（cyclic voltammetry）是在电极上施加一个随时间变化的电位，一般是施加一个三角波，记录电极电流随施加电位的变化，所得的曲线称为循环伏安曲线。循环伏安法是电化学中最常用、也是最有用的手段之一。不同的反应体系所产生的循环伏安曲线不同，从对循环伏安曲线上的峰位置（包括峰电位、峰电流等）以及峰形状的分析可以得到反应体系的可逆性、反应物的浓度、电化学式量电位、反应速率等重要的电化学参数。一般地，一个新的电化学体系都要先考察其循环伏安特性，得到它的氧化还原电位后，再作进一步的研究。

一个可逆的电化学体系，在半无限扩散情况下，其循环伏安峰电流和峰电位可分别表示为[6]：

$$i_p = 2.69 \times 10^5 n^{3/2} A D^{1/2} c^* v^{1/2} \text{（在 25℃时）} \tag{10-22}$$

$$E_p(\text{mV}) = E_{1/2} - 1.109 \frac{RT}{nF} = 28.5/n \text{（在 25℃时）} \tag{10-23}$$

准可逆体系的电流-电位关系复杂，得不到简单的关系，只能给出数值解：

$$\Psi = \frac{\left(\dfrac{D_O}{D_R}\right)^{\alpha/2} k^0}{(\pi D_O f v)^{1/2}} \tag{10-24}$$

式中，$f = RT/F$；Ψ 是与 ΔE_p 有关的量；α 是电荷传递系数；D_O 和 D_R 分别是氧化态（O）和还原态（R）的扩散系数。通过实验测得 ΔE_p，再找出相应的 Ψ 值，利用式(10-24)即可求出动力学参数 k^0。

对于催化反应：

$$O + ne^- \rightleftharpoons R \tag{10-25}$$

$$R + Z \xrightarrow{k'} O + Y \tag{10-26}$$

在大多数的理论处理中，假设物质 Z 是过量的非电活性物质，这时有：

$$i = \frac{nFAc_O^* (Dk'c_Z^*)^{1/2}}{1 + \exp\left[\dfrac{nF}{RT}(E - E_{1/2})\right]} \tag{10-27}$$

$$E = E_{1/2} + \frac{RT}{nF}\ln\left(\frac{i_\infty - i}{i}\right) \tag{10-28}$$

式中，$i_\infty = nFAc_O^* (Dk'c_Z^*)^{1/2}$ 是在过电位很大时的极限电流值，它与 v 无关；c_Z^* 是非电活性物质 Z 的本体浓度。这样，通过分析上述关系就可以得到 $E_{1/2}$ 和 k' 等动力学参数。

(3) 流体动力伏安法　有时为了达到某种目的，采用机械的方法加快物质的传递，使电极相对于溶液作运动。这种技术有很多，如电极处于运动的体系（如旋转圆盘电极、旋转丝、振动电极、流汞电极等）及强制溶液运动而保持电极不动的电极体系（用电磁搅拌器、通气搅拌、超声波搅拌和使用管状、网状或锥状电极等），它们都涉及反应物的对流传质，通常称为流体动力学方法。如果测定的是 i-E 曲线，则称为流体动力学伏安法（hydrodynamic voltammerty）。这儿仅介绍旋转圆盘电极法。

如果旋转圆盘电极（RDE）的周边影响可以忽略，且对流-扩散只限于一个方向，对于如式(10-25)的简单电极反应，在电极反应受扩散控制的情况下有：

$$i_d = 0.620nFAD_O^{2/3}\omega^{1/2}\nu^{-1/6}c_O^* \tag{10-29}$$

式中，i_d 称为极限扩散电流；ω 为角速度；ν 为动力黏度。

电位-电流关系为：

$$E = E^\ominus + \frac{RT}{nF}\ln\left(\frac{D_R}{D_O}\right)^{2/3} + \frac{RT}{nF}\ln\frac{i_{d,c} - i}{i - i_{d,a}} \tag{10-30}$$

如果 RDE 上的电化学过程受化学反应控制，则动力电流 i_k 的表达式为：

$$i_k = \frac{nFADc_O^*}{1.61D^{1/3}\nu^{1/6}\omega^{-1/2}} \cdot \frac{1}{1 + \dfrac{\omega^{1/2}D^{1/6}\nu^{-1/6}}{1.61K(k_f + k_b)^{1/2}}} \tag{10-31}$$

或

$$\frac{i_k}{\omega^{1/2}} = \frac{i_d}{\omega^{1/2}} - \frac{D^{1/6}i_k}{1.61\nu^{1/6}K(k_f + k_b)^{1/2}} \tag{10-32}$$

将 $\dfrac{i_k}{\omega^{1/2}}$ 对 i_k 作图，得一直线，从直线斜率可得 $K(k_f + k_b)^{1/2}$。

对于催化反应有：

$$i_{cat} = nFAD^{1/2}(k_f c_Z^*)^{1/2}c_O^* \tag{10-33}$$

从 i_{cat} 与 i_d 之比：

$$\frac{i_{cat}}{i_d} = 1.61D^{-1/6}\nu^{1/6}\omega^{-1/2}(k_f c_Z^*)^{1/2} \tag{10-34}$$

作 $\dfrac{i_{cat}}{i_d}$ 与 $\omega^{-1/2}$ 图，从直线的斜率可得 k_f 值。

如果将旋转圆盘电极技术应用于酶催化反应，并且考虑酶是固定在圆盘电极表面的，其在电极表面的浓度为 $\Gamma(\mathrm{mol \cdot cm^{-2}})$，则动力学电流或催化电流 i_{cat} 与催化反应速率成正比，因而对于式(10-5) 的酶催化反应，从 Michaelis-Menten 反应模型，催化电流 i_{cat} 类似于溶液中反应速率的表达式[1]，即：

$$i_{\mathrm{cat}} = \frac{i_{\max}[\mathrm{S}]}{[\mathrm{S}] + K'_{\mathrm{M}}} \tag{10-35}$$

式中，K'_{M} 为吸附在电极表面酶的表观米氏常数；$i_{\max}$ 为最大电流，其值为：

$$i_{\max} = nFAk_2\Gamma \tag{10-36}$$

当底物浓度很低时（即 $[\mathrm{S}] \ll K'_{\mathrm{M}}$），式(10-11) 可变为：

$$v = \frac{k_2[\mathrm{E_0}][\mathrm{S}]}{K_{\mathrm{M}}} = \frac{v_{\max}[\mathrm{S}]}{K_{\mathrm{M}}} \tag{10-37}$$

将式(10-9) K_{M} 的表达式代入后，得到：

$$v = \frac{v_{\max}[\mathrm{S}]}{(k_{-1} + k_2)/k_1} \tag{10-38}$$

用电化学测量中得到的 i 代替 v，得：

$$i_{\mathrm{cat}} = \frac{i_{\max}[\mathrm{S}]}{(k_{-1} + k_2)/k_1} = \frac{nFAk_2\Gamma[\mathrm{S}]}{(k_{-1} + k_2)/k_1} \tag{10-39}$$

在 $k_{-1} \ll k_2$ 时，式(10-39) 将变为：

$$i_{\mathrm{cat}} = nFAk_1\Gamma[\mathrm{S}] \tag{10-40}$$

式(10-39) 是酶催化反应动力学电流的表达式。

将式(10-35) 和式(10-36) 代入 Koutecky-Levich 方程可得：

$$\frac{1}{i} = \frac{1}{0.620nFAD^{2/3}v^{-1/6}[\mathrm{S}]}\frac{1}{\omega^{1/2}} + \frac{[\mathrm{S}] + K'_{\mathrm{M}}}{nFAk_2\Gamma[\mathrm{S}]} \tag{10-41}$$

式(10-41) 表明，可以在不同底物浓度下，测定不同 ω 时的电流，当 $\omega \to \infty$ 时，或在电极过程由动力学控制时，得到 $1/i$ 的值，然后，利用底物动力学方程得到吸附态酶的 K'_{M} 和最大电流 $i_{\max}$。

另一个方法是将式(10-41) 改成为：

$$\frac{1}{i} = \left[\frac{1}{0.620nFAD^{2/3}v^{-1/6}} \times \frac{1}{\omega^{1/2}} + \frac{K'_{\mathrm{M}}}{nFAk_2\Gamma}\right]\frac{1}{[\mathrm{S}]} + \frac{1}{nFAk_2\Gamma} \tag{10-42}$$

在一定 ω 下，改变底物的浓度，作 $1/i$-$1/[\mathrm{S}]$ 关系图，由式(10-42) 得到 K'_{M} 和最大电流 $i_{\max}$。

将酶催化反应过程的物质的量变化转变为电流信号加以测量是电化学最常用的方法之一，在测量过程中所用的基底电极主要有氧电极、过氧化氢电极、金属电极、各种碳材料电极等。它的发展主要有三个阶段，第一代酶电极是 1962 年 Clark 首先提出的[10]，它是建立在氧还原基础上，其原理如图 10-9 所示。通过检测催化过程中生成的 $\mathrm{H_2O_2}$ 浓度的变化或氧的消耗来测定底物。该方法的缺点是：溶解氧的变化可能引起电极响应的波动；由于氧的溶解度有限，当溶解氧贫乏时，响应电流将明显下降，从而影响检出限；电极的响应性能受溶液 pH 及温度影响很大。

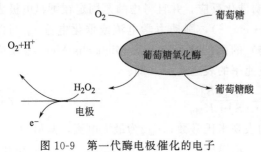

图 10-9　第一代酶电极催化的电子
转移机理示意图
（以葡萄糖氧化酶为例）

为了改进第一代酶电极的缺点，现在普遍采用的是第二代酶电极，即媒介体酶电极，它是利用人为加入电子媒介体来解决传导电子的问题。其基本原理如图 10-10 所示。由于媒介体的使用，扩大了酶电极的检测范围，同时也提高了检测的灵敏度，而且媒介体能促进电子传递的速率，降低工作电位，一定程度上还能排除其它电活性物质的干扰。

媒介体的种类很多，按作用的机理主要分为 1 电子型媒介体和 2 电子型媒介体。1 电子型媒介体主要是一些氧化还原可逆性较好的过渡金属元素的化合物或配合物，常见的有二茂铁及其衍生物[11~13]、钌和锇等配合物[14~17]、铁氰酸盐[18~20]等；2 电子型媒介体主要是通过分子中的电活性官能团的氧化还原反应来传递电子，常见的有醌类化合物[21,22]、有机染料（如亚甲蓝，耐尔蓝等)[23~27]、有机导体盐[28~30]等。但该方法的缺点是媒介体会污染电极，影响电极的性能。

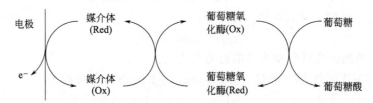

图 10-10　第二代酶电极催化的电子转移机理示意图（以葡萄糖氧化酶为例）

第三代酶电极是通过酶在电极表面的直接电子转移（直接电化学）来实现的，它是无试剂生物电化学传感器的基础。它的电子转移机理如图 10-11 所示。由于酶通常具有较大的分子量，其电活性中心深埋在分子内部，且在电极表面吸附后极易发生变性，所以酶与电极之间难以直接进行电子转移。因此，与其它氧化还原蛋白，如含血红素类蛋白相比，酶的直接电子转移研究更加困难。到目前为止，仅有过氧化氢酶[31~33]、氧化酶[34~36]、氢酶和脱氢酶[37,38]、对甲酚甲基羧化酶[39]、超氧化物歧化酶[40,41]等极少数几种分子相对较小的酶能够在电极表面上进行有效的电子转移。

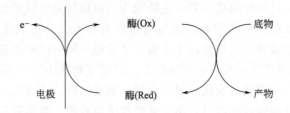

图 10-11　第三代酶电极催化的电子转移机理示意图

10.3.1.3　交流阻抗法

电化学交流阻抗是研究电极表面性能的重要手段之一，通过对阻抗图谱的分析可以获得电极/溶液界面阻抗变化等重要信息[42]。用交流阻抗法研究酶催化反应是测量酶催化反应过程所引起的溶液导电性的变化，进而影响电极/溶液界面的阻抗、电容、电导等物理量的变化，对这些量加以测量后进行分析，从而得出酶催化反应过程的动力学参数。金属电极在溶液中，电极/溶液界面的行为类似于平板电容器，并能储存一定的电荷。物质的吸附和表面电荷的改变对双电层结构和双电层电容会产生显著影响。电容的测量原理比较简单，双电层电容决定于电绝缘层、固/液界面厚度和介电性质，当电极表面形成复合体时会导致双电层电容的下降；电极表面修饰绝缘性物质时，引起双电层电容的进一步下降。测量双电层电容的方法比较多，通常都是基于电化学交流阻抗法进行测定的。

交流阻抗不仅可以研究酶催化反应、测量底物的浓度，还可用于表征酶分子在电极表面固定过程中电极表面性能的变化。如笔者[43]曾用交流阻抗法研究了酒精脱氢酶（ADH）在单壁碳纳米管（SWNTs）表面的固定过程。其固定过程的电极交流阻抗谱的变化如图 10-12 所示。裸 GC（a）、PDDA-SWNTs/GC（d）、ADH-PDDA-SWNTs/GC（c）以及 Nafion/ADH-PDDA-SWNTs/GC 电极（b）在含 5mmol·L^{-1} Fe(CN)$_6^{3-/4-}$ 溶液中的交流阻抗图谱（Nyquist 图）均由高频范围的半圆和低频范围的直线组成，高频的半圆对应于电化学反应过程的阻抗，而低频的直线则对应于扩散引起的 Warburg 阻抗[44]。这里的 PDDA 是 poly(dimethyldiallylammonium chloride) 的缩写，是一种带正电荷的聚电解质。为了获得不同电极表面的电化学反应电阻（R_{ct}），我们用 Randles 等效电路图[45]对图 10-12 中的阻抗

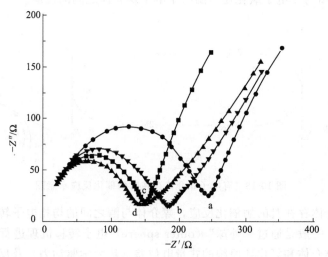

图 10-12　裸 GC(a)、Nafion/ADH-PDDA-SWNTs/GC(b)、
ADH-PDDA-SWNTs/GC(c) 及 PDDA-SWNTs/GC 电极 （d）
在含 5mmol·L^{-1} Fe(CN)$_6^{3-}$/5mmol·L^{-1} Fe(CN)$_6^{4-}$ 中
的 0.1mol·L^{-1} KCl 溶液的交流阻抗谱 （Nyquist 图)[43]

谱进行了拟合后得到 GC 电极表现出最大的 R_{ct} 值(约 230Ω);由于 SWNTs 的导电性远高于 GC 电极（SWNTs 的电导率高达约 $2.0 \times 10^5 \Omega^{-1} \cdot cm^{-1}$[46,47]，而 GC 的电导率只有约 $2.5 \times 10^2 \Omega^{-1} \cdot cm^{-1}$[7]），而且由于带正电荷的 PDDA 与带相反电荷的 $Fe(CN)_6^{3-/4-}$ 之间的静电作用，有利于 $Fe(CN)_6^{3-/4-}$ 电对在电极表面的电子交换，因此，在 GC 电极表面修饰 PDDA-SWNTs 后，PDDA-SWNTs/GC 电极的 R_{ct} 值显著降低，约为 120Ω。但在 PDDA-SWNTs 表面吸附 ADH 后，ADH-PDDA-SWNTs/GC 电极的 R_{ct} 值增至约 140Ω，这是由于带负电荷的 ADH 与带同号电荷的 $Fe(CN)_6^{3-/4-}$ 之间存在静电排斥作用，不利于 $Fe(CN)_6^{3-/4-}$ 在电极表面的电子交换，表现为 R_{ct} 值增加;因为 ADH 的等电点 pI 约为 6.8[48]，因此在 pH7.0 时，它带负电荷。当在 ADH-PDDA-SWNTs/GC 电极表面覆盖一层 Nafion 膜后，Nafion/ADH-PDDA-SWNTs/GC 的 R_{ct} 值进一步增加至约 180Ω，这是由于 Nafion 膜带的负电荷同样不利于 $Fe(CN)_6^{3-/4-}$ 的电化学反应，但仍低于裸 GC 电极的 R_{ct} 值，原因是 SWNTs 具有比 GC 更高的导电率。

10.3.2 酶催化反应的电流理论

10.3.2.1 有媒介体存在

在酶催化底物氧化或还原过程中，常见的是 2e 或 4e 转移反应，要使酶催化底物的反应不断进行下去，必须使发生反应后的酶重新回到原来具有催化活性的状态，如前所述，酶一般具有很大的空间结构，其氧化还原中心不能与电极之间进行有效的电子转移，因此一般需借助电子媒介体，使反应后的酶回到原来的状态，图 10-13 的示意图为 2 电子氧化还原酶与 1 电子媒介体之间的反应。

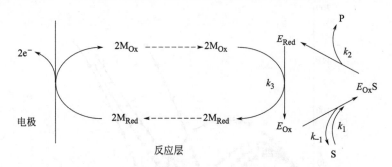

图 10-13　有电子媒介体存在时酶催化反应示意图

在有媒介体存在时的酶催化反应，媒介体与酶之间的均相电子转移必须以较快的速率进行，一般是通过"外球"（outer sphere）电子转移机理进行的。其反应速率的大小与媒介体和氧化还原酶的式量电位差（热力学驱动力）及反应过程中的重组能有关，它们之间的关系遵循 Marcus 关于双分子电子转移反应的理论[49]。媒介体与酶发生反应后，再在电极表面发生异相电子转移反应，得到（或失去）电子回到原来的氧化还原状态。

对于有媒介体存在时的酶催化反应，其响应的伏安电流除了与媒介体的浓度（[M]）、酶的浓度（[En]）及底物的浓度（[S]）有关外，还与媒介体的氧化还原电位、酶与媒介体之间的式量电位差等因素有关，因此，如果想用一个代数式来表示这些量之间的定量关系是很困难的。一般地，总是假设一些特殊情况，经过一些近似，得到能在不同条件下使用的定量代数关系[50~53]。或者，运用数字拟合的方法，通过采用一些数值模型来进行酶催化反应动力学的分析。如运用较多的"有限元"方法，该方法是将电极表面的反应层厚度分成一定的单元，通过每个单元内的反应物浓度（包括媒介体、酶、底物）及反应速率、平衡常数等物理量的选择，得到与实验一致的伏安曲线，从而得到酶催化反应的动力学参数。这种拟合大多数是对于稳态伏安进行研究[54~56]，现在已有商业化的软件用于这种类型的拟合，如DigiSim拟合软件包[57~59]等。

在进行有媒介体存在时的酶催化反应动力学研究时，还需要考虑一些其它的实验参数，如媒介体和酶可以都在溶液中，可以都被固定在电极表面，还可以其中一个固定在电极表面，另一个放在溶液中；在上述几种情况下，底物都是在溶液中的。下面分几种不同的情况讨论酶催化反应的动力学方程。

（1）酶和媒介体都在溶液中　当酶、媒介体和底物都在溶液中时，由于要同时考虑这三种组分的扩散，同时还要考虑媒介体与酶之间的双分子电子转移反应以及酶与底物之间的催化反应，因此，这种情况下的酶催化反应的理论处理可能是所有情况中最复杂的一种。Saveant及其合作者对这种情况下的酶催化反应进行了理论处理。Saveant等[60,61]在进行处理时的基本假设是：认为在反应层中，媒介体的氧化态及还原态浓度与电极电位之间的关系符合Nernst方程，即稳态，这种假设往往在扫描速率很低时才能满足，因此这种处理结果预测的伏安曲线都是具有"S"形的稳态伏安曲线。这时的电催化电流 i_{cat} 为[50,62]：

$$i_{cat}=FA[M^*]\sqrt{2k_3D_M[En^*]}\sqrt{\frac{2}{\sigma}\left(\frac{1}{1+\exp(-\xi)}-\frac{\ln\left(1+\frac{\sigma}{1+\exp(-\xi)}\right)}{\sigma}\right)}$$

$$(10\text{-}43)$$

$$i_p=FA[M^*]\sqrt{2k_3D_M[En^*]}\sqrt{\frac{2}{\sigma}\left(1-\frac{\ln(1+\sigma)}{\sigma}\right)} \qquad (10\text{-}44)$$

$$\sigma=\left(\frac{1}{k_2}+\frac{K_M}{k_2[S^*]}\right)k_3[M^*] \qquad (10\text{-}45)$$

$$\xi=\frac{F}{RT}(E-E^0) \qquad (10\text{-}46)$$

在过电位很大时，即 $\xi\to\infty$ 时，其平台电流的表达式见式(10-44)。σ 是衡量媒介体-酶之间的反应、底物-酶之间的反应哪个控制整个酶催化反应的物理量；当 σ 较小时（即在媒介体浓度较低时），媒介体-酶之间的反应是速控步骤，这时反应的电流与底物浓度无关，这种条件下的平台电流可用式(10-47)表示；当 σ 较大时

（即在媒介体浓度较高时），式(10-44) 中 $\ln(1+\sigma)/\sigma$ 可以忽略，因此，平台电流为式(10-48) 所表示。

$$i_p = FA[M]\sqrt{2k_3 D_M[En]} \tag{10-47}$$

$$i_p = 2FA\sqrt{\frac{D_M[En][M]}{\frac{1}{k_2} + \frac{K_M}{k_2[S]}}} \tag{10-48}$$

(2) 酶固定在电极表面、媒介体在溶液中　　如果酶是固定在电极表面，而媒介体是溶解在溶液中的，这时酶在电极表面的浓度用其表面覆盖度表示，即 Γ_{En}（单位为 $mol \cdot cm^{-2}$）；在假设酶在电极表面是单分子层的最简单情况时，酶催化反应的电流-电位关系为式(10-49) 表示，在过电位很大（$\xi \to \infty$）时的平台电流可用式(10-50) 表示[63~65]。平台电流与底物及媒介体的浓度有关，还与酶-媒介体、酶-底物之间反应的速率常数有关。

$$\frac{1}{i_{cat}} = \frac{1}{2FA\Gamma_{En}}\left(\frac{1+\exp(-\xi)}{k_3[M]} + \frac{1}{k_3} + \frac{K_M}{k_2[S]}\right) \tag{10-49}$$

$$\frac{1}{i_p} = \frac{1}{2FA\Gamma_{En}}\left(\frac{1}{k_3[M]} + \frac{1}{k_2} + \frac{K_M}{k_2[S]}\right) \tag{10-50}$$

当酶在电极表面的覆盖度 Γ_{En} 已知时，可用 Lineweaver-Burke 双倒数作图法求出催化反应的动力学参数，如在底物浓度一定时，即 [S] 固定，作 $(i_p)^{-1}$-$[M]^{-1}$ 图；当媒介体浓度一定时，即 [M] 固定，作 $(i_p)^{-1}$-$[S]^{-1}$ 图，求出动力学参数 k_2、K_M 和 k_3。

当酶在电极表面的覆盖度不是单分子层时，催化电流一般会随着酶覆盖度的增加而线性增大。

式(10-49) 右边的第一项与酶-媒介体之间的反应有关，当电位较低（即 $\xi \ll 0$）或媒介体的浓度较小时，这项在整个表达式中的贡献最大，即酶与媒介体之间的反应控制着整个酶催化反应；第二项与酶-底物复合物的分解有关，第三项反应的是酶-底物之间的 Michaelis-Menten 反应特征，在底物浓度较低时，即 $[S] \ll K_M$ 时，第二项和第三项对催化电流贡献大，也即酶与底物的反应是速控步骤。

以上的讨论只限于伏安曲线是稳态的"S"曲线，但是，有时由于底物或媒介体浓度在反应层中的匮乏，导致伏安曲线不是"S"曲线，会产生"拖尾"现象，这时就不属于稳态伏安了，对这种情况的伏安曲线（与时间有关）进行分析是很复杂的，这里不再讨论，有兴趣的读者可参考有关文献[66,67]。

(3) 酶和媒介体均固定在电极表面　　从实际使用角度看，在制作生物电化学传感器时，总是希望将酶和媒介体同时固定在电极表面，这样，以此传感器测定特定的底物时，就不再需要再向测定体系中加入其它试剂（如媒介体等），因此对这种情况进行理论分析是非常重要的。有很多方法可以实现酶和媒介体同时固定在电极表面，如可以使用氧化还原凝胶、导电聚合物、分散的有机盐、碳糊等实现酶和媒介体的同时固定，将在下一节具体介绍。

Bartlett 等[53,68]对这种情况的酶催化反应动力学进行了理论处理。在 Bartlett 等的理论模型中，底物 S 在电极表面的酶膜中的扩散速率是一个重要参数，S 在酶层中的扩散速率定义为 S 在酶膜中的扩散系数 D_S 与酶层厚度 l 的比值，即：

$$k_D = D_S / l \qquad (10\text{-}51)$$

k_D 称为底物质量传输速率系数，其值的大小与底物扩散时电极的几何形状及底物穿过酶膜的流速等有关。

考虑一种简单的情况，即假设媒介体在酶膜中的浓度不会因与酶的反应而引起匮乏，而且在酶膜中反应物的浓度极化可以忽略。这些条件很容易通过改变实验条件来实现，如将媒介体的浓度加大、将酶膜的厚度变小等。在这些假设的基础上，可以得到催化电流-电位的关系［式(10-52)］[69]，它是一个非线性的电流方程。在过电位很大时，平台电流与电位无关［式(10-53)］。

$$\frac{1}{i_{cat}} = \frac{1}{2FAl[En^*]} \left(\frac{1 + \exp(-\xi)}{k_3[M^*]} + \frac{1}{k_2} + \frac{K_M}{k_2[S^*] - \dfrac{i_{cat}}{2Fk_D}} \right) \qquad (10\text{-}52)$$

$$\frac{1}{i_p} = \frac{1}{2FAl[En^*]} \left(\frac{1}{k_3[M^*]} + \frac{1}{k_2} + \frac{K_M}{k_2[S^*] - \dfrac{i_{cat}}{2Fk_D}} \right) \qquad (10\text{-}53)$$

式(10-53) 右边的第三项是一个很复杂的关系，但是它的大小对于生物电化学传感器的设计是很有用的。如果酶与媒介体之间反应以及酶催化反应均很快，这时右边的第一项和第二项均可忽略，式(10-53) 可以变成式(10-54)，这时，所测得的电流与底物浓度有线性关系，这是一个传感器能用于分析测定的基础。

$$\frac{1}{i_p} = \frac{1}{2FA[S^*]} \left(\frac{1}{k_D} + \frac{K_M}{lk_2[En^*]} \right) \qquad (10\text{-}54)$$

如果在电极的酶层内，媒介体与（或）底物有浓度极化现象发生，这时的理论分析就变得非常复杂，有兴趣的读者可以参考有关的文献[53]。

10.3.2.2 酶的直接电化学

以前很长一段时间，人们都认为酶（或蛋白质）在电极表面的直接电子转移是不可能的，因为有多种原因导致这些生物大分子不能与电极之间进行电子交换，如这些大分子容易变性、扩散慢、氧化还原中心深埋在分子内部等。自从 1977 年 Hill 等[70]和 Kuwana 等[71]分别观察到了马心细胞色素 c 的直接电子转移后，这方面的研究才慢慢发展起来，现在酶和蛋白质的直接电子转移已成为电化学或电分析化学领域的热点研究课题之一。

与一些小分子量的氧化还原蛋白质相比，一般酶具有更大的分子量和更复杂的分子结构，因此酶的直接电子转移更困难。如果考虑酶的催化反应，则不仅要考虑酶分子中的氧化还原辅基的直接电子转移，还需要考虑底物能接近并到达酶的催化活性中心。和蛋白质的直接电子转移一样，酶的直接电子转移也受氧化还原电位、电子转移速率、溶液 pH 等因素的影响，这里不再介绍这方面的情况，只介绍酶催化反应速率与酶直接电子转移的式量电位即时间（扫速）的关系。

Heering 等[72]研究了将酶吸附在电极表面并且发生直接电子转移时催化反应的理论方程，这种情况是相对简单的一种模型，因为不需考虑酶的扩散，也没有媒介体的存在，只需考虑底物和产物的扩散，其反应过程的示意图如图 10-14 所示。理想情况下，酶在电极表面的异相直接电子转移是快速的（不是速控步骤），而且底物的扩散步骤也不应该是速控步骤，因为底物的传质速率可以通过改变实验方法得到提高，如使用旋转圆盘电极方法等。在进行这类反应的理论处理时的其它一些假设是：酶在电极表面是单分子层、扫描速率较慢、底物的扩散是线性扩散等。在这种情况下，酶直接电子转移时的催化反应电流-电位关系为式(10-55)～式(10-59)表示的复杂关系式。

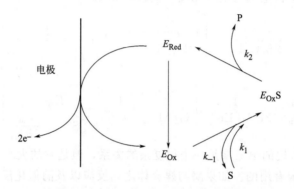

图 10-14　酶在电极表面能进行直接电子转移时催化反应示意图

$$i_{cat} = 2FA\Gamma_{En}\frac{k_2}{1+\dfrac{K_M}{HQ[S^*]}+G} \tag{10-55}$$

$$H = \cfrac{1}{1+\exp\left[-\dfrac{F}{RT}(E-E_1)\right]+\exp\left[-\dfrac{F}{RT}(E-E_1)\right]\cdot\exp\left[-\dfrac{F}{RT}(-E-E_2)\right]} \tag{10-56}$$

$$G = k_2\frac{k_{E_1}^F + k_{E_2}^F + k_{E_1}^B}{k_{E_1}^F k_{E_2}^F} \tag{10-57}$$

$$Q = \frac{1}{2}\left(P + \sqrt{P^2 + \frac{4K_M}{[S^*]H(1+G)}}\right) \tag{10-58}$$

$$P = 1 - \frac{K_M\left(\dfrac{1}{H} + \dfrac{k_2\Gamma_{En}^*}{0.620 D_S^{2/3}\omega^{1/2}\nu^{-1/6}K_M}\right)}{[S^*](1+G)} \tag{10-59}$$

式中，E_1 和 E_2 是酶发生氧化还原的两个式量电位。

上述关系非常复杂，但在一些特定的情况下，它们可以变得比较简单，或不是很复杂。H 项表征的是伏安曲线的 "S" 波形，当 $H \approx 0$，即电极电位 $E \ll E_1$ 和 E_2 时，没有催化反应发生；当 $H \approx 1$，即电极电位 $E \gg E_1$ 和 E_2 时，催化反应能够发生。G 项中包含电位正向扫描时的异相电子转移速率（$k_{E_1}^F$，$k_{E_2}^F$）及电位反向扫描时的异相电子转移速率（$k_{E_1}^B$，$k_{E_2}^B$），这些电子转移速率与电极电位的关系可用 Butler-Volmer 方程或 Marcus 电子转移理论计算[72]。如果酶在电极表面的直接电子转移速率非常小，那么不论电极电位如何，G 的值将变得很大，这时没有电流可以能够被测得，这种情况在酶的催化反应中经常遇到。当酶在电极表面的电子转移是有效的时候，而且过电位很高，即 $H \approx 1$ 时，式(10-55)、式(10-58) 和式(10-59) 中的 G 项可以忽略。Q 项是电极表面与本体溶液中底物浓度的比值，它是衡量底物传质有效性的一个量，如旋转圆盘电极测量实验中，它与圆盘电极的转速（ω）、溶液的动力学黏度（ν）等有关，是酶催化反应中 Levich 方程的一种形式。在转速较高，并且电极电位 $E \gg E_1$ 和 E_2 时，P 和 Q 的值接近 1。总之，在底物的扩散不是速控步骤、而且过电位较大时，催化反应的平台（极限）电流能用一个简单的关系式表示 [式(10-60)]，这一关系式与 Michaelis-Menten 方程类似。

$$i_p = 2FA\Gamma_{En} \frac{k_2[S^*]}{[S^*] + K_M} \tag{10-60}$$

10.3.3　酶在电极表面的固定

在酶催化的实际使用过程中，总希望将酶固定在电极表面，这样不仅使用方便，而且可以避免后继的复杂理论处理。所谓酶的固定就是通过化学或物理的处理方法，使原来水溶性的酶分子与固体的非水溶性载体相结合或被载体包埋。而作为酶固定工艺的一部分，载体材料的结构和性能对固定酶的各种性能都有很大的影响。随着合成材料技术的不断发展以及各种性能优越的新材料的出现，固定的载体也已从最初的天然高分子材料发展到合成高分子、无机材料、复合材料以及各种纳米材料。在选择酶的固定载体材料时，一般要考虑载体的下列性能[73~75]。①功能团：一般来说，载体材料表面带有能与酶发生反应的官能团，如带有—OH、—COOH、—CHO 等反应性基团，则可大大提高载体材料与酶之间的结合能力，同时也可提高酶固定的稳定性。②渗透性和比表面积：好的载体材料应具有大的比表面积和多孔结构，因为具有这样结构的载体容易与酶相结合，提高酶的固定效率。③溶解性：一般来说，载体材料不能溶于水，这不仅可防止酶失活，还可防止酶受到污染。④机械稳定性：这一点对载体是非常重要的，由于固定酶的一个最大特点是要能重复使用，这就要求载体材料的机械稳定性好。⑤组成与粒径：材料的粒径要小，其比表面积大，固定酶的量就大。⑥再使用性：这对于那些比较昂贵的载体材料尤其重要。

使用比较多的酶载体材料有壳聚糖及其衍生物、海藻酸、结构性蛋白等天然高分子；聚苯乙烯、聚甲基丙烯酸、聚乙二醇等合成高分子；硅凝胶、各种介孔分子筛等无机材料，各种无机-有机复合材料，如磁性高分子微球，以及一些新型的载体，如导电聚合物、一些纳米材料等。

将酶固定在载体材料后，再将其覆盖在电极表面，电极表面膜的厚度、致密性、均匀性与分子排列的有序性等都会对酶电极的性能产生影响。而且在固定过程中，既要保持酶本身的固有特性，又要避免自由酶应用上的缺陷。因此酶的固定技术决定着酶电极的稳定性、选择性和灵敏度等主要性能，同时也决定酶电极是否具有研究和应用价值。经过多年来的不断研究，已经建立了多种有效的酶固定方法，目前，被广泛使用的酶固定方法主要有膜固定法、吸附法、共价键合法、聚合物包埋法、交联法、组合法以及抗原-抗体结合法等[76~80]。各种方法的示意图如图 10-15 所示。

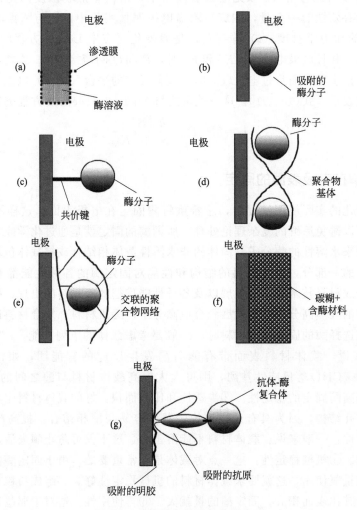

图 10-15　酶固定的几种主要方法

（a）膜固定法；（b）吸附法；（c）共价键合法；（d）聚合物包埋法；
（e）交联法；（f）组合法；（g）抗原-抗体结合法

10.3.3.1 膜固定法 [图 10-15(a)]

膜固定方法可能是各种固定方法中最简单的一种，该方法是将酶用一小块透析膜固定在电极表面 [图 10-15(a)]，具体做法是将酶溶液滴在透析膜上，然后将其用一个"O"形环或橡皮筋等固定在电极表面[5,81~83]。根据酶分子量的大小，选择不同的透析膜，要求是酶分子不能透过透析膜离开电极表面，而底物能自由穿过透析膜达到电极表面，被酶催化生成的产物也能自由穿过透析膜而离开电极表面。该方法最先由 Bednarski 等[84]于 1987 年提出，并迅速得到使用，如 Ikeda 等[81]利用该方法将过氧化物酶固定在碳糊电极表面。

该方法的优点有：①固定方法简单，不会引起酶的变性失活，而且可将酶固定在各种电极表面；②酶的用量少，一般只需 $1\sim2\mu L$ 酶溶液，这对于那些很难得到或价格昂贵的酶来说尤其重要，有报道仅用 20pmol 的酶就能用该法固定在电极表面，并得到了较好的电化学信号[85]；③一个电极可重复使用，酶不会泄漏，可用同一根电极研究酶电化学的各种性能，如扫速的关系、pH 的影响、稳定性能、支持电解质组成的影响等；④能减少溶解 O_2 的影响；⑤能得到类似薄层电化学的伏安响应，因为一般膜的厚度为 $(7\pm2)\mu m$[86]，这一点对于那些异相电子转移速率比较小的酶来说比较重要；⑥同一根酶电极可以研究不同底物浓度时的响应。

Bianco 课题组[83]用该方法研究了多种含铁卟啉类蛋白质和酶的电化学，还研究了氧化还原酶（如氢酶）的催化性能，都能得到良好的伏安曲线，能用于定量分析。他们还利用该方法将细胞固定在电极表面，如将 DvH（*Desulfuromonas vulgaris* Hildenborough）细胞固定在电极表面，研究了该细胞催化 H_2 分解成 H^+ 和 H^+ 被还原成 H_2 的性能[83]。

10.3.3.2 吸附法 [图 10-15(b)]

物理吸附法也是酶固定方法中比较简单的一种。酶在电极表面的吸附一般是将含有酶的溶液滴加到电极表面，在 4℃时保持一段时间，让溶剂挥发，在溶剂挥发过程中酶不会发生热降解；然后再用水仔细淋洗，洗去吸附不牢固和没有发生吸附的酶分子。由于一般酶分子能自发地在固体电极表面发生不可逆的吸附过程，因此，从理论讲，该方法能用于任何酶在电极表面的固定[87~89]。由于在酶发生吸附过程中，不能人为地控制酶分子的吸附取向，因此，酶在电极表面的取向是随机的，而且可能是多分子层吸附的，所以有时会对酶与电极之间的电子转移性能产生影响。

物理吸附法主要通过范德华力或静电作用力将酶分子吸附在电极表面，它无需任何化学试剂、活化步骤和清洗步骤。如 Ikariyama 等[90]采用微铂电极，在含有氯铂酸和葡萄糖氧化酶的溶液中进行恒电流或恒电位电解，使酶分子吸附在电解过程中产生的铂黑颗粒表面上；Ikeda 等[91]通过物理吸附法在碳糊电极表面吸附一层葡萄糖氧化酶；Gorton 等[92]直接将含辣根过氧化物酶的缓冲溶液滴加在 PG 电极表面，在溶剂挥发后，就得到了辣根过氧化物酶修饰的 PG 电极，并研究它们的催化性能。有时，在吸附酶分子之前，电极表面还需进行一些处理，如 Osa 等[93]

研究指出，在化学沉积的羧化聚氯乙烯衍生物/正三十二烷基铵（PVC-COOH/TDA）复合聚合物膜上，青霉素酶可通过静电作用而进行吸附；Suad-Changny 等[94]用电化学方法先在碳基微电极上沉积 BSA 蛋白质，然后再在其外鞘上吸附乳酸脱氢酶，制备了乳酸脱氢酶传感器；Zaitsev 等[95]先在电极表面修饰一层卵磷脂/溴化十六烷基三甲基铵单分子层，然后再吸附葡萄糖氧化酶。蔡称心等[43]曾在修饰 PDDA 的碳纳米管表面吸附酒精脱氢酶（如图 10-16 所示），制备了能响应乙醇的传感器；他们还在修饰有 PDDA 的碳纳米管表面吸附固定了葡萄糖氧化酶[96]。陈洪渊等[97,98]利用 Au 与—SH 之间能形成 Au—S 键的性质，先在金电极表面通过共价键合的方法修饰一层半胱胺单分子层，半胱胺分子的—NH$_2$ 再与戊二醛中的一个醛基键合，而戊二醛中的另一个醛基继续与溶液中的半胱胺分子中的—NH$_2$ 作用，从而使金电极表面修饰单层的尾端带有—SH 基，最后通过纳米金胶粒子与尾端的—SH 基作用将纳米 Au 颗粒接到电极表面，然后将辣根过氧化物酶分子吸附在纳米金颗粒的表面，其过程如图 10-17 所示。经过这样复杂的处理，其目的是使电极表面带有纳米金粒子，因为纳米金粒子具有大的比表面积、好的生物兼容性，而且金纳米粒子的存在能给吸附的酶更多的空间自由取向。

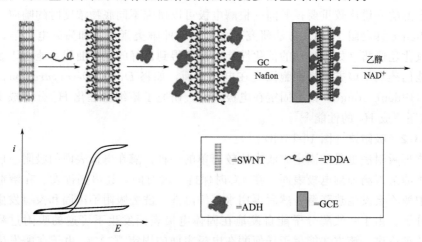

图 10-16　酒精脱氢酶（ADH）在碳纳米管表面的吸附固定过程[43]

　　与其它方法相比，酶的吸附固定法对酶活性影响较小，但对溶液 pH 值的变化、温度、缓冲溶液的离子强度和电极基底较为敏感，需要对实验条件进行相当仔细的优化；而且该方法所固定的酶容易从电极表面脱落，因而使酶电极的寿命受到影响。

10.3.3.3　共价键合法 [图 10-15(c)]

　　通过电极的某些反应活性基团与酶分子本身的反应活性基团之间形成共价键而使酶分子固定在电极表面的方法称为共价键合法。这种方法通常要求在低离子强度和生理 pH 条件下进行，并常加入酶催化的底物以防止酶分子的活性部位与电极表面的基团发生键合。一般地，电极表面共价键的形成比吸附困难，但这种方法能使酶分子牢固地固定在电极表面，不易脱落、稳定性好而被广泛采用。

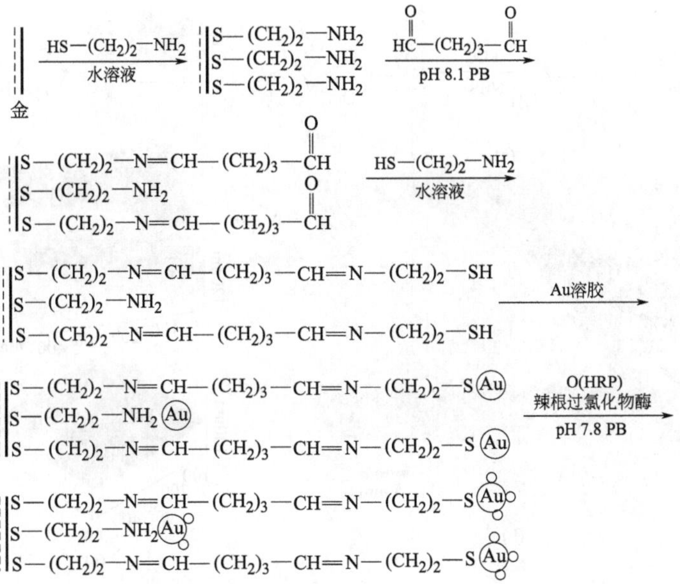

图 10-17　辣根过氧化物酶在 Au/半胱胺/纳米金胶表面的吸附制备过程[97]

酶分子与电极表面形成共价键时，有很多因素要考虑。一般地，这样的固定过程包含三个主要步骤[87]：基底电极表面的活化，即在电极表面引入能与酶分子形成共价键的基团，酶的偶联以及除去键合较松散或没有键合的酶分子。这些步骤中每一步都有合适的条件，都需在实验过程中探索，而且这些合适的条件都决定于酶和偶联试剂的特性。

酶分子表面本身的反应活性基团一般是—NH₂ 和—COOH，电极表面的活化通常采用化学试剂如硅烷[99]、氰尿酰氯[100] 等完成，对于碳材料电极也可用强酸氧化的方法，如用浓 H_2SO_4 和浓 HNO_3 的混合酸对碳纳米管进行氧化[101]，使其表面生成—COOH，然后再利用—COOH 和酶分子表面的—NH₂ 之间能形成酰胺键将酶分子固定在电极表面。—COOH 和—NH₂ 之间反应一般都需要使用碳二亚胺类化合物活化，增加这两个基团之间的反应活性[102]，如 EDC [EDC 是 N-ethyl-N′-(3-dimethylaminopropyl) carbodiimide hydrochloride 的缩写] 等碳二亚胺类物质；也可使用琥珀酰二亚胺（NHS），或者同时使用 EDC 和 NHS 活化—COOH，如 Jiang 等[103] 先用浓 H_2SO_4 和浓 HNO_3 的混合物对多壁碳纳米管进行氧化，使其表面生成—COOH，然后用 EDC 和 NHS 对其活化，生成具有稳定反应活性的酯键，然后再与酶分子中的—NH₂ 反应，使酶分子固定到电极表面，并且这种酶的固定得到了 TEM 和 AFM 实验结果的证实。反应过程及 TEM 和 AFM 照片如图 10-18 所示。

碳材料电极表面也可用等离子刻蚀或电化学氧化处理而形成一系列含氧基团，这些基团被还原为醇后，可被氰尿酰氯有效活化，并通过与酶分子中的—NH₂ 键

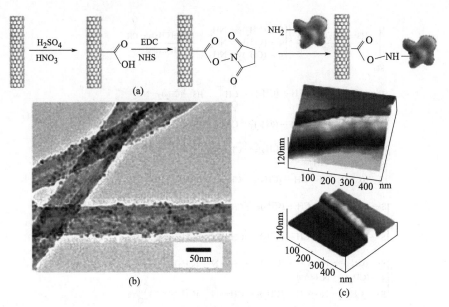

图 10-18　利用共价键合法在多壁碳纳米管表面固定酶分子（a）及固定后的 TEM（b）和 AFM 照片（c）[103]

合而将酶分子固定在电极表面[100]。

有些分子通过化学键作用能自发地在电极表面形成热力学稳定的有序膜，这类自组装膜也被用来共价键合酶分子，实现酶在电极表面的共价键合固定，如 Darder 等[104]通过共价键合的方法将脱氢酶固定在 Au 电极表面的辛基二硫代硝基苯自组装层上，因为电极表面的这个修饰层能够提供一个静电和疏水的环境，使键合在上面的酶层稳定；用这种方法制备的果糖传感器有很好的稳定性，它的催化信号至少能保持 25d，而且在检测时不受抗坏血酸的影响。这种方法中使用最多的是用半胱胺（或胱胺）中的巯基与 Au 电极之间生成的有序自组装膜。如 Willner 等[105]利用这种方法将微过氧化物酶 MP-11 固定在 Au 电极表面；他们[106]还用这种方法将单壁碳纳米管固定到 Au 电极表面，然后再将葡萄糖氧化酶通过共价键合的方法连接到单壁碳纳米管上（图 10-19），这样可以提高葡萄糖氧化酶催化葡萄糖氧化的活性；但这样固定的葡萄糖氧化酶的催化活性与单壁碳纳米管的长度有关，长度越长，催化活性越小；当碳纳米管的长度超过 150nm 时，酶的催化活性就很小了，说明此时酶与电极间的距离已经超过了酶与电极之间能进行有效电子转移的距离。

酶在电极表面的共价键合过程中还经常使用一些其它的具有双功能团的试剂，如戊二醛就是经常使用的一个，在戊二醛分子中有两个醛基，它们可以分别与不同分子中的—NH₂反应生成酰胺键，从而达到共价固定的目的。如 Willner 等[107]利用戊二醛将细胞色素 c 氧化酶固定在 Au 电极上（图 10-20），他们先在 Au 电极表面形成一层半胱胺单分子层，然后电极表面半胱胺分子中的—NH₂与琥珀酸形成

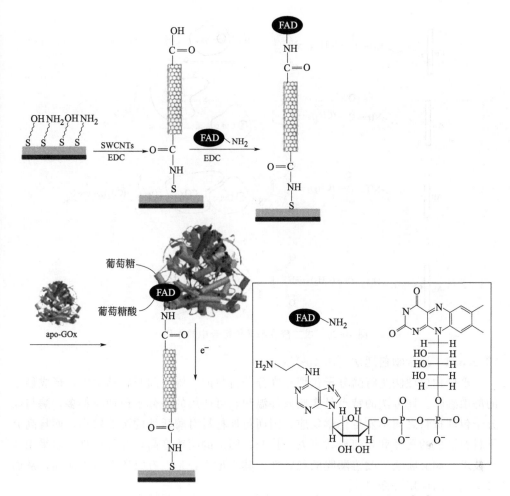

图 10-19　单壁碳纳米管与葡萄糖氧化酶在 Au 电极上的共价固定[106]

酰胺键，将经巯基化的细胞色素 c 固定到电极表面，再使细胞色素 c 氧化酶吸附在
细胞色素 c 分子表面；但这样吸附的细胞色素 c 氧化酶在电极表面不牢固，容易脱
落，为了使细胞色素 c 氧化酶分子能稳定地固定在电极表面，最后用双功能团试剂
戊二醛将细胞色素 c 氧化酶分子固定在细胞色素 c 分子上，即戊二醛分子中的两个
醛基分别与细胞色素 c 氧化酶分子和细胞色素 c 分子的—NH₂ 反应生成酰胺键，
将细胞色素 c 氧化酶分子和细胞色素 c 分子连接在一起。

　　在酶的共价键合固定过程中要特别注意偶联试剂的使用，因为要使固定在电极
表面的酶能催化底物反应，必须使酶能与电极之间进行有效的电子交换，这种交换
包括酶与电极之间的直接电子转移，也包括有媒介体存在时的电子转移，而酶与电
极之间的电子转移是有距离限制的，如果距离太长，则电子转移效率低，影响酶的
催化效率。所以偶联试剂分子链的长度不宜太长，否则会影响酶的催化效率，甚至
固定的酶催化活性。

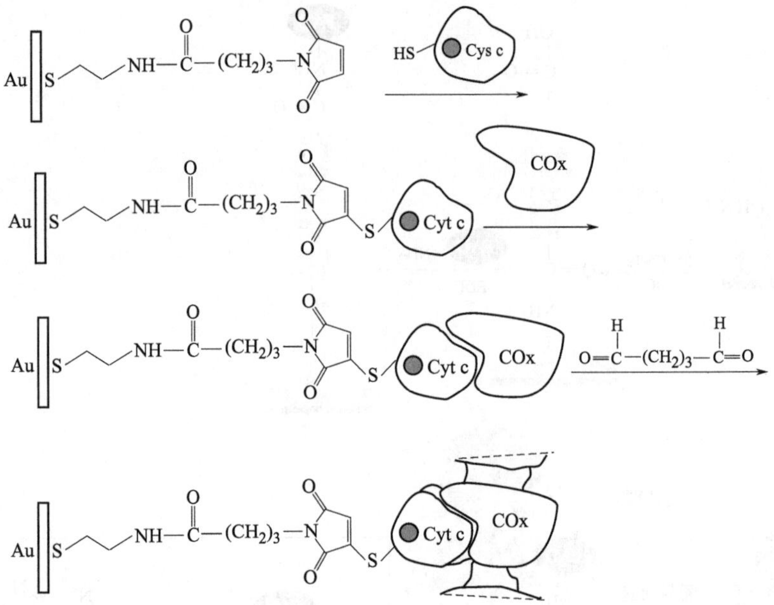

图 10-20　戊二醛在酶共价键合中的作用[107]

10.3.3.4　聚合物包埋法 ［图 10-15(d)］

聚合物包埋法是将酶分子包埋在高分子材料的三维空间网状结构中，形成稳定的酶敏感膜。该方法的特点是实验条件温和，可选用的高分子包埋材料多，酶与高分子包埋材料之间不发生化学反应，因而包埋材料对酶活性的影响较小，而且高分子材料形成的孔径和几何形状可人为控制；固定的酶浓度高，并且可进一步采用其它技术，如交联法等改善酶膜的稳定性。其不足之处是，有时酶会发生泄漏，从而影响电极的使用寿命[108]。

用于包埋酶的高分子材料一般包括天然高分子和合成高分子材料，如琼脂糖凝胶、脂质体及纤维素、聚甲基丙烯酸衍生物、聚酰胺等。由于合成材料的灵活性、结构的可预设性以及性质的多样性，所以合成高分子材料在酶的固定方面发挥了重要作用。可用于包埋酶的合成高分子材料很多，若按结构特点和性能可分为电生聚合物、氧化还原聚合物、离子交换聚合物、高分子复合物和溶胶-凝胶材料等。

包埋法由于方法简单，因而使用范围广，如 Karyakin 等[109]把葡萄糖氧化酶植入由水-有机溶剂混合而成的 Nafion 膜中，然后利用这种聚合物将酶固定，这种酶/Nafion 溶液修饰到普鲁士蓝修饰的 GC 电极后，可以制备高灵敏度的葡萄糖传感器；Wang 等[110]将酒精脱氢酶和聚四氟乙烯悬浊液混合，然后再涂覆到电极表面，从而将酒精脱氢酶固定在电极表面，如果在酶和聚四氟乙烯的混合物中加入碳纳米管，可进一步增加酶的催化活性，制成的电极可用于乙醇的定量测定。

值得一提的是，近年来溶胶-凝胶（如二氧化钛凝胶）技术用于酶分子的固定引起了极大兴趣，有很多相关研究的报道文章发表[111～115]。溶胶-凝胶材料是一类非常适合于酶固定的基质材料，它有两大优势：一是溶胶-凝胶材料可以吸附大量的水，利于保存生物分子的活性，使活性中心长期稳定；二是溶胶-凝胶材料的制备可在室温下完成。最主要也是最常用的是通过溶胶-凝胶过程制备的二氧化硅，这种溶胶-凝胶二氧化硅材料具有多孔性、高的热稳定性和化学惰性，同时在水溶液和非水溶液中具有较低的溶胀性、良好的生物兼容性，且可以抵挡微生物的攻击，因而作为酶分子的固定载体能最大限度地保持酶分子的功能和活性。在二氧化硅材料凝胶化过程中，由于凝胶内部孔穴大小不均匀，溶剂和水蒸发时产生的内压梯度会导致电极表面的固定化酶膜干裂，当电极浸入溶液中时，膜会从电极表面脱落；为了解决这一问题，一些研究者使用诸如 Triton-X、季铵盐等表面活性剂作为干燥剂，或者使用交联共聚物来防止凝胶的干裂。然而，表面活性剂的使用会对酶的活性产生伤害，从而影响到电极的性能。共溶剂通常也是有机溶剂，对生物大分子有伤害，影响电极的稳定性和寿命。改进的方法之一是利用超声分散使前驱体和水充分混合，克服溶剂的影响。

最近，鞠熀先等提出了一种简易的气相沉积方法用于制备二氧化硅凝胶。通过这种方法可以在 GC 电极等固体表面得到二氧化硅凝胶膜，并可用于酶（如辣根过氧化物酶）的固定。该方法的主要步骤是：先将酶溶于缓冲溶液中，所选择的缓冲溶液的 pH 因酶分子的种类而异；在载体表面滴涂上一定浓度的酶溶液，并将其悬于四异丙氧基钛液面的上方，然后将此体系密闭；将以上密闭体系置于 $15\sim35℃$ 的水浴中，恒温 $4\sim8h$。密闭体系中液面上的四异丙氧基钛蒸气与载体表面的溶液接触，发生缓慢的水解反应生成二氧化硅溶胶，凝胶化后将酶分子包埋并固定于载体表面。这种气相沉积的溶胶-凝胶制备过程克服了传统溶胶-凝胶过程中凝胶介质易于开裂的缺陷，得到的二氧化硅凝胶表面洁净，具有多孔性结构，形态均一、粒径和固定化酶分布均匀。凝胶修饰电极能有效地保持酶的活性，长时间保存能维持良好的稳定性。他们以邻苯二酚作为媒介体，酶电极对过氧化氢表现出快速的电催化响应，响应时间小于 $5s$，表明二氧化硅凝胶对酶底物的扩散阻力很小。过氧化氢浓度在 $0.08\sim0.56mmol \cdot L^{-1}$ 范围内，催化电流与底物浓度成线性关系。电极的最低检测限可达 $1.5\mu mol \cdot L^{-1}$，对过氧化氢的测定灵敏度为 $61.5\mu A \cdot L \cdot mmol^{-1}$。

有关溶胶-凝胶的制备、特性以及用于酶分子（包括蛋白质分子等其它具有生物活性的生物分子）的固定等更详细的情况可参阅有关专著，如文献 [1] 中第 6 章中的内容。

在聚合物包埋法中还有一种被称为电化学聚合法的酶固定方法，即将酶、聚合单体，有时还包括媒介体和辅酶等同时溶于溶液中，用电化学方法，如恒电位法、恒电流法或循环伏安法等使单体在电极表面发生聚合生成聚合物，在单体聚合过程中，由于吸附或静电作用，或由于聚合物形成过程中需要其它离子或物质平衡它的电荷等可以将酶分子、媒介体或辅酶等物质包裹（嵌入）到形成的聚合物膜中去，从而将酶分子固定在电极表面。与其它方法相比，该法有以下优点：简单，电化学聚合和酶的固定可同时完成，并直接固定在电极表面；聚合物厚度和酶的固定量容易控制和调节；有些高分子膜具有选择透过某些物质的功能，可起到降低干扰、防止电极污染的作用。

使用较多的聚合物是聚苯胺、聚吡咯、聚噻吩及其衍生物等。如陈洪渊等[116]用电化学聚合法将葡萄糖氧化酶固定在聚吡咯膜中，形成了酶修饰的微带金电极，并研究了该电极对葡萄糖的催化作用；Sung 等[117]将葡萄糖氧化酶掺杂在聚吡咯中，一起电聚合制备得到了高灵敏度的传感器，检测浓度大于 $20mmol \cdot L^{-1}$ 的葡萄糖时，有很灵敏的电流信号。如果使用两种或几种聚合物的复合物膜固定酶，可使制备的酶电极的性能得到进一步的改善，如 Kanungo 等[118]用聚苯乙烯磺酸盐-聚苯胺复合物固定酶，这种复合物是在聚碳酸酯膜风化后的气孔中合成的，在聚合的同时固定酶，与单用聚苯胺膜相比，制成的酶电极有更宽的线性范围和更短的响应时间。

该方法的不足之处是当使用的电位范围较大时，会影响酶的稳定性；而且，在聚合物形成时，如果采用的电位较正或较负，会使酶失活[119]。

10.3.3.5 交联法 [图 10-15(e)]

在酶的吸附固定和包埋固定方法中，为了使酶分子能更牢固地固定在电极表面上，在酶分子吸附或包埋后，经常还需要使用交联试剂将酶分子交联在电极表面，以防止酶分子从电极表面脱落。交联本身也可以将酶分子固定在电极表面，该方法是采用双功能团试剂，在酶分子之间、酶分子与其它惰性物种，如凝胶或聚合物、蛋白质之间交联形成网状结构而使酶固定的方法[120,121]。最常用的交联试剂为戊二醛，它能在温和条件下与蛋白质的自由氨基之间发生反应，反应式如下：

$$\begin{array}{c}
\text{CHO} \\
| \\
\text{(CH}_2\text{)}_3 \\
| \\
\text{CHO}
\end{array}
+
\begin{array}{c}
\text{NH}_2\text{—enzyme} \\
\text{NH}_2\text{—BSA}
\end{array}
\longrightarrow
\begin{array}{c}
\text{OH} \\
| \\
\text{HC—NH—enzyme} \\
| \\
\text{(CH}_2\text{)}_3 \\
| \\
\text{HC—NH—BSA} \\
| \\
\text{OH}
\end{array}$$

采用这种方法的局限性是膜的形成条件不易确定，而且要想获得理想的效果，条件也不太容易控制，需仔细地研究 pH、离子强度、温度及反应时间等因素的影响，然后才能获得较好的结果。交联膜的厚度及戊二醛的含量对固定的酶的活性均会产生影响，当膜较厚时，由于扩散受到阻碍，往往致使酶的活性降低，响应时间变长；戊二醛的含量较低，酶分子不易被固定，而戊二醛的浓度较高，则会导致酶失活，此时通常需要加入惰性的蛋白质，如 BSA，用来结合过量的戊二醛，因此，当用戊二醛作为双功能团试剂交联固定酶分子时，一般都会同时添加 BSA，如蔡称心等[122,123]曾用戊二醛及 BSA 将酒精脱氢酶分别固定在纳米微带金电极和有聚耐尔蓝 B 修饰的碳纳米管表面，并研究了它们在检测乙醇方面的性能。

该方法除了条件难控制外，还有一个不足之处是被固定的酶分子经过交联步骤后，其中一部分酶分子的原有三维结构不能保持，从而发生变性、失去催化活性[5]。

10.3.3.6 组合法 [图 10-15(f)]

组合法是将酶分子和电极材料简单地混合以固定酶分子及制备酶电极的一种方法。典型的是酶碳糊电极，其制作的一般方法是将酶分子和光谱纯碳粉以一定比例混合均匀后，加入少量石蜡油用作黏结剂，然后将这种混合物填充到一定大小的玻璃管、塑料管或毛细管中，压实后，在尾部用引出导线，将电极的前部抛光后即成为酶电极。酶、碳粉及石蜡油的用量比例对制成的电极性能往往有很大的影响，因此，在用这种方法固定酶时，一般都需要对实验条件进行仔细筛选，找出它们三者的最佳用量比。Ju H X 等[124]将辣根过氧化酶、金胶、石蜡油、石墨粉一起混合制成了碳糊电极，得了一种可更新、可再生的 H_2O_2 传感器，其中金胶的作用是保持酶的活性，加速辣根过氧化物酶与碳活性点之间的电子传递。这种传感器可用于对 H_2O_2 的快速测定，检测限能达到 $0.21\mu mol \cdot L^{-1}$。将酪氨酸酶掺杂在金胶修饰碳糊中，进一步研制了一种新型的酪氨酸酶传感器，用于酚的测定，这种传感器响应速度快、灵敏度高[125]。另一种是有机导体盐作电极材料与酶混合用于酶的固定[126]。

该方法用于酶的固定具有制作简单、电极表面容易更新以及酶的固定量可容易调控等优点；不足之处是电极表面不均匀，重现性差，酶易泄漏，酶的用量大而浪费，电极不易微型化等。改进的方法有先将酶共价固定在甲壳素粉上，然后混合碳粉及石蜡油组成酶碳糊电极[127]。

由于酶一般是从植物或动植物的组织、细胞中，或细菌中提取和分离出来的，这样得到的酶的量非常小，而且价格昂贵，并且将酶从生物体中分离出来后，其稳定性和催化活性大为降低。组合法可以直接将动物或植物的组织或细胞与碳粉混合制成碳糊电极，从而将组织中的酶分子也固定在电极表面，这样可以最大限度地保持酶的催化活性和稳定性[128~131]。如 Forzani 等[129]直接将蘑菇组织与碳粉混合制成了含有蘑菇组织的碳糊电极（图 10-21），利用蘑菇组织中含有的多酚氧化酶催化多巴胺的氧化，发现该电极对多巴胺的检测可达 20ng，而且排除了共存的抗坏血酸对多巴胺检测的干扰。用同样的方法可以将其它植物，如蔬菜、西红柿、梨等的组织制成碳糊电极，从而将它们组织中的酶固定到电极表面。

10.3.3.7 抗原-抗体结合法 [图 10-15(g)]

抗原-抗体结合法固定酶分子的方法是基于抗原-抗体之间结合的高度选择专一性，该方法是先将抗原（或抗体）分子固定在电极表面，使要固定的酶分子标记到抗体（或抗原）分子表面，然后利用抗原-抗体之间的特殊作用将酶分子固定到电极表面[132~134]。如 Bourdillon 等[135~137]先将来自兔血清中的无性抗原（IgG）固定在预先吸附一层动物胶的 GC 电极表面，将葡萄糖氧化酶标记在抗体分子表面，最后利用抗原-抗体之间的作用将葡萄糖氧化酶分子固定在 GC 电极表面（图 10-22）。该电极可用于响应溶液中葡萄糖浓度的变化，而且这种固定酶的方法是基于抗原-抗体之间的自组作用，所以不会影响固定酶的催化活性。

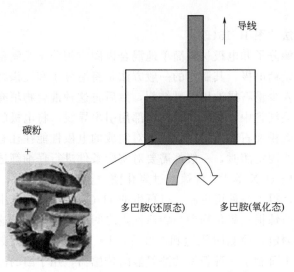

图 10-21　蘑菇/碳糊电极测定多巴胺[129]

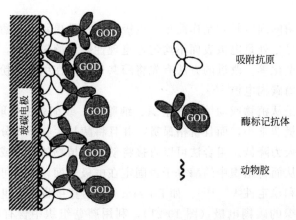

图 10-22　抗原-抗体结合法固定葡萄糖氧化酶[132]

　　该方法为酶的固定开辟了新的途径，而且可以根据需要将多种酶分子同时固定在电极表面，制成多酶体系的免疫电极，如 Keay 等[138]将抗体和辣根过氧化酶同时固定在电极表面。当葡萄糖氧化酶标记的抗原与电极表面固定的抗体结合后，在有葡萄糖存在的条件下，H_2O_2 可以通过酶通道传递到辣根过氧化酶分子上。本体溶液中产生的 H_2O_2 通过催化反应被分解而不能达到电极表面。由于辣根过氧化酶的活性可以通过电化学方法测定，所以结合的葡萄糖氧化酶标记抗原可以被定量测定。Limoges 等[139]利用该方法将辣根过氧化物酶（HRP）固定在电极表面，并分析酶催化的动力学等。更多的利用抗原-抗体结合法固定酶的例子可以参阅有关的专著，如文献［1］中第 9 章的有关内容。

10.3.3.8　酶固定的其它方法

　　还有一些其它方法被用于酶分子在电极表面的固定[140]，如印迹技术（screenprinting）与光诱导的交联技术相结合可用于酶的固定；旋转涂覆（spin-coating）方法也可用于酶的固定等。

还有一种较常用的酶固定方法是所谓的层-层组装法，该方法的原理实际上如前面所述的吸附法，它一般是利用正负电荷之间的作用力将酶固定在电极表面。一般的步骤是先在电极表面吸附一层带正电荷（或负电荷）的分子层，然后再利用该电极继续吸附溶液中与电极表面带相反电荷的分子，这样的步骤可以一直重复下去，直到所需要的层数。在固定酶分子时，要特别注意所要固定的酶分子的等电点，因为在等电点前或后，酶分子所带的电荷是不一样的。该方法由于原理明确、操作步骤简单，而被广泛使用，如 Zhao 等[141]先在金电极表面自组装一层 MPS（3-mercapto-1-propanesulfonic acid），使金电极表面带负电荷，然后在 Au/MPS 表面依次吸附带正电荷的 PDDA 和带负荷的 PSS（polystyrene sulfonate），这样电极最外层是带负电荷的，然后将 PDDA 包裹的碳纳米管吸附在 Au/MPS/PDDA/PSS 电极表面，再在电极外层吸附带负电荷的葡萄糖氧化酶分子（pH＝7.4，葡萄糖氧化酶的等电点为 4.2）；再轮流吸附 PDDA 包裹的碳纳米管和葡萄糖氧化酶分子，从而将葡萄糖氧化酶固定在电极表面。

层层组装法固定酶的方法需要对组装的层数加以筛选，当固定的层数少时，固定的酶的量小，电极的催化活性不高；当固定的层数多时，虽然固定的酶的量增加了，但由于膜的厚度增加，导致酶与电极表面之间的电子传递受阻，反而降低了酶的催化活性，因此往往需要根据具体的实验情况，找到使酶电极能发挥最大催化活性的层数。

10.4 酶催化电化学研究的几个重要例子

用电化学方法研究酶催化反应的例子很多，这里仅介绍几个重要的例子，从这些重要的酶催化反应中，可以了解用电化学方法是怎样获得酶催化反应的动力学参数，即如何通过电化学研究而获得酶催化反应的速率常数、米氏常数及酶催化反应的机理等。在下面的内容中，涵盖有媒介体存在的酶催化反应和没有媒介体存在的酶催化反应两种情况，而且这里介绍的酶催化反应均在水溶液中进行，但所用的电化学研究方法同样也适用于各种非水体系中酶催化反应的研究。与水溶液体系相比，有时在非水体系中研究酶催化更具优越性，这方面已有综述性的文章发表[142]，这里不再细述，有兴趣的读者可以参阅有关文献。

酶催化反应的动力学都是通过测定和分析酶催化底物所产生的伏安电流而得到的，但这方面有大量的文献是研究伏安电流与底物浓度之间的关系，即着重报道电流与底物浓度的线性范围，酶催化底物的灵敏度、检测限以及酶电极的寿命等，这方面的研究内容是酶催化反应基础研究向实际应用的一种重要过渡，这方面的重要成果将在下一节（电化学传感器）中详细阐述。

10.4.1 葡萄糖氧化酶

在用电化学方法研究的所有酶催化反应中，葡萄糖氧化酶（GOx）催化葡萄糖氧化的反应是研究得最多的一个，这是因为这一催化反应在食品分析、临床诊断以及环境检测等方面都具有重要的用途[53~56,60,143~148]。

GOx 分子是一个二聚体分子，随来源不同，其分子质量一般在 150~180kDa之间，它的氧化还原活性中心是黄素腺嘌呤二核苷酸（FAD）[149]。GOx 在体内的生理功能是在 O_2 存在下，催化葡萄糖氧化成葡萄糖酮，同时生成 H_2O_2；GOx 在工业上最重要的用途是制作传感器，用于测定体液、食品、饮料以及发酵液等中的葡萄糖含量。

GOx 催化 β-D-葡萄糖氧化生成葡萄糖酮［式（10-61）］，葡萄糖酮再进一步水解成葡萄糖酸，在这一反应过程中，GOx 本身由氧化态转变为还原态，要使酶催化反应不断进行下去，必须使还原态的 GOx 重新转变为具有催化活性的氧化态GOx。O_2 是这一转变过程天然的电子受体，O_2 则被还原成 H_2O_2［式（10-62）］，通过电化学直接或间接地测定生成的 H_2O_2 与底物及所加电位的关系，可以得到这一酶催化反应的动力学参数及电流与底物浓度的关系等[150]。

$$GOx(Ox) + glucose \longrightarrow GOx(Red) + gluconolactone + 2H^+ \qquad (10\text{-}61)$$

$$GOx(Red) + 2H^+ + O_2 \longrightarrow GOx(Ox) + H_2O_2 \qquad (10\text{-}62)$$

$$GOx(Red) + Q \longrightarrow GOx(Ox) + HQ \qquad (10\text{-}63)$$

$$GOx(Red) + Fc^+ \longrightarrow GOx(Ox) + 2Fc^+ \qquad (10\text{-}64)$$

由于溶液中自然溶解的 O_2 会随着体系的不同而有一定的差别，这会导致所得结果的不准确性，或给分析结果带来误差，因此有必要使用其它的媒介体实现GOx（Red）到 GOx（Ox）的转变，早期使用的人工媒介体是各种醌类化合物（Q）[151]，这类化合物也能从 GOx(Red) 接受电子，实现 GOx(Red) 到 GOx(Ox)的转变［式（10-63）］。Cass 等[152] 使用二茂铁作为媒介体，实现 GOx(Red) 到GOx(Ox) 的转变［式（10-64）］。目前部分商业化的葡萄糖传感器就使用二茂铁作为媒介体。

继 Cass 等[152] 使用二茂铁作为媒介体实现 GOx 的电催化反应后，二茂铁类化合物作为 GOx 催化葡萄糖氧化的媒介体得到人们的重视。Saveant 等[60] 使用羟甲基二茂铁作媒介体，用电化学方法研究了 GOx 催化葡萄糖的氧化反应，并对这一复杂的电化学过程进行了理论分析。在没有葡萄糖存在时，羟甲基二茂铁在电极上的循环伏安表现出典型的 1 电子氧化还原反应波形，当向含 GOx（$2.7\text{mmol} \cdot L^{-1}$）和羟甲基二茂铁（$0.1\text{mmol} \cdot L^{-1}$）的溶液中加入 $0.5\text{mol} \cdot L^{-1}$ 葡萄糖时，其电流-电位响应为 "S" 形的稳态伏安，说明在羟甲基二茂铁存在下，GOx 能催化葡萄糖发生电化学氧化。蔡称心等[96] 将 GOx 分别固定在碳纳米管表面和有 PDDA 修饰的碳纳米管表面，用溶解在溶液中的单羧基二茂铁作媒介体研究了 GOx 对葡萄糖的电化学催化氧化（图 10-23）。

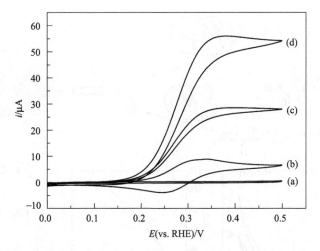

图 10-23　固定在碳纳米管表面的 GOx 在单羧基二茂铁存在时对葡萄糖的催化氧化

(a) PBS (pH6.9)；(b) 含 1.0mmol·L^{-1}单羧基二茂铁的 PBS；

(c) 含 1.0mmol·L^{-1}单羧基二茂铁和 25mmol·L^{-1}葡萄糖的 PBS；

(d) 含 1.0mmol·L^{-1}单羧基二茂铁和 50mmol·L^{-1}葡萄糖的 PBS。

扫描速率均为 1mV·s^{-1}[96]

对于这类有媒介体存在下的复杂酶催化反应，运用简单的双倒数作图法，即 Lineweaver-Burk 作图法是不能得到催化反应的动力学参数的，一般需根据式(10-43)～式(10-46)（酶和媒介体均在溶液中）或式(10-49)和式(10-50)（酶固定在电极表面，媒介体在溶液中）进行仔细分析才能得到具体的数据，如 Saveant 等[61]通过分析得到酶催化底物的速率常数 $k_{cat} \approx 600s^{-1}$，酶与羧基二茂铁媒介体之间的交叉反应速率常数为 10^4L·mol^{-1}·s^{-1}。

Xiao 等[153]研究了没有媒介体存在时 GOx 催化葡萄糖氧化的动力学，他们首先将 GOx 通过共价键合的方式连接到纳米 Au 颗粒表面，然后再将其修饰到覆盖有单分子膜（一类含有巯基的苯或联苯类化合物，见图 10-24）的金电极表面；或者先将 GOx 分子中氧化还原中心 FAD 连接到覆盖有单分子膜的金电极表面，再将电极表面的 FAD 组装到不含 FAD 的 GOx 分子鞘中，这样也能实现 GOx 在金电极表面的固定 [图 10-24(a)]。然后，他们研究了没有媒介体存在时，GOx 催化葡萄糖的氧化，发现催化电流随葡萄糖浓度的增加而增大 [图 10-24(b)]，并且催化电流与葡萄糖浓度之间呈现 Michaelis-Menten 特征 [图 10-24(c)]。通过分析催化电流与葡萄糖及电极表面 GOx 浓度的关系，得到催化反应速率高达 5000s^{-1}。

有关 GOx 催化葡萄糖氧化的电化学研究文献中，还有很多是着重电化学传感器制作及其响应的报道。如将 Gox 固定在聚吡咯中[116,154~160]，吸附或分散在金属颗粒或金属化合物分散体系中[161~163]，固定在碳纳米管表面[96,106,164~170]，包埋在溶胶-凝胶体系中[171~195]，利用 Apo-GOx 和固定的 FAD 的组装固定 GOx[196~199]等。

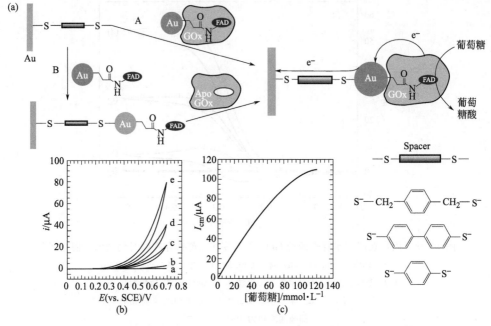

图 10-24 没有媒介体存在时固定的 GOx 对葡萄糖的催化氧化[153]

(a) GOx 在金电极表面的固定；(b) 固定的 GOx 催化葡萄糖氧化的伏安曲线；

(c) 催化电流与葡萄糖浓度的关系

10.4.2 反丁烯二酸还原酶和丁二酸脱氢酶

反丁烯二酸还原酶的作用是催化反丁烯二酸还原成丁二酸，而丁二酸脱氢酶的作用是在催化丁二酸氧化成反丁烯二酸，因此，这两个酶催化的反应都是一样的，都是反丁烯二酸还原/丁二酸氧化反应对，但催化的反应方向正好相反。反丁烯二酸还原酶和丁二酸脱氢酶催化的氧化还原反应可用式(10-65) 表示：

$$\underset{^-OOC}{\overset{H}{{}}}C=C\underset{H}{\overset{COO^-}{{}}} + QH_2 \Longleftrightarrow {}^-OOCH_2C—CH_2COO^- + Q \qquad (10\text{-}65)$$

反丁烯二酸还原酶和丁二酸脱氢酶都属于膜结合酶，都含多个氧化还原中心，均与反丁烯二酸/丁二酸之间的 2 电子转移反应有关。反丁烯二酸还原酶在厌氧呼吸链的最后阶段起催化作用，反丁烯二酸是最后的电子接受体。这种酶有 4 个亚基，分别是 A、B、C 和 D，其中 C 和 D 两个亚基含有能和氢醌化合物结合的位点，而且 C 和 D 亚基能像"锚"一样将酶分子结合在细胞质膜表面[200,201]；而 A 和 B 亚基形成结合牢固的、可溶性的复合体，是酶分子的催化部分和电子中继体(传输电子的作用)[202~205]。亚基 A (66kDa) 含有共价键合的 FAD，而亚基 B (27kDa) 含有 3 个 Fe-S 原子簇中心，它们是中心 1 ([2Fe-2S]$^{2+/1+}$)、中心 2 ([4Fe-4S]$^{2+/1+}$) 和中心 3 ([3Fe-4S]$^{1+/0}$)。虽然不同的文献在不同条件下得到的

FAD 和 Fe-S 原子簇中心的氧化还原电位不完全一致（见表 10-1），但 FAD、[2Fe-2S] 和 [3Fe-4S] 中心的氧化还原电位比较接近，均在 $-80\sim-20\mathrm{mV}$（vs. NHE）之间，而 [4Fe-4S] 中心的氧化还原电位较负，约为 $-300\mathrm{mV}$；反丁烯二酸/丁二酸之间转换的式量电位为 $+30\mathrm{mV}$（pH7），醌/氢醌的式量电位为 $-70\mathrm{mV}$。

表 10-1　反丁烯二酸还原酶分子活性中心的氧化还原电位

电对	氧化还原电位(vs. NHE)
FAD(FAD/FADH$_2$)	$-48\mathrm{mV}$(25℃)和$-30\mathrm{mV}$(3℃),pH7[206];$-55\mathrm{mV}$[207]
中心 1([2Fe-2S]$^{2+/1+}$)	$-20\mathrm{mV}$[208],$-50\mathrm{mV}$[209,210],$-79\mathrm{mV}$[204,211,212]
中心 2([4Fe-4S]$^{2+/1+}$)	$-285\mathrm{mV}$[209,210],$-300\mathrm{mV}$[204,211,212],$-311\mathrm{mV}$[206],$-320\mathrm{mV}$[208]
中心 3([3Fe-4S]$^{1+/0}$)	$-30\mathrm{mV}$[20],$-50\mathrm{mV}$[210],$-70\mathrm{mV}$[204,208,211,212]
醌/氢醌	$-70\mathrm{mV}$[213],$-74\mathrm{mV}$[213,214]
反丁烯二酸/丁二酸	$+30\mathrm{mV}$(pH=7)[215]

　　Heering 等[206,216]将来源于 *E. coli* 的反丁烯二酸还原酶吸附在 PG 电极表面，用膜伏安法研究了没有底物存在时反丁烯二酸还原酶的电子转移，运用去卷积的方法分别获得了 FAD、中心 1、中心 2 和中心 3 的氧化还原峰（图 10-25）；而且，pH 增加，有利于中心 1 和中心 3 氧化还原峰的分离。Heering 等[216]还运用旋转圆盘电极法研究了转速及溶液 pH 对催化反应的影响（图 10-26）；当 pH 为 7，转速较低（$<300\mathrm{r\cdot min^{-1}}$）时，伏安曲线上只显示一个催化平台，即各中心催化底

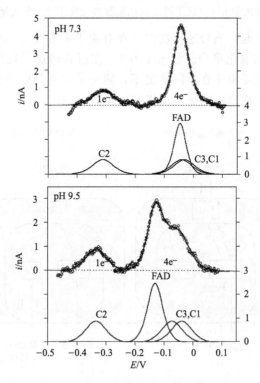

图 10-25　反丁烯二酸还原酶在 PG 电极表面的伏安峰及各峰的分离[216]

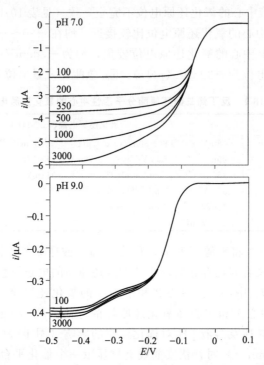

图 10-26　转速和 pH 对反丁烯二酸还原酶催化反丁烯二酸还原的影响[216]

物的伏安峰重叠在一起；当转速较高时，在对应于中心 2（[4Fe-4S]$^{2+/1+}$）的电位处，出现一个新的催化平台。如 pH 为 9，在所有转速下均出现两个催化平台。不同的催化伏安特征是由于在不同情况下，酶分子内部的电子传递途径不同所致，他们还提出了酶分子内部的电子传递机理，如图 10-27 所示。

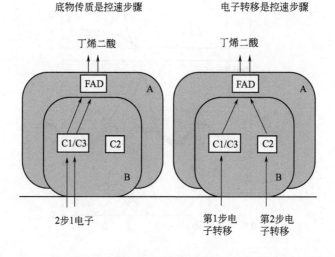

图 10-27　反丁烯二酸还原酶催化底物还原时的电子传递示意图[216]

在 pH 为 7 时，反丁烯二酸还原酶的催化活性较高，在转速较慢时，底物的扩散是整个催化反应的速控步骤，即所有到达酶催化中心的底物都被催化还原，因此只需电位较高的中心 1 和中心 3 就完全能催化底物的还原；在这种情况下，电极表面的电子通过中心 1 和中心 3 传递给 FAD，进而再传递到底物分子，由于中心 2 和中心 3 的氧化还原电位很接近，很难分开，因此在伏安曲线上只能看到一个催化平台。当转速增加时，底物的传质速率增加，酶的催化反应步骤成为速控步骤，中心 1 和中心 3 不能立即还原达到酶分子中心的底物，因此当电位继续向低电位扫描到中心 2 的氧化还原电位时，中心 2 也参与电极与 FAD 之间的电子传递，所以这种条件下，在伏安曲线上能显示出两个催化平台。在 pH 为 9 时，反丁烯二酸还原酶的催化活性较低，无论转速较高或较低时，酶的催化反应步骤都是整个反应的控速步骤，中心 1、中心 2 和中心 3 均参与电极与 FAD 之间的电子传递，因而能有两个催化平台出现在伏安曲线上。

根据上述催化机理，Heering 等[216]获得了反丁烯二酸还原酶催化底物还原的动力学参数，在 25℃ 和 pH＝7 时，催化反应速率常数 k_{cat} 为 840s^{-1}，米氏常数 K_M 为 0.16mmol·L^{-1}。

需氧呼吸微生物的呼吸链中包含多个酶的催化反应，复合体Ⅱ是这个呼吸链中多个酶中的一个，它是一个膜结合酶，由 4 个不同的亚基构成[217]。这 4 个亚基可分为两类，一类是膜内（membrane-intrinsic）成分，有两个疏水的亚基构成，含一个 b 型细胞色素，它们的作用是将复合体Ⅱ结合在膜表面，起"锚"（anchor）的作用；另一类是膜外（membrane-extrinsic）成分，有两个亲水性的亚基构成，分别是 F_p 和 I_p，它们的分子质量分别约为 70kDa 和 27kDa。复合体Ⅱ的膜外成分就是丁二酸脱氢酶，它的作用是起催化作用。亚基 F_p 含有一个 FAD 中心和能与底物结合的位点，亚基 I_p 中含有中心 1（[2Fe-2S]）、中心 2（[4Fe-4S]）和中心 3（[3Fe-4S]）3 个中心（图 10-28）[218]。Hirst 等[219]将丁二酸脱氢酶从复合体Ⅱ分子中分离出来，再将其吸附在 PG 电极表面（图 10-29），用膜伏安法研究了它的电子转移及催化性能。当体系中只有丁二酸存在时，能观察到简单的"S"形稳态催化响应；当体系中存在 1∶1 的丁二酸和丁烯二酸时，催化响应的伏安曲线变得很复杂，这时，既有丁二酸被催化氧化的稳态响应，也有丁烯二酸被催化还原的峰形伏安峰出现，但丁烯二酸被催化还原的信号只出现在一个非常小的电位范围内，然后催化还原电流迅速下降（图 10-30）。

除了反丁烯二酸还原酶能催化丁烯二酸还原外，核黄素细胞色素 c_3 也能催化丁烯二酸还原为丁二酸。核黄素细胞色素 c_3 是从海生菌类（Shewanella frigidimarina NCIMB400）中提出的一种蛋白质，分子质量约为 63.8kDa，它的分子中含有一个 FAD 催化作用中心，4 个 c 型血红素为氧化还原中心[220]。Tuner 等[221]和 Butt 等[222]用不同的方法（如吸附在 PG 电极表面或共价键合在金电极表面）将核黄素细胞色素 c_3 固定在电极表面，并用伏安法研究了其电子转移特性。Turner 等[221]用去卷积的方法将 FAD 和 4 个血红素的氧化还原峰分开，分别得到了它们

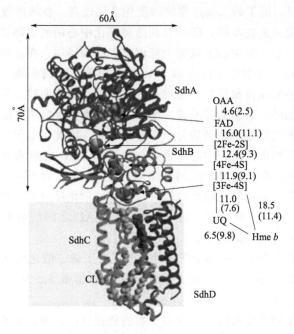

图 10-28　丁二酸脱氢酶分子中各中心的位置关系[218]

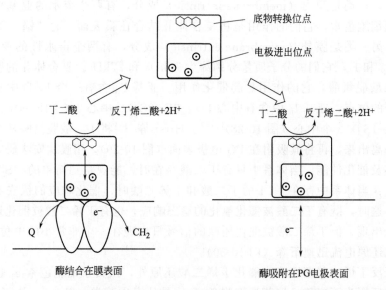

图 10-29　丁二酸脱氢酶从复合体Ⅱ中分离及在 PG 电极上吸附的示意图[219]

的氧化还原电位。当将固定在 PG 电极表面的核黄素细胞色素 c_3 用于催化丁烯二酸的还原或丁二酸的氧化时，发现核黄素细胞色素 c_3 既能催化丁烯二酸的还原，又能催化丁二酸的氧化，但催化丁烯二酸还原的 k_{cat}/K_M 值约在 $10^7 L \cdot mol^{-1} \cdot s^{-1}$ 数量级，而催化丁二酸氧化的 k_{cat}/K_M 值约在 $10^2 L \cdot mol^{-1} \cdot s^{-1}$ 数量级，因

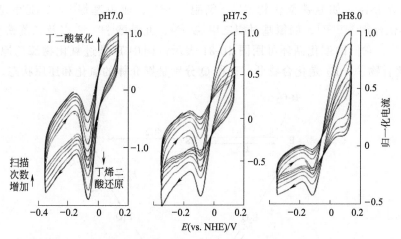

图 10-30　丁二酸脱氢酶催化丁二酸的氧化及丁烯二酸的还原[219]

溶液中含等物质的量的丁二酸和丁烯二酸，

扫速：$10mV \cdot s^{-1}$，电极转速：$500r \cdot min^{-1}$

此，可以认为核黄素细胞色素 c_3 主要是催化丁烯二酸的还原。

10.4.3　过氧化物酶

过氧化物酶以血红素为氧化还原中心，催化以 H_2O_2 或有机过氧化物为中间产物的一系列底物发生氧化反应，有许多来源不同的过氧化物酶被研究用于 H_2O_2 传感器[223]，过氧化物酶的典型代表是辣根过氧化物酶。过氧化物酶催化 H_2O_2 还原是从生成化合物 I 开始的 [式(10-66)]，化合物 I 是 $Fe^{IV}O \cdot^+$ 自由基阳离子；过氧化物酶的来源不同，自由基的位置也不同，如细胞色素 c 氧化酶的化合物 I 的自由基在色氨酸的侧链上，而辣根过氧化物酶的化合物 I 的自由基则在卟啉环上；化合物 I 接受 1 个电子被还原成化合物 II [式(10-67)]，即一种含 $Fe^{IV}O$ 的化合物；化合物 II 可以再接受 1 个电子被还原成酶的原始状态 [式(10-68)]。过氧化物酶也可以进一步再经过 1 电子还原成含 Fe^{II} 的状态 [式(10-69)]，虽然这一步骤不是过氧化物酶催化底物 H_2O_2 还原循环中的步骤，但也有很多文献报道这一过程的研究，往往称之为直接电化学，这一直接电化学过程的式量电位一般在 $-90mV$ (vs. NHE，pH=7) 前后[224~230]。

$$Fe^{III}L + H_2O_2 \longrightarrow Fe^{VI}O(L \cdot^+) + H_2O \qquad (10-66)$$

$$Fe^{IV}O(L \cdot^+) + e^- \longrightarrow Fe^{IV}O(L) \qquad (10-67)$$

$$Fe^{IV}O(L) + 2e^- + 2H^+ \longrightarrow Fe^{III}L + H_2O \qquad (10-68)$$

$$Fe^{III}L + e^- \longrightarrow Fe^{II}L \qquad (10-69)$$

式(10-66)～式(10-68) 是过氧化物酶催化 H_2O_2 还原的一般步骤，通过这些步骤的反应，净的结果是 H_2O_2 被还原成 H_2O。反应过程中化合物 I 和 II 可以从电极直接得到电子，也可以从媒介体得到电子。已发现有许多化合物可以充当这一过程的媒介体，如亚铁氰化物[231]、氢醌[232,233]、亚甲基绿[234]、亚甲基蓝[235]、吩嗪类化合物[236,237]、四氰基对醌二甲烷[238]、儿茶酚[239,240]以及二茂铁及其衍生物[241]等。它们的催化循环可用图 10-31 表示。图中 E 是过氧化物酶的原始状态，E_1 是化合物Ⅰ，E_2 是化合物Ⅱ，P 和 Q 分别是媒介体的氧化和还原状态。

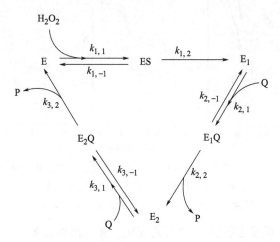

图 10-31　过氧化物酶催化 H_2O_2 还原的循环示意图[50]

Saveant 等[50,242]用 $[Os(bpy)_2(py)Cl]^{2+/+}$（其式量电位为 + 450mV vs. NHE）作媒介体，分别研究了溶液中和固定在电极表面的辣根过氧化物酶（HRP）的催化特性，发现当 H_2O_2 浓度较低时（低于 $100\mu mol \cdot L^{-1}$），催化电流随着 H_2O_2 浓度的增加而增加；然后随着 H_2O_2 浓度的增加，催化电流不仅不变大，反而下降，当 H_2O_2 浓度达到约 $100mmol \cdot L^{-1}$ 时，催化活性就完全消失了，即这时催化电流为 0。这一反常现象以前也发现过，但没有引起重视。Saveant 等[50]仔细分析这一反常现象后，提出了更复杂的催化机理。他们提出的催化循环如图 10-32 所示，在该机理中，化合物Ⅱ除了接受电子还原为酶的原始状态外，还可以被 H_2O_2 进一步氧化生成化合物Ⅲ（$Fe^{II}-O_2$，即示意图中的 E_3），化合物Ⅲ可以失去 $O_2^{\cdot-}$ 重新回到酶的原始状态，它也可以经过 1 电子氧化生成化合物Ⅰ。通过分析和数据拟合，发现这一机理与实验结果完全吻合。

Konash 等[243]将 HRP 用 Eastman AQ55 聚合物固定在电极表面，用 1,1'-二甲基二茂铁作媒介体，采用上述机理研究了 HRP 在非水体系中的催化特性，他们获得了 HRP 在甲醇、乙醇、丙酮、乙腈及乙酸乙酯中的动力学参数。HRP 各种氧化状态的结构示意图如图 10-33 所示。

HRP 可以用很多途径固定在电极表面，如可以将 HRP 和媒介体一起同时固定在凝胶中，从而固定在电极表面，这种方法也可用于固定大豆过氧化物酶（SBP）[244]；HRP 可以用聚苯乙烯固定在电极表面，媒介体 $[Os(bpy)_2(py)Cl]^{2+}$ 可以通过吡啶环直接共价键到聚苯乙烯骨架上，这种方法中的聚苯乙烯可以用聚烷基胺代替，$[Os(bpy)_2(py)Cl]^{2+}$ 也可以接到聚合物的骨架上去，这样制备的电

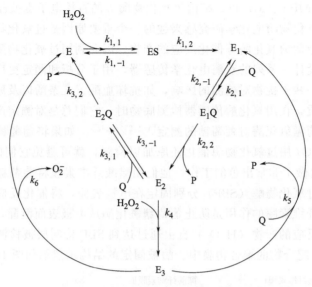

图 10-32 HRP 催化 H_2O_2 机理示意图[50]

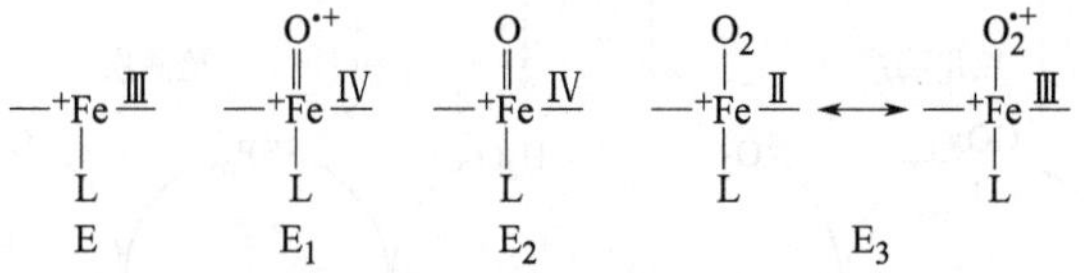

$$—^+Fe\ III \quad —^+Fe\ IV \quad —^+Fe\ IV \quad —^+Fe\ II \longleftrightarrow —^+Fe\ III$$

E₁ E₂ E₃

图 10-33 HRP 不同氧化态的结构示意图 （L 为配体）

极类似于分子导线[184,245]。

关于过氧化物酶直接电化学的研究也很多，大多是有关 HRP 直接电化学的研究，如 Ferri 等[227]研究了固定在聚合物膜中的 HRP 的直接电子转移反应，其直接电化学的式量电位约为 −40mV （vs. NHE）；加入 H_2O_2 后，催化电流与 H_2O_2 浓度之间的关系是催化电流先随 H_2O_2 浓度的增加而增加；尔后催化电流随着 H_2O_2 浓度的增加而减小，在约 $100\mu mol \cdot L^{-1}$ 处出现平台[246]。蔡称心等[230,247]将 HRP 分别固定在纳米活性炭和碳纳米管表面，研究了它的直接电化学并测定其直接电化学的动力学参数。另外，HRP 也能在甲苯胺蓝[248]、聚丙烯酰胺水凝胶膜[249]、硅胶修饰的二氧化钛[250]、阳离子交换树脂[227]、DNA 膜[251]等修饰的电极上显示出直接电子转移反应。

Armstrong 等[252~254]研究了细胞色素 c 过氧化物酶 （CCP） 的直接电子转移反应，其式量电位约为 +740mV （vs. NHE），他们认为这是由 CCP 直接从其原始状态 （FeⅢL） 被氧化到化合物 Ⅰ ［FeⅣO（L·＋）］所产生的伏安响应；加入底物 H_2O_2 后，得到"S"形的催化反应伏安曲线。Bowden 等[255~257]在用旋转圆盘电极伏安法研究 CCP 的催化反应方面做了一系列的工作；Elliott 等[258]研究了来源于 *Nitrosomonas europaea* 的 CCP 的电子转移反应，这种 CCP 有一个低电位的血红素和一个高电位的血红素。还有其它来源的 HRP 或其它一些过氧化物酶，如氧化物酶 MP-8、MP-9、MP-11、霉菌过氧化物酶等的直接电子也被仔细研究过。

人们对过氧化物酶电化学研究感兴趣的一个重要原因是过氧化物酶的底物是很多氧化酶，如葡萄糖氧化酶等催化反应的产物，因此利用过氧化物酶检测氧化酶的产物，就可以设计一系列的双酶电化学传感器，用于分析和测定更广泛的底物，而且还可以避免一些干扰物对检测的影响，如抗坏血酸、儿茶酚以及尿酸等都是一些能被氧化的物质，在用氧化酶传感器检测底物时，它们总是对测定产生干扰，如它们往往干扰葡萄糖氧化酶对葡萄糖的测定[184,259~262]。如果将葡萄糖氧化酶的催化反应的产物 H_2O_2 用过氧化物酶催化还原加以检测，就可避免它们的干扰。Heller 等[261]在这方面做了非常出色的工作，他们用醋酸纤维素膜将葡萄糖氧化酶或乳酸氧化酶及大豆过氧化物酶（SBP）分别固定在电极表面，将催化反应层和响应检测层分开。醋酸纤维素膜的作用是防止葡萄糖氧化酶从电极表面泄漏，并能允许葡萄糖氧化酶催化反应的产物（H_2O_2）自由通过达到 SBP 检测层被检测。SBP 固定在共价键合有 Os 配合物的聚合物膜中。酶被固定的结构示意图如图 10-34 所示。

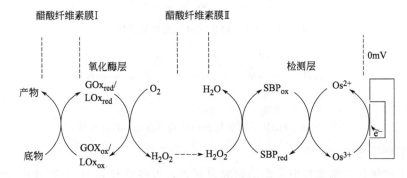

图 10-34 双酶传感器工作原理的示意图[261]
GOx：葡萄糖氧化酶，LOx：乳酸氧化酶；醋酸纤维素膜 Ⅰ
防止氧化酶的泄漏，醋酸纤维素膜 Ⅱ 防止短路

已报道的过氧化物酶可分别与葡萄糖氧化酶[173,177,260~265]、胆碱氧化酶[160,266,267]、乙醇氧化酶[260,268]、乳酸氧化酶[177,260,261,264,265,269,270]、谷氨酸氧化酶[271,272]以及漆酶[273]配对制成双酶传感器，分别用于分析葡萄糖、（乙酰）胆碱、甲醇/乙醇、乳酸（根）、谷氨酸盐和儿茶酚等。

10.4.4 钼氧转移酶

Mo 一般以两种基本形式广泛存在于生物体内，一种形式是作为氮酶（nitrogrnases）多金属核的一部分，另一种形式是作为一些含钼酶的单核活性中心。这种以 Mo 为单核活性中心的酶的生理作用是催化氧原子的转移，所以一般被称为钼氧转移酶；这类酶中都含有 Mo ═O 单元，而且 Mo 都是和一个或两个蝶呤-二硫烯双齿配体键合。Hille[274]根据钼氧转移酶分子中 Mo 原子的配位情况将其分成三类，即黄嘌呤氧化酶类、亚硫酸根氧化酶类和 DMSO 还原酶类。每一类中又分别包括几种不同的酶，它们的活性中心 Mo 原子的配位情况及各自催化的底物如图 10-35 所示。DMSO 还原酶类钼氧转移酶一般只存在于细菌等微生物体内，而其它两类钼氧转移酶在所有生物体内均存在。

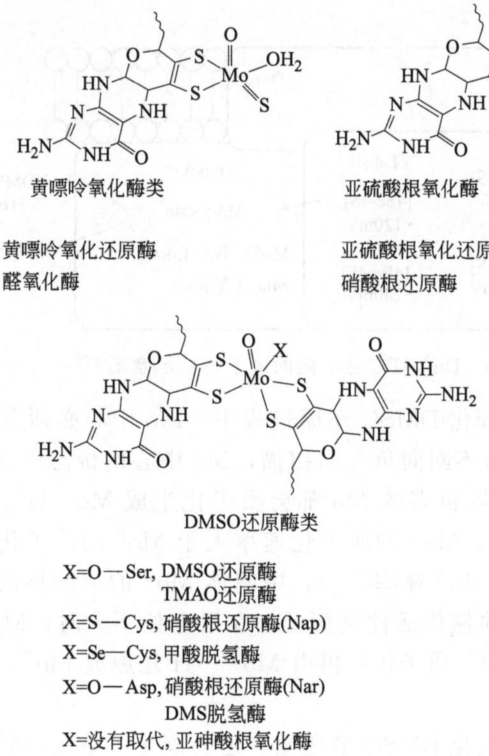

黄嘌呤氧化酶类　　　　　　　亚硫酸根氧化酶

黄嘌呤氧化还原酶　　　　　　亚硫酸根氧化还原酶
醛氧化酶　　　　　　　　　　硝酸根还原酶

DMSO 还原酶类

X＝O—Ser, DMSO 还原酶
　　　　　　TMAO 还原酶
X＝S—Cys, 硝酸根还原酶(Nap)
X＝Se—Cys, 甲酸脱氢酶
X＝O—Asp, 硝酸根还原酶(Nar)
　　　　　　DMS 脱氢酶
X＝没有取代, 亚砷酸根氧化酶

图 10-35　钼氧转移酶的分类及钼原子的配位情况

钼氧转移酶能催化氧原子在非常广泛的底物之间进行转移，其催化反应的通式为：

$$XO + 2e^- + 2H^+ \xrightarrow{\text{钼氧转移酶}} X + H_2O \qquad (10\text{-}70)$$

从电化学角度来说，钼氧转移酶在催化氧原子转移过程中，酶分子中的钼原子价态在 Mo^{VI} 和 Mo^{IV} 之间变化，在变换过程中经过中间价态 Mo^{V}；Mo^{V} 是稳定的价态，不能催化氧原子的转移，但能成为催化循环中控速的中间体。

10.4.4.1　DMSO 还原酶

用电化学方法研究的第一个钼氧转移酶是 DMSO 还原酶，Heffron 等[275] 用膜伏安法研究来源于 *E.coli*（DmsABC）的 DMSO 还原酶的电催化性能。DmsABC 是一个膜结合酶，它由三个亚基构成，即 DmsA、DmsB 和 DmsC。DmsA（85.8kDa）是酶的催化部位，含有 Mo 催化活性中心，催化 DMSO 还原成 DMS；DmsB（23.1kDa）是酶分子在催化过程中的电子中继体（relay），包含 4 个［4Fe-

4S]原子簇，能将外来的电子（如来自电极的电子）经过这些［4Fe-4S］簇传递到 DmsA 中的 Mo 催化中心；DmsC 是膜结合部位，含醌/氢醌结合位点。DMSO 还原酶催化反应中的电子转移途径如图 10-36 所示。

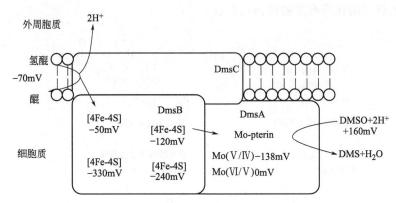

图 10-36　DmsABC 分子内的电子转移示意图[275]

研究发现，DmsABC 催化 DMSO 还原过程中，Mo 中心必须质子化后才能将电子转移给底物。随着电位不断向负方向扫描，Mo 中心的价态由 Mo^{VI} 经过 Mo^{V} 向 Mo^{IV} 转变，而且这些不同价态的 Mo 都会质子化生成 Mo—H，但不同价态的 Mo 质子化的速率是不同的，Mo^{V} 的质子化速率大于 Mo^{IV} 的质子化速率。当电位很负时，由于 Mo^{VI} 转变为 Mo^{IV} 速率很快，中间体 Mo^{V} 的浓度很低，因此在电位很负时，伏安曲线上显示的催化活性反而低；在过电位不大时，Mo^{V} 价态的浓度相对较大，其质子化速率快，质子化后再由 Mo^{V}—H 还原成 Mo^{VI}—H，因此，此时的催化活性反而较高。

DMSO 还原酶不仅能催化 DMSO 的还原，还能催化三甲基胺氧化物和三甲基磷的氧化，但来源于 *E.coli* 的 DMSO 还原酶只能催化底物还原，不能催化 DMS 的氧化；而来源于 *Rh.Capsulatus* 的 DMSO 还原酶既能催化底物的还原，又能催化底物的氧化，即能催化同一底物/产物对的两个方向的反应。

Heffron 等[275]研究发现没有底物存在时，DMSO 还原酶不能表现出直接电子转移的伏安信号，而加入 DMSO 后，则出现催化特性的伏安响应。Aguey-Zinson 等[276]首次报道了 DMSO 还原酶在没有底物存在时的电化学特性，并用光谱方法表征了该酶在完全氧化状态和完全还原状态下的特性。

10.4.4.2　硝酸根还原酶

与 DMSO 还原酶类似，硝酸根还原酶也有许多不同的形式，一般可分为（细胞）质溶类硝酸根还原酶（Nap）和膜结合类硝酸根还原酶（Nar），这两类硝酸根还原酶分子的晶体结构已经分析清楚并已有报道[277~281]。电化学研究较多的是膜结合类硝酸根还原酶 NarGHI[282~284]，它有三个亚基，即 NarI、NarH 和 NarG。NarI 是膜结合部位，含有两个血红素和醌/氢醌结合位点；NarH 是电子中继体，将膜结合部位的电子传递到催化部位，含 3 个［4Fe-4S］和 1 个［3Fe-4S］中心；

NarG 是催化部位，含 Mo 催化中心，即 Mo-bisMGD（MGD 是 Mo 的配体，为 molybdopterin guanine dinucleotide 的缩写）。NarGHI 的结构示意图如图 10-37 所示。

硝酸根还原酶催化反应可用通式表示为：

$$NO_3^- + 2H^+ + 2e^- \longrightarrow NO_2^- + H_2O$$

(10-71)

Butt 等[282,283]研究了来源于 *Paracoccus pantotrophus* 的 NarGHI 的电化学催化性能，将 NarI 亚基从 NarGHI 分子中分开，然后将 NarGH 固定到电极表面。在底物浓度较低时，得到一个峰形催化伏安曲线，他们指出底物与酶的中间状态 Mo^V 结合的速率比与 Mo^{IV} 状态结合更快，这种机理与 Heffron 在 DMSO 还原酶催化机理中提出的 Mo 中心质子化机理类似[275]。

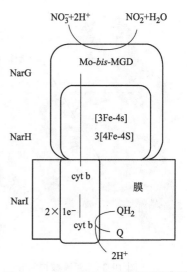

图 10-37　NarGHI 各亚基示意图[283]

Elliott 等[284]研究了来源于 *E. coli* 的 NarGHI 的电催化性能，发现过电位大，催化活性低；过电位小，催化活性反而高；在高过电位和低过电位时的米氏常数分别为 $(41 \pm 26) \mu mol \cdot L^{-1}$ 和 $(161 \pm 39) \mu mol \cdot L^{-1}$，并提出了类似于 DMSO 还原酶的机理，用以解释催化反应电流与电位的关系。

用电化学方法研究 Nap 硝酸根还原的报道不多，Nap 硝酸根还原酶的活性位点和辅基与 Nar 硝酸根还原酶都不同。在 Nap 酶分子的催化活性部分，Mo 原子与一个半胱胺酸配位，而在 Nar 分子中则与天冬氨酸配位。Nap 分子一般有两个亚基，即 NapA 和 NapB。NapA 亚基含有 Mo 催化活性中心和 1 个 [4Fe-4S]；NapB 亚基含两个血红素。

Frangioni 等[285]研究来源于 *R. sphaeroides* 的 NapAB 的电化学催化特性，结果表明，尽管活性中心结构和辅基都与 Nar 不同，但在很广泛的硝酸根离子浓度范围内，都能得到与 Nar 类似的催化伏安曲线。当底物硝酸根浓度进一步增加时，催化特性变得非常复杂，难以分析。

10.4.4.3　亚硫酸根氧化还原酶

亚硫酸根氧化还原酶广泛存在于植物、动物以及一些高级微生物体内，在人体中，它参与含 S 氨基酸降解最后阶段的催化作用，将亚硫酸根氧化成硫酸根。在大多数亚硫酸根氧化还原酶分子中，Mo 催化活性中心都与血红素成对出现，血红素的作用是在催化过程中接受 Mo 催化中心的电子，进而转移给溶液中的 c 型细胞色素。得到晶体结构确认的第一个亚硫酸根氧化还原酶分子是从鸡肝中提取的[286]，但在这个晶体结构中，Mo 催化中心与血红素之间的距离为 33Å，这一距离远远超过了电子有效传递的长度。后来通过光谱研究发现[287,288]，当时确认的酶分子不具有催化活性；但发生催化反应时，其分子的构象发生变化，其多肽链能使血红素

图 10-38　亚硫酸根氧化
还原酶分子结构模型[289]

在空间位置上接近 Mo 催化活性中心。后来，Kappler 等[289] 得到了来源于 *Starkeya novella* 的亚硫酸根脱氢酶分子的晶体结构（图 10-38），在这一结构中，Mo 催化中心与血红素之间的距离小，能有效地进行电子传递。这一晶体结构是鸡肝和人体中的亚硫酸根氧化还原酶分子的模型[286,290]。

Aguey-Zinsou 等[291] 研究了来源于 *Starkeya novella* 的亚硫酸根脱氢酶分子电化学特性，在没有底物存在下，没有得到 Mo 催化中心和血红素氧化电子转移反应的伏安响应。加入底物 SO_3^{2-} 后，得到"S"形稳态催化伏安曲线，而且催化电流与底物浓度之间呈现出 Michaelis-Menten 特征，米氏常数为 $26\mu mol \cdot L^{-1}$。Elliott 等[292]研究了来源于鸡肝的亚硫酸根氧化还原酶的直接电化学，但仅得到了血红素的直接电子转移伏安峰。Ferapontova 等[293]将鸡肝亚硫酸氧化酶固定在有长链烷基硫醇单分子层修饰的金电极表面，也只得到血红素的直接电子转移伏安峰，并且烷基链的长度及单分子链的端基影响酶的催化性能。

Murray 等[294]系统研究了有电子媒介体存在下的鸡肝亚硫酸氧化酶的催化特性，已有多种媒介体被用于研究这种酶分子内各中心间（Mo 催化中心-血红素）的电子传递[295~297]。

10.4.4.4　黄嘌呤氧化还原酶

从牛奶中提出的黄嘌呤氧化还原酶是所用含钼中心酶中研究得最多的一个，它催化黄嘌呤氧化成尿酸，也能催化其它多种嘌呤的降解。黄嘌呤氧化还原酶分子含一个 Mo 催化中心、3 个电子中继体，即 1 个 FAD 和 2 个 [2Fe-2S] 原子簇。晶体结构分析证实该酶催化底物氧化还原时的电子转移途径是：Mo→[2Fe-2S]→[2Fe-2S]→FAD，生成的 $FADH_2$ 被氧化；如果是脱氢酶，$FADH_2$ 被 $NADP^+$ 氧化；如果是氧化酶，$FADH_2$ 被 O_2 氧化[298]。

理论上，处于完全氧化的状态，黄嘌呤氧化还原酶能接受 6 个电子而被还原到完全处于还原的状态，即 FAD（醌）/FADH（半醌）、FADH（半醌）/$FADH_2$（氢醌）、$Mo^{VI/V}$、$Mo^{V/IV}$、2 个 $[2Fe-2S]^{2+/+}$（这两个 [2Fe-2S] 一般区别为 FeSⅠ和 FeSⅡ）电对各接受 1 个电子。Aguey-Zinson 等[298]研究了来源于 *R. capsulatus* 的黄嘌呤脱氢酶的电化学，在没有底物存在时，只能观察到三对氧化还原峰，即 Mo 催化中心的电子转移叠加的伏安峰、FeSⅡ的电子转移峰以及 FeSⅠ和 FAD 电子转移叠加的伏安峰；当向体系中加入底物时，能观察到很大的催化电流，但出现催化电流的电位比 FAD 氧化峰电位正约 600mV。在黄嘌呤氧化酶修饰的 PG 电极催化反应中也观察到同样的现象，即出现催化电流的电位比 FAD 电子转移电位正的现象[299]，这说明在酶催化过程中，还有一个未知的氧化还原反应影响酶的催化电位，这个未知的反应可能是酶分子中与 Mo 原子配位的蝶呤环上基团 CH—NH/—C=N—之间可逆的去氢/加氢反应。

10.4.5 细胞色素 P450 酶

细胞色素 P450 酶，又称细胞色素 P450 单加氧酶，是一组由结构和功能相关的含铁血红素的单链蛋白质同工酶系组成，属血红蛋白类酶，是微粒体混合功能氧化酶系（MFO）中最重要的一族氧化酶；其还原态与 CO 结合后在波长 450nm 处有特征吸收峰；目前其家族成员已被发现有 600 多种，分为 132 类。细胞色素 P450 酶广泛存在于动物、植物和微生物体内，它催化的反应类型有羟化作用、环氧化、杂原子氧化、还原反应；不但能够催化苯丙烷类、萜类化合物和脂肪酸等内源性物质的生物合成，而且参与许多外源性物质包括除草剂等的生物氧化[300,301]。

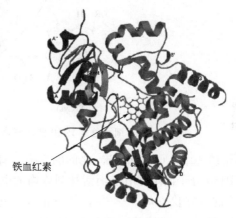

图 10-39　人类细胞色素
P450（3A4）的结构

细胞色素 P450 的分子结构中含 1 个铁血红素，其典型结构如图 10-39 所示。其参与氧化代谢的反应通式为：

$$R-H+O_2+NAD(P)H+H^+ \longrightarrow R-OH+H_2O+NAD(P)^+ \qquad (10-72)$$

细胞色素 P450 催化底物氧化的一般机理如图 10-40 所示：原始状态的细胞色素 P450 分子中的铁是 +3 价的，处于氧化态，与半胱胺酸中的 S 原子配位（a）；当底物 R—H 从 Fe—S 键的背面（一般称作远侧）接近细胞色素 P450 分子时，与氧化型 P450 一起形成复合物；在还原型辅酶 Ⅱ（NADPH）P450 还原酶的作用下，由 NADPH 供给电子，P450 分子中的铁被还原成 +2 价，因此该复合物被还原成还原型的 P450 和底物的复合物（b）；然后 O_2 分子从远侧与血红素中处于 +2 价的铁配位，形成含氧复合物（c），这种含氧复合物中的配位 O_2 在质子化的同时接受 1 个电子，尔后失去 1 个 H_2O，生成含 $Fe^{Ⅳ}$ 的复合物（d），该复合物类似于过氧化物酶催化底物还原过程中生成的化合物 Ⅰ；最后，释放出其中的氧化产物而完成整个氧化过程，P450 重新回到其原始状态（a）。复合物（c）也可直接失去一个 H_2O_2 分子回到原始状态[302]。

在体系中没有 O_2 存在时，细胞色素 P450 能进行可逆的 $Fe^{Ⅲ/Ⅱ}$ 之间的转换，

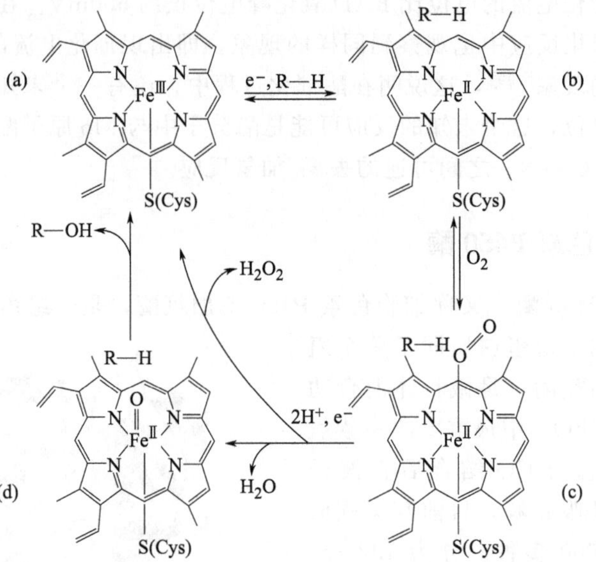

图 10-40　细胞色素 P450 催化底物氧化过程中铁价态变化的示意图

即图 10-40 中（a）和（b）之间的变换，有许多研究报道将各种不同来源的细胞色素 P450 分子固定在有表面活性剂修饰的电极表面，用电化学方法获得了这种电子反应的良好伏安峰[303~310]，如 Fantuzzi 等[308] 将来源于人肝脏的细胞色素 P450 2E1 和二（十二烷基）二甲基溴化铵一起固定在电极表面，研究它电子转移的式量电位及异相电子转移速率常数，发现式量电位随使用的电极不同而有很大差别；他们还将该分子固定在有巯基丙酸单分子层修饰的金电极表面，同样也能得到较好的伏安峰。Udit 等[303] 将细胞色素 P450 BM3（1-12G）分子固定在有二（十二烷基）二甲基溴化铵-聚苯乙烯磺酸钠复合膜修饰的 PG 电极表面，得到了良好的伏安峰，并测定该电子转移的速率常数。

　　虽然人们很早就已经认识到细胞色素 P450 催化反应在生物技术应用等方面的重要性[311]，但用电化学研究这种催化反应的特性是很难的，因为在细胞色素 P450 催化底物氧化过程中，O_2 是必需的公共底物之一。在没有其它竞争反应存在时，体系中 O_2 的存在必然导致 H_2O_2 的生成，即发生图 10-40 中（c）到（a）的反应，而得不到所需要的产物。当细胞色素 P450 在体内催化底物反应时，它能有效地避免 H_2O_2 的生成，目前对细胞色素 P450 在体内如何避免 H_2O_2 生成的机制还不是很清楚；但有一种重要的观点认为，在催化过程中，NAD(P)H 不是直接将电子传给细胞色素 P450 分子，而是经过一个电子中继体传给细胞色素 P450 分子的。在体内这个电子中继体可能是细胞色素 P450 还原酶，也可能是一些蛋白质的复合体，如铁氧化还原蛋白或黄素氧化还原蛋白等。这些电子中继体的重要性在于能保证将电子传给细胞色素 P450 分子过程中没有 H_2O_2 生成。

　　虽然在体外用电化学方法研究细胞色素 P450 酶的催化反应有许多困难，还是有一些研究者在媒介体、底物和 O_2 存在下，研究了它的生物电催化反应。已被使用过的媒介体有电生六氨基钴配合物[312,313]、二茂铁及其衍生物[314]、NAD(P)H[315,316]等。电化学研究细胞色素 P450 酶催化的例子还有苯乙烯的环氧化反应[304,317]、樟脑的羟基化反应[318]、硝基苯酚的羟基化反应[307]、氨基吡啉以及甲基苯异丙基苄胺的反应[309]等。尽管如此，要使细胞色素 P450 的催化反应能达到实际使用的程度，还有很多工作需要做。

10.4.6 氢酶

氢酶（或称作氢化酶）是一类广泛存在于原核微生物和一些简单真核生物体内的重要生物酶，它可以催化氢的氧化反应，也可以催化还原质子产生氢气，在微生物产氢过程中扮演着重要角色。根据氢酶活性中心金属的不同，可以大致分为三类：Fe 氢酶，NiFe 氢酶和不含金属的氢酶[319]。大多数氢酶含有金属原子，它们参与氢酶活性中心和 [Fe-S] 簇的形成。氢酶的活性中心直接催化氢的氧化与质子的还原，[Fe-S] 簇则参与氢酶催化过程中电子的传输。氢酶在细胞中有不同的分布，某些氢酶与细胞质膜相结合，成为膜结合氢酶，它们一般参与细胞的能量代谢过程；而另一些氢酶则存在于细胞质或细胞周质腔中，成为可溶性氢酶，它们一般参与维持细胞内的代谢平衡。

NiFe 氢酶和 Fe 氢酶分子一般有大小不同的两个亚基，分子量大的亚基中含有催化中心 NiFe 或 FeFe，而分子量小的亚基中含有 [Fe-S] 原子簇，起传递电子的作用。如来源于 *D. gigas* 的 NiFe 氢酶分子的大亚基含有 NiFe 催化活性中心，而小亚基中含有 1 个 [3Fe-4S]、两个 [4Fe-4S][320]。[3Fe-4S] 和 [4Fe-4S] 原子簇之间呈近似直线排列，彼此相距 1.2nm，其中 [3Fe-4S] 位于两个 [4Fe-4S] 中间；距离催化活性中心 NiFe 最近的 [4Fe-4S] 与催化中心相距 1.3nm，称为近端 [4Fe-4S]；而另一个 [4Fe-4S] 则为远端 [4Fe-4S]，它接近酶分子表面[321]。来源于 *D. gigas* 的 NiFe 氢酶分子中催化活性中心及各 [Fe-S] 簇的排布如图 10-41 所示。

来源于 *Clostridium pasteuriamum* 和 *D. vulgaris* 的 Fe 氢酶的结构是所有 Fe 氢酶分子的典型代表[322]。*D. vulgaris* 氢酶有两条亚基构成，其催化活性位由两个 Fe 原子和一个 [4Fe-4S] 构成，而另一个亚基中含有 2 个 [4Fe-4S]，起传递电子的作用；*C. pasteuriamum* Fe 氢酶分子只由单一的多肽链组成，分子质量约为 60kDa，催化活性部位与 *D. vulgaris* 氢酶一样，但起传递电子作用的部位由 1 个 [2Fe-2S] 和 3 个 [4Fe-4S] 构成，其结构以及各个 [Fe-S] 簇之间的相对位置及距离如图 10-42 所示[323]。

对不含金属的氢酶研究较少，如报道过产甲烷菌中存在一种不含任何金属原子的氢酶[324]，其结构和功能仍在进一步研究中，但也有研究表明它可能含有非催化活性的功能性铁原子，所以称其为无 [Fe-S] 簇的氢酶更合适[325]。

用电化学方法研究氢酶电子转移反应及催化性能的早期例子都是对 Fe 氢酶的

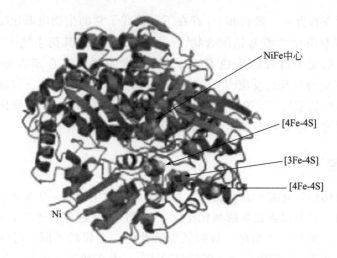

图 10-41　*D. gigas* 的 NiFe 氢酶结构示意图[320]

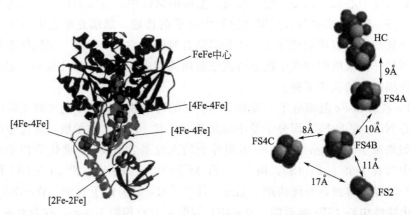

图 10-42　*C. pasteuriamum* Fe 氢酶分子中各个 [Fe-S] 簇的位置示意图[323]

研究，如 Butt 等[326]研究了来源于 *Megasphaera elsdenii* 的 Fe 氢酶在电极表面的直接电子转移，在没有 O_2 存在时，在约 -400mV（vs. NHE）处有一个催化 H^+ 还原成 H_2 的伏安峰出现，该催化还原峰随着 H^+ 和 H_2 压力的变化而发生移动；当体系中有 CO 或 O_2 存在时，该催化还原峰消失，说明此时酶的催化性能得到抑制。Greiner 等[327]将来源于 *Pyrococcus furiosus* 的 Fe 氢酶吸附固定在石墨电极表面，研究它对 H_2 氧化成 H^+ 反应的催化作用，该催化过程需 $NADP^+$ 参与接受反应过程的电子，生成的 NADPH 在电极上再被氧化成 $NADP^+$，进而完成反应的循环。也有研究在媒介体存在时氢酶的催化性能的报道[328,329]，如 Boivin 等[328]研究了甲基紫精作为媒介体时，氢酶的催化作用。

最近，Armstrong 研究小组发表一系列文章，系统研究了来源于 *Chromatium vinosum*[330]、*Allochromatium vinosum*[331~335] 及 *Desulfovibrio fructosorans*[336] 的 NiFe 氢酶的电化学催化作用。在没有底物存在时，他们观察到了 [Fe-S] 簇的

氧化还原反应，但没有观察到 NiFe 催化中心的直接电子转移信号。这些不同来源的氢酶均能进行快速的电子转移反应，催化反应速率也很快，如来源于 *Chromatium vinosum* 的 NiFe 氢酶能进行快速的直接电子转移反应，其催化底物（H_2）氧化的反应是扩散控制[330]；来源于 *Allochromatium vinosum* 的氢酶催化 H_2 的速率常数为 $k_{cat} \approx 10^4 s^{-1}$，与 Pt 的催化性能相当[331]。进一步的研究表明，这些氢酶的催化活性是双向性的，而且酶的活性能在活性与非活性之间切换，他们提出了一个复杂的机理用以解释实验测定的结果[333~335]。该课题组还研究了来源于 *Ralstonia eutropha* 的 NiFe 氢酶作为微型生物燃料电池阳极催化剂的性能，电池的阴极催化剂是漆酶。该来源的氢酶的特别之处是它的催化活性不受体系中共存的 CO 和 O_2 的影响，即这些共存气体对其催化功能没有抑制作用[337]。

另外，也有来自其它课题组有关 NiFe 氢酶的研究报道，如 De Lacey 等[338]研究了 NiFe 氢酶的电催化性能以及催化过程的动力学机理等。

10.4.7 含铜氧化酶

含铜氧化酶的典型代表是漆酶，由于这种类型酶的分子结构复杂，电化学研究它们电子转移反应的报道不多，因此不能详细阐述它们的电子转移机理，仅简单介绍它们的结构特点和一些应用。

漆酶是一种含铜的多酚氧化酶，属于铜蓝氧化酶蛋白家族的一员，漆酶广泛存在于植物和真菌中。它能催化氧化酚类和芳香类化合物，同时伴随 4 个电子的转移，并将分子氧还原成水。漆酶分子中共有 4 个铜离子结合位点，根据它们的氧化还原电位、光学及磁学特征，将它们分为三类，即 T_1、T_2 和 T_3。T_1 型铜和 T_2 型铜各一个，是单电子受体，呈顺磁性；T_3 型铜两个，是双电子受体，呈反磁性。T_1 型铜原子形成单核中心，T_2 型铜原子和 T_3 型铜原子形成三核中心[339,340]。

漆酶是单电子氧化还原酶，它催化底物氧化的机理特点在于两方面，一是底物自由基中间体的生成，在这一过程中，漆酶从被氧化的底物得到一个电子，使底物变成自由基；该自由基不稳定，可进一步发生聚合或解聚反应。在 O_2 存在下，还原态漆酶分子被氧化，O_2 被还原成水。另一方面，漆酶催化底物氧化和对 O_2 的还原是通过 4 个铜离子协同传递电子和价态变化来实现的，还原性底物结合于 T_1Cu 位点，T_1Cu 从底物得到 1 个电子，该电子通过 Cys-His 途径传递到 T_2/T_3Cu 三核中心位点，该位点接受 T_1Cu 位点的电子，并传递给结合的 O_2 分子，使之还原成 H_2O，完成反应的漆酶分子中的 4 个铜都被氧化成 Cu^{2+}，整个反应过程需要 4 个连续的单电子氧化作用来使漆酶充分还原。其催化 O_2 还原的反应过程如图 10-43 所示[341]。

电化学方法获得漆酶直接电子伏安响应的报道很少。孙冬梅等[342]曾将漆树漆酶吸附固定在纳米活性炭粉表面，再用 Nafion 将之固定在 GC 电极表面，成功地获得了它直接电子转移的良好的伏安峰，并研究了这样制备的电极在没有媒介体存在下催化 O_2 还原的性能。

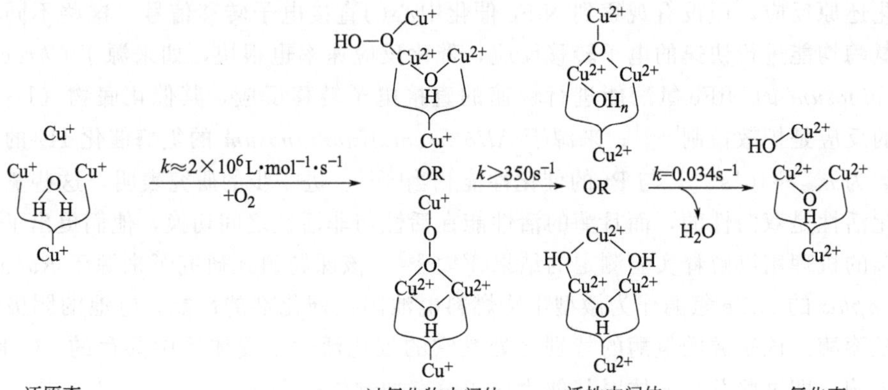

还原态　　　　　　　　　过氧化物中间体　　　活性中间体　　　　　氧化态

图 10-43　漆酶催化 O_2 还原反应过程示意图[341]

　　由于漆酶能将 O_2 直接还原成水，所以它是生物燃料电池良好的阴极催化剂。毛兰群等[343,344]将漆酶固定在碳纳米管表面，考察了它作为微型生物燃料阴极的性能，这部分的内容将在下一节中介绍。

　　其它被研究的含铜酶还有酪氨酸酶、胆红素氧化酶等。酪氨酸酶是一种二铜氧化酶，它能使单酚的羟基在氧分子作用下生成邻苯二酚，并继续将邻苯二酚氧化成邻苯二醌 [式(10-73) 和式(10-74)]：

$$苯酚＋酪氨酸酶(O_2)\longrightarrow 邻苯二酚 \tag{10-73}$$

$$邻苯二酚＋酪氨酸酶(O_2)\longrightarrow 邻苯二醌 \tag{10-74}$$

邻苯二醌可通过式 (10-75)，不需要加入任何媒介体，较低的过电位下在电极上还原生成邻苯二酚，因此酚类化合物的测定可通过测定醌产物的释放或 O_2 的消耗来实现。

$$邻苯二醌＋2H^+＋2e^-\longrightarrow 邻苯二酚 \tag{10-75}$$

　　许多能用于电极表面酪氨酸酶固定的材料已被报道，如环氧树脂、碳糊、氧化还原聚合物、水凝胶和硅凝胶、金胶等。如 Liu 等[125]将酪氨酸酶掺杂在金胶粒子修饰的碳糊中，发现这样能保持其生物催化性能，当向缓冲溶液中加入苯酚后，循环伏安曲线上还原电流明显增加，这是由于固定在电极上的酪氨酸酶在 O_2 存在下，能有效地催化苯酚的氧化并最终生成邻苯二醌，生成的邻苯二醌在电极上可直接还原成邻苯二酚。在这样制备的电极催化反应过程中，金胶的存在对促进酶催化活性位点向底物分子的靠近具有重要作用，因为酪氨酸酶吸附在带有负电荷的金胶纳米粒子表面，具有类似于天然系统的微环境，因而能最大限度地保持其生物活性，使酶催化活性位点更易接近底物分子，结果导致较低底物浓度时就能使这些位点饱和，因而大大提高了检测灵敏度。

10.5　酶电化学催化的应用

　　酶催化反应在电化学方面的应用很多，研究最多的是利用酶对特定底物的专一催化性能而制作各种生物电化学传感器，有关这方面的研究报道非常多，已有多部专著发表[1,345~349]，有关的综述文章也有数百篇，一些比较新且内容比较全面的综述文献列在本章后面的文献中[350~358]，读者可以有选择性地参阅其中的一部分。

10.5.1 用于底物的定量测定

酶电化学催化的最重要应用之一是用来测定各种不同底物的浓度，这种以酶作为特定响应成分的装置一般称为生物电化学传感器。有关这方面研究的第一个例子是 Clark 等[10]报道的用葡萄糖氧化酶催化葡萄糖氧化，用银电极检测 O_2 还原电流的变化而知道溶解在体系中 O_2 浓度的变化，将体系中 O_2 浓度的变化换算成葡萄糖浓度的变化，进而测定体系中葡萄糖的浓度。现在，生物电化学传感器已在食品分析、环境检测以及临床诊断等方面得到应用。下面我们只介绍基于葡萄糖氧化酶和脱氢酶的生物电化学传感器的有关情况。

10.5.1.1 葡萄糖氧化酶传感器

葡萄糖氧化酶传感器是所有酶传感器中研究得最多的一个，它在催化葡萄糖氧化过程中，需要 O_2 作为第二底物参与电子的传递，而 O_2 被还原成 H_2O_2，用电化学方法检测生成的 H_2O_2 的浓度，即可测定出葡萄糖的浓度。H_2O_2 可通过电化学氧化而被检测，但 H_2O_2 的氧化电位往往较高，一般在 $+0.6V$（vs. SCE）以上，在这样高的电位下，与葡萄糖共存的其它一些易被氧化物质，如抗坏血酸、尿酸等也能同时被氧化，从而对检测产生干扰。解决的办法是需要降低 H_2O_2 电化学氧化的过电位。已有许多方法用于降低它的氧化过电位，如将一些贵金属或贵金属的合金制成纳米颗粒，然后修饰到电极表面，可有效地降低 H_2O_2 的电化学氧化过电位，使其氧化电位降到 $+0.3V$ 前后[359~361]；使用半透膜将阻止干扰物达到电极表面[362]；使用电子媒介体催化 H_2O_2 的电化学氧化，如可以将金属铁氰化物制成薄膜修饰在电极表面，它可以降低 H_2O_2 的氧化电位[363]。H_2O_2 也可以通过化学还原加以检测，如将辣根过氧化物酶和葡萄糖氧化酶一起修饰或固定在电极表面，辣根过氧化物酶可以催化还原反应过程中生成的 H_2O_2，从而有效避免其它共存的易被氧化物质的干扰[364]。这种利用另一种酶催化 H_2O_2 还原的方法，虽然在避免其它物质干扰方面是有效的，但其代价大，而且稳定性、寿命等其它性能不佳。

蔡称心等[365]利用修饰的碳纳米管对 H_2O_2 具有协同催化还原的特性，将葡萄糖氧化酶固定在有耐尔蓝修饰的碳纳米管表面，制备了葡萄糖传感器。在碳纳米管表面的修饰及葡萄糖氧化酶的固定过程如图 10-44 所示。

葡萄糖氧化酶催化葡萄糖氧化过程中生成的 H_2O_2 被碳纳米管复合体催化还原，该复合体材料能将 H_2O_2 的还原电位降到 $-0.47V$（vs. SCE）。该传感器的催化电流随葡萄糖浓度的增加而增加，在 $0.1\sim5.0mmol \cdot L^{-1}$ 浓度范围内有线性关系，响应时间短（为 5s），最低检测限低（为 $10\mu mol \cdot L^{-1}$）；而且能有效屏蔽其它干扰物对测定的影响，例如，向 $1mmol \cdot L^{-1}$ 葡萄糖的测定体系中加入 $2mmol \cdot$

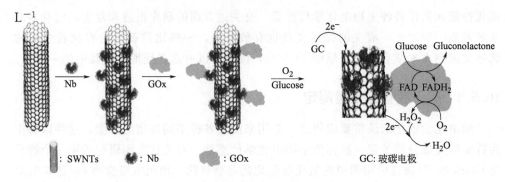

图 10-44　葡萄糖氧化酶在修饰的碳纳米管表面的吸附固定[365]

的抗坏血酸（AA）或 2mmol·L^{-1}的尿酸（UA）等干扰物时，其检测结果不受干扰。

关于葡萄糖氧化酶传感器的研究还可以通过使用不同的媒介体，改变检测电位，提高检测灵敏度，增加使用寿命。如蔡称心等[96]将葡萄糖氧化酶分别固定在碳纳米管和有 PDDA 修饰的碳纳米管表面，用单羧基二茂铁作媒介体，研究了其对葡萄糖的响应情况，该电极响应的伏安电流与葡萄糖浓度在 $0.5 \sim 5.5$mmol·L^{-1}之间有线性关系。这一范围的线性关系很有用，因为血清中葡萄糖的浓度一般为 4.6mmol·L^{-1}，因此，这样制备的葡萄糖传感器可用于实际样品中葡萄糖浓度的测定。该电极响应葡萄糖的米氏常数 $K_M \approx 4.5$mmol·L^{-1}，该数值比将葡萄糖氧化酶直接溶在溶液中 $[(22 \pm 2)$mmol·L$^{-1}]$[366]、固定在凝胶/壳聚糖复合体材料 $(21$mmol·L$^{-1})$[367]或固定在单分子层膜修饰的电极表面 $(20$mmol·L$^{-1})$[368]等所得的 K_M 值均小，说明碳纳米管/聚复合材料对葡萄糖氧化酶具有好的生物相容性及亲和性能，有利于酶分子保持生物催化功能。

Ju H X 等[369]将牛血清白蛋白（BSA）衍生的单羧基二茂铁、碳纳米管、3-丙氨基三甲氧基硅烷和 2（3,4-环氧基环己基)-乙基三甲氧基硅烷混合制备了有机溶胶凝胶，并将其用于固定葡萄糖氧化酶，制备了葡萄糖传感器。有机凝胶为酶提供了良好的生物相容的微环境，可以很好地保持包埋于其中的生物分子的活性。而将二茂铁与白蛋白交联后，由于白蛋白分子具有较大的体积，并且可以与凝胶骨架上的有机基团键联，使媒介体不容易从凝胶孔穴中渗漏出去，增加了传感器的使用寿命及稳定性。他们这样制备的传感器对葡萄糖响应的线性范围有两个浓度区间，分别为 $0.06 \sim 8.0$mmol·L^{-1} 和 $9.0 \sim 18.0$mmol·L^{-1}，检测限为 20.0μmol·L^{-1}。检测血清样品中葡萄糖得到的结果与实际值非常接近，具有一定的实际应用价值。他们还指出，这种有机溶胶凝胶膜非常稳定，在用于流动注射检测时，具有很好的稳定性和重现性，检测限和线性范围与静态条件获得的数据一致。

Ju H X 等[162]还将葡萄糖氧化酶吸附固定在用金纳米胶与炭粉制成的碳糊电极表面，该电极在磷酸盐缓冲溶液中在 -404mV 和 -498mV（vs. SCE）处有一对氧化还原峰，该对氧化还原峰的峰电位与缓冲溶液 pH 之间有线性关系，斜率为 $-(43.7 \pm 1.9)$mV/pH。作者们还得到了该氧化还原峰的电子转移系数及异相电子转移速率常数等动力学参数。当体系有溶解 O_2 存在时，该对氧化还原峰电流的变化可被用于葡萄糖浓度的测定。将该电极放入 O_2 的缓冲溶液中后，当向体系中逐渐加入葡萄糖时，上述氧化还原峰的还原峰电流逐渐降低，这是因为当溶液中有葡萄糖时，葡萄糖氧化酶的氧化形式与葡萄糖分子之间的反应而使葡萄糖氧化酶与 O_2 之间的反应受到遏制，并使其电催化响应减小。基于这种电催化电流的减小，他们发展了葡萄糖检测的新方法，传感器响应的线性范围为 $0.04 \sim 0.28 mmol \cdot L^{-1}$，检测限为 $0.01 mmol \cdot L^{-1}$。而且该传感器的重现性较好，在葡萄糖浓度 $0.1 \sim 0.3 mmol \cdot L^{-1}$ 范围内，连续 8 次测定的回收率在 $97.3\% \sim 103.2\%$。$0.16 mmol \cdot L^{-1}$ 的尿酸或 $0.36 mmol \cdot L^{-1}$ 的抗坏血酸的存在将引起还原电流分别增加 3.3% 或 5.1%，因而这些物质对传感器的电流响应不会产生大的干扰。该方法与通过测定氧气的消耗量或 H_2O_2 的生成的葡萄糖传感器相比，大大降低了阳极过电位，排除了可被氧化的共存物质如抗坏血酸和乙氨酚等引起的干扰。

葡萄糖氧化酶电极是所有酶电极中使用频率最高的一个，它的主要应用是对血液中葡萄糖浓度的快速测定，特别是对患有糖尿病病人血液中葡萄糖浓度的测定，因为患有该病的病人血液中的葡萄糖浓度必须不断地依靠药物来维持稳定，否则就会出现过高或过低的现象，因此就需要随时、快速且准确地知道血液中葡萄糖的浓度。应该指出的是，葡萄糖氧化酶电极不是测定血液中葡萄糖浓度的唯一方法，但它是一种比较方便和可靠的方法。

现在已有多种不同型号的葡萄糖传感器商品化，它们的工作原理都类似，主要是用葡萄糖氧化酶作为生物催化成分，但也有使用葡萄糖脱氢酶作为催化成分的。20 世纪 70 年代第一只商品化的葡萄糖传感器就是基于检测催化反应过程中生成的 H_2O_2 以检测葡萄糖，一般用 Pt 作电极；现在仍然有商品化的葡萄糖传感器是基于这一原理的，但用分散的 Pt 纳米颗粒修饰的电极代替常规 Pt 电极，Pt 太昂贵是这类传感器的不足之一。在 20 世纪 80 年代中期，Cass 等[152]发表了用二茂铁作为媒介体的葡萄糖传感器的文章，基于这一原理的葡萄糖传感器已经商品化，这种传感器（ExacTech）将葡萄糖氧化酶和二茂铁固定在可处理的微型印迹电极表面；几乎与 ExacTech 传感器商品化同一时间，用铁氰根 $[Fe(CN)_6^{3-}]$ 作媒介体的葡萄糖传感器也被商品化，但这种传感器工作时需要的酶和媒介体的浓度都比较高。这些商品化的葡萄糖传感器一般都是一次性使用的，而且所需的样品很少，一次测量只需几微升的样品，响应时间一般小于 30s，线性范围在 $2 \sim 30 mmol \cdot L^{-1}$。

目前，研究和制备微型的可植入式的葡萄糖传感器引起了人们极大的兴趣，但在将传感器植入体内之前，还需要解决一些由于植入而带来的问题，如制备传感器过程中使用的各种媒介体及固定化试剂与生物组织或器官的相容性、这些试剂的毒性、传感器的稳定性以及是否会对植入的组织或器官产生污染等[370~372]。如果将葡萄糖传感器植入体内，它可实现对血液中或一些重要器官如大脑中的葡萄糖浓度的实时监控；如果将这种传感器与体内胰岛素管理系统构成某种联系，它将有可能起到胰脏的生理功能，称为"人造胰脏"；而且如果将这种植入式葡萄糖传感器与体外胰岛素注射系统相联系，它将会有效地管理并保持血液中葡萄糖浓度的恒定。目前，可植入式葡萄糖传感器是这方面的研究重点[173,174,373]。

10.5.1.2　脱氢酶传感器

脱氢酶催化底物氧化过程中需要 NAD⁺（烟酰胺腺嘌呤二核苷酸）或 NADP⁺（烟酰胺腺嘌呤二核苷酸磷酸）作辅酶接受电子（NAD⁺ 和 NADP⁺ 的结构如图 10-45 所示）；约有 250 种脱氢酶以 NAD⁺ 作辅酶，约 150 种脱氢酶以 NADP⁺ 作辅酶。辅酶接受电子后，本身被还原成 NADH 或 NADPH，然后通过检测 NADH 或 NADPH 在电极表面被氧化的电流从而测定底物的浓度。

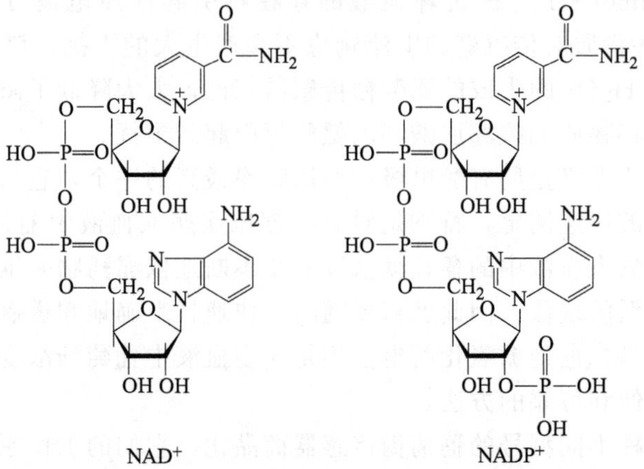

图 10-45　NAD⁺ 和 NADP⁺ 的结构示意图

在固体裸电极上，如 GC 或 Pt 电极等，NADH 或 NADPH 的氧化过电位很高，一般 1~1.3V[374]。NADH 和 NADPH 在固体电极表面的电化学氧化是一个多步骤的过程，这一氧化过程中有自由基中间体的生成。以 NADH 为例，它的氧化过程如式(10-76) 所示[375~378]。

$$\text{NADH} \xrightarrow{-e^-} \text{NADH} \cdot {}^+ \xrightarrow{-H^+} \text{NAD} \cdot \underset{}{\overset{-e^-}{\rightleftharpoons}} \text{NAD}^+ \tag{10-76}$$

NADH 在固体电极表面电化学氧化的第一步是不可逆地失去一个电子，生成阳离子自由基 NADH·⁺，这一步是整个氧化过程的速控步骤；在 pH=7 时，NADH/NADH·⁺ 的式量电位是 0.81V（vs. SCE），而该电对的热力学可逆电位是 −0.56V（vs. SCE，25℃，pH=7）[379]。因此，NADH 氧化过程高的过电位主要来源第一步电子转移。第二步是 NADH·⁺ 失去一个 H⁺ 生成中性的自由基 NAD·，这也是一个不可逆反应。因为芳香环有利于稳定中性的自由基，所以，NAD· 比 NADH·⁺ 更稳定，该去质子化反应的速率常数 $k > 10^6 s^{-1}$，为一级反应。第三步是 NAD· 失去 1 个电子被氧化成 NAD⁺，这是一个可逆反应；在 25℃ 和 pH=9.1 时，NAD⁺/NAD· 电对的式量电位为 −1.16V（vs. SCE）。NAD· 自由基也可以进行二聚反应生成 NAD₂，二聚化速率常数 $k_d \approx 8 \times 10^7 L \cdot mol^{-1} \cdot s^{-1}$；但 NAD₂ 在约 −0.3V 时能被氧化成 NAD⁺。NAD· 也可能经过另一途径生成

NAD$^+$，即与 NADH·$^+$ 反应生成 NAD$^+$ 和 NADH ［式(10-77)］[376]。

$$\text{NADH·}^+ + \text{NAD·} \longrightarrow \text{NADH} + \text{NAD}^+ \qquad (10\text{-}77)$$

依据 NADH 在电极表面直接氧化而制作的脱氢酶传感器称为第一代传感器[380~384]，由于这类传感器一般需要的检测电位较高，致使电极表面容易发生一些副反应和自由基的生成，使电极表面容易钝化和被污染，造成电极的稳定性和寿命变差；而且，由于使用较高的检测电位，使传感器容易受其它共存物质的干扰。

媒介体的使用在一定程度上可以避免上述问题，媒介体能与 NADH 发生均相氧化还原反应，使 NADH 氧化，媒介体本身被还原，还原态的媒介体在电极表面被氧化。能作为脱氢酶媒介体的基本要求是[385]：媒介体的氧化还原式量电位要比较低，这样可以降低 NADH 氧化的过电位和降低传感器的工作电位；媒介体的氧化态和还原态都应该是稳定的；媒介体与电极之间的电子交换步骤的速率必须尽量快，这样，媒介体的电化学氧化和还原步骤就不会是整个催化反应过程的速控步骤；媒介体与 NADH 之间的均相反应也必须是快速反应，这样传感器的响应电流是受底物扩散控制的，而且，媒介体必须对 NADH 的氧化有选择性，这样可以避免其它的副反应；最后，从理论上讲，媒介体的电化学反应最好是 2 电子和 1 质子反应。已有很多化合物被用于 NADH 电化学氧化的媒介体，较好的媒介体有醌类化合物（对位和邻位醌）[386~390]、吩嗪和吩噁嗪[390~392]、对苯二胺类化合物[393,394]等，一些染料分子及其聚合物也是 NADH 好的媒介体[394,395]。

使用媒介体的脱氢酶传感器被称为第二代传感器[396~398]，蔡称心等[123]将酒精脱氢酶用戊二醛和血清白蛋白交联固定在聚耐尔蓝修饰的单壁碳纳米管表面，制备了能快速响应乙醇的传感器，由于聚耐尔蓝修饰的单壁碳纳米管复合体能在电极表面形成独特且疏松的结构，有利于 NADH 的电化学催化氧化，其电化学氧化峰电位约为 -80 mV (vs. SCE)；该复合材料的特殊结构还有利于酶分子和底物分子容易达到复合材料的催化活性中心，有利于传感器灵敏度的提高，当检测电位为 0.1V 时，该传感器对乙醇的响应时间小于 5s；传感器的响应电流与乙醇浓度之间呈现 Michaelis-Menten 特征，表观米氏常数 $K_M \approx 6.3$ mmol·L^{-1}，响应电流与乙醇的浓度在 0.1~3.0 mmol·L^{-1} 有良好的线性关系，最低检测限约为 50μmol·L^{-1}。该传感器具有良好的稳定性和抗干扰能力。

虽然在有媒介体存在下（溶于溶液中或固定在电极表面）能有效地降低 NADH 或 NADPH 的氧化过电位，减少副反应，但也使制作传感器的步骤变得复杂，而且大多数媒介体都是一些有机化合物，它们的氧化还原电位都随体系 pH 的变化而发生移动，因而传感器的工作电位也随体系 pH 而变化。最有效的方法是找到一种电极材料，它能在不使用任何媒介体的情况下，将 NADH 或 NADPH 的氧化电位降到 0V (vs. SCE) 前后，有效降低它们氧化的过电位，依据这类电极材料制成的脱氢酶传感器称为第三代传感器。目前报道的能符合这种条件的电极材料还不多，如 Silber 等[399]报道用印迹技术制成的金膜电极能在没有任何媒介体存在时使 NADH 的氧化电位降低到 145mV (vs. SCE)；他们进而将葡萄糖脱氢酶固定在这种电极表面，制成了葡萄糖传感器；Wang 等[400]报道用贵金属颗粒（如 Pt、Pd、Ru 等）掺杂的碳糊电极也能将 NADH 的氧化电位降低到约 200mV 前后，他们还将掺杂 Ru 的碳糊电极用于固定 NAD$^+$ 和酒精脱氢酶，制成了无试剂乙醇传感器；McNeil 等[401]将镀 Pt 的碳糊电极用于固定 3-羟丁酸脱氢酶并用于 3-羟丁酸的测定。

另外，一些有机导体盐制成电极后也能使 NADH 的氧化电位大为降低，这些有机导体盐是电子授-受体之间形成的一种电子转移复合物材料，一般常用的有机导体盐有 7,7,8,8-四氰基对醌二甲烷（TCNQ）/四硫富瓦烯（TTF）、TCNQ/N-甲基二甲基苯基吡唑酮鎓（NMP）等[402,403]。这些电极材料已被用于固定酒精脱氢酶、丙三醇脱氢酶等，制成传感器后用于响应底物，如乙醇、丙三醇等。

最近，随着纳米材料合成技术的不断完善，一些新型的、具有特殊功能的纳米材料不断出现，能用于制作无试剂脱氢酶传感器的电极材料也不断增加，如 Cai C X 等[43,404]报道了碳纳米管能将 NADH 的氧化电位降低到约 0V（vs. SCE）；将酒精脱氢酶固定在有 PDDA 修饰的碳纳米管表面，得到乙醇传感器。该传感器的工作电位为 100mV（vs. SCE），响应乙醇浓度的线性范围为 $0.5\sim5.0$mmol·L^{-1}，最低检测限为 90μmol·L^{-1}。Ju H X 等[405]报道了一种可溶性碳纤维用于 NADH 的电化学氧化及酒精传感器的制作，这种可溶性碳纤维能使 NADH 的氧化电位降低为 60mV（vs. SCE）；将酒精脱氢酶固定在这种电极表面，用于乙醇的测定，响应的线性范围是 $10\sim425\mu$mol·L^{-1}，最低检测限为 3μmol·L^{-1}。

10.5.2 用作生物燃料电池的电极催化剂

生物燃料电池是以有机物为燃料，利用生物酶作催化剂的一类特殊燃料电池。它的研究始于 20 世纪 50 年代，最初人们希望利用人的体液或代谢物实现电能转换，应用于人体内微型电源或在航天飞行器中处理宇航员的生活垃圾等。生物燃料电池最早出现在 1964 年[406]，为植入体内的心脏起搏器提供电源，但由于电池产生电量太小而没有实现市场化；80 年代，研究人员试图用生物燃料电池从天然作物的废弃物中产生电能，出现采用酶电极和媒介体的生物燃料电池。近年来，由于酶固定技术取得很大进展，各种酶固定技术先后被应用于生物燃料电池的研究中，这不仅在电池的输出功率、酶活性的保持等方面有了很大提高，而且电池的体积更加微型化，使生物燃料电池的研究进入崭新的阶段。生物燃料电池可分为微生物燃料电池和酶燃料电池[407~410]，下面主要介绍酶生物燃料电池电极的结构、性能及电池的结构等。

由于酶电极催化反应的性质不同，不同的酶分别可以用于燃料电池的阳极和阴极；研究较多的阳极有含 FAD 的氧化酶（如葡萄糖氧化酶）、NAD（P）$^+$ 为辅酶的脱氢酶等电极；研究较多的阴极有微过氧化物酶电极、漆酶电极、胆红素氧化酶电极等。

10.5.2.1　葡萄糖氧化酶电极作阳极

葡萄糖氧化酶电极是生物燃料电池中使用最多的阳极之一，Katz 等[107]先将FAD 与电极共价连接，然后将不含 FAD 中心的葡萄糖氧化酶鞘（apo-GOx）与电极表面的 FAD 实现对接，组装成葡萄糖氧化酶，从而制作葡萄糖氧化酶阳极；通过这种技术，他们[411,412]还将金纳米粒子、Cu^{2+}-聚丙烯酰胺等应用于燃料电池阳极的制备，提高了酶电极的性能。在阳极酶的固定过程中，媒介体的引入有利于提高酶的催化能力，提高电子转移效率。Heller 等[413]制备的葡萄糖氧化酶电极所采用的是含有锇配合物的聚合物水凝胶，他们将具有一定长度和柔性的含氧化还原配体的支链与聚合物主链连接，氧化还原配体随聚合物支链及主链运动，使其碰撞频率增加，从而提高电子的转移速率（图 10-46）。他们[414]研究了多种含锇配合物的氧化还原聚合物，氧化还原水凝胶表观电子扩散系数达到 $(5.8 \pm 0.5) \times 10^{-6} cm^2 \cdot s^{-1}$，制备的葡萄糖氧化酶电极在 37℃ 及 pH＝7 时的输出电流密度可以达到 $1.5 mA \cdot cm^{-2}$。

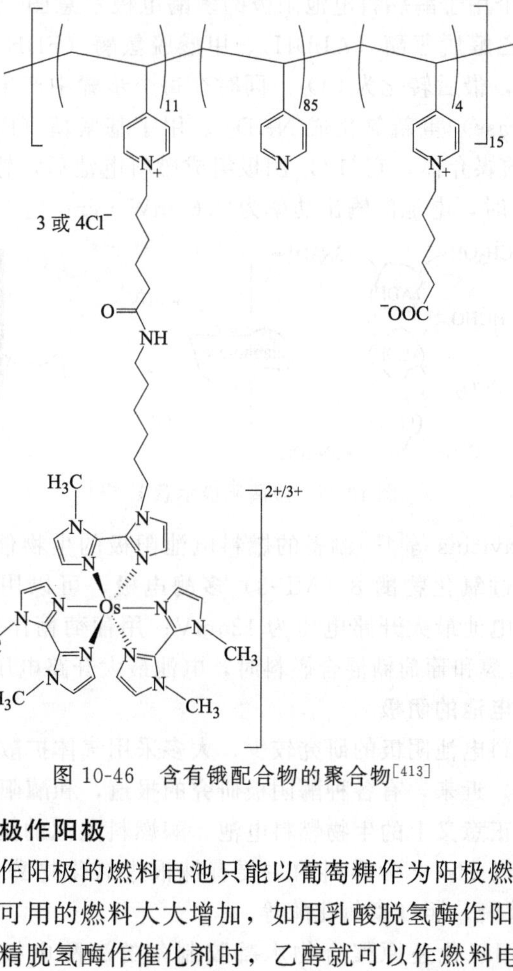

图 10-46　含有锇配合物的聚合物[413]

10.5.2.2　脱氢酶电极作阳极

用葡萄糖氧化酶作阳极的燃料电池只能以葡萄糖作为阳极燃料，而利用脱氢酶作为阳极的催化剂，可用的燃料大大增加，如用乳酸脱氢酶作阳极催化剂时，阳极燃料可用乳酸，用酒精脱氢酶作催化剂时，乙醇就可以作燃料电池的阳极燃料等，拓宽了电池的使用范围。

如 Bartlett 等[415,416]分别采用聚苯胺-聚丙烯酸、聚苯胺-聚丙烯磺酸和聚苯胺-聚苯乙酸磺酸复合物固定乳酸脱氢酶，制成的燃料电池的电极在 35℃时的电极电位可达 1V（vs. SCE）；Sato 等[417]用 2-氨基-3-羧基-1,4-萘醌作为硫辛酰胺脱氢酶的媒介体，将它们一起与聚-L-赖氨酸同时固定在 GC 电极上，用戊二醛交联，制成了燃料电池的阳极。Moore 等[418]研制了一种具有双层结构的脱氢酶阳极，第一层为聚亚甲基蓝，它作为催化 NADH 电化学氧化的媒介体；第二层含有固定的酒精脱氢酶。这种阳极与 Pt 阴极一起组成电池，用乙醇作阳极燃料，开路电压为 0.34V，最大电流为 $(53\pm9.1)\mu A \cdot cm^{-2}$。

10.5.2.3 多酶电极作阳极

多酶电极是用固定在同一电极上的多种酶催化连续或同时发生的多个反应。多酶电极进一步扩大了燃料电池可使用的范围，提高了输出电流或电压，具有单酶电极难以达到的性能。

图 10-47 是一个用于酶燃料电池阳极的多酶电极示意图[419]，该电极通过酒精脱氢酶（ADH）、乙醛脱氢酶（ALDH）、甲酸脱氢酶（FDH）的催化作用，使甲醇先被氧化为甲醛，最后转化为 CO_2。同时在每个步骤中产生的 NADH 由硫辛酰胺脱氢酶（diaphorase）重新氧化成 NAD^+。用丁基紫精（BV）作为硫辛酰胺脱氢酶氧化 NADH 的媒介体，它与 O_2 阴极组成燃料电池后，输出电压为 0.8V；在工作电压为 0.49V 时，电池的输出功率为 $0.68mW \cdot cm^{-2}$。

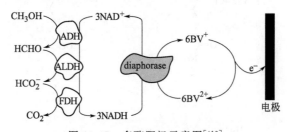

图 10-47　多酶阳极示意图[419]

此外，Ramanavicius 等[420]制备的燃料电池阳极的生物催化剂为醌血红蛋白，阴极是葡萄糖和微过氧化物酶 8（MP-8）多酶电极，可以用多种有机物作燃料：用乙醇作燃料时，电池最大开路电压为 125mV；用葡萄糖作燃料时，最大开路电压 145mV；用乙醇和葡萄糖混合燃料时，电池最大开路电压为 270mV。

10.5.2.4 酶燃料电池的阴极

早期对生物燃料电池阴极的研究较少，大多采用气体扩散电极，难以发挥酶生物燃料电池的优势。近来，有各种酶阴极研究的报道，和酶阳极一起构成了生物燃料电池，形成了真正意义上的生物燃料电池。酶燃料电池的阴极一般是催化 H_2O_2 或 O_2 还原反应，以 H_2O_2 为燃料的主要有辣根过氧化物酶，MP-11 电极等；以 O_2 还原的主要有漆酶、胆红素氧化酶等。

Heller 等[421]用氧化还原聚合物水凝胶制备的漆酶电极在 0.7V（vs. NHE）

时，电流密度可以达到 $5mA \cdot cm^{-2}$。用漆酶电极作阴极的葡萄糖/O_2 电池电压可以达到 0.8V。但由于在含 Cl^- 的中性溶液中，漆酶的活性会降低，因此这种电极只能在弱酸性和不含 Cl^- 的体系中使用。Ikeda 等[422]用 $ABST^{2-}$ ［ABST＝2,2'-azinobis(3-ethylbenzothiazoline-6-sulfonate)］修饰的胆红素氧化酶电极作电池的阴极则不存在上述问题，电极电位为 0.4V；Katz 等[423]制备了细胞色素 c/细胞色素 c 氧化酶阴极，但该电极与葡萄糖氧化酶电极组成的电池电压较低。

10.5.2.5 酶生物燃料电池的结构

在酶燃料电池中，酶、媒介体可以与底物一起溶于溶液中，也可以固定在电极表面；由于后者具有催化效率高、受环境限制小等优点而具有广泛的用途。当将酶阳极和酶阴极一起构成燃料电池时，需要考虑防止阴阳极之间反应物与产物的相互干扰，一般将阴阳极用质子交换膜分隔为阴极区和阳极区，即两室酶燃料电池。如 Willner 等[424]用酒精脱氢酶为阳极催化剂，用 MP-11 作阴极催化剂，制备了两室酶燃料电池，电池最大电流密度为 $114\mu A \cdot cm^{-2}$，最大输出功率为 $32\mu W$。Pizzariello 等[425]设计的两室葡萄糖氧化酶/辣根过氧化物酶燃料电池，在不断补充燃料的情况下可以连续工作 30d，具有一定的实用价值。

无隔膜酶燃料电池省去了阴阳极之间的隔膜，可更方便地制备微型、高比能量的酶生物燃料电池。Katz 等[423]设计的一种无隔膜酶燃料电池利用两种溶液形成的液/液界面将阴阳极分开，从而提高了电池的输出性能。这种酶燃料电池分别以异丙基苯过氧化物和葡萄糖作阴极和阳极的燃料，电池的开路电压可达 1V 以上，短路电路密度达到 $830mA \cdot cm^{-2}$，最大输出功率为 $520\mu W$。典型的无隔膜单室酶燃料电池的结构如图 10-48 所示，该电池在葡萄糖浓度为 $1mmol \cdot L^{-1}$，并在用空气饱和的溶液中工作时，电池产生的最大电流密度为 $110\mu A \cdot cm^{-2}$，电压为 0.04V，最大输出功率为 $5\mu W \cdot cm^{-2}$。该电池输出电压较低与酶电极的电极电位有关。

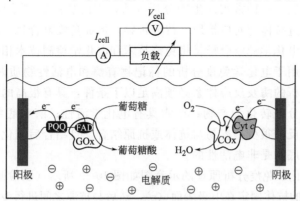

图 10-48　典型的无隔膜酶燃料电池的结构[422]

Heller 等[421,426~430]发表了一系列有关微型无隔膜葡萄糖/O_2 酶燃料电池的文章，如他们将连接有锇配合物 ｛[Os (4,4'-dimethyl-2,2'-bipyridine)$_2$Cl]$^{+/2+}$｝的聚（N-乙烯基咪唑）修饰的葡萄糖氧化酶作阳极催化剂，用连接有锇配合物 ｛[Os

$(4,4'\text{-dimethyl-2},2'\text{-bipyridine})_2 \ (2,2'\text{-}6',2''\text{-terpyridineCl}]^{3+/2+}\}$ 的聚（N-乙烯基咪唑）修饰的真菌漆酶作阴极催化剂，制备的燃料电池在含 15mmol·L^{-1} 葡萄糖的柠檬酸缓冲溶液中工作时（pH5），放电电压为 0.4V，电流密度为 160～340μW·cm^{-2}。通过对酶、固定酶的氧化还原聚合物等的改进，电池的输出功率可达到 140μA·cm^{-2}，阳极电流密度达到 1mA·cm^{-2} 以上，阴极电流密度超过 5mA·cm^{-2}。其中 Mano 等[430] 制备的漆酶/葡萄糖氧化酶电池电压可达 0.78V，而且这些电池是仅由两根经修饰的直径为 7μm 的碳纤维组成，这样小的体积是其它系列电池难以达到的，而且其体积比容量与其它电池相比也是很高的。

Mao L 等[343,344] 将碳纳米管用于酶燃料电池的制作，他们用固定在碳纳米管表面的胆红素氧化酶电极作阴极，用固定在碳纳米管表面的葡萄糖脱氢酶作阳极，阳极需用亚甲基蓝作媒介体，该燃料电池在含 40mmol·L^{-1} 葡萄糖的体系中工作时，在工作电压为 0.5V 时，功率为 53.9μW·cm^{-2}；当用漆酶代替胆红素氧化酶作阴极时，电池的功率则降低为 9.5μW·cm^{-2}（工作电压为 0.52V）。董绍俊等[431,432] 曾将葡萄糖氧化酶和漆酶固定在碳纳米管/室温离子液体复合材料的表面，研究它们作为酶燃料电池阴阳极时电池的性能，当将单羧基二茂铁作葡萄糖氧化酶媒介体时，电池的输出功率密度为 10μW·cm^{-2}。

酶燃料电池原料来源广泛、生物相容性好、在常温常压和生理环境下工作、可以用多种体内有机物甚至废物或污物作燃料，是一种可再生的绿色能源。近几年，国内外对酶生物燃料电池的研究不断深入。酶燃料电池的进一步研究和发展不仅在能源领域具有重大意义，在其它如医疗领域等也将发挥着巨大的作用。

10.5.3 电化学免疫分析

免疫分析方法是一种常用的生物分析方法，它的理论基础是抗原-抗体之间的特异性反应，通过抗体与对应抗原（待分析物）形成免疫复合物，进而对待分析物进行定量检测。电化学免疫分析是将免疫技术和电化学检测技术相结合的一种标记免疫分析方法，用于电化学免疫分析的标记物有酶和电活性物质两类[1,433]。可用作电化学免疫分析的酶及反应体系必须满足以下条件：具有很高的活性，能在短时间内将大量底物分子转化为产物；产物具有电化学活性；酶和底物在溶液中要稳定；酶产物的副反应很少；容易与抗体或抗原结合，且结合后催化活性不降低；在测定条件下体系底物是非电活性的。

酶标记的电化学免疫分析原理的示意图如图 10-49 所示（以检测抗原为例），可先将没有酶标记的抗体固定在电极表面（a），然后与抗原之间进行专一性结合，这样可以将抗原固定到电极表面（b）；当将该电极放入到有酶标记的抗体溶液中时，酶标记的抗体又结合到抗原分子表面（c），当向体系中加入酶的底物时，酶就催化底物反应，生成产物。电化学方法检测这一催化过程的电流与电极表面（或当初溶液中）抗原的浓度成正比，就能分析出抗原的浓度。这种技术具有高度的选择性和专一性。

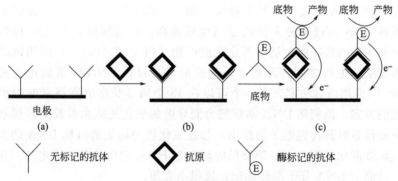

图 10-49　酶标记的电化学免疫分析示意图

常用的酶标是碱性磷酸酶（AP）和辣根过氧化物酶（HRP）。AP 催化底物反应生成电活性的氨基酚等，通过电化学检测产物而达到分析的目的[434～445]。HRP 是常用的酶标，一般通过它催化 H_2O_2 氧化一些芳香胺或儿茶酚生成电活性的产物，再进行电化学检测[446～449]。Ju H X 课题组[450～460]在这方面做出了大量杰出的工作，该方法可用于检测血清中肿瘤标记物，从而对癌症及其转移的诊断和检测具有一定意义。

被研究过的用于酶标记的免疫分析的酶还有葡萄糖氧化酶[461～466]和胆碱氧化酶[467]等。

10.5.4　DNA 杂交检测

DNA 是重要的生物遗传物质，对其序列及错配的检测对于基因信息的研究以及疾病的诊断都有重大意义。酶标记的 DNA 电化学检测的原理类似于前面介绍的酶标记的电化学免疫分析，其原理如图 10-50 所示。

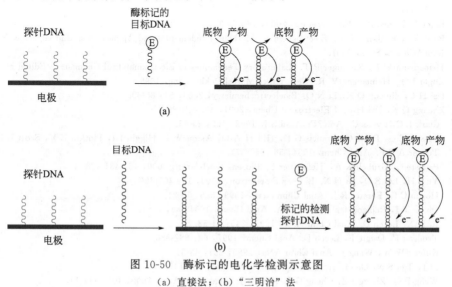

图 10-50　酶标记的电化学检测示意图
（a）直接法；（b）"三明治"法

酶标记的 DNA 电化学检测有直接法和"三明治"法[468~474]。直接法的原理是先将探针 DNA 通过某种方法固定到电极表面，再与酶标记的目标 DNA 杂交，当体系中加入酶的底物时，被酶催化生成产物［图 10-50(a)］；一般用锇的配合物作媒介体在酶与电极之间传递电子，响应电流与目标 DNA 浓度成正比关系。如 Heller 等[468]采用该方法实现了一个可以在 18 个碱基长度的寡核苷酸中检测到单碱基错配的方案，他们将 DNA 共价键合到导电的氧化还原水凝胶上，该水凝胶和酶反应中心接触时起传递电子的作用。与过氧化物酶标记的目标 DNA 杂交后，加入的 H_2O_2 被催化还原为水，杂交反应转变为 H_2O_2 的电化学还原电流。在该方法中，每一待测的 DNA 分子都要标记，这很不方便。

一种所谓的"三明治"方法可以克服这一不足，其原理如图 10-50(b) 所示。目标 DNA 能与固定在电极表面的探针 DNA 及酶标记的检测探针 DNA 在不同的片段分别杂交，然后检测酶催化电流实现 DNA 分析[467,473]。

已有多种酶用于 DNA 的标记，如碱性磷酸酶[474~479]、辣根过氧化物酶[469,470,472~474]、葡萄糖氧化酶[480]、胆红素氧化酶[471,474]等。这种 DNA 检测技术可以将小的电化学信号放大，如果将酶联 DNA 技术与 PCR（polymerase chain reaction）技术相结合则会更进一步提高这些方法的测定灵敏度，可以检测到 fmol 级的 DNA[474,481]。

参 考 文 献

[1] 鞠熀先著. 电分析化学与生物传感技术. 北京：科学出版社，2006：178-202.
[2] 周晓云主编. 酶学原理与酶工程. 北京：中国轻工业出版社，2005：1-85.
[3] 杨频，高飞频. 生物无机化学原理. 北京：科学出版社，2002：18-33.
[4] Mikkelsen S R. Bioelectrochemistry. Wilson G S, Edited. New York：Weinheim：Wiley-VCH，2002：309.
[5] LojouÉ, Bianco P. J Electroceram，2006，16：79-91.
[6] Bard A J, Faulkner L R. Electrochemical Methods Fundamental and Applications. 2nd ed. New York：John Wiley & Sons，2001.
[7] Heinemann W R, Kissinger P T. Laboratory Techniques in Electroanalytical Chemistry. Edited by Kissinger P T, Heinemann W R. New York：Marcel Dekker, Inc，1996.
[8] Dai H C, Zhuang Q K, Li N Q. Bioelectrochemistry，2000，51：35-39.
[9] Zhuang Q K, Dai H C. J Electroanal Chem，2001，499：24-29.
[10] Clark L C, Lyons C. Ann NY Acad Sci，1962，102：29-45.
[11] Cass A E G, Davis G, Francis G D, Hill H A O, Aston W J, Higgin I J, Plotkin E V, Scott L D L, Turner A P F. Anal Chem，1984，56：667-671.
[12] Padeste C, Grubelnik A, Tiefenauer L. Biosens Bioelectron，2000，15：431-438.
[13] Yu J H, Liu S Q, Ju H X. Biosens Bioelectron，2003，19：401-409.
[14] Hogan C F, Forster R J. Anal Chim Acta，1999，396：13-21.
[15] Ohara T J, Rajagopalan R, Heller A. Anal Chem，1994，66：2451.
[16] Ju H X, Leech D. Anal Chim Acta，1997，345：51-58.
[17] Trudeau F, Daigle F, Leech D. Anal Chem，1997，69：882-886.
[18] Kubiak W W, Wang J. Anal Chim Acta，1989，221：43-51.
[19] Li J, Tan S N, Ge H. Anal Chim Acta，1996，335：137-145.
[20] Wang B Q, Zhang J Z, Cheng G J, Dong S J. Anal Chim Acta，2000，407：111-118.

[21] Chen H Y, Ju H X, Xun Y G. Anal Chem, 1994, 66：4538-4542.

[22] Ju H X, Dong L, Chen H Y. Talanta, 1996, 43：1177-1183.

[23] Qian J H, Liu Y C, Liu H Y, Yu T Y, Deng J Q. J Electroanal Chem, 1995, 397：157-162.

[24] Lei C, Deng J. Anal Chem, 1996, 68：3344-3349.

[25] Wang B, Dong S. Talanta, 2000, 51：565-572.

[26] Wang B, Li B, Wang Z, Xu G, Wang Q, Dong S. Anal Chem, 1999, 71：1935-1939.

[27] Karyakin K K, Karyakina E E, Schuhmann W, Schmidt H L, Varfolomeyev S D. Electroanalysis, 1994, 6, 821-829.

[28] Kulys J, Cenas N K. J Electroanal Chem, 1981, 128：103-113.

[29] Xiao Y, Ju H X, Chen H Y. Anal Chim Acta, 1999, 391：73-82.

[30] Mckenna K, Brajter-Toth. Anal Chem, 1987, 59：954-958.

[31] Gorton L, Bremle G, Csoeregi E, Joensson-Pettersson G, Persson B. Anal Chim Acta, 1991, 249：43-54.

[32] Armstrong F A, Lannon A M. J Am Chem Soc, 1987, 109：7211-7212.

[33] Scott D L, Paddock R M, Bowden E F. J Electroanal Chem, 1992, 341：307-321.

[34] Ianniello R M, Lindsay T J, Yacynych A M. Anal Chem, 1982, 54：1098-1101.

[35] Narasimhan K, Wingard L B Jr. Anal Chem, 1986, 58：2984-2987.

[36] Kajiya Y, Sugai H, Iwakura C, Yoneyama H. Anal Chem, 1991, 63：49-54.

[37] Smith E T, Ensign S A, Ludden P W, Feinberg B A. Biochem J, 1992, 285：181-185.

[38] Sucheta A, Ackrell B A C, Cochram B, Armstrog F A. Nature, 1992, 356：361-362.

[39] Guo L H, Hill H A O, Lawrance G A, Sanghera G S, Hopper D J. J Electroanal Chem, 1989, 266：379-390.

[40] Lyer R N, Schmidt W E. Bioelectrochem Bioenerg, 1992, 27：393-404.

[41] Borsari M, Azab H A. Bioelectrochem Bioenerg, 1992, 27：229-233.

[42] 曹楚南, 张鉴清. 电化学阻抗谱导论. 北京：科学出版社, 2002.

[43] Liu S N, Cai C X. J Electroanal Chem, 2007, 602：103-114.

[44] Pan D, Liu S N, Cai C X. Electrochim Acta, 2007, 52：6534-6547.

[45] Yin Y J, Wu P, Lu Y F, Du P, Shi Y M, Cai C X. J Solid State Electrochem, 2007, 11：390-397.

[46] Ebbsesen T W, Lezec H J, Hiura H, Bennett J W, Ghaemi H F, Thio T. Nature, 1996, 382：54-56.

[47] Ebbsesen T W. Ann Rev Mater Sci, 1994, 24：235.

[48] Dalziel K, Dickinson F. Biochem J, 1966, 100：34-36.

[49] Marcus R A, Sutin N. Biochimica et Biophysica Acta, Reviews on Bioenergetics, 1985, 811：265-322.

[50] Dequaire M, Limoges B, Moiroux J, Saveant J M. J Am Chem Soc, 2002, 124, 240-253.

[51] Andrieux C P, Dumas-Bouchiat J M, Saveant J M. J Electroanal Chem, 1982, 131, 1-35.

[52] Albery W J, Hillman A R. J Electroanal Chem, 1984, 170：27-49.

[53] Bartlett P N, Pratt K F E. J Electroanal Chem, 1995, 397：61-78.

[54] Mell L D, Maloy J T. Anal Chem, 1975, 47：299-307.

[55] Leypoldt J K, Gough D A. Anal Chem, 1984, 56：2896-2904.

[56] Yokoyama K, Kayanuma Y. Anal Chem, 1998, 70：3368-3376.

[57] Rudolph M, Reddy D P, Feldberg S W. Anal Chem, 1994, 66：589A-600A.

[58] Bott A W, Feldberg S W, Rudolph M. Current Separations, 1996, 15：67-71.

[59] Antiochia R, Lavagnini I, Magno F. Electroanalysis, 2001, 13：582-586.

[60] Bourdillon C, Demaille C, Moiroux J, Saveant J M. J Am Chem Soc, 1993, 115：2-10.

[61] Bourdillon C, Demaille C, Moiroux J, Saveant J M. Acc Chem Res, 1996, 29：529-535.

[62] Limoges B, Moiroux J, Saveant J M. J Electroanal Chem, 2002, 521：1-7.

[63] Bourdillon C, Demaille C, Gueris J, Moiroux J, Saveant J M. J Am Chem Soc, 1993, 115：12264-12269.

[64] Limoges B, Moiroux J, Saveant J M. J Electroanal Chem, 2002, 521：8-15.

[65] Bourdillon C, Demaille C, Moiroux J, Saveant J M. J Am Chem Soc, 1994, 116：10328-10329.

[66] Bergel A, Comtat M. Anal Chem, 1984, 56：2904-2909.

[67] Limoges B, Saveant J M. J Electroanal Chem, 2003, 549：61-70.

[68] Albery W J, Bartlett P N. J Electroanal Chem, 1985, 194：211-222.

[69] Eddowes M J. Biosensors A Practical Approach. Oxford：Oxford University Press, 1990：221-263.

[70] Eddowes M J, Hill H A O. J Chem Soc Chem Commun, 1977：771-772.

[71] Yeh P, Kuwana T. Chem Lett, 1977: 1145-1148.

[72] Heering H A, Hirst J, Armstrong F A. J Phys Chem B, 1998, 102: 6889-6902.

[73] 袁定重，张秋禹，侯振宇，李丹，张军平，张和鹏. 材料导报，2006，20：69-72.

[74] Chaplin M F, Bucke C. Enzyme Technology. Cambridge: Cambridge University Press, 1990.

[75] Wiseman A. J Chem Biotech, 1993, 56: 3.

[76] Roseneald S E, Kuhr W G. Elecyroanalytical Methodes for Biological Materials. edited by Brajther-Toth A, Chambers J Q. New York: Marcel Dekker, Inc, 2002, 399.

[77] Murray R W, Ewing A C, Durst R A. Anal Chem, 1987, 59: 379A.

[78] Barendrecht E. J Appl Electrochem, 1990, 20: 175.

[79] Merz A. Topics in Current Chemistry, 1990, 152: 51.

[80] 董绍俊，车广礼，谢远武. 化学修饰电极（修订版），北京：科学出版社，2003，503-510.

[81] Ikeda T, Shiraishi T, Senda M. Agric Biol Chem, 1988, 52: 3187.

[82] Guilbault G G. Methods Enzymol, 1988, 137: 14.

[83] Lojou É, Bianco P. Electroanalysis, 2004, 16: 1113-1121.

[84] Bednarski M D, Chenault H K, Simon E S, Whitesides G M. J Am Chem Soc, 1987, 109: 1283.

[85] Haladjian J, Thierry-Chef I, Bianco P. Talanta, 1996, 43: 1125.

[86] Ghantous L, Lojou É, Bianco P. Electroanalysis, 1998, 18: 1249.

[87] Turner A P F, Karube I, Wilson G S. Biosensors, Fundamentals and Applications. Oxford: Oxford University Press, 1987, 86.

[88] Guiral-Brugna M, Guidici-Orticoni M T, Bianco P. J Electroanal Chem, 2001, 510: 136.

[89] Armstrong F A. Bioelectrochemistry. Edited by Wilson G S. Weinheim: Wiley-VCH, 2002: 11.

[90] Ikariyama Y, Yamauch S, Yukiash T, Vshioda H. Anal Lett, 1987, 20: 1791.

[91] Ikeda T, Hamada H, Miki K, Senda K M. Agric Biol Chem, 1985, 49: 541.

[92] Larsson T, Lindgren A, Ruzgas T, Lindquist S R, Gorton L. J Electroanal Chem, 2000, 482: 1-10.

[93] Chen C, Anzai J, Osa T. Chem Pharm Bull, 1988, 36: 3671.

[94] Suad-Changny M F, Gonon F G. Anal Chem, 1986, 58: 412.

[95] Zaitsev S Y, Hanke T. Wollenberger U, Ebert B, Kalabina N A, Zubov V P, Scheller F. Russian Bioorg Chem, 1991, 17: 767.

[96] Liu S N, Yin Y J, Cai C X. Chin J Chem, 2007, 25: 439-447.

[97] Xiao Y, Ju H X, Chen H Y. Anal Chim Acta, 1999, 391: 73.

[98] Xiao Y, Ju H X, Chen H Y. Anal Biochem, 2000, 278: 22.

[99] Masoom M, Townshend A. Anal Chim Acta, 1984, 166: 111.

[100] Ianniello R M, Yacynych A M. Anal Chim Acta, 1951, 53: 2090.

[101] 刘姝娜，吴萍，周泊，周耀明，蔡称心. 化学学报，2008，66：424-432.

[102] Razumas V J, Jasaitis J J, Kulys J J. Bioelectrochem Bioenerg, 1984, 12: 297.

[103] Jiang J, Schadler L S, Siegel R W, Zhang X, Zhang H, Terrones M. J Mater Chem, 2004, 14: 37-39.

[104] Darder M, Casero E, Pariente F, Lorenzo E. Anal Chem, 2000, 72: 3784.

[105] Narvaez A, Dominguez E, Katakis I, Katz E, Ranjit K T, Ben-Dov I, Willner I. J Electroanal Chem, 1997, 430: 227-233.

[106] Patolsky F, Weizmann Y, Willner I. Angew Chem Int Ed, 2004, 43: 2113-2117.

[107] Katz E, Willner I, Kotlyer A B. J Electroanal Chem, 1999, 479: 64-68.

[108] Alegret S. Analyst, 1996, 121: 1751.

[109] Karyakin a A, Kotel'nikova E A, Lukachova L V, Karyakina E E, Wang J. Anal Chem, 2002, 74: 1597.

[110] Wang J, Musameh M. Anal Chem, 2003, 75: 2075-2079.

[111] Gill I, Ballesteros A. J Am Chem Soc, 1998, 120: 8587.

[112] Audebert P, Demaille C, Sanchez C. Chem Mater, 1993, 5: 911.

[113] Yu D, Volponi J, Chhabra S, Brinker C J, Mulchandani A, Singh A K. Biosens Bioelectron, 2005, 20: 1433.

[114] Ferrer M L, Monte F del, Levy D. Chem Mater, 2002, 14: 3619.

[115] Yu J H, Ju H X. Anal Chem, 2002, 74: 3579.

[116] 蔡称心，鞠熄先，陈洪渊. 化学学报，1995，53：281-285.

[117] Sung W J, Bae Y H. Anal Chem, 2000, 72: 2177.

[118] Kanungo M, Kumar A, Contractor A Q. Anal Chem, 2003, 75: 5673.

[119] Bartlett P N, Cooper J. J Electroanal Chem, 1993, 362: 1.

[120] Walt D R, Agayn V I. Trac-trends in Anal Chem, 1994, 13: 425.

[121] Schuhmann W. Mikrochim Acta, 1995, 121: 1.

[122] Cai C X, Xue K H, Zhou Y M, Yang H. Talanta, 1997, 44: 339-347.

[123] Du P, Liu S N, Wu P, Cai C X. Electrochim Acta, 2007.

[124] Liu S Q, Ju H X. Anal Biochem, 2002, 307: 110-116.

[125] Liu S Q, Yu J H, Ju H X. J Electroanal Chem, 2003, 540: 61-67.

[126] Centonze D, Losito I, Malitesta C, Palmisano F, Zambonin P G. J Electroanal Chem, 1997, 435: 103-111.

[127] Sugawara K, Takano T, Fukashi H, Hoshi S, Akatsuka K, Kuramitz H, Tanaka S. J Electroanal Chem, 2000, 482: 81-86.

[128] Wang J, Lin M S. Anal Chem, 1988, 60: 1545-1548.

[129] Forzani E S, Rivas G A, Solis V M. J Electroanal Chem, 1997, 435: 77-84.

[130] Lojou É, Bianco P. Electroanalysis, 2004, 16: 1093-1100.

[131] Lojou É, Durand M C, Dolla A, Bianco P. Electroanalysis, 2002, 14: 913-922.

[132] Demaille C, Moiroux J, Saveant J M, Bourdillin C. Protein Architecture, edited by Lvov Y, Möhwald H. New York: Marcel Dekker Inc, 2000, 311.

[133] Wittstock G, Yu K, Halsall H B, Ridgway T H, Heineman W R. Anal Chem, 1995, 67: 3578-3582.

[134] Heineman W R, Halsall H B. Anal Chem, 1985, 57: 1321A-1331A.

[135] Bourdillon C, Demaille C, Moiroux J, Saveant J M. Acc Chem Res, 1996, 29: 529-535.

[136] Bourdillon C, Demaille C, Guéris J, Moiroux J, Saveant J M. J Am Chem Soc, 1993, 115: 12264-12269.

[137] Bourdillon C, Demaille C, Moiroux J, Saveant J M. J Am Chem Soc, 1993, 115: 1-10.

[138] Keay R W, McNeil C J. Biosens Bioelectron, 1998, 12: 963-970.

[139] Limoges B, Saveant J M, Yazidi D. J Am Chem Soc, 2003, 125: 9192-9203.

[140] Ngounou B, Neugebauer S, Frodl A, Reiter S, Schuhmann W. Electrochim Acta, 2004, 49: 3855-3863.

[141] Zhao H, Ju H X. Anal Biochem, 2006, 250: 138-144.

[142] Iwuoha E I, Smyth M R. Biosens Bioelectron, 1996, 12: 53-75.

[143] Zoldák G, Zubrik A, Musatov A, Stupák M, Sedlák E. J Biol Chem, 2004, 279: 47601-47609.

[144] Tzanov T, Costa S A, Gubitz G M, Cavaco-Paulo A. J Biotechnol, 2002, 93: 87-94.

[145] Wang S, Yoshimoto M, Fukunga K, Nakao K. Biotechnol Bioeng, 2003, 83: 444-453.

[146] Mell L D, Maloy J T. Anal Chem, 1976, 48: 1597-1601.

[147] Bartlett P N, Pratt F E. J Electroanal Chem, 1995, 397: 53-60.

[148] Bourdillon C, Demaille C, Moiroux J, Saveant J M. J Am Chem Soc, 1995, 117: 11499-11506.

[149] Hecht H J, Kalisz H M, Hendle J, Schmid R D, Schomburg D. J Mol Biol, 1993, 229: 153-172.

[150] Bowers L D, Carr P W. Advances in Biochemical Engineering, 1980, 15: 89-129.

[151] Williams D L, Doig A R, Jr, Korosi A. Anal Chem, 1970, 42: 118-121.

[152] Cass A E G, Davis G, Francis G D, Hill H A O, Aston W J, Higgins I J, Plotkin E V, Scott L D L, Turner A P F. Anal Chem, 1984, 56: 667-671.

[153] Xiao Y, Patolsky F, Katz E, Hainfeld J F, Willner I. Science, 2003, 299: 1871-1881.

[154] Foulds N C, Lowe C R. Anal Chem, 1988, 60: 2473-2478.

[155] Kajiya Y, Sugai H, Iwakura C, Yoneyama H. Anal Chem, 1991, 63: 49-54.

[156] Bartlett P N, Ali Z, Eastwick-Field V. J Chem Soc, Faraday Trans, 1992, 88: 2677-2683.

[157] Rikukawa M, Nakagawa M, Nishizawa N, Sanui K, Ogata N. Synth Met, 1997, 85: 1377-1378.

[158] Losada J, Armada M P G. Electroanalysis, 2001, 13: 1016-1021.

[159] Palmisano F, Zambonin P G, Centonze D, Quinto M. Anal Chem, 2002, 74: 5913-5918.

[160] Liu X, Neoh K G, Cen L, Kang E T. Biosens Bioelectron, 2004, 19: 823-834.

[161] Liu J, Lu F, Wang J. Electrochem Commun, 1999, 1: 341-344.

[162] Liu S Q, Ju H X. Biosens Bioelectron, 2003, 19: 177-183.

[163] Curulli A, Valentini F, Orlanduci S, Terranova M L, Palleschi G. Biosens Bioelectron, 2004, 20: 1223-1232.

[164] Wang L, Yuan Z. Sensors, 2003, 3: 544-554.

[165] Joshi P P, Merchant S A, Wang Y, Schmidtke D W. Anal Chem, 2005, 77: 3183-3188.

[166] Jung S K, Chae Y R, Yoon J M, Cho B W, Ryu K G. J Micro Biotech, 2005, 15: 234-238.

[167] Lin Y, Yantasee W, Wang J. Front Biosci, 2005, 10: 492-505.

[168] Cai C X, Chen J. Anal Biochem, 2004, 332: 75-83.

[169] Yin Y, Lu Y, Wu P, Cai C X. Sensors, 2005, 5: 220-234.

[170] 蔡称心, 陈静, 陆天虹. 中国科学: B辑, 2003, 33: 511-518.

[171] Pishko M V, Michael A C, Heller A. Anal Chem, 1991, 63: 2268-2272.

[172] Ohara T J, Rajagopalan R, Heller A. Anal Chem, 1993, 65: 3512-3517.

[173] Csoeregi E, Quinn C P, Schmidtke D W, Lindquist S E, Pishko M V, Ye L, Katakis I, Hubbell J A, Heller A. Anal Chem, 1994, 66: 3131-3138.

[174] Linke B, Kerner W, Kiwit M, Pishko M, Heller A. Bioeens Bioelectron, 1994, 9: 151-158.

[175] Ohara T J, Rajagopalan R, Heller A. Anal Chem, 1994, 66: 2451-2457.

[176] Rajagopalan R, Ohara T J, Heller A. ACS Symp Ser, 1994, 556: 307-317.

[177] de Lumley-Woodyear T, Rocca P, Lindsay J, Dror Y, Freeman A, Heller A. Anal Chem, 1995, 67: 1332-1338.

[178] Taylor C, Kenausis G, Katakis I, Heller A. J Electroanal Chem, 1995, 396: 511-515.

[179] Calvo E J, Etchenique R, Danilowicz C, Diaz L. Anal Chem, 1996, 68: 4186-4193.

[180] Kenausis G, Taylor C, Katakis I, Heller A. J Chem Soc, Faraday Trans, 1996, 92: 4131-4136.

[181] Rajagopalan R, Aoki A, Heller A. J Phys Chem, 1996, 100: 3719-3727.

[182] Kenausis G L, Taylor C, Heller A. Polym Mater Sci Eng, 1997, 76: 505-506.

[183] Rajagopalan R, Heller A. Mol Electron, 1997, 241-254.

[184] Danilowicz C, Corton E, Battaglini F, Calvo E J. Electrochim Acta, 1998, 43: 3525-3531.

[185] Binyamin G, Heller A. J Electrochem Soc, 1999, 146: 2965-2967.

[186] Mao F, Mano N, Heller A. J Am Chem Soc, 2003, 125: 4951-4957.

[187] Li J, Chia L S, Goh N K, Tan S N, Ge H. Sens Actuators B, 1997, B40: 135-141.

[188] Chen Q, Kenausis G L, Heller A. J Am Chem Soc, 1998, 120: 4582-4585.

[189] Heller J, Heller A. J Am Chem Soc, 1998, 120: 4586-4590.

[190] Pandey P C, Upadhyay S, Pathak H C. Sens Actuators B, 1999, B60: 83-89.

[191] Pandey P C, Upadhyay S, Pathak H C, Tiwari I, Tripathi V S. Electroanalysis, 1999, 11: 1251-1258.

[192] Chen X, jia J, Dong S J. Electroanalysis, 2003, 15: 608-612.

[193] Yang X, Hua L, Gong H, Tan S N. Anal Chim Acta, 2003, 478: 67-75.

[194] Willner I, Arad G, Katz E. Bioelectrochem Bioenerg, 1998, 44: 209-216.

[195] Pauliukaite R, Brett C M A. Electrochim Acta, 2005, 50: 4973-4980.

[196] Willner I, Heleg-Shabtai V, Blonder R, Katz E, Tao G, Bueckman A F, Heller A. J Am Chem Soc, 1996, 118: 10321-10322.

[197] Blonder R, Katz E, Willner I, Wray V, Bueckmann A F. J Am Chem Soc, 1997, 119: 11747-11757.

[198] Blonder R, Willner I, Bueckmann A F. J Am Chem Soc, 1998, 120: 9335-9341.

[199] Savitri D, Mitra C K. Bioelectrochem Bioenerg, 1998, 47: 67-73.

[200] Weiner J H, Cammack R, Cole S T, Condon C, Honore N, Lemire B D, Shaw G. Proc Natl Acad Sci USA, 1986, 83: 2056-2060.

[201] Westenberg D J, Gunsalus R P, Ackrell B A C, Cecchini G. J Biol Chem, 1990, 265: 19560-19567.

[202] Weiner J, Dickie P. J Biol Chem, 1979, 254: 8590-8593.

[203] Blaut M, Whittaker K, Valdovinos A, Ackrell B A C, Gunsalus R P, Cecchini G. J Biol Chem, 1989, 264: 13599-13604.

[204] Manodori A, Cecchini G, Schröder I, Gunsalus R P, Werth M T, Johnson M K. Biochemistry, 1992, 31: 2703-2712.

[205] Van Hellemond J J, Tielens A G M. Biochem J, 1994, 304: 321-331.

[206] Sucheta A, Cammack R, Weiner J, Armstrong F A. Biochemistry, 1993, 32: 5455-5465.

[207] Ackrell B A C, Cochran B, Cecchini G. Arch Biochem Biophys, 1989, 268: 26-34.

[208] Cammack R, Patil D S, Weiner J H. Biochim Biophys Acta, 1986, 870: 545-551.

[209] Simpkin D, Ingledew W J. Biochem Soc Trans, 1984, 12: 500-501.

[210] Simpkin D, Ingledew W J. Biochem Soc Trans, 1985, 13: 603-607.

[211] Werth M T, Cecchini G, Manodori A, Ackrell B A C, Schröder I, Gunsalus R P, Johnson M K. Proc Natl Acad Sci USA, 1990, 87: 8965-8969.

[212] Kowal A T, Werth M T, Manodori A, Cecchini G, Schröder I, Gunsalus R P, Johnson M K. Biochem-

istry，1995，34：12284-12293.

[213] Wagner G C，Kassner R J，Kamen M D. Proc Natl Acad Sci USA，1974，71：253-256.

[214] Holländer R. FEBS Lett，1976，72：98-100.

[215] Clark W M. Oxidation-Reduction of Organic Systems. London：Baillière，Tindall & Cox Ltd，1960，125，507.

[216] Heering H A，Weiner J H，Armstrong F A. J Am Chem Soc，1997，119：11628-11638.

[217] Hederstedt L，Ohnishi T. Molecular Mechanisms in Bioenergetics. Renster L，ed. New York：Elsevier，1992：163-198.

[218] Yankovskaya V，Horsefield R，Toernroth S，Luna-Chavez C，Miyoshi H，Leger C，Byrne B，Cecchini G，Iwata S. Science，2003，299：700-704.

[219] Hirst J，Sucheta A，Ackrell B A C，Armstrong F A. J Am Chem Soc，1996，118：5031-5038.

[220] Reid G A，Gordon E H J. Int J Syst Bacteriol，1999，49：189-191.

[221] Tuner K L，Doherty M K，Heering H A，Armstrong F A，Reid G A，Chapman S K. Biochemistry，1999，38：3302-3309.

[222] Butt J N，Thornoton J，Richardson D J，Dobbin P S. Biophys J，2000，78：1001-1009.

[223] Cass A E G，Smit M H. Proc Conf Trends Ekectrochem Biosens，1992：25-42.

[224] Zhou Y，Hu N，Zeng J，Rusling J F. Langmuir，2002，18：211-219.

[225] Li Z，Hu N. J Electroanal Chem，2003，558：155-165.

[226] Assefa H，Bowden E F. Biochem Biophys Res Commun，1986，139：1003-1008.

[227] Ferri T，Poscia A，Santucci R. Bioelectrochem Bioenerg，1998，44：177-181.

[228] Huang R，Hu N. Biophys Chem，2003，104：199-208.

[229] Liu H H，Tian Z Q，Lu Z X，Zhang Z L，Zhang M，Pang D W. Biosens Bioelectron，2004，20：294-304.

[230] 蔡称心，陈静. 化学学报，2004，62：335-340.

[231] Liu Y，Liu H，Qian J，Deng J，Yu T. Electrochim Acta，1996，41：77-82.

[232] Dominguez P，Tunon P，Fernandez J M，Snyth M R. Anal Proc，1989，26：387-389.

[233] Lei C X，Hu S Q，Shen G L，Yu R Q. Talanta，2003，59：981-988.

[234] Lei C X，Deng J. Anal Chem，1996，68：3344-3349.

[235] Xu J Z，Zhu J J，Wu Q，Hu Z，Chen H Y. Electroanalysis，2003，15：219-224.

[236] Luo W，Liu H，Deng H，Sun K，Zhao C，Qi D，Deng J. Anal Lett，1997，30：205-220.

[237] Serrradilla Razola S，Blankert B，Quarin G，Kauffmann J M. Anal Lett，2003，36：1819-1833.

[238] Pandey P C，Upadhyay S，Upadhyay B. Anal Biochem，1997，252：136-142.

[239] Sun J J. Analyst，1998，123：1365-1368.

[240] Hobara D，Uno Y，Kakiuchi T. PhysChemPhys，2001，3：3437-3441.

[241] Sadeghi S J，Gilardi G，Cass A E G. Biosens Bioelectron，1997，12：1191-1198.

[242] Limoges B，Saveant J M，Yazidi D. J Am Chem Soc，2003，125：9192-8203.

[243] Konash A，Magner E. Anal Chem，2005，77：1647-1654.

[244] Vreeke M S，Yong K T，Heller A. Anal Chem，1995，67：4247-4249.

[245] Vreeke M，Maidan R，Heller A. Anal Chem，1992，64：3084-3090.

[246] Ferri T，Poscia A，Santucci R. Bioelectrochem Bioenerg，1998，45：221-226.

[247] Sun D M，Cai C X，Li X G，Xing W. J Electroanal Chem，2004，566：415-421.

[248] Munteanu F D，Okamoto Y，Gorton L. Anal Chim Acta，2003，476：43.

[249] Huang R，Hu N F. Biophys Chem，2003，104：199.

[250] Rosatto S S，Kubota L T，de Loiveira Neto G. Anal Chim Acta，1999，390：65.

[251] Chen X，Ruan C，Kong J，Deng J. Anal Chim Acta，2000，412：89.

[252] Mondal M S，Goodin D B，Armstrong F A. J Am Chem Soc，1998，120：6270-6276.

[253] Mondal M S，Fuller H A，Armstrong F A. J Am Chem Soc，1996，118：263-264.

[254] Bateman L，Leger C，Goodin D B，Armstrong F A. J Am Chem Soc，2001，123：9260-9263.

[255] Paddock R M，Bowden E F. J Electroanal Chem，1989，260：487-494.

[256] Scott D L，Paddock R M，Bowden E F. J Electroanal Chem，1992，341：307-321.

[257] Scott D L，Bowden E F. Anal Chem，1994，66：1217-1223.

[258] Bradley A L，Chobot S E，Arciero D M，Hooper A B，Elliott S J. J Biol Chem，2004，279：13297-13300.

[259] Gorton L，Mremle G，Csoeregi E，Joensson-Pettersson G，Persson B. Anal Chim Acta，1991，249：43-

54.

[260] Ohara T J, Vreeke M S, Battaglini F, Heller A. Electroanalysis, 1993, 5: 825-831.

[261] Kenausis G, Chen Q, Heller A. Anal Chem, 1997, 69: 1054-1060.

[262] Ferri T, Maida S, Poscia A, Santucci R. Electroanalysis, 2001, 13: 1198-1202.

[263] Groom C A, Luong J H T, Thatipalmala R. Anal Biochem, 1995, 231: 393-399.

[264] Yang L, Janle E, Huang T, Gitzen J, Kissinger P T, Vreeke M, Heller A. Anal Chem, 1995, 67: 1326-1331.

[265] Chen Q, Kenausis G, Heller A. Polym Mater Sci Eng, 1997, 76: 507-508.

[266] Huang T, Yang L, Gitzen J, Kissinger P T, Vreeke M, Heller A. J Chromatogr B: Biomed Appl, 1995, 670: 323-327.

[267] Alfonta L, Katz E, Willner I. Anal Chem, 2000, 72: 927-935.

[268] Vijayakumar A R, Csoeregi E, Heller A, Gorton L. Anal Chem, 1996, 327: 223-234.

[269] Wang D L, Heller A. Anal Chem, 1993, 65: 1069-1073.

[270] Wang D L, Heller A. Proc Electrochem Soc, 1994, 115-122.

[271] Kasa N, Jimbo Y, Niwa O, Matsue T, Torimitsu K. Electrochemistry, 2000, 68: 886-889.

[272] O'Neill R D, Chang S C, Lowry J P, McNeil C J. Biosens Bioelectron, 2004, 19: 1521-1528.

[273] Leite O D, Lupetti K O, Fatibello-Filho O, Vieira I C, Barbosa A D M. Talanta, 2003, 59: 889-896.

[274] Hille R. Chem Rev, 1996, 96: 2757-2816.

[275] Heffron K, Leger C, Rothery R A, Weiner J H, Armstrong F A. Biochemsirty, 2001, 40: 3117-3126.

[276] Aguey-Zinson K F, Bernhardt P V, McEwan A G, Ridge J P. J Biol Inorg Chem, 2002, 7: 879-883.

[277] Dias J, Than M, humm A, Bourenkov G P, Bartunik H D, Bursakov S, Calvete J, Caldeira J, Carneiro C, Moura J J, Moura I, Romao M J. Structure, 1999, 7: 65-79.

[278] Arnoux P, Sabaty M, Alric J, Frangioni B, Duigliarelli B, Adriano J M, Pignol D. Nature Structure Biology, 2003, 10: 928-934.

[279] Bertero M G, Rothery R A, Palak M, Hou C, Lim D, Blasco F, Weiner J H, Strynadka N C J. Nature Structure Biology, 2003, 10: 681-687.

[280] Jormakka M, Richardson D, Byrne B, Iwata S. Structure, 2004, 12: 95-104.

[281] Bertero M G, Rothery R A, Boroumand N, Palak M, Blasco F, Ginet N, Weiner J H, Strynadka N J C. J Biol Chem, 2005, 280: 14836-14843.

[282] Anderson L J, Richardson D J, Butt J N. Faraday Discuss, 2000, 116: 155-169.

[283] Anderson L J, Richardson D J, Butt J N. Biochemistry, 2001, 40: 11294-11307.

[284] Elliott S J, Hoke K R, Heffron K, Palak M, Rothery R A, Weiner J H, Armstrong F A. Biochemistry, 2004, 43: 799-807.

[285] Frangioni B, Arnoux P, Sabaty M, Pignol D, Bertrand P, Guigliarelli B, Leger C, J Am Chem Soc, 2004, 126: 1328-1329.

[286] Kisker C, Schindelin H, Pacheco A, Wehbi W A, Garrett R M, Rajagopalan K V, Enemark J H, Rees D C. Cell, 1997, 91: 973-983.

[287] Pacheco A, Hazzard J T, Tollin G, Enemark J H. J Boil Inorg, 1999, 4: 390-401.

[288] Feng C, Kedia R V, Hazzard J T, Hurley J K, Tollin G, Enemark J H. Biochemistry, 2002, 41: 5816-5821.

[289] Kappler U, Bailey S. J Biol Chem, 2005, 280: 24999-25007.

[290] Karakas E, Wilson H L, Graf T N, Xiang S, Jaramillo-Busquets S, Rajagopalan K V, Kisker C. J Biol Chem, 2005, 280: 33506-33515.

[291] Aguey-Zinson K F, Bernhardt P V, Kappler U, McEwan A G. J Am Chem Soc, 2003, 125: 530-535.

[292] Elliott S J, McElhaney A E, Feng C, Enemark J H, Armstrong F A. J Am Chem Soc, 2002, 124: 11612-11613.

[293] Ferapontova E E, Ruzgas T, Gorton L. Anal Chem, 2003, 75: 4841-4850.

[294] Coury L A, Jr, Oliver B N, Egekeze J O, Sosnoff C S, Brumfield J C, Buck R P, Murray R W. Anal Chem, 1990, 62: 452-458.

[295] Coury L A, Jr, Murray R W, Johnson J L, Rajagopalan K V. J Phys Chem, 1991, 95: 6034-6040.

[296] Coury L A, Jr Yang L, Murray R W. Anal Chem, 1993, 65: 242-246.

[297] Yang L, Coury L A, Jr Murray R W. J Phys Chem, 1993, 97: 1694-1700.

[298] Aguey-Zinson K F, Bernhardt P V, Leimkuehler S. J Am Chem Soc, 2003, 125: 15352-15358.

[299] Bernhardt P V, Honeychurch M J, McEwan A G. Electrochem Commun, 2006, 8, 257-261.

[300] Bistolas N, Wollenberger U, Jung C, Scheller F W. Biosens Bioelectron, 2005, 20: 2408-2423.

[301] Guengerich F P. Cytochrome P450: Structure Mechanism and Biochemsirty. 3rd ed. New York: Plenum Press, 2005.

[302] Shaik S, Kumar D, de Visser S P, Altun A, Thiel W. Chem Rev, 2005, 105: 2275-2328.

[303] Udit A K, Hindoyan N, Hill M G, Arnold F H, Gray H B. Inorg Chem, 2005, 44: 4109-4111.

[304] Kazlaushaite J, Westlake A C G, Wong L L, Hill H A O. Chem Commun, 1996, 2189-2190.

[305] Zhang Z, Nassar A E F, Lu Z, Schenkamn J B, Rusling J F. J Chem Soc, Faraday Trans, 1997, 93: 1769-1774.

[306] Aguey-Zinson K F, Bernhardt P V, de Voss J J, Slessor K E. Chem Commun, 2003, 418-419.

[307] Fleming B D, Tian Y, Bell S G, Wong L L, Urlacher V, Hill H A O. Eur J Biochem, 2003, 270: 4082-4088.

[308] Fantuzzi A, Fairhead M, Gilardi G. J Am Chem Soc, 2004, 126: 5040-5041.

[309] Shumyantseva V V, Ivanov Y D, Bistolas N, Scheller F W, Archakov A I, Wollenberger U. Anal Chem, 2004, 76: 6046-6052.

[310] Shukla A, Gillam E M, Mitchell D J, Bernhardt P V. Electrochem Commun, 2005, 7: 437-442.

[311] Djuricic D, Fleming B D, Hill H A O, Tian Y. Trends in Mol. Electrochem, 2004, 189-208.

[312] Estabrook R W, Shet M S, Faulkner K, Fisher C W. Endocrine Res, 1996, 22: 665-671.

[313] Estabrook R W, Shet M S, Fisher C W, Jenkins C M, Waterman M R. Arch Biochem Biophys, 1996, 333: 308-315.

[314] Lo K K W, Wong L L, Hill H A O. FEBS Lett, 1999, 451: 342-346.

[315] Scheller F, Renneberg R, Strnad G, Pommerening K, Mohr P. Bioelectrochem Bioenerg, 1977, 4: 500-507.

[316] Scheller F, Renneberg R, Schwarze W, Strnad G, Pommerening K, Pruemke H J, Mohr P. Acta Biol Med German, 1979, 38: 503-509.

[317] Estavillo C, Lu Z, Jansson I, Schenkman J B, Rusling J F. Biophys Chem, 2003, 104: 291-296.

[318] Sugihara N, Ogoma Y, Abe K, Kondo Y, Akaike T. Polym Adv Tech, 1998, 9: 307-313.

[319] 刘晶晶，龙敏南. 生物工程学报，2005，21: 348-353.

[320] Garcin E, Vernede X, Hatchilian E C, Volbeda A, Frey M, Fontecilla-Camps J C. Structure, 1999, 7: 557-566.

[321] Marr A C, Spencer D J E, Schröder M. Coord Chem Rev, 2001, 219: 1055-1074.

[322] Thauer R K, Klein A R, Hartmann G C. Chem Rev, 1996, 96: 3031-3042.

[323] Peters J W, Lanzilotta W N, Lemin B J, Seefeldt L C. Science, 1998, 282: 1853-1858.

[324] Zirngible C, Hedderich R, Thauer P K. FEBS Lett, 1990, 261: 112-116.

[325] Lyon E J, Shima S, Buurman G, Chowdhuri S, Batschauer A, Steinbach K, Thauer R K. Eur J Biochem, 2004, 271: 195-204.

[326] Butt J N, Filipiak M, Hagen W R. Eur J Biochem, 1997, 245: 116-122.

[327] Greiner L, Schröeder I, Mueller D H, Liese A. Green Chem, 2003, 5: 697-700.

[328] Boivin P, Bourdillon C. Biochem Biophys Res Commun, 1986, 135: 928-933.

[329] Hoogvliet J C, Lievense L C, van Dijk C, Veeger C. Eur J Biochem, 1988, 174: 273-280.

[330] Pershad H R, Duff J L C, Heering H A, Duin E C, Albracht S P J, Armstrong F A. Biochemistry, 1999, 38: 8992-8999.

[331] Jones A K, Sillery E, Albracht S P J, Armstrong F A. Chem Commun, 2002, 866-867.

[332] Leger C, Joes A K, Roseboom W, Albracht S P J, Armstrong F A. Biochemistry, 2002, 41: 15736-15746.

[333] Jones A K, Lamle S E, Pershad H R, Vincent K A, Albracht S P J, Armstrong F A. J Am Chem Soc, 2003, 125: 8505-8514.

[334] Lamle S E, Albracht S P J, Armstrong F A. J Am Chem Soc, 2004, 126: 14899-14909.

[335] Lamle S E, Albracht S P J, Armstrong F A. J Am Chem Soc, 2005, 127: 6595-6604.

[336] Leger C, Dementin S, Bertrand P, Rousset M, Guigliarelli B. J Am Chem Soc, 2004, 126: 12162-12172.

[337] Vincent K A, Cracknell J A, Lenz O, Zebger I, Friedrich B, Armstrong F A. Proc Natl Acad Sci USA, 2005, 47: 16951-16954.

[338] De Lacey A L, Moiroux J, Bourdillon C. Eur J Biochem, 2000, 267: 6560-6570.

[339] 王国栋，陈晓亚. 植物学通报，2003，20: 469-475.

[340] 张敏，肖亚中，龚为民. 生物学杂志，2003，20：6-8.
[341] Palmer A E，Lee S K，Solomon E I. J Am Chem Soc，2001，123：6591-6599.
[342] 孙冬梅，蔡称心，邢魏，陆天虹. 科学通报，2004，17：1722-1724.
[343] Yan Y，Zheng W，Su L，Mao L. Adv Mater，2006，18：2639-2643.
[344] Gao Feng，Yan Y，Su L，Wang L，Mao L. Electrochem Commun，2007，9：989-996.
[345] Cass A E G. Biosensors：A Practical Approach. Oxford：Oxford University Press，1990.
[346] Edelman P G，Wang J. ACS Symposium Series，Biosensors and Chemical Sensors. Washington：ACS，1992：vol 487.
[347] Eggins B R. Biosensors. A Introduction. Chicheser：Wiley，1996.
[348] Gorton L，Ed. Comprehensive Analytical Chemistry. Vol XLIV：Biosensor and Modern Biospecific Analytical Techniques，2005.
[349] Turner A P F，Karube I，Wilson G S. Biosensors. Fundamentals and Applications. Oxford：Oxford University Press，1987.
[350] Newman J D，Turner A P F. Bioens Bioelectron，2005，20：2435-2453.
[351] Scheller F W，Wollenberger U，Lei C，Jin W，Ge B，Lehmann C，Lisdat F，Fridman V. Rev Mol Biotech，2002，82：411-424.
[352] Wang J. Sensors Update，2002，10：107-119.
[353] Kano K，Ikeda T. Electrochemsirty，2003，71：86-99.
[354] Vidal J C，Garcia-Ruiz E，Castillo J R. Microchimi Acta，2003，143：93-111.
[355] Karan H I. Comprehensive Analytical Chemistry，2005，44：131-178.
[356] Wollenberger U. Comprehensive Analytical Chemistry，2005，44：65-130.
[357] Katz E，Willner I. ChemPhysChem，2004，5：1084-1104.
[358] Gorton L，Lindgren A，Larsson T，Munteanu F D，Ruzgas T，Gazaryan I. Anal Chim Acta，1999，400：90-108.
[359] Tang H，Chen J，Yao S，Nie L，Deng G，Kuang Y. Anal Biochem，2004，331：89-97.
[360] Luque G L，Rodríguez M C，Rivas G A. Talanta，2005，66：467-471.
[361] Lim S H，Wei J，Lin J，Li Q，You J K. Biosens Bioelectron，2005，20：2341-2346.
[362] Kohma T，Oyamatsu D，Kuwabata S. Electrochem Commun，2007，9：1012-1016.
[363] Kafi A K M，Lee D Y，Park S H，Kwon Y S. J Nanosci Nanotech，2006，6：3539-3542.
[364] Ricci and F，Palleschi G. Biosens Bioelectron，2005，21：389-407 .
[365] Du P，Zhou B，Cai C X. J Electroanal Chem，2008，1-2：149-156.
[366] Wang B，Li B，Deng Q，Dong S. Anal Chem，1998，70：3170.
[367] Chen X，Jia J，Dong S. Electroanalysis，2003，15：608.
[368] Muethy A S N，Sharma J. Anal Chim Acta，1998，363：215.
[369] Kandimalla V B，Tripathi V S，Ju H X. Biomaterials，2006，27：1167.
[370] Wilson G S，Gifford R. Biosens Bioelectron，2005，20：2388-2403.
[371] Zhang M，Mao L. Front Biosens，2005，10：345-352.
[372] Heller A. AIChE J，2005，51：1054-1066.
[373] Zhang F F，Wan Q，Wang X L，Sun Z D，Zhu Z Q，Xian Y Z，Jin L T，Yamamoto K. J Electroanal Chem，2004，571：133-138.
[374] Lobo M J，Miranda A J，Tuñón P. Electroanalysis，1997，9：191-202.
[375] Blankespoor R L，Miller L L. J Electroanal Chem，1984，171：231-241.
[376] Moiroux J，Elving P J. J Am Chem Soc，1980，102：6533-6538.
[377] Jaegfeldt H. J Electroanal Chem，1980，110：295-302.
[378] Ludvik L，Volke J. Anal Chim Acta，1988，209：69-78.
[379] Clark W M. Oxidation-Reduction Potentials of Organic Systems. Baltimore：William and Wilkins，1960.
[380] Blaedel W J，Engstrom R C. Anal Chem，1980，52：1691-1697.
[381] Laval J M，Bourdillon C. J Electroanal Chem，1983，152：125-141.
[382] Yao T，Kobayashi Y，Musha S. Anal Chim Acta，1982，138：81-85.
[383] Fonong T，Barbera T. Analyst，1988，113：1807-1810.
[384] Eisenberg E J，Cundy K C. Anal Chem，1991，63：845-847.
[385] Gorton L，Csöregi E，Dominguez E，Emmeus J，Jönsson-Petersson G，Marko-Varga G，Persson B.

Anal Chim Acta, 1991, 250: 203-248.

[386] Fultz M L, Durst R A. Anal Chim Acta, 1982, 140: 1-18.

[387] Carlson B W, Miller L L. J Am Chem Soc, 1985, 107: 479-485.

[388] Ghosh R, Quayle J R. Anal Biochem, 1979, 99: 112-117.

[389] Williams D C, Seitz W R. Anal Chem, 1976, 48: 1478-1451.

[390] Yao T, Matsumoto Y, Wasu T. Anal Chim Acta, 1989, 218: 129-135.

[391] Carlson B W, Miller L L. J Am Chem Soc, 1983, 105: 7453-7454.

[392] Matsue T, Suda M, Uchida Y, Kato T, Akibi U, Osa T. J Electroanal Chem, 1987, 234: 163-173.

[393] Kitani A, So Y-H, Miller L L. J Am Chem Soc, 1981, 103: 7636-7641.

[394] Cai C X, Xue K H. Anal Chim Acta, 1997, 343: 69-77.

[395] Cai C X, Xue K H. J Electroanal Chem, 1997, 427: 147-153.

[396] Batchelor M J, Green M J, Sketch C L. Anal Chim Acta, 1989, 221: 289-294.

[397] Yabuki S, Shinohara H, Ikariyama Y, Aizawa M. J Electroanal Chem, 1990, 277: 179-187.

[398] Gorton L, Bremle G, Csöregi E, Persson B, Jönsson-Petersson G. Anal Chim Acta, 1991, 249: 43-54.

[399] Silber A, Bräuchle C, Hampp N. J Electroanal Chem, 1995, 390: 83-89.

[400] Wang J, Naser N, Angnes L, Wu H, Chen L. Anal Chem, 1992, 64: 1285-1288.

[401] McNeil C J, Spoors J A, Cooper J M, George K, Alberti M M, Muchen W H. Anal Chim Acta, 1990, 237: 99-105.

[402] Albery W J, Bartlett P N. J Chem Soc, Chem Commun, 1984, 234-235.

[403] McKenna K, Boyette S E, Brajter-Toth A. Anal Chim Acta, 1988, 206: 75-84.

[404] Chen J, Bao J, Cai C X, Lu T H. Anal Chim Acta, 2004, 516: 29-34.

[405] Wu L, Zhang X, Ju H X. Anal Chem, 2007, 79: 453-458.

[406] Yahiro A T, Lee S M, Kimble D O. Biochim Biophys Acta, 1964, 88: 375-383.

[407] 刘强, 许鑫华, 任光雷, 王为. 化学进展, 2006, 18: 1530-1537.

[408] 康峰, 伍艳辉, 李佟茗. 电源技术, 2004, 28: 723-727.

[409] 宝钥, 吴霞琴. 电化学, 2004, 11: 1-8.

[410] Barton S C, Gallaway J, Atanassov P. Chem Rev, 2004, 104: 4867-4886.

[411] Lioubashevski O, Chegel V I, Patolsky F, Katz E, Willner I. J Am Chem Soc, 2004, 126: 7133-7143.

[412] Katz E, Willner I. J Am Chem Soc, 2003, 125: 6803-6813.

[413] Mao F, Mano N, Heller A. J Am Chem Soc, 2003, 125: 4951-4957.

[414] Mano N, Mao F, Heller A. Chem Commun, 2004, 2116-2117.

[415] Bartlett P N, Simon E. Phys Chem Chem Phys, 2000, 2: 2599-2606.

[416] Bartlett P N, Wallace E N K. J Electroanal Chem, 2000, 486: 23-31.

[417] Sato A, Kano K, Ikeda T. Chem Lett, 2003, 32: 880-881.

[418] Moore C M, Minteer S D, Martin R S. Lab on a Chip, 2005, 5: 218-225.

[419] Palmire G T R, Bertschy H, Bergens S H, Whitesides G M. J Electroanal Chem, 1998, 443: 155-160.

[420] Ramanavicius S, Kausaite A, Ramanaviciene A. Biosens Bioelectron, 2005, 20: 1962-1967.

[421] Mano N, Mao F, Heller A. J Am Chem Soc, 2002, 124: 12962-12963.

[422] Tsuijmura S, Kawaharada M, Nakagawa T, Kano Ke, Ikeda T. Electrochem Commun, 2003, 5: 138-141.

[423] Katz E, Filanovsky B, Willner I. New J Chem, 1999, 481-487.

[424] Willner I, Katz E, Patosky F, Bückmann A F. J Chem Soc, 1998, 1817-1826.

[425] Pizzariello A, Stredansky M, Miertus S. Bioelectrochemistry, 2002, 56: 99-105.

[426] Mano N, Heller A. J Electrochem Soc, 2003, 150: A1136-A1144.

[427] Barton S C, Pickard M, Vazquez-Duhalt R, Heller A. Biosens Bioelectron, 2002, 17: 1071-1074.

[428] Barton S C, Kim H H, Binyamin G, Zhang Y, Heller A. J Am Chem Soc, 2001, 123: 5802-5803.

[429] Barton S C, Kim H H, Binyamin G, Zhang Y, Heller A. J Phys Chem B, 2001, 105: 11917-11921.

[430] Mano N, Mao F, Shin W, Chen T, Heller A. Chem Commun, 2003, 518-519.

[431] Liu Y, Dong S J. Electrochem Commun, 2007, 9: 1423-1427.

[432] Liu Y, Wang M, Zhao F, Liu B, Dong S J. Chem Eur J, 2005, 11: 4970-4974.

[433] Scheller F W, Bauer C G, Makower A, Wollenberger U, Warsinke A, Bier F F. Anal Lett, 2001, 34: 1233-1245.

[434] Niwa O, Xu Y, Halsall H B, Heineman W R. Anal Chem, 1993, 65: 1559-1563.

[435] Volpe G, Draisci R, Palleschi G, Compagnone D. Analyst, 1998, 123: 1303-1307.

[436] Zhang S S, Jiao K, Chen H Y. Electroanalysis, 1999, 11: 511-516.

[437] Jiao K, Su W, Zhang S S. Fresenius J Anal Chem, 2000, 367: 667-671.

[438] Sun W, Jiao K, Zhang S, Zhang C, Zhang Z. Anal Chim Acta, 2001, 434: 43-50.

[439] Aguilar Z P, Vandaveer W R I V, Fritsch I. Anal Chem, 2002, 74: 3321-3329.

[440] Bengoechea-Alvarez M J, Fernandez-Abedul M T, Costa-Garcia A. Anal Chim Acta, 2002, 462: 31-37.

[441] Castano-Alvarez M, Fernandez-Abedul M T, Costa-Garcia A. Electroanalysis, 2004, 16: 1487-1496.

[442] Fanjul-Bolado P, Gonzalez-Garcia M B, Costa-Garcia A. Talanta, 2004, 64: 452-457.

[443] Fernandez-Sanchez C, Costa-Garcia A. Anal Chim Acta, 1999, 402: 119-127.

[444] Diaz-Gonzalez M, hernandez-Santos D, Gonzalez-Garcia M B, Costa-Garcia A. Talanta, 2005, 65: 565-573.

[445] Kreuzer M P, Mccarthy R, Pravda M, Guilbault G G. Anal Lett, 2004, 37: 943-956.

[446] Jiao K, Sun W, Zhang S S, Sun G. Anal Chim Acta, 2000, 413: 71-78.

[447] Ding Y, Wang H, Shen G, Yu R. Anal Bioanal Chem, 2005, 382: 1491-1499.

[448] He Y N, Chen H Y, Zheng J J, Zhang G Y, Chen Z L. Talanta, 1997, 44: 823-830.

[449] Pyun J C, Lee H H, Lee C S. Sens Actuators B, 2001, B78: 232-236.

[450] Ju H X, Yan G F, Chen F, Chen H G. Electroanalysis, 1999, 11: 124-128.

[451] Yu H, Yan F, Dai Z, Ju H X. Anal Biochem, 2004, 331: 98-105.

[452] Dai Z, Yan F, Chen J, Ju H X. Anal Chem, 2003, 75: 5429-5434.

[453] Dai Z, Chen J, Yan F, Ju H X. Cancer Detection and Prevention, 2005, 29: 233-240.

[454] Du D, Yan F, Liu S L, Ju H X. J Immuno Methds, 2003, 283: 67-75.

[455] Chen J, Yan F, Dai Z, Ju H X. Biosens Bioelectron, 2005, 21: 330-336.

[456] Wu L N, Chen J, Du D, Ju H X. Electrochim Acta, 2006, 51: 1208-1214.

[457] Lin J H, Yan F, Ju H X. Appl Biochem Biotechnol, 2004, 117: 93.

[458] Lin J H, Yan F, Ju H X. Clin Chim Acta, 2004, 341: 109-115.

[459] Lin J H, Yan F, Hu X Y, Ju H X. J Immuno Methods, 2004, 291: 165-174.

[460] Yan F, Zhou J N, Lin J H, Ju H X, Hu X Y. J Immuno Methods, 2005, 305: 120-127.

[461] Forrow N J, Foulds N C, Frew J E, Law J T. Bioconj Chem, 2004, 15: 137-144.

[462] Ionescu R E, Gondran C, Cosnier S, Gheber L A, Marks R S. Tanlanta, 2005, 66: 12-20.

[463] Benlert A, Scheller F, Schoessler W, Hentschel C, Micheel B, Behrsing O, Scharte G, Stoecklein W, Warsinke A. Anal Chem, 2000, 72: 916-921.

[464] Kim E J, Haruyama T, Yanagita Y, Kobatake E, Aizawa M. Chem Sens, 2000, 16: 130-132.

[465] Kim E J, Yanagida Y, Haruyama T, Kobatake E, Aizawa M. Sens Actuators B, 2001, B79: 87-91.

[466] Guan J G, Miao Y Q, Chen J R. Biosens Bioelectron, 2004, 19: 789-794.

[467] Campbell C N, de Lumley-Woodyear T, Heller A. Fresenius J Anal Chem, 1999, 364: 165-169.

[468] Caruana D J, Heller A. J Am Chem Soc, 1999, 121: 769-774.

[469] de Lumley-Woodyear T, Campbell C N, Freeman E, Freeman A, Georgiou G, Heller A. Anal Chem, 1999, 71: 535-538.

[470] Azek F, Grossiord C, Joannes M, Limoges B, Brossier P. Anal Biochem, 2000, 284: 107-113.

[471] Zhang Y, Kim H H, Mano N, Dequaire M, Heller A. Anal Bioanal Chem, 2002, 374: 1050-1055.

[472] Campbell C N, Gal D, Cristler N, Banditrat C, Heller A. Anal Chem, 2002, 74: 158-162.

[473] Zhang Y, Kim H H, Heller A. Anal Chem, 2003, 75: 3267-3269.

[474] Zhang Y, Pothukuchy A, Shin W, Kim Y, Heller A. Anal Chem, 2004, 76: 4093-4097.

[475] Xu D, Huang K, Liu Z, Liu Y, Ma L. Electroanalysis, 2001, 13: 882-887.

[476] Palecek E, Kizek R, Havran L, Billova S, Fojta M. Anal Chim Acta, 2002, 469: 73-83.

[477] Carpini G, Lucarelli F, Marrazza G, Mascini M. Biosens Bioelectron, 2004, 20: 167-175.

[478] Nebling E, Gruneald T, albers J, Schaefer P, Hintsche R. Anal Chem, 2004, 76: 689-696.

[479] Kara P, Erdem A, Girousi S, Ozsoz M. J Pharm Biomed Anal, 2005, 38: 191-195.

[480] Dominguez E, Rincon O, Narvaez A. Anal Chem, 2004, 76: 3132-3138.

[481] Xie H, Zhang C, Gao Z. Anal Chem, 2004, 76: 1611-1617.

第11章
光电催化

■ **王川 刘鸿**
（中科院重庆绿色智能技术研究院）

　　光电催化是人类研究如何有效利用太阳光能的最有光明前景的领域和技术手段之一。自 1972 年，A. Fujishima 和 K. Honda 发现 n 型半导体 TiO_2 电极具有光电催化分解水的作用以来，人类几乎所有对太阳光能利用的关注和努力都集中在各种半导体材料的光催化和光电催化性能上，这是半导体的能带结构特征导致的结果。本章将以半导体的能带结构为基础，从光激发产生电子-空穴对的氧化还原反应角度阐明光电催化的原理及其在能量转换、物质转换及环境治理等方面的应用。对一些重要的光电催化过程如光电催化电解水制氢、光电催化还原 CO_2 制甲醇和甲烷、光电催化还原固定氮以及 TiO_2 光电催化降解有机污染物等将做详细介绍。光电催化效率提高的关键是光电催化材料性能的改善，因此，本章还将用一定的篇幅介绍各种类型的半导体材料如金属氧化物、金属硫化物、高分子聚合物等的特征以及它们的合成、表征方法及其性能。最后，介绍光电催化研究的一般方法，包括光电催化反应器的设计、反应中间体、产物的分析检测手段以及反应机理的电化学研究方法等。

11.1 概述

　　光电催化（photoelectrocatalysis）是利用光能（包括太阳能）的一种新型技术手段，可以理解为是众多能量转换形式的一种。其本质就是将自然界最丰富的能源——光能，通过催化反应，转变为电能或化学能。

光电催化过程中，核心的化学反应必须具备两个要素。

第一，化学反应需要在催化剂的作用下进行。同传统的催化剂作用一样，光电催化剂的作用也是显著降低反应的活化能，改变反应历程，从而大大加快反应的进行，但不能改变反应标准吉布斯自由能。直接光分解水的反应，在没有催化剂时，需要吸收小于165nm的真空紫外光。但是，在TiO_2粉末催化剂存在时，所需激发光源的波长小于400nm，如365nm时就可以发生光解水反应。显然，TiO_2催化剂显著降低了反应的活化能。

第二，化学反应必须在光能的作用下进行。光源的作用不仅是启动化学反应，而且使化学反应持续进行。

有时候，光电催化过程还具有其它要素，如光源和催化剂之间还具有协同作用，就是只在光源的作用下，化学反应以一定的速率进行；只在外加电场作用下，也能以一定的速率进行，而当在光源和电场同时作用时，化学反应的速率明显大于两个速率之和。然而，这种协同作用并不是光电催化过程必须具备的要素。

光电催化反应同传统电化学反应一样，包含电子的得失，属氧化还原反应。正是充分利用电子得失过程，得到电能，或者分别利用氧化反应、还原反应以得到化学能。因此可以运用传统的电化学研究方法，如循环伏安法和线性扫描技术、阻抗技术等，对光电催化反应加以研究。当然，研究光电催化反应也还有一些专有的技术，如光电压谱等。如果光电催化反应发生多相催化反应，例如利用固体催化剂进行废水或废气处理，则具有传统多相反应的特征，包括传质、吸附、反应、脱附等串联步骤。运用传统的多相反应研究方法，可以对光电催化反应的热力学和动力学特征加以考查。

文献中，有时将光催化（photocatalysis）过程同光电催化过程加以区别。实际上，后者往往强调外加电场的存在。但由于外加电场只是加快了光催化反应进行的一种辅助手段，因此，外加电场不能包括在光电催化过程的两个必需要素中。虽然，在某些特定的场合，为了叙述方便，将二者加以区别，但由于光催化与光电催化没有本质区别，本章的叙述中，对二者不做区分。

关于光电催化定义，20世纪20年就出现了光催化（photocatalysis）一词，用于表述在光源作用下的催化反应，但一直没有统一的定义。直到最近几十年，随着光催化在环境治理、太阳能转换等方面的快速进展，IUPAC才在1988年将"光催化"定义为：catalytic reaction involving light absorption by a catalyst or a substrate（由于催化剂或基质吸收光而进行的催化反应）。1996年的定义为：catalytic reaction involving production of a catalyst by absorption of light（由光吸收而产生催化剂的催化反应）[1~3]。

光电催化反应中的催化剂，往往是半导体。半导体的导电性能介于导体和绝缘体之间，电导率在$10^{-10} \sim 10^4 \Omega^{-1} \cdot cm^{-1}$范围内。半导体的种类很多，常见的大多数金属氧化物和硫化物都属于半导体。半导体作为光电催化剂，主要是由其特性决定的。根据能带理论，半导体的主要特征是具有能带结构。半导体可分为导带、价带和禁带。价带具有电子，价带和导带之间由禁带分开。受到光源激发，且激发能量大于禁带宽度时，半导体中的价带电子越过禁带跃迁到导带，分别在价带和导带上产生空穴、电子。空穴具有强氧化性，而电子具有强还原性，从而形成氧化还原体系。空穴和电子可以经过简单的结合而释放能量，也可以经过一系列的中间过程而最终复合，这些中间过程会导致一系列可资利用的能量和物质转化，从而达到开发光电催化过程的目的。理想的、满足实际应用的半导体催化剂，一定具有催化效率高、光稳定性能好、无毒而且便于重复利用的特点[4,5]。目前，除了一些空气净化方面的 TiO_2 催化剂外，在其它应用领域如废水处理方面，满足这些要求的催化剂还不多。因此，限制了光电催化方法的实际应用。

光电催化反应的光源，可以是人工光源，也可以是自然光源。无论是何种光源，其直接提供的能量，或通过先激发底物而提供的能量，均需大于半导体催化剂的禁带宽度，从而迫使半导体价带电子发生跃迁。光子的能量由光源波长决定。光源的临界波长 λ_g 由半导体的禁带宽度（E_g）决定：

$$\lambda_g(nm) = \frac{1240}{E_g(eV)} \tag{11-1}$$

因此，以 TiO_2 催化剂为例，其禁带宽度为 3.2eV，则激发光源的波长需低于 387.5nm。

有关光电催化的研究内容，从研究目的的角度，可以归纳为三个方面。如前所述，无论哪一种光电催化，均是利用光能进行能量和化学物质的转换。

第一，太阳能光电催化，主要利用太阳能中的光能，在太阳能电池中实现光能向太阳能的转换。这方面的研究以太阳能利用为目的，因此被称为太阳能光电催化。太阳能的利用方式有两种。第一种为直接利用，如 Grätzel 等[6]采用三双吡啶合钌［$Ru(dcbby)_3^{2+}$］染料敏化的纳米 TiO_2 组装了性能优良的太阳能电池，在模拟太阳光照射下，光电转换效率达到了 12%，光电流密度达到大于 12mA·cm^{-2}。这种电池的出现为光电化学电池的发展带来了革命性的创新，其光电能量转换率（light-to-electric energy conversion yield）在 AM1.5 模拟日光照射下可达 7.1%，入射光子-电流转换效率（incident monochromatic photon-to-current conversion efficiency，IPCE）大于 80%。此后，半导体光电化学电池再次成为研究热点。1993年，Grätzel 等人再次报道了光电能量转换率达 10% 的染料敏化纳米太阳能电池，1997 年其转换效率达到了 10%～11%，短路电流为 18×10^{-3}A·cm^{-2}，开路电压为 720mV。第二种太阳能的利用方式为间接利用，如光分解水制氢气，氢气作为未来清洁能源的载体而加以利用。

第二，环境光电催化，主要利用在光电化学反应器，实现环境中污染物质的消除，实际上是将光能转化为化学能。如水、气中的化学污染物质的分解、细菌的灭杀等。已经有的研究表明，环境光电催化体系可以将水中大多数有机污染物分子彻底降解。在环境光电催化体系中，往往需要外加氧化剂如空气中的氧，有机物起到还原剂的作用，光催化剂主要是半导体氧化物，如二氧化钛。最近，也出现了其它

类型的催化剂如 Bi_2WO_6[7]、Bi_2MoO_6[8]、$ZnWO_4$[9]等。

第三，光电催化合成，即通过光电催化反应进行有用物质的化合，如将二氧化碳化合为甲醇。

本章主要关注太阳能光电催化和环境光电催化。

较早进行广泛研究的是太阳光电催化，环境光电催化是太阳能光电催化的自然延伸。1972 年，A. Fujishima 和 K. Honda 发现 n 型半导体 TiO_2 电极具有光电催化分解水的作用的报道。当时，世界正面临能源危机，这项研究报道立即引起了人们的广泛关注，因为海水和太阳能似乎是取之不尽、用之不竭的物质和能量源泉。随后，相关研究迅速展开。可以说，A. Fujishima 和 K. Honda 的研究，开创了太阳能光电催化的新纪元。随着研究的深入，到 20 世纪 80 年代，人们发现，这种光电催化方法，也能将水中多种有机污染物彻底降解、矿化。这时，人们也面临着日益严重的环境污染。显然，环境光电催化就应运而生了。

经过几十年的研究，不论是太阳能光电催化还是环境光电催化，在理论上都达到了很高的水平，特别是在中国和日本，研究队伍已经非常庞大。目前，人们已经非常关注光电催化的实际应用问题。光电催化在空气净化、杀菌等方面的应用，已经广泛开展，但在太阳能光电催化以及光电催化废水处理等方面，亟待突破。推其缘由，仍然在催化效率、催化剂的重复利用以及使用成本等实际问题上没有突破。

11.2 光电催化原理

光电催化技术是一种光催化与电化学联用的新型深度氧化技术，同时具有光、电催化的特点。它是在光照下在具有不同类型（电子或离子）电导的两个导电体的界面上进行的一种催化过程。说它具有光催化的特点是由于它在光照下能产生新的可移动的载流子，而且这样的载流子和在无光照时的电催化条件下产生的大多数载流子相比较具有更高的氧化或还原能力。这些少数的光载流子的过剩能，可被用来克服电催化反应的大能垒，甚至可以生成可贮有部分由这些少数光载流子产生的过剩电子能的产物。说它具有电催化的特点是它和通常的电催化反应一样，也伴随着电流的流动。

光电催化体系涉及光、催化剂和底物之间的多种相互作用，是一个比较复杂的化学反应体系，光电催化反应原理主要是指催化剂的催化反应原理以及各主要步骤的作用等，这里从以染料敏化的光电化学太阳能电池，以及金属半导体氧化物催化剂同有机底物组成的环境光电催化体系两方面，来说明光电催化的基本原理。

11.2.1 太阳能光电催化原理

光电化学太阳能电池是根据光生伏特原理，将太阳能直接转换成电能的一种半导体光电器件，是伴随着半导体电化学发展起来的一个崭新的科学研究领域。从 1839 年 Becquerel 发现氧化铜或卤化银涂在金属电极上会产生光电现象以来，光电化学研究倍受关注。20 世纪 60 年代，德国 Tributsch 发现染料吸附在半导体上并在一定条件下产生电流的机理，奠定了光电化学电池的重要基础。1972 年 Hond 和 Fujishima 用 TiO_2 电极光电解水获得成功，开始了具有实际意义的光电化学电池的研究。在光电池研究中，大多数染料敏化剂的光电转换效率比较低（＜1%），直到最近的几项突破性研究才使染料敏化光电池的光电能量转换率有了很大提高。1991 年，以瑞士洛桑高等工业学院 M. Gratzel 教授为首的研究小组采用高比表面积的纳米多孔 TiO_2 膜作半导体电极，以过渡金属 Ru 以及 Os 等有机化合物作染料，并选用适当的氧化还原电解质研制出一种纳米晶体光电化学太阳能电池（Nanocrystalline Photoelectrochemical Cells，简称 NPC 电池）。

NPC 电池具有低成本、高效率的特点，虽然目前还存在一些问题，比如，现在公认使用效果最好的 $RuL_2(SCN)_2$ 的制备过程比较复杂，而钌本身又是稀有金属，因而价格比较昂贵，来源也较困难。另外，二氧化钛易使染料光解，从而导致接触不好。但相信，在不久的将来，随着科学技术的进一步发展，这种太阳能电池将会有着十分广阔的应用前景[10]。

11.2.1.1　染料分子的光激发及电子转移

在 NPC 体系中，首先是染料分子吸收光能（太阳能）。入射光的能量（E）取决于其波长（λ），可采用下式计算：

$$E = h\lambda \quad [h = 6.6260693(11) \times 10^{-34} J \cdot s] \tag{11-2}$$

染料分子 D 吸收太阳光能后，跃迁到激发态。

$$D + h\nu \longrightarrow D^* \tag{11-3}$$

而激发态不稳定，导致电子快速注入紧邻的 TiO_2 导带。

$$D^* + TiO_2 \longrightarrow e^-(TiO_2) + D^+ \tag{11-4}$$

染料中失去的电子则很快从电解质中得到补偿。

$$D^+ + \frac{3}{2}I^- \longrightarrow D + \frac{1}{2}I_3^- \tag{11-5}$$

进入 TiO_2 导带中的电子最终进入导电膜，然后通过外回路产生光电流。

$$\frac{1}{2}I_3^- + e^-(TiO_2) \longrightarrow \frac{3}{2}I^- + TiO_2 \tag{11-6}$$

上述过程的特征是，在整个过程中，各反应物总状态不变，只是光能转化为电能。TiO_2 在反应前后化学形式也没有变化，起到了催化剂的作用，因此上述过程是一个典型的光电催化过程。

显然，DSSCs 主要应当包括：①镀有透明导电膜的玻璃基底；②染料敏化的 TiO_2 阳极材料；③对电极（阴极）；④电解质（I_3^-/I^-）等。这四项组成了类似"三明治"结构的 DSSCs，如图 11-1 所示。

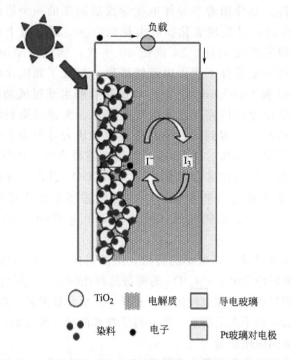

图 11-1　染料敏化纳米晶体太阳能电池及其电子转移过程

11.2.1.2　NPC 对敏化染料的要求

染料性能的优劣将直接影响 NPC 电池的光电转换效率，因此，DSSCs 电池对染料的要求非常严格。敏化染料一般要符合以下条件。

① 能紧密吸附在 TiO_2 表面。即能快速达到吸附平衡，且不易脱落。染料分子中一般应含有易与纳米半导体表面结合的基团，如—COOH，—SO_3H，—PO_3H_2。研究表明（以羧酸联吡啶钌染料为例），染料上的羧基与二氧化钛膜上的羟基结合生成了酯，从而增强了二氧化钛导带 3d 轨道和染料 π 轨道电子的耦合，使电子转移更为容易。

② 对可见光具有很好的吸收特性，即能吸收大部分或者全部的入射光，其吸收光谱能与太阳能光谱很好地匹配。

③ 其氧化态和激发态要有较高的稳定性和活性。

④ 激发态寿命足够长，且具有很高的电荷传输效率。

⑤ 具有足够负的激发态氧化还原电势，以保证染料激发电子注入二氧化钛导带。

⑥ 在氧化还原过程（包括基态和激发态）中要有相对低的势垒，以便在初级和次级电子转移过程中的自由能损失最小。

由于染料敏化半导体一般涉及 3 个基本过程，即染料吸附到半导体表面、吸附态染料分子吸收光子被激发以及激发态染料分子将电子注入半导体的导带上，因此，要获得有效的敏化必须满足两个条件，即染料容易吸附在半导体表面上及染料激发态与半导体的导带电位相匹配。

11.2.1.3 光电转换效率

研究表明，只有紧密吸附在半导体表面的单层染料分子才能产生有效的敏化效率，而多层染料会阻碍电子的传输。然而，在一个平滑、致密的半导体表面，单层染料分子仅能得到 1% 的入射光。因此，染料不能有效地吸收入射光是造成太阳能电池光电转换效率较低的一个重要原因。光敏染料分子附在半导体 TiO_2 表面，将提高光电阳极吸收太阳光的能力，被 TiO_2 表面吸附的染料分子越多，则光吸收效率越高。

一般用来评价太阳能电池的指标有，光电转换效率 IPCE、短路电流 I_{sc}、开路电压 V_{oc} 等。IPCE 是 NPC 材料性能、器件结构、制备技术、工艺设备和检测手段等综合性整体水平的标志性指标。对于入射单色光的光电转换效率（IPCE）可定义为：

$$IPCE = (1.25 \times 10^3 \times 光电流密度)/(波长 \times 光通量) = LHE(\lambda) \times \Phi_{inj} \times \eta_c$$

$$(11-7)$$

式中，LHE (λ) 为光吸收率；Φ_{inj} 为注入电子的量子产率；η_c 为电荷分离率。光吸收效率可进一步写成：

$$LHE(\lambda) = 1 - 10^{r\delta(\lambda)} \qquad (11-8)$$

式中，r 为每平方厘米膜表面覆盖染料的物质的量；$\delta(\lambda)$ 为染料吸收截面积。从式中可以看出，TiO_2 膜的比表面积越大，吸附的染料分子越多，光吸收效率就越高。所以，TiO_2 膜被制成海绵状的纳米多孔膜。注入电子的量子产率为：

$$\Phi_{inj} = K_{inj}/(\tau^{-1} + K_{inj}) \qquad (11-9)$$

式中，K_{inj} 为注入电子的速率常数；τ 为激发态寿命。可见电子注入速率常数越高，激发态寿命越长，则量子产率越大。从试验测得 $RuL_2(H_2O)_2$（L＝2,2'-bipyridy-4,4'-dicarboxylate）的 $\tau = 590ns$，$K_{inj} > 1.4 \times 10^{11} s^{-1}$，$\Phi_{inj} > 99.9\%$，由此可知，敏化剂上产生的光生电子几乎全部传递到了 TiO_2 的导带上，获得了较高的量子产率。

η_c 为电荷分离率，即注入 TiO_2 导带中的电子有可能与膜内的杂质复合或以其它方式消耗：①激发态的染料分子与 TiO_2 导带中的电子重新复合；②电解液中的 I_3^- 在光阳极上就被 TiO_2 导带中的电子还原；③所激发的染料分子直接与表面敏化剂分子复合。

11.2.1.4 染料光敏化剂的分类及主要特性

采用染料敏化方法制备的光电化学太阳能电池，不但可以克服半导体本身只吸收紫外光的缺点，使得电池对可见光谱的吸收大大增加，并且可通过改变染料的种类得到理想的光电化学太阳能电池。新型的光敏染料具有广阔的可见光谱吸收范围，激发态寿命较长，易于和半导体进行界面电荷转移以及化学性质稳定等卓越性能，可分为以下两种。

第一类为有机染料光敏化剂。

(1) 羧酸多吡啶钌 这是用得最多的一类染料，属于金属有机染料，具有特殊的化学稳定性、突出的氧化还原性质和良好的激发态反应活性。另外，它们的激发态寿命长，发光性能好，对能量传输和电子传输都具有很强的光敏化作用。目前，使用效果最佳的此类染料光敏化剂为 $RuL_2(SCN)_2(L=4,4'-$二羧基$-2,2'-$联吡啶)。

(2) 磷酸多吡啶钌 羧酸多吡啶钌染料虽然具有许多优点，但是在 $pH>5$ 的水溶液中容易脱附。Grätzel 等人发现，磷酸基团的附着能力比羧基更强，暴露在水中（$pH=0\sim9$）也不会脱附，但激发态的寿命较短。

(3) 多核联吡啶钌染料 联吡啶钌配合物的一个极为重要的性质是，可以通过选择具有不同接受电子和给出电子能力的配体来逐渐改变基态和激发态的性质。因此可以通过桥键将不同的联吡啶配合物连接起来，形成多核配体，使得吸收光谱与太阳光谱更好地匹配，从而增加吸光效率。这类多核配合物的一些配体可以把能量转移给其它配体，这种功能被称为"能量天线"。

光谱研究表明，在多核联吡啶钌配合物中带有羧基的联吡啶中心的发射团能量最低，这个能量最低的中心单元通过酯键连接在电极表面，而外围能量较高的单元可以将吸收的光能通过能量天线转移至中心单元。利用此种多核联吡啶钌配合物作为敏化剂的敏化二氧化钛纳米结构多孔膜电极，IPCE 值可达 80%。理论研究显示，采用三核钌染料，在 AM1.5 模拟太阳光照下，可以得到大于 1V 的开路电压和至少 10% 的光电能量转换率。

但 Grätzel 等人认为，天线效应可以增加吸收系数，可是在单核钌敏化剂吸收效率严重降低的长波长区域，天线效应不能增加光吸收效率。而且，此类化合物需要在二氧化钛表面占有更多的空间，比单核敏化剂更难进入纳米结构二氧化钛的空穴中。

(4) 纯有机染料 纯有机染料不含中心金属离子，包括聚甲川染料、氧杂蒽类染料以及一些天然染料，如花青素、紫檀色素、类胡萝卜素等。

纯有机染料种类繁多，吸光系数高，成本低，且电池循环易操作。使用纯有机染料还能节约稀有金属。但纯有机染料敏化太阳能电池的 IPCE 和 η_{sum}（总光电能量转换率）较低。

第二类为无机染料光敏化剂。

G. Smestad 等人认为高效率的光敏化剂不一定限于有机化合物。有些有机化合物作为敏化剂常存在稳定性不够等问题，若选择适当的高光学吸收率的无机材料，则可解决这一问题。以往首选的材料是传统的半导体材料 CdS、CdSe（禁带宽度分别为 2.42eV、1.7eV）等。但是，由于此类材料有毒，会破坏环境，所以并不是很好的敏化材料。近年来，有研究用 FeS_2、RuS_2（禁带宽度分别为 0.95eV、$1.8\sim1.3eV$）等作敏化剂，这些材料安全无毒、稳定，在自然界储量丰富，光吸收系数高。但到目前为止，用 FeS_2 敏化剂，能量转换效率低于 1%，而 RuS_2 光电流密度为 $(0.2\sim0.5)\times10^{-3}A\cdot cm^{-2}$，开路电压为 $0.05\sim0.2V$，均远低于有机染料敏化剂的相应参数。用无机材料作敏化剂，制备工艺对微观形貌，进而对光电特性的影响十分明显。任何一个工艺参数的改变，都可能影响敏化剂的吸附量、粒径、致密度等参数。

11.2.2　环境光电催化原理

环境光电催化体系是将光能转化为化学能的装置。随着太阳能光电化学电池的研究不断深入，人们发现半导体氧化物与紫外光组成光电催化体系，可以将水中的有机物降解。已有的研究表明，水中有机污染物，包括烷烃、卤代烃、羧酸、表面活性剂、染料、有机磷杀虫剂等，都可以在光电催化体系中降解[12~34]。一般认为，水溶液中，经光照射的半导体粒子表面产生光生电子空穴对，空穴与水分子作用进一步产生羟基自由基，具有高度氧化活性，氧化能力在水中仅次于氟，因此，可以将有机污染物彻底矿化降解。经过 20 多年的研究，环境光电催化的基本理论已经非常深入。

11.2.2.1　光电催化剂的光激发

光电催化反应发生的前提条件之一是光对催化剂的激发。入射光能否有效激发半导体催化剂，取决于入射光的能量同半导体禁带宽度之间是否匹配。入射光的能量取决于其波长。光的波长、频率、波数和相应的半导体禁带宽度的对应值如表11-1 所示。同时，已知半导体的禁带宽度，根据方程式(11-1)，可以计算出需要激发的波长。

表 11-1　光的波长、频率、波数和相应的半导体禁带宽度的对应值

光		波长 λ/nm	频率 ν/s^{-1}	波数 $\tilde{\nu}/cm^{-1}$	能量 $/kJ \cdot mol^{-1}$	E/eV
紫外		200	1.5×10^{15}	50000	597.9	6.2
		300	1.0×10^{15}	33333	398.7	4.1
可见	紫	420	7.14×10^{14}	23810	284.9	3.0
	青	470	6.38×10^{14}	21277	254.4	2.6
	绿	530	5.66×10^{14}	18868	225.5	2.3
	黄	580	5.17×10^{14}	17241	206.3	2.1
	橙	620	4.84×10^{14}	16129	192.9	2.0
	赤	700	4.28×10^{14}	14286	170.9	1.8
红外		1000	3.0×10^{14}	10000	119.7	1.2
		10000	3.0×10^{13}	1000	12	0.1

如果入射光的波长足够短、提供的能量足够大，能够将半导体中的价带电子激发，使之越过禁带跃迁到导带，分别在价带和导带上产生空穴、电子，如图 11-2 所示。因此，在半导体粒子的本体及表面形成了光生空穴（h）-电子（e）对：

$$TiO_2 \xrightarrow{h\nu} e^- + h^+$$

空穴处于缺电子状态，具有强氧化性，可以引发氧化反应。电子具有还原性，可以引发还原反应。

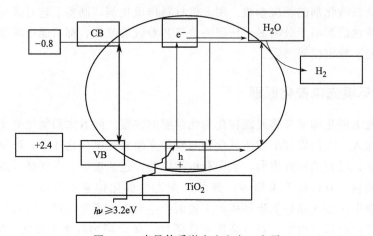

图 11-2　半导体受激产生空穴、电子

VB—低能价带（valence band）；CB—高能导带（conduction band）

11.2.2.2　光生空穴、电子的复合与分离

由于光生空穴的强氧化性、光生电子的强还原性，因此电子与空穴会重新复合，散发出热能。同时，还有另一类简单复合，可表示为：

$$2H_2O + 4h^+ \xrightarrow{h\nu} O_2 + 4H^+ \tag{11-10}$$

$$O_2 + 4H^+ + 4e^- \xrightarrow{h\nu} 2H_2O \tag{11-11}$$

显然，这种情况下，电子与空穴的结合都是由同一物种来完成的，没有经过有机物的传递这一环节，即在催化剂表面形成了短路的原电池（图 11-3）。这种短路的原电池不能使有机物发生降解反应，也不能进行能量转换，所以没有实际意义。

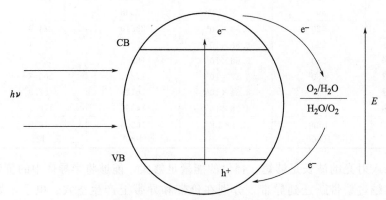

图 11-3　光照的半导体催化剂作为短路的原电池示意图

有实际意义的过程应该是，按式(11-10)或式(11-11)所发生的过程组成氧化还原反应的一个半反应，而另一个半反应则由含有有机物与氧化物种的相互作用组成，见图 11-4。

$$4OH^- + 4h^+ \longrightarrow 4OH \tag{11-12a}$$

$$4OH + 有机底物 \longrightarrow 产物 \tag{11-12b}$$

式(11-11) 也可写为：

$$O_2 + 2H_2O + 4e^- \longrightarrow 4OH^- \tag{11-11'}$$

净反应为 [式(11-12b)+式(11-5)]：

$$有机底物 + O_2 + 2H_2O \xrightarrow{h\nu} 产物 \tag{11-12}$$

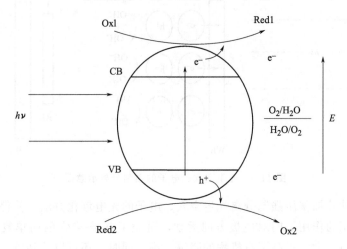

图 11-4 发生在 TiO_2 二氧化钛表面的光催化降解示意图

实际的情形是，在催化剂表面现象发生短路原电池的概率比发生降解反应的概率要大得多[11]，因而光子的利用率比较低。

11.2.2.3 光生空穴、电子的强制分离

由于电子与空穴相伴而生、数量相等，当二者直接接触时，必然发生简单复合，这种简单复合导致了在催化剂表面发生短路原电池现象，从而大大降低了光子的利用效率。为了有效地利用光源、提高光催化降解的效率，有时需要采用一定的手段来消除这种原电池现象。这种手段有多种，如催化剂掺杂方式，在催化剂电极系统施加一个正向的偏压等。这里，以二氧化钛光电催化电极体系施加一个正向的偏压为例，讨论光生空穴、电子强制分离的原理。

这种情况下，需要将二氧化钛制备成电极，方法可以是将二氧化钛粉末涂覆在导电玻璃基底上，或者在金属钛表面通过阳极氧化形成一层二氧化钛薄膜，或者通过溶胶-凝胶法在导电玻璃基底形成二氧化钛薄膜。这样，可以金属钛或导电玻璃基底的导电性，形成电荷传输。二氧化钛作为工作电极（阳极），金属铂片（丝）（阴极）作为对电极，参比电极可以是饱和甘汞电极。二氧化钛电光催化剂仍然需要一定能量的光，对其进行激发，产生一定数量的光生电子-空穴对，这方面的原理前面已有叙述。当向二氧化钛光电催化电极体系施加一个正向的偏压后，偏压会迫使光生电子向对电极方向移动，电子运动的方向同电流的方向相反，从而与光生

空穴发生分离，减少或避免发生简单复合的机会。光生空穴就可能与水分子作用，有机会生成更多的羟基自由基，最终使降解有机污染物的效率提高，可望使光催化效率大大提高，见图11-5。

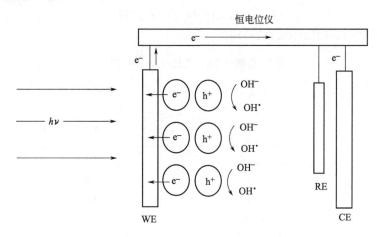

图 11-5　光生空穴、电子的强制分离示意图

采用这种外加偏压强制分离光生空穴、电子的光电催化方法，使得光生电子在外加阳极偏压的作用下向对电极方向运动，避免了电子-空穴的简单复合，从而延长空穴的寿命，大大提高了有机物的降解效率。同时，还可以达到以下目的：电极可以起到催化剂载体的作用，从而一定程度避免催化剂使用后的分离，使得催化剂重复利用的工艺大大简化。

11.2.2.4　光电催化剂的染料敏化

如果入射光的能量不足以使半导体粒子表面产生光生电子-空穴对，例如，用可见光激发纯净的二氧化钛半导体，是否仍然可以将有机污染物彻底矿化降解？答案是，如果有机污染物为某些可以敏化二氧化钛半导体的染料，则可以实现二氧化钛半导体对可见光的利用。有机染料对可见光的光谱响应宽、吸光系数高。采用有机染料对二氧化钛进行表面修饰，比如在二氧化钛表面简单地吸附上一层有机染料（物理修饰），或者在将有机染料和二氧化钛反应得到表面改性的二氧化钛（化学修饰），在可见光激发下，有机染料与二氧化钛之间将发生特殊的物理化学作用（敏化），从而接近或达到二氧化钛在紫外光照射下的效果（如光降解有机污染物）。经常采用的染料有卟啉、酞菁类、亚甲基蓝和罗丹明、曙红等。

染料敏化二氧化钛降解污染物包括两个过程，首先是敏化过程，即染料被光激发后电子跃迁并转移到二氧化钛导带的过程。一般认为，有机染料敏化二氧化钛体系中，窄带隙的染料受可见光激发以后产生电子跃迁。由于有机染料分子激发态电位比二氧化钛导带电位更负，因此激发态的染料极容易向二氧化钛导带输送电子。这样，染料的电子-空穴对实现了分离，增加了电子和空穴的寿命。然后是后续的有机污染物的氧化降解过程，即染料的电子转移到二氧化钛导带上后，电子将和水、氧气发生化学反应，生成高氧化性能的活性氧物种 H_2O_2、·OOH 以及·OH等，从而达到降解有机物的目的。因此，由于有机染料对二氧化钛的敏化作用，使得二氧化钛可以利用可见光实现对有机污染物的降解。染料敏化 TiO_2 原理见图 11-6。显然，这种原理同染料敏化的二氧化钛光电催化太阳能电池的原理是相通的。

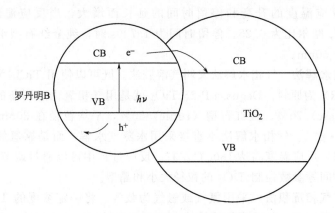

图 11-6　染料敏化二氧化钛的原理

11.3　光电催化剂与光电催化反应

许多半导体材料都可用于光电催化剂，比如 TiO_2，WO_3，ZnO，CdS 等。下文将介绍这些光电催化剂的特征以及它们的合成、表征方法和性能。

11.3.1　TiO_2 光电催化剂的制备

目前，制备纳米 TiO_2 的方法有很多，主要可分为物理制备法和化学合成法两大类。

物理制备法是指借助于物理加工方法得到纳米尺度结构的二氧化钛的方法。物理方法中常用的技术有离子溅射法、射频磁控溅射法、机械研磨法等。但物理制备法有其局限性，在制备过程中很容易引入杂质，很难制得 $1\mu m$ 以下的超微粒子。化学合成法是由离子、原子形成核，然后再生长，分两步过程制备超微粒子的方法，这种方法可以很容易地制得粒径为 $1\mu m$ 以下的超微粒子。

化学合成法可归纳为气相法和液相法两大类。气相法包括气相氧化法、气相水解法、化学气相沉积法以及蒸发-凝聚法等，气相法制备的 TiO_2 纳米粉体具有纯度高、粒径小、单分散性好等优点，但其制备设备复杂、能耗大、成本高。

(1) 气相氧化法　气相氧化法是通过将 $TiCl_4$ 在高温下氧化来制备 TiO_2 的。反应温度、停留时间以及冷却速度等都将影响气相氧化法得到的 TiO_2 的粒子形态。施利毅等[35]利用 N_2 携带 $TiCl_4$ 气体，经预热到 435℃后，经套管喷嘴的内管进入高温管式反应器，O_2 经预热后经套管喷嘴的外管也进入高温管式反应器，$TiCl_4$ 和 O_2 在 900～1400℃下反应。研究了氧气预热温度、反应器尾部氮气流量、反应温度、停留时间和掺铝量对 TiO_2 颗粒大小、形貌和晶形的影响，结果表明：提高氧气预热温度和加大反应器尾部氮气流量对控制产物粒径有利，纳米 TiO_2 颗粒的粒径随反应温度的升高和停留时间的延长而增大，当反应温度为 1373K、$AlCl_3$ 与 $TiCl_4$ 摩尔比为 0.25、停留时间为 1.739s 时，纯金红石型纳米颗粒的粒径分布为 30～50nm。

(2) 气相水解法 气相水解法又叫气溶胶法。既可以使用 $TiCl_4$ 为原料，也可以使用 $Ti(OR)_4$ 为原料。Degussa P-25 TiO_2 就是用气相氧化法制备的，其约含锐钛矿型（anatase）70%、金红石型（rutile）30%，平均粒径在 30nm 左右，比表面积为 $50m^2 \cdot g^{-1}$。气相水解法不直接采用水蒸气水解，而是靠氢氧焰燃烧产生的水蒸气水解，反应温度高达 1800℃左右。反应过程中可以通过调节温度、料比、流量、反应时间等参数控制 TiO_2 的粒径大小和晶型。

(3) 化学气相沉积法 采用氮气或氩气为载气。将一定浓度的 $Ti(OR)_4$ 带入流动反应室，反应室一般采用管式结构。经过相当时间后，在反应室的表面沉积了一定量的 $Ti(OR)_4$，此时通入载有水蒸气的氮气，使反应室表面的 $Ti(OR)_4$ 水解，便可得到 TiO_2 纳米粒子。Tatsumi 等[36]利用化学气相沉积法水解 $Ti(O-C_3H_7)_4$ 得到了具有超大比表面积的介孔 TiO_2，其比表面积达到 $1200m^2 \cdot g^{-1}$。

(4) 蒸发-凝聚法 利用高频等离子技术对工业 TiO_2 粗品进行加热，使其汽化蒸发，再急速冷却可得到纳米级的 TiO_2。

液相法制备纳米 TiO_2，主要有液相沉淀法、溶胶-凝胶法、醇盐水解（沉淀）法、微乳液法以及水热法等。可采用 $TiCl_4$、钛的醇盐、$Ti(SO_4)_2$ 或 $TiOSO_4$ 等为原料。研究中有时还采用超声技术、紫外光照射、微波技术等手段辅助制备。液相法具有合成温度低、设备简单、易操作、成本低等优点。是目前实验室和工业上广泛采用的制备纳米粉体的方法。

(1) 液相沉淀法 液相沉淀法合成纳米 TiO_2 粉体，一般以 $TiCl_4$ 或 $Ti(SO_4)_2$ 等无机钛盐为原料，原料便宜易得，是最经济的制备方法。通常采用的工艺路线是将氨水、$(NH_4)_2CO_3$ 或 NaOH 等碱类物质加入到钛盐溶液中，形成无定形的 $Ti(OH)_4$；将生成的沉淀过滤、洗涤、干燥后，控制温度不同，经燃烧得到锐钛矿型或金红石型纳米 TiO_2 粉体。

(2) 溶胶-凝胶法 纳米 TiO_2 粉的合成一般以钛醇盐 $Ti(OH)_4$（R＝—C_2H_5，—C_3H_7，—C_4H_9）为原料，其主要步骤是：钛醇盐溶于溶剂中形成均相溶液，以保证钛醇盐的水解反应在分子均匀的水平上进行，由于钛醇盐在水中的溶解度不大，一般选用小分子醇（乙醇、丙醇、丁醇等）作为溶剂。钛醇盐与水发生水解反应，同时发生失水和失醇缩聚反应，生成物聚集形成溶胶；经陈化，溶胶形成三维网络而形成凝胶；干燥凝胶以除去残余水分、有机基团和有机溶剂，得到干凝胶；干凝胶研磨后煅烧，除去化学吸附的羧基和烷基团，以及物理吸附的有机溶剂和水，得到纳米 TiO_2 粉体[37]。通常还需要向溶液中加入盐酸、氨水、硝酸等抑制 TiO_2 溶胶发生团聚而产生沉淀。

采用溶胶-凝胶工艺合成 TiO_2 纳米粉体，具有反应温度低（通常在常温下进行）、设备简单、工艺可控可调、过程重复性好等特点，与沉淀法相比，不需过滤洗涤，不产生大量废液。同时，因凝胶的生成，凝胶中颗粒间结构的固定化，还可有效抑制颗粒的生长和团聚过程，因而粉体粒度细且单分散性好。

(3) 醇盐水解沉淀法　醇盐水解沉淀法与上述的溶胶-凝胶法一样，也是利用钛醇盐的水解和缩聚反应，但设计的工艺过程不同，此法是通过醇盐水解、均相成核与生长等过程在液相中生成沉淀产物，再经过液固分离、干燥和煅烧等工序，制备 TiO_2 粉体。醇盐水解沉淀法的反应对象主要是水，不会引入杂质，所以能制备纯度高的 TiO_2 粉体；水解反应一般在常温下进行，设备简单、能耗低。然而，因为需要大量的有机溶剂来控制水解速率，致使成本较高，若能实现有机溶剂的回收和循环使用，则可有效地降低成本。

(4) 微乳液法　微乳液法是近十几年来制备纳米粒子的新方法，其操作简单、微粒可控。微乳液体系一般由有机溶剂、水溶液、表面活性剂、助表面活性剂四个组分组成的透明或半透明的、各向同性的热力学稳定体系[38]。根据体系中油水比例及其微观结构，将微乳液分为正相微乳液（O/W）、反相微乳液（W/O）及中间态的双连续相微乳液，而 W/O 型微乳液对制备纳米粒子显示了广阔的应用前景。在 W/O 型微乳液体系中，水核被表面活性剂和助表面活性剂所组成的单分子层界面所包围，这种特殊的微环境可看作一个"微反器"，其大小可控制在几到几十纳米之间，是理想的反应介质[39]。施利毅等[40]以非离子表面活性剂 Triton X100、环己烷、正己醇、$TiCl_4$、氨水为原料，采用微乳液法制备 TiO_2 超细粒子，在650℃煅烧得到平均粒径为 25nm 的锐钛型 TiO_2 粉体。Sakai 等将钛醇盐的水解反应移至琥珀酸二异辛酯磺酸钠（AOT）/环己烷介质中，以正钛酸四异丙酯为原料，制备 TiO_2 超细粒子，并研究不同的助表面活性剂异丙醇、正丁醇、正戊醇、正己醇等对 TiO_2 粒子大小的影响，发现以正己醇作助表面活性剂时，得到的 TiO_2 具有最佳的分散性能。

(5) 水热法　水热法是在特制的密闭反应容器（高压釜）里，采用水溶液作为反应介质，通过对反应容器加热，创造一个高温、高压反应环境，使得通常难溶或不溶的物质溶解并且重结晶。水热法制备粉体常采用固体粉末或新配制的凝胶作为前驱体。利用水热法可以在温度远低于燃烧温度（400～1000℃）的条件下得到结晶良好的 TiO_2。

水热法制备纳米 TiO_2 粉体，第一步是制备钛的氢氧化物凝胶或沉淀，反应体系有四氯化钛＋氨水和钛醇盐＋水。第二步是将凝胶转入高压釜内，升温（通常的温度为 120～250℃），形成高温高压的环境，使钛的氢氧化物或者无定形 TiO_2 在120～250℃的温度下，完成向锐钛矿型（少数情况下为金红石型）TiO_2 的转晶过程。水热法能直接制得结晶良好的粉体，不需做高温灼烧处理，避免了在此过程中可能形成的粉体硬团聚，而且通过改变工艺条件，可实现对粉体粒径、晶形等特性的控制。同时，因经过重结晶，所以制得的粉体纯度高。然而，水热法毕竟是高温、高压下的反应，对设备要求高，操作复杂，能耗较大，因而成本偏高。

11.3.2 提高 TiO_2 光催化活性的途径

由于 n-TiO_2 禁带较宽（E_g 为 $3.2eV$），对光的吸收波长范围较窄，吸收阈值大都在紫外区，利用太阳光的比例较低，而且载流子的复合率较高，量子效率较低；迁移到表面的光致电子与空穴复合既能参与加速光催化反应，同时也存在着电子与空穴复合的可能。因此，对 TiO_2 的改性应从以下方面着手：一是加入俘获剂以阻止 e^- 和 h^+ 的复合以提高量子效率；二是降低 TiO_2 的禁带宽度，扩大起作用光的波长范围。为了能充分利用地球表面的太阳能，改善半导体电极的光吸收性能，人们已经通过多种途径使半导体光吸收限尽可能地移向可见光部分，减少光生载流子之间的复合，以及提高载流子的寿命，主要有以下几种途径。

（1）过渡金属离子的掺杂 由于光生电子-空穴对的复合控制着半导体的失活过程，因而实际上仅有小部分光生电子-空穴对参与半导体表面的氧化和还原反应而得到利用，因此提高载流子的寿命、降低载流子的复合速率就显得比较重要。通过制备 TiO_2 薄膜时掺杂某种金属离子，使其进入 TiO_2 晶格中，这样既可以在禁带中引入掺杂能级而使光吸收红移，又可以产生捕获电子或空穴的陷阱。过渡金属离子的种类与修饰量都要符合特定的要求才能起到抑制作用。现在普遍认为 Fe^{3+} 是很有效的掺杂离子，主要是由于 Fe^{3+} 作为电子的有效受体减少了 TiO_2 表面电子空穴对的复合；同时通过参与氧化还原反应，增加 $\cdot OH$ 的生成数量。Litter 和 Choi 等[41,42]以氯仿氧化和四氯化碳还原为例，研究了与 Ti^{4+} 半径相近的 21 种金属离子对量化 TiO_2 的掺杂效果。结果表明：$0.1\% \sim 0.5\%$ 的 Fe^{3+}、Mo^{2+}、Ru^{3+}、Os^{3+}、Re^{5+}、V^{4+} 和 Rh^{3+} 的掺杂能够显著提高 TiO_2 的光催化活性，而 Co^{3+} 和 Al^{3+} 则会降低光催化活性。金属离子的掺杂浓度存在着一个最佳值，高浓度不利于催化反应的进行，而较低的浓度则因为生成的载流子捕获陷阱少反而会提高电子-空穴对的复合概率，降低光催化活性。此外，采用离子注入法对 TiO_2 进行铬、钒离子的掺杂[43]，可将激发光的波长扩大到可见光区，从而大大提高了利用太阳能进行光催化降解的效率。

尹京花等[44]采用溶胶-凝胶法制备了不同掺铁量的 TiO_2 光催化剂，以高压汞灯为光源，罗丹明 B 为目标降解物，对其光催化活性进行了研究。实验结果表明，掺铁的 TiO_2 比纯 TiO_2 具有更好的催化活性。其原因：掺杂的铁作为受体捕获电子，使 TiO_2 的 n 型半导体降低了光电导，控制了空穴和电子复合；同时掺杂的 Fe^{3+} 可能形成杂质能级，由于掺杂能级处于禁带之中，使较长波长的光子也能被吸收，从而扩展吸收光谱的范围，增强了对可见光的吸收。霍莉等掺杂 Fe^{3+} 可以

对 TiO_2 光催化剂进行改性，而且不同的掺杂方式可导致光电催化氧化活性不同。测定了以不同方式掺杂同量 Fe^{3+} 的 TiO_2 薄膜电极光电催化氧化甲醇的电流值，并通过 SEM 和 EIS 进行了表征，为研究电极的光催化氧化机理提供了电化学依据。

(2) 贵金属沉积　当半导体表面和金属接触时，载流子重新分布，电子从费米能级较高的 n 型半导体转移到费米能级较低的金属，直到它们的费米能级相同，从而形成肖特基势垒。正因为肖特基势垒成为俘获激发电子的有效陷阱，光生载流子被分离，从而抑制了电子和空穴的分离。贵金属在 TiO_2 表面的沉积还有利于降低还原反应（质子的还原、溶解氧的还原）的超电压，从而提高光氧化还原反应速率以提高催化剂的活性。有实验表明[45]，当铂的沉积量的质量分数为 $0.1\%\sim1\%$ 时，晶粒铂对钛的自由电子有最佳的吸引，从而增加光催化活性。然而沉积量过大也会导致电子-空穴迅速复合。刘守新等[46]研究认为外加阳极偏压可有效提高 Ag/ TiO_2 光催化降解反应速度，Ag 的质量分数为 1.5% 时苯酚光电催化降解率达最大值。外加电压对光催化降解反应速度的影响存在双峰效应，最佳电压值分别 10V 和 20V。在光电催化反应器中加载 20V 阳极偏压，光电催化氧化苯酚的去除率较光催化氧化提高 35%，大大高于苯酚光催化氧化与电化学氧化去除率的总和。导走光生电子、抑制光生电子空穴复合、增加电子向吸附氧分子的传递是 Ag/TiO_2 催化体系表现出较高活性的主要原因。谢宝平等[47]沉积金属钯后，TiO_2 催化剂的光催化活性得到了大大的提高，在 Pd 沉积量为 0.9% 时 Pd-TiO_2/ITO 薄膜对甲酸的光催化和光电催化降解活性最好，其光催化过程中 Pd-TiO_2/ITO 膜的 COD 去除率比纯 TiO_2 膜的 COD 去除率提高了 45.8%。

(3) 半导体的复合　半导体复合可提高半导体内光生载流子分离效率，并扩展光谱响应范围。可在 TiO_2 表面沉积上禁带宽度较小的半导体（称为复合半导体，如 CdS、WO 等），只要两者电子能级匹配良好，电子-空穴对便能得到有效分离，量子效率得以提高。半导体复合至少应满足 2 个条件：①复合半导体的有效禁带宽度要小于 TiO_2 的，否则达不到向长波方向延伸光吸收限的目的；②复合半导体导带能级必须高于 TiO_2 的导带能级。例如，TiO_2 与激发波长较长的 CdS 复合后，当入射光能量只能激发 CdS 使其发生带间跃迁但不足以使 TiO_2 发生带间跃迁时，CdS 中产生的激发电子能被传输至 TiO_2 导带，而空穴停留于 CdS 价带，这样电子-空穴得以有效分离。而对于 TiO_2 而言，由于 CdS 的复合，其激发波长延伸到了更大的范围，可达到可见光区，为利用太阳能提供了一个有价值的途径。有研究指出[48]，通过改变半导体的多相结构，可以控制复合材料中载流子的分离形式。复合光催化剂 SnO_2-TiO_2 是由锐钛型 TiO_2 和金红石型 SnO_2 所组成的复合粒子，其光催化活性与纯 TiO_2 相比有较大提高。将 SnO_2-TiO_2 制成薄膜，并施加一定的正向电压，发现薄膜的光催化活性得到很大的提高。刘亚子等[49]采用溶胶-凝胶法制备了纳米复合半导体 ZnO-TiO_2 薄膜，对五氯酚溶液的光电催化降解结果表明：当输入正向偏压后，其光催化性能有较大提高。由于 ZnO 的掺入，半导体薄膜电极的光吸收能力增强；同时，Zn^{2+} 可能作为光生载流子的浅俘获中心，导致表面界面电荷转移加速，从而延长光生电子/空穴对的寿命并抑制其复合，有效地提高了 TiO_2 薄膜光电催化活性。

在复合半导体中，空穴的电子选择参与不同颗粒表面的氧化和还原过程。而对于核-壳半导体，如果第二种半导体壳较厚的话（相对于核半径），就可以保持两种半导体各自的本性。这时，只有一种载流子到达核-壳半导体表面，而另一种载流子被内层半导体捕获，不易被利用。

(4) 有机染料敏化处理　多数有机染料都能吸收可见光，因此吸附（常以物理吸附或化学键合的形式）于 TiO_2 膜表面的有机染料能增强对太阳光中长波长光的吸收。半导体光敏化剂有机染料主要有钌吡啶络合物[49,50]。与其它敏化染料相比，钌吡啶络合物有以下优点：①长期使用稳定性好；②激发态反应活性高；③激发态寿命长，光致发光性好。

其敏化作用可用式子表示如下：

$$Dye \xrightarrow{h\nu} Dye^* \tag{11-13}$$

$$Dye^* \longrightarrow Dye^+ + e^- \tag{11-14}$$

$$4Dye^+ + 2H_2O \longrightarrow 4Dye + O_2 + 4H^+ \tag{11-15}$$

$$2H^+ + 2e^- \longrightarrow H_2 \tag{11-16}$$

式中，Dye、Dye^*、Dye^+ 分别为基态染料分子、激发态染料分子、氧化态染料分子。可见用于敏化 TiO_2 膜的有机染料应至少满足以下条件：①有机染料应能吸收可见光并有较好的吸光强度；②氧化态染料分子电子能级应高于半导体导带电子能级；③氧化态和激发态分子应具有较高的稳定性和较长的寿命。Latha 等研究表明[51]：吸附于半导体表面有机染料的量存在一个最佳值，只有与 TiO_2 表面直接接触的染料分子才能将电子注入 TiO_2 导带中。如同电极表面态一样，吸附于颗粒表面的染料分子同时也能作为光生载流子的复合中心，不利于光电流的产生。在染料敏化太阳电池中，照射光波长也会对电子-空穴复合过程产生影响，另外有机染料也存在光稳定性和电化学腐蚀等问题，考虑使用有机染料时应注意选择。就染料敏化剂联吡啶钌本身而言，它在近红外区吸收很弱，其吸收光谱与太阳光谱还不能很好地匹配。因此，寻找新的染料敏化体系，使其吸收范围扩展到大于 600nm 的近红外区，以尽可能地利用太阳光能仍是人们努力的目标，其中多元有机染料分子的组合是一种可能的途径。毛海舫等[52]研究过酞菁、卟啉共吸附对 TiO_2 电极光电响应的影响，发现共吸附敏化与单一染料敏化相比，光电转换效率明显提高。Kaur 等[53]研究经 4-羧酸基铜酞菁敏化的无定形 TiO_2 混合催化剂在可见光照射（$\lambda > 550nm$）具有极好的光催化效应。Bae 等[50]研究钌复合敏化剂和贵金属改性 TiO_2 可见光催化剂在降解三氯乙醛和 CCl_4 时发现：$Pt/TiO_2/Ru^{II}L_3$ 复合光催化剂能大大提高降解率。

11.3.3　WO_3 光电催化剂

三氧化钨具有半导体特性，是一种很有潜力的敏感材料，对多种气体有敏感性。纳米三氧化钨则因具有较大的比表面，表面效应显著，其对电磁波有很强的吸收能力，可做优良的太阳能吸收材料和隐形材料，并有着特殊的催化性能。作为催化剂三氧化钨在化工和石油化工中有着广泛的应用，其粒径大多在微米和亚微米级。WO_3 粉体的制备方法有固相法、液相法、气相法等。

11.3.3.1　固相法

固相反应法是一传统的粉化工艺，基础的固相反应法是金属盐或金属氧化物按一定比例充分混合、研磨后进行煅烧，通过发生固相反应直接制得超微粉，或者是再次粉碎得到超微粉。魏少红等[54]将一定量的钨酸铵放在马弗炉中，600℃下煅烧3h，可得到平均粒径为72nm的三氧化钨粉体，通过 XRD 分析 WO_3 粉体存在两种晶相：单斜晶相和三斜晶相（JCPDS71-2141 和 JCPDS83-0949），从谱线强度看两种晶相比较接近，都是以 ReO_3 为基础稍微扭曲后形成的。M. Akiyama 等[55]以仲钨酸铵为原料，高温煅烧，并将得到的三氧化钨粉体烧结成气敏元件，研究其在不同温度下的气敏特性，得出最佳工作温度为 300℃。

固相分解法制备超微粉虽工艺简单，但分解过程中易产生某些有毒气体，造成环境污染。同时生成的粉末易团聚，须再次粉碎，使成本增加。

11.3.3.2　液相法

液相法是合成单分散陶瓷超微粉的最好方法，可精确控制产物组分和粒子的大小。特别是近几年发展的溶胶-凝胶法，微乳液法等制备纳米粒子的新方法，有着固相法不可比拟的优势。液相法主要有：沉淀法、溶胶-凝胶法、微乳液法、水热法、水解法。

(1) 沉淀法　沉淀法有化学沉淀和共沉淀法。化学沉淀法是在金属盐溶液中加入适当的沉淀剂来得到陶瓷前驱体沉淀物。再将此沉淀物脱水、煅烧形成纳米陶瓷粉体。J. Tamaki 等[56]以 $(NH_4)_{10}W_{12}O_{41} \cdot 5H_2O$ 为原料，制得 H_2WO_4，再经脱水、煅烧制得 WO_3 陶瓷粉体。在不同温度下（300～600℃）处理，得到的粒径范围为 16～57nm，该方法制得的纳米粒径比单纯的仲钨酸铵直接分解制得的粉体粒径更均匀。共沉淀法是制备含有两种以上金属元素的复合氧化物超微粉的重要方法。D. Lee 等[57]用溶胶-共沉淀法，以 WCl_6 和 $TiCl_4$（4%）混合物为原料，加入氨水和表面活性剂，使之形成 $W(OH)_6$ 和 $Ti(OH)_4$，离心分离、煅烧，得到 3～9nm 的三氧化钨粉体。并且发现材料的颗粒度越小，粒度越均匀，颗粒团聚越小，则相应的气体灵敏度就越高，响应及恢复时间短。

(2) 溶胶-凝胶法　溶胶-凝胶法是近些年来发展的制备陶瓷材料的方法，其通过控制成胶温度、产物组分及产物粒径，得到粒度小、分布窄、纯度高的粉体。王旭升等[58]采用溶胶-凝胶法制备了 $WO_3 + SiO_2$（0%，5%，10%，20%，质量分数）粉体材料。XRD 分析表明，此法制得了单斜晶系结构的 WO_3 多晶材料，并发现晶粒尺寸随 SiO_2 含量的增加而减小，掺 5%（质量分数）SiO_2 粉体对 NH_3 测量有很好的敏感特性，在 350℃以上优于纯 WO_3 粉体材料。

(3) 微乳液法　何天平等[59]以最佳质量比 6∶4 的聚乙烯醇和十二酰二乙醇胺

作为混合型乳化剂，溶于二甲苯-水体系中，首次制备了球形纳米 WO_3 粉体，确定了最佳条件。在 400℃、600℃、800℃ 不同温度分别对所制得的前驱体处理 8h 得到 15nm、25nm、85nm 分散性好的规则球形 WO_3 粉体，随着处理温度的升高粒径明显长大，在 400℃ 处理时所得粒子粒径最小。

11.3.3.3 气相法

纳米三氧化钨气相合成早有报道，用激光使纯金属钨在氧气气氛中进行气化和反应生成纳米 WO_3。方国家等[60]采用脉冲准分子激光大面积扫描沉积技术，在透明导电衬底铟锡氧化物及 Si(111) 单晶衬底上沉积了非晶 WO_x 薄膜，在不同条件下沉积及不同温度退火处理样品。结果表明，氧气氛和衬底温度是决定薄膜结构和成分的主要参数。当采用 SnO_2：In_2O_3 基片，氧压 20Pa，经 300℃ 热处理的薄膜呈晶态，晶粒尺寸为 20~30nm；经 400℃ 处理，呈多晶态，晶粒分布呈开放型多孔结构，晶粒尺寸为 30~50nm，这一典型结构有利于离子的注入和抽出。

11.3.4 CdS 光电催化剂

硫化镉本身是本征半导体，属ⅡB和ⅥA族化合物，是一种重要的半导体材料。作为一种过渡金属硫化物，由于其禁带范围较宽，具有直接跃迁型能带结构及发光色彩比较丰富等特点，在太阳能转化、非线性光学、光电子化学电池和光催化方面具有广泛的应用。CdS 粉体的制备方法有固相法、液相法、沉淀、前驱体法等。

11.3.4.1 固相法

(1) 机械粉碎法 由固体物质直接制备纳米粉体材料的方法通常称为机械粉碎法，即通过机械力将硫化镉粉末进一步细化。但机械粉碎法难以得到粒径小于 100nm 的纳米粒子，粉碎过程还易混入杂质，且粒子形态难以控制，很难达到工业生产的要求。

(2) 固相化学反应法 近年来室温固相合成法成为一种合成纳米材料的新方法。该法是将固体反应物研磨后直接混合，在机械作用下发生化学反应，进而制得纳米颗粒，具有工艺简单、产率高、反应条件易控制、颗粒粒子稳定性好等优点。张俊松等[61]以巯基乙酸和氯化镉为原料，先采用固相法制备得到巯基乙酸镉，再以巯基乙酸镉和 Na_2S 为原料，通过研磨得到黄色固体。将黄色固体转移到水中，通过搅拌、抽滤除去过量的巯基乙酸镉。最后在滤液中加入丙酮，得到黄色沉淀，过滤，反复洗涤，得到粒径为 3~5nm、水相分散的 CdS 粉体。

11.3.4.2 液相法

(1) 微乳液法或反胶束法 Hiroyuki Ohde 等[62]采用超临界系统，通过混合含有硫离子的水/二氧化碳和包含镉离子的水核体系，加入表面活性剂 AOT（二磺基琥珀酸钠），制得粒径为 5~10nm 的硫化镉粉体，并研究了表面活性剂与水的配比对产品形态的影响。Takayuki Hirai 等[63]采用 AOT、异辛烷、水组成反胶束体系，把两个分别含有硝酸镉、硫化钠的反胶束体系溶液混合并剧烈搅拌后，加入巯基三氧化二铝，再搅拌、离心分离，制备得到纳米 Al_2O_3-CdS 复合材料，经表征该复合材料中纳米硫化镉粒径为 4.2nm。

(2) 水热法 水热合成可以制备出细小的 CdS 微晶，并且水热晶化过程能有效地防止纳米硫化物氧化。但通常的加热方式使反应溶液中存在严重的温度不均匀，使液体中不同区域产物"成核"时间不同，从而易使先期成核的微晶聚集长大，难以保证反应产物粒径的集中分布。Gautam U K 等[64]以自制的硬脂酸镉为镉源，添加硫、四氢化萘、硫醇、甲苯配成溶液，通过水热合成，再加入异丙醇离心分离，得到粒径为 4nm 左右的硫化镉纳米晶。So W 等[65]以硫化钠和硝酸镉为原料通过水热处理制备了粒径为 20～30nm 的硫化镉，并且研究了水热处理条件。

11.3.4.3 沉淀法

目前，借助于 γ 射线辐射、超声、微波辐射等手段制备纳米硫化镉取得了一定的进展。Ni Yonghong 等[66]混合二硫化碳、异丙醇和氯化镉的无水乙醇溶液，再采用钴 60γ 射线照射该混合溶液，收集沉淀并用无水乙醇和去离子水交替洗涤，最后真空干燥制得粒径为 2.3nm 的产品。Wang G. Z. 等[67]以氯化镉和硫代硫酸钠为原料，加入异丙醇和去离子水配成溶液，将反应溶液超声，采用氩气消除瓶中的氧气，并用水冷却反应容器，反应结束后收集沉淀，并用去离子水和乙醇交替洗涤，最后真空干燥得到粒径 3nm 的硫化镉粒子并且对反应的机理进行了研究。

11.3.4.4 前驱体法

Trindade Tito 等[68]以氯化镉与二硫代氨基甲酸钠盐为原料，先制备二硫代氨基甲酸镉，再用二硫代氨基甲酸镉与 $(CH_3)_2Cd$ 在甲苯中室温下反应 2h，制备得到 $[CH_3CdS_2CN(C_2H_5)_2]_2$，然后把 $[CH_3CdS_2CN(C_2H_5)_2]_2$ 加入到热的氧化三辛基膦（TOPO）溶液中，在氮气氛下，采用标准的 Schlenk 法制备，最终得到分布较窄的、粒径为 5nm 的硫化镉粉体。

11.3.5 ZnO 光电催化剂

ZnO 其体相材料的禁带宽度为 3.2eV，对应于波长 387nm 的紫外光，是极少数几个可以实现量子尺寸效应的氧化物半导体材料。因此，纳米 ZnO 具有光催化性能，可以以太阳光为光源降解有机污染物。ZnO 光电催化剂的制备方法有沉淀法、溶胶-凝胶法、水热法、低温固相反应、流变相反应等。

(1) 沉淀法 沉淀法有直接沉淀法和均匀沉淀法两大类。直接沉淀法是在包含一种或多种离子的可溶性盐溶液中加入沉淀剂后，在一定的条件下生成沉淀从溶液中析出，再将阴离子除去，沉淀经热分解得到纳米 ZnO。常见的沉淀剂有氨水（$NH_3 \cdot H_2O$）、碳酸铵 [$(NH_4)_2CO_3$]、草酸铵 [$(NH_4)_2C_2O_4$]、碳酸氢铵（NH_4HCO_3）、碳酸钠（Na_2CO_3）等。选用不同的沉淀剂，反应机理不同，得到的先驱物不同，故热分解的温度也不同。该法操作简便易行，对设备、技术要求不高，成本较低。但粒子粒径分布较宽，分散性较差，洗除原溶液中的阴离子较困难。目前的研究主要集中于沉淀条件及干燥方式的改进等几个方面。采取的措施：一是加入表面活性剂，减少团聚现象；二是洗涤剂由水洗改为碱液洗。另外，在分解的热源上引用微波等现代技术，可缩短加热时间，提高产品质量。均匀沉淀法是利用某一化学反应使溶液中的构晶离子由溶液中缓慢地、均匀地释放出来。所加入的沉淀剂不直接与被沉淀组分发生反应，而是通过化学反应使沉淀剂在整个溶液中均匀地、缓慢地析出。目前，常用的均匀沉淀剂有尿素 $[CO(NH_2)_2]$ 和六亚甲基四胺（$C_6H_{12}N_{14}$）。使用该法得到的纳米粒子粒径分布较窄，分散性也好，工业化放大被看好，但同样也存在原溶液中的阴离子洗涤较困难的问题。刘超峰等[69]利用均匀沉淀法制备出粒径小于 80nm 的 ZnO，现已工业化生产。

（2）溶胶-凝胶法　溶胶-凝胶法的优点是产物的纯度高、分散性好、粒径分布均匀、化学活性好，且反应在低温下进行，工艺操作简单，反应过程易控制，不需要贵重的设备，有工业化生产的潜力。除原料成本高，在高温下作热处理时有团聚是它唯一的缺点。

（3）水热法　上海硅酸盐研究所李汶军等[70]对水热法制备纳米 ZnO 进行了研究，提出了先驱物分置水热法制备方式，其实质是：将可溶性锌盐和碱溶液混合形成 $Zn(OH)_2$ 的沉淀反应与 $Zn(OH)_2$ 脱水生成 ZnO 的脱水反应融合在同一反应器内完成，从而得到结晶完好的 ZnO 晶粒。水热法反应机理和化学沉淀法基本相同，只是生产工艺不同而已。此法能直接制得结晶完好、原始粒度小、分布均匀、团聚少的纳米 ZnO，制备工艺相对简单，无需煅烧处理。因此潜力极大，前景广阔。但是高温高压下的合成设备较贵，投资较大。

（4）低温固相反应　低温固相反应有四个阶段，即扩散-反应-成核-生长，每步都有可能是反应速率的决定步骤。也就是说，在固相反应过程中，反应物的形貌取决于反应过程中产物成核与生长的速率，当成核的速率大于生长的速率时，得到的产物为纳米微粒，反之则得到块状材料。张永康等[71]以价廉的 $ZnSO_4 \cdot 7H_2O$ 和碳酸钠为原料，在常温常压下无溶剂合成了纳米 ZnO。该法的突出优点是：操作简单、转化率高、污染少、粒径分布窄并可调控。克服了传统湿法存在粒子团聚现象的缺点，是一种价廉而又简易的全新方法。

（5）流变相反应　流变学（Rheology）是 1922 年美国化学家 G. Bingham 提出的名称，直到最近才得到迅速发展。我国孙聚堂及其研究小组把流变学与化学反应紧密结合起来，首先提出了"流变相反应"的概念，使流变学技术在合成化学方面的应用引起了人们的关注[72]。所谓流变相反应是指在反应体系中有流变相参与的化学反应。一般是将反应物通过适当方法混合均匀，加入适量的水或其它溶剂调成固体粒子和液体物质分布均匀的流变体，然后在适当条件下反应得到所需的产物。这是一种"节能、高效、减污"的绿色合成路线。贾漫珂等[73]用流变相反应制备了纳米 ZnO，该法以 ZnO 为起始原料，只需与尿素和水反应，不引入杂质离子，无需洗涤，产物纯度高。反应器为聚四氟乙烯内胆的不锈钢反应釜，结构简单、成本低，反应温度为 120℃ 左右，工艺操作更为简便，是制备纳米 ZnO 的一个经济、洁净、高效可行的方法。

11.3.6　新型配合物半导体光电催化剂

近年来，一些新型的可受可见光激发的配合物半导体 Bi_2WO_6、Bi_2MoO_6、$ZnWO_4$ 已经作为光电催化剂用于电解水、太阳能电池和环境净化领域。比如 γ-Bi-MoO_6 的吸收带隙为 2.70eV，它能吸收波长为 460nm 的可见光，Shimodaira 等[74] 在硝酸银溶液中用可见光照射显示 γ-BiMoO_6 光电催化剂有很好的释氧光电催化活性，在氙灯（λ＞300nm）照射下 $Bi_2Mo_2O_9$ 也有很好的释氧光电催化活性。X. Zhao 等最先采用 γ-Bi_2MoO_6 光电催化降解含三氮杂苯基的偶氮染料 K-2G、X-3B 和 KD-3G，研究认为在低的偏压时由于抑制了电子和空穴的复合而提高了光催化效率，当偏压超过偶氮染料的氧化-还原电位时，由于结合了电解氧化和光催化作用偶氮染料的降解效率有了很大的提高。X. Zhao 等[75] 以若丹明 B（RhB）为对象结合电解氧化和光催化在不同偏压下研究多孔 $ZnWO_4$ 膜的光电催化活性，研究认为经过电化学反应，引发的电化学聚合会阻塞电极而减缓电解氧化 RhB 的过程，光催化过程会产生活性种从而活化钝化的电极，提高 RhB 的电解氧化进程，在阳极产生的 O_2 通过捕获光激发产生的电子会诱发 H_2O_2 的形成，从而在光电催化过程中通过新的路线形成更多的活性种加快反应的进行。

11.3.7　具有光电催化功能的聚合物纳米复合材料

纳米半导体颗粒如 CdS、TiO_2、ZnO 等的光电催化性能虽然比较优良，但纳米半导体颗粒催化剂由于颗粒的超细，回收十分困难。以聚合物/半导体微粒复合材料作催化剂可解决这一问题。以聚合物体系作为模板，不仅可以控制合成纳米半导体颗粒的粒径，而且半导体微粒与有机组分之间的相互作用可起到稳定纳米颗粒、防止团聚或光腐蚀分解的作用，同时选择适当有机组分合成纳米复合催化剂可稳定催化剂活性组分，防止催化剂失活。聚合物在纳米复合材料中不仅仅充当载体，而且其结构、吸脱附性质、电荷传输性质等都会影响到复合催化剂的催化性能[76]。以聚合物/半导体微粒纳米复合材料作催化剂，不仅可能提高半导体微粒的光催化性能，甚至还会产生新的催化活性，建立新的催化体系。Meissner 等[77] 首先将半导体微粒与聚合物复合催化剂用于光催化反应，平均直径为 40nm 的 CdS 微粒通过物理方法掺入到聚氨甲基甲酸乙酯（PAEF）薄膜中，分别研究了负载 Pt 或 RuO_2 的 CdS/PAEF 复合催化剂在光水解反应中的催化性能。Kuwabata 等[78] 利用电化学过程制备了纳米 TiO_2/聚苯胺（Pan）复合膜，在适当波长光照下被照射区域会发生颜色改变，是一种高分辨的光致变色材料。用 Xe 灯通过光栅照到复合膜上时出现了高分辨的光诱导图像。分析证明颜色的改变是纳米 TiO_2 颗粒的光催化作用将临近的聚苯胺还原所致。Uchida 等[79] 以电化学沉积法从 TiO_2 与聚乙烯基吡咯二酮（PVPD）混合溶液中制得纳米 TiO_2/PVPD 复合膜，纳米 TiO_2 的平均直径为 3.3nm，高度分散于 PVPD 中。在光催化氧化 2-丙醇的实验中，Ti^{3+} 已被证明是光催化反应中重要的活性中间产物。在体相大颗粒 TiO_2/PVPD 催化剂中 $Ti^{4+} \rightarrow Ti^{3+}$ 的量子效率仅为 9.5%。而纳米 TiO_2/PVPD 催化剂为 17.5%，这预示着纳米 TiO_2/PVPD 比大颗粒 TiO_2/PVPD 具有更高的催化活性。在上述实验的 2-丙醇中加入 $10mmol \cdot L^{-1}$ 的 $LiNO_3$，光催化将 NO_3^- 还原成 NH_4^+，结果也证明纳米 TiO_2/PVPD 催化剂的催化活性明显高于大颗粒 TiO_2/PVPD。Matsumura[80]利用共轭导电聚合物的电子和质子传递功能建立了一种新型的半导体光催化反应体系。他们将二氧化钛或硫化镉微粒嵌入聚苯胺或聚吡咯导电高分子膜中作为催化剂，膜的两边分别是三氯化铁溶液与 2-丙醇溶液，在光照时，2-丙醇被催化氧化生成丙酮，而在催化剂膜的另一边三价铁离子（Fe^{3+}）被还原为二价铁离子（Fe^{2+}），这一过程证明光生电子可以通过导电膜传递到另一边。

11.3.8 光电催化剂的表征

11.3.8.1 物理性质的表征方法

(1) X 衍射方法 一般来讲，首先需要确定制备出的催化剂是否是 TiO_2，表征的方法是 X 衍射（XRD）方法。XRD 是固体催化剂表征中常用方法，比较成熟，主要用于测定化合物的相结构。其原理是单色 X 射线照射到晶体中的原子，由于原子的周期性排列，弹性散色波相互干涉，发生衍射现象。一束平行的波长为 λ 的单色 X 光，照射到两个间距为 d 的相邻晶面上，发生衍射。设入射与反射角为 θ，两个晶面反射的反射线干涉加强的条件是二者的光程差等于波长的整数倍，用布拉格公式表示为：

$$2d\sin\theta = n\lambda \tag{11-17}$$

每一种晶体具有它特定的衍射图谱，从衍射线的位置可以得知待定化合物是否存在。因此，运用 XRD 方法首先能确定是否生成 TiO_2 物种及其晶型。图 11-7 是三种不同方法制备的 TiO_2 样品的 XRD 图谱。由图可知，在 2θ 为 25.15° 位置是锐钛矿 TiO_2 的特征衍射峰，表明三种样品均为 TiO_2，且主要为锐钛型。在 2θ 为 27.43° 位置为金红石型 TiO_2 的特征衍射峰。一般说来，锐钛型 TiO_2 比金红石型的光催化活性要好得多。通过各物相所产生的衍射线的强度也可以确定其在样品中的含量，锐钛型与金红石型的相对含量可以采用下式计算：

$$X_A = \frac{1}{1 + \dfrac{I_R}{I_A}K} \tag{11-18}$$

式中，X_A 为锐钛相的含量；I_R、I_A 分别为 XRD 图谱中金红石相、锐钛相的峰高或峰面积；K 为常数，取 0.79。

同时，三个样品相比较，发现 TiO_2-C 的衍射峰比较高而且尖锐，说明样品的

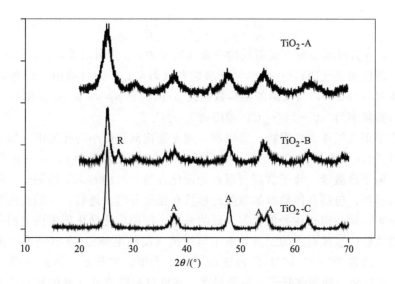

图 11-7　三种不同方法制备的 TiO_2 样品的 XRD 图谱

晶型发育比较完全。如果是无定形或结晶度比较差的样品，则采用 XRD 手段进行定性测定就比较困难。定量方法有外标法，内标法和稀释法。

运用 XRD 方法还可以知道晶粒的直径。晶粒大小同光催化剂的活性、比表面积、孔容、强度及寿命等参数都有密切关系，在研制光催化剂工艺或研究已经使用过的催化剂的物理性能变化、机械强度及失活原因等时，也需要考虑其晶粒变化，因为衍射峰宽反比于微晶的尺寸，用著名的 Scherrer 方程表示为：

$$d=\frac{k\lambda}{b\cos\theta} \tag{11-19}$$

式中，d 为晶粒尺寸，nm；k 为晶体形状因子或称 Scherrer 常数，一般取 0.89；λ 为 X 射线波长，nm；θ 为衍射角，(°)；b 为衍射峰半高宽度。利用此方程可以测量粒径在 5～50nm 之间的晶粒直径。比如，图 11-7 中的 TiO_2-C 样品的晶粒尺寸为 8.1nm（λ 为 0.15418nm）。

(2) BET 比表面积测定法　在知道了新制备样品的确是 TiO_2 后，就可以进行初步的物理性能表征，或者进行一些光催化活性的初步评价，但物理性能的表征对解释活性差别、揭示反应机理以及优化制备工艺都是必不可少的。对 TiO_2 光催化剂而言，比表面积值是一个重要参数，如果反应速率不受传质过程限制，则它与光催化剂活性相的比表面积有直接关系，即光催化剂活性与其比表面积成比例。因此，比表面积的测定常常是光催化剂制备过程中不可缺少的一步。

一般常用 BET 方法测定光催化剂的比表面积。BET 方法中，以理想的 Langmuir 模型为基础，并将此模型和推导方法应用于多分子层吸附，还假定自第二层开始至第 n（$n \to \infty$）层的吸附热都等于吸附质的液化热，就可以得到 BET 吸附等温方程式：

$$\frac{p}{v(p_0-p)}=\frac{1}{v_m C}+\frac{C-1}{v_m C}\times\frac{p}{p_0} \tag{11-20}$$

式中，p 为吸附温度下吸附质的平衡吸附压力；v 为吸附体积；p_0 为吸附温度下吸附质的饱和蒸气压；v_m 为单分子层饱和吸附量；C 为与吸附气体种类有关的常数。按式（11-20），当吸附的实验数据按 $p/v(p_0-p)$ 与 p/p_0 作图时应得到一条直线，其斜率为 $(C-1)/v_m C$，截距为 $1/v_m C$。

常常采用氮气作为吸附物，可以渗入到光催化剂的较小的孔隙中（如十分之几纳米）。比如，测得图 11-7 中 TiO$_2$-C 样品的 BET 比表面积为 $112\text{m}^2\cdot\text{g}^{-1}$。

(3) 电子显微镜 除了掌握新制备光催化剂的 XRD 和 BET 结果外，还常常需要了解其形貌，包括几何形态如微晶的形状和粒度分布、地貌，例如孔的形状、大小及其分布，掺杂离子在光催化剂表面的分布，使用后光催化剂表面上的杂质分布等。获得这些信息强有力的工具是电子显微镜（简称电镜）。在电镜中，由于采用了高压下（通常 70~110kV）的高速电子作为光源，波长短，因此分辨率可高达 0.5nm。电镜是一种能在分子、原子尺度上并可以在原位进行催化剂表征的有效工具，在研究光催化剂的形态和结构方面，是强有力的工具之一。

应用最广的电镜包括透射式电镜（TEM）和扫描电镜（SEM）两种。TEM 样品要足够薄，一般需小于 100nm，样品制备需要专门的技术，但可以得到十分清晰的照片。TEM 在光催化剂的表征时，常常用来观察催化剂表面上的其它物种，特别是尺寸较小如纳米离子的分布情况。

SEM 对样品厚度没有限制，可从固体试样表面获得图像，甚至可以直接以块状试样测试，制样要求简单，但放大倍数较 TEM 小。光催化剂的导电性能通常比较差，所以在 SEM 测量中，需要事先在试样表面用真空蒸涂或离子溅射，使之涂上一层 Au、Pd 等金属导电层，这样不但可以避免试样表面电荷的累积、过热或热点的形成，而且能够增加二次电子的产率，改善信噪比。

图 11-8 是运用 SEM 观察制备的 TiO$_2$ 中空微球新型光催化剂形貌的一个例子，由图可知，样品的外观呈规则的球形，微球直径在 80~120μm。具有这种结构的光催化剂可以在空气的曝气搅拌作用下很好地分散在反应溶液中，保持了传统的粉末光催化剂在反应溶液中分散良好、反应效率高等优点，同时，在反应完毕停止曝气后，微球在自身重力作用下能快速沉降，便于使用后光催化剂的分离回收和重复利用。

要研究图 11-8 的 TiO$_2$ 中空微球在多次使用后，是否具有机械破损，同样可以运用 SEM 进行观察，得到的结果如图 11-9 所示。由图可知，TiO$_2$ 中空微球在使用 50 次后，没有机械破损，表面也比较光滑，未见明显的杂质污染。

(4) XRD、BET、EM 三种信息之间的关系 在以上运用 XRD、BET、EM 三种手段对新制备的光催化剂进行考察后，要注意得到的信息之间的相互联系与区别。XRD 得到的晶粒直径是指微晶的直径，是用 Scherrer 方程计算出来的，但用 SEM 观察的粒子直径往往是微晶的二次聚集体，不能等同。当然，微晶尺寸越小，可能造成粒子直径也越小。例如对图 11-8 样品进行 XRD 分析，计算出其微晶直径

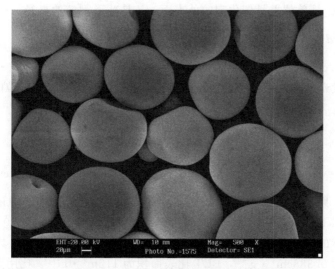

图 11-8　TiO₂ 中空微球的 SEM 图片

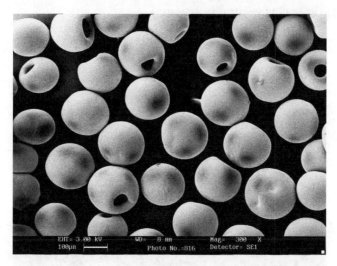

图 11-9　TiO₂ 中空微球在使用 50 次后的 SEM 图片

为 8.1nm，而高倍的 SEM 图片上显示的粒子直径为 20nm 左右，见图 11-9。

同时，光催化剂粉末或颗粒通常是在制备过程中由微晶聚集而成，微晶的尺寸越小，光催化剂的 BET 比表面积有可能也越小，也有可能越大，两者之间没有必然的关系。因为光催化剂的 BET 比表面积主要是由各微晶聚集时相互之间孔隙结构决定的，如果只想通过多次切割光催化剂，减小光催化剂的粒度来增加其外表面积，进而增加比表面积，是非常有限的。

例如，一个球形粒子，其每单位重量的外表面积可用下式计算：

$$S_W = \frac{6}{d\rho} \tag{11-21}$$

式中，S_W 是单位重量催化剂的外表面；d 是球形颗粒的直径；ρ 是密度（$S=\pi d^2$，$V=\dfrac{1}{6}\pi d^3$，$W=\rho V$，$S_W=\dfrac{S}{W}=\dfrac{6}{d\rho}$）。

若 $\rho=3\mathrm{g/cm^3}$，$d=74\mu m$，代入上式计算得到的 S_W 为 $0.027\mathrm{m^2 \cdot g^{-1}}$。

又若假设光催化剂颗粒中的孔均为圆柱形孔，互不相交，则颗粒的内表面积为 S，孔容积 V_p 和孔半径 r 之间的关系为：

$$S=\frac{2V_p}{r} \tag{11-22}$$

式中，$S=2\pi r l$，$V_p=\pi r^2 l$，$\dfrac{S}{V_p}=\dfrac{2}{r}$。若一种物质的孔容积为 $1\mathrm{cm^3 \cdot g^{-1}}$，孔半径为 $2\mathrm{nm}$，则其内表面积为 $1000\mathrm{m^2 \cdot g^{-1}}$，这样的数值在实践中还是经常遇到的。同样以图 11-8 TiO_2 中空微球样品为例，其粒径虽然较大，为 $80\sim120\mu m$，但因为形成球体的粒子之间具有较多的纳米孔道，如图 11-10 所示，具有一定的孔容，经测定为 $0.388\mathrm{cm^3 \cdot g^{-1}}$，BET 比表面积为 $112\mathrm{m^2 \cdot g^{-1}}$，比用同样原料制备成粉末样品的比表面积 $80.7\mathrm{m^2 \cdot g^{-1}}$ 要大得多。因此，必须通过增加孔隙率即造孔的手段来增加光催化剂的 BET 比表面积。

图 11-10　高倍放大后 TiO_2 中空微球表面形貌

(5) 孔结构表征　如上述，光催化剂的孔结构对于揭示光催化剂的性能具有重要作用，但实际上，因为孔结构相当复杂，有关计算比较困难，常常用多项特性指标如密度、孔容积、孔隙率、孔径分布来描述光催化剂的孔结构。其中，密度又分为堆积密度、颗粒密度和真密度三类。

用量筒或类似容器测量催化剂的体积时所得到密度为堆积密度，堆积密度包括了颗粒间的空隙、颗粒内孔的空间及催化剂骨架所占的体积。测定方法通常是将催化剂放入量筒中拍打振实后测定。

扣除催化剂颗粒间的体积后求得的密度为颗粒密度。测定时，可以先采用汞置换法测出孔隙体积，然后从堆积催化剂体积中扣除孔隙体积后，再用所得的差除催化剂的质量就得到颗粒密度。采用汞置换法的理由是常压下汞只能充满颗粒之间的空隙和进入颗粒孔半径大于 500nm 的孔。

而当所测的体积仅是催化剂骨架的体积时，求得的密度为真密度。测定时，用氦和苯来置换，可以求得催化剂的内孔体积和空隙体积之和，因为氦可以进入并充满颗粒之间的空隙，并且同时也可以进入并充满颗粒内部的孔。

通过颗粒密度和真密度的数值，就可以得到孔容积的数值：

$$V_g = \frac{1}{\rho_{sp}} - \frac{1}{\rho_{sk}} \tag{11-23}$$

式中，V_g 为孔容积，$cm^3 \cdot g^{-1}$；ρ_{sp} 和 ρ_{sk} 分别为颗粒密度和真密度，$g \cdot cm^{-3}$。
孔隙率 θ 则通过下式计算：

$$\theta = V_g \rho_{sp} \tag{11-24}$$

孔径分布是催化剂的孔容积随孔径的变化。测定孔径分布的方法很多，孔径范围不同，可以选用不同的测定方法。大孔甚至可以用光学显微镜直接观察和用压汞法测定；细孔可用气体吸附法，测定原理可以参考相关专著。图 11-11 是文献中通过氮气吸附测得的、不同 TiO_2 样品的孔径分布，内插图为 P_3-TiO_2 样品的氮气的吸附-脱附等温线[80]。

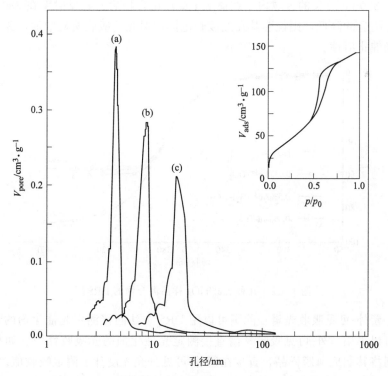

图 11-11 不同的制备方法得到的 TiO_2 样品的孔径分布

11.3.8.2 光学性质的表征法

(1) 紫外-可见漫反射光谱（DRS） 在很多情况下，特别是对制备的可见光光催化剂进行表征时，常常需要考察光催化剂的光学性质，这时常用紫外-可见漫反射光谱（UV-VisDRS，简称 DRS）仪达到此目的。在 DRS 测量中，样品存在大量的散射，所以不能直接测定样品的吸收。通常根据 Kubelka-Munk（KM）理论来通过所测固体中的扩散反射来计算固体的吸收谱：

$$\frac{K}{S}=\frac{(1-R_\infty)^2}{2R_\infty}=F(R_\infty) \tag{10-25}$$

式中，R_∞ 为反射度；K 和 S 分别为吸收和散射系数；$F(R\infty)$ 为 KM 发射函数。上式可以改写成为：

$$\lg F(R_\infty)=\lg K-\lg S \tag{10-26}$$

如果 S 与波数基本无关，则散射的影响只是使谱线沿纵轴位移。这种情况下，$F(R\infty)$ 代表固体的真正吸收谱。因此，需要测得反射率 R_∞。

测定 R_∞ 常以非吸收性物质如 MgO 或 $BaSO_4$ 为参比物，所得样品的发射率即为 R'_∞：

$$R'_\infty=\frac{R_\infty（样品）}{R_\infty（参比物）} \tag{11-27}$$

图 11-12 是文献中 TiO_2 掺 Au 及其混合后各样品的 DRS 图[81]。由图可知，样品在大于 380nm 波长的区域内，在掺 Au 及其化合物后，其反射率在 380～460nm 范围内有明显的降低，则说明其在此波长范围内对光的吸收明显增加，并可能表现出可见光催化活性。

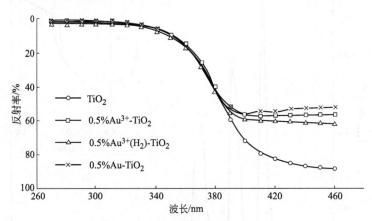

图 11-12 几种 Au/TiO_2 样品混合物的 DRS 图

(2) 紫外-可见吸收光谱 除了可以用 DRS 方法间接测定光催化剂的光学性质外，还可以采用紫外-可见吸收光谱直接测定光催化剂的光吸收性质。如果样品是粉末，则将其制成薄膜样品，直接在紫外-可见分光光度计上测定吸收值。图 11-13 是 TiO_2 样品在用金修饰后的紫外-可见吸收光谱的例子。由图可知[82]，随着理论

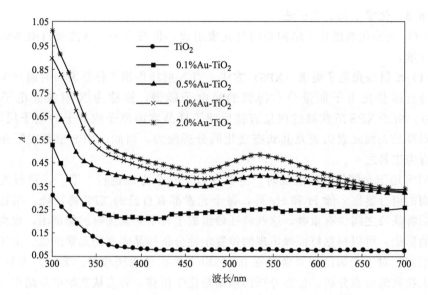

图 11-13　用金修饰后 TiO_2 样品的紫外-可见吸收谱图

金含量的增加，样品在 $300\sim700nm$ 范围内的光吸收性质明显增强，特别是在可见光区具有更强的光吸收性能，有可能使这些催化剂具有可见光催化活性。

（3）荧光发射光谱（PL） 荧光发射光谱常用来研究半导体中电子和空穴的捕获、累积或转移。二氧化钛光催化剂受光激发后会产生电子和空穴，其中复合部分的能量以光的形式释放出来，发出荧光，低的荧光发射强度意味着低的电子-空穴复合率。一般以 $325nm$ 的激光作为激发光源，在低温（液氮）下测试信噪比。图 11-14 是 TiO_2 在掺 WO_3 后的荧光发射光谱图[83]。由图可知，掺 WO_3 后光催化剂样品比原 TiO_2 样品的发射光强度明显降低，说明掺 WO_3 后样品的光生电子-空穴的复合大大减少。

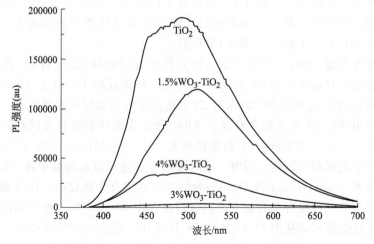

图 11-14　TiO_2 和 WO_3-TiO_2 样品的发射光谱图

11.3.8.3 化学结构的表征法

TiO$_2$光催化剂的化学结构是指其元素组成、价态分布、基团及自由基等的种类和含量。

(1) X射线光电子能谱（XPS）方法 当X射线作用于样品表面时而产生光电子，分析这些光电子能量分布得到的光电子能谱，被称为X射线光电子能谱（XPS）。由于XPS所获得的信息直接反映了样品表面原子或分子的电子层结构，具有对样品表面元素组成及其状态变化的分析能力，因此，XPS也是表征光催化剂的有力工具之一。

XPS用于光催化剂的表征时，主要在以下几个方面进行。第一，进行光催化剂表面的组分鉴别。除H和He外，每个元素都有自己的XPS特征峰，而且各元素最强特征峰之间少有重叠，这些特征峰组成了每个元素固有的能谱图，成为识别元素的标记，可以根据特征峰出现的位置定性分析样品表面的元素组成。由于灵敏度的限制，对于表面的相对含量在0.1%以下的组分无法检测。第二，进行TiO$_2$表面上物质的价态分析。价态分析的依据是化学位移，有人从文献中总结出一般性结论：表观电荷改变2～3个单位，化学位移约2～4eV；氧化度变化1个单位，约引起1eV的化学位移。第三，可以得到同一种样品某种原子相对于另一种原子的相对含量，此数据由数据处理软件直接给出。

图11-15是文献中TiO$_2$样品上嵌入纳米银后的XPS谱[84]。其中，(a)是样品的全扫描图，根据谱峰的结合能的位置知道，该光催化剂的主要组成元素是O、Ti和Ag（Cls是对照标准），同时也说明银元素已经存在于TiO$_2$的表面。(b)是Ti的高分辨谱，从图中观察不到各样品之间谱峰的结合能发生变化，说明Ti的化学环境没有受到银物种嵌入的影响，银没有进入到TiO$_2$的晶格中。(c)是Ag的高分辨谱，峰形光滑，说明只有银单质，没有发现其它价态。而图11-16中的情况却有些不同[85]。首先，从图11-16(a)中观察到掺WO$_x$后样品谱峰的结合能发生变化，说明钨元素已经进入到TiO$_2$的晶格中；同时，由图11-16(b)观察到钨的高分辨谱中，峰形不光滑，有分裂现象，说明钨不是以单一价态存在于TiO$_2$表面，其中有W(Ⅵ)和W(Ⅳ)等不同价态。

(2) 红外光谱（IR） 红外光谱（IR）属于分子振动光谱，TiO$_2$光催化剂表面的成键情况如羟基常常用IR手段进行表征。测试过程中，由于TiO$_2$样品极易吸水，给KBr压片造成困难。现在的IR方法已经发展到原位测量技术。

有人运用原位IR测量技术发现了TiO$_2$光催化剂的表面存在两种羟基，分别为末端羟基（$\nu_{-OH}=3730cm^{-1}$）和架桥羟基（$\nu_{-OH}=3670cm^{-1}$），还发现在末端羟基与水分子之间存在氢键。同时，通过末端羟基还可以推断其中在TiO$_2$样品存在两种结合水（coordinated H$_2$O），一种结合水的结合力比较小，在温和加热条件下迅速失去；另一种结合水的结合力相对较大，在50～125℃温度范围内加热时缓慢失去。上述结果可以从图11-17的TiO$_2$样品在干燥空气加热过程中的红外光谱图中得到体现[86]。由图可知，当加热温度从27℃上升至50℃时，处于3730cm^{-1}

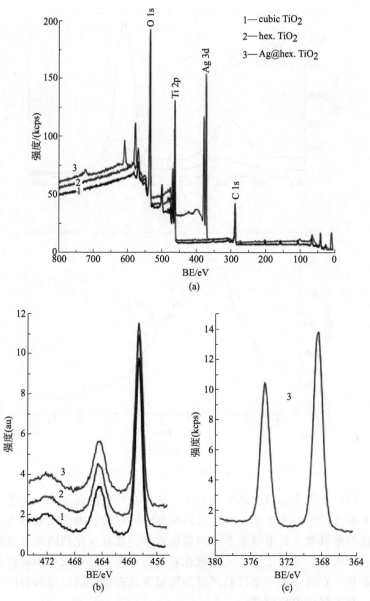

图 11-15　嵌银 TiO_2 样品的 XPS 谱

（a）全扫描图；（b）Ti 的高分辨谱；（c）Ag 的高分辨谱

的末端羟基迅速减弱并消失，而处于 $3670cm^{-1}$ 的架桥羟基则变化不大；只有当加热温度继续提高至125℃时，处于 $3670cm^{-1}$ 的架桥羟基才缓慢减弱并消失。

11.3.9　光电催化反应

光电催化反应主要是通过固定化技术把半导体光催化剂负载在导电基体上制成

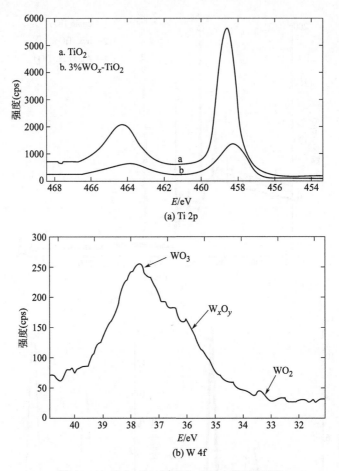

图 11-16 TiO₂ 和 3%WOₓ-TiO₂ 的 XPS 图

工作电极，同时在工作电极上施加偏电压，从而在电极内部形成一个电势梯度，促使因电极光激发产生的光生电子和空穴向相反方向移动。由于光电催化无需电子捕获剂，所以溶解氧和无机电解质不影响催化效率。载有催化剂的光透电极稳定、牢固、反应装置简单。实验证明，光电催化对各类难降解的有机物都有极高的降解率并使它们矿化。在当今水污染日趋严重的情况下具有很好的应用和推广价值。

11.3.9.1 光电催化电极制备

用于光电催化的电极系统中，TiO₂ 电极作为阳极，对电极一般是金属电极，参比电极可以是饱和甘汞电极或氯化银电极。后两种电极一般为商品材料，只有 TiO₂ 阳极需要制备。

TiO₂ 光电催化剂的制备工艺主要有三种。

第一种是粉末负载工艺，即首先采用将商品或自制的 TiO₂ 粉末用黏结剂或分散剂制成浆状物质或乳液，然后负载于适当的导电载体上。用空隙率高、导电性好的泡沫镍作为 TiO₂ 粉末催化剂的载体。具体做法是，泡沫镍使用前用丙酮、稀碱

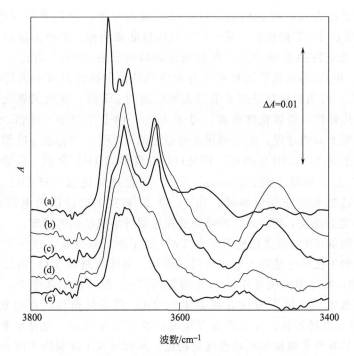

图 11-17　TiO_2 样品在干燥空气加热过程中的红外光谱图

(a) 27℃；(b) 50℃；(c) 75℃；(d) 100℃；(e) 125℃

液（NaOH∶Na_2CO_3＝1∶1）、去离子水依次清洗，真空干燥后备用。采用 3%（质量分数）PVA 作为黏结剂，将 TiO_2 粉末制成浆状物，然后将浆状物固定于多孔泡沫镍上，在 70℃烘干。还可用钛板作为载体。具体制备方法为，将钛板用砂纸打磨后蒸馏水冲洗，然后放在一定溶度的草酸溶液中浸渍，加热到 90℃维持 2h 左右以去除表面的杂质，将钛板取出后用蒸馏水冲洗干净，室温晾干。将一定量 TiO_2 粉末水溶液，在 CPSS 分散剂的存在下，磁力搅拌 4h 可得到均匀的 TiO_2 乳液。将 TiO_2 乳液均匀地涂覆于钛板基质后放入烘箱中，升温加热至 180℃，保持 2h，退火后取出，然后再重复两次，即可制得 TiO_2 光电催化电极。用 TiO_2 粉末涂覆法制得的光催化电极表面粗糙不平，可大大增加反应面积。

第二种是薄膜负载工艺。制备纳米 TiO_2 薄膜电极方法很多，目前使用比较多的制备技术主要有溶液-凝胶（Sol-Gel）、分子束外延法、电化学、化学气相沉积（CVD）、喷涂热解、物理沉积等方法，此外也有人使用活化反应蒸发来制备 TiO_2 薄膜。

(1) 电化学法制备 TiO_2 薄膜　电化学法制备 TiO_2 薄膜主要有阳极、阴极电沉积和电泳法。

用 $TiCl_3$ 水溶液作为电解液，通过阳极氧化水解法在导电基底（Pt，C，SnO_2，TCO 等）上沉积颗粒非常小（1～2nm）的无定形 TiO_2 薄膜。实验表明，由于量子尺寸效应，TiO_2 颗粒的大小对紫外光的吸收、电势及阳极电流谱都有影响。热处理温度升高，颗粒增大，量子尺寸效应降低；但如果薄膜厚度在 $30 \sim 100nm$，即使在 $450\,^{\circ}\mathrm{C}$ 处理后，量子尺寸效应也非常明显。用该方法制备二氧化钛薄膜电极的光电转换效率较高，光电流谱起峰波长在 $400nm$ 附近。一些金属如 Ni、Co、La 和 Cr 的氧化物膜可在含有相应硝酸盐的酸性溶液中进行阴极电沉积而制得。NO_3^- 的阴极还原提高了电极表面局部的 pH 值，导致氢氧化物在电极表面的生成，热处理后得氧化物薄膜。对于 TiO_2，由于 Ti^{4+} 在 pH 值 >1 时强烈水解，不能实现上面的过程，但可利用相对稳定的 TiO^{2+}，当溶液 pH 值提高时，可在电极表面生成 $TiO(OH)_2$ 胶体，再经过热处理形成 TiO_2 薄膜。阴极电沉积的溶液中，NO_3^- 是不可缺少的。Zhitomirsky[87] 用含过氧化氢（H_2O_2）的 $TiCl_4$ 和 $RuCl_3$ 的甲基醇水溶液作电解液，在 Pt 和 Ti 基底上通过阴极电沉积无定形的 RuO_2-TiO_2 复合涂层，经 $400\,^{\circ}\mathrm{C}$ 的温度处理后即可形成结晶的薄膜。

电泳法制备 TiO_2 薄膜是利用带电 TiO_2 粒子的迁移现象，在一定的直流偏压下，使粒子聚集在导电基底上形成均匀的薄膜。电泳法制备 TiO_2 薄膜时首先制备 TiO_2 的胶体，将导电玻璃基片和 Pt 电极插入 TiO_2 胶体的电泳池中，并在两者间加一定的直流电压。由于分散在溶剂中的 TiO_2 超微粒电性，在电场的作用下，TiO_2 超微粒向电极迁移，并最终在导电基底粒子聚集成膜。电泳法制备 TiO_2 的超微粒薄膜具有高平整度和粗糙度高的特点，从而增大了薄膜的表面积，而薄膜的厚度则可以通过成膜电流及时间来控制。应用电化学方法制备的 TiO_2 薄膜是无定形，也需要对其进行热处理使其晶化，最大的缺点是必须在导电的基底上制膜，然而也正是由于导电基底的存在，制备的 TiO_2 膜可望有更优良的光催化性质。电沉积是一种广泛应用的制备纳米膜的技术。当然，应用化学气相沉积或物理气相沉积的方法，也可在导电的基底上镀膜，但是，电化学方法所需设备相对要简单得多，且操作方便，得到的膜具有良好的透明性和光催化活性，控制沉积时间和电压可以控制膜的厚度和粒子的形貌；对于制备 TiO_2 自清洁玻璃，是一种有工业化前途的镀膜方法。

（2）化学气相沉积法 化学气相沉积法（chemical vapor deposition，CVD）是非常重要的表面改性方法之一，该方法可沉积金属、碳化物、氧化物、氮化物、硼化物等，能在几何形状复杂的物件表面成膜、薄膜与基底结合牢固、反应重复性好、薄膜组成和晶型易控制是其最大的优点，因此近年来化学气相沉积方法发展非常迅速。

魏培海等[88] 以 $120\,^{\circ}\mathrm{C}$ 的 $Ti(OC_4H_9)_4$ 为源物质，将一定流量的 N_2 通入其中进行鼓泡，并作为载气将 $Ti(OC_4H_9)_4$ 带入反应器，同时将一定流量的 O_2 通入反应器，应用金属气相沉积（MOCVD）方法沉积 TiO_2 薄膜。当基底物质维持在 $400\,^{\circ}\mathrm{C}$ 时，在基底表面发生下列反应：

$$Ti(OC_4H_9)_4(g) + 24O_2 = TiO_2 + 16CO_2(g) + 18H_2O(g) \qquad (11\text{-}28)$$

TiO_2 分子沉积在基底表面，形成金红石型的 TiO_2 薄膜，薄膜的厚度可通过调节反应时间来控制，此薄膜具有较强的光响应性能及稳定性，平带电位与溶液的

pH 值有关，是较理想的光电化学修饰材料。低压化学气相沉积法（LFCVD）制备固定化 TiO_2 薄膜，随着锐钛型含量增大，TiO_2 薄膜光催化活性增强，240℃为非晶型和锐钛型 TiO_2 的转化温度，该沉积温度下所制膜的催化活性最低。薄膜厚度介于 95～475nm 时，随着厚度的增加，催化活性降低。采用玻片、Si、SnO_2、Al 为基板制备 TiO_2 薄膜，其中光催化活性以 Al 最大，玻片最小，Si 与 SnO_2 相近，介于前两者之间。

(3) 物理气相沉积法制备 TiO_2 薄膜　物理气相沉积（physical vapor deposition，PVD）是薄膜制备的常用技术，与化学气相沉积法（沉积粒子来源于化合物的气相分解反应）相比，PVD 的沉积温度较低，不易引起基底的变形与开裂以及镀层性能的下降。TiO_2 薄膜可以通过电子束蒸发、活化反应蒸发、离子束溅射、离子束团束（ICB）技术、直流/交流反应磁控溅射、高频反应溅射等物理气相沉积的方法制备。其中反应磁控溅射金属 Ti 靶的方法，能制备出具有较高折射率的高质量的 TiO_2 薄膜，工艺稳定、易于控制、能够在建筑玻璃等大规模生产中得到应用。Takeda 等[89]用金屑 Ti 靶通过直流磁控溅射技术在有 SiO_2 阻挡层的玻璃基板上制备光催化活性的 TiO_2 薄膜。薄膜可在大面积内保持厚度均匀，在可见光区透射率约为 80%。在紫外光照射下，TiO_2 薄膜对乙醛的分解能力与溶胶-凝胶方法制备的薄膜基本一致，但溅射的 TiO_2 薄膜具有更好的机械强度。尹荔松等[90]采用直流磁控溅射法在钛网上制备了 TiO_2 薄膜电极；采用电化学方法分析得知，在同时存在紫外光照射和外加电压时，TiO_2 薄膜电极在交流阻抗图谱上表现为圆弧半径最小，更有效地分离了电子-空穴对，从而提高 TiO_2 的催化活性，研究发现当阳极偏压为 0.13V 时，TiO_2 的光电催化性能最好。

沈杰等[91]通过射频溅射的方法制备了锐钛矿结构的 TiO_2/SiO_2 复合薄膜，通过薄膜对亚甲基蓝的光催化降解实验和光致亲水性实验表明，与用同种方法制备的纯 TiO_2 薄膜相比，SiO_2 的加入提高了薄膜的亲水性和维持时间，但却降低了薄膜的光催化能力。

以活化反应蒸发（active reactive vaporation）技术制备 TiO_2 光催化薄膜。在反应装置中，通入 0.1～0.2Pa 的 O_2 气氛，将热阴极加热并加上高压直流电源使气体处于辉光放电状态，用钨蒸发器加热钛丝，蒸发的钛丝在载体上形成 TiO_2 薄膜。然后将 TiO_2 膜置于空气气氛中在 400℃下退火，根据镀膜时间及退火时间的不同可得到性能不同的催化剂膜[92]。

物理气相沉积方法制备的薄膜均匀，厚度易控制，是一种工业上广泛应用的制膜方法，但所需的设备价格较昂贵。

(4) 溶胶-凝胶法制备 TiO_2 薄膜　溶胶-凝胶法技术具有纯度高、均匀性好、合成温度低、化学计量比及反应条件易于控制等优点，特别是制备工艺过程相对简单，无需贵重的仪器。溶胶-凝胶法制备薄膜时，先将金属有机醇盐或无机盐进行水解、聚合，形成金属盐溶液或溶胶，用提拉法、旋涂法或喷涂法等将溶胶均匀涂覆于基板上形成多孔、疏松的干凝胶膜，然后再进行干燥、固化及热处理即可形成致密的薄膜。

用溶胶-凝胶技术制备 TiO_2 薄膜常用的含钛的前驱体主要是钛醇盐，如钛酸四丁酯 $Ti(OBu)_4$、$TiCl_4$、$TiCl_3$ 和 $Ti(SO_4)_2$ 等，催化剂常用无机酸，如硝酸、盐酸。先将钛酸四丁酯与有机溶剂如异丙醇或乙醇等混合均匀，在不断搅拌下将混合溶液滴加到含适量酸的水中，形成透明的 TiO_2 的胶体。

醇溶液中的钛醇盐首先被加入的水水解，然后水解醇盐通过羟基缩合，再进一步发生交联、支化从而形成聚合物。聚合物的大小和支化度以及交联度对凝胶和最终二氧化钛薄膜的孔隙、比表面积、孔体积、孔径分布和凝胶在焙烧时的热稳定性都有很大的影响。一般来说，如果凝胶聚合物链的支化和交联程度显著，那么结构就很牢固。如果凝胶聚合物链的支化和交联程度不显著，结构就脆弱，在焙烧时很容易破碎，比表面积也较小。聚合物的支化程度以及凝胶中胶体的团聚情况则是由水解和缩合的相对反应速率决定的。如果水解比缩合速度稍慢，则会形成长而高度支化的聚合物链；如果水解和缩合的速度相当，那么聚合物的链较短，且支化和交联度不大；如果缩合速度小于水解速度，钛离子紧紧地结合在一起，结果形成氢氧化物沉淀[93]。

在钛醇盐的溶胶-凝胶化过程中，溶液 pH 值是影响水解和缩合速率的重要参数。研究表明，对于一定组分，有一个合适的 pH 值，或者各组分之间应保持适当比例。除调节 pH 值来控制溶胶-凝胶过程外，还可以利用螯合剂取代醇盐中的配位体. 稳定钛离子并降低其反应活性，从而达到控制水解和缩合反应相对速率的目的。K. Kato 等[94]用聚乙二醇和乙二胺来当作螯合剂，以稳定钛离子并降低其反应活性，从而达到控制水解和缩合反应相对速率的目的。当将基板浸入溶胶溶液时，由于毛细管力的作用，溶胶颗粒沉积在基板上。当基板从溶胶中移走后，水/醇的蒸发使溶胶浓缩，与此同时，颗粒间出现胶凝。在干燥阶段，凝胶孔隙中的溶剂被除去，孔内形成液-气接口，伴随的表面张力使得凝胶孔结构坍塌；与此同时，胶凝过程继续进行，由于凝胶层的收缩也会使孔坍塌。直至凝胶网络坍塌而形成膜，最后在焙烧后形成氧化物薄膜。

Z. Zainal 等[95]用溶胶-凝胶法在铟掺杂的氧化锡氧化物导电玻璃上提拉 TiO_2 光催化剂薄膜，用钛醇盐（tetraisopropyl-orthotitanate）作 TiO_2 的原料，乙醇和水作溶剂，聚乙二醇和乙二胺来当作螯合剂，所制得的 TiO_2 薄膜在不同焙烧温度有不同的形貌。焙烧温度低于 300℃ 时 TiO_2 是无定形的，当温度超过 400℃ 晶形开始出现，500℃时锐钛型和金红石型 TiO_2 共存。TiO_2 薄膜在光电催化降解过程中具有很高的稳定性和再生性，120min 内对甲基橙连续 8 次的光催化降解效率都不低于 90%。应用溶胶-凝胶方法制备的 TiO_2 薄膜经一定温度焙烧后，溶胶-凝胶中的有机物基本挥发和分解，薄膜中的 TiO_2 粒子呈纳米晶网络海绵状，具有很大的表面积和粗糙度，易吸附其它如染料等活性物质，使对 TiO_2 薄膜进行敏化时有较高的效率，这是其它制膜方法所不能比拟的。用溶胶-凝胶法还可以在室温下制备具有良好光催化性能和超亲水性能的 TiO_2 薄膜，并且薄膜具有较好的附着力，这是用其它方法根本不可能实现的。

还可以直接采用阳极氧化法在纯钛（钛片、钛网或钛板）上镀一层 TiO_2。阳极氧化之前，需将钛金属物质打磨后清洗干净，氧化过程一般在电解质溶液中进行，可以采用恒电流法或恒电位法两种方式进行。在开始阳极反应初始阶段，反应进行得比较快，电流效率比较高，随着反应的进行，TiO_2 薄膜厚度逐渐增加，TiO_2/Ti 体系的导电能力降低，反应速率变慢。反应过程中，生成的副产物氧气可以起到氧源的作用，同时，还会使形成的 TiO_2 具有一定的孔隙率，增加了比表面积。刘惠玲等[96]通过阳极氧化法，在钛网表面成功地制备出具有良好的光催化活性及良好的吸附、传质条件的 TiO_2 膜，将该氧化膜用作光电催化氧化体系的催化剂，可以有效提高光催化氧化的效率。在紫外光激发下，罗丹明 B 在光电催化降解过程中生色基团的破坏与脱乙基同时发生。

11.3.9.2　光电催化反应器

光电催化反应器与传统的光催化反应器既有相同之处，也有不同之处。相同之处为：第一，两者都具有光源系统；第二，两者都具有曝气系统；第三，反应器中都需要最佳的固-液-光比例。不同之处为：第一，光电催化反应器有电极和施加电压的仪器如恒电位仪，后者没有；第二，传统的光催化反应器的曝气系统空气曝气（很少为氧气），光电催化反应器中可以为氮气；第三，光电催化反应器中，比较容易实现光催化剂的回收和重复利用，而后者中比较困难。

简单光电催化反应器是类似圆柱体或长方体的容器，如果采用外部光照，材质一般是石英，以透过紫外光，里面放有电极系统，研究工作中常用三电极体系，通过恒电位仪对电极体系施加电压。TiO_2 电极接受光的照射。通入的气体可以是空气，也可以是氮气。

图 11-18 是在传统的光催化反应器基础之上发展而成的光电催化反应器。1 是光源部分；2 为石英层；3 为参比电极；4 为玻璃内层；5 为玻璃砂芯，石英层与玻璃内层之间是反应区；6 是光源的时间控制器，气体从反应器的底部通入。反应器中，石英层的外壁上依次为 TiO_2 阳极、导电隔膜纸、金属阴极，均浸在反应的溶液中，玻璃内外层之间是恒温水。

以上的光电催化反应器中，阴极区和阳极区的溶液是相通的，可以相互交换，属于单池反应器。还有一种反应器，阴极区和阳极区的溶液是隔离的，不能相互交换，但电子可以通过。同时，参比电极也是分开的，参比电极区同阳极区之间用鲁金毛细管相通，这种三池反应体系同传统的三电极池没有本质的区别，见图 11-19。

11.3.9.3　光电催化反应的影响因素

(1) 外加电压　光电催化反应中，通过恒电位仪施加的电压对光电催化反应有重要的作用。大量的研究结果表明，在没有外加电压仅有光照或无光照仅加电压时，有机物的浓度随时间的变化比较微弱，说明光电催化反应必须用大于 TiO_2（锐钛型）禁带宽度能量（$E_g = 3.2eV$）的光源激发产生电子和空穴，然后利用外

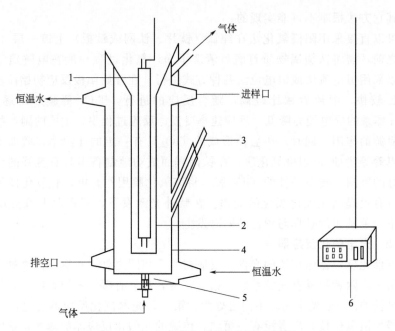

图 11-18　光电催化反应器装置示意图

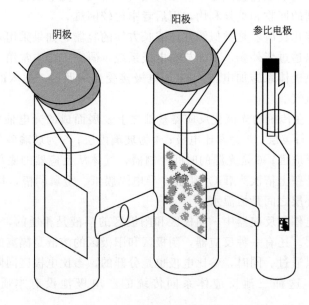

图 11-19　光电催化三室电池反应体系示意图

加的电压使电子和空穴分离，因而达到光电催化的目的。

　　一般说来，光电催化降解有机物的反应中，存在一个最佳电压值，不同的实验条件下得到的最佳电压值是不同的。比如，在采用 TiO_2 颗粒膜电极[97]，250W 氙灯或 1000W 卤素灯对 4-氯苯酚进行光电催化降解时，选择的外加电压为 600mV

（SCE）。采用 $TiO_2/Pt/$玻璃薄膜电极[98]，30W 紫外灯对可溶性染料进行光电催化降解时采用的最佳电压为 800mV（SCE）。而 Kim 和 Anderson 在 TiO_2 薄膜电极和 15W 紫外灯对甲酸进行光电催化降解时，外加电压达到 2.0V（SCE）。

以 TiO_2/Ni 体系为工作电极，泡沫镍作为对电极，饱和甘汞电极作为参比电极组成反应体系内，不同的外加电压对光电催化降解 SSA 的速率的影响见图 11-20。由图可知，当外加电压为 500mV 时，SSA 降解速率很慢，随着外加电压的增加，降解速率逐渐加快，当外加电压上升到 800mV 初始浓度为 $1.91 \times 10^{-4} mol \cdot L^{-1}$ 的 SSA 在 120min 内，浓度下降到 $2.70 \times 10^{-5} mol \cdot L^{-1}$，下降率为 85％以上。

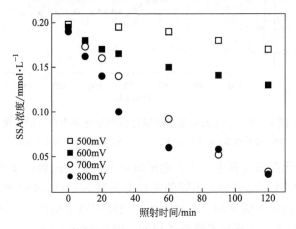

图 11-20　外加电压对 SSA 降解速率的影响

(2) 外加电流　在外加恒电位条件下的光电催化降解过程中，工作电极和对电极之间也存在一定的电流，而且随着反应的进行在不断变化，主要原因可能是由于随着有机物降解反应的进行，光催化阳极的表面反应电阻在不断变化，表面反应电阻越大，降解反应进行得越慢。光电催化过程电流值的这种波动，无疑造成了光生电子向对电极移动的速率也有所变化，电子和空穴的分离效率在反应过程中也发生着不断的变化。

图 11-21 是在外加电压为 700mV 时光电催化过程中电流随时间的变化曲线。从图 11-21 可以看出，在光照开始的较短时间内，电流急剧增大，这是由于在施加电压和光照初期时，不断产生光生电子-空穴，导致 TiO_2 表面上的电子向对电极方向移动，从而在外电路中形成电流。随后，光生电子与空穴达到最大状态。同时由于表面反应电阻随着降解反应的进行，表面电阻在不断变化，而使得观察到的电流值有所变化。当光照时间达到 120min 以后便停止光照，施加的外加电压值依然不变，这时，电流的变化极为缓慢，黑暗中 30min 内，电流值的变化不明显。仔细比较图 11-20 中 SSA 光电催化降解曲线和图 11-21 电流变化曲线，发现 SSA 浓度下降越快的时间段内（前 60min），电流下降得也越快，说明 SSA 降解反就进行了得越快时，表面电阻变化得也越快。

以上现象说明，采用恒电流手段来迫使光生电子向对电极方向移动，则可以保

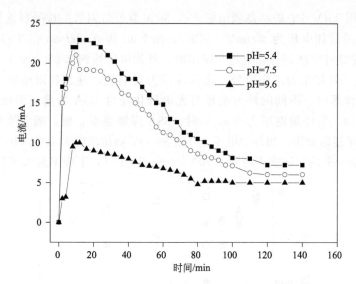

图 11-21　SSA 光电催化降解过程中外电路中电流的变化

SSA 初始浓度：0.197mmol·L⁻¹，N₂ 流量：1000mL·min⁻¹

证在整个光电催化降解过程中，光生电子向对电极移动的数量和速率保持不变。

图 11-22 和图 11-23 分别是不同的外加电流时 SSA 和 NSA 的降解情况：很明显，随着外加电流的不断增加，两种有机物的降解速率加快。另外，当外加电流值为 6.0mA 时，无光照，其它实验条件相同，经过 90min 后降解率仅为 10%，可见在没有光照时，两种有机物的降解比较微弱，有机物浓度的显著降低是光照和外加电流共同作用、发生光电催化降解的结果。

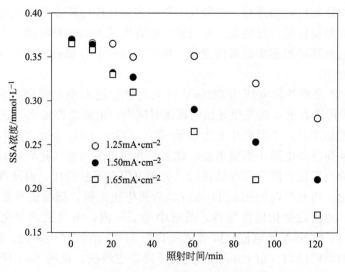

图 11-22　不同外加电流时 SSA 的光电催化降解

pH：7.5；N₂ 流量：1000mL·min⁻¹

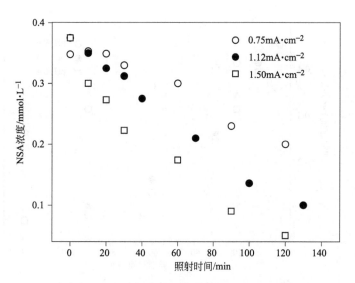

图 11-23　不同外加电流时 NSA 的光电催化降解

pH：7.5；N_2 流量：1000mL·min^{-1}

(3) pH 值的影响　在悬浮态光催化降解反应中，溶液初始 pH 值对降解动力学的影响较为复杂。一般认为，改变 pH 值将改变溶液中 TiO_2 界面电荷性质，因而影响电解质在 TiO_2 表面上的吸附行为。在光电催化反应中，由于存在外加阳极偏压（恒电流或恒电流），溶液初始 pH 值对有机物降解动力学的影响更为复杂。有人发现[65]，在不同的 pH 值条件下，TiO_2 电极有不同的伏安特性：当光照射时，极限光电流是溶液 pH 值的函数，pH 为 5 时极限光电流最大，在 pH 为 8 要小一些，pH 为 3 时最小。然而，不同 pH 值条件下光电催化反应的速率常数的大小顺序为：pH8＞pH5＞pH3，原因是不同的机理造成的。

不同 pH 值条件下的 SSA 和 NSA 光电催化降解情况见图 11-24 和图 11-25。由图可知，光电催化剂降解速率在三个不同的 pH 值条件下的顺序是：NSA，pH7.5＞pH5.3＞pH9.4，这个顺序正好同 pH 值对 NSA 在附载催化剂表面吸附能力的影响是一致的：SSA，pH5.4≈pH7.5＞pH9.6，这个顺序同 pH 值对 SSA 在负载催化剂表面吸附能力的影响不一致。现在，还不能仅仅从吸附与光电催化动力学的关系的角度来阐明 pH 值对有机物光电催化降解速率的影响，因为溶液初始 pH 值除了决定催化剂表面性质和伏安特性外，还导致不同的光电催化降解机理，同时，实验还发现，SSA 光电催化降解过程中 pH 值随着反应的不断进行而变化也比较明显，因而 SSA 在催化剂表面上的吸附-脱附平衡也在不断变化。要查明引起这种复杂情况的原因还需要更加深入的研究。

(4) 氧的作用　氧对有机物光电催化降解的影响主要来自两个方面：①一般认为 O_2 是有机物降解反应发生的必要条件，有机物发生被氧化的同时，O_2 同时被还原；②O_2 直接影响 TiO_2 半导体电极的开路电位光电压响应[99]，如当半导体电

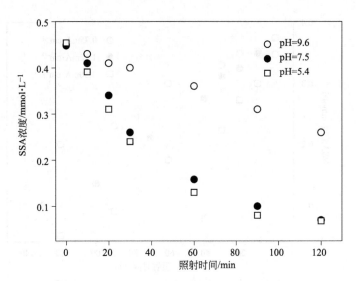

图 11-24　SSA 在不同 pH 值时的光电催化降解

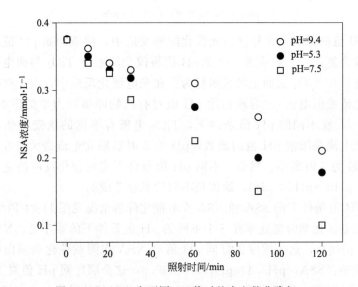

图 11-25　NSA 在不同 pH 值时的光电催化降解

极存在于 O_2 饱和的 $0.05mol \cdot L^{-1}$ 的 NaOH 溶液中时，光电流响应值比在用 N_2 饱和的溶液中要小 1/8 左右，也就是说，当没有 O_2 时，光生电子不能被猝灭而向对电极运动，形成了较大的光电流；而有 O_2 时，绝大部分光生电子被猝灭，流向对电极的份额就要少得多，所以电流也要小得多。可见，O_2 影响光电催化过程占外电路中电流的大小。

　　图 11-26 中，观察到有 O_2 和无 O_2 时恒电位光电催化过程中的电流变化呈现出不同的规律，当反应溶液用 O_2 饱和时，电流值随反应时间的变化较小，变化范围不到 3mA；而当反应溶液用 N_2 饱和时，电流值随反应时间的变化较大，从峰值

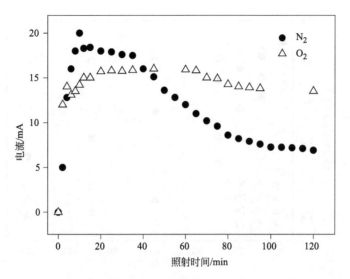

图 11-26　不同曝气条件下 SSA 恒电位降解过程中外电路中电流的变化

SSA 初始浓度：0.197mmol·L⁻¹，电压：700mV，SCE；N₂ 流量：
1000mL·min⁻¹；O₂ 流量：1000mL·min⁻¹

20.8mA 下降到 6.0mA，变化范围要大得多。另外，电流的峰值也有较为明显的差别，当反应溶液用 N_2 饱和时，电流的峰值大，说明当工作电极表面有大量的 O_2 存在时，即使在外加电场的作用下，能够运动到对电极的光生电子-空穴还是很少的，催化剂表面上的 O_2 直接接受电子，大量的电子被氧所猝灭，因此，外电路中的电流较小。相反，工作电极表面有大量的 N_2 存在时，光生电子不能被猝灭，在外加电场的作用下，被迫向对电极方向运动，外电路中电流也较大。当然，就降解反应速率而言，O_2 饱和的溶液使进行光电催化反应的速率比 N_2 溶液中进行的光电催化反应大一些，见图 11-27。因为光电催化反应在同一反应池中进行，没有采取措施将工作电极池与对电极池分开，因此，在 N_2 饱和的溶液中，反应体系中溶解氧的量是相当少的。而在这样的条件下，光电催化降解反应仍然能有效发生，一般认为，在对电极上发生了析氢反应，H^+ 替代 O_2 充当电子接受剂[100]。因此，O_2 不是光电催化反应必需的电子接受剂，但 O_2 仍然影响反应的速率和反应机理，而且，O_2 通过影响表面反应过程和加速某些中间产物的降解[101]。

11.3.9.4　电子接受剂

传统的光催化反应中，电子接受剂是氧，而光电催化反应在无氧的条件下也可以有效地进行，说明光电催化反应中的电子接受剂不一定是氧，而可能是 H^+。如果是 H^+ 充当了光电催化反应中的电子接受剂，阴极上应当有氢气产生。不过，如果电极载体是多孔材料或对氢气有较强的吸附能力，且产氢速度小时，则无法用肉眼观察到阴极上的气泡逸出。同时，还能发现 pH 值随时间不断升高，见图 11-28，这也说明了对电极上发生析氢反应后，H^+ 减少而 pH 值增加，因此，H^+ 都是电子接受剂。同时，图 11-28 还表明，O_2 饱和溶液进行光电催化降解过程中，pH

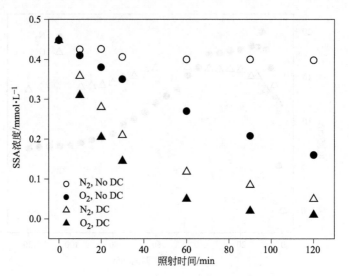

图 11-27　氧对 SSA 恒电位光电催化降解的影响

DC：700mV，SCE；N_2 流量：1000mL·min^{-1}，

O_2 流量：1000mL·min^{-1}

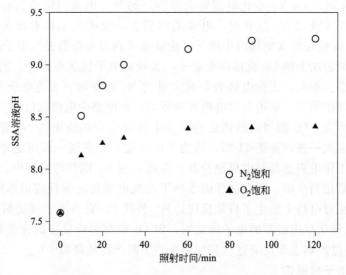

图 11-28　SSA 光电催化过程中溶液的 pH 变化

SSA 初始浓度：0.512mmol·L^{-1}；DC：700mV，SCE；

N_2 流量：1000mL·min^{-1}；O_2 流量：1000mL·min^{-1}

值虽然也随时间不断升高，但与 N_2 饱和的溶液相比较，pH 值的增加值要小一些，O_2 和 H$^+$ 都是电子接受剂。

从上面的分析可以看出，光电催化反应降解有机物过程中，留在阳极上的空穴具有强的氧化能力与水分子反应生成羟基游离基等氧化能力极强的氧化剂，使有机物氧化。而在无氧条件下进行上述氧化反应的同时，具有很强还原能力的光生电子在阴极上同 H^+ 反应放出氢气。因此，本方法不仅能消除有机污染物，而且还能产生大量洁净的氢能源，目前在这方面的研究还不多。

11.4 重要的光电催化过程及应用

太阳能因能量取之不尽等优点而成为目前人们研究和开发利用的热点研究对象，太阳能电池和利用太阳能获得氢能是其中的研究热点。利用太阳能获得氢能途径很多，其中对太阳能光电化学电池分解水制氢研究得较为深入。1972 年 Fujishima 等利用 n-TiO$_2$ 半导体电极光催化分解水的研究结果引起了各国科学家的高度重视，极大地促进光催化的迅速发展。光电催化剂中，n-TiO$_2$ 因为耐光腐蚀、稳定性高等优点，研究最为广泛，SnO$_2$、ZnO、SrTiO$_3$[102,103] 等也得到广泛的研究。

11.4.1 光电催化电解水制氢

光电催化分解水制氢利用太阳能和水制得氢气，没有副产品，无污染，显示了强大的优势和发展潜力。但是目前效率还较低。

11.4.1.1 光电催化分解水制氢的基本原理

半导体分解水光电催化反应是以光照后半导体内产生电子-空穴对为起点的。半导体光电催化分解水的基本原理是，当光子能量大于等于 n-TiO$_2$ 禁带宽度 E_g 的光照射半导体表面时，价带电子吸收光子能量跃迁到导带而成为导带电子，同时在价带上产生空穴，光生电子-空穴对经半导体表面空间电荷层电场分离后，分别参加如下电极反应。

铂电极上的阴极还原：

$$2H^+ + 2e^- \longrightarrow H_2 \tag{11-29}$$

半导体电极上的阳极氧化：

$$2H_2O - 4e^- \longrightarrow O_2 + 4H^+ \tag{11-30}$$

用于光电催化制氢的半导体材料的 E_g 必须满足下式：

$$E_g \geqslant \Delta E_F + e(1.23 + V_b + \eta_c) \tag{11-31}$$

依此式估算，半导体光阳极材料的 E_g 必须大于 2.5eV 时才能使水分解。

11.4.1.2 光电催化分解水制氢的研究

光电催化制氢主要存在 3 种结构体系：①半导体-金属体系。即半导体电极作光阳极，金属作光阴极，电导率高的盐作电解液，光照产生的电子通过外电路而转移到光阴极。由于只存在一种电解液，光照时在电导率高的盐作电解液，光照产生的电子通过外电路而转移到光阴极。由于只存在一种电解液，光照时在光阳极处氧化所得产物容易以扩散等方式迁移到光阴极，与光阴极表面的质子还原反应竞争，因而制氢效率较低。②"光化学双电极"体系[104]。半导体和金属整合为单一电极，两电极之间为欧姆接触，不需外电路将两极相连，形成"三明治"结构。③"SC-SEPPEC"体系。"SC-SEPPEC"电极将电解液中含有不同氧化还原电对的两电极室分开，氧化还原电对电位之间的差别成为光照后光生载流子分离的推动力。其中在光阳极室（A室）和光阴极室（B室）分别发生光生空穴参与的氧化反应和光生电子参与的还原反应。Milczarek 等[105]研究表明 Pt（Nafion 膜）复合电极作为光阴极能使析氢过电位减少约 140mV，太阳光光电催化制氢的量子效率可达7%～12%。

11.4.2 光电催化对典型有机污染物的降解

11.4.2.1 对染料的光电催化降解

在有机污染物的光电降解试验中，对染料的降解是最常见的。K. Vinodgopal 等[106]最早以固定化 TiO$_2$/SnO$_2$ 膜作为光阳极对偶氮染料的光电化学降解进行了研究，发现偶氮染料能被迅速脱色并降解。曹长春等[107]以不同波长紫外光为光源，证明了在相同条件下，活性艳红在间歇式反应器中，光催化降解速度快于光降解速度，而光电协同催化降解速度取决于协同电场的方向，当电场方向与紫外线照射方向相同时，降解速度比光催化速度慢，而当电场方向与紫外线照射方向相反时，其降解速度快于光催化降解速率。

对有机氯化物的光电降解研究主要集中在氯酚（CP）化合物上。K. Vinodgopal 等[108]利用水溶液中 4-氯酚的光电化学反应阐明了反应原理和电助光催化技术的可行性。在没有氧的情况下于 TiO$_2$ 薄膜电极上施加偏电压可大大改善对 4-氯酚的降解效果。例如在阳极上施加 0.83V 偏电压时可使 4-氯酚的降解速率提高近 10 倍。同时，K. Vinodgopal 等的研究还表明，在氮气氛围下几乎 90% 的 4-氯酚被降解，但在开路电压时 4-氯酚的降解效率很低。李景印等[109]采用 Sol-Gel 法制备了纳米 TiO$_2$/导电玻璃薄膜电极，以上述电极为工作电极，研究了 2,4-二氯苯酚溶液的光催化和光电催化降解行为。结果表明，外加阳极偏压为 0.7V，时间 100min 时，光电催化降解率为 85%，高出光催化降解 25%。2,4-二氯苯酚初始浓度与反应速率的关系符合 Langmuir-Inshelwood 方程。戴清等用涂膜法制备了微孔 TiO$_2$ 薄膜透明电极，研究了三电极体系中 4-氯酚和 2,4,6-三氯苯酚的降解情况。试验结果也表明，外加偏电压可有效抑制光生电子与空穴的复合，明显提高了 TiO$_2$ 的光催化效率，而且光照越强则降解速率越快。

在研究光催化降解速率时，有机氯化物在 TiO$_2$ 上的吸附量是一个重要的参数。因此，J. M. Kesselman 等[110]研究了 TiO$_2$ 上底物的吸附量对 4-氯儿茶酚的光电化学降解的影响，发现底物在 pH 值分别为 3、5、8 时的光电降解初速率与底物吸附浓度呈线性关系，该结果可与底物在单独光催化反应中的吸附行为相比拟。

11.4.2.2 对甲酸的光电催化降解

甲酸多次被 D. H. Kim[111] 研究小组选作模型化合物，这是因为它在 320～400nm 范围内无紫外吸收、无显著的均相光降解反应以及在溶液中无显著挥发等优点。研究发现，施加 2.0V 的偏电压可使光催化降解甲酸的量子效率提高 1 倍。此外，对甲酸的光催化反应以及在偏电压下的光电化学反应明显受溶液的 pH 值影响，其最佳 pH 值为 3.4，当 pH＞6.0 时甲酸几乎不能被降解。研究认为，pH 对光催化反应的影响主要取决于 TiO_2 的表面电荷性质及甲酸的离解常数（pK_a＝3.75）。TiO_2 的等电点电位在 pH＝4～6，因此 pH＝3.75～6 可能是 $HCOO^-$ 在 TiO_2 表面吸附的最佳范围，在此范围内会得到较高的光催化和光电氧化效率。

11.4.2.3 对苯胺的光电催化降解

冷文华等[112,113] 对苯胺作了一系列的光电催化实验研究。以附载在镍网上的 TiO_2 为催化剂，采用单双槽光反应器，研究了水中苯胺光电降解行为和机理。结果表明，在有氧存在时，光催化能有效降解苯胺，单纯的光催化反应 1.5h，苯胺降解了 13.8%。缺氧时，光反应不能进行，然而，光电催化时，无论是在氮气还是在氧气气氛下，外加阳极偏压能使光催化反应进行并能大大提高苯胺的降解速率。如通氧气时，与单纯的光催化反应相比，外加＋1.0V 光照 1.5h 后，苯胺的降解率由 13.8% 增加到 61.7%，而通氮时，苯胺的单纯光催化降解反应不能进行，但外加＋1.0V 反应 1.5h 时，苯胺降解了 49.52%。但是，随电压不断增大，副反应速率增大更快，苯胺降解的光电流效率反而下降。

11.4.2.4 CO_2 还原的光电催化研究

目前全球每年向大气中排放以 10^9 t 计的 CO_2，预计 2050 年的年排放量将达 5×10^9 t。如何将 CO_2 转化为有用的物质已成为电化学的重要议题。CO_2 的电还原可能有以下途径：

$$CO_2(g) + 8H^+ + 8e^- \longrightarrow CH_4(g) + 2H_2O \qquad E^{\ominus} = -0.24V \qquad (11\text{-}32)$$

$$CO_2(g) + 6H^+ + 6e^- \longrightarrow CH_3OH(aq) + H_2O \qquad E^{\ominus} = -0.38V \qquad (11\text{-}33)$$

$$CO_2(g) + 4H^+ + 4e^- \longrightarrow HCHO(aq) + H_2O \qquad E^{\ominus} = -0.48V \qquad (11\text{-}34)$$

$$CO_2(g) + 2H^+ + 2e^- \longrightarrow CO(g) + H_2O \qquad E^{\ominus} = -0.52V \qquad (11\text{-}35)$$

$$CO_2(g) + 2H^+ + 2e^- \longrightarrow HCOOH(aq) \qquad E^{\ominus} = -0.61V \qquad (11\text{-}36)$$

$$2CO_2(g) + 2H^+ + 2e^- \longrightarrow H_2C_2O_4(aq) \qquad E^{\ominus} = -0.90V \qquad (11\text{-}37)$$

上面标注的氧化还原电位 $E^{\ominus}$ 均以 pH＝7 溶液中的氢电极为参比标准，显而易见，在水溶液中进行 CO_2 的电还原是比较困难的。为了抑制析氢反应的竞争，必须采用比氢过电位高的材料作电极。在非水介质中进行电还原可排除析氢竞争反应，且有利于提高 CO_2 的溶解度，但会引发导电能力下降的问题，同时难以保证非水介质长时间不含水分。鉴于自然界中的光合成正是由 CO_2 和 H_2O 生成碳水化合物的，因而 CO_2 的电还原引起人们的高度重视。CO_2 的光还原通常在非水或接近非水的溶液中进行。其中甲醇是一种广泛应用的溶剂，它的溶解度是水中的 5 倍（甲醇 0.21mol·L^{-1}；水 0.048mol·L^{-1}）。光阴极的表面修饰对还原反应的速度和产物有明显影响。Kaneco 等[114]在甲醇溶液中利用金属修饰的 p-InP 电极研究 CO_2 的光电化学还原。研究发现随着电极上铅含量的增加，生成甲酸的法拉第电流效率会逐渐升高，最大电流效率可达到 29.9%。当银和金修饰 p-InP 光电极后 CO_2 还原生成 CO 的电流效率比没有修饰的光电极高，最大的电流效率分别可达到 80.4% 和 69.9%。而用镍修饰的 p-InP 光电极 CO_2 光电还原生成的产物为烃类化合物（甲烷和乙烯）。

11.4.2.5 其它光电催化反应体系

光电催化的研究还涉及许多有意义的反应，首先是 H_2S 的光分解。H_2S 是天然气中富含的成分，也是石油精炼中的副产物，同时是有害的气体，合理地加以利用意义重大。H_2S 分解的热力学电位是 0.17V，比 H_2O 的分解电位 1.23V 低，因此由 H_2S 光分解获得 H_2 的能耗更小。在碱性多硫化物溶液中用 CdS 作光电极，光生空穴 h^+ 使 H_2S 氧化。

$$H_2S + 2OH^- \longrightarrow S^{2-} + 2H_2O \tag{11-38}$$

$$S^{2-} + 2H^+ \longrightarrow H_2S \tag{11-39}$$

$$S + S^{2-} \longrightarrow S_2^{2-} \tag{11-40}$$

将 RuO_2 修饰在 CdS 上可使量子效率大大提高，RuO_2 被视为空穴转移的催化剂。

另一项有长远战略意义的研究是光诱导固氮反应：

$$N_2(g) + 6H^+ + 6e^- \xrightarrow{h\nu} 2NH_3(g) \qquad E^\ominus = -0.057V \tag{11-41}$$

$$N_2(g) + 4H^+ + 4e^- \xrightarrow{h\nu} N_2H_4(g) \qquad E^\ominus = -1.16V \tag{11-42}$$

以上反应的标准热力学电位以 pH=0 溶液中氢电极为参比电位。N_2 的光还原只有当光生电子达到标准热力学电位才有可能，而额外的过电位必须用有效的催化剂予以避免。根据能带匹配的分析可知，比较合适的半导体材料是 TiO_2、Fe_2O_3 和 WO_3 等。为了降低过电位，曾将金属微粒修饰在这些 n 型材料上，发现在光照下阴极电流诱导界面上 H 原子的嵌入反应，并形成 H_xTiO_2、$H_xFe_2O_3$ 和 H_xWO_3 等"青铜类（bronzes）"物质，此时 N_2 与嵌入 H 的反应可在较正的电位下完成。青铜类物质的形成会引起半导体导带电子密度的增加，但同时使半导体材料的光效应下降。N_2 的光还原应当使用能与 N_2 进行化学键合作用的光活性体系，这种体系应由导带位置足够负、具有催化活性的 p-型半导体光电阴极材料组成，同时阳极上发生 H_2O 的氧化反应以提供合成 NH_3 所需的质子。

11.5 光电催化的研究方法

在光电催化技术的研究和开发中，要用到多种分析方法，如果光电催化反应的降解对象（目标有机物）是高沸点、难挥发和热不稳定的化合物或离子型化合物，就经常用高效液相色谱法（HPLC）。如果是易挥发或易汽化而不分解或者能够衍生化的物质，就常用到气相色谱法（GC）。对某些物质特别有颜色的物质或者加显色剂后具有颜色的物质，还会常用到紫外-可见吸收光谱法。如果要对中间产物也进行跟踪检测，就会常用到气相色谱-质谱（GC-MS）或液相色谱-质谱（LC-MS）联用技术。如果要检测中间产物的毒性，还会用到专门的仪器或鼠伤寒沙门菌法（Ames实验）。一般很少检测中间产物的毒性，中间产物的检测也不是很多，所以只对前面几种应用最为普遍的方法加以阐述。

11.5.1 光催化研究过程的分析方法

11.5.1.1 目标物的分析方法

(1) 高效液相色谱法（HPLC） 色谱法是一种重要的分离分析方法，它是利用混合物不同组分在两相中具有不同的分配系数（或吸附系数、渗透性），当两相做相对运动时，不同组分在两相中进行多次反复分配实现分离后，通过检测器得以检测，进行定性、定量分析。其中，不动的一相称为固定相，而携带流过此固定相的流体称为流动相。色谱法因其分离性能高、灵敏度高和分析速度快等特点，已经成为现代仪器分析方法应用最为广泛的一种方法，也在光和光电催化研究中得到广泛应用。

HPLC是20世纪60年代末出现的，现已成为应用最广的一类色谱分析方法，主要由高压泵、色谱柱、检测器和数据处理系统等关键部件组成。一般采用反相色谱法，流动相极性大于固定相极性，极性大的组分先流出色谱柱，极性小的组分后流出色谱柱。光催化降解反应中，使用的流动相常为乙腈或甲醇与水的混合物，使用前用超声波脱气，色谱柱常为C_{18}柱，检测器常采用紫外光度检测器或光电二极管阵列检测器。

定量方法的程序是，首先将已知浓度的标准物配制成系列标准溶液，在液相色谱仪上分析，从检测器上得到相应的峰面积值，从而得到有机物浓度同峰面积之间的线性关系，并通过此线性关系（标准工作曲线）对未知浓度的样品进行定量分析。需要注意的是，流动相和样品在进入色谱仪前均需要进行超声脱气处理，以破坏其中微小的气泡，防止气泡滞留在检测器中影响测定。同时，如果是使用粉末催化剂，则需要将粉末从溶液中彻底分离，防止固体残留物堵塞色谱柱。一般的方法是采用高速离心或有机滤膜进行固液分离。

(2) 气相色谱法（GC） 气相色谱法是采用气体（载气）作为流动相的一种色谱方法，色谱仪通常由载气系统、进样系统、分离系统、检测系统和记录与数据处理系统等部分构成。具有稳定流量的载气（不与被测物质作用的惰性气体，如氢气、氮气等），将样品在汽化室汽化后，带入色谱柱得以分离，不同组分先后从色谱柱中流出，经过检测器和记录仪，得到代表不同组分及浓度的色谱峰组成的色谱图。

气相色谱分析的对象是在汽化温度下能够成为气态的物质。除少数物质外，大多数物质都需要进行预处理才能进行色谱分析。样品的预处理主要分为两类：一类是把研究的物质从干扰物种中提取出来；另一类是把浓度低的样品浓缩富集。当然，有时在去掉干扰物质的同时，待测组分也得到浓缩。常用的分离富集方法有蒸馏、萃取、吸附和冷冻富集等。有时是若干种方法的联合使用。还有一些物质，如有机酸，其极性强、挥发性低、热稳定性差，必须进行化学处理才能进行气相色谱分析。特别是一些含碳数较高的有机酸，一般需进行甲酯化色谱分析。甲酯化的方法很多，可以在浓硫酸或三氟化硼催化下，通过和甲醇的酯化反应实现甲酯化，也可以利用有机酸和重氮甲烷反应实现甲酯化。有机酸的甲酯化处理比较麻烦。因此，如条件允许，尽量采用高效液相色谱法进行分析。

(3) 紫外-可见吸收光谱法　分子的紫外-可见吸收光谱法是基于分子内电子跃迁产生的吸收光谱进行分析的一种常用的光谱分析方法。分子在紫外-可见区的吸收与其电子结构紧密相关，研究对象大多是在 $200\sim380nm$ 的紫外光区域或 $380\sim780nm$ 的可见光区域有吸收，其定量分析的理论基础是朗伯-比耳定律。紫外-可见吸收光谱法在环境分析中的应用十分广泛，既可用于单组分样品的测定，也可用于多组分样品的测定。在光催化研究中，主要用于单组分的测定。紫外-可见分光光度计由光源、单色器、吸收池、检测器以及数据处理及记录等部分组成。

在光电催化降解研究中，大多数有机物都具有共轭双键结构，紫外光区或者可见光区内有较强吸收，可以采用紫外-可见吸收光谱法对降解母体进行定量分析。溶液样品在进入样品池之前，除了固液分离去除固体杂质以及定容、定 pH 等简单预处理外，一般不需其它烦琐的操作就可以直接测定，速度较快，只需 $2\sim3min$ 就可以完成一个样品的分析。但是，这种方法对样品量的需求比较大，需要 2mL 左右。同时，如果降解母体在可见光区有吸收，则其降解过程中很可能由于自由基的作用，使某发色团发生变化而使分子在设定的波长处吸收减弱或消失，但在一定条件下分子整体还恢复到反应前的状态，这种情况下用紫外-可见吸收光谱法分析得到的有机物降解信息并不真实。因此，还必须测定溶液的总有机碳或化学需氧量以供判断。另外，降解碎片有时会干扰在紫外区的测定。

11.5.1.2　终产物的分析方法

如果经过光电催化反应后，反应物（有机物）被矿化成无机离子和 CO_2，一般采用 TOC（total organic carbon，总有机碳）测定仪对反应后溶液的总有机碳进行分析，以查明溶液中有机物总质量。而对于无机离子，则视情况可采用离子选择性电极或离子色谱方法进行测定。

(1) TOC 的分析　TOC 的分析普遍采用专门的 TOC 分析仪来完成，且常常按照燃烧氧化-非分散红外吸收法中的差减法原理进行，此方法一次性转化，流程简单、灵敏度高、重现性好，完成一个样品的测定一般只需 10 多分钟。具体的做法是，将试样连同净化空气（干燥并除去二氧化碳）分别导入高温燃烧管和低温反应管中，经高温燃烧管的水样受高温催化氧化，使有机物和无机碳酸盐均转化成二氧化碳；经低温反应管的水样受酸化而使无机碳酸盐分解成二氧化碳；其所生成的二氧化碳依次引入非色散红外检测器。由于一定波长的红外线可被二氧化碳选择吸收，在一定浓度范围内二氧化碳对红外吸收的强度与二氧化碳的浓度成正比，故可对水样总碳和无机碳进行定量测定。总碳与无机碳的差值，即为总有机碳。

TOC 是以碳的含量表示溶液中有机物质总量的综合指标。有时，色谱分析结果显示目标物消失速率比较大，而 TOC 的减小速率却很慢，这是因为光催化反应过程中产生了比较多的中间产物，并且这些中间产物的完全矿化需要的时间相当长。当溶液中下列共存离子超过一定含量（$mg \cdot L^{-1}$）时，对测定有干扰，应作适当的预处理以消除这些离子对测定的影响：SO_4^{2-}，400；Cl^-，400；NO_3^-，100；PO_4^{3-}，100；S^{2-}，100。

测定中，用邻苯二甲酸氢钾（预先在 110～120℃干燥 2h，然后置于干燥器中冷却至室温）溶液作为有机碳标准溶液，用碳酸氢钠（预先在干燥器中干燥）和无水碳酸钠（预先在 270℃干燥 2h，然后置于干燥器中冷却至室温）混合溶液作为无机碳标准溶液。

如果样品需要外送进行分析，还要注意样品的保存。样品必须保存在棕色玻璃瓶中，常温下可以保存 24h，如不能及时分析，水样可加硫酸调节至 pH 为 2，并在 4℃冷藏，则可以保存 7d。

(2) 无机离子的分析　如果光催化的反应物分子中带有 N、P、S、Cl 等原子，则经光催化反应后的终产物中很可能有 NO_3^-、PO_4^{3-}、SO_4^{2-} 和 Cl^- 等。这时，也可以检测这些无机离子浓度随时间的变化而研究光催化反应的动力学。常用的方法就是离子色谱（IC）法和离子选择性电极（ISE）法。

IC 法是在离子交换色谱法的基础上发展而来的。离子交换色谱是根据不同组分离子对固定离子基团的亲和力差别而达到分离的目的，其固定相是离子交换剂，分为阳离子交换剂和阴离子交换剂，均由固定的离子基团和可交换的平衡离子组成。当流动相带着待测组分离子通过离子交换柱时，组分离子交换剂上可交换的平衡离子进行可逆交换，最后达到交换平衡。常用的离子交换剂为磺酸盐型（RSO_3H）和季铵盐型 $[RN(CH_3)_3]$。由于流动相几乎都是强电解质，这种背景电导可能会完全掩盖被测组分离子的信号，从而产生了一种新型的离子交换色谱技术即离子色谱法。二者之间的区别在于分离柱之后增加了一个抑制柱。由于抑制柱的作用，一方面使流动相中的酸生成 H_2O，使流动相电导率大大降低；另一方面使样品阳离子从原来的盐转变成相应的碱，由于 OH^- 的淌度比 Cl^- 大，因此提高了组分电导检测的灵敏度。光电催化研究中，根据 IC 结果，可以推断生成无机离子的官能团的氧化去除速率。

光电催化反应终产物的无机离子的分析过程中，可以采用离子选择性电极（ISE）法。ISE 是一种电化学传感器，测定比较简便、快速，同时很容易实现在线检测，但有时受外界环境影响，测定的值有明显波动。虽然市场可以买到多种无机离子分析的 ISE，但光催化研究中，通常只采用 ISE 方法对 Cl^- 进行分析。

11.5.1.3 中间产物的分析方法

(1) GC-MS 和 LC-MS 联用技术 光电催化反应过程中，一些有机物的完全矿化时间比较长，其间生成了一些比较稳定的中间产物，这些稳定的中间产物在 GC 或 LC 图谱上因为性质不同而具有不同的保留时间，因此，可以通过外加标准物质进行鉴定。但是，很多时候，光电催化反应中出现的中间产物比较复杂，采用这种手段已无能为力。这时，可以通过 GC-MS 和 LC-MS 联用技术进行分离及定性、定量检测，从而得到中间产物随时间的分布图，更重要的是可以推断反应物的光电催化降解途径。这两种联用技术都充分运用了色谱仪的分离能力和质谱（MS）仪的鉴别能力，首先将混合物各组分通过 GC 或 LC 手段分离，然后对分离后的各组分进行鉴别。

在分析过程中，具体采用 GC-MS 或 LC-MS，依据的原则同选择 GC 或 LC 的原则基本一致，仍然是根据反应目标物的性质而定。前已述及，如果反应目标物是高沸点、难挥发和热不稳定的化合物或离子型化合物，就经常用 LC-MS。如果是易挥发或易汽化而不分解或者能够衍生化的物质，就常用到 GC-MS。GC-MS 分析的样品需要进行预处理，但分析技术比较成熟，有丰富的 MS 标准数据库，定性比较容易。LC-MS 分析的样品如果盐分含量不是特别高，没有明显的固体杂质，一般不需要复杂的预处理过程，可以直接进样分析。但是，分析技术没有 GC-MS 那么成熟，目前还没有成熟的 MS 标准数据库，定性比较困难。尽管如此，由于环境中许多污染物都是高沸点、难挥发和热不稳定的化合物或离子型化合物，这些化合物往往是光催化处理的对象，因此，LC-MS 受到业内人士的青睐。目前，国内已经有不少高校和科研院所购置了 LC-MS 仪器。

无论是 GC-MS 还是 LC-MS 分析，一般首先需要得到反应中途所取试样的总离子流图。如果色谱的条件选择得比较好，分离效果好，则总离子流图中，反应目标物（如果还没有完全降解）和多种稳定的中间产物都有出峰。得到了试样的总离子流图后，再针对各组分进行质谱分析，运用谱库并结合经验对其加以一一定性。光催化反应中，往往出现一些在谱库中没有的新化合物，这时，只能根据经验进行推测，然后外加已知物质进行确认。相对而言，由于目前还没有标准的质谱数据库，LC-MS 分析中的数据处理要困难得多，研究者只能根据经验和反应目标物的结构，并结合质谱结果中分子离子峰、碎片峰等信息加以推测。有的仪器还可以针对某一碎片进行二次轰击，即通过 LC-MS/MS 手段，得到更多次级碎片，从而为化合物的确定提供更为可靠的依据。

(2) 原位红外光谱法 在气相光催化降解的中间产物中，主要是小分子、易挥发或易汽化的物质，可以选用 GC-MS 方法分析这些物质。但是，如果某些组分的浓度较低而又不能实现样品的富集，同时，气相光催化过程进行得比较快，需要动态了解催化剂的表面反应过程特别是某些吸附态物种时，就需要采用原位红外光谱法。

11.5.1.4 中间产物的毒性分析

分析光电催化降解过程中出现的中间产物，除了具有推测反应目标物的降解途径的目的外，有时还需要评价这些中间产物的毒性。中间产物的毒性往往比反应的目标物和终产物的毒性还要大，如果光催化降解过程比较长，毒性的增加就值得关注。一种评价毒性的办法是，根据鉴定出的中间产物，通过对照有关的化学物质毒性手册来确定各组分的毒性。但有时，人们只关心样品总的毒性问题而不关心各组分具体为何种物质及其毒性，何况有时分析手段不能检测出这些可能具有毒性的物质，就需要借助专门的毒性评价手段，一般是生物毒性测试手段来评价中间产物的毒性。

鼠伤寒沙门菌法（Ames 实验）是一种以微生物为指示的生物遗传毒理学体外试验，遗传学终点是基因突变，用于组氨酸检测受试物能否引起鼠伤寒沙门菌基因组碱基置换或移码突变。原理是，标准实验菌株为组氨酸缺陷突变型，在无组氨酸的培养基上不能生长，在有组氨酸的培养基上可以正常生长。诱变剂，又称致突变剂或致突变物，可使沙门菌组氨酸缺陷突变型回复突变为野生型，在无组氨酸培养基上也能生长。故可根据在无组氨酸的培养基上生成的菌落数量，判断受试物是否为诱变剂。

如果将发光细菌的荧光酶基因转入 Ames 实验用的几种菌株中，使它们获得合成细菌荧光酶的能力，从而像发光细菌那样也会产生蓝绿色荧光，而荧光可以用专门的发光仪（生物化学测光仪均可，或 Microbics M500 Analyzer）进行测定。这种方法与通常 Ames 试验相比，由于不用平皿菌落计数，可使操作快速简单得多。Ames 试验用的鼠伤寒沙门菌各个菌株，在具有了荧光酶基因之后，就可在细菌细胞内合成荧光酶。但其细胞内尚缺少发光底物脂肪醛，必须人为加入后才可产生发光反应。已知发光强度与细菌数量呈线性关系，细菌数量越多则发光越强。如果加入受试物的反应是在某浓度以上时发光值与对照相比明显减少，表明受试物在该浓度时有毒性。

11.5.2　光电催化的动力学研究

光电催化反应动力学是研究光电催化反应速率的学科。其反应速率必然受到反应条件的影响，如光、电的作用强度及反应物浓度、反应介质的性质、pH、温度、压力、催化剂等，都是决定反应速率的重要因素。反应速率有快慢之分，过快过慢的极端条件下测定反应速率就是个高技术难题。研究动力学的目的，就是为了了解反应机理的真谛。下面介绍光电催化反应动力学的特点及其实质。

11.5.2.1　反应速率的表示法

光电催化反应速率可表示如下

$$V_{PEC} = V_{PEC}(p, T, C, R; P', e; n, E_a; \alpha, \beta) \tag{11-43}$$

式中，p 为压力；T 为温度；C 为催化剂的量；R 为反应物的量；P' 为光子的量；e 为电子变量；n 和 E_a 分别为反应级数和活化能；α 和 β 为其它作用场变量。式(11-43)可称为光电催化反应的总反应速率方程。确立式中各变量和参数之间的关系，则是物理化学研究的重要课题，为今后解决光电催化设计定量化提供不可缺少的依据。

11.5.2.2 动力学参数及其相互关系

式(11-43)右边括号中的变量可称为动力学的参数，这些参数彼此之间有一定的依存关系。经常研究的是光电子、催化剂、反应物的对应关系。分别讨论如下。

(1) 反应级数（n） 反应级数就指参与反应物，生成物模量的指数，即由公式

$$V = k \cdot P_x^{nx} \cdot P_y^{ny} \cdot P_z^{nz} \cdots \tag{11-44}$$

得反应级数

$$n_x = \left(\frac{\partial \ln V}{\partial \ln P_x} \right) T, P_y, P_z \cdots \tag{11-45}$$

根据 Langmuir-Hinshelwood 方程，发生在固体表面上的反应速率取决于催化剂表面上反应物的浓度，根据多相催化理论，该浓度和表面覆盖度 θ 成正比。对一单分子反应可以通过如下步骤完成：

$$A + K \xrightarrow[k_{-1}]{k_{+1}} AK \xrightarrow{k_2} BK \xrightarrow[k_{-3}]{k_3} B + K \tag{11-46}$$

表面反应为控制步骤，即速率常数 k_2 很小，就是说 AK 变为 BK 的速度比 A 的吸附速度和 B 的脱附速度慢得多。由质量作用定律，反应速率应为

$$V = k_2 \theta_A \tag{11-47}$$

但是，通常用 θ_A 表示的 A 在表面上的浓度是不能测定的，只能采用某种吸附等温线，把反应物 A 的表面浓度用它在气相中的分压 p_A 表示出来，即利用众所周知的 Langmuir 等温线，通常表示为

$$\theta_A = \frac{K_A p_A}{1 + K_A p_A} \tag{11-48}$$

将 θ_A 带入式(11-47)，得

$$V = \frac{k_2 K_A p_A}{1 + K_A p_A} \tag{11-49}$$

若反应物吸附很弱，即 $K_A p_A \ll 1$，或 p_A 很小时，式(11-49)分母中的 $K_A p_A$ 即可忽略不计，此时反应表观为一级反应：

$$V = -\frac{\mathrm{d} p_A}{\mathrm{d} t} = k_2 K_A p_A \tag{11-50}$$

若反应物吸附很强，即 $K_A p_A \gg 1$，或 p_A 很大时，$\theta = 1$，此时反应表观为零级反应：

$$V = -\frac{\mathrm{d} p_A}{\mathrm{d} t} = k_2 \tag{11-51}$$

上述的动力学方程适用于表面光电催化反应。

若将式(11-49)两边取对数并对 $\ln p_A$ 微分，则得

$$n = \left(\frac{\partial \ln v}{\partial \ln p} \right)_T = \frac{1}{1 + K_A p} \tag{11-52}$$

于是，当 $K_A p \gg 0$ 时，则得 $0 \leqslant n \leqslant 1$。由不同的 $K_A p$ 值，可以得出下面的极限行为：

$$K_A p \ll 1 \text{ 时}, \quad n \doteq 1; \quad v = k K_A p; \quad \theta \doteq 0 \tag{11-53}$$

$$K_A p \gg 1 \text{ 时}, \quad n \doteq 0; \quad v = k; \quad \theta \doteq 1 \tag{11-54}$$

这里须知，只有 p 和 K_A 均很小时，$K_A p \ll 1$ 才满足；反应温度较高、反应物吸附能力较弱时，就可以满足这一条件。

(2) 表观活化能（E_a^a） 由一般 Arrhenius 方程即可得

$$E_a^a = RT^2 \left(\frac{\partial \ln v}{\partial T} \right)_p = \frac{RT^2}{v} \left(\frac{\partial v}{\partial T} \right)_p \tag{11-55}$$

显然，只要 v 代替 K 即可。由速度求得的活化能是个不定值，随温度改变而变化。上述关系式对放热、吸热反应均有效。

(3) 活化能与温度的关系 从 Arrhenius 方程出发，求得的活化能 E_a 似应与温度无关，正常条件下，由 $\lg K$ 对 $1/T$ 作图应得一条直线。但是，许多实验表明，许多 Arrhenius 图在相当广的温度范围内是曲折的，出现下凹上凸和下凸上凹的类型曲线。随温度的变化则会产生不同的活性中心和控制反应步骤，从而引起偏离了"标准的"线性关系。CO 在 NiO 上的催化氧化呈双活性中心，存在下凸上凹的行为。这对研究催化剂的特性和结构很有意义。

(4) 活化能和活化熵 若 Arrhenius 方程中有 $-k$ 为

$$k = k_0 e^{-E_a/RT} = a e^{-E_a \left(\frac{1}{RT} - \frac{1}{R\theta} \right)} \tag{11-56}$$

则称这种现象为补偿效应，或称为等动力学定则，θ 称为补偿温度或等动力学温度。

补偿效应可定性地或半定量地给予解释。E_a 较小时反应物和催化剂结合较强，这时中间化合物的自由度也较小，即 $\Delta S^{\neq}$ 值较小，相反，$\Delta S^{\neq}$ 值较大。在变化调整之间恰好构成直线关系，从而得到线性方程：

$$\lg k_0 = \frac{E_a}{2.303 R \theta} + 常数 \tag{11-57}$$

11.5.2.3 线性自由能关系与物质的反应性

线性自由能关系就是描述线性自由能的联系式，是了解反应过程的半经验规律。显然，以直线关系为依据，一般形式为

$$\eta \Delta F^{\neq} = \beta \eta \Delta F^0 \tag{11-58}$$

$$\Delta \lg k = x \Delta \lg K \tag{11-59}$$

这就是说，反应自由能变化（ΔF^0）的微扰（η）仅部分地反映活化复合物的作用和性能。微扰的大小等于 $\beta \eta \Delta F^0$，β 因子表征着沿反应轴的反应物到活化复合物的距离；$\Delta F^{\neq}$ 为活化自由能的变化。许多反应类型都显示出线性自由能的关系。其主要应用归纳如下。

① 解释物质的反应性和独立性，同有关参数之间的关系。

② 判断有关机理类同与否。

③ 选择变换一参数的系列，对影响反应的不变量进行分离和定量，评价立体效应或电子效应等。

④ 用作评价反应中类似效果的尺度。

线性自由能关系为识别反应类型，酸碱催化反应、双分子电子转移反应、光电催化反应解释过渡态理论，Klopman 规则，乃至半微观信息方面，提供了很有希望的前景。但总体看来，有待深化、微观化、理论化和定量化。

11.5.3 光电化学研究方法

不论是传统的光催化悬浮体系，还是利用外加电压的光电催化体系，其核心问题都是 TiO_2 光生电子、空穴的有效利用。

① 可以利用光生电子-空穴对的分离来进行物质和能量的转换。

在物质的转换方面，利用电子可以还原去除某些高价的无机污染物，利用空穴可以氧化去除有机污染物或低价态的无机污染物，从而达到物质转换的目的。在能量的转换方面，主要分为两类：第一类，利用再生光电化学电池装置，将光能转变为电能，装置内，电解液在反应前后整体不发生变化，如图 11-29 所示。第二类，利用光电解电池装置，利用光能分解水，产生氢和氧，将光能转变为化学能，装置内，电解液中的水在反应中逐渐消耗，如图 11-30 所示。

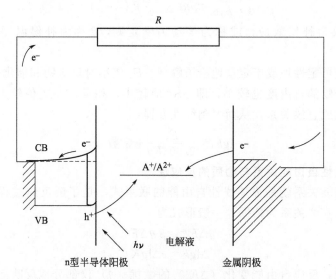

图 11-29 再生光电化学电池中的能量转换

A^+/A^{2+}—氧化、还原电对

② 还可以利用光生电子-空穴对的分离来对光催化剂甚至光电催化反应体系进行光电化学研究。这些光电化学研究方法包括表面光电压谱（SPS）和场诱导表面光电压谱（EFISPS）、电化学阻抗谱（EIS）等。

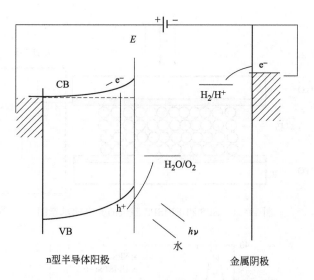

图 11-30　光电解电池中的能量转换（加偏置电压）

11.5.3.1　表面光电压谱（SPS）和场诱导表面光电压谱（EFISPS）

表面光电压技术发展于 20 世纪 60 年代初期，SPS 可以测量半导体固体材料表面物性和界面间电荷转移过程，其结果可以为揭示系列光催化剂的活性规律，并为光催化剂制备工艺的优化提供参考。从原理上讲，表面光电压起源于光照引起的表面势垒的变化，反映了光激发条件下材料的表面物性和界面间电荷转移过程的相关信息，如光生载流子的分离与复合等，可以为揭示系列光催化剂样品的活性规律和光催化剂的制备工艺提供参考。在 SPS 基础之上还发展了进行场诱导表面光电压谱（EFISPS），由于有外加电场的作用，光生载流子转移信号更强，同时，SPS 谱响应范围可能得到扩展，从而更加有利于加深对光催化剂材料性能的认识。

进行 SPS 和 EFISPS 测试的光电池比较简单，如图 11-31 所示。被测样品被包夹在两片 ITO 导电玻璃中，光通过其中的一片 ITO 玻璃照射到样品表面。同一样品在光照和黑暗中表面势垒的差值即为表面光电压值。如进行 EFISPS 测试，则只需要使用外加电场即可。

SPSE 和 EFISPS 是反映光生载流子的分离与复合，具体来讲，在光电催化剂的表征过程中，主要通过半导体材料的带宽、类型（n 型或 p 型）和表面态等层面表现出来。图 11-32 是一种在金属钛片上采用提拉法从 TiO_2 溶胶制备得到的一种 n 型 TiO_2/Ti 薄膜的 SPS 及 EFISPS 谱。曲线 a 是没有外加电场的 SPS 图，可以看出，光电压响应在 $300\sim380nm$ 之间，峰值在 350nm 附近，由 TiO_2 的 O_{2p} 和 Ti_{3d} 之间的电子转移而引起，而根据能带结构理论，正好对应 TiO_2 的价带和导带。而当外加负的电场时，发现了两个新的现象，这正是 n 型半导体的特征。其中，第一是表面光电压响应值增加，第二是响应的波长范围增加，原因可能是由于表面态如表面羟基参与的跃迁有关。

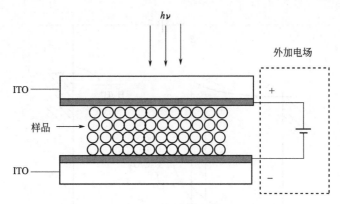

图 11-31　SPS 和 EFISPS 测试的光电池示意图

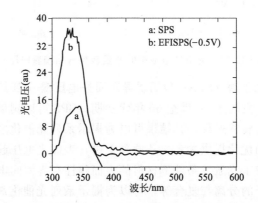

图 11-32　一种 n 型 TiO_2/Ti 薄膜的 SPS 及 EFISPS 谱

　　SPS 技术是借助于催化剂的表面光伏响应与其活性之间的对应关系而对其加以评价的。表面光伏响应信息由于直接与样品吸收光以后生成电子-空穴对的效率（即光量子效率）和它们存在的寿命有关，所以 SPS 技术在光催化研究领域无疑是催化剂表面活性评价的方便而有效的方法。王德军等人利用该技术对一些粉末半导体光催化剂的光伏响应和表面电子性质进行了研究，考察了掺有稀土离子的 $SrTiO_3$ 光催化剂的 SPS 和它们在光解水制 H_2 催化反应中的产 H_2 活性之间的关系。发现 $SrTiO_3$ 光催化剂的光伏响应相对强度随着其催化活性的增加而增大，两者之间有着很好的对应关系。

　　在借助于 SPS 和 EFISPS 考察催化剂表面活性过程中，除了样品的表面光伏响应强度之外，光伏响应阈值也是一个很重要的参数。阈值的测量方法是：做光伏响应带长波侧带边的切线交于基线，交点所对应的波长即为该样品的阈值。通常阈值可以用波长表示，也可以用能量（eV）表示。王德军等人在考察过渡金属复合氧化物苯酚羟化催化活性与光伏响应的关系时，发现铁酸盐复合氧化物的光伏响应阈值与苯酚羟化催化活性之间有一个很好的对应关系，阈值越小，其催化活性越高。图 11-33 是铁酸盐复合氧化物的 SPS 谱图，表 11-2 列出了其光伏响应阈值与苯酚

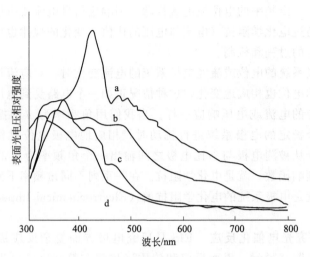

图 11-33　铁酸盐复合氧化物的 SPS 谱图

a—$CuFe_2O_4$；b—$CoFe_2O_4$；c—$MnFe_2O_4$；d—$LaFeO_3$

转化率的关系。

表 11-2　铁酸盐复合氯化物光伏响应阈值与苯酚转化率的关系

铁酸盐复合氧化物	光伏响应阈值/nm	阈值能量/eV	苯酚转化率/%
$LaFeO_3$	485	2.55	10
$MnFe_2O_4$	530	2.34	18
$CoFe_2O_4$	610	2.03	28
$CuFe_2O_4$	780	1.59	28

注：反应条件 70℃，n（苯酚）：n（过氧化氢）＝2：1，w（催化剂）：w（苯酚）＝5%，反应时间为 5h。

11.5.3.2　电化学阻抗谱（EIS）

(1) 电化学阻抗谱[115]　上述 SPS 及 EFISPS 方法直接针对光催化剂样品进行测试，在测试完成后，再将样品进行光催化反应，显然，这种方法中所得到的信息同光催化剂在反应中的具体行为之间仍然具有一定的差异，有可能没有完全真实地反映光催化剂在降解污染物过程所表现出的催化性能。因此，需要一种直接针对光催化反应体系进行动态测量的手段。但同时，必须注意到，针对悬浮体系的光催化反应体系却很难实现对反应过程的动态检测，而对采用 TiO_2 半导体电极的光电催化反应体系，则可以实现反应过程的动态检测，从而为光电催化甚至光催化的动力学或机理提供有用的信息。

实际上，具有外置偏压的光电催化降解反应本身是一个电极表面反应，反应过程中，外电路中的电流也在发生变化。这种外电路中的电流变化也反映了光生电子-空穴对的分离和复合。反应体系中的主要因素或条件发生变化，只要对反应的进行起着比较关键的作用，就都会在外电路的电流中表现出来。因此，如果人为地对电极系统进行一定频率的电位或电流扰动，则响应信号电流或电压也会以同样频率发生变化，通过电化学阻抗（电流与电压的比值）变化的规律也可以知道光电化学系统内部发生的过程和机制。

当一个电极系统的电位或流经电极系统的电流变化时，对应流过电极系统的电流或电极系统的电位也相应地变化，这种情况正如一个电路受到电压或电流扰动信号作用时有相应的电流或电压响应一样。当我们用角频率为 ω 的振幅足够小的正弦波信号对一个稳定的电极系统进行扰动时，相应地电极电位就作出角频率为 ω 的正弦波响应，从被测电极与参比电极之间输出一个角频率为 ω 的电压信号，此时电极系统的频响函数，就是电化学阻抗。在一系列不同角频率下测得的一组这种频响函数值则就是电极系统的电化学阻抗谱（Electrochemical Impedance Spectroscopy）。

(2) EIS 研究光电催化反应 EIS 是研究电极界面复杂反应最有效的手段之一，可以阐明吸附、脱附、界面反应和传质诸步骤在整个反应过程中的作用，同时，借助循环伏安等其它电化学辅助手段，还可以获得电化学反应的机理和动力学方面的信息。二氧化钛光电催化反应本质上是一个发生在半导体表面的多相催化反应，可以用 EIS 手段来进行研究。同时，光电催化反应同传统的多相催化反应一样，步骤较多，包括反应物和产物的传质、反应物的吸附、表面反应、产物的脱附等诸步骤。要找出其中的速率控制步骤（RDS），采用一般的检测手段如反应物和产物的浓度分析等手段难以奏效。而采用 EIS 方法就可以阐明各步骤在整个反应过程的作用，从而找出速率控制步骤，因此，对加深光电催化反应的理解和有效地调控此类反应，有重要的意义。

(3) 实验装置 光电催化反应的实验可以采用如图 11-34 所示的自行设计的 EIS 光电催化测试系统。其中，恒电位仪采用美国生产的 EG&G-PARC273A 配锁相放大器（PARC model 5210）。测试过程中，选择扫描频率为 $10^5 \sim 0.001\,\mathrm{Hz}$，扰动电位为 5mV。三电极系统采用 TiO_2/ITO 为工作电极，Pt 为对电极，饱和甘汞电极为参比电极。为使光照稳定，故采用一只功率为 8W、波长为 365nm 的单一波长的紫外灯，同时，因为光源的功率较小，对反应体系的温度影响小。

(4) 光电催化反应的机理、步骤及 EIS 模型 在光电催化反应中，TiO_2 阳极上发生有机物的氧化反应，金属阴极上发生氧或氢离子的还原反应，现只研究阳极上有机物的降解反应。借助公认的 Hoffmann[116] 光催化反应机理，可以认为吸附在 TiO_2 表面上的有机物被羟基或光生空穴直接氧化。过程如下：

首先，TiO_2 表面受光照射产生光生电子-空穴对，

$$TiO_2 + h\nu \rightleftharpoons (TiO_2\text{-}h^+) + (TiO_2\text{-}e^-) \tag{11-60a}$$

由于有充分搅拌混合，有机物的传质可以忽略，则在表面反应发生前，只考虑有机物的吸附，

$$\text{Red}_{\text{interface}} \underset{k_{-1}}{\overset{k_1}{\rightleftharpoons}} (TiO_2\text{-Red})_{\text{surface}} \tag{11-60b}$$

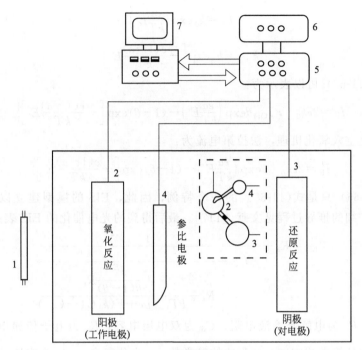

图 11-34　EIS 实验装置图

1—紫外灯；2—工作电极；3—对电极；4—参比电极；5—恒电位仪；

6—锁相放大器；7—计算机

光生空穴同水分子或氢氧根反应生成羟基自由基，

$$^-OH + (TiO_2\text{-}h^+) \underset{k_{-2}}{\overset{k_2}{\rightleftharpoons}} (TiO_2\text{-}\cdot OH) \tag{11-60c}$$

如果是羟基自由基反应机理，吸附的有机物受 TiO_2 表面上的羟基自由基的进攻，

$$(TiO_2\text{-}\cdot OH) + (TiO_2\text{-}Red)_{surface} \underset{k_{-3}}{\overset{k_3}{\rightleftharpoons}} (TiO_2\text{-}Ox)_{surface} + e^- \tag{11-60d}$$

如果是空穴氧化机理，

$$(TiO_2\text{-}h^+) + (TiO_2\text{-}Red)_{surface} \underset{k'_{-3}}{\overset{k'_3}{\rightleftharpoons}} (TiO_2\text{-}Ox)_{surface} + e^- \tag{11-60c'}$$

步骤式(11-60b) 中，净吸附速率可以表示为：

$$\nu_1 = k_1(1-\theta)c_A - k_{-1}\theta \tag{11-61}$$

式中，c_A 为吸附浓度。

法拉第电流只由步骤式(11-60d) 决定，同时，在羟基自由基（·OH）时，有 1 个电子储存，而在有机物氧化步骤时再放出，所以，法拉第电流可以考虑为 2 倍，

$$I_F = 2e[k_3c_{\cdot OH}\theta - k_{-3}(1-\theta)] \tag{11-62}$$

k_3 和 k_{-3} 可以分别表示为：

$$k_3 = k_0 \exp\left(\frac{e\alpha}{kT}E\right) \tag{11-63}$$

$$k_{-3} = k_0 \exp\left[-\frac{e(1-\alpha)}{kT}E\right] \tag{11-64}$$

则式(11-62)可以表示为：

$$I_F = 2ek_0\left\{c._{\text{OH}}\theta\exp\left(\frac{e\alpha}{kT}E\right) - (1-\theta)\exp\left[-\frac{e(1-\alpha)}{kT}E\right]\right\} \tag{11-65}$$

如果是空穴氧化机理，法拉第电流为：

$$I_F' = 2ek_0\left\{\theta\exp\left(\frac{e\alpha}{kT}E\right) - (1-\theta)\exp\left[-\frac{e(1-\alpha)}{kT}E\right]\right\} \tag{11-66}$$

式(11-66)只是式(11-65)的一个特例，因此，EIS 的模型建立以式(11-65)为基础。详细的推导过程见文献［117］。最后得到的光电催化的 EIS 表达式为：

$$Z_{\text{EIS}} = R_s + \cfrac{1}{j\omega C_{\text{dl}} + \cfrac{1}{R_t + \cfrac{\dfrac{I_0^E}{\theta(1-\theta)}R_t}{F\Gamma_{\max}j\omega + F(k_1 C_A + k_{-1})}}} \tag{11-67}$$

式中，R_s 为电解质溶液电阻；C_{dl} 为双电层电容；R_t 为电子传递电阻；I_0^E 为稳态下的法拉第电流密度；F 为法拉第常数；ω 为角频率；$\frac{1}{j\omega C}$ 为容抗。

(5) 光电催化反应的 RDS 通过式(11-66)可以明确地得到光电催化反应过程的 EIS 平面图，如图 11-35 所示。从图可以看到有两个半圆存在。当变化法拉第电流强度，只有第一个半圆的大小发生变化，则说明第一个半圆对应于电子转移步骤，即表面反应步骤。当只变化有机物的覆盖度，则在 EIS 平面图上只有第二个半圆的大小发生变化，如图 11-36 所示，说明第二个半圆对应于吸附步骤。两个半圆说明有两个 RDS 存在，这两个 RDS 是表面反应步骤和吸附步骤[118~122]。

另一种情况是，当法拉第电流强度较低时，则 EIS 平面图上只有一个半圆，如图 11-37 所示，此种情况说明，当电极表面反应较慢，只有一个 RDS，就是表面反应步骤，而吸附步骤尽管有可能比较慢，但是相对表面反应而言，仍然要快得多，因此不是整个光电催化反应的 RDS。

从以上分析可以看出，光电催化反应中，在任何情况下，表面反应步骤总是RDS，只有在某些条件下，如强烈光照条件或催化剂活性很高，表面反应速率特别快，则表面吸附步骤就变得相对较慢，就可能由非速率控制步骤转化为 RDS，这时，就与电子转移步骤共同成为光催化反应的关键步骤。

图 11-38 是 TiO$_2$ 光电催化反应降解 SSA 过程的 EIS 平面图。由图可知，EIS的平面图上在 200mV 以上的偏压时，出现两段圆弧，说明有两个 RDS。同时，电压的变化只引起 EIS 平面图上的第一段圆弧（高频区）半径的变化，而第二段圆弧（低频区）的半径不受影响，说明第一段圆弧对应电极表面反应步骤，与理论模型的结果相吻合。

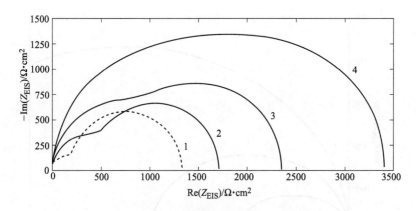

图 11-35 典型的 EIS 平面图（Ⅰ）

$\theta = 0.17$ 在不同的法拉第电流，$I_0^E (T=298\text{K})$，

$C_{\text{dl}} = 8.0 \times 10^{-4} \text{F} \cdot \text{cm}^{-2}$，$k_1 = 3 \times 10^{-6} \text{cm}$，$k_{-1} = 1.5 \times 10^{-9} \text{mol} \cdot \text{cm}^{-2}$，$\Gamma_{\text{max}} = 1.0 \times$
$10^{-8} \text{mol} \cdot \text{cm}^{-2}$，$c_A = 1.0 \times 10^{-4} \text{mol} \cdot \text{L}^{-1}$，$R_{\text{ads}} = 1065 \Omega \cdot \text{cm}^2$，$R_s = 5 \Omega \cdot \text{cm}^2$，曲线 1：$I_0 =$
$1.0 \times 10^{-4} \text{A} \cdot \text{cm}^{-2}$，曲线 2：$I_0 = 4.0 \times 10^{-5} \text{A} \cdot \text{cm}^{-2}$，
曲线 3：$I_0 = 2.0 \times 10^{-5} \text{A} \cdot \text{cm}^{-2}$，曲线 4：$I_0 = 1.1 \times 10^{-5} \text{A} \cdot \text{cm}^{-2}$

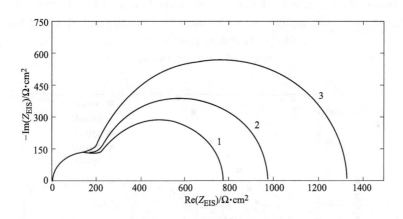

图 11-36 典型的 EIS 平面图（Ⅱ）

$I_0^E = 1.0 \times 10^{-4} \text{A} \cdot \text{cm}^{-2}$；在不同法拉第电流 θ（$T=298\text{K}$），

$C_{\text{dl}} = 8.0 \times 10^{-4} \text{F} \cdot \text{cm}^{-2}$，$k_{-1} = 1.5 \times 10^{-9} \text{mol} \cdot \text{cm}^{-2}$，$\Gamma_{\text{max}} = 1.0 \times 10^{-8} \text{mol} \cdot \text{cm}^{-2}$，
$c_A = 1.0 \times 10^{-4} \text{mol} \cdot \text{L}^{-1}$，$R_t = 257.0 \Omega \cdot \text{cm}^2$，$R_s = 5 \Omega \cdot \text{cm}^2$；曲线 1：$\theta = 0.35$，
$k_1 = 8.0 \times 10^{-6} \text{cm}$，曲线 2：$\theta = 0.25$，$k_1 = 5.0 \times 10^{-6} \text{cm}$，
曲线 3：$\theta = 0.17$，$k_1 = 3.0 \times 10^{-6} \text{cm}$

　　当外加偏压为 150mV 时，EIS 平面图上只出现一个半圆或圆弧，如图 11-38，说明在电极表面反应比较慢的情况下，只有一个 RDS，即表面反应步骤。图 11-39 中，两种不同的 TiO_2 的光催化活性不同，$\text{H}—\text{TiO}_2$ 的活性比 $\text{R}—\text{TiO}_2$ 的活性要好得多，同时，$\text{H}—\text{TiO}_2$ 的吸附性能比 $\text{R}—\text{TiO}_2$ 的活性要差得多。但是，$\text{H}—\text{TiO}_2$ 对应的圆弧半径要小得多，说明两个 TiO_2 样品 EIS 圆弧半径的差别是受光

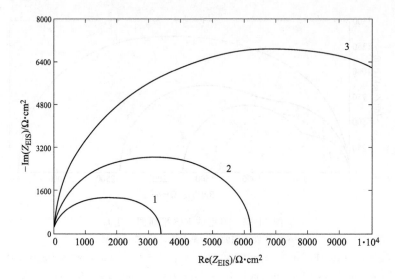

图 11-37　模拟的 EIS 平面图（Ⅱ）

$\theta = 0.17$ 在不同的法拉第电流 I_0^E（$T = 298K$），$R_{ads} =$
$1065\Omega \cdot cm^2$，$C_{dl} = 8.0 \times 10^{-4} F \cdot cm^{-2}$，$k_1 = 3.0 \times 10^{-6} cm$，$k_{-1} = 1.5 \times 10^{-9} mol \cdot cm^{-2}$，
$\Gamma_{max} = 1.0 \times 10^{-8} mol \cdot cm^{-2}$，$c_A = 1.0 \times 10^{-4} mol \cdot L^{-1}$，$R_s = 5\Omega \cdot cm^2$，曲线 1：$I_0^E = 1.1 \times$
$10^{-5} A \cdot cm^{-2}$，曲线 2：$I_0^E = 5.0 \times 10^{-6} A \cdot cm^{-2}$，
曲线 3：$I_0^E = 2.0 \times 10^{-6} A \cdot cm^{-2}$

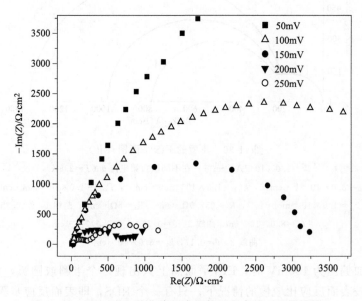

图 11-38　TiO_2 光电催化降解有机物过程中的 EIS 平面图

催化活性而不是吸附行为引起，因此，当 EIS 平面图上只出现一个半圆或圆弧时，则说明只有电极表面反应（电子转移）步骤是光电催化反应的 RDS。

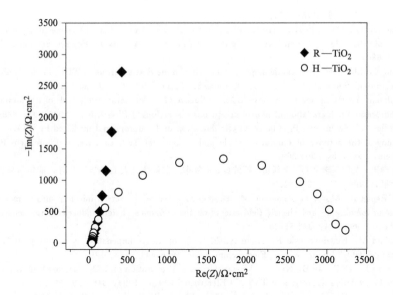

图 11-39　外加电压 150mV（vs. SCE）时 TiO₂ 光电催化降解
有机物过程中的 EIS 平面图

以上的研究结果表明，光电催化反应中，如果我们想加快或延缓反应速率，则必须从能够改变表面反应速率的途径入手，如对催化剂进行改性以增加电子转移速率。这种情况下，如果想通过增加催化剂的比表面积从而增加有机物的吸附来加快反应速率则行不通。另一方面，如果 EIS 测量上两个半圆，则肯定有一个 RDS 为表面反应步骤，另一个 RDS 为其它步骤，比如为吸附步骤。这时，如果我们想加快或延缓反应速率，则既可以从能够改变表面反应速率的途径入手，也可以从能够改变另一个 RDS（吸附步骤）的速率入手，如可以增加催化剂的比表面积从而增加速率。利用这种针对光电催化过程进行动态研究的 EIS 手段，得到了有关光电催化 RDS 的结论，这些结论似乎也可以推广到光催化悬浮体系中[123]。

参 考 文 献

[1]　Serpone N, Emeline A V. Suggested terms and definitions in photocatalysis and radiocatalysis. International Journal of photoenergy, 2002, 4, 91-131.

[2]　Braslavsky S E, Houk K N. Glossary of terms used in photochemistry. Pure & Appl. Chem, 1988, 60, 1055-1106.

[3]　Verhoeven J W. Glossary of terms used in photochemistry. Pure & Appl. Chem, 1996, 68, 2223-2286.

[4]　Fujishima A, Honda K. Electrochemical photolysis of water at a semiconductor electrode. Nature, 1972, 238, 37-38.

[5]　Ollis D F Contaminant degradation in water. Envrion Sci Technol, 1985, 19, 480-484.

[6]　O'Regan B, Grätzel M. A low-cost, high-efficiency solar cell based on dye-sensitized colloidal TiO₂ films. Nature, 1991, 353：737-739.

[7]　Zhao X, Wu Y, Yao W Q, Zhu Y F. Photoelectrochemical properties of thin Bi₂WO₆ films. Thin Solid

films，2007，515：4753-4757.

[8] Zhao X，Qu J H，Liu H J，Hu C. Photoelectrocatalytic Degradation of triazine-containing azo dyes at γ-Bi_2MoO_6 film electrode under visible light irradiation ($\lambda > 420$ nm). Environ Sci Technol，2007，41：6802-6807.

[9] Zhao X，Zhu Y F. Synergetic degradation of rhodamine B at a porous $ZnWO_4$ film electrode by combined electro-oxidation and photocatalysis. Environ Sci Technol，2006，40：3367-3372.

[10] Sclafani A，Palmisano L，Schiavello M. Influence of the preparation methods of titanium dioxide on the photocatalytic degradation of phenol in aqueous dispersion，J Phys Chem，1990，94，829-832.

[11] Mills A，Sawunyama P. Photocatalytic degration of 4-chlorophenol mediated by TiO_2：a comparative study of the activity of laboratory made and commercial TiO_2 samples. J Photochem Photobiolo A：chem，1994，84：305-309.

[12] 孙奉玉，吴鸣，李文钊，李新勇，顾婉贞，王复东. 二氧化钛表面光学特性与光催化活性的关系. 催化学报，1998，19：121-124.

[13] O'Regan B，Moser J，Anderson M，Gratzel M. Vectorial electron injection into transparent semiconductor membranes and electric field effects on the dynamics of light-induced charge separation. J Phys Chem，1990，94：8720-8726.

[14] Dolata M，Kedzierzawski P，Augustynski J. Comparative impedance spectroscopy study of rutile and anatase TiO_2 film electrodes. Electrochim Acta，1996，41，1287-1293.

[15] Kavan L，O'Regan B，Kay A. Michael Grätzel. Preparation of TiO_2（anatase）films on electrodes by anodic oxidative hydrolysis of $TiCl_3$. J Electroanal Chem，1993，346：291-307.

[16] Vinodgopal K，Hotchandani S，Kamat P V. Electrochemically assisted photocatalysis：titania particulate film electrodes for photocatalytic degradation of 4-chlorophenol. J Phys Chem，1993，97：9040-9044.

[17] Kim D H，Anderson M A. Photoelectrocatalytic degradation of formic acid using a porous TiO_2 thin-film electrode. Environ Sci Technol，1994，28：479-483.

[18] Vinodgopal K，Stafford U，Gray K A，Kamat P V. The role of oxygen and reaction intermediates in the degeradation of 4-chlophnol on immobilized TiO_2 particulate film. J Phys Chem，1994，98：6797-6803.

[19] 符小荣，张校刚，宋世庚，王学燕，谭辉，陶明德. TiO_2/Pt/glass 纳米薄膜的制备及对可溶性染料的光电催化降解. 应用化学，1997，4：80-82.

[20] Rajeshwar K. Photoelectrochemistry and the Environment. J Applied Chem，1995，25：1067-1082.

[21] Kesselman J M，Lewis N S，Hoffmann M R. Photoelectrochemical degradation of 4-chlorocatechol at TiO_2 electrodes：comparison between sorption and photoreactivity. Environ Sci Technol，1997，31：2298-2302.

[22] Vinodgopal K，Kamat P V. Enhanced rates of photocatalytic degradation of an azo dye using SnO_2/TiO_2 coupled semiconductor thin films，Environ Sci Technol，1995，29：841-845.

[23] Kesselman J M，Weres O，Lewis N S. Hoffmann M R. Electrochemical production of hydroxyl radical at polycrystalline Nb-doped TiO_2 electrodes and estimation of the partitioning between hydroxyl radical and direct hole oxidation pathways. J Phys Chem B，1997，101：2637-2643.

[24] Turchi C S，Ollis D F. Photocatalytic degradation of organic water contaminants：mechanisms involving hydroxyl radical attack，J Catal，1990，122：178-192.

[25] Lu L C，Roam G D，Chen J N，Huang C P. Adsorption characteristics of dichlorvos onto hydrous titanium dioxide surface. Wat Res，1996，30：1670-1676.

[26] Sun Y F，Pignatello J J. Evidence for a surface dual hole-radical mechanism in the TiO_2 photocatalytic oxidation of 2,4-dichlorophenoxyacetic acid. Environ Sci Technol，1995，29：2065-2072.

[27] Kesselman J M，Shreve G A，Hoffmann M R，Lewis N S. Flux-matching conditions at TiO_2 photoelectrodes：is interfacial electron transfer to O_2 rate-limiting in the TiO_2-catalyzed photochemical degradation of organic. J Phys Chem，1994，98：13385-13395.

[28] 周名成，俞汝勤编. 紫外与可见分光光度分析法. 北京：化学工业出版社，1986：262.

[29] Choi W，Termin A，Hoffmann M R. The role of metal ion dopants in quantum-sized TiO_2：correlation between photoreactivity and charge carrier recombination dynamics. J Phys Chem，1994，98：13669-13679.

[30] 陈士夫，赵梦月，陶跃武. 玻璃载体 TiO_2 薄层光催化降解久效磷农药. 环境科学研究，1996，9：49-53.

［31］ 张曼平，战闰，夏宗凤. 灭多威的光催化降解动力学研究. 高等学校化学学报，1998，19：1475-1478.

［32］ Butler E C，Daivs A P. Photocatalytic oxidation in aqueous titanium dioxide suspensions：the influence of dissolved transition metals. J Photochem Photobiol A：Chem，1993，70：273-283.

［33］ Tacconi N R，Wenren H，Chesney D M，Rajeshwar K. Photoelectrochemical oxidation of formate ions on nickel-titanium dioxide nanocomposite electrodes：unusually high "current doubling" yields and manifestation of a site proximity effect，Langmuir，1998，14：2933-2935.

［34］ Fernandez-Ibañez P，Malato S，Enea O. Photoelectrochemical reactors for the solar decontamination of water. Cat Today，1999，54：329-339.

［35］ 施利毅，李春忠，古宏晨，房鼎业，朱以华，陈爱平. 高温气相应合成金红石型纳米 TiO$_2$ 颗粒的研究. 金属学报，2000，35：295-299.

［36］ Yoshitake H，Sugihara T，Tatsumi T. Preparation of wormhole-like mesoporous TiO$_2$ with an extremely large surface area and stabilization of its surface by chemical vapor deposition. Chem Mater，2002，14：1023-1029.

［37］ 胡林华，戴松元，王孔嘉. 溶胶-凝胶法制备的纳米 TiO$_2$ 结构相变及晶体生长动力学. 物理学报，2003，9：2135-2139.

［38］ 邵庆辉，古国榜，章莉娟. 微乳反胶团体系在纳米超微颗粒制备中的应用. 化工进展，2002，2：136-139.

［39］ 刘德峥. 微乳液技术制备纳米微粒的研究进展. 化工进展，2002，7：466-470.

［40］ 施利毅，胡莹玉，张剑平，房鼎业，李春忠. 微乳液反应法合成二氧化钛超细粒子. 功能材料，1999，5：495-497.

［41］ Litter M I，Navio J A. Photocatalytic properties of iron doped titania semiconductors. J Photochem Photobio A：Chem，1996，98：171-181.

［42］ Choi W，Termin A，Hoffmann M R. The role of metal ion dopants in quantum-sized TiO$_2$：correlation between photoreactivity and charge carrier recombination dynamics. J Phys Chem，1994，98：13669-13679.

［43］ 代斌，宫为民，张秀玲，何仁. 等离子体技术在催化剂制备中的应用. 现代化工，2001，12：13-16.

［44］ 尹京花，赵莲花，武伦鹏，张海明. 掺铁 TiO$_2$ 纳米微粒的制备及光催化活性. 分子催化，2006，6：569-573.

［45］ 李芳柏，古国榜. 太阳能多相光催化法在废水处理中的应用研究评述. 太阳能学报，1999，2：113-118.

［46］ 刘守新，陈广胜，陈孝云，陈曦，孙承林. Ag/TiO$_2$ 对含酚废水的光电催化降解. 应用化学，2005，22：840-843.

［47］ 谢宝平，熊亚，陈润铭，张汉霞，蔡沛祥. Pd-TiO$_2$/ITO 膜的制备及催化活性研究. 广州化工，2005，33：22-27.

［48］ Vinogopal K，Kamat P V. Enhanced rates of photocatalyti degradation of an azodye using SnO$_2$/TiO$_2$ coupled semiconductor thin films. Environ Sci Technol，1995，29：841-845.

［49］ 刘亚子，李新，孙成，杨绍贵，全燮. 纳米复合 ZnO-TiO$_2$ 晶体的制备及其光电催化性能研究. 环境污染治理技术与设备，2005，6：36-39.

［50］ Bae E Y，Choi W Y. Highly enhanced photoreductive degradation of perchlorinated compounds on dye-sensitized metal/TiO$_2$ under visible light. Environ Sci Technol，2003，37：147-152.

［51］ Dhanalakshmi K B，Latha S，Anandan S，Maruthamuthu P. Dye sensitized hydrogen evolution from water. Int J Hydrogen Energy，2001，26：669-674.

［52］ 毛海舫，田宏健，周庆复，许慧君，沈耀春，陆祖宏. 共吸附对卟啉、酞菁/二氧化钛复合电极光电特性的影响. 高等学校化学学报，1997，18：268-272.

［53］ Kaur S，Singh V. Visible light induced sonophotocatalytic degradation of Reactive Red dye 198 using dye sensitized TiO$_2$. Ultrasonics Sonochemistry，2007，14：531-537.

［54］ 魏少红，牛新书，蒋凯. WO$_3$ 纳米材料的 NO$_2$ 气敏特性. 传感器技术，2002，21，11-13.

［55］ Akiyama M，Tamaki J，Miura N，Yamazoe Y，Tungsten oxide-based semiconductor sensor highly sensitive to NO and NO$_2$. Chem Lett，1991，20：1611-1614.

［56］ Tamaki J，Zhang Z，Fujimori K，Akiyama M，Harada T，Miura N，Yamazoe N. Grain-size effects in tungsten oxide-based sensor for nitrogen oxide. J Electrochem Soc，1994，141：2207-2211.

［57］ Lee D，Han S，Huh J，Lee D. Nitrogen oxides-sensing characteristics of WO$_3$-based nanocrystalline thin films gas sensor. Sensors and Actuators B：Chemical，1999，60：57-63.

［58］ 王旭升，张良莹，姚熹，岛之江宪刚，酒井刚，三浦则雄，山添升. 溶胶-凝胶法制备 WO$_3$-SiO$_2$ 材料

氢敏特性研究. 功能材料, 1998, 3: 53-57.

[59] 何天平, 彭子飞. 微乳液法制备纳米级 WO₃ 粉体. 合成化学, 1997, 1: 4-6.

[60] 方国家, 刘祖黎, 周远明, 姚凯伦. 脉冲准分子激光沉积纳米 WO₃ 多晶电致变色薄膜的研究. 硅酸盐学报, 2001, 29: 559-564.

[61] 张俊松, 马娟, 周益明, 李邨. 低温固相反应法合成水分散性 CdS 纳米晶. 无机化学学报, 2005, 21, 295-297.

[62] Ohde H, Ohde M, Bailey F, Kim H, Wai C M. Water-in-CO₂ microemulsionsas nanoreactors for synthesizing CdS and ZnS nanoparticles in supercritical CO₂. Nano Letters, 2002, 2: 721-724.

[63] Hirai T, Bando Y, Komasawa I. Immobilization of CdS nanoparticles formed in reverse micelles onto alumina particles and their photocatalytic properties. J Phys Chem B, 2002, 106: 8967-8970.

[64] Gautam U K, Seshadri R, Rao C N R. A solvothermal route to CdS nanocrystals. Chemical Physics Letters, 2003, 375: 560-564.

[65] So W, Jang J, Rhee Y, Kim K, Moon S. Preparation of nanosized crystalline CdS particles by the hydrothermal treatment. Journal of Colloid and Interface Science, 2001, 237: 136-141.

[66] Ni Y H, Ge X W, Liu H R, Xu X L, Zhang Z C. γ-irradiation preparation of CdS nanoparticles and their formation mechanism in non-water system. Radiation Physics and Chemistry, 2001, 61: 61-64.

[67] Wang G Z, Chen W, Liang C H, Wang Y W, Meng G W, Zhang L D. Prepation and characterization of CdS nanoparticles by ultrasonic irradiation. Inorganic Chemistry Communications, 2001, 4: 208-211.

[68] Trindade T, Brien P O', Zhang X M. Synthesis of CdS and CdSe nanocrystallites using a novel single-molecule precursors approach. Chem Mater, 1997, 9: 523-530.

[69] 刘超峰, 胡行万, 祖庸. 以尿素为沉淀剂制备纳米氧化锌粉体. 无机材料学报, 1999, 14: 391-396.

[70] 李汶军, 施尔畏, 王步国, 夏长泰, 仲维卓. 水热法制备氧化锌粉体. 无机材料学报, 1998, 13: 27-32.

[71] 张永康, 刘建本, 易保华, 陈德根, 肖卓炳, 陈上. 常温固相反应合成纳米氧化锌. 精细化工, 2000, 17: 343-344.

[72] West A R. 固体化学及其应用. 苏勉曾, 谢高阳, 申泮文等译. 上海: 复旦大学出版社, 1989.

[73] 贾漫珂, 王俊, 郑思静, 张克立. 纳米氧化锌的制备新方法. 武汉大学学报 (理学版), 2002, 48: 420-422.

[74] Shimodaira Y, Kato H, Kobayashi H, Kudo A. Photophysical properties and photocatalytic activities of bismuth molybdates under visible light irradiation. J Phys Chem B, 2006, 110: 17790-17797.

[75] Zhao X, Zhu Y F. Synergetic degradation of rhodamine B at a porous ZnWO₄ film electrode by combined electro-oxidation and photocatalysis. Environ Sci Technol, 2006, 40: 3367-3372.

[76] Kyprianidou-Leodidoul T, Margraf P, Caseri W R, Suter U W, Walther P. Polymer sheets with a thin nanocomposite layer acting as a UV filter. Polymer Advanced Technol, 1997, 8: 505-512.

[77] Meissner D, Memming R, Kastening B. Light-induced generation of hydrogen at CdS-monograin membranes. Chem Phys Lett, 1983, 96: 34-37.

[78] Kuwabata S, Takahashi N, Hirao S, Yoneyama H. Light image formations on deprotonated polyaniline films containing titania particles. Chem Mater, 1993, 5: 437-441.

[79] Uchida H, Hirao S, Torimoto T, Kuwabata S, Sakata T, Mori H, Yoneyama H. Preparation and properties of size-quantized TiO₂ particles immobilized in poly (vinylpyrrolidinone) gel films. Langmuir, 1995, 11: 3725-3729.

[80] Matsumra M, Ohno T, Saito S, Ochi M. Photocatalytic electron and proton pumping across conducting polymer films loaded with semiconductor particles. Chem Mater, 1996, 8: 1370-1375.

[81] Addamo M, Augugliaro V, Paola A D, García-López E, Loddo V, Marcì G, Molinari R, Palmisano L, Schiavello M. Preparation, characterization, and photoactivity of polycrystalline nanostructured TiO₂ catalysts. J Phys Chem B, 2004, 108: 3303-3311.

[82] Li X Z, Li F B. Study of Au/Au³⁺-TiO₂ photocatalysts toward visible photooxidation for water and wastewater treatment. Environ Sci Technol, 2001, 35: 2381-2387.

[83] Li X Z, Li F B, Yang C L, Geb W K. Photocatalytic activity of WOₓ-TiO₂ under visible light irradiation. J Photochem & Photobio A: Chem, 2001, 141: 209-217.

[84] Andersson M, Birkedal H, Franklin N R, Ostomel T, Boettcher S, Palmqvist A E C, Stucky G D. Ag/AgCl-loaded ordered mesoporous anatase for photocatalysis. Chem Mater, 2005, 17: 1409-1415.

[85] Finnie K S, Cassidy D J, Bartlett J R, Woolfrey J L. IR spectroscopy of surface water and hydroxyl

species on nanocrystalline TiO$_2$ films. Langmuir，2001，17，816-820.

[86] 郭向丹，樊彩梅，郝晓刚，孙彦平. 涂覆法制备 TiO$_2$ 薄膜光电极及催化性能研究. 太原理工大学学报，2002，33：578-582.

[87] Zhitomirsky L. Electrolytic TiO$_2$-RuO$_2$ deposits. J Mater Sci，1999，34：2441-2447.

[88] 魏培海，姚发业，王娅娟. MOCVD 法制备 TiO$_2$ 薄膜的光电化学性质研究. 山东师大学报（自然科学版），2000，16：151-153.

[89] Takeda S，Suzuki S，Odaka H，Hosono H. Photocatalytic TiO$_2$ thin film deposited onto glass by DC magnetron sputtering. Thin Solid films，2001，392：338-344.

[90] 尹荔松，向成承，闻立时，周克省，潘吉浪. TiO$_2$ 薄膜的光电催化性能及电化学阻谱研究. 世界科技研究与发展，2007，29：1-5.

[91] 沈杰，沃松涛，蔡臻练，崔晓莉，杨锡良，章壮健. 射频磁控共溅射制备超亲水性 TiO$_2$/SiO$_2$ 复合薄膜. 真空科学与技术，2004，24：15-19.

[92] 唐玉朝，钱振型，钱中良，胡春，王恰中. TiO$_2$ 薄膜光催化剂的制备及其活性. 环境科学学报，2002，22：393-396.

[93] 张彭义，余刚，蒋展鹏. 半导体光催化剂及其改性技术进展. 环境科学进展，1997，5：2-11.

[94] Kato K，Torii Y，Taoda H，Kato T，Butsugan Y，Niihara K. TiO$_2$ coating photocatalysts with nano-structure and preferred orientation showing excellent activity for decomposition of aqueous acetic acid. J Mater Sci Lett，1996，15：913-915.

[95] Zainal Z，Lee C Y. Properties and photoelectrocatalyticbehaviour of sol-gel derived TiO$_2$ thin films. Journal of Sol-Gel Science and Technology，2006，37：19-25.

[96] 刘惠玲，周定，李湘中，余秉涛. 网状 Ti/TiO$_2$ 电极光电催化氧化若丹明 B. 环境科学，2002，23：47-51.

[97] Vinodgopal K，Hotchandani S，Kamat P V. Electrochemically assisted photocatalysis：titania particu-late film electrodes for photocatalytic degradation of 4-chlorophenol. J Phys Chem，1993，97：9040-9044.

[98] 符小荣，张校刚，宋世庚，王学燕，谭辉，陶明德. TiO$_2$/Pt/glass 纳米薄膜的制备及对可溶性染料的光电催化降解. 应用化学，1997，14：80-82.

[99] Kesselman J M，Lewis N S，Hoffmann M R. Photoelectrochemical degradation of 4-chlorocatechol at TiO$_2$ electrodes：comparison between sorption and photoreactivity. Environ Sci Technol，1997，31：2298-2302.

[100] Lu M C，Roam G，Chen J，Huang C. Adsorption characteristics of dichlorvos onto hydrous titanium dioxide surface. Wat Res，1996，30：1670-1676.

[101] Akuto K，Sakurai Y. A photochargeable metal hydride/air battery，J Electrochem Soc，2001，148：A121-A125.

[102] Zayat M Y E，Saed A O，EI-Dessouki M S. Photoelectrochemical properties dye sensitized Zr-doped SrTiO$_3$ Electrodes. Int J Hydrogen Energy，1998，23：259-266.

[103] Bak T，Nowotny J，Rekas M，Sorrell C C. Photoelectrochemical hydrogen generation from water using solar energy materials-related aspects. Int J Hydrogen Energy，2002，27：991-1022.

[104] Karn R K，Misra M，Srivastava O N. Semiconductor-septum photoelectrochemical cell for solar hy-drogen production. Int J Hydrogen Energy，2000，25：407-413.

[105] Milczarek G，Kasuya A，Mamykin S，Arai T，Shinoda K，Tohji K. Optimization of a two-compart-ment photoelectrochemical cell for solar hydrogen production. Int J Hydrogen Energy，2003，28：919-926.

[106] Vinodgopal K，Prashant V Kamat. Enhanced rates of photoeatalytie degradation of azo dye using SnO$_2$/TiO$_2$ coupled semiconductor thin films. Environ Sci Technol. 1995，29（3）：841-845.

[107] 曹长春，蒋展鹏，余刚，黄河，陈中颖. TiO$_2$ 薄膜光电协同催化氧化降解活性艳红. 环境科学，2002，23：108-111.

[108] Vinodgopal K，Kamat P V. Electrochemically assisted photocatalysis using nanocrystalline semicon-ductor thin films. Sol Energy Mater Sol Cells，1995，38：401-411.

[109] 李景印，郭玉凤，王振川，崔建升，张亚通. 光电催化降解 2,4-二氯苯酚的研究. 重庆环境科学，2002，24：52-54.

[110] Kesselman J M，Lewis N S，Hoffmann M R. Photoelectrochemical degradation of 4-chorocatechol at TiO$_2$ electrodes：comparison between sorption and photoreactivity. Environ Sci Technol，1997，31：2298-2302.

[111] Kim D H, Anderson M A. Solution factors affecting the photocatalytic and photoelectrocatalytic degradation of formic acid using supported TiO_2 thin films. J Photochem Photobio A：chem, 1996, 94：221-229.

[112] 冷文华, 童少平, 成少安, 张鉴清, 曹楚南. 附载型二氧化钛光电催化降解苯胺机理. 环境科学学报, 2000, 20：781-784.

[113] 冷文华, 成少安, 张鉴清, 曹楚南. 光电催化和光产生过氧化氢联合降解苯胺. 环境科学学报, 2001, 21：625-627.

[114] Kaneco S, Katsumata H, Suzuki T, Ohta K. Photoelectrocatalytic reduction of CO_2 in LiOH/methanol at metal-modified p-InP electrodes. Applied Catalysis B：Environmental, 2006, 64：139-145.

[115] 刘旺, 王德军, 李铁津. $Co_3O_4/SrTiO_3$ 光催化分解水制氢的研究. 物理化学学报, 1987, 3：123-128.

[116] 钱修琪, 王德军, 洪广言, 肖良质, 李铁津. p/n 结型 $\alpha-Fe_2O_3$ 光催化剂的光电压谱研究. 高等学校化学学报, 1986, 7：369-371.

[117] 刘守信, 刘鸿. 光催化及光电催化基础与应用. 北京：化学工业出版社, 2006：323.

[118] 刘尚长. 光电催化化学. 北京：科学出版社, 2005：140.

[119] 王德军, 李葵英, 于剑峰, 谢腾峰, 吴通好, 李铁津. 复合氧化物苯酚羟化催化活性与光伏响应的关系. 吉林大学自然科学学报, 1997, 4：91-94.

[120] 陈齐全, 张东, 杨中华, 王好平. SPS 和 EFISPS 技术及其在多相催化研究中的应用. 抚顺石油学院学报, 1999, 19：16-21.

[121] 曹楚南, 张鉴清. 电化学阻抗谱导论. 北京：科学出版社, 2002：21.

[122] Hoffmann M R, Martin S T, Choi W, Bahnemann D W. Environmental Applications of Semiconductor Photocatalysis. Chem Rev, 1995, 95：69-96.

[123] Liu H, Li X -Z, Leng Y -J, Li W -Z. An alternative approach to ascertain the rate-determining steps of TiO_2 photoelectrocatalytic reaction by electrochemical impedance spectroscopy. J Phys Chem B, 2003, 107：8988-8996.

第 **12** 章
燃料电池电催化

■ 程璇

（厦门大学材料学院）

12.1 燃料电池的分类和性能

化石能源的广泛应用不但加剧能源危机，而且还导致世界范围的环境污染和全球变暖。氢能源作为一种可再生的绿色能源，对建立稳定及高效率能源、缓解能源危机、解决气候变暖问题具有重要的现实意义。用于氢电转换的燃料电池是一种将燃料和氧化剂的化学能通过电极反应直接转换成电能的装置，具有燃料多样化、排气干净、噪声低、对环境污染小等优点，是一种绿色环保能源。由于反应过程不涉及燃烧，因此，其能量转换效率不受卡诺循环的限制，高达 $60\% \sim 80\%$，实际使用效率则是普通内燃机的 $2 \sim 3$ 倍。自 1839 年英国格罗夫第一个发现了燃料电池原理以来，直到 120 年后，美国航空航天局在阿波罗登月飞船上利用碱性燃料电池作为主电源提供动力才展现了其潜在的应用价值。20 世纪 70 年代，以净化重整气为燃料的磷酸型燃料电池和以净化煤气、天然气为燃料的熔融碳酸盐燃料电池作为各种应急电源和不间断电源被广泛使用。此外，固体氧化物燃料电池直接采用天然气、煤气和碳氢化合物作燃料，固体氧化物膜作电解质，在 $600 \sim 1000℃$ 工作，余热与燃气、蒸汽轮机构成联合循环发电。美国通用电气公司采用杜邦公司生产的全氟磺酸型质子交换膜组装的燃料电池运行寿命超过了 57000h。这种可以在室温下快速启动的燃料电池具有广泛的军用背景，1983 年，加拿大国防部斥资支持巴拉德动力公司研究这类电池。1984 年，美国能源部也开始资助质子交换膜燃料电池的研发，1998 年 3 月，美国芝加哥首次在公共交通体系采用燃料电池为动力的公交车。目前，燃料电池混合电动汽车已经在各个国家进行测试。

电催化反应是燃料电池中的重要过程之一，燃料电池通过燃料和氧化剂在催化剂作用下发生的氧化和还原反应来产生电力，其成本、性能和可靠性很大程度上受制于电催化剂。因此，了解和研究燃料电池的电催化机理，特别是研究催化剂结构、组成与电池性能、寿命之间的关系，对推进燃料电池商业化进程具有重大的科学和现实意义。

12.1.1 燃料电池分类

燃料电池可根据其电解质类型、工作温度和燃料种类进行分类。按电解质类型，可以分成五大类：①碱性燃料电池；②磷酸型燃料电池；③熔融碳酸盐燃料电池；④固体氧化物燃料电池；⑤质子交换膜燃料电池。按工作温度，可分为三大类：①低温燃料电池（工作温度：<100℃），如碱性及质子交换膜燃料电池；②中温燃料电池（工作温度：100～300℃），如磷酸型燃料电池；③高温燃料电池（工作温度：600～1000℃），如熔融碳酸盐和固体氧化物燃料电池。按燃料来源，也可分为三大类：①直接式燃料电池，即直接用纯 H_2 为燃料；②间接式燃料电池，通过重整方式将 CH_4，CH_3OH 或其它烃类化合物转变成 H_2（或含 H_2 混合气）后再供应给燃料电池来发电；③再生式燃料电池，把燃料电池反应生成的水，经某种方法分解成 H_2 和 O_2，再将 H_2 和 O_2 重新输入燃料电池中发电。

图 12-1 分别给出了两种代表性燃料电池，即低温的质子交换膜（包括直接甲醇）燃料电池和高温的固体氧化物燃料电池的工作原理及主要组成示意图。如图 12-1(a) 所示，在质子交换膜燃料电池中，阳极发生氢气或甲醇的氧化反应，产生的氢离子（H^+）通过质子交换膜从阳极传输到阴极，与阴极的氧气发生还原反应生成产物水；而在固体氧化物燃料电池中［图 12-1(b)］，阴极发生氧气的还原反应，生成的阳离子（O^{2-}）穿过固体电解质，与阳极的氢气或甲烷发生氧化反应，生成产物水。虽然两种燃料电池的基本总反应均为 $2H_2 + O_2 \longrightarrow 2H_2O$，但是质子交换膜燃料电池的工作温度一般为 80～120℃（低温质子交换膜燃料电池可以在室温或室温以下运行），产物水从阴极排出，而固体氧化物燃料电池的工作温度一般为 600～1000℃，产物水从阳极排出。

12.1.2 燃料电池性能

燃料电池在实际运行条件下（有电流通过）存在过电位的影响，因此，电池的工作电压（E_{cell}）总是低于其电动势（可逆电压 E_r），并随着放电电流的增加而逐渐减小。电池工作电压与电流的关系是体现燃料电池性能尤其是电极电催化性能的一个重要特性，是燃料电池电极反应动力学研究的重要内容之一。

通过燃料电池的电流与电池端电压的关系可以用下式描述：

$$E_{cell} = E_r - \eta_a - \eta_c - iR_\Omega \tag{12-1}$$

式中，i、R_Ω、η_a、η_c 分别为通过电池的电流、电池内阻、阳极过电位和阴极过电位。电池的内阻包括电解质、电极材料、电池连接材料等的欧姆电阻以及电池材料之间的接触电阻，在经过电池材料以及结构的优化后主要由电解质欧姆电阻决定。阴、阳极的极化过电位由电极的电催化活性以及传质性能决定，在通常情况下可以进一步分解为电化学活化过电位以及扩散过电位（浓差过电位）。活化过电位是为了使电荷转移反应能够进行而施加的外部电势，该电势的施加使反应物突破反应速控步的能垒（活化能）而使反应按照一定的速率进行。活化过电位（η）与电流密度（j）的关系通常可以用 Butler-Volmer 公式描述：

$$j = j_0 \left[\exp\frac{\alpha_a F \eta}{RT} - \exp\left(-\frac{\alpha_c F \eta}{RT}\right) \right] \tag{12-2}$$

式中，j_0 为交换电流密度；F 为 Faraday 常数；R 为气体常数；T 为热力学温度；α_a 和 α_c 为阳极、阴极的电荷转移系数。电荷转移系数与反应的总电子转移数（N）及反应速控步进行的次数（ν）的关系为

$$\alpha_a + \alpha_c = \frac{N}{\nu} \tag{12-3}$$

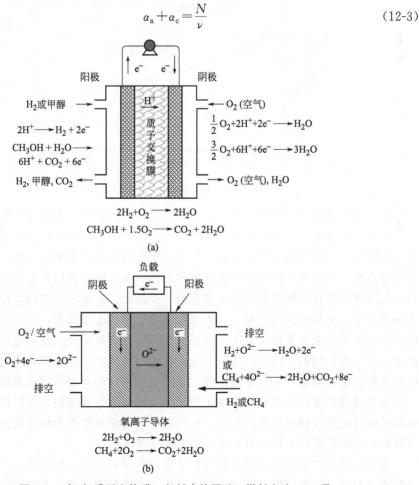

图 12-1　氢-氧质子交换膜（包括直接甲醇）燃料电池（a）及
固体氧化物燃料电池工作原理（b）示意图

交换电流密度的特性以及电荷转移系数的大小与电极反应的机制有密切的关系，通过分析交换电流密度以及电荷转移系数与反应物种类、浓度以及操作条件的关联，对于解析电极催化反应机理具有重要的作用。

图 12-2 为典型燃料电池的端电压随电流变化的示意图。在没有电流通过的条件下（即开路状态，对应的电压为开路电压），电池的端电压与电池的可逆电压相等。随着电流的增加，电极反应在小电流的条件下主要受活化过电位的控制；在中等电流的条件下，电极反应速率迅速提高，电池的端电压主要受欧姆电阻的影响；在大电流下，当反应物的传质速率无法满足电极反应的需求时，反应将受扩散过电位的控制而进入物质传递控制区。

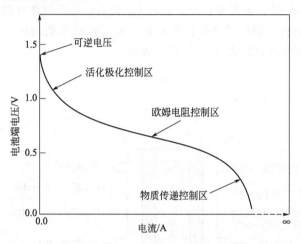

图 12-2　典型燃料电池的极化曲线

影响燃料电池动力学特性的主要参数为电池的电动势、电极反应的交换电流密度和电荷传递系数、极限扩散电流以及电池的内阻。电动势由燃料电池中发生的电化学反应决定，即决定于燃料与氧化剂的组成、电池操作温度等条件。具有高电动势的电池在相同的极化过电位下具有高的电压效率，因此选择具有高的电动势的燃料电池体系及操作条件是保证电池效率的一个前提。在电极反应的电荷转移系数相同的条件下，交换电流密度是决定电极活化过电位的重要因素，是表征电极电催化活性的一个重要常用参数。对于同一反应，具有高交换电流密度的电极具有高的电催化活性，在相同的电流下产生的活化极化过电位较小，因此提高电极反应的交换电流密度是提高电池效率的重要手段。交换电流密度的提高可以通过增加反应活性位的数量或提高活性位的催化活性实现。电荷转移系数与电极反应的机理相关，对电极极化过电位同样有重要的影响，在利用交换电流密度作为标准比较不同电极的活性时，必须保证电极反应具有相同的电荷转移系数。

燃料电池在实际操作条件下必须保证高的燃料利用率，电池出口处的反应物燃料的浓度较低，电池可能会受到扩散过电位的严重影响。具有大的极限扩散电流是保证电池在低反应物浓度下具有高效率的关键，多孔性电极材料可以显著增加电极的极限扩散电流。在经过电池材料以及结构的优化后，燃料电池的内阻主要由电解质的欧姆电阻决定，因此，电解质的欧姆电阻是影响电池动力学特性的重要参数。欧姆降为通过电池的电流与内阻的乘积，随着电流的增加，欧姆降会超过活化极化，在大电流的操作条件下成为决定电池效率的主要因素，减小电解质的电阻可以提高电池效率以及输出性能。减小电解质欧姆电阻可以通过减小电解质的厚度和提高电解质的离子电导率实现。

本章将以质子交换膜燃料电池为例，重点介绍燃料电池的电催化原理和特点、电催化剂的结构、组成和性能的表征及其电催化相关的研究进展。同时，对电催化研究中存在的难点问题进行探讨，提出今后电催化的研究方向。

12.2 燃料电池电催化

低温燃料电池技术被认为是最有可能实现在汽车上应用的动力电源。影响低温燃料电池性能的主要因素来自三个方面：①由于较慢的反应动力学特别是阴极氧还原反应造成的活化损失；②由于电解质中离子传输带来的欧姆损失；③由于较大运行电流下物质传输引起的损失。其中，由于氧还原反应产生的过电位较大，严重制约了燃料电池的性能和寿命。电催化剂是燃料电池正常运行的关键材料之一，以铂为主的贵金属电催化剂由于价格昂贵，成为制约低温燃料电池商业化的一大障碍。因此，降低铂的用量、提高其利用率以及开发价格低廉、高性能和高稳定性的非铂阴极催化剂成为近年来电催化剂研究的主要方向。

12.2.1 催化剂概述

质子交换膜燃料电池一般包括两种：采用纯氢气或重整气如天然气为燃料，氧气或空气为氧化剂的氢-氧（空）质子交换膜燃料电池（PEMFC），以及以液态甲醇为燃料，氧气或空气为氧化剂的直接甲醇燃料电池（DMFC）。由于 PEMFC 的运行温度一般不超过 100℃，因此，普遍采用以贵金属铂（Pt）为主的催化剂。目前最为成熟且应用最为广泛的阳极催化剂为铂钌（PtRu）合金或负载型 PtRu 合金催化剂，阴极催化剂为纯 Pt 或负载型 Pt 金属催化剂。此外，其它新型 Pt 基合金催化剂，包括二元合金 $PtMe$（如 $PtSn$，$PtPd$ 等），三元合金 $PtMe_1Me_2$（如 $PtRuW$，$PtRuNb$，$PtCoW$，$PtNiW$，$PtMnW$ 等），四元合金 $PtMe_1Me_2Me_3$（如 $PtRuSnW$ 等）；金属氧化物催化剂（如 ABO_3 型金属氧化物，ABO_3 中的 A 和 B 分别代表：A＝Sr，Ce，Pb，La；B＝Co，Pt，Pd，Ru 等）；非铂催化剂包括硫族化合物(chalcogenides)，如 A_xB_y（A＝Ru，Co，Fe，Ni 等；B＝S，Se，Te 等）[1]，主要包括钌（Ru）基硫族化物（如 Ru_xSe_y）和过渡金属硫族化物（如 CoS、CoSe、Ni_xSe_y、FeS_2 和 WSe_2）两类；非贵金属催化剂主要包括过渡金属大环化合物

(macrocycles) 或螯合物（chelates），如 Fe，Co，Ni，Mn 的酞菁（phthalocyanine，Pc），杂烯（tetraazaannulene TAA）或卟啉（tetraphenylporphyrin，TPP；tetramethoxyphenylporphyrin，TMPP）络合物等；过渡金属导电聚合物（conducting polymers），如 Fe，Co 的聚吡咯（polypyrrole，PPy）、聚苯胺（polyaniline，PANI）和聚噻吩（polythiophene，PTP）共轭聚合物等以及过渡金属氧/氮/碳化物（oxides/nitrides/carbides）如 NiO，CoO，Mo_2N/C，W_2N/C，FeN/C 和 CoN/C 等也得到了广泛研究[2~5]。

用于 PEMFC 的催化剂需要具有良好的稳定性和耐久性、较高的电催化活性及电导率。

(1) 稳定性/耐久性 电催化剂在酸性电解质的工作环境中具有良好的化学和结构稳定性，在燃料电池长期运行或其它各种运行条件下能长久保持电催化活性。要求电催化剂耐腐蚀，不易被一氧化碳（CO）毒化；对于 DMFC 电催化剂，还必须具有抗甲醇能力。

(2) 电催化活性 交换电流密度越高，电催化剂本征活性越高。理论上 Tafel 区域（活化控制区）活化能越低，电催化剂的活性越高。电催化活性还表现在反应物（燃料与氧化剂）在电极反应中的转化与利用程度。活性还关系到形成表面的化学物种及其电子结构、配位数和局部对称性等，与电催化剂晶格缺陷（如空位、位错、晶界和缝隙等）有关。

(3) 电导率 多孔电极中的电催化剂必须是反应物及反应产物的电荷转移反应活性位，并进行电子的传输，所以电催化剂必须具有良好的电导率。

为了获得燃料电池中电催化剂的高活性和高电导率，经常选择高比表面积的多孔导电材料作为催化剂的载体。这些载体需要具有高的电化学和化学稳定性、合理的孔结构、憎水性，能够均匀分散催化剂纳米颗粒，且使颗粒尺寸分布较均匀。催化剂载体直接影响催化剂的分散、活性和稳定性。最常用的催化剂载体仍然为炭黑，此外，还有碳纳米管、多孔性碳材料、TiO_2 或 WO_3 修饰炭黑等。一般认为，具有较大微孔面积的碳载体材料有助于催化剂活性位的形成，从而有助于催化剂活性的提高；但高微孔面积的碳载体材料又会造成催化剂稳定性的下降。碳纳米管具有大比表面积、化学稳定性强和良好的导电性能等特性，使用前往往需要进行预处理，以提高负载催化剂的均匀性和稳定性。表 12-1 列出了目前燃料电池常用的碳载体材料。有关载体材料的详细信息可参考综述文献 [6]。

表 12-1 常用催化剂碳载体材料

碳载体	比表面积（微孔）/$m^2 \cdot g^{-1}$
Vulcan XC-72R	213(114)[7]
Black Pearls 2000	1379(934)[7]
KetjenBlackEC-600-JD	1405(507)[7]
KetjenBlack EC-300J	950[8]
N234	120(15)[9]
N330	71(5)[10]

12.2.2 电催化反应特点

电催化（electrocatalysis）指的是电极/电解质界面上进行电荷转移反应时的非均相催化过程。通常，燃料电池中与电催化有关的反应是发生在催化剂电极的氧化还原反应。当反应物吸附于电极表面时，表面反应将包括电子转移和离子转移两个方面，其中也包括吸附催化过程。燃料电池中的电催化反应包括阴极的氧还原反应（oxygen redunction reaction，ORR）和阳极的氢氧化反应（hydrogen oxidation reaction，HOR）或甲醇氧化反应（methanol oxidation reaction，MOR），可分别用下式表达：

$$O_2 + 4H^+ + 4e^- \longrightarrow 2H_2O \qquad E^0 = 1.229V \tag{12-4}$$

$$H_2 \longrightarrow 2H^+ + 2e^- \qquad E^0 = 0V \tag{12-5}$$

$$CH_3OH + 3H_2O \longrightarrow 6H^+ + 2H_2O + CO_2 + 6e^- \tag{12-6}$$

一般而言，燃料电池中的阴极还原过程具有以下特点：

① 氧的电极反应机理较为复杂，不同的电催化剂材料及反应条件可以有不同的反应机理和控制步骤。

② 氧电极的可逆性很小。

③ 氧的电极反应涉及的电位范围比较高，尤其是在酸性电解质中，如反应式（12-4）的标准电极电位为 1.229V。在如此高的电位下，不仅大多数金属在水溶液中不稳定（除 Pt，Pd 等贵金属及某些氧化物催化剂外），而且在电催化剂表面往往会吸附氧或含氧离子，甚至生成各种氧化层，从而改变电极的表面特性。

无催化剂条件下，氧电极无法建立其平衡电极电位，ORR 不是四电子反应，而是两电子反应，生成中间产物过氧化氢（H_2O_2），其反应式为：

$$O_2 + 2H^+ + 2e^- \longrightarrow H_2O_2 \quad （主要反应：E^0 = +0.682V） \tag{12-7}$$

$$H_2O_2 + 2H^+ + 2e^- \longrightarrow 2H_2O \quad （次要反应：E^0 = +1.770V） \tag{12-8}$$

在以 Pt 为电催化剂时，理论上 ORR 是按四电子反应历程进行，最终生成产物水：

$$O_2 + 2Pt \longrightarrow 2PtO \tag{12-9}$$

$$2PtO + 4H^+ + 4e^- \longrightarrow 2Pt + 2H_2O \quad （E^0 = +1.229V） \tag{12-10}$$

实际上，氧在 Pt 电极上的电催化反应机理为：

$$Pt + O_2 \longrightarrow Pt\text{—}O_{2ads} \tag{12-11}$$

$$Pt\text{—}O_{2ads} + H^+ + e^- \longrightarrow Pt\text{—}O_2H_{ads} \tag{12-12}$$

$$Pt + Pt\text{—}O_2H_{ads} \longrightarrow Pt\text{—}O_{ads} + Pt\text{—}OH_{ads} \tag{12-13}$$

$$Pt\text{—}O_{ads} + H^+ + e^- \longrightarrow Pt\text{—}OH_{ads} \tag{12-14}$$

$$2Pt\text{—}OH_{ads} + 2H^+ + 2e^- \longrightarrow 2Pt + 2H_2O \tag{12-15}$$

图 12-3 为铂催化剂在酸性介质中传统的 ORR 反应机理[11,12]，只有通过氧的两个活性位（图 12-3 中"2 sites"反应路径）才可能发生四电子反应［式（12-9）和式（12-10）］，而一个活性位（图 12-3 中"1 site"反应路径）则导致两电子反应

［式(12-7)和式(12-8)］，氧气的缓慢还原涉及多电子的转移和中间产物的生成[13]，实现四电子ORR反应的关键是使O—O键断裂。因此，氧分子中的两个氧原子最好都能与催化剂相互作用而受到足够的活化。按照Griffiths模式，当以Pt为电催化剂时，氧分子中的π轨道与中心Pt原子中空的d_{zz}轨道作用，而且Pt原子中部分充满的d_{xz}或d_{yz}轨道向氧分子反馈，这种较强的相互作用能减弱O—O键的强度，并引起O—O键的伸缩，直至引起氧气解离吸附。两电子反应式(12-7)有利于降低ORR的反应活化能，因为O—O键的解离能高达494kJ·mol^{-1}，而生成H_2O_2后其解离能仅需146kJ·mol^{-1}。但是，从燃料电池的能量转换效率和输出电压考虑，应尽量避免两电子反应机理。电子转移的数目取决于催化剂材料，氧气的缓慢还原涉及多电子的转移和中间产物的生成。由于ORR动力学较慢引起的阴极性能损失，是造成燃料电池性能较低的主要原因。

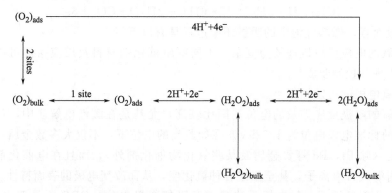

图12-3　铂和铂基催化剂的氧还原反应路径示意图[11,12]

相反，反应式(12-5)非常快，如HOR在酸性介质低指数单晶Pt上的i_0值约为10^{-3}A·cm^{-2}。通常认为，氢首先在Pt表面发生分解吸附，这一步是决速步骤，接着发生快速的电荷传递：

$$H_2 + 2Pt \longrightarrow 2Pt—H_{ads} \qquad (12-16)$$

$$2Pt—H_{ads} \longrightarrow 2Pt + 2H^+ + 2e^- \qquad (12-17)$$

具体可能的反应步骤可表示如下（M代表电催化剂表面原子）。

第一步：氢在电极表面的吸附：

$$H_2 + M \longrightarrow M—H_{2ads} \qquad (12-18)$$

第二步：氢在电极表面的电化学反应，有两种可能的途径。

途径一

$$M—H_2 + M \longrightarrow M—H + M—H \qquad (12-19)$$

$$M—H + H_2O \longrightarrow M + H_3O^+ + e^- \qquad (12-20)$$

途径二

$$M—H_2 + H_2O \longrightarrow M—H + H_3O^+ + e^- \qquad (12-21)$$

$$M—H + H_2O \longrightarrow M + H_3O^+ + e^- \qquad (12-20)$$

其中 M—H_2 与 M—H 分别表示吸附的氢分子和氢原子。

上述第二步的第一种可能途径式(12-19)是 H_2 与 M 作用就能使 H—H 键断裂形成 M—H 键；而第二种可能途径式(12-21)是 M—H_2 需要水分子的碰撞才能使 H—H 键断裂。二者的差异在于，M 与 H 原子间作用力的强弱不同：前者的 M 与 H 原子间作用强，而后者的作用弱。因此，吸附氢作用强的催化剂在第二步反应中按第一种途径的可能性大；而吸附氢作用弱的催化剂按第二种途径的可能性大。过渡金属大多在吸附氢时直接离解成 M—H，PEMFC 中 H 在 Pt 上氧化的第二步按上述第一种途径进行。

虽然以 Pt 为催化剂时 HOR 动力学上很快，但主要针对的是纯氢反应。实际应用中，燃料电池通常使用的含氢燃料为重整氢气或甲醇。通过蒸汽重整或部分氧化碳氢燃料（石油、柴油、甲烷等）产生的重整氢气一般含 1%～3% CO，19%～25% CO_2 和 25% N_2。这些杂质除了 N_2 会"稀释"氢气外，CO 和 CO_2 均会毒化 Pt 催化剂，造成电池性能衰退。

DMFC 使用液态甲醇（CH_3OH）为燃料，甲醇氧化反应式(12-6) 需要脱去 4 个质子，涉及 6 个电子的转移，是多步骤、多中间体的反应过程。到目前为止，能在较低温度下、酸性电解质中吸附和催化甲醇电氧化反应的仍然是 Pt 及其合金。甲醇在 Pt 表面的电氧化机理如图 12-4 所示[14]，分为两个基元步骤：

① 甲醇通过碳原子吸附至电催化剂表面并逐步脱质子形成含碳中间产物；

② 水在催化剂表面发生解离吸附，生成活性含氧物种，与含碳中间产物反应，释放出 CO_2。

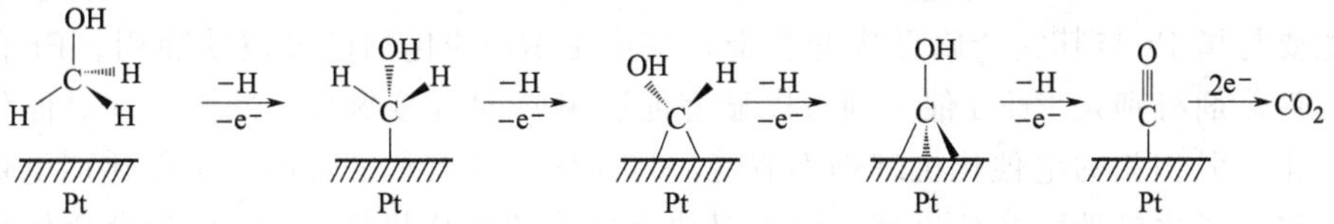

图 12-4　甲醇电氧化机理示意图[14]

不同条件下电极反应的中间产物除甲醇部分分解产物（H—C＝O）$_{ad}$[15,16]、CO_{ad}（线形吸附、桥式吸附)[16~20]等外，也可能存在甲醛、甲酸等[21,22]。这些类 CO 物种具有较强的吸附能力，会占据 Pt 表面的活性位，阻碍甲醇的进一步吸附和氧化[23,24]，需要与水在 Pt 活性位解离生成的 Pt—OH_{ads} 反应才能氧化去除。在酸性介质中，当电位高于 0.9V 时，Pt 电极表面才会大量吸附含氧物种[25]。该电位远高于燃料电池正常运行过程中的阳极过电位（约 0.3～0.5V)[26]。

一般认为，酸性介质中 Pt 对甲醇电化学催化的机理为：

$$CH_3OH + 2Pt \longrightarrow Pt—CH_2OH_{ads} + Pt—H_{ads} \tag{12-22}$$

$$Pt—CH_2OH_{ads} + 2Pt \longrightarrow Pt_2—CHOH_{ads} + Pt—H_{ads} \tag{12-23}$$

$$Pt_2—CHOH_{ads} + 2Pt \longrightarrow Pt_3—COH_{ads} + Pt—H_{ads} \tag{12-24}$$

甲醇首先吸附在 Pt 表面，同时逐渐脱去甲基上的 H。Pt_3—COH_{ads} 是甲醇氧化的中间产物，也是主要的吸附物质。随后，$Pt—H_{ads}$发生解离反应生成H^+：

$$Pt—H_{ads} \longrightarrow Pt+H^++e^- \tag{12-25}$$

式(12-25)的反应速度极快，但在缺少活性氧时，$Pt_3—COH_{ads}$会发生如下反应，并占主导地位：

$$Pt_3—COH_{ads} \longrightarrow Pt_2—CO_{ads}+Pt+H^++e^- \tag{12-26}$$

$$Pt_2—CO_{ads} \longrightarrow Pt—CO_{ads}+Pt \tag{12-27}$$

Pt电催化剂被$Pt_2—CO_{ads}$（桥式吸附）或$Pt—CO_{ads}$（线式吸附）所毒化，其中$Pt—CO_{ads}$是导致Pt中毒的最主要原因。在有活性氧存在时，$Pt_3—COH_{ads}$等中间产物不再毒化Pt，而是发生下述反应：

$$Pt—CH_2OH_{ads}+OH_{ads} \longrightarrow HCHO+Pt+H_2O \tag{12-28}$$

$$Pt_2—CHOH_{ads}+2OH_{ads} \longrightarrow HCOOH+2Pt+H_2O \tag{12-29}$$

$$Pt_3—COH_{ads}+3OH_{ads} \longrightarrow CO_2+3Pt+2H_2O \tag{12-30}$$

中间产物与活性氧发生反应后，将活性Pt释放出来，并同时生成少量的HCHO和HCOOH。

由此看出，MOR是一个多步脱氢的复杂过程，氧化过程产生的某些中间产物（如CO_{ads}或COH_{ads}）吸附在电催化剂的表面，会使电催化剂失去活性，发生电催化剂"中毒"。只有当反应过程中存在大量的活性氧（OH_{ads}）时，才能把甲醇完全氧化成CO_2，而不致使电催化剂中毒。然而，对于Pt来说，$Pt—OH_{ads}$只有在过电位很高（如$\eta > 0.6V$）时才能生成，因此，在燃料电池运行的电位区域内，很容易生成$Pt—CO_{ads}$，使Pt中毒而失去活性。

大量研究表明，Pt合金催化剂比纯Pt表现出更高的电催化活性，Pt合金催化剂主要是指Pt与其它金属形成的合金，其中PtRu催化剂已经成功商用。Pt合金阳极催化剂特别是PtRu催化剂可以显著促进甲醇的直接氧化，减轻CO对催化剂的毒化，但相关的电催化机理仍不清楚。目前比较具有代表性的合金催化剂电催化机理包括强化机理和本征机理。基于双功能理论的强化机理[27~30]认为合金催化剂中第二种金属比Pt更容易氧化，通过表面反应提高了甲醇氧化过程中所产生的中间产物的氧化速率。同时第二种金属原子（M）的存在使得电催化剂中毒的机会减少，这种原子抑制了强烈吸附在Pt表面的中间产物的生成。主要的反应机理可写成：

$$Pt—CH_2OH_{ads}+M—OH_{ads} \longrightarrow HCHO+Pt+M+H_2O \tag{12-31}$$

$$Pt_2—CHOH_{ads}+2M—OH_{ads} \longrightarrow HCOOH+2Pt+2M+H_2O \tag{12-32}$$

$$Pt_3—COH_{ads}+3M—OH_{ads} \longrightarrow CO_2+3Pt+3M+H_2O \tag{12-33}$$

或甲醇优先吸附在Pt位上，解离为CO_{ads}。含氧物种在Ru上形成的电位较低（约0.2V），因此水的解离主要发生在Ru位上。在Ru位形成的含氧物种与邻位的$Pt—CO_{ads}$反应生成CO_2：

$$Pt_3—CO_{ads}+Ru—OH_{ads} \longrightarrow CO_2+H^++e^-+Pt+Ru \tag{12-34}$$

基于电子结构理论的本征机理[31,32]认为第二种金属的加入修饰了Pt的电子性能，改变了其表面形态或氧化态，降低了 CO 与 Pt 键合的稳定性，从而促进了 H 与 Pt 的键合作用，进而催化甲醇的氧化。

由于甲醇电氧化动力学上较慢，也会产生 CO、CO_2 和其它中间物种等，使 Pt 催化剂中毒。特别有害的杂质是 CO，当其含量达到 10×10^{-6} 时就会显著恶化阳极性能。如果 CO 通过质子交换膜渗透到阴极，还会对阴极性能造成负面影响。因此，Pt 催化剂中毒机理成为燃料电池电催化研究领域中的重要研究内容。PEMFC 中燃料和氧化剂中少量的杂质（如 CO，CO_2，H_2S 和 NH_3）以及燃料电池部件的腐蚀产物（如 Fe^{3+} 和 Cu^{2+}）显著影响催化层中的电催化反应，造成电池性能的严重退化，甚至失效，需要避免和修复[33]。

除了 Pt 基催化剂被广泛研究外，非 Pt 催化剂是现阶段燃料电池电催化研究领域最活跃的课题之一。通过取代对 ORR 活性最高且最有效的贵金属 Pt 或 Pt 基金属催化剂，以达到降低成本和节省资源的目的。目前采取的替代方法有两种：一种是用非 Pt 催化剂如钯（Pd）基或钌（Ru）基催化剂代替，另一种是完全取代贵金属 Pt，即采用非贵金属（如过渡金属）催化剂。由于燃料电池的性能主要受限于阴极性能，近年来对非 Pt 阴极催化剂的研究也取得一定的进展。过渡金属硫族化合物、过渡金属氧化物、氮化物和碳化物，以及过渡金属热解大环化合物如卟啉、酞菁等对 ORR 具有较高的活性。一般认为，过渡金属（如 Fe，Co）大环络合物（如 N_4—，N_2O_2—，N_2S_2—，O_4—，S_4—）对 ORR 的催化活性部分来自中心离子上配位体的诱导和媒介效应[34]。Beck 等[35]提出了由 N_4-络合的过渡金属催化氧的电还原机理涉及修饰的氧化还原催化。首先是氧在催化剂金属中心（Me）的吸附从而生成氧催化剂加成物（x 为系数）：

$$x Me^{II} + O_2 \longrightarrow (x Me^{\delta+} \cdots O_2^{\delta-}) \tag{12-35}$$

其次是发生在金属中心到吸附氧的电子转移：

$$(x Me^{\delta+} \cdots O_2^{\delta-}) + H^+ \longrightarrow (x Me^{III} + O_2H)^+ \tag{12-36}$$

最后是重新产生还原的 N_4-络合物。

$$(x Me^{III} + O_2H)^+ + H^+ + 2e^- \longrightarrow x Me + H_2O_2 \tag{12-37}$$

取决于中心金属离子的性质，氧还原可以是四电子还原生成水（如铁络合物）、两电子还原生成 H_2O_2（如钴络合物）或介于两者之间的还原反应。因此，大环化合物中的中心金属离子在氧还原机理中起着决定性的作用。对于大环化合物催化剂，其氧还原过程主要是介于两电子和四电子反应的混合反应，大部分情况下生成 H_2O_2 的两电子反应占主导地位。总的来说，（金属离子—N_x—C）活性位的形成是非 Pt 催化剂具有活性的必要条件，无论是改变金属离子、卟啉环还是碳载体，都相应会改变催化机理。通过简单的化学方法合成得到的碳载钴聚吡咯（CoPPy/C）复合催化剂，当钴金属载量为 6.0×10^{-2} mg·cm^{-2} 时，初步显示出较好的 H_2/air 和 H_2/O_2 燃料电池的催化活性和令人难以置信的稳定性[36]。这种催化剂与目前研究的杂环共轭聚合物如聚苯胺、聚吡咯和聚噻吩有本质的不同，前者仅利用聚吡咯来络合钴金属以形成 ORR 活性区，后者则主要是利用共轭聚合物的电子导电性来提高 ORR 活性。过渡金属的螯合物（chelate），如 CoTAA、Co/FeTPP 和 Co/FeTMPP，可以在酸性或者碱性环境下催化 ORR[37]：

$$Chelate + O_2 \longrightarrow Chelate\text{—}O_2 \tag{12-38}$$

$$Chelate\text{—}O_2 + RH \longrightarrow Chelate + R^* + H_2O^* \tag{12-39}$$

金属螯合物在酸性条件下相对稳定，结构式一般为 MeN_4 结构，由中心金属原子与氮原子通过配位作用形成稳定结构。相对于 Pt 基催化剂而言，非 Pt 催化剂的电催化机理至今仍然不是很清楚，需要进一步研究。

12.2.3 催化剂的表征方法

燃料电池催化剂的表征分为基本性质和电催化性能表征。基本性质包括催化剂的组成、结构、表面性质等，电催化性能一般分为在溶液中或在单电池中的电催化活性及稳定性和耐久性。以下将简要介绍目前常用的催化剂分析方法和测试技术，重点阐述 PEMFC/DMFC 中催化剂的结构组成与燃料电池寿命性能的关联以及非铂阴极催化剂 $Ru_{85}Se_{15}$ 的老化机理研究进展。

12.2.3.1 X 射线谱学技术

(1) X 射线衍射谱 通过 X 射线衍射（X-ray diffraction，XRD）技术能得到催化剂中金属颗粒的晶粒尺寸。对于元素组成明确的晶体试样或者对样品结构具有一定程度预测时，可通过对比 PDF 卡片和衍射结果来确定其结构及组成。XRD 的基本原理为：用波长为 λ 的 X 射线照射原子间隔为 d 的晶体时，入射的 X 射线在晶面上产生相互间的干涉，以使得与波长 λ 成整数倍的衍射线的强度增大，它们之间的关系可用布拉格公式来表示：

$$n\lambda = 2d\sin\theta \tag{12-40}$$

式中，n 为衍射线反射的次数；d 为晶体中符合衍射条件的晶面间距；θ 为反射角。从 X 射线衍射结果可以得到相应的 d 值及 X 射线的强度，从而可得到晶体的结构及物相组成信息。随着晶粒尺寸的减小，一个晶粒并没有足够的满足衍射条件的晶面，XRD 衍射峰将变宽。由 Scherrer 公式可知：

$$D = \frac{K\lambda}{B\sin\theta} \tag{12-41}$$

式中，D 为晶粒尺寸；K 为结构因子；λ 为 X 射线波长；θ 为衍射角；B 为衍射峰的半高宽（FWHM）。由公式（12-41）得到的晶粒尺寸是一个宏观的平均尺寸，与电子显微镜照片得到的颗粒尺寸有所不同。

(2) 能量散射 X 射线能谱 能量散射 X 射线能谱（energy-dispersive X-ray spectroscopy，EDS 或 EDX）目前已成为扫描电子显微镜或透射电子显微镜普遍应用的附件。它与主机共用电子光学系统，在观察分析样品的表面形貌或内部结构的同时，EDS 可以探测到感兴趣的某一微区的化学成分。EDS 是利用 X 光量子的能量不同来进行元素分析的方法，对于某一种元素的 X 光量子从主量子数为 n_1 的能级上跃迁到主量子数为 n_2 的能级上时有特定的能量 $\Delta E = E_{n_1} - E_{n_2}$。X 光量子的数目是作为测量样品中某元素的相对含量，即不同的 X 光量子在多道分析器的不同道址出现，而脉冲数-脉冲高度曲线在荧光屏上显示出来，就是 X 光量子的能谱曲线。EDS 只能分析原子序数在 11 以上的元素，对轻元素定量分析不准确；只能半定量分析，当含量大于 20% 且无重叠谱线时，分析误差小于 5%，低含量时，准确度很低。

(3) X 射线吸收谱 催化剂的另一个强有力的分析工具是 X 射线吸收谱（X-ray absorption spectroscopy，XAS），是 20 世纪 70 年代发展起来的同步辐射特有的结构分析方法，也是研究物质局域结构最有力的工具之一，其基本原理是：吸收 X 光的原子激发出的光电子与最近邻和次近邻原子发生多重散射，以此来确定吸收原子附近的局域结构（如键长、键角、配位数以及配位原子种类等）和电子结构（如金属原子的价态、费米面附近的态密度等）。XAS 通常被分为两个部分：即扩展 X 射线吸收精细结构（extended X-ray absorption fine structure，EXAFS）和 X 射线吸收近边结构（X-ray absorption near edge structure，XANES）。EXAFS（单散射和多重散射）指的是吸收边在 $30 \sim 1000eV$ 甚至更高能量范围内的振荡结构，主要提供小范围内原子簇结构的信息，包括近邻原子的配位数、原子间距、配位数、种类、热扰动和吸收原子周围的近邻几何结构等。而 XANES（电子的结构和多重散射）指的是吸收边附近 $30 \sim 50eV$ 范围内的精细结构，主要提供吸收原子局域配位环境和电子结构信息、反应元素的价态和化合物组成。XANES 对吸收原子周围的元素种类和空间几何结构有着很高的灵敏度，可以分别研究多元复杂材料体系中的任一种元素周围的几何配位环境和电子结构，因而能反映元素的价态和化合物组成。同步辐射是速度接近光速的带电粒子在做曲线运动时沿切线方向发出的电磁辐射，也叫同步光，具有频谱连续广阔、高强度、高亮度、方向性好、有偏振性、有时间结构、洁净、光谱特性可精确计算等优异特性。基于同步辐射的 XAS 具有元素选择性，且能够提供所探测原子周围几何和电子结构信息，如键长、配位数和化学价态等。利用 XAS 技术可研究催化剂表面活性中心的吸附结构和掺杂材料中掺杂原子的近邻结构等。

(4) X 射线光电子能谱 以 X 射线为激发光源的光电子能谱（X-ray photoelectron spectroscopy，XPS），也称为化学分析电子能谱（electron spectroscopy for chemical analysis，ESCA），是一种表面化学分析技术，可用于测定催化剂中元素构成以及其中所含元素化学态和电子态的定量能谱技术。其基本原理是：用 X 射线照射所要分析的材料，同时测量从材料表面以下 $1 \sim 10nm$ 范围内逸出电子的动能和数量，从而得到 X 射线光电子能谱。X 射线光电子能谱技术需要在超高真空环境下进行。

(5) 电子探针 X 射线微区分析 电子探针 X 射线微区分析（electron probe X-ray microanalysis，EPMA）是用聚焦极细的电子束轰击固体的表面，并根据微区内所发射出 X 射线的波长（或能量）和强度进行定性和定量分析的方法。X 射线谱仪是电子探针的信号检测系统，分为：能量散射谱仪（energy-dispersive spectroscopy，EDS），简称能谱仪，用来测定 X 射线特征能量；波长散射谱仪（wavelength-dispersive spectroscopy，WDS），简称波谱仪，用来测定特征 X 射线波长。

根据布拉格方程式(12-40)，从试样激发出的 X 射线经适当的晶体分光，波长不同的特征 X 射线将有不同的衍射角 2θ。利用这个原理制成的谱仪就是波谱仪。波谱仪主要由分光晶体和 X 射线探测器组成，是电子探针的主要组成部分，也可以作为附件安装在扫描电镜上，是微区成分分析的有力工具。应用波谱仪可以对元素进行定性和定量分析。由于波谱仪的波长分辨率很高，不像能谱仪受相近重叠谱线干扰大，其分析精度比能谱仪高。但波谱仪对 X 射线利用率很低，不适于束流低、X 射线弱的情况下使用，且需要的分析时间较长，一般需要数倍于能谱仪的分析时间。

12.2.3.2　电子显微镜技术

(1) 扫描电子显微镜　催化剂的表面是催化过程的主要产所，其表面形貌可以通过扫描电子显微镜（scanning electron microscopy，SEM）来观察。SEM 是通过扫描的方法，按一定的时间空间顺序将样品表面图像（二次电子或背散射电子）在镜外显微荧光屏上逐点呈现出来。样品表面图像信号依靠电子束与样品相互作用而获得，其中二次电子像由入射电子激发出来的原子内层电子形成，反映了试样的表面形貌。背散射电子为距样品表面 $1\mu m$ 深处弹性散射回来的入射电子，背散射电子像根据对信号处理方式的不同，可分为成分像和形貌像。二次电子像不但分辨率高（几个纳米），而且焦点深度大，特别适合粉末样品形貌的观察。

(2) 透射电子显微镜　透射电子显微镜（transmission electron microscopy，TEM）能得到催化剂在原子尺度的照片，可对纳米尺度的催化剂颗粒微结构进行分析，通过 TEM 照片来确定催化剂的颗粒尺寸在金属基催化剂研究中有着广泛的应用。由 TEM 照片获得催化剂颗粒尺寸是通过软件量照片内的催化剂颗粒的粒径，得到粒径分布数据，从而求得颗粒的平均尺寸，小的晶粒尺寸能增大催化剂活性位的表面积，提高催化剂的利用率，增加催化剂的性能，从而可以降低催化剂中金属的载量。

TEM 采用高压（100kV～1MV）使电子加速，然后用电磁透镜将电子束聚焦在试样上，电子束穿过试样，用两个或多个附加的静电透镜或电磁透镜成像，观察或拍摄在荧光屏上的影像。通过改变透镜电流能控制透镜的强度，可以简便而迅速地调整放大倍数。透射电镜常用作 $0.001\sim 5\mu m$ 尺寸范围颗粒的观察和分析，高分辨透射电子显微镜（high resolution transmission electron microscopy，HRTEM）的分辨率可达 $0.1\sim 0.2nm$。TEM 可用于材料内部微细形态与结构的分析，并可得到晶格和微孔大小分布等信息，但是被测样品必须是对电子有高透明度的材料，而且不能超过大约 $100\sim 200nm$ 的厚度。因此，TEM 对制样有较高的要求。

与 XRD 获得的平均尺寸不同，通过 TEM 照片可以获得更细致的催化剂颗粒分布信息。由于 XRD 反映的是材料宏观的晶态信息，对于材料中含量较少的相，或者是无序度较高的纳米晶粒，XRD 则很难获得其信息。TEM 中的选区电子衍射谱（selected area electron diffraction，SAED）和高分辨像可以用来分析催化剂中纳米晶粒的结构信息。SAED 可以直接得到纳米晶粒的信息，而 HRTEM 的晶格像则用来间接得到纳米晶粒的信息。

SAED 主要用于研究材料内部结构和表面结构，电子衍射几何学与 X 射线完全一样，都遵循布拉格公式所规定的衍射条件和几何关系，式（12-40）是分析电子衍射花样的基础。晶体样品的（hkl）晶面处于符合布拉格衍射条件的位置，在荧光屏上产生衍射斑点 P，可以证明：

$$Rd = L\lambda \tag{12-42}$$

式中，R 为衍射斑与透射斑距离；d 为（hkl）晶面的晶面间距；λ 为入射电子束波长；L 为样品到底板的距离。通常 L 是定值，λ 只取决于加速电压的大小，因而，在加速电压不变的情况下 $K = L\lambda$ 是常数，叫做相机常数，是电子衍射装置的重要参数。对一个衍射花样，若知道 K 值，只要测出 R 值就可求出 d 值。电子波长短，衍射角小，测量斑点位置精度远比 X 射线低，且衍射束会与透射束产生相互作用，衍射束强度分析复杂，因此，SAED 很难用于精确测定点阵常数和结构。

12.2.3.3 表面及光谱技术

（1）比表面积分析 催化剂的比表面积及多孔性是衡量催化剂性能的一个重要参数，与催化剂活性密切相关。测试比表面积的方法有很多种，主要测试方法为动态法和静态容量法。其中动态法中最常用的比表面积测试方法，就是 BET 法（BET 是三位科学家 Brunauer、Emmett 和 Teller 的首个字母缩写）。根据 BET 方程，

$$\frac{p}{V(p_0 - p)} = \frac{1}{V_m C} + \frac{C-1}{V_m C} \times \frac{p}{p_0} \tag{12-43}$$

式中，p 为氮气分压；p_0 为液氮温度下，氮气的饱和蒸气压；V 为样品表面氮气的实际吸附量；V_m 为氮气单层饱和吸附量；C 为样品吸附能力相关的常数。通过实测几组样品在不同氮气分压下多层吸附量，以 p/p_0 为 X 轴，$p/V(p_0 - p)$ 为 Y 轴，由 BET 方程作图进行线性拟合，得到直线的斜率和截距，从而求得 V_m 值，计算出被测样品比表面积。BET 法测定比表面积适用范围广，测试结果准确性和可信度高。

（2）傅里叶变换红外光谱 傅里叶变换红外光谱（Fourier transform infreded spectroscopy，FTIR）是物质结构和表面分析的有力工具。当样品受到频率连续变化的红外光照射时，会吸收某些频率的辐射，产生分子振动能级和转动能级从基态到激发态的跃迁，使相对应于这些吸收区域的光强度减弱。通过记录红外光的百分透射比与波数关系曲线，就得到红外光谱。红外光谱属于带状光谱，分子在振动和转动过程中只要有净的偶极矩变化就具有红外活性。因此，除少数同核双原子分子如 O_2、N_2、Cl_2 等无红外吸收外，大多数分子都有红外活性。红外光谱法从实验上可以分为透射和反射两种，通过透射光谱可以了解物质中官能团信息，推测物质的结构，而反射光谱由于红外光在物质中的透射深度较浅，检测到的主要是样品表

面和近表面层的信息，因此成为研究物质表面的重要手段。

(3) 拉曼光谱 拉曼光谱（Raman spectroscopy）与红外光谱互补：分子振动时，若分子偶极矩改变，则产生红外吸收光谱而不产生拉曼光谱，若分子极化率改变则产生拉曼光谱而不产生红外吸收光谱。拉曼光谱的基本原理为：频率为 ν_0 的入射单色光可看作是具有能量为 $h\nu_0$ 的光子，当光子与物质分子碰撞时，有两种情况，一种是弹性碰撞，称为瑞利散射；另一种是非弹性碰撞，即拉曼散射。拉曼散射光与瑞利散射光的频率差——拉曼位移与物质分子的振动和转动能级有关，不同的物质有不同的振动和转动能级，因而有不同的拉曼位移。因此，拉曼位移是表征物质分子结构分析和定性检定的依据[74]。催化剂研究是拉曼光谱的一个重要研究领域。通过拉曼光谱分析，可以对催化剂的组成、表面状态、表面催化活性位等各种情况提供信息，并可对在催化过程中吸附在催化剂表面的吸附物进行分析，阐明吸附物的结构和成键情况，揭示催化机理，使人们能够有效地提高催化效率。

12.2.3.4 电化学技术

(1) 循环伏安法 循环伏安法（cyclic voltammetry，CV）是最重要和最常用的电化学技术之一，通过控制电极电位以不同的速率随时间以三角波形一次或多次反复扫描，电位范围是使电极上能交替发生不同的还原和氧化反应，并记录电位-电流曲线，即极化曲线。根据曲线形状可以判断电极反应的可逆程度、中间物种、相界吸附或新相形成的可能性，以及偶联化学反应的性质等。CV 常用来测量电极反应参数，判断反应控制步骤和反应机理，可对燃料电池催化剂的活性强弱进行定性分析，但是要进行准确的定量分析比较困难。由氧化还原峰电位和峰电流的大小可判断电催化活性的强弱，初步估计电催化动力学过程。

CV 可定量分析 HOR 或者 ORR 的催化活性，包括 H_2 或 CO 吸附/脱附法（stripping）。此外，也可根据氢在 Pt 电极的吸脱附曲线，通过下式来计算催化剂电极的电化学表面活性面积（electrochemical active surface area，ECSA）。

$$ECSA(cm^2 Pt/gPt) = \frac{Charge(\mu C/cm^2)}{210(\mu C/cm^2 Pt) \times Catalyst\,loading(gPt/cm^2)} \quad (12\text{-}44)$$

式中，"ESCA"为催化剂电极具有的电化学表面活性面积；"Charge"为催化剂表面的总电量；常数"210"为催化剂表面单层饱和吸附氢的电量；"Catalyst loading"为催化剂载量，即催化剂负载 Pt 的量。并不是所有的催化剂都能参与电化学反应，因此，ECSA 是评估催化剂层的重要参数之一。

(2) 线性扫描伏安法 线性扫描伏安法（linear sweep voltammetry，LSV）是将线性电位扫描（电位与时间为线性关系）施加于工作电极和参比电极之间，测量流过工作电极和辅助电极之间的电流，得到极化曲线。电化学极化电阻（R_p）与发生在溶液/电极界面的电化学反应有关，反映的是整个电极过程在一定电极电位范围时的动力学特征，即以电流密度为横坐标、电极电位为纵坐标时极化曲线的斜率。

$$R_p = \frac{\Delta E}{\Delta i} \quad (12\text{-}45)$$

通过 LSV 可获得电化学反应活化区，即极化线性（Tafel）区，根据 Tafel 公式，超电势（η）与 $\lg i$ 成线性关系，即

$$\eta = a + b\lg i \tag{12-46}$$

式中，a、b 为 Tafel 常数，可分别表示为：

$$a = -\frac{2.303RT}{\alpha nF}\lg i_0, \quad b = \frac{2.303RT}{\alpha nF} \tag{12-47}$$

而传荷电阻（R_{ct}）为：

$$R_{ct} = \left(\frac{\partial \eta}{\partial i}\right)_{i \to 0} = \frac{RT}{i_0 nF} \tag{12-48}$$

通过式(12-47) 和式(12-48) 可计算交换电流密度 i_0 和传荷电阻 R_{ct} 等动力学参数。

(3) 电化学交流阻抗谱　电化学交流阻抗谱（electrochemical impedance spectroscopy，EIS）在涉及电极表面反应行为的研究中有着重要作用。交流阻抗谱的激励信号为小幅度正弦波交流信号，可以叠加在给定的电极电位或极化电流的直流分量上，当电化学体系达到交流稳定状态后，测量交流响应信号，通过分析测量体系中输出的阻抗、相位、时间的变化关系，从而获得有关欧姆电阻、吸脱附、电化学、表面膜以及电极过程的动力学参数等信息。与其它几种电化学测量技术相比，EIS 由于极化电位幅度很小（通常小于 10mV），测量结果的准确性很好，电极反应动力学近似呈线性关系，正弦函数使得数学分析相对地简化，尤其是引起电极极化的各种因素都可以用等效电路表示，因而能较方便地用等效电路的概念来解释电极过程的行为。

迄今为止，等效电路方法依然是 EIS 的主要分析方法。简单的 EIS 分析中，用电阻参数 R_s 表示从参比电极的鲁金毛细管口到工作电极之间的溶液电阻，用电容参数 C_{dl} 代表电极与电解质两相之间的双电层电容，用电阻参数 R_{ct} 代表电极过程中电荷转移所遇到的阻力（电荷转移在很多情况下是电极过程的速度决定步骤）。通过元件之间的串并联以及各元件的取值不同，可以得到不同的频响曲线。在大多数情况下，可以为电极过程的电化学阻抗谱找到一个等效电路。

电极/溶液界面的电性质可用电容器（即双电层电容 C_d）模拟，如果通电时电极/溶液界面上发生电化学反应，则其性质相当于一个漏电电容器。漏电电阻与电化学反应引起的极化有关。电极的极化阻碍了电流的流动，因此是一种阻抗，称为电解阻抗或 Faraday 阻抗，用 Z_F 表示。由 C_d 和 Z_F 并联组成的总阻抗乃电极的界面阻抗 Z。电解池的等效电路可以简化为以下几种形式：

① 如果采用两个大面积电极（如镀铂黑的电极），它们的 C_d 都很大，因此，无论界面上是否发生电化学反应，界面阻抗都很小，近似为 $1/(\omega C_d)$，整个电解池相当于一个纯电阻；

② 如果研究电极面积很小，而辅助电极面积很大，同理，可忽略辅助电极界面阻抗的影响，这时电解池的等效电路如图 12-5(a) 所示；

③ 如果界面上不发生电化学反应，即基本满足理想极化的条件，则 $Z_F \gg$

$1/(\omega C_d)$，电解池的等效电路如图 12-5(b) 所示。

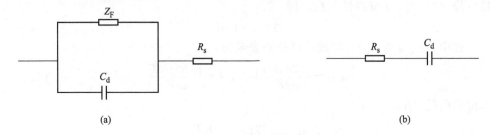

图 12-5　典型等效电路图

EIS 结果有两种图解表示方法：用复数阻抗的实部和虚部即 $-Z'$ 对 Z' 作图，即 Nyquist 或复数阻抗平面图；或用总阻抗和相角对频率作图，即 $\lg|Z|$ 和 φ 对 $\lg\omega$ 作图，即 Bode 图。其中，

$$|Z|=\sqrt{(Z')^2+(Z'')^2} \tag{12-49}$$

$$\varphi=\text{arctg}\frac{Z''}{Z'} \tag{12-50}$$

两种图示方法各有优点，Nyquist 图 [图 12-6(a)] 对机理分析比较方便，因为其图形（如弛豫的数目）与机理有关，但阻抗与频率（ω）的关系是隐含的；Bode 图 [图 12-6(b)] 直接用 ω 作独立变量，因而便于较准确地对实验测得和理论计算的阻抗谱进行比较。

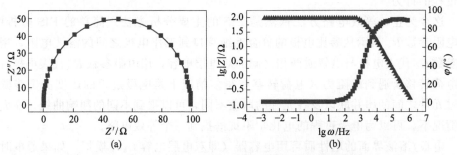

图 12-6　对应图 12-5(a) 等效电路的交流阻抗谱图

(a) Nyquist 图；(b) Bode 图

(4) 旋转圆盘电极/旋转环盘电极　旋转圆盘电极（rotating disk electrode, RDE）是能够把流体动力学方程和对流-扩散方程在稳态时进行严格数学求解的少数几种对流电极体系中的一种，已经成为现在固体电极上各种电化学反应研究中经常使用的不可或缺的测定方法。制作这种电极相对简单，把一个电极材料作为圆盘嵌入到绝缘材料做的棒中。对于 RDE 上完全为传质控制的条件时，由 Levich 方程可得：

$$i_1=0.62nFAD_0^{2/3}\omega^{1/2}\nu^{-1/6}C_0^s \tag{12-51}$$

式中，ω 是角速度；ν 是溶液黏度；C_0 是电极表面浓度；i_1 是极限电流；A 是电极的表面积；D_0 是扩散系数。当转速一定时，向固体电极上的物质传输状态保持恒定，可以得到定量的结果。在相同转速下得到不同催化剂的线性极化曲线，通过比较相同电流密度下的电压值或者开路电压值可表征催化活性的大小。另外，Tafel 斜率也是表征催化剂反应机制的有效参数，通过动力学电流的对数值和相应电压的线性关系可求得。

非极限电流条件下，由 Koutecky-Levich 方程得：

$$\frac{1}{i} = \frac{1}{i_k} + \frac{1}{i_l} \tag{12-52}$$

式中，i 为流过电极的总电流；i_k 代表无任何传质作用时的电流。结合式(12-51) 和式(12-52) 可得

$$\frac{1}{i} = \frac{1}{i_k} + \frac{1}{0.62nFAD_0^{2/3}\nu^{-1/6}C_0^s}\omega^{-1/2} \tag{12-53a}$$

或

$$\frac{1}{i} = \frac{1}{i_k} + B\omega^{-1/2} \tag{12-53b}$$

其中，$B = 0.62nFAD_0^{2/3}\nu^{-1/6}C_0^s$。将 $1/i$ 对 $\omega^{-1/2}$ 作图为直线，由直线斜率（B）还可求得电化学反应中电荷转移的数目（n），将直线外推到 $\omega^{-1/2}=0$ 可得到直线截距（$1/i_k$）。通过不同电位值得到相应的 i_k 可确定有关动力学参数。

与其它电化学方法相比，RDE 能得到相对准确的定量结果，但由于 Koutecky-Levich 方程中涉及电极表面积的参数，而电极因为表面粗糙度各异，表面定量化很困难，除了铂电极可以通过氢离子吸附峰来求算表面积，一般的电极只能用表观电极尺寸来求算，难以消除与实际电极表面积的误差，且由于电极预处理工艺的差别，使得 RDE 测量结果存在一定的系统误差。

旋转环盘电极（rotating ring disk electrode，RRDE）上溶液的流动方向从溶液本体到盘电极再到环电极反向。相比 RDE，RRDE 是更强有力的研究电极反应机理的手段。盘电极与环电极通过电解质的传输而相互关联。盘电极上生成的化学物种可在环电极上检出。当溶液中存在还原态物种（Red）时，电极旋转后，Red 便从溶液本体向盘电极的表面传输。盘电极上发生如下反应：

$$\text{Red} - ne^- \longrightarrow \text{Ox} \tag{12-54}$$

生成的氧化态物种（Ox）按溶液的流向，向环电极的方向传输，通过把环电极电位维持在一定值来测量环电极电流，就可以了解在盘电极表面所发生的反应：

$$\text{Ox} + n'e^- \longrightarrow \text{Red}' \tag{12-55}$$

用 RRDE 对电极反应进行解析，可得到电极反应生成物及中间物、竞争反应的比例、反应的动力学参数（如反应电子数、速率常数、渗透系数、扩散系数等）、半波电位（可用来判断最终生成物或中间物）以及中间物的寿命等信息。

根据盘的电流（i_D）和环的电流（i_R），由下式可计算出反应式(12-7) 和式(12-8) 的中间产物过氧化氢的量（生成百分比），$x(\text{H}_2\text{O}_2)$：

$$x(\text{H}_2\text{O}_2) = \frac{2i_R/N}{i_D + i_R/N} \times 100\% \tag{12-56}$$

或者

$$x(\mathrm{H_2O_2}) = \frac{2i_\mathrm{R}/i_\mathrm{D}}{N+i_\mathrm{R}/i_\mathrm{D}} \times 100\% \tag{12-57}$$

其中，N 是收集效率，可以由电极的几何尺寸进行计算，与角速度和扩散系数等无关。ORR 总电子转移数可以由下式计算：

$$n = \frac{4i_\mathrm{D}}{i_\mathrm{D}+i_\mathrm{R}/N}(4 \geqslant n > 0) \tag{12-58}$$

通过电化学手段也可以表征催化剂的耐久性，如在酸性溶液中进行多次循环伏安扫描，或经过其它手段老化后再进行线性扫描。

12.2.3.5　单电池测试技术

催化剂的电催化活性和稳定性及耐久性最终需要通过组装单电池来测试。其中最重要的步骤为膜电极组（mebrane electrode assembly，MEA）的制备。MEA 是质子交换膜燃料电池的核心部分，其结构如图 12-7 所示。

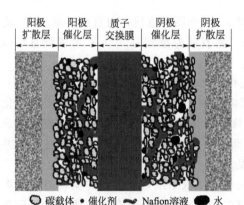

图 12-7　膜电极组结构示意图

MEA 为三明治结构，包括两侧的阴/阳极气体扩散层（gas diffusion layer，GDL）、催化层（catalyst layer，CL）和中间的质子交换膜（proton exchange membrane，PEM），是电化学反应的发生区域。气体扩散层一般是以碳纸为基底，再喷涂上一层有利于水管理的微孔层。催化层材料一般包括载体、催化剂、质子导体（Nafion ionomer）与添加剂，如疏水性聚四氟乙烯、亲水性陶瓷材料和造孔剂等。催化层的电化学反应发生在三相界面上，包括固相（催化剂起催化电化学反应和传导电子作用）、液相（质子导体起质子传导作用）和气相（燃料）。适当添加质子导体会使三相界面增加，添加剂的选择主要依据电池操作条件和电池应用，主要作用是改善孔洞结构和亲疏水性。降低催化剂的载量并保持最佳的电池性能在燃料电池应用中非常重要。

（1）MEA 制作方法　目前 MEA 的制备主要有气体扩散介质法（gas diffusion medium，GDM）和催化剂涂覆膜法（catalyst coated membrane，CCM）。传统的 GDM 直接将催化剂涂布在气体扩散层上，热压至质子交换膜的两侧，完成 MEA 制作，该方法简易、产量高，但催化层与膜界面的阻力较大。虽然可以利用热压的方法减少界面的阻抗，但是热压也会破坏材料结构，导致催化剂的损失[38]。采用 GDM 法通过超声喷涂将 Pt/C 和 $\mathrm{Ru_{85}Se_{15}}$/C 分别喷到气体扩散层上，热压后得到 Pt 的利用率达到 $10.9\mathrm{W} \cdot \mathrm{mg}^{-1}$[39]和目前钌的最高利用率 $1\mathrm{W} \cdot \mathrm{mg}^{-1}$[40]。

传统的 CCM 方法包括转印法（decal transfer）即 Decal-CCM，是将催化剂浆料涂布于转印基材上，再通过热压将催化剂层转印至膜的两侧。转印基材相对于气体扩散层更平坦，因此，具有较低的界面阻抗、产量较高，但制备过程较为复杂，而且有部分催化剂残留在转印基材上面。另一种 CCM 方法是直接将催化剂浆料喷涂到膜上，优点是界面阻抗较低，但在制作过程中需克服膜膨胀的问题。MEA 制备方法从直接将催化剂浆料滴于膜上（滴涂法）、用笔刷涂在膜上，发展到网印法、喷涂法、电喷法等，每个方法各有特色和优缺点，由于浆料配方不同，需要找出最佳的制备方法，从而得到最佳电池性能和催化剂利用率。

(2) 单电池性能测试

① 工作曲线　将制备好的 MEA 与防漏垫片、石墨流道板、加热片、金属集电板和端板等组装成单电池，在燃料电池运行时可以直接测得电池的工作曲线包括极化曲线、功率曲线和电池电压（电流）-运行时间曲线等。极化曲线（图 12-2）是电池性能表征的最常见方法，通过记录电流和电压的关系，可提供有关极化损失的信息。燃料电池的理论开路电压为 1.23V，通常测得的开路电压比理论电压低，主要原因为燃料从阳极扩散到阴极，还包括气体不纯或者电流渗漏等。在氢-氧燃料电池中，动力学活化极化由氢气氧化反应（HOR）和氧气还原反应（ORR）两部分组成。

极化曲线一般用来表达质子交换膜燃料电池系统的特征，反映了电池结构内部各参数的相互影响和操作条件。通过实验技术和模拟计算来分析燃料电池和极化曲线之间的关系，从而优化电池结构和操作条件来提高电池性能。功率曲线可通过极化曲线得到，在一定负载条件下得到的电位（电流）-时间曲线可直接反映电池性能的稳定性和耐久性。

② 电化学交流阻抗谱　仅用极化曲线很难分析出不同极化过程带来的性能损失，而用 EIS 能够较好地分析出各部分极化的贡献，如在给定的电流密度下，工作电压的损失主要是由动力学电阻、欧姆电阻或者物质传输电阻造成的。燃料电池研究中的 EIS 能提供：a. 电池系统的微观信息，有利于优化电池结构和最合适的操作条件；b. 通过合适的等效电路拟合电池系统，可获得电池的电化学参数；c. 区分出各个组成如膜、气体扩散层对电池性能的贡献，找出电池的问题；d. 鉴别出催化剂层或者气体扩散层电子传输或物质传输对总电阻的贡献。在 EIS 测试中，可以通过改变不同的测试条件（如恒电位和恒电流测量），在不同的燃料供给条件下（H_2-O_2，H_2-H_2，O_2-O_2，H_2-N_2，H_2-空气），或者在燃料电池的不同操作条件下（不同温度、压力、催化剂载量、湿度等）来得到各个组件或者电极的电化学信息[34]。

在燃料电池研究中，通过 EIS 得到的参数信息，可以优化 MEA 的结构。MEA 制作方法和组分如催化剂种类和载量、聚四氟乙烯和离子导体浓度、质子交换膜厚度、气体扩散层及其孔隙度等均可影响电池性能，在 EIS 中以不同形式体现，通过欧姆阻抗、电子阻抗和物质传输阻抗信息来获得最佳的 MEA 结构和制作方法。此外，还可研究燃料中污染物如 CO 毒化、NH_3、H_2S 等对电池性能的影响。

③ 加速老化试验　催化剂的稳定性和耐久性可以直接进行燃料电池的寿命测试，但要维持电池的长时间连续运行，需要大量的时间和较高的经济成本，因此，一般通过加速老化试验（accelerated degradation test，ADT）来测试。目前常用的加速老化方法有电位控制（potential control）和负载循环（load cycling）等手段。

电位控制是最常用的加速老化方法之一，包括方波或三角波电位控制和恒电位控制，主要研究催化剂的溶解/沉积和碳载体的腐蚀。负载循环可以用来更好地研究燃料电池实际应用中催化剂的耐久性问题。

12.2.4　催化剂的结构组成

12.2.4.1　铂基金属催化剂

目前广泛应用于质子交换膜燃料电池的催化剂主要以贵金属铂（Pt）为主，如商用铂黑或碳载铂、铂簇[41]、泡沫状铂[42]、新型二十四面体纳米铂单晶[43]和金修饰铂或者铂八面体结构[44]；还有部分 Pt 基合金，包括 PtRu、PtPd 和 PtAu[45]等贵金属合金、PtFe、PtCo、PtCu、PtNi 和 PtCr 等过渡金属合金，以及非 Pt 基贵金属合金如 Pd_4-Co、Pd-W、Ir-V、Ir-Sn 等。最常用的催化剂载体材料为商用炭黑（Vulcan XC-72R），主要用于提高催化剂的分散性并降低铂的用量。但在燃料电池实际应用中，炭黑容易发生氧化腐蚀，造成活性金属从催化剂上脱落，降低催化剂的活性面积，成为影响电池耐久性的重要原因之一。因此，新型纳米结构负载材料如碳纳米管（carbon nanotubes，CNTs)[46~48]、碳纤维（carbon nanofibers，CNFs)[49]、介孔碳（mesoporous carbon)[50]、氧化物[51]、碳化物[52]、氮化物[53]和其它原子掺杂新型纳米结构碳[54]等成为了研究热点。

图 12-8(a) 比较了美国 Johnson Matthey 公司的 4 种典型铂基催化剂的 X 射线衍射谱。如图所示，可以观察到 Pt 金属面心立方结构的 (111)，(200)，(220)，

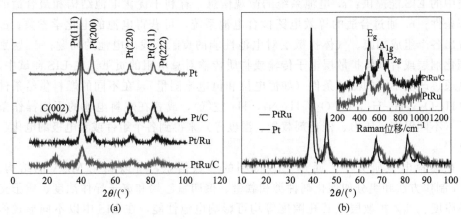

图 12-8　典型商用铂基催化剂（a）及 Pt 黑和 PtRu 黑（b）的 X 射线衍射谱

（插图为 PtRu 催化剂拉曼光谱）

（311）和（222）五个特征衍射峰，无定形态的 C（002）衍射峰来自催化剂的载体炭黑。图 12-8(b) 特别比较了 Pt 黑和 PtRu 黑的 X 射线衍射谱。由于 Pt 的半径（0.1380nm）大于 Ru 的半径（0.1325nm），所以形成 PtRu 合金后其晶胞参数变小，衍射峰向大角度方向移动，并发生衍射峰宽化现象。分别对图 12-8（a）中的 Pt(111) 和 Pt(220) 衍射峰进行分峰拟合，并采用公式（12-41）计算得到各催化剂的平均晶粒尺寸、晶胞参数及合金比结果列于表 12-2[55]。

表 12-2　商用铂基催化剂的平均晶粒尺寸、晶胞参数及合金比[55]

催化剂	D/nm		a/Å		Ru 原子百分数/%
	Pt(111)	Pt(220)	Pt(111)	Pt(220)	
Pt	8.6	6.4	3.9271	3.9204	0
Pt/C	5.2	4.5	3.9226	3.9170	0
PtRu	3.9	3.1	3.8714	3.8667	32
PtRu/C	2.9	1.7	3.8682	3.9005	35

从表 12-2 可看出，Pt(111) 晶面上的平均粒径均大于 Pt(220) 晶面上的平均粒径，非负载的催化剂粉末平均粒径均大于负载的催化剂粉末。非负载的催化剂纳米颗粒极易发生团聚，加入炭黑后，催化剂粉末分散好，因而较难团聚。Pt/C 与 Pt 黑催化剂的晶胞参数接近铂的标准晶胞参数（3.9230Å），PtRu/C 及 PtRu 黑催化剂的晶胞参数则较标准铂的晶胞参数小，主要是 Ru 原子（比 Pt 原子小）的加入使晶格发生了压缩。此外，PtRu/C 及 PtRu 黑催化剂的钌原子含量均未达到 50%，说明催化剂中 Pt 和 Ru 的合金比并非理想的 1∶1。

图 12-8(b) 插图为室温下测得 PtRu/C 及 PtRu 黑催化剂的拉曼光谱，均出现了 RuO$_2$ 的 E$_g$、A$_{1g}$ 和 B$_{2g}$ 模式，分别对应 501cm^{-1}、619cm^{-1} 和 679cm^{-1}，由于催化剂为无定形态和纳米颗粒，对比 RuO$_2$ 单晶的峰位 528cm^{-1}、646cm^{-1} 和 716cm^{-1} 发生了红移。而 Pt 黑和 Pt/C 的拉曼光谱均未发现 Pt 氧化物的特征峰[55]。

12.2.4.2　非铂金属催化剂

对于非铂金属催化剂（如 MeN/C 型），催化活性位为非晶态，虽然不能由 XRD 结果计算出活性颗粒的尺寸大小，但是利用 XRD 可以对其进行物相分析，从而研究合成过程中催化剂结构的一些变化及对其活性的影响。图 12-9 比较了未经热处理和经过不同温度热处理得到的 CoPPy/C 催化剂的 XRD 衍射谱[56]，未经热处理和热处理温度为 600℃ 时得到的催化剂为非晶态，而热处理温度提高到 1000℃ 时，催化剂中出现了金属态钴的特征峰（图中标 "*"）。金属钴的形成，可能破坏催化剂的活性位结构，导致催化剂的氧还原活性下降。

不同掺杂剂及热处理对 CoPPy/C 的结构组成有显著影响。图 12-10 比较了未掺杂热处理前后及热处理后分别添加十二烷基苯磺酸钠（DBSNa）、对甲苯磺酸钠（TSNa）及苯磺酸钠（BSNa）掺杂剂合成得到的 CoPPy/C 催化剂与碳载体（BP 2000）的 XRD 衍射谱和 Raman 光谱[57]。由图 12-10（a）可知，由于商用炭黑 BP 2000 为无定形态，使得催化剂的 XRD 谱图具有较高的背景。热处理前未掺杂催化剂（图中标"None*"）对应的 XRD 图谱与 BP2000 相似，除 C(002) 外无其它特征峰，此时的催化剂中无其它成分的结晶；而热处理后未掺杂催化剂（图中标"None"）和不同掺杂催化剂出现了钴氧化物（CoO 及 Co₃O₄）的特征峰。图 12-10 (b) 中所有催化剂的 Raman 谱图均观察到两个典型的碳特征峰，其中，$1350cm^{-1}$ （D 峰）起源于碳载体中石墨层结构边缘的无序态结构振动，而 $1600cm^{-1}$ （G 峰）则对应于碳的石墨层内的振动[58]。此外，在 $500cm^{-1}$ 及 $680cm^{-1}$ 出现了钴的氧化物（CoO 和 Co₃O₄）特征峰，与 XRD 结果一致。但是 XRD 谱图中未经热处理的催化剂没有出现钴氧化物峰位，而在 Raman 谱图中则检测到钴氧化物峰位，说明热处理使得催化剂中钴氧化物由表面向体相转移。有关钴氧化物的氧还原活性的研究较少，还存在争议，有学者认为钴氧化物可以催化氧还原反应的中间产物最终生成水[59]，也有学者认为钴氧化物不但对 ORR 没有催化活性，甚至还会降低 ORR 的催化活性[60]。

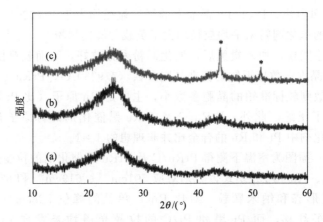

图 12-9　热处理前后 CoPPy/C 的 XRD 衍射谱[56]
（a）未热处理；（b）600℃热处理；（c）1000℃热处理

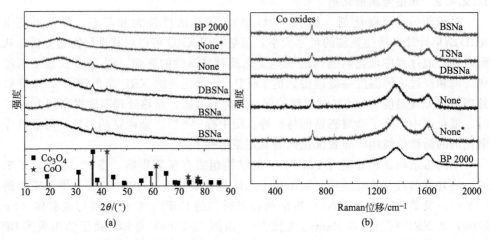

图 12-10　不同掺杂催化剂与碳载体的 XRD 衍射谱（a）和 Raman 光谱（b）[57]

通过对图 12-10(b) Raman 光谱中催化剂的碳特征峰进行分峰拟合，可以定量分析碳载体石墨化程度。分峰拟合时还引入了 $1250cm^{-1}$ 的 D_4 峰对应于石墨层外的无序态碳结构和 $1500cm^{-1}$ 的 D_3 峰对应于碳结构中五元环及杂原子的结构[58]。其中 D 峰与 G 峰的相对峰强比（I_D/I_G）可以表征碳载体的石墨化程度，I_D/I_G 比值越低，说明碳载体的石墨化程度越好。图 12-11 给出了未掺杂和 BSNa 掺杂催化剂的分峰拟合结果[57]。掺杂剂的引入使得催化剂的 I_D/I_G 比值由未掺杂的 2.41 下降为掺杂后的 2.22，表明掺杂后碳载体的石墨化程度得到提高。催化剂石墨化程度的提高使得催化剂的电导率提高，有助于电流的传导及催化剂活性的提高，而且石墨化程度高的催化剂也具有较好的稳定性。

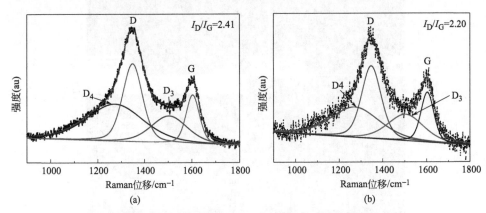

图 12-11　未掺杂(a) 和 BSNa 掺杂（b）催化剂中碳
Raman 特征峰的分峰图谱[57]

图 12-12 比较了热处理前后 SeRuMo/C 催化剂的选区电子衍射图[61]。热处理前电子衍射图片为一个非晶态的弥散环［图 12-12(a)］，热处理后则显示出了多晶特征的 Ru 的 hcp 结构的衍射环［图 12-12(b)］。选取热处理后催化剂上的一个晶粒做衍射得到的则是 Ru 单晶衍射花样，其空间群为 $P6_3/mmc$［图 12-12(c)］。用选区电子衍射技术可以得到催化剂中 Ru 单晶的晶态信息，而对于催化剂中可能含

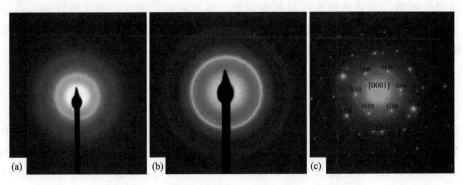

图 12-12　SeRuMo/C 催化剂的选区电子衍射图[61]
（a）热处理前；（b），（c）热处理后

有的其它相，选区电子衍射也无法得到。结合图 12-13 的高分辨像结果可知[61]，SeRuMo/C 中除了含有 Ru 晶粒之外，还含有其它不属于 Ru 的纳米晶粒。通过进一步分析其高分辨晶格像，可以间接获得这些纳米晶粒的晶体结构，从而确定催化剂中含有如 $RuSe_2$、$MoSe_2$ 和 Se 等其它少量的相。

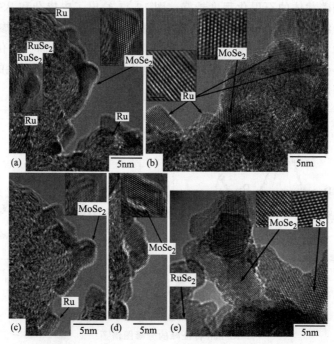

图 12-13　热处理后 SeRuMo/C 催化剂的高分辨透射电子显微镜图片[61]

12.2.5　催化剂的电催化性能

用于燃料电池的催化剂需要具有较高的电催化活性和电导率以及良好的稳定性和耐久性。燃料电池应用中，催化剂成本占到燃料电池成本的 1/3，阴极氧还原反应动力学缓慢，导致电池电压损失率偏高，电池转换效率低，催化剂效率远远小于氢气氧化反应，又造成阴极铂用量远远高于阳极。为了降低燃料电池的成本，提高电池效率，阴极催化剂的研究显得尤为重要。

12.2.5.1　电化学活性

图 12-14 为玻碳电极表面涂覆 Pt/C 催化剂在 $0.5mol \cdot L^{-1}$ 硫酸溶液中（a）和含有 $0.5mol \cdot L^{-1}$ 甲醇溶液中（b）得到的典型循环伏安曲线。图 12-14（a）中左边低电位区为氢区，右边高电位区为氧区，中间电位区为双电层充电区。氢区中有两个氢吸附阳极峰 H_{A1} 及 H_{A2} 和两个对应的氢脱附阴极峰 H_{C1} 及 H_{C2}。H_{A1} 及 H_{C1} 表示弱的吸附氢，H_{A2} 及 H_{C2} 表示强的吸附氢，分别对应于桥式吸附（M_2H）和线形（MH）吸附。阳极峰和阴极峰的峰值位置相差不多，可逆性较好。氧区内存在两个阳极峰 O_{A1} 及 O_{A2}，后边有一个电流稳定区，构成了一个宽广峰区。阴极峰只

有一个 O_C，其峰位与阳极峰的峰位距离较远，表明氧在铂电极上的还原反应的可逆性比氢在该电极上的氧化反应的可逆性要差。当溶液中加入甲醇后，图 12-14（b）显示，氢区、双电层充电区和氧区均被抑制，之后出现两个阳极峰 M_{A1} 及 M_{A2}，对应甲醇氧化反应和产物再氧化反应。

图 12-15 为美国 Johnson Matthey 公司的 4 种典型 Pt 基催化剂在 $0.5mol \cdot L^{-1}$ 硫酸溶液中以 $20mV \cdot s^{-1}$ 扫速得到的循环伏安曲线。图中左边低电位区为氢区，右边高电位区为氧区，中间电位区为双电层充电区，氢在 Pt 金属催化剂（Pt 黑和 Pt/C）表面的吸脱附行为出现双峰，可逆性较好；而在 PtRu 合金催化剂（PtRu 黑和 PtRu/C）表面的吸脱附行为则出现单峰，可逆性较差，且双电层充电电流较 Pt 金属催化剂大，表现出更强的表面效应。此外，未负载催化剂（Pt 黑和 PtRu 黑）观测到的氢氧化还原峰电流密度大于负载催化剂（Pt/C 和 PtRu/C），表明未负载催化剂的电化学活性较高。

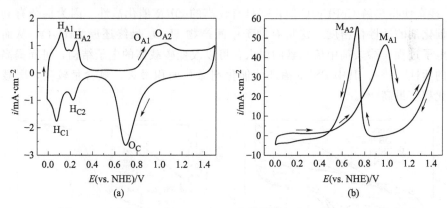

图 12-14　Pt/C/GC 在 $0.5mol \cdot L^{-1}$ 硫酸溶液（a）和 $0.5mol \cdot L^{-1}$
硫酸＋$0.5mol \cdot L^{-1}$ 甲醇溶液（b）中的循环伏安曲线

扫描速度为 $50mV \cdot s^{-1}$

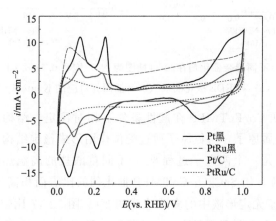

图 12-15　典型商用铂基催化剂在 $0.5mol \cdot L^{-1}$ 硫酸溶液中的循环伏安曲线

扫描速度为 $20mV \cdot s^{-1}$

图 12-16(a) 为未掺杂（None）和三种不同掺杂热解 CoPPy/C 催化剂在 O_2 饱和的 0.5mol·L^{-1} 硫酸溶液中得到的 CV 曲线（扫描速度 50mV·s^{-1}），其中插图为 N_2 饱和溶液中的 CV 曲线，没有出现任何氧化还原峰，说明在测试的电位范围内，钴氧化物是稳定的且没有发生其它的电化学反应，而在 O_2 饱和溶液中则在 0.5～0.6V 出现了明显的氧还原峰，表明催化剂具有氧还原活性[57]。氧还原峰电位（E_P）是表征催化剂电催化活性的有效参数，峰值电位越大，催化反应的过电位越低，对应的气体扩散电极性能越好[62]。根据图 12-16(a) 得到 BSNa 掺杂的催化剂的 E_P 值最高，达到 0.573V，而 TSNa、DBSNa 及未掺杂的催化剂的 E_P 值依次降低，表明 BSNa 掺杂催化剂的电催化活性最好。为了排除传质限制对催化剂性能的影响，对上述催化剂在不同转速下进行了 RDE 线性极化曲线测试（扫描速度 5mV·s^{-1}），在 0.1V 下得到 Koutecky-Levich 图，即 i^{-1}-$\omega^{-1/2}$ 曲线（插图），从而计算出电子转移数（n）。由此确定未掺杂催化剂 $n = 2.7$，不同掺杂催化剂 $n = 3.1$。掺杂使得热解 CoPPy/C 催化剂具有较高的 ORR 催化活性。因为掺杂有利于提高催化剂的活性位密度，这将有助于中间产物 H_2O_2 最终还原为 H_2O，从而发生四电子过程。掺杂剂中硫元素的引入，可以改变碳载体的电子结构，进而提高催化剂的活性[63,64]。其中 BSNa 掺杂的催化剂微孔面积最大，氮含量较高，碳载体石墨化程度最高[57]。

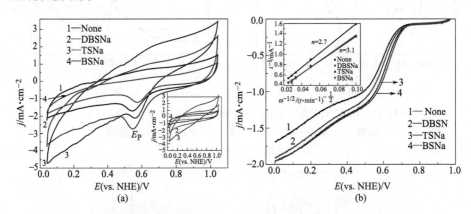

图 12-16　不同掺杂催化剂在 O_2（插图为 N_2）饱和 0.5mol·L^{-1} 硫酸溶液
的 CV 曲线（a）和 RDE 极化曲线（b）（插图为对应的 Koutecky-Levich 图）[57]

金属螯合物如 Co/FeTMPP 在酸性条件下相对稳定，结构式一般为 MeN_4 结构，Me 为中心金属原子，与氮原子通过配位作用形成稳定结构。CoTMPP 在酸性溶液中催化 ORR 是一个两电子过程[65]。不同草酸盐的高温热解有利于产生不同形状的多孔碳颗粒，如 SnC_2O_4-CoTMPP 催化剂的比表面积高达 857m^2·g^{-1}，其中 50% 面积是由于无定形碳中的多孔造成的[66]。图 12-17 比较了几种金属螯合物催化剂与 Pt/C 的电化学性能[66]。如图所示，虽然 SnC_2O_4-CoTMPP 和 FeC_2O_4-CoTMPP 的动力学电流明显高于 NiC_2O_4-CoTMPP 和 CoC_2O_4-CoTMPP，但这些催化剂的电化学性能都比 Pt/C 差。因此，非 Pt 金属阴极催化剂的电催化活性还有待进一步提高。

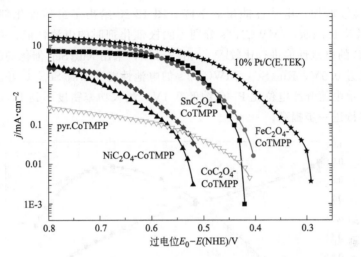

图 12-17　不同催化剂在 O_2 饱和 $0.5mol \cdot L^{-1}$ 硫酸溶液的 RDE 塔菲尔曲线[66]

12.2.5.2　电池性能

　　燃料电池用催化剂的性能最后还需要进行电池性能的评估。通常需要将阴、阳极催化剂与质子交换膜制备成 MEA，再组装成单电池进行催化活性和耐久性测试。图 12-18 为不同载量的 Pt/C 在 H_2/O_2 燃料电池中的性能曲线[39]。当 Pt/C 载量为 0.05、0.15、0.40mg·cm^{-2} 时，最大功率密度分别为 544、677、695mW·cm^{-2}，0.6V 的电流密度分别为 0.79、1、1.10A·cm^{-2}，换算成质量功率分别对应 10.9、4.5、1.7W·mg^{-1}。当采用有序碳纳米管（aligned carbon nanotubes，ACNT）作为 Pt 的载体，在 Pt/ACNT 载量为 0.2mg·cm^{-2} 时，0.2V 的平均电流密度为 3.2A·cm^{-2}，最大功率密度高达 860mW·cm^{-2}，质量功率为 4.3W·mg^{-1}[67]，说明 Pt/ACNT 具有比 Pt/C 更高的活性。由于碳纳米管具有更好的氧气传输和电子导电能力，在高电流区域，碳管的物质传输起到关键性作用。在高电流区域和氧气充足的条件下，阴极催化剂层容易造成水泛滥，碳纳米管显示出更好的物质传输能力，因为碳纳米管形成的网状结构有利于物质传输和电子传输[10,68]。

　　图 12-19 比较了不同 Ru 载量的 $Ru_{85}Se_{15}/C$ 阴极催化剂在 H_2/air(a) 和 H_2/O_2(b) 燃料电池中的性能[69]。电池测试条件：65℃和常压，H_2/air 及 H_2/O_2 的流量分别为 100/250mL·min^{-1} 和 100/250mL·min^{-1}，阳极 Pt/C 载量为 0.256mg·cm^{-2}，质子交换膜为 Nafion-212。在 H_2/air 燃料电池中 ［图 12-19 (a)］，Ru 载量为 0.27、0.48、0.61mg·cm^{-2} 时，在电流密度低于 550mA·cm^{-2} 的电池性能相近，大电流密度下 0.27mg·cm^{-2} 的性能最佳，最大电池功率密度为 190mW·cm^{-2}，而 Ru 载量过小（0.14mg·cm^{-2}）或过大（1.06mg·cm^{-2}）电池性能都很差。在 H_2/O_2 燃料电池中 ［图 12-19(b)］，由于采用氧气代替空气，催

化剂的利用率提高，电池性能明显提升，Ru载量影响更显著。当Ru载量从0.14mg·cm^{-2}增加到为0.27mg·cm^{-2}时，得到最大功率密度400mW·cm^{-2}。Ru含量继续增加，电池性能反而下降。图12-20给出了最佳催化剂载量下$Ru_{85}Se_{15}/C$以及$Ru_{85}Se_{15}/MWCNTs$分别为阴极催化剂时的电池性能，并与相同载量下的Pt/C的电池性能进行比较[70]。由图可知，采用$Ru_{85}Se_{15}$催化剂的单电池开路电位均接近0.9V，$Ru_{85}Se_{15}/MWCNTs$的电池性能比$Ru_{85}Se_{15}/C$好。但$Ru_{85}Se_{15}$催化剂的单电池开路电位比Pt/C约低0.1V，最大功率密度不到Pt/C的一半，电池性能有待进一步提高。

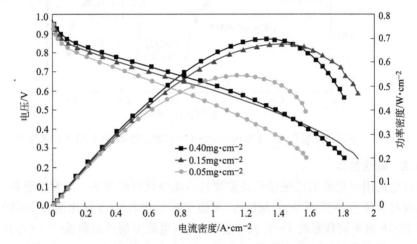

图 12-18　不同铂载量下 H_2/O_2 燃料电池的极化曲线和功率曲线[39]

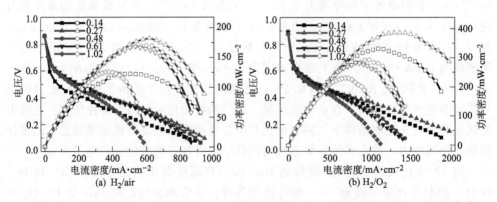

图 12-19　不同钌载量下 $Ru_{85}Se_{15}/C$ 阴极催化剂在燃料电池中的极化曲线和功率曲线[70]

12.2.6　催化剂的耐久性

MEA是燃料电池的核心部件，催化剂则是关键材料。催化剂在燃料电池长期运行过程中会发生粒径增大、颗粒团聚、表面氧化态变化、组分迁移和流失以及载体腐蚀等现象，促使催化剂逐渐老化并失去部分或全部催化活性，从而直接导致燃料电池性能的衰退和寿命的降低，甚至完全失效。因此，催化剂的耐久性，即在燃料电池长期运行过程中催化剂仍然保持电催化活性的性质，也是影响燃料电池商业化的一个重要因素。

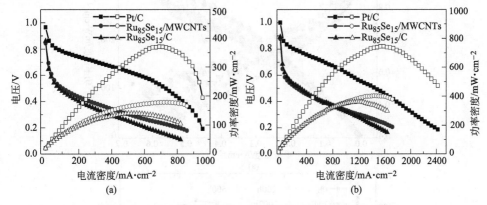

图 12-20　采用 Pt/C、$Ru_{85}Se_{15}$/MWCNTs 和 $Ru_{85}Se_{15}$/C
分别作为阴极催化剂的单电池性能[70]

(a) H_2/air；(b) H_2/O_2

图 12-21 给出了氢-氧质子交换膜燃料电池（a）和直接甲醇燃料电池（b）在不同运行时间下得到的极化曲线与功率曲线。MEA 的活性面积为 $6.45cm^2$，氢-氧质子交换膜燃料电池的阴、阳极催化剂分别为 40% Pt/C 和 30% PtRu/C（$0.5mg \cdot cm^{-2}$），质子交换膜为 Nafion112，H_2（72.5℃）47 sccm/air（62.5℃）187sccm。直接甲醇燃料电池的阴、阳极催化剂分别为 Pt 黑/PtRu 黑（$2mg \cdot cm^{-2}$），质子交换膜为 Nafion117，CH_3OH（$0.5mol \cdot L^{-1}$）/air，300sccm。如图 12-21(a) 所示[70]，随着运行时间的增加，电池电压和功率发生了显著的衰减，尤其是高电流密度下电池性能的退化更严重。当用甲醇代替氢气后 [图 12-21 (b)][71]，由于甲醇渗透在电池运行初期的影响较严重，运行 200h 后电池性能显著降低，之后电池的性能相对较为稳定，直到 1002h 后再次出现明显的电池性能退化。

图 12-22 给出了炭黑和碳纳米管负载的非铂阴极催化剂 H_2/air 燃料电池的最大功率密度（P_{max}）随老化循环圈数的变化关系。由图可知，两种不同载体的钌硒催化剂在加速老化实验前的 P_{max} 值显著不同，$Ru_{85}Se_{15}$/MWCNTs 的 P_{max}（$166mW \cdot cm^{-2}$）较 $Ru_{85}Se_{15}$/C 的 P_{max}（$127mW \cdot cm^{-2}$）高出 30.7%[69]。虽然前 2000 圈两种不同载体的钌硒催化剂的电池性能衰减速度均较快，但由于 $Ru_{85}Se_{15}$/MWCNTs 的初始 P_{max} 较高，因此，老化循环 2000 圈后的电池性能仍优于 $Ru_{85}Se_{15}$/C。在老化循环 2000～6000 圈之间，$Ru_{85}Se_{15}$/C 的电池性能继续退化，到 6000 圈后 P_{max} 衰减了 64%，而 $Ru_{85}Se_{15}$/MWCNTs 的电池性能几乎不变，到 6000 圈后 P_{max} 仅衰减了 38%，其耐久性明显比 $Ru_{85}Se_{15}$/C 要好。

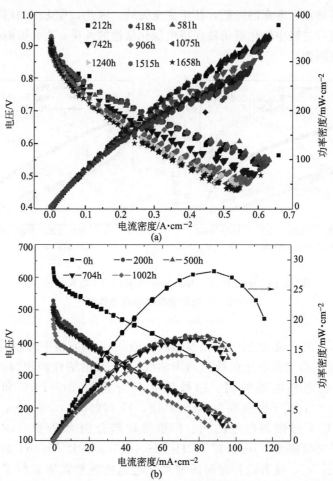

图 12-21　常压下电池温度为 50℃时不同运行时间测得的（a）H_2/air 燃料电池[70] 和
（b）直接甲醇燃料电池[71] 的极化曲线及功率曲线

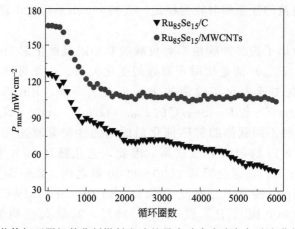

图 12-22　不同载体钌硒阴极催化剂燃料电池的最大功率密度与加速老化周期的关系[69]

通过对燃料电池运行前和运行不同时间后 MEA 的阴、阳极催化剂分别进行结构、形貌和组成的分析，可以将催化剂的老化行为与电池性能的衰退关联。研究表明，催化剂的老化可分为物理老化如颗粒团聚、粒径增大以及化学老化如活性组分流失和迁移、表面组成变化和载体腐蚀等。

12.2.6.1　颗粒团聚和粒径增大

通过对图 12-21(a) 中 H_2/air 燃料电池运行前后 MEA 中阴、阳极催化剂的 XRD 和 SEM/EDS 的分析，得到催化剂平均粒径随运行时间变化的结果列于表 12-3[55,70]。可见，随着运行时间的增加，催化剂的平均粒径有增大的趋势，但并非线性增大，尤其是在运行 700h 后催化剂的粒径变得特别大，变化规律较复杂。因此，催化剂粒径的增大只是导致电池性能退化的原因之一。

表 12-3　H_2/air 燃料电池运行前后 MEA 中阴阳极催化剂平均粒径比较[55,70]

t/h	D/nm			
	Pt/C		PtRu/C	
	(111)	(220)	(111)	(220)
0	4.9	4.5	3.2	3.0
200	7.5	5.0	4.5	3.0
500	6.5	4.5	4.6	3.5
700	12.0	9.5	7.4	4.6
1000	6.0	3.8	3.7	3.4
2000	7.0	4.9	4.4	3.5

与图 12-21(b) 对应的直接甲醇燃料电池运行前后 MEA 中阴、阳极催化剂的 XRD 衍射谱图和 HRTEM 图片如图 12-23 和图 12-24 所示[71]。通过式(12-41) 和 XRD 中 (220) 峰估算得到的催化剂平均粒径结果表明，电池运行前 Pt 黑和 PtRu 黑的平均粒径分别为 6.8nm 和 2.7nm，运行 200h 后分别增大到 8.2nm 和 2.9nm，1002h 后则分别增大到 8.6nm 和 3.2nm。与 H_2/air 燃料电池一样[70]，直接甲醇燃料电池中阴、阳极催化剂颗粒的粒径同样也随运行时间的延长而变大。从图 12-23

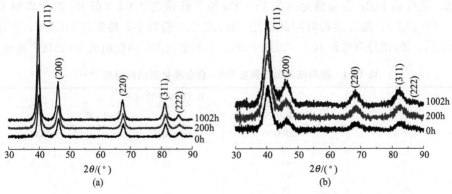

图 12-23　直接甲醇燃料电池运行前后催化剂的 XRD 衍射谱图[71]

(a) Pt 黑；(b) PtRu 黑

图 12-24　直接甲醇燃料电池运行前 [(a)、(a′)]、运行 200h [(b)、(b′)]
和运行 1002h [(c)、(c′)] 后催化剂的 HRTEM 图[71]
(a)、(b)、(c) Pt 黑；(a′)、(b′)、(c′) PtRu 黑

的高分辨 TEM 图片中可直接观察到燃料电池运行后阴阳极催化剂颗粒均出现明显的团聚和粒径增大现象。

12.2.6.2　活性组分的迁移和流失

通过对图 12-21 中 H_2/air 燃料电池和直接甲醇燃料电池运行前后 MEA 中阳极催化剂的 XRD 和 EDS 的分析，分别得到 Ru 的原子百分数结果列于表 12-4[55,71]。由表可知，运行前 PtRu 合金催化剂的 Pt∶Ru 原子比接近 1∶1（即 Ru 组分以原子计 43.5%～48%），随着运行时间的增加，Ru 组分不断减小，特别是 PtRu/C，在运行 2000h 后，Ru 组分降低到 10%（以原子计），表明催化剂的活性组成 Ru 出现严重流失。

表 12-4　燃料电池运行前后 PtRu 合金催化剂的钌组成[55,71]

T/h	Ru(以原子计)/%		
	PtRu/C	PtRu 黑	
	XRD	XRD	EDS
0	48	43.5	46.8
200	44	41.3	40.5
500	44		
700	34		
1000	30	38.9	34.4
2000	10		

Piela 等[72]首先报道了 DMFC 运行过程中的 Ru 迁移现象，并认为发生迁移的 Ru 物种主要来自商用 PtRu 催化剂中未与 Pt 形成合金的水合氧化 Ru 物种，沉积到阴极催化剂中的 Ru 会抑制催化剂的氧还原电催化活性，导致电池性能下降。Chen 等[73]通过 EDS 在恒流放电实验 500h 后的阴极催化层中检测到了 Ru 元素。为了获得催化剂活性组成随电池运行时间的变化规律，Liu 等[74]自行设计并组装了 H-形全电池装置，如图 12-25(a) 所示。该装置可在实验室条件下使用，能在与实际运行环境接近的条件下评价燃料电池中 MEA 的电化学性能和稳定性。利用该装置，以 Pt/C/GC 和 PtRu/C/GC 分别为工作电极，铂网为辅助电极，硫酸溶液为电解质，通过恒流加载，可以模拟燃料电池连续运行条件，现场记录催化剂的 CV 或 EIS 结果，对电池寿命实验前后的阴、阳极电解质溶液进行元素分析，从而定量分析催化剂的老化行为。通过恒流（$1.97mA \cdot cm^{-2}$）放电实验 700h，选择不同时间的阴极电解质溶液进行 ICP-MS 分析，得到溶液中 Ru 元素总量的变化关系见图 12-25(b)，其中 Ru 迁移总量通过 ICP-MS 所得的元素浓度乘以实际电解质溶液体积计算得到。

从图 12-25(b) 中可以看出，前 200h，Ru 迁移量快速上升，特别是前 28h 内 Ru 的迁移速率最大，至 400h 后达到 0.58mg，增大了 1233 倍。200～450h 之间，Ru 迁移量几乎不再增加。Ru 迁移总量从运行初始的 $0.047\mu g$ 增大到 700h 后的 0.857mg，增大了 1700 倍，发生了严重的 Ru 迁移和流失。

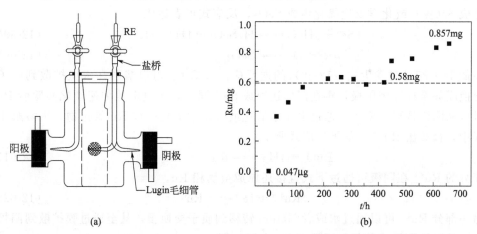

图 12-25　H-形全电池装置(a) 和阴极电解质溶液中 Ru 总量随电池运行时间的变化 (b)[74]

CH_3OH/air：$1/60mL \cdot min^{-1}$，电池温度：60℃，负载电流：$1.97mA \cdot cm^{-2}$

经加速老化实验后的非 Pt 阴极催化剂 $Ru_{85}Se_{15}/C$ 也发生活性组分的迁移和流失。图 12-26(a) 为循环 6000 圈加速老化实验后 MEA 的断面形貌和 EDS 线扫描谱[75]。EDS 线扫描结果清楚显示，老化后阳极催化层（Pt/C）除了出现 Pt 元素外，还有 Ru 元素，此外，EDS 分析还检测到 Se 元素等[69]，可以判断 Ru 和 Se 发生严重的迁移。比较图 12-26(b) 中新鲜和图 12-26(c) 中循环 6000 圈后的 Ru_{75}

Se_{25}/C 高分辨 TEM 图片，可见催化剂在加速老化实验后出现明显的晶格条纹，晶格间距为 0.2055nm，对应面心立方的 Ru（101）。由此证实，经过燃料电池加速老化实验后，MEA 的 $Ru_{75}Se_{25}/C$ 阴极催化剂发生溶解再沉积，生成 Ru 晶体。

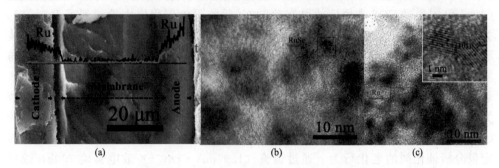

图 12-26 加速老化实验后 MEA 断面 SEM 图、EDS 线扫描结果（a）和新鲜（b）
及老化循环 6000 圈后 $Ru_{75}Se_{25}/C$ 的 HRTEM 图（c）[75]

尽管 Ru 对 ORR 具有很好的电化学催化活性，但其极易被氧化失去活性，所以 Se 常被引入保护 Ru。近期对钌硒催化剂的研究表明，此类非铂催化剂可获得四电子 ORR 反应路径，电催化活性特别是耐有机小分子毒化能力较好，但 Se 在电压高于 0.85V 时容易被氧化。最新研究结果表明[75]，由于燃料电池的开路电压超过了 0.85V（如图 12-19 和图 12-20 所示），因此，Se 有可能通过电化学反应被氧化成 Se（Ⅳ）或化学反应氧化生成 SeO_2，反应式可表达成：

$$Se^0 + 3H_2O \Longrightarrow H_2SeO_3 + 4H^+ + 4e^- \tag{12-59}$$
$$Se^0 + O_2 \Longrightarrow SeO_2 \tag{12-60}$$

在低于 0.85V 时发生式（12-59）的逆反应。H_2SeO_3 可以溶解在水里扩散到质子交换膜甚至迁移到阳极，再在阳极还原成 Se。同理，经过电池加速老化实验后 Ru 可以从阴极迁移到阳极，通过电化学氧化或者化学氧化生成 Ru 氧化物，再溶解于酸中，释放出 Ru^{4+}，如下反应式所示：

$$RuO_2 + 4H^+ \Longrightarrow Ru^{4+} + 2H_2O \tag{12-61}$$

部分的 Ru^{4+} 在阴极可通过下式直接还原成金属相 Ru，

$$Ru^{4+} + 4e^- \Longrightarrow Ru^0 \tag{12-62}$$

另一部分 Ru^{4+} 可以通过水或者 Nafion 转移到质子交换膜，甚至通过膜扩散到阳极中，从而被阳极中的氢气还原成 Ru 金属，即

$$Ru^{4+} + 2H_2 \longrightarrow Ru^0 + 4H^+ \tag{12-63}$$

在阳极中生成的 Ru 金属也可能发生式（12-62）的逆反应，氧化成 Ru^{4+} 后通过式（12-63）再次被氢气还原，造成燃料的浪费。因此，$Ru_{75}Se_{25}/C$ 催化剂中 Se 及 Ru 的溶解和迁移会显著降低催化剂层的活性及催化剂的稳定性和耐久性，从而直接影响燃料电池的性能和寿命。

12.2.6.3 表面化学组成改变

燃料电池不同运行时间前后 MEA 中 PtRu/C 和 PtRu 黑阳极催化剂的拉曼光

谱如图 12-27 所示[55,70,71]。无论是 H_2/air 燃料电池［图 12-27（a）］还是直接甲醇燃料电池［图 12-27（b）］，运行前从新鲜 MEA 催化层上得到的 PtRu/C 和 PtRu 黑催化剂（图中标注 0h）表面没有出现 Ru 氧化物的拉曼特征峰，而连续运行不同时间后 PtRu/C 和 PtRu 黑催化剂的拉曼光谱上均出现 RuO_2 的三个拉曼特征峰，且随着运行时间的增加，特征峰变得更明显。经燃料电池长期运行后的 PtRu/C 和 PtRu 黑催化剂表面很容易生成无定形态的 RuO_2。但是，运行前后 Pt/C 和 Pt 黑阴极催化剂的拉曼光谱却没有检测到 Pt 氧化物特征峰[55,70,71]。

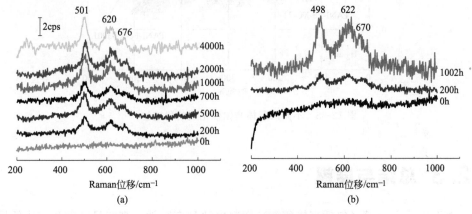

图 12-27　燃料电池运行前及连续运行不同时间后
MEA 中阳极催化剂的拉曼光谱[71]
（a）PtRu/C 来自 PEMFC[55,70]；（b）PtRu 黑来自 DMFC

12.2.6.4　载体腐蚀

碳材料对催化剂的稳定性有重要影响[76]，其中碳载体材料的石墨化程度是影响催化剂稳定性的重要参数[2,75]。高温或高氧气浓度下会发生碳的腐蚀反应，如：

$$C+2H_2O \longrightarrow CO_2+4H^+ +4e^- \tag{12-64}$$

$$C+H_2O \longrightarrow CO+2H^+ +2e^- \tag{12-65}$$

导致催化剂活性组分从碳载体上脱落或流失。碳纳米管具有大比表面积、化学稳定性强和良好的导电性能等特性，能够显著提高燃料电池催化剂的电催化活性和稳定性。

碳载体是 MeN/C 催化剂的另一个重要组分，采用不同碳载体得到的聚苯胺（PANI）衍生 Fe 基催化剂的电流密度随时间变化曲线如图 12-28 所示[77]。由于 BP2000 具有最高的微孔面积（表 12-1），以其为载体的催化剂初始活性最高，但其性能衰减也最快；而 MWNTs 负载的催化剂稳定性较好。

研究表明，通过 TiO_2 修饰炭黑（TiO_2/C）作为催化剂的载体材料，可以抑制 $Ru_{85}Se_{15}$ 催化剂中 Se 的流失，从而抑制 Ru 的进一步氧化，改善催化剂的稳定性[78]。将 TiO_2 纳米管和 BP2000 进行混合，可明显提高 $CoTMPP/TiO_2NT$-BP 复合催化剂的活性和稳定性[79]。

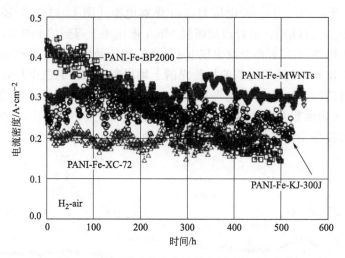

图 12-28　不同碳载体非铂催化剂的稳定性[77]

12.3　总结与展望

由于质子交换膜（包括直接醇类）燃料电池具有高效、高能量密度和零或低排放等特点，被公认为是最有可能在交通运输领域应用中替代内燃机的动力源和应用于移动或固定电源。虽然这一类燃料电池已经成功地应用于电动汽车的动力源和笔记本电脑、手机等的移动电源，但还存在成本、性能、寿命和氢源等问题，无法真正实现产业化。目前，质子交换膜燃料电池电催化剂有待解决的主要问题是：①对CO 敏感；②甲醇氧化和氧还原反应较慢；③需使用贵金属；④耐久性等。无可置疑，催化剂材料如无重大突破，燃料电池的应用将受到严重阻碍。

燃料电池的性能受阴极 ORR 的影响更大。由于 ORR 是四电子过程，在 Pt 基电极催化剂上的反应动力学较慢，还生成中间产物过氧化氢，不但影响 ORR 动力学，而且还会降解膜，从而影响电池的性能与稳定性。另外，对于直接甲醇燃料电池，阴极催化剂还应具备很强的甲醇容忍性（甲醇从阳极渗透到阴极与阴极催化剂反应）。因此，研究与开发 ORR 活性高且抗甲醇的低成本非贵金属电催化剂来代替昂贵的 Pt 基电催化剂，并提高催化四电子 ORR 的选择性，对于降低燃料电池成本和提高电池性能的稳定性，从而加快燃料电池的商业化进程具有重大的学术和技术价值。

非 Pt 催化剂是现阶段燃料电池研究领域最活跃的课题之一，通过研究可以容忍 CO 和甲醇的非 Pt 催化剂来取代昂贵的 Pt 基催化剂，以达到降低成本和节省资源的目的。然而，在努力提高非 Pt 催化活性的前提下，还要维持其在酸性介质中的稳定性，具有很大的挑战性。可以预计，燃料电池催化剂以及电催化反应的研究在很长一段时间内将是燃料电池研究的热点和难点。

致谢

感谢福建省特种先进材料重点实验室（2006L2003）的基金支持。特别感谢课题组研究生陈羚、彭程、张璐、刘连、冯伟、郑巧明、李恒毅等以及李海霞博士对本章的贡献。

参 考 文 献

[1] Feng Y, Gago A, Timperman L, Alonso-Vante N. Chalcogenide metal centers for oxygen reduction reaction: Activity and tolerance. Electrochimica Acta, 2011, 56 (3): 1009-1022.

[2] Jaouen F, Proietti E, Lefevre M, Chenitz R, Dodelet J P, Wu G, Chung H T, Johnston C M, Zelenay P. Recent advances in non-precious metal catalysis for oxygen-reduction reaction in polymer electrolyte fuel cells. Energy & Environmental Science, 2011, 4 (1): 114-130.

[3] Wu G, More K L, Johnston C M, Zelenay P. High-performance electrocatalysts for oxygen reduction derived from polyaniline, iron, and cobalt. Science, 2011, 332 (6028): 443-447.

[4] Othman R, Dicks AL, Zhu Z. Non precious metal catalysts for the PEM fuel cell cathode. International Journal of Hydrogen Energy, 2012, 37 (1): 357-372.

[5] Bezerra C W B, Zhang L, Lee K, Liu H, Marques A L B, Marques E P, Wang H, Zhang J. A review of Fe-N/C and Co-N/C catalysts for the oxygen reduction reaction. Electrochimica Acta, 2008, 53 (15): 4937-4951.

[6] Shao Y, Liu J, Wang Y, Lin Y. Novel catalyst support materials for PEM fuel cells: current status and future prospects. Journal of Materials Chemistry, 2009, 19 (1): 46-59.

[7] Lefèvre M, Dodelet J P. Fe-based electrocatalysts made with microporous pristine carbon black supports for the reduction of oxygen in PEM fuel cells. Electrochimica Acta, 2008, 53 (28): 8269-8276.

[8] Wu G, Chen Z, Artyushkova K, Garzon F H, Zelenay P. Polyaniline-derived non-Precious catalyst for the polymer electrolyte fuel cell cathode. ECS Transactions, 2008, 16 (2): 159-170.

[9] Herranz J, Lefevre M, Dodelet J P. Metal-precursor adsorption effects on Fe-based catalysts for oxygen reduction in PEM fuel cells. Journal of the Electrochemical Society, 2009, 156 (5): B593-B601.

[10] Jaouen F, Dodelet J P. O_2 reduction mechanism on non-noble metal catalysts for PEM fuel cells. Part I: Experimental rates of O_2 electroreduction, H_2O_2 electroreduction, and H_2O_2 disproportionation. The Journal of Physical Chemistry C, 2009, 113 (34): 15422-15432.

[11] Damjonovic A, Brusic V. Electrode kinetics of oxygen reduction on oxide-free platinum electrode. Electrochimica Acta, 1967, 12 (6): 615-628.

[12] Yeager E. Electrocatalysts for O_2 reduction. Electrochimica Acta, 1984, 29 (11): 1527-1537.

[13] Damjnovic A, Genshaw M A, Bockris J O'M. The role of hydrogen peroxide in the reduction of oxygen at platinum electrodes. The Journal of Physical Chemistry, 1966, 70 (11): 3761-3762.

[14] Franaszczuk K, Herrero E, Zelenay P, Wieckowski A, Wang J, Masel R I. A comparison of electrochemical and gas-phase decomposition of methanol on platinum surfaces. The Journal of Physical Chemistry, 1992, 96 (21): 8509-8516.

[15] Iwasita T, Vielstich W, Santos E. Identification of the adsorbate during methanol oxidation. Journal of Electroanalytical Chemistry, 1987, 229 (1-2): 367-376.

[16] Wilhelm S, Iwasita T, Vielstich W. COH and CO as adsorbed intermediates during methanol oxidation on platinum. Journal of Electroanalytical Chemistry, 1987, 238 (1-2): 383-391.

[17] Kunimatsu K. Infrared spectroscopic study of methanol and formic acid adsorbates on a platinum electrode: Part I. Comparison of the infrared absorption intensities of linear CO (a) derived from CO, CH_3OH and HCOOH. Journal of Electroanalytical Chemistry, 1986, 213 (1): 149-157.

[18] Beden B, Lamy C, Bewick A, Kunimatsu K. Electrosorption of methanol on a platinum electrode. ir spectroscopic evidence for adsorbed co species. Journal of Electroanalytical Chemistry, 1981, 121: 343-

347.

[19] Kunimatsu K, Kita H. Infrared spectroscopic study of methanol and formic acid absorbates on a platinum electrode: Part II. Role of the linear CO (a) derived from methanol and formic acid in the electrocatalytic oxidation of CH_3OH and HCOOH. Journal of Electroanalytical Chemistry, 1987, 218 (1-2): 155-172.

[20] Lopes M I S, Beden B, Hahn F, Leger J M, Lamy C. On the nature of the absorbates resulting from the chemisorptions of methanol at a platinum-electrode in acid-medium - An EMIRS study. Journal of Electroanalytical Chemistry, 1991, 313 (1-2): 323-339.

[21] Kabbabi A, Faure R, Durand R, Beden B, Hahn F, Leger J M, Lamy C. In situ FTIRS study of the electrocatalytic oxidation of carbon monoxide and methanol at platinum-ruthenium bulk alloy electrodes. Journal of Electroanalytical Chemistry, 1998, 444 (1): 41-53.

[22] Zhu Y, Uchida H, Yajima T, Watanabe M. Attenuated total reflection-Fourier transform infrared study of methanol oxidation on sputtered Pt film electrode. Langmuir, 2000, 17 (1): 146-154.

[23] Parsons R, Vandernoot T. The oxidation of small organic molecules: A survey of recent fuel cell related research. Journal of Electroanalytical Chemistry, 1988, 257 (1-2): 9-45.

[24] Sugimoto W, Aoyama K, Kawaguchi T, Murakami Y, Takasu Y. Kinetics of CH_3OH oxidation on PtRu/C studied by impedance and CO stripping voltammetry. Journal of Electroanalytical Chemistry, 2005, 576 (2): 215-221.

[25] Gasteiger H A, Markovic N, Ross P N, Cairns E J. Carbon monoxide electrooxidation on well-characterized platinum-ruthenium alloys. Journal of Physical Chemistry, 1994, 98 (2): 617-625.

[26] Holstein W L, Rosenfeld H D. In-Situ X-ray Absorption Spectroscopy Study of Pt and Ru Chemistry during Methanol Electrooxidation. Journal of Physical Chemistry B, 2005, 109 (6): 2176-2186.

[27] Watanabe M, Motoo S. Electrocatalysis by ad-atoms: Part II. Enhancement of the oxidation of methanol on platinum by ruthenium ad-atoms. Journal of Electroanalytical Chemistry, 1975, 60 (3): 267-273.

[28] Lin W F, Zei M S, Eiswirth M, Ertl G, Iwasita T, Vielstich W. Electrocatalytic Activity of Ru-Modified Pt (111) Electrodes toward CO Oxidation. The Journal of Physical Chemistry B, 1999, 103 (33): 6968-6977.

[29] Ticanelli E, Beery J G, Paffett M T, Gottesfeld S. An electrochemical, ellipsometric, and surface science investigation of the PtRu bulk alloy surface. Journal of Electroanalytical Chemistry, 1989, 258 (1): 61-77.

[30] Liu R, Iddir H, Fan Q B, Hou G Y, Bo A L, Ley K L, Smotkin E S, Sung Y E, Kim H, Thomas S, Wieckowski A. Potential-Dependent Infrared Absorption Spectroscopy of Adsorbed CO and X-ray Photoelectron Spectroscopy of Arc-Melted Single-Phase Pt, PtRu, PtOs, PtRuOs, and Ru Electrodes. The Journal of Physical Chemistry B, 2000, 104 (15): 3518-3531.

[31] Mcbreen J, Mukerjee S. In Situ X-Ray Absorption Studies of a Pt-Ru Electrocatalyst. Journal of the Electrochemical Society, 1995, 142 (10): 3399-3404.

[32] Frelink T, Visscher W, Van Veen J A R. On the role of Ru and Sn as promotors of methanol electrooxidation over Pt. Surface Science, 1995, 335 (1-3): 353-360.

[33] Cheng X, Shi Z, Glass N, Zhang L, Zhang J J, Song D T, Liu Z S, Wang H J, Shen J. A Review of PEM Hydrogen Fuel Cell Contamination: Impacts, Mechanisms, and Mitigation. Journal of Power Sources, 2007, 165 (2): 739-756.

[34] Wiesener K, Ohms D, Neumann V, Franke R. N_4-macrocycles as electrocatalysts for the cathodic reduction of oxygen. Materials Chemistry and Physics, 1989, 22 (3-4): 457-475.

[35] Beck F. Redox mechanism of chelate-catalyzed oxygen cathode. Journal of Applied Electrochemistry, 1977, 7 (3): 239-245.

[36] Bashyam R, Zelenay P. A class of non-precious metal composite catalysts for fuel cells. Nature, 2006, 443 (7107): 63-66.

[37] Othman R, Dicks A L, Zhu Z. Non precious metal catalysts for the PEM fuel cell cathode. International Journal of Hydrogen Energy, 2012, 37 (1): 357-372.

[38] Prasanna M, Cho E A, Lim T H, Oh I H. Effects of MEA fabrication method on durability of polymer electrolyte membrane fuel cells. Electrochimica Acta, 2008, 53 (16): 5434-5441.

[39] Millington B, Whipple V, Pollet B G. A novel method for preparing proton exchange membrane fuel cell electrodes by the ultrasonic-spray technique. Journal of Power Sources, 2011, 196 (20):

8500-8508.

[40] Liu G, Zhang H, Hu J. Novel synthesis of a highly active carbon-supported $Ru_{85}Se_{15}$ chalcogenide catalyst for the oxygen reduction reaction. Electrochemistry Communications, 2007, 9 (11): 2643-2648.

[41] Yuan X, Wang H, Colin Sun J, Zhang J. AC impedance technique in PEM fuel cell diagnosis—A review. International Journal of Hydrogen Energy, 2007, 32 (17): 4365-4380.

[42] Yamamoto K, Imaoka T, Chun W J, Enoki O, Katoh H, Takenaga M, Sonoi A. Size-specific catalytic activity of platinum clusters enhances oxygen reduction reactions. Nature Chemistry, 2009, 1 (5): 397-402.

[43] Lim B, Jiang M J, Yu T, Camargo P H C, Xia Y N. Nucleation and growth mechanisms for Pd-Pt bimetallic nanodendrites and their electrocatalytic properties. Nano Research, 2010, 3 (2): 69-80.

[44] Tian N, Zhou Z Y, Sun S G, Ding Y, Wang Z L. Synthesis of tetrahexahedral platinum nanocrystals with high-index facets and high electro-oxidation activity. Science, 2007, 316 (5825): 732-735.

[45] Lim B W, Lu X M, Jiang M J, Camargo P H C, Cho E C, Lee E P, Xia Y N. Facile synthesis of highly faceted multioctahedral Pt nanocrystals through controlled overgrowth. Nano Letters, 2008, 8 (11): 4043-4047.

[46] Zhang J, Sasaki K, Sutter E, Adzic R R. Stabilization of platinum oxygen-reduction electrocatalysts using gold clusters. Science, 2007, 315 (5809): 220-222.

[47] Lin Y, Cui X, Ye X. Electrocatalytic reactivity for oxygen reduction of palladium-modified carbon nanotubes synthesized in supercritical fluid. Electrochemistry Communications, 2005, 7 (3): 267-274.

[48] Li W, Liang C, Zhou W, Qiu J, Zhou, Sun G, Xin Q. Preparation and characterization of multi-walled carbon nanotube-supported platinum for cathode catalysts of direct methanol fuel cells. The Journal of Physical Chemistry B, 2003, 107 (26): 6292-6299.

[49] Wang C, Waje M, Wang X, Tang J M, Haddon R C, Yan Y S. Proton exchange membrane fuel cells with carbon nanotube based electrodes. Nano Letters, 2003, 4 (2): 345-348.

[50] Bessel C A, Laubernds K, Rodriguez N M, Baker R T K. Graphite nanofibers as an electrode for fuel cell applications. The Journal of Physical Chemistry B, 2001, 105 (6): 1115-1118.

[51] Joo S H, Choi S J, Oh I, Kwak J, Liu Z, Terasaki O, Ryoo R. Ordered nanoporous arrays of carbon supporting high dispersions of platinum nanoparticles. Nature, 2001, 412 (6843): 169-172.

[52] Chhina H, Campbell S, Kesler O. An oxidation-resistant indium tin oxide catalyst support for proton exchange membrane fuel cells. Journal of Power Sources, 2006, 161 (2): 893-900.

[53] Ganesan R, Lee J S. Tungsten carbide microspheres as a noble-metal-economic electrocatalyst for methanol oxidation. Angewandte Chemie-International Edition, 2005, 44 (40): 6557-6560.

[54] Zhong H, Zhang H, Liu G, Liang Y, Hu J, Yi B. A novel non-noble electrocatalyst for PEM fuel cell based on molybdenum nitride. Electrochemistry Communications, 2006, 8 (5): 707-712.

[55] 陈羚. 质子交换膜燃料电池的寿命研究 [D]. 厦门：厦门大学化学化工学院, 2004.

[56] Wu G, Li D, Dai C, Wang D, Li N. Well-dispersed high-loading Pt nanoparticles supported by shell-core nanostructured carbon for methanol electrooxidation. Langmuir, 2008, 24 (7): 3566-3575.

[57] Yuasa M, Yamaguchi A, Itsuki H, Tanaka K, Yamamoto M, Oyaizu K. Modifying carbon particles with polypyrrole for adsorption of cobalt ions as electrocatalytic site for oxygen reduction. Chemistry of Materials, 2005, 17 (17): 4278-4281.

[58] Feng W, Li H, Cheng X, Jao T C, Weng F B, Su A, Chiang Y C. A comparative study of pyrolyzed and doped cobalt-polypyrrole eletrocatalysts for oxygen reduction reaction. Applied Surface Science, 2012, 258 (8): 4048-4053.

[59] Tuinstra F, Koenig J. Raman spectrum of graphite. Journal of Chemical Physics, 1970, 53 (3): 5.

[60] Olson T S, Pylypenko S, Fulghum J E, Atanassov P. Bifunctional oxygen reduction reaction mechanism on non-platinum catalysts derived from pyrolyzed porphyrins. Journal of the Electrochemical Society, 2010, 157 (1): B54-B63.

[61] Li S, Zhang L, Liu H S, Pan M, Zan L, Zhang J J. Heat-treated cobalt-tripyridyl triazine（Co-TPTZ) electrocatalysts for oxygen reduction reaction in acidic medium. Electrochimica Acta, 2010, 55 (15): 4403-4411.

[62] Guinel M J F, Bonakdarpour A, Wang B A, Babu P K, Emst F, Ramaswamy N, Mukerjee S, Wieckowski A. Carbon-supported, selenium-modified ruthenium-molybdenum catalysts for oxygen reduction in acidic media. ChemSusChem, 2009, 2 (7): 658-664.

[63] Jaouen F, Marcotte S, Dodelet J P, Lindbergh G. Oxygen reduction catalysts for polymer electrolyte

fuel cells from the pyrolysis of iron acetate adsorbed on various carbon supports. The Journal of Physical Chemistry B, 2003, 107 (6): 1376-1386.

[64] Jaouen F, Proietti E, Lefevre M, Chenitz R, Dodelet J P, Wu G, Chung H T, Johnston C M, Zelenay P. Recent advances in non-precious metal catalysis for oxygen-reduction reaction in polymer electrolyte fuel cells. Energy & Environmental Science, 2011, 4 (1): 114-130.

[65] Herrmann I, Kramm U I, Radnik J, Fiechter S, Bogdanoff P. Influence of sulfur on the pyrolysis of CoTMPP as electrocatalyst for the oxygen reduction reaction. Journal of the Electrochemical Society, 2009, 156 (10): B1283-B1292.

[66] Liu H, Zhang L, Zhang J, Ghosh D, Jung J, Downing B W, Whittemore E. Electrocatalytic reduction of O_2 and H_2O_2 by adsorbed cobalt tetramethoxyphenyl porphyrin and its application for fuel cell cathodes. Journal of Power Sources, 2006, 161 (2): 743-752.

[67] Yuan Y, Smith J A, Goenaga G, Liu D J, Luo Z, Liu J. Platinum decorated aligned carbon nanotubes: Electrocatalyst for improved performance of proton exchange membrane fuel cells. Journal of Power Sources, 2011, 196 (15): 6160-6167.

[68] Yoo E, Okata T, Akita T, Kohyama M, Nakamura J, Honma I. Enhanced Electrocatalytic Activity of Pt Subnanoclusters on Graphene Nanosheet Surface. Nano Letter, 2009, 9 (6): 2255-2259.

[69] Zheng Q, Cheng X, Jao T, Weng F, Su A, Chiang Y. Fuel cell performances at optimized Nafion and $Ru_{85}Se_{15}$ loadings in cathode catalyst layer. Journal of Power Sources, 2012, 201: 151-158.

[70] Cheng X, Chen L, Peng C, Chen Z W, Zhang Y, Fan Q B. Catalyst microstructure examination of PEMFC MEAs versus time. Journal of the Electrochemical Society, 2004, 151 (1): A48-52.

[71] Cheng X, Peng C, You M D, Liu L, Zhang Y, Fang Q B. Characterization of Catalysts and Membrane in DMFC Lifetime Testing. Electrochimica Acta, 2006, 51 (22): 4620-4625.

[72] Piela P, Eickes C, Brosha E, Garzon F, Zelenay P. Ruthenium Crossover in Direct Methanol Fuel Cell with Pt-Ru Black Anode. Journal of the Electrochemical Society, 2004, 151 (12): A2053-A2059.

[73] Chen W, Sun G, Guo J S, Zhao X S, Yan S Y, Tian J, Tang S H, Zhou Z H, Xin Q. Test on the degradation of direct methanol fuel cell. Electrochimica Acta, 2006, 51 (12): 2391-2399.

[74] Liu L, Zhang L, Cheng X, Zhang Y, Weng F B, Su A. Accelerated degradation and high potential treatment of E-TEK anodic GDE by an improved half cell. ECS Transactions, 2010, 33 (1): 1265-1272.

[75] Zheng Q M, Cheng X, Jao T, Weng F B, Su A, Chiang Y. Degradation analyses of $Ru_{85}Se_{15}$ catalyst layer in PEMFCs. Journal of Power Sources, 2012, 218: 79-87.

[76] Yu Y, Li H, Wang H, Yuan X Z, Wang G, Pan M. A review on performance degradation of proton exchange membrane fuel cells during startup and shutdown processes: Causes, consequences, and mitigation strategies. Journal of Power Sources, 2012, 205: 10-23.

[77] Wu G, Artyushkova K, Ferrandon M, Kropf J, Myers D, Zelenay P. Performance durability of polyaniline-derived non-precious cathode catalysts. ECS Transactions, 2009, 25 (1): 1299-1311.

[78] Xu T, Zhang H, Zhong H, Ma Y, Jin H, Zhang Y. Improved stability of TiO_2 modified $Ru_{85}Se_{15}$/C electrocatalyst for proton exchange membrane fuel cells. Journal of Power Sources, 2010, 195 (24): 8075-8079.

[79] Xie X Y, Ma Z F, Wu X, Ren Q Z, Yuan X X, Jiang Q Z, Hu L Q. Preparation and electrochemical characteristics of $CoTMPP-TiO_2NT/BP$ composite electrocatalyst for oxygen reduction reaction. Electrochimica Acta, 2007, 52 (5): 2091-2096.

第13章
工业过程电催化

■ 赖延清　刘业翔
（中南大学 冶金与环境学院）

通过电催化电极开发，降低电极过程过电位，一直是电化学工业发展中的重要课题。电催化在氯碱工业、电化学合成、电化学冶金及环境治理等方面的研究与应用已取得了显著成效。其标志性事件就是 20 世纪 60 年代比利时人 H. Beer[1,2] 在意大利利德诺拉公司的资助下，成功研制出了表面覆盖有电催化剂涂层的钛基形稳阳极（dimensinally stable anode，DSA），使阳极的析氯反应过电位由原来石墨阳极的 500mV 以上降低到 DSA 阳极的 50mV 以下，并大幅度提高了电解槽的生产能力。目前，DSA 已成为氯碱工业的主流阳极。受氯碱工业应用 DSA 取得巨大成功的启发，自 20 世纪 80 年代开始，人们又先后将电催化技术引入到电化学冶金工业（氯化物溶液、硫酸盐溶液以及高温熔盐中金属电解提取）、电化学合成工业和污水治理等工业领域。本章将分别对氯碱工业、湿法冶金工业及熔盐铝电解工业过程的电催化进行阐述。

13.1 氯碱工业过程电催化

13.1.1 氯碱工业概述

电解氯化钠水溶液同时生产氯气和烧碱的氯碱工业，是世界上最大规模的电解工业，也是最重要的电化学工业之一。氯碱工业是基础化工产业，其主要产品氯气和烧碱广泛应用于轻工、化工、纺织、建材、国防、冶金等部门，副产品氢气也有多种用途。氯气主要用于生产 PVC 等有机物、水处理化学品、氯化中间体、无机氯化物和造纸等；烧碱主要用于有机合成、造纸、纺织、洗涤品生产、铝冶炼及各种无机化合物生产等。

在电解法发明之前的 100 多年间，一直采用化学法生产氯气和烧碱。1851 年英国 Watt 首先提出了电解食盐水溶液制取氯气的专利，1867 年大功率直流发电机发明后实现了工业电解。第一个电解法制氯的工厂于 1890 年在德国建成，第一个电解食盐水同时制取氯和氢氧化钠的工厂于 1893 年在美国建成。第一次世界大战后化学工业的发展，使得氯气不但用于漂白与杀菌，还用于生产各种有机、无机化学品以及军事化学品等；第二次世界大战后石油化工业的兴起，更使得氯气需求量激增，氯气（或化学品）与烧碱的产量与年俱增，氯碱工业进入快速发展阶段。目前，全球共有 500 多家氯碱生产企业。2011 年，全球烧碱产量约 6110 万吨，氯气产量约 5587 万吨；我国烧碱产量约 2466 万吨，氯气产量约 2255 万吨，居世界首位。

氯碱工业生产过程包括盐水精制、电解和产品精制等工序，其中电解是最主要工序。在氯碱工业电解槽中，两极产物的分隔非常重要，否则将发生各种副反应和次级反应，使产率锐减、产品质量下降，并可能发生爆炸。根据产物分隔方法的不同，氯碱的工业生产采用水银法、隔膜法和离子膜法三种工艺，图 13-1 所示为不同电解槽的工艺原理，表 13-1 列举了三种生产工艺的典型技术经济指标。由于离子膜法不仅具有效率高与能耗低的优点，而且可以消除隔膜电解法使用石棉、水银电解法使用汞而造成的公害以及环境污染，因而成为现阶段氯碱工业的主要生产工艺。

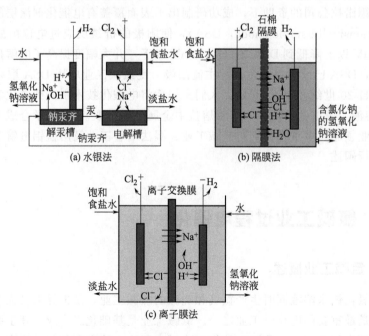

图 13-1　氯碱工业电解槽工艺原理图

表 13-1　工业氯碱电解槽的典型技术经济指标[3]

指　　标	水银法	隔膜法	离子膜法
槽电压/V	4.4	3.45	2.95
阴极电流密度/A·cm^{-2}	1.0	0.2	0.4
Cl_2 的电流效率/%	97	96	98.5
能源消耗/kW·h·(tNaOH)$^{-1}$	3550	3510	2550
Cl_2 的纯度/%	99.2	98	99.3
H_2 的纯度/%	99.9	99.9	99.9
Cl_2 中含 O_2/%	0.1	1~2	0.3
50%NaOH 中 Cl^-/%	<0.005	1~1.2	0.003~0.005
蒸发前 NaOH 浓度/%	50	12	35
环境污染问题	汞污染	石棉纤维污染	无
对盐水纯度要求	有	严格	少
单槽 NaOH 产能/t·a^{-1}	5000	1000	100
工厂占地面积(按 NaOH 10^5t·a^{-1}计)/m^2	3000	5300	2700

在水银法中，阳极为石墨电极，阴极为汞。阴极上还原出来的钠被汞所吸收，生成钠汞齐。然后将钠汞齐与水一起在解汞塔内进行反应，获得了产品——含50%（质量分数）的 NaOH 水溶液。石墨阳极在析氯过程中由于也有少量氧同时析出，造成了石墨阳极的逐渐消耗，并使得阴极与阳极间的距离逐渐扩大，如不控制，极间距离的增大就会引起槽电压升高，导致电能消耗增大。

在隔膜法中，电解槽用改性石棉做成的隔膜把阳极同阴极分开。石棉经不同聚合物改性后性能变好。把它直接覆盖在钢架阴极上做成的这种隔膜，可以把两极产物分开。使阳极上产出的氯和阴极上产生的氢与 NaOH 溶液（含有食盐）不致混合。但有了隔膜后，电解槽的电阻增大，生产不能采用高电流密度，否则电耗大增。在此种电解槽中，石墨阳极也同样存在逐渐消耗的问题，它也将导致两极间的距离变大，槽电压增高，电耗增大。

阳离子交换膜法原理与隔膜法一样。只是此种膜只允许阳离子 Na^+ 和少量的 H^+ 通过，不允许阴离子通过。此种膜紧贴着阳极和阴极，形成几乎"零极距"的结构。原则上说，此种方法可以直接生产出不含氯离子的 50%NaOH 产品。但是，实际上目前还不能完全做到这一点，主要是还有少量 OH^- 也随阳离子渗过来，使所得 NaOH 溶液较稀，一般含 35%~48% NaOH。尽管如此，但所得 NaOH 含氯少，所得氯气含氧低，产品质量好。更因为几乎"零极距"操作，槽电阻小，可用更高电流密度生产，因而单位产品的电耗低。此法的上述优点使它自 1970 年以来迅猛发展，不断取代隔膜法，成为氯碱工业的主流工艺。

由表 13-1 可见，氯碱生产用电量大，降低能耗始终是氯碱工业的核心问题。因此，提高电流效率，降低槽电压和提高大功率整流器效率，降低碱液蒸发能耗，以及防止环境污染等，一直是氯碱工业科技工作的努力方向。

理想情况下，氯碱工业电解槽的电极反应如式(13-1)~式(13-4)所示。其中，阳极反应为式(13-1)，阴极反应则依不同工艺而不同。隔膜电解法和离子膜法中，阴极反应为直接反应，其反应为式(13-2)；水银电解法的阴极反应为间接反应，首先按式(13-3)电解生成钠汞齐，钠汞齐在解汞塔中按式(13-4)分解得到 NaOH。

$$2Cl^- - 2e^- \Longrightarrow Cl_2 \tag{13-1}$$

$$2H_2O + 2e^- \Longrightarrow H_2 + 2OH^- \tag{13-2}$$

$$Na^+ + e^- + Hg \Longrightarrow NaHg \tag{13-3}$$

$$2NaHg + 2H_2O \Longrightarrow 2Hg + 2NaOH + H_2 \tag{13-4}$$

但是，在分析讨论氯碱工业电解槽的电化学反应、电流效率及能耗指标时，通常要考虑表 13-2 中列举的各种副反应的发生。对于所有三种电解工艺来说，阳极上应易于生成 Cl_2 而不利于生成 O_2，阳极气体中的含 O_2 应该尽可能低。但从表 13-2 可看出，H_2O 氧化生成 O_2（即反应②）比产生 Cl_2（反应①）更为有利。因此，必须寻求合适的阳极材料和阴极材料，对阳极来说，它对析氯反应的过电位应尽可能低，而对不希望的析氧反应则过电位应尽可能高；对阴极来说，则是要求在碱液中的析氢过电位尽可能低[4]。这就是氯碱工业中所需要解决的电催化问题。

表 13-2　氯碱电解槽的电极反应及其平衡电极电位

反应类型	反应式	pH	$Ee(\text{vs. NHE})/V$
阳极反应	① $2Cl^- - 2e^- \Longrightarrow Cl_2$	4	+1.31
副反应	② $2H_2O - 4e^- \Longrightarrow O_2 + 4H^+$	4	+0.99
	③ $2H^+ + 2e^- \Longrightarrow H_2$	4	-0.24
阴极反应	④ $2H_2O + 2e^- \Longrightarrow H_2 + 2OH^-$	14	-0.84
	⑤ $Na^+ + Hg + e^- \Longrightarrow NaHg$	4	-1.85

注：表中电极电位系按盐水浓度为 25%，所有活度系数为 1，温度为 298K 及 1atm（1atm＝101325Pa）下计算所得；生产实际中的温度在 60~95℃，压力为 1~10atm，且活度系数不是 1。

13.1.2　氯碱电解槽的析氯阳极电催化

13.1.2.1　石墨阳极

电解法生产 Cl_2 开始直到 1913 年，工业上一直采用铂和磁性氧化铁作为阳极材料。然而 Pt 太昂贵，磁性氧化铁太脆，且只能在平均为 $400A \cdot m^{-2}$ 的阳极电流密度下工作。从 1913 年至 1970 年的近 60 年中，氯碱工业广泛采用石墨作为阳极材料。

石墨阳极采用优质焦炭为骨料、沥青为黏结剂，经混捏、成型、焙烧与石墨化而成，一般要求原料中的灰分含量较低。原料经混捏得到的糊料经压制成型，而后在 1100℃ 左右焙烧，2600~2800℃ 下石墨化。所得到的石墨坯块经过机械加工成为最终形状的石墨阳极。用于氯碱电解槽作水平悬挂的石墨阳极，其面积一般为 0.1~0.2m²，初始厚度为 7~12cm。

石墨阳极的缺点主要是析氯过电位高，以及石墨阳极因氧化损耗引起形状不稳定，增大了极距等而引起能耗高。石墨阳极上 Cl_2 析出的过电位高达 500mV，生产 1t Cl_2 引起的阳极碳剥蚀量大于 2kg。电解过程中，随着阳极上析出氯气的同时也有少量氧析出，氧与石墨作用生成 CO 和 CO_2，使石墨阳极遭到电化学氧化而腐蚀剥落严重，每生产 1t 氯气的石墨消耗量达到 $1.8\sim2.0kg$（由 NaCl 电解制氯）和 $3\sim4kg$（由 KCl 电解制氯）。因此，石墨阳极的寿命仅有 $6\sim24$ 个月不等。降低石墨阳极使用寿命的因素主要有：电解温度高、阳极液的 pH 高、盐水中活性氯浓度高、盐水中存在 SO_4^{2-} 杂质等。石墨阳极的剥落使得生产过程中需要不断调整电极位置，生产中通常每天降低一次阳极，以维持稳定的极距，并减少电耗。当石墨阳极的厚度减薄至 $2\sim3cm$ 时就需要换新阳极，这使得电解槽结构和生产操作复杂化[5]。

由于上述问题，自 20 世纪 60 年代发明钛基涂层电催化阳极后，石墨阳极逐渐被钛基涂层电催化阳极所取代。

13.1.2.2 钛基涂层电催化阳极

自 1957 年起，人们曾试图以活化的钛电极（一般在 Ti 基体上镀贵金属及其合金）替代石墨材料作为阳极，因为钛在含氯的盐水中有极好的耐腐蚀性。当时活化试验多用铂，少数试验用了 Pt/Ir。然而，大多数试验的阳极尽管具有活化效果，但因贵金属活化层的寿命短而且成本高，因而未获成功。这些尝试尽管未获成功，但是在以下两方面为"钛基涂层电催化阳极"的提出奠定了基础：①金属 Ti 是良好的电极基体材料；②采用少量贵金属可达到"电极活化"的作用，"电极活化"这一思路在电化学领域（特别是针对各类气体扩散电极）仍被普遍运用。

H. B. Beer 分别于 1958 年和 1964 年申请了两项专利[1,2]，这两项专利使得此后的氯碱工业发生了革命性变化。他的第一项专利描述了一种钛基涂层阳极，涂层为由热分解形成的贵金属涂层，涂层中起作用的物质是一种或数种铂族金属氧化物，也可能加有若干非金属氧化物。第二项专利介绍的涂层由阀型金属氧化物和铂族金属氧化物的混合晶体组成。阀型金属（包括钛、钽和锆）氧化物的含量通常在 50%（摩尔分数）以上。此后，O. DeNora 和 V. DeNora 对这种阳极的涂层和钛基体作了进一步的改进，并发展成工业生产用的钛基涂层阳极，形成商业化产品，商标名称为 DSA®（Dimensionally Stable Anodes），即为通常所说的形稳阳极[6,7]。这种阳极在氯碱电解的环境中呈惰性，具有很高的化学与电化学稳定性，使用寿命可达数年，特别是它的电催化活性极佳，析 Cl_2 过电位由原来石墨阳极的 500mV 以上降低到 50mV 以下。在此同期，其它阳极制造商也开发了各种钛基涂层电催化阳极，申请的钛基涂层阳极专利有 1000 余项之多。与石墨阳极比较，DSA 可在更高的电流密度和更低的槽电压下工作，而且阳极寿命长，因此很快得到工业推广应用。至 20 世纪 80 年代，世界上绝大多数氯碱工厂已改用 DSA。DSA 的发明与应用被认为是 20 世纪电化学领域最伟大的技术突破，其意义不亚于"单晶"和"STM"的发明[8]。

（1）DSA 涂层的化学组成 所有工业应用的 DSA 涂层，都是由一种铂族金属氧化物（常用 Ru，有时也用两种或三种贵金属）和一种非铂族金属氧化物（常为 Ti、Sn 或 Zr）组成。铂族金属氧化物对非铂族金属氧化物的最优比值（质量比）

由 20:80 变化至 45:55 不等。最初 H. B. Beer 提出的 DSA 涂层中 Ti/Ru 摩尔比为 2:1。当时还有一种三组分涂层，其 Ru/Sn/Ti 摩尔比为 3:2:11，其中 RuO_2+SnO_2 的涂覆量约为 1.6mg·cm^{-2}。还有一些涂层含有玻璃纤维，有些还含有 $Li_{0.5}Pt_3O_4$ 结晶体或含铑的固体粒子。

已得到商品化应用的以铂族金属为基础的涂层主要有：①IMIMarston 公司的含 Pt-Ir 涂层；②Diamond Shamrock 公司的含 Ru-Ir-Ti 涂层；③日本旭化成公司的 RuO_2-TiO_2-ZrO_2 涂层，摩尔比为 60:30:10；④TDK 公司的钯氧化物涂层；⑤C. Condratty Nürnberg 公司的铂青铜涂层，化学式为 $M_{0.5}Pt_3O_4$，其中 M 代表 Li、Na、Cu、Ag、Ti 或 Sr；⑥Dow 化学公司 $M_xCo_{3-x}O_4·yZrO_2$ 涂层，式中 $x \geqslant 1$，$y \leqslant 1$，M 为 Mg、Mn、Cu 或 Zn，据称此种涂层的性能与 RuO_2-TiO_2 涂层相当。

(2) DSA 的钛基体　DSA 阳极的最重要优点之一，是它那昂贵的钛基体结构可以重新涂覆混合物涂层再使用，因此可以长期使用，使用期超过 20 年。

DSA 阳极的钛基体在国外通常采用 ASTM 1 级或 2 级的铸材，因为其它牌号的钛材的表面不易作涂覆前处理，且也不易展平。也曾经采用过烧结钛材作为阳极基体材料，这时基体表面要涂覆一层 TiO_2，而且其孔洞要预先填充，以防止涂料充盈其中。为了使气体容易从阳极上快速排除，常将钛基体拉成菱形的网状结构，或打孔，或冲成带孔的半耳环状等。对于水银槽阳极来说，快速释放气体更重要，通常在活性表面层的背面，将钛基体做成板条状或圆柱状结构，以利于气体顺着导沟排去。

(3) DSA 的制备　热分解法是 DSA 制备的最传统和最通用的方法。热分解法制备 DSA 涂层一般从"涂料"开始，涂料含有给定金属的盐类或其有机化合物，呈水溶液、有机溶液或二者混合液的形态。通常采用喷涂、刷涂、浸渍或其它技术将涂料涂覆在钛基体上，而后经烘干将溶剂蒸发去，再加热到 350~600℃，使涂料转化为氧化物涂层。上述步骤重复若干次，直到获得最终涂层厚度为止。基体预处理[9]、前驱体溶液组成[10]、涂覆工艺[11]、热处理工艺[12,13]等工艺参数对涂层性能和 DSA 电极使用性能影响显著，甚至比涂层化学组成还更为重要。比如，钛基体预处理（一般包含四个步骤：喷砂、脱脂、酸处理、清洗与烘干）就对涂层质量具有显著影响，在涂活性金属化合物之前，必须将钛基体的表面进行预处理，其目的是除去钛表面油污及氧化膜，把钛表面刻蚀成凹凸不平的新鲜麻面，以改善涂层与钛基体的结合力，改善导电性，延长使用寿命；一般贵金属氧化物与氧化钛的结合力比它与纯钛的结合力要大，因此除了在涂制前要蚀刻钛基体外，还要使钛基体表面活化，使其形成多孔的钛氧化层，所以基体处理的过程其实也是使钛基体金属活化的过程。因此，在 DSA 涂层制备过程中，要十分细致地进行如下操作处理：钛基体表面的正确预处理，掌握好烘焙温度、单一涂层含有的金属量以及涂层的最终厚度等。上述各环节的详情属各阳极制造商的专利权内容，一般不在文献上加以报道，具体可见相关专利。

此外，针对热分解法难以避免成分偏析、晶粒粗大、结合强度低等问题，人们还研究了众多其它制备技术，比如近期研究较多的溶胶-凝胶法（以各组元的混合溶胶取代溶液作为涂层前驱体）可望有效细化涂层晶粒，减少偏析，从而提高电极活性与稳定性[14~21]。比如，V. V. Panic[15]采用溶胶-凝胶法制备的 Ti 基 RuO_2-TiO_2 涂层阳极与相同条件下常规热分解法制备的阳极比较，电化学活性相当（见图 13-2），但涂层稳定性大大增强（见图 13-3）。

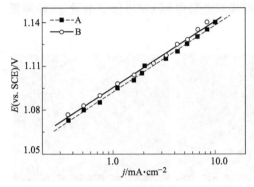

图 13-2　RuO_2-TiO_2/Ti 阳极极化曲线[15]
A—溶胶-凝胶法；B—常规热分解法；测试条件为：
$c_{NaCl}=5.0mol \cdot L^{-1}$，pH=2，室温

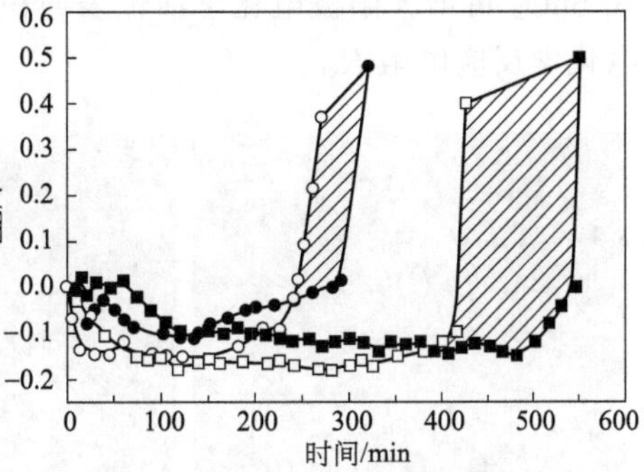

图 13-3　RuO_2-TiO_2/Ti 阳极加速寿命曲线[15]
□ 最差 sol-gel 阳极；○ 最差热分解阳极；
■ 最好 sol-gel 阳极；● 最好热分解阳极

(4) DSA 涂层的结构形貌与电催化活性　　DSA 涂层中复合氧化物（如 RuO_2-TiO_2）一般为电化学非活性的金红石结构，但涂层电极具有良好的电化学活性（在阳极电流密度为 $2 \sim 10kA \cdot m^{-2}$ 时，DSA 的析氯过电位为 $90 \sim 120mV$，远低于石墨阳极的 $500mV$）。为探讨 DSA 涂层的电催化机理，就需要深入研究 DSA 涂层的表面形貌与组织结构。

电极的电催化活性取决于"电子因素"和"几何因素"两个方面。其中前者包括可影响电极表面与反应中间体间结合强度的众多因素，而这些因素又取决于电极的表面化学结构；后者则是电极反应面积的增大，这其实并非真正意义上的电催化，因为这并未使电极反应活化能发生变化，但在工业实践领域也将其作为电极材料的电催化性能，因此也可称其为"表观电催化"。在工业实践当中，大家所追求的主要是恒流极化下槽电压的降低或恒压极化下电流的提高，并不在乎其原因是电极反应活化能的降低还是电极真实反应面积的增大。但是，为开发具有良好电催化活性的电极材料，就有必要研究电极活性的影响因素。研究表明，电极涂层实际为氧化物粉末在金属基体上的堆积，如图 13-4 所示，尽管其形貌随制备工艺和涂层组成发生变化，涂层大多呈龟裂状，因而具有较大的比表面积[19,20]。BET 法和电化学方法测定表明 DSA 真实表面积是其几何表面积的 400 倍以上，有些经过专门制作的 DSA 涂层的真实表面积可达到其几何表面积的 1000 倍以上[22]。但是，一般认为表面积的增大只是 DSA 具有电催化活性的次要因素，更重要的还是"电子因素"的作用。其依据首先是，DSA 的 Tafel 斜率远小于其它电极[8]（如图 13-5所示的早期测试数据）。其次是，DSA 涂层的晶粒尺寸随着热处理温度的提高而降

低，电极实际面积也因此降低[22]；从理论上讲，电极面积的降低可能使电极电位提高，而表征电极反应速率与反应机理的 Tafel 斜率不受影响；但是，研究表明，提高 RuO_2 涂层的热处理温度使得 DSA 的 Tafel 斜率增大[23]，这说明热处理温度变化改变了涂层的表面化学结构，改变了 DSA 上电极反应速率与电化学机制，从而影响了 DSA 的电催化活性。Shieh D T[24] 的研究表明，RuO_2/Ti 阳极涂层中引入 SnO_2 可增大阳极电化学活性表面积，提高双电层电容 C_{dl} 与伏安电量 q^* 并降低电化学反应电阻 R_{ct}。

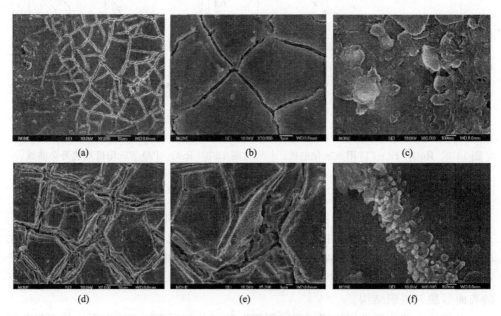

(a) (b) (c)

(d) (e) (f)

图 13-4　Ti 基 RuO_2-IrO_2-TiO_2 涂层阳极的表面 SEM 照片[19]

(a)～(c) 涂层中 RuO_2、IrO_2 和 TiO_2 质量比为 1∶0.5∶0.9；

(d)～(f) 涂层中 RuO_2、IrO_2 和 TiO_2 质量比为 1∶0.4∶0.9

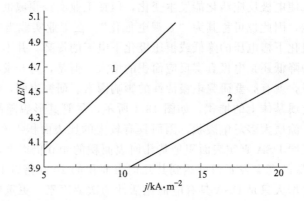

图 13-5　De Nora 在水银电解槽上测得的槽电压-电流密度曲线[6]

测试条件为：310g·L^{-1} NaCl，60℃；1—石墨阳极；2—DSA

(5) DSA 涂层的钝化与寿命　　DSA 在长期运行过程中，将失去活性而发生基体钝化，导致电解槽电压上升而停止使用，即寿命终止。

在实验研究中，人们一般采用加速寿命试验（accelerated stability test，AST）方法以快速评价 DSA 涂层稳定性与使用寿命，即在更加恶劣条件（比如，远高于正常值的电流密度和更具腐蚀性的电解液）下测试阳极电位随时间变化曲线，当阳极电位急剧上升时即认为阳极已完全钝化[15,25,26]。图 13-6 所示为一典型的 DSA 加速寿命曲线，图中阳极电位曲线可分为三个特征区间：阳极电位稳定一定时间（0~170h）后首次上升，在更高电位下稳定一段时间（170~380h）后再次上升到更高电位并逐步上升，一定时间（380~450h）后呈指数上升以致最后（>510h）急剧上升。在此过程中，每隔一定时间进行的 CV 和 EIS 测试表明：在第一阶段主要发生 DSA 表面疏松层（孔隙率高）的溶解腐蚀，在此过程中表征阳极活性面积的电化学参数（包括表面电荷 q_a 和双电层电容 C_{dl}）减小，而电化学反应电阻 R_{ct} 增大；在第二阶段，更致密但仍具备较好电化学活性的氧化物涂层与电解液接触并被缓慢腐蚀，表面电荷 q_a 也缓慢减小；在第三阶段由于 IrO_2 含量较低的内部氧化物与电解液接触并被腐蚀，使得阳极电位和电化学反应电阻 R_{ct} 快速增大，当 Ti 基体与电解液接触并快速氧化生长 TiO_2 时，阳极表面氧化膜欧姆电阻 R_f 随着 TiO_2 膜的生长而急剧增大，至此 DSA 已完全钝化，其实在此前的钝化过程中也一直发生着 Ti 基体的缓慢氧化（表现在 R_f 的缓慢增大），但是在 450h 后氧化速度加快（表现在 R_f 的急剧增大）。图 13-7 是上述各过程的形象描述。可见，导致阳极钝化的原因包括：①电解质腐蚀 Ti 基体后在活性涂层与金属基体间形成 TiO_2 绝缘层；②阳极涂层中活性物质（如 RuO_2）发生阳极溶解，使得涂层中非活性物质 TiO_2 含量提高，电催化活性降低；③阳极涂层的整体腐蚀与消耗。电化学阻抗研究表明，上述过程可同时进行并主要受涂层的结构与形貌的影响，高孔隙率、低

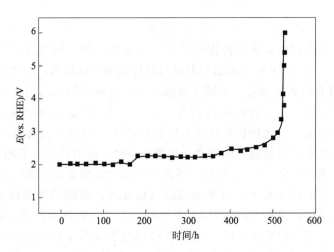

图 13-6　$Ir_{0.3}Ti_{0.7}O_2/Ti$ 阳极的 DSA 加速寿命曲线[25]

电流密度为 $400mA \cdot cm^{-2}$，电解液为 $1.0mol \cdot L^{-1}$ $HClO_4$，温度为（32±2）℃

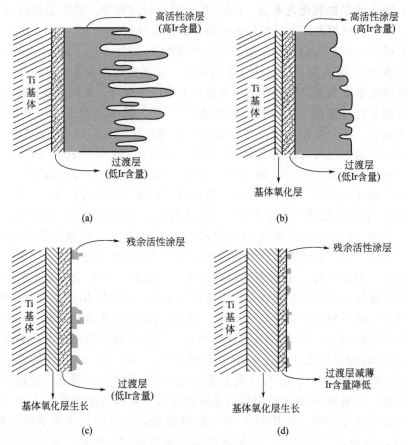

图 13-7　DSA 钝化过程示意图[25]

(a) 新鲜阳极；(b) 多孔层消耗后；(c) 活性涂层消耗后；(d) 过渡层消耗后

RuO_2 含量涂层一般因形成 TiO_2 绝缘层而钝化，而低孔隙率、高 RuO_2 含量涂层则主要因活性物质阳极溶解而钝化[25,27,28]。常规热分解法制备的 DSA 涂层一般具有较高孔隙率，因而 TiO_2 绝缘层的形成是其钝化的主要原因；溶胶-凝胶法制备的 DSA 涂层因具有较高致密度，其钝化的原因主要是活性物质的阳极溶解[29]。通过制备工艺优化或新工艺（如溶胶-凝胶法）开发应用，可使得 DSA 具有良好结构形貌（涂层孔隙率低、氧化物颗粒尺寸小且分布均匀），使用寿命显著延长[15,21,29]。

　　在实际生产中，涂层的实际寿命（与加速寿命试验中的寿命不同）主要由操作参数和电解槽类型而定[30,31]。另外，还经常使用"阳极寿命上限"，所谓"阳极寿命上限"就是在理想条件下，仅考虑涂层的损耗时，涂层的寿命即为阳极寿命上限。所谓理想条件，是指 NaCl 浓度大于 $200g \cdot L^{-1}$，阳极不与汞齐接触，不在强碱介质中工作，平均温度为 80℃。有人曾经通过测定涂层的厚度来确定其寿命上限，测定了水银槽在工作了 2 年和 3 年后阳极涂层的厚度，以及隔膜槽工作 4 年和 5 年后阳极涂层的厚度。测定结果表明，涂层寿命上限至少高于实际电解条件下工业槽中阳极涂层寿命的 2~3 倍。采用相同类型阳极时，阳极涂层寿命上限平均为 500t $Cl_2 \cdot m^{-2}$。放射性同位素测定表明，涂层的初始损耗率（在开始电解后数小时或数天内）要比其最终损耗率（若干个月之后）高出 1~2 个数量级。停槽后重新启动时涂层损耗率又接近于初始损耗率。涂层的初始损耗率平均为每吨氯的 Ru 损耗为 45mg，要比涂层达到寿命上限时估算的损耗率高很多。对于水银槽而言，阳极电流密度平均为 10kA $\cdot m^{-2}$。若电槽内 10% 的阳极失去活性或遭损坏，则电解槽的运转不再处于良好状况（K 因素超过 0.08~0.1mΩ $\cdot m^{-2}$）。此时阳极需移出槽外重新涂覆涂层。因此，涂层的实际寿命不由寿命上限确定，而是由碱性介质中阳极的作业条件而定（以碱浓度较低为好），也由阳极是否整体短路或部分短路而定。典型的涂层寿命为 18~30 个月（约 180t $Cl_2 \cdot m^{-2}$），电解槽出口侧阳极的耗损率通常高于进口侧阳极的耗损率。对于隔膜槽而言，阳极电流密度平均为 2kA $\cdot m^{-2}$，产氯量可超过 200t $\cdot m^{-2}$，按涂层损耗率估算其寿命可望超过 12 年。这种槽型引起涂层损耗的原因主要是氯气中的氧含量较高[3]。

(6) DSA 的中毒与损耗　在氯碱电解槽中，有众多因素可引起 DSA 的中毒（失去电催化活性）。首先，有机酸（甲酸、草酸等）和氟化物对钛基体产生腐蚀作用，应避免其在盐水中出现。有机物（如水硬油脂类油性物）也应防止进入电解槽，因为它们将黏附在阳极表面，使涂层形成非活性斑块。

其次，钡和锶的化合物也能在阳极表面上沉积使阳极中毒，但在水银槽中常沉积在阳极背面而不是前表面，影响有限。另外要尽量避免 Mn 的进入，因为 MnO_2 的生成将使阳极电位增高并使氯气中含氧量增大。铁会以氧化铁形式沉积在隔膜槽阳极的前端，不过它对阳极电位和寿命影响不大。如果阳极在强碱性盐水（pH＞11）中工作，涂层将迅速损耗，若电解槽在低浓度盐水下工作就会使 O_2 同氯气一同析出，因而这两种情况也应避免。

最后，在电解槽停槽时容易发生电流的反向，这对涂层寿命的影响很大，特别是水银槽中，也应尽量避免。

13.1.3　氯碱电解槽的析氢阴极电催化

13.1.3.1　析氢电催化活性阴极

水电解中的析氢活性阴极研究和应用已有 60 年历史，当前有关阴极析氢活性阴极仍有大量文献报道[32~34]。这类活性阴极在氯碱电解槽上应用历史尽管相对较短，但取得了显著效果[35]。传统隔膜法氯碱电解槽采用低碳钢阴极或镀镍阴极，视电解槽阴极上电流密度和测定技术而定，阴极上的析氢过电位平均约 300mV。采用电催化活性阴极后，阴极过电位可降低 200~250mV，节能效果十分显著。例如，美国 Hooke 公司采用电催化阴极后，在 0.2A $\cdot cm^{-2}$ 的电流密度下，阴极过电位由原先铁网阴极的 0.291V 降低到 0.091V。目前，我国的离子膜电解槽已基本全部采用活性阴极技术，早期的非活性阴极电解槽也大多改造为活性阴极[36]。

在氯碱工业中，主要采用两种基本方法实现析氢阴极的电催化活化：一是采用高表面积涂层[37]；二是采用强催化性涂层[38]。其中，前者主要是镍基材料，包括镍基合金、镍基复合材料、多孔镍等；后者主要是贵金属或贵金属氧化物。虽然贵金属如 Pt 和 Pd 及含贵金属的复合涂层均有良好的电催化活性，但其成本太高，在实际生产应用中受到限制。镍基合金电极因具有良好的电化学性能、较好的耐腐蚀性能及成本低、制备方法简单而研究得最多。

采用光亮的镍和铁制作阴极，在电解槽工作之初，其上析氢过电位都较高，而且其表面逐渐粗糙化。采用具有高表面积的铁，有利于减小过电位。更普通的办法是采用多孔镍镀层，它不但可增大表面积，而且具有良好的化学抗蚀性。这类镀层由两种或数种组分构成，其中至少有一种可被碱浸蚀，而形成多孔的高表面积的镍。这类镀层有 Ni-Zn、Ni-Al、Raney Ni（雷尼镍）、Ni-Al 共混物、Ni-S、Ni-P、Ni-Mo 及 Co-W-P 等。该类阴极的制作过程一般是：先制作合金（Ni-Al、Ni-Zn等）混合粉末，然后用热喷涂或等离子喷涂的办法把它们涂覆在阴极基材表面，或直接通过电镀或化学镀方法获得合金镀层；再把极片浸入一定浓度的 NaOH 溶液中，溶解出其中的 Al 或 Zn，从而得到多孔性的 Ni 表面。这种方法制作的阴极表面积增大近千倍，从而大大降低了阴极的电流密度，减小了电极的极化，使得电解过程的槽电压明显降低。

电催化涂层阴极可以通过多种方法制备，最普通的办法就是电镀。除电镀外，也采用无电电镀（化学镀），但此法因采用贵金属敏化剂而颇昂贵。采用热喷涂方法较为经济，工件质量也好，可用于许多类型的阴极结构。焙烧的催化涂层用中等温度，烧结的涂层则要较高温度，后者对被施工阴极的结构类型有限制。

氯碱工业中，上述两种类型的析氢活性阴极都有应用。用于隔膜电解槽的阴极涂层一般根据不同的作业条件而有所不同，首先视隔膜槽中碱液浓度而定，11%碱液的腐蚀性比 35%碱液的腐蚀性要弱，故可选用较便宜的镀层，如 Ni-Zn 等；其次视电解槽结构而定，主要是阴极的结构，根据结构的复杂程度、面积大小、喷涂施工的难易等确定涂层的种类。

13.1.3.2 空气去极化阴极

氯碱电解槽的工作电压可以通过改变阴极反应而大为减小。若采用空气去极化阴极（或称为氧阴极），就可以将阴极反应由式(13-2)所示 H_2O 放电反应改变为式(13-5)所示的 O_2 还原反应，

$$2H_2O + O_2 + 4e^- \Longrightarrow 4OH^- \qquad (13-5)$$

式(13-2)和式(13-5)的可逆电极电位分别为 $-0.84V$ 和 $+0.40V$，根据这两个反应的可逆电极电位之差，采用空气去极化阴极后电解槽工作电压可降低 $1.23V$，每生产 1t Cl_2 的能耗可降低 $900kW \cdot h$ 以上，如此巨大的节能潜力，推动着氯碱工业界多年来积极开发空气去极化阴极。Eltech 公司曾出售空气阴极，这种空气阴极在电流密度为 $31A \cdot dm^{-2}$ 下工作，对 RHE 的电位为 $0.6V$，与氯碱电解槽采用析 H_2 阴极时比较，槽电压可降低 $0.85V$。

然而，在现行氯碱电解槽的电流密度下，电解槽工作电压不可能真正降低1.23V。另外，在氧阴极投入工业应用之前还有许多问题需要解决。例如，电极对过氧化氢的稳定性（过氧化氢是氧还原时的中间产物)[39]；氧在碱液中的溶解度很小，使传质过程受到制约，以及 CO_2 对空气阴极的污染等。为解决上述问题，人们开展了广泛的研究，重点是若干电极材料（例如过渡金属络合物）的氧还原电催化活性[40]及其稳定性研究[41]。

13.2 湿法冶金工业电积过程电催化

13.2.1 湿法冶金工业概述

根据矿物资源特点，有色金属冶炼方法一般可分为火法冶金和湿法冶金两种工艺方法。其中火法冶金工艺使用历史悠久且单位设备产能大，但一般需要高品位精矿原料，并且一般存在高能耗、高排放的弊病。湿法冶金工艺与火法冶金工艺相比，具有生产效率高、操作条件好、能耗与污染较小、可处理低品位复杂矿、有价金属综合回收率高等优点，在有色重金属（Cu、Pb、Zn、Co、Sn、Bi、Cd、As、Sb）、轻金属（Al、Mg、Ti、Bi、Li、Rb、Cs）、稀有高熔点金属（W、Mo、V、Zr、Hf、Nb、Ta）、贵金属（Au、Ag）、稀散金属（In、Ge、Ga、Tl、Re）、铂族金属（Pt、Pd、Ir、Ru、Os）、稀土金属（RE、Sc）及放射性金属（U、Th）的提取中得到广泛应用。随着可利用矿物资源品位的不断降低和环境保护要求的日趋严格，湿法冶金工艺变得更具优势，越来越成为有色金属冶炼的主流工艺，比如目前80％以上的锌锭都采用湿法工艺生产。湿法冶金工艺一般包括矿物预处理（包括选矿、焙烧或活化处理）、浸出（采用酸浸、碱浸、常压或高压浸出方法）、固液分离、净化（还原、置换或沉淀等）、电积以及废液废渣处理（伴生金属提取及污染物处理）等工序，图13-8是典型湿法冶金工艺——湿法炼锌的原则流程图。

从分离纯化后溶液中提取单质金属的电积（电沉积）过程是湿法冶金复杂流程中的一个重要部分，这部分的重大改进常会影响冶金生产的全局。金属的电沉积是一种电解过程，它采用不溶阳极和相应的阴极，使电解液中的金属离子在阴极上放电析出，阳极上则析出相应的气体，如氯气或氧气等。另外，提纯金属时，常采用电解精炼的方法。电解精炼是用待精炼的粗金属作为阳极，同种纯金属板作为阴极，电解液中含有该种金属离子。电解时，阳极发生粗金属的溶解，阴极则析出该种纯金属。两极的电化学反应是当量且相反地进行。若干单一金属经湿法电解提取或提纯时所用的阳极、阴极和隔膜情况列于表13-3。

工业上用于含硫酸电解液的阳极，多为铅阳极或铅-银（1％，质量分数）阳极。这种阳极较能耐酸腐蚀，易于加工成形，成本较低，一般能持续工作数年。但是其缺点也十分明显，第一，铅阳极（实际上是 PbO_2 表面）具有很高的析氧过电

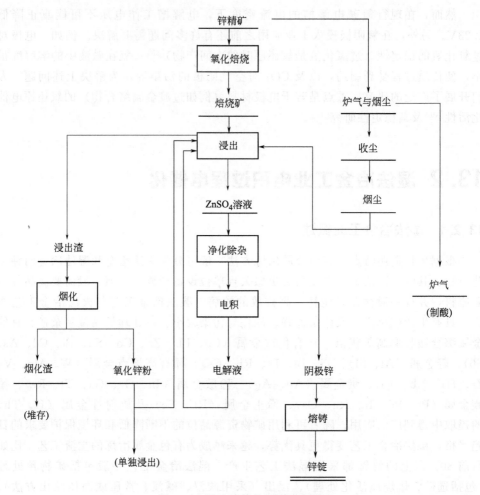

图 13-8　湿法炼锌的原则流程图

表 13-3　若干单一金属湿法电解用的电极材料[3]

金属	电解方法	阳极	电解液（阳极液/阴极液）	隔膜	阴极	槽电压/V
Zn	电积	Pb-Ag(0.5%～1%)	酸	无	铝	3.0～3.2
Cd	电积	Pb-Ag(1%)	酸	无	铝	约 4.0
Sb	电积	Fe板,钢	碱	无	钢	2.7～3.0
	电积	Fe板	碱/弱碱	有	钢	2.5～2.9
Cu	电积	Pb-Ca(0.08%)-Sn(1%)	酸	无	不锈钢	1.8～2.1
Cu	精炼	粗铜	酸	无	铜	0.2～0.3
Pb	精炼	粗铅	酸	无	铅	0.35～0.45
Ni	精炼	粗镍	酸	有	镍	2.4
Au	精炼	不纯金	酸	无	金	0.5～2.8
Cr	电积	Pb-Ag(1%)	强酸/酸	有	不锈钢或 Ni 基合金	4.2
Ag	精炼	粗银	酸	有	不锈钢或碳	1.3～5.4
Sn	精炼	粗锡	酸	无	Sn	0.3

位，在常用电流密度（$0.05A \cdot cm^{-2}$）下 PbO_2 上的过电位可达到 $1V$，使得电解过程电耗比理论电耗高出很多。有关铅及铅-银阳极在硫酸溶液中析氧时的阳极电位列于表 13-4 中[3]。这样高的析氧过电位会产生无用的热，在锌电积的情况下，还必须安装冷却装置以降低电解液的温度。第二，这种阳极太软，在生产过程中容易弯折变形而引起短路。第三，这种阳极尽管是不溶性阳极，但电解过程中存在一定的腐蚀，从而使阴极产品遭受铅的污染。因此，采用新型的功能电极材料制作性能更优越的阳极一直是湿法冶金工业关注的热点问题之一。

表 13-4　铅及铅-银合金阳极在不同电流密度和温度下的阳极电位[3]

电流密度 /$A \cdot m^{-2}$	温度/℃					
	25	50	75	25	50	75
	Pb			Pb-1%Ag		
50	1.99	1.90	1.83	1.91	1.86	1.82
100	2.02	1.95	1.86	1.94	1.89	1.85
200	2.04	1.98	1.90	1.99	1.92	1.88
400	2.07	2.01	1.95	2.02	1.96	1.90
600	2.09	2.02	1.96	2.03	1.97	1.92
1000	2.12	2.05	1.98	2.05	2.00	1.94
2000	2.15	2.09	2.01	2.10	2.05	1.96
3000	2.18	2.12	2.03	2.15	2.09	1.96
4000	2.23	2.18	2.06	—	—	
5000	2.27	2.20	2.09	2.19	2.17	1.99

受氯碱工业应用 DSA 取得巨大成功的启发，在湿法冶金中某些氯化物的湿法电冶金中曾研制试用过 DSA。1975 年日本住友金属矿业公司曾报道，采用工业规模的 DSA 从氯化物电解液中电积 Ni 和 Co，使用效果明显优于石墨阳极[42]；在此期间，挪威 Falcobridge 公司也采用氯化冶金方法提取 Ni 和 Co，在溶剂萃取之后的氯化物溶液中进行金属电沉积。电解槽采用 DSA 阳极，此种阳极是以金属钛为基体，其表面有贵金属氧化物涂层。阳极固定在框架上，可在其上安装隔膜袋。经此改进后，电解槽的产能增加了一倍，而且工作条件大为改善[43]。

针对硫酸溶液电积金属用 DSA 的研究，虽然自 20 世纪 80 年代以来已有较多报道，但其中工业化应用的并不多。主要原因，一是成本过高，二是使用寿命不长。针对上述问题，相关研究和开发工作仍在继续中。已报道的若干用于硫酸溶液的 DSA 列于表 13-5。表中电极的表示方法如下：表面活性涂层/中间层/基体，例如：RuO_2/Ru-Ir/Ti。目前写法尚未规范化，文献上的写法也与本文不尽相同，如写成 Ti/Ru-Ir/RuO_2。研究工作指出，RuO_2 在强酸性溶液中不稳定，需要数种相容性好的氧化物配合，组成复合型氧化物催化剂层。由于具体配方属于专利或商业秘密，且发表的数据因研究目的和研究条件不同而不相同，因此尚难作出全面的比较和评价。本节将分别介绍几种较为典型的用于金属电积的电催化节能阳极。

表 13-5　若干用于酸性溶液电积金属的新型阳极

阳极及构成	使用条件	500A·m^{-2}时阳极电位/V		寿命试验/h	参考文献
		对 SCE 电位	与 Pb-Ag(1%)阳极比较		
RuO$_2$/Ru-Ir/Ir/Ti	Ni 电积,70℃	1.27	−0.64	15100	[44]
RuO$_2$/Ru-Ir/Pd/Ti	Ni 电积,70℃	1.29	−0.63	20266	[44]
RuIr$_{0.5}$Ta$_{0.5}$O$_x$/Ti	0.5mol·L^{-1}H$_2$SO$_4$,25℃	1.167	−0.86	—	[45]
RuIr$_{0.5}$TaO$_x$/Ti	0.5mol·L^{-1}H$_2$SO$_4$,25℃	1.176	−0.85	—	[45]
RuO$_x$/Ti	0.5mol·L^{-1}H$_2$SO$_4$,25℃	1.183	−0.84	—	[45]
RuTaO$_x$/Ti	0.5mol·L^{-1}H$_2$SO$_4$,25℃	1.219	−0.806	—	[45]
RuO$_2$-TiO$_2$/石墨	150g·L^{-1}H$_2$SO$_4$,35℃	η_{O_2},0.265	−0.54	—	[46]
RuO$_2$-TiO$_2$/陶瓷	150g·L^{-1}H$_2$SO$_4$,35℃	0.11	−0.695	—	[46]
RuO$_2$-TiO$_2$/SbO$_x$-SnO$_2$/Ti	150g·L^{-1}H$_2$SO$_4$,35℃	0.32	−0.485	—	[46]
MnO$_2$/SbO$_x$-SnO$_2$/Ti	150g·L^{-1}H$_2$SO$_4$,35℃	0.47	−0.335	—	[46]
SnRuIrO$_x$/SnSbRuIr/Ru-Ti/Ti	180g·L^{-1}H$_2$SO$_4$,35℃	0.283	−0.522	127840	[47]
SnRuIrO$_x$/SbMnRuIr/Ru-Ti/Ti	180g·L^{-1}H$_2$SO$_4$,35℃	0.337	−0.468	127520	[47]

13.2.2　氯化物水溶液中 Ni、Co 电积过程电催化

氯化物水溶液中电积 Ni 和 Co,以日本三菱金属矿业公司提出的以该公司命名的 SMM 法效果最显著[42],本节将予以重点介绍。

该公司自 1975 年起从硫化镍和硫化钴混合矿中提取 Ni 和 Co,混合矿经压浸提纯,溶剂萃取分离 Ni 和 Co,然后分别电积 Ni 和 Co,得到金属 Ni 和 Co。

所谓 SMM 法其实质为:用溶剂萃取得到的含氯化镍和氯化钴的溶液作为电解液,这是纯氯化物电解液体系。采用 DSA 型不溶阳极进行电解,阳极产生的氯气加以回收制成 HCl,后者返回流程重新使用。该方法中的电极反应分别为:

$$阳极\quad 2Cl^- - 2e = Cl_2 \tag{13-6}$$

$$阴极\quad Ni^{2+} + 2e = Ni \tag{13-7}$$

$$或\quad Co^{2+} + 2e = Co \tag{13-8}$$

13.2.2.1　阳极材料

试验初期,曾采用石墨阳极,虽然在氯化物溶液体系电积,但阳极上仍有少量氧的析出,致使石墨阳极消耗很快,需时常更换。为解决上述问题,之后采用了在氯碱工业中广泛应用的 DSA,即以 Ti 板为电极基体、表面镀覆有贵金属氧化物涂层的阳极,试验效果甚好。对比以往采用的石墨阳极,这种 DSA 有以下优点:

① 不再经常更换阳极,而只需定时处理阴极;

② 由于没有阳极泥,不必清理电解槽,同样,由于阴极没有受阳极泥的污染,阴极产品表面十分光滑;

③ 不必更换电解液;

④ 由于以上优点,使劳动力费用和维护费用明显降低。

在实际应用中,阳极外部装有阳极箱,其最重要的作用是捕集和控制氯气,并

对电解液有导流作用。阳极箱用聚酯制成，其中加有玻璃纤维以增加强度，此种材料质轻而又能抗氯的腐蚀。箱的两旁蒙有聚酯做的隔膜，具有较好的电解质渗透性。

13.2.2.2 阴极材料

阴极的始极板在专用电解槽中制作，以 Ti 板为母板，电积 2d，将其上沉积的薄层纯 Ni（或 Co）取下、压平、修边、去毛刺等，制成始极片，其重量为 7.5kg 左右，经氯化物溶液电积后，阴极产品重量可达 85kg。

13.2.2.3 电积条件与生产作业指标

采用 DSA 阳极后，SMM 法的电积过程工艺技术条件与作业指标列于表 13-6。从槽电压指标来看，以电积 Ni 为例，该方法的槽电压为 3.0V，而从硫酸溶液中电积 Ni 的平均槽电压为 3.5V，这相当于每吨镍可节约电能 470kW·h，或比后者节能 14.3%。该方法在 1980 年起投入生产，当年生产优质电镍（99.98%）2227t、优质电钴（99.94%）1509t。

表 13-6　SMM 法的电积条件与作业指标

工艺参数	Ni 电积	Co 电积
电解液 pH 值	1.0～1.2	1.2～1.5
电解液 Ni 浓度/g·L^{-1}	45～50	—
电解液 Co 浓度/g·L^{-1}	—	55～65
电解液温度/℃	55～60	55～60
阴极电流密度/A·dm^{-2}	2.0～3.0	2.0～3.0
电解电流强度/A	14000	14000
阳极电流密度/A·m^{-2}	233	233
平均槽电压/V	3.0	3.1
阴极电流效率/%	92	90
电解液供给速度/L·(槽·分)$^{-1}$	25	25

13.2.3　硫酸溶液中 Ni 电积过程电催化

对于硫酸溶液电积 Ni 的节能 DSA，美国纽约 INCO 研究和开发中心做了许多研究工作[44,48]。研究的目的是降低 DSA 成本和提高其使用寿命。成本问题主要是因为采用了贵金属及其氧化物涂层。钛基体材料由于可重复使用故不计入。通过研究，实现了 DSA 使用寿命达到 6 个月以上，涂层费用低于 2 美分/kg Ni 的预定目标，即 DSA 使用寿命达到 2 年，而涂层成本仅为 0.5 美分/kg Ni。

13.2.3.1 DSA 电极的制备

用纯钛板作为电极基体材料，经砂洗、打光、清洁处理后烘干待用，根据试验需要，有时钛板烘干后还要在空气、氧气或氮气中进行热处理。

单组分镀层电极是采用电镀方法，将单一贵金属镀覆于钛基材上。例如，Au、Ru 和 Pt 各单一镀层系采用工业应用的镀积方法，分别按 Engelhard Industries 和 Matthey-Bishop 公司的方法进行。Pd 和 Ir 则用一些专利的水溶液电积法镀覆。

多镀层电极是在表面层和钛基体之间再镀覆 1～2 层镀层，其目的是为了提高 DSA 的使用寿命。例如，表面层/中间层/Ti 基体，或表面层/中间层/底层/Ti 基体。

表面层系在中间层之上再镀覆 Au、Ir、Pt、Ru、Pd 等单一镀层，对于昂贵的金属（如 Au、Ir、Pt），只需镀一层小于 $0.1\mu m$ 的薄层。表 13-7 所列举的是镀覆 Ru-Ir 合金表面层时所采用的电镀液组成及操作条件。上述电镀完毕的电极，再在空气中进行热处理（600～700℃），其上便生成一层氧化物保护层，即可投入使用。

表 13-7 Ru-Ir 合金表面层的主要镀覆工艺参数

工艺参数	控制值	工艺参数	控制值
Ru 的浓度/g·L^{-1}	1.12	温度/℃	20～95
Ir 的浓度/g·L^{-1}	1.12	pH 值	0.3～1.5
NaBF$_4$ 的浓度/g·L^{-1}	10～200	电流密度/mA·cm^{-2}	5～120
NH$_4$SO$_3$H 的浓度/g·L^{-1}	24		

13.2.3.2 DSA 的电催化活性

电催化活性直接影响到 DSA 在 Ni 电积过程中的节能效果。DSA 的电催化活性高，则析氧过电位低，也即是阳极的工作电位低，因而槽电压可降低，由此获得节能效果。因此，需通过电化学测试，查明具有不同表面层的 DSA 电催化活性，优化 DSA 电催化层的组成。

为评价 DSA 的电催化活性，一般在实际工作条件下，测定该阳极上析氧反应时的电流-电位关系，并绘制出 Tafel 关系图。若某镀层电极的析氧反应具有低的 Tafel 斜率 b 值和高的交换电流密度 i_o 值，则可认为它的电催化活性优良。

表 13-8 列举了在 $0.5mol·L^{-1}$ H_2SO_4 溶液中，于 60℃下测得的若干含贵金属表面镀层的 DSA 的 Tafel 斜率（b）值和交换电流密度（i_o）值。由表 13-8 可以看出，表面层为 RuO_2 和 Ru-Ir 的 DSA 的电催化活性最好。表 13-9 列举的则是具有贵金属中间层的 Ru-Ir/Ti 阳极在不同电流密度下的阳极电位值。

表 13-8 若干贵金属表面镀层 DSA 的电化学参数

贵金属表面层	i_o/mA·cm^{-2}	b^*/mV
Ru	3.0×10^{-3}	65
RuO$_2$	8.3×10^{-4}	48
Ru-Ir	5.9×10^{-4}	46
Ir	2.8×10^{-5}	64～135
Pd	6.5×10^{-5}	198
Pt	4.2×10^{-7}	114
Au	1.2×10^{-7}	64

注：b 为 Tafel 斜率。

表 13-9　具有贵金属中间层的 Ru-Ir/Ti DSA 的阳极电位

（在 0.5mol · L^{-1} H$_2$SO$_4$ 中及 55℃下）

中间层及厚度	阳极电位(对于甘汞电极)/V		
	300mA · cm^{-2}	500mA · cm^{-2}	1000mA · cm^{-2}
无	1.24	1.25	1.27
0.03μm Ir	1.26	1.27	1.28
0.2μm Pd	1.27	1.29	1.31
0.06μm Pt[①]	1.20	1.22	1.23

① 中间层第一次镀后经过 590℃下，在 5％H$_2$-N$_2$ 气流中热处理 1h。

13.2.3.3　DSA 的加速寿命试验（AST）

为了快速地检验所研制的电极是否达到预期寿命与性能，需进行加速寿命试验，以筛选出表现优秀的镀层和所用的热处理工艺。

所谓的加速寿命试验是在比常规条件更为苛刻的条件下，测试 DSA 的工作电位随时间的变化。例如，在一定的酸性溶液中，在更高的温度和更大的电流密度下，考核 DSA 电位的平稳持续时间，当其电位升高到某一规定值时，则认为该电极已钝化失效或破损，其寿命也就终结。INCO 的研究中采用玻璃电解槽，以 0.5mol · L^{-1} H$_2$SO$_4$ 溶液作电解液，以饱和甘汞电极为参比电极，Pt 网为对电极，DSA 阳极电流密度为 10000mA · cm^{-2}（常规值的 20 倍）；在指定的温度下观察并记录 DSA 的电位变化，当电解槽槽电压陡升至 10V（或阳极电位陡升至 2V）时，即认为 DSA 的寿命终止。表 13-9 中的中间层为镀 Pt 的 DSA，经过加速寿命试验表明，它们寿命为 254h，优于其它镀层或中间层的 DSA 电极。

13.2.3.4　DSA 活性镀层的质量指数

为了既能选择出性能良好的贵金属镀层，又能在制备成本上尽可能低廉，Inco 公司提出了一个活性镀层质量指数（F）来对所研制的 DSA 作出综合评价，该指数是根据镀层质量同电极的电催化活性、使用寿命及制作成本等因素而提出的，F 值的表达式为：

$$F = \frac{L}{\rho t \$ \eta^2} \tag{13-9}$$

式中　　L——加速寿命试验中的寿命时数，h；

　　　　ρ——镀层的密度，g · cm^{-3}；

　　　　t——在加速寿命试验时 DSA 上镀层的厚度，μm；

　　　　$\$$——镀层金属的成本，$ · g^{-1}；

　　　　η——DSA 在 50mA · cm^{-2}下，电流-电位曲线上的析氧过电位数值，V。

若干 DSA 活性镀层的质量指数列于表 13-10 中，可见 Ir 镀层和 Ru-Ir 镀层即有较高的质量指数值。

13.2.3.5　模拟 Ni 电积试验

模拟 Ni 电积试验主要目的是长时间在模拟 Ni 电积试验条件下，考察所筛选的

表 13-10 不同镀层的质量指数

镀层	加速寿命试验测试寿命/h	密度/g·cm⁻³	厚度/μm	成本/$·g⁻¹	50mA·cm⁻²下过电位/V	质量指数 F
Ir	480	22.4	0.05	9.8	0.47	197
Ru-Ir	120	13.0	1.0	1.4	0.22	132
Pt	254	21.4	0.05	15.6	0.62	40
Ru	3	12.6	1.0	1.1	0.24	4
Pd	23	12.0	1.0	4.3	0.52	2
Au	0.05	19.3	0.05	12.4	0.84	0.01

DSA 的寿命，以作最终评价的依据。

模拟 Ni 电积试验是采用 3 个矩形电解槽，每个为 57L 容积，依次有坡度地排列，使电解液可以自上而下流至下方的电解池，再用泵打回到第一个电解槽。在进入第一个电解池之前，先流经一个充有 IncoNi 碎块的玻璃柱，使电解溶液获得 Ni 的补充，其它化学试剂和水也都及时地补充，以保持电解液组成在规定的范围之内（见表 13-11）。DSA 电极上部并联在直流电源上，其间可通过变阻器将各个阳极上流过的电流保持基本一致，整个装置共可测试 48 个阳极。

表 13-11 模拟 Ni 电积所用电解液的组成及 pH 值

电解液成分/g·L⁻¹				pH 值
Ni²⁺（NiSO₄）	H₂SO₄	Na₂SO₄	H₃BO₃	
80	40	100	10	0～0.5

INCO 公司对具有中间层和三镀层的 DSA 都进行了模拟 Ni 电积试验，进一步考核所研制的各种 DSA 的优劣，有关试验结果列于表 13-12 中。经过系统地试验研究，得出以下结论：

表 13-12 具有中间镀层和三镀层 DSA，在 70℃下模拟 Ni 电积试验中的寿命

DSA 电极	试验时数/h	经济寿命时数/h
Ru-Ir/Ti	2100	2600
Ru-Ir/Ir/Ti	15100	3500
Ru-Ir/Pt/Ti①	2300	3500
Ru-Ir/Pt/Ti	13800	5500
Ru-Ir/Pd/Ti	20266	4200
RuO₂/Ru-Ir/Ir/Ti	6200	4400
RuO₂/Ru-Ir/Pd/Ti	10100	3700

① 中间层未经氧化处理。

① 制备 DSA 时，在 Ti 基体与表面活性层之间，镀覆一层贵金属（如 Pt、Pd、Ir）中间层，能起到保护 Ti 基体不受氧化的作用，由此可以大大提高使用寿命，在 Ni 电积场合下，此举可提高电极使用寿命 5～8 倍；

② 镀 Pt 中间层需进行氧化处理，才能显著提高使用寿命；

③ 在有中间镀层上再镀覆 RuO₂，可以减少在高电流密度下电积过程中 RuO₂

的溶解损失；

④ 所研制的 Ru-Ir/Pd/Ti 电极表现出优越性能，其工作寿命可长达 20000h 以上。

13.2.4 硫酸溶液 Zn 电积过程电催化

当今锌电积工业中仍普遍使用的 Pb-Ag（含 Ag 0.5%～1.0%）阳极，主要优点是它能经受硫酸溶液电解液的腐蚀，但是存在着以下缺点：①投入使用之前需要进行预电解，使其表面形成 PbO_2 膜，所需时间较长且工况不稳定，耗费电能；②电解时 PbO_2 膜上的析氧过电位高，在工业电流密度下约为 1V，由此增加无用电耗近 $1000kW \cdot h \cdot (t\ Zn)^{-1}$，约占 Zn 电积总能耗 $[3200kW \cdot h \cdot (t\ Zn)^{-1}]$ 的 30%；③Pb 基合金阳极密度大、强度低、易弯曲蠕变，造成短路，降低电流效率，增加能耗；④Pb 基合金阳极的 PbO_2 钝化膜疏松多孔，电解过程中 Pb 基体的腐蚀及阳极泥的脱落，导致阴极产品 Zn 受到 Pb 的污染，为了保证产品质量需要采取额外的措施和花费[49,50]。

为有效降低 Zn 电积能耗并提高阴极 Zn 的质量，各国的冶金工作者曾从电极导电性能、耐腐蚀性能、电化学活性、机械强度与加工性能等方面，针对各种电极材料，特别是 Pb 基合金阳极、Ti 基电催化涂层阳极（DSA）等进行过系列研究。同时对新的电积工艺，特别是对联合电解法、气体电积法进行了较为系统的研究，取得了不少进展。以下分别介绍几种 Zn 电积用电催化阳极的研究与开发进展。

13.2.4.1 Zn 电积用 DSA

在氯碱工业应用 DSA 取得重大成功的影响下，为了改进金属电积工业中的阳极系统，研制节能型 Ti 基 DSA 曾经是湿法炼锌工业中的重要研究课题。

早在 20 世纪 80 年代初，美国矿务局[51]曾研究用于 Zn 电积的 Ti/PbO_2 阳极。由于阳极本身电阻大，其上析氧过电位高（试验槽电压比 Pb-Ag 阳极槽高出 100～300mV），而且寿命仅 1～7 周，因而未获成功。其后，许多研究也未获满意结果，例如，国际著名的加拿大柯明科有限公司（Cominco Ltd.），曾对用于 Zn 电积的多种 DSA 进行了实验室规模的研究，其中大多数都失败了。主要原因是由于涂层开裂或腐蚀导致脱落失效，或者由于贵金属氧化物涂层被杂质（如 Pb 或 Mn 的氧化物、硫酸盐等）污染而出现很高的阳极过电位。

人们也曾沿用氯碱工业中成功应用的 RuO_2-TiO_2 涂层作为硫酸液中的电极涂层材料。但是 Zn 电积过程是在高酸度的 H_2SO_4（$160g \cdot L^{-1}$）环境下进行，在此环境下的阳极析氧过程对 DSA 提出了严酷的要求。研究表明，RuO_2 在较宽的 pH 范围内作为析氧阳极是不够稳定的，使得 DSA 的使用寿命不长，且使用成本过高而无商业应用价值。于是提出了提高 RuO_2 电极使用寿命的若干措施。较为成功的是在 Ti 基体上使用某种氧化物底层，例如 50% RuO_2 和 50% Ta_2O_5 作底层。又如，采用 IrO_2 涂层中加入 Ta_2O_5 以稳定前者且提高 IrO_2 涂层电极使用寿命等。

这些电极或由于制造成本高（IrO_2 比 RuO_2 更加昂贵），或由于基体易腐蚀失效，不能商业化应用。特别是 Zn 电积电解液中存在有 Mn 离子（溶液除铁引入）时，会在阳极表面上沉积一层导电不好的 MnO_2 阳极泥，引起阳极电位升高，而用机械法清刷时又会损伤涂层，因而长期以来尚未有较理想的 DSA 能用于 Zn 电积工业[52]。

总结国内外的相关研究，可认为 Zn 电积用 DSA 需解决的主要问题是：找到可用于 Zn 电积中高浓度硫酸且析氧条件下性能稳定的电催化剂和基体材料，并要求在经济上能被工业界所接受。当前，在 DSA 的研究中，以下两个方面值得关注。

一是廉价析氧电催化剂的开发。为了减少贵金属氧化物催化剂的用量，人们将其与许多贱金属氧化物结合起来制备成复合材料，如 PbO_2-RuO_2、$Ru_{0.8}Co_{0.2}O_{2-x}$、$Ru_{0.9}Ni_{0.1}O_{2-\delta}$、$RuO_2-PdO_x$、$Ir_xSn_{1-x}O_2$、$IrO_2-MnO_2$ 等[53~62]，使析氧活性进一步得到提高；考虑到贵金属氧化物昂贵的价格，部分学者开发了只含有贱金属氧化物的单一或复合催化剂，如 MnO_2、PbO_2、Co_3O_4、SnO_2、$M_xCo_{3-x}O_4$（M＝Ni、Cu、Zn）、$MMoO_4$（M＝Fe、Co、Ni）、$MFe_{2-x}Cr_xO_4$（M＝Ni、Cu、Mn），利用这些活性材料制成的 DSA 也能表现出很好的析氧电催化性能[63~69]。

二是新型电极结构的出现。在此主要是指复合电催化电极，它是利用复合电镀技术，在电极基体上电沉积获得由导电、耐蚀的连续相（如 Pb）和具有电催化活性的分散相组成的复合镀层。复合镀层作为有色金属电沉积用阳极材料的研究始于 20 世纪 90 年代末。针对 DSA 类阳极活性涂层与基体结合性差、使用寿命短的问题，人们开发了以在 H_2SO_4 中具有较好耐腐蚀性能的 Pb 为连续相，RuO_2、Co_3O_4、TiO_2 等活性颗粒为分散相的复合电催化节能阳极。M. Musiani 等[70]指出 $Pb-RuO_2$ 阳极在 H_2SO_4 溶液中对阳极析氧过程和阴极析氢过程均有较好的电催化作用。A. Hrussanova 等[71]研究了 $Pb-Co_3O_4$ 复合涂层阳极在铜电积中的析氧行为，指出含 3％Co 的 $Pb-Co_3O_4$ 复合阳极在恒流极化时阳极电位比 Pb-Sb 合金低 50~60mV，腐蚀速率降低 6.7 倍。Y. Stefanov 等[72]研究得出 $Pb-TiO_2$ 阳极中 Ti 含量为 0.5％时去极化作用最好，并指出该阳极的去极化作用是由于 TiO_2 的嵌入大大地增加了电极表面积；常志文、郭忠诚和潘君益[73~75]以 WC、ZrO_2、CeO_2 和 Ag 粉等为嵌入颗粒，制备了一系列 $Pb-MeO_x$ 复合电极，并测定了它们新鲜表面的析氧过电位，得到了阳极制备的最优化条件。S. Schmachtel 等[76]采用热喷涂的方法制备了 $Pb-MnO_2$ 复合阳极，指出当阳极中 MnO_2 含量为 5％时，电解初期析氧电位较 Pb-Ag（0.6％）合金降低 250mV。李渊[77~80]以 Al/Pb 复合材料为基体，复合电沉积制备了 MnO_2 含量为 5％左右的 $Al/Pb/Pb-MnO_2$ 型轻质复合电催化阳极，并对其进行了 Zn 电积模拟实验。结果表明，当电解液中 Mn^{2+} 含量为 $0.1g \cdot L^{-1}$ 时，该复合阳极的稳定阳极电位和槽电压相比工业 Pb-Ag 阳极降低 50~100mV，电流效率提高 5％左右，电能消耗明显降低。在电解 120h 后，其表面膜层紧密、均匀，电解液中 Pb 溶解减少，其耐腐蚀性能大大增强，阴极电锌质量明显提高。

到目前为止，研究较多且性能较好的 DSA 主要有：RuO_2-TiO_2/SbO_x-SnO_2/Ti、MnO_2/SbO_x-SnO_2/Ti、RuO_2-TiO_2/石墨、RuO_2-TiO_2/陶瓷、Sn-Ru-IrO_x/Sn-Sb-RuO_x/RuO_2-TiO_2/Ti。上述 DSA 的制作过程一般如下：选定一定尺寸的 Ti 丝或片，光谱纯石墨棒和化学陶瓷棒作为电极的基体材料，首先经去脂洁净处理，而后镀覆一层中间层（如上述第一和第二种）；为了提高基体的耐腐蚀性有时先镀覆打底层，再涂中间层（如上述第五种），经适当的热处理后在电极表面上最后涂覆活性层，经过热烧结或专门的热处理，最终获得具有一定功能的 DSA。

制作好的 DSA 通常通过在 Zn 电积电解液中测定析氧反应的稳态极化曲线来评价电极的电催化活性。实验装置为玻璃电解池及三电极系统，其中辅助电极为较大面积的铝片或 Pt 片，参比电极为饱和甘汞电极，其 Luggin 毛细管管嘴紧靠待测电极。电位扫描速度一般为 $2.5mV \cdot s^{-1}$ 或 $10mV \cdot s^{-1}$。电解液选择接近工业电解液的组成，即电解液含 Zn $50g \cdot L^{-1}$，H_2SO_4 $160g \cdot L^{-1}$。测试过程由水浴锅保持测试温度为 (35 ± 0.1)℃。

表 13-13 列举的是 Pb-Ag（约 1‰ Ag）阳极与上述五种 DSA 的析氧电极过程动力学参数，图 13-9 是文献报道的几种 DSA 的极化曲线比较。

每生产 1t 阴极 Zn 的电能消耗与槽电压成正比而与电流效率成反比，其相互关系可表达为：

$$W = 820 \times \frac{V_t}{\eta_i} \qquad (13\text{-}10)$$

式中　W——吨 Zn 电耗，$kW \cdot h \cdot (t\ Zn)^{-1}$；

　　　V_t——槽电压，V；

　　　η_i——电流效率，%。

由表 13-13 和式（13-10）可估算出上述五种 DSA 用于 Zn 电积工业的节电效益，结果列于表 13-14。表 13-14 表明，采用新型 DSA 代替现行的 Pb-Ag 阳极，节电最低可达 9.6%，最高接近 20%，可见节电潜力巨大。

表 13-13　几种 Zn 电积用 DSA 的析氧电极过程动力学参数[3]

DSA	电流密度范围/$mA \cdot cm^{-2}$	a/V	b/V	i_o/$A \cdot cm^{-2}$
RuO_2-TiO_2/SB_1/Ti	6.3~63	0.45	0.095	1.8×10^{-5}
MnO_2-TiO_2/SB_1/Ti	3.0~10	0.63	0.138	2.7×10^{-5}
RuO_2-TiO_2/石墨	3.0~10	0.39	0.132	1.1×10^{-3}
RuO_2-TiO_2/陶瓷	3.0~10	0.20	0.120	2.2×10^{-2}
Sn-Ru-IrO_x/SB_2/RuO_2-TiO_2/Ti	≤4.94	0.828	0.274	8.76×10^{-4}
	4.94~15.8	0.383	0.077	1.02×10^{-5}
Pb-Ag(1%)	3.0~178	1.18	0.134	1.6×10^{-9}

注：$SB_1 = SbO_x$-SnO_2，$SB_2 = $Sn-Sb-$RuO_x$。

为评价 DSA 的使用寿命，人们也在比常规电解更为严格的情况下进行了系列加速寿命实验。通常保持常规的 Zn 电解液组成和电解温度，在 $10000A \cdot m^{-2}$ 电流密度（常规电流密度的 20 倍）下恒流极化，当阳极电位升高至 6V（相对于 SCE）

表 13-14　几种 DSA 用于 Zn 电积的节能效益

DSA	500A·m^{-2}下的过电位/V	与 Pb-Ag 阳极比较,过电位减少值/V	预计直流电耗[1]/kW·h·(t Zn)$^{-1}$	预计节能效果	
				kW·h·(t Zn)$^{-1}$	%
RuO$_2$-TiO$_2$/陶瓷	0.11	0.695	2157	633	19.9
RuO$_2$-TiO$_2$/石墨	0.265	0.540	2698	492	15.4
Sn-Ru-IrO$_x$/SB$_2$/RuO$_2$-TiO$_2$/Ti	0.283	0.522	2714	476	14.9
RuO$_2$-TiO$_2$/SB$_1$/Ti	0.32	0.485	2748	442	13.9
MnO$_2$-TiO$_2$/SB$_1$/Ti	0.47	0.335	2885	305	9.6
Pb-Ag(1%)	0.805	—	3190	0	0

① 按 90% 的电流效率计算。

注：SB$_1$＝SbO$_x$-SnO$_2$，SB$_2$＝Sn-Sb-RuO$_x$。

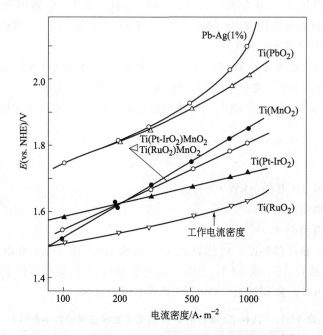

图 13-9　几种 DSA 与 Pb-Ag 阳极的极化曲线比较[3]

时即认为 DSA 钝化，寿命终止。在上述的五种 DSA 中，以 Sn-Ru-IrO$_x$/SB$_2$/RuO$_2$-TiO$_2$/Ti 电极为最佳。其加速寿命时间达 319.6h，过电位长时间稳定在 0.283V。根据田村英雄的 AST 电极寿命的公式计算，此种电极的使用寿命可达 13 年[3]。当然，按此计算的合理性还值得商榷。

13.2.4.2　Zn 电积用 H$_2$ 扩散阳极

由电化学原理可知，在金属电积过程中对析 O$_2$ 阳极用还原性气体（如 H$_2$）作为去极化剂，可使金属电积电解池的总反应中，阳极半电池反应发生变化，显著降低阳极电位，从而达到节能的目的。Zn 电积用 H$_2$ 扩散阳极就是依此原理开发的一类新型电极。

在常规的 Zn 电积中，硫酸溶液的 pH 为 1 左右，温度为 35℃，Zn 沉积在铝阴极上，而 O_2 析出于 Pb-Ag 阳极上，其电化学反应可以表达为：

阴极反应　$Zn^{2+}+2e^-\!=\!=\!=Zn$　　　　　　　　$\varphi_c=-0.82V$　　　　(13-11)

阳极反应　$H_2O\!=\!=\!=2H^++\dfrac{1}{2}O_2+2e^-$　　　$\varphi_a=1.22V$　　　　(13-12)

总反应　$Zn^{2+}+H_2O\!=\!=\!=Zn+2H^++\dfrac{1}{2}O_2$　　$E=2.04V$　　　　(13-13)

若是阳极改变采用 H_2 扩散阳极，通入 H_2 作为去极化剂，那么阳极反应和总电解反应均发生变化：

阳极反应　$H_2\!=\!=\!=2H^++2e^-$　　　　　　　$\varphi_a=-0.01V$　　　(13-14)

总反应　$Zn^{2+}+H_2\!=\!=\!=Zn+2H^+$　　　　　$E=0.81V$　　　　(13-15)

反应式(13-14) 与式(13-12) 比较可见，采用 H_2 扩散阳极后阳极电位降低1.23V，此外还可将电解而损失的水减至最小，并且使电解槽内产生的热量大大减少，生产过程中不必对电解液进行冷却处理。

另外，电解槽的槽电压由多部分组成，具体表达为：

$$V_{槽}=\varphi_a-\varphi_c+\eta_a+\eta_c+IR \qquad (13\text{-}16)$$

式中　φ_a，φ_c——理论半电池的阳极电位和阴极电位；

　　　η_a，η_c——阳极过电位和阴极过电位；

　　　IR——电解槽各导电部分的欧姆压降。

采用 H_2 扩散阳极后，槽电压降低值比上述阳极半电池电位降低值实际还要大，因为式(13-16) 所示的 H_2 扩散阳极的过电位也低于常规 Pb-Ag 阳极。表13-15 分别列举了常规 Zn 电解槽和采用 H_2 扩散阳极的 Zn 电解槽的槽电压及其组成。由表 13-15 数据，并按式(13-10) 计算可知，采用 H_2 扩散阳极，可使 Zn 电积的电耗由常规槽的 $3190kW\cdot h\cdot(t\ Zn)^{-1}$ 降为 $1412kW\cdot h\cdot(t\ Zn)^{-1}$，能耗减少55.7%，可谓节能显著，研究开发意义重大。

表 13-15　Zn 电解槽的槽电压及其组成比较

槽电压及组成	电解槽类型	
	常规电解槽/V	H_2 扩散阳极电解槽/V
$\varphi_a-\varphi_c$	2.04	0.81
η_a[①]	0.86	0.14
η_c[①]	0.06	0.06
IR	0.54	0.54
槽电压	3.50	1.55

① 在 $450A\cdot m^{-2}$，pH=1 条件下。

与普通阳极相比氢扩散阳极结构复杂，成功制备性能优良的阳极是该项技术的基础。如图 13-10 所示，氢扩散阳极一般由五部分组成：基底、送气栅格、气体扩散层、催化涂层和特殊膜层。各层功能与要求分别如下：①基底主要起到支撑和输送电流的作用，同时还可以增加阳极使用寿命，它可以是石墨和平板金属，也可以

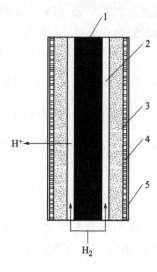

图 13-10　H_2 扩散阳极
结构示意图[81]

1—基底；2—送气栅格；
3—气体扩散层；
4—催化涂层；5—特殊膜层

是 Pb-Ag 阳极；②送气栅格是气体顺利通入同时顺利通过气体扩散层并均匀分布至催化涂层的基础，均匀分布的气膜将为电压的稳定、电积过程乃至整个电积系统的顺利进行提供保证；③气体扩散层是实现气体均匀分布的保证，必须具有优良的疏水、透气和导电性能；④催化涂层也称为气体反应层，它是 H_2 发生氧化反应的场所，只有在催化剂存在的条件下 H_2 才能有效氧化，要求催化剂催化活性高、性能稳定，催化涂层须具有半疏水的性能，拥有大的三相界面，增大 H_2 氧化反应面积；⑤特殊膜层为一反渗透层，其作用是传递 H^+，要求具有一定的机械强度、抗酸碱腐蚀能力和抗氧化能力。上述结构中，气体扩散层和气体反应层尤为重要。气体扩散层由疏水炭黑和聚四氟乙烯（PTFE）组成；反应层由疏水炭黑、亲水炭黑、PTFE 和催化剂组成；气体扩散层较气体反应层稍厚。在反应层中须保证反应层不因毛细管现象而充满电解液，也不因气压太大而使电解液完全从反应层中排除，与此同时，应尽最大可能缩短气体溶解在电解液中的位置到催化剂之间的距离，加大气体扩散速度。制备了性能优良的氢扩散阳极后，电积过程的关键之处是控制好氢气的通入、H_2 的扩散性和均匀分布等影响电积的各个因素，使其达到理想的节能效果[81]。

美国 E-TEK 公司曾研制出了 E-TEK 型 H_2 扩散阳极，系采用该公司专利的层叠技术，在金属基体上形成通 H_2 的多孔结构。这种 H_2 扩散阳极的结构和带微孔的聚合物涂层相配合，解决了长期存在的技术难题，既可防止 H_2 通过电极失控地流向电解液，又可防止电解液往气体板框内渗漏。在 Zn 电积条件下的工业试验结果表明，H_2 扩散阳极的应用可使槽电压降低 1.8～2.0V。此种电极不仅能用于 Zn 电积，而且也可用于其它以硫酸溶液为电解液的金属电沉积系统，例如，电积 Mn、Cr、Pb、Cu 等。在用于电积 Mn 和 Cr 的情况下，槽电压可望由 4.5～5.0V 降为 2.0～2.5V。德国达腾的鲁尔锌厂（Ruhr-Zink）在 1990 年，采用上述 H_2 扩散阳极进行了 Zn 电解试验，试验条件即为 Zn 电积的工业条件：即 H_2SO_4 150g·L^{-1}、Zn 60g·L^{-1}、40℃，每个 H_2 扩散阳极的面积为 $1.2m^2$（每个面为 $0.6m^2$）。结果表明，在 100～1000A·m^{-2} 的阳极电流密度范围内，试验电解槽的槽电压要比常规 Pb-Ag 合金阳极电解槽的槽电压低 1.9V，相当于前者比后者节电 1731kW·h·(t Zn)$^{-1}$，电耗降低了一半以上，可见达到了预期的节电效果。另外，H_2 扩散阳极还可显著减少 Pb 对阴极 Zn 产品的污染，在该厂试验中，Zn 的含 Pb 由原先的 0.002% 降为 0.0003%[3]。

尽管 H_2 扩散阳极的显著节能潜力十分诱人，但具体设计制造时碰到不少问题，其中需要解决的主要问题如下：①氢气需由管道输导至电解槽内的各个阳极；②为使 H_2 有效通向电极/电解液界面，多孔阳极比现行阳极加厚，制造成本增加；③为使电极反应有较低的过电位，需开发阳极表面电催化活性涂层材料；④为使 H_2 损失量最小，需要开发合适的隔膜材料；⑤为了防止隔膜或电极的破损导致 H_2 的泄漏，在这类电解槽的结构中应有附加的保护设施；⑥如果要求新型槽与常规槽一样，在相同的电流密度下生产，那么电解槽的尺寸和电解厂房的尺寸，由于上述②和⑤的原因，将增加 $10\%\sim20\%$，由此将相应增大了导电母线的电压降损失；⑦在 H_2 的检测设备和庞大的空气处理系统方面都要有附加设施与投资。

除上述 H_2 扩散阳极外，SO_2 扩散阳极也具有类似效果。SO_2 扩散阳极就是用 SO_2 在阳极放电代替传统的水分解放电，也可以降低槽电压，起到节能降耗的作用。其阳极反应和总反应变化为：

阳极反应　$SO_2+2H_2O-2e^- \Longrightarrow SO_4^{2-}+4H^+$　　　$\varphi_a=0.16V$　　(13-17)

总反应　$Zn^{2+}+SO_2+2H_2O \Longrightarrow Zn+SO_4^{2-}+4H^+$　$E=0.98V$　(13-18)

可以看出，采用 SO_2 阳极后，阳极极化电位可减小 1.06V，实验室研究表明，锌电积通入 SO_2 电解时，节能达 $40\%^{[82]}$。

尽管具有上述优点，气体扩散阳极的一个共同难点是电极制作复杂、成本高，加上其本身存在的一些不足，如 SO_2 扩散阳极在热力学上是可行的，但其动力学反应速度慢、H_2 扩散电极存在安全隐患等。这些都限制了此类电极的大规模应用。此外，H_2 扩散阳极能否推广应用，还待长期运转考核阳极性能稳定性、投资费用、使用寿命、催化剂涂层费用、易损坏各层的重新覆设费用后作出综合评价，另外还要考虑 H_2 的生产、储存及输送成本，在 H_2 价格低的地方才可大量推广应用。

13.2.4.3　Pb-Ag 阳极的功能改进

含 Ag $0.5\%\sim1.0\%$（质量分数）的 Pb-Ag 合金，作为阳极材料在锌电积工业中已应用多年。Ag 提高了铅合金的强度，减小了蠕变，提高了阳极的导电率，Ag 还因形成细小的 Ag-Pb 共晶颗粒而有效地增加了阳极上氧析出的能力。Ag 的加入可使 Pb-Ag 阳极上形成的 PbO_2 层更加均匀致密，从而降低了阳极腐蚀速率。

然而，Pb-Ag 阳极仍有许多缺点，主要归纳如下：

① 由于需要 $0.5\%\sim1.0\%$（质量分数）的银，因而阳极的投资费用高；

② Pb-Ag 合金仍有一定的腐蚀速率，Pb 进入了 Zn 沉积物中使产品遭到污染；

③ 阳极上析氧的过电位很高，导致锌生产因电耗高而成本增加。此外，由此产生的热量需要散发，也因此增大了费用；

④ 按照惯例，需要清洗阳极和电解槽以除去积累的氧化铅和氧化锰沉积物，因而给生产造成一定的损失；

⑤ 比较差的导电性导致阳极上的电力分布不均匀，以及阳极与其附近电解液局部过热；

⑥ 相对差的力学性能使阳极在使用过程中翘曲，引起极板间短路；

⑦ 电解液中若含有少量氯离子，则易在此种阳极上氧化为氯气，使电解槽上方的空气进一步污染恶化。

为了克服上述缺点，增加相应的功能，人们提出了用于 Zn 电积及其相当环境中的若干新型合金阳极，其功能化的要求如下：

① 强度高，但有延展性，使用时不脆裂、不蠕变；

② 抗热硫酸的腐蚀性强，能阻止钝化膜的生成，即便生成钝化膜也不应生成细小易脱落的 PbO_2，而宜生成粗大片状物，后者不易被带到阴极，从而减少了 Pb 对阴极产品的污染；

③ 导电性好；

④ 对析氧反应电催化活性高，可降低析氧过电位，而对析氯的过电位高以抑制氯气的析出。

经过多年来的研究与开发，形成了新型阳极的两种功能化技术路线，一是合金化以提高电极的功能，二是在原 Pb-Ag 阳极基体上复合以 DSA 的电催化功能。另外，最近开发的 Pb 基多孔节能阳极也取得了较好结果。

(1) 多元铅基合金阳极 为了改善 Pb-Ag 合金阳极的不足，研究了添加 Ca、Sn、Co、Sr 和 RE 等合金元素以部分或全部取代贵金属 Ag。其中较为典型的有以 Pb-Ca、Pb-Ag-Ca、Pb-Ag-Ca-Sr 等为代表的 Ca 系铅基合金阳极，以及以 Pb-Co、Pb-Co$_3$O$_4$、Pb-Ag（0.18％）-Co（0.012％）、Pb-Ag（0.2％）-Sn（0.06％）-Co（0.03％）、Pb-Ag(0.2％)-Sn(0.12％)-Co(0.06％) 等为代表的 Co 系铅基合金阳极。国内杨光棣等[83]研究了 Pb-Ag-Ca 三元合金的电化学行为和力学性能，研究结果表明钙的添加有助于提高阳极的耐腐蚀性能和力学性能，降低阳极析氧电位和银含量；张淑兰、王恒章、苏向东等[84~86]研究了 Pb-Ag-Ca-Sr 四元合金的应用，结果表明：与传统 Pb-Ag 阳极相比，四元合金阳极具有成本低、机械强度好、寿命长和耗电低的特点。国外如 Siegmund A，TakasakiY 等[87~91]研究了 Pb-Ag (0.3％~0.4％)-Ca(0.03％~0.08％) 合金的性能，其结果表明 Ag 的质量分数可以降到 0.3％左右，Ca 作为硬化剂加入，以弥补常规 Pb-Ag(0.8％~1.0％) 阳极与新型阳极之间 Ag 的差值。除了在 Pb-Ag-Ca 阳极上会生成较硬的氧化锰层之外，其电化学行为与 Pb-Ag 合金相类似。西德鲁尔有限公司也进行了类似的研究，发现该类阳极材料的腐蚀率可比常规 Pb-Ag（0.8％~1.0％）阳极降低 30％[92]。以保加利亚的 Petrova M 和 Sefanov Y 等[93~98]为代表的科研工作者对 Pb-Co$_3$O$_4$、Pb-Ag（0.18％）-Co（0.012％）、Pb-Ag（0.2％）-Sn（0.06％）-Co（0.03％）、Pb-Ag(0.2％)-Sn(0.12％)-Co(0.06％) 等多元 Co 系铅基合金阳极进行了系统研究，其结果表明 Pb-Co$_3$O$_4$ 和 Pb-Ag(0.2％)-Sn(0.12％)-Co(0.06％) 合金阳极具有比 Pb-Ag（1.0％）阳极更低的析氧过电位和更强的耐腐蚀性能，并认为这类阳极可望代替 Pb-Ag(0.5％~1.0％) 合金阳极。

尽管 Ca 的添加对改善阳极的力学性能有明显的作用，但是含有 Ca 的 Pb 合金阳极在极化时会产生局部腐蚀现象，这增加了电极的活性区域，从而使阳极电位有所下降，也就是说加入 Ca 并没有起到电化学催化作用。但其带来的负面效应是降低了阳极的抗腐蚀性，以及阳极使用一段时间后其表面阳极泥结壳坚硬，不易去除而导致槽电压上升，且阳极回收时 Ag、Ca 损失大等不足限制了该类阳极的大规模应用[99,100]。虽然 Co 具有良好的电催化效果，但 Co 在铅熔体中的溶解度极微，1550℃时的富铅的液相中含 Co 量仅为 0.33%[101]，导致其制备方法复杂，限制了该类阳极的大规模应用。

此外，吉田忠等[102]曾经研究了几种铸造铅合金阳极，其成分为 1%～30% Ag，5%～30% Sn 或 5%～30% Sb。当阳极成分为 70%Pb、10%Ag 和 20%Sn 时，其结果最佳。但这只有理论上的意义，因为银是一种贵金属，价格决定了它不可能在电极中大量应用。李鑫[103]研究了稀土在铅基合金中的应用，认为铅基合金中添加稀土，合金硬度虽略有降低，但可满足锌电积阳极板对合金材料的硬度要求。而其优点在于 Pb-Ca-Sr-Ag（0.27%）合金中添加 0.03%RE，析氧过电位降低约 90mV。同时银含量可由 0.27%降为 0.135%，用该合金作锌电积阳极板，可降低阳极板生产成本，同时降低锌电积的槽电压，最终降低锌电积生产成本。洪波[104,105]研究了一系列 RE 合金的加入对 Pb 及 Pb-Ag 合金性能的影响，认为部分 RE 的加入可在适当降低合金中贵金属 Ag 含量的基础上，提高 Pb 合金的抗拉强度、耐腐蚀性能和析氧电催化活性。例如，在合金中 Ag 含量由 0.8%降至 0.6%时加入约 0.1%的 RE，其极限抗拉强度、稳定阳极电位和腐蚀率分别为传统 Pb-Ag（0.8%）平板阳极的 113.9%、99.7%和 59.9%。但是制作成分均匀的稀土铅基阳极及防止稀土的氧化烧损还有待制备工艺的完善。

(2) Pb 基电催化复合阳极 这种阳极也称活性 Pb 阳极，其最典型的制作方法就是将涂覆有电催化剂的海绵钛颗粒嵌压进 Pb-Ca 合金基体中而制成的，因而兼具 Pb 合金阳极和 DSA 的优点，其显著特点是具有较低的析氧过电位，可降低单位产量的直流电耗，而且明显减小了产品中的 Pb 污染。

细碎的海绵钛颗粒具有很大的表面积，例如，在 $1m^2$ 阳极基体上嵌压进 375g 细碎的海绵钛，而所产生的表面积将是原阳极几何面积的 70 倍，因此可使真实电流密度显著减小。已知 RuO_2 的稳定性很大程度上取决于电流密度，故使用表面积大的催化剂载体可以延长 RuO_2 的使用寿命。J. K. Walker 等[106]研究了将涂覆有 RuO_2 的海绵钛颗粒嵌压入到铅基合金基体中制成的 RuO_2 铅基阳极，它兼具 Pb 合金阳极和 DSA 的优点，析氧过电位较低，较长时间（30 周）的 Cu 电积（与 Zn 电积类似）工业试验表明：使用此种电极，在含 H_2SO_4 $150g \cdot L^{-1}$ 的溶液中，在常规铜电积的电流密度（$30mA \cdot cm^{-2}$）下，槽电压下降 $300～330mV$，能耗降低了 15%，实现平均节能 $330kW \cdot h \cdot (t\ Cu)^{-1}$。

此外，法国 C. Le Pape-Rerolle 等[107]通过电化学氧化 $IrCl_6^{3-}$ 的方法在 Pb、Pb-Ag 基体上沉积 IrO_x。在电流密度为 $55mA \cdot cm^{-2}$ 时极化测试表明，该阳极具有良好的电催化活性，与工业用 Pb-Ag 阳极相比，在测试初期，其阳极电位降低 450mV 左右，但随时间呈上升趋势，8d 后阳极电位仍比后者低 100mV 以上。并认为电催化活

性下降是 IrO_x 膜层的缓慢溶解所致，可望通过优化制备工艺提高其持久性。

(3) Pb 基多孔节能阳极 根据塔费尔方程可知，在不改变阳极组成的前提下，为降低阳极的析氧过电位，可降低阳极电流密度，这样势必影响阴极锌的产量和电流效率。针对 Zn 电积 Pb 基阳极过电位高的问题，衷水平等提出 Pb 基多孔节能阳极的概念，在不降低电解槽电流强度（不影响电解槽产量与电流效率）前提下，可有效降低阳极实际电流密度，从而降低阳极过电位[108~111]。采用反重力渗流铸造法制备了多孔铅基合金阳极，研究了不同孔径的多孔阳极的电化学行为，包括多孔阳极孔径结构对阳极析氧电位、腐蚀速率、阳极氧化膜的物相组成与微观结构、电流效率、阳极泥生成量及阴极 Zn 品质的影响。获得了析氧电位低、耐腐蚀性强、阳极泥生成量少、阴极产品品质高、电流效率与平板阳极相当的多孔阳极的孔径结构。所开发的 Pb 基多孔阳极（200mm×100mm×6mm）进行了为期 54d 的锌电积用的工程化电解试验。结果表明，在与工业锌电积工艺完全相同的条件下，得到了表 13-16 所示的显著效果，主要表现在：①降低阳极电位约 100mV，Zn 电积能耗降低 90kW·h·(t Zn)$^{-1}$；②阳极泥生成量减少 80%；③阴极锌产品中 Pb 含量降低 60%，0$^{\#}$ 锌合格率 100%；④阳极的金属（Pb、Ag）用量只有原来的 45% 左右，不但降低了工人劳动强度，也意味着 Pb-Ag 阳极的投资成本将降低 55%。但是，也暴露出机械强度差、易折裂的问题[109]。

针对上述问题，蒋良兴[112,113]在深入研究了多孔阳极的电化学性能后，对 Pb 基多孔阳极的结构进行了改进，制备了芯为致密金属、两侧为多孔 Pb 层的复合多孔阳极。该结构虽然牺牲了多孔阳极的部分孔隙率，但大大提高了阳极的力学性能和导电能力。与相同厚度（6mm）的多孔 Pb 阳极相比，芯为 2mm、两侧为 2mm 多孔层的复合多孔 Pb 合金阳极的极限抗拉强度和导电率分别为前者的 3 倍和 1.3 倍。在此基础上，蒋良兴[113]开发了工业尺寸复合多孔阳极的反重力渗流铸造设备，制备出了锌电积过程用复合多孔 Pb 合金阳极（975mm×620mm×6mm），并开展了为期 2 个月的锌电积工业试验，取得了与工程化电解试验相同的节能降耗效果。但由于制备过程相对复杂，获得高效、批量化制备技术成为此阳极工业推广的需要解决的问题。

表 13-16　Pb 基多孔节能阳极的工程化电解试验结果

技术指标	普通平板阳极	多孔阳极编号与孔径/mm			
		1$^{\#}$ (2.0~2.5)	2$^{\#}$ (1.6~2.0)	3$^{\#}$ (1.25~1.6)	4$^{\#}$ (1.6~2.0 圆孔)
阳极电位/V	1.869	1.783	1.771	1.779	1.757
槽电压/V	3.191	3.135	3.109	3.121	3.095
能耗/kW·h·(t Zn)$^{-1}$	3093	3029	3020	3032	3017
阴极 Pb 含量/%	0.00152	0.00063	0.00066	0.00061	0.00079
阳极相对腐蚀率/%	100	17.05	16.77	17.54	20.12
阳极泥数量/g	336.9	32.2	35.5	33.8	35.5

13.3 熔盐铝电解过程电催化

13.3.1 熔盐铝电解工业概述

熔盐电解是生产金属 Al、碱金属（Li、Na、K）、碱土金属（Be、Mg、Ca、Sr、Ba）和稀土金属（La、Ce、Pr、Nd、Sm 等）的重要方法，部分稀有金属（W、Ta、Nb、Ti、Zr、U 和 Th）也可采用熔盐电解法生产。熔盐电解过程一般可分为两类：一是在碱金属或碱土金属熔融氯化物中电解被提取金属的氯化物；二是在碱金属或碱土金属氟化物熔体中电解被提取金属的氧化物。熔盐 Al 电解是后者的典型代表，也是当今最大的电解工业之一。

铝是产量最大的有色金属，但是与其它金属比较，铝的发现和冶炼历史较短，18 世纪末才被发现，19 世纪初分离出单质金属，19 世纪末开始工业生产。铝冶炼工业分为化学法炼铝和熔盐电解法炼铝两个发展时期。1825 年德国人韦勒（F. Wohler）采用钾汞齐还原无水氯化铝制得金属铝，后来分别有人采用 K、Na 和 Mg 等还原含铝化合物制备金属铝，并分别建厂炼铝，历经前后约 30 年总共生产了约 200 吨铝。1854 年德国人本生（R. Bunsen）通过电解 $NaAlCl_4$ 熔盐制得了金属铝，1883 年美国人布拉雷（S. Bradley）提出 Na_3AlF_6-Al_2O_3 熔盐铝电解方案，1886 年美国人霍尔（C. M. Hall）和法国人埃鲁特（P. L. T. Héroult）提出了 Na_3AlF_6-Al_2O_3 熔盐电解法炼铝的专利。在此基础上，霍尔于 1888 年在美国匹兹堡建厂，埃鲁特于 1889 年在瑞士建厂，开始了熔盐电解法炼铝的工业化生产。此后，这一方法很快取代了成本高且产量小的化学法炼铝工艺，相继被其它各国采用并一直沿用至今，这就是所谓的霍尔-埃鲁特熔盐电解法炼铝工艺。霍尔-埃鲁特熔盐电解法发明一百多年以来，铝电解工业历经了小型预焙槽、自焙槽和大型预焙槽三个发展阶段，电解槽电流由最初的 4kA 发展到目前的 500kA；铝的产量也快速增长，1890 年全球原铝的产量只有 180 吨，1940 年达到 100 万吨，1970 年超过 1000 万吨，1990 年达到 2000 万吨，2007 年达到 3736.2 万吨。2001 年以来，我国原铝产量一直居世界首位，2007 年达到 1256 万吨，占全球总产量（3736 万吨）的 33.6%。

霍尔-埃鲁特熔盐铝电解槽（其结构如图 13-11 所示）采用 Na_3AlF_6 基氟化盐熔体为熔剂，Al_2O_3 原料溶解于氟化盐熔体中，形成含氧络合离子和含铝络合离子；由于氟化盐熔体的高温（950℃左右）强腐蚀性（除贵金属、碳素材料和极少数陶瓷材料外，大多材料在其中都有较高溶解度），自霍尔-埃鲁特熔盐铝电解工艺被发明以来，一直只能采用碳素材料作为电解槽的阴极和阳极；在碳素阳极和碳素阴极间通入直流电时，含铝络合离子在阴极（实际为金属铝液）表面放电并析出金属铝，含氧络合离子在浸入电解质熔体中的碳素阳极表面放电，并与阳极中的 C 结合生成 CO_2 析出，电解过程可用反应方程式简单表示为：

$$Al_2O_3 + \frac{3}{2}C =\!=\!= 2Al + \frac{3}{2}CO_2 \uparrow \qquad\qquad (13\text{-}19)$$

电解产生的金属铝液定期由真空抬包从槽中抽吸出来并运往铸造车间，在混合炉内经过除气、除杂等净化作业后进行铸锭，或进行合金成分调配直接得到各类合金铸锭；槽内排出的气体，通过槽上捕集系统送往干式净化器中进行处理，达到环保要求后再排放到大气中去。

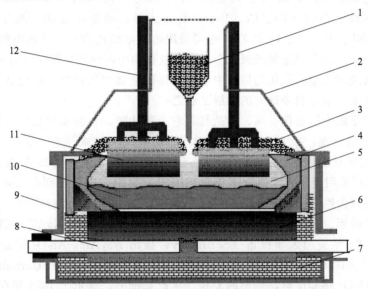

图 13-11　现代预焙铝电解槽结构示意图

1—Al_2O_3 下料器；2—集气罩；3—上部保温覆盖料（Al_2O_3 与电解质块）；
4—侧部炉帮（电解质结壳）；5—Na_3AlF_6-Al_2O_3 电解质熔体；6—阴极炭块；
7—保温砖；8—阴极导电钢棒；9—槽壳；10—金属 Al 液；11—阳极炭块；12—阳极钢棒

铝电解工业是当今最大的高耗能产业之一。按式(13-19) 计算，铝电解过程理论能耗为 6330kW·h·$(t\ Al)^{-1}$，但当前铝电解工业的最低能耗仍高达 13000kW·h·$(t\ Al)^{-1}$，其能量利用效率不足 50%。在 1000℃下反应式(13-19) 的理论分解电压为 1.169V，但是在铝生产条件下（电流密度为 0.7～0.8A·cm^{-2}）的实际分解电压达到 1.65～1.80V。研究表明，在铝电解过程中，阴极过电位通常不大（仅为 40～80mV），而阳极过电位可达到 400～600mV，阳极过电位导致的能耗达到 1280～1920kW·h·$(t\ Al)^{-1}$。可见，在碳素阳极上存在较大的过电位是铝电解过程高能耗的重要原因之一。尽管碳素阳极一直被认为是铝电解槽的"心脏"，历来受到铝业界的高度重视，并针对其开展了大量的研究工作。但是，长期以来人们认为铝电解中碳阳极上的过电位是难以降低的，并且 950℃高温、强腐蚀条件下的熔盐电化学研究非常困难，因而一直到 20 世纪 80 年代都还未见熔盐铝电解过程电催化的研究报道。

13.3.2　碳素阳极的掺杂电催化

铝电解过程中碳素阳极上产生过电位的机理存在多种观点，其中最简单而又为众多学者接受的是：电解质熔体中的含氧络合离子在碳素阳极表面上的活性中心上放电，当电流密度较大时，放电的含氧络合离子增多，而碳素阳极表面上的活性中心不足，被迫在非活性点放电，为此需要额外的能量，因而产生了阳极过电位。根据现代电催化原理，电解质溶液中组元的吸附和电极材料的特性在电极过程中起着重要作用。在某一电势下，通过溶液中组元的吸附或改变电极材料的物理化学性质就有可能改变电极反应机理和电极反应速率。刘业翔等[114~116]最先研究并发现了Na_3AlF_3-Al_2O_3熔体中SnO_2惰性阳极的析氧过程电催化，并大胆提出设想：将某种电催化剂加入到碳素阳极中以改变碳素阳极的性质，增加其表面反应活性中心，以加速电极反应，从而降低碳素阳极的过电位。刘业翔等随后在该领域开展了大量的研究与实践，系统评价了各类掺杂剂在碳素阳极中的电催化功能，并且陆续发现了一批可明显降低碳素阳极过电位的电催化剂，其中掺有Li_2CO_3的阳极糊，即"锂盐糊"用于铝电解工业，取得了显著的节能效果和巨大的经济效益。

13.3.2.1 掺杂碳素阳极的制备

根据研究和应用的需要，一般采用两种方法制备掺杂碳素阳极。

（1）浸渍法 该方法主要用于实验室研究中快速筛选可能的电催化掺杂剂。实验过程中直接以光谱纯石墨棒为碳素阳极材料，以不同金属氯化物或硝酸盐配制一元、二元或多元溶液作为浸渍剂，将石墨棒在其中浸渍一定时间后，取出作热处理，多次重复浸渍及热处理后就制成了含有不同催化剂的碳素阳极。掺杂剂的组成、含量、浸渍时间与热处理制度等工艺等都对电极的电催化活性有重要影响，因此在制备过程中应注意保持工艺的重现性与可比性。

（2）机械掺杂法 与浸渍法相比，机械掺杂法更加复杂但更接近铝电解生产实践，主要用于实验室研究中对初步选定的电催化掺杂剂进行综合评价，也是电催化掺杂剂工程化试验和工业化应用的主要方法。碳素阳极分为预焙阳极和自焙阳极两种，不同粒度的碳质骨料（石油焦）经配料、加入黏结剂（沥青）混捏、成型与焙烧后得到预焙阳极；不同粒度的碳质骨料（石油焦）经配料、加入黏结剂（沥青）混捏后得到自焙阳极糊，阳极糊加入自焙铝电解槽上部的阳极框套中，在铝电解过程的高温下自行焙烧而形成自焙阳极。在实验室研究中，模拟碳素阳极制备过程，将选定的电催化剂粉料，以机械混合的方式掺入到石油焦骨料中或掺入到沥青黏结剂中，经过混捏成型与焙烧，制成掺杂的自焙阳极和预焙阳极试样，其中自焙阳极试样的焙烧温度为900~1000℃（与铝电解槽电解质熔体温度相当），而预焙阳极试样的焙烧温度为1150~1200℃。在工程化试验和工业化应用中，只需在阳极制备过程中，将选定的电催化剂粉料以机械混合的方式掺入到石油焦骨料中或掺入到沥青黏结剂（液态）中，其它工艺与企业生产工艺保持一致就可分别获得掺杂自焙阳极和掺杂预焙阳极。

13.3.2.2 掺杂碳素阳极的电催化活性评价

铝电解过程中，碳素阳极上有多种含氧络合离子放电，并且形成众多中间化合物，使得阳极反应历程甚为复杂，到目前为止还未形成一致观点。因此，还难以有效测定并运用各种电极过程动力学参数来评价碳素阳极电化学活性的优劣。目前一般从实用角度出发，以一定表观电流密度下不同阳极的过电位大小，作为评价各种掺杂剂的电催化活性高低的判据，过电位小者其电催化活性高。因此，稳态极化曲线的测定成为熔盐铝电解过程电催化研究中的主要工作和重要手段。但是，铝电解氟化盐熔体与水溶液体系相比，最大的区别在于，受电解质的高温强腐蚀性条件所限，测定极化曲线时不能采用类似于水溶液中常用的鲁金毛细管来消除熔体的欧姆压降，使得欧姆压降的准确扣除或补偿一直是熔盐铝电解电极过程研究中急需解决的一项关键技术难题；同时，熔盐体系中无通用参比电极，且参比电极的可逆性与稳定性易受实验条件的干扰；此外，高温强腐蚀性实验条件的限制，使得稳态极化曲线的测定成为一项复杂而又难度很高的工作。因此，在熔盐铝电解过程电催化研究中，电化学测试方法的选择、测试设备的性能、实验装置的设计及实验操作过程均会对电化学测试结果的准确性、可靠性与重现性产生重要影响[117]。

在早期的铝电解电催化研究中，一般直接测定模拟电解槽在不同电流密度下的槽电压并以此考察不同掺杂电极电催化效果；或者在三电极体系中，采用慢速线性电位扫描法测得极化曲线作为评价掺杂电极的电催化效果的依据。上述条件下测得的极化电位实际上是非常不准确的，除极化电位外，还包括熔体（含气膜）、连线、接头及电极本身的欧姆电阻所引起的压降。为消除欧姆压降的影响，进一步的改进是在测试过程中将参比电极、掺杂阳极及对比阳极捆绑在一起，保持各电极插入熔体时的深度及其对参比电极距离的一致，尽最大可能减少欧姆压降所引起的实验误差。这种测试方法的前提是，必须确保以上所提到的各种欧姆电阻误差不能超出一定的范围，但实际上实验的可操作性不高，不管同次测量的两根电极还是不同次测量的电极，都不可能做到实验条件的完全一致，不可避免地要带入较大的误差，影响电极电催化活性的比较。这也是在以前的铝电解阳极掺杂电催化研究中，产生较大差异和分歧的主要原因之一[118~126]。

后来，人们对 Na_3AlF_6-Al_2O_3 熔体中的阳极过电位的测试进行了大量的工作，但是以下因素的一直存在使得所报道的碳素阳极过电位值相差较大，甚至有部分相互矛盾[117,127]：

① 阳极过电位因所用碳素阳极材料的不同而不同，如石墨、热解石墨、玻璃状碳阳极和焙烧碳阳极等，这主要是因为它们的结构、组分、密度、孔隙率等不同。

② 碳阳极的组成（焙烧阳极中骨料及沥青含量）、焙烧温度、阳极中杂质种类与含量的改变都可能影响阳极过程及其过电位的大小，即使是成分相同的碳阳极，其孔隙率、密度、组成及结构也会因制备过程的差异而发生改变，这就使得电解过程中电极活性表面产生差异，从而导致阳极过电位的不同。

③ 除非参比电极充分接近工作电极并且电流密度很小，否则，必须扣除熔体欧姆压降，但这有较大困难，这势必影响到阳极过电位的测试；在以前的工作中，大多没有或未能较好地解决此问题。从原理上讲，有些方法（如脉冲电流法、断电

流法及交流阻抗法）可解决欧姆压降补偿和扣除的问题，但是，这些方法的准确性通常取决于所用设备的质量及试验人员的测试水平。

④ 因所用碳素阳极为消耗性阳极，在测量过程中阳极的表面积及其形状发生改变，电流分布受其影响，从而给电极活性面积的确定带来困难。

⑤ 实验过程中，阳极稳态电位及熔体欧姆压降的确定受到阳极气泡析出的干扰，特别是常用阳极的下底面作工作面，使得此问题更加严重。

⑥ 阳极及电解槽几何形状影响电流密度分布及气泡从阳极表面的析出，从而带来实验误差。

⑦ 另外，也可能产生氧化铝浓度梯度。

为更加有效地评价掺杂碳素阳极的电催化活性，杨建红[128]针对上述问题（主要是阳极气体析出困难引起极化电位的严重波动以及无法准确扣除欧姆压降），采用断电流法对铝电解碳素阳极过电位进行测量，特别从下面四个方面提高测试结果的可靠性与重现性：

① 为了减少恒电流下的电位波动，便于阳极气泡的析出，改变以前常用的阳极底面水平朝下配置，采用了阳极表面竖直配置，使得在恒电流下电位波动值小于15mV，而以往底面水平朝下配置的阳极在恒电流下，电位波动值达 100mV，甚至更大；

② 采用具有很快响应速度和采样速率的高频数字式记忆示波器（LS140，200MHz），对断电后数十微秒时间内的整个电位衰减曲线进行记录储存，避免了以往因记录设备响应慢所引起的衰减曲线以及所得欧姆压降值严重失真等问题；

③ 采用快速电流中断器，提高了断电速度（$10\mu s$），大大缩短了断电（状态）时间（$100\mu s$），保证了电流的快速断开和阳极极化状态不会因为电流的中断而发生较大的改变；

④ 采用计算机程序对断电后的电位衰减曲线进行拟合外推，确定断电零时刻电位，即扣除欧姆压降后的极化电位，大大提高了数据处理速度与精度。

选用光谱纯石墨电极重复进行阳极过电位测试，对改进后断电流技术的可靠性与重现性进行验证。结果表明，断电流法经改进后，多次测量的标准偏差仅为0.011V，可得到准确、可靠重现的结果，这为以后各种不同碳素阳极的电化学活性的表征及其阳极过程的研究提供了可靠的试验研究手段，该方法已成为国内外高温熔盐电极过程研究的重要手段。

此外，为了检验工业电解槽上正在工作的阳极上的过电位，人们大多采用Haupin[129]提出的"Γ"形参比电极测量方法。

13.3.2.3 若干重要结果

(1) 典型掺杂剂的电催化活性　图 13-12 和图 13-13 所示极化曲线表明，掺入$CrCl_3$、Li_2CO_3 和 $RuCl_3$ 对碳素阳极反应有明显的电催化作用，在电流密度为$0.85A \cdot cm^{-2}$ 下，与未掺杂的对比阳极比较，它们分别可降低过电位 275mV、181mV 和 148mV。

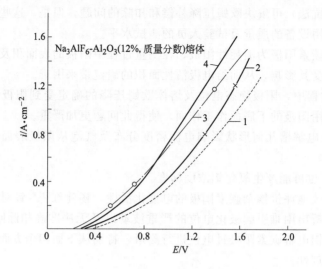

图 13-12　若干掺杂石墨阳极的典型极化曲线（相对于石墨参比电极）[3]

1—未掺杂；2—RuCl$_3$；3—Li$_2$CO$_3$；4—CrCl$_3$

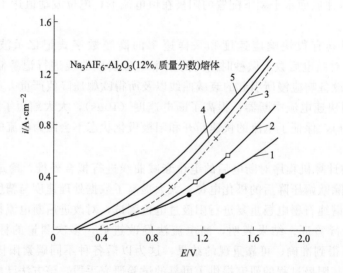

图 13-13　若干掺杂石墨阳极的典型极化曲线[3]

1—CoCl$_2$；2—NiCl$_2$；3—未掺杂；4—NaCl；5—MnCl$_2$

　　在相同实验条件下，即 1000℃下的冰晶石-氧化铝（饱和）熔体中，电流密度为 0.85A·cm^{-2} 时，掺杂石墨阳极的电催化活性排序为：Y＞Cr＞Ce＞Ce＋Y＞Li＞Ce＋Nd＞Ru＞Mn＞Na。特别是，Y 盐掺杂剂可使石墨阳极的过电位降低 315mV[3]。

　　（2）自焙碳素阳极的掺杂电催化　表 13-17 中列举的是在自焙阳极上得到广泛研究与应用的典型电催化剂及其电催化效果。

电催化剂	过电压降低值①/mV	电催化剂	过电压降低值①/mV
K-Ca 盐	148	Li-Mg-Ca 盐	74
Li₂CO₃	147	Mg-Al 盐	68
Li-Mg 盐	80	Mg-Fe 盐	54

① 在阳极电流密度为 $0.8A \cdot cm^{-2}$ 时与未掺杂的同样阳极的比较。

（3）预焙碳素阳极的掺杂电催化　经过对 50 余种掺杂剂的试验，发现许多掺有催化剂的碳素电极在 1200℃下焙烧后其电催化活性大为降低，但仍有少数具有明显的电催化活性。经筛选，若干可用于预焙阳极的电催化剂列于表 13-18。

表 13-18　若干可用于铝电解预焙阳极的电催化剂及电催化效果[3]

电催化剂	过电压降低值①/mV	电催化剂	过电压降低值①/mV
Ba-Fe 盐	208	K-Ca 盐	150
Mg-Al 盐	170	Li₂CO₃	8

① 在阳极电流密度为 $0.8A \cdot cm^{-2}$ 时与未掺杂的同样阳极的比较。

若干掺杂石墨电极在 1200℃下焙烧后的电化学测定结果[131]分别示于图 13-14、图 13-15、表 13-19 和表 13-20 中。

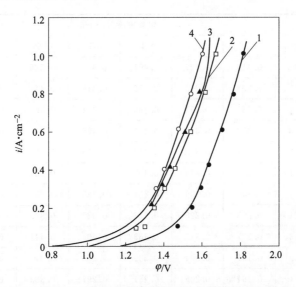

图 13-14　经 1200℃焙烧后掺杂石墨电极的典型稳态极化曲线
1—未掺杂；2—掺 K-Ca 盐；3—掺 Mg-Al 盐；4—掺 Ba-Fe 盐

13.3.3　碳素阳极掺杂电催化机理

到目前为止，还缺乏针对碳素阳极掺杂电催化机理的系统研究与普遍共识，仅仅停留在对掺杂阳极在阳极反应中具有电催化活性的初步探讨，其中一个最普遍的解释就是，电催化剂的引入使得阳极上生成了更多的活性中心；含有掺杂物质的碳

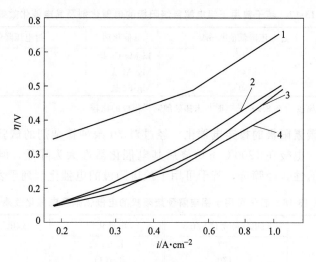

图 13-15 掺杂石墨电极的典型稳态极化曲线

1—未掺杂；2—掺 K-Ca 盐；3—掺 Mg-Al 盐；4—掺 Ba-Fe 盐；4—掺 Ba-Fe 盐

表 13-19 不同电流密度下掺杂石墨阳极（经 1200℃ 焙烧）的阳极过电位

单位：V

电极	电流密度/A · cm^{-2}							
	0.20	0.26	0.30	0.40	0.50	0.60	0.80	1.00
未掺杂	0.391	0.411	0.427	0.461	0.493	0.526	0.587	0.643
Li-Mg	0.251	0.293	0.315	0.373	0.415	0.449	0.489	0.509
Li-Ba	0.291	0.331	0.351	0.399	0.431	0.461	0.501	0.521
Li-Fe	0.343	0.369	0.379	0.403	0.429	0.449	0.473	0.491
Li-Ca-Mg	0.329	0.361	0.373	0.415	0.453	0.483	0.539	0.583
Ca-Mg	0.371	0.401	0.415	0.459	0.503	0.551	0.633	0.715
Mg-Fe	0.311	0.341	0.359	0.401	0.433	0.463	0.509	0.549
Ca-K	0.161	0.203	0.225	0.275	0.327	0.369	0.437	0.491
Ca-Fe	0.263	0.297	0.317	0.363	0.401	0.441	0.503	0.559
Ba-Fe	0.159	0.191	0.201	0.239	0.275	0.313	0.379	0.427
Mg-Al	0.161	0.191	0.205	0.251	0.297	0.339	0.416	0.491

表 13-20 掺杂石墨电极（经 1200℃ 焙烧）的电化学参数

电极	Tafel 系数[①]		$\Delta \eta$[②]/V (0.5A · cm^{-2})	$\Delta \eta$[②]/V (0.8A · cm^{-2})	i_o[①]/A · cm^{-2}
	a	b			
未掺杂	0.578	0.315			0.014
Li-Mg	0.552	0.451	0.078	0.098	0.060
Li-Ba	0.541	0.362	0.062	0.086	0.032

电极	Tafel 系数[①]		$\Delta\eta^{②}$/V $(0.5A \cdot cm^{-2})$	$\Delta\eta^{②}$/V $(0.8A \cdot cm^{-2})$	$i_o^{①}$/A $\cdot cm^{-2}$
	a	b			
Li-Fe	0.495	0.224	0.061	0.114	0.0062
Li-Ca-Mg	0.560	0.359	0.040	0.048	0.028
Ca-Mg	0.620	0.395	−0.010	−0.046	0.027
Mg-Fe	0.534	0.334	0.060	0.078	0.025
Ca-K	0.462	0.457	0.166	0.150	0.098
Ca-Fe	0.514	0.378	0.092	0.084	0.043
Ba-Fe	0.374	0.332	0.218	0.208	0.075
Mg-Al	0.419	0.196	0.196	0.171	0.096

① 电流密度范围为 $0.3\sim0.8A \cdot cm^{-2}$。

② 系指未掺杂电极与掺杂电极的阳极过电位差值。

素阳极具有电催化作用的原因可能与以下情况有关，即金属盐掺杂剂经过热处理或高温焙烧后，生成了相应的化合物；这些化合物的化学计量、价态、电子结构及表面状态与阳极本体不同，因而具有特别的电化学特性；它们分布在电极表面或渗透在电极内部，并可能创造出更多的活性中心，有利于熔体中含氧络合离子的吸附与放电，加速电子的交换与转移，从而导致了较高的阳极反应速率[132]。

根据现代电化学研究，铝电解碳素阳极上的反应过程可分为如下五个步骤：

$$O^{2-} = O_{(吸附)} + 2e^- \tag{13-20}$$

$$O_{(吸附)} + xC = C_xO \tag{13-21}$$

$$O^{2-} + C_xO = C_xO \cdot O_{(吸附)} + 2e^- \tag{13-22}$$

$$C_xO \cdot O_{(吸附)} = CO_{2(吸附)} + (x-1)C \tag{13-23}$$

$$CO_{2(吸附)} = CO_2 \tag{13-24}$$

由于电流密度较大时要求放电的离子增多，而原有的活性中心不足，熔融电解液中含氧络合离子被迫在阳极上活性较差的表面放电，生成了 C_xO 中间化合物。由于 C_xO 的生成 [式(13-21)] 和缓慢分解 [式(13-23)] 均需要额外能量，这就引起了阳极过电位。阳极内部引入具有电催化特性的掺杂剂后，可使电极表面上的活性中心增多，从而使 C_xO 的生成减少。掺杂剂还能加快 C_xO 的分解速率，加速阳极反应的进行，因而使得过电位降低。下面，以 Li_2CO_3 掺杂为例，说明掺杂剂加快 C_xO 分解速率的可能机理。Li_2CO_3 掺杂剂在碳素阳极焙烧过程中发生反应：

$$Li_2CO_3 \xrightarrow{高温分解} Li_2O + CO_2 \tag{13-25}$$

$$C_xO \cdot O_{(吸附)} + Li_2O = 2Li + CO_2 + CO + (x-2)C \tag{13-26}$$

$$2Li + CO = Li_2O + C \tag{13-27}$$

由反应式(13-26)＋式(13-27) 得：

$$C_xO \cdot O_{(吸附)} = CO_2 + (x-1)C \tag{13-28}$$

图 13-16 所示为 Li_2CO_3 电催化作用的微观推测模型。左列图是未掺杂碳素阳极的阳极反应模型 [(a)、(b)、(c)]，右列图是掺入 Li_2CO_3 后碳素阳极的阳极反应模型 [(a′)、(b′)、(c′)]，由左列图可知，当电流密度增大时，大量的含氧络合离子在 C 的晶格深部放电，生成不稳定的"CO_2"基团。在高过电位和新含氧络合离子不断放电的推动下，不稳定的"CO_2"基团中的 C—C 键或 C—O 键断裂，生成 CO_2 气体。此过程的反应速率受到碳-氧中间化合物 $C_xO \cdot O$ 中缓慢的 C—C 键断裂过程的控制。由图中 (a′)、(b′)、(c′) 可知，加入催化剂 Li_2CO_3 后，由 Li_2CO_3 分解出的 Li_2O 不甚稳定，Li_2O 中的 O 向晶格中的 C 进攻，使其中的 C—C 键断裂，生成 CO_2。而 Li_2O 被还原为 Li 蒸气。弥散的 Li 蒸气在电极界面上又被析出的 CO_2 或 CO 氧化成 Li_2O，从而重新具备电催化功能。

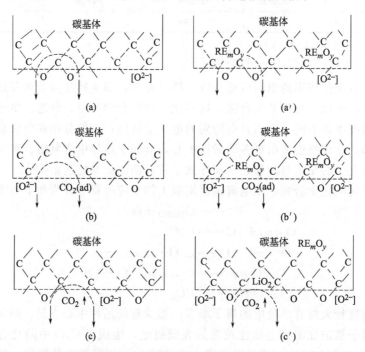

图 13-16　石墨阳极中 Li_2CO_3 电催化作用的微观模型[3]

图 13-17 和图 13-18 所示的 X 射线衍射图表明，Ba-Fe 盐和 Mg-Al 盐组成的复合掺杂剂，在高温焙烧条件下可生成钙钛矿型化合物（如 $BaFeO_{3-x}$）和尖晶石型化合物（如 $MgAl_2O_4$），也可能生成其它非化学计量的化合物。水溶液体系的电催化研究表明，钙钛矿型氧化物和尖晶石型氧化物对析氧反应具有电催化作用。Bockris 等[132]提出，ABO_3 或 $A_{1-x}A'_xBO_3$ 型氧化物中 B 位置上的过渡金属离子形成活性中心，溶液中的含氧离子（例如 OH^-）优先吸附其上并放电。在熔盐体系中，位于 A 位或 B 位上的金属离子也可能形成活性中心。在这些活性中心上的电子迁移可能加快，使阳极反应速率增加，从而降低了阳极过电位。

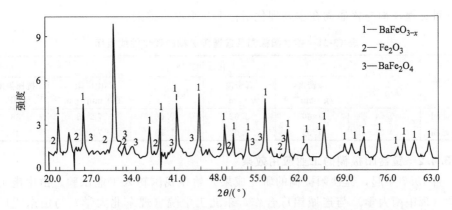

图 13-17　Ba-Fe 盐掺杂溶液蒸干后经 1200℃焙烧所得粉料的 X 射线衍射图[130]

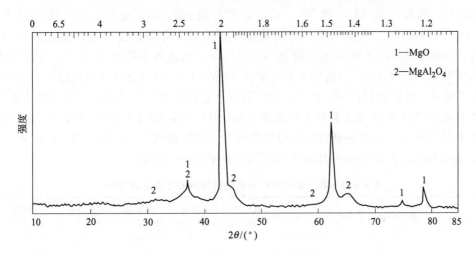

图 13-18　Mg-Al 盐掺杂溶液蒸干后经 1200℃焙烧所得粉料的 X 射线衍射图[130]

13.3.4　锂盐阳极糊及其工业应用

阳极糊是铝电解自焙阳极的原料，电解过程中将阳极糊加装到电解槽上部的阳极筐套中，利用电解槽自身的高温，将其自下而上地加以焙烧，下部焙烧好的碳素阳极锥体，即是工作阳极。锂盐阳极糊（也称锂盐糊）是掺有 0.3%～0.5%（质量分数）Li_2CO_3 的阳极糊。

13.3.4.1　工业用锂盐糊的制备及性质

工业用锂盐糊的制备十分简单。在碳素厂或阳极车间的阳极糊生产线上，将一定质量的 Li_2CO_3 加入到该批石油焦骨料或沥青黏结剂中，经过一定时间的机械混合，而后进入到阳极糊制备工序中，带有 Li_2CO_3 的焦粒与沥青液在混捏机中充分混合，而后铸型、冷却，即为一定形状或颗粒状的锂盐糊。

表 13-21 为工厂试验条件下测得锂盐阳极糊及普通阳极糊的主要理化性能指

标，可见锂盐糊与普通糊在主要理化指标上几乎没有差别。

表 13-21　锂盐阳极糊及普通阳极糊的理化性能指标

阳极糊	化性能指标					
	灰分/%	假密度 /g·cm^{-3}	真密度 /g·cm^{-3}	孔隙率/%	比电阻 /Ω·mm^2·m^{-1}	抗压强度 /MPa
锂盐糊	0.54	1.40	2.02	30.69	72.95	33
普通糊	0.51	1.39	2.02	31.19	71.95	35

13.3.4.2　锂盐阳极糊的工业应用效果

自 1987 年起，锂盐阳极糊的研究成果开始在我国转入工业试验。由中南工业大学（现中南大学）与连城铝厂合作，东北工学院（现东北大学）与山东铝厂合作，分别取得节电 $305kW·h·(t\ Al)^{-1}$（连城铝厂）和 $460kW·h·(t\ Al)^{-1}$（山东铝厂）的良好效果[131,133,134]。此后，锂盐糊技术在全国许多铝厂推广应用。1989 年通过中国有色金属工业总公司组织的鉴定，专家们经过复检测定后认为，试验电解槽系列的平均槽电压降低 $50\sim63mV$，电流效率提高 0.54%，综合节能 $152kW·h·(t\ Al)^{-1}$（连城铝厂）和 $246kW·h·(t\ Al)^{-1}$（山东铝厂），节能效果明显、经济效益良好。此外，期间使用锂盐糊的其它有关铝厂（技术经济指标列于表 13-22）均取得了较好节能效果。从 1987 年至 1991 年的统计表明，全国有 16 家铝厂共计 2000 台侧插自焙阳极铝电解槽应用锂盐糊后，年节电约 $5×10^7kW·h$，锂盐糊技术由此获得了 1992 年国家科学技术进步一等奖。

表 13-22　若干铝电解厂采用锂盐糊后的技术经济指标①

铝电解厂	系列电流 /kA	平均电压 /V	电流效率 /%	直流电耗 /kW·h· (t Al)$^{-1}$	电解质中 LiF 含量 /%	阳极糊 单耗/kg· (t Al)$^{-1}$	电流效率 增加值 /%	节电数量 /kW·h· (t Al)$^{-1}$
连城铝厂②	75.2	4.412	90.20	14580	3.40	493	1.11	152
山东铝厂	63.1	4.315	89.87	14325	2.58	536	1.27	150
抚顺铝厂	60.6	4.367	89.68	14514	2.87	529	0.51	85
包头铝厂②	62.5	4.343	89.55	14452	2.51	528	0.60	60
兰江铝厂	50.6	4.290	90.29	14162	2.03	517	0.90	156

① 数据取自 1990 年全年统计结果。

② 在使用锂盐糊前已在电解质中添加 Li_2CO_3，所列数据是与结壳边部加入 Li_2CO_3 电解槽相对比结果。

需要指出的是，高温熔盐电催化是一个全新的研究领域，需要更多的实验和探索，有大量的工作要继续深入研究。自 1989 年开始到 1995 年间，在锂盐糊的研究和试验方面曾经存在一些争论。争论的焦点是"针对锂盐糊能否降低阳极过电位不同研究者得出了不同的结论"。例如，某些作者的实验表明，添加 Li_2CO_3 对降低碳素阳极过电位没有显著影响[135]。也有人认为，锂盐糊的效果是因为锂盐随着碳素阳极的消耗进入到电解质中，改善了电解质的性质，因而达到了节能的效果。但是，在电解质中含有锂盐的电解槽上的工业实践表明，使用锂盐阳极糊也具有节能效果。对此争论和分歧的评述认为，引起分歧的主要原因是高温强腐蚀条件下阳极过电位测试困难（具体见 13.3.2.2），不同作者在实验方法、电极制备及测试技术上存在较大差异[136]。

13.3.5　预焙阳极的掺杂电催化与综合改性

铝电解电催化的研究从起步开发到工业应用经历了十几个年头，取得了一系列理论与实际成果（如锂盐阳极糊），但是当时的应用对象主要是自焙槽[129]。在愈来愈严格的环保政策及生产自动化要求下，侧插自焙槽在国外已被逐步淘汰，上插自焙槽被淘汰或改良。在国内，自焙电解槽已全部被改造为预焙槽或被大型预焙槽所取代，这就要求根据预焙槽的工艺要求与特点，研究各种因素对阳极过电位的影响，找到能适应于经高温焙烧（1150～1250℃）的新型预焙阳极电催化剂及其添加方式。另外，在早期铝用碳素阳极掺杂电催化研究中，大多只考察了掺杂剂对阳极过电位的影响，而未全面评价掺杂剂的引入对阳极综合性能的影响。前期研究的大多数电催化掺杂剂（包括 Li、K、Ca、Cr、Ni、Fe 和 Ba 的盐类）都是式(13-29)和式(13-30) 所示碳素阳极氧化反应的催化剂。

$$CO_2 + C == 2CO \qquad (13-29)$$
$$C + O_2 == CO_2 \qquad (13-30)$$

而这些氧化反应又是导致碳素阳极过量消耗的主要原因，电化学反应的理论碳耗为 $333kg \cdot (t\ Al)^{-1}$，而实际碳耗一般大于 $400kg \cdot (t\ Al)^{-1}$[136]。另外，电催化掺杂剂随着碳素阳极的消耗都将作为灰分进入电解质熔体中，比 Al 更正电性的元素将作为杂质进入阴极铝液中，导致产品铝的品质降低，因而在实际生产中一般要求碳素阳极的灰分应尽可能降低。尽管 13.3.2 节中列出了若干可降低预焙阳极过电位的电催化剂（如 Ba-Fe 复合盐），但上述原因使其无法在实际生产中得到应用。因此，在研究掺杂剂电催化效果的同时，应综合考虑电催化剂是否对阳极性能（特别是其空气/CO_2 反应活性）和产品铝的品质产生不利影响。赖延清等以实现铝电解节能与节碳为目标，系统研究了碳素阳极的电化学活性和空气/CO_2 反应活性，发现某些含铝添加剂（如 AlF_3 和 $MgAl_2O_4$）在降低阳极过电位的同时，还可降低阳极的空气/CO_2 反应活性（见表 13-23 和表 13-24）[137,138]；另外，

表 13-23　AlF_3 掺杂碳素阳极的主要物理化学性能指标

AlF_3 添加量（质量分数）/%	焙烧温度/℃	表观密度/$g \cdot cm^{-3}$	电导率/$\Omega^{-1} \cdot cm^{-1}$	空气反应活性/$mg \cdot cm^{-2} \cdot h^{-1}$	CO_2 反应活性/$mg \cdot cm^{-2} \cdot h^{-1}$
0	1100	1.439	144	33.2	21.3
0.5	1100	1.480	153	16.4	19.6
1.0	1100	1.479	145	5.9	13.3
1.5	1100	1.495	146	7.1	12.9
0	1250	1.473	158	26.5	22.6
0	1250	1.489	147	25.4	23.3
0.5	1250	1.486	154	13.1	21.3
1.0	1250	1.450	147	3.6	13.9
1.5	1250	1.465	149	3	11.2

表 13-24 AlF₃ 掺杂碳素阳极的过电位 $[\eta_a = a + b\lg(i)]$

AlF₃ 添加量 (质量分数)/%	焙烧温度/℃	a/V	b/V
0	1100	0.466(±0.002)	0.120(±0.003)
0.5	1100	0.457(±0.002)	0.112(±0.003)
1.0	1100	0.405(±0.002)	0.105(±0.003)
1.5	1100	0.451(±0.001)	0.110(±0.002)
0	1250	0.465(±0.001)	0.115(±0.002)
0	1250	0.461(±0.002)	0.114(±0.004)
0.5	1250	0.444(±0.001)	0.103(±0.002)
1.0	1250	0.458(±0.001)	0.105(±0.002)
1.5	1250	0.467(±0.001)	0.105(±0.002)

含铝添加剂虽然随着碳素阳极逐渐消耗进入电解质，但不会对铝电解生产产生不利影响，可望实现铝用碳素阳极的综合改性。这一结果在随后的工业试验中得到了证实，采用含铝添加改性阳极后，铝电解槽电流效率提高 0.72%，吨铝能耗降低 106.1kW·h，阳极碳耗降低 11.6kg[139]。

参 考 文 献

[1] Beer H B. Noble metal coated titanium electrode and method of making and using it. US 3096272. 1958-10-20.

[2] Beer H B. Electrode and method of making same. US 3234110. 1964-04-23.

[3] 刘业翔. 功能电极材料及其应用. 长沙：中南工业大学出版社，1996：211.

[4] Pletcher D, Walsh F C. Industrial Electrochemistry. 2nd Ed. London：Chapman and Hall Ltd, 1990：176.

[5] Hass K, Schmittinger P. Developments in the electrolysis of alkali chloride solutions since 1970. Electrochimica Acta, 1976, 21 (12)：1115-1126.

[6] De Nora O. Anwendung massbestaendiger aktivierter titan-anoden bei der chloralkali-elektrolyse：use of dimensionally stable, activated titanium anodes in alkali-metal chloride electrolysis (German). Chem-Ing-Tech, 1970, 42 (4)：222-226.

[7] De NoraV, Kuehn-von B, Jochen W. Der beitrag der dimensionsstabilen anoden (DSA) zur chlor-technologie：left bracket contribution of dimensionally stable anodes (DSA) to chlorine technology right bracket (German). Chemie-Ingenieur-Technik, 1975, 47 (4)：125-128.

[8] Trasatti S. Electrocatalysis：understanding the success of DSA®. Electrochimica Acta, 2000, 45 (15-16)：2377-2385.

[9] MahéE, Devilliers D. Surface modification of titanium substrates for the preparation of noble metal coated anodes. Electrochimica Acta, 2001, 46 (5)：629-636.

[10] Terezo A J, Pereira E C. Preparation and characterisation of Ti/RuO₂ anodes obtained by sol-gel and conventional routes. Materials Letters, 2002, 53 (4-5)：339-345.

[11] Otogawa R, Morimitsu M, Matsunaga M. Effects of microstructure of IrO₂-based anodes on electrocatalytic properties. Electrochimica Acta, 1998, 44 (8-9)：1509-1513.

[12] Fóti G, Mousty C, Reid V, et al. Characterization of DSA type electrodes prepared by rapid thermal decomposition of the metal precursor. Electrochimica Acta, 1998, 44 (5)：813-818.

[13] Kristóf J, Szilágyi T, Horváth E, et al. Investigation of IrO₂/Ta₂O₅ thin film evolution. Thermo-

chimica Acta, 2004, 413 (1-2): 93-99.

[14] Panić V V, Dekanski A, Wang G, et al. Morphology of RuO₂-TiO₂ coatings and TEM characterization of oxide sols used for their preparation. Journal of Colloid and Interface Science, 2003, 263 (1): 68-73.

[15] Panić V V, Dekanski A, Milonjić S K, et al. RuO₂-TiO₂ coated titanium anodes obtained by the sol-gel procedure and their electrochemical behaviour in the chlorine evolution reaction. Colloids and Surfaces A: Physicochemical and Engineering Aspects, 1999, 157 (1-3): 269-274.

[16] Terezo A J, Pereira E C. Preparation and characterization of Ti/RuO₂-Nb₂O₅ electrodes obtained by polymeric precursor method. Electrochimica Acta, 1999, 44 (25): 4507-4513.

[17] De Oliveira-Sousa A, da Silva M A S, Machado S A S, et al. Influence of the preparation method on the morphological and electrochemical properties of Ti/IrO₂-coated electrodes. Electrochimica Acta, 2000, 45 (27): 4467-4473.

[18] Panić VV, Jovanović VM, Terzić SI, et al. The properties of electroactive ruthenium oxide coatings supportedby titanium-based ternary carbides. Surface and Coatings Technology, 2007, 202 (2): 319-324.

[19] Zeng Yi, Chen Kangning, Wu Wei, et al. Effect of IrO₂ loading on RuO₂-IrO₂-TiO₂ anodes: A study ofmicrostructure and working life for the chlorine evolution reaction. Ceramics International, 2007, 33 (6) 1087-1091.

[20] Wang X, Tang D, Zhou J. Microstructure, morphology and electrochemical property of RuO₂70SnO₂30 mol% and RuO₂30SnO₂70 mol% coatings. Journal of Alloys and Compounds, 2007, 430 (1-2): 60-66.

[21] PanićV, Dekanski A, MilonjićS, et al. The influence of the aging time of RuO₂ and TiO₂ sols onthe electrochemical properties and behavior for the chlorineevolution reaction of activated titanium anodes obtained bythe sol-gel procedure. Electrochimica Acta, 2000, 46 (2-3): 415-421.

[22] Trasatti S. Physical electrochemistry of ceramic oxides. Electrochimica Acta, 1991, 36 (2): 225-241.

[23] Lodi G, Zucchini G, De Battisti A, et al. On some debated aspects of the behaviour of RuO₂ film electrodes. Materials Chemistry, 1978, 3 (3): 179-188.

[24] Shieh D T, Hwang B J. Morphology and electrochemical activity of Ru-Ti-Sn ternary-oxide electrodes in 1 M NaCl solution. Electrochimica Acta, 1993, 38 (15): 2239-2246.

[25] Alves V A, da Silva L A, Boodts J FC. Electrochemical impedance spectroscopic studyof dimensionally stable anode corrosion. J Appl Electrochem, 1998, 28 (9): 899-905.

[26] Jovanović V M, Dekanski A, Despotov P, et al. The roles of the ruthenium concentration profile, the stabilizing component and the substrate on the stability of oxide coatings. Journal of Electroanalytical Chemistry, 1992, 339 (1-2): 147-165.

[27] Da Silva L M, De Faria L A, Boodts J F C. Electrochemical impedance spectroscopic (EIS) investigation of the deactivation mechanism, surface and electrocatalytic properties of Ti/RuO₂(x)+Co₃O₄(1−x) electrodes. Journal of Electroanalytical Chemistry, 2002, 532 (1-2): 141-150.

[28] Lassali TAF, Boodts JFC, Bulhoes LOS. Faradaic impedance investigation of the deactivation mechanism of Ir-based ceramic oxides containing TiO₂ and SnO₂. Journal of Applied Electrochemistry, 2000, 30 (5): 625-634.

[29] PanićV, Dekanski A, Mišković-StankovićVB, et al. On the deactivation mechanism of RuO₂-TiO₂/Ti anodes preparedby the sol-gel procedure. Journal of Electroanalytical Chemistry, 2005, 579 (1): 67-76.

[30] Schultze J W. A comparison of various modifications of titanium and other valve metal electrodes. Materials Chemistry and Physics, 1989, 22 (3-4): 417-430.

[31] Pilla A S, Cobo E O, Duarte M M E, et al. Evaluation of anode deactivation in chlor-alkali cells. Journal of Applied Electrochemistry, 1997, 27 (11): 1283-1289.

[32] Shervedani R K, Madram A R. Kinetics of hydrogen evolution reaction on nanocrystallineelectrodeposited Ni₆₂Fe₃₅C₃ cathode in alkaline solutionby electrochemical impedance spectroscopy. Electrochimica Acta, 2007, 53 (2): 426-433.

[33] Liu J J, Watanabe H, Fuji M, et al. Electrocatalytic evolution of hydrogen on porous alumina/gelcast-derivednano-carbon network composite electrode. Electrochemistry Communications, 2009, 11 (1): 107-110.

[34] Rosalbino F, Delsante S, Borzone G, et al. Correlation of microstructure and catalytic activity of crys-

talline Ni-Co-Yalloy electrode for the hydrogen evolution reaction in alkaline solution. Journal of Alloys and Compounds，2007，429 (1-2)：270-275.

[35] Antozzi A L，Bargioni C，Iacopetti L，et al. EIS study of the service life of activated cathodes for the hydrogenevolution reaction in the chlor-alkali membrane cell process. Electrochimica Acta，2008，53 (25)：7410-7416.

[36] 赵国瑞，才玉斌. 活性阴极技术应用. 氯碱工业，2000 (12)：13-14.

[37] Birry L，Lasia A. Studies of the hydrogen evolution reaction on Raney nickel-molybdenum electrodes. Journal of Applied Electrochemistry，2004，34 (7)：735-749.

[38] Iwakura C，Anaka M，Nakamatsu S，et al. Electrochemical properties of Ni/(Ni + RuO_2) active cathodes for hydrogen evolution inchlor-alkali electrolysis. ElectrochimicaA cta，1995，40 (8)：917-982.

[39] Sugiyama M，Saiki K，Sakata A，et al. Accelerated degradation testing of gas diffusion electrodes for the chlor-alkali process. Journal of Applied Electrochemistry，2003，33 (10)：929-932.

[40] Furuya N，Aikawa H. Comparative study of oxygen cathodes loaded with Ag and Pt catalysts in chlor-alkali membrane cells. Electrochimica Acta，2000，45 (25-26)：4251-4256.

[41] Sudoh M，Kondoh T，Kamiya N，et al. Impedance analysis of gas-diffusion electrode coated with a thin layer of fluoro ionomer to enhance its stability in oxygen reduction. Journal of the Electrochemical Society，2000，147 (10)：3739-3744.

[42] Fujimori M，Ono N，TamuraN，et al. Electrowinning from aqueous chlorides in SMM's nickel and cobalt refining process // Parker P D. Chloride Electrometallurgy. Washington USA：Metallurgical Soc of AIME，1982：155-166.

[43] Stensholt E O，Zachariasen H，Lund J H. Falconbridge chlorine leach process. Transactions of the Institution of Mining & Metallurgy，Section C，1985，95 (3)：10-16.

[44] Scarpellino A J J，Fisher G L. Development of an energy-efficient insoluble anode for nickel electrowinning. Journal of the Electrochemical Society，1982，129 (3)：522-525.

[45] Yeo R S，Orehotsky J，Visscher W，et al. Ruthenium-based mixed oxides as electrocatalysts for oxygen evolution in acid electrolytes. Journal of the Electrochemical Society，1981，128 (9)：1900-1904.

[46] Liu Y X，Wu L H，Yuan B N. Energy saving by the use of dsa in nickel and zinc electrowinning：a laboratory study // Bautista R G and Wesely R J. Energy ReductionTechniques in Metal Electrochemical Processes. Warrendale，USA：TMS，1985：331-338.

[47] 杨建红，吴良蕙，李江帆等. 酸性溶液中混合氧化物阳极的研究. 有色金属，1991，43 (1)：59-63.

[48] Scarpellino A J J，Fisher G L. Development of an energy-efficient insoluble anode for nickel electrowinning. Journal of the Electrochemical Society，1982，129 (3)：515-521.

[49] Ivanov I，Stefanov Y，Noncheva Z，et al. Insoluble anodes used in hydrometallurgy，Part I：Corrosion resistance of lead and lead alloy anodes. Hydrometallurgy，2000，57 (2)：109-124.

[50] Ivanov I，Stefanov Y，Noncheva Z，et al. Insoluble anodes used in hydrometallurgy，PartIIAnodic behaviour of lead and lead-alloy anodes. Hydrometallurgy，2000，57 (2)：125-139.

[51] Cole E R J，O'Keefe T J. Insoluble anodes for electrowinning zinc and other metals [Report of Investigations-United States]. Rolla，Mo，USA：Bureau of Mines，1981 (8531)：28.

[52] Warren I H. Oxygen electrode in metal electrowinning // Robinson D J and James S E. Proceeding of Metallurgical Soc of AIME. Warrendale，USA：TMS，1984：69-78.

[53] Jirkovsky J，Makarova M，Krtil P. Particle size dependence of oxygen evolution reaction on nanocrystalline RuO_2 and Ru_{0.8}Co_{0.2}O_{2-x}. Electrochemistry Communications，2006，8：1417-1422.

[54] Macounová K，Jirkovský J，Marina V. Oxygen evolution on Ru_{1-x}Ni_xO_{2-y} nanocrystalline electrodes. J Solid State Electrochem，2009，13：959-965.

[55] Shrivastava P，Moats MS. Ruthenium palladium oxide-coated titanium anodes for low-current-density oxygen evolution. Journal of the Electrochemical Society，2008，155 (7)：E101-E107.

[56] Marshall A，Borresen B，Hagen G et al. Iridium oxide-based nanocrystalline particles as oxygen evolution electrocatalysts. Russian Journal of Electrochemistry，2006，42 (10)：1134-1140.

[57] Santana MH，Faria LADe. Oxygen and chlorine evolution on RuO_2 + TiO_2 + CeO_2 + Nb_2O_5 mixed oxide electrodes. Electrochimica Acta，2006，51：3578-3585.

[58] Bertoncello R，Cattarin S，Frateur I，Musiani M. Preparation of anodes for oxygen evolution by electrodeposition of composite oxides of Pb and Ru on Ti. Journal of Electroanalytical Chemistry，2000，492：145-149.

[59] Cheng J B, Zhang H M, Ma H P. Preparation of $Ir_{0.4}Ru_{0.6}Mo_xO_y$ for oxygen evolution by modified Adams' fusion method. International Journal of Hydrogen Energy, 2009, (34): 6609-6613.

[60] Ribeiro J, Andrade A R. Investigation of the electrical properties, charging process, and passivation of RuO_2-Ta_2O_5 oxide films. Journal of Electroanalytical Chemistry, 2006, 92: 153-162.

[61] Shrivastava P, Moats M S. Wet film application techniques and their effects on the stability of RuO_2-TiO_2 coated titanium anodes. J Appl Electrochem, 2009, 39: 107-116.

[62] Ye ZG, Meng HM, Sun DB. New degradation mechanism of Ti/IrO_2+MnO_2 anode for oxygen evolution in $0.5M$ H_2SO_4 solution. Electrochimica Acta, 2008, 53: 5639-5643.

[63] Cattrin S, Guerriero P, Musiani M. Preparation of anodes for oxygen evolution by electrodeposition of composite Pb and Co oxides. Electrochimica Acta, 2001, 46: 4229-4234.

[64] Dalchiele E A, Cattarin S, Musiani M. Electrodeposition studies in the MnO_2+PbO_2 system: formation of $Pb_3Mn_7O_{15}$. Journal of Applied Electrochemistry, 2000, 30: 117-120.

[65] Palmas S, Ferrara F, Mascia M. Modeling of oxygen evolution at Teflon-bonded Ti/Co_3O_4 electrodes. International Journal of Hydrogen Energy, 2009, 34: 1647-1654.

[66] Mohd Y, Pletcher D. The fabrication of lead dioxide layers on a titanium substrate. Electrochemica Acta, 2006, 54: 786-793.

[67] Singh R N, Singh JP, Singh N K et al. Sol-gel derived spinel $M_xCo_{3-x}O_4$ (M=Ni, Cu; $0 \leqslant x \leqslant 1$) films and oxygen evolution. Electrochimica Acta, 2000, 45: 1911-1919.

[68] Singh R N, Singh JP, Singh A. Electrocatalytic properties of new spinel-type $MMoO_4$ (M=Fe, Co & Ni) electrodes for oxygen evolution in alkaline solutions. Int J Hydrogen Energy, 2008, 33: 4260-4264.

[69] Singh RN, Singh JP, Lal B, Singh A. Preparation and characterization of $CuFe_{2-x}Cr_xO_4$ ($0 \leqslant x \leqslant 1$) nano-spinels for electrocatalysis of oxygen evolution in alkaline solutions. International Journal of Hydrogen Energy, 2007, 32: 11-16.

[70] Musiani M, Furlanetto F, Bertoncello R. Electrodeposited PbO_2+RuO_2: a composite anode for oxygen evolution from sulphuric acid solution. Journal of Electroanalytical. Chemistry. 1999. 465: 160-167.

[71] Hrussanova A, Mirkova L, Dobrev Ts. Anodic behaviour of the Pb-Co_3O_4 composite coating in copper electrowinning. Hydrometallurgy, 2001 (60): 199-213.

[72] Stefanov Y, Dobrev Ts. Developing and studying the properties of Pb-TiO_2 alloy coated lead composite anodes for zinc electrowinning. Transactions of the Institute of Metal Finishing, 2005, 83 (6): 291-295.

[73] 常志文, 郭忠诚, 潘君益等. Al/Pb-WC-ZrO₂ 复合电极材料的电化学性能研究. 云南大学学报, 2007, 29 (3): 272-277.

[74] 常志文, 郭忠诚, 潘君益等. Al/Pb-WC-ZrO₂-Ag 和 Al/Pb-WC-ZrO₂-CeO₂ 复合电极材料的性能研究. 昆明理工大学学报, 2007, 32 (3): 13-17.

[75] 潘君益. 锌电积用 Al 基 Pb-WC-ZrO₂ 复合电极材料的研究 [D]. 昆明: 昆明理工大学, 2005.

[76] Schmachtel S, Toiminen M. New oxygen evolution anodes for metal electrowinning: MnO_2 composite electrodes. J Appl Electrochem, 2009: 1835-1848.

[77] Lai Yan-qing, Li Yuan, Jiang Liang-xing, Lv Xiao-jun, Li Jie, Liu Ye-xiang. Electrochemical performance of a Pb/Pb-MnO_2 composite anode in sulfuric acid solution containing Mn^{2+}. Hydrometallurgy, 2012 (115-116): 64-70.

[78] Yanqing Lai, Yuan Li, Liangxing Jiang, Wang Xu, Xiaojun Lv, Jie Li, Yexiang Liu. Electrochemical behaviors of co-deposited Pb/Pb-MnO_2 composite anode in sulfuric acid solution—Tafel and EIS investigations. Journal of Electroanalytical Chemistry, 2012, 671: 16-23.

[79] Li Yuan, Jiang Liangxing, Lv Xiaojun, Zhang Hongliang, LI Jie, LIU Yexiang. Oxygen evolution and corrosion behaviors of co-deposited Pb/Pb-MnO_2 composite anode for electrowinning of nonferrous metals. Hydrometallurgy, 2011 (109): 252-257.

[80] 李渊. 锌电积用电催化节能阳极的复合电沉积制备及性能表征 [D]. 长沙: 中南大学, 2011.

[81] 金炳界, 杨显万. 气体扩散阳极在湿法炼锌上的应用. 云南冶金, 2007, 36 (3): 37-39.

[82] 苏毅, 金作美, 代祖元. 电解锌的 SO₂ 阳极反应动力学. 中国有色金属学报, 2001, 11 (3): 495-498.

[83] 杨光棣, 林蓉. 低银铅钙合金阳极在锌电解工业中的应用. 中国有色冶金, 1992, 21 (2): 20-24.

[84] 苏向东, 汪大成, 谭春生等. 不溶性铅合金阳极的环境材料化设计. 贵州工业大学学报, 1997, 26

(6)：5-10.

[85] 王恒章. 四元合金阳极板在湿法炼锌中的应用. 有色冶炼，2001，30（6）：18-20.

[86] 张淑兰. 锌电积铅基四元合金阳极的研究与应用. 有色冶炼，1997，（3）：21-23.

[87] Siegmund A，Prengaman D. Zinc electrowinning using novel rolled Pb-Ag-Ca anodes // Young C A. Hydrometallurgy 2003：Proceedings of the 5th International Symposium. Vancouver，BC，Canada：TMS，2003：1279-1288.

[88] Takasaki Y，Koike K，Masuko N. Mechanical properties and electrolytic behavior of Pb-Ag-Ca ternary electrodes for zinc electrowinning // Dutrizac J E. LEAD-ZINC 2000. Warrendale，PA，USA：TMS，2000：599-614.

[89] Prengaman R D，Siegmund A. New wrought Pb-Ag-Ca anodes for zinc electrowinning to produce a protective oxide coating rapidly // Dutrizac J E. LEAD-ZINC 2000. Warrendale，PA，USA：TMS，2000：589-597.

[90] Petrova M，Noncheva Z，Dobrev T，et al. Investigation of the process of obtaining plastic treatment and electrochemical behaviour of lead alloys in their capacity as anodes during the electroextraction of zinc I：Behaviour of Pb-Ag，Pb-Ca and Pb-Ag-Ca alloys. Hydrometallurgy，1996，40（3）：293-318.

[91] Umetsu，Yoshiaki，Nozaka，et al. Anodic behavior of Pb-Ag-Ca tertiary alloys in sulfuric acid solution. Journal of the Mining and Material Processing Institute of Japan，1989，105（3）：249-254.

[92] Adolfvon R，罗尧谦. 达特伦电锌厂的改建. 中国有色冶金，1988（3）：18-23.

[93] Stefanov Y，Dobrev T. Potentiodynamic and electronmicroscopy investigations of lead-cobalt alloy coated lead composite anodes for zinc electrowinning. Transactions of the Institute of Metal Finishing，2005，83（6）：296-299.

[94] Rashkov S，Doberev T，Noncheva Z，et al. Lead-cobalt anodes for electrowinning of zinc from sulphate electrolytes. Hydrometallurgy，1999，（52）：223-230.

[95] Hrussanova A，Mirkova L，Dobrev T，et al. Influence of temperature and current density on oxygen overpotential and corrosion rate of Pb-Co$_3$O$_4$，Pb-Ca-Sn，and Pb-Sb anodes for copper electrowinning：Part I. Hydrometallurgy，2004，72（3-4）：205-213.

[96] Hrussanova A，Mirkova L，Dobrev T. Influence of additives on the corrosion rate and oxygen overpotential of Pb-Co$_3$O$_4$，Pb-Ca-Sn and Pb-Sb anodes for copper electrowinning：Part II. Hydrometallurgy，2004，72（3-4）：215-224.

[97] Hrussanova A，Russanova A，Mirkoval L，et al. Electrochemical properties of Pb-Sb，Pb-Ca-Sn and Pb-Co$_3$O$_4$ anodes in copper electrowinning. Journal of Applied Electrochemistry，2002，32（5）：505-512.

[98] Petrova M，Stefanov Y，Noncheva Z，et al. Electrochemical behaviour of lead alloys as anodes in zinc electrowinning. British Corrosion Journal，1999，34（3）：198-200.

[99] 衷水平，赖延清，蒋良兴等. 锌电积用 Pb-Ag-Ca-Sr 四元合金阳极的阳极极化行为. 中国有色金属学报，2008，18（7）：1342-1346.

[100] 梅光贵，王润德，周敬元等. 湿法炼锌学. 长沙：中南大学出版社，2001：340-402.

[101] 李松瑞. 铅及铅合金. 长沙：中南工业大学出版社，1996. 17-18.

[102] 吉田忠，原熊三郎，新井照男. 三価の硫酸塩によるゐクロム電着の研究（第 20 報）陽極用鉛合金の探究. 工業化学雑誌，1953，56（11）：826-828.

[103] 李鑫，王涛，魏绪钧等. 稀土在铅合金中的应用. 有色金属（冶炼部分），2003，55（2）：15-17.

[104] 洪波，蒋良兴，吕晓军，倪恒发，赖延清，李劼，刘业翔. Nd 对锌电积用 Pb-Ag 合金阳极性能影响. 中国有色金属学报，2012，22（4）：1126-1131.

[105] 洪波. 锌电积用铅基稀土合金阳极性能研究 [D]. 长沙：中南大学，2010.

[106] Walker J K，Bishara J I. Electrocatalytic anode for copper electrowinning // Robinson D J and James S E. Proceeding of Metallurgical Soc of AIME. Warrendale，USA：TMS，1984：79-86.

[107] Le Pape-Rerolle C，Petit MA，Wiart R. Catalysis of oxygen evolution on IrO$_x$/Pb anodes in acidic sulfate electrolytes for zinc electrowinning. Journal of Applied Electrochemistry，1999，29（11）：1347-1350.

[108] Zhong Shui-ping，Lai Yan-qing，Li Jie，Liu Ye-xiang. Fabrication and anodic polarization behavior of lead-based porous anodes in zinc electrowinning. Journal of Central South University of Technology，2008，15（6）：757-762.

[109] 衷水平. 锌电积用铅基多孔节能阳极的制备、表征与工程化试验 [D]. 长沙：中南大学，2009.

[110] Lai Yan-qing，Jiang Liang-xing，Li Jie，Liu Ye-xiang et al. A novel porous Pb-Ag anode for energy-

saving in zinc electro-winning: Part Ⅰ: Laboratory preparation and properties. Hydrometallurgy, 2010, 102 (4): 73-80.

[111] Lai Yan-qing, Jiang Liang-xing, Li Jie, Liu Ye-xiang et al. A novel porous Pb-Ag anode for energy-saving in zinc electrowinning: Part Ⅱ: Preparation and pilot plant tests of large size anode. Hydrometallurgy, 2010, 102 (4): 81-86.

[112] 蒋良兴, 吕晓军, 赖延清, 刘业翔等. 锌电积用"反三明治"结构铅基复合多孔阳极. 中南大学学报, 2011, 42 (4): 871-875.

[113] 蒋良兴. 湿法冶金用复合多孔 Pb 合金阳极的制备与应用关键技术及基础理论 [D]. 长沙: 中南大学, 2011.

[114] 刘业翔, Thonstad J. 冰晶石-氧化铝熔体中 SnO_2 基电极上氧的超电压. 中南矿冶学院学报, 1982, 13 (2): 66-74.

[115] Liu Y X, Thonstad J. Oxygen overvoltage on SnO_2 based anodes in $NaF-AlF_3-Al_2O_3$ melts, electrolytic effects of doping agent. Electrochem. Acta, 1983, 28 (1): 113-116.

[116] 肖海明, 刘业翔. 铝电解时不同掺杂炭阳极的电催化活性研究. 全国第六届物理化学会议论文集. 西安: 中国物理化学学会, 1986: 185-199.

[117] Grjotheim K, Krohn C, Malinovsky M, et al. Aluminium electrolysis fundamentals of the Hall-Heroult process. 2nd Ed. Dusseldorf, FRG, Germany: Aluminium-Verlag, 1982: 233-243.

[118] 李德祥. 铝电解阳极过电压的实验室测定方法. 轻金属, 1990 (6): 31-35.

[119] 牛卓午, 马瑞, 田伯龄等. 添加 $RE_2(CO_3)_3$ 和 Li_2CO_3 工业自焙阳极过电压的测量. 轻金属, 1989 (1): 22-25.

[120] 冯乃祥, 张明杰, 邱竹贤. 碳酸锂添加剂对铝电解槽阳极过电压的影响. 轻金属, 1989 (7): 26-30.

[121] 沈时英. 关于利用参比电极测量铝电解阳极过电压问题. 轻金属, 1989 (10): 24-29.

[122] 杨建红, 刘业翔, 王湘闽等. 关于铝电解锂盐阳极糊研究的意见与分歧剖析. 中南矿冶学院学报, 1994, 25 (3): 327-331.

[123] 王化章, 黄永忠, 蔡祺风. 用于氟化物熔体的参考电极. 轻金属, 1987 (6): 31-34.

[124] Liu Y X, Thonstad J, Yang J H. On the electrocatalysis of doped carbon anodes in aluminium electrolysis. Aluminium, 1996, 72 (11): 836-841.

[125] Qiu Z X, Zhang M J. Measurement of back emf and anodic overvoltage in aluminum electrolysis. Aluminum, 1985, 61 (8): 563-567.

[126] Feng N X, Zhang M J, Grjotheim K, et al. Influence of lithium carbonate addition to carbon anodes in a laboratory aluminium electrolysis cell. Carbon, 1991, 29 (1): 39-42.

[127] Sorensen T S, Kjelstrup S. A two electron process producing CO and a four electron process producing CO_2 during aluminum electrolysis // Mannweiler U. Light Metals 1994. Warreudale, Pa: TMS, 1994: 415-422.

[128] Yang J H, Lai Y Q, Xiao J, et al. Measurement of anodic overvoltage by a modified current interruption method in cryolite-alumina melts. Trans. Nonferrous Met. Soc. China, 1999, 9 (1): 121-127.

[129] Haupin W. Scanning reference electrode for voltage contours in aluminum smelting cells. Journal of Metals, 1971, 23 (10): 46-49.

[130] Liu Y X, Wang X M, Huang Y Z, et al. New type electrocatalysts for energy saving in aluminum electrolysis//Evans J. Light Metals 1995. Warrendale, PA, USA: TMS, 1995: 247-251.

[131] Liu Y X, Xiao H M. New approach to reduce the anodic overvoltage in the Hall-Heroult process // Campbell PG. Light Metals 1989. Warrendale, PA, USA: TMS, 1989: 275-280.

[132] Bockris J OM, Otagawa T. Electrocatalysis of oxygen evolution on perovskites. Journal of the Electrochemical Society, 1984, 131 (2): 290-302.

[133] Liu Y X, Wang X M, Huang Y Z, et al. New field to reduce energy in the Hall-Heroult process: The research and application of an anode paste containing lithium salt // Mason DA. Light Metals 1993. Warrendale, PA, USA: TMS, 1993, 599-601.

[134] Yao Guangchun, Qiu Z X, Zang Z L, et al. Catalytic action of some additives on carbon anode reaction of aluminum electrolysis cell // Bickert C M. Light Metals 1990. Warrendale, PA, USA: TMS, 1990: 293-296.

[135] 杨建红, 刘业翔, 王湘闽等. 关于铝电解锂盐阳极糊研究的意见与分歧剖析. 中南矿冶学院学报, 1994, 25 (3): 326-332.

[136] 赖延清, 刘业翔. 铝电解碳素阳极消耗的研究评述. 轻金属, 2002, 286 (8): 3-10.

[137] Lai Y Q, Liu Y X, Yang J H, et al. Electrocatalysis of carbon anode in aluminum electrolysis.

RARE METALS, 2002, 21 (1): 117-122.

[138] Lai Y Q, Li J, Li Q Y, et al. Effect of aluminum-containing additives on the reactivity in air and CO$_2$ of carbon anode for aluminum electrolysis. RARE METALS, 2004, 23 (2): 109-114.

[139] Xiao Jin, Yang Jianhong, Hu Guorong, Lai Yanqing, et al. Pilot study of mechanism of property-modified anode in aluminum electrolysis. Transactions of Nonferrous Metal Society of China, 2003, 13 (4): 1019-1022.

索 引